Hasse · Mathematische Abhandlungen 3

Helmut Hasse
Mathematische Abhandlungen

herausgegeben von
Heinrich Wolfgang Leopoldt
und
Peter Roquette

Band 3

W DE G

Walter de Gruyter · Berlin · New York 1975

CIP-Kurztitelaufnahme der Deutschen Bibliothek

Hasse, Helmut
[Sammlung]
Mathematische Abhandlungen.
ISBN 3-11-005931-2
Bd. 3.

Umschlagentwurf: Rudolf Hübler, Berlin. Satz: Gleißberg & Wittstock, Berlin.
Reproduktion: Terra-Klischee, Berlin. Druck: Karl Gericke, Berlin.
Foto: W. Ernst Böhm, Ludwigshafen.

Inhaltsverzeichnis

Dritter Band

Erster Band

Zweiter Band

IX. Gaußsche Summen

61. Produktformeln für verallgemeinerte Gaußsche Summen und ihre Anwendung auf die Klassenzahlformel für reelle quadratische Zahlkörper [90]

Herrn Oskar Perron zum 60. Geburtstag am 7. Mai 1940 gewidmet

Mathematische Zeitschrift
46 (1940), 303 – 314

Die analytische Methode von Dirichlet liefert geschlossene arithmetische Ausdrücke für die Klassenzahl h des quadratischen Zahlkörpers mit der Diskriminante d. Diese fallen ganz verschiedenartig aus, je nachdem $d < 0$ oder $d > 0$ ist. Für $d < 0$ ist

$$h = \frac{\Sigma b - \Sigma a}{w\,|d|}. \tag{1}$$

Dabei ist w die Anzahl der Einheitswurzeln des Körpers ($w = 4$ für $d = -4$, $w = 6$ für $d = -3$, $w = 2$ sonst), und a, b durchlaufen die je $\frac{1}{2}\,\varphi(|d|)$ Zahlen aus dem kleinsten positiven Restsystem mod $|d|$ mit $\left(\frac{d}{a}\right) = +1$, $\left(\frac{d}{b}\right) = -1$. Für $d > 0$ ist

$$\varepsilon^h = \frac{\Pi^+\left(e^{\frac{\pi i b}{d}} - e^{-\frac{\pi i b}{d}}\right)}{\Pi^+\left(e^{\frac{\pi i a}{d}} - e^{-\frac{\pi i a}{d}}\right)} = \frac{\Pi^+ \sin\frac{\pi b}{d}}{\Pi^+ \sin\frac{\pi a}{d}}. \tag{2}$$

Dabei ist ε die Grundeinheit des Körpers (in der eindeutigen Normierung $\varepsilon > 1$), und a, b durchlaufen die je $\frac{1}{4}\,\varphi(d)$ positiven Zahlen aus dem absolutkleinsten Restsystem mod d mit $\left(\frac{d}{a}\right) = +1$, $\left(\frac{d}{b}\right) = -1$.

Für $d < 0$ liefert (1) unmittelbar einen rationalzahligen Ausdruck für h, dem man die Ganzzahligkeit leicht ansieht, und die Berechnung von h macht für nicht zu große $|d|$ keinerlei Schwierigkeiten. Für $d > 0$ dagegen ist der Ausdruck rechts in (2) eine rationale Bildung im Körper der $2\,d$-ten Einheitswurzeln. Man sieht ihm zwar wieder leicht an, daß er eine Einheit im Körper von $\sqrt{d}$ ist, aber die Darstellung dieser Einheit in der Form $\frac{U + V\sqrt{d}}{2}$ und damit die Berechnung von h macht selbst für kleine d erhebliche Schwierigkeiten, wenn man nicht auf Grund der zweiten Form von (2) vorgehen und die dem Arithmetiker wesensfremde Logarithmentafel zu Hilfe nehmen will.

Ich will im folgenden für den Spezialfall der positiven Primzahldiskriminanten $d = p$ (also $p \equiv 1 \bmod 4$) zeigen, daß man die Klassenzahlformel (2) in die Gestalt

$$(2') \qquad \varepsilon^h = \frac{U + V\sqrt{p}}{2} = \frac{2}{-U + V\sqrt{p}}$$

umrechnen kann, wo U, V ähnlich wie die Summen in (1) ganzrationalzahlige Ausdrücke sind, und zwar mit $U \equiv V \bmod 2$. Die Formel (2') setzt dann in Augenschein, daß $\frac{U + V\sqrt{p}}{2}$ einer Einheit des Körpers von $\sqrt{p}$ ist, und zwar mit der Norm -1, entsprechend der bekannten Tatsache, daß im betrachteten Spezialfall $N(\varepsilon) = -1$ und h ungerade ist. Zur Berechnung von h aus (2') hat man nur den Ausdruck U oder V zu berechnen und – etwa durch Kettenbruchentwicklung von $\frac{1 + \sqrt{p}}{2}$ – die Grundeinheit $\varepsilon = \frac{u + v\sqrt{p}}{2}$ zu bestimmen. Dann ist $\varepsilon^n = \frac{u_n + v_n\sqrt{p}}{2}$, wo u_n, v_n rekursiv durch

$$u_0 = 2, \quad u_1 = u, \qquad u_n + u u_{n+1} = u_{n+2},$$
$$v_0 = 0, \quad v_1 = v, \qquad v_n + u v_{n+1} = v_{n+2}$$

bestimmt sind, und man hat nur festzustellen, welches $u_h = U$ oder $v_h = V$ wird. Für zusammengesetzte d läßt sich eine entsprechende Formel herleiten; jedoch bin ich noch nicht zur Durchführung der Rechnung im einzelnen gekommen.

Die Herleitung von (2) erfordert den Mut, die Produkte im Zähler und Nenner von (2) in allgemeiner Form auszumultiplizieren. Dies wird durchsichtiger und damit leichter, wenn man der gruppentheoretischen Struktur jener Produkte nachgeht und die Aufgabe gleich für eine allgemeine Klasse von Produkten dieser Art anfaßt. Es sind das Produkte, deren Faktoren ein System verallgemeinerter Gaußscher Summen sind. Es ist anzunehmen, daß die im folgenden zunächst bewiesenen allgemeinen Produktformeln eine entsprechende Bedeutung für die Klassenzahlformel reeller absolut-abelscher Zahlkörper haben. Auch stehen sie, wie ich glaube, im Zusammenhang mit dem noch offenen Problem der Lage der gewöhnlichen Gaußschen Summen für Charaktere mod p von höherer Ordnung als 2 auf dem Kreis vom Radius $\sqrt{p}$[1]).

---

[1]) Siehe dazu E. Kummer, De residuis cubicis disquisitiones nonnullae analyticae, J. f. Math. 32 (1846), 341–359, besonders 353.

§ 1.

Produktformeln für verallgemeinerte Gaußsche Summen.

1. Es sei $\mathfrak{G}$ die Multiplikationsgruppe eines endlichen Körpers der Charakteristik p mit q Elementen. $\mathfrak{G}$ ist zyklisch von der Ordnung $q-1$. Es sei $\psi \neq 1$ ein Charakter der Ordnung n von $\mathfrak{G}$. Die zu ψ gehörige gewöhnliche Gaußsche Summe ist

$$\tau(\psi) = \sum_{x \text{ in } \mathfrak{G}} \psi(x)\, e(x).$$

Dabei ist zur Abkürzung

$$e(x) = e^{\frac{2\pi i}{p} Sp(x)}$$

gesetzt, wo $Sp(x)$ die Spur von x bedeutet. Wir werden zwar für unsere Anwendung nur den Fall $q = p$ des Primkörpers brauchen; es macht jedoch keine Mühe, die Rechnung gleich für den Fall eines beliebigen endlichen Körpers durchzuführen. Die Ersetzung der Summationsvariablen x durch ax, wo a ein festes Element aus $\mathfrak{G}$ ist, bezeichnen wir durch Anfügung von a als Index:

$$\tau_a(\psi) = \sum_{x \text{ in } \mathfrak{G}} \psi(x)\, e(ax) = \bar{\psi}(a)\, \tau(\psi).$$

Ist schon ein Index vorhanden, so wird a diesem als Faktor vorgefügt.

Die zu betrachtenden verallgemeinerten Gaußschen Summen sind die entsprechenden Bildungen für Charaktere von Untergruppen von $\mathfrak{G}$. Dem Charakter ψ der Ordnung n von $\mathfrak{G}$ entspricht für jeden Teiler m von $\frac{q-1}{n}$ eindeutig ein Charakter ψ_m derselben Ordnung n der Untergruppe $\mathfrak{G}^m$, erklärt durch

$$\psi_m(x) = \psi_m(y^m) = \psi(y) \quad \text{für} \quad x = y^m \text{ in } \mathfrak{G}^m.$$

Für $m \,\Big|\, \frac{q-1}{n}$, also $n \,\Big|\, \frac{q-1}{m}$ hängt nämlich $\psi(y)$ nicht von der Auswahl von y unter den m Lösungen von $y^m = x$ ab. Umgekehrt bestimmt sich ψ eindeutig durch ψ_m in folgender Weise. Es sei $\mathfrak{R}$ ein Repräsentantensystem von $\mathfrak{G}/\mathfrak{G}^m$, als einzeilige Matrix verstanden. Dann besteht für jedes x aus $\mathfrak{G}$ ein Gleichungssystem

$$x\,\mathfrak{R} = \mathfrak{R}\,X$$

mit einer monomialen Matrix X aus $\mathfrak{G}^m$. Daraus folgt durch Produktbildung

$$x^m = |X|,$$

wo $|X|$ das Produkt der m von Null verschiedenen Koeffizienten aus X bezeichnet. Es ist dann

$$\psi(x) = \psi_m(|X|).$$

Vom Standpunkt der allgemeinen Gruppentheorie ist $|X|$ die Verlagerung von x für $\mathfrak{G}/\mathfrak{G}^m$. Wegen $m \,\Big|\, \frac{q-1}{n}$ gibt es m Charaktere χ mit $\chi^m = \psi$. Für diese gilt die Beziehung

$$\frac{1}{m} \sum_{\chi^m = \psi} \chi(x) = \frac{1}{m} \sum_{y^m = x} \psi(y) = \psi_m(x),$$

und zwar gleichgültig, ob x in $\mathfrak{G}^m$ liegt oder nicht, wenn man noch festsetzt:

$$\psi_m(x) = 0 \quad \text{für} \quad x \text{ nicht in } \mathfrak{G}^m.$$

Vom Standpunkt der allgemeinen Gruppentheorie ist dann $m\,\psi_m$ ein reduzibler Charakter von $\mathfrak{G}$, nämlich der durch den irreduziblen Charakter ψ_m von $\mathfrak{G}^m$ induzierte Charakter von $\mathfrak{G}$.

Die zu ψ und $\mathfrak{G}^m$ gehörige verallgemeinerte Gaußsche Summe erklären wir als

$$\tau(\psi_m) = \sum_{x \text{ in } \mathfrak{G}^m} \psi_m(x)\, e(x) \quad \Big(= \sum_{x \text{ in } \mathfrak{G}} \psi_m(x)\, e(x)\Big).$$

Es gilt

$$\tau_a(\psi_m) = \sum_{x \text{ in } \mathfrak{G}^m} \psi_m(x)\, e(a x) = \psi_m(b)\, \tau_r(\psi_m) \text{ für } a = r b \text{ mit } b \text{ in } \mathfrak{G}^m.$$

Die $\tau_a(\psi_m)$ reduzieren sich so wesentlich auf die m Summen $\tau_r(\psi_m)$ für die Repräsentanten r aus $\mathfrak{R}$. Durch gewöhnliche Gaußsche Summen $\tau(\chi)$ drückt sich $\tau(\psi_m)$ wie folgt aus:

$$\tau(\psi_m) = \frac{1}{m} \sum_{\chi^m = \psi} \tau(\chi),$$

also

$$\tau_a(\psi_m) = \frac{1}{m} \sum_{\chi^m = \psi} \bar{\chi}(a)\, \tau(\chi).$$

2. Es sei nun weiter $\mathfrak{G}^k/\mathfrak{G}^m$ eine Untergruppe von $\mathfrak{G}/\mathfrak{G}^m$ vom Index l, gegeben durch eine Zerlegung $m = kl$. Dann besteht zwischen ψ_m und ψ_k die Beziehung

$$\psi_m(x^l) = \psi_k(x).$$

Schließlich sei $\mathfrak{R} = \mathfrak{r}_1 + \ldots + \mathfrak{r}_k$ die Zerlegung von $\mathfrak{R}$ in Repräsentantensysteme $\mathfrak{r}_1, \ldots, \mathfrak{r}_k$ der Klassen, in die $\mathfrak{G}/\mathfrak{G}^m$ nach $\mathfrak{G}^k/\mathfrak{G}^m$ zerfällt. Ist dann $\mathfrak{r}$ ein Repräsentantensystem von $\mathfrak{G}^k/\mathfrak{G}^m$ und $w_1, \ldots, w_k$ ein Repräsentantensystem von $\mathfrak{G}/\mathfrak{G}^k$, so bestehen k Gleichungssysteme

$$w_i\, \mathfrak{r} = \mathfrak{r}_i\, W_i$$

mit monomialen Matrizen W_i aus $\mathfrak{G}^m$.

Wir betrachten die k Produkte

$$\Theta_{\mathfrak{r}_i}(\psi_m) = \prod_{r_i \text{ in } \mathfrak{r}_i} \tau_{r_i}(\psi_m).$$

Sie hängen mit dem Produkt

$$\Theta_{\mathfrak{r}}(\psi_m) = \prod_{r \text{ in } \mathfrak{r}} \tau_r(\psi_m)$$

durch das Beziehungssystem

$$\Theta_{\mathfrak{r}_i}(\psi_m) = \psi_m(|W_i|)\,\Theta_{w_i \mathfrak{r}}(\psi_m)$$

zusammen. Daher genügt es, das eine Produkt $\Theta_{\mathfrak{r}}(\psi_m)$ zu behandeln.

Durch Ausmultiplizieren von

$$\Theta_{\mathfrak{r}}(\psi_m) = \prod_{r \text{ in } \mathfrak{r}} \sum_{x \text{ in } \mathfrak{G}^m} \psi_m(x)\, e(r x)$$

ergibt sich:

$$\Theta_{\mathfrak{r}}(\psi_m) = \sum_{\mathfrak{x} \text{ in } \mathfrak{G}^m} \psi_m(|\mathfrak{x}|)\, e(\mathfrak{r}\mathfrak{x}).$$

Dabei durchläuft $\mathfrak{x}$ die l-gliedrigen Elementsysteme aus $\mathfrak{G}^m$ als einspaltige Matrizen verstanden, und $|\mathfrak{x}|$ bezeichnet das Produkt der Elemente aus $\mathfrak{x}$. Durch Ordnen nach e-Werten folgt weiter:

$$\Theta_{\mathfrak{r}}(\psi_m) = \sum_{\substack{\mathfrak{r}\mathfrak{x} = 0 \\ \mathfrak{x} \text{ in } \mathfrak{G}^m}} \psi_m(|\mathfrak{x}|) + \sum_{i=1}^{k} \sum_{t \text{ in } \mathfrak{G}^k} \Big(\sum_{\substack{\mathfrak{r}\mathfrak{x} = w_i^{-1} t \\ \mathfrak{x} \text{ in } \mathfrak{G}^m}} \psi_m(|\mathfrak{x}|)\Big) e(w_i^{-1} t).$$

In den Summen über $\mathfrak{x}$ nehmen wir die Summationstransformation $\mathfrak{x} = T\mathfrak{y}$ vor, wo T die durch $t\mathfrak{r} = \mathfrak{r}T$ für t aus $\mathfrak{G}^k$ bestimmte monomiale Matrix aus $\mathfrak{G}^m$ ist. Dabei gilt einerseits

$$\mathfrak{r}\mathfrak{x} = \mathfrak{r}T\mathfrak{y} = t\mathfrak{r}\mathfrak{y},$$

andererseits $\psi_m(|T|) = \psi_m(t^l) = \psi_k(t)$ und daher

$$\psi_m(|\mathfrak{x}|) = \psi_m(|T|)\,\psi_m(|\mathfrak{y}|) = \psi_k(t)\,\psi_m(|\mathfrak{y}|).$$

Für $\sum\limits_{\mathfrak{r}\mathfrak{x} = 0}$ wählen wir dabei $t = u^k$ aus $\mathfrak{G}^k$ so, daß $\psi_k(t) = \psi(u) \neq 1$ wird; das geht wegen $\psi \neq 1$. Daraus folgt, daß diese Summe gleich 0 ist. Für $\sum\limits_{\mathfrak{r}\mathfrak{x} = w_i^{-1} t}$ wählen wir das t aus $\mathfrak{G}^k$ der Summationsbedingung. Dann liefert die angegebene Transformation

$$\sum_{\substack{\mathfrak{r}\mathfrak{x} = w_i^{-1} t \\ \mathfrak{x} \text{ in } \mathfrak{G}^m}} \psi_m(|\mathfrak{x}|) = \psi_k(t) \sum_{\substack{\mathfrak{r}\mathfrak{x} = w_i^{-1} \\ \mathfrak{x} \text{ in } \mathfrak{G}^m}} \psi_m(|\mathfrak{x}|).$$

Durch die weitere Transformation $\mathfrak{x} = W_i^{-1}\mathfrak{y}$, wo W_i die oben erklärte Matrix mit $w_i \mathfrak{r} = \mathfrak{r}_i W_i$ ist, folgt entsprechend

$$\sum_{\substack{\mathfrak{r}\mathfrak{x} = w_i^{-1} t \\ \mathfrak{x} \text{ in } \mathfrak{G}^m}} \psi_m(|\mathfrak{x}|) = \psi_k(t)\,\psi_m(|W_i|^{-1}) \sum_{\substack{\mathfrak{r}_i\mathfrak{x} = 1 \\ \mathfrak{x} \text{ in } \mathfrak{G}^m}} \psi_m(|\mathfrak{x}|).$$

Wir setzen zur Abkürzung

$$\boxed{R_i(\psi_m) = \sum_{\substack{\mathfrak{r}_i x = 1 \\ x \text{ in } \mathfrak{G}^m}} \psi_m(|x|)}.$$

Dann haben wir

$$\Theta_{\mathfrak{r}}(\psi_m) = \sum_{i=1}^{k} \psi_m(|W_i|^{-1}) R_i(\psi_m) \sum_{t \text{ in } \mathfrak{G}^k} \psi_k(t) e(w_i^{-1} t)$$

$$= \sum_{i=1}^{k} \psi_m(|W_i|^{-1}) R_i(\psi_m) \tau_{w_i^{-1}}(\psi_k).$$

Drücken wir hierin noch die $\tau_{w_i^{-1}}(\psi_k)$ durch gewöhnliche Gaußsche Summen $\tau(\chi)$ aus, so erhalten wir als Ergebnis unserer Ausmultiplikation die Produktformel:

$$\boxed{\Theta_{\mathfrak{r}}(\psi_m) = \frac{1}{k} \sum_{\chi^k = \psi} \left(\sum_{i=1}^{k} \chi(w_i) \psi_m(|W_i|^{-1}) R_i(\psi_m) \right) \tau(\chi)}.$$

Nach dem schon Gesagten folgt aus ihr für die uns eigentlich interessierenden Produkte das Formelsystem:

$$\boxed{\Theta_{\mathfrak{r}_i}(\psi_m) = \frac{1}{k} \sum_{\chi^k = \psi} P_i(\chi, \psi_m) \tau(\chi)},$$

wo zur Abkürzung

$$\boxed{P_i(\chi, \psi_m) = \sum_{j=1}^{k} \chi\left(\frac{w_j}{w_i}\right) \psi_m\left(\frac{|W_i|}{|W_j|}\right) R_i(\psi_m)}$$

gesetzt ist. Man beachte, daß die Koeffizienten dieses linearen Gleichungssystems nicht von der Wahl des Repräsentantensystems $w_1, \ldots, w_k$ von $\mathfrak{G}/\mathfrak{G}^k$ abhängen, sondern nur von der Wahl des Repräsentantensystems $\mathfrak{R} = \mathfrak{r}_1 + \ldots + \mathfrak{r}_k$, mit dessen Hilfe die Produkte $\Theta_{\mathfrak{r}_i}(\psi_m)$ erklärt sind.

3. Für die nachher zu behandelnde Anwendung werden wir den Fall $k = 2$ brauchen. Wir fügen hier einige Bemerkungen über den Fall $k = 1$ an. Die Produktformel lautet in diesem Falle einfach

$$\Theta_{\mathfrak{R}}(\psi_m) = R(\psi_m) \tau(\psi),$$

wo

$$R(\psi_m) = \sum_{\substack{\mathfrak{R} x = 1 \\ x \text{ in } \mathfrak{G}^m}} \psi_m(|x|).$$

Sie zeigt, daß der Quotient $\frac{\Theta_{\mathfrak{R}}(\psi_m)}{\tau(\psi)}$ eine ganze Zahl $R(\psi_m)$ aus dem Körper von ψ (dem Körper der n-ten Einheitswurzeln) ist. Daß dieser Quotient im Körper von ψ liegt, folgt schon aus seinem Verhalten bei den Automorphismen des Körpers der p-ten Einheitswurzeln. Dagegen ist nicht von vornherein klar, daß er ganz ist. Man kann dies auch durch eine arithmetische Schlußweise zeigen, die zugleich ergibt, daß er prim zu p ist. Da ich dies als Aufgabe im Jahresbericht der DMV gestellt habe, begnüge ich mich hier mit diesem Hinweis.

Im Spezialfall $q = p$, $n = 2$, $m = \frac{p-1}{2}$ ist ψ der quadratische Charakter mod p, und $\mathfrak{G}^m$ besteht aus ± 1, so daß $\mathfrak{R} = (1, \ldots, m)$ gewählt werden kann. Das Produkt $\Theta_{\mathfrak{R}}(\psi_m)$ läßt sich dann in einfacher Weise direkt berechnen. Es ist

$$\Theta_{\mathfrak{R}}(\psi_m) = \prod_{x=1}^{m} (e(x) - e(-x)) = \left\{ \begin{array}{r} e(1 + \ldots + m) \prod\limits_{x=1}^{m} (1 - e(-2x)) \\ = (-1)^m e(-1 - \ldots - m) \prod\limits_{x=1}^{m} (1 - e(2x)) \end{array} \right\},$$

also

$$\Theta_{\mathfrak{R}}(\psi_m)^2 = (-1)^m p = \psi(-1)\, p = \tau(\psi)^2$$

und somit jedenfalls $\frac{\Theta_{\mathfrak{R}}(\psi_m)}{\tau(\psi)} = \pm 1$. Da die Faktoren $e(x) - e(-x)$ für $x = 1, \ldots, m$ positiv-imaginär sind, folgt

$$\Theta_{\mathfrak{R}}(\psi_m) = i^m \sqrt{p}$$

mit positiver Quadratwurzel. Indem man durch die erwähnte arithmetische Schlußweise nachweist, daß $\frac{\Theta_{\mathfrak{R}}(\psi_m)}{\tau(\psi)} \equiv \psi(-2) \bmod p$
ist, ergibt sich

$$R(\psi_m) = \frac{\Theta_{\mathfrak{R}}(\psi_m)}{\tau(\psi)} = \psi(-2) = (-1)^{\binom{m}{2}}$$

und damit das bekannte Resultat

$$\tau(\psi) = \begin{cases} \sqrt{p} & \text{für} \quad p \equiv 1 \bmod 4 \\ i\sqrt{p} & \text{für} \quad p \equiv -1 \bmod 4 \end{cases}$$

über das Vorzeichen der quadratischen Gaußschen Summe. Es ist das die in Hilberts Zahlbericht § 124 auseinandergesetzte, wesentlich arithmetische Methode zur Bestimmung dieses Vorzeichens, die auf Kronecker zurückgeht. Der direkte Nachweis, daß

$$R(\psi_m) = \sum_{\substack{1x_1 + \ldots + mx_m \equiv 1 \bmod p \\ x_1, \ldots, x_m = \pm 1}} x_1 \ldots x_m = \psi(-2) = (-1)^{\binom{m}{2}}$$

ist, ist mir nicht gelungen. Zur Vorzeichenbestimmung der Gaußschen Summe $\tau(\psi)$ würde es auch genügen, dies als Kongruenz mod 4 zu bestätigen; jedoch lohnt es nicht, darauf weiter einzugehen, da ja die Kongruenzbetrachtung mod p das gewünschte Resultat liefert.

Für $q = p$, $n > 2$, $m = \frac{q-1}{n}$ ist der Quotient $\frac{\Theta_{\mathfrak{R}}(\psi_m)}{\tau(\psi)} = R(\psi_m)$ im Gegensatz zu meiner ursprünglichen Erwartung nicht immer eine n-te Einheitswurzel. Des Interesses halber teile ich nachstehend einige von mir berechnete Zahlenbeispiele mit:

$p = 7$, $n = 3$, $\mathfrak{R} = (1, 3)$, $\psi_2(2) = \varrho$, $R(\psi_3) = \varrho^2$ (Einheitswurzel),
$p = 13$, $n = 3$, $\mathfrak{R} = (1, 2, 4, 8)$, $\psi_4(3) = \varrho$, $R(\psi_4) = \varrho^2 - \varrho$ (Primfaktor von 3),
$p = 19$, $n = 3$, $\mathfrak{R} = (1, 2, 4, 8, 16, 13)$, $\psi_6(7) = \varrho$, $R(\psi_6) = 3 + 2\varrho$ (Primfaktor von 7),
$p = 13$, $n = 4$, $\mathfrak{R} = (1, 2, 4)$, $\psi_3(8) = i$, $R(\psi_3) = -1 + 2i$ (Primfaktor von 5),
$p = 17$, $n = 4$, $\mathfrak{R} = (1, 3, 9, 10)$, $\psi_4(13) = i$, $R(\psi_4) = 2 + i$ (Primfaktor von 5).

Auch abgesehen von der Frage, ob sich mittels dieser Methode nach Analogie zum Falle $n = 2$ eine Aussage über die Lage von $\tau(\psi)$ auf dem Kreise vom Radius $\sqrt{p}$ gewinnen läßt, scheint es mir von Interesse, ein Gesetz für die hier auftretenden Faktoren aus dem Körper der n-ten Einheitswurzeln zu finden, die, wie gesagt, sicher ganz und prim zu p sind.

§ 2.

Anwendung auf die Klassenzahlformel für reelle quadratische Zahlkörper.

1. Für eine Primzahl $p \equiv 1 \bmod 4$ lautet die Klassenzahlformel des Körpers von $\sqrt{p}$:

$$\varepsilon^h = \frac{\prod\limits_{b \text{ in } \mathfrak{b}} \left(e^{\frac{\pi i b}{p}} - e^{-\frac{\pi i b}{p}}\right)}{\prod\limits_{a \text{ in } \mathfrak{a}} \left(e^{\frac{\pi i a}{p}} - e^{-\frac{\pi i a}{p}}\right)}.$$

Dabei bezeichnen $\mathfrak{a}$, $\mathfrak{b}$ die Systeme der je $\frac{p-1}{4}$ Zahlen a, b aus der Reihe $1, \ldots, \frac{p-1}{2}$ mit $\left(\frac{a}{p}\right) = +1$, $\left(\frac{b}{p}\right) = -1$. Es gilt

$$e^{\frac{\pi i}{p}} = e^{\frac{2\pi i}{p}\frac{1}{2}} = -e^{\frac{2\pi i}{p}\frac{p+1}{2}} = -e\left(\frac{p+1}{2}\right) = -e\left(\frac{1}{2}\right),$$

wobei der Bruch $\frac{1}{2}$ im e-Argument rechts (im Gegensatz zum e-Exponenten links) als Element des Restklassenkörpers mod p verstanden ist. Ersetzt man demgemäß die $2p$-ten durch p-te Einheitswurzeln, so tritt der Faktor

$$(-1)^{\Sigma b - \Sigma a} = (-1)^{\Sigma b + \Sigma a} = (-1)^{\frac{p^2-1}{8}} = \left(\frac{2}{p}\right)$$

vor. Damit geht die Klassenzahlformel über in

$$\varepsilon^h = \left(\frac{2}{p}\right) \frac{\prod\limits_{b \text{ in } \mathfrak{b}} \left(e\left(\frac{b}{2}\right) - e\left(-\frac{b}{2}\right)\right)}{\prod\limits_{a \text{ in } \mathfrak{a}} \left(e\left(\frac{a}{2}\right) - e\left(-\frac{a}{2}\right)\right)}.$$

Hier stehen im Zähler und Nenner gerade zwei zusammengehörige Produkte des vorher betrachteten Typus $\Theta_{\mathfrak{r}_i}(\psi_m)$, und zwar handelt es sich um den folgenden Spezialfall unserer allgemeinen Theorie:

$q = p \equiv 1 \bmod 4$; $n = 2$, also ψ der quadratische Charakter mod p;

$$m = \frac{p-1}{2}, \text{ also } \mathfrak{G}^m = (\pm 1); \quad \mathfrak{R} = \left(1, 2, \ldots, \frac{p-1}{2}\right);$$

$$k = 2,\ l = \frac{p-1}{4}, \text{ also } \mathfrak{G}^k = (\pm \mathfrak{a}); \quad \mathfrak{r}_1 = \mathfrak{a},\ \mathfrak{r}_2 = \mathfrak{b}.$$

In diesem Sinne hat man also

$$\varepsilon^h = \psi(2) \frac{\Theta_{\frac{1}{2}\mathfrak{b}}(\psi_m)}{\Theta_{\frac{1}{2}\mathfrak{a}}(\psi_m)}.$$

Wir behalten im folgenden die Beziehungen m, l für $\frac{p-1}{2}$, $\frac{p-1}{4}$ bei.

2. Wir geben jetzt die in unsere allgemeinen Produktformeln eingehenden Ausdrücke $R_i(\psi_m)$, $P_i(\chi, \psi_m)$ für den vorliegenden Spezialfall an. Es ist zunächst

$$R_1(\psi_m) = \sum_{\substack{\mathfrak{a}\mathfrak{x} = 1 \\ \mathfrak{x} \text{ in } \mathfrak{G}^m}} \psi_m(|\mathfrak{x}|) = \sum_{\substack{\mathfrak{a}\mathfrak{x} \equiv 1 \bmod p \\ \mathfrak{x} = (\pm 1, \ldots, \pm 1)}} |\mathfrak{x}| = A,$$

$$R_2(\psi_m) = \sum_{\substack{\mathfrak{b}\mathfrak{x} = 1 \\ \mathfrak{x} \text{ in } \mathfrak{G}^m}} \psi_m(|\mathfrak{x}|) = \sum_{\substack{\mathfrak{b}\mathfrak{x} \equiv 1 \bmod p \\ \mathfrak{x} = (\pm 1, \ldots, \pm 1)}} |\mathfrak{x}| = B.$$

Die Lösungen von $\chi^2 = \psi$ sind die beiden konjugierten biquadratischen Charaktere $\chi, \bar{\chi}$ mod p. Nimmt man $\mathfrak{r} = \mathfrak{a}$ als Repräsentantensystem von $\mathfrak{G}^2/\mathfrak{G}^m$ und 1, w (wo w eine primitive Wurzel mod p ist) als Repräsentantensystem von $\mathfrak{G}/\mathfrak{G}^2$, so lauten die Repräsentantengleichungssysteme:

$$1\,\mathfrak{a} = \mathfrak{a}E, \quad w\mathfrak{a} = \mathfrak{b}W.$$

Es ist dann

$$\psi_m(|E|) = 1, \quad \psi_m(|W|) = \psi_m\left(\frac{w^l\,|\mathfrak{a}|}{|\mathfrak{b}|}\right) = (-1)^\omega,$$

wo ω die Anzahl der Koeffizienten -1 in W ist, d. h. die Anzahl derjenigen Repräsentanten a, die sich bei Multiplikation mit w auf negative Repräsentanten $-b$ reduzieren. Normiert man χ gegenüber seinem konjugierten $\bar{\chi}$ durch die Festsetzung

$$\chi(w)\,\psi_m(|W|) = (-1)^\omega \chi(w) = i,$$

so hat man hiernach weiter

$$P_1(\chi, \psi_m) = \quad A + iB = P, \qquad P_1(\bar{\chi}, \psi_m) = A - iB = \bar{P};$$
$$P_2(\chi, \psi_m) = -iA + B = -iP, \quad P_2(\bar{\chi}, \psi_m) = iA + B = i\bar{P}.$$

In die Produktformeln geht also wesentlich nur der eine vorstehend bestimmte Ausdruck $P = A + iB$ ein, und sie lauten einfach:

$$\Theta_{\mathfrak{a}}(\psi_m) = \frac{P\tau(\chi) + \bar{P}\tau(\bar{\chi})}{2},$$

$$\Theta_{\mathfrak{b}}(\psi_m) = \frac{-iP\tau(\chi) + i\bar{P}\tau(\bar{\chi})}{2}.$$

Daraus folgt:

$$\Theta_{\frac{1}{2}\mathfrak{a}}(\psi_m) = \frac{\chi(2)P\tau(\chi) + \bar{\chi}(2)\bar{P}\tau(\bar{\chi})}{2},$$

$$\Theta_{\frac{1}{2}\mathfrak{b}}(\psi_m) = \frac{-i\chi(2)P\tau(\chi) + i\bar{\chi}(\bar{2})P\tau(\bar{\chi})}{2}.$$

Wie bereits früher gezeigt, ist

$$\Theta_{\mathfrak{R}}(\psi_m) = \Theta_{\mathfrak{a}}(\psi_m)\Theta_{\mathfrak{b}}(\psi_m) = \psi(-2)\,\tau(\psi),$$

also

$$\Theta_{\frac{1}{2}\mathfrak{R}}(\psi_m) = \Theta_{\frac{1}{2}\mathfrak{a}}(\psi_m)\;\Theta_{\frac{1}{2}\mathfrak{b}}(\psi_m) = \psi(-1)\,\tau(\psi) = \tau(\psi),$$

letzteres, weil hier $p \equiv 1 \bmod 4$ ist. Damit erhält die Klassenzahlformel folgende doppelte Gestalt:

$$\varepsilon^h = \psi(2)\frac{\Theta_{\frac{1}{2}\mathfrak{b}}(\psi_m)^2}{\tau(\psi)} = \psi(2)\frac{\tau(\psi)}{\Theta_{\frac{1}{2}\mathfrak{a}}(\psi_m)^2}.$$

Dabei ist

$$\Theta_{\frac{1}{2}\mathfrak{a}}(\psi_m)^2 = \frac{\dfrac{P^2\tau(\chi)^2 + \bar{P}^2\tau(\bar{\chi})^2}{2} + \psi(2)\,P\bar{P}\tau(\chi)\tau(\bar{\chi})}{2},$$

$$\Theta_{\frac{1}{2}\mathfrak{b}}(\psi_m)^2 = \frac{\dfrac{-P^2\tau(\chi)^2 + \bar{P}^2\tau(\bar{\chi})^2}{2} + \psi(2)\,P\bar{P}\tau(\chi)\tau(\bar{\chi})}{2}.$$

3. Für die Gaußsche Summen $\tau(\chi)$, $\tau(\bar{\chi})$ gilt nun einerseits

$$\tau(\chi)\,\tau(\bar{\chi}) = \chi(-1)\,p = (-1)^l\,p = \psi(2)\,p,$$

letzteres wegen $p \equiv 1 \bmod 4$, und andererseits[2])

$$\frac{\tau(\chi)^2}{\tau(\psi)} = \psi(2)\,\pi(\chi, \psi), \qquad \frac{\tau(\bar{\chi})^2}{\tau(\psi)} = \psi(2)\,\pi(\bar{\chi}, \psi).$$

[2]) H. Davenport - H. Hasse, Die Nullstellen der Kongruenzzetafunktionen in gewissen zyklischen Fällen, J. f. Math. 172 (1934), S. 151—182, Formel (0.9_2) und § 6, II. Man beachte, daß die dortigen Gaußschen Summen und Charaktersummen noch den hier weggelassenen Faktor -1 haben.

Dabei sind

$$\pi(\chi, \psi) = \sum_{\substack{x+y=1 \\ x, y \text{ in } \mathfrak{G}}} \chi(x)\, \psi(y), \quad \pi(\bar{\chi}, \psi) = \sum_{\substack{x+y=1 \\ x, y \text{ in } \mathfrak{G}}} \bar{\chi}(x)\, \psi(y)$$

Charaktersummen von ähnlichem Bau wie unsere obigen allgemeinen Summen $R_i(\psi_m)$. Ihre arithmetische Bedeutung ist die folgende:

$$-\pi(\chi, \psi) = \pi = a + ib, \quad -\pi(\bar{\chi}, \psi) = \bar{\pi} = a - ib$$

sind die beiden Primfaktoren von

$$p = a^2 + b^2$$

im Körper von i in der Normierung

$$\pi, \bar{\pi} \equiv 1 \bmod 2\,(1 - i),$$

$$\chi(w) \equiv w^l \bmod \pi.$$

Unter Berücksichtigung der oben getroffenen Normierung von χ lautet diese Normierung von π, $\bar{\pi}$ in rationaler Form:

$$b \equiv 0 \bmod 2, \quad a + b \equiv 1 \bmod 4,$$

$$a\,|\mathfrak{a}| + b\,|\mathfrak{b}| \equiv 0 \bmod p.$$

Die erste Bedingung unterscheidet a^2 und b^2, die zweite legt das Vorzeichen von a fest, die dritte das Vorzeichen von b.

Führt man diesen Formeln für $\tau(\chi)$, $\tau(\bar{\chi})$ entsprechend die Division durch $\tau(\psi)$ aus und beachtet $\tau(\psi) = \sqrt{p}$, so erhält die Klassenzahlformel die Gestalt:

$$\boxed{\varepsilon^h = \frac{\psi(2)\,\Re(P^2\pi) + |P|^2\sqrt{p}}{2} = \frac{2}{-\psi(2)\,\Re(P^2\pi) + |P|^2\sqrt{p}}}\,.$$

Das ist die in der Einleitung angegebene Gestalt (2′) mit

$$\boxed{\begin{aligned} U &= \psi(2)\,\Re(P^2\pi) = \psi(2)\,(a(A^2 - B^2) - 2bAB) \\ V &= |P|^2 = A^2 + B^2 \end{aligned}}\,.$$

Ersichtlich sind U, V ganzrational und es ist $U \equiv V \bmod 2$. Der arithmetischen Bedeutung der Zahl $\pi = a + ib$ tritt hiernach die folgende arithmetische Bedeutung der Zahl $P = A + iB$ zur Seite: In $\varepsilon^h = \frac{U + V\sqrt{p}}{2}$ ist $V = A^2 + B^2$, und dabei sind A, B (bis auf Reihenfolge und Vorzeichen) als die angegebenen Charaktersummen zu den Repräsentantensystemen $\mathfrak{a}, \mathfrak{b}$ bestimmt.

Beispiele.

$\underline{\underline{p = 5.}}$

$$\mathfrak{a} = (1), \qquad \mathfrak{b} = (2);$$

$$\left\{\begin{matrix} 1\,x_1 \equiv 1, & 2\,x_1 \equiv 1 & \mod 5 \\ x_1 = +1, & \text{———} & \end{matrix}\right\};$$

$$A = 1, \qquad B = 0, \qquad \underline{P = 1};$$

$$5 = 1^2 + 2^2,\ a = -1,\ b = 2, \qquad \underline{\pi = -1 + 2i};$$

$$\Re(P^2\pi) = -1, \quad |P|^2 = 1, \quad \psi(2) = -1;$$

$$\frac{1+\sqrt{5}}{2} = \varepsilon^1, \qquad \underline{h = 1}.$$

$\underline{\underline{p = 13.}}$

$$\mathfrak{a} = (1, 3, 4), \quad \mathfrak{b} = (2, 5, 6);$$

$$\left\{\begin{matrix} 1\,x_1 + 3\,x_2 + 4\,x_3 \equiv 1, & 2\,x_1 + 5\,x_2 + 6\,x_3 \equiv 1 & \mod 13 \\ \text{—————————}, & +1 \quad +1 \quad -1 & \end{matrix}\right\};$$

$$A = 0, \qquad B = -1, \qquad \underline{P = -i};$$

$$13 = 3^2 + 2^2,\ a = 3,\ b = 2, \qquad \underline{\pi = 3 + 2i};$$

$$\Re(P^2\pi) = -3, \quad |P|^2 = 1, \quad \psi(2) = -1;$$

$$\frac{3+\sqrt{13}}{2} = \varepsilon^1, \qquad \underline{h = 1}.$$

$\underline{\underline{p = 17.}}$

$$\mathfrak{a} = (1, 2, 4, 8), \quad \mathfrak{b} = (3, 5, 6, 7);$$

$$\left\{\begin{matrix} 1\,x_1 + 2\,x_2 + 4\,x_3 + 8\,x_4 \equiv 1, & 3\,x_1 + 5\,x_2 + 6\,x_3 + 7\,x_4 \equiv 1 \mod 17 \\ -1 \quad -1 \quad -1 \quad +1 \quad , & -1 \quad +1 \quad +1 \quad -1 \end{matrix}\right\};$$

$$A = -1, \qquad B = +1, \qquad \underline{P = -1 + i};$$

$$17 = 1^2 + 4^2,\ a = 1,\ b = 4, \qquad \underline{\pi = 1 + 4i};$$

$$\Re(P^2\pi) = 8, \quad |P|^2 = 2, \quad \psi(2) = +1;$$

$$\frac{8 + 2\sqrt{17}}{2} = 4 + \sqrt{17} = \varepsilon_1, \qquad \underline{h = 1}.$$

(Eingegangen am 1. April 1940.)

62. Allgemeine Theorie der Gaußschen Summen in algebraischen Zahlkörpern [115]

Abhandlungen der Deutschen Akademie der Wissenschaften Berlin.
Math.-Nat. Kl. 1951, Nr. 1, 4 – 23

Einleitung

In meinem kürzlich erschienenen Buch „Vorlesungen über Zahlentheorie“ [11] habe ich am Schluß eine systematische Theorie der Gaußschen Summen zum rationalen Zahlkörper entwickelt, die von den formalen und begrifflich-algebraischen Grundlagen zu den tieferliegenden arithmetischen Eigenschaften und Fragestellungen aufsteigt. Eine entsprechende systematische Behandlung der von *Hecke* [1, 4] — siehe auch *Landau* [2] — eingeführten Verallgemeinerung der Gaußschen Summen auf algebraische Zahlkörper ist bisher nicht gegeben worden. Die vorliegende Abhandlung soll die formalen Grundlagen einer solchen Theorie in weitgehender Analogie zu dem in [11] (§ 20, **1**, **2**) behandelten rationalen Spezialfall entwickeln.

Es handelt sich dabei vornehmlich um eine klare Fassung der verschiedenen in die Definition eingehenden Gegebenheiten nebst ihren gegenseitigen Abhängigkeiten, weiter die Einführung einer geeigneten Terminologie, das Herausstellen der Beziehungen zwischen den verschiedenen Definitionsmöglichkeiten, die Herleitung der formalen Regeln und die Zurückführung der allgemeinsten Gaußschen Summen auf die in den meisten Anwendungen auftretenden normierten Gaußschen Summen. Zum Schluß wird, allerdings vorerst leider nur unter Beiseitelassen der komplizierteren Typen, die Beziehung zu den Gaußschen Summen über endlichen Körpern entwickelt.

Auf die begrifflich-algebraische Bedeutung der Gaußschen Summen als spezielle Lagrangesche Resolventen für zyklische relative Kreiskörper wird nicht eingegangen. Ebenso bleiben die tieferliegenden arithmetischen Anwendungen auf Klassenzahlbestimmung, Reziprozitätsgesetz und additive Primzahltheorie, wie sie von *Hecke* [3, 6, 7], *Mordell* [5], *Rademacher* [8], *Cramer* [9], *Kunert* [10] gegeben bzw. neu dargestellt wurden, hier außer Betracht. Für diese bisher nur durch tiefere analytische Hilfsmittel, wie Thetatransformation oder komplexe Integration herleitbaren arithmetischen Ergebnisse, wäre eine möglichst weitgehend algebraisch-arithmetische Begründung zu wünschen, analog zu der bekannten, fast reinarithmetischen Wendung, die Kronecker der Vorzeichenbestimmung der normierten quadratischen Gaußschen Summen im rationalen Zahlkörper gegeben hat [1].

---

[1] Siehe etwa im Hilbertschen Zahlbericht, § 124.

§ 1. Definition

1. Es sei K ein endlich-algebraischer Zahlkörper mit dem reziproken Differentendivisor $\mathfrak{d}^{-1} = \tilde{\mathfrak{1}}$.

Für Zahlen x aus K werde zur Abkürzung

$$e(x) = e^{2\pi i S(x)}$$

gesetzt, wo S die Spur in K bedeutet. Diese Exponentialfunktion liefert einen Homomorphismus der Additionsgruppe K^+ in (und sogar auf) die Gruppe aller Einheitswurzeln, bei dem alle Zahlen $x_0 \equiv 0 \bmod^+ \tilde{\mathfrak{1}}$ auf 1 abgebildet werden, so daß also $e(x)$ nur von der additiven Restklasse $x \bmod^+ \tilde{\mathfrak{1}}$ abhängt.

Es seien nun gegeben:

(1) Ein *Kongruenzcharakter* χ in der Divisorengruppe D von K. Sein Führer sei $\mathfrak{f}\mathfrak{u}$, zerlegt in den endlichen Bestandteil $\mathfrak{f}$ (ganzer Divisor von K) und den unendlichen Bestandteil $\mathfrak{u}$ (Produkt aus verschiedenen reellen unendlichen Primstellen von K). Genauer gesagt ist dann χ ein Homomorphismus der Untergruppe $D_{\mathfrak{f}}$ aller zu $\mathfrak{f}$ primen Divisoren $\mathfrak{x}$ von K in die Gruppe aller Einheitswurzeln, bei dem alle Zahlen $x_1 \equiv 1 \bmod \mathfrak{f}\mathfrak{u}$ auf 1 abgebildet werden, so daß also $\chi(\mathfrak{x})$ nur von der Strahlklasse $\mathfrak{x} \bmod \mathfrak{f}\mathfrak{u}$ abhängt; und es gibt keinen echten Teiler $\mathfrak{f}'\mathfrak{u}'$ von $\mathfrak{f}\mathfrak{u}$ derart, daß auch alle (zu $\mathfrak{f}$ primen) Zahlen $x_1' \equiv 1 \bmod \mathfrak{f}'\mathfrak{u}'$ auf 1 abgebildet werden. Für zu $\mathfrak{f}$ nicht prime, ganze Divisoren $\mathfrak{x}$ werde $\chi(\mathfrak{x}) = 0$ gesetzt.

(2) Ein *Erklärungsmodul* $\mathfrak{m}\mathfrak{w}$ von χ, also irgendein Vielfaches von $\mathfrak{f}\mathfrak{u}$, entsprechend zerlegt in den endlichen Bestandteil $\mathfrak{m}$ und den unendlichen Bestandteil $\mathfrak{w}$, wobei also $\mathfrak{f} \mid \mathfrak{m}$ und $\mathfrak{u} \mid \mathfrak{w}$ ist. Es kommt dann zunächst nur auf den durch χ gelieferten Homomorphismus der Untergruppe $D_{\mathfrak{m}}$ aller zu $\mathfrak{m}$ primen Divisoren von K an.

(3) Ein *Hilfsdivisor* $\mathfrak{a}$ von K; mit $\tilde{\mathfrak{a}}$ sei sein komplementärer Divisor bezeichnet, definiert durch $\mathfrak{a}\tilde{\mathfrak{a}} = \mathfrak{d}^{-1} = \tilde{\mathfrak{1}}$.

(4) Ein *Parameter* $n \neq 0$ aus K mit der Eigenschaft

$$n \equiv 0 \bmod^+ \frac{\tilde{\mathfrak{a}}}{\mathfrak{m}},$$

so daß also

$$n \cong \tilde{\mathfrak{a}}\,\frac{\mathfrak{n}}{\mathfrak{m}}$$

mit einem ganzen Divisor $\mathfrak{n}$ von K ist.

Additiv zu verstehende Kongruenzen werden im folgenden immer durch ein Pluszeichen hinter mod gekennzeichnet; fehlt dieses, so ist die gewöhnliche Kongruenz im Bereich der ganzen Zahlen von K gemeint bzw. bei Divisoren die Strahläquivalenz.

Die zu den Gegebenheiten χ, $\mathfrak{m}\mathfrak{w}$, $\mathfrak{a}$, n aus (1), (2), (3), (4) gehörige *allgemeine Gaußsche Summe* sei folgendermaßen definiert und bezeichnet:

$$\tau_n(\chi, \mathfrak{m}\mathfrak{w} \mid \mathfrak{a}) = \sum_{\substack{x \bmod^+ \mathfrak{m}\mathfrak{a},\ x \equiv 0 \bmod^+ \mathfrak{a} \\ x \cong \mathfrak{x}\mathfrak{a},\ (\mathfrak{x}, \mathfrak{m}) = 1 \\ x \equiv 1 \bmod \mathfrak{w}}} \chi(\mathfrak{x})\, e(xn).$$

Es soll also x ein primitives, für $\mathfrak{w}$ positiv normiertes Restsystem aus dem Ideal der Vielfachen von $\mathfrak{a}$ in K nach dem Ideal der Vielfachen von $\mathfrak{m}\mathfrak{a}$ in K durchlaufen, wobei primitiv bedeutet, daß die nach Wegdivision des Divisors $\mathfrak{a}$ verbleibenden ganzen Divisoren $\mathfrak{x}$ prim zu $\mathfrak{m}$ sein sollen. Ein solches Restsystem besteht aus $\Phi(\mathfrak{m})$ Gliedern, wo Φ die Eulersche Funktion in K bezeichnet. Auf die Auswahl des Restsystems kommt es nicht an. Sind nämlich $x \cong \mathfrak{x}\mathfrak{a}$, $x' \cong \mathfrak{x}'\mathfrak{a}$ zwei für $\mathfrak{w}$ positiv normierte Vielfache von $\mathfrak{a}$ mit zu $\mathfrak{m}$ primen $\mathfrak{x}$, $\mathfrak{x}'$ und ist $x' \equiv x \bmod^+ \mathfrak{m}\mathfrak{a}$, so hat man einerseits $\mathfrak{x}' \sim \mathfrak{x} \bmod \mathfrak{m}\mathfrak{w}$, also $\chi(\mathfrak{x}') = \chi(\mathfrak{x})$, und andrerseits $x'n \equiv xn \bmod^+ \tilde{\mathfrak{l}}$, also $e(x'n) = e(xn)$. Für den Parameter n kommt es nur auf die Restklasse $n \bmod^+ \tilde{\mathfrak{a}}$ an.

2. Entsprechend der Tatsache, daß $\chi(\mathfrak{x})$ nur von der Strahlklasse $\mathfrak{x} \bmod \mathfrak{m}\mathfrak{w}$ abhängt, läßt sich die Summation folgendermaßen aufspalten:

$$\tau_n(\chi, \mathfrak{m}\mathfrak{w} \mid \mathfrak{a}) = \sum_{\substack{\mathfrak{x} \bmod \mathfrak{m}\mathfrak{w} \\ \mathfrak{x}\mathfrak{a} \sim 1 \bmod \mathfrak{w} \\ \mathfrak{x} \text{ ganz}}} \chi(\mathfrak{x}) \sum_{\substack{x \bmod^+ \mathfrak{m}\mathfrak{a} \\ x \cong \mathfrak{x}\mathfrak{a},\ x \equiv 1 \bmod \mathfrak{w}}} e(xn).$$

Hierbei durchläuft $\mathfrak{x}$ ein ganzes Vertretersystem derjenigen Strahlklassen $\bmod \mathfrak{m}\mathfrak{w}$, in welche die Strahlklasse $\mathfrak{a}^{-1} \bmod \mathfrak{m}$ zerfällt, und für jeden solchen Vertreter $\mathfrak{x}$ dann x ein vermöge $x \cong \mathfrak{x}\mathfrak{a}$ zugeordnetes volles System für $\mathfrak{w}$ positiver, $\bmod \mathfrak{m}$ inkongruenter Assoziierter. Diese Aufspaltung entspricht der aus den Grundlagen der Strahlklassentheorie bekannten Aufspaltung der Gliederanzahl $\Phi(\mathfrak{m}) = h_{\mathfrak{w}}(\mathfrak{m})\, e_{\mathfrak{w}}(\mathfrak{m})$ in die Anzahl $h_{\mathfrak{w}}(\mathfrak{m})$ der Strahlklassen $\bmod \mathfrak{m}\mathfrak{w}$ in jeder Strahlklasse $\bmod \mathfrak{w}$ von K und die Anzahl $e_{\mathfrak{w}}(\mathfrak{m})$ der für $\mathfrak{w}$ positiven, $\bmod \mathfrak{m}$ inkongruenten Einheiten aus K. Im folgenden wird es jedoch auf diese für die Theorie der abelschen L-Funktionen $L(s \mid \chi)$ über K wichtige Schreibweise der Gaußschen Summen nicht ankommen.

3. Um die Durchsichtigkeit der nachstehend für die allgemeinen Gaußschen Summen zu entwickelnden formalen Regeln zu erhöhen, ist es zweckmäßig, in die Bezeichnung auch noch den durch den Hilfsdivisor $\mathfrak{a}$ und den Parameter n gemäß

$$n \cong \tilde{\mathfrak{a}} \frac{\mathfrak{n}}{\mathfrak{m}}$$

bestimmten ganzen Divisor $\mathfrak{n}$ als weiteren, a b h ä n g i g e n Parameter aufzunehmen. Dies möge durch die im folgenden meist verwendete, aufgefüllte Schreibweise

$$\tau_{n,\mathfrak{n}}(\chi, \mathfrak{m}\mathfrak{w} \mid \mathfrak{a}) \quad \text{für} \quad \tau_n(\chi, \mathfrak{m}\mathfrak{w} \mid \mathfrak{a}) \quad \text{mit} \quad n \cong \tilde{\mathfrak{a}} \frac{\mathfrak{n}}{\mathfrak{m}}$$

geschehen. Man kann dann auch die beiden Parameter

n als Zahl $\neq 0$ aus K,

$\mathfrak{n}$ als ganzen Divisor von K

als voneinander u n a b h ä n g i g gegeben und den Hilfsdivisor $\mathfrak{a}$ als durch sie bestimmt ansehen. Dieser Auffassung entsprechend werde, wo es auf den Hilfsdivisor $\mathfrak{a}$ nicht ankommt, kürzer $\tau_{n,\mathfrak{n}}(\chi, \mathfrak{m}\mathfrak{w})$ für $\tau_{n,\mathfrak{n}}(\chi, \mathfrak{m}\mathfrak{w} \mid \mathfrak{a})$ geschrieben.

§ 2. Abhängigkeit von Hilfsdivisor, Reduktion des Hilfsdivisors auf 1

1. Es ist möglich, den in der allgemeinen Definition aus § 1, 1 zugrundeliegenden Hilfsdivisor $\mathfrak{a}$ in irgendeinen anderen Divisor $\mathfrak{b}$ von K überzuführen, wobei sich dann gleichzeitig die beiden Parameter $n, \mathfrak{n}$ entsprechend ändern und Werte des Charakters χ als Faktoren vortreten. Diese Umformung beruht auf zwei formalen Regeln, die das Verhalten der Gaußschen Summen bei Multiplikation von $\mathfrak{a}$ mit irgendeinem ganzen, zu $\mathfrak{m}$ primen Divisor $\mathfrak{c}$ von K bzw. bei Division von $\mathfrak{a}$ durch irgendeine Zahl $c \neq 0$ aus K betreffen. Die Kombination dieser beiden Operationen erlaubt es in der Tat, den Hilfsdivisor $\mathfrak{a}$ in irgendeinen anderen Divisor $\mathfrak{b}$ von K überzuführen; denn in der absoluten Klasse von $\mathfrak{b}\mathfrak{a}^{-1}$ gibt es ganze, zu $\mathfrak{m}$ prime Divisoren $\mathfrak{c}$ von K, und für jeden solchen hat man

$$\frac{\mathfrak{c}}{c}\,\mathfrak{a} = \mathfrak{b}$$

mit einer Zahl $c \neq 0$ aus K.

Hilfsdivisorregel I. *Für jeden ganzen, zu* $\mathfrak{m}$ *primen Divisor* $\mathfrak{c}$ *von* K *gilt:*

$$\tau_{n,\,\mathfrak{c}\mathfrak{n}}(\chi, \mathfrak{m}\mathfrak{w} \mid \mathfrak{c}\mathfrak{a}) = \bar{\chi}(\mathfrak{c})\, \tau_{n,\,\mathfrak{n}}(\chi, \mathfrak{m}\mathfrak{w} \mid \mathfrak{a}).$$

Dabei bedeutet $\bar{\chi} = \chi^{-1}$ den zu χ *konjugiert-komplexen* oder, was dasselbe, *reziproken Charakter.*

Beweis. Definitionsgemäß ist

$$\tau_{n,\,\mathfrak{c}\mathfrak{n}}(\chi, \mathfrak{m}\mathfrak{w} \mid \mathfrak{c}\mathfrak{a}) = \sum_{\substack{x \bmod^+ \mathfrak{m}\mathfrak{c}\mathfrak{a},\ x \equiv 0 \bmod^+ \mathfrak{c}\mathfrak{a} \\ x \cong \mathfrak{x}\mathfrak{c}\mathfrak{a},\ (\mathfrak{x}, \mathfrak{m}) = 1 \\ x \equiv 1 \bmod \mathfrak{w}}} \chi(\mathfrak{x})\, e(xn) = \bar{\chi}(\mathfrak{c}) \sum_{\substack{x \bmod^+ \mathfrak{m}\mathfrak{c}\mathfrak{a},\ x \equiv 0 \bmod^+ \mathfrak{c}\mathfrak{a} \\ x \cong \mathfrak{x}\mathfrak{c}\mathfrak{a},\ (\mathfrak{x}, \mathfrak{m}) = 1 \\ x \equiv 1 \bmod \mathfrak{w}}} \chi(\mathfrak{x}\mathfrak{c})\, e(xn).$$

Da $\mathfrak{c}$ ganz sein soll, folgt nun aus $x \equiv 0 \bmod^+ \mathfrak{c}\mathfrak{a}$ sicher $x \equiv 0 \bmod^+ \mathfrak{a}$. Und da zudem $\mathfrak{c}$ prim zu m sein soll, besteht für zwei Zahlen $x, x' \equiv 0 \bmod^+ \mathfrak{c}\mathfrak{a}$ eine Kongruenz $x' \equiv x \bmod^+ \mathfrak{m}\mathfrak{c}\mathfrak{a}$ schon dann (und wie eben auch nur dann), wenn die Kongruenz $x' \equiv x \bmod^+ \mathfrak{m}\mathfrak{a}$ besteht; denn ist $x' - x \equiv 0 \bmod^+ \mathfrak{c}\mathfrak{a}$ und $\bmod^+ \mathfrak{m}\mathfrak{a}$, so auch $\bmod^+ (\mathfrak{c}, \mathfrak{m})\,\mathfrak{a}$. Folglich kann der Faktor $\mathfrak{c}$ in der ersten Zeile der Summationsvorschrift weggelassen werden. In der zweiten Zeile darf $(\mathfrak{x}, \mathfrak{m}) = 1$ durch $(\mathfrak{x}\mathfrak{c}, \mathfrak{m}) = 1$ ersetzt werden. Dann kann aber in der Summe durchweg die Substitution $\mathfrak{x}\mathfrak{c} \rightarrow \mathfrak{x}$ gemacht werden, und diese ergibt die Definitionsformel für $\tau_{n,\,\mathfrak{n}}(\chi, \mathfrak{m}\mathfrak{w} \mid \mathfrak{a})$, wie behauptet.

Hilfsdivisorregel II. *Für jede Zahl* $c \neq 0$ *aus* K *gilt:*

$$\tau_{cn,\,\mathfrak{n}}(\chi, \mathfrak{m}\mathfrak{w} \mid c^{-1}\mathfrak{a}) = v(c)\, \tau_{n,\,\mathfrak{n}}(\chi, \mathfrak{m}\mathfrak{w} \mid \mathfrak{a}).$$

Dabei bedeutet v den durch χ eindeutig bestimmten *Vorzeichencharakter* mod $\mathfrak{w}$, vom Führer $\mathfrak{u}$, im Bereich der Zahlen $c \neq 0$ aus K, definiert durch

$$v(c) = \chi(t) \qquad \text{mit} \qquad t \equiv 1 \bmod \mathfrak{m}, \qquad t \equiv c \bmod \mathfrak{w},$$

unabhängig von der Wahl der Hilfszahl t aus K.

Beweis. Definitionsgemäß ist

$$\tau_{cn,\,\mathfrak{n}}(\chi, \mathfrak{m}\mathfrak{w} \mid c^{-1}\mathfrak{a}) = \sum_{\substack{x \bmod^+ \mathfrak{m}c^{-1}\mathfrak{a},\ x \equiv 0 \bmod^+ c^{-1}\mathfrak{a} \\ x \cong \mathfrak{x}c^{-1}\mathfrak{a},\ (\mathfrak{x}, \mathfrak{m}) = 1 \\ x \equiv 1 \bmod \mathfrak{w}}} \chi(\mathfrak{x})\, e(xcn) = \sum_{\substack{x \bmod^+ \mathfrak{m}\mathfrak{a},\ x \equiv 0 \bmod^+ \mathfrak{a} \\ x \cong \mathfrak{x}\mathfrak{a},\ (\mathfrak{x}, \mathfrak{m}) = 1 \\ x \equiv c \bmod \mathfrak{w}}} \chi(\mathfrak{x})\, e(xn),$$

letzteres auf Grund der Summationstransformation $xc \rightarrow x$. Wird nun t zu c wie angegeben und überdies ganz gewählt, so erhält man durch die Summationstransformation $x \rightarrow xt$ im Hinblick auf $tn \equiv n \bmod^+ \mathfrak{d}$, also $e(xtn) = e(xn)$, weiter:

$$\tau_{cn,\,\mathfrak{n}}(\chi, \mathfrak{m}\mathfrak{w} \mid c^{-1}\mathfrak{a}) = \tau_{n,\,t\mathfrak{n}}(\chi, \mathfrak{m}\mathfrak{w} \mid t\mathfrak{a}) = \bar{\chi}(t)\, \tau_{n,\,\mathfrak{n}}(\chi, \mathfrak{m}\mathfrak{w} \mid \mathfrak{a}),$$

letzteres nach der Hilfsdivisorregel I. Wegen $\bar{\chi}(t) = \bar{v}(t) = v(t)$ ergibt das die Behauptung.

2. Durch Kombination der beiden Hilfsdivisorenregeln erhält man:

Allgemeine Hilfsdivisorregel. *Für jeden ganzen, zu* $\mathfrak{m}$ *primen Divisor* $\mathfrak{c}$ *von* K *und jede Zahl* $c \neq 0$ *aus* K *gilt:*

$$\tau_{cn,\,\mathfrak{c}\mathfrak{n}}\left(\chi, \mathfrak{m}\mathfrak{w} \,\middle|\, \frac{\mathfrak{c}}{c}\,\mathfrak{a}\right) = v(c)\, \bar{\chi}(\mathfrak{c})\, \tau_{n,\,\mathfrak{n}}(\chi, \mathfrak{m}\mathfrak{w} \mid \mathfrak{a}).$$

Auf Grund dieser Regel kann, wie zu Beginn von **1** gesagt, durch geeignete Wahl von $c, \mathfrak{c}$ links jeder beliebige Divisor $\mathfrak{b}$ von K als neuer Hilfsdivisor $\frac{\mathfrak{c}}{c}\mathfrak{a} = \mathfrak{b}$ eingeführt werden; dies ist mit der Parametersubstitution $n \to cn$, $\mathfrak{n} \to \mathfrak{c}\mathfrak{n}$ verbunden, und rechts tritt das Charakterwertprodukt $v(c)\,\bar{\chi}(\mathfrak{c})$ als Faktor vor.

Es sei noch der Spezialfall $\mathfrak{b} = 1$ hervorgehoben, der im folgenden anzuwenden sein wird:

Hilfsdivisorreduktion. *Für jeden ganzen, zu* $\mathfrak{m}$ *primen Divisor* $\mathfrak{c} \sim \mathfrak{a}^{-1}$ *nebst zugehöriger Zahl* $c \cong \mathfrak{c}\mathfrak{a}$ *gilt:*

$$\tau_{n,\mathfrak{n}}(\chi, \mathfrak{m}\mathfrak{w} \mid \mathfrak{a}) = v(c)\,\chi(\mathfrak{c})\,\tau_{cn,\,\mathfrak{c}\mathfrak{n}}(\chi, \mathfrak{m}\mathfrak{w} \mid 1).$$

Dabei ist in der (mit nicht-transformierten Parametern $n, \mathfrak{n}$ geschriebenen) expliziten Darstellung

$$\tau_{n,\mathfrak{n}}(\chi, \mathfrak{m}\mathfrak{w} \mid 1) = \sum_{\substack{x \bmod \mathfrak{m},\ x \text{ ganz} \\ (x, \mathfrak{m}) = 1,\ x \equiv 1 \bmod \mathfrak{w}}} \chi(x)\, e(xn)$$

der Parameter $n \cong \tilde{1}\,\frac{\mathfrak{n}}{\mathfrak{m}}$, und die Summation ist über ein ganzzahliges, primes, für $\mathfrak{w}$ positiv normiertes Restsystem $x \bmod \mathfrak{m}$ im gewöhnlichen Sinne erstreckt. Es kommt dann nur auf den durch χ gelieferten Charakter in der Multiplikationsgruppe $K^{\times}$, genauer in der Untergruppe $K_{\mathfrak{m}}^{\times}$ aller zu $\mathfrak{m}$ primen Zahlen aus K an.

Man kann die Hilfsdivisorregel auch, der Auffassung aus § 1, **3** entsprechend, als Regeln über die Art der Abhängigkeit von den beiden unabhängigen Parametern $n, \mathfrak{n}$ ansehen. Die sich daraus ergebende Reduktion der Parameter $n, \mathfrak{n}$ wird zweckmäßig erst im Anschluß an die zunächst zu gebende Reduktion des Erklärungsmoduls $\mathfrak{m}\mathfrak{w}$ behandelt, weil sie sich auf die bei dieser auftretenden Bestimmungsstücke stützt.

§ 3. Reduktion des Erklärungsmoduls auf den Führer, primitive und eigentliche Gaußsche Summen

1. Der in der allgemeinen Definition aus § 1, **1** vorgegebene beliebige Erklärungsmodul $\mathfrak{m}\mathfrak{w}$ des Charakters χ läßt sich durch Gliederzusammenfassungen in der Gaußschen Summe auf den Führer $\mathfrak{f}\mathfrak{u}$ reduzieren. Für diese Reduktion kommt es auf den in dem Parameter $n \cong \tilde{\mathfrak{a}}\,\frac{\mathfrak{n}}{\mathfrak{m}}$ auftretenden Divisorbruch $\frac{\mathfrak{n}}{\mathfrak{m}}$ mit $\mathfrak{f} \mid \mathfrak{m}$ an.

Im folgenden sei

$$\frac{\mathfrak{n}}{\mathfrak{m}} = \frac{\mathfrak{n}_0}{\mathfrak{m}_0} \quad \text{mit } \mathfrak{f} \mid \mathfrak{m}_0, \quad \left(\mathfrak{n}_0, \frac{\mathfrak{m}_0}{\mathfrak{f}}\right) = 1$$

die bis auf den Nennerfaktor $\mathfrak{f}$ *reduzierte Darstellung* jenes Bruches. Sie ist als die niedrigste Bruchdarstellung von $\frac{\mathfrak{n}}{\mathfrak{m}}$ gekennzeichnet, für deren Nenner $\mathfrak{m}_0$ auch noch $\mathfrak{m}_0\mathfrak{w}$ ein Erklärungsmodul von χ ist; für den Zähler $\mathfrak{n}_0$ ist dabei der größte gemeinsame Teiler

$$(\mathfrak{n}_0, \mathfrak{m}_0) = (\mathfrak{n}_0, \mathfrak{f}) = \mathfrak{f}_0$$

ein gewisser Teiler von $\mathfrak{f}$. Dann und nur dann ist die bis auf $\mathfrak{f}$ reduzierte Bruchdarstellung $\frac{\mathfrak{n}_0}{\mathfrak{m}_0}$ bereits die vollständig reduzierte Bruchdarstellung von $\frac{\mathfrak{n}}{\mathfrak{m}}$, wenn der Teiler $\mathfrak{f}_0 = 1$ ist. Dieser letztere Fall, der sich als allein wesentlich erweisen wird, kann formal durch $\chi(\mathfrak{n}_0) \neq 0$ gekennzeichnet werden.

2. Eine Gaußsche Summe $\tau_{n,\mathfrak{n}}(\chi, \mathfrak{m}\mathfrak{w}\,|\,\mathfrak{a})$, bei der von vornherein $\frac{\mathfrak{n}}{\mathfrak{m}}$ die bis auf $\mathfrak{f}$ reduzierte Bruchdarstellung ist, bei der also $\left(\mathfrak{n}, \frac{\mathfrak{m}}{\mathfrak{f}}\right) = 1$, $\mathfrak{n}_0 = \mathfrak{n}$, $\mathfrak{m}_0 = \mathfrak{m}$ ist, heiße eine *primitive Gaußsche Summe*; es ist dann schon $(\mathfrak{n}, \mathfrak{m}) = \mathfrak{f}_0$ ein Teiler von $\mathfrak{f}$ (aber nicht notwendig umgekehrt). Die Bezeichnung „primitiv" wurde gewählt, weil in dem am Schluß von **1** hervorgehobenen, allein wesentlichen Spezialfall $\mathfrak{f}_0 = 1$, wo also $\frac{\mathfrak{n}}{\mathfrak{m}}$ von vornherein die vollständig reduzierte Bruchdarstellung ist, das Argument $xn \cong \mathfrak{x}\mathfrak{a} \cdot \tilde{\mathfrak{a}} \frac{\mathfrak{n}}{\mathfrak{m}} = \tilde{\mathfrak{l}} \frac{\mathfrak{x}\,\mathfrak{n}}{\mathfrak{m}}$ der in der Summe auftretenden Exponentialfunktion in geometrischer Ausdrucksweise ein volles Vertretersystem mod$^+$ $\tilde{\mathfrak{l}}$ inkongruenter „primitiver" $\mathfrak{m}$-ter Teilpunkte des Gitters der Vielfachen von $\tilde{\mathfrak{l}}$ aus K durchläuft.

Eine Gaußsche Summe $\tau_{n,\mathfrak{n}}(\chi, \mathfrak{f}\mathfrak{u}\,|\,\mathfrak{a})$, bei der von vornherein der Erklärungsmodul $\mathfrak{m}\mathfrak{w}$ mit dem Führer $\mathfrak{f}\mathfrak{u}$ von χ zusammenfällt, bei der also $\mathfrak{m} = \mathfrak{f}$, $\mathfrak{w} = \mathfrak{u}$ ist, heiße eine *eigentliche Gaußsche Summe*, weil bei ihr der Charakter χ in seinem vollen Argumentbereich $(\mathfrak{x}, \mathfrak{f}) = 1$ als eigentlicher Charakter erfaßt wird. In der Bezeichnung werde dann der Erklärungsmodul $\mathfrak{f}\mathfrak{u}$, als bereits durch den Charakter χ bestimmt, weggelassen, also kürzer $\tau_{n,\mathfrak{n}}(\chi\,|\,\mathfrak{a})$ geschrieben. Man kann dabei ferner auch die Bedingung $(\mathfrak{x}, \mathfrak{f}) = 1$ in der Summationsvorschrift weglassen, da das nur eine Auffüllung der Summe durch Nullglieder zur Folge hat. Dies wird später an einigen Stellen wesentlich sein; zunächst soll es nicht geschehen.

Eine eigentliche Gaußsche Summe ist a fortiori primitiv, da die Bedingung $(\mathfrak{n}, 1) = 1$ trivialerweise erfüllt ist, und es ist $\mathfrak{f}_0 = (\mathfrak{n}, \mathfrak{f})$.

3. Es sollen die beiden folgenden Reduktionsregeln bewiesen werden:

Reduktion I (allgemeine auf primitive Gaußsche Summen).

$$\tau_{n,\mathfrak{n}}(\chi, \mathfrak{m}\mathfrak{w}\,|\,\mathfrak{a}) = \frac{\Phi(\mathfrak{m})}{\Phi(\mathfrak{m}_0)}\, \tau_{n,\mathfrak{n}_0}(\chi, \mathfrak{m}_0\mathfrak{w}\,|\,\mathfrak{a}).$$

Reduktion II (primitive auf eigentliche Gaußsche Summen).

$$\tau_{n,\mathfrak{n}_0}(\chi, \mathfrak{m}_0\mathfrak{w}\,|\,\mathfrak{a}) = \mu\left(\frac{\mathfrak{m}_0}{\mathfrak{f}}\right)\chi\left(\frac{\mathfrak{m}_0}{\mathfrak{f}}\right)\tau_{n,\mathfrak{n}_0}\left(\chi, \mathfrak{f}\mathfrak{u}\,\middle|\,\frac{\mathfrak{m}_0}{\mathfrak{f}}\mathfrak{a}\right) = \mu\left(\frac{\mathfrak{m}_0}{\mathfrak{f}}\right)\chi\left(\frac{\mathfrak{m}_0}{\mathfrak{f}}\right)\tau_{n,\mathfrak{n}_0}\left(\chi\,\middle|\,\frac{\mathfrak{m}_0}{\mathfrak{f}}\mathfrak{a}\right).$$

Bei der Reduktion I tritt als Faktor einfach der Quotient der Gliederanzahlen beider Summen vor; dieser ist von Null verschieden.

Bei der Reduktion II bedeutet μ die Möbiussche Funktion in ihrer formalen Verallgemeinerung auf Divisoren von K. Der vortretende Faktor kann hier Null sein, nämlich genau dann, wenn der ganze Divisor $\frac{\mathfrak{m}_0}{\mathfrak{f}}$ entweder nicht quadratfrei oder nicht prim zu $\mathfrak{f}$ ist.

Beweis. Man kann ohne Einschränkung, zur Vereinfachung der sonst etwas komplizierter zu beschreibenden Summationsreduktionen, die in § 2, **2** gegebene Reduktion des Hilfsdivisors $\mathfrak{a}$ auf 1 als vollzogen voraussetzen. Sind nämlich die Formeln I und II für $\mathfrak{a} = 1$ bewiesen, so folgt ihre Richtigkeit für beliebiges $\mathfrak{a}$ nach jener Hilfsdivisorreduktion, wenn man bei I beachtet, daß das dortige $\mathfrak{c}$ ganz und prim zu $\mathfrak{m}$ und daher der bis auf $\mathfrak{f}$ reduzierte Nenner $\mathfrak{m}_0$ bei der mit der Reduktion verbundenen Parametersubstitution $\mathfrak{n} \to \mathfrak{c}\mathfrak{n}$ invariant ist, und bei II, daß die Reduktion von $\frac{\mathfrak{m}_0}{\mathfrak{f}}\mathfrak{a}$ auf $\frac{\mathfrak{m}_0}{\mathfrak{f}}$ rechts mit denselben c, $\mathfrak{c}$ erfolgen kann wie die Reduktion von $\mathfrak{a}$ auf 1 links.

Demgemäß werde (unter Änderung der Parameterbezeichnung) die Gaußsche Summe

$$\tau_{n,\mathfrak{n}}(\chi, \mathfrak{m}\mathfrak{w} \mid 1) = \sum_{\substack{x \bmod \mathfrak{m},\ x \text{ ganz} \\ (x,\mathfrak{m})=1,\ x \equiv 1 \bmod \mathfrak{w}}} \chi(x)\, e(xn)$$

mit

$$n \cong \tilde{1}\frac{\mathfrak{n}}{\mathfrak{m}} = \tilde{1}\frac{\mathfrak{n}_0}{\mathfrak{m}_0}, \quad \mathfrak{f} \mid \mathfrak{m}_0, \quad \left(\mathfrak{n}_0, \frac{\mathfrak{m}_0}{\mathfrak{f}}\right) = 1$$

betrachtet, in der die Summationsvorschrift vereinfacht ist.

Daß bei der Reduktion I einfach der Quotient $\dfrac{\Phi(\mathfrak{m})}{\Phi(\mathfrak{m}_0)}$ aus den Gliederanzahlen der Summen links und rechts als Faktor vortritt, ist ohne weiteres klar; denn wegen $\mathfrak{f} \mid \mathfrak{m}_0$ hängt $\chi(x)$ nur von der Restklasse $x \bmod \mathfrak{m}_0\mathfrak{w}$ ab, und wegen $n \equiv 0 \bmod \dfrac{\tilde{1}}{\mathfrak{m}_0}$ hängt $e(xn)$ nur von der Restklasse $x \bmod \mathfrak{m}_0$ ab. Entsprechend der Reduktion von $\mathfrak{m}$ auf $\mathfrak{m}_0$ wird natürlich der von $n, \mathfrak{a}, \mathfrak{m}$ abhängige Parameter $\mathfrak{n}$ auf $\mathfrak{n}_0$ reduziert.

Bei der Reduktion II ist unmittelbar klar, daß der unendliche Bestandteil $\mathfrak{w}$ ohne weitere Änderungen durch $\mathfrak{u}$ ersetzt werden darf; denn $\chi(x)$ hängt nur von der Restklasse $x \bmod \mathfrak{m}_0\mathfrak{u}$ und $e(xn)$ sogar nur von der Restklasse $x \bmod \mathfrak{m}_0$ ab. Es bleibt dann zu zeigen, *daß bei der Reduktion des Summationsbereichs von* $\mathfrak{m}_0$ *auf* $\mathfrak{f}$ *der Faktor* $\mu\left(\dfrac{\mathfrak{m}_0}{\mathfrak{f}}\right)\chi\left(\dfrac{\mathfrak{m}_0}{\mathfrak{f}}\right)$ *vortritt und der Hilfsdivisor* 1 *zu* $\dfrac{\mathfrak{m}_0}{\mathfrak{f}}$ *wird*, letzteres im Einklang mit der allgemeinen Beziehung zwischen $n, \mathfrak{a}, \mathfrak{m}, \mathfrak{n}$. Der Beweis hierfür kann durch schrittweises Abspalten der einzelnen Primdivisoren $\mathfrak{p}$ von $\dfrac{\mathfrak{m}_0}{\mathfrak{f}}$ unter jeweiliger Hilfsdivisorreduktion auf 1 geführt werden. Es genügt, einen solchen Elementarschritt durchzuführen. Unter vorübergehender Änderung der Bedeutung von $\mathfrak{f}$ läuft dies darauf hinaus, die eben ausgesprochene Behauptung unter der speziellen Voraussetzung zu beweisen, daß $\mathfrak{m}_0 = \mathfrak{p}\mathfrak{f}$ mit einem Primdivisor $\mathfrak{p}$ von K ist, wobei jetzt $\mathfrak{f}\mathfrak{u}$ nur noch einen möglichen Erklärungsmodul, nicht mehr notwendig den Führer von χ bedeutet. Man hat dann zu zeigen, *daß bei der Reduktion des Summationsbereichs von* $\mathfrak{p}\mathfrak{f}$ *auf* $\mathfrak{f}$ *der Faktor* $-\chi(\mathfrak{p})$ *vortritt und der Hilfsdivisor* 1 *zu* $\mathfrak{p}$ *wird.*

Die Durchführung dieser Elementarreduktion für die Summe

$$\tau_{n,\mathfrak{n}}(\chi, \mathfrak{p}\mathfrak{f}\cdot\mathfrak{u} \mid 1) = \sum_{\substack{x \bmod \mathfrak{p}\mathfrak{f},\ x \text{ ganz} \\ (x,\mathfrak{p}\mathfrak{f})=1,\ x \equiv 1 \bmod \mathfrak{u}}} \chi(x)\, e(xn)$$

mit

$$n \cong \tilde{1}\frac{\mathfrak{n}_0}{\mathfrak{p}\mathfrak{f}} \qquad (\mathfrak{n}_0, \mathfrak{p}) = 1$$

erfolgt nach dem für den Spezialfall des rationalen Zahlkörpers $\mathsf{K} = \mathsf{P}$ in [11], § 20, 1, III (S. 426f.) dargelegten formalen Schema. Da aber hier $\mathfrak{f}$ nicht notwendig Hauptdivisor ist, muß der dortige Ansatz zur Reduktion des Summationsbereichs etwas modifiziert werden:

$$x = x' + y \quad \text{mit} \left\{\begin{matrix} x' \bmod \mathfrak{f}, & x' \text{ ganz} \\ (x', \mathfrak{f}) = 1, & x' \equiv 1 \bmod \mathfrak{u} \end{matrix}\right\} \quad \text{und} \quad \left\{\begin{matrix} y \bmod^{+} \mathfrak{p}\mathfrak{f}, & y \equiv 0 \bmod^{+} \mathfrak{f} \\ y \not\equiv -x' \bmod \mathfrak{p}, & y \equiv 1 \bmod \mathfrak{u} \end{matrix}\right\}.$$

Durch diesen Ansatz erhält man in der Tat gerade ein Restsystem $x \bmod \mathfrak{p}\mathfrak{f}$ mit den verlangten Eigenschaften.

Da $x \equiv x' \bmod \mathfrak{f}\mathfrak{u}$ und $\mathfrak{f}\mathfrak{u}$ ein Erklärungsmodul für χ ist, hat man dabei $\chi(x) = \chi(x')$, während $e(xn) = e(x'n)\, e(yn)$ ist. Hiernach wird zunächst

$$\tau_{n,\mathfrak{n}_0}(\chi, \mathfrak{p}\mathfrak{f}\cdot\mathfrak{u} \mid 1) = \sum_{\substack{x' \bmod \mathfrak{f},\ x' \text{ ganz} \\ (x',\mathfrak{f}) \equiv 1,\ x' \equiv 1 \bmod \mathfrak{u}}} \chi(x')\, e(x'n) \sum_{\substack{y \bmod^{+} \mathfrak{p}\mathfrak{f},\ y \equiv 0 \bmod^{+} \mathfrak{f} \\ y \not\equiv -x' \bmod \mathfrak{p}}} e(yn),$$

wobei in der inneren Summe die Vorzeichenvorschrift $y \equiv 1 \bmod \mathfrak{u}$ weggelassen werden konnte, da $e(yn)$ nur von der Restklasse $y \bmod^+ \mathfrak{p}\mathfrak{f}$ abhängt.

Ist nun $\mathfrak{p} \mid \mathfrak{f}$, so ist die Einschränkung $y \not\equiv -x' \bmod \mathfrak{p}$ wegen $(x', \mathfrak{f}) = 1$ von selbst erfüllt. Nach den anschließend in **4** bewiesenen elementaren Exponentialformeln ist dann die über ein volles Restsystem $y \bmod^+ \mathfrak{p}\mathfrak{f}$ mit $y \equiv 0 \bmod^+ \mathfrak{f}$ erstreckte innere Summe gleich Null, weil $\mathfrak{p}$ wegen $(\mathfrak{n}_0, \mathfrak{p}) = 1$ im Nenner von $n \cong \tilde{\mathfrak{l}} \frac{\mathfrak{n}_0}{\mathfrak{p}\mathfrak{f}}$ bezüglich $\tilde{\mathfrak{l}}$ steckt. Somit gilt:

$$\tau_{n, \mathfrak{n}_0}(\chi, \mathfrak{p}\mathfrak{f}\cdot\mathfrak{u} \mid 1) = 0 \quad \text{für } \mathfrak{p} \mid \mathfrak{f},$$

wie zu zeigen war.

Ist aber $\mathfrak{p} \nmid \mathfrak{f}$, so scheidet auf Grund jener Einschränkung für jede vorkommende Restklasse $x' \bmod \mathfrak{f}$ genau eine Restklasse $y' \bmod^+ \mathfrak{p}\mathfrak{f}$ aus, nämlich die durch $y' \equiv 0 \bmod^+ \mathfrak{f}$, $y' \equiv -x' \bmod^+ \mathfrak{p}\mathfrak{f}$ gekennzeichnete, wobei noch wieder $y' \equiv 1 \bmod u$ normiert sei. Daher ist dann nach jenen Exponentialformeln die innere Summe gleich $-e(y'n)$, und es wird

$$\tau_{n, \mathfrak{n}_0}(\chi, \mathfrak{p}\mathfrak{f}\cdot\mathfrak{u} \mid 1) = - \sum_{\substack{x' \bmod \mathfrak{f},\ x' \text{ ganz} \\ (x', \mathfrak{f}) = 1,\ x' \equiv 1 \bmod \mathfrak{u}}} \chi(x')\, e((x' + y')\, n) \qquad \text{für } \mathfrak{p} \nmid \mathfrak{f}.$$

Unter Beachtung der Normierung $y' \equiv 1 \bmod \mathfrak{u}$ kann hier in der Summationsvorschrift und im χ-Argument x' durch $x'' = x' + y'$ ersetzt werden. Da x'' ein ganzzahliges, primes, für $\mathfrak{u}$ positiv normiertes Restsystem $\bmod \mathfrak{f}$ mit der Eigenschaft $x'' \equiv 0 \bmod \mathfrak{p}$ durchläuft, ergibt sich so weiter:

$$\begin{aligned} \tau_{n, \mathfrak{n}_0}(\chi, \mathfrak{p}\mathfrak{f}\cdot\mathfrak{u} \mid 1) &= - \sum_{\substack{x'' \bmod^+ \mathfrak{f}\mathfrak{p},\ x'' \equiv 0 \bmod^+ \mathfrak{p} \\ (x'', \mathfrak{f}) = 1,\ x'' \equiv 1 \bmod \mathfrak{u}}} \chi(x'')\, e(x'' n) \\ &= -\chi(\mathfrak{p}) \sum_{\substack{x'' \bmod^+ \mathfrak{f}\mathfrak{p},\ x'' \equiv 0 \bmod^+ \mathfrak{p} \\ x'' \cong \mathfrak{x}''\mathfrak{p},\ (\mathfrak{x}'', \mathfrak{f}) = 1 \\ x'' \equiv 1 \bmod \mathfrak{u}}} \chi(\mathfrak{x}'')\, e(x'' n), \end{aligned}$$

oder also

$$\tau_{n, \mathfrak{n}_0}(\chi, \mathfrak{p}\mathfrak{f}\cdot\mathfrak{u} \mid 1) = -\chi(\mathfrak{p})\, \tau_{n, \mathfrak{n}_0}(\chi, \mathfrak{f} \mid \mathfrak{p}) \qquad \text{für } \mathfrak{p} \nmid \mathfrak{f},$$

wie zu zeigen war.

4. Die im vorstehenden Beweis benutzten elementaren Exponentialformeln lauten allgemein folgendermaßen:

Exponentialformeln. *Bei ganzem Divisor* $\mathfrak{m}$, *beliebigem Divisor* $\mathfrak{a}$ *und Zahl* $n \equiv 0 \bmod \frac{\tilde{\mathfrak{a}}}{\mathfrak{m}}$ $\left(\textit{oder also } n \cong \tilde{\mathfrak{a}} \frac{\mathfrak{n}}{\mathfrak{m}} \textit{ mit ganzem Divisor } \mathfrak{n}\right)$ *von* K *gilt:*

$$\frac{1}{\mathfrak{N}(\mathfrak{m})} \sum_{\substack{x \bmod^+ \mathfrak{m}\mathfrak{a} \\ x \equiv 0 \bmod^+ \mathfrak{a}}} e(xn) = \begin{Bmatrix} 1 \ \textit{für } n \equiv 0 \bmod^+ \tilde{\mathfrak{a}} \ (\textit{oder also } \mathfrak{m} \mid \mathfrak{n}) \\ 0 \ \textit{für } n \not\equiv 0 \bmod^+ \tilde{\mathfrak{a}} \ (\textit{oder also } \mathfrak{m} \nmid \mathfrak{n}) \end{Bmatrix}.$$

Beweis: Im Falle $\mathfrak{m} \mid \mathfrak{n}$ ist die Behauptung klar, da dann für jedes der $\mathfrak{N}(\mathfrak{m})$ Glieder gilt $xn \equiv 0 \bmod^+ \tilde{\mathfrak{l}}$, also $e(xn) = 1$.

Im Falle $\mathfrak{m} \nmid \mathfrak{n}$, auf den es in obigem Beweis ankommt, hat der Divisor $\mathfrak{a}n = \tilde{\mathfrak{l}} \frac{\mathfrak{n}}{\mathfrak{m}}$ eine gebrochene Spur[1]). Daher gibt es in K eine Zahl $m \equiv 0 \bmod^+ \mathfrak{a}$ mit $S(mn) \not\equiv 0 \bmod^+ 1$, also $e(mn) \neq 1$. Die zu betrachtende Summe bleibt dann bei der Summationstransformation $x \to x + m$ einerseits ungeändert, weil der Summationsbereich in sich übergeht, während sie andrerseits bei gliedweiser Ausführung den Faktor $e(mn) \neq 1$ bekommt. Das ist nur möglich, wenn sie gleich Null ist.

[1] Zum Spurbegriff für Divisoren von K und zu der anschließend benutzten Tatsache siehe etwa *H. Hasse*, Zahlentheorie, Berlin 1949, § 25, a), b) (S. 312ff.).

Die Exponentialformeln finden sich schon bei *Rademacher* [8], Teil III, **2. 2** und **2. 3**; sie dienen dort zur Herleitung eines Spezialfalles der obigen Reduktion II.

5. Im Anschluß an die allgemeine Hilfsdivisorregel aus § 2, **2** sei hier noch folgendes bemerkt. In obiger Reduktionsformel I ist eine Substitution

$$\mathfrak{a} \to \frac{c}{\mathfrak{c}}\,\mathfrak{a}, \quad n \to cn, \quad \mathfrak{n} \to \mathfrak{c}\mathfrak{n}, \quad \mathfrak{n}_0 \to \mathfrak{c}\mathfrak{n}_0$$

zulässig, wenn neben $c \neq 0$ der ganze Divisor $\mathfrak{c}$ nur prim zu $\frac{\mathfrak{m}_0}{\mathfrak{f}}$ ist; denn dann hat auch der Bruch $\frac{\mathfrak{c}\mathfrak{n}}{\mathfrak{m}} = \frac{\mathfrak{c}\mathfrak{n}_0}{\mathfrak{m}_0}$ den bis auf $\mathfrak{f}$ reduzierten Nenner $\mathfrak{m}_0$. Macht man in I eine solche Substitution, so ist auf die rechts entstehende primitive Gaußsche Summe die allgemeine Hilfsdivisorregel aus § 2, **2** anwendbar, wenn nur $\mathfrak{c}$ sogar prim zu $\mathfrak{m}_0$ ist. Unter dieser Voraussetzung überträgt sich dann die allgemeine Hilfsdivisorregel auf die rechts stehende allgemeine Gaußsche Summe. Damit ist gezeigt:

Zusatz zur allgemeinen Hilfsdivisorregel. *Die Voraussetzung* $(\mathfrak{c}, \mathfrak{m}) = 1$ *kann zu* $(\mathfrak{c}, \mathfrak{m}_0) = 1$ *abgeschwächt werden.*

Die Anwendung der analogen Schlußweise mit der obigen Reduktionsformel II liefert aber nicht etwa eine weitere Abschwächung der Voraussetzung auf nur $(\mathfrak{c}, \mathfrak{f}) = 1$, weil für die Invarianz von $\mathfrak{m}_0$ nach wie vor $\left(\mathfrak{c}, \frac{\mathfrak{m}_0}{\mathfrak{f}}\right) = 1$ benötigt wird.

§ 4. Parameterreduktion, normierte Gaußsche Summe; Nullregel, echte Gaußsche Summen.

1. Die bereits am Schluß von § 2, **2** angekündigte Reduktion der Parameter n, $\mathfrak{n}$ für allgemeine Gaußsche Summen stützt sich, ebenso wie die in § 3, **3** durchgeführte Reduktion des Erklärungsmoduls $\mathfrak{m}\mathfrak{w}$, auf die bis auf den Nennerfaktor $\mathfrak{f}$ reduzierte Bruchdarstellung

$$\frac{\mathfrak{n}}{\mathfrak{m}} = \frac{\mathfrak{n}_0}{\mathfrak{m}_0} \quad \text{mit} \quad \mathfrak{f} \,|\, \mathfrak{m}_0, \quad \left(\mathfrak{n}_0, \frac{\mathfrak{m}_0}{\mathfrak{f}}\right) = 1,$$

bei der $(\mathfrak{n}_0, \mathfrak{m}_0) = (\mathfrak{n}_0, \mathfrak{f}) = \mathfrak{f}_0$ ein gewisser Teiler von $\mathfrak{f}$ ist.

Parameterreduktion.

$$\tau_{n,\mathfrak{n}}(\chi, \mathfrak{m}\mathfrak{w} \,|\, \mathfrak{a}) = v(n)\,\bar{\chi}(\mathfrak{n}_0)\,\tau_{1, \frac{\mathfrak{m}}{\mathfrak{m}_0}}(\chi, \mathfrak{m}\mathfrak{w} \,|\, \tilde{\mathfrak{m}}_0).$$

Beweis: Ist $\mathfrak{f}_0 = 1$, oder also $\chi(\mathfrak{n}_0) \neq 0$, so ergibt sich die Behauptung einfach nach der allgemeinen Hilfsdivisorregel aus § 2, **2** mit den dortigen $n = 1$, $\mathfrak{n} = 1$ und mit der im vorliegenden Falle nach dem Zusatz in § 3, **5** zulässigen Transformatoren $c = n$, $\mathfrak{c} = \mathfrak{n}_0$. Hinsichtlich der Hilfsdivisoren ist zu beachten, daß aus der Voraussetzung $n \cong \tilde{\mathfrak{a}}\frac{\mathfrak{n}}{\mathfrak{m}} = \tilde{\mathfrak{a}}\frac{\mathfrak{n}_0}{\mathfrak{m}_0}$ folgt $\frac{n}{\mathfrak{n}_0}\mathfrak{a} = \frac{\tilde{1}}{\mathfrak{m}_0} = \tilde{\mathfrak{m}}_0$.

Ist $\mathfrak{f}_0 \neq 1$, oder also $\chi(\mathfrak{n}_0) = 0$, so hat der Bruch $\frac{\mathfrak{n}}{\mathfrak{m}} = \frac{\mathfrak{n}_0}{\mathfrak{m}_0}$ als vollständig reduzierten Nenner den echten Teiler $\mathfrak{f}'$ von $\mathfrak{f} = \mathfrak{f}_0\mathfrak{f}'$. Es ist zu zeigen, daß in diesem Falle $\tau_{n,\mathfrak{n}}(\chi, \mathfrak{m}\mathfrak{w} \,|\, \mathfrak{a}) = 0$ ist. Das kann auf folgende zwei Weisen geschehen.

A. Nimmt man in der allgemeinen Hilfsdivisorregel aus § 2, **2** speziell $\mathfrak{c} \cong c$, so ergibt sich, daß für jede ganze, zu $\mathfrak{m}$ prime Zahl $c \equiv 1 \bmod \mathfrak{u}$ aus K gilt:

(a) $$\tau_{cn,\, c\mathfrak{n}}(\chi, \mathfrak{m}\mathfrak{w} \,|\, \mathfrak{a}) = \bar{\chi}(c)\,\tau_{n,\mathfrak{n}}(\chi, \mathfrak{m}\mathfrak{w} \,|\, \mathfrak{a}).$$

Wählt man überdies $c \equiv 1 \bmod \mathfrak{f}'$, so daß also $cn \equiv n \bmod^+ \tilde{\mathfrak{a}}$ ist, und beachtet, daß es für die Gaußsche Summe links nur auf die Restklasse von $cn \bmod^+ \tilde{\mathfrak{a}}$ ankommt, so hat man trivialerweise auch

(b) $$\tau_{cn,\,c\mathfrak{n}}(\chi, \mathfrak{m}\mathfrak{w} \mid \mathfrak{a}) = \tau_{n,\,\mathfrak{n}}(\chi, \mathfrak{m}\mathfrak{w} \mid \mathfrak{a}).$$

Da $\mathfrak{f}'$ echter Teiler von $\mathfrak{f}$ ist, gibt es aber in K eine ganze, zu $\mathfrak{m}$ prime Zahl $c \equiv 1 \bmod \mathfrak{f}'\mathfrak{u}$ mit $\chi(c) \neq 1$. Für eine solche ergibt der Vergleich von (a) und (b), daß notwendig $\tau_{n,\,\mathfrak{n}}(\chi, \mathfrak{m}\mathfrak{w} \mid \mathfrak{a}) = 0$ ist.

B. Wie beim Beweis der Reduktionen aus § 3, 3 kann man ohne Einschränkung die Reduktion des Hilfsdivisors $\mathfrak{a}$ auf 1 (nebst der entsprechenden Parametertransformation) als vollzogen voraussetzen. In der Summe

$$\tau_{n,\,\mathfrak{n}}(\chi, \mathfrak{m}\mathfrak{w} \mid 1) = \sum_{\substack{x \bmod \mathfrak{m},\ x \text{ ganz} \\ (x,\,\mathfrak{m}) = 1,\ x \equiv 1 \bmod \mathfrak{w}}} \chi(x)\, e(xn)$$

hängt dann $e(xn)$ wegen $n \equiv 0 \bmod^+ \frac{\tilde{1}}{\mathfrak{f}'}$ nur von der Restklasse $x \bmod \mathfrak{f}'$ ab. Dementsprechend hat man

$$\tau_{n,\,\mathfrak{n}}(\chi, \mathfrak{m}\mathfrak{w} \mid 1) = \sum_{\substack{x' \bmod \mathfrak{f}',\ x' \text{ ganz} \\ (x',\,\mathfrak{f}') = 1,\ x' \equiv 1 \bmod \mathfrak{w}}} \Bigg[\sum_{\substack{x \bmod \mathfrak{m},\ x \equiv x' \bmod \mathfrak{f}' \\ (x,\,\mathfrak{m}) = 1,\ x \equiv 1 \bmod \mathfrak{w}}} \chi(x) \Bigg] e(x'n).$$

Hierin ist die innere Summe jeweils über eine volle Nebengruppe der Gruppe aller primen Restklassen $\bmod \mathfrak{m}\mathfrak{w}$ nach der Untergruppe der Restklassen $\equiv 1 \bmod \mathfrak{f}'\mathfrak{w}$ erstreckt. Da $\mathfrak{f}'$ echter Teiler von $\mathfrak{f}$ ist, ist χ in dieser Untergruppe nicht der Hauptcharakter. Nach den bekannten allgemeinen Charakterrelationen ist daher die innere Summe gleich Null, was wieder die Behauptung $\tau_{n,\,\mathfrak{n}}(\chi, \mathfrak{m}\mathfrak{w} \mid 1) = 0$ ergibt.

Dieser zweite, nochmals auf die Definitionsformel zurückgehende Beweis wurde dem ersten, formal aus der Hilfsdivisorregel gefolgerten deshalb zur Seite gestellt, weil er besser die Analogie zu der entsprechenden Schlußweise im Beweis der Reduktion II aus § 3, 3 hervortreten läßt. Er läßt erkennen, daß das Verschwinden der Gaußschen Summen im Falle, daß $\mathfrak{n}_0$ nicht prim zu $\mathfrak{f}$ ist, eine formale Folge aus den allgemeinen Charakterrelationen ist, ebenso wie das Verschwinden der Gaußschen Summen im Falle, daß $\frac{\mathfrak{m}_0}{\mathfrak{f}}$ nicht quadratfrei oder nicht prim zu $\mathfrak{f}$ ist, eine formale Folge aus den allgemeinen Exponentialformeln ist.

2. Im Spezialfall der eigentlichen Gaußschen Summen $\tau_{n,\,\mathfrak{n}}(\chi \mid \mathfrak{a})$, wo also der Erklärungsmodul gleich $\mathfrak{f}\mathfrak{u}$ und demgemäß der Parameter $n \cong \tilde{\mathfrak{a}} \frac{\mathfrak{n}}{\mathfrak{f}}$ ist, kommt man durch die Parameterreduktion auf die nur noch vom Charakter χ abhängige *normierte Gaußsche Summe*

$$\tau(\chi) = \tau_{1,\,1}(\chi \mid \tilde{\mathfrak{f}}) = \sum_{\substack{x \bmod^+ \mathfrak{f}\tilde{\mathfrak{f}},\ x \equiv 0 \bmod^+ \tilde{\mathfrak{f}} \\ x \cong \mathfrak{x}\tilde{\mathfrak{f}},\ x \equiv 1 \bmod \mathfrak{u}}} \chi(\mathfrak{x})\, e(x)$$

mit dem Hilfsdivisor $\mathfrak{a} = \tilde{\mathfrak{f}} = \mathfrak{d}^{-1}\mathfrak{f}^{-1}$, also $\tilde{\mathfrak{a}} = \mathfrak{f}$, und den Parametern $n = 1$, $\mathfrak{n} = 1$.

Die Reduktionsformel lautet in diesem Falle:

Parameterreduktion für eigentliche Gaußsche Summen.

$$\tau_{n,\,\mathfrak{n}}(\chi \mid \mathfrak{a}) = v(n)\, \bar{\chi}(\mathfrak{n})\, \tau(\chi).$$

In Verbindung mit den Reduktionen I, II aus § 3, 3 ergibt sich daraus:

Reduktion der allgemeinen Gaußschen Summen auf die normierte Gaußsche Summe. *Es ist*

$$\tau_{n,\mathfrak{n}}(\chi, \mathfrak{m}\mathfrak{w} \mid \mathfrak{a}) = \frac{\Phi(\mathfrak{m})}{\Phi(\mathfrak{m}_0)} \mu\left(\frac{\mathfrak{m}_0}{\mathfrak{f}}\right) \chi\left(\frac{\mathfrak{m}_0}{\mathfrak{f}}\right) v(n) \bar{\chi}(\mathfrak{n}_0) \tau(\chi),$$

wo $\frac{\mathfrak{n}_0}{\mathfrak{m}_0}$ *mit* $\mathfrak{f} \mid \mathfrak{m}_0$, $\left(\mathfrak{n}_0, \frac{\mathfrak{m}_0}{\mathfrak{f}}\right) = 1$ *die bis auf den Nennerfaktor* $\mathfrak{f}$ *reduzierte Bruchdarstellung des Divisorbruchs* $\frac{\mathfrak{n}}{\mathfrak{m}}$ *aus* $n \cong \tilde{\mathfrak{a}} \frac{\mathfrak{n}}{\mathfrak{m}}$ *ist.*

3. Unter Vorwegnahme der in § 6 zu beweisenden Tatsache, daß die normierte Gaußsche Summe $\tau(\chi) \neq 0$ ist, gilt hiernach insbesondere:

Nullregel. *Dann und nur dann ist eine allgemeine Gaußsche Summe* $\tau_{n,\mathfrak{n}}(\chi, \mathfrak{m}\mathfrak{w} \mid \mathfrak{a}) \neq 0$, *wenn die drei Bedingungen*

$$\mathfrak{n}_0 \textit{ prim zu } \mathfrak{f}, \quad \frac{\mathfrak{m}_0}{\mathfrak{f}} \textit{ quadratfrei}, \quad \frac{\mathfrak{m}_0}{\mathfrak{f}} \textit{ prim zu } \mathfrak{f}$$

erfüllt sind.

Gaußsche Summen, für die diese drei Bedingungen erfüllt sind, seien *echte Gaußsche Summen* genannt, weil nach der Nullregel nur solche von echtem Interesse sind[1].

4. Durch die Reduktion aus **2** wird für die allgemeinen Gaußschen Summen $\tau_{n,\mathfrak{n}}(\chi, \mathfrak{m}\mathfrak{w} \mid \mathfrak{a})$ die Abhängigkeit vom Parameter n und Hilfsdivisor $\mathfrak{a}$, oder auch von den beiden unabhängigen Parametern $n, \mathfrak{n}$, sowie vom Erklärungsmodul $\mathfrak{m}\mathfrak{w}$ explizit beschrieben. Sie kommt in den fünf vortretenden Faktoren zum Ausdruck, während die verbleibende normierte Gaußsche Summe $\tau(\chi)$ nur noch vom Charakter χ abhängt.

Im Spezialfall der eigentlichen Gaußschen Summen $\tau_{n,\mathfrak{n}}(\chi \mid \mathfrak{a})$ kommt es, wenn nur die echten, also die mit $(\mathfrak{n}, \mathfrak{f}) = 1$, betrachtet werden, nur auf die Strahlklasse $\mathfrak{n} \bmod \mathfrak{f}\mathfrak{u}$ und die Vorzeichenklasse $n \bmod \mathfrak{u}$ an. Nach dem Vorbild aus der Komplexen Multiplikation (K imaginär-quadratisch) kann man die in der Definition gemäß § 1, **1** zugrundeliegende Beziehung $n \cong \tilde{\mathfrak{a}} \frac{\mathfrak{n}}{\mathfrak{f}}$ auch folgendermaßen deuten. Einer gegebenen Strahlklasse $\mathfrak{k} \bmod \mathfrak{f}\mathfrak{u}$ werde diejenige Strahlklasse $\mathfrak{K} \bmod \mathfrak{u}$ (also absolute Divisorenklasse mit Vorzeichenbedingung) zugeordnet, für deren komplementäre Klasse $\tilde{\mathfrak{K}}$ die Beziehung $\tilde{\mathfrak{K}} \frac{\mathfrak{k}}{\mathfrak{f}} = 1$ (Hauptklasse mod $\mathfrak{u}$) besteht. Jedem ganzen Vertreter $\mathfrak{n}$ aus $\mathfrak{k}$ läßt sich dann vermöge eines festen Hilfsvertreters $\mathfrak{a}$ aus $\mathfrak{K}$ ein Zahlvertreter $n \cong \tilde{\mathfrak{a}} \frac{\mathfrak{n}}{\mathfrak{f}}$ mit $n \equiv 1 \bmod \mathfrak{u}$ aus K zuordnen, der nur bis auf die willkürliche Auswahl unter für $\mathfrak{u}$ positiv normierten Assoziierten festliegt. Dabei ist dann die echte eigentliche Gaußsche Summe $\tau_{n,\mathfrak{n}}(\chi, \mathfrak{a}) = \bar{\chi}(\mathfrak{n})\, \tau(\chi)$ von der Auswahl der Vertreter $\mathfrak{a}, \mathfrak{n}, n$ unabhängig, also formal eine Invariante der Strahlklasse $\mathfrak{k}$, die allerdings ihrem Werte nach trivial ist. Es ist hiernach verständlich, daß die echten eigentlichen Gaußschen Summen bei der Behandlung nicht-trivialer Strahlklasseninvarianten von K eine Rolle spielen, und so ist ja auch *Hecke* [1, 4] bei der Untersuchung der den Strahlklassen $\mathfrak{k}$ von K zugeordneten Zetafunktionen $\zeta(s \mid \mathfrak{k}) = \sum_{\substack{\mathfrak{n} \text{ ganz} \\ \mathfrak{n} \text{ in } \mathfrak{k}}} \frac{1}{\mathfrak{N}(\mathfrak{n})^s}$, aus denen sich die dem Charakter χ zugeordnete L-Funktion $L(s \mid \chi) = \sum_{\mathfrak{n} \text{ ganz}} \frac{\chi(\mathfrak{n})}{\mathfrak{N}(\mathfrak{n})^s}$ in der Form $L(s \mid \chi) = \sum_{\mathfrak{k}} \chi(\mathfrak{k})\, \zeta(s \mid \mathfrak{k})$ zu-

---

[1] Diese Definition der Echtheit erscheint vernünftiger als die in [11], § 20, 1 (S. 424) gegebene, wo nur die erste Bedingung aus der Nullregel gefordert wurde, die anders gewendet besagt, daß der vollständig reduzierte Nenner von $\frac{\mathfrak{n}}{\mathfrak{m}}$ noch ein Vielfaches von $\mathfrak{f}$ sein soll.

sammensetzt, sowie bei der Verallgemeinerung auf Strahlklassencharaktere mit Größenfaktoren, erstmalig auf sie geführt worden.

5. Die in § 1, 2 angeführte Schreibweise lautet für die eigentlichen Gaußschen Summen nach Reduktion auf den Parameter $n = 1$ und Elimination des Hilfsdivisors $\mathfrak{a}$ gemäß $n\mathfrak{a} = \tilde{1}\frac{\mathfrak{n}}{\mathfrak{f}}$ folgendermaßen:

$$\tau_{n,\mathfrak{n}}(\chi \mid \mathfrak{a}) = v(n)\,\tau_{1,\mathfrak{n}}\left(\chi \mid \tilde{1}\frac{\mathfrak{f}}{\mathfrak{n}}\right) = v(n) \sum_{\substack{\mathfrak{x} \bmod \mathfrak{f}\mathfrak{u} \\ \tilde{1}\frac{\mathfrak{x}\mathfrak{n}}{\mathfrak{f}} \sim 1 \\ \mathfrak{x} \text{ ganz}}} \chi(\mathfrak{x}) \sum_{\substack{x \bmod^+ \tilde{1}\mathfrak{n} \\ x \cong \tilde{1}\frac{\mathfrak{x}\mathfrak{n}}{\mathfrak{f}},\ x \equiv 1 \bmod \mathfrak{u}}} e(x).$$

Im echten Falle $(\mathfrak{n}, \mathfrak{f}) = 1$ darf hier, wie in § 2, 1 beim Beweis der Hilfsdivisorregel I gezeigt, die erste Summationsvorschrift in der inneren Summe durch $x \bmod^+ \tilde{1}$ ersetzt werden. Unterdrückt man den rechts eliminierten Hilfsdivisor $\mathfrak{a}$ auch in der Bezeichnung links, wie es der Auffassung von $n, \mathfrak{n}$ als unabhängige Parameter gemäß § 1, 3 entspricht, so hat man demnach für die echten eigentlichen Gaußschen Summen die Schreibweise

$$\tau_{n,\mathfrak{n}}(\chi) = v(n)\,\tau_{1,\mathfrak{n}}(\chi) = v(n) \sum_{\substack{\mathfrak{x} \bmod \mathfrak{f}\mathfrak{u} \\ \tilde{1}\frac{\mathfrak{x}\mathfrak{n}}{\mathfrak{f}} \sim 1 \\ \mathfrak{x} \text{ ganz}}} \chi(\mathfrak{x})\, E_{\mathfrak{f}\mathfrak{u}}(\mathfrak{x}\mathfrak{n}),$$

wo

$$E_{\mathfrak{f}\mathfrak{u}}(\mathfrak{x}) = \sum_{\substack{x \bmod^+ \tilde{1} \\ x \cong \tilde{1}\frac{\mathfrak{x}\mathfrak{n}}{\mathfrak{f}},\ x \equiv 1 \bmod \mathfrak{u}}} e(x)$$

eine mittels der e-Funktion in K gebildete Invariante der Strahlklasse $\mathfrak{x} \bmod \mathfrak{f}\mathfrak{u}$ ist. Bei dieser Schreibweise ist die Abhängigkeit von den beiden Parametern $n, \mathfrak{n}$ getrennt. Die Abhängigkeit von der Vorzeichenklasse $n \bmod \mathfrak{u}$ kommt in dem voranstehenden Vorzeichenfaktor $v(n)$ zum Ausdruck und die Abhängigkeit von der Strahlklasse $\mathfrak{n} \bmod \mathfrak{f}\mathfrak{u}$ in den Bildungen $E_{\mathfrak{f}\mathfrak{u}}(\mathfrak{x}\mathfrak{n})$.

§ 5. Komponentenzerlegung

1. Nachdem durch die bisherigen Ergebnisse die Abhängigkeit der Gaußschen Summen von Hilfsdivisor $\mathfrak{a}$, Parameter n und Erklärungsmodul $\mathfrak{m}\mathfrak{w}$ geklärt ist, soll jetzt die Abhängigkeit von dem hauptsächlichen Bestimmungsstück, dem Charakter χ behandelt werden. Dabei werde χ als Element der Gruppe $\mathsf{X}_{\mathfrak{m}\mathfrak{w}}$ aller nach einem festen Modul $\mathfrak{m}\mathfrak{w}$ erklärbaren Charaktere in der Divisorengruppe D von K betrachtet. Genauer gesagt ist $\mathsf{X}_{\mathfrak{m}\mathfrak{w}}$ die Gruppe aller mod $\mathfrak{m}\mathfrak{w}$ erklärbaren Charaktere χ der Untergruppe $D_{\mathfrak{m}}$ der zu $\mathfrak{m}$ primen Divisoren von K.

Jeder Charakter χ aus $\mathsf{X}_{\mathfrak{m}\mathfrak{w}}$ liefert durch seine Werte für (als Hauptdivisoren aufzufassende) Zahlen eindeutig einen Charakter in der Multiplikationsgruppe $\mathsf{K}^{\times}$, genauer einen mod $\mathfrak{m}\mathfrak{w}$ erklärbaren Charakter der Untergruppe $\mathsf{K}^{\times}_{\mathfrak{m}}$ der zu $\mathfrak{m}$ primen Zahlen aus K, dem die Eigenschaft

(E) $\quad \chi(\varepsilon) = 1$ für alle Einheiten ε von K

zukommt. Dieser sei kurz der durch den *Divisorcharakter* χ gelieferte *Zahlcharakter* χ genannt. Umgekehrt läßt sich jeder mod $\mathfrak{m}\mathfrak{w}$ erklärbare Charakter χ von $\mathsf{K}^{\times}_{\mathfrak{m}}$ mit der Eigenschaft (E) als Charakter der Untergruppe $H_{\mathfrak{m}}$ der zu $\mathfrak{m}$ primen Hauptdivisoren von K auffassen und demgemäß auf endlich viele Weisen zu mod $\mathfrak{m}\mathfrak{w}$ erklärbaren Charakteren χ der vollen Divisorengruppe $D_{\mathfrak{m}}$ fortsetzen. Diese Fortsetzungen unterscheiden sich um die Charaktere aus der Untergruppe X der bereits mod 1 erklärbaren Charaktere aus $\mathsf{X}_{\mathfrak{m}\mathfrak{w}}$.

Demnach entsprechen die mod $\mathfrak{m}\mathfrak{w}$ erklärbaren Zahlcharaktere χ eindeutig den Klassen nach X der mod $\mathfrak{m}\mathfrak{w}$ erklärbaren Divisorcharaktere χ.

Auf Grund der in § 2, 2 gegebenen Hilfsdivisorreduktion

$$\tau_{\mathfrak{n},\,\mathfrak{n}}(\chi, \mathfrak{m}\mathfrak{w} \mid \mathfrak{a}) = v(c)\,\chi(\mathfrak{c})\,\tau_{c\mathfrak{n},\,\mathfrak{c}\mathfrak{n}}(\chi, \mathfrak{m}\mathfrak{w} \mid 1) \quad \text{mit} \left\{\begin{array}{l} c \cong \mathfrak{c}\mathfrak{a} \\ \mathfrak{c} \text{ ganz, prim zu } \mathfrak{m} \end{array}\right\}$$

hängt nun die allgemeine Gaußsche Summe $\tau_{\mathfrak{n},\,\mathfrak{n}}(\chi, \mathfrak{m}\mathfrak{w} \mid \mathfrak{a})$ von der Auswahl des Divisorcharakters χ aus seiner Klasse nach X allein durch die beiden Faktoren $v(c)$, $\chi(\mathfrak{c})$ ab, während die auf den Hilfsdivisor 1 reduzierte Gaußsche Summe $\tau_{c\mathfrak{n},\,\mathfrak{c}\mathfrak{n}}(\chi, \mathfrak{m}\mathfrak{w} \mid 1)$ nur von χ als Zahlcharakter abhängt, also eine Invariante der Klasse von χ nach X ist. Daher ist es keine wesentliche Einschränkung, wenn man für die weitere Untersuchung die bereits auf den Hilfsdivisor 1 reduzierten Gaußschen Summen $\tau_{\mathfrak{n},\,\mathfrak{n}}(\chi, \mathfrak{m}\mathfrak{w} \mid 1)$ zugrundelegt und diese dann auch gleich für alle mod $\mathfrak{m}\mathfrak{w}$ erklärbaren Zahlcharaktere χ, nicht nur solche, die aus Divisorcharakteren entspringen, behandelt. Anders als bei der Reduktion des Erklärungsmoduls in § 3, 3, wo das lediglich zur formalen Vereinfachung des Summationsbereichs geschah und bei Inkaufnahme etwas komplizierterer Summationsvorschriften auch hätte unterbleiben können, ist das hier aus sachlichen Gründen geboten. Erst dadurch wird nämlich die vom Spezialfall des rationalen Zahlkörpers $K = P$ her geläufige Zerlegung von χ in Komponenten nach den $\mathfrak{m}$ zusammensetzenden Primdivisorpotenzen und nach $\mathfrak{w}$ möglich. die sich im allgemeinen nur für Zahlcharaktere durchführen läßt.

2. Ein erster, trivialer Teil dieser Komponentenzerlegung betrifft die Aufspaltung des Erklärungsmoduls $\mathfrak{m}\mathfrak{w}$ in den endlichen Bestandteil $\mathfrak{m}$ und den unendlichen Bestandteil $\mathfrak{w}$. Ihr entsprechend besitzt jeder mod $\mathfrak{m}\mathfrak{w}$ erklärbare Zahlcharakter χ eine eindeutige Komponentenzerlegung

$$\chi = \chi_0 v$$

in einen mod $\mathfrak{m}$ erklärbaren Zahlcharakter χ_0 und einen mod $\mathfrak{w}$ erklärbaren Zahlcharakter v (welch letzterer der bereits in § 2, 1 bei der Hilfsdivisorregel II eingeführte Vorzeichencharakter zu χ ist), definiert durch

$$\begin{array}{llll} \chi_0(x) = \chi(x_0) & \text{mit} & x_0 \equiv x \bmod \mathfrak{m}, & x_0 \equiv 1 \bmod \mathfrak{w}, \\ v(x) = \chi(t) & \text{mit} & t \equiv 1 \bmod \mathfrak{m}, & t \equiv x \bmod \mathfrak{w}, \end{array}$$

unabhängig von der Wahl der Hilfszahlen x_0, t aus K. In der Summe

$$\tau_{\mathfrak{n},\,\mathfrak{n}}(\chi, \mathfrak{m}\mathfrak{w} \mid 1) = \sum_{\substack{x \bmod \mathfrak{m},\ x \text{ ganz} \\ (x,\,\mathfrak{m}) = 1,\ x \equiv 1 \bmod \mathfrak{w}}} \chi(x)\, e(xn) \qquad \left(\text{mit } n \cong \tilde{1}\,\frac{\mathfrak{n}}{\mathfrak{m}}\right)$$

ist wegen der Vorzeichenvorschrift $x \equiv 1 \bmod \mathfrak{w}$ durchweg $v(x) = 1$, also $\chi(x) = \chi_0(x)$. Daher gilt:

Reduktion auf den endlichen Bestandteil des Erklärungsmoduls. *Für jeden* mod $\mathfrak{m}\mathfrak{w}$ *erklärbaren Zahlcharakter* $\chi = \chi_0 v$ *ist*

$$\tau_{\mathfrak{n},\,\mathfrak{n}}(\chi, \mathfrak{m}\mathfrak{w} \mid 1) = \tau_{\mathfrak{n},\,\mathfrak{n}}(\chi_0, \mathfrak{m} \mid 1)$$

nur von dem endlichen Bestandteil $\mathfrak{m}$ *des Erklärungsmoduls und der ihm entsprechenden Komponente* χ_0 *des Charakters abhängig.*

Demgemäß sei weiterhin $\chi = \chi_0$ als Zahlcharakter mit endlichem Erklärungsmodul $\mathfrak{m}$ vorausgesetzt, so daß dann also

$$\tau_{\mathfrak{n},\,\mathfrak{n}}(\chi, \mathfrak{m} \mid 1) = \sum_{\substack{x \bmod \mathfrak{m},\ x \text{ ganz} \\ (x,\,\mathfrak{m}) = 1}} \chi(x)\, e(xn) \qquad \left(\text{mit } n \cong \tilde{1}\,\frac{\mathfrak{n}}{\mathfrak{m}}\right)$$

ist.

3. Für den **zweiten**, nicht-trivialen Teil der Komponentenzerlegung sei

$$\mathfrak{m} = \prod_i \mathfrak{m}_i$$

eine Zerlegung von $\mathfrak{m}$ in ganze, paarweise teilerfremde Divisoren $\mathfrak{m}_i$ von K. Ihr entsprechend besitzt jeder mod $\mathfrak{m}$ erklärbare Zahlcharakter χ eine eindeutige Komponentenzerlegung

$$\chi = \prod_i \chi_i$$

in mod $\mathfrak{m}_i$ erklärbare Zahlcharaktere χ_i, definiert durch

$$\chi_i(x) = \chi(x_i) \quad \text{mit} \quad x_i \equiv x \bmod \mathfrak{m}_i, \quad x_i \equiv 1 \bmod \frac{\mathfrak{m}}{\mathfrak{m}_i},$$

unabhängig von der Wahl der Hilfszahlen x_i aus K.

Ist speziell χ sogar Divisorcharakter, so sind die Komponenten χ_i **nicht** notwendig ebenfalls Divisorcharaktere, da sich die Eigenschaft (E) im allgemeinen nicht von χ auf die χ_i überträgt. Entsprechendes gilt auch schon für die zuvor behandelte Zerlegung eines Charakters χ mod $\mathfrak{m}\mathfrak{w}$ in die Komponenten χ_0 mod $\mathfrak{m}$ und v mod $\mathfrak{w}$. Aus diesem Grunde ist der Bereich der mod $\mathfrak{m}\mathfrak{w}$ erklärbaren Divisorcharaktere, wie oben schon gesagt, im allgemeinen zu eng für die Durchführung der Komponentenzerlegung.

Bedeuten nun die 1_i ein System von Hilfszahlen x_i in obigem Sinne für die spezielle Restklasse $x \equiv 1$ mod $\mathfrak{m}$, oder also ein den Faktoren $\mathfrak{m}_i$ von $\mathfrak{m}$ entsprechendes System orthogonaler Idempotente des Restklassenrings mod $\mathfrak{m}$, so hat man allgemein

$$x \equiv x_i 1_i \bmod \mathfrak{m},$$

wobei es nur noch auf die Komponentenrestklassen

$$x_i \equiv x \bmod \mathfrak{m}_i$$

der Restklasse x mod $\mathfrak{m}$, nicht mehr auf die Normierung $x_i \equiv 1$ mod $\mathfrak{m}_i$ ankommt. Es ist dann einerseits

(a) $$\chi(x) = \prod_i \chi_i(x) = \prod_i \chi_i(x_i).$$

Werden ferner die Idempotente 1_i ganz gewählt und x sowie die x_i ganz vorausgesetzt, so gilt für Zahlen $n \equiv 0 \bmod^+ \frac{\tilde{1}}{\mathfrak{m}}$, wie sie als Parameter der zu betrachtenden Gaußschen Summen $\tau_{n,\mathfrak{n}}(\chi, \mathfrak{m} \mid 1)$ auftreten, andrerseits

(b) $$e(xn) = \prod_i e(x_i 1_i n) = \prod_i e(x_i n_i),$$

wo die Parameterkomponenten

$$n_i = 1_i n$$

durch die Eigenschaften

$$n_i \equiv n \bmod^+ \tilde{1}, \quad n_i \equiv 0 \bmod^+ \frac{\tilde{1}}{\mathfrak{m}_i} \quad \left(\text{also } n_i \cong \tilde{1}\frac{\mathfrak{n}_i}{\mathfrak{m}_i} \text{ mit ganzen } \mathfrak{n}_i\right)$$

gekennzeichnet sind, deren letztere der Definition der Gaußschen Summen $\tau_{n_i,\mathfrak{n}_i}(\chi_i, \mathfrak{m}_i \mid 1)$ zugrunde liegen. Nach (a), (b) haben diese Gaußschen Summen als Produkt gerade die Ausgangssumme $\tau_{n,\mathfrak{n}}(\chi, \mathfrak{m} \mid 1)$. Für die (an sich entbehrlichen) zweiten Parameter $\mathfrak{n}$, $\mathfrak{n}_i$ gilt dabei

$$\frac{\mathfrak{n}_i}{\mathfrak{m}_i} = 1_i \frac{\mathfrak{n}}{\mathfrak{m}} \quad \text{und somit} \quad \mathfrak{n}_i = \mathfrak{e}_i \mathfrak{n},$$

wo $\mathfrak{e}_i$ die ganzen, zu $\mathfrak{m}$ primen Divisoren aus der Divisordarstellung $1_i \cong \mathfrak{e}_i \frac{\mathfrak{m}}{\mathfrak{m}_i}$ der zugrundegelegten Idempotente 1_i sind.

Damit ist bewiesen:

Komponentenzerlegung der Gaußschen Summen mit Zahlcharakteren. *Ist*

$$\mathfrak{m} = \prod_i \mathfrak{m}_i$$

eine Zerlegung von $\mathfrak{m}$ *in ganze, paarweise teilerfremde Divisoren* $\mathfrak{m}_i$ *von* K *und*

$$\chi = \prod_i \chi_i$$

die ihr entsprechende Komponentenzerlegung eines mod $\mathfrak{m}$ *erklärbaren Zahlcharakters* χ *in* mod $\mathfrak{m}_i$ *erklärbare Zahlcharaktere* χ_i, *so besitzt die einem Parameter* $n \cong \tilde{1}\,\frac{\mathfrak{n}}{\mathfrak{m}}$ *zugeordnete Gaußsche Summe zu* $\chi, \mathfrak{m}$ *die Komponentenzerlegung*

$$\tau_{n,\mathfrak{n}}(\chi, \mathfrak{m} \mid 1) = \prod_i \tau_{n_i, \mathfrak{n}_i}(\chi_i, \mathfrak{m}_i \mid 1)$$

in die Gaußschen Summen zu den $\chi_i, \mathfrak{m}_i$ *mit den Parametern* $n_i \cong 1_i \frac{\mathfrak{n}_i}{\mathfrak{m}_i}$, *die sich, soweit es auf sie ankommt, durch*

$$n_i \equiv n \bmod^+ \tilde{1}, \qquad n_i \equiv 0 \bmod^+ \frac{\tilde{1}}{\mathfrak{m}_i}$$

bestimmen.

Zu der letzteren Bemerkung beachte man, daß es zur eindeutigen Festlegung der Komponentensummen nur auf die Angabe der Parameterrestklassen $n_i \bmod^+ \tilde{1}$ mit $n_i \equiv 0 \bmod^+ \frac{\tilde{1}}{\mathfrak{m}_i}$, nicht auf die Auswahl der Vertreter n_i nebst den zugehörigen ganzen Divisoren $\mathfrak{n}_i$ ankommt.

4. Geht man von einem mod $\mathfrak{m}\mathfrak{w}$ erklärbaren Divisorcharakter χ aus, und sind speziell sowohl die Komponenten χ_0, v aus **2** als auch die Komponenten χ_i aus **3** wieder Divisorcharaktere, so kann man nach dem zuvor über die Parameterkomponenten $n_i, \mathfrak{n}_i$ Gesagten auf die Komponentensummen noch die allgemeine Hilfsdivisorregel aus § 2, **2** mit $c = 1_i$, $\mathfrak{c} = \mathfrak{e}_i$, also $\frac{c}{\mathfrak{c}} = \frac{\mathfrak{m}}{\mathfrak{m}_i}$, $\bar{\chi}_i(\mathfrak{e}_i) = \chi_i\left(\frac{\mathfrak{m}}{\mathfrak{m}_i}\right)$ anwenden:

$$\tau_{n_i, \mathfrak{n}_i}(\chi_i, \mathfrak{m}_i \mid 1) = \chi_i\left(\frac{\mathfrak{m}}{\mathfrak{m}_i}\right) \tau_{n,\mathfrak{n}}\left(\chi_i, \mathfrak{m}_i \,\middle|\, \frac{\mathfrak{m}}{\mathfrak{m}_i}\right),$$

wodurch sich in den Komponentensummen wieder die ursprünglichen Parameter $n, \mathfrak{n}$ herstellen. Macht man dann noch die vorangestellte Reduktion auf den Hilfsdivisor 1 rückgängig, so tritt noch der Vorzeichenfaktor $v(\mathfrak{a})$ hinzu:

$$\tau_{n,\mathfrak{n}}(\chi, \mathfrak{m}\mathfrak{w} \mid \mathfrak{a}) = v(\mathfrak{a}) \prod_i \chi_i\left(\frac{\mathfrak{m}}{\mathfrak{m}_i}\right) \tau_{n,\mathfrak{n}}\left(\chi_i, \mathfrak{m}_i\mathfrak{w} \,\middle|\, \frac{\mathfrak{m}}{\mathfrak{m}_i}\mathfrak{a}\right).$$

Diese vom rationalen Zahlkörper K = P her geläufige Form der Komponentenzerlegung[1] läßt sich aber nicht für jeden Divisorcharakter χ von K erreichen, sondern nur unter den angegebenen speziellen Voraussetzungen.

5. Im Spezialfall des rationalen Zahlkörpers K = P reduziert sich die Eigenschaft (E) auf $\chi(-1) = 1$, hebt also die geraden Zahlcharaktere χ_0 als Divisorcharaktere heraus. Die Gaußschen Summen zu ungeraden Zahlcharakteren χ_1 sind aber nach der Reduktionsregel aus **2** gleich den Gaußschen Summen zu den geraden Zahlcharakteren $\chi_0 = \chi_1 v$, wo v der (einzige) Vorzeichencharakter von P ist (gegeben durch $v(x) = \operatorname{sgn}. x$); sie lassen sich

[1] Siehe [11], § 20, **2**, V (S. 429).

daher ebenfalls als Divisorcharakteren zugeordnet ansehen. Da v als Führer die unendliche Primstelle p_∞ von P hat, gilt bei dieser Umdeutung aller Gaußschen Summen in P zu Zahlcharakteren als Gaußsche Summen zu Divisorcharakteren hinsichtlich des Führers schematisch:

Zahlcharakter χ		zugeordneter Divisorcharakter	Führer
$\chi(-1)$	Führer		
1	f	χ	f
-1	f	χv	$f p_\infty$
1	$f p_\infty$	χ	$f p_\infty$
-1	$f p_\infty$	χv	f

Da die den letzten beiden Zeilen entsprechenden Typen Gaußscher Summen nach der Reduktionsregel aus 2 gleich den aus den beiden ersten Zeilen sind, kann man sich in P auf die Betrachtung Gaußscher Summen zu Zahlcharakteren mit endlichem Führer f beschränken, wie das in [11], § 20 geschehen ist; bei der zur Unterordnung unter die allgemeine Theorie der vorliegenden Arbeit erforderlichen Umdeutung als Gaußsche Summen zu Divisorcharakteren von P kommt dann aber für ungerade Zahlcharaktere χ die unendliche Primstelle p_∞ von P in den Führer des zugeordneten Divisorcharakters hinein.

§ 6. Betragformel

Nach der allgemeinen Reduktion aus § 4, 2 genügt es, den Betrag der normierten Gaußschen Summe $\tau(\chi)$ zu bestimmen. Das kann am einfachsten unter Zuhilfenahme der Komponentenzerlegung aus § 5, 2, 3 geschehen. Für die normierte Gaußsche Summe ist dazu zunächst die Reduktion aus § 2, 2 auf den Hilfsdivisor 1 vorzunehmen:

$$\tau(\chi) = \tau_{1,1}(\chi \mid \tilde{\mathfrak{f}}) = v(g)\,\chi(\mathfrak{g})\,\tau_{g,\mathfrak{g}}(\chi \mid 1) \quad \text{mit} \quad \left\{\begin{matrix} g \cong \tilde{\mathfrak{f}}\,\mathfrak{g} \\ \mathfrak{g} \text{ ganz, prim zu } \mathfrak{f} \end{matrix}\right\}.$$

Bei der so entstehenden Gaußschen Summe $\tau_{g,\mathfrak{g}}(\chi \mid 1)$ kann man dann χ gemäß § 5, 2 durch die Komponente χ_0 mit endlichem Führer $\mathfrak{f}$ ersetzen und gemäß § 5, 3 die Zerlegung in Komponenten nach den $\mathfrak{f}$ zusammensetzenden Primdivisorpotenzen durchführen.

Dementsprechend sei etwas allgemeiner χ von vornherein als Zahlcharakter mit endlichem Führer $\mathfrak{f}$ vorausgesetzt, der nicht notwendig aus einem Divisorcharakter vom Führer $\mathfrak{f}\mathfrak{u}$ durch Bildung der Komponente vom Führer $\mathfrak{f}$ entspringt.

Betragformel. *Für jeden Zahlcharakter χ vom endlichen Führer $\mathfrak{f}$ haben die echten eigentlichen Gaußschen Summen das Betragsquadrat*

$$|\tau_n(\chi \mid 1)|^2 = \mathfrak{N}(\mathfrak{f}).$$

Insbesondere hat demnach für jeden Divisorcharakter χ vom Führer $\mathfrak{f}\mathfrak{u}$ die normierte Gaußsche Summe das Betragsquadrat

$$|\tau(\chi)|^2 = \mathfrak{N}(\mathfrak{f}).$$

Nach den Reduktionen aus §§ 3, 4 gilt das dann auch für alle echten eigentlichen und allgemeiner alle echten primitiven Gaußschen Summen, während die echten allgemeinen Gaußschen Summen das Betragsquadrat

$$|\tau_n(\chi, \mathfrak{m}\mathfrak{w} \mid \mathfrak{a})|^2 = \frac{\Phi(\mathfrak{m})}{\Phi(\mathfrak{m}_0)}\,\mathfrak{N}(\mathfrak{f})$$

haben.

Beweis. Auf Grund der Komponentenzerlegung aus § 5, 3 genügt es, den Beweis für den Spezialfall zu erbringen, daß $\mathfrak{f} = \mathfrak{p}^\varrho$ Potenz eines Primdivisors $\mathfrak{p}$ von K (mit Exponent $\varrho \geqq 1$) ist. Es ist dann

$$\tau_n(\chi \mid 1) = \sum_{\substack{x \bmod \mathfrak{p}^\varrho,\ x \text{ ganz} \\ x \not\equiv 0 \bmod \mathfrak{p}}} \chi(x)\, e(xn) \quad \text{mit} \quad n \cong \tilde{1}\,\frac{\mathfrak{n}}{\mathfrak{p}^\varrho}, \quad (\mathfrak{n}, \mathfrak{p}) = 1.$$

In der Summationsvorschrift darf die Bedingung $x \not\equiv 0 \bmod \mathfrak{p}$ auch weggelassen werden, da $\chi(x) = 0$ für ganze $x \equiv 0 \bmod \mathfrak{p}$ ist. Demnach wird[1]

$$\begin{aligned}
|\tau_n(\chi \mid 1)|^2 = \overline{\tau_n(\chi \mid 1)}\, \tau_n(\chi \mid 1) &= \sum_{\substack{x \bmod \mathfrak{p}^\varrho \\ x \not\equiv 0 \bmod \mathfrak{p}}} \chi(x^{-1}) e(-xn) \cdot \sum_{y \bmod \mathfrak{p}^\varrho} \chi(y)\, e(yn) \\
&= \sum_{\substack{x \bmod \mathfrak{p}^\varrho \\ x \not\equiv 0 \bmod \mathfrak{p}}} \sum_{y \bmod \mathfrak{p}^\varrho} \chi(x^{-1} y)\, e((y - x) n) \\
&= \sum_{\substack{x \bmod \mathfrak{p}^\varrho \\ x \not\equiv 0 \bmod \mathfrak{p}}} \sum_{t \bmod \mathfrak{p}^\varrho} \chi(t)\, e(x(t-1) n) \\
&= \sum_{t \bmod \mathfrak{p}^\varrho} \chi(t) \sum_{\substack{x \bmod \mathfrak{p}^\varrho \\ x \not\equiv 0 \bmod \mathfrak{p}}} e(x(t-1) n) \\
&= \sum_{t \bmod \mathfrak{p}^\varrho} \chi(t) \sum_{x \bmod \mathfrak{p}^\varrho} e(x(t-1) n) - \sum_{t \bmod \mathfrak{p}^\varrho} \chi(t) \sum_{\substack{x \bmod \mathfrak{p}^\varrho \\ x \equiv 0 \bmod \mathfrak{p}}} e(x(t-1) n).
\end{aligned}$$

Nach den Exponentialformeln aus § 3, 4 (mit $a = 1$) ist nun

$$\sum_{x \bmod \mathfrak{p}^\varrho} e(x(t-1) n) = \begin{Bmatrix} \mathfrak{N}(\mathfrak{p}^\varrho) & \text{für } (t-1)\, n \equiv 0 \bmod^+ \tilde{1}, & \text{oder also } t \equiv 1 \bmod \mathfrak{p}^\varrho \\ 0 & \text{für } (t-1)\, n \not\equiv 0 \bmod^+ \tilde{1}, & \text{oder also } t \not\equiv 1 \bmod \mathfrak{p}^\varrho \end{Bmatrix},$$

letzteres unter Beachtung von $(\mathfrak{n}, \mathfrak{p}) = 1$, und nach denselben Formeln (mit $\mathfrak{a} = \mathfrak{p}$) ebenso

$$\sum_{\substack{x \bmod \mathfrak{p}^\varrho \\ x \equiv 0 \bmod \mathfrak{p}}} e(x(t-1) n) = \begin{Bmatrix} \mathfrak{N}(\mathfrak{p}^{\varrho-1}) & \text{für } (t-1)\, n \equiv 0 \bmod^+ \dfrac{\tilde{1}}{\mathfrak{p}}, & \text{oder also } t \equiv 1 \bmod \mathfrak{p}^{\varrho-1} \\ 0 & \text{für } (t-1)\, n \not\equiv 0 \bmod^+ \dfrac{\tilde{1}}{\mathfrak{p}}, & \text{oder also } t \not\equiv 1 \bmod \mathfrak{p}^{\varrho-1} \end{Bmatrix}.$$

Damit wird weiter

$$|\tau_n(\chi \mid 1)|^2 = \mathfrak{N}(\mathfrak{p}^\varrho) - \mathfrak{N}(\mathfrak{p}^{\varrho-1})) \sum_{\substack{t \bmod \mathfrak{p}^\varrho \\ t \equiv 1 \bmod \mathfrak{p}^{\varrho-1}}} \chi(t).$$

Die letztere Summe verschwindet aber, weil χ den Führer $\mathfrak{p}^\varrho$ hat, also in der Untergruppe $t \equiv 1 \bmod \mathfrak{p}^{\varrho-1}$ nicht der Hauptcharakter ist. Es ist daher

$$|\tau_n(\chi \mid 1)|^2 = \mathfrak{N}(\mathfrak{p}^\varrho),$$

wie behauptet.

Hecke [1, 4] folgerte übrigens die Betragformel analytisch aus der Thatertransformation, bemerkte allerdings in [6], daß sie sich auch elementar beweisen lasse; ein solcher elementarer Beweis, der im wesentlichen nach dem obigen Schema verläuft, wurde dann von *Rademacher* [8], Teil III gegeben.

[1] Zu der nachfolgenden Rechnung siehe das Vorbild in [11], § 20, 2 (S. 430). — Der Übersichtlichkeit halber sind in den Summationsvorschriften die Angaben „x, y, t ganz" weggelassen.

§ 7. Echte eigentliche Gaußsche Summen zu Zahlcharakteren von Primführer

1. Die allgemeinen Gaußschen Summen zu Divisorcharakteren lassen sich durch die Hilfsdivisorreduktion aus § 2, **2**, die Reduktionen des Erklärungsmoduls aus § 3, **3** und die Komponentenzerlegung aus § 6, **2**, **3** auf die echten eigentlichen Gaußschen Summen

$$\tau_n(\chi \mid 1) = \sum_{\substack{x \bmod \mathfrak{p}^\varrho \\ x \text{ ganz}}} \chi(x)\, e(xn) \qquad \left(\text{mit } n \cong \tilde{\mathfrak{1}} \frac{\mathfrak{n}}{\mathfrak{p}^\varrho},\ (\mathfrak{n}, \mathfrak{p}) = 1\right)$$

zu Zahlcharakteren χ von Primdivisorpotenzführern $\mathfrak{p}^\varrho$ $(\varrho \geqq 1)$, kurz *Primführern*, zurückführen. Wenn man, wie es in den Anwendungen meist geschieht, nur Charaktere χ eines festen natürlichen Exponenten k betrachtet, für die also $\chi^k = \varepsilon$ der Hauptcharakter ist, so kommt man bei dieser Zurückführung nicht aus dem Bereich solcher Charaktere hinaus.

Im Hinblick auf die Struktur der primen Restklassengruppen mod $\mathfrak{p}^\varrho$ in K gibt es nun Zahlcharaktere eines festen Exponenten k von Primführern $\mathfrak{p}^\varrho$ mit $\varrho > 1$ höchstens für die endlich vielen Primteiler $\mathfrak{p}$ von k, während für alle übrigen Primdivisoren $\mathfrak{p}$ von K nur der Primführer $\mathfrak{p}$ mit $\varrho = 1$ in Frage kommt, und zwar gibt es zu jedem solchen Primdivisor $\mathfrak{p}$ als Führer $(k, \mathfrak{N}(\mathfrak{p}) - 1) - 1$ Zahlcharaktere χ des Exponenten k.

Es soll jetzt gezeigt werden, daß in diesem letzteren Falle, der kurz der *reguläre* genannt sei, die zugehörigen echten eigentlichen Gaußschen Summen

$$\tau_n(\chi \mid 1) = \sum_{\substack{x \bmod \mathfrak{p} \\ x \text{ ganz}}} \chi(x)\, e(xn) \qquad \left(\text{mit } n \cong \tilde{\mathfrak{1}} \frac{\mathfrak{n}}{\mathfrak{p}},\ (\mathfrak{n}, \mathfrak{p}) = 1\right)$$

mit den aus anderem Zusammenhang [12] bekannten Gaußschen Summen im Restklassenkörper mod $\mathfrak{p}$ identisch sind.

2. Sei dazu p die $\mathfrak{p}$ enthaltende rationale Primzahl, und seien $\mathfrak{p}', \ldots$ die übrigen in p steckenden Primdivisoren von K. Für beliebige Zahlen x aus K gilt dann bekanntlich die Spurformel

$$S(x) = S_{\mathfrak{p}}(x) + S_{\mathfrak{p}'}(x) + \cdots,$$

wo $S_{\mathfrak{p}}, S_{\mathfrak{p}'}, \ldots$ die Spuren in den $\mathfrak{p}, \mathfrak{p}', \ldots$ entsprechenden perfekten Hüllen $\mathsf{K}_{\mathfrak{p}}, \mathsf{K}_{\mathfrak{p}'}, \ldots$ bedeuten.

Analog zu der in § 1, **1** eingeführten Exponentialfunktion $e(x)$ in K liefert nun für jeden Primdivisor $\mathfrak{p}$ von p in K die Bildung

$$e_{\mathfrak{p}}(x_{\mathfrak{p}}) = e^{2\pi i S_{\mathfrak{p}}(x_{\mathfrak{p}})}$$

für beliebige Zahlen $x_{\mathfrak{p}}$ aus $\mathsf{K}_{\mathfrak{p}}$ einen Homomorphismus der Additionsgruppe $\mathsf{K}_{\mathfrak{p}}^+$ in (und sogar auf) die Gruppe aller Einheitswurzeln von p-Potenzordnung, bei dem alle Zahlen $x_{\mathfrak{p}}^{(0)} \equiv 0 \bmod^+ \tilde{\mathfrak{1}}_{\mathfrak{p}}$ auf 1 abgebildet werden, so daß also die Exponentialfunktion $e_{\mathfrak{p}}(x_{\mathfrak{p}})$ nur von der additiven Restklasse $x_{\mathfrak{p}} \bmod^+ \tilde{\mathfrak{1}}_{\mathfrak{p}}$ abhängt. Dabei bezeichnet $\tilde{\mathfrak{1}}_{\mathfrak{p}} = \mathfrak{d}_{\mathfrak{p}}^{-1}$ die reziproke Differente von $\mathsf{K}_{\mathfrak{p}}$, die bekanntlich mit dem Beitrag von $\mathfrak{p}$ zur reziproken Differente $\tilde{\mathfrak{1}} = \mathfrak{d}^{-1}$ von K identisch ist.

Für die in die zu betrachtende Gaußsche Summe eingehenden Werte der Exponentialfunktion in K ergibt sich demgemäß aus der obigen Spurformel zunächst die Aufspaltung

$$e(xn) = e_{\mathfrak{p}}(xn)\, e_{\mathfrak{p}'}(xn) \cdots.$$

Da aber für n als Zahl aus $\mathsf{K}_{\mathfrak{p}'}, \ldots$ die Kongruenzen $n \equiv 0 \bmod^+ \tilde{\mathfrak{1}}_{\mathfrak{p}'}, \ldots$ gelten, hat man einfach

$$e(xn) = e_{\mathfrak{p}}(xn).$$

Demnach ist

$$\tau_n(\chi \mid 1) = \sum_{\substack{x \bmod \mathfrak{p} \\ x \text{ ganz}}} \chi(x)\, e_{\mathfrak{p}}(xn).$$

Sei weiter $\mathsf{T}_{\mathfrak{p}}$ der Trägheitskörper von $\mathsf{K}_{\mathfrak{p}}$. Das ganzzahlige Restsystem $x \bmod \mathfrak{p}$ kann in $\mathsf{T}_{\mathfrak{p}}$ gewählt werden. Dann hat man

$$e_{\mathfrak{p}}(xn) = e^{2\pi i S_{\mathfrak{p}}(xn)} = e^{2\pi i s_{\mathfrak{p}}(x\sigma_{\mathfrak{p}}(n))},$$

wo $s_{\mathfrak{p}}$ die Spur in $\mathsf{T}_{\mathfrak{p}}$ und $\sigma_{\mathfrak{p}}$ die Relativspur für $\mathsf{K}_{\mathfrak{p}}/\mathsf{T}_{\mathfrak{p}}$ bedeutet. Da nun für n als Zahl aus $\mathsf{K}_{\mathfrak{p}}$ wegen $(\mathfrak{n}, \mathfrak{p}) = 1$ die Divisordarstellung $n \cong \frac{\tilde{1}_{\mathfrak{p}}}{\mathfrak{p}}$ besteht, liefert die Relativspurbildung

$$\sigma_{\mathfrak{p}}(n) = \frac{n^*}{p} \text{ mit ganzem } n^* \not\equiv 0 \bmod p \text{ aus } \mathsf{T}_{\mathfrak{p}}.$$

Damit ergibt sich weiter

$$\tau_n(\chi \mid 1) = \sum_{\substack{x \bmod \mathfrak{p},\ x \text{ in } \mathsf{T}_{\mathfrak{p}} \\ x \text{ ganz}}} \chi(x)\, e^{\frac{2\pi i}{p} s_{\mathfrak{p}}(xn^*)},$$

Hierin können aber die x, n^* statt als ganzzahlige Restklassenvertreter aus $\mathsf{T}_{\mathfrak{p}}$ auch als Elemente des Restklassenkörpers mod $\mathfrak{p}$ von K gedeutet werden, und $s_{\mathfrak{p}}$ demgemäß als die Spur s in diesem endlichen Körper Π von $\mathfrak{N}(\mathfrak{p})$ Elementen.

Damit ist bewiesen:

Die echten eigentlichen Gaußschen Summen $\tau_n(\chi \mid 1)$ zu Zahlcharakteren χ von Primführern $\mathfrak{p}$ in K sind identisch mit den echten Gaußschen Summen

$$\tau_{n^*}(\chi) = \sum_{x \text{ in } \Pi} \chi(x)\, e^{\frac{2\pi i}{p} s(xn^*)}$$

im endlichen Körper Π von $\mathfrak{N}(\mathfrak{p})$ Elementen, und zwar bei der Parameterzuordnung

$$n^* = (\textit{Restklasse } \sigma_{\mathfrak{p}}(pn) \bmod p),$$

wo $\sigma_{\mathfrak{p}}$ die Relativspur von $\mathsf{K}_{\mathfrak{p}}$ nach dem Trägheitskörper $\mathsf{T}_{\mathfrak{p}}$ bedeutet.

Auf Grund dieser Identität übertragen sich die arithmetischen Ergebnisse aus [12] über die echten Gaußschen Summen $\tau_{n^*}(\chi)$ in endlichen Körpern Π auf die echten eigentlichen Gaußschen Summen $\tau_n(\chi \mid 1)$ zu Zahlcharakteren χ von Primführern $\mathfrak{p}$ in endlich-algebraischen Zahlkörpern K und damit dann auch auf die echten eigentlichen Gaußschen Summen $\tau_n(\chi \mid \mathfrak{a})$ zu Divisorencharakteren χ von Führern $\mathfrak{f}\mathfrak{u}$, die prim zur Ordnung k von χ sind.

3. Was den beiseitegelassenen *irregulären* Fall der echten eigentlichen Gaußschen Summen $\tau_n(\chi \mid 1)$ zu Zahlcharakteren χ von Primführern $\mathfrak{p}^\varrho$ mit $\varrho > 1$ betrifft, bei dem dann $\mathfrak{p}$ ein Teiler der Ordnung k von χ ist, so ist zu vermuten, daß sie sich auf elementar auswertbare Summen und die von *H. L. Schmid* [13] eingeführten verallgemeinerten Gaußschen Summen in Wittschen Vektorringen über endlichen Körpern Π zurückführen lassen.

Literaturverzeichnis

A. Gaußsche Summen in algebraischen Zahlkörpern

[1] *E. Hecke*, Über die L-Funktionen und den Dirichletschen Primzahlsatz für einen beliebigen algebraischen Zahlkörper, Gött. Nachr., Math.-phys. Kl., 1917, 299—318.

[2] *E. Landau*, Über Ideale und Primideale in Idealklassen, Math. Zeitschr. **2** (1918), 52—154.

[3] *E. Hecke*, Reziprozitätsgesetz und Gaußsche Summen in quadratischen Zahlkörpern, Gött. Nachr., Math.-phys. Kl., 1919, 265—278.

[4] *E. Hecke*, Eine neue Art von Zetafunktionen und ihre Beziehungen zur Verteilung der Primzahlen, Teil II, Math. Zeitschr. **6** (1920), 11—51.

[5] *L. J. Mordell*, On the reciprocity formula for the Gauss's sums in the quadratic field, Proc. London Math. Soc. (2) **20** (1920), 289—296.

[6] *E. Hecke*, Bestimmung der Klassenzahl einer neuen Reihe von algebraischen Zahlkörpern, Gött. Nachr. Math.-phys. Kl., 1921, 1—23.

[7] *E. Hecke*, Vorlesungen über die Theorie der algebraischen Zahlen, Leipzig 1923, § 54.

[8] *H. Rademacher*, Zur additiven Primzahltheorie algebraischer Zahlkörper, Teile I, II, Abh. Math. Sem. Hamburg **3** (1924), 109—163, 331—378; Teil III, Math. Zeitschr. **27** (1927), 321—426.

[9] *W. Cramer*, Die Reziprozitätsformel für Gaußsche Summen in reell-quadratischen Zahlkörpern, Dissertation, Breslau 1932, 27 S.

[10] *D. Kunert*, Ein neuer Beweis für die Reziprozitätsformel der Gaußschen Summen in beliebigen algebraischen Zahlkörpern, Math. Zeitschr. **40** (1935), 326—347.

[11] *H. Hasse*, Vorlesungen über Zahlentheorie, Berlin 1950, § 20.

B. Gaußsche Summen in endlichen Körpern

[12] *H. Davenport* — *H. Hasse*, Die Nullstellen der Kongruenzzetafunktionen in gewissen zyklischen Fällen Journ. reine angew. Math. **172** (1934), 151—182.

[13] *H. L. Schmid*, Kongruenzzetafunktionen in zyklischen Körpern, Abh. Preuß. Akad. Wiss. 1941, Math.-naturw. Kl., Nr. 14, 1—30.

63. Artinsche Führer, Artinsche L-Funktion und Gaußsche Summen über endlich-algebraischen Zahlkörpern [124]

Acta Salmanticensia Ciencias Seccion de Matematicas
Nr. 4 (1954), V – VIII, 1 – 113

INHALT

EINLEITUNG

Als *Artin* [1, 2, 3] seine Theorie der Führer $\mathfrak{f}(\chi, N/K)$ und L-Funktionen $L(s|\chi, N/K)$ zu einem Normalkörper N/K mit der Galoisgruppe $\mathfrak{G}$ über einem endlich-algebraischen Zahlkörper K entwickelte, lagen ein Satz von *Herbrand* [1, 2] über die höheren Verzweigungsgruppen zu einem Teilnormalkörper N_0/K von N/K und der Hauptsatz von *R. Brauer* [1] über die durch abelsche Charaktere von Untergruppen $\mathfrak{H}$ induzierten Charaktere von $\mathfrak{G}$ noch nicht vor. Daher musste Artin für die Beweise einiger Eigenschaften seiner Führer und L-Funktionen Umwege gehen, die zwar durch ihre begriffliche Schlussweise interessant sind, aber doch die Geradheit und Durchsichtigkeit des ganzen Aufbaus etwas beeinträchtigen. Ausserdem musste er die arithmetische Struktur des in der Funktionalgleichung der L-Funktion $L(s|\chi, N/K)$ auftretenden konstanten Faktors $W(\chi, N/K)$ vom Betrage 1 unbestimmt lassen.

Dieser Faktor $W(\chi, N/K)$ hat ein besonderes arithmetisches Interesse. Er ist nämlich im Spezialfall eines abelschen Charakters χ von $\mathfrak{G}$ bis auf einen i-Potenzfaktor der Quotient der χ zugeordneten «abelschen» Gauβschen Summe $\tau_K(\chi)$ über K durch ihren absoluten Betrag $\sqrt{\mathfrak{N}_K(\mathfrak{f}_K(\chi))}$, führt also im allgemeinen Fall eines «galoisschen» Charakters χ von $\mathfrak{G}$ zu einer Verallgemeinerung $\tau(\chi, N/K)$ dieser Bildung, die ich «galoissche» Gauβsche Summe über K nenne. Um die gruppentheoretische Struktur des Faktors $W(\chi, N/K)$ zu bestimmen und damit diese Verallgemeinerung durchzuführen, empfiehlt es sich, die Artinsche Definition des Führers $\mathfrak{f}(\chi, N/K)$ durch Hinzunahme von Beiträgen auch der unendlichen Primstellen $\mathfrak{p}$ von K zu ergänzen und entsprechend die zur Funktionalgleichung führenden, bereits von Artin angegebenen Γ-Faktoren als zusätzliche Beiträge der unendichen Primstellen $\mathfrak{p}$ von K zur L-Funktion $L(s|\chi, N/K)$ aufzufassen.

Ich gebe in dieser Abhandlung zunächst eine Neudarstellung der Theorie der Artinschen Führer und L-Funktionen zu N/K, die von vornherein die unendlichen Primstellen von K als gleichberechtigt mit den endlichen berücksichtigt, und die unter Benutzung der angeführten

Ergebnisse von Herbrand und R. Brauer an einigen noch hervorzuhebenden Stellen die Artinsche umwegige Schlussweise durch mehr direkte Beweise ersetzt.

Aus der nach diesen Vorbereitungen möglichen Präzisierung der ihrem Typus nach bereits von Artin aufgestellten Funktionalgleichung für die galoissche L-Funktion $L(s|\chi, N/K)$ entwickle ich sodann die Definition und einige einfache formale Eigenschaften der zugeordneten galoisschen Gaußschen Summe $\tau(\chi, N/K)$.

Während nun Führer und L-Funktion sich definitionsgemäss aus Beiträgen der einzelnen Primstellen $\mathfrak{p}$ von K zusammensetzen, ist das bei der zu gebenden Definition der Gaußschen Summe $\tau(\chi, N/K)$ nicht der Fall, weil die $\mathfrak{p}$-Beiträge $L_\mathfrak{p}(s|\chi, N/K)$ von $L(s|\chi, N/K)$ für sich ja keinen Funktionalgleichungen vom Typus $\left\{\begin{matrix} s \to 1 - s \\ \chi \to \bar{\chi} \end{matrix}\right\}$ genügen. Es ist aber trotzdem möglich, auch für $\tau(\chi, N/K)$ die $\mathfrak{p}$-Beiträge $\tau_\mathfrak{p}(\chi, N/K)$ formal zu definieren, allerdings nicht in völlig strukturinvarianter Weise, und damit den Weg zur Herleitung tieferliegender arithmetischer Eigenschaften der galoisschen Gaußschen Summen $\tau(\chi, N/K)$ zu öffnen. Das geschieht im einzelnen folgendermassen.

Ich knüpfe an die Komponentenzerlegung einer abelschen Gaußschen Summe $\tau_K(\chi)$ nach den Primdivisoren $\mathfrak{p}$ des Führers $\mathfrak{f}_K(\chi)$ an, wie ich sie in *Hasse* [4] entwickelt habe. Für den vorliegenden Zweck erweist es sich als vorteilhaft, diese Komponentenzerlegung mittels der modernen klassenkörpertheoretischen Methoden von *Chevalley* [1, 2] zu einer einheitlichen Produktformel über alle Primdivisoren $\mathfrak{p}$ von K auszugestalten, bei der die $\mathfrak{p}$-Beiträge $\tau_\mathfrak{p}(\chi_\mathfrak{p})$ Gaußsche Summen zu abelschen Charakteren $\chi_\mathfrak{p}$ in den $\mathfrak{p}$-adischen Hüllen $K_\mathfrak{p}$ des Grundkörpers K, kurz abelsche Gaußsche Summen «im Kleinen» sind.

Die abelschen Gaußschen Summen im Kleinen $\tau_\mathfrak{p}(\chi_\mathfrak{p})$, die bei Umdeutung der Restklassenringe mod. $\mathfrak{f}(\chi_\mathfrak{p})$ auf Wittsche Vektorringe nach *H. L. Schmid* [1] in einem noch nicht vollständig geklärten Zusammenhang mit gewissen Kongruenz-L-Funktionen stehen, lassen sich nach neueren Ergebnissen von *Lamprecht* [1] weiter auf Gaußsche Summen $\tau_\mathfrak{p}(\chi_\mathfrak{p}^0)$ zu abelschen Charakteren $\chi_\mathfrak{p}^0$ in den endlichen Restklassenkörpern mod. $\mathfrak{p}$ der $K_\mathfrak{p}$, kurz abelsche Gaußsche Summen «im Minimalen» zurückführen.

Die abelschen Gaußschen Summen im Minimalen $\tau_\mathfrak{p}(\chi_\mathfrak{p}^0)$, die nach *Davenport* [1] -*Hasse* [3] die Nullstellen gewisser Kongruenz-L-Funktionen sind, haben schliesslich nach den dort sowohl aus dieser algebraischen Deutung als auch mit arithmetischen Mitteln bewiesenen

Ergebnissen eine völlig bekannte arithmetische Struktur als Kreiskörperzahlen.

Zusammengenommen hat man damit eine Reduktion der zum Ausgang genommenen abelschen Gaußschen Summen im Grossen $\tau_K(\chi)$ über abelsche Gaußsche Summen im Kleinen $\tau_\mathfrak{p}(\chi_\mathfrak{p})$ auf abelsche Gaußsche Summen im Minimalen $\tau_\mathfrak{p}(\chi_\mathfrak{p}^0)$.

Gestützt auf diese Theorie der Komponentenzerlegung der abelschen Gaußschen Summen gebe ich die oben erwähnte formale Definition der Komponenten $\tau_\mathfrak{p}(\chi, N/K)$ einer galoisschen Gaußschen Summe $\tau(\chi, N/K)$ und beginne mit der schwierigen Untersuchung der arithmetischen Struktur dieser galoisschen Gaußschen Summen im Kleinen $\tau_\mathfrak{p}(\chi, N/K)$. Zu einem gewissen, wenn auch nicht vollständigen Abschluss führe ich in der vorliegenden Abhandlung nur die Frage, inwieweit die $\tau_\mathfrak{p}(\chi, N/K)$ strukturinvariant sind. Die Behandlung der weiter sich erhebenden Fragen, wie sich die bekannten Ergebnisse über die arithmetische Struktur der abelschen $\tau_\mathfrak{p}(\chi_\mathfrak{p}^0)$ und $\tau_\mathfrak{p}(\chi_\mathfrak{p})$ auf die galoisschen $\tau_\mathfrak{p}(\chi, N/K)$ übertragen, bleibt einer weiteren Untersuchung vorbehalten.

Zum Schluss zeige ich noch, dass die in *Davenport* [1] -*Hasse* [3] behandelten Produktrelationen zwischen abelschen Gaußschen Summen im Minimalen ihr Ebenbild in der Theorie der galoisschen Gaußschen Summen $\tau(\chi, N/K)$ für den Spezialfall eines abelschen Normalkörpers N/K haben. Ich möchte glauben, dass sich auf dieser Grundlage ein Zugang zu den galoisschen Gaußschen Summen $\tau(\chi, N/K)$ auch für beliebige Normalkörper N/K finden lässt, der den in dieser Abhandlung eingeschlagenen analytischen Weg über die Funktionalgleichung der galoisschen L-Funktionen $L(s|\chi, N/K)$ entbehrlich macht.

Einen kurzen Überblick über die Ergebnisse dieser Abhandlung habe ich in Gestalt einer vorläufigen Mitteilung bereits in *Hasse* [6] veröffentlicht.

§ 1. INVARIANTE UND KOVARIANTE LINEARE ZAHLKÖRPERCHARAKTERFUNKTIONEN

1. *Induktionsprozess und Restklassenhomomorphismus für Gruppencharaktere.*—Es sei eine endliche Gruppe $\mathfrak{G}$ gegeben, und es durchlaufe $\mathfrak{U}$ alle ihre Untergruppen und $\mathfrak{G}_0 = \mathfrak{G}/\mathfrak{N}$ alle ihre Faktorgruppen nach Normalteilern $\mathfrak{N}$. Es seien X, Ψ, X_0 die Moduln aus den Charakteren χ, ψ, χ_0 der Gruppen $\mathfrak{G}, \mathfrak{U}, \mathfrak{G}_0$ über dem Integritätsbereich der ganzrationalen Zahlen.

Die in dieser Abhandlung vorkommenden endlichen Gruppen werden mit grossen deutschen Buchstaben bezeichnet. Der entsprechende kleine bzw. grosse lateinische Buchstabe soll dann stillschweigend jeweils die Ordnung bzw. das allgemeine Element der Gruppe bedeuten, und eckige Klammern um das Gruppenzeichen sollen die Bildung des rationalzahligen Gruppenrings angeben; beispielsweise $\mathfrak{G}, g, G, [\mathfrak{G}]$.

Die Bedeutung des Wortes *Charakter* wird nicht auf die *einfachen* Charaktere (von irreduziblen Darstellungen) beschränkt, und auch nicht auf die *wirklichen* Charaktere (von wirklichen Darstellungen, mit nichtnegativen ganzrationalen Koeffizienten aus einfachen kombiniert). Sollen einfache oder wirkliche Charaktere gemeint sein, so wird das besonders gesagt. Insbesondere werden die *abelschen* Charaktere, das sind die wirklichen (einfachen) Charaktere vom Grade 1, eine wichtige Rolle spielen. Die Charaktere χ einer Gruppe $\mathfrak{G}$ werden als lineare Funktionen auf den Gruppenring $[\mathfrak{G}]$ erweitert gedacht; Elementkomplexe aus $\mathfrak{G}$ werden dabei, wie üblich, als die in $[\mathfrak{G}]$ gebildeten Summen ihrer Elemente aufgefasst.

Der *Induktionsprozess* von $\mathfrak{U}$ nach $\mathfrak{G}$, definiert durch

$$\psi^*(G) = \sum_R \psi(G^R), \text{ wo } \mathfrak{G} = \sum_R R\,\mathfrak{U} \text{ und } \psi(G) = 0 \text{ für } G \text{ nicht in } \mathfrak{U} \qquad [1.]$$

liefert einen Homomorphismus $\psi \to \psi^*$ von Ψ auf einen Teilmodul Ψ^* von X. Der Hauptsatz von *R. Brauer* [1] über die induzierten Charaktere besagt, dass der aus den in $\mathfrak{G}$ induzierten Charakteren ψ^* aller abelschen Charaktere ψ aller[1] Untergruppen $\mathfrak{U}$ erzeugte Teilmodul mit

[1] Es genügt sogar, sich auf *elementare* Untergruppen (direkte Produkte von p-Gruppen mit Zyklen von zu p primer Ordnung) zu beschränken; doch kommt es darauf für die Untersuchungen in dieser Abhandlung nicht an.

dem vollen Charaktermodul X von $\mathfrak{G}$ zusammenfällt, dass also jeder Charakter χ von $\mathfrak{G}$ (mindestens) eine Darstellung

$$\chi = \sum_{\psi} g_{\psi} \psi^* \quad (g_{\psi} \text{ ganzrational})$$

als Linearkombination von induzierten ψ^* abelscher Charaktere ψ von Untergruppen $\mathfrak{H}$ besitzt. Eine solche Darstellung wird im folgenden kurz eine *R. Brauersche Darstellung* genannt.

Der *Restklassenhomomorphismus* von $\mathfrak{G}$ auf $\mathfrak{G}_0 = \mathfrak{G}/\mathfrak{D}$ liefert durch die Festsetzung

$$\hat{\chi}_0(G) = \chi_0(G\mathfrak{D}) \qquad [2.]$$

einen Isomorphismus $\chi_0 \to \hat{\chi}_0$ von X_0 auf einen Teilmodul $\hat{X}_0$ von X, bestehend aus denjenigen Charakteren $\chi = \hat{\chi}_0$ von $\mathfrak{G}$, deren Werte nur von den Restklassen nach $\mathfrak{D}$ abhängen. Im Hinblick auf die Gleichheit der Werte von χ_0 und $\hat{\chi}_0$ für beim Restklassenhomomorphismus von $\mathfrak{G}$ auf $\mathfrak{G}_0$ einander zugeordnete Elemente wird im folgenden statt $\hat{\chi}_0$ ein fach χ_0 geschrieben, wo das ohne Gefahr eines Missverständnisses oder Verlust des Nachdrucks geschehen kann.

2. *Invariante lineare Charakterfunktionen.*—Es sei M eine in bezug auf Unter- und Faktorgruppenbildung geschlossene Menge von endlichen Gruppen. Eine für jede Gruppe $\mathfrak{G}$ aus M definierte Funktion $F(\chi, \mathfrak{G})$ der Charaktere χ von $\mathfrak{G}$, kurz eine *Charakterfunktion* zu M, heisse *linear*, wenn sie für jede Gruppe $\mathfrak{G}$ aus M einen Homomorphismus $\chi \to F(\chi, \mathfrak{G})$ des Charaktermoduls X von $\mathfrak{G}$ in eine nur von M abhängige abelsche Gruppe liefert. Die im folgenden in dieser letzteren Rolle auftretenden *Wertgruppen* werden durchweg *multiplikative* abelsche Gruppen sein. Eine lineare Charakterfunktion $F(\chi, \mathfrak{G})$ zu M liegt durch ihre —willkürlich vorschreibbaren— Werte für die einfachen Charaktere χ von $\mathfrak{G}$, für alle $\mathfrak{G}$ aus M, eindeutig fest.

Eine lineare Charakterfunktion $F(\chi, \mathfrak{G})$ zu M heisse *invariant*, wenn ihre Werte beim Induktionsprozess [1.] und beim Restklassenhomomorphismus [2.] invariant sind, wenn sie also die folgenden beiden Eigenschaften hat:

$$F(\psi^*, \mathfrak{G}) = F(\psi, \mathfrak{H}) \quad \textit{(Induktionsregel)}, \qquad [3.]$$

$$F(\hat{\chi}_0, \mathfrak{G}) = F(\chi_0, \mathfrak{G}_0) \quad \textit{(Restklassenregel)}. \qquad [4.]$$

Diese Regeln bedeuten Einschränkungen in der eben erwähnten Willkürlichkeit der Werte F $(\chi, \mathfrak{G})$ zu den einfachen Charakteren χ von $\mathfrak{G}$ für die einzelnen $\mathfrak{G}$ aus M. Diese Einschränkungen würden sich bei Beschränkung auf einfache Charaktere weniger glatt als in [3.], [4.] darstellen, so dass es vernünftig erscheint, von vornherein die vollen Charaktermoduln in Betracht zu ziehen.

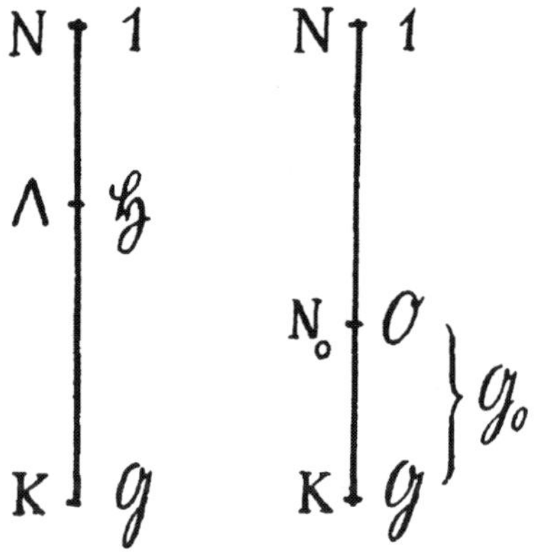

Fig. 1.

3. *Invariante lineare Zahlkörpercharakterfunktionen.*—Die in dieser Arbeit zu betrachtenden linearen Charakterfunktionen werden in der Menge M aller derjenigen endlichen Gruppen $\mathfrak{G}$ definiert sein, die als Galoisgruppen von Normalkörpern N/K über endlich-algebraischen Zahlkörpern K als Grundkörpern auftreten. Diese Menge M ist in bezug auf Unter- und Faktorgruppenbildung geschlossen, und zwar entspricht einer Untergruppe $\mathfrak{H}$ von $\mathfrak{G}$ der auf ihren Invariantenkörper Λ als neuen Grundkörper bezogene Normalkörper Λ/K, und einer Faktorgruppe $\mathfrak{G}_0 = \mathfrak{G}/\mathfrak{O}$ der dem Normalteiler $\mathfrak{O}$ von $\mathfrak{G}$ als Invariantenkörper zugeordnete Teilnormalkörper N_0/K. Es werden dann die Funktionswerte F $(\chi, \mathfrak{G})$ ausser von χ und $\mathfrak{G}$ auch noch von der jeweiligen Realisierung von $\mathfrak{G}$ als Galoisgruppe eines Normalkörpers N/K abhängen. Sie seien demgemäss mit F $(\chi$, N/K) bezeichnet, wobei das Argument $\mathfrak{G}$, als durch N/K bestimmt, nicht mehr aufgeführt zu werden braucht.

Für solche *lineare Zahlkörpercharakterfunktionen* F $(\chi$, N/K) hat man die Eigenschaften [3.], [4.] sinngemäss folgendermassen zu präzisieren:

$$F(\psi^*, N/K) = F(\psi, N/\Lambda) \quad \textit{(Induktionsregel)}, \qquad [5.]$$

$$F(\hat{\chi}_0, N/K) = F(\chi_0, N_0/K) \quad \textit{(Restklassenregel)}. \qquad [6.]$$

Lineare Zahlkörpercharakterfunktionen mit diesen beiden Eigenschaften sollen wieder *invariant* heissen.

An dem Bezeichnungsschema aus Fig. 1, das den Regeln [5.], [6.] zugrundeliegt, wird im folgenden ohne jedesmalige neue Erklärung festgehalten.

Die Werte der zu betrachtenden linearen Zahlkörpercharakterfunktionen F $(\chi$, N/K) werden zunächst (beim Führer) Divisoren des Grundkörpers K oder (bei der L-Funktion) analytische Funktionen einer komplexen Variablen s sein, später (bei der Gaußschen Summe) auch algebraische Zahlen aus durch χ und K bestimmten Kreiskörpern.

Zum besseren Verständnis der Redeweise in dieser Abhandlung sei bemerkt, dass von einer linearen Zahlkörpercharakterfunktion $F(\chi, N/K)$ meist im Singular gesprochen werden wird. Nur wo es darauf ankommt, ihre Werte für die einzelnen Normalkörper N/K und zugeordneten Charaktere χ als Individuen zu unterscheiden, wird der Plural verwendet werden; man beachte dabei, dass weder N noch K fest gedacht sind.

4. *Kovariante lineare Zahlkörpercharakterfunktionen.*—Neben invarianten linearen Zahlkörpercharakterfunktionen $F(\chi, N/K)$ werden im folgenden auch solche $f(\chi, N/K)$ vorkommen, bei denen anstelle der einfachen Induktionsregel [5.] eine solche vom komplizierteren Typus

$$f(\psi^*, N/K) = \left(a(\Lambda/K)^{\psi(1)} f(\psi, N/\Lambda)\right)^{\alpha(\Lambda/K)} \qquad [7.]$$

gilt, mit einer nur vom Zahlkörper Λ/K abhängigen Funktion $a(\Lambda/K)$ in der Wertgruppe und einem ebenfalls nur von Λ/K abhängigen Endomorphismus $\alpha(\Lambda/K)$ der Wertgruppe.

Unter der Voraussetzung, dass die Werte $f(\chi, N/K)$ Divisoren von K sind, werden die unter diesen Typus fallenden Induktionsregeln

$$f_1(\psi^*, N/K) = N_{\Lambda/K}\left(\mathfrak{D}(\Lambda/K)^{\psi(1)} f_1(\psi, N/\Lambda)\right), \qquad [7_1.]$$

$$f_2(\psi^*, N/K) = N_{\Lambda/K}\left(f_2(\psi, N/\Lambda)\right) \qquad [7_2.]$$

vorkommen, in denen $N_{\Lambda/K}$ die Relativnormbildung und $\mathfrak{D}(\Lambda/K)$ die Relativdifferente bedeutet, sowie analog gebaute Regeln unter Einschluss der unendlichen Primstellen.

Solche allgemeineren linearen Zahlkörpercharakterfunktionen seien *kovariant* genannt, unter jeweiliger Angabe der Induktionsregel [7.]; an der Forderung der Restklassenregel [6.] wird dabei festgehalten.

Im Falle der Induktionsregel [7_1.] liefert der Ansatz

$$f_2(\chi, N/K) = \mathfrak{D}(K)^{\chi(1)} f_1(\chi, N/K) \qquad [8.]$$

nach dem Differentenschachtelungssatz die Induktionsregel [7_2.], und dann weiter die Absolutnormbildung

$$F(\chi, N/K) = \mathfrak{N}_K\left(f_2(\chi, N/K)\right) = \mathfrak{d}(K)^{\chi(1)} \mathfrak{N}_K\left(f_1(\chi, N/K)\right), \qquad [9.]$$

wo $\mathfrak{d}(K)$ die Absolutdiskriminante bedeutet, nach dem Normenschachtelungssatz die Induktionsregel [5.], also eine invariante lineare Zahlkörpercharakterfunktion.

5. *Abelsche Charaktere und zugeordnete Kongruenzcharaktere.*—Für einen abelschen Charakter χ von $\mathfrak{G}$ bezeichne durchweg $\mathfrak{G}_\chi = \mathfrak{G}/\mathfrak{D}_\chi$ die zyklische Faktorgruppe nach dem durch $\chi(G) = 1$ charakterisierten Normalteiler $\mathfrak{D}_\chi$, sowie K_χ/K dessen zyklischen Invariantenkörper.

Durch die Festsetzung

$$\chi(\mathfrak{x}) = \chi\left(\frac{K_\chi/K}{\mathfrak{x}}\right), \qquad [10.]$$

wo $\left(\frac{K_\chi/K}{\mathfrak{x}}\right)$ das Artinsymbol in der Gruppe der zur Diskriminante $\mathfrak{d}(K_\chi/K)$ primen Divisoren $\mathfrak{x}$ von K bedeutet, wird nach der Klassenkörpertheorie ein Kongruenzcharakter in K geliefert. Er sei der dem Gruppencharakter χ von $\mathfrak{G}$ *zugeordnete Kongruenzcharakter* χ in K genannt; die Verwendung des gleichen Zeichens χ für beide Charakterauffassungen wird nicht zu Missverständnissen führen können.

Eine kovariante lineare Zahlkörpercharakterfunktion $f(\chi, N/K)$ ist bereits eindeutig festgelegt durch ihre für abelsche Charaktere χ und die zugeordneten zyklischen Relativkörper K_χ/K gebildeten speziellen Werte

$$f(\chi, K_\chi/K) = f_K(\chi), \qquad [11.]$$

die nur von K und χ abhängen. Denn für einen beliebigen Charakter χ von $\mathfrak{G}$ hat man auf Grund einer R. Brauerschen Darstellung

$$\chi = \sum_\psi g_\psi \psi^* \qquad (g_\psi \text{ ganzrational}) \qquad [12.]$$

nach den Regeln [6.], [7.] die Reduktion

$$f(\chi, N/K) = \prod_\psi f(\psi^*, N/K)^{g_\psi}$$

mit

$$f(\psi^*, N/K) = \left(a(\Lambda/K)\, f(\psi, N/\Lambda)\right)^{a(\Lambda/K)} = \left(a(\Lambda/K)\, f(\psi, \Lambda_\psi/\Lambda)\right)^{a(\Lambda/K)}$$
$$= \left(a(\Lambda/K)\, f_\Lambda(\psi)\right)^{a(\Lambda/K)},$$

also zusammengenommen

$$f(\chi, N/K) = \prod_{\psi} \left(a(\Lambda/K) f_{\Lambda}(\psi) \right)^{g_{\psi} a(\Lambda/K)}, \qquad [13.]$$

auf abelsche Charaktere ψ von Untergruppen $\mathfrak{H}$, die sich also als Kongruenzcharaktere in den zugeordneten Invariantenkörpern Λ auffassen lassen.

§ 2. DIFFERENTE UND DISKRIMINANTE UNTER EINSCHLUSS DER UNENDLICHEN PRIMSTELLEN

Wie schon in der Einleitung gesagt, empfiehlt es sich für die Zwecke dieser Abhandlung, die Definitionen der Differente $\mathfrak{D}(\Lambda/K)$ und der Diskriminante $\mathfrak{d}(\Lambda/K) = N_{\Lambda/K}(\mathfrak{D}(\Lambda/K))$ für endlich-algebraische Relativkörper Λ/K über einem endlich-algebraischen Zahlkörper K durch Hinzunahme von Beiträgen auch der unendlichen Primstellen $\mathfrak{q}$ von Λ bzw. $\mathfrak{p}$ von K zu ergänzen.

1. *Die volle Divisorengruppe.*—Anders als in allen bisherigen Zusammenhängen, in denen die unendlichen Primstellen eine Rolle spielen, werden diese bei der vorliegenden Aufgabe und in der nachher zu gebenden Führerdefinition nicht nur mit den Exponenten 0 oder 1, sondern auch mit höheren ganzrationalen Exponenten auftreten. Dementsprechend seien zunächst die Divisorengruppen $A(\Lambda)$, $A(K)$ durch Hinzunahme der unendlichen Primstellen $\mathfrak{q}, \mathfrak{p}$ als neue, *unabhängige* Erzeugende zu den *vollen Divisorengruppen* $\bar{A}(\Lambda)$, $\bar{A}(K)$ erweitert.

Ferner werde der Einbettungsisomorphismus von $A(K)$ in $A(\Lambda)$ durch die zusätzliche Festsetzung

$$\mathfrak{p} = \prod_{\mathfrak{q} | \mathfrak{p}} \mathfrak{q},$$

wo $\mathfrak{q}$ die verschiedenen Fortsetzungen auf Λ einer unendlichen Primstelle $\mathfrak{p}$ von K durchläuft, zu einem Isomorphismus von $\bar{A}(K)$ in $\bar{A}(\Lambda)$ erweitert.

Schliesslich werde der Relativnormhomomorphismus von $A(\Lambda)$ in $A(K)$ durch die zusätzliche Festsetzung

$$N_{\Lambda/K}(\mathfrak{q}) = \mathfrak{p}$$

für unendliches $\mathfrak{q}|\mathfrak{p}$ zu einem Homomorphismus von $\tilde{A}(\Lambda)$ in $\tilde{A}(K)$ erweitert.

2. *Die volle Differente.* — Es werde dann die *volle Differente* $\tilde{\mathfrak{D}}(\Lambda/K)$ formal durch

$$\tilde{\mathfrak{D}}(\Lambda/K) = \mathfrak{D}(\Lambda/K)\,\mathfrak{D}_\infty(\Lambda/K)$$

mit

$$\mathfrak{D}_\infty(\Lambda/K) = \prod_{\mathfrak{q}\ \text{unendl.}} \mathfrak{D}_\mathfrak{q}(\Lambda/K)$$

definiert, wo die zusätzlichen Beiträge $\mathfrak{D}_\mathfrak{q}(\Lambda/K)$ der unendlichen Primstellen $\mathfrak{q}$ von Λ inhaltlich durch

$$\mathfrak{D}_\mathfrak{q}(\Lambda/K) = \left\{\begin{matrix} \mathfrak{q}^0, \text{ wenn } \mathfrak{q} \text{ kein Verzweigungsprimteiler} \\ \mathfrak{q}^1, \text{ wenn } \mathfrak{q} \text{ ein Verzweigungsprimteiler} \end{matrix}\right\} \text{ für } \Lambda/K$$

erklärt sind; $\left\{\begin{matrix}\text{unverzweigt}\\ \text{verzweigt}\end{matrix}\right\}$ ist dabei für unendliche Primstellen als gleichbedeutend mit $\left\{\begin{matrix}\text{zerlegt}\\ \text{unzerlegt} = \text{träge}\end{matrix}\right\}$ verstanden, wie sich das in allen bisherigen Zusammenhängen als sinngemäss und zweckmässig erwiesen hat; im vorliegenden Zusammenhang ist im Hinblick auf den Dedekindschen Differenten- und Diskriminantensatz die erstere vor der letzteren Ausdrucksweise vorzuziehen.

Der zu dem *endlichen Bestandteil* $\mathfrak{D}(\Lambda/K)$ hinzukommende *unendliche Bestandteil* $\mathfrak{D}_\infty(\Lambda/K)$ ist, in Verallgemeinerung des Dedekindschen Differentensatzes, hier einfach das Produkt der verschiedenen unendlichen Verzweigungsprimteiler $\mathfrak{q}$ für Λ/K; diese sind sämtlich komplex und dadurch gekennzeichnet, dass zudem die sie enthaltenden unendlichen Primstellen $\mathfrak{p}$ von K reell sind.

3. *Die volle Diskriminante.*—Schliesslich werde die *volle Diskriminante* $\tilde{\mathfrak{d}}(\Lambda/K)$ durch die Relativnormbildung

$$\tilde{\mathfrak{d}}(\Lambda/K) = N_{\Lambda/K}\big(\tilde{\mathfrak{D}}(\Lambda/K)\big) = \mathfrak{d}(\Lambda/K)\,\mathfrak{d}_\infty(\Lambda/K)$$

mit

$$\mathfrak{d}_\infty(\Lambda/K) = N_{\Lambda/K}\big(\mathfrak{D}_\infty(\Lambda/K)\big)$$

definiert.

Der zu dem *endlichen Bestandteil* $\mathfrak{d}(\Lambda/K)$ hinzukommende *unendliche Bestandteil* $\mathfrak{d}_\infty(\Lambda/K)$ ist demnach das Produkt der für Λ/K verzweigten reellen unendlichen Primstellen $\mathfrak{p}$ von K, jede mit der Anzahl der in ihr steckenden komplexen unendlichen Primstellen $\mathfrak{q}$ von Λ als Exponent.

4. *Differenten- und Diskriminantensätze.*—Wie man sich leicht klarmacht, gelten die für die endlichen Bestandteile von Differente und Diskriminante geläufigen Schachtelungssätze auch für die vorstehend definierten unendlichen Bestandteile und somit für die volle Differente und volle Diskriminante.

Entsprechendes ist für die übrigen Differenten- und Diskriminantensätze der Fall, nämlich die Produktformeln, die Normformel und den Dedekindschen Differenten-und Diskriminantensatz; denn diese Sätze bilden ja gerade die Grundlage für die vorstehenden Definitionen.

Sei schliesslich N/K ein Normalkörper mit der Galoisgruppe $\mathfrak{G}$, und bedeute $\mathfrak{V}_\nu$ $(\nu \geqq 0)$ die absteigende, mit 1 abbrechende Kette der Verzweigungsgruppen zu N/K für einen Primdivisor $\mathfrak{P}$ von N, und zwar in der vollen Zählung, d. h. so, dass $\mathfrak{V}_\nu$ die Invarianzgruppe der Restklassen mod. $\mathfrak{P}^{\nu+1}$ von N ist. Dann gilt die Hilbertsche Formel

$$\mathfrak{D}_{\mathfrak{P}}(N/K) = \mathfrak{P}^{\sum_\nu (v_\nu - 1)}$$

für den Differentenbeitrag von $\mathfrak{P}$ auch einschliesslich der unendlichen Primstellen $\mathfrak{P}$ von N, wenn für diese (im Einklang mit der Identifikation aus **2**) die nullte Verzweigungsgruppe $\mathfrak{V}_0$ (Trägheitsgruppe) mit der Zerlegungsgruppe $\mathfrak{Z}$ identifiziert wird und die höheren Verzweigungsgruppen $\mathfrak{V}_1, \mathfrak{V}_2, \ldots = 1$ verstanden werden. Die Hilbertsche Formul reduziert sich ja dann auf

$$\mathfrak{D}_{\mathfrak{P}}(N/K) = \mathfrak{P}^{v_0 - 1} \qquad (\mathfrak{P} \text{ unendlich}),$$

und da $v_0 = 2$ oder 1 ist, je nachdem $\mathfrak{P}$ Verzweigungsprimteiler für N/K ist oder nicht, steht das im Einklang mit der Definition aus **2**.

§ 3. ARTINSCHER FÜHRER UND ARTINSCHE L-FUNKTION UNTER EINSCHLUSS DER UNENDLICHEN PRIMSTELLEN

1. *Definition der endlichen Bestandteile.*—Die von *Artin* [1, 2, 3] eingeführten Führer und L-Funktionen zu einem Normalkörper N/K mit der Galoisgruppe $\mathfrak{G}$ über einem endlich-algebraischen Zahlkörper K sind lineare Zahlkörpercharakterfunktionen im Sinne von § **1, 3** mit dem folgenden Definitionsschema:

$$\mathfrak{f}(\chi, N/K) = \prod_{\mathfrak{p}\ \text{endl.}} \mathfrak{f}_{\mathfrak{p}}(\chi, N/K),$$

$$L(s|\chi, N/K) = \prod_{\mathfrak{p}\ \text{endl.}} L_{\mathfrak{p}}(s|\chi, N/K),$$

wo die Beiträge der endlichen Primstellen $\mathfrak{p}$ von K durch

$$\mathfrak{f}_{\mathfrak{p}}(\chi, N/K) = \mathfrak{p}^{\sum_{\nu} \frac{v_\nu}{v_0} \chi(\varepsilon'_\nu)},$$

$$L_{\mathfrak{p}}(s|\chi, N/K) = e^{\log L_{\mathfrak{p}}(s|\chi, N/K)} \text{ mit}^{1}$$

$$\log L_{\mathfrak{p}}(s|\chi, N/K) = \sum_{m=1}^{\infty} \frac{\chi(\pi^m)}{m\, \mathfrak{N}_K(\mathfrak{p})^{ms}},$$

mit folgender Bedeutung der $\mathfrak{p}$ zugeordneten Zahlen v_ν und Elemente ε'_ν, π aus $[\mathfrak{G}]$ erklärt sind.

Wie in § 2, **4** sei $\mathfrak{Z}$, $\mathfrak{V}_\nu$ ($\nu \geqq 0$) die Hilbertsche Untergruppenkette zu N/K für einen (hier willkürlich wählbaren) Primdivisor $\mathfrak{P}$ von $\mathfrak{p}$ in N, wieder in der dort erklärten vollen Zählung, sowie $P\mathfrak{V}_0$ der Frobeniusautomorphismus, d. h. diejenige Erzeugende der zyklischen Faktorgruppe $\mathfrak{Z}/\mathfrak{V}_0$, die im Restklassenkörper mod. $\mathfrak{P}$ von N die Potenzierung mit $\mathfrak{N}_K(\mathfrak{p})$ liefert. Es bedeutet dann

$$\varepsilon_\nu = \varepsilon(\mathfrak{V}_\nu) = \frac{1}{v_\nu} \mathfrak{V}_\nu$$

---

[1] Eine explizite Formel für $L_{\mathfrak{p}}(s|\chi, K/N)$ selbst, ohne Zwischenschaltung des Logarithmus, siehe unten in **4**.

dasjenige Idempotent aus $[\mathfrak{W}_\nu]$, für welches das Ideal $[\mathfrak{W}_\nu]\,\varepsilon_\nu$ Darstellungsmodul zur identischen Darstellung von $\mathfrak{W}_\nu$ ist, sowie

$$\varepsilon'_\nu = \varepsilon'(\mathfrak{W}_\nu) = 1 - \frac{1}{v_\nu}\mathfrak{W}_\nu = 1 - \varepsilon_\nu$$

das dazu komplementäre Idempotent aus $[\mathfrak{W}_\nu]$, welchem also im selben Sinne die durch Abspaltung der identischen aus der regulären entstehende Darstellung von $\mathfrak{W}_\nu$ entspricht. Ferner bedeutet

$$\pi = \pi(P\mathfrak{W}_0) = \frac{1}{v_0} P\mathfrak{W}_0 = P\varepsilon_0 \qquad \text{mit} \quad \pi^{\frac{z}{v_0}} = \varepsilon_0$$

die Komponente von P im direkten Summanden $[\mathfrak{Z}]\,\varepsilon_0$ von $[\mathfrak{Z}]$, wobei zu beachten ist, dass ε_0 im Zentrum auch von $[\mathfrak{Z}]$ liegt.

2. *Definition der unendlichen Bestandteile.*—Analog zu der Definition der vollen Differente in § 2, **2** seien der *volle Führer* $\bar{\mathfrak{f}}(\chi, N/K)$ und die *volle L-Funktion* $\bar{L}(s|\chi, N/K)$ formal durch

$$\bar{\mathfrak{f}}(\chi, N/K) = \mathfrak{f}(\chi, N/K) \quad \mathfrak{f}_\infty(\chi, N/K),$$

$$\bar{L}(s|\chi, N/K) = L(s|\chi, N/K) \quad L_\infty(s|\chi, N/K)$$

mit

$$\mathfrak{f}_\infty(\chi, N/K) = \prod_{\mathfrak{p}\text{ unendl.}} \mathfrak{f}_\mathfrak{p}(\chi, N/K),$$

$$L_\infty(s|\chi, N/K) = \prod_{\mathfrak{p}\text{ unendl.}} L_\mathfrak{p}(s|\chi, N/K)$$

definiert, wo die zusätzlichen Beiträge $\mathfrak{f}_\mathfrak{p}(\chi, N/K)$ und $L_\mathfrak{p}(s|\chi\, N/K)$ der unendlichen Primstellen $\mathfrak{p}$ von K inhaltlich folgendermassen erklärt sind:

a) im Falle des Führers durch dieselbe Formel wie in **1** für die endlichen Primstellen $\mathfrak{p}$ von K; diese reduziert sich hier wegen $\mathfrak{W}_1, \mathfrak{W}_2, \ldots = 1$ (siehe § 2, **4**) auf

$$\mathfrak{f}_\mathfrak{p}(\chi, N/K) = \mathfrak{p}^{\chi(\varepsilon'_0)} = \mathfrak{p}^{\chi(1)-\chi(\varepsilon_0)} \qquad (\mathfrak{p}\text{ unendlich});$$

b) im Falle der L-Funktion als die Γ-Faktoren

$$L_{\mathfrak{p}}(s|\chi, N/K) = \begin{cases} \gamma(s)^{\chi(\varepsilon_0)}\,\gamma(s+1)^{\chi(\varepsilon_0')} & (\mathfrak{p} \text{ reell}) \\ \gamma(s)^{\chi(\varepsilon_0)}\,\gamma(s+1)^{\chi(\varepsilon_0)}\ (\text{mit } \varepsilon_0 = 1) & (\mathfrak{p} \text{ komplex}) \end{cases},$$

wobei

$$\gamma(s) = \frac{1}{2}\pi^{-\frac{s}{2}}\Gamma\left(\frac{s}{2}\right) = \int_0^\infty e^{-\pi t^2} t^s \frac{dt}{t}$$

gesetzt ist, so dass die Funktionalgleichung

$$\gamma(s)\,\gamma(s+1) = \frac{1}{2}(2\pi)^{-s}\Gamma(s) = \int_0^\infty e^{-2\pi t^2} t^{2s} \frac{dt}{t}$$

besteht[1].

---

[1] Bei *Artin* [3] werden statt $\gamma(s)$, $\gamma(s+1)$ nur die reinen Γ-Faktoren $\Gamma\left(\frac{s}{2}\right)$, $\Gamma\left(\frac{s+1}{2}\right)$ angesetzt, was für den vollen unendlichen Bestandteil $L_\infty(s|\chi, N/K)$ das Weglassen des Exponentialfaktors

$$\left(\pi^{g\chi(1)}\right)^{-\frac{s}{2}}$$

und eines von s unabhängigen 2- und π- Potenzfaktors bedeutet; der erstere Faktor wird stattdessen mit dem für die Funktionalgleichung erforderlichen zusätzlichen Exponentialfaktor

$$\mathfrak{N}_K\left(\mathfrak{D}(K)^{\chi(1)}\,\mathfrak{f}(\chi, N/K)\right)^{\frac{s}{2}} \left[= \mathfrak{N}_K\left(\mathfrak{f}(\chi, N/K)\right) \text{ in der nachstehend unter 3 eingeführten Bezeichnung}\right]$$

vereinigt; der letztere, konstante Faktor ist für die Funktionalgleichung unerheblich, so dass es auf diese Abweichung gegenüber Artin nicht ankommt. Im Hinblick auf die glatte Form der Integraldarstellungen von $\gamma(s)$ und $\gamma(s)\gamma(s+1)$ —gerade in dieser Form geht die Γ-Funktion in die analytische Theorie der L-Funktionen ein—, sowie auf den rein arithmetischen Charakter des angegebenen, von der transzendenten Zahl π befreiten zusätzlichen Exponentialfaktors für die Funktionalgleichung, erscheint die im Text gegebene Definition für die Beiträge der unendlichen Primstellen vom strukturellen Standpunkt aus vernünftiger als die Artinsche.

3. *Grundlegende Eigenschaften.*—Die in **1**, **2** definierten vollen Führer $\tilde{\mathfrak{f}}(\chi, N/K)$ und vollen L-Funktionen $\tilde{L}(s|\chi, N/K)$ haben folgende grundlegenden Eigenschaften.

(I) $\tilde{\mathfrak{f}}(\chi, N/K)^g$ *ist ein voller Divisor von* K (im Sinne von § 2, **1**), *der nur aus in* N *verzweigten Primstellen* $\mathfrak{p}$ *von* K *zusammengesetzt ist.*

Für den Hauptcharakter ε *von* $\mathfrak{G}$ *ist*

$$\tilde{\mathfrak{f}}(\varepsilon, N/K) = 1.$$

Für wirkliche Charaktere χ *von* $\mathfrak{G}$ *ist* $\tilde{\mathfrak{f}}(\chi, N/K)^g$ *ganz.*

Die Exponenten

$$\sum_\nu \frac{v_\nu}{v_0} \chi(\varepsilon_\nu')$$

der $\mathfrak{f}_\mathfrak{p}(\chi, N/K)$ sind nämlich rationale Zahlen, deren formale Nenner v_0 die Verzweigungsordnungen der $\mathfrak{p}$ in N sind.

(I) $\tilde{L}(s|\chi, N/K)$ *ist eine in der Halbebene* $\mathfrak{R}(s) > 1$ *reguläre, dort nullstellenfreie Funktion von s.*

Für den Hauptcharakter ε *von* $\mathfrak{G}$ *ist*

$$\tilde{L}(s|\varepsilon, N/K) = \tilde{\zeta}_K(s) = \zeta_K(s)\,\zeta_K^\infty(s)$$

mit

$$\zeta_K^\infty(s) = \prod_{\mathfrak{p}\ \text{reell}} \gamma(s) \cdot \prod_{\mathfrak{p}\ \text{kompl.}} \gamma(s)\,\gamma(s+1)$$

die volle (d. h. durch die in der Funktionalgleichung auftretenden γ*-Faktoren ergänzte) Zetafunktion von* K.

Die Exponenten

$$\log L_\mathfrak{p}(s|\chi, N/K)$$

der $L_\mathfrak{p}(s|\chi, N/K)$ sind nämlich für die endlichen $\mathfrak{p}$ in der Halbebene $\sigma = \mathfrak{R}(s) > 1$ absolut-konvergente Reihen mit den Majoranten

$$M(\chi) \log\left(1 - \mathfrak{N}_K(\mathfrak{p})^{-\sigma}\right)^{-1},$$

wo

$$M(\chi) = \operatorname{Max}_G |\chi(G)|$$

ist, und diese Majoranten haben als Summe die für $\sigma > 1$ konvergente Reihe $M(\chi) \log \zeta_K(s)$. Für die unendlichen $\mathfrak{p}$ sind die γ-Exponenten $\chi(\varepsilon_0)$, $\chi(\varepsilon_0')$ ganzrationale Zahlen, so dass auch

$$L_\infty(s|\chi, N/K) \quad \text{für} \quad \mathfrak{R}(s) > 1$$

regulär und nullstellenfrei ist.

Für $\chi = \varepsilon$ ist durchweg

$$\chi(\varepsilon_\nu') = 0\,.$$

Für $\chi = \varepsilon$ ist durchweg

$$\chi(\pi^m) = 1,$$

also

$$\log L_{\mathfrak{p}}(s|\chi, N/K) = \\ = \log\left(1 - \mathfrak{N}_K(\mathfrak{p})^{-s}\right)^{-1}$$

der $\mathfrak{p}$-Beitrag zu $\log \zeta_K(s)$.

Für wirkliche Charaktere χ ist durchweg $\chi(\varepsilon_\nu') \geqq 0$, da die $\chi(\varepsilon_\nu')$ wegen der Idempotenz der ε_ν' dann eine begriffliche Bedeutung als Anzahlen (von Eigenwerten 1) haben.

Als Wertgruppe im Sinne von § **1**, **2**, **3** kann vorläufig nicht die volle Divisorengruppe $\tilde{A}(K)$ selbst zugrundegelegt werden; man kommt aber mit der aus den $\sqrt[g]{\mathfrak{p}}$ als unabhängigen Erzeugenden gebildeten formalen Erweiterung $\sqrt[g]{\tilde{A}(K)}$ aus. Nachher stellt sich dann heraus, dass man in Wahrheit schon mit $\tilde{A}(K)$ selbst auskommt.

Als Wertgruppe im Sinne von § **1**, **2**, **3** kann vorläufig die Gruppe der in der Halbebene $\mathfrak{R}(s) > 1$ regulären, dort nullstellenfreien Funktionen von s zugrundegelegt werden. Nachher stellt sich dann heraus, dass man mit der Gruppe der über die ganze s-Ebene fortsetzbaren meromorphen Funktionen ($\neq 0$) auskommt.

(II) $\tilde{\mathfrak{f}}(\chi, N/K)$ *ist kovariant mit der Induktionsregel* § 1, [7_1.].

Bildet man demgemäss den Begriff des *vollen erweiterten Führers*

$$\tilde{\mathfrak{F}}(\chi, N/K) = \tilde{\mathfrak{D}}(K)^{\chi(1)}\, \tilde{\mathfrak{f}}(\chi, N/K)$$

und dessen Absolutnorm

$$\mathfrak{N}_K\big(\tilde{\mathfrak{F}}(\chi, N/K)\big) =$$
$$= \tilde{\mathfrak{d}}(K)^{\chi(1)}\, \mathfrak{N}_K\big(\tilde{\mathfrak{f}}(\chi, N/K)\big),$$

so gilt nach § 1, [8.], [9.] weiter:

$\tilde{\mathfrak{F}}(\chi, N/K)$ *ist kovariant mit der Induktionsregel* § 1, [7_2.],

$\mathfrak{N}_K\big(\tilde{\mathfrak{F}}(\chi, N/K)\big)$ *ist invariant.*

(II) $\tilde{L}(s|\chi, N/K)$ *ist invariant.*

Die Beweise für das Erfülltsein der Induktionsregel § 1, [7_1.] bzw. [5.] sowie der Restklassenregel § 1, [6.] werden in § 4 durch Bestätigung dieser Regeln als formale, $\mathfrak{p}$-beitragsweise gültige, arithmetisch-gruppentheoretische Identitäten erbracht werden.

(III) *Im Spezialfall eines abelschen Charakters* χ *von* $\mathfrak{G}$ *stimmt*

$\tilde{\mathfrak{f}}(\chi, N/K)$ *mit dem vollen klassenkörpertheoretischen Führer* $\tilde{\mathfrak{f}}_K(\chi)$

$\tilde{L}(s|\chi, N/K)$ *mit der vollen* (d. h. durch die in der Funktionalgleichung auftretenden γ-Faktoren ergänzten) *klassenkörpertheoretischen L-Funktion* $\tilde{L}_K(s|\chi)$

zu dem nach § 1, [10.] *zugeordneten Kongruenzcharakter* χ *in* K *überein.*

Nach der gemäss (II) gültigen Restklassenregel hat man nämlich zunächst

$$\tilde{\mathfrak{f}}(\chi, N/K) = \tilde{\mathfrak{f}}(\chi, K_\chi/K) \qquad \tilde{L}(s|\chi, N/K) = \tilde{L}(s|\chi, K_\chi/K).$$

Für die rechtsseitigen, auf den zyklischen Relativkörper K_χ/K bezüglichen Bildungen erkennt man dann das Übereinstimmen mit den entsprechenden klassenkörpertheoretischen Bildungen $\mathfrak{p}$-beitragsweise wie folgt. Weil χ ein erzeugender Charakter der zyklischen Galoisgruppe $\mathfrak{G}_\chi$ von K_χ/K ist, gilt für die in den Definitionen aus **1**, **2** in den Exponenten auftretenden χ-Werte, bei denen die $\mathfrak{V}_\nu$ jetzt auf K_χ/K bezogen sind, ersichtlich

$$\chi(\varepsilon_\nu) = \chi\big(\varepsilon(\mathfrak{V}_\nu)\big) = \begin{Bmatrix} 1 & \text{für} & \mathfrak{V}_\nu = 1 \\ 0 & \text{für} & \mathfrak{V}_\nu \neq 1 \end{Bmatrix},$$

also

$$\chi(\varepsilon'_\nu) = \chi\big(\varepsilon'(\mathfrak{V}_\nu)\big) = \begin{Bmatrix} 0 & \text{für} & \mathfrak{V}_\nu = 1 \\ 1 & \text{für} & \mathfrak{V}_\nu \neq 1 \end{Bmatrix},$$

sowie

$$\chi(\pi^m) = \chi(\pi)^m = \chi(P\,\varepsilon_0)^m = \chi(P)^m\,\chi(\varepsilon_0)^m = \begin{Bmatrix} \chi(\mathfrak{p})^m & \text{für} & \mathfrak{V}_0 = 1 \\ 0 & \text{für} & \mathfrak{V}_0 \neq 1 \end{Bmatrix},$$

letzteres unter Beachtung der Definition $P = \left(\frac{K_\chi/K}{\mathfrak{p}}\right)$ des Artinsymbols für $\mathfrak{V}_0 = 1$ ($\mathfrak{p}$ in K_χ unverzweigt) und der Definition § 1, [10.] des χ zugeordneten Kongruenzcharakters. Hiernach hat man

$$\mathfrak{f}_\mathfrak{p}(\chi, K_\chi/K) = \mathfrak{p}^{\sum\limits_{\mathfrak{V}_\nu \neq 1} \frac{v_\nu}{v_0}}.$$

Für endliches $\mathfrak{p}$ ist das die klassenkörpertheoretische explizite Formel[1] für den $\mathfrak{p}$-Beitrag zu $\mathfrak{f}_K(\chi)$. Für unendliches $\mathfrak{p}$ ergibt sich

$$\mathfrak{f}_\mathfrak{p}(\chi) = \begin{Bmatrix} \mathfrak{p}^0 \text{ für } \mathfrak{V}_0 = 1 \ (\mathfrak{p} \text{ in } K_\chi \text{ unverzweigt}) \\ \mathfrak{p}^1 \text{ für } \mathfrak{V}_0 \neq 1 \ (\mathfrak{p} \text{ in } K_\chi \text{ verzweigt}) \end{Bmatrix}$$

in Übereinstimmung mit der klassenkörpertheoretischen Definition

$$\log L_\mathfrak{p}(s|\chi, K_\chi/K) = \sum_{m=1}^{\infty} \frac{\chi(\mathfrak{p})^m}{m\,\mathfrak{N}_K(\mathfrak{p})^{ms}}$$

für endliches $\mathfrak{p}$; des ist die klassenkörpertheoretische Definitionsformel für den $\mathfrak{p}$-Beitrag zu $L_K(s|\chi)$. Für unendliches $\mathfrak{p}$ ergibt sich

$$L_\mathfrak{p}(s|\chi, K_K/K) = \begin{Bmatrix} \gamma(s)^1\,\gamma(s+1)^0 \big(\mathfrak{p} \text{ reell}, \ \mathfrak{p} \nmid \mathfrak{f}_K^\infty(\chi)\big) \\ \gamma(s)^0\,\gamma(s+1)^1 \big(\mathfrak{p} \text{ reell}, \ \mathfrak{p} | \mathfrak{f}_K^\infty(\chi)\big) \\ \gamma(s)^1\,\gamma(s+1)^1 \ (\mathfrak{p} \text{ komplex}) \end{Bmatrix};$$

das Produkt dieser $\mathfrak{p}$-Beiträge ist aber gerade der in der Funktional-

[1] Ihr Beweis fliesst aus der Normen-

[2] Siehe etwa *Hasse* [1, Teil I, § 8].

des $\mathfrak{p}$-Beitrags zum unendlichen Bestandteil $\mathfrak{f}_K^\infty(\chi)$.

gleichung von $L_K(s|\chi)$ auftretende γ-Faktor, d. h. definitionsgemäss der zugehörige unendliche Bestandteil $L_K^\infty(s|\chi)$.

(IV.) $\tilde{\mathfrak{f}}(\chi, N/K)$ *ist ein voller Divisor von* K.

(IV.) $\tilde{L}(s|\chi, N/K)$ *ist eine über die ganze s-Ebene fortsetzbare meromorphe Funktion von s.*

Im Spezialfall eines abelschen Charakters χ von $\mathfrak{G}$ treffen nämlich diese Aussagen nach (III.) zu. Auf Grund der nach (II.) gültigen Induktionsregel übertragen sie sich dann vermittels einer R. Brauerschen Darstellung nach dem Schema aus § 1, (11.), (12.), (13.) mit

$$a(\Lambda/K) = \mathfrak{D}(\Lambda/K), \qquad a(\Lambda/K) = 1,$$
$$\alpha(\Lambda/K) = N_{\Lambda/K} \qquad \alpha(\Lambda/K) = 1$$

auf jeden beliebigen Charakter χ von $\mathfrak{G}$.

4. *Das Artinsche Beweisschema.—Artin* [2, 3] ging zum Beweise der Eigenschaften (I.) — (IV.) aus **3** im Falle

des Führers aus den in der Einleitung angegebenen Gründen anders vor.

(I.) keine Abweichung.

(II.) Da *Artin* [2] die Restklassenregel § 1, (6.), im Gegensatz zur Induktionsregel § 1, (7_1.), nicht direkt, als formale Identität für die $\mathfrak{p}$-Beiträge, bestätigen kann, stützt er sich auf den folgenden, ad hoc bewiesenen, gruppentheoretischen Satz:

Jeder rationale (d. h. mit seinen

der L-Funktion im wesentlichen nach dem vorstehenden Schema vor, nur dass *Artin* [3] — weil er statt der Möglichkeit *ganz*rationaler Wahl der Koeffizienten g_ψ im R. Brauerschen Hauptsatz aus § 1, **1** nur die Möglichkeit *rationaler* Wahl beweisen konnte — statt (IV.) nur herausbekam, dass eine Potenz $\tilde{L}(s|\chi, N/K)^{\bar{g}}$ mit nur aus Primteilern von g zusammengesetztem Exponenten $\bar{g}$ meromorph ist. Dass $\tilde{L}(s|\chi, N/K)$ selbst mero-

resttheorie relativ-galoisscher Zahlkörper und ist in *Hasse* [2] gleich allgemeiner für beliebige relativ-abelsche Zahlkörper (statt nur relativ-zyklischer) erbracht. Dort ist auch bereits die Übereinstimmung mit der Artinschen Führerdefinition herausgearbeitet.

algebraisch-konjugierten übereinstimmende) Charakter von $\mathfrak{G}$ ist rationalzahlig linear kombinierbar aus induzierten η^* der Hauptcharaktere η von Untergruppen $\mathfrak{H}$.

Nun sind die Spuren $S_{\Omega}(\chi)$, wo Ω den Körper der Charakterwerte $\chi(G)$ von $\mathfrak{G}$ bedeutet, rationale Charaktere von $\mathfrak{G}$; und wenn eine lineare Zahlkörpercharakterfunktion $f(\chi, N/K)$ für algebraisch-konjugierte Charaktere χ gleiche Werte hat, so hat man

$$f(S_{\Omega}(\chi), N/K) = f(\chi, N/K)^n,$$

wo n den Grad von Ω bedeutet.

Nach jenem gruppentheoretischen Satz liegt also für eine derartige lineare Zahlkörpercharakterfunktion $f(\chi, N/K)$ mit fester Induktionsregel vom Typus § 1, (7.) die Potenz $f(\chi, N/K)^n$ bereits durch ihre Werte für die Hauptcharaktere η eindeutig fest. Da es für die Divisorgleichheit auf den Exponenten n nicht ankommt, und da die Induktionsregel § 1, (7.) nur von Λ/K abhängt, also für N/K und N_0/K dieselbe Form hat, reduziert sich so der Beweis der Restklassenregel § 1, (6.) auf ihre Bestätigung für Hauptcharaktere η, und für diese stimmt sie trivialerweise.

(III.) Hier reduziert *Artin* [2] die zu beweisende Übereinstimmung durch den eben besprochenen Formalismus auf die trivialerweise bestehende Übereinstimmorph ist, bewies dann erst *R. Brauer* [1] als unmittelbare Folge seines Hauptsatzes.

Über die L-Funktion beweist *Artin* [1] noch eine weitere Tatsache, die beim Führer kein Analogon hat, nämlich:

(V.) $\bar{L}(s|\chi, N/K)$ *ist im Falle eines einfachen Charakters $\chi \neq \varepsilon$ von $\mathfrak{G}$ bei $s = 1$ regulär und von Null verschieden.*

Das ergibt sich im Anschluss an den Beweis von (IV.) ohne weiteres durch die Feststellung, dass man zur linearen Kombination eines einfachen Charakters $\chi \neq \varepsilon$ von $\mathfrak{G}$ bei Verzicht auf die *Ganz*rationalität der Koeffizienten g_{ψ} nur induzierte ψ^* von abelschen Charakteren $\psi \neq \eta$ von Untergruppen $\mathfrak{H}$ benötigt.[1]

Das Analogon zu der in (I.) festgestellten Tatsache, dass für *wirkliche* Charaktere der Führer ein ganzer Divisor ist, nämlich die Frage, ob für *wirkliche* Charaktere die L-Funktion eine *ganze* Funktion ist, ist bis heute unentschieden.

Für *wirkliche* Charaktere χ von $\mathfrak{G}$ hat *Artin* [1] die Beiträge der endlichen, in N *unverzweigten* $\mathfrak{p}$ (also derer mit $\mathfrak{V}_0 = 1$) in der Form

$$L_{\mathfrak{p}}(s|\chi, N/K) = \\ = |I_{\chi} - D_{\chi}(P)\, \mathfrak{N}_K(\mathfrak{p})^{-s}|^{-1}$$

---

[1] Siehe den Beweis auch bei *Hasse* [1, Teil II, § 26, X].

mung für Hauptcharaktere η. Dabei muss er sich für die Übereinstimmung der Induktionsregel § 1, (7.) auf die klassenkörpertheoretische Führerdiskriminantenformel stützen, anstelle der oben herangezogenen klassenkörpertheoretischen expliziten Führerformel. Da die letztere einfacher zu gewinnen ist als die erstere, erscheint der oben eingeschlagene Weg für einen systematischen Aufbau vernünftiger. Die Führerdiskriminantenformel resultiert dann umgekehrt aus der Artinschen Führertheorie als die Induktionsregel im Spezialfall des Hauptcharakters der identischen Untergruppe.

(IV.) Da *Artin* [2] die Ganzrationalität der Koeffizienten in einer R. Brauerschen Darstellung nicht zur Verfügung steht, beweist er die Ganzzahligkeit der Exponenten

$$\sum_{\nu} \frac{v_\nu}{v_0} \chi(\varepsilon_\nu'),$$

der bekannten Struktur von $\mathfrak{V}_0$ entsprechend, durch Reduktion zunächst auf die erste Verzweigungsgruppe $\mathfrak{V}_{\nu_1} < \mathfrak{V}_0$ ($\mathfrak{V}_0/\mathfrak{V}_{\nu_1}$ zyklisch von zu p primer Ordmung, $\mathfrak{V}_{\nu_1}$ von p-Potenzordnung), und dann vermöge der Monomialität der Darstellungen von $\mathfrak{V}_{\nu_1}$ unter Anwendung der Induktionsregel, auf zyklische Untergruppen, für die ja die Rehauptung nach (III.) zutrifft. Diese Schlussweise bildet auch den Kern definiert, wo $D_\chi(P)$ die P entsprechende Matrix und I_χ die Einsmatrix in einer χ zugeordneten Darstellung von $\mathfrak{G}$ bedeutet. Diese Formel verallgemeinert sich, wie hier noch bemerkt sei, auch auf die endlichen, in N *verzweigten* $\mathfrak{p}$ (also die mit $\mathfrak{V}_0 \neq 1$), nämlich in der Form

$$L_{\mathfrak{p}}(s|\chi, N/K) = \\ = |I_\chi - D_\chi(\pi)\,\mathfrak{N}_K(\mathfrak{p})^{-s}|^{-1},$$

wo $\pi = P\,\varepsilon_0 = P\,\varepsilon(\mathfrak{V}_0)$ die in **1** angegebene Bedeutung hat. Durch Übergang zum Logarithmus bei erlaubtem Ansatz von $D_\chi(\pi)$ in Diagonalform bestätigt man sofort die Übereinstimmung dieser Formel mit der in **1** gegebenen, späteren allgemeinen Definitionsformel aus *Artin* [3]. Damit hat man die formale Verallgemeinerung der Dirichletschen *Produkt*darstellung der L-Funktionen mit abelschen Charakteren auf solche mit beliebigen (*wirklichen*) Charakteren. Eine entsprechende Verallgemeinerung der Dirichletschen *Reihen*darstellung ist bis heute nicht bekannt.

des Beweises von *R. Brauer* [1] für seinen Hauptsatz über die induzierten Charaktere, wie das besonders deutlich in der neuen, vereinfachten Fassung von *Roquette* [1] hervortritt. Da man diesen R. Brauerschen Hauptsatz für die Theorie der L-Funktion sowieso braucht, erscheint es vernünftiger, ihn dann auch in der Führertheorie zu dem obigen einfachen Beweis heranzuziehen.

§ 4. BEWEIS DER KOVARIANZ DES FÜHRERS UND DER INVARIANZ DER L-FUNKTION

Die Induktionsregel § 1, [7_1.] bzw. [5.] und die Restklassenregel § 1, [6.] werden als arithmetisch-gruppentheoretische Identitäten für die Beiträge der einzelnen Primstellen $\mathfrak{p}$ von K bewiesen.

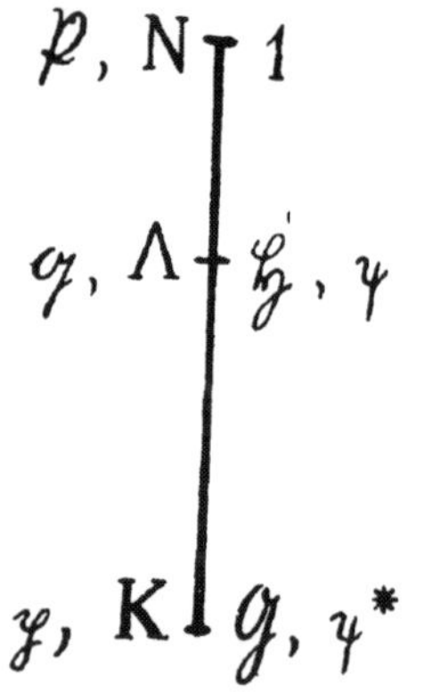

Fig. 2_1.

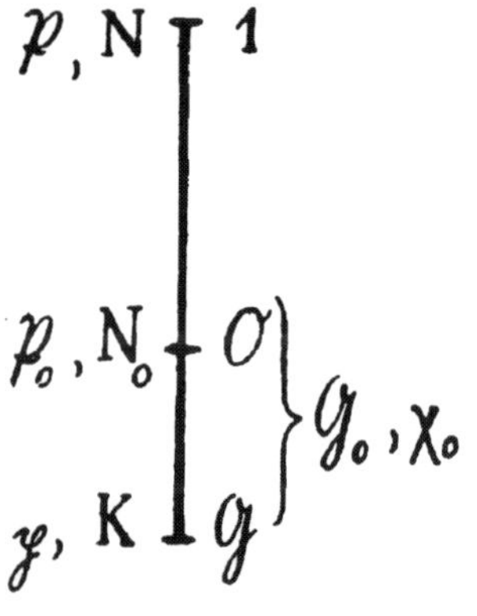

Fig. 2_2.

Die Behauptungen lauten also:

Induktionsregeln

$$\mathfrak{f}_{\mathfrak{p}}(\psi^*, N/K) = N_{\Lambda/K}\Big(\prod_{\mathfrak{q}|\mathfrak{p}} \mathfrak{D}_{\mathfrak{q}}(\Lambda/K)^{\psi(1)}\, \mathfrak{f}_{\mathfrak{q}}(\psi, N/\Lambda)\Big), \qquad [1a.]$$

$$L_{\mathfrak{p}}(s|\psi^*, N/K) = \prod_{\mathfrak{q}|\mathfrak{p}} L_{\mathfrak{p}}(s|\psi, N/\Lambda). \qquad [1b.]$$

Restklassenregeln

$$\mathfrak{f}_{\mathfrak{p}}(\chi_0, N/K) = \mathfrak{f}_{\mathfrak{p}}(\chi_0, N_0/K), \qquad [2a.]$$

$$L_{\mathfrak{p}}(s|\chi_0, N/K) = L_{\mathfrak{p}}(s|\chi_0, N_0/K). \qquad [2b.]$$

Dabei liegen die in Fig. 2_1, 2_2 schematisch dargestellten arithmetisch-gruppentheoretischen Situationen zugrunde.

1. *Beweis der Induktionsregeln.*—Es sei

$\mathfrak{Z}$, $\mathfrak{V}_v$ die Hilbertsche Untergruppenkette zu N/K für $\mathfrak{P}|\mathfrak{p}$; dabei sind

z der $\mathfrak{P}$- Grad von N/K,

$v_0, \frac{z}{v_0}$ Verzweigungsordnung und Restklassengrad von $\mathfrak{P}$ bezgl. $\mathfrak{p}$,

also

$$N_{K/\Lambda}(\mathfrak{P}) = \mathfrak{p}^{\frac{z}{v_0}},$$

und für endliches $\mathfrak{p}$ sei

P $\mathfrak{V}_0$ der Frobeniusautomorphismus zu N/K für $\mathfrak{P}$.

Ferner sei

$$\mathfrak{G} = \sum_i \mathfrak{Z}\, R_i\, \mathfrak{H} \qquad [3.]$$

die Doppelzerlegung von $\mathfrak{G}$ nach $\mathfrak{Z}$, $\mathfrak{H}$. Dann sind die verschiedenen Primteiler $\mathfrak{q}_i|\mathfrak{p}$ in Λ/K durch $\mathfrak{P}^{R_i}|\mathfrak{q}_i$ gekennzeichnet, und es ist

$$\mathfrak{Z}_i = \mathfrak{Z}^{R_i} \cap \mathfrak{H}, \quad \mathfrak{V}_{v_i} = \mathfrak{V}_v^{R_i} \cap \mathfrak{H}$$

die Hilbertsche Untergruppenkette für N/Λ zu $\mathfrak{p}^{R_i}|\mathfrak{q}_i$;

dabei sind

z_i der $\mathfrak{P}^{R_i}$ - Grad von N/Λ,

$v_{0i}, \frac{z_i}{v_{0i}}$ Verzweigungsordnung und Restklassengrad von $\mathfrak{P}^{R_i}$ bezgl. $\mathfrak{q}_i$, also

$$N_{N/\Lambda}(\mathfrak{P}^{R_i}) = \mathfrak{q}_i^{\frac{z_i}{v_{0i}}}.$$

Aus der Doppelzerlegung [3.] entstehen durch Verfeinerung zwei Paare einfacher Zerlegungen:

$$\mathfrak{G} = \sum_{i,j} \mathfrak{Z}\, R_i H_{ij} \quad \text{mit} \quad \mathfrak{H} = \sum_j \mathfrak{Z}_i H_{ij}, \qquad [4.]$$

$$\mathfrak{G} \sum_{k,i} Z_{ki} R_i \mathfrak{H} \quad \text{mit} \quad \mathfrak{Z} = \sum_k Z_{ki} \mathfrak{Z}_i^{R_i^{-1}}, \quad \text{also} \quad \mathfrak{Z}^{R_i} = \sum_k Z_{ki}^{R_i} \mathfrak{Z}_i. \qquad [5.]$$

Das Zerlegungspaar [4.] liefert die Primzerlegungen

$$\mathfrak{p}^{\frac{1}{v_0}} = \prod_{i,j} \mathfrak{P}^{R_i H_{ij}} \quad \text{in} \quad N/K, \qquad \mathfrak{q}^{\frac{1}{v_{0i}}} = \prod_i \mathfrak{P}^{R_i H_{ij}} \quad \text{in} \quad N/\Lambda,$$

und damit die Primzerlegung

$$\mathfrak{p}^{\frac{1}{v_0}} = \prod_i \mathfrak{q}_i^{\frac{1}{v_{0i}}} \quad \text{in} \quad \Lambda/K.$$

Durch Kombination aus den obigen arithmetischen Angaben für N/K und N/Λ erhält man hiernach die entsprechenden arithmetischen Angaben für Λ/K, nämlich[1]

$\frac{z}{z_i}$ die $\mathfrak{q}_i$-Grade von Λ/K, also

$$\sum_i \frac{z}{z_i} = \frac{g}{h}, \qquad [6.]$$

ferner

$\frac{v_0}{v_{0i}}$, $f_i = \frac{v_{0i}}{v_0} \frac{z}{z_i}$ die Verzweigungsordnungen und Restklassen

-grade der $\mathfrak{q}_i$ bezgl. $\mathfrak{p}$, also

$$N_{\Lambda/K}(\mathfrak{q}_i) = \mathfrak{p}^{f_i} \quad \text{oder auch} \quad N_{\Lambda/K}\left(\mathfrak{q}_i^{\frac{1}{v_{0i}}}\right) = \mathfrak{p}^{\frac{1}{v_0}\frac{z}{z_i}}, \qquad [7.]$$

---

[1] Eine Hilbertsche Untergruppenkette zu Λ/K ist nur definiert, wenn $\Lambda = N_0$ normal über K ist; siehe dazu die Angabe unter **2**.

schliesslich

$$Q_i \mathfrak{V}_{0i} = P^{R_i f_i} \mathfrak{V}_0^{R_i} \cap \mathfrak{H} \quad \text{die Frobeniusautomorphismen}$$
$$\text{zu} \quad N/\Lambda \quad \text{für die} \quad \mathfrak{p}^{R_i}. \qquad [8.]$$

Das Zerlegungspaar [5.] liefert für die Induktion von $\mathfrak{H}$ nach $\mathfrak{G}$ die Formel

$$\psi^*(G) = \sum_{k,i} \psi\left(G^{Z_k i R_i}\right), \quad \text{wo} \quad \psi(G) = 0 \quad \text{für} \quad G \text{ nicht in } \mathfrak{H}.$$

Für die Normalteiler $\mathfrak{V}_\nu$ von $\mathfrak{Z}$ vereinfacht sie sich zu

$$\psi^*(\mathfrak{V}_\nu) = \sum_{k,i} \psi\left(\mathfrak{V}_\nu^{R_i}\right) = \sum_i \frac{z}{z_i} \psi\left(\mathfrak{V}_\nu^{R_i}\right) = \sum_i \frac{z}{z_i} \psi(\mathfrak{V}_{\nu i}), \qquad [9.]$$

für $\nu \to \infty$ speziell

$$\psi^*(1) = \sum_i \frac{z}{z_i} \psi(1), \qquad [10.]$$

was auch direkt aus [6.] gefolgert werden kann; und im Falle eines endlichen $\mathfrak{p}$ für die Restklassen $P^m \mathfrak{V}_0$ aus der durch $P\mathfrak{V}_0$ erzeugten zyklischen Faktorgruppe $\mathfrak{Z}/\mathfrak{V}_0$ entsprechend zunächst zu

$$\psi^*(P^m \mathfrak{V}_0) = \sum_i \frac{z}{z_i} \psi\left(P^{R_i m} \mathfrak{V}_0^{R_i}\right).$$

Da $\mathfrak{Z}_i \mathfrak{V}_0^{R_i}$ in $\mathfrak{Z}^{R_i}$ den bei [7.] bestimmten Index f_i hat, liegt das hierin rechts auftretende ψ-Argument aus $\mathfrak{Z}^{R_i}$ höchstens dann in $\mathfrak{H}$ (also in $\mathfrak{Z}_i$), wenn $m = f_i\, m_i$ mit ganzem m_i ist, und damit ergibt sich wie eben unter Beachtung von [8.] weiter

$$\psi^*(P^m \mathfrak{V}_0) = \sum_{i \text{ mit } m = f_i m_i} \frac{z}{z_i} \psi\left(Q_i^{m_i} \mathfrak{V}_{0i}\right). \qquad [11.]$$

Zur Verauschaulichung der vorstehend behandelten Sachlage soll die beigegebene Fig. $3_\mathfrak{l}$ dienen.

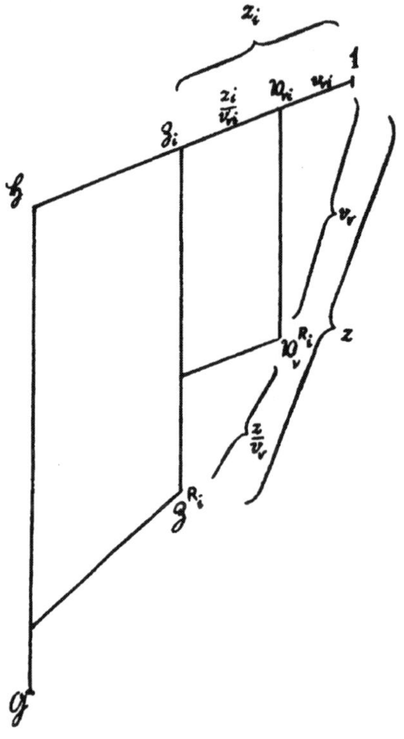

Fig. $3_\mathfrak{l}$.

Mittels dieser Formeln ergeben sich die Beweise der Regeln (1a.), (1b.) wie folgt.

1a.) Einerseits ist

$$\mathfrak{f}_\mathfrak{p}(\psi^*, N/K) = \mathfrak{p}^{\sum\limits_\nu \frac{v_\nu}{v_0}\psi^*\left(\mathfrak{s}'(\mathfrak{V}_\nu)\right)} = \mathfrak{p}^{\frac{1}{v_0}\sum\limits_\nu\left(v_\nu\psi^*(1) - \psi^*(\mathfrak{V}_\nu)\right)}$$

$$= \mathfrak{p}^{\frac{1}{v_0}\sum\limits_i\sum\limits_\nu \frac{z}{z_i}\left(v_\nu\psi(1) - \psi(\mathfrak{V}_{\nu i})\right)} \quad \text{nach [9.], [10.].}$$

Andrerseits ist

$$\mathfrak{f}_{\mathfrak{q}_i}(\psi, N/\Lambda) = \mathfrak{q}_i^{\sum\limits_\nu \frac{v_{\nu i}}{v_{0 i}}\psi\left(\mathfrak{s}'(\mathfrak{V}_{\nu i})\right)} = \mathfrak{q}_i^{\frac{1}{v_{0i}}\sum\limits_\nu\left(v_{\nu i}\psi(1) - \psi(\mathfrak{V}_{\nu i})\right)},$$

sowie wegen

$$\mathfrak{D}_{\mathfrak{p}^{R_i}}(N/K) = \mathfrak{p}^{R_i \sum_\nu (v_\nu - 1)}, \quad \mathfrak{D}_{\mathfrak{p}^{R_i}}(N/\Lambda) = \mathfrak{p}^{R_i \sum_\nu (v_{\nu i} - 1)}$$

nach dem Differentenschachtelungssatz

$$\mathfrak{D}_{\mathfrak{q}_i}(\Lambda/K) = \mathfrak{q}_i^{\frac{1}{v_{0i}} \sum_\nu (v_\nu - v_{\nu i})},$$

also

$$\mathfrak{D}_{\mathfrak{q}_i}(\Lambda/K)^{\psi(1)} \mathfrak{f}_{\mathfrak{q}_i}(\psi, N/\Lambda) = \mathfrak{q}_i^{\frac{1}{v_{0i}} \sum_\nu (v_\nu \psi(1) - \psi(\mathfrak{V}_{\nu i}))}$$

und somit nach (7.) auch

$$N_{\Lambda/K}\Big(\prod_{\mathfrak{q}_i} \mathfrak{D}_{\mathfrak{q}_i}(\Lambda/K)^{\psi(1)} \mathfrak{f}_{\mathfrak{q}_i}(\psi, N/\Lambda)\Big) = \mathfrak{p}^{\frac{1}{v_0} \sum_i \sum_\nu \frac{z}{z_i} (v_\nu \psi(1) - \psi(\mathfrak{V}_{\nu i}))}.$$

1b.) Für *endliches* $\mathfrak{p}$ hat man

$$\begin{aligned}
\log L_{\mathfrak{p}}(s|\psi^*, N/K) &= \sum_{m=1}^{\infty} \frac{\psi^*(\pi(P\mathfrak{V}_0)^m)}{m\, \mathfrak{N}_K(\mathfrak{p})^{ms}} = \sum_{m=1}^{\infty} \frac{\frac{1}{v_0}\psi^*(P^m \mathfrak{V}_0)}{m\, \mathfrak{N}_K(\mathfrak{p})^{ms}} \\
&= \sum_i \sum_{m_i=1}^{\infty} \frac{\frac{1}{v_0}\frac{z}{z_i}\psi(Q_i^{m_i}\mathfrak{V}_{0i})}{f_i\, m_i\, \mathfrak{N}_\Lambda(\mathfrak{q}_i)^{m_i s}} \qquad \text{nach [7.], [11.]} \\
&= \sum_i \sum_{m=1}^{\infty} \frac{\frac{1}{v_{0i}}\psi(Q_i^m \mathfrak{V}_{0i})}{m\, \mathfrak{N}_\Lambda(\mathfrak{q}_i)^{ms}} \qquad \text{wegen } f_i = \frac{v_{0i}}{v_0}\frac{z}{z_i} \\
&= \sum_i \sum_{m=1}^{\infty} \frac{\psi(\pi(Q_i \mathfrak{V}_{0i})^m)}{m\, \mathfrak{N}_\Lambda(\mathfrak{q}_i)^{ms}} = \sum_i \log L_{\mathfrak{q}_i}(s|\psi, N/\Lambda).
\end{aligned}$$

Für *unendliches* $\mathfrak{p}$ schreiben sich die Induktionsformeln [9.], [10.] wegen $\mathfrak{Z} = \mathfrak{V}_0$, $\mathfrak{Z}_i = \mathfrak{V}_{0i}$ auch in der Form

$$\psi^*(\mathfrak{V}_0) = \sum_i \frac{v_0}{v_{0i}} \psi(\mathfrak{V}_{0i}), \qquad \psi^*(1) = \sum_i \frac{v_0}{v_{0i}} \psi(1).$$

Durch Division mit v_0 und Kombination folgt daraus

$$\psi^*\left(\varepsilon(\mathfrak{W}_0)\right) = \sum_i \psi_i\left(\varepsilon(\mathfrak{W}_{0i})\right),$$

$$\psi^*\left(\varepsilon'(\mathfrak{W}_0)\right) \sum_i \left(\frac{v_0}{v_{0i}} - 1\right)\psi(1) + \sum_i \psi\left(\varepsilon'(\mathfrak{W}_{0i})\right).$$

Ist $\mathfrak{p}$ *reell*, so hat man demnach für die γ-Exponenten schematisch

	$\gamma(s)$	$\gamma(s+1)$
$L_\mathfrak{p}(s\mid\psi^*, N/K)$	$\sum_i \psi\left(\varepsilon(\mathfrak{W}_{0i})\right)$	$\sum_i \left(\frac{v_0}{v_{0i}} - 1\right)\psi(1) + \sum_i \psi\left(\varepsilon'(\mathfrak{W}_{0i})\right) = \sum_i \frac{v_0}{v_{0i}}\psi(1) - \sum_i \psi\left(\varepsilon(\mathfrak{W}_{0i})\right)$
$\prod_i L_{\mathfrak{q}_i}(s\mid\psi, N/\Lambda)$	$\sum_i \psi\left(\varepsilon(\mathfrak{W}_{0i})\right)$	$\sum_{\mathfrak{q}_i \text{ reell}} \psi\left(\varepsilon'(\mathfrak{W}_{0i})\right) + \sum_{\mathfrak{q}_i \text{ kompl.}} \psi\left(\varepsilon(\mathfrak{W}_{0i})\right)$
$\dfrac{L_\mathfrak{p}(s\mid\psi^*, N/K)}{\prod_i L_{\mathfrak{q}_i}(s\mid\psi, N/\Lambda)}$	0	$\sum_{\mathfrak{q}_i \text{ reell}} \left(\frac{v_0}{v_{0i}} - 1\right)\psi(1) + \sum_{\mathfrak{q}_i \text{ kompl.}} \left(\frac{v_0}{v_{0i}}\psi(1) - 2\psi\left(\varepsilon(\mathfrak{W}_{0i})\right)\right)$

Auch die beiden Teilsummen im zweiten Exponenten des L-Quotienten sind 0; denn für reelles $\mathfrak{q}_i$ ist $\mathfrak{P}^{R_i}$ bezgl. $\mathfrak{p}$ und $\mathfrak{q}_i$ gleichverzweigt, also $v_0 = v_{0i}$, und für komplexes $\mathfrak{q}_i$ ist $\mathfrak{P}^{R_i}$ bezgl. $\mathfrak{q}_i$ unverzweigt, bezgl. $\mathfrak{p}$ verzweigt, also $\mathfrak{W}_{0i} = 1$, $v_0 = 2$.

Ist $\mathfrak{p}$ *komplex*, so treten in dem eben aufgestellten Schema anstelle der zweiten Exponenten nochmals die ersten, so dass wieder beide Exponenten des L-Quotienten 0 sind.

2. *Beweis der Restklassenregeln.*—Nach *Herbrand* [1, 2] erhält man aus der Hilbertschen Untergruppenkette $\mathfrak{Z}$, $\mathfrak{W}_\nu$ (wie in § 2, 4 und bisher in der vollen Zählung) nebst Frobeniusautomorphismus $P\mathfrak{W}_0$ zu N/K für $\mathfrak{P}\mid\mathfrak{p}$ die entsprechenden Bildungen zu N_0/K für $\mathfrak{P}_0\mid\mathfrak{p}$ durch

Komposition mit $\mathfrak{D}$ und Restklassenbildung nach $\mathfrak{D}$ (siehe die beigegebene Fig. 3_2), also als

$$\mathfrak{Z}^{(0)} = \mathfrak{Z}\mathfrak{D}/\mathfrak{D}, \quad \mathfrak{V}_\nu^{(0)} = \mathfrak{V}_\nu\mathfrak{D}/\mathfrak{D}, \quad P_0\mathfrak{V}_0^{(0)} = P\mathfrak{V}_0\mathfrak{D}/\mathfrak{D},$$

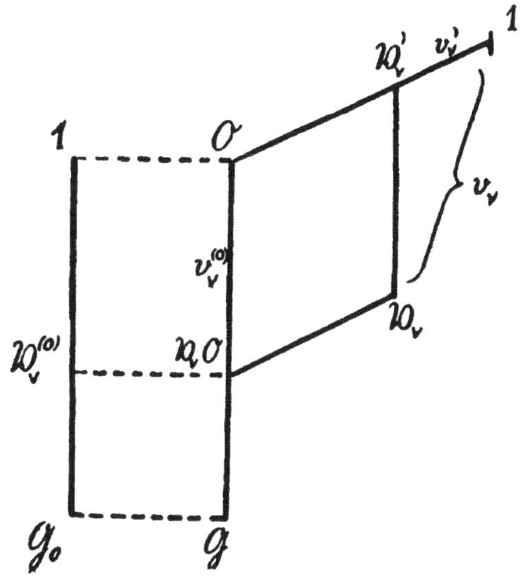

Fig. 3_2.

und zwar werden dabei die höheren Verzweigungsgruppen nicht mehr in der vollen Zählung sondern in der folgendermassen erklärten Zählung erhalten. Es mögen die *verschiedenen* unter den $\mathfrak{V}_\nu^{(0)}$ den Abschnitten

$$\nu_i \leqq \nu < \nu_{i+1} \qquad (\nu_0 = 0)$$

der Indexfolge ν entsprechen, und es seien gemäss dem in **1** Gesagten

$$\mathfrak{V}_\nu' = \mathfrak{V}_\nu \cap \mathfrak{D}$$

die Verzweigungsgruppen zu N/N_0 für $\mathfrak{P}|\mathfrak{P}_0$. Dann sind die Summen

$$\mu_{i+1} - \mu_i = \sum_{\nu_i \leqq \nu < \nu_{i+1}} \frac{v_\nu'}{v_0'} \qquad (\mu_0 = 0)$$

ganz, und diese ganzrationalen Zahlen $\mu_{i+1} - \mu_i$ geben die Vielfacheiten an, mit denen (anstelle der ursprünglich resultierenden $\nu_{i+1}-\nu_i$) die verschiedenen $\mathfrak{W}_{\nu_i}^{(0)}$ zu setzen sind, um die Hilbertsche Untergruppenkette zu N_0/K für $\mathfrak{P}_0|\mathfrak{p}$ in der vollen Zählung zu erhalten.

Zwischen den $\mathfrak{W}_\nu$, $\mathfrak{W}_\nu^{(0)}$, $\mathfrak{W}_\nu'$ besteht der Zusammenhang

$$\chi_0(\mathfrak{W}_\nu)=v_\nu'\,\chi_0\left(\mathfrak{W}_\nu^{(0)}\right),\quad v_\nu=v_\nu'\,v_\nu^{(0)}.$$

Mittels dieser Formeln ergeben sich die Beweise der Regeln (2a.), (2b.) wie folgt.

2a.) Man hat

$$\begin{aligned}\sum_\nu \frac{v_\nu}{v_0}\chi_0\left(\varepsilon'(\mathfrak{W}_\nu)\right)&=\sum_\nu \frac{1}{v_0}\left(v_\nu\chi_0(1)-\chi_0(\mathfrak{W}_\nu)\right)\\ &=\sum_\nu \frac{v_\nu'}{v_0'}\,\frac{1}{v_0^{(0)}}\left(v_\nu^{(0)}\chi_0(1)-\chi_0\left(\mathfrak{W}_\nu^{(0)}\right)\right)\\ &=\sum_i(\mu_{i+1}-\mu_i)\frac{1}{v_0^{(0)}}\left(v_{\nu_i}^{(0)}\chi_0(1)-\chi_0\left(\mathfrak{W}_{\nu_i}^{(0)}\right)\right)\\ &=\sum_i(\mu_{i+1}-\mu_i)\frac{v_{\nu_i}^{(0)}}{v_0^{(0)}}\chi_0\left(\varepsilon'\left(\mathfrak{W}_{\nu_i}^{(0)}\right)\right),\end{aligned}$$

was (2a.) besagt.

2b.) Man hat entsprechend

$$\begin{aligned}\chi_0\left(\pi(\mathrm{P}\,\mathfrak{W}_0)^m\right)&=\frac{1}{v_0}\chi_0\left(\mathrm{P}^m\,\mathfrak{W}_0\right)=\frac{1}{v_0^{(0)}}\chi_0\left(\mathrm{P}^m\,\mathfrak{W}_0^{(0)}\right)\\ &=\chi_0\left(\pi\left(\mathrm{P}_0\,\mathfrak{W}_0^{(0)}\right)^m\right)\qquad(\mathfrak{p}\ \text{endlich}),\end{aligned}$$

$$\left.\begin{aligned}\chi_0\left(\varepsilon(\mathfrak{W}_0)\right)&=\frac{1}{v_0}\chi_0(\mathfrak{W}_0)=\frac{1}{v_0^{(0)}}\chi_0\left(\mathfrak{W}_0^{(0)}\right)\chi_0\left(\varepsilon\left(\mathfrak{W}_0^{(0)}\right)\right)\\ \chi_0\left(\varepsilon'(\mathfrak{W}_0)\right)&=\chi_0(1)-\chi_0\left(\varepsilon(\mathfrak{W}_0)\right)=\chi_0(1)-\chi_0\left(\varepsilon\left(\mathfrak{W}_0^{(0)}\right)\right)\\ &=\chi_0\left(\varepsilon'\left(\mathfrak{W}_0^{(0)}\right)\right)\end{aligned}\right\}\ (\mathfrak{p}\quad\text{unendlich}),$$

was (2b.) besagt.

§ 5. DIE FUNKTIONALGLEICHUNG DER L-FUNKTION; DEFINITION UND FORMALE EIGENSCHAFTEN DER ZUGEORDNETEN GAUSSSCHEN SUMME

1. *Der erweiterte Führer; Absolutnorm unter Einschluss der unendlichen Primstellen.*—Im folgendem spielen der bereits in § 3, (II.) zur formalen Abrundung eingeführte *volle erweiterte Führer*

$$\tilde{\mathfrak{F}}(\chi, N/K) = \tilde{\mathfrak{D}}(K)^{\chi(1)}\,\tilde{\mathfrak{f}}(\chi, N/K)$$

und sein endlicher Bestandteil, der *erweiterte Führer*

$$\mathfrak{F}(\chi, N/K) = \mathfrak{D}(K)^{\chi(1)}\,\mathfrak{f}(\chi, N/K),$$

sowie deren Absolutnormen

$$\mathfrak{N}_K\big(\tilde{\mathfrak{F}}(\chi, N/K)\big) = \tilde{\mathfrak{d}}(K)^{\chi(1)}\,\mathfrak{N}_K\big(\tilde{\mathfrak{f}}(\chi, N/K)\big),$$
$$\mathfrak{N}_K\big(\mathfrak{F}(\chi, N/K)\big) = \mathfrak{d}(K)^{\chi(1)}\,\mathfrak{N}_K\big(\mathfrak{f}(\chi, N/K)\big),$$

eine Rolle.

Die Absolutnormen von *gewöhnlichen* ganzen Divisoren seien als natürliche Zahlen verstanden, indem die Primdivisoren des rationalen Zahlkörpers P mit den zugeordneten Primzahlen p gleichgesetzt werden.

Bei den Absolutnormen der *vollen* Divisoren tritt eine Potenz der unendlichen Primstelle p_∞ von P hinzu. Die Aussage aus § 3, (II.), dass die lineare Zahlkörpercharakterfunktion $\mathfrak{N}_K\big(\tilde{\mathfrak{F}}(\chi, N/K)\big)$ invariant ist, gilt identisch in der gemäss § 2, **1** zu den Primzahlen p von P hinzugenommen Unbestimmten p_∞. Sie bedeutet, nach der Normdefinition in § 2, **1,** über die Gleichheit der endlichen Bestandteile auf beiden Seiten der Regeln § 1, [5.], [6.] hinaus, dass die Anzahlen der beiderseits auftretenden unendlichen Primstellen von K, in der gemäss § 2, **3** und § 3, **2** bestimmten Vielfachheit gezählt, übereinstimmen. Hiernach ist klar, dass diese Aussage richtig bleibt, wenn man die Unbestimmte p_∞ irgendwie spezialisiert, und auch noch, wenn man zunächst zur Quadratwurzel $\sqrt{\mathfrak{N}_K\big(\tilde{\mathfrak{F}}(\chi, N/K)\big)}$ mit positivem endlichen Bestandteil und einer neuen Unbestimmten $\sqrt{p_\infty}$ übergeht und dann diese neue Unbestimmte irgendwie spezialisiert.

Im folgenden wird von jetzt an durchweg die Spezialisierung

$$p_\infty \to -1, \qquad \sqrt{p_\infty} \to i$$

zugrundegelegt, bei der die eben erwähnten Anzahlgleichheiten sich auf die entsprechenden Kongruenzen mod. 2 bzw. mod. 4 reduzieren.

2. *Die erweiterte L-Funktion; Funktionalgleichung im abelschen Spezialfall.*—Analog zum vollen erweiterten Führer werde die *volle erweiterte L-Funktion*

$$\mathrm{M}(s|\chi, \mathrm{N/K}) = \mathfrak{N}_{\mathrm{K}}\left(\mathfrak{f}(\chi, \mathrm{N/K})\right)^{\frac{s}{2}} \tilde{\mathrm{L}}(s|\chi, \mathrm{N/K})$$

definiert.[1] Wegen der Linearität und Invarianz von $\mathfrak{N}_{\mathrm{K}}(\mathfrak{f}(\chi, \mathrm{N/K}))^{\frac{s}{2}}$ ist sie, wie $\tilde{\mathrm{L}}(s|\chi, \mathrm{N/K})$, eine invariante lineare Zahlkörpercharakterfunktion, erfüllt also § 3, (II.), und es sind für sie auch die übrigen dortigen Eigenschaften (I.), (III.), (IV.), (V.) erfüllt, wobei in (I.), (III.) natürlich $\tilde{\zeta}_{\mathrm{K}}(s)$, $\tilde{\mathrm{L}}_{\mathrm{K}}(s|\chi)$ durch die entsprechend erweiterten Bildungen zu ersetzen sind. Wegen $\tilde{\zeta}_{\mathrm{K}}(s) = \tilde{\mathrm{L}}_{\mathrm{K}}(s|\varepsilon)$ genügt es, die letztere Bildung zu beschreiben. Sie lautet

$$\mathrm{M}_{\mathrm{K}}(s|\chi) = \mathfrak{N}_{\mathrm{K}}\left(\mathfrak{f}_{\mathrm{K}}(\chi)\right)^{\frac{s}{2}} \tilde{\mathrm{L}}_{\mathrm{K}}(s|\chi) \quad \text{mit} \quad \mathfrak{f}_{\mathrm{K}}(\chi) = \mathfrak{D}(\mathrm{K})\, \mathfrak{f}_{\mathrm{K}}(\chi).$$

---

[1] Es wäre vielleicht organischer, die *volle* L-Funktion $\tilde{\mathrm{L}}(s|\chi, \mathrm{N/K})$ mit der Absolutnormpotenz $\mathfrak{N}_{\mathrm{K}}(\tilde{\mathfrak{f}}(\chi, \mathrm{N/K}))^{\frac{s}{2}}$ des *vollen* Führers zu erweitern und dies dann (im Hinblick auf den Zweck der Erweiterung, die Funktionalgleichung) durch die entsprechende Modifikation in der Definition der Beiträge $\mathrm{L}_{\mathfrak{p}}(s|\chi, \mathrm{N/K})$ der unendlichen Primstellen $\mathfrak{p}$ zu kompensieren, wie das gemäs § 3, **2** (Fussnote) bereits hinsichtlich des Exponentialfaktors $(\pi^{g\chi(1)})^{-\frac{s}{2}}$ geschehen ist. Für jene Absolutnormpotenz hätte man $p_\infty^{\frac{s}{2}} \to e^{\frac{\pi i s}{2}}$ zu spezialisieren. Wie man leicht feststellt, würde dann die Kompensation einfach darauf hinauslaufen, dass man den zweiten Γ-Faktor $\gamma(s+1)$ durch $e^{-\frac{\pi i s}{2}}\gamma(s+1)$ ersetzt. Allerdings würden dadurch die einfachen Integraldarstellungen aus § 3, **2** weniger organisch.

Die Eigenschaft § 3, (III.) besagt die Übereinstimmung

$$M(s\,|\,\chi, N/K) = M_K(s\,|\,\chi).$$

für abelsche Charaktere χ von $\mathfrak{G}$.

Die Bildung $M_K(s\,|\,\chi)$ ist gerade eine solche Erweiterung der abelschen L-Funktion $L_K(s\,|\,\chi)$, die bei $\left\{\begin{matrix} s \to 1-s \\ \chi \to \bar{\chi} \end{matrix}\right\}$ einer Funktionalgleichung genügt[1], und zwar lautet diese Funktionalgleichung

$$\frac{M_K(s\,|\,\chi)}{M_K(1-s\,|\,\bar{\chi})} = \frac{\tau_K(\chi)}{i^{\nu_K(\chi)}\sqrt{\mathfrak{N}_K(\mathfrak{f}_K(\chi))}}.$$

Dabei bedeutet $\tau_K(\chi)$ die *normierte eigentliche Gaußsche Summe* zum Kongruenzcharakter χ in K und $\nu_K(\chi)$ die Anzahl der im Führer $\bar{\mathfrak{f}}_K(\chi)$ steckenden unendlichen Primstellen von K.

Explizit ist die normierte eigentliche Gaußsche Summe zum Kongruenzcharakter χ in K definiert durch die Formel[2]

$$\tau_K(\chi) = \tau_{1,1}\left(\chi, \bar{\mathfrak{f}}_K(\chi)\,\middle|\,\frac{1}{\mathfrak{D}(K)\,\mathfrak{f}_K(\chi)}\right) = \sum_{x \bmod.^+ \frac{1}{\mathfrak{D}(K)}} \chi(\mathfrak{x})\, e_K(x) \qquad [1.]$$

mit den Summationsbedingungen

$$x \equiv 0 \bmod.^+ \frac{1}{\mathfrak{D}(K)\,\mathfrak{f}_K(\chi)},$$

$$x \cong \frac{\mathfrak{x}}{\mathfrak{D}(K)\,\mathfrak{f}_K(\chi)}, \quad \mathfrak{x} \text{ (ganz und) prim zu } \mathfrak{f}_K(\chi),$$

$$x \equiv 1 \bmod. \mathfrak{f}_K^{\infty}(\chi),$$

---

[1] Siehe dazu *Hecke* [1]. Man beachte, dass hier gegenüber der bisher üblichen Normierung der Erweiterung $M_K(s\,|\,\chi)$, wie sie bei *Hasse* [1, Teil I, § 9] ohne die von Hecke gleich eingeschlossene Verallgemeinerung auf Grössencharaktere angegeben ist, wegen der abweichenden Normierung der Γ-Faktoren aus § 3, 2 noch ein unwesentlicher konstanter Faktor hinzukommt, nämlich der Faktor

$$\prod_{\mathfrak{p}' \nmid p_\infty} 2 \cdot \prod_{\mathfrak{p} | \mathfrak{f}_K^{\infty}(\chi)} \pi^{\frac{1}{2}}.$$

[2] Hinsichtlich Benennung, Bezeichnung und Einordnung in eine systematische Theorie siehe *Hasse* [4].

in der

$$e_{K}(x) = e^{2\pi i\, S_{K}(x)} \qquad (S_{K} \text{ die Spur in } K)$$

die *Exponentialfunktion in* K bedeutet.

Bei der in **1** eingeführten Spezialisierung $\sqrt{p_{\infty}} \to i$ lässt sich der in der Funktionalgleichung für $M_{K}(s|\chi)$ vor der Quadratwurzel stehende i-Potenzfaktor in der Form

$$i^{\nu_{K}(\chi)} = \sqrt{\mathfrak{N}_{K}\left(\mathfrak{f}_{K}^{\infty}(\chi)\right)}$$

in den Formalismus der Führertheorie aus § 3 einordnen. Damit bekommt die Heckesche Funktionalgleichung die organische Gestalt.

$$\frac{M_{K}(s|\chi)}{M_{K}(1-s|\bar{\chi})} = \frac{\tau_{K}(\chi)}{\sqrt{\mathfrak{N}_{K}\left(\bar{\mathfrak{f}}_{K}(\chi)\right)}}\,. \qquad [2.]$$

Die Erzielung dieser für die beabsichtigte Verallgemeinerung der abelschen Gaußschen Summen wesentlichen, organischen Gestalt war der Anlass zu der in §§ 2, 3 vorgenommenen Abrundung der Theorie von Differente, Diskriminante und Führer durch Einschluss der unendlichen Primstellen.

Im Hinblick darauf, dass bei beliebigem Charakter χ die Bildung $\sqrt{\mathfrak{N}_{K}\left(\bar{\mathfrak{f}}(\chi, N/K)\right)}$ nur *kovariant* und erst $\sqrt{\mathfrak{N}_{K}\left(\bar{\mathfrak{F}}(\chi, N/K)\right)}$ *invariant* ist, empfiehlt es sich ferner, für einen abelschen Charakter χ die *erweiterte Gaußsche Summe*

$$T_{K}(\chi) = \sqrt{\bar{\mathfrak{d}}(K)}^{\,\chi(1)}\, \tau_{K}(\chi) \qquad \left(\text{mit } \chi(1) = 1\right) \qquad [3.]$$

einzuführen, mit der dann die Funktionalgleichung die Gestalt

$$\frac{M_{K}(s|\chi)}{M_{K}(1-s|\bar{\chi})} = \frac{T_{K}(\chi)}{\sqrt{\mathfrak{N}_{K}\left(\bar{\mathfrak{F}}_{K}(\chi)\right)}} \qquad [4.]$$

erhält.

Was den bei dieser letzteren Erweiterung verwendeten Erweiterungsfaktor betrifft, so ist

$$\bar{\mathfrak{d}}(K) = (-1)^{\nu(K)}\,\mathfrak{d}(K),$$

wo $\mathfrak{d}(K)$ der Diskriminantenbetrag und $\nu(K)$ die Anzahl der komplexen Primstellen von K ist. Es ist also $\bar{\mathfrak{d}}(K)$ die Diskriminante von K mit dem bei ihrer Darstellung als Diskriminante einer Ganzheitsbasis von K auftretenden Vorzeichen, und dann der Erweiterungsfaktor die gemäss $\sqrt{\bar{\mathfrak{d}}(K)} = i^{\nu(K)}\sqrt{\mathfrak{d}(K)}$ normierte Quadratwurzel.

3. *Funktionalgleichung im allgemeinen galoisschen Fall; galoissche Gaußsche Summen.*—Es sei jetzt χ ein beliebiger Charakter von $\mathfrak{G}$; er werde in einer R. Brauerschen Darstellung angesetzt:

$$\chi = \sum_{\psi} g_{\psi}\,\psi^{*} \qquad (g_{\psi} \text{ ganzrational}). \tag{5.}$$

Wegen der Linearität und Invarianz der vollen erweiterten L-Funktion $M(s|\chi, N/K)$ ist nach dem Schema aus § 1, [11.], [12.], [13.] dann

$$M(s|\chi, N/K) = \prod_{\psi} M_{\Lambda}(s|\psi)^{g_{\psi}} \tag{6.}$$

das entsprechende Potenzprodukt aus den vollen erweiterten abelschen L-Funktionen $M_{\Lambda}(s|\psi)$. Unter Beachtung der Invarianz von $\sqrt{\mathfrak{N}_K(\bar{\mathfrak{f}}(\chi, N/K))}$ ergibt sich aus [6.] nach [4.] die Funktionalgleichung

$$\frac{M(s|\chi, N/K)}{M(1-s|\bar{\chi}, N/K)} = \frac{T(\chi, N/K)}{\sqrt{\mathfrak{N}_K(\bar{\mathfrak{f}}(\chi, N/K))}}, \tag{7.}$$

wo die *erweiterte galoissche Gaußsche Summe* $T(\chi, N/K)$ als das entsprechende Potenzprodukt

$$T(\chi, N/K) = \prod_{\psi} T_{\Lambda}(\psi)^{g_{\psi}} \tag{8.}$$

aus den erweiterten abelschen Gaußschen Summen $T_{\Lambda}(\psi)$ definiert ist.

In Verallgemeinerung zu [3.] werde dann die *galoissche Gaußsche Summe* $\tau(\chi, N/K)$ selbst durch die Beziehung

$$T(\chi, N/K) = \sqrt{\tilde{\mathfrak{d}}(K)}^{\chi(1)} \tau(\chi, N/K) \qquad [9.]$$

definiert, so dass die Funktionalgleichung [7.] auch in der Form

$$\frac{M(s|\chi, N/K)}{M(1-s|\bar{\chi}, N/K)} = \frac{\tau(\chi, N/K)}{\sqrt{\mathfrak{N}_K(\tilde{\mathfrak{f}}(\chi, N/K))}} \qquad [7'.]$$

geschrieben werden kann.

Die Definitionsformel [8.] der erweiterten galoisschen Gaußschen Summe lässt sich nach [9.] auf die galoissche Gaußsche Summe selbst umrechnen. Zunächst ergibt diese Umrechnung

$$\tau(\chi, N/K) = \frac{\prod\limits_{\psi} \sqrt{\tilde{\mathfrak{d}}(\Lambda)}^{g_\psi \psi(1)}}{\sqrt{\tilde{\mathfrak{d}}(K)}^{\chi(1)}} \cdot \prod \tau_\Lambda(\psi)^{g_\psi}.$$

Unter Beachtung des Diskriminantenschachtelungssatzes $\tilde{\mathfrak{d}}(\Lambda) = \tilde{\mathfrak{d}}(K)^{\frac{g}{h}} \mathfrak{N}_K(\tilde{\mathfrak{d}}(\Lambda/K))$ und der Gradbeziehung $\frac{g}{h}\psi(1) = \psi^*(1)$ bei der Induktion vereinfacht sich das im Hinblick auf die aus [5.] folgende Gradbeziehung $\sum\limits_{\psi} g_\psi \psi^*(1) = \chi(1)$ zu

$$\tau(\chi, N/K) = \prod_{\psi} \sqrt{\mathfrak{N}_K(\tilde{\mathfrak{d}}(\Lambda/K))}^{g_\psi} \cdot \prod_{\psi} \tau_\Lambda(\psi)^{g_\psi} \qquad [10.]$$

In den Formeln [6.], [8.], 10.] beachte man, dass die auftretenden Zwischenkörper Λ von N/K die Invariantenkörper derjenigen Untergruppen $\mathfrak{H}$ von $\mathfrak{G}$ bedeuten, auf die sich der jeweilige abelsche Charakter ψ bezieht.

4. *Formale Eigenschaften der galoisschen Gaußschen Summen.*—Die in **3** definierten galoisschen Gaußschen Summen $T(\chi, N/K)$, $\tau(\chi, N/K)$ haben in teilweiser Analogie zu § 3, **3** folgende formale Eigenschaften.

Mit $M(s|\chi, N/K)$ und $\sqrt{\mathfrak{N}_K(\tilde{\mathfrak{F}}(\chi, N/K))}$, $\sqrt{\mathfrak{N}_K(\tilde{\mathfrak{f}}(\chi, N/K))}$ sind nach der Funktionalgleichung [7.], [7'.] auch $T(\chi, N/K)$, $\tau(\chi, N/K)$

lineare Zahlkörpercharakterfunktionen. Die Linearität besagt insbesondere, dass die *Definitionsformeln* [8.], [10.] *von* $T(\chi, N/K)$, $\tau(\chi, N/K)$ ***unabhängig von der zugrundegelegten R. Brauerschen Darstellung*** [5.] sind.

Da man für einen abelschen Charakter χ von $\mathfrak{G}$ als R. Brauersche Darstellung $\chi = \chi^*$ (von $\mathfrak{G}$ nach $\mathfrak{G}$ induziert) wählen kann, hat man *für abelsche Charaktere χ von $\mathfrak{G}$ die Übereinstimmung*

$$T(\chi, N/K) = T_K(\chi), \qquad \tau(\chi, N/K) = \tau_K(\chi) \qquad [11.]$$

mit den abelschen Gaußschen Summen aus **2**. Insbesondere gilt für den Hauptcharakter $\chi = \varepsilon$ von $\mathfrak{G}$ einfach

$$T(\varepsilon, N/K) = \sqrt{\bar{\mathfrak{d}}(K)}, \qquad \tau(\varepsilon, N/K) = 1, \qquad [12.]$$

da sich der explizite Summenausdruck [1.] für $\chi = \varepsilon$ auf ein einziges Glied mit dem Wert 1 reduziert.

Wegen der Invarianz von $M(s|\chi, N/K)$ und $\sqrt{\mathfrak{N}_K(\bar{\mathfrak{F}}(\chi, N/K))}$, sowie der Kovarianz von $\sqrt{\mathfrak{N}_K(\bar{\mathfrak{f}}(\chi, N/K))}$ ist nach [7.], [7.'] auch $T(\chi, N/K)$ *invariant*, sowie $\tau(\chi, N/K)$ *kovariant zu* $\sqrt{\mathfrak{N}_K(\bar{\mathfrak{f}}(\chi, N/K))}$; es gilt also:

$$T(\psi^*, N/K) = T(\psi, N/\Lambda), \qquad \tau(\psi^*, N/K) = \sqrt{\mathfrak{N}_K(\bar{\mathfrak{d}}(\Lambda/K))}^{\,\chi(1)} \tau(\psi, N/K), \qquad [13.]$$

$$T(\chi_0, N/K) = T(\chi_0, N_0/K), \qquad \tau(\chi_0, N/K) = \tau(\chi_0, N_0/K). \qquad [14.]$$

Für einen abeschen Charakter χ von $\mathfrak{G}$ hat man beim Übergang zum konjugiert-komplexen Wert bzw. Charakter die bekannten Regeln:

$$\tau_K(\chi)\overline{\tau_K(\chi)} = \mathfrak{N}_K(\mathfrak{f}_K(\chi)), \quad \text{also} \quad T_K(\chi)\overline{T_K(\chi)} = \mathfrak{N}_K(\mathfrak{F}_K(\chi)), \qquad [15_0.]$$

$$\tau_K(\chi)\tau_K(\bar{\chi}) = \mathfrak{N}_K(\bar{\mathfrak{f}}_K(\chi)), \quad \text{also} \quad T_K(\chi)T(\bar{\chi}) = \mathfrak{N}_K(\bar{\mathfrak{F}}_K(\chi)), \qquad [16_0.]$$

deren letztere gewöhnlich in der Form

$$\tau_K(\bar{\chi}) = (-1)^{\nu_K(\chi)}\overline{\tau_K(\chi)} = \mathfrak{N}_K(\mathfrak{f}_K^\infty(\chi))\overline{\tau_K(\chi)} \qquad [16_0'.]$$

geschrieben wird, wo $\nu_K(\chi)$ wie oben in **2** die Anzahl der in $\tilde{\mathfrak{f}}_K(\chi)$ steckenden unendlichen Primstellen von K bedeutet. Man kann diese Regeln entweder rechnerisch aus der expliziten Summendarstellung [1.] von $\tau_K(\chi)$ einsehen[1], oder sie aus dem Verhalten der Funktionalgleichung [2.] für $M_K(s|\chi)$ beim Übergang zum konjugiert-komplexen Wert bzw. Charakter entnehmen.

Für einen beliebigen Charakter χ von $\mathfrak{G}$ ergeben sich daraus, wieder entweder rechnerisch aus den Definitionsformeln [8.], [9.] oder wie eben aus der Funktionalgleichung [7.], [7.'] für $M(s|\chi\, N/K)$, die entsprechenden Regeln:

$$\begin{aligned} T(\chi, N/K)\,\overline{T(\chi, N/K)} &= \mathfrak{N}_K\big(\mathfrak{F}(\chi, N/K)\big), \\ \tau(\chi, N/K)\,\overline{\tau(\chi, N/K)} &= \mathfrak{N}_K\big(\mathfrak{f}(\chi, N/K)\big), \end{aligned} \qquad [15.]$$

$$\begin{aligned} T(\chi, N/K)\,T(\bar{\chi}, N/K) &= \mathfrak{N}_K\big(\tilde{\mathfrak{F}}(\chi, N/K)\big), \\ \tau(\chi, N/K)\,\tau(\bar{\chi}, N/K) &= \mathfrak{N}_K\big(\tilde{\mathfrak{f}}(\chi, N/K)\big), \end{aligned} \qquad [16.]$$

deren letztere auch in der Form

$$\begin{aligned} T(\bar{\chi}, N/K) &= \mathfrak{N}_K\big(\mathfrak{F}_\infty(\chi, N/K)\big)\,\overline{T(\chi, N/K)}, \\ \tau(\bar{\chi}, N/K) &= \mathfrak{N}_K\big(\mathfrak{f}_\infty(\chi, N/K)\big)\,\overline{\tau(\chi, N/K)}, \end{aligned} \qquad [16'.]$$

geschrieben werden können.

5 *Tiefere Fragestellungen über die galoisschen Gaußschen Summen.* —Grundsätzlich ist zu dem Definitionsformalismus aus **3** und zu den formalen Eigenschaften aus **4** der galoisschen Gaußschen Summen $T(\chi, N/K)$, $\tau(\chi, N/K)$ folgendes zu bemerken. Während der Anlass zur Definition und damit ihre begriffliche Fundamentierung die analytische Funktionalgleichung [7.], [7'.] für die volle erweiterte L-Funktion $M(s|\chi, N/K)$ ist, wird die Definition selbst durch die rein arithmetisch-gruppentheoretischen Formeln [8.], [9.], [10.] gegeben. Die grundlegenden formalen Eigenschaften der Linearität, insbesondere der Unabhän-

[1] Für den Übergang zum konjugiert-komplexen Wert (Betragregel) siehe etwa *Hasse* [4]. Der Übergang zum konjugiert-komplexen Charakter ist zwar dort nicht explizit behandelt; doch entnimmt man die dafür gültige Regel leicht aus der dort hergeleiteten allgemeinen Parameterregel.

gigkeit von der zugrundegelegten R. Brauerschen Darstellung, sowie der Invarianz bzw. Kovarianz [13.], [14.] werden aber durch diese arithmetisch-gruppentheoretischen Formeln keineswegs in Evidenz gesetzt, sondern fliessen aus der analytischen Quelle der Funktionalgleichung. Von den übrigen in 4 aufgeführten Eigenschaften folgen dann [11.], [12.] ohne weiteres aus der Linearität, während [15.], [16.], [17.], wie schon gesagt, rechnerisch aus den arithmetischen Definitionsformeln gefolgert werden könnnen.

I. Es erhebt sich hiernach die grundlegende Frage:

(I.) *Kann man die Linearität und Invarianz bzw. Kovarianz der galoisschen Gaußschen Summen* $T(\chi, N/K)$, $\tau(\chi, N/K)$ *nicht doch durch ein tiefergehendes Studium der Definitionsformeln* [8.], [9.], [10.] *einsehen und so die Theorie der galoisschen Gaußschen Summen rein arithmetisch begründen?*

Die im folgenden durchzuführenden Untersuchungen, die sich allein auf die arithmetischen Definitionsformeln [8.], [9.], [10.] stützen, und insbesondere der in § 9 entwickelte Zusammenhang, scheinen den Weg hierzu zu weisen.

Weiter sich erhebende Fragen sind folgende.

II. Analog zu der am Schluss von § 3, 4 gemachten Feststellung, dass man für die galoissche L-Funktion $L(s|\chi, N/K)$ mit wirklichem Charakter χ noch nicht die Verallgemeinerung der im abelschen Spezialfall $L_K(s|\chi)$ bestehenden Dirichletschen *Reihen*darstellung kennt, bleibt für die galoissche Gaußsche Summe $\tau(\chi, N/K)$ mit wirklichem Charakter χ die Frage offen, ab sie die Benennung «Summe» mit Recht verdient:

(II.) *Gibtes für die galoissche Gaußsche Summe* $\tau(\chi, N/K)$ *mit wirklichem Charakter* χ *eine Verallgemeineruug der im abelschen Spezialfall* $\tau_K(\chi)$ *bestehenden Darstellung* [1.] *als endliche Summe von elementaren arithmetischen Ausdrücken?*

Während bei der analogen Frage über die galoissche L-Funktion die grundsätzliche Schwierigkeit mit analytischen Momenten durchsetzt ist, tritt diese Schwierigkeit bei der hier gestellten Frage über die galoissche Gaußsche Summe in rein arithmetischer Gestalt in Erscheinung. Sie besteht darin, dass die in [10.] auszuführende Potenzproduktbildung aus abelschen Gaußschen Summen zu ganz unübersichtlichen Rechnungen führt, in die auch noch der aus den Relativdiskriminanten gebildete Zusatzfaktor belastend eingeht. Man beachte ausserdem, dass die aus der R. Brauerschen Darstellung [5.] von χ stammenden Exponenten g_ϕ in [10.] selbst für wirkliche Charaktere χ teilweise negativ sein können, so dass neben den Multiplikationen auch Divisionen auszuführen sind.

III. Analog zu der in § 3, 4 gemachten Feststellung, dass man für die galoissche L-Funktion $L(s|\chi, N/K)$ mit wirklichem Charakter $\chi \neq \varepsilon$ noch nicht entschieden hat, ob sie eine ganze Funktion ist, erhebt sich hier die Frage:

(III.) *Sind die Werte der galoisschen Gaußschen Summe* $\tau(\chi, N/K)$ *bei wirklichem Charakter* χ *ganze algebraische Zahlen?*

Im abelschen Spezialfall $\tau_K(\chi)$ ist das auf Grund der expliziten Summendarstellung [1.] der Fall. Im allgemeinen galoisschen Fall erscheint es, wie gesagt, sehr schwierig, eine entsprechende *Summen*darstellung zu gewinnen, durch die dann die Ganzheit *algebraisch* in Evidenz gesetzt würde. Im Hinblick auf den rein *multiplikativen* Aufbau der Definitionsformel [10.] ist zu erwarten, das die Feststellung der Ganzheit einfacher auf arithmetischem Wege gelingen wird.

IV. Dies leitet zu weitergehenden Fragen nach der *arithmetischen Struktur* der galoisschen Gaußschen Summen $\tau(\chi, N/K)$ über.

Im abelschen Spezialfall ist $\tau_K(\chi)$ nach [1.] eine Zahl aus dem im folgenden mit $P(\chi|\mathfrak{f}_K(\chi))$ bezeichneten Körper der $\mathfrak{M}_K(\mathfrak{f}_K(\chi))$-ten Einheitswurzeln über dem Köper $P(\chi)$ der Werte von χ. Die Definitionsformel [10.] lehrt für den allgemeinen Fall nur, dass $\tau(\chi, N/K)$ eine Zahl aus dem Kompositum der Körper $P(\psi|\mathfrak{f}_\Lambda(\psi))$ und $P\left(\sqrt{\mathfrak{M}_K(\tilde{\mathfrak{d}}(\Lambda/K))}\right)$ für alle diejenigen abelschen Charaktere ψ ist, die in einer R. Brauerschen Darstellung [1.] von χ vorkommen.

Es erhebt sich demnach zunächst die Frage:

(IVa.) *Liegt die galoissche Gaußsche Summe* $\tau(\chi, N/K)$ *im Körper* $P(\chi|\mathfrak{f}(\chi, N/K))$ *der* $\mathfrak{M}_K(\mathfrak{f}(\chi, N/K))$ *- ten Einheitswurzelu über dem Körper* $P(\chi)$ *der Werte von* χ*?*

Im abelschen Spezialfall hat man für die Gaußsche Summe $\tau_K(\chi)$ im Grossen ferner die in der Einleitung bereits skizzierte, anschliessend in §§ 6, 7 durchzuführende Methode der Zerlegung in Komponenten (Gaußsche Summen $\tau_\mathfrak{p}(\chi_\mathfrak{p})$ im Kleinen) und Reduktion auf Gaußsche Summen $\tau_\mathfrak{p}(\chi_\mathfrak{p}^0)$ im Minimalen. Diese Gaußschen Summen $\tau_\mathfrak{p}(\chi_\mathfrak{p}^0)$ im Minimalen sind nach *Davenport* [1] - *Hasse* [3] als Zahlen des Körpers $P(\chi_\mathfrak{p}^0|\mathfrak{p})$ eindeutig gekennzeichnet durch ihr Verhalten bei den Automorphismen von $P(\chi_\mathfrak{p}^0|\mathfrak{p})/P(\chi_\mathfrak{p}^0)$ (also der $\mathfrak{M}_K(\mathfrak{p})$ -ten Einheitswurzeln), durch ihren Betrag und ihre Primzerlegung nebst multiplikativen Kongruenzwerten nach den (allein vorkommenden) Primdivisoren von p in jenem Körper. Durch Zusammenbau kann man hieraus dann eine entsprechende arithmetische Kennzeichnung auch für die abelschen Gaußschen Summen $\tau_K(\chi)$ im Grossen gewinnen, was allerdings bisher noch nicht im einzelnen durchgeführt ist.

Demgemäss erhebt sich, über die Durchführung dieser letzteren Aufgabe hinaus, die weitere Frage:

(IVb.) *Durch welche arithmetischen Eigenschaften ist die galoissche Gaußsche Summe* $\tau(\chi, N/K)$ *als Zahl des Körpers* $P\left(\chi | \mathfrak{f}(\chi, N/K)\right)$ *gekennzeichnet?*.

Zur Beantwortung der vorstehend gestellten arithmetischen Fragen ist es grundlegend, für die galoissche Gaußsche Summe $\tau(\chi, N/K)$ im Grossen eine Zerlegung in Komponenten nach den Primstellen $\mathfrak{p}$ von K zu entwickeln. Dies wird in § 8 geschehen, nachdem in §§ 6, 7 zunächst Komponentenzerlegung und Reduktion im abelschen Spezialfall $\tau_K(\chi)$ behandelt sind. Wie sich mittels dieser Komponentenzerlegung auf rein arithmetischem Wege Ergebnisse über die galoissche Gaußsche Summe $\tau(\chi, N/K)$ im Grossen durch Zusammenbau gewinnen lassen, wird dann zum Schluss in § 9 aufgezeigt werden, wenn auch nicht für die vorstehenden Fragen, so doch für eine Frage von ähnlicher Art und Schwierigkeit.

§ 6. KOMPONENTENZERLEGUNG DER ABELSCHEN GAUSSSCHEN SUMME

1. *Einleitende Vorbemerkungen.*—Der Führer $\tilde{\mathfrak{f}}(\chi, N/K)$ und die L-Funktion $\tilde{L}(s|\chi, N/K)$ sind in § 3, **1**, **2** als Produkte von Komponenten $\mathfrak{f}_\mathfrak{p}(\chi, N/K)$ und $L_\mathfrak{p}(s|\chi, N/K)$ für die einzelnen Primstellen $\mathfrak{p}$ von K definiert, wobei nach § 4 die Komponenten für sich kovariante bzw. invariante lineare Zahlkörpercharakterfunktionen sind. Bei der Gaußschen Summe $\tau(\chi, N/K)$ liegt das ganz anders. Diese wird von vornherein als Ganzes aus der Funktionalgleichung § 5, (7'.) der L-Funktion $\tilde{L}(s|\chi, N/K)$ entnommen. Die Komponenten $L_\mathfrak{p}(s|\chi, N/K)$ genügen keineswegs analogen Funktionalgleichungen, liefern also nicht etwa in entsprechender Weise Komponenten $\tau_\mathfrak{p}(\chi, N/K)$ der Gaußschen Summe $\tau(\chi, N/K)$, die lineare kovariante Zahlkörpercharakterfunktionen sind.

Auch die der Definitionsformel § 5, [10.] zugrundeliegende abelsche Gaußsche Summe $\tau_K(\chi)$ wird von vornherein als Ganzes durch die explizite Formel § 5, [1.] definiert. Für sie besteht jedoch nach *Hasse* [4.]

in der Tat eine Zerlegung in Komponenten nach den Primteilern $\mathfrak{p}$ des Führers $\bar{\mathfrak{f}}_K(\chi)$, genauer seines endlichen Bestandteils $\mathfrak{f}_K(\chi)$. Bei dieser Zerlegung haben allerdings die Komponenten, wegen der erforderlichen Zurückführung des *Divisor*charakters χ in K auf den zugeordneten *Zahl*charakter[1], noch nicht die in vorliegender Abhandlung richtunggebende, von arithmetisch-gruppentheoretischen Begriffsbildungen beherrschte, organische Gestalt.

Im folgenden soll zunächst für die abelsche Gaußsche Summe $\tau_K(\chi)$ die Komponentenzerlegung in einer derartigen organischen Gestalt entwickelt werden, was durch Heranziehung der ideltheoretischen Methode von Chevalley [1, 2] aus der Klassenkörpertheorie gelingt. Daraus wird sich dann in § 8 nach der Definitionsformel § 5, [10.] eine entsprechende Komponentenzerlegung der allgemeinen galoisschen Gaußschen Summe $\tau(\chi, N/K)$ ergeben.

2. *Komponentenzerlegung eines abelschen Charakters.*—Es sei χ ein Kongruenzcharakter vom Führer $\bar{\mathfrak{f}}_K(\chi)$ in der Gruppe der zu $\mathfrak{f}_K(\chi)$ primen Divisoren $\mathfrak{x}$ von K, und es bezeichne K_χ/K den zugeordneten zyklischen Klassenkörper. Durch die in § 1, [10.] mittels des Artinsymbols $\left(\frac{K_\chi/K}{\mathfrak{x}}\right)$ getroffene, hier in umgekehrter Richtung zu lesende Festsetzung

$$\chi(\mathfrak{x}) = \chi\left(\frac{K_\chi/K}{\mathfrak{x}}\right) \qquad [1.]$$

wird χ zum einfachen Charakter der zyklischen Galoisgruppe $\mathfrak{G}_\chi$ von K_χ/K.

Die ideltheoretische Methode von *Chevalley* [1, 2] liefert, wie gleich im einzelnen ausgeführt werden wird, eine organische Komponentenzerlegung des Charakters χ, indem man den Argumentbereich von χ auf die Gruppe der regulären, endlichen (nicht nur der zu $\mathfrak{f}_K(\chi)$ primen) Idele von K ausdehnt.[2]

---

[1] In der Ausdrucksweise von *Hasse* [4]: Reduktion des Hilfsdivisors $\frac{1}{\mathfrak{D}(K)\,\mathfrak{f}_K(\chi)} = \frac{1}{\mathfrak{f}_K(\chi)}$ auf 1.

[2] Es handelt sich dabei nicht um eine Ausdehnung im gewöhnlichen Sinne, da die Idelgruppe von K die Gruppe der zu $\mathfrak{f}_K(\chi)$ primen Divisoren von K nicht als Untergruppe, sondern als Faktorgruppe hat; siehe dazu genauer unten in [5.], [5_0.], [6.], [7.], [7_0.].

Die Idele $\mathfrak{\xi}$ von K sind die formal zu verstehenden Summen

$$\xi = \sum_{\mathfrak{p}} \xi_{\mathfrak{p}} 1_{\mathfrak{p}}$$

mit Komponenten $\xi_{\mathfrak{p}}$ aus den $\mathfrak{p}$-adischen Hüllen $K_{\mathfrak{p}}$ zu den einzelnen Primstellen $\mathfrak{p}$ von K. Das Rechnen mit ihnen erfolgt komponentenweise, d. h. die speziellen Idele $1_{\mathfrak{p}}$ (mit $\mathfrak{p}$-Komponente 1, allen übrigen Komponenten 0) sind den Primstellen $\mathfrak{p}$ von K zugeordnete orthogonale Idempotente des so definierten Idelrings von K. Die Zahlen x aus K werden gemäss

$$x = \sum_{\mathfrak{p}} x\, 1_{\mathfrak{p}}$$

als Hauptidele isomorph in den Idelring eingebettet. Die Gruppe der regulären Idele ξ von K (alle Komponenten $\xi_{\mathfrak{p}} \neq 0$) mit der Endlichkeitsbedingung

$$\xi_{\mathfrak{p}} \cong 1 \text{ in } K_{\mathfrak{p}} \text{ (Einheit in } K_{\mathfrak{p}}) \text{ für fast alle } \mathfrak{p},$$

kurz die Idelgruppe von K genannt, wird durch

$$\xi \cong \mathfrak{x} = \prod_{\mathfrak{p}\,\text{endl.}} \mathfrak{p}^{w_{\mathfrak{p}}(\xi_{\mathfrak{p}})}, \quad \text{wenn} \quad \xi_{\mathfrak{p}} \cong \mathfrak{p}^{w_{\mathfrak{p}}(\xi_{\mathfrak{p}})} \quad \text{in} \quad K_{\mathfrak{p}},$$

homomorph auf die Gruppe der Divisoren $\mathfrak{x}$ von K abgebildet, wobei den Hauptidelen x, also den Zahlen $x \neq 0$ aus K, die ihnen in der gewöhnlichen Weise zugeordneten Hauptdivisoren entsprechen.

Für ein reguläres endliches Idel ξ von K werden die Normsymbole zu K_{χ}/K durch

$$\left(\frac{\xi,\, K_{\chi}/K}{\mathfrak{p}}\right) = \left(\frac{\xi_{\mathfrak{p}},\, K_{\chi}^{\mathfrak{p}}/K_{\mathfrak{p}}}{\mathfrak{p}}\right)$$

erklärt, also als die (algebrentheoretisch definierten) Normsymbole für die Komponenten $\xi_{\mathfrak{p}}$ zu den $\mathfrak{p}$-adischen Erweiterungen[1] $K_{\chi}^{\mathfrak{p}}/K_{\mathfrak{p}}$. Und

[1] Da K_{χ}/K galoissch ist, brauchen die $\mathfrak{q}$-adischen Erweiterungen $K_{\chi\mathfrak{q}}/K_{\mathfrak{p}}$ für die verschiedenen Primteiler $\mathfrak{q}$ in K_{χ} einer festen Primstelle $\mathfrak{p}$ von K als zueinander isomorph nicht unterschieden zu werden. Ihr gemeinsamer Typus wird mit $K_{\chi}^{\mathfrak{p}}/K_{\mathfrak{p}}$ be-

es wird dann das Chevalleysymbol[1] zu K_χ/K als das Produkt

$$\left[\frac{K_\chi/K}{\xi}\right] = \prod_{\mathfrak{p}} \left(\frac{\xi,\, K_\chi/K}{\mathfrak{p}}\right) = \prod_{\mathfrak{p}} \left(\frac{\xi_{\mathfrak{p}},\, K_\chi^{\mathfrak{p}}/K_{\mathfrak{p}}}{\mathfrak{p}}\right)$$

erklärt.

Die Normsymbole $\left(\frac{\xi,\, K_\chi/K}{\mathfrak{p}}\right)$ liefern Homomorphismen der Idelgruppe von K auf die Galoisgruppen $\mathfrak{G}_\chi^{\mathfrak{p}}$ der $K_\chi^{\mathfrak{p}}/K_{\mathfrak{p}}$, also auf die Zerlegungsgruppen $\mathfrak{Z}_\chi^{\mathfrak{p}}$ zu K_χ/K für $\mathfrak{p}$; diese Homomorphismen hängen jeweils nur von der Komponente $\xi_{\mathfrak{p}}$ des Idels ξ ab. Das Chevalleysymbol $\left[\frac{K_\chi/K}{\xi}\right]$ liefert einen Homomorphismus der Idelgruppe von K auf die Galoisgruppe $\mathfrak{G}_\chi$ von K_χ/K, bei dem nach der Produktformel für das Normsymbol

$$\left[\frac{K_\chi/K}{x}\right] = 1$$

für Zahlen $x \neq 0$ aus K gilt[2].

In der Untergruppe der zu $\mathfrak{f}_K(\chi)$ primen regulären endlichen Idele $\xi \cong \mathfrak{x}$ von K hängt das Artinsymbol für $\mathfrak{x}$ mit dem Chevalleysymbol für ξ durch

$$\left(\frac{K_\chi/K}{\mathfrak{x}}\right) = \prod_{\mathfrak{p} \nmid \tilde{\mathfrak{f}}_K(\chi)} \left(\frac{\xi,\, K_\chi/K}{\mathfrak{p}}\right)^{-1} = \left[\frac{K_\chi/K}{\xi}\right]^{-1} \prod_{\mathfrak{p} \mid \tilde{\mathfrak{f}}_K(\chi)} \left(\frac{\xi,\, K_\chi/K}{\mathfrak{p}}\right)$$

zusammen. Speziell besteht die Gleichheit

$$\left(\frac{K_\chi/K}{\mathfrak{x}}\right) = \left[\frac{K_\chi/K}{\xi}\right]^{-1},$$

---

zeichnet; es ist das der Kernkörper der durch die $\mathfrak{p}$-adische Grundkörpererweiterung entstehenden abelschen Algebra $K_{\chi\mathfrak{p}}/K_{\mathfrak{p}}$, die man übrigens ebenfalls der Definition des Normsymbols für $\mathfrak{p}$ zugrundelegen kann.

[1] Die Einführung dieser Benennung für das bei *Chevalley* [2] eingeführte Symbol möchte ich vorschlagen, damit neben Artin auch Chevalley in der klassenkörpertheoretischen Nomenklatur einen bleibenden Platz erhält.

[2] Auf die Angabe des genauen Kerns dieses Homomorphismus (Isomorphiesatz der Chevalleyschen Klassenkörpertheorie) kommt es hier nicht an.

wenn das dem Divisor $\mathfrak{x}$ zugeordnete Idel $\xi \cong \mathfrak{x}$ gemäss der Normierungsbedingung

$$\xi_{\mathfrak{p}} \equiv 1 \text{ mod. } \mathfrak{f}_{\mathfrak{p}}(\chi) \text{ für } \mathfrak{p} \mid \tilde{\mathfrak{f}}_K(\chi), \quad \text{kurz} \quad \xi \equiv 1 \text{ mod. } \tilde{\mathfrak{f}}_K(\chi),$$

festgelegt ist.

Durch die zu [1.] analoge Festsetzung

$$\chi[\xi] = \chi\left[\frac{K_\chi/K}{\xi}\right] \qquad [2.]$$

wird nun der (aus dem *Divisor*charakter χ in K entsprungene) einfache *Gruppen*charakter χ von $\mathfrak{G}_\chi$ zu einem Charakter der Idelgruppe von K. Und durch die weiteren Festsetzungen

$$\chi_{\mathfrak{p}}(\xi) = \chi\left(\frac{\xi,\, K_\chi/K}{\mathfrak{p}}\right) = \chi\left(\frac{\xi_{\mathfrak{p}},\, K_\chi^{\mathfrak{p}}/K_{\mathfrak{p}}}{\mathfrak{p}}\right) = \chi_{\mathfrak{p}}(\xi_{\mathfrak{p}}) \qquad [3.]$$

werden diesem *Idel*charakter χ in K mit dem Führer $\tilde{\mathfrak{f}}_K(\chi)$ Idelcharaktere $\chi_{\mathfrak{p}}$ in K mit den Führern $\mathfrak{f}(\chi_{\mathfrak{p}}) = \mathfrak{f}_{\mathfrak{p}}(\chi)$ zugeordnet, die sich auch als *Zahl*charaktere in den $K_{\mathfrak{p}}$ darstellen.

Für den *Idel*charakter χ in K besteht dann die Komponentenzerlegung

$$\chi = \prod_{\mathfrak{p}} \chi_{\mathfrak{p}}. \qquad [4.]$$

Hierbei ist zu beachten, dass die als Komponenten auftretenden *Idel*charaktere $\chi_{\mathfrak{p}}$ in K nicht notwendig, wie χ, nach dem Schema [1.], [2.] aus *Divisor*charakteren in K entspringen.

Der zum Ausgang genommene *Divisor*charakter χ in K hängt mit den durch [2.], [3.] definierten *Idel*charakteren χ, $\chi_{\mathfrak{p}}$ in K durch

$$\chi(\mathfrak{x}) = \chi[\xi]^{-1} \prod_{\mathfrak{p} \mid \tilde{\mathfrak{f}}_K(\chi)} \chi_{\mathfrak{p}}(\xi), \quad \text{wenn } \xi \cong \mathfrak{x}, \quad \xi \text{ prim zu } \tilde{\mathfrak{f}}_K(\chi), \qquad [5.]$$

speziell

$$\chi(\mathfrak{x}) = \chi[\xi]^{-1}, \quad \text{wenn } \xi \cong \mathfrak{x}, \quad \xi \equiv 1 \text{ mod. } \tilde{\mathfrak{f}}_K(\chi), \qquad [5_0.]$$

zusammen. Für Zahlen $x \neq 0$ aus K ist der *Idel*charakter

$$\chi[x] = 1, \qquad [6.]$$

so das $\chi[\xi]$ nur von der Idelklasse (Restklasse nach der Untergruppe der Hauptidele) abhängt, der das (reguläre endliche) Idel ξ von K angehört, während für den *Divisor*charakter

$$\chi(x) = \prod_{\mathfrak{p} \mid \tilde{\mathfrak{f}}_K(\chi)} \chi_{\mathfrak{p}}(x), \quad \text{wenn } x \text{ prim zu } \mathfrak{f}_K(\chi), \qquad [7.]$$

speziell

$$\chi(x) = \chi_{\mathfrak{p}}(x), \quad \text{wenn } x \equiv 1 \text{ mod. } \frac{\tilde{\mathfrak{f}}_K(\chi)}{\mathfrak{f}_{\mathfrak{p}}(\chi)}, \qquad [7_0.]$$

gilt.

Die Regel $[7_0.]$ liefert übrigens die *Zahl*charaktere $\chi_{\mathfrak{p}}$ in den $K_{\mathfrak{p}}$, im Bereich der Einheiten aus $K_{\mathfrak{p}}$, direkt aus dem zum Ausgang genommenen *Divisor*charakter χ in K (sogar schon aus dem durch ihn gelieferten *Zahl*charakter χ in K). Im Hinblick auf das abweichende Verhalten von χ für Hauptidele und Zahlen in [6.], [7.] war es nötig, beim Idelcharakter eckige Klammern statt der runden beim Divisorcharakter zu verwenden.

Werden gleichzeitig alle abelschen Charaktere χ der Galoisgruppe $\mathfrak{G}$ eines Normalkörpers N/K betrachtet, so können in den Festsetzungen [1.], [2.], [3.] die von χ abhängigen zyklischen Relativkörper K_χ/K und $K_\chi^{\mathfrak{p}}/K_{\mathfrak{p}}$ durch den sie enthaltenden, von χ unabhängigen, maximalen abelschen Teilkörper K'/K und seine $\mathfrak{p}$-adische Erweiterung $K'^{\mathfrak{p}}/K_{\mathfrak{p}}$ ersetzt werden, weil die eingehenden Symbole beim Restklassenhomomorphismus invariant sind.

3 *Komponentenzerlegung der abelschen Gaußschen Summe.*—Der Komponentenzerlegung [4.] des Kongruenzcharakters χ entsprechend lässt sich wie folgt eine Komponentenzerlegung der zugeordneten normierten eigentlichen Gaußschen Summe $\tau_K(\chi)$ gewinnen.

Nach der Definitionsformel § 5, [1.] ist

$$\tau_K(\chi) = \sum_{x \text{ mod.}^+ \frac{1}{\mathfrak{D}(K)}} \chi(x)\, e_K(x) \qquad [8.]$$

mit den Summationsbedingungen

$$x \equiv 0 \text{ mod.}^{+} \frac{1}{\mathfrak{F}_K(\chi)}, \quad x \cong \frac{\mathfrak{x}}{\mathfrak{F}_K(\chi)}, \quad \mathfrak{x} \text{ (ganz und) prim zu } \mathfrak{f}_K(\chi),$$

$$x \equiv 1 \text{ mod. } \mathfrak{f}_K^{\infty}(\chi),$$

wo zur Abkürzung jetzt der endliche Bestandteil $\mathfrak{F}_K(\chi) = \mathfrak{D}(K)\,\mathfrak{f}_K(\chi)$ des vollen erweiterten Führers $\tilde{\mathfrak{F}}_K(\chi) = \tilde{\mathfrak{D}}(K)\,\tilde{\mathfrak{f}}_K(\chi)$ eingesetzt ist. Diesem vollen erweiterten Führer werde ein (reguläres endliches) Idel

$$\Phi_K(\chi) = \sum_{\mathfrak{p}} \Phi_{\mathfrak{p}}(\chi)\, 1_{\mathfrak{p}}$$

von K mit dem Divisor

$$\Phi_K(\chi) \cong \mathfrak{F}_K(\chi) = \prod_{\mathfrak{p}\ \text{endl.}} \mathfrak{F}_{\mathfrak{p}}(\chi) = \prod_{\mathfrak{p}\ \text{endl.}} \mathfrak{D}_{\mathfrak{p}}(K)\, \mathfrak{f}_{\mathfrak{p}}(\chi) \qquad [9.]$$

und der Normierung

$$\Phi_K(\chi) \equiv 1 \text{ mod. } \mathfrak{f}_K^{\infty}(\chi) \qquad [10.]$$

für die unendlichen Führerprimstellen zugeordnet, dessen Komponenten $\Phi_{\mathfrak{p}}(\chi)$ im Rahmen dieser beiden Bedingungen willkürlich festgelegt werden können.

Anstelle der Summationszahlen x aus K führe man dann in [8.] die Idele

$$\xi = x\,\Phi_K(\chi) = \sum_{\mathfrak{p}} x\,\Phi_{\mathfrak{p}}(\chi)\, 1_{\mathfrak{p}} = \sum_{\mathfrak{p}} \xi_{\mathfrak{p}}\, 1_{\mathfrak{p}}$$

von K mit

$$\xi \cong \mathfrak{x}$$

als Summationselemente ein; sie liegen sämtlich in der Idelklasse

$$\xi \sim \Phi_K(\chi)$$

von K. Nach [5.], [6.] wird damit [8.] zunächst zu

$$\tau_K(\chi) = \chi\,[\Phi_K(\chi)]^{-1} \sum_{\xi \text{ mod.}^{+} \mathfrak{f}_K(\chi)} \left(\prod_{\mathfrak{p} \mid \tilde{\mathfrak{f}}_K(\chi)} \chi_{\mathfrak{p}}(\xi) \right) e_K\!\left(\frac{\xi}{\Phi_K(\chi)} \right) \qquad [11.]$$

mit den Summationsbedingungen

$$\xi \sim \Phi_K(\chi), \quad \xi \text{ ganz und prim zu } \mathfrak{f}_K(\chi),$$
$$\xi \equiv \Phi_K(\chi) \text{ mod. } \mathfrak{f}_K^\infty(\chi),$$

ersichtlich unabhängig von der Normierung des gemäss [9.] gewählten Idels $\Phi_K(\chi)$. Wegen der Normierungsbedingung [10.] sind für $\mathfrak{p}|\mathfrak{f}_K^\infty(K)$ die Faktoren $\chi_\mathfrak{p}(\xi) = 1$, können also weggelassen werden, und da der zu summierende Ausdruck im übrigen nur von der Restklasse ξ mod. $\mathfrak{f}_K(\chi)$ abhängt, kann dann die Summationsbedingung $\xi \equiv \Phi_K(\chi) \equiv 1$ mod. $\mathfrak{f}_K^\infty(\chi)$ weggelassen werden. Unter Einführung der Komponenten $\xi_\mathfrak{p}$ von ξ gemäss [3.] wird so [11.] weiter zu

$$\tau_K(\chi) = \chi[\Phi_K(\chi)]^{-1} \sum_{\xi \text{ mod.}^+ \mathfrak{f}_K(\chi)} \left(\prod_{\mathfrak{p}|\mathfrak{f}_K(\chi)} \chi_\mathfrak{p}(\xi_\mathfrak{p})\right) e_K\left(\frac{\xi}{\Phi_K(\chi)}\right) \qquad [12.]$$

mit den Summationsbedingungen

$$\xi \sim \Phi_K(\chi), \quad \xi \text{ ganz und prim zu } \mathfrak{f}_K(\chi).$$

Um analog zu dem Charakterfaktor auch den Exponentialfaktor in Komponenten zu zerlegen, seien ferner orthogonale Idempotente

$$i_\mathfrak{p} \equiv 1 \text{ mod. } \mathfrak{f}_\mathfrak{p}(\chi), \qquad i_\mathfrak{p} \equiv 0 \text{ mod. } \frac{\mathfrak{f}_K(\chi)}{\mathfrak{f}_\mathfrak{p}(\chi)}$$

für die direkte Zerlegung des Restklassenrings mod. $\mathfrak{f}_K(\chi)$ in die Restklassenringe mod. $\mathfrak{f}_\mathfrak{p}(\chi)$, und zwar als ganze Zahlen aus K, gewählt. Dann hat man

$$\frac{\xi}{\Phi_K(\chi)} \equiv \sum_{\mathfrak{p}|\mathfrak{f}_K(\chi)} \frac{\xi}{\Phi_K(\chi)} i_\mathfrak{p} \text{ mod.}^+ \frac{1}{\mathfrak{D}(K)}$$

und daher

$$S_K\left(\frac{\xi}{\Phi_K(\chi)}\right) \equiv \sum_{\mathfrak{p}|\mathfrak{f}_K(\chi)} S_K\left(\frac{\xi}{\Phi_K(\chi)} i_\mathfrak{p}\right) \text{ mod.}^+ 1 \text{ in } K.$$

Hierin ist

$$S_K\left(\frac{\xi}{\Phi_K(\chi)}\, i_{\mathfrak{p}}\right) = S_{\mathfrak{p}}\left(\frac{\xi_{\mathfrak{p}}}{\Phi_{\mathfrak{p}}(\chi)}\, i_{\mathfrak{p}}\right) + S_{\mathfrak{p}'}\left(\frac{\xi_{\mathfrak{p}'}}{\Phi_{\mathfrak{p}'}(\chi)}\, i_{\mathfrak{p}}\right) + \ldots,$$

wo $\mathfrak{p}', \ldots$ die von $\mathfrak{p}$ verschiedenen, in derselben Primzahl p aus P steckenden Primdivisoren von **K** und $S_{\mathfrak{p}}, S_{\mathfrak{p}'}, \ldots$ die Spuren in $K_{\mathfrak{p}}, K_{\mathfrak{p}'}, \ldots$ bezeichnen; man beachte, dass hier im zweiten Glied rechts nicht etwa die auf $\mathfrak{p}'$ bezügliche Zahl $i_{\mathfrak{p}'}$, sondern wie links und im ersten Glied rechts die Zahl $i_{\mathfrak{p}}$ aus K, in $K_{\mathfrak{p}'}$ eingebettet gedacht, zu setzen ist. Nach den Definitionskongruenzen für die Idempotente $i_{\mathfrak{p}}$ folgt hieraus im Hinblick auf die Nenner der Spurargumente die Kongruenz

$$S_K\left(\frac{\xi}{\Phi_K(\chi)}\, i_{\mathfrak{p}}\right) \equiv S_{\mathfrak{p}}\left(\frac{\xi_{\mathfrak{p}}}{\Phi_{\mathfrak{p}}(\chi)}\right) \text{ mod.}^+\ 1 \text{ in } P_p.$$

Demnach wird

$$e_K\left(\frac{\xi}{\Phi_K(\chi)}\, i_{\mathfrak{p}}\right) = e_{\mathfrak{p}}\left(\frac{\xi_{\mathfrak{p}}}{\Phi_{\mathfrak{p}}(\chi)}\right),$$

wo die rechts auftretende *Exponentialfunktion* $e_{\mathfrak{p}}(x_{\mathfrak{p}})$ *in* $K_{\mathfrak{p}}$ als der Homomorphismus $x_{\mathfrak{p}}$ mod.$^+ 1 \to e_{\mathfrak{p}}(x_{\mathfrak{p}}) = e^{2\pi i S_{\mathfrak{p}}(x_{\mathfrak{p}})}$ der Additionsgruppe der Zahlen $x_{\mathfrak{p}} \equiv 0$ mod.$^+ \frac{1}{\mathfrak{D}_{\mathfrak{p}}(K)}$ aus $K_{\mathfrak{p}}$ auf die Gruppe der Einheitswurzeln von p-Potenzordnung verstanden ist[1], ganz analog zur Definition aus § 5, **2** der links auftretenden Exponentialfunktion $e_K(x)$ in K. Zusammengenommen ergibt sich damit für den Exponentialfaktor die Komponentenzerlegung

$$e_K\left(\frac{\xi}{\Phi_K(\chi)}\right) = \prod_{\mathfrak{p} \mid \mathfrak{f}_K(\chi)} e_{\mathfrak{p}}\left(\frac{\xi_{\mathfrak{p}}}{\Phi_{\mathfrak{p}}(\chi)}\right).$$

Hiermit wird [12.] weiter zu

$$\tau_K(\chi) = \chi\,[\Phi_K(\chi)]^{-1} \sum_{\xi \text{ mod. } \mathfrak{f}_K(\chi)} \prod_{\mathfrak{p} \mid \mathfrak{f}_K(\chi)} \chi_{\mathfrak{p}}(\xi_{\mathfrak{p}})\, e_{\mathfrak{p}}\left(\frac{\xi_{\mathfrak{p}}}{\Phi_{\mathfrak{p}}(\chi)}\right) \qquad [13.]$$

---

[1] Siehe hierzu und zu der in diesem Absatz durchgeführten Komponentenzerlegung des Exponentialfaktors schon *Hasse* [4, § 7].

mit den Summationsbedingungen

$$\xi \sim \Phi_K(\chi), \qquad \xi \text{ ganz und prim zu } \mathfrak{f}_K(\chi).$$

Die Restklassen ξ mod. $\mathfrak{f}_K(\chi)$ der ganzen, zu $\mathfrak{f}_K(\chi)$ primen Idele $\xi \sim \Phi_K(\chi)$ von K enstsprechen nun umkehrbar eindeutig den durch sie gelieferten Restklassensystemen $\xi_\mathfrak{p}$ mod. $\mathfrak{f}_\mathfrak{p}(\chi)$ der ganzen, je zu $\mathfrak{p}$ primen Komponenten $\xi_\mathfrak{p}$ aus den $K_\mathfrak{p}$, und dabei entspricht auch umgekehrt jedem willkürlich gewählten Komponentensystem $\xi_\mathfrak{p}$ mod. $\mathfrak{f}_\mathfrak{p}(\chi)$ eine Restklasse ξ mod. $\mathfrak{f}_K(\chi)$ mit $\xi \sim \Phi_K(\chi)$. Daher lässt sich [13.] in der Produktform

$$\tau_K(\chi) = \chi[\Phi_K(\chi)]^{-1} \prod_{\mathfrak{p} \mid \mathfrak{f}_K(\chi)} \sum_{\substack{\xi_\mathfrak{p} \bmod. \mathfrak{f}_\mathfrak{p}(\chi) \\ \xi_\mathfrak{p} \text{ ganz, prim zu } \mathfrak{p}}} \chi_\mathfrak{p}(\xi_\mathfrak{p})\, e_\mathfrak{p}\left(\frac{\xi_\mathfrak{p}}{\Phi_\mathfrak{p}(\chi)}\right) \qquad [14.]$$

schreiben.

Diese Formel stellt die in *Hasse* [4, § 5] hergeleitete Komponentenzerlegung der normierten eigentlichen abelschen Gaussschen Summe in ideltheoretischer Schreibweise dar. Die Überlegenheit dieser Schreibweise gegenüber der dortigen divisorentheoretischen tritt dadurch in helles Licht, dass bei ihr die nachstehende weitere Umformung möglich wird, die erst zu einer Komponentenzerlegung der in **1** angestrebten arithmetisch-gruppentheoretischen Gestalt führt.

Dazu bemerke man, dass die in [14.] rechts auftretende Summe für die im Produkt nicht vorkommenden endlichen $\mathfrak{p} \nmid \mathfrak{f}_K(\chi)$ trivialerweise den Wert 1 hat. Nimmt man diese Faktoren 1 formal in das Produkt auf, und beachtet man ausserdem, dass in der Komponentenzerlegung [4.] des voranstehenden Idelcharakterfaktors, nämlich in

$$\chi[\Phi_K(\chi)] = \prod_\mathfrak{p} \chi_\mathfrak{p}(\Phi_\mathfrak{p}(\chi)),$$

die Beiträge der unendlichen $\mathfrak{p}$ wegen der Normierungsbedingung [10.] ebenfalls den Wert 1 haben, so lässt sich die Komponentenzerlegung [14.] in der folgenden organischen Gestalt schreiben:

$$\tau_K(\chi) = \prod_{\mathfrak{p} \text{ endl.}} \tau_\mathfrak{p}(\chi_\mathfrak{p}) \qquad [15.]$$

mit

$$\tau_{\mathfrak{p}}(\chi) = \chi_{\mathfrak{p}}\left(\Phi_{\mathfrak{p}}(\chi)\right)^{-1} \sum_{\substack{\xi_{\mathfrak{p}} \bmod. \mathfrak{f}_{\mathfrak{p}}(\chi) \\ \xi_{\mathfrak{p}} \text{ ganz, prim zu } \mathfrak{p}}} \chi_{\mathfrak{p}}(\xi_{\mathfrak{p}})\, e_{\mathfrak{p}}\left(\frac{\xi_{\mathfrak{p}}}{\Phi_{\mathfrak{p}}(\chi)}\right)$$

$$= \sum_{\substack{\xi_{\mathfrak{p}} \bmod. \mathfrak{f}_{\mathfrak{p}}(\chi) \\ \xi_{\mathfrak{p}} \text{ ganz, prim zu } \mathfrak{p}}} \chi_{\mathfrak{p}}\left(\frac{\xi_{\mathfrak{p}}}{\Phi_{\mathfrak{p}}(\chi)}\right) e_{\mathfrak{p}}\left(\frac{\xi_{\mathfrak{p}}}{\Phi_{\mathfrak{p}}(\chi)}\right). \qquad [16.]$$

Die durch [16.] definierten Komponenten $\tau_{\mathfrak{p}}(\chi_{\mathfrak{p}})$ von $\tau_K(\chi)$ sind Gaußsche Summen über den $\mathfrak{p}$-adischen Hüllen $K_{\mathfrak{p}}$ von K zu den Zahlcharakteren $\chi_{\mathfrak{p}}$ in $K_{\mathfrak{p}}$ von den Führern $\mathfrak{f}(\chi_{\mathfrak{p}}) = \mathfrak{f}_{\mathfrak{p}}(\chi)$, die dem Divisorcharakter χ in K vom Führer $\tilde{\mathfrak{f}}_K(\chi)$ nach dem Formalismus [1.], [3.] aus **2** zugeordnet sind. Diese Komponenten $\tau_{\mathfrak{p}}(\chi_{\mathfrak{p}})$ sind unabhängig von der Normierung der Zahldarstellungen

$$\Phi_{\mathfrak{p}}(\chi) \cong \mathfrak{F}_{\mathfrak{p}}(\chi) = \mathfrak{D}_{\mathfrak{p}}(K)\, \mathfrak{f}_{\mathfrak{p}}(\chi) \quad \text{in} \quad K_{\mathfrak{p}}$$

der Komponenten des erweiterten Führers $\tilde{\mathfrak{F}}_K(\chi) = \tilde{\mathfrak{D}}(K)\, \tilde{\mathfrak{f}}_K(\chi)$. Das lässt sich durch die zu [8] analoge Schreibweise

$$\tau_{\mathfrak{p}}(\chi_{\mathfrak{p}}) = \sum_{x_{\mathfrak{p}} \bmod.^{+} \frac{1}{\mathfrak{D}_{\mathfrak{p}}(K)}} \chi_{\mathfrak{p}}(x_{\mathfrak{p}})\, e_{\mathfrak{p}}(x_{\mathfrak{p}}) \qquad [16^*.]$$

mit den Summationsbedingungen

$$x_{\mathfrak{p}} \equiv 0 \bmod.^{+} \frac{1}{\mathfrak{F}_{\mathfrak{p}}(\chi)}, \qquad x_{\mathfrak{p}}\, \mathfrak{F}_{\mathfrak{p}}(\chi) \text{ (ganz und) prim zu } \mathfrak{p}$$

in Evidenz setzen. Im Hinblick auf diese Schreibweise sei $\tau_{\mathfrak{p}}(\chi_{\mathfrak{p}})$ die *normierte eigentliche Gaußsche Summe zum Zahlcharakter* $\chi_{\mathfrak{p}}$ *in* $K_{\mathfrak{p}}$ genannt. In der Ausdrucksweise aus der Einleitung ist dann die Komponentenzerlegung [15.] die Zerlegung der abelschen Gaußschen Summe $\tau_K(\chi)$ *im Grossen* in abelsche Gaußsche Summen $\tau_{\mathfrak{p}}(\chi_{\mathfrak{p}})$ *im Kleinen.*

Wo es auf die Entstehung des Zahlcharakters $\chi_{\mathfrak{p}}$ in $K_{\mathfrak{p}}$ als $\mathfrak{p}$-Komponente eines Divisorcharakters χ in K nicht ankommt, wird analog zu

$$\mathfrak{f}(\chi_{\mathfrak{p}}) \quad \text{für} \quad \mathfrak{f}_{\mathfrak{p}}(\chi)$$

im folgenden auch

$$\mathfrak{F}(\chi_{\mathfrak{p}}) = \mathfrak{D}(K_{\mathfrak{p}})\,\mathfrak{f}(\chi_{\mathfrak{p}}) \qquad \text{für} \qquad \mathfrak{F}_{\mathfrak{p}}(\chi) = \mathfrak{D}_{\mathfrak{p}}(K)\,\mathfrak{f}_{\mathfrak{p}}(\chi)$$

und

$$\Phi(\chi_{\mathfrak{p}}) \cong \mathfrak{F}(\chi_{\mathfrak{p}}) \text{ in } K_{\mathfrak{p}} \qquad \text{für} \qquad \Phi_{\mathfrak{p}}(\chi) \cong \mathfrak{F}_{\mathfrak{p}}(\chi) \text{ in } K_{\mathfrak{p}}$$

geschrieben.

4. *Formale Einbeziehung der unendlichen Primstellen.*—In der Komponentenzerlegung [15.] von $\tau_K(\chi)$ treten nur Komponenten $\tau_{\mathfrak{p}}(\chi_{\mathfrak{p}})$ für die *endlichen* Primstellen $\mathfrak{p}$ von K auf. Es sind zwar die Komponenten $\chi_{\mathfrak{p}}$ von χ nach dem Formalismus [1.], [3.] aus **2** auch für die *unendlichen* Primstellen $\mathfrak{p}$ von K definiert, aber ihre Beiträge fallen bei der in **3** vorgenommenen Umformung von [8.] zu [15.] hinaus, und es lässt sich ja auch die Definitionsformel [16.] für die Komponenten $\tau_{\mathfrak{p}}(\chi_{\mathfrak{p}})$ auf die unendlichen $\mathfrak{p}$ nicht sinngemäss übertragen, weil für diese $\mathfrak{p}$ die $\mathfrak{p}$-adischen Hüllen $K_{\mathfrak{p}}$ von ganz andersartiger Struktur (reeller oder komplexer Zahlkörper) sind.

Da nun aber die *erweiterte* abelsche Gaußsche Summe

$$T_K(\chi) = \sqrt{\tilde{\mathfrak{d}}(K)}\;\tau_K(\chi)$$

mit der *vollen* Diskriminante $\tilde{\mathfrak{d}}(K)$ gebildet ist, erscheint es vernünftig, der abelschen Gaußschen Summe $\tau_K(\chi)$ selbst formal die Komponenten

$$\tau_{\mathfrak{p}}(\chi_{\mathfrak{p}}) = 1 \qquad \text{für die unendlichen } \mathfrak{p} \qquad [16'.]$$

zuzuschreiben, so dass dann ihre Komponentenzerlegung [15.] formal als Produktformel

$$\tau_K(\chi) = \prod_{\mathfrak{p}} \tau_{\mathfrak{p}}(\chi_{\mathfrak{p}}) \qquad [15'.]$$

über *alle* Primstellen $\mathfrak{p}$ von K geschrieben werden kann. Für die erweiterte abelsche Gaußsche Summe $T_K(\chi)$ lautet die entsprechende Produktformel

$$T_K(\chi) = \prod_{\mathfrak{p}} T_K(\chi_{\mathfrak{p}}) \qquad [17.]$$

mit den Komponenten

$$T_{\mathfrak{p}}(\chi_{\mathfrak{p}}) = \sqrt{\mathfrak{d}_{\mathfrak{p}}(K)}\,\tau_{\mathfrak{p}}(\chi_{\mathfrak{p}}), \qquad [18.]$$

wo

$$\mathfrak{d}_{\mathfrak{p}}(K) = \mathfrak{N}_K\big(\mathfrak{D}_{\mathfrak{p}}(K)\big)$$

die $\mathfrak{p}$-Beiträge (nicht p-Beiträge!) zur vollen Diskriminante

$$\tilde{\mathfrak{d}}(K) = \mathfrak{N}_K\big(\tilde{\mathfrak{D}}(K)\big) = \prod_{\mathfrak{p}} \mathfrak{N}_K\big(\mathfrak{D}_{\mathfrak{p}}(K)\big) = \prod_{\mathfrak{p}} \mathfrak{d}_{\mathfrak{p}}(K), \qquad [19.]$$

oder also die Diskriminanten

$$\mathfrak{d}(K_{\mathfrak{p}}) = \mathfrak{d}_{\mathfrak{p}}(K)$$

der $\mathfrak{p}$-adischen Hüllen $K_{\mathfrak{p}}$ sind.

Hinsichtlich der Regeln § 5, [15_0.], [16_0.], [$16'_0$.] für den Übergang zum konjugiert-komplexen Wert bzw. Charakter, nämlich

$$\tau_K(\chi)\,\overline{\tau_K(\chi)} = \mathfrak{N}_K\big(\mathfrak{f}_K(\chi)\big), \qquad T_K(\chi)\,\overline{T_K(\chi)} = \mathfrak{N}_K\big(\mathfrak{F}_K(\chi)\big), \qquad [20.]$$

$$\tau_K(\chi)\,\tau_K(\bar{\chi}) = \mathfrak{N}_K\big(\tilde{\mathfrak{f}}_K(\chi)\big), \qquad T_K(\chi)\,T_K(\bar{\chi}) = \mathfrak{N}_K\big(\tilde{\mathfrak{f}}_K(\chi)\big), \qquad [21.]$$

$$\tau_K(\bar{\chi}) = (-1)^{\nu_K(\chi)}\,\overline{\tau_K(\chi)} = \mathfrak{N}_K\big(\mathfrak{f}_K^{\infty}(\chi)\big)\,\overline{\tau_K(\chi)}, \qquad [21'.]$$

ist hier folgendes zu bemerken. Die Regeln [20.] gelten auch komponentenweise:

$$\tau_{\mathfrak{p}}(\chi_{\mathfrak{p}})\,\overline{\tau_{\mathfrak{p}}(\chi_{\mathfrak{p}})} = \left\{\begin{array}{ll} \mathfrak{N}_K\big(\mathfrak{f}_{\mathfrak{p}}(\chi)\big) & \text{für } \mathfrak{p} \text{ endl.} \\ 1 & \text{für } \mathfrak{p} \text{ unendl.} \end{array}\right\},$$

$$T_{\mathfrak{p}}(\chi_{\mathfrak{p}})\,\overline{T_{\mathfrak{p}}(\chi_{\mathfrak{p}})} = \left\{\begin{array}{ll} \mathfrak{N}_K\big(\mathfrak{F}_{\mathfrak{p}}(\chi)\big) & \text{für } \mathfrak{p} \text{ endl.} \\ 1 & \text{für } \mathfrak{p} \text{ unendl.} \end{array}\right\}, \qquad [22.]$$

wie sich aus dem in *Hasse* [4, § 6] komponentenweise geführten Beweis ergibt. Dagegen gilt die Regel [21'.], und damit auch [21.], *nicht* mehr komponentenweise. Nach den Definitionsformeln [16.], [16.'] hat man vielmehr

$$\tau_{\mathfrak{p}}(\bar{\chi}_{\mathfrak{p}}) = \begin{cases} \chi_{\mathfrak{p}}(-1)\,\overline{\tau_{\mathfrak{p}}(\chi_{\mathfrak{p}})} & \text{für } \mathfrak{p} \text{ endl.} \\ \overline{\tau_{\mathfrak{p}}(\chi_{\mathfrak{p}})} & \text{für } \mathfrak{p} \text{ unendl.} \end{cases}, \qquad [23.]$$

d. h. der in [21.'] rechts hinzutretende, von den *unendlichen* $\mathfrak{p}$ herrührende Vorzeichenfaktor verteilt sich gemäss der Beziehung

$$(-1)^{\nu_K(\chi)} \prod_{\mathfrak{p} | \mathfrak{f}_K^{\infty}(\chi)} \chi_{\mathfrak{p}}(-1) = \prod_{\mathfrak{p} \text{ unendl.}} \chi_{\mathfrak{p}}(-1) = \prod_{\mathfrak{p} \text{ endl.}} \chi_{\mathfrak{p}}(-1) \qquad [24.]$$

(letzteres auf Grund der Komponentenzerlegung des Idelcharakterwertes $\chi[-1] = 1$) auf die Komponenten mit *endlichen* $\mathfrak{p}$.

Eine entsprechende Erscheinung zu der zuletzt hervorgehobenen wird sich in § 8, **2** bei der Frage nach der Unabhängigkeit der Komponenten $\tau_{\mathfrak{p}}(\chi, N/K)$ von $\tau(\chi, N/K)$ von der zugrandegelegten R. Brauerschen Darstellung von χ heraustellen.

§ 7. REDUKTION DER KOMPONENTEN AUF GAUSSsche SUMMEN ÜBER ENDLICHEN KÖRPERN NACH LAMPRECHT

Für die in diesem Paragraphen zu entwickelnde Reduktion der in § 6 erhaltenen abelschen Gaußschen Summen im Kleinen $\tau_{\mathfrak{p}}(\chi_{\mathfrak{p}})$ kommt es nicht auf deren Entstehung als Komponenten der abelschen Gaußschen Summe im Grossen $\tau_K(\chi)$ an. Demgemäss werde $\chi_{\mathfrak{p}}$ als ein beliebiger Kongruenzcharakter in dem $\mathfrak{p}$-adischen Zahlkörper $K_{\mathfrak{p}}$ (mit endlichem $\mathfrak{p}$) vorausgesetzt. Es soll dann die zugeordnete Gaußsche Summe $\tau_{\mathfrak{p}}(\chi_{\mathfrak{p}})$ über $K_{\mathfrak{p}}$ auf eine Gaußsche Summe über dem endlichen Restklassenkörper mod. $\mathfrak{p}$ von $K_{\mathfrak{p}}$ reduziert werden.

1. *Bezeichnungen.*—Bei der gestellten Aufgabe ist $\mathfrak{p}$ ein fest vorgegebener Primdivisor von K. Es ist daher überflüssig, die Bezeichnung mit einer durchgängigen Anfügung des Index $\mathfrak{p}$ zu belasten. Da ferner auch $K_{\mathfrak{p}}$ und $\chi_{\mathfrak{p}}$ (nunmehr K und χ) fest vorgegeben sind, seien einfachheitshalber auch die Angaben der Abhängigkeit von K bzw. χ bei Differente $\mathfrak{D}$ und Führer $\mathfrak{f}$ weggelassen. Bei der späteren Anwendung der nachstehend entwickelten Reduktionstheorie der Gaußschen Summen im Kleinen auf Fragen über Gaußsche Summen im Grossen werden die hier weggelassenen $\mathfrak{p}$, K, χ wieder in Bezeichnung einzubauen sein.

Der Übersichtlichkeit seien die nach diesen Richtlinien gewählten Bezeichnungen für die nachstehende Reduktionstheorie in folgendem Schema zusammengestellt:

K ein $\mathfrak{p}$-adischer Zahlkörper, Primdivisor $\mathfrak{p}$,
T der Trägheitskörper von K, Primzahl p,
K^0 die Einheitengruppe von K,
T^0 die Einheitengruppe von T,
$\mathfrak{K}$ der Restklassenkörper mod. $\mathfrak{p}$ von K und mod. p von T,
$q = \mathfrak{N}_K(\mathfrak{p}) = \mathfrak{N}_T(p) = p^f$ die Elementanzahl von $\mathfrak{K}$,
P der rational-p-adische Zahlkörper, Primzahl p,
$\mathfrak{R}$ der Restklassenkörper mod. p von P (Primkörper der Charakteristik p),
$\mathfrak{D}$ die Differente von K,
χ ein Kongruenzcharakter in K,
$\mathfrak{f} = \mathfrak{p}^m$ der Führer von χ,
$\mathfrak{F} = \mathfrak{D}\,\mathfrak{p}^m$ der erweiterte Führer von χ,
$\Phi \cong \mathfrak{F}$ eine Zahldarstellung von $\mathfrak{F}$ in K (in den einzelnen Fällen je geeignet normiert),
$e_K(x) = e^{2\pi i S_K(x)}$ die Exponentialfunktion in K,
$e_T(x) = e^{2\pi i S_T(x)}$ die Exponentialfunktion in T,
$e_{\mathfrak{K}}(x) = e^{\frac{2\pi i}{p} S_{\mathfrak{K}}(x)}$ die Exponentialfunktion in $\mathfrak{K}$.

Ein *hinter das Summenzeichen* gesetztes Zeichen gibt den *Körper* an, in dem die Summationsvariable liegen soll. Die Summationsvariable wird dabei durchweg stillschweigend als *ganze* Zahl aus diesem Körper vorausgesetzt.

Ein *Strich am Summenzeichen* bedeutet bei Summation über ein Restsystem die Beschränkung auf *prime* Reste, bzw. bei Summation über die Elemente eines endlichen Körpers die Beschränkung auf *von Null verschiedene* Elemente.

Die zu untersuchende normierte eigentliche Gaußsche Summe zu χ über K lautet in den so festgelegten Bezeichnungen:

$$\tau_K(\chi) = \sum_{x \bmod \mathfrak{p}^m}{}' {}^{K}\, \chi\left(\frac{x}{\Phi}\right) e_K\left(\frac{x}{\Phi}\right). \qquad [1.]$$

Sie ist, wie schon im Anschluss an ihre Definition in § 6, [16.] gesagt, unabhängig von der gewählten Zahldarstellung $\Phi \cong \mathfrak{f} = \mathfrak{D}\,\mathfrak{p}^m$. Es sei ausdrücklich darauf hingewiesen, dass zur Erzielung dieser Unabhängigkeit, und damit einer durch K und χ in invarianter Weise bestimmten Bildung, der Kongruenzcharakter χ in der vollen Multiplikationsgruppe $K^\times$, nicht nur —wie das gewöhnlich geschieht— in der Einheitengruppe K^0, zugrundezulegen ist.

2. *Gaußsche Summen über einem endlichen Körper.*—Die zu entwikkelnde Reduktion von $\tau_K(\chi)$ erfolgt auf eine Gaußsche Summe $\tau_{\mathfrak{K}}(\chi^0)$ zu einem durch χ festgelegten Charakter χ^0 von $\mathfrak{K}^\times$.

Diese Festlegung von χ^0 fällt verschieden aus, je nachdem der Charakter

$$\chi \textit{ regulär}, \quad \text{d. h.} \quad m = 0 \text{ oder } 1,$$

oder

$$\chi \textit{ irregulär}, \quad \text{d. h.} \quad m \geqq 2,$$

ist, und ferner auch, je nachdem der Führer

$$\mathfrak{f} \textit{ quadratisch}, \quad \text{d. h.} \quad m = 2n \text{ gerade},$$

oder

$$\mathfrak{f} \textit{ nichtquadratisch}, \quad \text{d. h.} \quad m = 2n + 1 \text{ ungerade},$$

ist. Die Benennungen regulär-irregulär werden dadurch motiviert, dass diese Unterscheidung auch kennzeichnend dafür ist, ob der χ zugeordnete zyklische Klassenkörper K_χ/K regulär-oder irregulär-verzweigt ist, d. h. zu p prime Verzweigungsordnung hat oder nicht.

Gemäss der Entstehung des endlichen Körpers $\mathfrak{K}$ als Restklassenkörper mod. p des (durch ihn eindeutig bestimmten) unverzweigten p-adischen Körpers T lässt sich jeder Charakter χ^0 von $\mathfrak{K}^\times$ auch auffassen als Charakter der primen Restklassengruppe mod. p von T, oder also als im obigen Sinne regulärer Kongruenzcharakter in der Einheitengruppe T^0. Als solcher hat er den Führer p^1 oder p^0. Im Falle des Führers p^1 ist χ^0 ein *eigentlicher* Charakter mod. p. Im Falle des Führers p^0 dagegen $\chi^0 = \varepsilon^0$ der Hauptcharakter, also ein *uneigentlicher* Charakter mod. p.

Die normierte eigentliche Gaußsche Summe zum Charakter χ^0

von $\mathfrak{K}$ bzw. T^0 lautet demgemäss in den unter **1** festgelegten Bezeichnungen:

$$\left.\begin{array}{l} \tau_{\mathfrak{K}}(\chi^0) = \sum\limits_{\mathfrak{x}}{}'^{\,\mathfrak{K}} \chi^0(\mathfrak{x})\, e_{\mathfrak{K}}(\mathfrak{x}) = \sum\limits_{x \bmod. p}{}'^{\,T} \chi^0(x)\, e_T\left(\frac{x}{p}\right) = \tau_T^0(\chi^0) \text{ für } \chi^0 \neq \varepsilon^0 \\ \tau_{\mathfrak{K}}(\chi^0) = \quad 1 \quad = - \sum\limits_{x \bmod. p}{}'^{\,T} \chi^0(x)\, e_T\left(\frac{x}{p}\right) = \tau_T^0(\chi^0) \text{ für } \chi^0 = \varepsilon^0 \end{array}\right\}. \qquad [2.]$$

Dabei ist der im Falle $\chi^0 = \varepsilon^0$ vortretende Vorzeichenfaktor -1 als der Reduktionsfaktor im Sinne des allgemeinen Schemas aus *Hasse* [4, § 3] für die uneigentliche auf die zugeordnete eigentliche Gaußsche Summe zu verstehen.[1]

Für die irregulären Charaktere χ mit nichtquadratischem Führer $\mathfrak{f}$ erfolgt die Reduktion von $\tau_K(\chi)$ im Falle $p \neq 2$ auf eine nicht normierte eigentliche Gaußsche Summe

$$\sigma_{\mathfrak{K}}(\mathfrak{a}) = \sum_{\mathfrak{u}}{}'^{\,\mathfrak{K}} \omega^0(\mathfrak{u})\, e_{\mathfrak{K}}\left(\frac{\mathfrak{a}\mathfrak{u}}{2}\right) = \sum_{x \bmod. p}{}'^{\,T} \omega^0(u)\, e_T\left(\frac{a u}{2p}\right) = \sigma_T(a)$$

zu dem quadratischen Charakter ω^0 von $\mathfrak{K}^\times$ mit einem durch χ bestimmten Parameter $\mathfrak{a} \neq 0$ aus $\mathfrak{K}$ bzw. der zugeordneten Restklasse $a \not\equiv 0 \bmod. p$ aus T. Diese hängt mit der normierten eigentlichen Gaußschen Summe zu ω^0 durch

$$\sigma_{\mathfrak{K}}(\mathfrak{a}) = \omega^0\left(\frac{\mathfrak{a}}{2}\right) \tau_{\mathfrak{K}}(\omega^0) = \omega^0\left(\frac{a}{2}\right) \tau_T^0(\omega^0) = \sigma_T(a)$$

zusammen. Bei der Reduktion stellt sie sich in der rein exponentiellen Gestalt

$$\sum_{u \bmod. p}{}^{T} e_T\left(\frac{a u^2}{2p}\right) = \sigma_T(a) \qquad [3.]$$

---

[1] Bei der in *Davenport* [1]-*Hasse* [3] gegebenen Definition ist der Vorzeichenfaktor -1 auch im Falle $\chi^0 \neq \varepsilon^0$ vorgesetzt, weil dadurch gerade die Nullstelle einer Kongruenz-L-Funktion entsteht. Die so erzielte Gleichförmigkeit ist jedoch aus dem im Text angegebenen Grunde nicht ganz organisch.

ein, und zwar auch im Falle $p = 2$, in dem die zuerst angegebene Schreibweise sinnlos wird, weil es dann keinen quadratischen Charakter von $\mathfrak{R}^{\times}$ gibt. Auf die Theorie dieser *quadratischen Gaußschen Summe im Minimalen* soll nachher in **7** noch näher eingegangen werden.

Die zu beweisenden Reduktionsformeln haben allgemein den folgenden Typus. Der Quotient der zu untersuchenden Gaußschen Summe im Kleinen [1.] durch ihren absoluten Betrag, also der Ausdruck $\frac{\tau_K(\chi)}{\sqrt{\mathfrak{N}_K(\mathfrak{f})}}$, ist bis auf einen durch K und χ invariant bestimmten Einheitswurzelfaktor gleich dem entsprechenden Quotienten für eine Gaußsche Summe im Minimalen [2.] bzw. [3.], und zwar im einzelnen nach folgendem Schema:

	χ regulär	χ irregulär
$\mathfrak{f}$ quadratisch	$\frac{\tau_T^0(\varepsilon^0)}{\sqrt{1}}$	$\frac{\tau_T^0(\varepsilon^0)}{\sqrt{1}}$
$\mathfrak{f}$ nichtquadratich	$\frac{\tau_T^0(\chi^0)}{\sqrt{q}}$	$\frac{\sigma_T(a)}{\sqrt{q}}$

Dabei bedeutet $\chi^0 \neq \varepsilon^0$ den in T^0 durch χ vom Führer $\mathfrak{p}$ in $T^{\times}$ gelieferten Charakter.

Für die regulären Charaktere χ sind die sehr einfachen Reduktionen bereits in Hasse [4, § 7] behandelt. Für die irregulären Charaktere χ stammen die erheblich schwierigeren Reduktionen von *Lamprecht* [1]. Sie sind dort unter sehr viel allgemeineren, ringtheoretischen Voraussetzungen durchgeführt. Hier soll nur eine kurze Skizze des formalen Teils der Lamprechtschen Untersuchungen unter den angegebenen, speziellen, zahlentheoretischen Voraussetzungen dargeboten werden.

3. *Regulärer Charakter mit quadratischem Führer.* — Hier handelt es sich um den trivialen Fall eines Charakters χ vom Führer $\mathfrak{f} = \mathfrak{p}^{\varrho}$, in dem $\chi(x)$ nur von der multiplikativen Restklasse x mod.$^{\times}$ $\mathfrak{p}^{\varrho}$, also nur von der $\mathfrak{p}$-adischen Ordnungszahl $w_{\mathfrak{p}}(x)$ des Arguments x abhängt. Ersichtlich ist dann nach [1.] einfach

$$\tau_K(\chi) = \chi\left(\frac{1}{\Phi}\right).$$

Demnach hat man gemäss [2.] die Reduktion

$$\boxed{\frac{\tau_K(\chi)}{\sqrt{\mathfrak{N}_K(\mathfrak{f})}} = \chi\left(\frac{1}{\Phi}\right)\frac{\tau_T^0(\varepsilon^0)}{\sqrt{1}}}\,.$$

Man beachte, dass der Einheitswurzelfaktor $\chi\left(\frac{1}{\Phi}\right)$ nicht von der Normierung der Zahldarstellung $\Phi \cong \mathfrak{F} = \mathfrak{D}\,\mathfrak{p}^0 = \mathfrak{D}$ abhängt, also durch K und χ invariant festliegt.

4. *Regulärer Charakter mit nichtquadratischem Führer.*—Hier handelt es sich um den Fall eines Charakters χ vom Führer $\mathfrak{f} = \mathfrak{p}^1$, in dem $\chi(x)$ nur von der multiplikativen Restklasse x mod.$^\times$ $\mathfrak{p}$ des Arguments x abhängt. Da die primen Restklassen mod. $\mathfrak{p}$ aus K bereits in T repräsentierbar sind, hat man dann nach [1.] zunächst

$$\tau_K(\chi) = \sum_{x \bmod. p}{}'^{\,T} \chi\left(\frac{x}{\Phi}\right) e_K\left(\frac{x}{\Phi}\right).$$

Nun lässt sich die Zahldarstellung $\Phi \cong \mathfrak{F} = \mathfrak{D}\,\mathfrak{p}$ durch die Forderung

$$S_{K/T}\left(\frac{1}{\Phi}\right) \equiv \frac{1}{p} \text{ mod.}^+ 1 \qquad [4.]$$

normieren, und zwar legt diese Normierung die Restklasse Φ mod.$^\times$ $\mathfrak{p}$ eindeutig fest.

Damit wird weiter

$$\tau_K(\chi) = \chi\left(\frac{1}{\Phi}\right) \sum_{x \bmod. p}{}'^{\,T} \chi^0(x)\, e_T\left(\frac{x}{p}\right),$$

wo rechts statt des Charakters χ von $T^\times$ der durch ihn gelieferte Charakter χ^0 von T^0 gesetzt ist, auf den es ja in der Summe rechts allein ankommt.

Demnach hat man gemäss [2.] die Reduktion

$$\boxed{\frac{\tau_K(\chi)}{\sqrt{\mathfrak{N}_K(\mathfrak{f})}} = \chi\left(\frac{1}{\Phi}\right)\frac{\tau_T(\chi^0)}{\sqrt{q}}},$$

gültig unter der Normierungsbedingung [4.] für die Zahldarstellung $\Phi \cong \mathfrak{f}$. Man beachte wieder, dass der Einheitswurzelfaktor $\chi\left(\frac{1}{\Phi}\right)$ innerhalb dieser Normierung für die Restklasse Φ mod.$^\times$ $\mathfrak{p}$ invariant festliegt.

5. *Irregulärer Charakter mit quadratischem Führer.*—Hier handelt es sich um den Fall eines Charakters χ vom Führer $\mathfrak{f} = \mathfrak{p}^{2n}$ mit $n \geqq 1$.

In [1.] werde zunächst die Summationsaufspaltung

$$x \to xy \quad \text{mit} \quad \left\{\begin{matrix} x \text{ mod. } \mathfrak{p}^n \\ y \equiv 1 \text{ mod. } \mathfrak{p}^n, \quad y \text{ mod. } \mathfrak{p}^{2n} \end{matrix}\right\}$$

vorgenommen. Sie ergibt

$$\tau_K(\chi) = \sum_{x \text{ mod. } \mathfrak{p}^n}{}' \chi\left(\frac{x}{\Phi}\right) e\left(\frac{x}{\Phi}\right) \sum_{\substack{y \text{ mod. } \mathfrak{p}^{2n} \\ y \equiv 1 \text{ mod. } \mathfrak{p}^n}}^{T} \chi(y)\, e_K\left(-\frac{x(1-y)}{\Phi}\right).$$

In der Untergruppe $y \equiv 1$ mod. $\mathfrak{p}^n$, y mod. $\mathfrak{p}^{2n}$ gilt nun bei dem Ansatz

$$y \equiv 1 - z, \quad y' \equiv 1 - z' \text{ mod. } \mathfrak{p}^{2n} \quad \text{mit} \quad z, z' \equiv 0 \text{ mod. } \mathfrak{p}^n$$

die Produktregel

$$yy' \equiv 1 - (z + z') \text{ mod. } \mathfrak{p}^{2n}.$$

Daher ist $\chi(y) = \chi(1-z)$ ein Charakter der Additionsgruppe $z \equiv 0$ mod. $\mathfrak{p}^n$, z mod. $\mathfrak{p}^{2n}$ und als solcher von der Form

$$\chi(1-z) = e_K\left(\frac{az}{\Phi}\right) \quad \text{für} \quad z \equiv 0 \text{ mod. } \mathfrak{p}^n$$

mit ganzem a aus K, und zwar liegt dabei die Restklasse a mod. $\mathfrak{p}^n$ eindeutig durch χ fest. Aus der Führereigenschaft von $\mathfrak{p}^{2n}$ erkennt man leicht, dass a eine Einheit ist. Man kann daher die Zahldarstellung $\Phi \cong \mathfrak{f} = \mathfrak{D}\,\mathfrak{p}^{2n}$ so normieren, dass $a \equiv 1 \mod. \mathfrak{p}^n$ wird, d. h. dass die Formel

$$\chi(y) = e_K\left(\frac{1-y}{\Phi}\right) \quad \text{für} \quad y \equiv 1 \text{ mod. } \mathfrak{p}^n \qquad [5.]$$

gilt, und zwar legt diese Normierung die Restklasse Φ mod.$^\times$ $\mathfrak{p}^n$ eindeutig fest.

Damit wird weiter

$$\tau_K(\chi) = \sum_{x \bmod. \mathfrak{p}^n}{}^{'K} \chi\left(\frac{x}{\Phi}\right) e_K\left(\frac{x}{\Phi}\right) \sum_{\substack{y \bmod. \mathfrak{p}^{2n} \\ y \equiv 1 \bmod. \mathfrak{p}^n}}^{K} e_K\left(\frac{(1-x)(1-y)}{\Phi}\right)$$
$$= q^n \chi\left(\frac{1}{\Phi}\right) e_K\left(\frac{1}{\Phi}\right),$$

letzteres nach der bekannten expliziten Formel für die innere Exponentialsumme. Demnach hat man gemäss [2.] die Reduktion

$$\boxed{\frac{\tau_K(\chi)}{\sqrt{\mathfrak{N}_K(\mathfrak{f})}} = \chi\left(\frac{1}{\Phi}\right) e_K\left(\frac{1}{\Phi}\right) \frac{\tau_T^0(\varepsilon^0)}{\sqrt{1}}},$$

gültig unter der Normierungsbedingung [5.] für die Zahldarstellung $\Phi \cong \mathfrak{f}$. Man beachte, dass hier der Einheitswurzelfaktor $\chi\left(\frac{1}{\Phi}\right) e_K\left(\frac{1}{\Phi}\right)$ innerhalb dieser Normierung für die Restklase Φ mod.$^\times$ $\mathfrak{p}^n$ invariant festliegt.

6. *Irregulärer Charakter mit nichtquadratischem Führer.* — Hier handelt es sich um den Fall eines Charakters χ vom Führer $\mathfrak{f} = \mathfrak{p}^{2n+1}$ mit $n \geqq 1$. Es ist das der schwierigste, aber auch methodisch interessanteste Fall.

In [1.] werde hier ähnlich wie im vorigen Fall die Summationsaufspaltung

$$x \to xy \quad \text{mit} \quad \left\{\begin{matrix} x \text{ mod. } \mathfrak{p}^{n+1} & \\ y \equiv 1 \text{ mod. } \mathfrak{p}^{n+1}, & y \text{ mod. } \mathfrak{p}^{2n+1} \end{matrix}\right\}$$

vorgenommen. Sie ergibt

$$\tau_K(\chi) = \sum_{x \bmod \mathfrak{p}^{n+1}}'^{K} \chi\left(\frac{x}{\Phi}\right) e_K\left(\frac{x}{\Phi}\right) \sum_{\substack{y \bmod \mathfrak{p}^{2n+1} \\ y \equiv 1 \bmod \mathfrak{p}^{n+1}}}^{K} \chi(y)\, e_K\left(-\frac{x(1-y)}{\Phi}\right).$$

In der Untergruppe $y \equiv 1 \bmod \mathfrak{p}^{n+1}$, $y \bmod \mathfrak{p}^{2n+1}$ gilt nun bei dem Ansatz

$$y \equiv 1 - z, \quad y' \equiv 1 - z' \bmod \mathfrak{p}^{2n+1} \qquad \text{mit} \quad z, z' \equiv 0 \bmod \mathfrak{p}^{n+1}$$

wieder die Produktregel

$$y\,y' \equiv 1 - (z + z') \bmod \mathfrak{p}^{2n+1}.$$

Daher ist $\chi(y) = \chi(1-z)$ ein Charakter der Additionsgruppe $z \equiv 0 \bmod \mathfrak{p}^{n+1}$, $z \bmod \mathfrak{p}^{2n+1}$ und als solcher von der Form

$$\chi(1-z) = e_K\left(\frac{a\,z}{\Phi}\right) \qquad \text{für} \quad z \equiv 0 \bmod \mathfrak{p}^{n+1}$$

mit ganzem a aus K, und zwar liegt dabei die Restklasse $a \bmod \mathfrak{p}^n$ durch χ eindeutig fest. Aus der Führereigenschaft von $\mathfrak{p}^{2n+1}$ erkennt man wieder leicht, dass a eine Einheit ist. Man kann daher die Zahldarstellung $\Phi \cong \mathfrak{f} = \mathfrak{D}\,\mathfrak{p}^{2n+1}$ so normieren, dass $a \equiv 1 \bmod \mathfrak{p}^n$ wird, d. h. dass die Formel

$$\chi(y) = e_K\left(\frac{1-y}{\Phi}\right) \qquad \text{für} \quad y \equiv 1 \bmod \mathfrak{p}^{n+1} \tag{6.}$$

gilt.

Damit wird weiter

$$\tau_K(\chi) = \sum_{x \bmod \mathfrak{p}^{n+1}}'^{K} \chi\left(\frac{x}{\Phi}\right) e_K\left(\frac{x}{\Phi}\right) \sum_{\substack{y \bmod \mathfrak{p}^{2n+1} \\ y \equiv 1 \bmod \mathfrak{p}^{n+1}}}^{K} e_K\left(\frac{(1-x)(1-y)}{\Phi}\right)$$

$$= q^n \sum_{\substack{x \bmod \mathfrak{p}^{n+1} \\ x \equiv 1 \bmod \mathfrak{p}^n}}^{K} \chi\left(\frac{x}{\Phi}\right) e_K\left(\frac{x}{\Phi}\right).$$

Anders als im vorhergehenden Fall entsteht hier noch nicht eine Einheitswurzel, sondern nur eine q-gliedrige Summe, die jetzt noch weiter zu reduzieren ist. Diese nicht ganz einfache Reduktion ist es, in der das besondere methodische Interesse des vorliegenden Falles liegt. Sie geschieht folgendermassen.

Es sei

$$\pi \cong \mathfrak{p}^n \qquad [7.]$$

eine Zahldarstellung von $\mathfrak{p}^n$ in K, und es werde mit ihr die Summationsvariable x aus K in der Gestalt

$$x \equiv 1 - u\,\pi \bmod. \mathfrak{p}^{n+1} \quad \text{mit} \quad u \bmod. p \text{ aus T}$$

angesetzt. Dann schreibt sich die weiter zu behandelnde Summendarstellung von $\tau_K(\chi)$ in der Form

$$\tau_K(\chi) = q^n\,\chi\left(\frac{1}{\Phi}\right) e_K\left(\frac{1}{\Phi}\right) \sum_{u \bmod. p}^{T} \psi(u) \qquad [8.]$$

mit

$$\psi(u) = \chi(1 - u\,\pi)\, e_K\left(-\frac{u\,\pi}{\Phi}\right).$$

Der hier auftretende Ausdruck $\psi(u)$ hängt nur von der Restklasse $u \bmod. p$ ab. Für das Argument $1 - u\,\pi \bmod. \mathfrak{p}^{2n+1}$ gilt das Produktgesetz

$$(1 - u\,\pi)(1 - u'\,\pi) \equiv \big(1 - (u + u')\,\pi\big)(1 + u\,u'\,\pi^2) \bmod. \mathfrak{p}^{2n+1}$$

und daher

$$\begin{aligned} \chi(1 - u\,\pi)\,\chi(1 - u'\,\pi) &= \chi\big(1 - (u + u')\,\pi\big)\,\chi(1 + u\,u'\,\pi^2) \\ &= \chi\big(1 - (u + u')\,\pi\big)\, e_K\left(-\frac{u\,u'\,\pi^2}{\Phi}\right), \end{aligned}$$

letzteres auf Grund der Normierung (6.) von Φ. Anders gesagt ist demnach $\chi(1 - u\,\pi)$ eine *verschänkte Darstellung* mit dem *Faktorensystem*

$e_K\left(-\frac{u\,u'\,\pi^2}{\Phi}\right)$ der Additionsgruppe u mod. p aus T. Dasselbe gilt dann auch für $\psi(u)$.

Nun hängt auch der Ausdruck $e_K\left(\frac{u^2\,\pi^2}{2\,\Phi}\right)$ nur von der Restklasse u mod. p ab (auch für $p=2$, wo ja aus $u\equiv u'$ mod. 2 sogar $u^2\equiv u'^2$ mod. 2^2 folgt). Wegen

$$\frac{u^2}{2}+\frac{u'^2}{2}=\frac{(u+u')^2}{2}-u\,u'$$

ist auch dieser Ausdruck eine verschränkte Darstellung mit dem Faktorensystem $e_K\left(-\frac{u\,u'\,\pi^2}{\Phi}\right)$ der Additionsgruppe u mod. p aus T.

Zusammengenommen ergibt sich so, dass der Quotient der beiden Ausdrücke $\psi(u)$ und $e_K\left(\frac{u^2\,\pi^2}{2\,\Phi}\right)$ eine verschränkte Darstellung mit dem Faktorensystem 1, also eine gewöhnliche Darstellung, d. h. ein Charakter der Additionsgruppe u mod. p aus T ist. Demnach gilt

$$\psi(u)=e_K\left(\frac{u^2\,\pi^2}{2\,\Phi}\right)e_T\left(\frac{b\,u}{\Phi}\right) \qquad [9]$$

mit ganzem, mod. p eindeutig bestimmtem b aus T. Führt man durch den zu (4.) analogen Ansatz

$$S_{K/T}\left(\frac{\pi^2}{\Phi}\right)\equiv\frac{a}{p}\ \text{mod.}^+\begin{Bmatrix}1 \text{ für } p\neq 2\\ 2 \text{ für } p=2\end{Bmatrix} \qquad [10]$$

die mod. p bzw. mod. 2^2 eindeutig bestimmte Einheit a aus T ein, so erhält $\psi(u)$ die Form

$$\psi(u)=e_T\left(\frac{a\,u^2+2\,b\,u}{2\,p}\right)=e_T\left(\frac{-a^{-1}b^2}{2\,p}\right)e_T\left(\frac{a\,(u+a^{-1}b)^2}{2\,p}\right).$$

Hiermit wird die zuvor erhaltene Darstellung (8.) von $\tau_K(\chi)$ weiter zu

$$\tau_K(\chi)=q^n\,\chi\left(\frac{1}{\Phi}\right)e_K\left(\frac{1}{\Phi}\right)e_T\left(\frac{-a^{-1}b^2}{2\,p}\right)\sum_{u \bmod p}^{T} e_T\left(\frac{a\,u^2}{2\,p}\right).$$

Demnach hat man gemäss [3.] die Reduktion

$$\boxed{\frac{\tau_K(\chi)}{\sqrt{\mathfrak{N}_K(\mathfrak{f})}} = \chi\left(\frac{1}{\Phi}\right) e_K\left(\frac{1}{\Phi}\right) e_T\left(\frac{-a^{-1}b^2}{2p}\right) \frac{\sigma_T(a)}{\sqrt{q}}}$$

gültig unter der Normierungsbedingung [6.] für die Zahldarstellung $\Phi \cong \mathfrak{f}$ und mit den nach [7.], [9.], [10.] bestimmten b mod. p und a mod. p bzw. 2^2 aus T.

Hinsichtlich der herleitungsgemäss bestehenden Invarianz des Ausdrucks auf der rechten Seite innerhalb der Normierung von Φ mod.$^\times$ $\mathfrak{p}^n$ beachte man, dass zwar a mod. p invariant ist, aber b mod. p, sowie für $p = 2$ auch a mod. 2^2 von der genaueren Wahl von Φ innerhalb der Restklasse Φ mod.$^\times$ $\mathfrak{p}^n$ abhängen. Auf die Normierung der den Definitionen [9.], [10.] von b, a gemäs [7.] zugrundeliegenden Zahldarstellung $\pi \cong \mathfrak{p}^n$ kommt es nicht an, da die für $\sigma_T(a)$ allein wesentliche Quadratklasse von a mod. p bzw. mod. 2^2 und die für den vorstehenden Einheitswurzelfaktor allein wesentliche Restklasse $a^{-1}b^2$ mod. p bzw. mod. 2^2 davon nicht betroffen werden.

7. *Die quadratische Gaußsche Summe im Minimalen.*—Während die Herleitung der Reduktionen für die irregulären Charaktere χ in **5**, **6** komplizierter ist als für die regulären χ in **3**, **4**, ist das Ergebnis in **6** für die beabsichtigte Anwendung auf die Theorie der galoisschen Gaußschen Summen im Grossen insofern einfacher als das in **4**, als die in **6** auftretende *quadratische* Gaußsche Summe im Minimalen $\sigma_T(a)$ sich in rein multiplikativer Form durch p und a ausdrücken lässt, während ja für die in **4** auftretende *allgemeine* Gaußsche Summe im Minimalen $\tau_T^0(\chi^0)$ mit $\chi^0 \neq \varepsilon^0$ ein derartiger Ausdruck nur im quadratischen Spezialfall $\chi^0 = \omega^0$ bekannt ist. Diese explizite Bestimmung von $\sigma_T(a)$ soll nachstehend durchgeführt werden. In dem besonders interessanten Fall $p = 2$ sollen überdies einige Bemerkungen über $\sigma_T(a)$ eingefügt werden, die zwar für den hier vorliegenden Zweck keine Bedeutung haben, aber die eigentümliche Bildung $\sigma_T(a)$ von anderen Gesichtspunkten aus beleuchten.

Zu untersuchen ist die Exponentialsumme

$$\sigma_T(a) = \sum_{u \bmod. p}^{T} e_T\left(\frac{a u^2}{2p}\right)$$

mit einer Einheit a aus T, für die es nur auf die Restklasse a mod. p bzw. a mod. 2^2 ankommt.

Der Fall $p \neq 2$.

In diesem Falle gibt es genau einen quadratischen Charakter ω^0 der Einheitengruppe T^0; er hat den Führer p und liefert den einzigen quadratischen Charakter von $\mathfrak{K}^\times$. Bei der üblichen Konvention $\omega^0(u) = 0$ für $u \equiv 0$ mod. p hat man demgemäss in geläufiger Weise

$$\sigma_T(a) = \sum_{u \bmod p}^{T} \left(1 + \omega^0(u)\right) e_T\left(\frac{a u}{2p}\right) = \sum_{u \bmod. p}^{T\,\prime} \omega^0(u)\, e_T\left(\frac{a u}{2p}\right)$$
$$= \omega^0\left(\frac{a}{2}\right) \sum_{u \bmod. p}^{T\,\prime} \omega^0(u)\, e_T\left(\frac{u}{p}\right) = \omega^0\left(\frac{\mathfrak{a}}{2}\right) \sum_{\mathfrak{u}}^{\mathfrak{K}\,\prime} \omega^0(\mathfrak{u})\, e_{\mathfrak{K}}(\mathfrak{u})$$

mit $\mathfrak{a} = (a \bmod. p)$, also die bereits in **2** angegebene Reduktion

$$\sigma_T(a) = \omega^0\left(\frac{a}{2}\right) \tau_T^0(\omega^0) = \omega^0\left(\frac{\mathfrak{a}}{2}\right) \tau_{\mathfrak{K}}(\omega^0) \qquad [11.]$$

auf die normierte quadratische Gaußsche Summe $\tau_{\mathfrak{K}}(\omega^0)$ über $\mathfrak{K}$.

Nach der Normregel aus *Davenport* [1]-*Hasse* [3] besteht für diese die weitere Reduktion

$$-\tau_{\mathfrak{K}}(\omega^0) = \left(-\tau_{\mathsf{R}}(\omega_0^0)\right)^f \qquad [12.]$$

auf die normierte quadratische Gaußsche Summe $\tau_{\mathsf{R}}(\omega_0^0)$ über dem Primkörper R, gemäss der Gradbeziehung $[\mathfrak{K} : \mathsf{R}] = f$, wo $N_T(p) = p^f$.

Auf Grund der bekannten expliziten Bestimmung (einschl. Vorzeichen) von $\tau_{\mathsf{R}}(\omega_0^0)$ ergibt sich damit für $\sigma_T(a)$ die explizite Bestimmung

$$-\sigma_T(a) = \omega^0\left(\frac{a}{2}\right)\left(-\sqrt{p^*}\right)^f$$

$$\text{mit} \quad \sqrt{p^*} = \sqrt{(-1)^{\frac{p-1}{2}} p} \begin{Bmatrix} \text{positiv-reell} \\ \text{positiv-imaginär} \end{Bmatrix}.$$

Nach dem Ergebnis aus **6** ist hiermit für $p \neq 2$ die Gaußsche Summe im Kleinen $\tau_K(\chi)$ im Falle eines irregulären Charakters χ mit nichtquadratischem Führer $\mathfrak{f}$ explizit durch einen rein multiplikativen Ausdruck bestimmt.

Der Fall $p = 2$.

In diesem Falle hat die Einheitengruppe T^0 an Charakteren vom Exponenten 2 erstens q Charaktere ω^0 vom Führer 1 bzw. 2^2 (je nachdem $\omega^0 = \varepsilon^0$ oder $\omega^0 \neq \varepsilon^0$), und zweitens q weitere Charaktere vom Führer 2^3. Die letzteren interessieren hier nicht. Mittels der ersteren lassen sich, analog wie vorher im Falle $p \neq 2$, die in $\sigma_T(a)$ auftretenden Quadrate u^2 mod. 2^2 auf u mod. 2^2 reduzieren:

$$\sigma_T(a) = \sum_{u \bmod 2}^{T} e_T\left(\frac{a u^2}{2^2}\right) = \frac{1}{q} \sum_{u \bmod 2^2}^{T} e_T\left(\frac{a u^2}{2^2}\right)$$

$$= \frac{1}{q} \sum_{\omega^0} \sum_{u \bmod 2^2}^{T} \omega^0(u)\, e_T\left(\frac{a u}{2^2}\right) = \frac{1}{q} \sum_{\omega^0 \neq \varepsilon^0} \sum_{u \bmod 2^2}^{T\,\prime} \omega^0(u)\, e_T\left(\frac{a u}{2^2}\right)$$

$$= \frac{1}{q} \sum_{\omega^0 \neq \varepsilon^0} \omega^0(a) \sum_{u \bmod 2^2}^{T\,\prime} \omega^0(u)\, e_T\left(\frac{u}{2^2}\right) = \frac{1}{q} \sum_{\omega^0 \neq \varepsilon^0} \omega^0(a)\, \tau_T(\omega),$$

wo ω jeweils denjenigen quadratischen Charakter der vollen Multiplikationsgruppe $T^\times$ bedeutet, der in der Einheitengruppe T^0 den Charakter ω^0 liefert und durch $\omega(2) = 1$ normiert ist.

Diese Darstellung der Gaußschen Summe im Minimalen $\sigma_T(a)$ als Linearkombination der Gaußschen Summen im Kleinen $\tau_T(\omega)$ führt aber, anders als vorher im Falle $p \neq 2$, nicht zu der gewünschten Bestimmung von $\sigma_T(a)$, obwohl die $\tau_T(\omega)$ sich nach dem Ergebnis der Reduktion **3** in einfachster Form ausdrücken, nämlich als

$$\tau_T(\omega) = q\, \omega^0(w)\, e_T\left(\frac{w}{2^2}\right),$$

wo die Restklasse w mod. 2 aus T zu ω^0 durch die Beziehung

$$\omega^0(1 - 2v) = e_T\left(\frac{v w}{2}\right)$$

bestimmt ist. Den Charakteren $\omega^0 \neq \varepsilon^0$ entspricht so ein primes Restsystem w mod. 2. Normiert man es in der Form $w \equiv w_0^2$ mod. 2, so dass durchweg $\omega^0(w) = 1$ wird, und setzt man $a \equiv a_0^2(1 - 2g)$ mod. 2^2 an, so dass

$$\omega^0(a) = e_T\left(\frac{g\,w_0^2}{2}\right) = e_T\left(-\frac{g\,w_0^2}{2}\right)$$

wird, so liefert die erhaltene Darstellung von $\sigma_T(a)$ weiter

$$\sigma_T(a) = \sum_{w_0 \bmod. 2}{}'^{\,T}\, e_T\left(\frac{g\,w_0^2}{2}\right) e_T\left(\frac{w_0^2}{2^2}\right) = \sum_{w_0 \bmod. 2}{}'^{\,T}\, e_T\left(\frac{(1-2g)\,w_0^2}{2^2}\right)$$

$$= \sum_{u \bmod. 2}{}'^{\,T}\, e_T\left(\frac{a\,u^2}{2^2}\right),$$

läuft also in sich zurück, ohne zu der gewünschten Bestimmung von $\sigma_T(a)$ in rein multiplikativer Form zu führen.

Man hat vielmehr, wie das bereits in **3** durch die bei der Definition [3.] eingeführte Benennung geschehen ist, die Summe $\sigma_T(a)$ selbst als Ersatz einer für $p = 2$ im gewöhnlichen Sinne nicht vorhandenen quadratischen Gaußschen Summe im Minimalen anzusehen, und zwar einer nicht normierten, mit dem Parameter a mod. 2^2. Die Art der Abhängigkeit von diesem Parameter ergibt sich durch die folgende Reduktion auf die zugeordnete *normierte quadratische Gaußsche Summe im Minimalen*

$$\sigma_T = \sigma_T(1) = \sum_{u \bmod. 2}^{T} e_T\left(\frac{u^2}{2^2}\right) = \sum_{u \bmod. 2}^{T} i^{S_T(u^2)},$$

eine Reduktion, die formal etwas komplizierter ist als das einfache Analogon für $p \neq 2$.

Sei wie eben

$$a \equiv a_0^2(1 - 2g) \text{ mod. } 2^2 \quad \text{mit} \quad \left\{\begin{array}{l} a_0 \text{ mod. 2 (Einheit)} \\ g \text{ mod. 2 (ganz)} \end{array}\right\} \text{ in T}$$

angesetzt. Es entspricht das der direkten Zerlegung der primen Restklassengruppe mod. $\mathfrak{2}^2$ von T in einen Zyklus der Ordnung $q-1=2^f-1$ und eine abelsche Gruppe vom f-gliedrigen Typus $(2,\ldots,2)$. Der Zyklus, bestehend aus den primen Quadraten mod. $\mathfrak{2}^2$, kann auch als das mod. $\mathfrak{2}^2$ *multiplikationstreu normierte* prime Restsystem mod. $\mathfrak{2}$ von T angesehen werden.

Man hat dann zunächst trivialerweise

$$\sigma_T(a)=\sigma_T(1-2g).$$

Setzt man hierin noch

$$g\equiv g_0^2 \bmod. \mathfrak{2} \quad \text{mit} \quad g_0 \bmod. \mathfrak{2}\ (\text{ganz}) \quad \text{in T}$$

an, so wird

$$\sigma_T(1-2g)=\sum_{u \bmod. \mathfrak{2}}^{T} e_T\left(\frac{u^2-2g_0^2u^2}{2^2}\right),$$

und wegen $S_T(g_0^2u^2)\equiv S_T(g_0u) \bmod. 2$ weiter durch quadratische Ergänzung

$$\sigma_T(1-2g)=\sum_{u \bmod. \mathfrak{2}}^{T} e_T\left(\frac{u^2-2g_0u}{2^2}\right)=e_T\left(-\frac{g_0^2}{2^2}\right)\sigma_T(1).$$

Hierin ist $g_0^2 \bmod. \mathfrak{2}^2$ der multiplikationstreue Vertreter von $g \bmod. \mathfrak{2}$, und wegen $a_0\equiv a^{2^{f-1}} \bmod. \mathfrak{2}$, also $a_0^2\equiv a^{2^f}\equiv a^q \bmod. \mathfrak{2}^2$, ist $g\equiv\dfrac{a^{q-1}-1}{2} \bmod. \mathfrak{2}$. Somit ist $g_0^2 \bmod. \mathfrak{2}^2$ der multiplikationstreue Vertreter von $\dfrac{a^{q-1}-1}{2} \bmod. \mathfrak{2}$, oder also explizit

$$g_0^2\equiv\left(\frac{a^{q-1}-1}{2}\right)^q \bmod. \mathfrak{2}^2.$$

Zusammengenommen ergibt sich so die gewünschte Parameterreduktion zu

$$\sigma_T(a)=v(a)\,\sigma_T \qquad [14.]$$

mit

$$v(a) = e_{\mathrm{T}}\left(-\frac{\left(\frac{a^{q-1}-1}{2}\right)^q}{2^2}\right).$$

Diese Bildung $v(a)$ ist das Analogon für $p = 2$ zu dem für $p \neq 2$ in [11.] auftretenden Charakterfaktor $\omega^0\left(\frac{a}{2}\right)$. Sie ist aber hier nicht ein gewöhnlicher Charakter der primen Restklassengruppe a mod. 2^2 von T, sondern eine verschränkte Darstellung mit dem Faktorensystem $e_{\mathrm{T}}\left(\frac{g_0 g_0'}{2}\right)$, wo sich g_0, g_0' mod. 2 in der eben angegebenen Weise aus den dem Faktorensystem als Argumente zugrundeliegenden beiden primen Resten a, a' mod. 2^2 bestimmen.

Die normierte quadratische Gaußsche Summe im Minimalem σ_{T} hat, wie für $p \neq 2$, auch für $p = 2$ das Betragquadrat

$$\sigma_{\mathrm{T}}\,\bar{\sigma}_{\mathrm{T}} = q. \qquad [15.]$$

Das ergibt sich in der geläufigen Weise:

$$\sigma_{\mathrm{T}}\,\bar{\sigma}_{\mathrm{T}} = \sum_{u',\,u \bmod. 2}^{\mathrm{T}} i^{\,S_{\mathrm{T}}(u'^2 - u^2)}$$

$$= \sum_{v \bmod. 2}^{\mathrm{T}} i^{\,S_{\mathrm{T}}(v^2)} \sum_{u \bmod. 2}^{\mathrm{T}} i^{\,S_{\mathrm{T}}(vu)} = q.$$

Hieraus erhält man für das Quadrat σ_{T}^2 eine explizite Bestimmung in rein multiplikativer Form. Nach [14.] ist nämlich

$$\bar{\sigma}_{\mathrm{T}} = \sigma_{\mathrm{T}}(-1) = i^{\,S_{\mathrm{T}}(-1)}\,\sigma_{\mathrm{T}} = i^{-f}\,\sigma_{\mathrm{T}},$$

und nach [15.] folgt daraus

$$\sigma_{\mathrm{T}}^2 = \sigma_{\mathrm{T}} \cdot i^f\,\bar{\sigma}_{\mathrm{T}} = i^f \cdot \sigma_{\mathrm{T}}\,\bar{\sigma}_{\mathrm{T}} = i^f q = i^f\,2^f = (2i)^f,$$

wegen $2i = (1+i)^2$ also

$$\sigma_{\mathrm{T}}^2 = (1+i)^{2f}.$$

Für σ_T selbst hat man demnach

$$\sigma_T = \pm (1 + i)^f .$$

Es bleibt das Problem der Bestimmung des Vorzeichens in dieser expliziten Formel für σ_T. Im Gegensatz zu dem entsprechenden Problem für $p \neq 2$, dessen Formulierung wesentlich von der analytischen Normierung der eingehenden p-ten Einheitswurzel abhängt, ist das hier für $p = 2$ eine rein algebraische Frage, die gleich auschliessen behandelt werden soll.

Zuvor sei noch kurz eine andere, arithmetische Darstellung der normierten quadratischen Gaußschen Summe im Minimalen σ_T angeführt. Wie schon gesagt, kann der Summationsbereich u^2 mod. 2^2 als das mod. 2^2 multiplikationstreue Restsystem mod. 2 von T gedeutet werden. Dieses kann natürlich auch durch das schlechthin multiplikationstreue Restsystem ζ mod. 2 von T dargestellt werden, das aus den Lösungen von $\zeta^q = \zeta$ in T besteht. Es ist dann

$$i^{S_T(\zeta)} = \left(\frac{E_2^*(\zeta)}{2}\right)_{2^2}$$

das 2^2-te Potenzrestsymbol im Körper $T(i)$ für die Šafarevičsche E*-Funktion zum Exponenten 2, welche die Gruppe der 2^2-primären Zahlen aus $T(i)$ darstellt.[1] Demgemäss hat man für σ_T die arithmetische Darstellung

$$\sigma_T = \sum_{\zeta^q = \zeta}^{T} i^{S_T(\zeta)} = \sum_{\zeta^q = \zeta}^{T} \left(\frac{E_2^*(\zeta)}{2}\right)_{2^2}$$

als Summe der 2^2-ten Potenzrestsymbole für ein volles Vertretersystem der 2^2-Klassen 2^2-primärer Zahlen aus $T(i)$.

Zur Beantwortung der Frage nach dem Vorzeichen in [16.] führt eine weitere Deutung der normierten quadratischen Gaußschen Summe im Minimalen σ_T, nämlich das Analogon für $p = 2$ zu der oben in **2** für $p \neq 2$ mitlaufenden Deutung von σ_T als $\sigma_{\mathfrak{K}}$, also als eine Bildung im endlichen Körper $\mathfrak{K}$, wie sie ja auch oben für $p = 2$ vermöge der

---

[1] Siehe dazu *Hasse* [5, § 2, (14)].

Normregel [12.] zur Reduktion der Vorzeichenbestimmung vom Körper T mit dem Restklassenkörper $\mathfrak{k}$ auf den rational-p-adischen Zahlkörper P mit dem Restklassenkörper $\mathfrak{K}$ führte. Diese rein algebraische Reduktion genügt hier; denn für die Summe σ_P bestimmt sich das Vorzeichen im Falle $p = 2$ unmittelbar, ohne jeden analytischen Schluss, aus der Definitionsformel:

$$\sigma_P = \sum_{u \bmod 2}^{P} i^{u^2} = 1 + i.$$

Die für $p \neq 2$ in 2 nebenher angegebene Schreibweise von σ_T als $\sigma_{\mathfrak{k}}$ überträgt sich, wegen des Nenners 2 im Argument der Exponentialfunktion in $\mathfrak{k}$, nicht ohne weiteres auf $p = 2$. Man erhält jedoch ein formales Analogon, indem man den Restklassenring mod. 2^2 von T, auf den es hier ankommt, nach der von *Witt* [1] geschaffenen Theorie isomorph durch den *zweigliedrigen Wittschen Vektorring* $\mathfrak{k}'$ über $\mathfrak{k}$ darstellt. Die einem Wittschen Vektor $(\mathfrak{u}_1, \mathfrak{u}_2)$ über $\mathfrak{k}$ isomorph zugeordnete Restklasse mod. 2 in T wird durch die zweite Nebenkomponente

$$(\mathfrak{u}_1, \mathfrak{u}_2)^{(2)} \equiv u_1^2 + 2\,u_2 \bmod. 2^2$$

gegeben, vo u_1, u_2 mod. 2 die Restklassen in T bedeuten, die den Elementen $\mathfrak{u}_1, \mathfrak{u}_2$ aus $\mathfrak{k}$ entsprechen. Dem in der Form u^2 mod. 2^2 multiplikationstreu mod. 2^2 normierten Restsystem mod. 2 aus T entsprechen in $\mathfrak{k}'$ die Vektoren der Form $(\mathfrak{u}, 0)$. Demgemäss stellt sich hier σ_T in der Gestalt

$$\sigma_T = \sum_{u \bmod 2}^{T} e_T\left(\frac{u^2}{2^2}\right) = \sum_{\mathfrak{u}}^{\mathfrak{k}} e_{\mathfrak{k}'}(\mathfrak{u}, 0) = \sigma_{\mathfrak{k}}$$

als $\sigma_{\mathfrak{k}}$ dar, wo die Exponentialfunktion in $\mathfrak{k}'$ durch

$$e_{\mathfrak{k}'}(\mathfrak{u}_1, \mathfrak{u}_2) = e^{\frac{2\pi i}{2^2}(S_{\mathfrak{k}'}(\mathfrak{u}_1, \mathfrak{u}_2))^{(2)}} = i^{(S_{\mathfrak{k}'}(\mathfrak{u}_1, \mathfrak{u}_2))^{(2)}}$$

erklärt ist, mit gemäss der Wittschen Theorie nebenkomponentenweise zu bildender Spur in $\mathfrak{k}'$, also

$$(S_{\mathfrak{k}'}(\mathfrak{u}_1, \mathfrak{u}_2))^{(2)} \equiv S_T\left(u_1^2 + 2\,u_2\right) \bmod. 2^2.$$

Vermöge dieser Deutung in $\mathfrak{k}$ erweisen sich nun $-\vartheta_{\mathfrak{k}}$ und $-\bar{\vartheta}_{\mathfrak{k}}$ je als die einzige Nullstelle einer Kongruenz-L-Funktion und zusammen als die beiden einzigen Nullstellen einer Kongruenzzetafunktion des allgemein von *Schmid* [1] studierten Typus, nämlich hier speziell der Kongruenzzetafunktion $\zeta_K(s)$ des algebraischen Funktionenkörpers $K = \mathfrak{k}(\mathfrak{x}; \mathfrak{y}_1, \mathfrak{y}_2)$ mit der im Wittschen Vektorkalkül zu verstehenden Grundgleichung

$$p(\mathfrak{y}_1, \mathfrak{y}_2) = (\mathfrak{y}_1^2, \mathfrak{y}_2^2) - (\mathfrak{y}_1, \mathfrak{y}_2) = (\mathfrak{x}, 0).$$

Das sieht man folgendermassen ein.

In $K = \mathfrak{k}(\mathfrak{x}; \mathfrak{y}_1, \mathfrak{y}_2)$ ist der rationale Funktionenkörper $K_0 = \mathfrak{k}(\mathfrak{x})$ enthalten, und es ist K/K_0 zyklisch vom Grade 2^2. Bezeichnet ω einen erzeugenden Charakter für K/K_0, so hat man demgemäss für die Zetafunktion von k die Aufspaltung

$$\zeta_K(s) = \zeta_{K_0}(s)\, L_{K_0}(s \mid \omega)\, L_{K_0}(s \mid \bar{\omega})\, L_{K_0}(s \mid \omega^2)$$

in die Zetafunktion von K_0 und die L-Funktionen über K_0 zu den Nichthauptcharakteren $\omega, \omega^2, \omega^3 = \bar{\omega}$. Es genügt, den Charakter ω im Bereich derjenigen Primdivisoren $\mathfrak{p}$ von K_0 anzugeben, die in K unverzweigt sind, die also von dem Nennerprimdivisor $\mathfrak{p}_\infty$ von $\mathfrak{x}$ verschieden sind. Wie in *Schmid* [1, 2] gezeigt[1], hat man für die $\mathfrak{p} \neq \mathfrak{p}_\infty$ explizit

$$\omega(\mathfrak{p}) = e_{\mathfrak{k}'_{\mathfrak{p}}}(\mathfrak{x}, 0),$$

wo $\mathfrak{k}_{\mathfrak{p}}$ den Restklassenkörper mod. $\mathfrak{p}$ von K_0 bedeutet, also in der Exponentialfunktion über dem zugehörigen Wittschen Vektorring $\mathfrak{k}'_{\mathfrak{p}}$ die Spur in $\mathfrak{k}'_{\mathfrak{p}}$ der Restklasse $(\mathfrak{x}, 0)$ mod. $\mathfrak{p}$ zu nehmen ist. Durch diese explizite Angabe ist ω in bestimmter Weise (als Artinsymbol) gegenüber $\bar{\omega}$ normiert.

Der Führer von $\omega, \bar{\omega}$ ist $\mathfrak{p}_\infty^3$, der von ω^2 nur $\mathfrak{p}_\infty^2$. Daraus bestimmt sich das Geschlecht von K zu $g = 1$, und für die L-Funktionen ergeben sich die expliziten Darstellungen:

---

[1] Auch für die nachfolgenden Ausführungen siehe die Einzelheiten bei *Schmid* [1, 2, 3].

$$\mathrm{L}_{\mathrm{K}_0}(s\,|\,\omega) = 1 + \frac{1}{q^s}\sum_{\mathfrak{P}_1}{}' \omega(\mathfrak{P}_1),$$

$$\mathrm{L}_{\mathrm{K}_0}(s\,|\,\overline{\omega}) = 1 + \frac{1}{q^s}\sum_{\mathfrak{P}_1} \overline{\omega}(\mathfrak{P}_1),$$

$$\mathrm{L}_{\mathrm{K}_0}(s\,|\,\omega^2) = 1,$$

wo $\mathfrak{P}_1$ die Primdivisoren ersten Grades von K_0 (ausser $\mathfrak{P}_\infty$) durchläuft.

Wegen $\mathfrak{K}_{\mathfrak{P}_1} = \mathfrak{K}$ ist nun aber gerade

$$\sum_{\mathfrak{P}_1} \omega(\mathfrak{P}_1) = \sum_{\mathfrak{u}}{}^{\mathfrak{K}}\, e_{\mathfrak{K}'}(\mathfrak{u}, 0) = \sigma_{\mathfrak{K}}.$$

Demnach sind in der Tat $-\sigma_{\mathfrak{K}}$, $-\overline{\sigma}_{\mathfrak{K}}$ je die einzige Nullstelle von $\mathrm{L}_{\mathrm{K}_0}(s\,|\,\omega)$, $\mathrm{L}_{\mathrm{K}_0}(s\,|\,\overline{\omega})$ und beide zusammen die einzigen Nullstellen von $\zeta_{\mathrm{K}}(s)$ (in der Variablen $z = q^s$).

Aus dieser Deutung von $\sigma_{\mathrm{T}} = \sigma_{\mathfrak{K}}$ ergibt sich die zu leistende Vorzeichenbestimmung in [16.] wie folgt. Zwischen der L-Funktion

$$\mathrm{L}_{\mathrm{K}_0}(s\,|\,\omega) = 1 - \frac{-\sigma_{\mathfrak{K}}}{2^{fs}} \qquad \text{über} \qquad \mathrm{K}_0 = \mathfrak{K}(\mathfrak{x})$$

und der entsprechend gebildeten L-Funktion

$$\mathrm{L}_{\mathrm{R}_0}(s\,|\,\omega_0) = 1 - \frac{-\sigma_{\mathfrak{R}}}{2^{f}} \qquad \text{über} \qquad \mathrm{R}_0 = \mathfrak{R}(\mathfrak{x})$$

besteht wegen des Zusammenhangs

$$\omega(\mathfrak{P}) = \omega_0\left(\mathrm{N}_{\mathrm{K}_0/\mathrm{R}_0}(\mathfrak{P})\right)$$

der normierten Charaktere ω, ω_0 die Funktionalbeziehung

$$1 - \prod_{\varepsilon^f = 1}\left(1 - \varepsilon\frac{-\sigma_{\mathfrak{R}}}{2^f}\right) = 1 - \frac{(-\sigma_{\mathfrak{R}})^f}{2^{fs}},$$

also analog zu [12.] die Nullstellenbeziehung

$$-\sigma_{\mathfrak{K}} = (-\sigma_{\mathfrak{R}})^f. \qquad [17.]$$

Da, wie schon vorher gesagt, $\sigma_{\mathfrak{K}} = \sigma_{\mathfrak{p}} = 1 + i$ ist, folgt daraus für $\sigma_{\mathfrak{K}} = \sigma_{\mathfrak{T}}$ analog zu [13.] die explizite Bestimmung

$$-\sigma_{\mathfrak{T}} = \left(-(1+i)\right)^{f}. \qquad [18.]$$

Nach dem Ergebnis aus **6** ist hiermit unter Beachtung von [14.] für $p = 2$ die Gaußsche Summe im Kleinen $\tau_K(\chi)$ im Falle eines irregulären Charakters χ mit nichtquadratischem Führer $\mathfrak{P}$ explizit durch einen rein multiplikativen Ausdruck bestimmt.

§ 8. KOMPONENTENZERLEGUNG DER GALOISSCHEN GAUSSSCHEN SUMMEN

1. *Definition der Komponenten.*—Wie in § 5, **3** sei jetzt wieder N/K ein Normalkörper mit der Galoisgruppe $\mathfrak{G}$ und

$$\chi = \sum_{\psi} g_{\psi} \psi^* \qquad (g_{\psi} \text{ ganzrational}) \qquad [1.]$$

eine R. Brauersche Darstellung eines beliebigen Charakters χ von $\mathfrak{G}$.

Für die in § 5, [8.] definierte erweiterte galoissche Gaußsche Summe $T(\chi, N/K)$ seien die Komponenten $T_{\mathfrak{p}}(\chi, N/K)$ formal analog als

$$T_{\mathfrak{p}}(\chi, N/K) = \prod_{\psi} \Big(\prod_{\mathfrak{q} | \mathfrak{p}} T_{\mathfrak{q}}(\psi_{\mathfrak{q}}) \Big)^{g_{\psi}} \qquad [2.]$$

definiert, wo $\mathfrak{q}$ jeweils die verschiedenen Primteiler von $\mathfrak{p}$ im Invariantenkörper Λ derjenigen Untergruppe $\mathfrak{G}$ durchläuft, von der ψ ein abelscher Charakter ist.

Nach § 6, [17.] besteht dann die Komponentenzerlegung

$$T(\chi, N/K) = \prod_{\mathfrak{p}} T_{\mathfrak{p}}(\chi, N/K). \qquad [3.]$$

Für die in § 5, [9.] definierte galoissche Gaußsche Summe $\tau(\chi, N/K)$ selbst seien die Komponenten $\tau_{\mathfrak{p}}(\chi, N/K)$ formal analog durch die Beziehungen

$$T_{\mathfrak{p}}(\chi, N/K) = \sqrt{\mathfrak{d}_{\mathfrak{p}}(K)}^{\,\chi(1)} \, \tau_{\mathfrak{p}}(\chi, N/K) \qquad [4.]$$

definiert. Nach § 6, [15.'] besteht dann die Komponentenzerlegung

$$\tau(\chi, N/K) = \prod_{\mathfrak{p}} \tau_{\mathfrak{p}}(\chi, N/K). \qquad [5.]$$

Indem man die Definitionsformel [2.] der erweiterten Komponenten $T_{\mathfrak{p}}(\chi, N/K)$ nach [4.] und § 6, [18.] auf die Komponenten $\tau_{\mathfrak{p}}(\chi, N/K)$ selbst umrechnet, erhält man zu § 5, [10.] analog die Formel

$$\tau_{\mathfrak{p}}(\chi, N/K) = \prod_{\psi} \sqrt{\mathfrak{N}_K(\mathfrak{d}_{\mathfrak{p}}(\Lambda/K))}^{g_\psi} \cdot \prod_{\psi} \Big(\prod_{\mathfrak{q}|\mathfrak{p}} \tau_{\mathfrak{q}}(\psi_{\mathfrak{q}})\Big)^{g_\psi} \qquad [6.]$$

2. *Frage der Unabhängigkeit der Komponenten von der R. Brauerschen Darstellung.*—Diese Definitionen mögen auf den ersten Blick völlig naturgemäss und vernünftig erscheinen. Es ist jedoch dazu folgendes zu sagen.

Während in § 5, **4** aus dem Auftreten der erweiterten Gaußschen Summe $T(\chi, N/K)$ in der Funktionalgleichung der erweiterten L-Funktion $M(s|\chi, N/K)$ sofort klar war, dass es sich um eine lineare Zahlkörpercharakterfunktion handelt und dass daher die Definition unabhängig von der dabei zugrundegelegten R. Brauerschen Darstellung ist, liegt hier die Unabhängigkeit der in [2.], [4.] definierten Komponenten $T_{\mathfrak{p}}(\chi, N/K)$, $\tau_{\mathfrak{p}}(\chi, N/K)$ von der zugrundegelegten Darstellung [1.] des Charakters χ keineswegs auf der Hand. Die nachstehenden Ausführungen lassen erkennen, dass diese Unabhängigkeit in der Tat auch gar nicht in vollem Umfange besteht.

Zur Entscheidung über die Unabhängigkeitsfrage hat man eine R. Brauersche Darstellung

$$\sum_{\psi} n_\psi \psi^* = 0 \qquad (n_\psi \text{ ganzrational}) \qquad [1_0.]$$

des Nullcharakters zugrundezulegen und zu prüfen, ob die dann nach § 5, **4** im Grossen bestehende Relation

$$\prod_{\psi} T_\Lambda(\psi)^{n_\psi} = 1 \qquad [7.]$$

zwischen erweiterten abelschen Gaußschen Summen auch im Kleinen,

d. h. für die Komponenten zu den einzelnen Primstellen $\mathfrak{p}$ von K gilt:

$$\prod_{\psi}\Big(\prod_{\mathfrak{q}|\mathfrak{p}} T_{\mathfrak{q}}(\psi_{\mathfrak{q}})\Big)^{n_\psi} = 1 \quad ? \qquad [8.]$$

Durch Übergang zu den abelschen Gaußschen Summen selbst gemäss § 5, [3.] und § 6, [18.], sowie unter Beachtung der komponentenweise gültigen Formel

$$\tilde{\mathfrak{d}}(\Lambda) = \tilde{\mathfrak{d}}(\Lambda)^{\psi(1)} = \tilde{\mathfrak{d}}(K)^{\psi^*(1)}\, \mathfrak{N}_K\big(\tilde{\mathfrak{d}}(\Lambda/K)\big)$$

und der aus [6.] folgenden Gradbeziehung

$$\sum_{\psi} n_\psi \psi^*(1) = 0,$$

stellt sich die an [7.] geknüpfte Frage [8.] als die Frage dar, ob die im Grossen bestehende Relation

$$\prod_{\psi}\Big(\sqrt{\mathfrak{N}_K\big(\tilde{\mathfrak{d}}(\Lambda/K)\big)}\; \tau_\Lambda(\psi)\Big)^{n_\psi} = 1 \qquad [9.]$$

auch komponentenweise gilt:

$$\prod_{\psi}\Big(\sqrt{\mathfrak{N}_K(\mathfrak{d}_{\mathfrak{p}}(\Lambda/K))}\prod_{\mathfrak{p}|\mathfrak{q}} \tau_{\mathfrak{q}}(\psi_{\mathfrak{q}})\Big)^{n_\psi} = 1 \quad ? \qquad [10.]$$

In dieser an [9.] geknüpften Frage [10.] sind speziell für die unendlichen Primstellen $\mathfrak{p}$ von K nach § 6, [16.'] die $\tau_{\mathfrak{q}}(\psi_{\mathfrak{q}}) = 1$, während die $\sqrt{\mathfrak{N}_K\big(\mathfrak{d}_{\mathfrak{p}}(\Lambda/K)\big)}$ Potenzen von i sind. Einfache Beispiele zeigen, dass deren Produkt

$$\prod_{\psi} \sqrt{\mathfrak{N}_K(\mathfrak{d}_{\mathfrak{p}}(\Lambda/K))}^{\,n_\psi}$$

nicht bei jeder R. Brauerschen Darstellung den Wert 1 hat.[1]

---

[1] Man betrachte etwa für einen bikubischen Normalkörper N/K mit symmetrischer Galoisgruppe $\mathfrak{G}$ die Relation $\eta^* = \varepsilon^* + \psi^*$, wo η der Hauptcharakter des Normalteilers $\mathfrak{H}$ von der Ordnung 3 ist und ε, ψ die beiden abelschen Charaktere von $\mathfrak{G}$ sind.

Hiernach scheint hinsichtlich der Abhängigkeit der Definitionen [2.], [4.] von der R. Brauerschen Darstellung [1.] ein ähnlicher Sachverhalt vorzuliegen, wie bei der Regel [21.], [21.'] aus § 6, **4** für den Übergang zum konjugiert-komplexen Charakter gemäss den dortigen Formeln [23.], [24.], dass nämlich bei den im Grossen bestehenden Relationen [7.,] [9.] sich im Kleinen die (trivialen) Beiträge der unendlichen Primstellen irgendwie auf die Beiträge der endlichen Primstellen verteilen, so dass für die letzteren Folgerelationen aus [1_0.] bestehen, die von den durch blosse Komponentenbildung entstehenden Relationen [8.], [10.] um i-Potenzfaktoren abweichen.

Trotz dieser sicher nicht vollständigen Invarianz der Definitionen [2.], [4.] erscheint es vorteilhaft, mit den Komponenten $T_{\mathfrak{p}}(\chi, N/K)$, $\tau_{\mathfrak{p}}(\chi, N/K)$ zu arbeiten, weil diese den naturgemässen Zugang zu den in § 5, **5** aufgeworfenen tieferliegenden arithmetischen Fragen (I)-(IV) über die galoisschen Gaußschen Summen $T(\chi, N/K)$, $\tau(\chi, N/K)$ liefern. Durch die Reduktionen aus § 7, **3**–**6** wird nämlich die eindeutige Kennzeichnung der abelschen Gaußschen Summen im Minimalen durch ihre arithmetischen Eigenschaften aus *Davenport* [1]-*Hasse* [3] auf die durch [2.], [4.] definierten *galoisschen Gaußschen Summen im Kleinen* $T_{\mathfrak{p}}(\chi, N/K)$, $\tau_{\mathfrak{p}}(\chi, N/K)$ übertragbar. In dieser Methode wird auch der Schlüssel zur genauen Beschreibung ihrer Abhängigkeit von der zugrundegelegten R. Brauerschen Darstellung und zur Beantwortung der Frage liegen, inwieweit es sich bei ihnen um lineare $\mathfrak{p}$-adische Zahlkörpercharakterfunktionen handelt (im Sinne von § **1**, **2** mit $\mathfrak{p}$-adischen statt endlich-algebraischer Zahlkörper), und welches ihre Invarianz- bzw. Kovarianzeigenschaften sind.

In der vorliegenden Abhandlung sollen diese Aufgaben nur noch so weit verfolgt werden, wie das ohne Heranziehung des wesentlichen Teiles jener arithmetischen Kennzeichnung, nämlich der einigermassen komplizierten Primdivisorzerlegung der abelschen Gaußschen Summen im Minimalen möglich ist. Das Ansetzen dieser Primdivisorzerlegung und die Entwicklung der daraus zu ziehenden Folgerungen für die arithmetische Struktur der galoisschen Gaußschen Summen bleibt, wie in der Einleitung gesagt, einer weiteren Untersuchung vorbehalten.

3. *Regel für den Übergang zum konjugiert-komplexen Wert (Betragregel).*—Nach der Definition [2.] hat man

$$|T_{\mathfrak{p}}(\chi, N/K)|^2 = \prod_{\psi} \Big(\prod_{\mathfrak{q}|\mathfrak{p}} |T_{\mathfrak{q}}(\psi_{\mathfrak{q}})|^2 \Big)^{g_\psi}.$$

Nach der Betragregel [22.] aus § 6, **4** ist hierin

$$|T_{\mathfrak{q}}(\psi_{\mathfrak{q}})|^2 = \begin{cases} \mathfrak{N}_\Lambda(\mathfrak{f}_{\mathfrak{q}}(\psi)) = N_\Lambda(\mathfrak{f}_{\mathfrak{q}}(\psi, N/\Lambda)) & \text{für endliches } \mathfrak{q} \\ 1 & \text{für unendliches } \mathfrak{q} \end{cases}.$$

Unter Beachtung der komponentenweisen Invarianzeigenschaft der Absolutnorm des erweiterten Führers folgt daraus

$$\prod_{\mathfrak{q}\,|\,\mathfrak{p}} |T_{\mathfrak{q}}(\psi_{\mathfrak{q}})|^2 = \begin{cases} \mathfrak{N}_\Lambda(\mathfrak{f}_{\mathfrak{p}}(\psi, N/\Lambda)) = \mathfrak{N}_K(\mathfrak{f}_{\mathfrak{p}}(\psi^*, N/K)) & \text{für endliches } \mathfrak{p} \\ 1 & \text{für unendliches } \mathfrak{p} \end{cases}.$$

Damit ergibt sich die Betragregel

$$|T_{\mathfrak{p}}(\chi, N/K)|^2 = \begin{cases} \mathfrak{N}_K(\mathfrak{f}_{\mathfrak{p}}(\chi, N/K)) & \text{für endliches } \mathfrak{p} \\ 1 & \text{für unendliches } \mathfrak{p} \end{cases}, \qquad [11.]$$

und dann nach der Definition [4.] entsprechend auch

$$|\tau_{\mathfrak{p}}(\chi, K/N)|^2 = \begin{cases} \mathfrak{N}_K(\mathfrak{f}_{\mathfrak{p}}(\chi, N/K)) & \text{für endliches } \mathfrak{p} \\ 1 & \text{für unendliches } \mathfrak{p} \end{cases}, \qquad [12.]$$

in voller Analogie zu der Betragregel [22.] aus § 6, **4**.

Hiernach sind jedenfalls die Beträge der in [2.], [4.] definierten Komponenten unabhängig von der zugrundegelegten R. Brauerschen Darstellung [1.], allein durch den Charakter χ bestimmt.

4. *Formulierung der Parameterregel im Kleinen.*—Analog zu der in § 5, **5** unter IV gemachten Feststellung über die galoissche Gaußsche Summe im Grossen $\tau(\chi, N/K)$ liegt nach der Definitionsformel [6.] die galoissche Gaußsche Summe im Kleinen $\tau_{\mathfrak{p}}(\chi, N/K)$ im Kompositum der Körper $P(\psi_{\mathfrak{q}}|\mathfrak{f}(\psi_{\mathfrak{q}}))$ mit $\mathfrak{q}|\mathfrak{p}$ und $P\left(\sqrt{\mathfrak{N}_K(\mathfrak{d}_{\mathfrak{p}}(\Lambda/K))}\right)$ für alle diejenigen abelschen Charaktere ψ, die in der für χ zugrundegelegten R. Brauerschen Darstellung [1.] vorkommen.

Für eine *unendliche* Primstelle $\mathfrak{p}$ von K ist nach der Definition (16.') in § 6, **4** einfach

$$\tau_{\mathfrak{p}}(\chi, N/K) = \prod_{\psi} \sqrt{\mathfrak{N}_K(\mathfrak{d}_{\mathfrak{p}}(\Lambda/K))}^{\,g_\psi} = i\text{-Potenz}, \qquad [13.]$$

und zwar hängt diese i-Potenz nach dem in **2** Bemerkten von der R. Brauerschen Darstellug [1.] von χ ab.

Im folgenden sei durchweg $\mathfrak{p}$ eine *endliche* Primstelle von K und p die ihr zugeordnete rationale Primzahl.

Das eben beschriebene Kompositum lässt sich auch folgendermassen aufbauen. Zunächst wird der Körper

$$\Omega_{\mathfrak{p}} = \prod_{\psi} \prod_{\mathfrak{q}|\mathfrak{p}} P(\psi_{\mathfrak{q}})$$

der $\psi_{\mathfrak{q}}$-Werte gebildet, und zwar soll dabei die Komposition über *alle* abelschen Charaktere ψ von Untergruppen $\mathfrak{H}$ von $\mathfrak{G}$ erstreckt sein, nicht nur über die in einer festen R. Brauerschen Darstellung [1.] eines festen χ vorkommenden. Dieser Körper $\Omega_{\mathfrak{p}}$ ist allein durch den Normalkörper N/K und die Primstelle $\mathfrak{p}$ bestimmt. Zum Einfangen der Einheitswurzeln von den p-Potenzordnungen $\mathfrak{N}_{\Lambda}(\mathfrak{f}(\psi_{\mathfrak{q}}))$ sowie der Quadratwurzeln $\sqrt{\mathfrak{N}_{K}(\mathfrak{d}_{\mathfrak{p}}(\Lambda/K))}$ aus p-Potenzen wird dann $\Omega_{\mathfrak{p}}$ mit dem Körper $P^{(p)}(i)$ komponiert, wo $P^{(p)}$ den Körper aller Einheitswurzeln von beliebig hoher p-Potenzordnung bedeutet.[1] Die Adjunktion von i ist dabei zum Einfangen der Quadratwurzeln mit $p \neq 2$ und $\mathfrak{N}_{K}(\mathfrak{d}_{\mathfrak{p}}(\Lambda/K)) \equiv -1 \bmod. 4$ nötig. In dem so erhaltenen Körper $\Omega_{\mathfrak{p}} P^{(p)}(i)$ liegt die zu untersuchende galoissche Gaußsche Summe im Kleinen $\tau_{\mathfrak{p}}(\chi, N/K)$.

Die zu formulierende Parameterregel hat es mit den Automorphismen des Körpers $P^{(p)}/P$ zu tun. Diese stellen sich nach der Klassenkörpertheorie im Kleinen, vermöge des Normsymbols $\left(\frac{a_p,\, P_p^{(p)}/P_p}{p}\right)$ zu der p-adischen Erweiterung $P_p^{(p)}/P_p$, isomorph durch die rational-p-adischen Einheiten a_p dar, und zwar potenzieren sich bei dem kurz mit

$$(a_p) = \left(\frac{a_p,\, P_p^{(p)}/P_p}{p}\right) \qquad [14.]$$

---

[1] Es würde genügen, sich auf eine feste, allein durch N/K bestimmte p-Potenzordnung zu beschränken. Jedoch macht die Einbettung in den unendlich-algebraischen Zahlkörper $P^{(p)}$ im folgenden keinerlei Schwierigkeiten. Sie erscheint im übrigen adäquat, wenn man an die Aufgabe denkt, die nachstehend bewiesene Parameterregel [16.] für die goloissche Gaußsche Summe im Kleinen $\tau_{\mathfrak{p}}(\chi, N/K)$ vermöge der Komponentenzerlegung [5.] zu einer Parameterregel für die galoissche Gaußsche Summe im Grossen $\tau(\chi, N/K)$ zusammenzusetzen. Zu dieser Aufgabe siehe die Schlussbemerkung unten in **6**.

bezeichneten Automorphismus alle Einheitswurzeln von p-Potenzordnung mit dem festen Exponenten a_p.

Da im allgemeinen auch der zuvor definierte Körper $\mathfrak{Q}_\mathfrak{p}$ Einheitswurzeln von p-Potenzordnung enthält, und da für $p = 2$ das adjungierte i schon in $P^{(p)}$ liegt, liefert nur eine gewisse Untergruppe von rational-p-adischen Einheiten a_p Automorphismen des Kompositums $\mathfrak{Q}_\mathfrak{p} P^{(p)}(i)/\mathfrak{Q}_\mathfrak{p}(i)$, in der im Fall $p = 2$ sicher $a_p \equiv 1 \mod. 4$ gilt.

Für die abelsche Gaußsche Summe im Kleinen $\tau_\mathfrak{p}(\chi_\mathfrak{p})$ gilt nun die Parameterregel

$$\tau_\mathfrak{p}(\chi_\mathfrak{p})^{(a_p)} = \chi_\mathfrak{p}(a_p)^{-1}\, \tau_\mathfrak{p}(\chi_\mathfrak{p}),$$

oder auch

$$\tau_\mathfrak{p}(\chi_\mathfrak{p})^{1-(a_p)} = \chi_\mathfrak{p}(a_p). \qquad [15.]$$

Dabei soll die Anwendung eines Operators (a_p) auf $\tau_\mathfrak{p}(\chi_\mathfrak{p})$ so erfolgen, dass in der expliziten Definitionsformel [16.*] aus § 6, **3** auf die Einheitswurzeln $\epsilon_\mathfrak{p}(x_\mathfrak{p})$ von p-Potenzordnung der Automorphismus (a_p) von $P^{(p)}/P$ angewendet wird, während die Charakterwerte $\chi_\mathfrak{p}(x_\mathfrak{p})$ ungeändert gelassen werden. Es handelt sich also nur im Falle eines Charakters $\chi_\mathfrak{p}$ von zu p primer Ordnung, oder sonst, wenn a_p einer gewissen Untergruppe angehört, um einen Automorphismus des $\tau_\mathfrak{p}(\chi_\mathfrak{p})$ enthaltenden Körpers $P^{(p)}(\chi_\mathfrak{p})/P(\chi_\mathfrak{p})$.

Um zu einer Verallgemeinerung der Parameterregel [15.] auf die galoissche Gaußsche Summe im Kleinen $\tau_\mathfrak{p}(\chi, N/K)$ zu gelangen, werde die Anwendung eines Operators (a_p) auf $\tau_\mathfrak{p}(\chi, N/K)$ folgendermassen erklärt. In der Definitionsformel [6.] soll (a_p) auf die abelschen $\tau_\mathfrak{q}(\psi_\mathfrak{q})$ nach der eben gegebenen Vorschrift angewendet werden, und auf die Quadratwurzeln $\sqrt{\mathfrak{N}_K(\mathfrak{d}_\mathfrak{p}(\Lambda/K))}$ als Automorphismus von $P^{(p)}(i)/P(i)$; letzteres setzt voraus, dass im Falle $p = 2$ die Kongruenz $a_p \equiv 1 \mod. 4$ gefordert wird. Wieder handelt es sich also nur im Falle von lauter Charakteren $\psi_\mathfrak{q}$ von zu p primer Ordnung, oder sonst, wenn a_p einer gewissen Untergruppe angehört, um einen Automorphismus des $\tau_\mathfrak{p}(\chi, N/K)$ enthaltenden Körpers $\mathfrak{Q}_\mathfrak{p} P^{(p)}(i)/\mathfrak{Q}_\mathfrak{p}(i)$.

Es ist sehr erstaunlich, dass bei dieser an die nicht-invariante Definition [6.] geknüpften und im allgemeinen keinen Automorphismus darstellenden Definition der Anwendung von (a_p) auf $\tau_\mathfrak{p}(\chi, N/K)$ doch eine zu [15.] ganz analoge Parameterregel von invarianter Gestalt gilt, dass nämlich

$$\tau_\mathfrak{p}(\chi, N/K)^{1-(a_p)} = |\chi|_\mathfrak{p}(a_p) \qquad [16.]$$

der Wert für a_p der $\mathfrak{p}$-Komponente $|\chi|_\mathfrak{p}$ eines durch χ unabhängig von der R. Brauerschen Darstellung [1.] festgelegten abelschen Charakters $|\chi|$ ist, und zwar ist dieser in folgender Weise erklärt.

Im Bereich der wirklichen Charaktere χ von $\mathfrak{G}$ liefert die Bildung der Determinante

$$|\chi|(G) = |D_\chi(G)| \qquad [17.]$$

der G zugeordneten Matrix $D_\chi(G)$ aus einer χ entsprechenden Darstellung D_χ von $\mathfrak{G}$ einen von der Normierung der Darstellung D_χ unabhängigen, also durch χ eindeutig bestimmten abelschen Charakter $|\chi|$ von $\mathfrak{G}$. Diese Bildungsvorschrift überträgt sich eindeutig als lineare Charakterfunktion im Sinne von § 1, **2** auf den Bereich aller Charaktere χ von $\mathfrak{G}$, indem man einer Differenz $\chi = \chi_1 - \chi_2$ zweier wirklicher Charaktere χ_1, χ_2 den Quotienten $|\chi| = \dfrac{|\chi_1|}{|\chi_2|}$ zuordnet. Die Wertgruppe dieser linearen Charakterfunktion $|\chi|$ zu $\mathfrak{G}$ ist die Multiplikationsgruppe der abelschen Charaktere von $\mathfrak{G}$.

Die Werte der $\mathfrak{p}$-Komponente $|\chi|_\mathfrak{p}$ für Zahlen $\xi_\mathfrak{p} \neq 0$ aus $K_\mathfrak{p}$ stellen sich nach der Definition [3.] aus § 6, **2** und der Bemerkung am Schluss von § 6, **2** explizit in der Form

$$|\chi|_\mathfrak{p}(\xi_\mathfrak{p}) = |\chi|\left(\frac{\xi_\mathfrak{p}, K'/K}{\mathfrak{p}}\right) = \left|D_\chi\left(\frac{\xi_\mathfrak{p}, K'/K}{\mathfrak{p}}\right)\right| \qquad [18.]$$

dar (letzteres im Falle eines wirklichen Charakters χ), wo K'/K den maximalen abelschen Teilkörper von N/K bedeutet. In den Normsymbolen ist dabei einfachheitshalber der Relativkörper K'/K selbst anstelle seiner $\mathfrak{p}$-adischen Hülle $K'_\mathfrak{p}/K_\mathfrak{p}$ gesetzt, indem die Zahl $\xi_\mathfrak{p} \neq 0$ aus $K_\mathfrak{p}$ als reguläres Idel von K mit der $\mathfrak{p}$-Komponente $\xi_\mathfrak{p}$ und irrelevanten übrigen Komponenten (etwa alle 1) aufgefasst ist. Diese vereinfachte Schreibweise wird im folgenden durchweg verwendet, auch für die Definition [14.] des Automorphismus (a_p) von $P^{(p)}/P$, die sich dann einfacher als

$$(a_p) = \left(\frac{a_p, P^{(p)}/P}{p}\right) \qquad [14'.]$$

schreibt.

5. *Beweis der Parameterregel im Kleinen.*—Gemäss der in 4 gegebenen Definition der Anwendung des Operators (a_p) auf $\tau_{\mathfrak{p}}(\chi, N/K)$ wird zunächst das Verhalten bei (a_p) des aus den abelschen $\tau_{\mathfrak{q}}(\psi_{\mathfrak{q}})$ gebildeten *Hauptfaktors* aus der Definitionsformel [6.] ermittelt.

Nach [15.] und der Komponentendefinition [3.] aus § 6, 2 hat man

$$\tau_{\mathfrak{q}}(\psi_{\mathfrak{q}})^{1-(a_p)} = \psi_{\mathfrak{q}}(a_p) = \psi\left(\frac{a_p, \Lambda'/\Lambda}{\mathfrak{q}}\right),$$

wo Λ'/Λ den maximalen abelschen Teilkörper von N/Λ bedeutet, der natürlich den maximalen abelschen Teilkörper K'/K von N/K enthält. Durch Produktbildung über die $\mathfrak{q}|\mathfrak{p}$ folgt

$$\left(\prod_{\mathfrak{q}|\mathfrak{p}} \tau_{\mathfrak{q}}(\psi_{\mathfrak{q}})\right)^{1-(a_p)} = \psi\left(\prod_{\mathfrak{q}|\mathfrak{p}}\left(\frac{a_p, \Lambda'/\Lambda}{\mathfrak{q}}\right)\right) = \Psi_{\mathfrak{p}}(a_p), \qquad [19.]$$

letzteres zur Abkürzung der Schreibweise.

Für beliebige $\xi_{\mathfrak{p}} \neq 0$ aus $K_{\mathfrak{p}}$ besteht nun die Normsymbolidentität

$$\prod_{\mathfrak{q}|\mathfrak{p}}\left(\frac{\xi_{\mathfrak{p}}, \Lambda'/\Lambda}{\mathfrak{q}}\right) = V_{\mathfrak{G}\to\mathfrak{H}}\left(\frac{\xi_{\mathfrak{p}}, K'/K}{\mathfrak{p}}\right), \qquad [20.]$$

wo $V_{\mathfrak{G}\to\mathfrak{H}}$ die Operation der Gruppenverlagerung bedeutet.[1] Ist nämlich $\mathfrak{p} \nmid \mathfrak{d}\,(N/K)$, so hat man unter Beachtung der Gleichheit $w_{\mathfrak{q}}(\xi_{\mathfrak{p}}) = w_{\mathfrak{p}}(\xi_{\mathfrak{p}})$ der $\mathfrak{q}$-adischen und $\mathfrak{p}$-adischen Ordnungszahl die Reduktionen

$$\left(\frac{\xi_{\mathfrak{p}}, K'/K}{\mathfrak{p}}\right) = \left(\frac{K'/K}{\mathfrak{p}}\right)^{-w_{\mathfrak{p}}(\xi_{\mathfrak{p}})}, \qquad \left(\frac{\xi_{\mathfrak{p}}, \Lambda'/\Lambda}{\mathfrak{q}}\right) = \left(\frac{\Lambda'/\Lambda}{\mathfrak{q}}\right)^{-w_{\mathfrak{q}}(\xi_{\mathfrak{q}})}$$

der zu betrachtenden Normsymbole auf Artinsymbole. Für diese besteht die von Artin seiner Behandlung des Hauptdivisorsatzes zugrundegelegte Identität[2]

$$\prod_{\mathfrak{q}|\mathfrak{p}}\left(\frac{\Lambda'/\Lambda}{\mathfrak{q}}\right) = V_{\mathfrak{G}\to\mathfrak{H}}\left(\frac{K'/K}{\mathfrak{p}}\right).$$

---

[1] Den Hinweis auf diese Identität und den nachstehenden Beweis verdanke ich *M. Kneser*. Siehe dazu auch *Chevalley* [3].

[2] Siehe dazu *Hasse* [1, Teil II, § 27, VI].

Daraus ergibt sich die Richtigkeit der Identität [20.] für alle $\mathfrak{p} \nmid \mathfrak{d}\,(N/K)$. Mittels der Produktformel für das Normsymbol überträgt sie sich dann auch auf die endlich vielen $\mathfrak{p} | \mathfrak{d}\,(N/K)$, indem man zu $\xi_{\mathfrak{p}}$ jeweils eine Hilfszahl $\xi'_{\mathfrak{p}}$ aus K wählt, die $\xi_{\mathfrak{p}}$ in $K_{\mathfrak{p}}$ und 1 in $K_{\mathfrak{p}'}$ für die übrigen $\mathfrak{p}' | \mathfrak{d}\,(N/K)$ und die unendlichen $\mathfrak{p}'$ hinreichend approximiert.

Nach der Identität [20.] lässt sich der Ausdruck rechts in [19.] in der Form

$$\Psi_{\mathfrak{p}}(a_{\mathfrak{p}}) = \psi\left(V_{\mathfrak{G}\to\mathfrak{H}}\left(\frac{a_{\mathfrak{p}},\, K'/K}{\mathfrak{p}}\right)\right) \qquad [21.]$$

schreiben. Nun ist aber allgemein die Bildung $\psi\left(V_{\mathfrak{G}\to\mathfrak{H}}(G)\right)$, von einem Vorzeichenfaktor abgesehen, gerade die Determinante $|D_{\psi^*}(G)|$ der von ψ induzierten Darstellung, und der Vorzeichenfaktor bestimmt sich entsprechend als die Determinante $|D_{\eta^*}(G)|$ für den Hauptcharakter η von $\mathfrak{H}$. Gemäss den Definitionen [17.], [18.] lässt sich demnach der Ausdruck [21.] in der Form

$$\Psi_{\mathfrak{p}}(a_{\mathfrak{p}}) = \frac{|\psi^*|_{\mathfrak{p}}(a_{\mathfrak{p}})}{|\eta^*|_{\mathfrak{p}}(a_{\mathfrak{p}})} \qquad [22.]$$

schreiben. Da die Bildung $|\chi|$ eine lineare Charakterfunktion und die Komponentenbildung $|\chi|_{\mathfrak{p}}$ ein Homomorphismus ist, ergibt sich aus [19.] und [22.] im Hinblick auf die zugrundegelegte R. Brauersche Darstellung

$$\chi = \sum_{\psi} g_{\psi}\, \psi^*$$

weiter

$$\left(\prod_{\psi}\left(\prod_{\mathfrak{q}\,\mathfrak{p}} \tau_{\mathfrak{q}}(\psi_{\mathfrak{q}})\right)^{g_{\psi}}\right)^{1-(a_{\mathfrak{p}})} = \frac{|\chi|_{\mathfrak{p}}(a_{\mathfrak{p}})}{|\delta|_{\mathfrak{p}}(a_{\mathfrak{p}})}, \qquad [23.]$$

wo der Charakter

$$\delta = \sum_{\psi} g_{\psi}\, \eta^* \qquad [24.]$$

von $\mathfrak{G}$ aus der R. Brauerschen Darstellung von χ entsteht, indem man die abelschen Charaktere ψ von Untergruppen $\mathfrak{H}$ durch die Hauptcharaktere η dieser Untergruppen $\mathfrak{H}$ ersetzt.

Durch [23.] ist das Verhalten des Hauptfaktors aus [6.] bei dem

Operator (a_p) festgestellt. Für eine unten in **6** zu machende Anwendung sei bemerkt, dass für diesen Teil des Beweises die in **4** bei der Definition der Anwendung von (a_p) im Falle $p = 2$ geforderte Kongruenz $a_p \equiv 1 \bmod. 4$ noch keine Rolle spielt.

Zur Vollendung des Beweises der Parameterregel [16.] bleibt jetzt noch zu zeigen, dass der aus den Quadratwurzeln $\sqrt{\mathfrak{N}_K(\mathfrak{d}_\mathfrak{p}(\Lambda/K))}$ gebildete *Zusatzfaktor* aus der Definitionsformel [6.] bei (a_p) das Verhalten

$$\Big(\prod_{\mathfrak{p}} \sqrt{\mathfrak{N}_K(\mathfrak{d}_\mathfrak{p}(\Lambda/K))}^{\,g_\mathfrak{p}}\Big)^{1-(a_p)} = |\delta|_\mathfrak{p}(a_p) \qquad [25.]$$

hat, wo δ durch [24.] erklärt ist. Das läuft wie bei [22.], [23.] auf den Nachweis zurück, dass die einzelnen Quadratwurzeln bei (a_p) das Verhalten

$$\sqrt{\mathfrak{N}_K(\mathfrak{d}_\mathfrak{p}(\Lambda/K))}^{\,1-(a_p)} = |\eta^*|_\mathfrak{p}(a_p) \qquad [26.]$$

haben. Dieser Nachweis kann folgendermassen geführt werden.

Die $\mathfrak{p}$-Potenz $\mathfrak{d}_\mathfrak{p}(\Lambda/K)$ bestimmt sich als der Beitrag von $\mathfrak{p}$ zur Diskriminante

$$d = d(\gamma_1, \ldots, \gamma_n)$$

einer $\mathfrak{p}$-Ganzheitsbasis $\gamma_1, \ldots, \gamma_n$ von Λ/K, wo $n = \frac{g}{h} = \eta^*(1)$ ist, also als

$$\mathfrak{d}_\mathfrak{p}(\Lambda/K) = \mathfrak{p}^{w_\mathfrak{p}(d)}, \qquad [27.]$$

und es ist dann der zu betrachtende Radikand

$$\mathfrak{N}_K(\mathfrak{d}_\mathfrak{p}(\Lambda/K)) = p^{f_\mathfrak{p} w_\mathfrak{p}(d)}, \qquad [28.]$$

wo $f_\mathfrak{p}$ der Grad von $\mathfrak{p}$ ist.

Der Operator (a_p) ist auf $\sqrt{\mathfrak{N}_K(\mathfrak{d}_\mathfrak{p}(\Lambda/K))}$ nach der Vorschrift aus **4** als Automorphismus von $P^{(p)}(i)/P(i)$ anzuwenden, und dazu ist im Falle $p = 2$ die Kongruenz $a_p \equiv 1 \bmod. 4$ gefordert, so dass in jedem Falle i bei (a_p) invariant ist. Wegen dieser Invarianz von i kann in der Behauptung [26.] im Falle $p \neq 2$ der Radikand $\mathfrak{N}_K(\mathfrak{d}_\mathfrak{p}(\Lambda/K))$ ohne

Änderung der linken Seite durch den mit einem Vorzeichenfaktor normierten

$$\mathfrak{N}_K\left(\mathfrak{d}_\mathfrak{p}(\Lambda/K)\right)^* \equiv 1 \bmod. 4$$

ersetzt werden, für den dann die Quadratwurzel $\sqrt{\mathfrak{N}_K\left(\mathfrak{d}_\mathfrak{p}(\Lambda/K)\right)^*}$ in $P^{(p)}$ selbst, nicht erst in $P^{(p)}(i)$ eingebettet ist. Im Falle $p = 2$, wo $P^{(p)}(i) = P^{(p)}$ ist, sei

$$\mathfrak{N}_K\left(\mathfrak{d}_\mathfrak{p}(\Lambda/K)\right)^* = \mathfrak{N}_K\left(\mathfrak{d}_\mathfrak{p}(\Lambda/K)\right)$$

verstanden.

Für die Anwendung des Automorphismus (a_p) auf die so normierte Quadratwurzel kommt es nur auf den Teilkörper $P\left(\sqrt{\mathfrak{N}_K\left(\mathfrak{d}_\mathfrak{p}(\Lambda/K)\right)^*}\right)$ von $P^{(p)}$ an. Der Vorzeichenfaktor, den $\sqrt{\mathfrak{N}_K\left(\mathfrak{d}_\mathfrak{p}(\Lambda/K)\right)^*}$ bei (a_p) bekommt, stellt sich demnach, im Hinblick auf die Darstellung [14'.] von (a_p) als das Normsymbol $\left(\frac{a_p,\, P^{(p)}/P}{p}\right)$, als das spezielle quadratische Normsymbol $\left(\frac{a_p,\, \mathfrak{N}_K\left(\mathfrak{d}_\mathfrak{p}(\Lambda/K)\right)^*}{p}\right)_2$ in P dar. Nach dem Gesagten hat man dann auch für die nicht normierte Quadratwurzel

$$\sqrt{\mathfrak{N}_K\left(\mathfrak{d}_\mathfrak{p}(\Lambda/K)\right)}^{\,1-(a_p)} = \left(\frac{a_p,\, \mathfrak{N}_K\left(\mathfrak{d}_\mathfrak{p}(\Lambda/K)\right)^*}{p}\right)_2. \qquad [29.]$$

Dieses quadratische Normsymbol drückt sich gemäss [28.] in der Form

$$\left(\frac{a_p,\, \mathfrak{N}_K\left(\mathfrak{d}_\mathfrak{p}(\Lambda/K)\right)^*}{p}\right)_2 = \left(\frac{a_p}{p}\right)_2^{f_\mathfrak{p} w_\mathfrak{p}(d)}$$

durch das quadratische Restsymbol für a_p in P aus, wobei für $p = 2$ die geforderte Kongruenz $a_p \equiv 1$ mod. 4 zu beachten ist. Für dieses quadratische Restsymbol gilt die Verlagerungsformel

$$\left(\frac{a_p}{p}\right)_2^{f_\mathfrak{p}} = \left(\frac{a_p}{\mathfrak{p}}\right)_2$$

von P auf K, und das entstehende quadratische Restsymbol für a_p in K ist nach [27.] entsprechend wie eben durch die Formel

$$\left(\frac{a_p, d}{\mathfrak{p}}\right)_2 = \left(\frac{a_p}{\mathfrak{p}}\right)_2^{w_{\mathfrak{p}}(d)}$$

mit dem quadratischen Normsymbol für a_p, d in K verbunden.

Zusammengenommen hat man hiernach für das in [29.] auftretende quadratische Normsymbol die Verlagerungsformel

$$\left(\frac{a_p, \mathfrak{N}_K(\mathfrak{d}_p(\Lambda/K))^*}{p}\right)_2 = \left(\frac{a_p, d}{\mathfrak{p}}\right)_2$$

von P auf K. Aus [29.] folgt damit

$$\sqrt{\mathfrak{N}_K(\mathfrak{d}_p(\Lambda/K))}^{\,1-(a_p)} = \left(\frac{a_p, d}{\mathfrak{p}}\right)_2. \qquad [30.]$$

Nun ist $\sqrt{d}$ als die Konjugiertendeterminante der $\mathfrak{p}$-Ganzheitsbasis $\gamma_1, \ldots, \gamma_n$ von Λ/K in den Normalkörper N/K und damit auch schon in dessen maximalen abelschen Teilkörper K'/K eingebettet. Demgemäss ist analog wie vorher das spezielle quadratische Normsymbol $\left(\frac{a_p, d}{\mathfrak{p}}\right)_2$ der Vorzeichenfaktor, den $\sqrt{d}$ bei dem durch das Normsymbol $\left(\frac{a_p, K'/K}{\mathfrak{p}}\right)$ dargestellten Automorphismus von K'/K bekommt. Allgemein stellt sich aber der Vorzeichenfaktor, den die Konjugiertendeterminante $\sqrt{d}$ bei einem Automorphismus G aus $\mathfrak{G}$ bekommt, als das Signum der durch G bewirkten Permutation der $n = \eta^*(1)$ Konjugierten von Λ/K dar, d. h. als die gemäss [17.] gebildete Determinante $|D_{\eta^*}(G)| = |\eta^*|(G)$ aus der durch den Hauptcharakter η von $\mathfrak{H}$ induzierten Permutationsdarstellung D_{η^*} von $\mathfrak{G}$; dabei kommt es natürlich nur auf die Restklasse von G nach der Invarianzgruppe $\mathfrak{G}'$ von K' (Kommutatorgruppe von $\mathfrak{G}$) an. Auf die durch $\left(\frac{a_p, K'/K}{\mathfrak{p}}\right)$ dargestellte Restklasse nach $\mathfrak{G}'$ angewandt ergibt das gemäss [18.] die Gleichheit

$$\left(\frac{a_p, d}{\mathfrak{p}}\right)_2 = |\eta^*| \left(\frac{a_p, K'/K}{\mathfrak{p}}\right) = |\eta^*|_{\mathfrak{p}}(a_p), \qquad [31.]$$

und damit nach [30.] die noch zu beweisende Behauptung [26.].

6. *Anwendung der Parameterregel auf die Unabhängigkeitsfrage und die Regel für den Übergang zum konjugiert-komplexen Charakter.*— Mittels der Parameterregel [16.] lässt sich zunächst ein Beitrag zu der in **2** aufgeworfenen Frage nach der Abhängigkeit der Komponente $\tau_{\mathfrak{p}}(\chi, N/K)$ für eine endliche Primstelle $\mathfrak{p}$ von K von der für χ zugrundegelegten R. Brauerschen Darstellung [1.] geben.

Bei einer R. Brauerschen Darstellung [1_0.] des Nullcharakters 0 von $\mathfrak{G}$ ist die linke Seite der fraglichen Relation [10.] ein möglicher Ausdruck für die Komponente $\tau_{\mathfrak{p}}(0, N/K)$. Nach der Parameterregel [16.] und dem vor ihrer Formulierung in **4** Gesagten bekommt dieser Ausdruck sicher bei allen Automorphismen (a_p) von $\mathfrak{Q}_{\mathfrak{p}} P^{(p)}(i)/\mathfrak{Q}_{\mathfrak{p}}(i)$ die Faktoren $|0|_{\mathfrak{p}}(a_p)$. Wegen der Linearität der Charakterfunktion $|\chi|$ ist aber $|0| = \varepsilon$ der Hauptcharakter von $\mathfrak{G}$. Daher ist durchweg $|0|_{\mathfrak{p}}(a_p) = 1$. Somit liegt der fragliche Ausdruck [10.] im Teilkörper $\mathfrak{Q}_{\mathfrak{p}}(i)$ von $\mathfrak{Q}_{\mathfrak{p}} P^{(p)}(i)$.

Nach der in **3** bewiesenen Betragregel [12.] hat dieser Ausdruck [10.] ferner den Betrag 1.

Dies sind zwei Bestandteile einer arithmetischen Kennzeichnung des Ausdrucks [10.]. Als weiterer Bestandteil wäre dann seine Primzerlegung in $\mathfrak{Q}_{\mathfrak{p}}(i)$ nebst multiplikativen Kongruenzwerten nach den Primdivisoren von p in Betracht zu ziehen, deren Behandlung in dieser Abhandlung beiseite gelassen wurde. Es ist zu erwarten, dass durch ihre Hinzunahme der Ausdruck [10.] sich als eine blosse Potenz von i kennzeichnen lässt. Damit wäre dann die in **2** ausgesprochene Vermutung bestätigt, dass die Komponenten $\tau_{\mathfrak{p}}(\chi, N/K)$ auch für die endlichen $\mathfrak{p}$ von der ihrer Definition [6.] zugrundegelegten R. Brauerschen Darstellung [1.] bis auf i-Potenzfaktoren unabhängig sind, wie das für die unendlichen $\mathfrak{p}$ nach [13.] trivialerweise der Fall ist.

Wie schon in § 5, **5** gesagt, dürfte die gleiche Methode auch zu einer Beantwortung der dort aufgeworfenen Fragen (III.) und (IV a.), (IV b.) nach der arithmetischen Struktur der Komponenten $\tau_{\mathfrak{p}}(\chi, N/K)$ führen.

Aus der Parameterregel [16.], oder vielmehr aus der im ersten Teil ihres Beweises in **5** erhaltenen Formel [23.] für das Verhalten des Hauptfaktors, lässt sich ferner auch die Regel für den Übergang zum konjugiert-komplexen Charakter $\bar{\chi}$ in den Komponenten $\tau_{\mathfrak{p}}(\chi, N/K)$ gewinnen. Diese Regel erweist sich als abhängig von der für χ zugrundegelegten R. Brauerschen Darstellung [1.], wie das ja zu erwarten ist, wenn die Komponenten nur bis auf i-Potenzfaktoren festliegen. Als R. Brauersche Darstellung für $\bar{\chi}$ sei diejenige zugrundegelegt, die sich aus der für χ durch Übergang zu den konjugiert-komplexen Charakteren ψ ergibt, bei der also die ganzrationalen Koeffizienten g_ψ dieselben sind.

Für die *endlichen* $\mathfrak{p}$ kann das Verhalten der abelschen Gaußschen Summe im Kleinen $\tau_\mathfrak{p}(\chi_\mathfrak{p})$ nach der Übergangsregel [23.] aus § 6, 4 mittels der Parameterregel [15.] in der Gestalt

$$\tau_\mathfrak{p}(\bar{\chi}_\mathfrak{p}) = \chi_\mathfrak{p}(-1)\,\overline{\tau_\mathfrak{p}(\chi_\mathfrak{p})} = \overline{\tau_\mathfrak{p}(\chi_\mathfrak{p})^{(-1)}}$$

geschrieben werden, wo (-1) den Operator (a_p) mit $a_p = -1$ bedeutet. Nach der Formel [23.], die wie gesagt von der Einschränkung $a_p \equiv 1 \bmod. 4$ für $p = 2$ frei ist, geht daher der Hauptfaktor aus der Definitionsgleichung [6.] in seinen konjugiert-komplexen Wert mit dem Vorzeichenfaktor $\dfrac{|\chi|_\mathfrak{p}(-1)}{|\delta|_\mathfrak{p}(-1)}$ über. Da der Zusatzfaktor bei dem betrachteten Übergang erhalten bleibt und reell ist, ergibt sich somit für die galoissche Gaußsche Summe im Kleinen $\tau_\mathfrak{p}(\chi, N/K)$ die Übergangsregel

$$\tau_\mathfrak{p}(\bar{\chi}, N/K) = \frac{|\chi|_\mathfrak{p}(-1)}{|\delta|_\mathfrak{p}(-1)}\,\overline{\tau_\mathfrak{p}(\chi, N/K)}, \qquad [32.]$$

wo δ der aus der R. Brauerschen Darstellung von χ nach der Vorschrift [24.] gebildete Charakter ist.

Hierin ist der Vorzeichenfaktor $|\delta|_\mathfrak{p}(-1)$, im Gegensatz zu $|\chi|_\mathfrak{p}(-1)$, von der für χ zugrundegelegten R. Brauerschen Darstellung abhängig. Er lässt sicht nicht auf Grund der Formel [31.], entsprechend der Invarianz des Zusatzfaktors, als 1 erweisen, auch nicht für $p \neq 2$, weil die Quadratwurzeln

$$\sqrt{\mathfrak{N}_K\big(\mathfrak{d}_\mathfrak{p}(\Lambda/K)\big)} \quad \text{für} \quad \mathfrak{N}_K\big(\mathfrak{d}_\mathfrak{p}(\Lambda/K)\big) \equiv -1 \bmod. 4$$

bei dem Operator (-1) definitionsgemäss den Faktor -1 bekommen, während sie doch bei dem hier betrachteten Übergang invariant sind.

Für die *unendlichen* $\mathfrak{p}$ hat man nach [13.] einfach

$$\tau_\mathfrak{p}(\bar{\chi}, N/K) = \tau_\mathfrak{p}(\chi, N/K).$$

Man kann jedoch diese Übergangsregel, entsprechend wie in [23.] aus § 6, **4**, auch in der zu [32.] analogen Gestalt

$$\tau_{\mathfrak{p}}(\bar{\chi}, N/K) = \frac{1}{|\delta|_{\mathfrak{p}}(-1)} \overline{\tau_{\mathfrak{p}}(\chi, N/K)} \qquad [32'.]$$

schreiben. Dies sieht man folgendermassen ein.

Beim Übergang zum konjugiert-komplexen Wert bekommt die Quadratwurzel $\sqrt{\mathfrak{N}_K(\mathfrak{d}_{\mathfrak{p}}(\Lambda/K))}$ den Vorzeichenfaktor $\left(\frac{-1, \mathfrak{N}_K(\mathfrak{d}_{\mathfrak{p}}(\Lambda/K))}{p_\infty}\right)_2$. Nach den Definitionen in § 2, **2**, **3** und § 5, **2** ist nun

$$\mathfrak{N}_K(\mathfrak{d}_{\mathfrak{p}}(\Lambda/K)) = (-1)^{\nu_{\mathfrak{p}}(\Lambda/K)},$$

wo

$$\nu_{\mathfrak{p}}(\Lambda/K) = \begin{cases} \text{Anzahl der komplexen } \mathfrak{q} | \mathfrak{p} \text{ in } \Lambda/K & \text{für reelles } \mathfrak{p} \\ 0 & \text{für komplexes } \mathfrak{p} \end{cases},$$

und dieser Ausdruck stimmt für reelles $\mathfrak{p}$ mit dem Vorzeichen für $\mathfrak{p}$ der Diskriminante $d = d(\gamma_1, \ldots \gamma_n)$ einer Basis von Λ/K überein. Daher kann der in Rede stehende Vorzeichenfaktor in der Form $\left(\frac{-1, d}{\mathfrak{p}}\right)_2$ geschrieben werden, trivialerweise auch für komplexes $\mathfrak{p}$. Nach dem oben in **5** von [30.] zu [31.] führenden Schlussverfahren ist er also gleich $|\eta^*|_{\mathfrak{p}}(-1)$, was wie bei [25.], [26] die Behauptung [32'.] ergibt.

Es sei hier noch folgende Bemerkung angeschlossen. Die Übergangsregeln [32.], [32'.] für die galoisschen Gaußschen Summen im Kleinen $\tau_{\mathfrak{p}}(\chi, N/K)$ müssen sich, der Komponentenzerlegung [5.] entsprechend, zu der Übergangsregel [16'.] aus § 5, **5** zusammensetzen. Bei dieser Zusammensetzung fassen sich die Vorzeichenfaktoren $|\delta|_{\mathfrak{p}}(-1)$, $|\chi|_{\mathfrak{p}}(-1)$ nach den Formeln [4.], [6.] aus § 6, **2** folgendermassen zusammen

$$\prod_{\mathfrak{p}} |\delta|_{\mathfrak{p}}(-1) = |\delta|[-1] = 1,$$

$$\prod_{\mathfrak{p}\,\text{endl.}} |\chi|_{\mathfrak{p}}(-1) = \prod_{\mathfrak{p}\,\text{unendl.}} |\chi|_{\mathfrak{p}}(-1).$$

Die Zusammensetzung ergibt demnach die Übergangsregel in der Gestalt

$$\tau(\bar{\chi}, N/K) = \prod_{\mathfrak{p}\,\text{unendl.}} |\chi|_{\mathfrak{p}}(-1) \cdot \overline{\tau(\chi, N/K)}.$$

Der Vergleich mit der Gestalt [16.′] aus § 5, **5** liefert die Identität

$$\mathfrak{N}_K\left(\mathfrak{f}_\infty(\chi, N/K)\right) = \prod_{\mathfrak{p}\,\text{unendl.}} |\chi|_{\mathfrak{p}}(-1). \qquad [33.]$$

Man kann diese Identität auch leicht direkt bestätigen, nämlich aus der in § 3, **2** gegebenen Definition des Führerbeitrags einer unendlichen Primstelle $\mathfrak{p}$ folgern, dass sogar komponentenweise die Identität

$$\mathfrak{N}_K\left(\mathfrak{f}_{\mathfrak{p}}(\chi, N/K)\right) = |\chi|_{\mathfrak{p}}(-1) \qquad [33_0.]$$

gilt. Die Identität [33.] ist die Verallgemeinerung der Beziehung [24.] aus § 6, **4** von abelschen auf galoissche Charaktere χ, und überhaupt ist der eben besprochene Sachverhalt hinsichtlich der Übergangsregel [32.], [32.′] im galoisschen Fall ganz analog zu dem in § 6, **4** bei [23.] besprochenen Sachverhalt im abelschen Fall.

Die vorstehende Bemerkung leitet zu der allgemeineren Frage über, wie sich die Parameterregel [16.] für die galoissche Gaußsche Summe im Kleinen $\tau_{\mathfrak{p}}(\chi, N/K)$ vermöge der Komponentenzerlegung [5.] zu einer Parameterregel für die galoissche Gaußsche Summe im Grossen $\tau(\chi, N/K)$ zusammensetzt. Hierzu ist folgendes zu sagen. Im abelschen Falle hat man neben der normierten eigentlichen Gaußschen Summe $\tau_K(\chi)$ auch noch die allgemeineren, mit Hilfsdivisor und Parameter belasteten Gaußschen Summen, wie sie in *Hasse* [4] behandelt sind. Im galoisschen Falle dagegen liefert die Funktionalgleichung der L-Funktion gemäss [7.′] aus § 5, **3** nur das Analogon $\tau(\chi, N/K)$ der normierten eigentlichen Gaußschen Summe. Eine Definition des Analogons der allgemeineren galoisschen Gaußschen Summen kann man demgemäss nur durch Zurückgehen auf den abelschen Fall nach dem Schema [10.] aus § 5, **3** gewinnen. Um daraus dann eine organische Theorie der Hilfsdivisor- und Parameterreduktion im galoisschen Falle zu entwikkeln, erscheint es geboten, zunächst einmal die im abelschen Falle vorliegende Theorie aus *Hasse* [4] durch Verwendung der ideltheoretischen

Methodik aus § 6, **2** entsprechend zu glätten, wie das in § 6, **3** für die Komponentenzerlegung geschehen ist. Dabei wären statt der hier nur behandelten Idele $a = \sum_{\mathfrak{p}} a_{\mathfrak{p}}\, 1_{\mathfrak{p}}$ von P allgemeiner Idele von K in Betracht zu ziehen. Diese Aufgabe soll aber in der vorliegenden Abhandlung nicht weiter verfolgt werden, sondern einer späteren Untersuchung vorbehalten bleiben.

§ 9. PRODUKTRELATIONEN ZWISCHEN ABELSCHEN GAUSSSCHEN SUMMEN

1. *Produktrelation im Grossen.*—Es sei jetzt speziell N/K ein *abelscher* Relativkörper mit der Galoisgruppe $\mathfrak{G}$. Dann spezialisiert sich die Definitionsformel [1.] aus § 1, **1** für den induzierten Charakter zu

$$\psi^*(G) = \frac{g}{h}\,\psi(G), \quad \text{wo } \psi(G) = 0 \text{ für } G \text{ nicht in } \mathfrak{H}. \qquad [1.]$$

Wie man aus dieser Formel und den bekannten Charakterrelationen —oder auch aus den Frobeniusschen Reziprozitätsformeln—erkennt, ist dann für einen einfachen Charakter ψ von $\mathfrak{H}$ die Zerlegung des induzierten ψ^* in einfache Charaktere von $\mathfrak{G}$ durch

$$\psi^* = \sum_{\chi \text{ nach } \mathfrak{H}} \chi\,\psi' \qquad [2.]$$

gegeben, wo χ die einfachen Charaktere von $\mathfrak{G}/\mathfrak{H}$ durchläuft und ψ' eine Fortsetzung auf $\mathfrak{G}$ des Charakters ψ von $\mathfrak{H}$ bedeutet, die unter den sämtlichen $\frac{g}{h}$ solchen Fortsetzungen $\chi\psi'$ willkürlich ausgewählt ist. Hierbei kann ψ' ein beliebiger einfacher Charakter von $\mathfrak{G}$ sein und in der Auffassung vorangestellt werden, da ja jeder solche als Fortsetzung eines durch ihn eindeutig bestimmten einfachen Charakters ψ von $\mathfrak{H}$ angesehen werden kann. Die in der Festsetzung aus [1.] begründete, für [2.] bei dieser letzteren Auffassung überflüssige Bezeichnungsunterscheidung zwischen ψ und ψ' sei im folgenden aus Gründen der begrifflichen Klarheit beibehalten. Nachstehend sollen χ, ψ', ψ durchweg die hier erklärte Bedeutung haben.

Nach [2.] werden die Induktionsregeln [13.] aus § 5, 4 für den hier betrachteten abelschen Spezialfall zu

$$\prod_{\chi \text{ nach } \mathfrak{H}} T_K(\chi\psi') = T_\Lambda(\psi), \qquad [3.]$$

$$\prod_{\chi \text{ nach } \mathfrak{H}} \tau_K(\chi\psi') = \sqrt{\mathfrak{N}_K\left(\tilde{\mathfrak{d}}(\Lambda/K)\right)}\; \tau_\Lambda(\psi). \qquad [4.]$$

Die Fomel [3.] entspricht ihrer Gestalt nach der bekannten klassenkörpertheoretischen Zerlegung

$$\prod_{\chi \text{ nach } \mathfrak{H}} L_K(s|\chi\psi') = L_\Lambda(s|\psi)$$

der L-Funktionen, speziell für den Hauptcharakter η von $\mathfrak{H}$ der Zerlegung

$$\prod_{\chi \text{ nach } \mathfrak{H}} L_K(s|\chi) = \zeta_\Lambda(s)$$

der Zetafunktion eines abelschen Relativkörpers Λ/K. Die Formel [4.] entspricht analog nach ihrer Gestalt dem Übergang zur Absolutnorm in der klassenkörpertheoretischen Führerdiskriminantenformel

$$\prod_{\chi \text{ nach } \mathfrak{H}} \tilde{\mathfrak{f}}_K(\chi\psi') = \tilde{\mathfrak{d}}(\Lambda/K)\, N_{\Lambda/K}\left(\tilde{\mathfrak{f}}_\Lambda(\psi)\right),$$

speziell für den Hauptcharakter η von $\mathfrak{H}$ in dem eigentlichen Führerdiskriminantensatz

$$\prod_{\chi \text{ nach } \mathfrak{H}} \tilde{\mathfrak{f}}_K(\chi) = \tilde{\mathfrak{d}}(\Lambda/K)$$

zum abelschen Relativkörper Λ/K.

Um den Kovarianzfaktor $\sqrt{\mathfrak{N}_K\left(\tilde{\mathfrak{d}}(\Lambda/K)\right)}$ in der hier interessierenden Formel [4.] zu eliminieren, werde die Formel für ψ durch die Formel für den Spezialfall η dividiert. Im Hinblick auf $\tau_\Lambda(\eta) = 1$ ergibt sich dann die Produktrelation

$$\prod_{\chi \text{ nach } \mathfrak{H}} \frac{\tau_K(\chi\psi')}{\tau_K(\chi)} = \tau_\Lambda(\psi) \qquad [5.]$$

zwischen abelschen Gaußschen Summen im Grossen, mit den klassenkörpertheoretischen Seitenstücken

$$\prod_{\chi \text{ nach } \mathfrak{B}} \frac{L_K(s|\chi\psi')}{L_K(s|\chi)} = \frac{L_\Lambda(s|\psi)}{\zeta_\Lambda(s)},$$

$$\prod_{\chi \text{ nach } \mathfrak{B}} \frac{\mathfrak{N}_K\left(\tilde{\mathfrak{f}}_K(\chi\psi')\right)}{\mathfrak{N}_K\left(\tilde{\mathfrak{f}}_K(\chi)\right)} = \mathfrak{N}_\Lambda\left(\tilde{\mathfrak{f}}_\Lambda(\psi)\right),$$

von denen nur das letztere vermöge $\mathfrak{f}_\Lambda(\eta) = 1$ bei diesem Eliminationsprozess einfachere Gestalt bekommen hat, während bei dem ersteren wegen $L_\Lambda(s|\eta) = \zeta_\Lambda(s)$ die ursprüngliche Gestalt die einfachere ist.

Die Quelle für den Beweis der Induktionsregeln [3.], [4.] und damit der hier zu betrachtenden Produktrelation [5.] ist, wie zu Beginn von § 5, **5** hervorgehoben wurde, die analytische Funktionalgleichung für die entsprechenden L-Funktionen. Ein rein algebraischer Beweis, als Identität in den arithmetischen Definitionsformeln der eingehenden Gaußschen Summen, ist bisher nicht bekannt. Die folgenden Ausführungen sollen einen algebraisch-arithmetischen Beweis der Produktrelation [5.] für den Spezialfall erbringen, dass der abelsche Relativkörper N/K *regulär verzweigt* in dem unten in **3** erklärten Sinne ist.

2. *Produktrelation im Minimalen.*—Die Relation [5.] ist vom selben Typus wie die Produktrelation zwischen Gaußschen Summen im Minimalen, die in *Davenport* [1]-*Hasse* [3] aus der Deutung als Nullstellen von Kongruenz-L-Funktionen gewonnen und dann auch rein arithmetisch bewiesen wurde. In der Auffassungs- und Bezeichnungsweise aus § 7, **2** (jetzt aber nicht wie dort durch Weglassen der Indizes $\mathfrak{p}$ abgekürzt) lautet diese Relation folgendermassen:

$$\prod_{{}^0\chi_\mathfrak{p}^m = {}^0\varepsilon} \frac{{}^0\tau_\mathfrak{p}({}^0\chi_\mathfrak{p}\,{}^0\psi_\mathfrak{p})}{{}^0\tau_\mathfrak{p}({}^0\chi_\mathfrak{p})} = {}^0\tau_\mathfrak{p}^{(m)}({}^0\psi_\mathfrak{p}^m) = {}^0\psi_\mathfrak{p}^{-m}(m)\,{}^0\tau_\mathfrak{p}({}^0\psi_\mathfrak{p}^m). \qquad [6.]$$

Dabei ist ${}^0\psi_\mathfrak{p}$ ein beliebiger Charakter der primen Restklassengruppe mod. $\mathfrak{p}$ für eine endliche Primstelle $\mathfrak{p}$ von K, ferner durchläuft ${}^0\chi_\mathfrak{p}$ alle Charaktere irgendeiner Untergruppe vom in $\mathfrak{N}_K(\mathfrak{p})-1$ aufgehenden Index m, die dann durch ${}^0\chi_\mathfrak{p}^m = {}^0\varepsilon_\mathfrak{p}$ gekennzeichnet ist, und der Operator (m) bedeutet, analog wie (a_p) in § 8, **4**, hier den Automorphismus der Potenzierung mit m der p-ten Einheitswurzeln unter Festhaltung der Charakterwerte.[1]

Eine formale Abweichung zwischen den Relationen [5.] und [6.] liegt auf den rechten Seiten vor, indem in [5.] die Gaußsche Summe $\tau_\Lambda(\psi)$ auf den der Untergruppe $\mathfrak{H}$ zugeordneten abelschen Erweiterungskörper Λ/K, in [6.] dagegen die Gaußsche Summe ${}^{\circ}\tau^{(m)}({}^{\circ}\psi^{m})$ ebenfalls auf den Grundkörper K mod. $\mathfrak{p}$ bezogen, dafür aber mit der m-ten Potenz von ${}^{\circ}\psi_{\mathfrak{p}}$ gebildet und noch dem Automorphismus (m) unterworfen ist.

Es ist zu vermuten, dass die Produktrelation [5.] sich als Folge der Produktrelationen [6.] für die einzelnen endlichen Primstellen $\mathfrak{p}$ von K erweist, indem man die eingehenden abelschen Gaußschen Summen im Grossen durch Komponentenzerlegung nach § 6, **2** auf solche im Kleinen und diese weiter nach § 7, **3**—**6** auf solche im Minimalen reduziert.

Zur Beseitigung der hervorgehobenen formalen Abweichung auf den rechten Seiten wird dabei die bei *Davenport* [1]-*Hasse* [3] aus der gleichen analytischen Quelle wie [6.] gewonnene, dort ebenfalls dann auch rein arithmetisch bewiesene Verlagerungsrelation heranzuziehen sein, die in der hier zugrundegelegten Auffassungs-und Bezeichnungsweise folgendermassen lautet[2]:

$$ {}^{\circ}\tau_{\mathfrak{q}}\left(N_{\mathfrak{p}\backslash\mathfrak{q}}({}^{\circ}\psi_{\mathfrak{p}})\right) = \begin{cases} {}^{\circ}\tau_{\mathfrak{p}}({}^{\circ}\psi_{\mathfrak{p}})^{f_{\mathfrak{q}}} & \text{für } {}^{\circ}\psi_{\mathfrak{p}} = {}^{\circ}\varepsilon_{\mathfrak{p}} \\ (-1)^{f_{\mathfrak{q}}-1}\,{}^{\circ}\tau_{\mathfrak{p}}({}^{\circ}\psi_{\mathfrak{p}})^{f_{\mathfrak{q}}} & \text{für } {}^{\circ}\psi_{\mathfrak{p}} \neq {}^{\circ}\varepsilon_{\mathfrak{p}} \end{cases}. \qquad [7.] $$

Dabei bedeutet $\mathfrak{q}$ einen Primteiler von $\mathfrak{p}$ vom Relativgrade $f_{\mathfrak{q}}$ in einem endlich-algebraischen Erweiterungskörper Λ/K und $N_{\mathfrak{p}\backslash\mathfrak{q}}({}^{\circ}\psi)_{\mathfrak{p}}$ denjenigen Charakter von Λ mod. $\mathfrak{q}$, der dem Charakter ${}^{\circ}\psi_{\mathfrak{p}}$ von K mod. $\mathfrak{p}$ durch die Festsetzung

$$ \left(N_{\mathfrak{p}\backslash\mathfrak{q}}({}^{\circ}\psi_{\mathfrak{p}})\right)({}^{\circ}\xi_{\mathfrak{q}}) = {}^{\circ}\psi_{\mathfrak{p}}\left(N_{\mathfrak{q}/\mathfrak{p}}({}^{\circ}\xi_{\mathfrak{q}})\right) $$

---

[1] Wie man sofort sieht, behält die Produktrelation aus *Davenport* [1]-*Hasse* [3] ihre dortige Gestalt trotz der in § 7, **2** (Fussnote) besprochenen abweichenden Definition der Gaußschen Summen (Faktoren -1 für Nichthauptcharaktere) unverändert bei, da in ihr ungeradviele Gaußsche Summen und ungeradviele Hauptcharaktere (nämlich einer für ${}^{\circ}\psi_{\mathfrak{p}}^{m} \neq {}^{\circ}\varepsilon_{\mathfrak{p}}$ und drei für ${}^{\circ}\psi_{\mathfrak{p}} = {}^{\circ}\varepsilon_{\mathfrak{p}}^{m}$) vorkommen.

[2] Hier treten gegenüber *Davenport* [1]-*Hasse* [3] für Nichthauptcharaktere Vorzeichenfaktoren hinzu.

zugeordnet ist, wo $N_{\mathfrak{q}/\mathfrak{p}}$ die Relativnorm für Λ mod. $\mathfrak{q}$ / K mod. $\mathfrak{p}$ bezeichnet. Diese Zuordnung $\psi_{\mathfrak{p}} \rightarrow N_{\mathfrak{p}\backslash\mathfrak{q}}({}^{0}\psi_{\mathfrak{p}})$ ist ein Isomorphismus der Charaktergruppe von K mod. $\mathfrak{p}$ in die Charaktergruppe von Λ mod. $\mathfrak{q}$.

3. *Zusammenhang zwischen den Produktrelationen im Grossen und im Minimalen für den regulär-verzweigten Spezialfall.*—Die in **2** ausgesprochene Vermutung über den Zusammenhang zwischen der Relation [5.] über K und den Relationen [6.], [7.] über den einzelnen K mod. $\mathfrak{p}$ soll hier, wie schon am Schluss von **1** gesagt, nur unter der vereinfachenden Voraussetzung bewiesen werden, dass der abelsche Relativkörper N/K *regulär-verzweigt* ist, d. h. dass für jede endliche Primstelle $\mathfrak{p}$ von K die zu N/K für $\mathfrak{P}|\mathfrak{p}$ gebildeten höheren Verzweigungsgruppen $\mathfrak{V}_1, \mathfrak{V}_2, \ldots = 1$ sind, wie das für die unendlichen Primstellen $\mathfrak{p}$ von K definitionsgmäss von selbst der Fall ist. Dann sind für jeden einfachen Charakter χ von $\mathfrak{G}$ alle Führerbeiträge

$$\mathfrak{f}_{\mathfrak{p}}(\chi) = \mathfrak{f}(\chi_{\mathfrak{p}}) = \mathfrak{p}^{\chi(\mathfrak{e}'(\mathfrak{V}_0))} = \mathfrak{p}^0 \text{ oder } \mathfrak{p}^1,$$

d. h. für den zugeordneten Kongruenzcharakter χ in K sind die Komponenten $\chi_{\mathfrak{p}}$ reguläre Kongruenzcharaktere in den $K_{\mathfrak{p}}$ im Sinne von § 7, **2**, so dass sich die ihnen zugeordneten Gaußschen Summen im Kleinen $\tau_{\mathfrak{p}}(\chi_{\mathfrak{p}})$ nach den einfachen Gesetzen aus § 7, **3**, **4** auf die Gaußschen Summen im Minimalen ${}^{0}\tau_{\mathfrak{p}}({}^{0}\varepsilon_{\mathfrak{p}})$ oder ${}^{0}\tau_{\mathfrak{p}}({}^{0}\chi_{\mathfrak{p}})$ reduzieren[1]:

$$\tau_{\mathfrak{p}}(\chi_{\mathfrak{p}}) = \chi_{\mathfrak{p}}\left(\frac{1}{\Phi(\chi_{\mathfrak{p}})}\right) {}^{0}\tau_{\mathfrak{p}}({}^{0}\chi_{\mathfrak{p}}) \qquad [8.]$$

mit

$$\Phi(\chi_{\mathfrak{p}}) \cong \mathfrak{F}(\chi_{\mathfrak{p}}) = \mathfrak{D}(K_{\mathfrak{p}})\, \mathfrak{f}(\chi_{\mathfrak{p}}) = \left\{ \begin{array}{ll} \mathfrak{D}(K_{\mathfrak{p}}) & \text{für } {}^{0}\chi_{\mathfrak{p}} = {}^{0}\varepsilon_{\mathfrak{p}} \\ \mathfrak{D}(K_{\mathfrak{p}})\,\mathfrak{p} & \text{für } {}^{0}\chi_{\mathfrak{p}} \neq {}^{0}\varepsilon_{\mathfrak{p}} \end{array} \right\} \qquad [9.]$$

und

$$S_{K_{\mathfrak{p}}/T_{\mathfrak{p}}}\left(\frac{1}{\Phi(\chi_{\mathfrak{p}})}\right) \equiv \frac{1}{p} \text{ mod.}^{+} 1 \text{ für } {}^{0}\chi_{\mathfrak{p}} \neq {}^{0}\varepsilon_{\mathfrak{p}}, \qquad [9'.]$$

wo $T_{\mathfrak{p}}$ der Trägheitskörper von $K_{\mathfrak{p}}$ ist. Da mit N/K auch die Faktor-

---

[1] In dieser Ausschaltung der komplizierteren Lamprechtschen Reduktionsformeln aus § 7, **5**, **6** liegt die vereinfachende Wirkung der über N/K eingeführten Regularitätsvoraussetzung für die nachstehende, auch so noch einigermassen verwickelte Schlusskette.

normalkörper N/Λ regulär-verzweigt sind, gilt Entsprechendes auch für die einfachen Charaktere ψ der Untergruppen $\mathfrak{H}$ von $\mathfrak{G}$.

Es seien zunächst folgende Folgerungen aus der Komponentendefinitionsformel [3.] in § 6, 2 hervorgehoben. Es durchlaufe χ alle einfachen Charaktere der nach Voraussetzung abelschen Galoisgruppe $\mathfrak{G}$

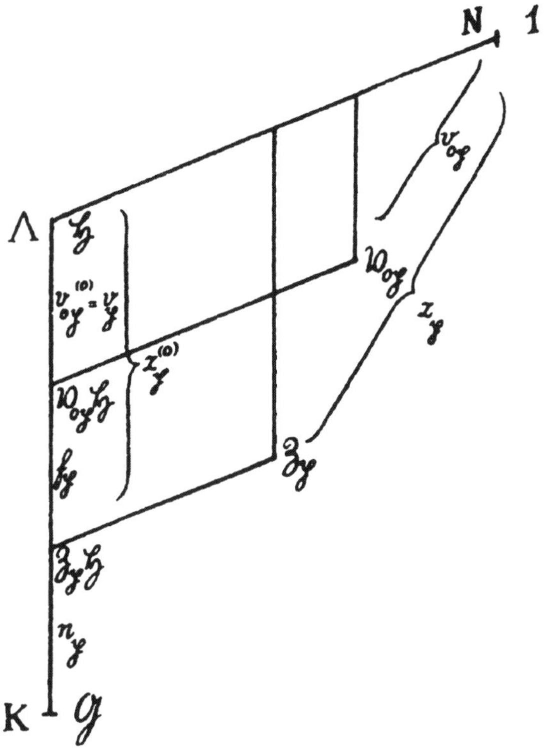

Fig. 4_1.

von N/K. Dann durchläuft die Komponente $\chi_\mathfrak{p}$ für eine feste endliche Primstelle $\mathfrak{p}$ von K alle Charaktere der Zerlegungsgruppe $\mathfrak{Z}_\mathfrak{p}$ für $\mathfrak{p}$ zu N/K, also der Galoisgruppe von $N^\mathfrak{p}/K_\mathfrak{p}$, und zwar jeden solchen $\dfrac{g}{z_\mathfrak{p}}$ mal. Ferner durchläuft der gemäss § 7, 2 (tabellarisches Schema) zugeordnete Charakter ${}^0\chi_\mathfrak{p}$ von K mod. $\mathfrak{p}$ (oder auch $K_\mathfrak{p}$ mod. $\mathfrak{p}$) alle Charaktere der Trägheitsgruppe $\mathfrak{V}_{0\mathfrak{p}}$ für $\mathfrak{p}$ zu N/K (oder auch $N^\mathfrak{p}/K_\mathfrak{p}$), und zwar jeden solchen $\dfrac{g}{v_{0\mathfrak{p}}}$ mal. Beschränkt man χ, wie in der zu betrachtenden Relation [5.], auf alle Charaktere einer Faktorgruppe $\mathfrak{G}/\mathfrak{H}$, so treten in diesen Aussagen statt der auf N/K bezüglichen Gruppen $\mathfrak{Z}_\mathfrak{p}$, $\mathfrak{V}_{0\mathfrak{p}}$ die auf Λ/K bezüglichen Gruppen $\mathfrak{Z}_\mathfrak{p}\mathfrak{H}/\mathfrak{H}$, $\mathfrak{V}_{0\mathfrak{p}}\mathfrak{H}/\mathfrak{H}$, mit den entsprechend gebildeten Vielfachheiten $n_\mathfrak{p} = \frac{g}{h\, z^{(0)}_\mathfrak{p}}$, $f_\mathfrak{p}\, n_\mathfrak{p} = \frac{g}{h\, v^{(0)}_{0\mathfrak{p}}}$ gemäss der in Fig. 4_1 schematisch darge stellten arithmetisch-gruppentheoretischen Situation. In Fig. 4_2. 4_3 ist weiter der Trägheitskörper $\Lambda_0^\mathfrak{p}$ von $\Lambda^\mathfrak{p}/K_\mathfrak{p}$ hervorgehoben, nebst seinem Restklassenkörper $\Lambda_0^\mathfrak{p}$ mod. $\mathfrak{p}$, der bereits den Restklassenkörper $\Lambda^\mathfrak{p}$ mod. $\mathfrak{q}$ für die $\mathfrak{q}|\mathfrak{p}$ in Λ/K liefert.

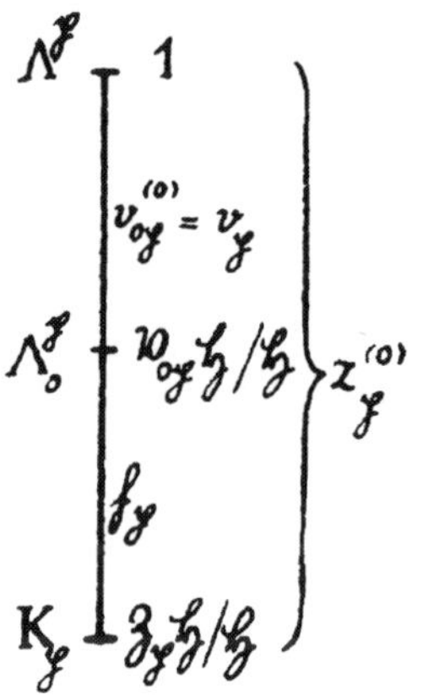

Fig. 4_2.

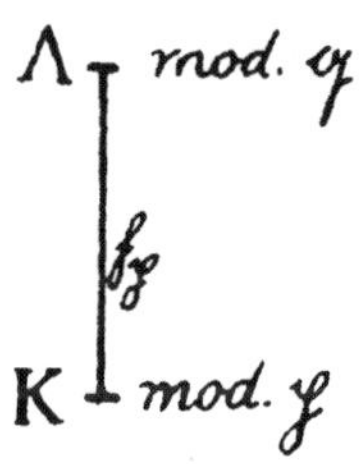

Fig. 4_3.

Die zur Abkürzung eingeführten Zahlen $n_\mathfrak{p}, f_\mathfrak{p}, v_\mathfrak{p} = v^{(0)}_{0\mathfrak{p}}$ haben folgende Bedeutung. In Λ/K zerfällt $\mathfrak{p}$ in $n_\mathfrak{p}$ Primteiler $\mathfrak{q}$ vom Relativgrad $f_\mathfrak{p}$ und der Verzweigungsordnung $v_\mathfrak{p}$.

Der Übersichtlichkeit halber seien die vorher gemachten, im folgenden benötigten Aussagen über die Charaktere noch einmal wie folgt zusammengefasst:

Durchläuft

χ alle Charaktere von $\mathfrak{G}/\mathfrak{H}$, jeden 1 mal, so durchläuft
$\chi_\mathfrak{p}$ alle Charaktere von $\mathfrak{Z}_\mathfrak{p}\mathfrak{H}/\mathfrak{H}$, jeden $n_\mathfrak{p}$ mal,
${}^0\chi_\mathfrak{p}$ alle Charaktere von $\mathfrak{V}_{0\mathfrak{p}}\mathfrak{H}/\mathfrak{H}$, jeden $f_\mathfrak{p}\, n_\mathfrak{p}$ mal.

Nach der Komponentendefinitionsformel [3.] aus § 6, 2 ist dabei der Wertvorrat der Komponenten $\chi_\mathfrak{p}$ und ihrer Verengungen ${}^0\chi_\mathfrak{p}$ gegeben durch

$$\left.\begin{aligned} \chi_\mathfrak{p}(\xi_\mathfrak{p}) &= \chi\left(\frac{\xi_\mathfrak{p}, N^\mathfrak{p}/K_\mathfrak{p}}{\mathfrak{p}}\right) \text{ für Zahlen } \xi_\mathfrak{p} \neq 0 \text{ aus } K_\mathfrak{p} \\ {}^0\chi_\mathfrak{p}({}^0\xi_\mathfrak{p}) &= \chi\left(\frac{{}^0\xi_\mathfrak{p}, N^\mathfrak{p}/K_\mathfrak{p}}{\mathfrak{p}}\right) \text{ für Einheiten } {}^0\xi_\mathfrak{p} \text{ aus } K_\mathfrak{p} \end{aligned}\right\}, \quad [10.]$$

wobei es wegen der Regularitätsvoraussetzung jedesmal nur auf die Restklassen $\xi_{\mathfrak{p}}$ mod.$^{\times}$ $\mathfrak{p}$, ${}^{0}\xi_{\mathfrak{p}}$ mod. $\mathfrak{p}$ ankommt.

Führt man auf Grund dieser Feststellungen in der Relation [5.] zunächst die Komponentenzerlegung [15.] aus § 6, **3** aus, so erhält man die Formel:

$$\prod_{\mathfrak{p}\ \text{endl.}} \left(\prod_{\chi_{\mathfrak{p}} \text{ von } \mathfrak{Z}_{\mathfrak{p}}\mathfrak{b}/\mathfrak{b}} \frac{\tau_{\mathfrak{p}}(\chi_{\mathfrak{p}}\psi_{\mathfrak{p}})}{\tau_{\mathfrak{p}}(\chi_{\mathfrak{p}})} \right)^{n_{\mathfrak{p}}} = \prod_{\mathfrak{p}\ \text{endl.}} \left(\prod_{\mathfrak{p}|\mathfrak{q}} \tau_{\mathfrak{q}}(\psi_{\mathfrak{q}}) \right). \qquad [11.]$$

Die von ψ' herrührenden Komponenten $\psi_{\mathfrak{p}}$ in K brauchen hierbei von den von ψ herrührenden Komponenten $\psi_{\mathfrak{q}}$ in Λ nicht mehr durch einen Strich unterschieden zu werden, da der Unterschied jetzt bereits durch die Indizes $\mathfrak{p}, \mathfrak{q}$ in Erscheinung tritt.

Führt man in der Formel [11.] dann die Reduktionen aus § 7, **3**, **4** aus, so erhält man nach [8.] weiter die Formel:

$$\left\{ \begin{aligned} &\prod_{\mathfrak{p}\ \text{endl.}} \left(\prod_{\chi_{\mathfrak{p}} \text{ von } \mathfrak{Z}_{\mathfrak{p}}\mathfrak{b}/\mathfrak{b}} \frac{\chi_{\mathfrak{p}}\psi_{\mathfrak{p}}\left(\frac{1}{\Phi(\chi_{\mathfrak{p}}\psi_{\mathfrak{p}})}\right)}{\chi_{\mathfrak{p}}\left(\frac{1}{\Phi(\chi_{\mathfrak{p}})}\right)} \right)^{n_{\mathfrak{p}}} \cdot \prod_{\mathfrak{p}\ \text{endl.}} \left(\prod_{{}^{0}\chi_{\mathfrak{p}} \text{ von } \mathfrak{V}_{0\mathfrak{p}}\mathfrak{b}/\mathfrak{b}} \frac{{}^{0}\tau_{\mathfrak{p}}({}^{0}\chi_{\mathfrak{p}}\,{}^{0}\psi_{\mathfrak{p}})}{{}^{0}\tau_{\mathfrak{p}}({}^{0}\chi_{\mathfrak{p}})} \right)^{f_{\mathfrak{p}} n_{\mathfrak{p}}} \\ &= \prod_{\mathfrak{p}\ \text{endl.}} \left(\prod_{\mathfrak{q}|\mathfrak{p}} \psi_{\mathfrak{q}}\left(\frac{1}{\Phi(\psi_{\mathfrak{q}})}\right) \right) \cdot \prod_{\mathfrak{p}\ \text{endl.}} \left(\prod_{\mathfrak{q}|\mathfrak{p}} {}^{0}\tau_{\mathfrak{q}}({}^{0}\psi_{\mathfrak{q}}) \right) \end{aligned} \right\}. \qquad [12.]$$

Dabei bedeuten die Charakterargumente in den links und rechts voranstehenden Faktoren Zahldarstellungen [9.] mit den Normierungen [9.'] für den jeweiligen erweiterten Führer:

$$\left\{ \begin{array}{llll} \Phi(\chi_{\mathfrak{p}}\psi_{\mathfrak{p}}) \cong \mathfrak{D}(K_{\mathfrak{p}})\,\mathfrak{f}(\chi_{\mathfrak{p}}\psi_{\mathfrak{p}}) & \text{in } K_{\mathfrak{p}} & \text{mit } S_{K_{\mathfrak{p}}/T_{\mathfrak{p}}}\left(\frac{1}{\Phi(\chi_{\mathfrak{p}}\psi_{\mathfrak{p}})}\right) \equiv \frac{1}{p} & \text{mod.}^{+}\ 1 \\ \Phi(\chi_{\mathfrak{p}}) \cong \mathfrak{D}(K_{\mathfrak{p}})\,\mathfrak{f}(\chi_{\mathfrak{p}}) & \text{in } K_{\mathfrak{p}} & \text{mit } S_{K_{\mathfrak{p}}/T_{\mathfrak{p}}}\left(\frac{1}{\Phi(\chi_{\mathfrak{p}})}\right) \equiv \frac{1}{p} & \text{mod.}^{+}\ 1 \\ \Phi(\psi_{\mathfrak{q}}) \cong \mathfrak{D}(\Lambda_{\mathfrak{q}})\,\mathfrak{f}(\psi_{\mathfrak{q}}) & \text{in } \Lambda_{\mathfrak{q}} & \text{mit } S_{\Lambda_{\mathfrak{q}}/T_{\mathfrak{q}}}\left(\frac{1}{\Phi(\psi_{\mathfrak{q}})}\right) \equiv \frac{1}{p} & \text{mod.}^{+}\ 1 \end{array} \right\}, \qquad [13.]$$

wobei in der letzteren $T_{\mathfrak{q}}$ den Trägheitskörper von $\Lambda^{\mathfrak{p}} = \Lambda_{\mathfrak{q}}$ bezeichnet (zu unterscheiden von dem Trägheitskörper $\Lambda_0^{\mathfrak{p}}$ von $\Lambda^{\mathfrak{p}}/K_{\mathfrak{p}}$).

In dem Hauptfaktor links in [12.] können nun zunächst die Relationen [6.] angewendet werden. Nach ihnen hat man

$$\prod_{{}^{\circ}\chi \text{ von } \mathfrak{T}_{0\mathfrak{p}}\mathfrak{b}/\mathfrak{b}} \frac{{}^{\circ}\tau_{\mathfrak{p}}\left({}^{\circ}\chi_{\mathfrak{p}}({}^{\circ}\psi_{\mathfrak{p}})\right)}{{}^{\circ}\tau_{\mathfrak{p}}({}^{\circ}\chi_{\mathfrak{p}})} = {}^{\circ}\tau_{\mathfrak{p}}^{(v_{\mathfrak{p}})}\left({}^{\circ}\psi_{\mathfrak{p}}^{v_{\mathfrak{p}}}\right). \qquad [14.]$$

Man beachte, dass die Voraussetzungen für die Anwendung von [6.] hier in der Tat erfüllt sind; denn weil $\Lambda^{\mathfrak{p}}/K_{\mathfrak{p}}$ abelsch und regulär-verzweigt ist, ist die Trägheitsgruppe $\mathfrak{T}_{0\mathfrak{p}}\mathfrak{b}/\mathfrak{b}$ zyklisch, ihre Ordnung $v_{\mathfrak{p}}$ ein Teiler von $\mathfrak{N}_K(\mathfrak{p})-1$, und die Charaktere ${}^{\circ}\chi_{\mathfrak{p}}$ von $\mathfrak{T}_{0\mathfrak{p}}\mathfrak{b}/\mathfrak{b}$ sind unter denen von $\mathfrak{T}_{0\mathfrak{p}}$ durch ${}^{\circ}\chi_{\mathfrak{p}}^{v_{\mathfrak{p}}} = {}^{\circ}\varepsilon_{\mathfrak{p}}$ gekennzeichnet. Durch Eintragen von [14.] erhält die Relation [12.] die Gestalt.

$$\left\{\prod_{\mathfrak{p} \text{ endl.}} \left(\prod_{\chi_{\mathfrak{p}} \text{ von } \mathfrak{Z}_{\mathfrak{p}}\mathfrak{b}/\mathfrak{b}} \frac{(\chi_{\mathfrak{p}}\psi_{\mathfrak{p}})\left(\frac{1}{\Phi(\chi_{\mathfrak{p}}\psi_{\mathfrak{p}})}\right)}{\chi_{\mathfrak{p}}\left(\frac{1}{\Phi(\chi_{\mathfrak{p}})}\right)} \right)^{v_{\mathfrak{p}}} \cdot \prod_{\mathfrak{p} \text{ endl.}} \left({}^{\circ}\tau_{\mathfrak{p}}^{(v_{\mathfrak{p}})}\left({}^{\circ}\psi_{\mathfrak{p}}^{v_{\mathfrak{p}}}\right)\right)^{f_{\mathfrak{p}} v_{\mathfrak{p}}} \right.$$
$$\left. = \prod_{\mathfrak{p} \text{ endl.}} \left(\prod_{\mathfrak{q}|\mathfrak{p}} \psi_{\mathfrak{q}}\left(\frac{1}{\Phi(\psi_{\mathfrak{q}})}\right)\right) \cdot \prod_{\mathfrak{p} \text{ endl.}} \left(\prod_{\mathfrak{q}|\mathfrak{p}} {}^{\circ}\tau_{\mathfrak{q}}({}^{\circ}\psi_{\mathfrak{q}}) \right) \right\}. \qquad [15.]$$

Auf die in [15.] links auftretenden $f_{\mathfrak{p}}$-ten Potenzen der durch [14.] hereingekommenen Gaußschen Summen können dann weiter die Relationen [7.] angewendet werden. Nach ihnen hat man zunächst

$${}^{\circ}\tau_{\mathfrak{p}}\left({}^{\circ}\psi_{\mathfrak{p}}^{v_{\mathfrak{p}}}\right)^{f_{\mathfrak{p}}} = \begin{Bmatrix} 1 \\ (-1)^{f_{\mathfrak{p}}-1} \end{Bmatrix} {}^{\circ}\tau_{\mathfrak{p}}\left(N_{\mathfrak{p}\backslash\mathfrak{q}}\left({}^{\circ}\psi_{\mathfrak{p}}^{v_{\mathfrak{q}}}\right)\right), \text{ je nachdem } {}^{\circ}\psi^{v_{\mathfrak{p}}} \begin{Bmatrix} = {}^{\circ}\varepsilon_{\mathfrak{p}} \\ \neq {}^{\circ}\varepsilon_{\mathfrak{p}} \end{Bmatrix}, \qquad [16.]$$

und zwar für jeden der Primteiler $\mathfrak{q}|\mathfrak{p}$ in Λ/K, die ja sämtlich vom Relativgrade $f_{\mathfrak{p}}$ sind. Die bei dieser Reduktion auftretende Charakternorm $N_{\mathfrak{p}\backslash\mathfrak{q}}({}^{\circ}\psi_{\mathfrak{p}}^{v_{\mathfrak{p}}})$ bestimmt sich ihrer bei [7.] angegebenen Definition entsprechend hier wie folgt. Repräsentiert man die Argumente ${}^{\circ}\xi_{\mathfrak{p}}$ mod. $\mathfrak{q}$ von $N_{\mathfrak{p}\backslash\mathfrak{q}}({}^{\circ}\psi_{\mathfrak{p}}^{v_{\mathfrak{p}}})$ im Trägheitskörper $\Lambda_0^{\mathfrak{p}}$ von $\Lambda^{\mathfrak{p}}/K_{\mathfrak{p}}$, so hat man

$$N_{\mathfrak{q}/\mathfrak{p}}\left({}^{\circ}\xi_{\mathfrak{q}}^{v_{\mathfrak{p}}} \text{ mod. } \mathfrak{q}\right) = \left(N_{\Lambda^{\mathfrak{p}}/K_{\mathfrak{p}}}({}^{\circ}\xi_{\mathfrak{q}}) \text{ mod. } \mathfrak{p}\right).$$

Trägt man dies in die Definition der Charakternorm ein, geht gemäss [10.] zum Normsymbol über und wendet auf dieses den Verschiebungssatz an, so erhält man

$$\left(N_{\mathfrak{p}\backslash\mathfrak{q}}\left({}^{\circ}\psi_{\mathfrak{p}}^{v_{\mathfrak{p}}}\right)\right)({}^{\circ}\xi_{\mathfrak{q}}) = {}^{\circ}\psi_{\mathfrak{p}}\left(N_{\Lambda^{\mathfrak{p}}/K_{\mathfrak{p}}}({}^{\circ}\xi_{\mathfrak{q}})\right) = \psi'\left(\frac{N_{\Lambda^{\mathfrak{p}}/K_{\mathfrak{p}}}({}^{\circ}\xi_{\mathfrak{q}}),\, N^{\mathfrak{p}}/K_{\mathfrak{p}}}{\mathfrak{p}}\right)$$

$$= \psi\left(\frac{{}^{\circ}\xi_{\mathfrak{p}},\, N^{\mathfrak{p}}/\Lambda^{\mathfrak{p}}}{\mathfrak{q}}\right) = {}^{\circ}\psi_{\mathfrak{q}}({}^{\circ}\xi_{\mathfrak{q}}),$$

also einfach

$$N_{\mathfrak{p}\backslash\mathfrak{q}}\left({}^{\circ}\psi_{\mathfrak{p}}^{v_{\mathfrak{p}}}\right) = {}^{\circ}\psi_{\mathfrak{q}}. \qquad [17.]$$

Aus [16.] wird damit die weitere Reduktion

$${}^{\circ}\tau_{\mathfrak{p}}\left({}^{\circ}\psi_{\mathfrak{p}}^{v_{\mathfrak{p}}}\right)^{f_{\mathfrak{p}}} = \begin{Bmatrix} 1 \\ (-1)^{f_{\mathfrak{p}}-1} \end{Bmatrix} {}^{\circ}\tau^{\mathfrak{q}}({}^{\circ}\psi_{\mathfrak{q}}), \text{ je nachdem } {}^{\circ}\psi_{\mathfrak{p}}^{v_{\mathfrak{p}}} \begin{Bmatrix} = {}^{\circ}\varepsilon_{\mathfrak{p}} \\ \neq {}^{\circ}\varepsilon_{\mathfrak{p}} \end{Bmatrix}. \qquad [18.]$$

Zur Anwendung auf [15.] ist hierin noch der Automorphismus $(v_{\mathfrak{p}})$ der p-ten Einheitswurzeln auszuführen, also der Faktor

$${}^{\circ}\psi_{\mathfrak{p}}^{v_{\mathfrak{p}}}\left(\frac{1}{v_{\mathfrak{p}}}\right)^{f_{\mathfrak{p}}} = {}^{\circ}\psi_{\mathfrak{p}}\left(\left(\frac{1}{v_{\mathfrak{p}}}\right)^{v_{\mathfrak{p}}f_{\mathfrak{p}}}\right) = {}^{\circ}\psi_{\mathfrak{q}}\left(\frac{1}{v_{\mathfrak{p}}}\right)$$

anzubringen. Beachtet man ausserdem noch, dass die Beziehung ${}^{\circ}\psi_{\mathfrak{p}}^{v_{\mathfrak{p}}} = {}^{\circ}\varepsilon_{\mathfrak{p}}$ nach [17.] wegen der Isomorphie der Charakternorm gleichbedeutend mit der Beziehung ${}^{\circ}\psi_{\mathfrak{q}} = {}^{\circ}\varepsilon_{\mathfrak{q}}$ ist, so erhält man aus [18.] schliesslich die Reduktion

$${}^{\circ}\tau_{\mathfrak{p}}^{(v_{\mathfrak{p}})}\left({}^{\circ}\psi_{\mathfrak{p}}^{v_{\mathfrak{p}}}\right)^{f_{\mathfrak{p}}} = \begin{Bmatrix} 1 \\ (-1)^{f_{\mathfrak{p}}-1} \end{Bmatrix} {}^{\circ}\psi_{\mathfrak{q}}\left(\frac{1}{v_{\mathfrak{p}}}\right) {}^{\circ}\tau_{\mathfrak{q}}({}^{\circ}\psi_{\mathfrak{q}}), \text{ je nachdem } {}^{\circ}\psi_{\mathfrak{q}} \begin{Bmatrix} = {}^{\circ}\varepsilon_{\mathfrak{q}} \\ \neq {}^{\circ}\varepsilon_{\mathfrak{q}} \end{Bmatrix} \qquad [19.]$$

der in [15.] links auftretenden Gaußschen Summen über K mod. $\mathfrak{p}$ auf die rechts auftretenden Gaußschen Summen über Λ mod. $\mathfrak{q}$. Diese Reduktion gilt, wie gesagt, für jeden der Primteiler $\mathfrak{q}|\mathfrak{p}$ in Λ/K. Die hierbei zutage tretende Tatsache, dass die normierten eigentlichen Gaußschen Summen im Minimalen ${}^{\circ}\tau_{\mathfrak{q}}({}^{\circ}\psi_{\mathfrak{q}})$ für die Verengungen ${}^{\circ}\psi_{\mathfrak{q}}$ der Komponenten $\psi_{\mathfrak{q}}$ zu den konjugierten Primteilern $\mathfrak{q}|\mathfrak{p}$ in Λ/K übereinstimmen, kann man sich auch leicht direkt klarmachen.

Da es $n_{\mathfrak{p}}$ Primteiler $\mathfrak{q}|\mathfrak{p}$ in Λ/K gibt, heben sich nach [19.] die Gaußschen Summen aus [15.] ganz heraus, und es bleibt die folgende

Produktrelation zwischen blossen Charakterwerten der gemäss [13.] normierten Zahldarstellungen der erweiterten Führer:

$$\prod_{\mathfrak{p}\ \text{endl.}} \left(\prod_{\chi_{\mathfrak{p}}\ \text{von}\ \mathfrak{Z}_{\mathfrak{p}}\mathfrak{W}/\mathfrak{w}} \frac{(\chi_{\mathfrak{p}}\psi_{\mathfrak{p}})\left(\dfrac{1}{\Phi(\chi_{\mathfrak{p}}\psi_{\mathfrak{p}})}\right)}{\chi_{\mathfrak{p}}\left(\dfrac{1}{\Phi(\chi_{\mathfrak{p}})}\right)} \right)^{n_{\mathfrak{p}}} \tag{20.}$$

$$= \prod_{\mathfrak{p}\ \text{endl.}} \left(\prod_{\mathfrak{q}|\mathfrak{p}} \left\{ \begin{matrix} 1 \\ (-1)^{f_{\mathfrak{p}}-1} \end{matrix} \right\} \psi_{\mathfrak{q}}\left(\frac{v_{\mathfrak{p}}}{\Phi(\psi_{\mathfrak{q}})}\right)\right), \text{ je nachdem } {}^{0}\psi_{\mathfrak{q}} \left\{ \begin{matrix} = {}^{0}\varepsilon_{\mathfrak{q}} \\ \neq {}^{0}\varepsilon_{\mathfrak{q}} \end{matrix} \right\}.$$

4. *Algebraisch-arithmetischer Beweis der Produktrelation im Grossen für den regulär-verzweigten Spezialfall. Produktrelation im Kleinen.*—Die Produktrelation [20.] ist nach ihrer Herleitung in **3** eine Folge aus der analytisch gewonnenen Produktrelation [5.] zwischen abelschen Gaußschen Summen im Grossen. Es soll jetzt auf arithmetischem Wege gezeigt werden, dass [20.] sogar $\mathfrak{q}$-beitragsweise erfüllt ist, dass also für jeden der $n_{\mathfrak{p}}$ Primteiler $\mathfrak{q}$ von Λ eines jeden Primdivisors $\mathfrak{p}$ von K gilt:

$$\prod_{\chi_{\mathfrak{p}}\ \text{von}\ \mathfrak{Z}_{\mathfrak{p}}\mathfrak{W}/\mathfrak{w}} \frac{(\chi_{\mathfrak{p}}\psi_{\mathfrak{p}})\left(\dfrac{1}{\Phi(\chi_{\mathfrak{p}}\psi_{\mathfrak{p}})}\right)}{\chi_{\mathfrak{p}}\left(\dfrac{1}{\Phi(\chi_{\mathfrak{p}})}\right)} \tag{21.}$$

$$= \left\{ \begin{matrix} 1 \\ (-1)^{f_{\mathfrak{p}}-1} \end{matrix} \right\} \psi_{\mathfrak{q}}\left(\frac{v_{\mathfrak{p}}}{\Phi(\psi_{\mathfrak{q}})}\right), \text{ je nachdem } {}^{0}\psi_{\mathfrak{q}} \left\{ \begin{matrix} = {}^{0}\varepsilon_{\mathfrak{q}} \\ \neq {}^{0}\varepsilon_{\mathfrak{q}} \end{matrix} \right\}.$$

Daraus ergibt sich dann durch rückwärtiges Durchlaufen der Schlusskette aus **3** der angekündigte algebraisch-arithmetische Beweis für [5.] im regulär-verzweigten Spezialfall.

Da $\Lambda^{\mathfrak{p}}/K_{\mathfrak{p}}$ regulär-verzweigt vorausgesetzt ist, lässt sich bei gegebenem Primelement

$$\pi \cong \mathfrak{p} \quad \text{in } K_{\mathfrak{p}}$$

ein Primelement

$$\varkappa \cong \mathfrak{q} \quad \text{in } \Lambda_{\mathfrak{q}} = \Lambda^{\mathfrak{p}}$$

so wählen, dass

$$\varkappa^{v_{\mathfrak{p}}} = -\pi\,\omega_{\mathfrak{q}}^{u_{\mathfrak{p}}}$$

mit einer primitiven Einheitswurzel $\omega_\mathfrak{q}$ aus $\Lambda_0^\mathfrak{p}$ der Ordnung

$$\mathfrak{N}_\Lambda(\mathfrak{q}) - 1 = \mathfrak{N}_K(\mathfrak{p})^{f_\mathfrak{p}} - 1$$

und einem gewissen Exponenten $a_\mathfrak{p}$ mod. $e_\mathfrak{p}$ ist. Dabei ist

$$\left.\begin{array}{l} N_{\Lambda_\mathfrak{q}/K_\mathfrak{p}}(-\varkappa) = \pi^{f_\mathfrak{p}}\,\omega_\mathfrak{p}^{a_\mathfrak{p}} \\ N_{\Lambda_\mathfrak{q}/K_\mathfrak{p}}(\omega_\mathfrak{q}) = \omega_\mathfrak{p}^{e_\mathfrak{p}} \end{array}\right\} \text{mit } \omega_\mathfrak{p} = N_{\Lambda_0^\mathfrak{p}/K_\mathfrak{p}}(\omega_\mathfrak{q}) = \omega_\mathfrak{q}^{\frac{\mathfrak{N}_K(\mathfrak{p})^{f_\mathfrak{p}}-1}{\mathfrak{N}_K(\mathfrak{p})-1}}$$

Die Normklassengruppe für $\Lambda_\mathfrak{q}/K_\mathfrak{p}$ hat demnach die erzeugenden Relationen

$$\pi^{f_\mathfrak{p}} \sim \omega_\mathfrak{p}^{-a_\mathfrak{p}}, \quad \omega_\mathfrak{p}^{e_\mathfrak{p}} \sim 1,$$

und von derselben Struktur ist die aus ihr durch das Normsymbol für $\Lambda_\mathfrak{q}/K_\mathfrak{p}$ gelieferte Galoisgruppe $\mathfrak{Z}_\mathfrak{p}\mathfrak{H}/\mathfrak{H} \cong \mathfrak{Z}_\mathfrak{p}/\mathfrak{Z}_\mathfrak{p} \cap \mathfrak{H}$.

Die Relativdifferente von $\Lambda_\mathfrak{q}/K_\mathfrak{p}$ ist

$$\mathfrak{D}(\Lambda_\mathfrak{q}/K_\mathfrak{p}) = \mathfrak{q}^{e_\mathfrak{p}-1}.$$

Ist also

$$\Delta_\mathfrak{p} \cong \mathfrak{D}(K_\mathfrak{p}) \quad \text{in } K_\mathfrak{p}$$

eine Zahldarstellung der Differente von $K_\mathfrak{p}$, so ist

$$\Delta_\mathfrak{p}\,\varkappa^{e_\mathfrak{p}-1} \cong \mathfrak{D}(\Lambda_\mathfrak{q}) \quad \text{in } \Lambda_\mathfrak{q}$$

eine Zahldarstellung der Differente von $\Lambda_\mathfrak{q}$.

Für die erweiterten Führer der Charaktere $\chi_\mathfrak{p}$, $\chi_\mathfrak{p}\psi_\mathfrak{p}$ hat man demnach die Zahldarstellungen

$$\Phi(\chi_\mathfrak{p}) = \begin{cases} \Delta_\mathfrak{p} & \text{für } {}^0\chi_\mathfrak{p} = {}^0\varepsilon_\mathfrak{p} \\ \Delta_\mathfrak{p}\,\pi & \text{für } {}^0\chi_\mathfrak{p} \neq {}^0\varepsilon_\mathfrak{p} \end{cases}, \quad \Phi(\chi_\mathfrak{p}\psi_\mathfrak{p}) = \begin{cases} \Delta_\mathfrak{p} & \text{für } {}^0\chi_\mathfrak{p}\,{}^0\psi_\mathfrak{p} = {}^0\varepsilon_\mathfrak{p} \\ \Delta_\mathfrak{p}\,\pi & \text{für } {}^0\chi_\mathfrak{p}\,{}^0\psi_\mathfrak{p} \neq {}^0\varepsilon_\mathfrak{p} \end{cases}.$$

Die in den unteren Fällen gemäss [13.] zu fordernden Normierungsbedingungen laufen durchweg auf die Kongruenzbedingung

$$S_{K_\mathfrak{p}/T_p}\left(\frac{1}{\Delta_\mathfrak{p}\,\pi}\right) \equiv \frac{1}{p} \text{ mod.}^{+}\, 1$$

hinaus, die durch geeignete Normierung von π mod.$^\times$ $\mathfrak{p}$ erfüllbar ist.

Als Zahldarstellung für den erweiterten Führer des Charakters $\psi_{\mathfrak{q}}$ kann ferner

$$\Phi(\psi_{\mathfrak{q}}) = \begin{cases} v_{\mathfrak{p}}\,\Delta_{\mathfrak{p}}\,\dfrac{\chi_{\mathfrak{p}}^{v_{\mathfrak{p}}-1}}{\omega_{\mathfrak{q}}^{a_{\mathfrak{p}}}} = v_{\mathfrak{p}}\,\dfrac{\Delta_{\mathfrak{p}}\,\pi}{-\chi} & \text{für } {}^{0}\psi_{\mathfrak{q}} = {}^{0}\varepsilon_{\mathfrak{q}} \\[2ex] -v_{\mathfrak{p}}\,\Delta_{\mathfrak{p}}\,\dfrac{\chi^{v_{\mathfrak{p}}}}{\omega_{\mathfrak{q}}^{a_{\mathfrak{p}}}} = v_{\mathfrak{p}}\,\Delta_{\mathfrak{p}}\,\pi & \text{für } {}^{0}\psi_{\mathfrak{q}} \neq {}^{0}\varepsilon_{\mathfrak{q}} \end{cases},$$

gewählt werden, wobei zu beachten ist, dass der Zusatzfaktor $v_{\mathfrak{p}}$ als Teiler von $\mathfrak{N}_K(\mathfrak{p})-1$ eine Einheit in $K_{\mathfrak{p}}$ ist. Diese jedenfalls mögliche Wahl erweist sich für die Durchführung des Beweises von [21.] als zweckmässig. Im unteren Falle ist bei ihr die gemäss [13.] zu fordernde Normierungsbedingung wegen der Spurreduktion

$$S_{\Lambda_{\mathfrak{q}}/T_{\mathfrak{q}}}\left(\frac{1}{v_{\mathfrak{p}}\,\Delta_{\mathfrak{p}}\,\pi}\right) = \frac{1}{v_{\mathfrak{p}}}\,S_{\Lambda_{\mathfrak{q}}/T_{\mathfrak{p}}}\left(\frac{1}{\Delta_{\mathfrak{p}}\,\pi}\right) = S_{\Lambda_0^{\mathfrak{p}}/T_{\mathfrak{q}}}\left(\frac{1}{\Delta_{\mathfrak{p}}\,\pi}\right) = S_{K_{\mathfrak{p}}/T_{\mathfrak{p}}}\left(\frac{1}{\Delta_{\mathfrak{p}}\,\pi}\right)$$

(siehe dazu die Veranschaulichung in Fig. 5) mit der obigen Kongruenzbedingung für $\Delta_{\mathfrak{p}}\,\pi$ identisch, wird also durch die gleiche Normierung von π mod. $\check{\mathfrak{p}}$ erfüllt.

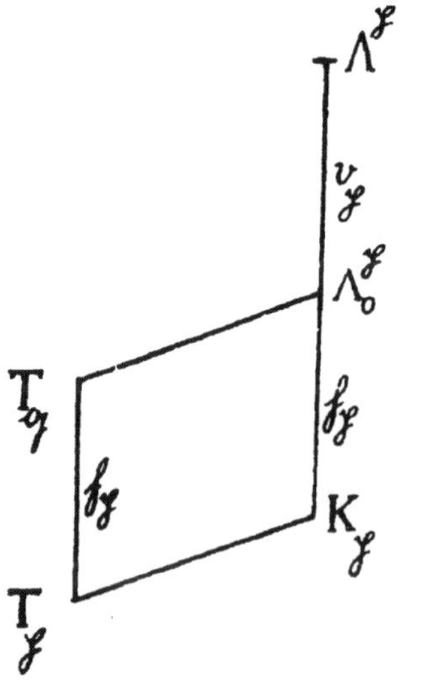

Fig. 5.

Zur Durchführung des Beweises der Produktformel [21.] sind folgende drei Fälle für $\mathfrak{p}$ zu unterscheiden:

I) $\psi_{\mathfrak{p}}$ ist ein $\chi_{\mathfrak{p}}$, d. h. $\psi_{\mathfrak{p}}$ ist 1 auf $\mathfrak{Z}_{\mathfrak{p}} \cap \mathfrak{H}$,

II) $\psi_{\mathfrak{p}}$ ist kein $\chi_{\mathfrak{p}}$, d. h. $\psi_{\mathfrak{p}}$ ist nicht 1 auf $\mathfrak{Z}_{\mathfrak{p}} \cap \mathfrak{H}$, und

A) ${}^0\psi_{\mathfrak{p}}$ ist ein ${}^0\chi_{\mathfrak{p}}$, d. h. ${}^0\psi_{\mathfrak{p}}$ ist 1 auf $\mathfrak{V}_{0\mathfrak{p}} \cap \mathfrak{H}$,
oder auch ${}^0\psi_{\mathfrak{p}}^{r_{\mathfrak{p}}} = {}^0\varepsilon_{\mathfrak{p}}$,

B) ${}^0\psi_{\mathfrak{p}}$ ist kein ${}^0\chi_{\mathfrak{p}}$, d. h. ${}^0\psi_{\mathfrak{p}}$ ist nicht 1 auf $\mathfrak{V}_{0\mathfrak{p}} \cap \mathfrak{H}$,
oder auch ${}^0\psi_{\mathfrak{p}}^{r_{\mathfrak{p}}} \neq {}^0\varepsilon_{\mathfrak{p}}$.

Da definitionsgemäss $\psi = (\psi'$ auf $\mathfrak{H})$ und

$$\psi_{\mathfrak{p}} = (\psi' \text{ auf } \mathfrak{Z}_{\mathfrak{p}}), \qquad {}^0\psi_{\mathfrak{p}} = (\psi' \text{ auf } \mathfrak{V}_{0\mathfrak{p}}),$$

sowie entsprechend

$$\psi_{\mathfrak{q}} = (\psi \text{ auf } \mathfrak{Z}_{\mathfrak{p}} \cap \mathfrak{H}), \qquad {}^0\psi_{\mathfrak{q}} = (\psi \text{ auf } \mathfrak{V}_{0\mathfrak{p}} \cap \mathfrak{H})$$

ist, bedeuten diese drei Fälle für die Primteiler $\mathfrak{q}|\mathfrak{p}$ in Λ/K folgendes:

$$\text{I)}\ \psi_{\mathfrak{q}} = \varepsilon_{\mathfrak{q}},$$

$$\text{II)}\ \psi_{\mathfrak{q}} \neq \varepsilon_{\mathfrak{q}} \text{ und } \begin{Bmatrix} \text{A)}\ {}^0\psi_{\mathfrak{q}} = {}^0\varepsilon_{\mathfrak{q}} \\ \text{B)}\ {}^0\psi_{\mathfrak{q}} \neq {}^0\varepsilon_{\mathfrak{q}} \end{Bmatrix}.$$

Fall I.

Dann haben beide Seiten in [21.] den Wert 1.

Fall II A.

Dann ist

${}^0\chi_{\mathfrak{p}}\,{}^0\psi_{\mathfrak{p}} = {}^0\varepsilon_{\mathfrak{p}}$, also $\Phi(\chi_{\mathfrak{p}}\psi_{\mathfrak{p}}) = \Delta_{\mathfrak{p}}$, für die $\chi_{\mathfrak{p}}$ einer Nichthauptklasse von $\mathfrak{Z}_{\mathfrak{p}}/\mathfrak{V}_{0\mathfrak{p}}^*$,

${}^0\chi_{\mathfrak{p}}\,{}^0\psi_{\mathfrak{p}} \neq {}^0\varepsilon_{\mathfrak{p}}$, also $\Phi(\chi_{\mathfrak{p}}\psi_{\mathfrak{p}}) = \Delta_{\mathfrak{p}}\pi$, für die übrigen $\chi_{\mathfrak{p}}$,

während

${}^0\chi_{\mathfrak{p}} = {}^0\varepsilon_{\mathfrak{q}}$, also $\Phi(\chi_{\mathfrak{p}}) = \Delta_{\mathfrak{p}}$, für die $\chi_{\mathfrak{p}}$ der Hauptklasse von $\mathfrak{Z}_{\mathfrak{p}}/\mathfrak{V}_{0\mathfrak{p}}^*$,

${}^0\chi_{\mathfrak{p}} \neq {}^0\varepsilon_{\mathfrak{p}}$, also $\Phi(\chi_{\mathfrak{p}}) = \Delta_{\mathfrak{p}}\pi$, für die übrigen $\chi_{\mathfrak{p}}$, wo zur Abkürzung $\mathfrak{V}^*_{0\mathfrak{p}} = \mathfrak{V}_{0\mathfrak{p}}(\mathfrak{Z}_\mathfrak{p} \cap \mathfrak{h}) \cong \mathfrak{V}_{0\mathfrak{p}}\,\mathfrak{h}/\mathfrak{h}$ für die Trägheitsgruppe von $\Lambda_\mathfrak{q}/K_\mathfrak{p}$ geschrieben ist. Damit ergibt sich für die linke Seite von [21.] die Umformung

$$\prod_{\chi_\mathfrak{p} \text{ von } \mathfrak{Z}_\mathfrak{p}/\mathfrak{Z}_\mathfrak{p} \cap \mathfrak{h}} \frac{(\chi_\mathfrak{p}\psi_\mathfrak{p})\left(\frac{1}{\Phi(\chi_\mathfrak{p}\psi_\mathfrak{p})}\right)}{\chi_\mathfrak{p}\left(\frac{1}{\Phi(\chi_\mathfrak{p})}\right)}$$

$$= \prod_{{}^0\chi_\mathfrak{p}\,{}^0\psi_\mathfrak{p} = {}^0\varepsilon_\mathfrak{p}} \frac{(\chi_\mathfrak{p}\psi_\mathfrak{p})\left(\frac{1}{\Delta_\mathfrak{p}}\right)}{\chi_\mathfrak{p}\left(\frac{1}{\Delta_\mathfrak{p}\pi}\right)} \cdot \prod_{{}^0\chi_\mathfrak{p} = {}^0\varepsilon_\mathfrak{p}} \frac{(\chi_\mathfrak{p}\psi_\mathfrak{p})\left(\frac{1}{\Delta_\mathfrak{p}\pi}\right)}{\chi_\mathfrak{p}\left(\frac{1}{\Delta_\mathfrak{p}}\right)} \cdot \prod_{\substack{{}^0\chi_\mathfrak{p}\,{}^0\psi_\mathfrak{p} \neq {}^0\varepsilon_\mathfrak{p} \\ {}^0\chi_\mathfrak{p} \neq {}^0\varepsilon_\mathfrak{p}}} \frac{(\chi_\mathfrak{p}\psi_\mathfrak{p})\left(\frac{1}{\Delta_\mathfrak{p}\pi}\right)}{\chi_\mathfrak{p}\left(\frac{1}{\Delta_\mathfrak{p}\pi}\right)}$$

$$= \prod_{{}^0\chi_\mathfrak{p}\,{}^0\psi_\mathfrak{p} = {}^0\varepsilon_\mathfrak{p}} \frac{\psi_\mathfrak{p}\left(\frac{1}{\Delta_\mathfrak{p}}\right)}{\chi_\mathfrak{p}\left(\frac{1}{\pi}\right)} \cdot \prod_{{}^0\chi_\mathfrak{p} = {}^0\varepsilon_\mathfrak{p}} \frac{\chi_\mathfrak{p}\left(\frac{1}{\pi}\right)\psi_\mathfrak{p}\left(\frac{1}{\Delta_\mathfrak{p}\pi}\right)}{1} \cdot \prod_{\substack{{}^0\chi_\mathfrak{p}\,{}^0\psi_\mathfrak{p} \neq {}^0\varepsilon_\mathfrak{p} \\ {}^0\chi_\mathfrak{p} \neq {}^0\varepsilon_\mathfrak{p}}} \frac{\psi_\mathfrak{p}\left(\frac{1}{\Delta_\mathfrak{p}\pi}\right)}{1}$$

$$= \frac{\psi_\mathfrak{p}\left(\frac{1}{\Delta_\mathfrak{p}^{v_\mathfrak{p} f_\mathfrak{p}}\, \pi_\mathfrak{p}^{(v_\mathfrak{p}-1) f_\mathfrak{p}}}\right)}{\chi_\mathfrak{p}^*\left(\frac{1}{\pi^{f_\mathfrak{p}}}\right)},$$

wo $\chi_\mathfrak{p}^*$ ein Repräsentant aus der durch ${}^0\chi_\mathfrak{p}\,{}^0\psi_\mathfrak{p} = {}^0\varepsilon_\mathfrak{p}$ festgelegten Nichthauptklasse von $\mathfrak{Z}_\mathfrak{p}/\mathfrak{V}^*_{0\mathfrak{p}}$ ist; denn dann entsteht diese Klasse aus der Hauptklasse ${}^0\chi_\mathfrak{p} = {}^0\varepsilon_\mathfrak{p}$ durch Multiplikation mit $\chi_\mathfrak{p}^*$. Im Hinblick auf die Äquivalenz $\pi^{f_\mathfrak{p}} \sim \omega_\mathfrak{p}^{-a_\mathfrak{p}}$ in der Normklassengruppe für $\Lambda_\mathfrak{q}/K_\mathfrak{p}$ hat man nun

$$\chi_\mathfrak{p}^*\left(\frac{1}{\pi^{f_\mathfrak{p}}}\right) = \chi_\mathfrak{p}^*(\omega_\mathfrak{p}^{a_\mathfrak{p}}) = {}^0\chi_\mathfrak{p}^*(\omega_\mathfrak{p}^{a_\mathfrak{p}}) = {}^0\psi_\mathfrak{p}\left(\frac{1}{\omega_\mathfrak{p}^{a_\mathfrak{p}}}\right) = \psi_\mathfrak{p}\left(\frac{1}{\omega_\mathfrak{p}^{a_\mathfrak{p}}}\right).$$

Damit wird die linke Seite von [21.] zu

$$\prod_{\chi_\mathfrak{p} \text{ von } \mathfrak{Z}_\mathfrak{p}/\mathfrak{Z}_\mathfrak{p} \cap \mathfrak{h}} \frac{(\chi_\mathfrak{p}\psi_\mathfrak{p})\left(\frac{1}{\Phi(\chi_\mathfrak{p}\psi_\mathfrak{p})}\right)}{\chi_\mathfrak{p}\left(\frac{1}{\Phi(\chi_\mathfrak{p})}\right)} = \psi_\mathfrak{p}\left(\frac{\omega_\mathfrak{p}^{a_\mathfrak{p}}}{\Delta_\mathfrak{p}^{v_\mathfrak{p} f_\mathfrak{p}}\, \pi^{(v_\mathfrak{p}-1) f_\mathfrak{p}}}\right).$$

Für die rechte Seite von [21.] hat man mittels des Verschiebungssatzes für das Normsymbol die Umformung

$$\psi_{\mathfrak{q}}\left(\frac{v_{\mathfrak{p}}}{\Phi(\psi_{\mathfrak{q}})}\right) = \psi_{\mathfrak{q}}\left(\frac{-\varkappa}{\Delta_{\mathfrak{p}}\,\pi}\right) = \psi\left(\frac{\dfrac{-\varkappa}{\Delta_{\mathfrak{p}}\,\pi},\ N^{\mathfrak{p}}/\Lambda^{\mathfrak{p}}}{\mathfrak{q}}\right)$$

$$= \psi'\left(\frac{\dfrac{\pi^{\prime\mathfrak{p}}\,\omega_{\mathfrak{p}}^{\prime\prime\mathfrak{p}}}{(\Delta_{\mathfrak{p}}\,\pi)^{v_{\mathfrak{p}}f_{\mathfrak{p}}}},\ N^{\mathfrak{p}}/K_{\mathfrak{p}}}{\mathfrak{p}}\right) = \psi_{\mathfrak{p}}\left(\frac{\omega_{\mathfrak{p}}^{a_{\mathfrak{p}}}}{\Delta_{\mathfrak{p}}^{v_{\mathfrak{p}}f_{\mathfrak{p}}}\,\pi^{(v_{\mathfrak{p}}-1)f_{\mathfrak{p}}}}\right).$$

Somit haben beide Seiten in [21.] denselben Wert.

Fall II B.

Dann ist auf der linken Seite von [21.] im Zähler durchweg $\Phi(\chi_{\mathfrak{p}}\,\psi_{\mathfrak{p}}) = \Delta_{\mathfrak{p}}\,\pi$, während im Nenner wieder $\Phi(\chi_{\mathfrak{p}}) = \Delta_{\mathfrak{p}}$ oder $\Delta_{\mathfrak{p}}\,\pi$ ist, je nachdem ${}^{0}\chi_{\mathfrak{p}} = {}^{0}\varepsilon_{\mathfrak{p}}$ oder ${}^{0}\chi_{\mathfrak{p}} \neq {}^{0}\varepsilon_{\mathfrak{p}}$ ist. Damit ergibt sich für die linke Seite von [21.] analog wie eben hier die Umformung

$$\prod_{\chi_{\mathfrak{p}}\ \text{von}\ \mathfrak{Z}_{\mathfrak{p}}/\mathfrak{Z}_{\mathfrak{p}} \cap \mathfrak{v}} \frac{(\chi_{\mathfrak{p}}\,\psi_{\mathfrak{p}})\left(\dfrac{1}{\Phi(\chi_{\mathfrak{p}}\,\psi_{\mathfrak{p}})}\right)}{\chi_{\mathfrak{p}}\left(\dfrac{1}{\Phi(\chi_{\mathfrak{p}})}\right)} = \prod_{{}^{0}\chi_{\mathfrak{p}} = {}^{0}\varepsilon_{\mathfrak{p}}} \chi_{\mathfrak{p}}\left(\frac{1}{\pi}\right)\cdot\psi_{\mathfrak{p}}\left(\frac{1}{(\Delta_{\mathfrak{p}}\,\pi)^{v_{\mathfrak{p}}f_{\mathfrak{p}}}}\right)$$

$$= (-1)^{f_{\mathfrak{p}}-1}\,\psi_{\mathfrak{p}}\left(\frac{1}{(\Delta_{\mathfrak{p}}\,\pi)^{v_{\mathfrak{p}}f_{\mathfrak{p}}}}\right),$$

letzteres unter Beachtung der Tatsache, dass das Produkt aller $f_{\mathfrak{p}}$-ten Einheitswurzeln den Wert $(-1)^{f_{\mathfrak{p}}-1}$ hat.

Die rechte Seite von [21.] ist jetzt mit analoger Umformung wie eben

$$(-1)^{f_{\mathfrak{p}}-1}\,\psi_{\mathfrak{q}}\left(\frac{v_{\mathfrak{p}}}{\Phi(\psi_{\mathfrak{q}})}\right) = (-1)^{f_{\mathfrak{p}}-1}\,\psi_{\mathfrak{q}}\left(\frac{1}{\Delta_{\mathfrak{p}}\,\pi}\right)$$

$$= (-1)^{f_{\mathfrak{p}}-1}\,\psi_{\mathfrak{p}}\left(\frac{1}{(\Delta_{\mathfrak{p}}\,\pi)^{v_{\mathfrak{p}}f_{\mathfrak{p}}}}\right).$$

Somit haben wieder beide Seiten in [21.] denselben Wert.

Damit ist in jedem Falle die behauptete Produktformel [21.] auf arithmetischem Wege bewiesen.

Multipliziert man die Produktformel [21.] mit der durch Kombination der Relationen [14.] und [19.] im Minimalen entstehenden Relation

$$\left(\prod_{{}^0\chi_\mathfrak{p} \text{ von } \mathfrak{W}_{0\mathfrak{p}}\,\mathfrak{h}/\mathfrak{h}} \frac{{}^0\tau_\mathfrak{p}({}^0\chi_\mathfrak{p}\, {}^0\psi_\mathfrak{p})}{{}^0\tau_\mathfrak{p}({}^0\chi_\mathfrak{p})} \right)^{f_\mathfrak{p}} = {}^0\tau_\mathfrak{p}^{(v_\mathfrak{p})}\, ({}^0\psi_\mathfrak{p}^{v_\mathfrak{p}})^{f_\mathfrak{p}} = \left\{ \begin{matrix} 1 \\ (-1)^{f_\mathfrak{p}-1} \end{matrix} \right\} {}^0\psi_\mathfrak{q}\left(\frac{1}{v_\mathfrak{p}}\right) {}^0\tau_\mathfrak{q}({}^0\psi_\mathfrak{q}),$$

so erhält man nach [8.] die *Produktrelation im Kleinen*

$$\prod_{\chi_\mathfrak{p} \text{ von } \mathfrak{Z}_\mathfrak{p}\,\mathfrak{h}/\mathfrak{Z}_\mathfrak{p}} \frac{\tau_\mathfrak{p}(\chi_\mathfrak{p}\, \psi_\mathfrak{p})}{\tau_\mathfrak{p}(\chi_\mathfrak{p})} = \tau_\mathfrak{q}(\psi_\mathfrak{q}). \qquad [22.]$$

Durch Multiplikation über alle Primdivisoren $\mathfrak{q}$ von Λ entsteht aus ihr die Produktrelation [5.] im Grossen; diese ist hiermit für den regulär-verzweigten Spezialfall auf algebraisch-arithmetischem Wege bewiesen.

Das Bestehen von [22.] besagt, dass [5.] komponentenweise gilt, und zwar nicht nur für die einzelnen $\mathfrak{p}$-Komponenten, sondern sogar für die $\mathfrak{q}$-Komponenten der Gaußschen Summe rechts, deren Bildung das Weglassen der Vielfachheitsexponenten $v_\mathfrak{p}$ links in [11.] bei der Reduktion der Produktbildung über die χ von $\mathfrak{G}/\mathfrak{h}$ auf die $\chi_\mathfrak{p}$ von $\mathfrak{Z}_\mathfrak{p}\,\mathfrak{h}/\mathfrak{h}$ entspricht.

5. *Schlussbemerkungen.* — Der vorstehende algebraisch-arithmetische Beweis der Produktrelation [22.] im Kleinen, und damit dann ohne weiteres auch der Produktrelation [5.] im Grossen, für den regulär-verzweigten Spezialfall ist einigermassen verwickelt und mit viel arithmetischem Detail beladen. Seiner Durchführung auch für den allgemeinen Fall, wo dann auch die Lamprechtschen Reduktionsformeln aus § 7, **5**, **6** für Primdivisorpotenzführer heranzuziehen sind, stehen keine grundsätzlichen Schwierigkeiten entgegen, nur dass dabei die Komplikationen noch grösser und das arithmetische Detail noch umfangreicher werden.

Einen einfacheren Beweis kann man auf analytischem Wege erhalten. Die Gaußschen Summen im Kleinen lassen sich nämlich auch als Gaußsche Summen über Wittschen Vektorringen auffassen und treten als solche nach *H. L. Schmid* [1] in der Funktionalgleichung gewisser Kongruenz-L-Funktionen als Faktoren auf. Daraus kann man in ganz analoger Weise wie oben in **1** im Grossen und bei *Davenport* [1]-

Hasse [3] im Minimalen[1] auf das Bestehen der Produktrelation im Kleinen schliessen. Da die Funktionalgleichung der Kongruenz-L-Funktionen in Wahrheit eine aus dem rein algebraischen Riemann-Rochschen Satz fliessende Polynomidentität ist, spielt bei diesem Beweis im Kleinen die Analysis nur die Rolle einer eleganten formalen Einkleidung, im Gegensatz zu dem Beweis im Grossen, wo die Funktionalgleichung der Zahlkörper-L-Funktionen eine tiefliegende, echt-analytische Identität ist.

Die Produktrelation [22.] im Kleinen ist nicht nur als Bindeglied zwischen den Produktrelationen [5.] im Grossen und [6.] im Minimalen von Interesse, sondern sie eröffnet auch den Zugang zu weiteren Untersuchungen über die in § 8, 2 noch offen gebliebene Frage nach der Struktur der Komponentenzerlegung der galoisschen Gaußschen Summen. Dazu sei folgendes bemerkt.

Im Grossen entstand die homogene Produktrelation [5.] aus der schärferen inhomogenen Produktrelation [4.] durch Elimination des Kovarianzfaktors $\sqrt{\mathfrak{N}_K(\tilde{\mathfrak{d}}(\Lambda/K))}$. Um diese Vergröberung im Kleinen rückgängig zu machen, hat man das Nennerprodukt links in [22.] zu berechnen. Nach [8.] hat man unter Beschränkung auf den regulär-verzweigten Spezialfall zunächst die Reduktion

$$\prod_{\chi_\mathfrak{p} \text{ von } \mathfrak{Z}_\mathfrak{p}\mathfrak{W}/\mathfrak{W}} \tau_\mathfrak{p}(\chi_\mathfrak{p}) = \prod_{\chi_\mathfrak{p} \text{ von } \mathfrak{Z}_\mathfrak{p}\mathfrak{W}/\mathfrak{W}} \chi_\mathfrak{p}\left(\frac{1}{\Phi(\chi_\mathfrak{p})}\right) \cdot \left(\prod_{{}^0\chi_\mathfrak{p} \text{ von } \mathfrak{W}_{0\mathfrak{p}}\mathfrak{W}/\mathfrak{W}} {}^0\tau_\mathfrak{p}({}^0\chi_\mathfrak{p})\right)^{f_\mathfrak{p}}.$$

Hierin lassen sich rechts die Paare konjugiert-komplexer Charaktere zusammenfassen, wobei nur die Charaktere vom Exponenten 2 ungepaart bleiben. Die genaue Ausführung dieser Zusammenfassung ergibt eine arithmetisch sehr komplizierte Formel. Rechnet man jedoch nur im Sinne der Gleichheit $\sim$ bis auf einen i-Potenzfaktor, so erhält man unter Beachtung von

$$\mathfrak{d}_\mathfrak{q}(\Lambda/K) = \mathfrak{q}^{(e_\mathfrak{p}-1)f_\mathfrak{p}}$$

---

[1] Man beachte, dass die Gaußschen Summen im Minimalem nicht nur die ***Nullstellen*** sondern auch die ***Funktionalgleichungsfaktoren*** der bei ***Davenport*** [1]-***Hasse*** [3] angegebenen Kongruenz-L-Funktionen sind, weil diese als Polynome in q^{-s} vom Grade 1 sind.

die Relation

$$\prod_{\chi_{\mathfrak{p}} \text{ von } \mathfrak{Z}_{\mathfrak{p}}\mathfrak{P}/\mathfrak{P}} \tau_{\mathfrak{p}}(\chi_{\mathfrak{p}}) \sim \sqrt{\mathfrak{N}_K(\mathfrak{d}_{\mathfrak{q}}(\Lambda/K))}\,. \qquad [23.]$$

Durch Kombination der homogenen Produktrelation [22.] mit dieser Relation [23.] ergibt sich dann die *inhomogene Produktrelation im Kleinen*

$$\prod_{\chi_{\mathfrak{p}} \text{ von } \mathfrak{Z}_{\mathfrak{p}}\mathfrak{P}/\mathfrak{P}} \tau_{\mathfrak{p}}(\chi_{\mathfrak{p}}\psi_{\mathfrak{p}}) \sim \sqrt{\mathfrak{N}_K(\mathfrak{d}_{\mathfrak{q}}(\Lambda/K))}\;\tau_{\mathfrak{q}}(\psi_{\mathfrak{q}})\,. \qquad [24.]$$

Anders gesagt lehrt diese Relation [24.], dass die Induktionsregel [4.] für abelsche Gaußsche Summen bis auf einen i-Potenzfaktor auch für die einzelnen $\mathfrak{q}$-Komponenten gilt. Da die Induktionsregel den eigentlichen Kern der algebraischen Definitionsformel [10.] aus § 5, **3** für die galoissche Gaußsche Summe im Grossen darstellt, so darf man hiernach erwarten, dass ein zu [24.] analoger Sachverhalt auch für die galoisschen Gaußschen Summen im Kleinen besteht. Zudem wird die genaue arithmetische Bestimmung des i-Potenzfaktors in [23.], [24.] einen Fingerzeig auf die arithmetische Struktur der i-Potenzfaktoren geben können, die nach § 8, **2** — vermutlich als einzige Unbestimmtheit — bei den Komponenten der galoisschen Gaußschen Summen in Abhängigkeit von der R. Brauerschen Darstellung auftreten. Schliesslich darf man von der Induktionsregel im Kleinen [24.] für abelsche Gaußsche Summen ausgehend eine Beantwortung der in § 5, **5** aufgeworfenen Frage (I.) nach einer rein-arithmetischen Begründung der galoisschen Gaußschen Summen erhoffen.

Zum Schluss sei noch die Frage aufgeworfen, ob die Produktrelationen vom Typus [5.] die einzigen multiplikativen Abhängigkeiten zwischen den Gaußschen Summen zu einem abelschen Relativkörper und die Produktrelationen vom Typus [6.] die einzigen multiplikativen Abhängigkeiten zwischen den Gaußschen Summen über einem endlichen Körper sind. In Analogie zu dieser Fragestellung hat ja *Artin* [1] gezeigt, dass im Spezialfall eines Normalkörpers N/P über dem rationalen Zahlkörper P die einfachen L-Funktionen multiplikativ unabhängig sind.

LITERATURVERZEICHNIS

E. Artin

[1] Über eine neue Art von L-Reihen. Abh. Math. Sem. Hamburg **3** (1924), 89-108.—Siehe auch die Darstellung bei *Hasse* [1, Teil II, § 26].

[2] Die gruppentheoretische Struktur der Diskriminanten algebraischer Zahlkörper, Journ. f. Math. **164** (1931), 1-11.—Siehe dazu auch *Hasse* [2].

[3] Zur Theorie der L-Reihen mit allgemeinen Gruppencharakteren. Abh. Math. Sem. Hamburg **8** (1931), 292-306.

R. Brauer

[1] On Artin's L-series with general group characters. Ann. of Math. **48** (1947), 502-514.—Siehe dazu auch *Roquette* [1].

Cl. Chevalley

[1] La théorie du corps de classes. Ann. of Math. **41** (1940), 394-418.

[2] Theorie der abelschen Zahlkörper. Erscheint demnächst in der Neubearbeitung von Band I der Enzyklopädie der Mathematischen Wissenschaften, Art. 22.

[3] Deux théorèmes d'arithmétique. Journ. Math. Soc. Japan **3** (1951), 36-44.

H. Davenport

[1] Die Nullstellen der Kongruenzzetafunktionen in gewissen zyklischen Fällen. Journ. f. Math. **172** (1934), 151-182; gemeinsam mit *H. Hasse.*

H. Hasse

[1] Bericht über neuere Untersuchungen und Probleme aus der Theorie der algebraischen Zahlkörper. Teil I, Jahresber. Deutsche

Math.-Ver. **35** (1926), 1-55; Teil II, ebenda Erg. Bd. **6** (1930), 1-204.

[2] Normenresttheorie galoisscher Zahlkörper mit Anwendungen auf Führer und Diskriminante abelscher Zahlkörper. Journ. Fac. Science Imp. Acad. Tokyo, Sect. I, Vol. **2** (1934), Part 10, 477-498.

[3] Siehe *Davenport* [1].

[4] Allgemeine Theorie der Gaußschen Summen in algebraischen Zahlkörpern. Abh. Deutsche Akad. Wiss. Berlin, Math.-naturwiss. Kl., Jahrg. 1951, Nr. 1, 1-23.

[5] Zur Arbeit von J. R. Šafarevič über das allgemeine Reziprozitätsgesetz. Math. Nachr. **5** (1951), 301-327.

[6] Gaußsche Summen zu Normalkörpern über endlich-algebraischen Zahlkörpern. Abh. Deutsche Akad. Wiss. Berlin, Math.-naturwiss. Kl., Jahrg. 1952, Nr. 1, 1-19.—Vorläufige Mitteilung über die Ergebnisse der vorliegenden Abhandlung.

E. Hecke

[1] Eine neue Art von Zetafunktionen und ihre Beziehungen zur Verteilung der Primzahlen (zweite Mitteilung). Math. Zeitschr. **6** (1920), 11-51.—Siehe auch die Angabe der Funktionalgleichung für den in vorliegender Abhandlung allein betrachteten Fall der gewöhnlichen Charaktere (ohne Grössenbestandteil) bei *Hasse* [1, Teil I, § 9].

J. Herbrand

[1] Sur la théorie des groupes de décomposition, d'inertie et de ramification. Journ. de Math. (9) **10** (1931), 481-498.—Siehe auch die Darstellung bei *Hasse* [2].

[2] Sur les théorèmes du genre principal et des idéaux principaux. Abh. Math. Sem. Hamburg **9** (1933), 84-94.

E. Lamprecht

[1] Allgemeine Theorie der Gaußschen Summen in endlichen kommutativen Ringen. Math. Nachr **9** (1953), 149-196.

E. Landau

[1] Über Ideale und Primideale in Idealklassen. Math. Zeitschr. **2** (1918), 52-154.

P. Roquette

[1] Arithmetische Untersuchung des Charakterrings einer endlichen Gruppe. Mit Anwendungen auf die Bestimmung des minimalen Darstellungskörpers einer endlichen Gruppe und in der Theorie der Artinschen L-Funktionen. Journ. f. Math. **190** (1952), 148-168.

H. L. Schmid

[1] Kongruenzzetafunktionen in zyklischen Körpern. Abh. Preuss. Akad. Wiss., Math.-naturwiss. Kl., Jahrg. **1941**, Nr. **14**, **1-30**.

E. Witt

[1] Zyklische Körper und Algebren der Charakteristik p vom Grad p^n. Journ. f. Math. **176** (1937), 126-140.

ERRATAS

Seite	Zeile	statt	lies
3	3	Zusammengenomen	Zusammengenommen
5	0	Induktionsprozess und Restklassenhomomorphismus	2. Invariante lineare Charakterfunktionen
5	15	ein fach	einfach
6	20	Λ/K	N/Λ
12	Note	K/N	N/K
13	7 v. u.	$L_{\mathfrak{p}}(s \mid \chi\ N/K)$	$L_{\mathfrak{p}}(s \mid \chi, N/K)$
18	11 v. u.	des ist	das ist
18	8 v. u.	$L_K(s \mid \chi)$	$\log L_K(s \mid \chi)$
18	6 v. u.	K_K/K	K_χ/K
18	1 v. u.	gerade	gerade[2]
21	8 v. u.	Ordmung	Ordnung
23	11	K/Λ	N/K
23	6 v. u.	$\mathfrak{p}^{R_i}/\mathfrak{q}_i$	$\mathfrak{P}^{R_i}/\mathfrak{q}_i$
24	4	$\mathfrak{G} \sum_{k,i} \ldots$	$\mathfrak{G} = \sum_{k,i} \ldots$
24	6	$\mathfrak{q}$	$\mathfrak{q}_i$
24	6	$\prod_i$	$\prod_j$
26	3,4	(1a.), (1b.)	[1a.], [2b.]
27	2	$v_{\nu i - 1}$	$v_{\nu i} - 1$
28	3	$(\mathfrak{W}_0)) \sum_i \ldots$	$(\mathfrak{W}_0)) = \sum_i \ldots$
30	6,7	(2a.), (2b.)	[2a.], [2b.]
30	4 v. u.	$\chi_0\left(\mathfrak{W}_0^{(0)}\right) \chi_0\left(\varepsilon\left(\mathfrak{W}_0^{(0)}\right)\right)$	$\chi_0\left(\mathfrak{W}_0^{(0)}\right) = \chi_0\left(\varepsilon\left(\mathfrak{W}_0^{(0)}\right)\right)$
30	1 v. u.	(2b.)	[2b.]
31	10 v. u.	hinzugenommen	hinzugenommenen
33	0	abelsche	abelscher
35	0	galoischen Gaußsche Summe	galoische Gaußsche Summen

Seite	Zeile	statt	lies
35	9 v. u.	$M s \| \chi \ldots$	$M (s \| \chi \ldots$
36	0	unc	und
36	9 v. u.	10.]	[10.]
37	6 v. u.	abeschen	abelschen
39	6	[17.]	[16'.]
36	14 v. u.	*Gibtes*	*Gibt es*
40	17	Summen	Summe
40	13 v. u.	Einheitswurzelu	Einheitswurzeln
41	0	Tiefere Fragen über galoisschen Gaußschen Summen	Einleitende Vorbemerkungen
41	9 v. u.	(7'.)	[7'.]
46	3	das	dass
50	4	enstsprechen	entsprechen
54	Formel [24.]		im letzten Glied $\prod$ hoch ziehen
54	10	zugrandegelegten	zugrundegelegten
55	4	Ubersichtlichkeit	Übersichtlichkeit
56	3 v. u.	dagegen	dagegen ist
57	1/2	Bezei-chnungen	Bezeich-nungen
60	14	$\sum T$	$\sum K$
64	7,2 v. u.	(4.), (8.)	[4.], [8.]
65	2		Komma nach der Formel
65	12/13	wesen-tliche	wesent-liche
67	2 v. u.	die Beziehung	die (in v mod. 2 identische) Beziehung
71	2		[16.] rechts ansetzen
71	7	auschliesen	anschliessend
71	1 v. u.	$p = 2$	$p \neq 2$
72	15	mod. 2	mod. 2^3
74	3 v. u.	$1 - \prod$	$1 - = \prod$
74	3 v. u.	2^f	2^3
75	5	$\mathfrak{P}$	$\mathfrak{f}$
75	8 v. u.	$\mathfrak{S}$	$\mathfrak{h}$
77	7	[6.]	$[1_0.]$
79	Formel [12.]	K/N	N/K
79	3 v. u.	(16'.)	[16'.]

X. Einbettungsproblem

64. Invariante Kennzeichnung relativ-abelscher Zahlkörper mit vorgegebener Galoisgruppe über einem Teilkörper des Grundkörpers [102]

Abhandlungen der Deutschen Akademie der Wissenschaften Berlin,
Math.-Nat. Kl. 1947, Nr. 8, 5 – 56

Einleitung

Gegeben seien ein endlich-algebraischer Zahlkörper Ω, der über einem Teilkörper Ω_0 galoissch mit der Galoisgruppe $\mathfrak{g}$ ist, und eine endliche abelsche Gruppe $\mathfrak{A}$.

§ 1. Fragestellung

Wir betrachten die relativ-abelschen Körper K/Ω mit der Relativgruppe $\mathfrak{A}$, für die K/Ω_0 galoissch ist. Die Galoispruppe von K/Ω_0 ist dann eine Erweiterung $\mathfrak{G}$ von $\mathfrak{A}$ derart, daß $\mathfrak{A}$ Normalteiler von $\mathfrak{G}$ und die Faktorgruppe $\mathfrak{G}/\mathfrak{A} \cong \mathfrak{g}$ ist.

1. Eine solche Erweiterung $\mathfrak{G}$ ist bekanntlich durch zwei invariante Bestimmungsstücke gekennzeichnet. Setzt man

$$\mathfrak{G} = \sum_{s \text{ in } \mathfrak{g}} U_s \mathfrak{A}$$

mit einem den Elemeten s aus $\mathfrak{g}$ zugeordneten Vertretersystem U_s aus $\mathfrak{G}$, so bestehen zwei Relationensysteme der Form

$$(1.) \qquad A\, U_s = U_s A^{\sigma} \qquad \text{für } A \text{ aus } \mathfrak{A},$$

$$(2.) \qquad U_s U_t = U_{st} C_{s,t} \qquad \text{mit } C_{s,t} \text{ aus } \mathfrak{A}.$$

Das Relationensystem (1.) besagt, daß die Transformation von $\mathfrak{A}$ mit den Vertretern U_s eine homomorphe Darstellung Γ von $\mathfrak{g}$ durch Automorphismen σ von $\mathfrak{A}$ liefert. Die den Elementen $s, t, \ldots$ aus $\mathfrak{g}$ bei Γ homomorph zugeordneten Automorphismen von $\mathfrak{A}$ bezeichnen wir im folgenden immer mit den entsprechenden griechischen Buchstaben $\sigma, \tau, \ldots$.

Das Relationensystem (2.) liefert ein sogenanntes Faktorensystem $C_{s,t}$ zu $\mathfrak{g}$, Γ in $\mathfrak{A}$. Der Assoziativität der Multiplikation in $\mathfrak{G}$ entsprechend bestehen dabei die Assoziativrelationen

$$(3.) \qquad C_{r,st} C_{s,t} = C_{rs,t} C_{r,s}^{\tau}.$$

Man redet in diesem Sinne von einem assoziativen Faktorensystem. Gelegentlich, vor allem in Beispielen, bezeichnen wir die Vertreter $U_s, U_t, \ldots$ aus $\mathfrak{G}$ der Elemente $s, t, \ldots$ aus $\mathfrak{g}$ auch etwas einfacher mit den entsprechenden großen lateinischen Buchstaben $S, T, \ldots$; bei dieser Bezeichnung lassen sich die Relationen (2.) nur in der etwas umständlicheren Form

$$(2'.) \qquad S\,T = R\, C_{s,t}, \quad \text{wenn } s\,t = r$$

angeben.

Beim Übergang zu einem anderen Vertretersystem

$$(4_1.) \qquad U'_s = U_s A_s \quad \text{mit } A_s \text{ aus } \mathfrak{A}$$

bleibt die Darstellung Γ dieselbe, während das Faktorensystem $C_{s,t}$ gemäß

$$(4_2.) \qquad C'_{s,t} = C_{s,t} \frac{A_s^{\tau} A_t}{A_{st}}$$

in ein, wie man sagt, **assoziiertes Faktorensystem** $C'_{s,t}$ übergeht; Bezeichnung $C'_{s,t} \sim C_{s,t}$. Ein Faktorensystem der speziellen Form $\frac{A_s^{\tau} A_t}{A_{st}}$ heißt ein System von **Transformationsgrößen** zu $\mathfrak{g}$, Γ in $\mathfrak{A}$; für ein solches sind die Assoziativrelationen (3.) identisch erfüllt. Läßt sich durch Wahl der A_s aus $\mathfrak{A}$ erreichen, daß alle $C'_{s,t} = 1$ werden, so sagt man, das Faktorensystem $C_{s,t}$ **zerfällt**; Bezeichnung $C_{s,t} \sim 1$; dann ist $C_{s,t}$ selbst ein System von Transformationsgrößen, nämlich der mit den Reziproken A_s^{-1} gebildeten. Die **Klasse aller zu** $C_{s,t}$ **assoziierten Faktorensysteme** $C'_{s,t}$ sei mit $\mathfrak{C}$ bezeichnet, ihr Zerfallen mit $\mathfrak{C} = 1$.

2. Sind umgekehrt eine homomorphe Darstellung Γ von $\mathfrak{g}$ durch Automorphismen von $\mathfrak{A}$ und ein assoziatives Faktorensystem $C_{s,t}$ zu $\mathfrak{g}$, Γ in $\mathfrak{A}$ gegeben, so definieren die Relationen (1.), (2.) eine Erweiterung $\mathfrak{G}$ von $\mathfrak{A}$ derart, daß $\mathfrak{A}$ Normalteiler von $\mathfrak{G}$ und die Faktorgruppe $\mathfrak{G}/\mathfrak{A} \cong \mathfrak{g}$ ist.

Wir nennen zwei solche Erweiterungen $\mathfrak{G}$ und $\mathfrak{G}'$ vom gleichen **Erweiterungstypus**[1], wenn zwischen ihnen ein Isomorphismus derart besteht, daß die Elemente A aus $\mathfrak{A}$ auf sich selbst und die Klassen nach $\mathfrak{A}$ entsprechend ihrer Zuordnung zu jeweils demselben Element s aus $\mathfrak{g}$ aufeinander bezogen sind, oder — wie wir kurz sagen wollen — daß $\mathfrak{A}$ und $\mathfrak{g}$ elementweise fest sind. Dies ist dann und nur dann der Fall, wenn die zu $\mathfrak{G}$ und $\mathfrak{G}'$ führenden Darstellungen Γ und Γ' übereinstimmen und die Faktorensysteme $C_{s,t}$ und $C'_{s,t}$ assoziiert sind, wenn also $\Gamma = \Gamma'$ und $C_{s,t} = C'_{s,t}$ ist. In diesem Sinne bilden die Darstellung Γ und die Faktorensystemklasse $\mathfrak{C}$ ein vollständiges Invariantensystem für die Typen der betrachteten Erweiterungen $\mathfrak{G}$ von $\mathfrak{A}$. Wir bezeichnen den durch Γ und $\mathfrak{C}$ festgelegten Erweiterungstypus $\mathfrak{G}$ von $\mathfrak{A}$ nach Analogie zur Theorie der Algebren mit

$$\mathfrak{G} = (\mathfrak{A};\ \Gamma,\ \mathfrak{C}).$$

Bei vorgegebenen $\mathfrak{A}$ und $\mathfrak{g}$ gibt es stets mindestens einen solchen Erweiterungstypus $\mathfrak{G}$, nämlich den der identischen Darstellung $\Gamma = 1$ und der zerfallenden Klasse $\mathfrak{C} = 1$ entsprechenden Typus $\mathfrak{G} = (\mathfrak{A}, 1, 1)$, das direkte Produkt $\mathfrak{G} = \mathfrak{A} \times \mathfrak{g}$ von $\mathfrak{A}$ mit $\mathfrak{g}$. Allgemein heißen die betrachteten Erweiterungstypen $\mathfrak{G}$ auch die **verschränkten Produkte von** $\mathfrak{A}$ **mit** $\mathfrak{g}$.

---

[1] Im engeren Sinne; über eine weitere Fassung dieses Begriffs siehe die Ausführungen in Nr. 5 dieses Paragraphen.

3. Was nun die relativ-abelschen Körper K/Ω mit der Relativgruppe $\mathfrak{A}$ betrifft, so gibt es bekanntlich zu ihrer invarianten Kennzeichnung durch Bildungen im Grundkörper Ω zwei verschiedene Methoden, nämlich erstens als Kummersche Körper und zweitens als Klassenkörper.

Für die erste Methode, als Kummersche Körper, ist vorauszusetzen, daß der Grundkörper Ω die n-ten Einheitswurzeln enthält, wenn n die maximale Elementordnung der gegebenen abelschen Gruppe $\mathfrak{A}$ ist. Der Erweiterungskörper K ist dann invariant gekennzeichnet durch die multiplikative Gruppe W aller derjenigen Zahlen $\neq 0$ aus Ω, deren n-te Wurzeln in K liegen. Diese Gruppe W enthält die Gruppe Ω^n der n-ten Potenzen von Zahlen $\neq 0$ aus Ω, und es ist $W/\Omega^n \cong \mathfrak{A}$. Dafür daß K/Ω_0 galoissch ist, ist notwendig und hinreichend, daß W bei den Automorphismen aus $\mathfrak{g}$ invariant ist.

Die zweite Methode, als Klassenkörper, bedarf keiner einschränkenden Voraussetzung über den Grundkörper Ω. Der Erweiterungskörper K ist bei ihr invariant gekennzeichnet durch die multiplikative Gruppe H aller derjenigen zum Führer $\mathfrak{f}$ von K/Ω primen Divisoren aus Ω, die mod. $\mathfrak{f}$ zu Relativnormen von zu $\mathfrak{f}$ primen Divisoren aus K äquivalent sind[2]. Bezeichnet D die Gruppe aller zu $\mathfrak{f}$ primen Divisoren aus Ω, so ist $D/H \cong \mathfrak{A}$. Dafür, daß K/Ω_0 galoissch ist, ist notwendig und hinreichend, daß H bei den Automorphismen aus $\mathfrak{g}$ invariant ist.

Die relativ-abelschen Körper K/Ω mit der Relativgruppe $\mathfrak{A}$ derart, daß K/Ω_0 galoissch ist, entsprechen demnach umkehrbar eindeutig, als Kummersche Körper bzw. Klassenkörper, den bei $\mathfrak{g}$ invarianten Zahlgruppen W in Ω mit $W/\Omega^n \cong \mathfrak{A}$ bzw. den bei $\mathfrak{g}$ invarianten Kongruenzdivisorengruppen[3] H in Ω mit $D/H \cong \mathfrak{A}$.

4. Es erhebt sich dann die folgende Frage:

Wie drückt sich bei dieser invarianten Kennzeichnung von K/Ω durch W bzw. H die Tatsache aus, daß die Galoisgruppe von K/Ω_0 die Invarianten Γ und $\mathfrak{C}$ hat?

Diese Frage ist deshalb von besonderem Interesse, weil es sich bei ihr darum handelt, die typisch nicht-kommutativen gruppentheoretischen Relationen (1.) und (2.) in den kommutativen Bildungen W/Ω^n und D/H widerzuspiegeln. Weil K durch W bzw. H eindeutig festgelegt ist, ist klar, daß — ebenso wie sich die Eigenschaft von K, über Ω_0 galoissch zu sein, in der Invarianz von W bzw. H bei $\mathfrak{g}$ widerspiegelt — sich auch die Strukturinvarianten Γ und $\mathfrak{C}$ der Galoisgruppe $\mathfrak{G} = (\mathfrak{A}; \Gamma, \mathfrak{C})$ von K/Ω_0 in irgendwelchen Eigenschaften von W bzw. H widerspiegeln müssen. Es handelt sich darum, diese Eigenschaften anzugeben, d. h. die Gesetze jener Widerspiegelung, deren Existenz feststeht, aufzufinden.

---

[2] Dabei schwebt eine durch K/Ω direkt (ohne Beziehung auf H) bestimmte Definition des Führers $\mathfrak{f}$ von K/Ω vor; siehe dazu E. Artin, Die gruppentheoretische Struktur der Diskriminanten algebraischer Zahlkörper, Journ. f. Math. **164** (1931), 1—11.

[3] Es ist zu verlangen, daß H einen aus endlich vielen (endlichen und unendlichen) Primstellen von Ω zusammengesetzten Führer $\mathfrak{f}$ besitzt, d. h. daß ein (minimales) solches Potenzprodukt $\mathfrak{f}$ derart existiert, daß H alle Divisoren ~ 1 mod $\mathfrak{f}$ aus Ω enthält.

5. Die Kenntnis dieser Gesetze ist von grundlegender Bedeutung für die Aufgabe, alle relativ-abelschen Körper K/Ω mit der Relativgruppe $\mathfrak{A}$, für die K/Ω_0 galoissch ist, nach der einen oder anderen Methode zu konstruieren. Dazu hat man ja nach dem Gesagten die Gesamtheit derjenigen bei $\mathfrak{g}$ invarianten Zahlgruppen W mit $W/\Omega^n \cong \mathfrak{A}$ bzw. Kongruenzdivisorengruppen H mit $D/H \cong \mathfrak{A}$ in Ω zu konstruieren, welche die fraglichen Eigenschaften haben. Wir bemerken hierzu, im Anschluß an die obigen Ausführungen über die verschränkten Produkte $\mathfrak{G}$ von $\mathfrak{A}$ mit $\mathfrak{g}$, noch folgendes.

Während man bei der bloßen Kennzeichnung der betrachteten Körper K/Ω von einem solchen als gegeben ausgehen kann und dementsprechend die abelsche Gruppe $\mathfrak{A}$ als Automorphismengruppe von K/Ω vorliegt, ist $\mathfrak{A}$ bei der Konstruktionsaufgabe nur als abstrakte Gruppe gegeben, so daß für ihre Realisierung als Galoisgruppe des zu konstruierenden Körpers K/Ω ein willkürlicher Automorphismus π von $\mathfrak{A}$ frei bleibt. Demgemäß ist für die Konstruktionsaufgabe der Begriff des Erweiterungstypus $\mathfrak{G}$ von $\mathfrak{A}$ etwas weiter zu fassen, als wir es oben für unsere Kennzeichnungsfrage getan haben. Während wir dort zwei Erweiterungen $\mathfrak{G}$ und $\mathfrak{G}'$ von $\mathfrak{A}$ zum gleichen Typus rechneten, wenn zwischen ihnen ein Isomorphismus besteht, bei dem $\mathfrak{A}$ und $\mathfrak{g}$ elementweise fest sind, ist hier nur zu verlangen, daß $\mathfrak{A}$ als Ganzes und $\mathfrak{g}$ elementweise fest ist. Das vollständige Invariantensystem für diese Typen im weiteren Sinne ist ersichtlich die Darstellungsklasse $\pi^{-1}\Gamma\pi$ und die weitere Faktorensystemklasse $\mathfrak{C}^{\pi}$, wo π die Automorphismen von $\mathfrak{A}$ durchläuft.

Die im folgenden zu entwickelnden Kriterien würden an Durchsichtigkeit verlieren, wenn wir sie in diesen der Konstruktionsaufgabe entsprechenden erweiterten Invarianten aussprechen würden. Wir begnügen uns daher mit diesem allgemeinen Hinweis und beschränken uns im übrigen auf die invariante Kennzeichnung, zu der die engeren Invarianten Γ und $\mathfrak{C}$ ausreichen.

Vom abstrakt gruppentheoretischen Standpunkt aus erscheint es naturgemäß, den Begriff des Erweiterungstypus $\mathfrak{G}$ von $\mathfrak{A}$ noch weiter zu fassen, nämlich nur zu verlangen, daß zwischen $\mathfrak{G}$ und $\mathfrak{G}'$ ein Isomorphismus besteht, bei dem $\mathfrak{A}$ als Ganzes und damit dann auch $\mathfrak{g}$ als Ganzes fest ist. Dann schiebt sich, ähnlich wie eben der willkürliche Automorphismus π von $\mathfrak{A}$, auch noch ein willkürlicher Automorphismus γ von $\mathfrak{g}$ ein. Da aber bei unserer Anwendung, sowohl was die invariante Kennzeichnung als auch was die Konstruktion betrifft, die Gruppe $\mathfrak{g}$ mit dem Grundkörper Ω von vornherein nicht nur abstrakt, sondern als Automorphismengruppe von Ω/Ω_0 gegeben ist, spielt dieser ganz allgemeine Standpunkt für unsere Untersuchung keine Rolle, außer daß er bei der Konstruktion dazu dienen kann, die Anzahl der zu betrachtenden wesentlich verschiedenen Typen weitestmöglich zu reduzieren[4]. Wir haben ihn hier dennoch erwähnt, einmal zur Abrundung, und dann, weil wir im Verlauf unserer Untersuchung zu einer anderen Gruppenerweiterung geführt werden, bei der die abelsche Gruppe $\mathfrak{A}$ (oder vielmehr ihre Charaktergruppe X) als Faktorgruppe auftritt, und wo es dann gerade auf die Automorphismen von $\mathfrak{A}$ (oder vielmehr auf die durch sie induzierten Automorphismen von X) wesentlich ankommt[5].

---

[4] Siehe dazu etwa das zweite der in § 2, 3 behandelten Beispiele.

[5] Siehe dazu § 5, 2.

§ 2. Bekannte Spezialfälle

Um dem Verständnis der in den beiden Hauptabschnitten dieser Arbeit zu gebenden allgemeinen Beantwortung der in § 1 entwickelten Frage entgegenzukommen, will ich vorher auf einige Spezialfälle eingehen, in denen die Antwort bereits bekannt ist.

1. Es sei

$\Omega_0 = P$ der rationale Zahlkörper;

$\Omega = P(\sqrt{d})$ ein quadratischer Zahlkörper mit der Diskriminante d, also

$\mathfrak{g}$ zyklisch von der Ordnung 2: $\mathfrak{g} = \{s\}$ mit $s^2 = 1$,

$\mathfrak{A}$ zyklisch von der Ordnung 3: $\mathfrak{A} = \{A\}$ mit $A^3 = 1$;

Γ gegeben durch $A^\sigma = A^{-1}$; $\mathfrak{C} = 1$.

Dann ist

$$\mathfrak{G} = (\mathfrak{A}; \Gamma, 1) = \{A, S\} \text{ mit } A^3 = 1,\ S^{-1}AS = A^{-1},\ S^2 = 1,$$

also $\mathfrak{G}$ die Diedergruppe des Dreiecks (symmetrische Gruppe von 3 Elementen), und es handelt sich um die galoisschen Körper K/P zu kubischen Körpern Λ/P mit einer Diskriminante $D = df^2$; dies f ist dann bekanntlich der Führer von K/Ω.

a) Vom Standpunkt der Klassenkörpertheorie habe ich diesen Spezialfall ausführlich in einer früheren Arbeit[6] behandelt. Die Antwort auf die Frage aus § 1, **4**, die dort die Grundlage für die Konstruktion der Körper K/Ω und die Untersuchung der arithmetischen Eigenschaften der Körper Λ/P bildet, lautet hier:

Damit der Klassenkörper K zu einer Kongruenzdivisorengruppe H in Ω vom Index 3 galoissch über P ist und die Galoisgruppe $\mathfrak{G}$ hat, ist notwendig und hinreichend, daß die Gruppe H bei s invariant ist und die Klassengruppen D/H bei s denselben Automorphismus erfährt wie $\mathfrak{A}$ bei σ, nämlich den Übergang zum Reziproken.

Die letztere Bedingung ist ersichtlich gleichbedeutend damit, daß die (zum Führer f primen) Divisoren aus P in H fallen, besagt also, daß H aus sogenannten Ringklassen mod f zusammengesetzt ist.

b) Vom Standpunkt der Kummerschen Körper sind, falls $d \neq -3$, noch die dritten Einheitswurzeln in Ω und K aufzunehmen, so daß $\mathfrak{G}$ noch einen direkten Faktor von der Ordnung 2 bekommt. Man hat dann also die folgende Sachlage:

$\Omega_0 = P$ der rationale Zahlkörper;

$\Omega = P(\sqrt{d}, \sqrt{-3})$, also $\mathfrak{g}$ abelsch vom Typus (2, 2):

$\mathfrak{g} = \{s, t\}$ mit $s^2 = 1$, $t^2 = 1$ ($\sqrt{-3}$ bei s invariant, $\sqrt{d}$ bei t invariant);

$\mathfrak{A}$ zyklisch von der Ordnung 3: $\mathfrak{A} = \{A\}$ mit $A^3 = 1$;

Γ gegeben durch $A^\sigma = A^{-1}$, $A^\tau = A$; $\mathfrak{C} = 1$.

Dann ist

$$\mathfrak{G} = (\mathfrak{A}, \Gamma, 1) = \{A, S\} \times \{T\} \text{ mit } \{A, S\} \text{ wie vorher und } T^2 = 1.$$

---

[6] H. Hasse, Arithmetische Theorie der kubischen Zahlkörper auf klassenkörpertheoretischer Grundlage, Math. Zeitschr. **31** (1930), 565—582.

Hierzu hat, vom Standpunkt der Kummerschen Körper, im Anschluß an meine eben zitierte Arbeit, mein Schüler Reichardt[7] die entsprechenden arithmetischen Untersuchungen durchgeführt, die kurz als Arithmetik der Cardanischen Formel bezeichnet werden können. Die für diese Untersuchungen grundlegende Antwort auf die Frage aus § 1, **4** lautet hier:

Damit der Kummersche Körper $K=\Omega\sqrt[3]{(w)}$, mit einem Nichtkubus w aus Ω, galoissch über P ist und die Galoisgruppe $\mathfrak{G}$ hat, ist notwendig und hinreichend, daß die beiden Beziehungen $w^s=w^{-1}a^3$ und $w^t=w^{-1}b^3$ mit a und b aus Ω gelten.

Es ist dann $w^{st}=w\,c^3$ mit c aus Ω. Daraus folgt $(c^{1+st})^3=1$ und, weil c^{1+st} in $P\,(\sqrt{-3\,d})$ liegt, sogar $c^{1+st}=1$, also bekanntlich[8] $c=c_0^{1-st}$ mit c_0 aus Ω. Hiernach führt die erlaubte Substitution $w^\star=w\,c_0^3$ zu einem Radikanden $w^\star$ aus $P\,(\sqrt{-3\,d})$ mit $w^{\star s}=w^{\star-1}\,a^{\star 3}$, wie er aus der Cardanischen Formel geläufig ist. Umgekehrt erfüllt jeder solche Radikand $w^\star$ die beiden angegebenen Beziehungen mit $a=b=a^\star$.

Wir weisen ausdrücklich auf den Umstand hin, daß sich in der ausgesprochenen Bedingung die erzeugende Klasse $w\,\Omega^3$ von W/Ω^3 bei s und t gleichartig verhält, während sich doch die Erzeugende A von $\mathfrak{A}$ bei σ und τ verschiedenartig verhält. Dieser Umstand erscheint auf den ersten Blick unverständlich. Erst unser in § 5, **4** zu gebendes allgemeines Gesetz über die Widerspiegelung von Γ in W/Ω^3 wird ihn verständlich machen, und zwar dadurch, daß nach diesem Gesetz auch das verschiedenartige Verhalten $\varrho^s=\varrho$ und $\varrho^t=\varrho^{-1}$ der dritten Einheitswurzeln ϱ bei s und t eine Rolle spielt, das sich hier mit dem Verhalten von A bei σ und τ zufällig kompensiert.

In dem beiseite gelassenen Fall $d=-3$ reduzieren sich $\mathfrak{g}$, $\mathfrak{G}$ wieder auf $\{s\}$, $\{A, S\}$. In der ausgesprochenen Bedingung fällt dann die auf t bezügliche Aussage fort; die auf s bezügliche Aussage bleibt aber nicht etwa einfach erhalten, sondern ist zu ersetzen durch $w^s=wa^3$ mit a aus Ω. Entsprechend wie vorher folgt daraus, daß der Radikand w durch einen Radikanden $w^\star$ aus P ersetzbar ist. Umgekehrt erfüllt jeder solche Radikand $w^\star$ die angegebene Bedingung mit $a=1$.

2. a) Die notwendige und hinreichende Bedingung dafür, daß ein über dem Körper P_p der p-ten Einheitswurzeln gebildeter Kummerscher Körper K vom Primzahlgrad p auch über dem rationalen Zahlkörper P abelsch ist — und dann als Galoisgruppe $\mathfrak{G}$ notwendig die abelsche Gruppe vom Typus $(p, p-1)$ hat —, war bereits Kummer bekannt. In unseren allgemeinen Bezeichnungen handelt es sich dabei um den Spezialfall:

$$\Omega_0=P,\ \Omega=P_p,\ \text{also } \mathfrak{g} \text{ zyklisch von der Ordnung } p-1:$$

$$\mathfrak{g}=\{s\} \text{ mit } s^{p-1}=1;$$

$$\mathfrak{A} \text{ zyklisch von der Ordnung } p: \quad \mathfrak{A}=\{A\} \text{ mit } A^p=1;$$

$$\Gamma=1; \quad \mathfrak{C}=1;$$

also

$$\mathfrak{G}=(\mathfrak{A};1,1)=\{A,S\} \text{ mit } A^p=1,\ S^{-1}AS=A,\ S^{p-1}=1.$$

[7] H. Reichardt, Arithmetische Theorie der kubischen Körper als Radikalkörper, Monatsh. Math. Phys. **40** (1933), 323—350.

[8] Siehe Hilberts Zahlbericht, Satz 90.

Das hierauf bezügliche Kummersche Ergebnis lautet:

Damit der Kummersche Körper $K = P_p(\sqrt[p]{w})$, mit w aus P_p von der Ordnung p bezgl. P_p^p, abelsch über P ist, ist notwendig und hinreichend, daß die Beziehung $w^s = w^\varsigma a^p$ mit a aus P_p gilt, wo die prime Restklasse ς mod p durch das Verhalten $\zeta^s = \zeta^\varsigma$ der p-ten Einheitswurzeln ζ bei s definiert ist (dem erzeugenden Automorphismus s von P_p/P zugeordnete Primitivwurzel ς mod p).

Hier tritt der vorher erwähnte Umstand, daß in das Gesetz der Widerspiegelung von Γ in W/Ω^p das Verhalten der p-ten Einheitswurzeln ζ bei $\mathfrak{g}$ eingeht, in unverschleierter Form in Erscheinung.

b) Wie leicht zu sehen, gilt ein entsprechendes Gesetz auch für den allgemeineren Fall:

Ω/Ω_0 zyklisch von beliebigem Grade g, also

$\mathfrak{g} = \{s\}$ mit $s^g = 1$;

$\mathfrak{A}$ zyklisch von beliebiger Ordnung n: $\mathfrak{A} = \{A\}$ mit $A^n = 1$;

$\Gamma = 1$; $\mathfrak{C}$ beliebig;

also

$$\mathfrak{G} = (\mathfrak{A}; 1, \mathfrak{C}) = \{A, S\} \text{ mit } A^n = 1,\ S^{-1} A S = A,\ S^g = C \text{ beliebig aus } \mathfrak{A}.$$

Daß der Faktor $C = \prod_{\gamma \bmod g} C_{s, s^\gamma}$ hier in der Tat keinerlei Einschränkung durch die Assoziativrelationen § 1, (3.) unterliegt, daß also die angegebenen Relationen bei beliebigem C aus $\mathfrak{G}$ eine (abelsche) Erweiterung $\mathfrak{G}$ von $\mathfrak{A}$ mit $\mathfrak{G}/\mathfrak{A} \cong \mathfrak{g}$ definieren, ist unmittelbar klar. Anders als in dem eben betrachteten Kummerschen Spezialfall, wo $(n, g) = (p, p-1) = 1$ war, kann aber hier C nicht notwendig durch eine nach der Assoziiertheitsbedingung § 1, (4.) erlaubte Substitution $S \to S A^\nu$, $C \to C A^{\nu g}$ mit geeignetem ν mod n auf 1 reduziert werden.

Die diesem Fall entsprechende Verallgemeinerung des Kummerschen Gesetzes lautet:

Damit der Kummersche Körper $K = \Omega(\sqrt[n]{w})$, mit w aus Ω von der Ordnung n bezgl. Ω^n, abelsch über Ω_0 ist, ist notwendig und hinreichend, daß die Beziehung $w^s = w^\varsigma a^n$ mit a aus Ω gilt, wo die prime Restklasse ς mod n durch das Verhalten $\zeta^s = \zeta^\varsigma$ der (in Ω enthaltenen) n-ten Einheitswurzeln ζ bei s definiert ist.

Auf die schärfere Frage, durch welche Eigenschaft der Klasse $w\,\Omega^n$ zum Ausdruck kommt, daß die abelsche Galoisgruppe $\mathfrak{G}$ von K/Ω_0 gerade mit dem Faktor C aus $\mathfrak{A}$ gebildet ist, kennt man bisher keine Antwort.

c) Vom Standpunkt der Klassenkörpertheorie ist ein entsprechendes Gesetz in dem folgenden noch etwas allgemeineren Falle bekannt:

Ω/Ω_0 zyklisch, also $\mathfrak{g}$ zyklisch: $\mathfrak{g} = \{s\}$ mit $s^g = 1$;

$\mathfrak{A}$ beliebig; $\Gamma = 1$; $\mathfrak{C}$ beliebig;

also

$$\mathfrak{G} = (\mathfrak{A}; 1, \mathfrak{C}) = \{A, S\} \text{ mit } S^{-1} A S = A \text{ für alle } A \text{ aus } \mathfrak{A}$$
$$\text{und} \quad S^g = C \text{ mit } C \text{ beliebig aus } \mathfrak{A}.$$

Das Gesetz lautet[9]:

Damit der Klassenkörper K zu einer Kongruenzdivisorengruppe H in Ω abelsch über Ω_0 ist, ist notwendig und hinreichend, daß H selbst und die Klassen nach H bei s invariant sind.

Auf die schärfere Frage, durch welche Eigenschaft der Klassengruppe D/H zum Ausdruck kommt, daß die abelsche Galoisgruppe $\mathfrak{G}$ von K/Ω_0 gerade mit dem Faktor C aus $\mathfrak{A}$ gebildet ist, kennt man auch hier bisher keine Antwort.

3. In allen diesen auf höhere als kubische Relativkörper K/Ω bezüglichen Fällen ist $\Gamma = 1$ und entweder auch $\mathfrak{C} = 1$ oder doch das Ergebnis nicht so scharf, daß es die verschiedenen möglichen Faktorensystemklassen $\mathfrak{C}$ trennt. Ich komme jetzt noch auf zwei Arbeiten meiner beiden Schüler Porusch[10] und Rosenblüth[11] zu sprechen, die — ebenfalls im Anschluß an meine zuvor zitierte Arbeit über kubische Zahlkörper — die dortige Konstruktion und Untersuchung der arithmetischen Eigenschaften vom Standpunkt der Klassenkörpertheorie auf höhere Fälle verallgemeinern und dazu als Grundlage jeweils die Antwort auf die in § 1 entwickelte Frage in diesen Fällen voranstellen. In der ersteren Arbeit ist wie bisher $\mathfrak{C} = 1$ aber $\Gamma \neq 1$, und das hergeleitete Gesetz über die Widerspiegelung von Γ in D/H hat die nach den bisher besprochenen Ergebnissen zu erwartende einfache Form. In der letzteren Arbeit dagegen ist bei $\Gamma = 1$ oder $\Gamma \neq 1$ (von mitlaufenden Nebenfällen abgesehen) $\mathfrak{C} \neq 1$, und es wird erstmalig ein Gesetz über die Widerspiegelung von $\mathfrak{C}$ in D/H hergeleitet. Als wesentlich neue Erkenntnis stellt sich heraus, daß diese Widerspiegelung in den betrachteten Fällen durch das Klassenverhalten der Divisoren aus Ω_0 und allgemeiner aus den Teilkörpern von Ω/Ω_0 bei der Einbettung in Ω gegeben wird. In beiden Arbeiten wird im Hinblick auf die anschließenden arithmetischen Untersuchungen der Teilkörper $\Omega_0 = P$ rational vorausgesetzt; jedoch kommt es darauf für die hier interessierenden Grundgesetze nicht an.

a) Bei Porusch handelt es sich um den Fall, daß $\mathfrak{G}$ eine sogenannte ganze lineare Gruppe mod p für eine Primzahl p ist, d. h. eine isomorphe Darstellung durch ganze lineare Substitutionen $x \to \varsigma + a$ mit Koeffizienten ς, a mod p besitzt, und daß $\mathfrak{A}$ der von der Ordnung p zyklische Normalteiler der Translationen $x \to x + a$ ist:

Ω/Ω_0 zyklisch von in $p-1$ aufgehendem Grade g, also

$$\mathfrak{g} = \{s\} \text{ mit } s^g = 1 \ (g \mid p-1);$$

$\mathfrak{A}$ zyklisch von der Ordnung p: $\mathfrak{A} = \{A\}$ mit $A^p = 1$;

Γ gegeben durch $A^s = A^\varsigma$ mit einer Restklasse ς mod p von der Ordnung g;

$$\mathfrak{C} = 1;$$

---

[9] Siehe etwa meinen Zahlbericht, Teil II, § 5.

[10] I. Porusch, Arithmetik in Zahlkörpern, deren zugehörige Galoissche Körper spezielle metabelsche Gruppen besitzen, auf klassenkörpertheoretischer Grundlage, Math. Zeitschr. **37** (1933), 134—160.

[11] E. Rosenblüth, Arithmetische Theorie und Konstruktion der Quaternionenkörper auf klassenkörpertheoretischer Grundlage, Monatsh. Math. Phys. **41** (1934), 85—125.

also

$$\mathfrak{G} = (\mathfrak{A}; \Gamma, 1) = \{A, S\} \text{ mit } A^p = 1,\ S^{-1} A S = A^\varsigma,\ A^s = 1.$$

Das in Rede stehende Gesetz lautet hier:

Damit der Klassenkörper K zu einer Kongruenzdivisorengruppe H in Ω mit zyklischer Klassengruppe D/H von der Ordnung p galoissch über Ω_0 ist und die Galoisgruppe $\mathfrak{G}$ hat, ist notwendig und hinreichend, daß H bei s invariant ist und D/H bei s denselben Automorphismus erfährt wie $\mathfrak{A}$ bei σ, nämlich die Potenzierung mit ς.

b) Bei Rosenblüth handelt es sich um den Fall, daß $\mathfrak{G}$ eine der fünf Gruppen von der Ordnung 2^3 ist (wobei die Zielsetzung der Arbeit die unter den bisher betrachteten Gruppentypen noch nicht vorgekommene Quaternionengruppe betrifft), und zwar werden einerseits die vier solchen Gruppen mit zyklischem Normalteiler $\mathfrak{A}$ von der Ordnung 2^2 und der Faktorgruppe $\mathfrak{G}/\mathfrak{A}$ vom Typus (2), andrerseits die vier solchen Gruppen mit zyklischem Normalteiler $\mathfrak{A}$ von der Ordnung 2 und Faktorgruppe $\mathfrak{G}/\mathfrak{A} \cong \mathfrak{g}$ vom Typus (2, 2) betrachtet.

1. Die vier Gruppen $\mathfrak{G}$ von der Ordnung 2^3 mit $\mathfrak{A}$ vom Typus (2^2) und also

$$\mathfrak{g} = \{s\} \text{ mit } s^2 = 1$$

sind:

$$\mathfrak{G} = (\mathfrak{A}; \Gamma, \mathfrak{C}) = \{A, S\} \text{ mit } A^4 = 1$$

und Invarianten Γ, $\mathfrak{C}$ gemäß

$\mathfrak{G}$	$S^{-1}AS$	S^2		Γ	$\mathfrak{C}$
abelsch, Typus $(2^2, 2)$	A	1	also	$=1$	$=1$
abelsch, Typus (2^3)	A	A		$=1$	$\neq 1$
Diedergruppe des Vierecks ...	A^{-1}	1		$\neq 1$	$=1$
Quaternionengruppe	A^{-1}	A^2		$\neq 1$	$\neq 1$

Was den wesentlich einzigen Faktor $S^2 = C = C_{s,1} C_{s,s}$ aus $\mathfrak{A}$ betrifft, so reduzieren sich für ihn die Assoziativrelationen § 1, (3.) auf die unmittelbar einsichtige Bedingung, daß C bei Γ invariant (mit S vertauschbar) sein muß, und die Assoziiertheitsbedingung § 1, (4.) auf $C \to C A^{\nu(1+\sigma)}$ bei $S \to S A^\nu$. Hiernach bleiben gerade die angegebenen vier Normalformen für $\mathfrak{C}$.

Dieser gruppentheoretischen Sachlage entsprechend sei

$$\Omega/\Omega_0 \text{ quadratisch mit dem erzeugenden Automorphismus } s,$$

und es werden die zyklischen biquadratischen Körper K/Ω betrachtet, die über Ω galoissch mit dann einer jener vier Galoisgruppen $\mathfrak{G}$ sind. Es sei

$$D = H + \mathfrak{c} H + \mathfrak{c}^2 H + \mathfrak{c}^3 H \text{ mit Führer } \mathfrak{f}$$

die zyklische Kongruenzklasseneinteilung in Ω, zu der K/Ω Klassenkörper ist, und entsprechend

$$D = H_0 + \mathfrak{c}\, H_0 \text{ mit Führer } \mathfrak{f}_0$$

die Kongruenzklasseneinteilung in Ω_0, zu der Ω/Ω_0 Klassenkörper ist. Nach der Klassenkörpertheorie ist dann klar, daß H bei s invariant ist, und daß die Divisoren aus H_0 — soweit prim auch zu $\mathfrak{f}$ und somit zum kleinsten gemeinsamen Vielfachen $\{\mathfrak{f}_0, \mathfrak{f}\}$ — bei der Einbettung in Ω in die Untergruppe $N_{\Omega/\Omega_0}(D)\, H = D^{1+s} H$ von D fallen, weil sie ja zu Normen von zu $\mathfrak{m}$ primen Divisoren aus Ω äquivalent mod $\mathfrak{m}$ sind für jedes Vielfache $\mathfrak{m}$ von $\mathfrak{f}_0$, also insbesondere für $\mathfrak{m} = \{\mathfrak{f}_0, \mathfrak{f}\}$. Dies Verhalten der Gruppen H und H_0 bei s bzw. bei der Einbettung in Ω sei in der nachstehenden schematischen Wiedergabe des in Rede stehenden Widerspiegelungsgesetzes der Vollständigkeit halber mit aufgenommen. Das hier Wesentliche des Gesetzes kommt dann aber nicht in den hierauf bezüglichen Spalten zum Ausdruck, sondern in den beiden anderen Spalten, die das entsprechende Verhalten der erzeugenden Klassen $\mathfrak{c}\, H$ und $\mathfrak{c}_0 H_0$ angeben:

Damit der Klassenkörper K zu einer Kongruenzdivisorengruppe H in Ω mit zyklischer Klassengruppe D/H von der Ordnung 2^2 galoissch über Ω_0 ist und die Galoisgruppe $\mathfrak{G}$ hat, ist notwendig und hinreichend, daß die Klassengruppe D/H bei s und die Klassengruppe D_0/H_0 bei der Einbettung in Ω das folgende Verhalten haben:

$\mathfrak{G}$	H^s	$(\mathfrak{c}\, H)^s$	H_0	$\mathfrak{c}_0 H_0$
abelsch, Typus $(2^2, 2)$	H	$\mathfrak{c}\, H$	$H + \mathfrak{c}^2 H$	$H + \mathfrak{c}^2 H$
abelsch, Typus (2^3)	H	$\mathfrak{c}\, H$	$H + \mathfrak{c}^2 H$	$\mathfrak{c}\, H + \mathfrak{c}^3 H$
Diedergruppe des Vierecks ...	H	$\mathfrak{c}^{-1} H$	H	H
Quaternionengruppe	H	$\mathfrak{c}^{-1} H$	H	$\mathfrak{c}^2 H$

Hiernach werden die beiden abelschen Typen ($\Gamma = 1$) von den beiden nicht-abelschen Typen ($\Gamma \neq 1$) dadurch unterschieden, daß die Klassen nach H bei der Erzeugenden s von $\mathfrak{g}$ im ersteren Falle invariant sind, im letzteren Falle denselben Automorphismus erfahren wie $\mathfrak{A}$ bei σ, nämlich den Übergang zum Reziproken. In jedem Falle erfährt somit die Klassengruppe D/H bei $\mathfrak{g}$ dieselbe Automorphismengruppe wie $\mathfrak{A}$ bei Γ. Ferner werden die beiden Typen mit zerfallendem Faktorensystem ($\mathfrak{C} = 1$) von den beiden anderen Typen ($\mathfrak{C} \neq 1$) dadurch unterschieden, daß bei der Einbettung in Ω die Divisoren aus $\mathfrak{c}_0 H_0$ (soweit auch prim zu $\mathfrak{f}$) im ersteren Falle in dieselbe Untergruppe $N_{\Omega/\Omega_0}(D)\, H = D^{1+s} H$ fallen wie die Divisoren aus H_0, im letzteren Falle in eine davon verschiedene Nebengruppe, und zwar in die entsprechend gebildete Nebengruppe nach $D^{1+s} H$ wie der Faktor C_s nach $\mathfrak{A}^{1+\sigma}$.

2. Die vier Gruppen $\mathfrak{G}$ der Ordnung 2^3 mit $\mathfrak{A}$ vom Typus (2) und

$$\mathfrak{g} = \{s_1, s_2, s_3\} \text{ mit } s_1^2 = 1,\ s_2^2 = 1,\ s_3^2 = 1,\ s_1 s_2 s_3 = 1$$

sind:

$$\mathfrak{G} = (\mathfrak{A}; \Gamma, \mathfrak{C}) = \{A, S_1, S_2, S_3\} \text{ mit } A^2 = 1,\ S_1 S_2 S_3 = 1$$

und Invarianten Γ, $\mathfrak{C}$ gemäß

$\mathfrak{G}$	$S_i^{-1} A S_i$	S_1^2	S_2^2	S_3^2	$S_i^{-1} S_j^{-1} S_i S_j \ (j \neq i)$
abelsch, Typus (2, 2, 2)	A	1	1	1	1
abelsch, Typus (2^2, 2)........	A	A	A	1	1
Diedergruppe des Vierecks ...	A	1	1	A	A
Quaternionengruppe	A	A	A	A	A

Die Mitführung von s_3 und S_3 neben s_1, s_2 und S_1, S_2 geschieht nur aus Symmetriegründen. Natürlich ist hier durchweg die Automorphismengruppe $\Gamma = 1$, so daß die vier Typen allein durch die Faktorensystemklasse $\mathfrak{C}$ unterschieden sind. Die Assoziativrelationen § 1, (3.) ergeben für die wesentlich einigen Faktoren $S_i^2 = C_i$ und $S_i^{-1} S_j^{-1} S_i S_j = C_{ij} \ (j \neq i)$ keinerlei Einschränkung[12], und die Assoziiertheitsbedingung § 1, (4.) reduziert sich auf die Invarianz dieser Faktoren bei $S_i \to S_i A$. Hiernach und aus Symmetriegründen[13] bleiben gerade die angegebenen vier Normalformen für $\mathfrak{C}$.

Dieser gruppentheoretischen Sachlage entsprechend sei

> Ω/Ω_0 biquadratisch, aus drei voneinander abhängigen quadratischen Körpern Ω_i/Ω_0 komponiert, und s_i erzeugender Automorphismus von Ω/Ω_i,

und es werden die quadratischen Körper K/Ω betrachtet, die über Ω_0 galoissch mit dann einer jener vier Galoisgruppen $\mathfrak{G}$ sind. Es sei

$$D = H + \mathfrak{c} H \qquad \text{mit Führer } \mathfrak{f}$$

die Kongruenzklasseneinteilung in Ω, zu der K/Ω Klassenkörper ist, und entsprechend

$$D_i = H_i + \mathfrak{c} H_i \qquad \text{mit Führer } \mathfrak{f}_i$$

die Kongruenzklasseneinteilung in Ω_i, zu der Ω/Ω_i Klassenkörper ist. Nach der Klassenkörpertheorie ist dann klar, daß H und damit notwendig auch $\mathfrak{c} H$ bei den s_i invariant ist, und daß die Divisoren aus H_i — soweit auch prim zu $\mathfrak{f}$ und somit zu $\{\mathfrak{f}_i, \mathfrak{f}\}$ — bei der Einbettung in Ω in die Untergruppe $N_{\Omega/\Omega_i}(D) H = D^{1+s_i} H = D^2 H = H$ fallen. Entsprechend wie vorher wird dies Verhalten von H, $\mathfrak{c} H$ bei den s_i und von den H_i bei der Einbettung in Ω in dem nachstehenden Widerspiegelungsgesetz wieder mit aufgenommen, obschon hier wesentlich darin nur das Verhalten der erzeugenden Klassen $\mathfrak{c}_i H_i$ bei der Einbettung in Ω ist:

Damit der Klassenkörper K zu einer Kongruenzdivisorengruppe H in Ω vom Index 2 galoissch über Ω_0 ist und die Galoisgruppe $\mathfrak{G}$ hat,

---

[12] Siehe dazu die allgemeinen Ausführungen in § 7, 1.

[13] Nämlich auf Grund von Automorphismen von $\mathfrak{g}$; siehe die Bemerkung am Schluß von § 1, 5.

ist notwendig und hinreichend, daß die Klassengruppe D/H bei den s_i und die Klassengruppen D_i/H_i bei der Einbettung in Ω das folgende Verhalten haben:

$\mathfrak{G}$	H^{s_i}	$(\mathfrak{c}H)^{s_i}$	H_i	$\mathfrak{c}_1 H_1$	$\mathfrak{c}_2 H_2$	$\mathfrak{c}_3 H_3$
abelsch, Typus (2, 2, 2)......	H	$\mathfrak{c}H$	H	H	H	H
abelsch, Typus (2^2, 2).......	H	$\mathfrak{c}H$	H	$\mathfrak{c}H$	$\mathfrak{c}H$	H
Diedergruppe des Vierecks....	H	$\mathfrak{c}H$	H	H	H	$\mathfrak{c}H$
Quaternionengruppe	H	$\mathfrak{c}H$	H	$\mathfrak{c}H$	$\mathfrak{c}H$	$\mathfrak{c}H$

Hiernach werden die vier verschiedenen Faktorensystemklassen $\mathfrak{C}$ dadurch unterschieden, daß bei der Einbettung in Ω die Divisoren aus $\mathfrak{c}_i H_i$ (soweit auch prim zu $\mathfrak{f}$) jeweils in die entsprechend gebildete Nebengruppe nach $N_{\Omega/\Omega_i}(D)\,H = D^{1+s_i}\,H = H$ fallen wie die Faktoren C_i nach $\mathfrak{A}^{1+\sigma_i} = 1$.

Der zuletzt besprochene Fall ist der erste, in dem die Faktorengruppe $\mathfrak{G}/\mathfrak{A} \cong \mathfrak{g}$ nicht mehr zyklisch ist, in dem also neben den Faktoren $S_i^2 = C_i$ vom Potenztypus auch solche $S_i^{-1} S_j^{-1} S_i S_j = C_{ij}$ vom Kommutatortypus auftreten. Die Unterscheidung der betrachteten Erweiterungstypen $\mathfrak{G}$ wird allerdings hier bereits durch die Potenzfaktoren C_i allein geleistet, und allein diese spielen auch in unserer zusammenfassenden Beschreibung des Widerspiegelungsgesetzes eine Rolle. Dieses Gesetz gibt mithin keinen Anhalt für eine Verallgemeinerung auf solche Fälle, in denen auch die Kommutatorfaktoren $C_{i,j}$ für die Unterscheidung der verschiedenen Erweiterungstypen $\mathfrak{G}$ wesentlich sind.

§ 3. Zielsetzung

1. Wir setzen uns zum Ziel, in Beantwortung der Frage aus § 1, **4** die den Einzelergebnissen ans § 2 zugrunde liegenden allgemeinen Gesetze aufzufinden. Wir wollen also, noch einmal gesagt, diejenigen Eigenschaften der Kummer-Invariante W/Ω^n und der Klassenkörperinvariante D/H aufweisen, durch die sich ausdrückt, daß der zugehörige über Ω abelsche Körper K mit der Relativgruppe $\mathfrak{A}$ galoissch über Ω_0 ist und daß seine Galoisgruppe $\mathfrak{G}$ über Ω_0 einen durch die Invarianten Γ und $\mathfrak{C}$ bestimmten gruppentheoretischen Erweiterungstypus $\mathfrak{G} = (\mathfrak{A}; \Gamma, \mathfrak{C})$ hat.

Die allgemeine Form dieser Gesetze ist aus den besprochenen Spezialfällen bereits weitgehend vorauszusehen, wenn auch die Einzelheiten noch nicht vollständig hervortreten. Es handelt sich darum, aus der Mannigfaltigkeit von speziellen Umständen in den einzelnen Beispielen das allgemein Wesentliche herauszuheben, wie wir es in unseren Formulierungen der schon bekannten speziellen Ergebnisse bereits angestrebt haben. Hierfür und vor allem auch für eine elegante und durchsichtige Führung der Beweise erweist es sich — wie so oft in algebraischen und arithmetischen Untersuchungen — als vorteilhaft, in voller Allgemeinheit vorzugehen und dabei von jeglicher speziellen Normierung — hier der Vertreter U_s, der Faktoren $C_{s,t}$ und der Kummer-Erzeugenden w — abzusehen, insbesondere auch nicht etwa mit Basisdarstellungen der zueinander isomorphen abelschen Gruppen $\mathfrak{A}$, W/Ω^n, D/H zu arbeiten.

2. Für die Kummer-Invariante W/Ω^n wird uns die Lösung der gestellten Aufgabe vollständig gelingen. Der entscheidende Gedanke dafür ist, daß wir statt der Gruppe $W/\Omega^n \cong \mathfrak{A}$ eine andere mit ihr eng verknüpfte Invariante zur Kennzeichnung von K/Ω verwenden, nämlich eine Klasse $\mathfrak{c}$ assoziativer, kommutativer Faktorensysteme $c_{\chi,\psi}$ in Ω zur Charaktergruppe X von $\mathfrak{A}$. Da diese leztere Beschreibungsart der Kummerschen Körper bisher noch nirgends systematisch eingeführt zu sein scheint, gehen wir darauf zu Beginn (§ 4) ausführlich ein. Ferner geben wir nach Herleitung des allgemeinen Widerspiegelungsgesetzes (§ 5) eine Rückübersetzung dieses Ergebnisses in die gewöhnliche Form der Kummer-Erzeugung (§ 6), bei der eine Basis der abelschen Gruppe $W/\Omega^n \cong X \cong \mathfrak{A}$ eingeführt wird, und gehen zum Schluß (§ 7) noch auf den Spezialfall eines abelschen Grundkörpers Ω/Ω_0 ein, indem wir auch für die dann abelsche Gruppe $\mathfrak{g} \cong \mathfrak{G}/\mathfrak{A}$ eine Basis einführen.

Für die Klassenkörperinvariante D/H wird uns die Lösung der gestellten Aufgabe nur teilweise gelingen (§ 8). Wir werden zwar die Invariante Γ leicht vollständig in einer Eigenschaft von D/H widerspiegeln können, die Invariante $\mathfrak{C}$ aber nur unvollständig, nämlich nur insoweit, als es sich um die Potenzfaktoren

$$U_s^{g_s} = C_s = \prod_{\gamma_s \bmod g_s} C_{s,s^{\gamma_s}}$$

handelt, wo g_s die Ordnung von s bezeichnet. Damit wird insbesondere der Spezialfall, daß $\mathfrak{g}$ zyklisch ist, vollständig erfaßt. Um allgemeiner den zum Schluß (§ 9) betrachteten Fall, daß $\mathfrak{g}$ abelsch ist, vollständig zu erfassen, würde es genügen, auch noch die Kommutatorfaktoren

$$U_s^{-1} U_t^{-1} U_s U_t = C^{*}_{s,t} = C_{s,t} C_{t,s}^{-1}$$

in Eigenschaften von D/H widerzuspiegeln. Das ist mir aber leider nicht gelungen. Ich möchte glauben, daß man dazu noch einen wesentlich neuen Gedanken braucht, der dann auch gleich zur vollständigen Beherrschung des allgemeinen Falles einer beliebigen Gruppe $\mathfrak{G}$ führen dürfte. Daß unter Umständen, auch wenn $\mathfrak{g}$ nicht zyklisch ist, die Potenzfaktoren C_s zur Unterscheidung der verschiedenen Erweiterungstypen $\mathfrak{G} = (\mathfrak{A}; \Gamma, \mathfrak{C})$ ausreichen und damit unsere Ergebnisse zu invarianten Kennzeichnungen der verschiedenen Erweiterungstypen K/Ω bei nicht zyklischem Grundkörper Ω/Ω_0 in der Klassengruppe D/H führen, zeigt das in § 2, **3** als zweites besprochene Beispiel der Gruppen $\mathfrak{G}$ von der Ordnung 2^3 mit $\mathfrak{A}$ vom Typus (2) und $\mathfrak{g}$ vom Typus (2,2).

3. Durch die erhaltenen Ergebnisse wird der Weg zur Konstruktion und arithmetischen Untersuchung der betrachteten galoisschen Körper K/Ω_0 und ihrer Teilkörper geebnet, wie sie in den Spezialfällen aus § 2 in den dort zitierten Arbeiten von mir und meinen Schülern durchgeführt wurde. Insbesondere ergeben sich Existenzbeweise für galoissche Körper K/Ω_0 mit vorgeschriebener Galoisgruppe des betrachteten Typus $\mathfrak{G} = (\mathfrak{A}; \Gamma, \mathfrak{C})$ — die Existenz eines galoisschen Körpers Ω/Ω_0 mit der Galoispruppe $\mathfrak{g} \cong \mathfrak{G}/\mathfrak{A}$ vorausgesetzt —, indem man nachprüft, wann die erhaltenen Bedingungen durch Zahlgruppen W bzw. Kongruenzdivisorengruppen H in Ω erfüllbar sind. Darüber hinaus erhält man jeweils eine vollständige Übersicht über alle Erweiterungskörper K/Ω des betrachtenden Typus. Schließlich werden durch die Iteration des Ansatzes die allgemeinen metabelschen Körper K/Ω_0 von beliebiger Stufenzahl der Konstruktion und arithmetischen Untersuchung erschlossen.

Die Einzeldurchführung aller dieser Untersuchungen mag weiteren Arbeiten vorbehalten bleiben. Es dürfte dabei noch manche in der Allgemeinheit liegende Schwierigkeit zu überwinden sein. Jedenfalls ist aber mit der hier gegebenen invarianten Kennzeichnung, also mit der Reduktion auf kontrollierbare und reproduzierbare Sachverhalte im Grundkörper, bereits ein wesentlicher Teil der Arbeit für Existenzbeweis und Konstruktion geleistet.

4. Wir bemerken schließlich, daß unsere Ergebnisse nicht nur für endlich-algebraische Zahlkörper Ω als Grundkörper gültig sind, sondern was die Kummer-Erzeugung angeht, für beliebige (über Ω_0 separable) Körper Ω mit nicht in der maximalen Elementordnung n von $\mathfrak{A}$ aufgehender Charakteristik, in denen die n-ten Einheitswurzeln enthalten sind, und was die Klassenkörpererzeugung angeht, auch für algebraische Funktionenkörper Ω mit endlichem Konstantenkörper, sowie mutatis mutandis auch immer für die zugehörigen lokalen Körper (diskret bewertete perfekte Körper mit endlichem Restklassenkörper).

Im Abschnitt I (Kummersche Körper) werden wir die Untersuchung gleich in dieser Allgemeinheit durchführen, im Abschnitt II (Klassenkörper) dagegen uns der einheitlichen Ausdrucksweise halber auf algebraische Zahlkörper und algebraische Funktionenkörper mit endlichem Konstantenkörper beschränken, also die zugehörigen lokalen Körper beiseite lassen.

I. Kennzeichnung als Kummersche Körper

In diesem ersten Abschnitt seien gegeben:

- eine endliche abelsche Gruppe $\mathfrak{A}$ mit der maximalen Elementordnung n (Ordnung N);
- ein beliebiger Körper Ω mit nicht in n aufgehender Charakteristik, der die n-ten Einheitswurzeln enthält;
- eine endliche Automorphismengruppe $\mathfrak{g}$ von Ω, so daß Ω über dem Invariantenkörper Ω_0 von $\mathfrak{g}$ endlich-algebraisch, separabel und galoissch mit der Galoisgruppe $\mathfrak{g}$ ist.

Wir betrachten die relativ-abelschen Körper K/Ω mit der Relativgruppe $\mathfrak{A}$, die über Ω_0 galoissch sind.

§ 4. Kummer-Erzeugung

Wir beginnen mit der Betrachtung sämtlicher relativ-abelscher Körper K/Ω (ohne Rücksicht auf ihr Verhalten über Ω_0) und beschäftigen uns mit ihrer Kummer-Erzeugung.

1. Wir gehen zunächst von einem solchen Körper K/Ω als gegeben aus. Die Elemente $\omega \neq 0$ aus K, deren n-te Potenzen $\omega^n = w$ in Ω liegen, bilden eine multiplikative Gruppe W in K, in der die Gruppe aller Elemente $a \neq 0$ aus Ω

enthalten ist. Die in § 1, 3 betrachtete Gruppe $\mathfrak{W}$ aller Elemente $w \neq 0$ aus Ω, deren n-te Wurzeln $\sqrt[n]{w} = \omega$ in K liegen (bei voraussetzungsgemäß beliebiger Normierung durch n-te Einheitswurzeln), hängt mit der Gruppe W einfach durch $W^n = \mathfrak{W}$ zusammen, und es ist $W/\Omega \cong \mathfrak{W}/\Omega^n$, wobei ein Isomorphismus durch Übergang zur n-ten Potenz gegeben ist.

Bekannt ist der folgende Sachverhalt über die Kummer-Erzeugung:

Satz 1. *Es ist*

$$K = \Omega\,(W) = \Omega\,(\sqrt[n]{\mathfrak{W}}).$$

Die Faktorgruppe $\mathfrak{W}/\Omega^n$ ist isomorph zur Galoisgruppe $\mathfrak{A}$ von K/Ω. Ein Isomorphismus zwischen $\mathfrak{W}/\Omega^n$ und $\mathfrak{A}$ wird — als Isomorphismus zwischen der n-ten Wurzelgruppe W/Ω und der Charaktergruppe X von $\mathfrak{A}$ — gegeben durch die Beziehungen

$$(1.) \qquad \omega_\chi^A = \chi\,(A)\,\omega_\chi \qquad \text{für alle } A \text{ aus } \mathfrak{A},$$

durch welche die Charaktere χ von $\mathfrak{A}$ und die Klassen $\omega_\chi\,\Omega$ von W/Ω umkehrbar eindeutig und isomorph aufeinander bezogen werden.

Explizit erhält man alle Vertretersysteme ω_χ der Klassen W/Ω in dieser Zuordnung zu den Charakteren χ von $\mathfrak{A}$ aus den Normalbasen Θ^A von K/Ω durch den bekannten Ansatz (Lagrangesche Wurzelzahlen)

$$(2.) \qquad \omega_\chi = \sum_{B \text{ in } \mathfrak{A}} \chi\,(B)\,\Theta^{B^{-1}}$$

mit der Umkehrung

$$(\bar{2}.) \qquad \Theta^A = \frac{1}{N} \sum_{\psi \text{ in } X} \psi\,(A)\,\omega_\psi\,.$$

Zum Beweis von Satz 1 definiere man die ω_χ durch (2.) aus irgendeiner Normalbasis Θ^A von K/Ω, die bekanntlich bei beliebiger Galoisgruppe $\mathfrak{A}$ existiert[14], — sie haben dann die Eigenschaft (1.) — und beachte, daß umgekehrt jedes ω aus W vermöge $\omega^A = \chi\,(A)\,\omega$ einen Charakter χ von $\mathfrak{A}$ bestimmt. Dann erkennt man leicht die Richtigkeit der ausgesprochenen Behauptungen.

Zufolge des Auftretens der Charaktergruppe X von $\mathfrak{A}$ in den Isomorphiebeziehungen (1.) aus Satz 1 wird die Charaktergruppe X im folgenden eine beherrschende Rolle spielen und die ursprünglich gegebene Gruppe $\mathfrak{A}$ selbst fast ganz aus unserer Untersuchung verdrängen. Die Gruppen $\mathfrak{A}$ und X sind zueinander isomorph. Einen in invarianter Weise gebildeten Isomorphismus zwischen ihnen gibt es nicht. Wohl aber besteht die folgende invariante Beziehung zwischen ihnen, die wir wiederholt anzuwenden haben werden. Die $\chi\,(A)$ sind einerseits bei festem χ Charaktere von $\mathfrak{A}$ und bilden so die Charaktergruppe X von $\mathfrak{A}$, andererseits bei festem A Charaktere von X und ergeben so $\mathfrak{A}$ als die Charaktergruppe von X.

---

[14] Siehe etwa M. Deuring, Galoissche Theorie und Darstellungstheorie, Math. Ann. **107** (1932), 140—144.

2. Im folgenden sei ω_χ irgendein den Charakteren χ von $\mathfrak{A}$ zugeordnetes Vertretersystem der Klassen von W/Ω, das den Isomorphiebeziehungen (1.) genügt. Es liegt bis auf Substitutionen

$$(3.)\qquad \omega_\chi \to \omega_\chi a_\chi$$

mit beliebigen $a_\chi \neq 0$ aus Ω fest. Dementsprechend bestehen Beziehungen der Form

$$(4.)\qquad \omega_\chi \omega_\psi = \omega_{\chi\psi} c_{\chi,\psi}$$

mit Koeffizienten $c_{\chi,\psi} \neq 0$ aus Ω. Diese $c_{\chi,\psi}$ bilden ein assoziatives Faktorensystem zur Gruppe X in Ω, nämlich dasjenige Faktorensystem im Sinne von § 1, **1**, das bei der abelschen Erweiterung W der abelschen Multiplikationsgruppe von Ω dem Vertretersystem ω_χ der Klassen von $W/\Omega \cong X$ entspricht. Der Kommutativität nicht nur der Faktorgruppe $W/\Omega \cong X$ sondern auch der Erweiterungsgruppe W entsprechend lauten die Assoziativrelationen hier etwas einfacher als bei den in § 1, **1** betrachteten nicht-kommutativen Faktorensystemen, nämlich

$$(5.)\qquad c_{\varphi,\chi\psi} c_{\chi,\psi} = c_{\varphi\chi,\psi} c_{\varphi,\chi},$$

und es bestehen außerdem die Kommutativrelationen

$$(6.)\qquad c_{\psi,\chi} = c_{\chi,\psi}.$$

Einer Vertretersubstitution (3.) entspricht hier der etwas einfachere Übergang

$$(7.)\qquad c_{\chi,\psi} \to c_{\chi,\psi} \frac{a_\chi a_\psi}{a_{\chi\psi}}$$

zu einem in Ω assoziierten Faktorensystem.

Ein den Relationen (5.), (6.) genügendes Faktorensystem $c_{\chi,\psi} \neq 0$ nennen wir kurz ein abelsches Faktorensystem zu X in Ω. Es bezeichne $\mathfrak{c}$ die gemäß (7.) gebildete Klasse der zu $c_{\chi,\psi}$ in Ω assoziierten Faktorensysteme.

Nach dem Gesagten ist die Klasse $\mathfrak{c}$ durch den Erweiterungskörper K/Ω eindeutig bestimmt. Es ist aber auch umgekehrt K/Ω durch $\mathfrak{c}$ eindeutig bestimmt. Ist nämlich $K' = \Omega(W')$ ein abelscher Erweiterungskörper mit der Galoisgruppe $\mathfrak{A}$, dessen erzeugende n-te Wurzelgruppe W' dieselbe Faktorensystemklasse $\mathfrak{c}$ liefert wie W, so gibt es ein Vertretersystem ω'_χ der Klassen von W'/Ω, welches dasselbe Faktorensystem $c_{\chi,\psi}$ liefert wie ω_χ. Nach (4.) bilden dann die Quotienten $\frac{\omega'_\chi}{\omega_\chi}$ (wobei K, K' als Teilkörper der algebraisch-abgeschlossenen Hülle von Ω aufgefaßt werden) einen Charakter der Gruppe X. Gemäß der obigen Bemerkung hat dieser die Form $\chi(A)$ mit einem A aus $\mathfrak{A}$. Es folgt also $\omega'_\chi = \chi(A)\,\omega_\chi$ (was nach (1.) auch in der Form $\omega'_\chi = \omega_\chi^A$ geschrieben werden kann) und somit $W' = W$, $K' = K$.

Zusammenfassend ist damit bewiesen:

Satz 2. Die abelschen Körper K/Ω mit der Galoisgruppe $\mathfrak{A}$ werden nicht nur durch die ihnen eindeutig zugeordneten Gruppen W/Ω^n in Ω eindeutig gekennzeichnet, sondern auch durch die deren n-ten Wurzelgruppen W/Ω in K vermöge Vertreterwahl eindeutig zugeordneten Klassen $\mathfrak{c}$ assoziierter abelscher Faktorensysteme $c_{\chi,\psi}$ in Ω zur Charaktergruppe X von $\mathfrak{A}$.

3. Es bleibt weiter zu untersuchen, welche dieser Faktorensystemklassen $\mathfrak{c}$ wirklich abelschen Körpern K/Ω mit der Galoisgruppe $\mathfrak{A}$ entsprechen.

Sei dazu umgekehrt irgendein abelsches Faktorensystem $c_{\chi,\psi}$ zu X in Ω gegeben. Ihm entspricht jedenfalls eine Algebra K/Ω, definiert durch die Basisdarstellung

$$K = \sum_{\chi} \omega_\chi \Omega$$

mit dem Multiplikationsschema (4.), und zwar ist K auf Grund der Basissubstitutionen (3.) der Klasse $\mathfrak{c}$ von $c_{\chi,\psi}$ invariant zugeordnet.

Nach (5.) und (6.) ist K assoziativ und kommutativ. Ferner ist K halbeinfach. Dies erkennt man durch den Nachweis, daß die Basisdiskriminante $|Sp(\omega_\chi \omega_\psi)| = |Sp(\omega_{\chi\psi}) c_{\chi,\psi}| \neq 0$ ist. Nach (4.) ist nämlich $Sp(\omega_\chi) = 0$ für $\chi \neq 1$ und $Sp(\omega_1) = \sum_{\chi \text{ in } X} c_{1,\chi} = N c_{1,1}$, letzteres unter Beachtung der nach (5.) geltenden Beziehungen $c_{1,\chi} = c_{1,1}$ für alle χ. Daraus folgt $|Sp(\omega_\chi \omega_\psi)| = \pm \prod_{\chi \text{ in } X} (N c_{1,1} c_{\chi,\chi^{-1}})$. Da die $c_{\chi,\psi} \neq 0$ sein sollen, und da mit der maximalen Elementordnung n auch die Gruppenordnung N nicht durch die Charakteristik von Ω teilbar ist, folgt die Behauptung.

Setzt man schließlich, zunächst formal, die Wirkung eines Operators A aus $\mathfrak{A}$ auf die Elemente von K dadurch fest, daß die Elemente aus Ω invariant sein und die Basiselemente ω_χ von K/Ω das Verhalten (1.) haben sollen, so sind auf Grund der Multiplikativität von $\chi(A)$ in A die Definitionsrelationen (4.) von K/Ω bei den Operatoren A invariant, diese sind also Automorphismen von K/Ω, und auf Grund der Multiplikativität von $\chi(A)$ in A setzen sich diese Automorphismen von K/Ω nach der Multiplikation der A aus $\mathfrak{A}$ zusammen. Demnach hat K/Ω die Automorphismengruppe $\mathfrak{A}$.

Als assoziative, kommutative, halbeinfache Algebra über Ω ist K eine direkte Summe von endlich-algebraischen Erweiterungskörpern von Ω. Wir nennen nun die Faktorensystemklasse $\mathfrak{c}$ **irreduzibel**, wenn K sogar einfach (es genügt nullteilerfrei), also selbst Körper ist. Nach dem Gezeigten ist dann K/Ω abelsch mit der Galoisgruppe $\mathfrak{A}$.

In Ergänzung zu Satz 2 haben wir damit:

Satz 3. *Den abelschen Körpern K/Ω mit der Galoisgruppe $\mathfrak{A}$ entsprechen genau die irreduziblen Klassen $\mathfrak{c}$ abelscher Faktorensysteme zu X in $\mathfrak{A}$.*

4. Um ein explizites Kriterium für die Irreduzibilität einer abelschen Faktorensystemklasse $\mathfrak{c}$ zu gewinnen, führen wir den Ordnungen n_χ der Charaktere χ entsprechend die **Potenzfaktoren**

$$\omega_\chi^{n_\chi} = c_\chi$$

ein. Sie drücken sich durch das Faktorensystem $c_{\chi,\psi}$ in der Form

$$c_\chi = \prod_{\nu_\chi \bmod n_\chi} c_{\chi,\chi^{\nu_\chi}}$$

aus und erfahren bei den Vertretersubstitutionen

$$\omega_\chi \to \omega_\chi\, a_\chi$$

die Substitutionen

$$c_\chi \to c_\chi\, a_\chi^{n_\chi},$$

so daß der Faktorensystemklasse $\mathfrak{c}$ die Potenzfaktorklassen $c_\chi\, \Omega^{n_\chi}$ invariant zugeordnet sind.

Wir beweisen dann in Ergänzung zu Satz 3 das folgende Kriterium:

Satz 4. Die abelsche Faktorensystemklasse $\mathfrak{c}$ zu X in Ω ist dann und nur dann irreduzibel, wenn die Ordnungen ihrer Potenzfaktorklassen $c_\chi\, \Omega^{n_\chi}$ mit den Ordnungen n_χ der Charaktere χ übereinstimmen.

Beweis: Wir zeigen formal umgekehrt, daß die zuvor konstruierte Algebra K/Ω dann und nur dann kein Körper ist, wenn es mindestens einen Charakter χ gibt, dessen Potenzfaktor c_χ bezgl. Ω^{n_χ} von niedrigerer Ordnung als n_χ ist.

a) Sei die Ordnung von c_χ bezgl. Ω^{n_χ} ein echter Teiler d von n_χ, also bereits $c_\chi^{\,d} = a^{n_\chi}$ mit a aus Ω. Dann hat man in K die Beziehung

$$\prod_{\nu_\chi \bmod n_\chi} (\omega_\chi^{\,d} - \zeta_\chi^{\nu_\chi} a) = c_\chi^{\,d} - a^{n_\chi} = 0,$$

wo ζ_χ eine primitive n_χ-te Einheitswurzel (voraussetzungsgemäß in Ω) bedeutet. Da $\chi^d \neq 1$, ist

$$\omega_\chi^{\,d} = \frac{\omega_{\chi^d}}{\omega_1} \prod_{\delta=0}^{d-1} c_{\chi,\chi^\delta}$$

nicht ein Element aus Ω; also sind sicherlich alle $\omega_\chi^{\,d} - \zeta_\chi^{\nu_\chi} a \neq 0$. Auf Grund der festgestellten Beziehung ist demnach $\omega_\chi^{\,d} - a$ echter Nullteiler aus K und somit K/Ω kein Körper.

b) Um umgekehrt, wenn K/Ω kein Körper ist, die Existenz eines χ mit c_χ bezgl. Ω^{n_χ} von niedrigerer Ordnung als n_χ nachzuweisen, betrachteten wir zunächst allgemein die Struktur der zuvor konstruierten kommutativen Algebra K/Ω etwas näher.

Wie gezeigt, ist K/Ω halbeinfach und besitzt die Automorphismengruppe $\mathfrak{A}$. Darüber hinaus besagen die Definitionsrelationen

$$\omega_\chi^{\,A} = \chi(A)\, \omega_\chi$$

für die Anwendung von $\mathfrak{A}$ auf K, daß K/Ω als Darstellungsmodul von $\mathfrak{A}$ aufgefaßt die reguläre Darstellung von $\mathfrak{A}$ in ihrer vollständig reduzierten Form liefert.

Hieraus folgt, daß bei Erweiterung des Koeffizientenkörpers Ω zu seiner algebraisch-abgeschlossenen Hülle $\overline{\Omega}$ und dementsprechender Erweiterung von K zu $\overline{K}$ (wobei $\overline{\Omega}$ bei $\mathfrak{A}$ elementweise invariant sein soll) eine direkte Zerlegung der Form

$$\overline{K} = \sum_{A \text{ in } \mathfrak{A}} \overline{\Omega}\, \bar{e}^A$$

besteht, bei der also die zueinander orthogonalen primitiven Idempotente $\bar{e}^A$ aus einem $\bar{e}$ durch Anwendung der Automorphismen A aus $\mathfrak{A}$ entstehen. Denn die primitiven Idempotente der Wedderburnschen Zerlegung von $\bar{K}/\bar{\Omega}$ in eine direkte Summe von zu $\bar{\Omega}$ isomorphen Körpern liefern ja einerseits eine neue Basis des (erweiterten) Darstellungsmoduls $\bar{K}/\bar{\Omega}$ und erfahren andererseits bei den Automorphismen aus $\mathfrak{A}$ nur Permutationen; sie liefern also eine Permutationsdarstellung von $\mathfrak{A}$, die zur Klasse der regulären Darstellung gehört und daher notwendig die reguläre Permutationsdarstellung ist.

Die Wedderburnsche Zerlegung von K/Ω in eine direkte Summe von endlich-algebraischen Erweiterungskörpern von Ω (Teilkörper von $\bar{\Omega}$) ergibt sich aus der von $\bar{K}/\bar{\Omega}$ einfach durch eine Zusammenfassung der Summanden. Die zugehörigen primitiven Idempotente von K/Ω sind also Summen aus den $\bar{e}^A$. Ist e das $\bar{e}$ enthaltende primitive Idempotent von K/Ω, so ist e^A das $\bar{e}^A$ enthaltende. Die A_0 aus $\mathfrak{A}$, für die e^{A_0} in $\bar{e}$ enthalten ist, bilden eine Untergruppe $\mathfrak{A}_0$ von $\mathfrak{A}$, und die verschiedenen primitiven Idempotente von K/Ω werden in der Gestalt e^A durch ein Vertretersystem A der Klassen von $\mathfrak{A}/\mathfrak{A}_0$ geliefert. Der e entsprechende direkte Summand ist von der Form $Ke = K_0 e$, wo K_0/Ω ein abelscher Körper mit der Galoisgruppe $\mathfrak{A}_0$ ist, und allgemein ist $Ke^A = (Ke)^A = (K_0 e)^A = K_0^A e^A = K_0 e^A$. Die Wedderburnsche Zerlegung von K/Ω hat somit die Gestalt

$$K = \sum_{A \text{ nach } \mathfrak{A}_0} K_0 e^A.$$

Der Übergang von den Elementen aus K zu ihren Komponenten aus $Ke = K_0 e$ durch Multiplikation mit e liefert einen Homomorphismus von K/Ω auf K_0/Ω. Ihm entsprechend überträgt sich das Multiplikationsschema $\omega_\chi \omega_\psi = \omega_{\chi\psi} c_{\chi,\psi}$ von K/Ω homomorph auf K_0/Ω. Bei den Automorphismen A_0 aus der Untergruppe $\mathfrak{A}_0$ gilt

$$(\omega_\chi e)^{A_0} = \omega_\chi^{A_0} e = \chi(A_0)(\omega_\chi e).$$

Ist also $\mathfrak{E}$ die Untergruppe aller Charaktere ε aus X mit $\varepsilon(\mathfrak{A}_0) = 1$ (und dann $X_0 = X/\mathfrak{E}$ die Charaktergruppe von $\mathfrak{A}_0$), so unterscheiden sich für zur gleichen Klasse nach $\mathfrak{E}$ gehörige Charaktere χ, χ' aus X (die dann denselben Charakter χ_0 von $\mathfrak{A}_0$ liefern) die homomorphen Bilder $\omega_\chi e, \omega_{\chi'} e$ nur um einen bei $\mathfrak{A}_0$ invarianten, also zu Ωe gehörigen Faktor.

Sei nun K/Ω kein Körper. Dann ist $\mathfrak{A}_0$ echte Untergruppe von $\mathfrak{A}$, also $\mathfrak{E} \neq 1$, und daher gibt es einen Charakter $\varepsilon \neq 1$ in $\mathfrak{E}$. Für ihn unterscheidet sich nach dem Gesagten $\omega_\varepsilon e$ von $\omega_1 e = c_{1,1} e$ nur um einen Faktor aus Ωe, es gilt also

$$\omega_\varepsilon e = a e \qquad \text{mit } a \text{ aus } \Omega.$$

Daraus folgt

$$c_\varepsilon e = a^{n_\varepsilon} e \qquad \text{und somit } c_\varepsilon = a^{n_\varepsilon}.$$

Der ε entsprechende Potenzfaktor c_ε hat mithin die Ordnung 1 bezgl. Ω^{n_ε}, während doch wegen $\varepsilon \neq 1$ auch $n_\varepsilon \neq 1$ ist. Damit ist der verlangte Nachweis erbracht.

5. Was die *Beschreibung von* K/Ω *durch die Klassengruppe* W/Ω^n betrifft, so schalten wir hier folgende Bemerkung ein.

Ist ein Kummerscher Körper $K = \Omega(W)$ mit der Galoisgruppe $\mathfrak{A}$ gegeben, so erhält man aus dem Vertretersystem ω_χ der Klassengruppe W/Ω mit der Eigenschaft (1.), das die Isomorphie zwischen W/Ω und X realisiert, durch Potenzierung mit n ein Vertretersystem

$$w_\chi = \omega_\chi^n$$

der Klassengruppe W/Ω^n, das die Isomorphie zwischen W/Ω^n und X realisiert. Hierbei geht aber die kennzeichnende Eigenschaft (1.) verloren.

Ist umgekehrt im Grundkörper Ω eine zu $\mathfrak{A}$ isomorphe Klassengruppe W/Ω^n gegeben, so hat man demnach zunächst keine bestimmte Festlegung der Isomorphie zwischen W/Ω^n und X in der Hand. Geht man jedoch von einem beliebigen solchen Isomorphismus aus und versteht demgemäß unter w_χ irgendein isomorph auf X bezogenes Vertretersystem der Klassen von W/Ω^n, so erhält man ähnlich wie zuvor bei der Konstruktion von K/Ω zu c eine Realisierung des vorherigen Sachverhalts, indem man die abstrakte Gruppe $\mathfrak{A}$ dadurch zur Galoisgruppe des Kummerschen Körpers $K = \Omega(\sqrt[n]{W})$ macht, daß man die Wirkung der Operatoren A auf K durch durch die Beziehungen $\sqrt[n]{w_\chi}^{\,A} = \chi(A)\sqrt[n]{w_\chi}$ (bei jeder Normierung der n-ten Wurzeln) festgesetzt. Hierbei entspricht einer Abänderung des zugrunde gelegten Isomorphismus zwischen W/Ω^n und X durch Einschaltung eines Automorphismus $\grave{\alpha}$ von X umkehrbar eindeutig und antiisomorph ein Automorphismus α von $\mathfrak{A}$, und zwar ist dieser Antiisomorphismus zwischen den Automorphismen $\grave{\alpha}$ von X und α von $\mathfrak{A}$ explizit durch die Beziehung

$$\chi^{\grave{\alpha}}(A) = \chi(A^\alpha) \tag{8.}$$

gegeben. Wir reden in diesem Sinne von der *antiisomorphen Übertragung der Automorphismen zwischen* X *und* $\mathfrak{A}$. Der so definierte invariante gruppentheoretische Prozeß wird in dem herzuleitenden Widerspiegelungsgesetz eine Rolle spielen.

6. Wir geben schließlich die *Zurückführung der vorstehend frei von Basisdarstellung entwickelten Theorie auf die geläufige Form der Kummer-Erzeugung mittels einer Basisdarstellung der Charaktergruppe* X von $\mathfrak{A}$.

Es sei $\chi_1, \ldots, \chi_r$ eine Basis von X, mit den Ordnungen $n_1, \ldots, n_r$, also

$$\chi_1^{n_1} = 1, \quad \ldots, \quad \chi_r^{n_r} = 1,$$

wobei dann das kleinste gemeinsame Vielfache $\{n_1, \ldots, n_r\} = n$ und das Produkt $n_1 \ldots n_r = N$ ist. Entsprechend der Basisdarstellung

$$\chi = \chi_1^{\nu_1} \ldots \chi_r^{\nu_r} \quad (\nu_i \bmod n_i)$$

kann ein Vertretersystem der speziellen Form

$$\omega_\chi = \omega_1^{\varrho_1(\nu_1)} \ldots \omega_r^{\varrho_r(\nu_r)} \tag{9.}$$

gewählt werden, wo die $\omega_i = \omega_{\chi_i}$ beliebige Vertreter zu den χ_i sind und $\varrho_i(\nu_i)$ den kleinsten nicht-negativen Rest von ν_i mod n_i bezeichnet. Führt man dann die den Basisvertretern ω_i entsprechenden Potenzfaktoren

$$(10.)\qquad \omega_i^{n_i} = c_i$$

ein, die sich durch spezielle $c_{\chi,\psi}$ in der Form

$$(11.)\qquad c_i = \prod_{\nu_i \bmod n_i} c_{\chi_i,\chi_i^{\nu_i}}$$

darstellen, so drückt sich umgekehrt der allgemeine Faktor $c_{\chi,\chi'}$ zu

$$\chi = \chi_1^{\nu_1} \ldots \chi_r^{\nu_r}, \qquad \chi' = \chi_1^{\nu'_1} \ldots \chi_r^{\nu'_r} \qquad (\nu_i, \nu'_i \bmod n_i)$$

durch die c_i in der Form

$$(12_1.)\qquad c_{\chi,\chi'} = c_1^{\delta_1(\nu_1,\nu'_1)} \ldots c_r^{\delta_r(\nu_r,\nu'_r)}$$

aus, wo

$$(12_2.)\ \delta_i(\nu_i, \nu'_i) = \frac{\varrho_i(\nu_i) + \varrho_i(\nu'_i) - \varrho_i(\nu_i + \nu'_i)}{n_i} = \begin{cases} 0 \text{ für } 0 \leqq \varrho_i(\nu_i) + \varrho_i(\nu'_i) < n \\ 1 \text{ für } \quad \varrho_i(\nu_i) + \varrho_i(\nu'_i) \geqq n \end{cases}$$

die Übertragungszahlen bei der n_i-adischen Addition der Reste $\varrho_i(\nu_i)$, $\varrho_i(\nu'_i)$ sind, die also angeben, welche Vielfachen von n_i man abziehen muß, um die Summen $\varrho_i(\nu_i) + \varrho_i(\nu'_i)$ auf ihre kleinsten nicht-negativen Reste $\varrho_i(\nu_i + \nu'_i)$ zu reduzieren[15].

Einer Substitution

$$\omega_i \to \omega_i a_i$$

mit $a_i \neq 0$ aus Ω der Basisvertreter entspricht die Substitution

$$c_i \to c_i a_i^{n_i}$$

der zugehörigen Potenzfaktoren. Das System der Klassen $c_i \Omega^{n_i}$ bildet demnach ein vollständiges Invariantensystem für die Klasse $\mathfrak{c}$ des Faktorensystems $c_{\chi,\psi}$. Die Potenzfaktoren c_i hängen mit den n-ten Potenzen

$$\omega_i^n = w_i$$

der Basisvertreter von W/Ω, also mit einem Basisvertretersystem von W/Ω^n, durch

$$(13.)\qquad w_i = c_i^{m_i}, \qquad \text{wo } n = m_i n_i,$$

zusammen. Da die Klassen $c_i \Omega^{n_i}$ und ihre m_i-ten Potenzen $w_i \Omega^n$ sich gegenseitig eindeutig bestimmen — die m_i-ten Einheitswurzeln sind voraussetzungsgemäß n_i-te Potenzen in Ω — können statt der Klassen $c_i \Omega^{n_i}$ auch die Basisklassen $w_i \Omega^n$ als vollständiges Invariantensystem von $\mathfrak{c}$ angesehen werden.

Das Irreduzibilitätskriterium aus Satz 4 reduziert sich, wenn man es in der äquivalenten Form ausspricht, daß die $w_\chi = c_\chi^{m_\chi} = \omega_\chi^n$ (wo $n = m_\chi n_\chi$) die Ordnungen

---

[15] Hier und ebenso überall im folgenden, wo die Restbildung mod n_i auftritt, kann man unter $\varrho_i(\nu_i)$ auch allgemeiner die Reste von ν_i mod n_i aus irgendeinem festen vollen Restsystem verstehen, das nicht notwendig das kleinste nicht-negative zu sein braucht.

n_χ bezgl. Ω^n haben sollen, vermöge (9.) auf die bekannte Form, daß nämlich die Basisvertreter $w_i = c_i^{m_i} = \omega_i^n$ von W/Ω^n bezgl. Ω^n unabhängige Elemente der Ordnungen n_i sein sollen, so daß also $W/\Omega^n \cong X \cong \mathfrak{A}$ ist.

Ist das der Fall, so stellt sich die Kummer-Erzeugung $K = \Omega(W) = \Omega(\sqrt[n]{W})$ in der Normalform

$$K = \Omega(\sqrt[n_1]{c_1}, \ldots, \sqrt[n_r]{c_r}) = \Omega(\sqrt[n]{w_1}, \ldots, \sqrt[n]{w_r}) \tag{14.}$$

dar. Bisher hat man diese Normalform immer zum Ausgangspunkt der Theorie der Kummer-Erzeugung genommen. Hier erscheint sie am Ende[16].

7. Der umkehrbar eindeutige Zusammenhang zwischen den beiden die Kummer-Erzeugung von K/Ω im Grundkörper Ω beschreibenden Invarianten W/Ω^n und $\mathfrak{c}$ ist durch (11.), (12.) und (13.) gegeben. Wegen seiner Wichtigkeit für die folgende Untersuchung beschreiben wir ihn noch einmal ausführlich:

a) Ist die Faktorensystemklasse $\mathfrak{c}$ gegeben, so bestimmen sich zunächst nach (11.) die Potenzfaktorklassen $c_i\,\Omega^{n_i}$, dann nach (13.) die Basisklassen $w_i\,\Omega^n$ und damit die Klassengruppe W/Ω^n.

b) Ist umgekehrt die Klassengruppe W/Ω^n gegeben, so bestimmen sich — nach Festlegung eines Isomorphismus zwischen W/Ω^n und X und damit der Basisklassen $w_i\,\Omega^n$ — zunächst nach (13.) die Potenzfaktorklassen $c_i\,\Omega^{n_i}$ (wie schon gesagt eindeutig), und dann nach (12.) die Faktorensystemklasse $\mathfrak{c}$.

In der Normalform (14.) der Kummer-Erzeugung kommen die beiden verschiedenartigen Invarianten $\mathfrak{c}$ und W/Ω^n durch die beiden angegebenen, vermöge (13.) zusammenhängenden Schreibweisen mit den Radikanden c_i oder w_i zum Ausdruck. Der Unterschied dieser beiden Schreibweisen erscheint auf den ersten Blick als eine geringfügige formale Angelegenheit. Durch die vorstehend entwickelte Theorie erhält er jedoch eine tiefere begriffliche Bedeutung.

---

[16] Die Kennzeichnung der Kummerschen Körper durch die Klassengruppe W/Ω^n statt der Radikanden c_i geht auf mündliche Mitteilungen von E. Artin und Cl. Chevalley zurück, die nicht nur erkannten, daß man so die aus mehreren zyklischen Körpern zusammengesetzten abelschen Körper formal ganz analog zu den zyklischen Körpern behandeln kann, sondern auch hervorhoben daß dabei durch die Beziehungen (1.) eine Darstellung des Isomorphismus zwischen der Galoisgruppe $\mathfrak{A}$ und der Klassengruppe W/Ω^n vermittelt wird.

Die Bedeutung der Faktorensystemklasse $\mathfrak{c}$ für die Kummer-Erzeugung trat bereits in zwei früheren Arbeiten hervor:

1. H. Davenport - H. Hasse, Die Nullstellen der Kongruenzzetafunktionen in gewissen zyklischen Fällen, Journ. f. Math. **172** (1934), 151—182.

2. H. Hasse, Die n-Teilungskörper eines abstrakten elliptischen Funktionenkörpers als Klassenkörper, nebst Anwendung auf den Mordell-Weilschen Endlichkeitssatz, Math. Zeitschr. **48** (1942), 48—66.

In der ersteren Arbeit handelt es sich um die Kummer-Erzeugung des Körpers der $p\,(p-1)$-ten Einheitswurzeln über dem Körper der $(p-1)$-ten Einheitswurzeln, und es werden für diesen Fall die arithmetischen Eigenschaften des Faktorensystems $c_{\chi,\psi}$ untersucht; die Vertreter ω_χ sind hier die Gaußschen Summen zu den Charakteren χ der primen Restklassengruppe mod p (oder allgemeiner der Multiplikationsgruppe eines endlichen Körpers der Charakteristik p). In der letzteren Arbeit spielt das Faktorensystem $c_{\chi,\psi}$ die ausschlaggebende Rolle für die Herleitung und Formulierung des dort bewiesenen neuartigen Klassenkörperzerlegungsgesetzes.

8. Im Anschluß an die letzten Ausführungen wollen wir auch noch den in (8.) definierten **Prozeß der antiisomorphen Automorphismenübertragung zwischen X und $\mathfrak{A}$ in Basisdarstellung** behandeln.

Einer Basis χ_i von X mit den Ordnungen n_i entspricht umkehrbar eindeutig eine Basis A_i von $\mathfrak{A}$ mit denselben Ordnungen n_i vermöge

$$\chi_i(A_k) = \zeta^{m_i e_{ik}}, \tag{15.}$$

wo ζ eine feste primitive n-te Einheitswurzel ist und e_{ik} die Einsmatrix bedeutet. Seien nun $\grave{\alpha}$ und α zwei durch (8.) verbundene Automorphismen von X und $\mathfrak{A}$, also

$$\chi_i^{\grave{\alpha}}(A_k) = \chi_i(A_k^{\alpha}),$$

und seien

$$\chi_i^{\grave{\alpha}} = \prod_j \chi_j^{\grave{\alpha}_{ij}}, \qquad A_k^{\alpha} = \prod_l A_l^{\alpha_{kl}}$$

ihre Darstellungen durch das Verhalten der Basiselemente. Dabei sind die beiden Exponentenmatrizen aus Restklassen $\grave{\alpha}_{ij}$ mod n_j und α_{kl} mod n_l gebildet, denen die Eigenschaften $n_i \grave{\alpha}_{ij} \equiv 0$ mod n_j und $n_k \alpha_{kl} \equiv 0$ mod n_l zukommen.

Es ist dann

$$\chi_i^{\grave{\alpha}}(A_k) = \prod_j \chi_i^{\grave{\alpha}_{ij}}(A_k) = \zeta^{\sum\limits_j \grave{\alpha}_{ij} m_j e_{jk}} = \zeta^{\grave{\alpha}_{ik} m_k},$$

$$\chi_i(A_k^{\alpha}) = \prod_l \chi_i(A_l^{\alpha_{kl}}) = \zeta^{\sum\limits_l m_i e_{il} \alpha_{kl}} = \zeta^{m_i \alpha_{ki}},$$

so daß also zwischen den beiden Exponentenmatrizen die Beziehung

$$\grave{\alpha}_{ik} m_k \equiv m_i \alpha_{ki} \mod n \tag{16.}$$

besteht.

Der Einfachheit halber bezeichnen wir im folgenden, wenn eine feste Basisdarstellung zugrunde gelegt ist, die einen Automorphismus von X oder $\mathfrak{A}$ darstellende Exponentenmatrix immer mit dem gleichen Buchstaben wie den Automorphismus selbst. Ferner seien mit $\boldsymbol{n}$ und $\boldsymbol{m}$ die Diagonalmatrizen aus den Ordnungen n_i und ihren Komplementen m_i bezgl. n bezeichnet. Die Exponentenmatrizen $\grave{\alpha}$, α sind dann Restklassen nach dem Linksideal $(\boldsymbol{n}|$ mit der Eigenschaft $\boldsymbol{n}\grave{\alpha} \equiv 0$, $\boldsymbol{n}\alpha \equiv 0$ mod $(\boldsymbol{n}|$, und die Beziehung (16.) schreibt sich in der Form

$$\grave{\alpha}\boldsymbol{m} \equiv \boldsymbol{m}\alpha' \mod n, \tag{16*}$$

wo α' die Transponierte zu α bezeichnet, oder also

$$\grave{\alpha} \equiv \boldsymbol{m}\alpha'\boldsymbol{m}^{-1} \mod (\boldsymbol{n}|. \tag{17.}$$

Explizit bedeutet die letztere Kongruenz, daß die k-ten Spalten der linken und rechten Seite einander kongruent mod n_k sind.

Hiernach entsteht die Matrix $\grave{\alpha}$ aus der Transponierten α' zu α, indem diese durch die Zeilen- und Spaltenmultiplikatoren $\boldsymbol{m}$ und $\boldsymbol{m}^{-1}$ wieder auf das unseren Exponentenmatrizen eigentümliche Restklassenverhalten gebracht wird.

Geht man an Stelle der speziellen Basiszuordnung (15.) von der allgemeinsten Basiszuordnung mit invarianten Ordnungen $\boldsymbol{n}$ aus, so läuft das auf die Anwendung eines Automorphismus π auf $\mathfrak{A}$ bzw. seines antiautomorphen Bildes $\grave{\pi}$ nuf X hinaus,

d. h. die Diagonalmatrix $\boldsymbol{m}$ in (15.)—(17.) ist durch die Matrix $\boldsymbol{m}\,\pi' \equiv \pi\,\boldsymbol{m} \bmod n$ zu ersetzen. An Stelle der Automorphismen α und $\grave{\alpha}$ von $\mathfrak{A}$ und X können ferner allgemeiner auch Homomorphismen treten. Von diesen beiden letzten Bemerkungen werden wir jedoch im folgenden keinen Gebrauch zu machen haben.

§ 5. Widerspiegelung der Gruppeninvarianten in der Kummer-Erzeugung

Wir wenden uns nunmehr unserer eigentlichen Aufgabe zu, nämlich der Betrachtung derjenigen relativ-abelschen Körper K/Ω mit der Relativgruppe $\mathfrak{A}$, die über Ω_0 galoissch sind. Die Galoisgruppe $\mathfrak{G}$ von K/Ω_0 ist dann eine Erweiterung $\mathfrak{G} = (\mathfrak{A}; \Gamma, \mathfrak{C})$ der in § 1, 1, 2 betrachteten Art; wir übernehmen die dortigen Bezeichnungen für die Erzeugung von $\mathfrak{G}$ über $\mathfrak{A}$.

1. Wir denken uns einen solchen Körper K/Ω durch seine Kummer-Erzeugung, also durch eine der beiden Kummer-Invarianten $\mathfrak{c}$ oder W/Ω^n aus § 4 gegeben und legen die dortigen Bezeichnungen zugrunde.

Da K/Ω_0 galoissch ist, ist die Gruppe W/Ω bei den Automorphismen aus $\mathfrak{G}$ invariant, erfährt also bei jedem solchen selbst einen Automorphismus. Für die Automorphismen aus dem Normalteiler $\mathfrak{A}$ ist die Wirkung auf W durch $\omega_\chi^A = \chi(A)\,\omega_\chi$ gegeben. Daher genügt es, die Wirkung der Vertreter U_s von $\mathfrak{G}/\mathfrak{A} \cong \mathfrak{g}$ zu untersuchen. Nach dem Gesagten drückt sich diese Wirkung in Beziehungen der Form

$$(1.)\qquad \omega_{\chi^{\hat{\sigma}}}^{U_s} = \omega_\chi\, b_{\chi,s}$$

aus, wo die $\hat{\sigma}$ den s antihomomorph zugeordnete Permutationen und, wie sich zeigen wird, sogar Automorphismen von X und die $b_{\chi,s}$ ein den Paaren χ, s zugeordnetes System von Faktoren $\neq 0$ aus Ω sind[17].

Die $\hat{\sigma}$ bilden eine **antihomomorphe Darstellung** $\hat{\Gamma}$ **der Gruppe** $\mathfrak{g}$ **durch Automorphismen von** X. Die $b_{\chi,s}$ bilden ein neuartiges Faktorensystem, das wir ein **zur Darstellung** $\hat{\Gamma}$ **gehöriges Verkettungssystem von** X **mit** $\mathfrak{g}$ nennen wollen. Bei den Vertretersubstitutionen

$$(2_1.)\qquad \omega_\chi \to \omega_\chi\, a_\chi, \qquad U_s \to U_s A_s$$

erfährt es die Substitutionen

$$(2_2.)\qquad b_{\chi,s} \to b_{\chi,s}\,\frac{a_{\chi^{\hat{\sigma}}}^{s}}{a_\chi}, \qquad b_{\chi,s} \to b_{\chi,s}\,\chi(A_s).$$

Die durch die ersteren Substitutionen entstehenden Verkettungssysteme nennen wir **bezgl.** $\mathfrak{g}$ **assoziiert** und bezeichnen die aus ihnen gebildete Klasse in ihrer Abhängigkeit von dem Parameter χ mit $\mathfrak{b}_\chi$. Die durch die letzteren Substitutionen entstehenden Verkettungssysteme nennen wir **bezgl.** X **assoziiert** und bezeichnen die aus ihnen gebildete Klasse in ihrer Abhängigkeit von dem Parameter s mit $\mathfrak{b}_s$.

---

[17] Auf den ersten Blick erscheint es naturgemäßer, Faktoren $b^*_{\chi,s}$ durch $\omega_\chi^{U_s} = \omega_{\chi^{\sigma^*}}\, b^*_{\chi,s}$ einzuführen, wo die σ^* den s direkt-homomorph zugeordnet sind. Die im Text getroffene Festlegung ist jedoch für die weitere Untersuchung zweckmäßiger. Der Zusammenhang beider ist durch $\sigma^* = \hat{\sigma}^{-1}$, $b^*_{\chi,s} = b_{\chi^{\sigma^*},s}$ gegeben. Auf die σ^* werden wir an einigen Stellen zurückkommen, auf die $b^*_{\chi,s}$ aber nicht.

Die durch beide Substitutionsarten zusammen entstehenden Verkettungssysteme nennen wir schlechthin assoziiert und bezeichnen die aus ihnen gebildete, $\mathfrak{b}_\chi$ und $\mathfrak{b}_s$ umfassende Klasse mit $\mathfrak{b}$.

2. Die beiden in (1.) auftretenden neuen Bildungen $\hat{\Gamma}$ und $\mathfrak{b}$ lassen sich durch die gegebenen $\mathfrak{g}$, $\mathfrak{A}$, Γ, $\mathfrak{E}$ und $\mathfrak{c}$ wie folgt explizit bestimmen bzw. eindeutig kennzeichnen.

Zum Nachweis, daß die Permutationen $\hat{\sigma}$ Automorphismen sind, und zur expliziten Bestimmung der durch sie gelieferten Darstellung $\hat{\Gamma}$ bringen wir die ersten $\mathfrak{G}$ über $\mathfrak{A}$ erzeugenden Relation $A\,U_s = U_s A^\sigma$ in ihrer Wirkung auf die ω_χ gemäß (1.) zum Ausdruck. Es ergibt sich $\chi^{s\hat{\sigma}}(A) = \chi(A^\sigma) = \chi^{\grave{\sigma}}(A)$, wo $\grave{\sigma}$ die in § 4, (8.) definierte antiisomorphe Übertragung des Automorphismus σ von $\mathfrak{A}$ auf X ist, und somit

$$(3_1.)\qquad \hat{\sigma} = s^{-1}\,\grave{\sigma}.$$

Hiernach sind die $\hat{\sigma}$ Automorphismen, und es entsteht $\hat{\Gamma}$ aus der antiisomorphen Übertragung $\grave{\Gamma}$ von Γ durch Multiplikation mit der reziproken γ^{-1} der Darstellung γ von $\mathfrak{g}$ durch Automorphismen der in Ω enthaltenen n-ten Einheitswurzelgruppe, bei der jedem s aus $\mathfrak{g}$ homomorph eine prime Restklasse ς mod n zugeordnet ist[18]. Vermöge dieser Beziehung

$$(3_2.)\qquad \hat{\Gamma} = \gamma^{-1}\,\grave{\Gamma}$$

bestimmen sich die Darstellungen Γ und $\hat{\Gamma}$ gegenseitig eindeutig, da ja die Darstellung γ mit dem Grundkörper Ω gegeben ist. Im Sinne unserer Zielsetzung genügt es daher, die Darstellung $\hat{\Gamma}$ statt Γ in der Kummer-Erzeugung von K/Ω widerzuspiegeln. Neben der antihomomorphen Darstellung $\hat{\Gamma}$ von $\mathfrak{g}$ durch Automorphismen von X werden wir uns an einigen Stellen auch auf die zugeordnete direkt-homomorphe Darstellung

$$(4.)\qquad \Gamma^* = \hat{\Gamma}^{-1} = \gamma\,\grave{\Gamma}^{-1} \text{ mit } \sigma^* = \hat{\sigma}^{-1} = s\,\grave{\sigma}^{-1}$$

beziehen, die wir oben bereits anmerkungsweise erwähnten.

Zur eindeutigen Kennzeichnung der Verkettungssystemklasse $\mathfrak{b}$ bringen wir die Wirkung der Vertreter U_s auf das Multiplikationsschema $\omega_\chi\,\omega_\psi = \omega_{\chi\psi}\,c_{\chi,\psi}$ von K/Ω gemäß (1.) zum Ausdruck. Es ergibt sich

$$(5.)\qquad \frac{c^{s}_{\chi\hat{\sigma},\,\psi\hat{\sigma}}}{c_{\chi,\psi}} = \frac{b_{\chi,s}\,b_{\psi,s}}{b_{\chi\psi,s}}.$$

Dies Gleichungssystem hängt, wie seiner Herleitung nach klar und auch sofort gemäß (2.) explizit zu bestätigen ist, nur von den Klassen $\mathfrak{c}$ und $\mathfrak{b}$ der beiden eingehenden Faktorensysteme ab. Es verkettet diese beiden Klassen untereinander, wobei auch die eben bestimmte Darstellung $\hat{\Gamma}$ eingeht. Genauer gesagt stellt es fest, daß für jedes s aus $\mathfrak{g}$ gilt:

$$(6.)\qquad c^{s}_{\chi\hat{\sigma},\,\psi\hat{\sigma}} \sim c_{\chi,\psi} \text{ in } \Omega \quad (\text{oder auch } c^{s}_{\chi,\psi} \sim c_{\psi\sigma^*,\,\psi\sigma^*} \text{ in } \Omega)$$

---

[18] Man könnte demnach (3.) auch in der Form $\hat{\sigma} = \varsigma^{-1}\,\grave{\sigma}$ schreiben; doch wollen wir hier das weitere Symbol ς sparen. Bei Einführung einer Basisdarstellung, wo $\hat{\sigma}$ und $\grave{\sigma}$ gemäß den Ausführungen in § 4, 8 Matrizen werden, müssen wir diese letzte Schreibweise verwenden; ς^{-1} bedeutet dann eine skalare Multiplikation. Man beachte, daß s^{-1} mit $\grave{\sigma}$ vertauschbar ist.

oder invariant geschrieben:

$$(6'.)\qquad \mathfrak{c}_{\hat{\sigma}}^{s} = \mathfrak{c} \qquad\qquad (\text{oder auch } \mathfrak{c}^{s} = \mathfrak{c}_{\sigma^*}),$$

wo $\mathfrak{c}^s$ die Anwendung von s auf die Werte, $\mathfrak{c}_{\hat{\sigma}}$ (bzw. $\mathfrak{c}_{\sigma^*}$) die Anwendung von $\hat{\sigma}$ (bzw. σ^*) auf die Argumente der Faktoren bedeutet, und gibt eine Darstellung des demgemäß in Ω zerfallenden Quotientensystems als Transformationsgrößen, nämlich der mit den $b_{\chi,s}$ als Funktionen von χ mit dem Parameter s gebildeten. Dieser Deutung entsprechend schreiben wir die Gleichungen (5.) auch in der Form

$$(5.)\qquad \frac{c^{s\hat{\sigma}}_{\chi^{\hat{\sigma}},\,\psi^{\hat{\sigma}}}}{c_{\chi,\psi}} = T_\chi(\mathfrak{b}_s),$$

wo T_χ die Bildung der Transformationsgrößen bezgl. X bei festem s zum Ausdruck bringen soll und im Argument gemäß (2.) die Klasse $\mathfrak{b}_s$ bezgl. X geschrieben werden kann, da die Transformationsgrößen bei der Anbringung von Faktoren $\chi(A_s)$ ungeändert bleiben. Von der letzteren Tatsache gilt nun auch die Umkehrung. Liefern nämlich die $b'_{\chi,s}$ eine weitere Darstellung (5.) der $\frac{c^{s\hat{\sigma}}_{\chi^{\hat{\sigma}},\,\psi^{\hat{\sigma}}}}{c_{\chi,\psi}}$, so sind die Quotienten $\frac{b'_{\chi,s}}{b_{\chi,s}}$ ein Charakter von X, also von der Form $\chi(A_s)$ mit A_s aus $\mathfrak{A}$. Es folgt also $b'_{\chi,s} = b_{\chi,s}\,\chi(A_s)$. Hiernach ist vermöge (5.) die Klasse $\mathfrak{b}_s$ durch das System $c_{\chi,\psi}$ und somit die volle Klasse $\mathfrak{b}$ durch die Klasse $\mathfrak{c}$ und die Darstellung $\hat{\Gamma}$ eindeutig gekennzeichnet.

Überdies ist vermöge (6.) die Darstellung $\hat{\Gamma}$, und damit nach (3.) auch Γ, durch die Klasse $\mathfrak{c}$ eindeutig festgelegt. Ist nämlich $\hat{\Gamma}'$ eine weitere antihomomorphe Darstellung von $\mathfrak{g}$ durch Automorphismen $\hat{\sigma}'$ von X, für die $\mathfrak{c}_{\hat{\sigma}'}^{s} = \mathfrak{c}$ gilt, so hat man $\mathfrak{c}_{\hat{\sigma}'} = \mathfrak{c}_{\hat{\sigma}}$, also $c_{\chi^{\hat{\sigma}'},\,\psi^{\hat{\sigma}'}} = c_{\chi^{\hat{\sigma}},\,\psi^{\hat{\sigma}}}\,\frac{a_\chi a_\psi}{a_{\chi\psi}}$ mit $a_\chi \neq 0$ aus Ω. Daraus folgen durch Rückgang zu den Vertretern ω_χ von W/Ω ähnlich wie eben die Beziehungen $\omega_{\chi^{\hat{\sigma}'}} = \chi(A_s)\,\omega_{\chi^{\hat{\sigma}}}\,a_\chi$ mit einem Charakter $\chi(A_s)$ von X. Im Hinblick auf die Eineindeutigkeit der Zuordnung $\chi \longleftrightarrow \omega_\chi\,\Omega$ zwischen X und W/Ω ergibt sich daraus weiter $\chi^{\hat{\sigma}'} = \chi^{\hat{\sigma}}$ für alle χ, und somit $\hat{\sigma}' = \hat{\sigma}$, $\hat{\Gamma}' = \hat{\Gamma}$, wie behauptet.

3. Wir bringen schließlich auch noch die zweiten $\mathfrak{G}$ über $\mathfrak{A}$ erzeugenden Relationen $U_s\,U_t = U_{s,t}\,C_{s,t}$ in ihrer Wirkung auf die ω_χ gemäß (1.) zum Ausdruck. Es ergibt sich

$$(7.)\qquad \chi(C_{s,t}) = \frac{b^{t}_{\chi^{\hat{\tau}},\,s}\, b_{\chi,t}}{b_{\chi,st}}.$$

Auch dieses Gleichungssystem hängt, wie seiner Herleitung nach klar und auch sofort gemäß (2.) explizit zu bestätigen ist, nur von den Klassen $\mathfrak{C}$ und $\mathfrak{b}$ der beiden eingehenden Faktorensysteme ab. Es verkettet diese beiden Klassen untereinander, wobei auch wieder die Darstellung $\hat{\Gamma}$ eingeht.

Um diese Verkettung in entsprechender Weise deuten zu können wie bei (5.), müssen wir noch etwas weiter ausholen.

Das in (7.) links auftretende System der Werte $\chi(C_{s,t})$ der Charaktere χ von $\mathfrak{A}$ für die Faktoren $C_{s,t}$ läßt sich als assoziatives Faktorensystem eines allgemeineren Typus als die bisher aufgetretenen deuten. Es entspricht nämlich der formalen Fortsetzung der Charaktere χ von $\mathfrak{A}$ auf $\mathfrak{G}$ nach dem allgemeinen Gesetz

$$\chi(U_s A \cdot U_t B) = \chi(U_s A)\, \chi^{\sigma^\star}(U_t B) \tag{8.}$$

für zwei beliebige Elemente $U_s A$, $U_t B$ aus $\mathfrak{G}$, also insbesondere

$$(8_0.)\quad \chi(A\, U_s) = \chi(A)\, \chi(U_s),\ \chi(U_s A) = \chi(U_s)\, \chi^{\sigma^\star}(A),\ \chi(U_s\, U_t) = \chi(U_s)\, \chi^{\sigma^\star}(U_t),$$

wobei die neu hinzutretenden Charakterwerte, ähnlich wie bei der Definition einer Algebra, in einem erst durch diese formalen Regeln bestimmten Erweiterungsbereich von Ω liegen sollen. Nach dem Multiplikationsschema von $\mathfrak{G}$ über $\mathfrak{A}$ und unter Beachtung von (3.) folgt aus diesen Gesetzen, daß für die Charakterwerte $\chi(U_s)$ des Vertretersystems U_s die Relationen

$$(9.)\quad \chi(A)\, \chi(U_s) = \chi(U_s)\, \chi^{s}(A),\quad \chi(U_s)\, \chi^{\sigma^\star}(U_t) = \chi(U_{s,t})\, \chi^{\sigma^\star \tau^\star}(C_{s,t})$$

bestehen müssen. Sie sind von ähnlichem, aber komplizierterem Bau wie die zum Ausgang genommenen erzeugenden Relationen von $\mathfrak{G}$ über $\mathfrak{A}$. Dem zur Darstellung Γ von $\mathfrak{g}$ als Automorphismengruppe von $\mathfrak{A}$ gehörigen verschränkten Produkt von $\mathfrak{A}$ mit $\mathfrak{g}$ mit dem Faktorensystem $C_{s,t}$ überlagert sich hier noch eine weitere Verschränkung des von E. Noether[19] als verschränkte Darstellung von $\mathfrak{g}$ bezeichneten Typus, die durch die zugeordnete Darstellung $\Gamma^\star$ von $\mathfrak{g}$ als Automorphismengruppe von X geliefert wird, und bei der dann die um die Automorphismen $\sigma^\star\,\tau^\star$ verschobenen Charakterwerte $\chi^{\sigma^\star \tau^\star}(C_{s,t})$ als Faktorensystem auftreten. Um die unverschobenen Charakterwerte $\chi(C_{s,t})$ als Faktorensystem zu erhalten, braucht man nur in den zweiten Relationen (9.) von den Charakterwerten $\chi(U_s)$ der Vertreter U_s zu den rückwärts verschobenen Charakterwerten $\chi^{\hat{\sigma}}(U_s)$ überzugehen; das ergibt unter Beachtung von (4.) in der Tat die Relationen

$$(9_2'.)\quad \chi^{\hat{\tau}\hat{\sigma}}(U_s)\, \chi^{\hat{\tau}}(U_t) = \chi^{\hat{\tau}\hat{\sigma}}(U_{s,t})\, \chi(C_{s,t}),$$

in denen jetzt die Verschränkung im ersten statt im zweiten Faktor links auftritt[20]. Denkt man sich umgekehrt die $\chi(U_s)$ als abstraktes Elementsystem über Ω durch die Relationen (9.) definiert und erklärt die Funktionen χ für beliebige Elemente $U_s A$ aus $\mathfrak{G}$ durch die zweiten Gleichungen (8.), so folgt, daß diese Funktionen χ auch die beiden anderen Gleichungen (8_0.) sowie die allgemeinen Gleichungen (8.) erfüllen, daß sie also eine Fortsetzung der Charaktere χ von $\mathfrak{A}$ auf $\mathfrak{G}$ nach diesem Gesetz darstellen.

Die rechten Seiten in den uns hier interessierenden Gleichungen (7.) treten nun nach ($9_2'$.) gerade als Transformationsgrößen an die Faktoren $\chi(C_{s,t})$ bei den Vertretersubstitutionen $\chi^{\hat{\sigma}}(U_s) \to \chi^{\hat{\sigma}}(U_s)\, b_{\chi,s}$, wenn man in Verallgemeinerung der ersten Relationen (9.) noch die Regel

$$(9_1'.)\quad a\, \chi(U_s) = \chi(U_s)\, a^{s}$$

[19] E. Noether, Der Hauptgeschlechtssatz für relativ-galoissche Zahlkörper, Math. Ann. **108** (1933), 411—419.

[20] Sie liegt darin, daß im ersten Faktor $\chi^{\hat{\tau}}$ statt χ steht.

für beliebige a aus Ω hinzufordert, wie sie bei Einbeziehung des ganzen Körpers Ω statt nur der n-ten Einheitswurzeln als Ausgangsbereich für die Fortsetzung sinngemäß ist.

In dem hiermit erläuterten Sinne stellen die Gleichungen (7.) fest, daß für jedes χ aus X gilt:

$$\chi(C_{s,t}) \sim 1 \quad \text{in } \Omega \tag{10.}$$

oder invariant geschrieben:

$$\chi(\mathfrak{C}) = 1, \tag{10'.}$$

und geben eine Darstellung dieses in Ω zerfallenden verallgemeinerten Faktorensystems als verallgemeinerte Transformationsgrößen, nämlich der mit den $b_{\chi,s}$ als Funktionen von s mit dem Parameter χ gebildeten. Dieser Deutung entsprechend schreiben wir die Gleichungen (7.) auch in der Form

$$\chi(C_{s,t}) = T_s(\mathfrak{b}_\chi), \tag{7'.}$$

wo T_s die Bildung der verallgemeinerten Transformationsgrößen bezgl. $\mathfrak{g}$ bei festem χ zum Ausdrusk bringen soll und im Argument gemäß (2.) die Klasse $\mathfrak{b}_\chi$ bezgl. $\mathfrak{g}$ geschrieben werden kann, da die verallgemeinerten Transformationsgrößen bei der Anbringung von Faktoren $\frac{a_{\chi^{\hat{s}}}^{s}}{a_\chi}$ ungeändert bleiben.

Von der letzteren Tatsache gilt nun auch wieder die Umkehrung, jedenfalls dann, wenn der Körper Ω_0 unendlich ist[21]. Dazu genügt es, den folgenden Hilfssatz zu beweisen, der eine Verallgemeinerung des dem Algebraiker und Zahlentheoretiker wohlbekannten »Satz 90 aus Hilberts Zahlbericht« darstellt:

Hilfssatz. Wenn das mit den Elementen $b_{\chi,s} \neq 0$ aus Ω gebildete System von verallgemeinerten Transformationsgrößen

$$\frac{b_{\chi^{\hat{t}},s}^{t}\, b_{\chi,t}}{b_{\chi,st}} = 1$$

ist, so besitzen seine Erzeugenden $b_{\chi,s}$ eine Darstellung der Form

$$b_{\chi,s} = \frac{a_{\chi^{\hat{s}}}^{s}}{a_\chi}$$

mit einem Elementsystem $a_\chi \neq 0$ aus Ω.

Beweis. Setzt man mit irgendwelchen Koeffizienten α_χ aus Ω an

$$a_\chi^{-1} = \sum_s \alpha_{\chi^{\hat{s}}}^{s}\, b_{\chi,s},$$

so folgen, wie man leicht bestätigt, aus der Voraussetzung die Beziehungen

$$a_{\chi^{\hat{t}}}^{-t}\, b_{\chi,t} = a_\chi^{-1}.$$

---

[21] Der Fall eines endlichen Körpers Ω_0 (und damit auch endlicher Körper Ω und K) ist im Sinne unserer Zielsetzung ohne Interesse, da dann alle endlich-algebraischen Erweiterungen Ω/K_0 zyklisch sind.

Es bleibt dann nur noch zu zeigen, daß bei geeigneter Wahl der α_χ aus Ω alle $a_\chi^{-1} \neq 0$ ausfallen. Dazu denke man sich die α_χ und die $b_{\chi,s}$ durch eine Normalbasis von Ω/Ω_0 dargestellt und bilde mittels deren Multiplikationsschemas die Basisdarstellung der a_χ^{-1}. Die Ng Koordinaten der a_χ^{-1} werden dann Linearformen über Ω_0 in den Ng Koordinaten der α_χ. Für kein χ verschwinden die zugehörigen g Linearformen zugleich identisch. Denkt man sich nämlich den Koordinatenbereich von Ω_0 auf Ω erweitert, so werden die g Linearformen α_χ^s voneinander unabhängig, können also willkürlichen Elementen $a_{\chi,s}$ aus Ω gleichgemacht werden. Macht man das für alle $\chi^{\hat{\sigma}}$ mit festem χ, so kann wegen $b_{\chi,s} \neq 0$ durch geeignetes Vorschreiben der $a_{\chi^{\hat{\sigma}},s}$ aus Ω erreicht werden, daß die Summe $\sum\limits_s a_{\chi^{\hat{\sigma}},s}\, b_{\chi,s} \neq 0$ wird. Damit ist die Existenz eines in Ω liegenden Wertsystems der Koordinaten festgestellt, für welches die χ gehörigen g Linearformen nicht zugleich verschwinden. Ist also Ω_0 unendlich, so lassen sich die Ng Koordinaten der α_χ auch in Ω_0 so bestimmen, daß für kein χ die g Koordinaten von a_χ^{-1} zugleich verschwinden, so daß dann alle $a_\chi^{-1} \neq 0$ werden[22].

---

[22] Dieser nach dem Hilbertschen Vorbild angesetzte rechnerische Beweis wurde von E. Noether in der zuvor zitierten Arbeit für den dort behandelten Spezialfall, daß die gewöhnlichen Transformationsgrößen $\dfrac{b_s^t\, b_t}{b_{st}} = 1$ sind, auf zwei verschiedene Arten begrifflich formuliert und bewiesen und dabei auch von der Endlichkeitsvoraussetzung befreit (Hauptgeschlechtssatz im Minimalen). Die erste Fassung besteht in der Reduktion auf den bekannten Struktursatz, daß jeder Automorphismus einer einfachen Algebra ein innerer ist. Dieser Satz wird hier angewandt auf das verschränkte Produkt von Ω mit $\mathfrak{g}$ mit dem Faktorensystem 1, gegeben durch die Relationen $a\, u_s = u_s\, a^s$, $u_s u_t = u_{st}$, und auf die voraussetzungsgemäß einen Automorphismus darstellenden Substitutionen $u_s \to u_s b_s$. Da bei diesem Automorphismus zudem Ω elementweise invariant ist, hat er notwendig die Form $u_s \to a\, u_s\, a^{-1} = u_s\, a^{s-1}$ mit $a \neq 0$ aus Ω, was die Behauptung $b_s = a^{s-1}$ ergibt. Die zweite Fassung, deren Formulierung bereits auf A. Speiser zurückgeht (Zahlentheoretische Sätze aus der Gruppentheorie, Math. Zeitschr. **5** (1919), 1—6), nimmt zum Ausgang, daß die Voraussetzung in der Form $b_s^t\, b_t = b_{st}$ besagt, daß die b_s eine verschränkte Darstellung ersten Grades von $\mathfrak{g}$ in Ω bilden (im früher bei uns aufgetretenen abelschen Spezialfall $b_\chi b_\psi = b_{\chi\psi}$ also einen Charakter $\chi(A)$ von X). Der zugehörige verschränkte Darstellungsmodul — allgemein ein Ω-Rechtsmodul mit $\mathfrak{g}$ als Rechtsoperatorenbereich, dessen Rang der Darstellungsgrad ist und dessen Ω-Basen die verschiedenen zueinander ähnlichen Darstellungen liefern — ist dann vom Rang 1, hat also die Form $u\Omega$ mit $u^s = u\, b_s$. Aus der von E. Noether (in ihren Vorlesungen) entwickelten allgemeinen Strukturtheorie der verschränkten Darstellungsmoduln folgt nun speziell, daß jeder solche vom Range 1 zu Ω selbst operatorisomorph ist. Folglich gibt es eine Basissubstitution $u \to u\, a$ mit $a \neq 0$ aus Ω derart, daß die definierende Relation in $u^s = u$ übergeht. Wegen $(u\, a)^s = u^s a^s$ ergibt das die Behauptung in der Form $a^s = a\, b_s$.

Unter der hier vorliegenden Voraussetzung, daß die verallgemeinerten Transformationsgrößen $\dfrac{b_{\chi^{\hat{\tau}},s}^{t}\, b_{\chi,t}}{b_{\chi,st}} = 1$ sind, wären in diesen begrifflichen Fassungen und Beweisen die Elemente durch nach den χ indizierte Vektoren mit komponentenweiser Multiplikation zu ersetzen. Bei der ersten Fassung wäre das verallgemeinerte verschränkte Produkt durch die Relationen $a_\chi\, u_{\chi,s} = u_{\chi,s}\, a_{\chi^{\hat{\sigma}}}^{s}$, $u_{\chi,s}\, u_{\chi,t} = u_{\chi,st}$ zu definieren und der Automorphismus $u_{\chi,s} \to u_{\chi,s}\, b_{\chi,s}$ als innerer Automorphismus von der Form $u_{\chi,s} \to a_\chi\, u_{\chi,s}\, a_\chi^{-1}$ zu erweisen. Bei der zweiten Fassung wäre der verallgemeinerte verschränkte Darstellungsmodul der Vektoren $u_\chi \Omega$ mit $u_{\chi^{\hat{\sigma}}}^{s} = u_\chi\, b_{\chi,s}$ als operatorisomorph zu dem Modul der Vektoren über Ω mit der Vorschrift zu erweisen, daß die Komponenten bei s die Indizespermutation $\chi^{\hat{\sigma}} \to \chi$ erfahren, so daß also eine Basissubstitution $u_\chi \to u_\chi\, a_\chi$ mit $a_\chi \neq 0$ aus Ω derart existiert, daß die definierende Relation

Nach dem damit bewiesenen Hilfssatz ist vermöge (7'.) die Klasse $\mathfrak{b}_\chi$ durch das System $C_{s,t}$ und somit die volle Klasse $\mathfrak{b}$ durch die Klasse $\mathfrak{c}$ eindeutig gekennzeichnet. Umgekehrt ist vermöge (7.) ersichtlich auch das System $C_{s,t}$ durch die Klasse $\mathfrak{b}_\chi$ und somit die Klasse $\mathfrak{C}$ durch die volle Klasse $\mathfrak{b}$ eindeutig gekennzeichnet; denn die Charakterwerte $\chi(C_{s,t})$ legen die Faktoren $C_{s,t}$ eindeutig fest.

4. Wir haben das System $b_{\chi,s}$ deshalb ein Verkettungssystem von X mit $\mathfrak{g}$ zur Darstellung $\hat{\Gamma}$ genannt, weil es eine durch $\hat{\Gamma}$ bestimmte Verkettung zwischen den beiden Faktorensystemen $c_{\chi,\psi}$ zu X und $C_{s,t}$ zu $\mathfrak{g}$ herstellt, die sich in den Gleichungen (5.) und (7.) ausdrückt. Diese Verkettung ist, wie wir sahen, eine invariante Beziehung zwischen den beiden Faktorensystemklassen $\mathfrak{c}$ und $\mathfrak{C}$, vermittelt durch die Verkettungssystemklasse $\mathfrak{b}$, was wir in der invarianten Schreibweise (5'.) und (7'.) der Verkettungsgleichungen zum Ausdruck brachten. Überdies haben wir, noch einmal zusammengefaßt, folgende Eindeutigkeitsaussagen über diese Verkettung bewiesen[23].

(A) Vermöge der Gleichungen

$$\frac{c^{s}_{\chi^{\hat{\sigma}},\psi^{\hat{\sigma}}}}{c_{\chi,\psi}} = T_\chi(\mathfrak{b}_s) = \frac{b_{\chi,s}\, b_{\psi,s}}{b_{\chi\psi,s}}$$

wird die Verkettungssystemklasse $\mathfrak{b}$ eindeutig durch die Faktorensystemklasse $\mathfrak{c}$ und die Darstellung $\hat{\Gamma}$ gekennzeichnet.

(A') Vermöge der aus diesen Gleichungen folgenden, weniger scharfen Beziehung

$$\mathfrak{c}^{s}_{\hat{\sigma}} = \mathfrak{c} \quad (\text{oder auch } \mathfrak{c}^{s} = \mathfrak{c}_{\sigma^\star} \quad \text{mit } \sigma^\star = \hat{\sigma}^{-1})$$

wird die dabei eingehende antihomomorphe Darstellung $\hat{\Gamma}$ von $\mathfrak{g}$ durch Automorphismen $\sigma^\star$ von X (bzw. die zugeordnete direkt-homomorphe Darstellung $\Gamma^\star$ von $\mathfrak{g}$ durch Automorphismen $\sigma^\star$ von X) eindeutig durch die Faktorensystemklasse $\mathfrak{c}$ gekennzeichnet.

---

in $u^{s}_{\chi^{\hat{\sigma}}} = u_\chi$ übergeht. Dann übertragen sich die obigen Schlüsse formal und ergeben die Behauptung unseres Hilfssatzes frei von der Endlichkeitsvoraussetzung.

Führt man die Schreibweise $u_{\chi,s} = \chi(u_s)$, $u_\chi = \chi(u)$ ein, so werden die definierenden Relationen der für diese Bauweise auf ihre Struktur zu untersuchenden Bereiche (verallgemeinertes verschränktes Produkt von Ω mit $\mathfrak{g}$ mit Faktorensystem 1, verallgemeinerter verschränkter Darstellungsmodul von $\mathfrak{g}$ in Ω vom Rang 1) von formal ähnlichem Bau, wie die definierenden Relationen der zuvor im Text besprochenen formalen Fortsetzung der Charaktere χ von $\mathfrak{A}$ auf $\mathfrak{G}$. Es erscheint mir eine lohnende Aufgabe, für diese neuen Typen von abstrakten Bereichen, losgelöst von der hier verfolgten besonderen Zielsetzung, eine allgemeine Strukturtheorie zu entwickeln. (Zusatz bei der Korrektur: Siehe dazu meine inzwischen in den Math. Nachr. (1948), 40—61, 213—217, 277—283 erschienene weitere Arbeit »Existenz und Mannigfaltigkeit abelscher Algebren mit vorgegebener Galoisgruppe über einem Teilkörper des Grundkörpers«, insbesondere den in Teil I, § 4, 8 auf algebrentheoretischer Grundlage gegebenen Beweis obigen Hilfssatzes nach dem Muster von E. Noethers erster Fassung.)

[23] Siehe dazu auch die später aufgeführte Aussage (B'), welche die nachstehende Aussage (B) ähnlich ergänzt wie (A') die Aussage (A), aber nicht eine »Eindeutigkeitsaussage«, sondern eine »notwendige Bedingung« ist.

(B) Vermöge der Gleichungen

$$\chi(C_{s,t}) = T_s(\mathfrak{b}_\chi) = \frac{b^t_{\chi^{\hat{\tau}},s}\, b_{\chi,t}}{b_{\chi,st}}$$

wird die Faktorensystemklasse $\mathfrak{C}$ eindeutig durch die Verkettungssystemklasse $\mathfrak{b}$ und auch umgekehrt $\mathfrak{b}$ eindeutig durch $\mathfrak{C}$ gekennzeichnet.

Nimmt man hinzu, daß die Darstellung $\hat{\Gamma}$ bzw. $\Gamma^\star$ mit der gegebenen Darstellung Γ von $\mathfrak{g}$ durch Automorphismen von $\mathfrak{A}$ vermöge der Beziehung (3.) bzw. (4.) umkehrbar eindeutig zusammenhängt, so liefern diese Eindeutigkeitsaussagen zusammengenommen die Lösung der gestellten Widerspiegelungsaufgabe, indem sie die Gruppeninvarianten Γ und $\mathfrak{C}$ durch die Kummer-Invariante $\mathfrak{c}$ vermöge von Beziehungen im Grundkörper Ω eindeutig kennzeichnen.

Ausführlich beschrieben ist damit in vollständiger Beantwortung der Frage aus § 1, 4 hinsichtlich der Kummer-Erzeugung das folgende Ergebnis gewonnen:

Satz 5. Damit der Kummersche Körper K/Ω, welcher der abelschen primitiven Faktorensystemklasse $\mathfrak{c}$ in Ω zur Charaktergruppe X von $\mathfrak{A}$ zugeordnet ist, über Ω_0 galoissch ist und die Galoisgruppe $\mathfrak{G} = (\mathfrak{A}; \Gamma, \mathfrak{C})$ hat, ist notwendig und hinreichend, daß die folgenden beiden Bedingungen bestehen:

I. Für jeden Automorphismus s von Ω/Ω_0 geht die Klasse $\mathfrak{c}$ in sich über, wenn man gleichzeitig auf die Werte $c_{\chi,\psi}$ der Faktoren den Automorphismus s und auf ihre Argumente χ, ψ nacheinander s^{-1} und die antiisomorphe Übertragung $\grave{\sigma}$ auf X des Bildes σ von s bei der Darstellung Γ anwendet, also

$$c^s_{\chi^{\hat{\sigma}},\psi^{\hat{\sigma}}} \sim c_{\chi,\psi} \qquad \text{in } \Omega, \quad \text{wo } \sigma = s^{-1}\grave{\sigma},$$

oder auch

$$c^s_{\chi,\psi} \sim c_{\chi^{\sigma^\star},\psi^{\sigma^\star}} \quad \text{in } \Omega, \quad \text{wo } \sigma^\star = s\,\grave{\sigma}^{-1}.$$

II. Die Faktorensystemklasse $\mathfrak{C}$ ist mit der Klasse $\mathfrak{c}$ dadurch verkettet, daß für die gemäß I vorhandene und eindeutig bestimmte Verkettungssystemklasse $\mathfrak{b}$ mit

$$\frac{c^s_{\chi^{\hat{\sigma}},\psi^{\hat{\sigma}}}}{c_{\chi,\psi}} = T_\chi(\mathfrak{b}_s) = \frac{b_{\chi,s}\, b_{\psi,s}}{b_{\chi\psi,s}}$$

die Gleichungen

$$\chi(C_{s,t}) = T_s(\mathfrak{b}_\chi) = \frac{b^t_{\chi^{\hat{\tau}},s}\, b_{\chi,t}}{b_{\chi,st}}$$

gelten.

5. Entsprechend der Tatsache, daß unter den beiden zur Auswahl stehenden Kummer-Invarianten die Faktorensystemklasse $\mathfrak{c}$ und nicht die Klassengruppe W/Ω^n in den vorstehend entwickelten Formeln explizit auftritt, erfolgt in diesem Ergebnis die Kennzeichnung der Gruppeninvarianten Γ und $\mathfrak{C}$ durch die Faktorensystemklasse $\mathfrak{c}$. Was die Kennzeichnung durch die Klassengruppe W/Ω^n betrifft, so liefern die aus den Ausgangsformeln (1.) durch Potenzierung mit n folgenden Beziehungen[24]

$$(11.) \qquad w_{\chi\hat{\sigma}}^{s} \underset{n}{=} w_\chi \quad \text{oder auch } w_\chi^s \underset{n}{=} w_{\chi\sigma^*} \quad \text{in } \Omega$$

für die Vertreter w_χ von W/Ω^n unter Beachtung von (3.) bzw. (4.) eine eindeutige Kennzeichnung der Darstellung Γ durch W/Ω^n. Für die Faktorensystemklasse $\mathfrak{C}$ jedoch ergibt sich aus den vorstehenden Formeln keine direkte Widerspiegelung in der Klassengruppe W/Ω^n. Auf die letztere Frage kommen wir im anschließenden § 6 zurück. Hier stellen wir in Ergänzung zu Satz 5 als weiteres Ergebnis fest:

Satz 6. Damit der Kummersche Körper $K = \Omega(\sqrt[n]{W})$ mit $W/\Omega^n \cong \mathfrak{A}$ galoissch über Ω_0 ist und eine Galoisgruppe $\mathfrak{G} = (\mathfrak{A}; \Gamma, *)$ mit gegebener Darstellung Γ und offengelassener Faktorensystemklasse hat, ist notwendig und hinreichend, daß bei Festlegung eines Isomorphismus $\chi \to w_\chi \Omega^n$ der Charaktergruppe X von $\mathfrak{A}$ auf die Klassengruppe W/Ω^n die folgende Bedingung erfüllt ist[25]:

I′. Für jeden Automorphismus s von Ω/Ω_0 gehen die Klassen von W/Ω^n in sich über, wenn man gleichzeitig auf die Werte w_χ ihrer Vertreter den Automorphismus s und auf ihre Argumente χ nacheinander s^{-1} und die antiisomorphe Übertragung $\grave{\sigma}$ auf X des Bildes σ von s bei der Darstellung Γ anwendet, also

$$w_{\chi\hat{\sigma}}^{s} \underset{n}{=} w_\chi \quad \text{in } \Omega, \quad \text{wo } \hat{\sigma} = s^{-1}\grave{\sigma},$$

oder auch

$$w_\chi^s \underset{n}{=} w_{\chi\sigma^*} \quad \text{in } \Omega, \quad \text{wo } \sigma^* = s\,\grave{\sigma}^{-1}.$$

Als Ausdruck der Widerspiegelung von Γ allein in der Kummer-Erzeugung von K/Ω ist die Bedingung I aus Satz 5 gleichbedeutend mit I′.

6. Für die damit gelöste Kennzeichnungsaufgabe der betrachteten Körper K/Ω genügten die obigen Eindeutigkeitsaussagen (A), (A′), (B), wobei die auf den zuvor bewiesenen Hilfssatz zurückgehende rückwärtige Eindeutigkeit in (B) nicht einmal anzuwenden war. Will man darüber hinaus die Konstruktionsaufgabe für diese Körper in Angriff nehmen, so braucht man entsprechende Existenzaussagen. Diese ergeben sich in überraschend einfacher Weise auf Grund der folgenden Bemerkung über das Rechnen mit Verkettungssystemen.

---

[24] Wir verwenden hier und fortan die geläufige Schreibweise $w' \underset{n}{=} w$ in Ω für $w' = w\,a^n$ mit $a \neq 0$ aus Ω, wenn es auf den Faktor a nicht ankommt.

[25] Was die hier notwendige Festlegung eines Isomorphismus von X auf W/Ω^n betrifft, siehe die Ausführungen in § 4, 5. In Satz 5 war eine solche Festlegung deshalb nicht nötig, weil sie dort durch die Voraussetzung, daß K/Ω der Faktorensystemklasse $\mathfrak{c}$ zugeordnet ist, implizit vorweggenommen wurde.

Bei gegebener Darstellung Γ (und damit $\hat{\Gamma}$) sind für beliebige $b_{\chi,s} \neq 0$ aus Ω die beiden Beziehungen

$$(12.)\qquad T_\chi(T_s(\mathfrak{b}_\chi)) = \frac{T_s(\mathfrak{b}_\chi)\, T_s(\mathfrak{b}_\psi)}{T_s(\mathfrak{b}_{\chi\psi})} = 1, \quad T_s(T_\chi(\mathfrak{b}_s)) = \frac{T_{\chi^{\hat{t}}}(\mathfrak{b}_s)^t\, T_\chi(\mathfrak{b}_t)}{T_\chi(\mathfrak{b}_{st})} = 1$$

miteinander gleichbedeutend. Ihre linken Seiten unterscheiden sich nämlich, wie man durch explizites Hinschreiben sofort feststellt, nur durch die Zusammenfassung der eingehenden Faktoren $b_{\chi,s}$ zu Transformationsgrößen der einen oder anderen Art.

Ist nun erstens bei gegebener Klasse $\mathfrak{c}$ die Klasse $\mathfrak{b}$ eindeutig durch das Gleichungssystem

$$(\mathrm{A})\qquad T_\chi(\mathfrak{b}_s) = \frac{c_{\chi^{s\hat{\sigma}},\psi^{\hat{\sigma}}}}{c_{\chi,\psi}}$$

vorgegeben, so besteht die zweite Beziehung (12.) identisch. Daher besteht auch die erste Beziehung (12.). Nach ihr ist $T_s(\mathfrak{b}_\chi)$ ein Charakter von X, mit zwei Parametern s, t, also von der Form

$$(\mathrm{B})\qquad T_s(\mathfrak{b}_\chi) = \chi(C_{s,t})$$

mit eindeutig bestimmten Elementen $C_{s,t}$ aus $\mathfrak{A}$. Diese $C_{s,t}$ erfüllen überdies die Assoziativrelationen § 1, (3.); denn bei Übergang zu den Charakterwerten $\chi(C_{s,t})$ werden jene Relationen zu Identitäten in den $b_{\chi,s}$. Somit gilt:

(E_1) Bei vorgegebener Darstellung Γ und Faktorensystemklasse $\mathfrak{c}$ existiert, wenn die Bedingungsgleichungen (A) lösbar sind — d. h. wenn zwischen Γ und $\mathfrak{c}$ die Beziehung (A'): $\mathfrak{c}_{\hat{\sigma}}^{s} = \mathfrak{c}$ besteht —, genau eine Faktorensystemklasse $\mathfrak{C}$ zu Γ in $\mathfrak{A}$ derart, daß die Gleichungen (B) erfüllt sind, und diese Klasse ist assoziativ.

Ist ferner zweitens bei gegebener Klasse $\mathfrak{C}$ die Klasse $\mathfrak{b}$ eindeutig durch das Gleichungssystem

$$(\mathrm{B})\qquad T_s(\mathfrak{b}_\chi) = \chi(C_{s,t})$$

vorgegeben, so besteht die erste Beziehung (12.) identisch. Daher besteht auch die zweite Beziehung (12.). Nach ihr ist $T_\chi(\mathfrak{b}_s)$ eine verschränkte Darstellung ersten Grades von $\mathfrak{g}$ im Sinne des obigen Hilfssatzes, mit zwei Parametern χ, ψ statt des dortigen einen χ, also von der Form

$$(\mathrm{A})\qquad T_\chi(\mathfrak{b}_s) = \frac{c_{\chi^{s\hat{\sigma}},\psi^{\hat{\sigma}}}}{c_{\chi,\psi}}$$

mit Elementen $c_{\chi,\psi} \neq 0$ aus Ω. Diese $c_{\chi,\psi}$ liegen nicht eindeutig fest, wie die Willkür bei der Konstruktion der ihnen im Beweis des Hilfssatzes entsprechenden a_χ zeigt. Sie erfüllen zwar bei geeigneter Wahl — siehe unten bei (13.) — die Kommutativrelationen § 4, (6.), aber nicht notwendig auch die Assoziativrelationen § 4, (5.); denn man kann von dem (identischen) Erfülltsein jener Relationen für die

Quotienten rechts in (A) nicht auf ihr Erfülltsein für die $c_{\chi,\psi}$ selbst zurückschließen. Ebenso bleibt auch die Frage der Irreduzibilität der $c_{\chi,\psi}$ im Sinne von Satz 4 offen. Somit haben wir hier nur:

(E_2) Bei vorgegebener Darstellung Γ und Faktorensystemklasse $\mathfrak{C}$ existieren, wenn die Bedingungsgleichungen (B) lösbar sind — d. h. wenn zwischen Γ und $\mathfrak{C}$ die Beziehung (B'): $\chi(\mathfrak{C}) = 1$ besteht —, kommutative Faktorensystemklassen $\mathfrak{c}$ zu X in Ω derart, daß die Gleichungen (A) gelten. Dabei bleibt die Frage der Assoziativität und Irreduzibilität dieser Klassen $\mathfrak{c}$ offen.

Die Existenzaussage (E_1) ist für die Konstruktionsaufgabe irrelevant. Für die Kennzeichnungsaufgabe läßt sie hervortreten, daß der Nachdruck in unserer Kennzeichnung von $\mathfrak{C}$ nicht auf der (auf den ersten Blick überraschenden) Lösbarkeit des Gleichungssystems (B) nach $\mathfrak{C}$, sondern auf der Tatsache liegt, daß die (sicher vorhandene) Lösung gerade die als Gruppeninvariante verlangte Faktorensystemklasse $\mathfrak{C}$ ist.

Die Existenzaussage (E_2) stellt die für die Konstruktionsaufgabe grundlegende Existenz der Kummer-Invarianten $\mathfrak{c}$ der zu konstruierenden Körper K/Ω mit der Relativgruppe $\mathfrak{A}$ und der gegebenen Galoisgruppe $\mathfrak{G} = (\mathfrak{A}; \Gamma, \mathfrak{C})$ über Ω_0 fest; sie zeigt aber zugleich, wo die zur vollständigen Lösung der Aufgabe noch zu überwindenden Schwierigkeiten liegen, nämlich in der Aussonderung der assoziativen und irreduziblen Lösungen $\mathfrak{c}$ von (A) bei gegebenem (B), und insbesondere auch in der Herleitung von Kriterien dafür, daß überhaupt solche Lösungen existieren. Nach dem Gesagten läuft das darauf hinaus, in dem gemäß dem Beweis des Hilfssatzes zu machenden Ansatz

$$(13.) \qquad c_{\chi,\psi}^{-1} = \sum_s a_{\chi^{s\hat{\sigma}},\,\psi^{\hat{\sigma}}} \frac{b_{\chi,s}\, b_{\psi,s}}{b_{\chi\psi,s}}$$

die kommutativen Koeffizienten $a_{\chi,\psi} = a_{\psi,\chi}$ aus Ω so zu bestimmen, daß die $c_{\chi,\psi}$ ein assoziatives und irreduzibles Faktorensystem werden.

Die in (E_2) gemachte — nach Satz 5 notwendige — Voraussetzung (B'), die wir oben bereits in (10.) erwähnten, stellt eine für die Kennzeichnungsaufgabe irrelevante, aber für die Konstruktionsaufgabe wesentliche einschränkende Bedingung zwischen den beiden Gruppeninvarianten Γ und $\mathfrak{C}$ dar, ausführlich gesagt:

(B') Zwischen den Gruppeninvarianten Γ und $\mathfrak{C}$ besteht notwendig die Beziehung

$$\chi(\mathfrak{C}) = 1$$

im Sinne der durch Γ bestimmten Bildungsregel für Transformationsgrößen mit dem Parameter χ, daß nämlich bei Anwendung eines Automorphismus s auf den Faktorenwert gleichzeitig $\hat{\sigma}$ auf den Parameter anzuwenden ist.

Mit diesen Bemerkungen über die Konstruktionsaufgabe wollen wir uns hier begnügen[26].

---

[26] Zusatz bei der Korrektur: Mit der Konstruktionsaufgabe beschäftigt sich meine inzwischen in Anm. 22 zitierte weitere Arbeit.

§ 6. Übergang zur Normalform

Für die Anwendung auf spezielle Fälle, wie die in § 2, ist die Kennzeichnung der Kummerschen Körper K/Ω durch die Faktorensystemklasse $\mathfrak{c}$ unhandlich. Wir wollen daher ausführen, wie sich das vollständige Ergebnis aus Satz 5 darstellt, wenn man nach der Vorschrift aus § 4, 7 unter Zugrundelegung einer Basisdarstellung von X zur Kennzeichnung durch die Klassengruppe W/Ω^n übergeht. Ein Teilergebnis in dieser Richtung, das noch ohne Einführung einer Basisdarstellung ausgesprochen werden konnte, haben wir bereits in Satz 6 festgestellt.

1. Wie in § 4 sei χ_i eine Basis von X mit den Ordnungen n_i und

$$K = \Omega(\sqrt[n]{w_1}, \ldots, \sqrt[n]{w_r}) = \Omega(\sqrt[n_1]{c_1}, \ldots, \sqrt[n_r]{c_r})$$

die zugehörige Normalform der Kummer-Erzeugung von K/Ω, also $w_i = w_{\chi_i}$ ein den Basischarakteren χ_i zugeordnetes Basisvertretersystem der Klassengruppe W/Ω^n und $c_i = c_{\chi_i}$ ein dazugehöriges Potenzfaktorensystem, nämlich eine (willkürlich normierte) Lösung von $w_i = c_i^{m_i}$ mit $n = m_i n_i$. Dabei haben wir, gemäß unserer Absicht, die Klassengruppe W/Ω^n zur Kennzeichnung von K/Ω zugrunde zu legen, die w_i an die Spitze gestellt und die c_i aus ihnen abgeleitet. Das für die Durchführung unserer Aufgabe gebrauchte Faktorensystem $c_{\chi,\psi}$ in einer Normierung gemäß § 4, 6 ergibt sich dann, indem man ein den Basischarakteren χ_i zugeordnetes Basisvertretersystem $\omega_i = \omega_{\chi_i}$ der n-ten Wurzelgruppe W/Ω^n als eine (willkürlich normierte) Lösung von $\omega^{n_i} = c_i$ (und somit $\omega_i^n = w_i$) festlegt und das volle Vertretersystem ω_χ von W/Ω gemäß § 4, (9.) durch $\omega_\chi = \prod\limits_j \omega_j^{\varrho_j(\nu_j)}$ für $\chi = \prod\limits_j \chi_j^{\nu_j}$ definiert.

Um die auftretenden ziemlich komplizierten Formeln in einigermaßen durchsichtiger Gestalt schreiben zu können, müssen wir uns zunächst eine passende Symbolik schaffen. Dazu führen wir die Basisspalten

$$\mathfrak{x} = (\chi_i), \quad \mathfrak{w}_\mathfrak{x} = (w_{\chi_i}), \quad \mathfrak{c}_\mathfrak{x} = (c_{\chi_i}), \quad \mathfrak{W}_\mathfrak{x} = (\omega_{\chi_i})$$

ein. In formaler Analogie zur linearen Algebra schreiben wir die gliedweise Multiplikation solcher Spalten als Produkt (mit einem Multiplikationspunkt) und die Potenzproduktbildung aus ihren Elementen als Potenzierung mit (einzeiligen oder quadratischen) Matrizen. Diese Matrizenexponenten bringen wir, um die richtige Zusammensetzungsreihenfolge zu erhalten, nicht rechts sondern links oben an der Basis an. Für die Basisdarstellung $\chi = \prod\limits_j \chi_j^{\nu_j}$ mit Exponenten ν_j mod n_j schreiben wir demgemäß kurz $\chi = {}^{\mathfrak{n}}\mathfrak{x}$ mit einer Exponentenzeile $\mathfrak{n}$ mod $(\boldsymbol{n}|$, wo $\boldsymbol{n}$ die bereits in § 4, 7 eingeführte Diagonalmatrix aus den n_i und $(\boldsymbol{n}|$ das durch sie erzeugte Linksideal bezeichnet. Bei der Anwendung eines Automorphismus α auf X bezeichnen wir ferner, wie schon in § 4, 8 verabredet, die ihn gemäß $\chi^\alpha = \prod\limits_j \chi_i^{\alpha_{ij}}$ darstellende Exponentenmatrix α_{ij} mod n_j mit dem gleichen Buchstaben α; diese Exponentenmatrizen α mod $(\boldsymbol{n}|$ haben die Eigenschaft $\boldsymbol{n}\,\alpha \equiv 0$ mod $(\boldsymbol{n}|$. Die unterschiedliche Bedeutung von α als Automorphismus von X oder Exponentenmatrix mod $(\boldsymbol{n}|$ kommt dann auf Grund der getroffenen Festsetzung in der Schreibweise $\mathfrak{x}^\alpha = {}^\alpha\mathfrak{x}$ durch die verschiedene Stellung des Exponenten α zum Ausdruck. Für die Zusammensetzung zweier Automorphismen α, β gilt dabei die Regel $\mathfrak{x}^{\alpha\beta} = (\mathfrak{x}^{\alpha})^{\beta} = ({}^{\alpha}\mathfrak{x})^{\beta} = {}^{\alpha}(\mathfrak{x}^{\beta}) = {}^{\alpha}({}^{\beta}\mathfrak{x}) = {}^{\alpha\beta}\mathfrak{x}$, so daß in der Tat die Zusammensetzungsreihenfolge bei beiden Auffassungen dieselbe ist. Entsprechend gilt die Regel $({}^{\mathfrak{n}}\mathfrak{x})^{\alpha} = {}^{\mathfrak{n}}(\mathfrak{x}^{\alpha}) = {}^{\mathfrak{n}}({}^{\alpha}\mathfrak{x}) = {}^{\mathfrak{n}\alpha}\mathfrak{x}$. Mit $\varrho(\alpha)$ bezeichnen wir die durch die Matrix α mod $(\boldsymbol{n}|$ eindeutig bestimmte Matrix der kleinsten nicht-negativen Reste $\varrho_j(a_{ij})$ von a_{ij} mod n_j; wir nennen $\varrho(\alpha)$ kurz den kleinsten Rest von α mod $(\boldsymbol{n}|$. Entsprechende Bedeutung habe $\varrho(\mathfrak{n})$ für Zeilen $\mathfrak{n}$ mod $(\boldsymbol{n}|$.

Bei diesen Festsetzungen schreiben sich die Beziehungen zwischen den $w_{\chi_i}, c_{\chi_i}, \omega_{\chi_i}$ in der Form

(1.) $$\mathfrak{w}_{\mathfrak{x}} = {}^{\boldsymbol{m}}\mathfrak{c}_{\mathfrak{x}}, \quad {}^{\boldsymbol{n}}\mathfrak{W}_{\mathfrak{x}} = \mathfrak{c}_{\mathfrak{x}}, \quad \mathfrak{w}_{\mathfrak{x}} = {}^{\boldsymbol{n}}\mathfrak{W}_{\mathfrak{x}},$$

wo $\boldsymbol{m}$ die ebenfalls schon in § 4, 8 eingeführte Diagonalmatrix aus den m_i bezeichnet, für die $\boldsymbol{m}\,\boldsymbol{n} = n\,\mathbf{1}$ das n-fache der Einsmatrix ist. Ferner schreibt sich die Festlegung § 4. (9.) der allgemeinen Vertreter ω_χ von W/Ω durch die Basisvertreter ω_{χ_i} in der Form

(2.) $$\omega_\chi = {}^{\varrho(\mathfrak{n})}\mathfrak{W}_{\mathfrak{x}}, \quad \text{wenn } \chi = {}^{\mathfrak{n}}\mathfrak{x}.$$

Zwischen den Potenzfaktoren c_{χ_i} und den allgemeinen Faktoren $c_{\chi,\psi}$ bestehen bei dieser Vertreterfestlegung nach § 4, (11.), (12.) die Beziehungen

(3.) $$c_{\chi_i} = \prod_{\nu_i \bmod n_i} c_{\chi_i,\, \chi_i^{\nu_i}},$$

(4₁.) $$c_{\chi,\chi'} = {}^{\delta(\chi,\chi')}\mathfrak{c}_{\mathfrak{x}},$$

wo die Exponentenzeile $\delta(\chi, \chi')$ durch

(4₂.) $$\varrho(\mathfrak{n}) + \varrho(\mathfrak{n}') - \varrho(\mathfrak{n} + \mathfrak{n}') = \delta(\chi, \chi')\,\boldsymbol{n}, \quad \text{wenn } \chi = {}^{\mathfrak{n}}\mathfrak{x},\ \chi' = {}^{\mathfrak{n}'}\mathfrak{x},$$

definiert ist, also angibt, welches Linksvielfache von $\boldsymbol{n}$ man abziehen muß, um in dem formal mit reduzierten Exponenten gebildeten Produkt $\chi\chi' = {}^{\varrho(\mathfrak{n})}\mathfrak{x} \cdot {}^{\varrho(\mathfrak{n}')}\mathfrak{x} = {}^{\varrho(\mathfrak{n}) + \varrho(\mathfrak{n}')}\mathfrak{x}$ die Exponentenzeile $\varrho(\mathfrak{n}) + \varrho(\mathfrak{n}')$ auf ihren kleinsten Rest $\varrho(\mathfrak{n} + \mathfrak{n}')$ zu reduzieren.

2. Um zu einer Darstellung des Verkettungssystems $b_{\chi,s}$ vermöge der Basen $\mathfrak{x}$, $\mathfrak{w}_{\mathfrak{x}}$, $\mathfrak{c}_{\mathfrak{x}}$ zu gelangen, wenden wir auf die Basis $\mathfrak{x}$ einen Automorphismus $\hat{\sigma}$ aus der Darstellung $\hat{\Gamma}$ von $\mathfrak{g}$ an und verstehen unter $\mathfrak{w}_{\mathfrak{x}^{\hat{\sigma}}}$, $\mathfrak{c}_{\mathfrak{x}^{\hat{\sigma}}}$, $\mathfrak{W}_{\mathfrak{x}^{\hat{\sigma}}}$ Basen, die von $\mathfrak{x}^{\hat{\sigma}}$ ausgehend entsprechend konstruiert sind, wie $\mathfrak{w}_{\mathfrak{x}}$, $\mathfrak{c}_{\mathfrak{x}}$, $\mathfrak{W}_{\mathfrak{x}}$ von $\mathfrak{x}$ ausgehend, so daß also auch zwischen den automorph transformierten Basen die Beziehungen (1.) bestehen. Die Basis $\mathfrak{W}_{\mathfrak{x}^{\hat{\sigma}}}$ sei dabei aus dem gemäß (2.) normierten Vertretersystem ω_χ gewählt, also

(5.) $$\mathfrak{W}_{\mathfrak{x}^{\hat{\sigma}}} = {}^{\varrho(\hat{\sigma})}\mathfrak{W}_{\mathfrak{x}}.$$

Dann liegen die Basen $\mathfrak{w}_{\mathfrak{x}^{\hat{\sigma}}}$ und $\mathfrak{c}_{\mathfrak{x}^{\hat{\sigma}}}$ vermöge der geforderten Invarianz von (1.) fest und drücken sich wie folgt durch $\mathfrak{w}_{\mathfrak{x}}$ bzw. $\mathfrak{c}_{\mathfrak{x}}$ aus.

Einerseits ist einfach

(6.) $$\mathfrak{w}_{\mathfrak{x}^{\hat{\sigma}}} = {}^{\varrho(\hat{\sigma})}\mathfrak{w}_{\mathfrak{x}}.$$

Andererseits hat man zunächst

$$\mathfrak{c}_{\mathfrak{x}}{}^{\hat{\sigma}} = {}^{\boldsymbol{n}\,\varrho(\hat{\sigma})}\mathfrak{W}_{\mathfrak{x}} = {}^{\boldsymbol{n}\,\varrho(\hat{\sigma})\,\boldsymbol{n}^{-1}}\mathfrak{c}_{\mathfrak{x}},$$

wobei die auftretende Exponentenmatrix wegen $\boldsymbol{n}\,\varrho(\hat{\sigma}) \equiv 0 \bmod (\boldsymbol{n}|$ ganz ist. Nach § 5, (3.) und § 4, (17.)[27] ist nun die Matrix

$$\hat{\sigma} \equiv \varsigma^{-1}\,\grave{\sigma} \equiv \varsigma^{-1}\cdot \boldsymbol{m}\,\sigma'\,\boldsymbol{m}^{-1} \equiv \boldsymbol{m}\,(\varsigma^{-1}\,\sigma')\,\boldsymbol{m}^{-1} \bmod (\boldsymbol{n}|.$$

Bezeichnet ferner für den Augenblick ϱ' die zu ϱ analoge Restbildung nach dem Rechtsideal $|\boldsymbol{n})$, so gilt ersichtlich allgemein $\boldsymbol{n}\,\varrho(\alpha)\,\boldsymbol{n}^{-1} = \varrho'(\boldsymbol{n}\,\alpha\,\boldsymbol{n}^{-1})$. Demnach ist hier

$$\boldsymbol{n}\,\varrho(\hat{\sigma})\,\boldsymbol{n}^{-1} = \varrho'(\boldsymbol{n}\,\hat{\sigma}\,\boldsymbol{n}^{-1}) = \varrho'(\varsigma^{-1}\,\sigma') = \varrho(\varsigma^{-1}\,\sigma)',$$

und somit

$$\mathfrak{c}_{\mathfrak{x}}{}^{\hat{\sigma}} = {}^{\varrho(\varsigma^{-1}\,\sigma)'}\mathfrak{c}_{\mathfrak{x}}, \tag{7.}$$

wo $\varrho(\varsigma^{-1}\,\sigma)'$ die Transponierte der Restmatrix $\varrho(\varsigma^{-1}\,\sigma)$ bezeichnet. Im Gegensatz zu (6.) tritt in (7.) im Exponenten nicht die Restmatrix des Automorphismus $\hat{\sigma}$ aus der antiisomorph übertragenen Darstellung $\hat{\Gamma}$ auf, sondern die Restmatrix des Automorphismus σ aus der ursprünglichen Darstellung Γ, dividiert durch den Automorphismus ς aus γ. Bis auf die verbliebene Transpositon wird demnach der Prozeß der antiisomorphen Übertragung durch den Übergang von (6.) zu (7.) rückgängig gemacht. Auch hierin wieder zeigt sich der bereits in § 4, 7 betonte grundlegende strukturelle Unterschied zwischen den Radikanden w_i (Basisvertretern) und c_i (Potenzfaktoren) in den beiden Normalformen der Kummer-Erzeugung.

Wegen der Invarianz der Beziehungen (1.) ist $\mathfrak{c}_{\mathfrak{x}}{}^{\hat{\sigma}}$ das System der Potenzfaktoren zu dem Basisvertretersystem $\mathfrak{w}_{\mathfrak{x}}{}^{\hat{\sigma}}$, d. h. bei unserer automorphen Basistransformation gelten unverändert die zu (3.) analogen Beziehungen

$$c_{\chi_i}{}^{\hat{\sigma}} = \prod_{\nu_i \bmod n_i} c_{\chi_i{}^{\hat{\sigma}},\ \chi_i{}^{\nu_i\hat{\sigma}}}. \tag{8.}$$

Dagegen bleiben die Beziehungen (4.) nicht unverändert, weil die Darstellung (2.) bei unserer automorphen Basistransformation nicht invariant ist. Nach (2.) ist ja

$$\omega_{\chi}{}^{\hat{\sigma}} = {}^{\varrho(\mathfrak{n}\,\hat{\sigma})}\mathfrak{W}_{\mathfrak{x}},$$

wenn $\chi = {}^{\mathfrak{n}}\mathfrak{x}$, also $\chi^{\hat{\sigma}} = {}^{\mathfrak{n}\,\hat{\sigma}}\mathfrak{x}$ ist, nach (5.) dagegen

$${}^{\varrho(\mathfrak{n})}\mathfrak{W}_{\mathfrak{x}}{}^{\hat{\sigma}} = {}^{\varrho(\mathfrak{n})\,\varrho(\hat{\sigma})}\mathfrak{W}_{\mathfrak{x}},$$

und die rechts auftretenden beiden Restbildungen $\varrho(\mathfrak{n}\,\hat{\sigma})$ und $\varrho(\mathfrak{n})\,\varrho(\hat{\sigma})$ unterscheiden sich um ein Linksvielfaches von $\boldsymbol{n}$. Dieser Abweichung entsprechend setzen wir

$$\varrho(\mathfrak{n})\,\varrho(\hat{\sigma}) - \varrho(\mathfrak{n}\,\hat{\sigma}) = \pi(\chi, \hat{\sigma})\,\boldsymbol{n}, \quad \text{wenn } \chi = {}^{\mathfrak{n}}\mathfrak{x}. \tag{9$_1$.}$$

Die hierdurch definierte Exponentenzeile $\pi(\chi, \hat{\sigma})$ gibt — analog zu der obigen Definition von $\delta(\chi, \chi')$ in (4.) — an, welches Linksvielfache von $\boldsymbol{n}$ man abziehen muß, um bei der formal mit reduzierten Exponenten gebildeten Automorphismen-

---

[27] Vgl. auch die Anmerkung zu § 5, (3.).

anwendung $\chi^{\hat{\sigma}} = {}^{\varrho(\mathfrak{n})}({}^{\varrho(\hat{\sigma})}\mathfrak{x}) = {}^{\varrho(\mathfrak{n})\varrho(\hat{\sigma})}\mathfrak{x}$ die Exponentenzeile $\varrho(\mathfrak{n})\,\varrho(\hat{\sigma})$ auf ihren kleinsten Rest $\varrho(\mathfrak{n}\,\hat{\sigma})$ zu reduzieren. Nach dem Gesagten hat man damit an Stelle von (4.) die Beziehungen

$$(9_2.)\qquad c_{\chi^{\hat{\sigma}},\,\chi'^{\hat{\sigma}}} = {}^{\delta(\chi,\chi')}\mathfrak{c}_{\mathfrak{x}^{\hat{\sigma}}}\cdot{}^{-[\pi(\chi,\hat{\sigma})+\pi(\chi',\hat{\sigma})-\pi(\chi\chi',\hat{\sigma})]}\mathfrak{c}_{\mathfrak{x}}\,.$$

3. Nach diesen Vorbereitungen gelangen wir in folgender Weise zu einer Darstellung des Verkettungssystems $b_{\chi,s}$ vermöge der Basen $\mathfrak{x}$, $\mathfrak{w}_{\mathfrak{x}}$, $\mathfrak{c}_{\mathfrak{x}}$ und damit zur Beschreibung der Kennzeichnung aus Satz 5 in der Normalform der Kummer-Erzeugung.

Zunächst folgt aus den allgemeinen Beziehungen § 5, (11.) speziell für das Basisvertretersystem $\mathfrak{w}_{\mathfrak{x}}$ nach (6.) die Beziehung[28]

$$(10.)\qquad ({}^{\hat{\sigma}}\mathfrak{w}_{\mathfrak{x}})^s \underset{n}{=} \mathfrak{w}_{\mathfrak{x}} \quad \text{oder auch}\quad \mathfrak{w}_{\mathfrak{x}}^s \underset{n}{=} {}^{\sigma^*}\mathfrak{w}_{\mathfrak{x}} \quad \text{in } \Omega.$$

Schärfer folgen aus dem allgemeinen Gleichungssystem § 5, (A) speziell für das Potenzfaktorensystem $\mathfrak{c}_{\mathfrak{x}}$ nach (3.) und (8.) die Beziehungen

$$\frac{c^s_{\chi_i^{\hat{\sigma}}}}{c_{\chi_i}} = \prod_{\nu_i \bmod n_i} \frac{c^s_{\chi_i^{\hat{\sigma}},\,\chi_i^{\nu_i\hat{\sigma}}}}{c_{\chi_i,\,\chi_i^{\nu_i}}} = \prod_{\nu_i \bmod n_i} \frac{b_{\chi_i,s}\,b_{\chi_i^{\nu_i},s}}{b_{\chi_i^{\nu_i+1},s}} = b^{n_i}_{\chi_i,s}$$

oder also gemäß (7.) in unserer Symbolik geschrieben

$$(11.)\qquad ({}^{\varrho(\mathfrak{s}^{-1}\sigma)'}\mathfrak{c}_{\mathfrak{x}})^s = \mathfrak{c}_{\mathfrak{x}}\cdot{}^{\mathfrak{n}}\mathfrak{b}_{\mathfrak{x},s},$$

wo

$$\mathfrak{b}_{\mathfrak{x},s} = (b_{\chi_i,s})$$

das System der Verkettungsfaktoren zu den Basischarakteren χ_i ist. Die Beziehung (11.) stellt in der Tat eine Verschärfung der Beziehung (10.) — oder vielmehr deren ***m***-ter Wurzel — dar, indem die in (10.) unterdrückte n-te Potenz aus Ω — nach der Wurzelziehung als ***n***-te Potenz — in (11.) angegeben wird. Man hätte (11.) auch aus der allgemeinen Beziehung § 5, (1.) durch Beschränkung auf die Vertreterbasis $\mathfrak{W}_{\mathfrak{x}}$ und Potenzierung mit ***n*** gewinnen können; für unsere Kennzeichnung ist es jedoch wichtig, festgestellt zu haben, daß (11.) der Ausdruck des Gleichungssystems § 5, (A) in der Basisdarstellung ist. Durch (11.) wird das Basisverkettungssystem $\mathfrak{b}_{\mathfrak{x},s}$ nur bis auf ein Faktorensystem $\mathfrak{z}_{\mathfrak{x},s} = (\zeta_{\chi_i,s})$ mit ${}^{\mathfrak{n}}\mathfrak{z}_{\mathfrak{x},s} = 1$ (also aus n_i-ten Einheitswurzeln $\zeta_{\chi_i,s}$) festgelegt; wir denken uns diese Festlegung willkürlich getroffen.

Aus dem so festgelegten Basisverkettungssystem $\mathfrak{b}_{\mathfrak{x},s}$ ergibt sich das volle Verkettungssystem $b_{\chi,s}$ als in bestimmter Weise normierte Lösung des Gleichungssystems § 5, (A) wie folgt. Nach (4.), (9.) und (11.) hat man

$$\begin{aligned}\frac{c^s_{\chi^{\hat{\sigma}},\,\chi'^{\hat{\sigma}}}}{c_{\chi,\chi'}} &= {}^{\delta(\chi,\chi')\,\mathfrak{n}}\mathfrak{b}_{\mathfrak{x},s}\cdot({}^{-[\pi(\chi,\hat{\sigma})+\pi(\chi',\hat{\sigma})-\pi(\chi\chi',\hat{\sigma})]}\mathfrak{c}_{\mathfrak{x}})^s\\ &= {}^{[\varrho(\mathfrak{n})+\varrho(\mathfrak{n}')-\varrho(\mathfrak{n}+\mathfrak{n}')]}\mathfrak{b}_{\mathfrak{x},s}\cdot({}^{-[\pi(\chi,\hat{\sigma})+\pi(\chi',\hat{\sigma})-\pi(\chi\chi',\hat{\sigma})]}\mathfrak{c}_{\mathfrak{x}})^s\\ &= T_\chi\left({}^{\varrho(\mathfrak{n})}\mathfrak{b}_{\mathfrak{x},s}\cdot({}^{-\pi(\chi,\hat{\sigma})}\mathfrak{c}_{\mathfrak{x}})^s\right).\end{aligned}$$

[28] Im Hinblick auf die gröbere Gleichheit $\underset{n}{=}$ kann in (10.) die Restbildung ϱ in den Matrizenexponenten $\hat{\sigma}$, σ^* weggelassen werden.

Daher ist das System

$$(12.)\qquad b_{\chi,s} = {}^{\varrho(\mathfrak{n})}\mathfrak{b}_{\mathfrak{x},s} \cdot \left({}^{-\pi(\chi,\hat{\sigma})}\mathfrak{c}_{\mathfrak{x}}\right)^{s}, \quad \text{wenn } \chi = {}^{\mathfrak{n}}\mathfrak{x}$$

eine Lösung von § 5, (A) in Ω und somit ein Vertreter der Verkettungssystemklasse $\mathfrak{b}$.

Bei diesem Aufbau des Verkettungssystems $b_{\chi,s}$ aus dem Basisverkettungssystem $\mathfrak{b}_{\mathfrak{x},s}$ und dem Potenzfaktorsystem $\mathfrak{c}_{\mathfrak{x}}$ werden die Klassen $\mathfrak{b}_s$ bezgl. X und $\mathfrak{b}_{\chi}$ bezgl. $\mathfrak{g}$ im Sinne von § 5, (2.) durch die Basissubstitutionen

$$(13.)\qquad \left\{\begin{array}{l} \mathfrak{b}_{\mathfrak{x},s} \to \mathfrak{z}_{\mathfrak{x},s} \cdot \mathfrak{b}_{\mathfrak{x},s} \text{ mit } {}^{\mathfrak{n}}\mathfrak{z}_{\mathfrak{x},s} = 1 \\ \\ \mathfrak{c}_{\mathfrak{x}} \to \mathfrak{c}_{\mathfrak{x}} \end{array}\right\}, \left\{\begin{array}{l} \mathfrak{b}_{\mathfrak{x},s} \to \mathfrak{b}_{\mathfrak{x},s} \dfrac{\left({}^{\varrho(\hat{\sigma})}\mathfrak{a}_{\mathfrak{x}}\right)^{s}}{\mathfrak{a}_{\mathfrak{x}}} \\ \mathfrak{c}_{\mathfrak{x}} \to \mathfrak{c}_{\mathfrak{x}} \cdot {}^{\mathfrak{n}}\mathfrak{a}_{\mathfrak{x}} \end{array}\right\} \text{ mit } \mathfrak{a}_{\mathfrak{x}} \neq 0 \text{ aus } \Omega$$

geliefert, deren erstere die schon oben erwähnte Freiheit in der Normierung der Lösung $\mathfrak{b}_{\mathfrak{x},s}$ von (11.) darstellen, während die letzteren den noch zulässigen Substitutionen $\mathfrak{w}_{\mathfrak{x}} \to \mathfrak{w}_{\mathfrak{x}} \cdot {}^{\mathfrak{n}}\mathfrak{a}_{\mathfrak{x}}$, $\mathfrak{c}_{\mathfrak{x}} = \mathfrak{c}_{\mathfrak{x}} \cdot {}^{\mathfrak{n}}\mathfrak{a}_{\mathfrak{x}}$ der Radikanden aus der Kummer-Erzeugung entsprechen. Die in den vollen Substitutionen § 5, (2.) auftretenden A_s, a_{χ} bestimmen sich aus den in (13.) auftretenden $\mathfrak{z}_{\mathfrak{x},s}$, $\mathfrak{a}_{\mathfrak{x}}$ eindeutig durch

$$\mathfrak{x}(A_s) = \mathfrak{z}_{\mathfrak{x},s}, \quad a_{\chi} = {}^{\varrho(\mathfrak{n})}\mathfrak{a}_{\mathfrak{x}} \quad \text{für } \chi = {}^{\mathfrak{n}}\mathfrak{x}.$$

Schließlich ergibt das allgemeine Gleichungssystem § 5, (B) speziell für die Charakterbasis $\mathfrak{x}$ die Beziehung

$$(14_1.)\qquad \mathfrak{x}(C_{s,t}) = \frac{\mathfrak{b}^{t}_{\mathfrak{x}^{\hat{\tau}},s} \cdot \mathfrak{b}_{\mathfrak{x},t}}{\mathfrak{b}_{\mathfrak{x},st}},$$

wo $\mathfrak{b}_{\mathfrak{x}^{\hat{\tau}},s}$ als durch (12.) gegeben zu verstehen ist, also

$$(14_2.)\qquad \mathfrak{b}_{\mathfrak{x}^{\hat{\tau}},s} = {}^{\varrho(\hat{\tau})}\mathfrak{b}_{\mathfrak{x},s} \cdot \left({}^{-\pi(\hat{\tau},\hat{\sigma})}\mathfrak{c}_{\mathfrak{x}}\right)^{s}.$$

Dabei ist die Exponentenmatrix $\pi(\hat{\tau}, \hat{\sigma}) = \pi(\mathfrak{x}^{\hat{\tau}}, \hat{\sigma})$ aus den Exponentenzeilen $\pi(\chi_i^{\hat{\tau}}, \hat{\sigma})$ gebildet, entspricht also dem Matrizenprodukt $\hat{\tau}\,\hat{\sigma}$ ebenso, wie $\pi(\chi, \sigma)$ dem Produkt $\mathfrak{n}\,\hat{\sigma}$ in (9.).

4. Durch die Formeln (10.), (11.), (14.) haben wir den Mechanismus der Kennzeichnung aus Satz 5 auf die Basen $\mathfrak{x}$, $\mathfrak{w}_{\mathfrak{x}}$, $\mathfrak{c}_{\mathfrak{x}}$ unter Vermittlung der Basis $\mathfrak{b}_{\mathfrak{x},s}$ zurückgeführt. Der Herleitung nach sind diese Formeln zunächst notwendige Bedingungen im Sinne von Satz 5, und zwar entspricht (10.) der dortigen Bedingung I, während (11.), (14.) der dortigen Bedingung II entsprechen. Nun wird aber ersichtlich durch (10.) die Darstellung $\hat{\Gamma}$ und damit auch Γ bereits eindeutig gekennzeichnet und ebenso durch (14.), bei durch (11.) gegebener Verkettungssystemklasse $\mathfrak{b}$, die Faktorensystemklasse $\mathfrak{C}$. Demnach sind die Bedingungen (10.), (11.), (14.) auch hinreichend im Sinne von Satz 5.

Zusammengefaßt haben wir damit die folgende Zurückführung der Ergebnisse aus Satz 5, 6 auf die Normalform der Kummer-Erzeugung:

Satz 7. Damit der Kummersche Körper

$$K = \Omega(\sqrt[n]{w_1}, \ldots, \sqrt[n]{w_r}) = \Omega(\sqrt[n_1]{c_1}, \ldots, \sqrt[n_r]{c_r})$$

mit der abelschen Relativgruppe $\mathfrak{A}$ vom Typus $(n_1, \ldots, n_r)$ und den Basischarakteren $\chi_1, \ldots, \chi_r$ — kurz

$$K = \Omega(\sqrt[n]{\mathfrak{w}_{\mathfrak{x}}}) = \Omega(\sqrt[n]{\mathfrak{c}_{\mathfrak{x}}}),$$

wo $\mathfrak{x}$, $\mathfrak{w}_{\mathfrak{x}}$, $\mathfrak{c}_{\mathfrak{x}}$ die Spalten aus den χ_i, $w_i = w_{\chi_i}$, $c_i = c_{\chi_i}$ und n die Diagonalmatrix aus den n_i bedeuten — über Ω_0 galoissch ist und die Galoisgruppe $\mathfrak{G} = (\mathfrak{A}; \Gamma, \mathfrak{C})$ hat, ist notwendig und hinreichend, daß die folgenden beiden Bedingungen bestehen:

I. Für jeden Automorphismus s von Ω/Ω_0 gilt

$$({}^{\hat{\sigma}}\mathfrak{w}_{\mathfrak{x}})^s \underset{n}{=} \mathfrak{w}_{\mathfrak{x}} \quad \text{oder auch} \quad \mathfrak{w}_{\mathfrak{x}}^s \underset{n}{=} {}^{\sigma^*}\mathfrak{w}_{\mathfrak{x}} \quad \text{in } \Omega,$$

wo die Exponentenmatrix $\hat{\sigma}$ mod $(n|$ dadurch entsteht, daß man das Bild σ von s in der Darstellung Γ antiisomorph auf die Charaktergruppe X von $\mathfrak{A}$ überträgt, mit s^{-1} multipliziert und den so entstehenden Automorphismus $\hat{\sigma}$ von X auf die Charakterbasis $\mathfrak{x}$ anwendet, also

$$\mathfrak{x}^{\hat{\sigma}} = (\chi_i^{\hat{\sigma}}) = (\prod_j \chi_j^{\hat{\sigma}_{ij}}) = {}^{\hat{\sigma}}\mathfrak{x};$$

entsprechend auch für $\sigma^* = \hat{\sigma}^{-1}$.

II. Die Faktorensystemklasse $\mathfrak{C}$ ist mit dem System $\mathfrak{c}_{\mathfrak{x}}$ dadurch verkettet, daß für das gemäß I in Ω vorhandene Lösungssystem $\mathfrak{b}_{\mathfrak{x},s}$ von

$$({}^{\varrho(\varsigma^{-1}\sigma)'}\mathfrak{c}_{\mathfrak{x}})^s = \mathfrak{c}_{\mathfrak{x}} \cdot {}^{n}\mathfrak{b}_{\mathfrak{x},s}$$

bei irgendeiner festen (und damit bei jeder beliebigen) Normierung durch ein System $\mathfrak{z}_{\mathfrak{x},s}$ mit ${}^{n}\mathfrak{z}_{\mathfrak{x},s} = 1$ (also aus n_i-ten Einheitswurzeln) das Gleichungssystem

$$\mathfrak{x}(C_{s,t}) = \frac{\mathfrak{b}_{\mathfrak{x}^{\hat{\tau}},s}^{t} \cdot \mathfrak{b}_{\mathfrak{x},t}}{\mathfrak{b}_{\mathfrak{x},st}}$$

mit

$$\mathfrak{b}_{\mathfrak{x}^{\hat{\tau}},s} = {}^{\varrho(\hat{\tau})}\mathfrak{b}_{\mathfrak{x},s} \cdot ({}^{-\pi(\hat{\tau},\hat{\sigma})}\mathfrak{c}_{\mathfrak{x}})^s$$

gilt. Dabei bezeichnet $\varrho(\hat{\tau})$ den kleinsten Rest der Exponentenmatrix $\hat{\tau}$ mod $(n|$ und $\pi(\hat{\tau}, \hat{\sigma})$ gibt an, welches Linksvielfache von n man abziehen muß, um das Restmatrizenprodukt $\varrho(\hat{\tau})\,\varrho(\hat{\sigma})$ auf seinen kleinsten Rest $\varrho(\hat{\tau}\hat{\sigma})$ zu reduzieren. Ferner ist ς mod n das Bild von s in der Darstellung γ, also als Automorphismus der in Ω enthaltenen n-ten Einheitswurzelgruppe.

Die Bedingung I allein ist notwendig und hinreichend dafür, daß die Galoisgruppe $\mathfrak{G} = (\mathfrak{A}; \Gamma, *)$ mit gegebener Darstellung und offengelassener Faktorensystemklasse ist.

§ 7. Der Spezialfall eines abelschen Grundkörpers

Wir führen zum Schluß noch kurz aus, wie sich die in den Sätzen 5, 6, 7 erhaltenen Kennzeichnungen in dem Spezialfall darstellen, daß der Grundkörper Ω/Ω_0 abelsch ist und eine Basisdarstellung der dann abelschen Galoisgruppe $\mathfrak{g}$ eingeführt wird.

1. Es sei s_i eine Basis von $\mathfrak{g}$ mit den Ordnungen g_i und $S_i = U_{s_i}$ ein ihr zugeordnetes Basisvertretersystem der Klassen von $\mathfrak{G}/\mathfrak{A}$. Dann reduziert sich das Faktorensystem $C_{s,t}$ in bekannter Weise auf die Potenzfaktoren C_i und Kommutatorfaktoren C_{ij}, definiert durch

$$S_i^{g_i} = C_i, \quad S_i S_j = S_j S_i C_{ij}.$$

Diese drücken sich durch die allgemeinen Faktoren in der Form

$$(1.) \qquad C_i = \prod_{\gamma_i \bmod g_i} C_{s_i, s_i^{\gamma_i}}, \quad C_{ij} = C_{s_i, s_j} C_{s_j, s_i}^{-1}$$

aus. Umgekehrt lassen sich aus ihnen die allgemeinen Faktoren multiplikativ zusammensetzen, nach Formeln von ähnlichem, aber komplizierterem Bau wie für den abelschen Fall (auch $\mathfrak{G}$ abelsch, d. h. $\Gamma = 1$) in § 4, (12.), die wir aber gar nicht brauchen werden. Die Assoziativrelationen § 1, (3.) reduzieren sich dabei auf die Gleichungen

$$(2.) \qquad C_i^{\sigma_j - 1} = C_{ij}^{\Sigma_i}, \quad C_{jk}^{\Sigma_i} C_{ki}^{\Sigma_j} C_{ij}^{\Sigma_k} = 1,$$

wo zur Abkürzung

$$\Sigma_i = 1 + \sigma_i + \ldots + \sigma_i^{g_i - 1}$$

gesetzt ist; außerdem ist dabei $C_{ii} = 1$ und $C_{ji} = C_{ij}^{-1}$ zu beachten. Die Übergangssubstitutionen § 1, (4.) zu einem anderen Vertretersystem und zugeordnetem assoziierten Faktorensystem reduzieren sich auf Basissubstitutionen

$$(3.) \qquad S_i \to S_i A_i \quad \text{mit } A_i \text{ aus } \mathfrak{A}$$

und zugeordneten Substitutionen

$$(3.) \qquad C_i \to C_i A_i^{\Sigma_i}, \quad C_{ij} \to C_{ij} A_i^{\sigma_j - 1} A_j^{1 - \sigma_i}$$

der Potenzfaktoren und Kommutatorfaktoren; ihnen entsprechend wird die Faktorensystemklasse $\mathfrak{C}$ durch die Potenz- und Kommutatorfaktoren beschrieben.

2. Wir begnügen uns nachstehend mit der Angabe, wie sich die in den Sätzen 5, 6, 7 erhaltenen Bedingungen reduzieren, wenn man sie nur für die Basiselemente s_i und die zugeordneten Potenz- und Kommutatorfaktoren C_i und C_{ij} ausspricht. Diese reduzierten Bedingungen sind wieder zunächst notwendig im Sinne jener Sätze, aber zugleich auch hinreichend, weil sie die Darstellnng Γ und die Faktorensystemklasse $\mathfrak{C}$ bereits eindeutig kennzeichnen.

Die in der angegebenen Weise reduzierten Bedingungen lauten, wie nach (1.) leicht zu bestätigen, folgendermaßen:

Die **Bedingung I′ aus Satz 6** reduziert sich auf

(4′.) $$w_{\chi}^{s_i \hat{\sigma}_i} \underset{n}{=} w_{\chi} \text{ oder auch } w_{\chi}^{s_i} \underset{n}{=} w_{\chi^{\sigma_i^*}} \text{ in } \Omega.$$

Die damit gleichbedeutende **Bedingung I aus Satz 5** reduziert sich auf

(4.) $$c_{\chi^{\hat{\sigma}_i}, \psi^{\hat{\sigma}_i}}^{s_i} \sim c_{\chi, \psi} \text{ oder auch } c_{\chi, \psi}^{s_i} \sim c_{\chi^{\sigma_i^*}, \psi^{\sigma_i^*}} \text{ in } \Omega.$$

Die **Bedingung II aus Satz 5** reduziert sich darauf, daß für die gemäß (4.) in Ω vorhandene und bis auf einen Charakter $\chi(A_i)$ von X eindeutig bestimmten $b_{\chi, i}$ mit

(5.) $$\frac{c_{\chi^{\hat{\sigma}_i}, \psi^{\hat{\sigma}_i}}^{s_i}}{c_{\chi, \psi}} = \frac{b_{\chi, i}\, b_{\psi, i}}{b_{\chi\psi, i}}$$

die Gleichungen

(6a.) $$\chi(C_i) = \prod_{\gamma_i \bmod g_i} b_{\chi^{\hat{\sigma}_i^{\gamma_i}}, i}^{s_i^{\gamma_i}},$$

(6b.) $$\chi(C_{ij}) = \frac{b_{\chi^{\hat{\sigma}_j}, i}^{s_j}\, b_{\chi, j}}{b_{\chi^{\hat{\sigma}_i}, j}^{s_i}\, b_{\chi, i}}$$

gelten.

Die entsprechende Reduktion der **Bedingungen I und II aus Satz 7** ergeben sich, indem man die vorstehenden Formeln (4′.), (5.), (6.) ersetzt durch:

(4_0.) $$({}^{\hat{\sigma}_i}\mathfrak{w}_{\mathfrak{x}})^{s_i} \underset{n}{=} \mathfrak{w}_{\mathfrak{x}} \text{ oder auch } \mathfrak{w}_{\mathfrak{x}}^{s_i} \underset{n}{=} {}^{\sigma_i^*}\mathfrak{w}_{\mathfrak{x}} \text{ in } \Omega,$$

(5_0.) $$({}^{\varrho(s_i^{-1}\sigma)'}\mathfrak{c}_{\mathfrak{x}})^{s_i} = \mathfrak{c}_{\mathfrak{x}} \cdot {}^{n}\mathfrak{b}_{\mathfrak{x}, i},$$

($6a_0$.) $$\mathfrak{x}(C_i) = {}^{\sum\limits_{\gamma_i \bmod g_i} \varrho(\hat{\sigma}_i^{\gamma_i})\, s_i^{\gamma_i}}\mathfrak{b}_{\mathfrak{x}, i} \cdot {}^{-\sum\limits_{\gamma_i \bmod g_i} \pi(\hat{\sigma}_i^{\gamma_i}, \hat{\sigma}_i)\, s_i^{\gamma_i+1}}\mathfrak{c}_{\mathfrak{x}},$$

($6b_0$.) $$\mathfrak{x}(C_{ij}) = \frac{({}^{\varrho(\hat{\sigma}_j)}\mathfrak{b}_{\mathfrak{x}, i})^{s_j} \cdot \mathfrak{b}_{\mathfrak{x}, j}}{({}^{\varrho(\hat{\sigma}_i)}\mathfrak{b}_{\mathfrak{x}, j})^{s_i} \cdot \mathfrak{b}_{\mathfrak{x}, i}} \cdot ({}^{[\pi(\hat{\sigma}_i, \hat{\sigma}_j) - \pi(\hat{\sigma}_j, \hat{\sigma}_i)]}\mathfrak{c}_{\mathfrak{x}})^{s_i s_j}.$$

Dabei haben wir in (6a.) die Automorphismen $s_i^{\gamma_i}$, $s_i^{\gamma_i+1}$ aus $\mathfrak{g}$ von der rechten auf die linken Seiten der Basen herübergezogen und mit den Restmatrizen $\varrho(\hat{\sigma}_i^{\gamma_i})$, $\pi(\hat{\sigma}_i^{\gamma_i}, \hat{\sigma}_i)$ durch Summenbildung zu Matrizen aus Elementen des Gruppenrings von $\mathfrak{g}$ vereinigt.

Die Formeln (4_0.), (5_0.), (6_0.) sind einigermaßen kompliziert und würden es noch mehr werden, wenn man sie in Elementen statt in Spalten und Matrizen schriebe. Bei der in ihnen vorgenommenen Durchkreuzung der beiden Basisdarstellungen von $\mathfrak{A}$ und $\mathfrak{g}$ in den schon an sich nicht ganz einfachen Ausgangsformeln ist das auch nicht anders zu erwarten. Die Herleitung in dieser speziellen Gestalt wäre äußerst mühsam gewesen. Nur die zum Ausgang genommene allgemeine Form ermöglichte einen einfachen Beweis, und nur im Hinblick auf diese allgemeine Form und deren Deutung in den Struktureigenschaften der allgemeinen Faktoren- und Verkettungssysteme wird die Struktur der speziellen Formeln (4_0.), (5_0.), (6_0.) verständlich und durchsichtig. Bei der Anwendung auf einfache Spezialfälle, wie die in § 2, nehmen sie natürlich eine entsprechend einfachere Gestalt an.

3. Zur Verdeutlichung sei hier noch der folgende Spezialfall durchgeführt:

Beispiel

$\mathfrak{A} = \{A_1, A_2\}$ die abelsche Gruppe vom Typus $(n_1, n_2) = (p^2, p)$ (p Primzahl),
also $n = p^2$ und $(m_1, m_2) = (1, p)$.

$X = \{\chi_1, \chi_2\}$ ihre Charaktergruppe, gegeben durch die Basiszuordnung

	A_1	A_2
χ_1	ζ	1
χ_2	1	ζ^p

(ζ primitive p^2-te Einheitswurzel).

Ω/Ω_0 abelsch mit Galoisgruppe $\mathfrak{g} = \{s_1, s_2\}$ vom Typus (p, p), und zwar soll bereits Ω_0 die p-ten Einheitswurzeln enthalten, während die p^2-ten Einheitswurzeln erst in Ω enthalten sind. Dann ist in Kummer-Erzeugung

$$\Omega = \Omega_0(\sqrt[p]{w_0}, \zeta) = \Omega_0(\sqrt[p]{w_0}, \sqrt[p]{\zeta^p})$$

mit von ζ^p p-unabhängigem w_0 aus Ω_0. Die Basis s_1, s_2 sei so festgelegt, daß

$\Omega_1 = \Omega_0(\sqrt[p]{w_0})$ bei s_1 invariant und etwa $\zeta^{s_1} = \zeta^{1+p}$ ($\varsigma \equiv 1 + p \mod p^2$),

$\Omega_2 = \Omega_0(\zeta)$ bei s_2 invariant, also $\zeta^{s_2} = \zeta$ ($\varsigma \equiv 1 \mod p^2$).

Betrachtet werden die Kummerschen Körper

$$K = \Omega(\sqrt[p^2]{w_1}, \sqrt[p^2]{w_2}) = \Omega(\sqrt[p^2]{c_1}, \sqrt[p]{c_2})$$

mit p^2-unabhängigen

$$w_1 = c_1, \quad w_2 = c_2^p$$

aus Ω. Die abstrakte Gruppe $\mathfrak{A}$ soll derart zur Galoisgruppe von K/Ω gemacht sein, daß $\sqrt[p^2]{w_1}, \sqrt[p^2]{w_2}$ bei ihren Basiselementen die in obigem Schema festgelegten Charakterwerte von χ_1, χ_2 als Faktoren bekommen:

	A_1	A_2
$\sqrt[p^2]{w_1} = \sqrt[p^2]{c_1}$	ζ	1
$\sqrt[p^2]{w_2} = \sqrt[p]{c_2}$	1	ζ^p

Invarianten von $\mathfrak{G} = (\mathfrak{A}; \Gamma, \mathfrak{C})$

1. Homomorphe Darstellung Γ von $\mathfrak{g}$ durch Automorphismen von $\mathfrak{A}$, gegeben durch

	σ_1	σ_2
A_1	A_1	A_1^{1+p}
A_2	$A_1^p A_2$	A_2

Das sind in der Tat zwei miteinander vertauschbare Automorphismen σ_1, σ_2 von $\mathfrak{A}$ der Ordnung p, so daß Γ wirklich homomorph zu $\mathfrak{g}$ ist (und wegen der Unabhängigkeit von σ_1, σ_2 sogar isomorph).

Die zugehörigen Matrizendarstellungen von Γ selbst (Verhalten von $\mathfrak{A}$), $\grave{\Gamma} = \left(\begin{smallmatrix}1 & 0\\ 0 & p\end{smallmatrix}\right) \Gamma' \left(\begin{smallmatrix}1 & 0\\ 0 & p\end{smallmatrix}\right)^{-1}$ (antiisomorphe Übertragung auf X), γ (Verhalten von ζ), $\hat{\Gamma} = \gamma^{-1} \grave{\Gamma}$ und $\Gamma^\star = \gamma \hat{\Gamma}^{-1}$ (Verhalten von w_1, w_2), $\gamma^{-1}\Gamma$ (transponiert Verhalten von c_1, c_2) lauten auf die angegebenen Basen bezogen:

	Γ	$\grave{\Gamma}$	γ	$\hat{\Gamma}$	$\Gamma^\star$	$\gamma^{-1}\Gamma$
s_1	$\begin{pmatrix}1 & 0\\ p & 1\end{pmatrix}$	$\begin{pmatrix}1 & 1\\ 0 & 1\end{pmatrix}$	$1+p$	$\begin{pmatrix}1-p & 1\\ 0 & 1\end{pmatrix}$	$\begin{pmatrix}1+p & p-1\\ 0 & 1\end{pmatrix}$	$\begin{pmatrix}1-p & 0\\ p & 1\end{pmatrix}$
s_2	$\begin{pmatrix}1+p & 0\\ 0 & 1\end{pmatrix}$	$\begin{pmatrix}1+p & 0\\ 0 & 1\end{pmatrix}$	1	$\begin{pmatrix}1+p & 0\\ 0 & 1\end{pmatrix}$	$\begin{pmatrix}1-p & 0\\ 0 & 1\end{pmatrix}$	$\begin{pmatrix}1+p & 0\\ 0 & 1\end{pmatrix}$

2. Faktorensystemklasse $\mathfrak{C}$ zu $\mathfrak{g}$, Γ in $\mathfrak{A}$, gegeben durch die Potenzfaktoren C_1, C_2 und den Kommutatorfaktor C_{12}, mit den Assoziativrelationen

$$C_1^{\sigma_1 - 1} = 1, \qquad C_1^{\sigma_2 - 1} = C_{12}^{\Sigma_1},$$
$$C_2^{\sigma_1 - 1} = C_{12}^{-\Sigma_2}, \quad C_2^{\sigma_2 - 1} = 1,$$

und den Assoziiertheitssubstitutionen

$$\left\{\begin{matrix} C_1 \to C_1 A_{(1)}^{\Sigma_1} \\ C_2 \to C_2 A_{(2)}^{\Sigma_2} \end{matrix}\right\}, \quad C_{12} \to C_{12} A_{(1)}^{\sigma_2 - 1} A_{(2)}^{1-\sigma_1} \quad (A_{(1)}, A_{(2)} \text{ beliebig aus } \mathfrak{A}).$$

Wir wollen ein volles Vertretersystem der Faktorensystemklassen $\mathfrak{C}$ zu $\mathfrak{A}$ in Γ bestimmen, indem wir die allgemeinste Lösung der Assoziativrelationen aufstellen und sie durch die Assoziiertheitssubstitutionen auf eine Normalform reduzieren. Die in den Relationen auftretenden Operatoren aus dem Gruppenring von Γ haben die Matrizendarstellungen

$\sigma_1 - 1$	$\sigma_2 - 1$	$\Sigma_1 = \sum\limits_{\gamma \bmod p} \sigma_1^\gamma$	$\Sigma_2 = \sum\limits_{\gamma \bmod p} \sigma_2^\gamma$
$p\begin{pmatrix}0 & 0\\ 1 & 0\end{pmatrix}$	$p\begin{pmatrix}1 & 0\\ 0 & 0\end{pmatrix}$	$p\begin{pmatrix}1 & 0\\ \binom{p}{2} & 0\end{pmatrix}$	$p\begin{pmatrix}1+\binom{p}{2} & 0\\ 0 & 0\end{pmatrix}$

Setzt man allgemein an

$$\left\{\begin{matrix} C_1 = A_1^{x_{11}} A_2^{x_{12}} \\ C_2 = A_1^{x_{21}} A_2^{x_{22}} \end{matrix}\right\}, \quad C_{12} = A_1^{x_1} A_2^{x_2}, \quad \left(\begin{matrix} \left(\begin{smallmatrix}x_{11} & x_{12}\\ x_{21} & x_{22}\end{smallmatrix}\right) \text{ und } (x_1, x_2) \bmod \left(\begin{smallmatrix}p^2 & 0\\ 0 & p\end{smallmatrix}\right|, \\ \text{d. h. erste Spalte mod } p^2, \\ \text{zweite Spalte mod } p \end{matrix}\right),$$

so fordern die Assoziativrelationen

$$\begin{pmatrix}x_{11} & x_{12}\\ x_{21} & x_{22}\end{pmatrix}\begin{pmatrix}0 & 0\\ 1 & 0\end{pmatrix} \equiv \begin{pmatrix}0 & 0\\ x_1 & x_2\end{pmatrix}\begin{pmatrix}-\left(1+\binom{p}{2}\right) & 0\\ 0 & 0\end{pmatrix}, \quad \begin{pmatrix}x_{11} & x_{12}\\ x_{21} & x_{22}\end{pmatrix}\begin{pmatrix}1 & 0\\ 0 & 0\end{pmatrix} \equiv \begin{pmatrix}x_1 & x_2\\ 0 & 0\end{pmatrix}\begin{pmatrix}1 & 0\\ \binom{p}{2} & 0\end{pmatrix} \bmod \left(\begin{matrix}p & 0\\ 0 & 1\end{matrix}\right|,$$

also

$$\left\{\begin{matrix} x_{12} \equiv 0 & x_{11} \equiv x_1 + \binom{p}{2} x_2 \\ x_{22} \equiv -\left(1+\binom{p}{2}\right) x_1 & x_{21} \equiv 0 \end{matrix}\right\} \bmod p.$$

Demgemäß lautet die allgemeinste Lösung der Assoziativrelationen

$$\left\{\begin{array}{l} C_1 = A_1^{x_1 + \binom{p}{2} x_2 + p y_1} \\ C_2 = A_1^{p\, y_2} A_2^{-\left(1 + \binom{p}{2}\right) x_1} \end{array}\right\}, \quad C_{12} = A_1^{x_1} A_2^{x_2}$$

mit beliebigen $(x_1, x_2) \bmod (p^2, p)$ und $(y_1, y_2) \bmod p$. Setzt man ferner

$$\left\{\begin{array}{l} A_{(1)} = A_1^{z_{11}} A_2^{z_{12}} \\ A_{(2)} = A_1^{z_{21}} A_2^{z_{22}} \end{array}\right\}, \qquad \left(\begin{pmatrix} z_{11} & z_{12} \\ z_{21} & z_{22} \end{pmatrix} \bmod \begin{pmatrix} p^2 & 0 \\ 0 & p \end{pmatrix}\right),$$

so lauten die Assoziiertheitssubstitutionen

$$\left\{\begin{array}{l} C_1 \to C_1 A_1^{p\left(z_{11} + \binom{p}{2} z_{12}\right)} \\ C_2 \to C_2 A_1^{p\left(1 + \binom{p}{2}\right) z_{21}} \end{array}\right\}, \quad C_{12} \to C_{12} A_1^{p(z_{11} - z_{22})}.$$

Wie leicht zu sehen, reduziert sich durch sie die allgemeinste Lösung auf die Normalform

$$\underset{(\text{für } p \neq 2)}{\left\{\begin{array}{l} C_1 = A_1^{x_1} \\ C_2 = A_1^{-x_1} \end{array}\right\}, \quad C_{12} = A_1^{x_1} A_2^{x_2}} \quad \text{bzw.} \quad \underset{(\text{für } p = 2)}{\left\{\begin{array}{l} C_1 = 1 \\ C_2 = A_2^{z y_2} \end{array}\right\}, \quad C_{12} = A_1^{x_1} A_2^{x_2}},$$

wobei es auf x_2, y_2 aber auch auf x_1 nur $\bmod p$ ankommt. In dieser Form hat man somit ein volles Vertretersystem der Klassen $\mathfrak{C}$ vor sich. Wegen der hierbei erforderlichen Fallunterscheidung $p \neq 2$ oder $p = 2$ (die von dem verschiedenen Verhalten von $\binom{p}{2} \bmod p^2$ herrührt), sei nachstehend die obige allgemeine Form der Faktoren C_1, C_2, C_{12} zugrunde gelegt.

Bedingung I

Verhalten von w_1, w_2 bei $\mathfrak{g}$ (Darstellung $\hat{\Gamma}$ oder auch Γ^* ohne Restreduktion):

$$\left\{\begin{array}{rr} (w_1^{1-p} w_2)^{s_1} \underset{p^2}{\equiv} w_1, & (w_1^{1+p})^{s_2} \underset{p^2}{\equiv} w_1 \\ w_2^{s_1} \underset{p^2}{\equiv} w_2, & w_2^{s_2} \underset{p^2}{\equiv} w_2 \end{array}\right\} \text{ in } \Omega$$

oder auch

$$\left\{\begin{array}{ll} w_1^{s_1} \underset{p^2}{\equiv} w_1^{1+p} w_2^{p-1}, & w_1^{s_2} \underset{p^2}{\equiv} w_1^{1-p} \\ w_2^{s_2} \underset{p^2}{\equiv} w_2, & w_2^{s_2} \underset{p^2}{\equiv} w_2 \end{array}\right\} \text{ in } \Omega.$$

Bedingung II

1. Verhalten von c_1, c_2 bei $\mathfrak{g}$ (Darstellung $\gamma^{-1}\,\Gamma$ mit Restreduktion und Transposition); Festlegung der Basisverkettungsfaktoren $\begin{pmatrix} b_{11} & b_{12} \\ b_{21} & b_{22} \end{pmatrix}$:

$$\left\{\begin{array}{rr} (c_1^{1+(p-1)p} c_2^{p})^{s_1} = c_1 b_{11}^{p^2}, & (c_1^{1+p})^{s_2} = c_1 b_{12}^{p^2} \\ c_2^{s_1} = c_2 b_{21}^{p}, & c_2^{s_2} = c_2 b_{22}^{p} \end{array}\right\}.$$

Bei den noch zulässigen Substitutionen

$$\begin{Bmatrix} c_1 \to c_1 a_1^{p^2} \\ c_2 \to c_2 a_2^{p} \end{Bmatrix} \quad (a_1, a_2 \neq 0 \text{ aus } \Omega)$$

gehen über

$$\begin{Bmatrix} b_{11} \to b_{11} \dfrac{(a_1^{1+(p-1)p} a_2)^{s_1}}{a_1}, & b_{12} \to b_{12} \dfrac{(a_1^{1+p})^{s_2}}{a_1} \\ b_{21} \to b_{21} \dfrac{a_2^{s_1}}{a_2}, & b_{22} \to b_{22} \dfrac{a_2^{s_2}}{a_2} \end{Bmatrix}.$$

Außerdem sind noch die Substitutionen

$$\begin{Bmatrix} b_{11} \to b_{11} \zeta^{\nu_{11}}, & b_{12} \to b_{12} \zeta^{\nu_{12}} \\ b_{21} \to b_{21} \zeta^{p\nu_{21}}, & b_{22} \to b_{22} \zeta^{p\nu_{22}} \end{Bmatrix}, \quad \left(\begin{pmatrix} \nu_{11} & \nu_{12} \\ \nu_{21} & \nu_{22} \end{pmatrix} \bmod \left|\begin{smallmatrix} p^2 & 0 \\ 0 & p \end{smallmatrix}\right)\right)$$

zulässig.

2. **Verkettung von** $\binom{C_1}{C_2}$, C_{12} **mit** $\binom{c_1}{c_2}$ **durch** $\begin{pmatrix} b_{11} & b_{12} \\ b_{21} & b_{22} \end{pmatrix}$:

Die Restbildungen $\varrho(\hat\sigma_i^\gamma)$, $\pi(\hat\sigma_i^\gamma, \hat\sigma_i)$ ($\gamma \bmod p$) für $\hat\sigma_1 = \begin{pmatrix} 1-p & 1 \\ 0 & 1 \end{pmatrix}$, $\hat\sigma_2 = \begin{pmatrix} 1+p & 0 \\ 0 & 1 \end{pmatrix}$ ergeben

$\gamma \bmod p$	0	$1, \ldots, p-1$
$\varrho(\hat\sigma_1^\gamma)$	$\begin{pmatrix} 1 & 0 \\ 0 & 1 \end{pmatrix}$	$\begin{pmatrix} 1+(p-\gamma)p & \gamma \\ 0 & 1 \end{pmatrix}$
$\varrho(\hat\sigma_2^\gamma)$	$\begin{pmatrix} 1 & 0 \\ 0 & 1 \end{pmatrix}$	$\begin{pmatrix} 1+\gamma p & 0 \\ 0 & 1 \end{pmatrix}$

$\gamma \bmod p$	0	$1, \ldots, p-2$	$p-1$
$\pi(\sigma_1^\gamma, \hat\sigma_1)$	$\begin{pmatrix} 0 & 0 \\ 0 & 0 \end{pmatrix}$	$\begin{pmatrix} 1+(p-1)(p-\gamma) & p-\gamma \\ 0 & 0 \end{pmatrix}$	$\begin{pmatrix} p & 2 \\ 0 & 0 \end{pmatrix}$
$\pi(\hat\sigma_2^\gamma, \hat\sigma_2)$	$\begin{pmatrix} 0 & 0 \\ 0 & 0 \end{pmatrix}$	$\begin{pmatrix} \gamma & 0 \\ 0 & 0 \end{pmatrix}$	$\begin{pmatrix} p & 0 \\ 0 & 0 \end{pmatrix}$

.

Mit den Abkürzungen

$$N_i = \sum_{\gamma \bmod p} s_i^\gamma, \qquad N_i^* = \sum_{\gamma=0}^{p-1} \gamma s^\gamma$$

wird demnach

$$\sum_{\gamma \bmod p} \varrho(\hat\sigma_1^\gamma) s_1^\gamma = \begin{pmatrix} (1+p^2)N_1 - pN_1^* - p^2 & N_1^* \\ 0 & N_1 \end{pmatrix}, \qquad \sum_{\gamma \bmod p} \varrho(\hat\sigma_2^\gamma) s_2^\gamma = \begin{pmatrix} N_2 + pN_2^* & 0 \\ 0 & N_2 \end{pmatrix},$$

$$\sum_{\gamma \bmod p} \pi(\hat\sigma_1^\gamma, \hat\sigma_1) s_1^{\gamma+1} = \begin{pmatrix} p^2 N_1 - (p-1)N_1^* - (p-1)p - (1+(p-1)p)s_1 & (1+p)N_1 - N_1^* - (p-1) - ps_1 \\ 0 & 0 \end{pmatrix},$$

$$\sum_{\gamma \bmod p} \pi(\hat\sigma_2^\gamma, \sigma_2) s_2^{\gamma+1} = \begin{pmatrix} N_2 + N_2^* - (p-1) & 0 \\ 0 & 0 \end{pmatrix}.$$

Ferner wird

$$\pi(\hat\sigma_1, \hat\sigma_2) - \pi(\hat\sigma_2, \hat\sigma_1) = \begin{pmatrix} p & 0 \\ 0 & 0 \end{pmatrix} - \begin{pmatrix} p & 1 \\ 0 & 0 \end{pmatrix} = \begin{pmatrix} 0 & -1 \\ 0 & 0 \end{pmatrix}.$$

Demnach lauten die Bedingungsgleichungen:

$$\chi_1(C_1) = \zeta^{x_1 + \binom{p}{2} x_2 + p y_1}$$

$$= \frac{b_{11}^{(1+p^2)N_1 - pN_1^* - p^2}\, b_{21}^{N_1^*}}{c_1^{p^2 N_1 - (p-1)N_1^* - (p-1)p - (1+(p-1)p)s_1}\, c_2^{(1+p)N_1 - N_1^*(p-1) - p s_1}},$$

$$\chi_1(C_2) = \zeta^{p y_2} = \frac{b_{12}^{N_2 + pN_2^*}}{c_1^{N_1 + N_2^* - (p-1)}},$$

$$\chi_2(C_1) = 1 = b_{21}^{N_1}, \qquad \chi_2(C_2) = \zeta^{-\left(1+\binom{p}{2}\right)x_1} = b_{22}^{N_2},$$

$$\chi_1(C_{12}) = \zeta^{x_1} = \frac{b_{11}^{(1+p)s_2 - 1}}{b_{12}^{(1+(p-1)p)s_1 - 1}\, b_{22}^{s_1}}\, c_2^{-s_1 s_2},$$

$$\chi_2(C_{12}) = \zeta^{p x_2} = \frac{b_{21}^{s_2 - 1}}{b_{22}^{s_1 - 1}}.$$

Da die Exponenten N_i^* im Gegensatz zu den N_i von der Festlegung des Restsystems $\gamma \bmod p$ abhängen, sind die Bildungen $b^{N_i^*} \underset{p}{=} N_i^*(b)$ nur im Sinne $\underset{p}{=}$ invariant, während ja die $b^{N_i} = N_i(b)$ die invariante Bedeutung als Normen für Ω/Ω_i haben.

II. Kennzeichnung als Klassenkörper

In diesem zweiten Abschnitt seien gegeben:

ein endlich-algebraischer Zahl- oder Funktionenkörper Ω (im letzteren Falle mit endlichem Konstantenkörper);

eine endliche Automorphismengruppe $\mathfrak{g}$ von Ω, so daß Ω über dem Invariantenkörper Ω_0 von $\mathfrak{g}$ endlich-algebraisch, separabel und galoissch mit der Galoisgruppe $\mathfrak{g}$ ist;

eine endliche abelsche Gruppe $\mathfrak{A}$.

Wir betrachten wieder die relativ-abelschen Körper K/Ω mit der Relativgruppe $\mathfrak{A}$, die über Ω_0 galoissch sind, so daß die Galoisgruppe $\mathfrak{G}$ von K/Ω_0 eine Erweiterung $\mathfrak{G} = (\mathfrak{A}; \Gamma, \mathfrak{C})$ von $\mathfrak{A}$ ist, gekennzeichnet durch die Invarianten:

homomorphe Darstellung Γ von $\mathfrak{g}$ durch Automorphismen von $\mathfrak{A}$,

Faktorensystemklasse $\mathfrak{C}$ zu Γ in $\mathfrak{A}$.

§ 8. Widerspiegelung der Gruppeninvarianten in der Klassenkörpererzeugung

1. Die zu betrachtenden Körper K/Ω sind, wie bereits in § 1, 3 gesagt, nach der Klassenkörpertheorie umkehrbar eindeutig denjenigen Kongruenzdivisorengruppen H in Ω mit zu $\mathfrak{A}$ isomorpher Klassengruppe D/H zugeordnet, die bei den Automorphismen aus $\mathfrak{g}$ invariant sind. Dabei wird ein Isomorphismus von D/H auf $\mathfrak{A}$ durch das Artin-Symbol $\left(\frac{K/\Omega}{\mathfrak{a}}\right) = A$ gegeben, das jedem zum Führer $\mathfrak{f}$ von K/Ω primen Divisor $\mathfrak{a}$ aus Ω einen bestimmten Automorphismus A aus $\mathfrak{A}$ zuordnet. Dieser in invarianter Weise festgelegte Isomorphismus von D/H auf $\mathfrak{A}$ sei nachstehend kurz der Artin-Isomorphismus von K/Ω genannt und mit $I_{K/\Omega}$ bezeichnet.

2. Eine Widerspiegelung der Invariante Γ von $\mathfrak{G}$ in der Klassenkörperinvariante D/H von K/Ω ergibt sich unmittelbar aus der für das Artin-Symbol gültigen bekannten Regel[29]

$$(1.)\qquad \left(\frac{K/\Omega}{\mathfrak{a}^s}\right) = U_s^{-1}\left(\frac{K/\Omega}{\mathfrak{a}}\right) U_s,$$

in der s einen Automorphismus von Ω/Ω_0 und U_s eine (willkürlich normierte) Fortsetzung von s auf K bedeutet, wie sie ja durch die in § 1, 1 eingeführten Vertreter U_s aus $\mathfrak{G}$ der Faktorgruppe $\mathfrak{G}/\mathfrak{A} \cong \mathfrak{g}$ geliefert wird. Bezeichnet also wie bisher σ den s zugeordneten Automorphismus aus Γ, so schreibt sich die Regel (1.) auch in der Form

$$(2.)\qquad \left(\frac{K/\Omega}{\mathfrak{a}^s}\right) = \left(\frac{K/\Omega}{\mathfrak{a}}\right)^{\sigma}.$$

Danach wird die Wirkung von $\mathfrak{g}$ auf D/H durch den Artin-Isomorphismus $I_{K/\Omega}$ auf die Wirkung von Γ auf $\mathfrak{A}$ abgebildet.

Hieraus ergibt sich die folgende eindeutige Kennzeichnung der Gruppeninvariante Γ durch die Klassenkörperinvariante D/H:

Satz 8. Damit der über Ω_0 galoissche Klassenkörper K/Ω, der zu einer bei $\mathfrak{g}$ invarianten Kongruenzdivisorengruppe H aus Ω mit zu $\mathfrak{A}$ isomorpher Klassengruppe D/H gehört, über Ω_0 eine Galoisgruppe $\mathfrak{G} = (\mathfrak{A}; \Gamma, *)$ mit gegebener Darstellung Γ und offengelassener Faktorensystemklasse hat, ist notwendig und hinreichend, daß ein Isomorphismus I von D/H auf $\mathfrak{A}$ derart existiert, daß die Wirkung von $\mathfrak{g}$ auf D/H bei I auf die Wirkung von Γ auf $\mathfrak{A}$ abgebildet wird.

Daß diese nach (2.) jedenfalls notwendige Bedingung auch hinreichend ist, erkennt man daraus, daß es bei gegebenem Isomorphismus I von D/H auf die abstrakte Gruppe $\mathfrak{A}$ genau eine Realisierung von $\mathfrak{A}$ als Galoisgruppe des zugehörigen Klassenkörpers K/Ω derart gibt, daß $I = I_{K/\Omega}$ wird, nämlich diejenige, bei der für jede Klasse $\mathfrak{a}H$ der durch I zugeordnete Operator A aus $\mathfrak{A}$ mit dem durch $\left(\frac{K/\Omega}{\mathfrak{a}}\right)$ dargestellten Automorphismus von K/Ω identifiziert wird.

---

[29] Siehe etwa meinen Zahlbericht, Teil II, § 4, (3.). — Man beachte, daß die Automorphismen (allgemeiner Isomorphismen) von K dort als vordere Operatoren gedacht sind, während wir sie hier als hintere Operatoren auffassen; daher der Unterschied in der Schreibweise der Transformation rechts.

3. Um zu einer Widerspiegelung auch der Invariante $\mathfrak{C}$ von $\mathfrak{G}$ in der Klassenkörperinvariante D/H von K/Ω zu gelangen, betrachten wir das Verhalten der Divisoren $\mathfrak{a}_0$ aus Ω_0 bei der Einbettung in Ω. Es sei Ω/Ω_0 Klassenkörper zur Kongruenzdivisorengruppe H_0 in Ω_0, deren Klassengruppe D_0/H_0 dann vermöge des Artin-Isomorphismus I_{Ω/Ω_0} zu $\mathfrak{g}$ isomorph ist.

Bei der Einbettung in Ω der zu den Führern $\mathfrak{f}_0$ von Ω/Ω_0 und $\mathfrak{f}$ von K/Ω primen Divisoren $\mathfrak{a}$ aus Ω_0 gilt nach Artin[30] die folgende Regel:

$$(3.)\qquad \left(\frac{\Omega/\Omega_0}{\mathfrak{a}_0}\right) = s \longleftrightarrow \left(\frac{K/\Omega_0}{\mathfrak{a}_0}\right) \text{ liegt in } V_{\mathfrak{G}\to\mathfrak{A}}(U_s\mathfrak{A}).$$

Dabei bedeutet $V_{\mathfrak{G}\to\mathfrak{A}}(U)$ die Verlagerung des Elements U aus $\mathfrak{G}$ nach der Untergruppe $\mathfrak{A}$. Dieser bekannte gruppentheoretische Prozeß liefert unter der hier vorliegenden Voraussetzung, daß $\mathfrak{A}$ abelscher Normalteiler von $\mathfrak{G}$ ist, einen Homomorphismus von $\mathfrak{G}$ in $\mathfrak{A}$, bei dem die Kommutatorgruppe von $\mathfrak{G}$ in 1 und die Klassen konjugierter Elemente aus $\mathfrak{G}$ je in ein Element aus $\mathfrak{A}$ abgebildet werden. Explizit ist er durch die folgenden Formeln gegeben:

$$U\,U_s = U_{s'}\,A_s\,,\quad \begin{pmatrix} A_s \text{ in } \mathfrak{A} \\ s' \text{ Permutation der } s \text{ nach der} \\ \text{regulären Darstellung von } \mathfrak{g} \end{pmatrix},$$

$$V_{\mathfrak{G}\to\mathfrak{A}}(U) = \prod_{s \text{ in } \mathfrak{g}} A_s\,.$$

Aus den $\mathfrak{G}$ über $\mathfrak{A}$ erzeugenden Relationen

$$A\,U_s = U_s\,A^{\sigma},$$

$$U_s\,U_t = U_{st}\,C_{s,t}$$

ergeben sich speziell für die Elemente $U = A$ aus $\mathfrak{A}$ und für die Vertreter $U = U_s$ von $\mathfrak{G}/\mathfrak{A} \cong \mathfrak{g}$ die Verlagerungswerte

$$V_{\mathfrak{G}\to\mathfrak{A}}(A) \quad = A^{\Sigma},$$

$$V_{\mathfrak{G}\to\mathfrak{A}}(U_s) \quad = \prod_{t \text{ in } \mathfrak{g}} C_{s,t}\,,$$

und somit

$$V_{\mathfrak{G}\to\mathfrak{A}}(\mathfrak{A}) \quad = \mathfrak{A}^{\Sigma},$$

$$V_{\mathfrak{G}\to\mathfrak{A}}(U_s\mathfrak{A}) = \prod_{t \text{ in } \mathfrak{g}} C_{s,t} \cdot \mathfrak{A}^{\Sigma},$$

wo zur Abkürzung

$$\Sigma = \sum_{s \text{ in } \mathfrak{g}} \sigma$$

---

[30] E. Artin, Idealklassen in Oberkörpern und allgemeines Reziprozitätsgesetz, Abh. Math. Sem. Hamburg 7 (1930), 46—51. — Siehe auch meinen Zahlbericht, Teil II, § 27, VI.

gesetzt ist. Hiernach schreibt sich die Artinsche Regel (3.) auch in der Form

$$(4.)\qquad \left(\frac{\Omega/\Omega_0}{\mathfrak{a}_0}\right) = s \longleftrightarrow \left(\frac{K/\Omega}{\mathfrak{a}_0}\right) \text{ liegt in } \prod_{t \text{ in } \mathfrak{g}} C_{s,t} \cdot \mathfrak{A}^{\Sigma},$$

und speziell

$$(4_0.)\qquad \left(\frac{\Omega/\Omega_0}{\mathfrak{a}_0}\right) = 1 \longleftrightarrow \left(\frac{K/\Omega}{\mathfrak{a}_0}\right) \text{ liegt in } \mathfrak{A}^{\Sigma}.$$

Beschränkt man sich hier und im folgenden bei der Klasseneinteilung in Ω_0 auf die nicht nur zum Führer $\mathfrak{f}_0$ von H_0 sondern auch zum Führer $\mathfrak{f}$ von H primen Divisoren, so gelten nach $(4_0.)$ und (4.) die folgenden beiden Aussagen:

(A_0) Die Hauptklasse H_0 aus Ω_0 fällt in Ω in diejenige Untergruppe $N_{\Omega/\Omega_0}(D)H$ der Klassengruppe D/H, der beim Artin-Isomorphismus $I_{K/\Omega}$ die Untergruppe $\mathfrak{A}^{\Sigma}$ von $\mathfrak{A}$ entspricht.

(A) Eine Klasse nach H_0 aus Ω_0, der beim Artin-Isomorphismus I_{Ω/Ω_0} das Element s aus $\mathfrak{g}$ entspricht, fällt in Ω in diejenige Nebengruppe von $N_{\Omega/\Omega_0}(D)H$, der beim Artin-Isomorphismus $I_{K/\Omega}$ die Nebengruppe $\prod\limits_{t \text{ in } \mathfrak{g}} C_{s,t} \cdot \mathfrak{A}^{\Sigma}$ entspricht.

Die spezielle Aussage (A_0) ist nichts anderes als der bekannte klassenkörpertheoretische Sachverhalt, daß H_0 (bei Erklärung mod $\{\mathfrak{f}_0, \mathfrak{f}\}$) aus den Normen für Ω/Ω_0 der Klassen nach H besteht.

Die allgemeine Aussage (A) liefert eine Widerspiegelung der Faktorenprodukte $\prod\limits_t C_{s,t}$ in der Klassengruppe D/H. Diese Widerspiegelung hängt, wie es sein muß, nur von der Faktorensystemklasse $\mathfrak{C}$ ab; denn bei den Assoziiertheitssubstitutionen $C_{s,t} \to C_{s,t}\,\dfrac{A_s^{\tau} A_t}{A_{st}}$ erfahren die auftretenden Faktorenprodukte die Substitutionen $\prod\limits_t C_{s,t} \to \prod\limits_t C_{s,t} \cdot \mathfrak{A}^{\Sigma}$, so daß der Faktorensystemklasse $\mathfrak{C}$ bei diesen Produkten gerade die Nebengruppe $\prod\limits_t C_{s,t} \cdot \mathfrak{A}^{\Sigma}$ entspricht.

4. Damit haben wir die in Satz 8 ausgesprochene eindeutige Kennzeichnung der Darstellung Γ durch die Klassengruppe D/H wie folgt durch eine teilweise Kennzeichnung auch der Faktorensystemklasse $\mathfrak{C}$ ergänzt und damit eine teilweise Antwort auf die Frage aus § 1, 4 gegeben.

Satz 9. Damit der über Ω_0 galoissche Klassenkörper K/Ω, der zu einer bei $\mathfrak{g}$ invarianten Kongruenzdivisorengruppe H aus Ω mit zu $\mathfrak{A}$ isomorpher Klassengruppe D/H gehört, über Ω_0 der Galoisgruppe $\mathfrak{G} = (\mathfrak{A}; \Gamma, \mathfrak{C})$ hat, ist notwendig, daß ein Isomorphismus I von D/H auf $\mathfrak{A}$ existiert, bei dem für jeden Automorphismus s aus $\mathfrak{g}$ mit Bild σ in Γ die folgenden beiden Bedingungen erfüllt sind:

I. Die Wirkung von s auf D/H wird durch I auf die Wirkung von σ auf $\mathfrak{A}$ abgebildet.

II. Die s beim Artin-Isomorphismus I_{Ω/Ω_0} entsprechende Klasse nach der Ω/Ω_0 zugeordneten Kongruenzdivisorengruppe H_0 aus Ω_0 fällt bei der Einbettung in Ω in diejenige Nebengruppe von $N_{\Omega/\Omega_0}(D)\,H$, der bei I die Nebengruppe $\prod_{t \text{ in } \mathfrak{g}} C_{s,t} \cdot \mathfrak{A}^{\Sigma}$ mit $\Sigma = \sum_{s \text{ in } \mathfrak{g}} \sigma$ entspricht.

In allen denjenigen Spezialfällen, wo die Faktorensystemklasse $\mathfrak{C}$ durch die Nebengruppen $\prod_t C_{s,t} \cdot \mathfrak{A}^{\Sigma}$ für alle s aus $\mathfrak{g}$ bereits eindeutig gekennzeichnet ist, ist die Existenz eines solchen Isomorphismus I auch hinreichend.

Letzteres erkennt man dann genau so wie oben bei Satz 8.

Ist speziell $\mathfrak{g} = \{s\}$ mit $s^g = 1$ zyklisch, so ist $\prod_t C_{s,t} = \prod_{\gamma \bmod g} C_{s,s^\gamma} = C$ der dem erzeugenden Element s zugeordnete Potenzfaktor. Nach § 7, (3.) ist dann $\mathfrak{C}$ durch $C \cdot \mathfrak{A}^{\Sigma}$ eindeutig gekennzeichnet. Für zyklische Gruppen $\mathfrak{g}$ liefert also Satz 9 eine vollständige Kennzeichnung von Γ und $\mathfrak{C}$ durch D/H.

Diese spezielle Tatsache läßt sich wie folgt zu einer wesentlichen Verschärfung von Satz 9 auch im allgemeinen Falle ausnutzen. Für jedes s aus $\mathfrak{g}$ sei Ω_s der bei s invariante Teilkörper von Ω/Ω_0, also Ω/Ω_s zyklisch mit der Galoisgruppe $\{s\}$. Wendet man dann die obige Aussage (A) mit Ω_s in der Rolle von Ω_0 an, so erhält man weitere notwendige Bedingungen. So erkennt man die Richtigkeit der folgenden Verschärfung von Satz 9:

Zusatz. Der Isomorphismus I aus Satz 9 muß an Stelle von II für jeden Automorphismus s aus $\mathfrak{g}$ notwendig die folgende schärfere Bedingung erfüllen:

II'. Die s beim Artin-Isomorphismus I_{Ω/Ω_s} entsprechende Klasse nach der Ω/Ω_s zugeordneten Kongruenzdivisorengruppe H_s aus dem Invariantenkörper Ω_s fällt bei der Einbettung in Ω in diejenige Nebengruppe von $N_{\Omega/\Omega_0}(D)\,H$, der bei I die Nebengruppe $C_s \mathfrak{A}^{\Sigma_s}$ entspricht, wo $C_s = \prod_{\gamma_s \bmod g_s} C_{s,s^{\gamma_s}}$ der s zugeordnete Potenzfaktor und $\Sigma_s = \sum_{\gamma_s \bmod g_s} \sigma^{\gamma_s}$ (g_s die Ordnung von s) ist.

In allen denjenigen Spezialfällen, wo die Faktorensystemklasse $\mathfrak{C}$ durch die Potenzfaktorklassen $C_s \mathfrak{A}^{\Sigma_s}$ für alle s aus $\mathfrak{g}$ bereits eindeutig gekennzeichnet ist, ist die Existenz eines Isomorphismus I mit den beiden Eigenschaften I, II' auch hinreichend im Sinne von Satz 9.

§ 9. Der Spezialfall eines abelschen Grundkörpers

1. Im Spezialfall, daß der Grundkörper Ω/Ω_0 abelsch ist, sei wie in § 7, 1 eine Basisdarstellung der dann abelschen Galoisgruppe $\mathfrak{g}$ eingeführt. Außerdem seien Ω_i/Ω_0 die Invariantenkörper zu den Basiselementen s_i und H_i die ihnen zugeordneten Kongruenzdivisorengruppen in Ω_i.

Bringt man dann die Bedingungen I, II' aus Satz 9 und Zusatz nur für die Basiselemente s_i zum Ausdruck, so ergibt sich:

Satz 10. Damit der über Ω_0 galoissche Klassenkörper K/Ω, der zu einer bei $\mathfrak{g}$ invarianten Kongruenzdivisorengruppe H aus Ω mit zu $\mathfrak{A}$ isomorpher Klassengruppe D/H gehört, über Ω_0 die Galoisgruppe $\mathfrak{G} = (\mathfrak{A};\, \Gamma, \mathfrak{C})$ hat, ist notwendig, daß ein Isomorphismus I von D/H auf $\mathfrak{A}$ existiert, bei dem für jedes Basiselement s_i von $\mathfrak{g}$ mit Bild σ_i in Γ die folgenden beiden Bedingungen erfüllt sind:

I. Die Wirkung von s_i auf D/H wird durch I auf die Wirkung von σ_i auf $\mathfrak{A}$ abgebildet.

II. Die s_i beim Artin-Isomorphismus I_{Ω/Ω_i} entsprechende Klasse nach H_i aus Ω_i fällt bei der Einbettung in Ω in diejenige Nebengruppe von $N_{\Omega/\Omega_0}(D)H$, der bei I die Nebengruppe $C_i\mathfrak{A}^{\Sigma_i}$ entspricht.

In allen denjenigen Spezialfällen, wo die Faktorensystemklasse $\mathfrak{C}$ durch die Basispotenzfaktorklassen $C_i\mathfrak{A}^{\Sigma_i}$ bereits eindeutig gekennzeichnet ist, ist die Existenz eines solchen Isomorphismus I auch hinreichend.

Daß die Basispotenzfaktorklassen $C_i\,\mathfrak{A}^{\Sigma_i}$ auch noch bei nicht-zyklischer Gruppe $\mathfrak{g}$ zur eindeutigen Kennzeichnung der Faktorensystemklasse $\mathfrak{C}$ ausreichen können, zeigt das in § 2, 3 besprochene Beispiel der Gruppen $\mathfrak{G}$ von der Ordnung 2^3 mit $\mathfrak{g}$ vom Typus (2, 2). Daß dies aber keineswegs immer der Fall ist, lehrt das in § 7, 3 behandelte Beispiel mit $\mathfrak{g}$ vom Typus (p, p), in dem das vollständige Vertretersystem für die Klassen $\mathfrak{C}$ wesentlich von dem Kommutatorfaktor C_{12} abhängt. Es wäre interessant zu untersuchen, für welche zweistufig metabelschen Gruppen $\mathfrak{G} = (\mathfrak{A};\, \Gamma, *)$ die Basispotenzfaktorklassen $C_i\,\mathfrak{A}^{\Sigma_i}$ zur eindeutigen Kennzeichnung der Faktorensystemklasse $\mathfrak{C}$ ausreichen.

2. Man kann Satz 10 noch verschärfen, indem man die Bedingung II′ aus dem Zusatz zu Satz 9 auch für Produkte aus den Basiselementen s_i zum Ausdruck bringt. Dann treten die zu solchen Produkten gehörigen Potenzfaktoren auf. In diese gehen neben den Basispotenzfaktoren C_i auch die Kommutatorfaktoren C_{ij} ein. Für die zweigliedrigen Produkte $s_i\,s_j$ lauten diese Darstellungen der Potenzfaktoren

$$C_{s_i\,s_j} = C_i\,C_j \cdot C_{ij}^{\;-\sum\limits_{\gamma \bmod . g_{ij}} \frac{\sigma_i^{\gamma}-1}{\sigma_i-1}\,\sigma_j^{\gamma}},$$

wo $g_{ij} = \{g_i, g_j\}$ die Ordnung von $s_i\,s_j$ bedeutet. Dementsprechend ergeben sich eindeutig Kennzeichnungen auch für die in diesen Formeln auftretenden Potenzen der Kommutatorfaktoren C_{ij} mit Exponenten aus dem Gruppenring von Γ. Aber auch die Hinzunahme dieser Kennzeichnungen reicht im allgemeinen nicht aus, um die Faktorensystemklasse $\mathfrak{C}$ vollständig zu kennzeichnen, wie wieder das Beispiel aus § 7, 3 lehrt — dort wird $C_{s_1\,s_2} = C_1\,C_2 \cdot A_1^{\binom{p}{2}x_1 + p\binom{p}{3}x_2} = C_1^{\,1+\binom{p}{2}}\,C_2$ für $p \neq 2, 3$. Dazu wird man vielmehr die Betrachtung des Einbettungsverhaltens in Ω der Divisoren aus Teilkörpern von Ω/Ω_0, die auf den gruppentheoretischen Verlagerungsprozeß und damit auf die Potenzfaktoren führt, durch einen wesentlich neuen Gedanken ergänzen müssen.

65. Existenz und Mannigfaltigkeit abelscher Algebren mit vorgegebener Galoisgruppe über einem Teilkörper des Grundkörpers. I [99]

Mathematische Nachrichten
1 (1948), 40 – 61

Inhalt.

Einleitung.

Es sei eine endliche abelsche Gruppe $\mathfrak{A}$ vom Exponenten n gegeben und außerdem ein Grundkörper Ω mit nicht in n aufgehender Charakteristik, der die n-ten Einheitswurzeln enthält und der über einem Teilkörper Ω_0 galoissch mit der Gruppe $\mathfrak{g}$ ist[1]).

In einer vorangehenden Arbeit[2]) habe ich mich mit der Aufgabe beschäftigt, diejenigen abelschen Körper K/Ω mit der Gruppe $\mathfrak{A}$, die über Ω_0 galoissch sind und eine vorgegebene Erweiterung $\mathfrak{G}$ von $\mathfrak{A}$ mit der Faktorgruppe $\mathfrak{G}/\mathfrak{A} \cong \mathfrak{g}$ zur Galoisgruppe haben, *in invarianter Weise zu kennzeichnen*. Die Erweiterung $\mathfrak{G}$ wurde dabei in bekannter Weise durch zwei Invarianten beschrieben, nämlich eine homomorphe Darstellung $\mathsf{\Gamma}$ von $\mathfrak{g}$ durch Automorphismen von $\mathfrak{A}$ und eine Klasse $\mathfrak{C}$ assoziativer Faktorensysteme zu $\mathfrak{g}$, $\mathsf{\Gamma}$ in $\mathfrak{A}$; und ein abelscher Körper K/Ω wurde im Zusammenhang mit seiner Kummer-Erzeugung in neuartiger Weise durch eine ihm invariant zugeordnete Klasse $\mathfrak{c}$ kommutativer assoziativer Faktorensysteme in Ω zur Charaktergruppe X von $\mathfrak{A}$ beschrieben. Die invariante Kennzeichnung der abelschen Körper K/Ω mit der angegebenen Eigenschaft bestand dann in der Angabe einer für diese Eigenschaft charakteristischen Beziehung zwischen den Invarianten $\mathsf{\Gamma}$, $\mathfrak{C}$ einerseits und der Invariante $\mathfrak{c}$ andrerseits. Diese Beziehung hatte die Form einer eigenartigen durch $\mathsf{\Gamma}$ bestimmten Ver-

---

[1]) Daß Ω und nicht Ω_0 als *Grundkörper* bezeichnet wird, hat seinen Grund darin, daß Elemente aus Ω_0 so gut wie gar nicht auftreten, vielmehr Beziehungen zwischen Elementen aus Ω im Mittelpunkt der Betrachtung stehen werden.

[2]) H. Hasse, Invariante Kennzeichnung relativ-abelscher Zahlkörper mit vorgegebener Galoisgruppe über einem Teilkörper des Grundkörpers. Erscheint demnächst in den Abh. Deutsche Akad. Wiss., math.-naturw. Kl. — Im folgenden zitiert mit IK.

kettung zwischen den beiden Faktorensystemklassen $\mathfrak{C}$ und $\mathfrak{c}$ mittels einer Klasse $\mathfrak{b}$ von sog. Verkettungssystemen zwischen $\mathfrak{g}$ und X in Ω[1]).

In der vorliegenden Arbeit will ich auf die in IK nicht weiter verfolgte Frage nach *der Existenz und Mannigfaltigkeit* der abelschen Körper K/Ω mit der angegebenen Eigenschaft näher eingehen. Um zu algebraisch abgerundeten Ergebnissen zu gelangen, erweist es sich dabei als zweckmäßig, etwas allgemeiner gleich alle abelschen Algebren K/Ω mit der Gruppe $\mathfrak{A}$ in Betracht zu ziehen, die über Ω_0 galoissch mit der Gruppe $\mathfrak{G}$ sind, eine neue Begriffsbildung, die in § 1 und § 2 erklärt und besprochen wird und die grob gesagt darauf hinausläuft, neben den abelschen Körpern K/Ω mit der Gruppe $\mathfrak{A}$ auch diejenigen abelschen Körper K_0/Ω mit irgendwelchen Untergruppen $\mathfrak{A}_0$ von $\mathfrak{A}$ einzubeziehen, die über Ω_0 galoissch mit den entsprechenden Untergruppen $\mathfrak{G}_0$ von $\mathfrak{G}$ sind. Die gestellte Frage läuft auf die Untersuchung der Lösbarkeit und Lösungsmannigfaltigkeit des einen der beiden Gleichungssysteme des oben erwähnten Verkettungsmechanismus (nämlich der Verkettung zwischen $\mathfrak{c}$ und $\mathfrak{b}$) zurück, die in § 3 durchgeführt wird, während die Lösbarkeit des — wenn überhaupt, dann eindeutig lösbaren — anderen dieser Gleichungssysteme (nämlich der Verkettung zwischen $\mathfrak{C}$ und $\mathfrak{b}$) eine notwendige Vorbedingung für die Lösbarkeit des erstgenannten Systems darstellt, die in § 4 mittels eines neuartigen Typus verschränkter Produkte auf das Zerfallen gewöhnlicher Faktorensysteme aus Charakterwerten von $\mathfrak{A}$ zurückgeführt wird.

Als Gesamtergebnis stellt sich eine Alternative derart heraus, daß entweder abelsche Algebren K/Ω mit der Gruppe $\mathfrak{A}$ existieren, die über Ω_0 galoissch mit der Gruppe $\mathfrak{G}$ sind[2]), oder gewisse durch die Invarianten $\mathsf{\Gamma}$, $\mathfrak{C}$ von $\mathfrak{G}$ bestimmte gewöhnliche Faktorensysteme aus Charakterwerten von $\mathfrak{A}$ (also aus n-ten Einheitswurzeln) zerfallen, so daß die zugehörigen von Ω zerfällten einfachen Algebren keine echten Divisionsalgebren enthalten.

Eine derartige Alternative wurde erstmalig von R. Brauer entdeckt und in zwei Arbeiten ausführlich behandelt[3]). Bei ihm ist aber die Untersuchungsrichtung umgekehrt wie hier. Ausgangspunkt ist dort die Frage nach der Existenz von Ω zerfällter normaler Divisionsalgebren mit in n aufgehendem Exponenten über einem gegebenen Teilkörper von Ω als Zentrum, und es wird ein Zusammenhang mit der Nichtlösbarkeit eines gewissen körpertheoretischen Erweiterungsproblems (oder, wie R. Brauer sagt, Einbettungsproblems) mit zyklischer Untergruppe $\mathfrak{A}$ aufgedeckt. Hilfsmittel dazu ist die Konstruktion eines geeigneten galoisschen Zerfällungskörpers derart, daß das zugehörige Faktorensystem aus n-ten Einheitswurzeln besteht. Hier ist Ausgangspunkt das allgemeine körpertheoretische Erweiterungsproblem mit abelscher Untergruppe $\mathfrak{A}$ (durch Hinzunahme der zerfallenden abelschen Algebren abgerundet), und es wird ein

---

[1]) Zu alledem siehe die kurze Zusammenstellung der a. a. O. hergeleiteten Ergebnisse unten in § 3, 1, 2.

[2]) Hierbei ist, solange die in § 3, 3 ausgesprochene Vermutung (V.) unbewiesen ist, noch eine Einschränkung zu machen; siehe die ausführliche Formulierung des Ergebnisses am Schluß der Arbeit.

[3]) R. Brauer, 1. Über die Konstruktion der Schiefkörper, die von endlichem Rang in bezug auf ein gegebenes Zentrum sind. J. reine angew. Math. **168** (1932), 44—64. 2. On splitting fields of simple algebras. Ann. Math., Princeton **48** (1947), 79—90.

Zusammenhang mit dem vollständigen Zerfallen vom Grundkörper Ω zerfällter einfacher Algebren gefunden, deren Faktorensysteme sich aus den in $\mathfrak{C}$ enthaltenen gruppentheoretischen Faktorensystemen durch Übergang zu den Charakterwerten von $\mathfrak{A}$ ergeben.

In der letzteren, gruppentheoretisch durchsichtigen und im Rahmen meiner Untersuchung zwangsläufigen Art, wie die Faktorensysteme aus Einheitswurzeln hereinkommen, sehe ich einen Vorteil[1]) gegenüber dem R. Brauerschen etwas künstlichen und mit Willkürlichkeiten behafteten Übergang zu solchen Faktorensystemen. Zudem bleibt man dabei auch nicht, wie R. Brauer, auf den Fall einer zyklischen Untergruppe $\mathfrak{A}$ beschränkt, und erhält eine tiefere Einsicht in den wahren Grund der Alternative, die Verkettungsbeziehung zwischen den beiden gruppentheoretischen bzw. körpertheoretischen Faktorensystemklassen $\mathfrak{C}$ und $\mathfrak{c}$. Im übrigen liegt die hier verfolgte Untersuchungsrichtung mehr im Sinne der modernen Entwicklung der Algebra, in der ja, wie auch R. Brauer in der Einleitung seiner zweiten Arbeit hervorhebt, komplizierte Fragen über kommutative Körper durch Heranziehung der Theorie der nichtkommutativen Algebren zugänglich gemacht werden.

Es wäre eine lohnende Aufgabe, die Ergebnisse der angeführten R. Brauerschen Arbeiten von dem hier eingenommenen Standpunkt aus und mit den zum Teil neuartigen Begriffsbildungen und Methoden meiner vorangehenden und dieser Arbeit im einzelnen zu beleuchten. Eine gruppentheoretische Ausgestaltung der genannten Alternative wird in Teil II dieser Arbeit gegeben werden und ein Beweis der angeführten Vermutung (V.) für gewisse Fälle in Teil III, die beide in den nächsten Heften dieser Zeitschrift erscheinen sollen.

§ 1. Galoissche Algebren.

1. Eine halbeinfache kommutative Algebra K über dem Grundkörper Ω, die zudem separabel ist oder — was dasselbe — bei jeder Erweiterung des Grundkörpers halbeinfach bleibt, heiße *galoissch mit der Gruppe* $\mathfrak{G}$, wenn folgende beiden Bedingungen erfüllt sind:

I. *Die Gruppe* $\mathfrak{G}$ *besitzt eine isomorphe Darstellung durch Automorphismen von* K, *bei denen* Ω *elementweise invariant ist; kurz:* $\mathfrak{G}$ *ist Automorphismengruppe von* K/Ω.

II. *Als* Ω*-Linksmodul mit* $\mathfrak{G}$ *als Rechtsoperatorenbereich betrachtet, ist* K *Darstellungsmodul zur regulären Darstellungsklasse von* $\mathfrak{G}$.

Da zur regulären Darstellungsklasse von $\mathfrak{G}$ als Darstellungsmodul über Ω der Gruppenring von $\mathfrak{G}$ über Ω gehört[2]), ist dann K als Ω-Linksmodul mit $\mathfrak{G}$ als Rechtsoperatorenbereich operatorisomorph zum Gruppenring von $\mathfrak{G}$ über Ω.

---

[1]) Als bezeichnend dafür, worin dieser Vorteil zum Ausdruck kommt, möchte ich beiläufig anführen, daß es in der vorliegenden Arbeit nicht nötig war, ein besonderes (nicht invariantes) Zeichen ζ für die Einheitswurzeln einzuführen, und im übrigen auch darauf hinweisen, daß — von einer einzigen unwesentlichen Stelle in § 4, 6 abgesehen — alle Indizierungen durch die Objekte der Untersuchung selbst anstatt durch für die Untersuchung bedeutungslose Nummern erfolgen konnten, was schon rein äußerlich eine willkommene Entlastung des bei der Natur der Sache einigermaßen verwickelten Bezeichnungsapparats darstellt.

[2]) M. Deuring, Galoissche Theorie und Darstellungstheorie. Math. Ann., Berlin **107** (1933), 140—144.

Demnach ist der Rang von K/Ω gleich der Ordnung von $\mathfrak{G}$, und K/Ω besitzt eine *Normalbasis* Θ^S, bestehend aus den zu einem Element Θ aus K durch die Automorphismen S aus $\mathfrak{G}$ konjugierten.

Ein Element

$$\alpha = \sum_{S \text{ in } \mathfrak{G}} a_S \Theta^S \qquad (a_S \text{ in } \Omega)$$

aus K ist dann und nur dann bei allen Automorphismen aus $\mathfrak{G}$ invariant, wenn alle $a_S = a$ (ein und dasselbe Element aus Ω) sind. Da insbesondere das Einselement 1 von K diese Eigenschaft hat, kann Θ so normiert werden, daß

$$1 = \sum_{S \text{ in } \mathfrak{G}} \Theta^S$$

ist. Hieraus geht hervor, daß die bei allen Automorphismen aus $\mathfrak{G}$ invarianten Elemente aus K die Elemente

$$a = \sum_{S \text{ in } \mathfrak{G}} a\Theta^S$$

aus dem Teilkörper Ω sind.

2. Durch Erweiterung des Grundkörpers Ω zur algebraisch-abgeschlossenen Hülle $\overline{\Omega}$ (oder auch nur zu einem über Ω endlich-algebraischen Zerfällungskörper von K) entsteht aus der halbeinfachen kommutativen Algebra K/Ω wegen der Separabilitätsvoraussetzung eine halbeinfache kommutative Algebra $\overline{\mathsf{K}}/\overline{\Omega}$ vom gleichen Rang, deren einfache Bestandteile zu $\overline{\Omega}$ isomorphe Körper sind. Setzt man fest, daß die Automorphismen aus der Gruppe $\mathfrak{G}$ von K/Ω auch den erweiterten Grundkörper $\overline{\Omega}$ elementweise invariant lassen sollen, so ist auch $\overline{\mathsf{K}}/\overline{\Omega}$ galoissch mit der Gruppe $\mathfrak{G}$. Die primitiven Idempotente der direkten Zerlegung der Algebra $\overline{\mathsf{K}}$ in ihre einfachen Bestandteile bilden eine Basis von $\overline{\mathsf{K}}/\overline{\Omega}$. Diese Basis transformiert sich bei den Automorphismen aus $\mathfrak{G}$ einerseits, wie jede Basis von $\overline{\mathsf{K}}/\overline{\Omega}$, linear nach einer Darstellung aus der regulären Darstellungsklasse von $\mathfrak{G}$; andrerseits erfährt sie, wegen ihrer eindeutigen Bestimmtheit bis auf die Reihenfolge, eine Permutationsdarstellung von $\mathfrak{G}$. Beides zusammen besagt, daß sie sich nach der in der regulären Darstellungsklasse ausgezeichneten regulären Permutationsdarstellung von $\mathfrak{G}$ (der regulären Darstellung im üblichen Sinne) transformiert. Daher ergeben sich die primitiven Idempotente von $\overline{\mathsf{K}}$ aus einem solchen $\bar{\varepsilon}$ durch Anwendung der Automorphismen S aus $\mathfrak{G}$ in der Gestalt $\bar{\varepsilon}^S$. Die direkte Zerlegung von $\overline{\mathsf{K}}$ in einfache Bestandteile hat somit die Form

$$\overline{\mathsf{K}} = \sum_{S \text{ in } \mathfrak{G}} \overline{\Omega}\bar{\varepsilon}^S.$$

3. Für die ursprüngliche halbeinfache kommutative Algebra K sind die einfachen Bestandteile zu Teilkörpern von $\overline{\Omega}$ isomorph. Die primitiven Idempotente der direkten Zerlegung von K in diese einfachen Bestandteile sind Summen aus den primitiven Idempotenten $\bar{\varepsilon}^S$ von $\overline{\mathsf{K}}$ mit der Gesamtsumme $1 = \sum_S \bar{\varepsilon}^S$. Ist ε das $\bar{\varepsilon}$ enthaltende primitive Idempotent von K, so werden die sämtlichen in ε enthaltenen primitiven Idempotente von $\overline{\mathsf{K}}$ durch die Auto-

morphismen S_0 aus einer Untergruppe $\mathfrak{G}_0$ von $\mathfrak{G}$ in der Gestalt $\bar{\varepsilon}^{S_0}$ geliefert; man hat also

$$\varepsilon = \sum_{S_0 \text{ in } \mathfrak{G}_0} \bar{\varepsilon}^{S_0}.$$

Die sämtlichen primitiven Idempotente von K sind dann die zu ε konjugierten

$$\varepsilon^R = \sum_{S_0 \text{ in } \mathfrak{G}_0} \bar{\varepsilon}^{S_0 R},$$

wo R ein Vertretersystem der linksseitigen Nebengruppen von $\mathfrak{G}$ nach $\mathfrak{G}_0$, also $\mathfrak{G} = \sum_R \mathfrak{G}_0 R$ ist. Die direkte Zerlegung von K in einfache Bestandteile hat somit die Form

$$\mathsf{K} = \sum_{R \text{ nach } \mathfrak{G}_0} \mathsf{K}\varepsilon^R.$$

Dabei sind die $\mathsf{K}\varepsilon^R$ innerhalb K konjugierte galoissche Körper über den konjugierten Grundkörpern $\Omega\varepsilon^R$ mit den innerhalb $\mathfrak{G}$ konjugierten Galoisgruppen $R^{-1}\mathfrak{G}_0 R$. Sie sind isomorphe Vertreter eines galoisschen Körpers K_0/Ω mit der Gruppe $\mathfrak{G}_0$.

Damit ist festgestellt:

Jede galoissche Algebra K/Ω mit der Gruppe $\mathfrak{G}$ ist direkte Summe von zueinander isomorphen Vertretern eines galoisschen Körpers K_0/Ω mit einer Untergruppe $\mathfrak{G}_0$ von $\mathfrak{G}$ als Galoisgruppe, und zwar sind die direkten Summanden zu einem von ihnen durch ein Vertretersystem der linksseitigen Nebengruppen von $\mathfrak{G}$ nach $\mathfrak{G}_0$ konjugiert in K.

Der galoissche Körper K_0/Ω heißt der *Kernkörper* der galoisschen Algebra K/Ω.

4. Unter Bevorzugung einer unter den zu K_0/Ω isomorphen Komponenten $\mathsf{K}\varepsilon^R/\Omega\varepsilon^R$, nämlich der dem (willkürlich gewählten) Idempotent ε, also dem Vertreter $R = 1$ aus $\mathfrak{G}_0$ zugeordneten, lassen sich die Elemente α aus K eindeutig in der Form

$$(1) \qquad \alpha = \sum_R \mathring{\alpha}_{R^{-1}}^R \quad \text{mit} \quad \mathring{\alpha}_{R^{-1}} = \alpha^{R^{-1}}\varepsilon \quad \text{aus} \quad \mathring{\mathsf{K}} = \mathsf{K}\varepsilon$$

darstellen und damit auf den Vertretern R zugeordnete, willkürlich wählbare Elementsysteme $\mathring{\alpha}_{R^{-1}}$ aus $\mathring{\mathsf{K}}$ zurückführen. Die Anwendung der Automorphismen S aus $\mathfrak{G}$ vollzieht sich in dieser Darstellung nach der Regel

$$(2) \qquad \alpha^S = \sum_R \left(\mathring{\alpha}_{R'^{-1}}^{S_0}\right)^R, \quad \text{wenn} \quad S R^{-1} = R'^{-1} S_0 \quad \text{mit} \quad S_0 \text{ in } \mathfrak{G}_0$$

die der Linksmultiplikation des Rechtsvertretersystems R^{-1} von $\mathfrak{G}$ nach $\mathfrak{G}_0$ mit den Elementen S aus $\mathfrak{G}$ entsprechende monomiale Darstellung von $\mathfrak{G}$ über $\mathfrak{G}_0$ ist (also R' eine Permulation von R und S_0 ein Faktorensystem aus $\mathfrak{G}_0$). Auch der galoissche Körper K_0/Ω selbst ist in K isomorph vertreten, nämlich in Gestalt der Elemente

$$\alpha_0 = \sum_R \mathring{\alpha}^R \qquad (\mathring{\alpha} \text{ in } \mathring{\mathsf{K}}),$$

für die also alle $\mathring{\alpha}_{R^{-1}} = \mathring{\alpha}$ (ein und dasselbe Element aus $\mathring{\mathsf{K}}$) sind.

Ist umgekehrt ein galoisscher Körper K_0/Ω mit einer Untergruppe $\mathfrak{G}_0$ von $\mathfrak{G}$ als Galoisgruppe gegeben, so erhält man eine galoissche Algebra K/Ω mit der Gruppe $\mathfrak{G}$, deren Kernkörper K_0/Ω ist, indem man den linksseitigen Nebengruppen von $\mathfrak{G}$ nach $\mathfrak{G}_0$ zugeordnete isomorphe Vertreter von K_0 nach dem Schema (1) zu einer direkten Summe K zusammenfügt und die Anwendung der Operatoren aus $\mathfrak{G}$ auf K nach der Regel (2) festlegt.

Zusammengefaßt ist damit festgestellt:

Die galoisschen Algebren K/Ω *mit einer festen Gruppe* $\mathfrak{G}$ *entsprechen durch Übergang zu ihren Kernkörpern eineindeutig den galoisschen Körpern* K_0/Ω *mit irgendwelchen Untergruppen* $\mathfrak{G}_0$ *von* $\mathfrak{G}$ *als Galoisgruppen.*

§ 2. Abelsche Algebren.

1. Es sei K/Ω eine galoissche Algebra mit abelscher Gruppe $\mathfrak{A}$, kurz eine *abelsche Algebra mit der Gruppe* $\mathfrak{A}$. Mit χ seien die (einfachen) Charaktere von $\mathfrak{A}$ bezeichnet; sie bilden eine mit $\mathfrak{A}$ isomorphe Gruppe X. Der Grundkörper Ω habe eine nicht im Exponenten n und dann auch nicht in der Ordnung N von $\mathfrak{A}$ aufgehende Charakteristik und enthalte die n-ten Einheitswurzeln. Dann liegen die Charakterwerte $\chi(A)$ für die Elemente A aus $\mathfrak{A}$ in Ω, und die reguläre Darstellung von $\mathfrak{A}$ zerfällt über Ω vollständig in die Darstellungen ersten Grades $\chi(A)$.

Als Darstellungsmodul für die reguläre Darstellungsklasse von $\mathfrak{A}$ besitzt demnach K/Ω eine den Charakteren χ von $\mathfrak{A}$ zugeordnete Basis ω_χ mit der Eigenschaft

$$\omega_\chi^A = \chi(A)\,\omega_\chi \tag{1}$$

für alle A aus $\mathfrak{A}$. Eine solche Basis werde eine *Faktorbasis* von K/Ω genannt, weil sich ihre Elemente bei Anwendung der Automorphismen A aus $\mathfrak{A}$ nur mit Faktoren multiplizieren.

Explizit erhält man eine Faktorbasis von K/Ω, ausgehend von einer Normalbasis Θ^A von K/Ω, in der bekannten Gestalt

$$\omega_\chi = \sum_A \chi(A^{-1})\,\Theta^A$$

der Lagrangeschen Resolventen, und zwar ist dabei speziell das dem Hauptcharakter $\chi = 1$ zugeordnete Basiselement $\omega_1 = 1$, wenn für Θ die Normierung aus § 1, 1 zugrunde gelegt wird; auf diese Normierung kommt es jedoch im folgenden nicht an. Umgekehrt erhält man, von einer Faktorbasis ω_χ von K/Ω ausgehend, eine Normalbasis Θ^A von K/Ω durch Auflösung des letzteren linearen Gleichungssystems, also in der Gestalt

$$\Theta^A = \frac{1}{N}\sum_\chi \chi(A)\,\omega_\chi, \qquad \text{speziell} \qquad \Theta = \frac{1}{N}\sum_\chi \omega_\chi.$$

Die Faktorbasen und die Normalbasen von K/Ω entsprechen sich somit vermöge der angegebenen beiden linearen Gleichungssysteme gegenseitig eindeutig.

2. Die Elemente ω_χ einer Faktorbasis von K/Ω liegen durch ihre Definitionseigenschaft (1) genau bis auf Substitutionen

$$\omega_\chi \to a_\chi\,\omega_\chi$$

mit willkürlichen $a_\chi \neq 0$ aus Ω fest. Daraus ergibt sich, daß ihr Multiplikationsschema die Gestalt

$$(3) \qquad \omega_\chi \omega_\psi = c_{\chi,\psi}\, \omega_{\chi\psi}$$

mit einem Faktorensystem $c_{\chi,\psi} \neq 0$ aus Ω hat.

Entsprechend der Kommutativität und Assoziativität der Multiplikation in K genügt dies Faktorensystem den *Kommutativ- und Assoziativrelationen*

$$c_{\chi,\psi} = c_{\psi,\chi},$$
$$c_{\varphi,\chi}\, c_{\varphi\chi,\psi} = c_{\chi,\psi}\, c_{\varphi,\chi\psi}.$$

Bei den Substitutionen (2) erfährt es die Substitutionen

$$(2') \qquad c_{\chi,\psi} \to \frac{a_\chi a_\psi}{a_{\chi\psi}}\, c_{\chi,\psi}$$

in *assoziierte* Faktorensysteme. Die aus diesen gebildete *Klasse* $\mathfrak{c}$ ist also eine in Ω gelegene Invariante von K/Ω.

Vom Standpunkt der allgemeinen Theorie der Faktorensysteme[1]) ist $c_{\chi,\psi}$ ein kommutatives assoziatives Faktorensystem in Ω zur Charaktergruppe X von $\mathfrak{A}$, das der Erweiterung der Multiplikationsgruppe Ω^* von Ω zu einer abelschen Gruppe W mit Faktorgruppe $\mathsf{W}/\Omega^* \cong \mathsf{X}$ ($\cong \mathfrak{A}$) entspricht[2]), und die Faktorbasis ω_χ von K/Ω ist ein Vertretersystem der Klassen von W/Ω^*. Ein Faktorensystem $c_{\chi,\psi}$ dieser Art heiße kurz ein *abelsches Faktorensystem zu* X *in* Ω. Ist $c_{\chi,\psi}$ ein solches, so definiert das Multiplikationsschema (3) eine kommutative assoziative Algebra K/Ω, die sich wegen $c_{\chi,\psi} \neq 0$ und wegen der Charakteristikvoraussetzung als halbeinfach und separabel erweist. Definiert man dann die Anwendung der Operatoren A aus $\mathfrak{A}$ auf K durch die Relationen (1) nebst elementweiser Invarianz von Ω, so wird $\mathfrak{A}$ zur Automorphismengruppe von K/Ω und K/Ω zum der regulären Darstellungsklasse entsprechenden Darstellungsmodul für $\mathfrak{A}$ über Ω. Demnach ist dann K/Ω eine abelsche Algebra mit der Gruppe $\mathfrak{A}$, deren Faktorbasen ω_χ die durch das Faktorensystem $c_{\chi,\psi}$ bestimmte Faktorensystemklasse $\mathfrak{c}$ als Invariante liefern.

Zusammengefaßt ist damit festgestellt:

Die abelschen Algebren K/Ω *mit der Gruppe* $\mathfrak{A}$ *entsprechen auf Grund der Relationen* (1), (2), (3) *eineindeutig den abelschen Faktorensystemklassen* $\mathfrak{c}$ *in* Ω *zur Charaktergruppe* X *von* $\mathfrak{A}$.

3. Es sei K_0/Ω der Kernkörper von K/Ω und $\mathfrak{A}_0$ seine in $\mathfrak{A}$ enthaltene Galoisgruppe. Ferner sei

$$\omega_\chi = \sum_R \mathring{\omega}_{\chi,R^{-1}}^R \quad \text{mit} \quad \mathring{\omega}_{\chi,R^{-1}} = \omega_\chi^{R^{-1}} \varepsilon \quad \text{aus} \quad \mathring{\mathsf{K}} = \mathsf{K}\varepsilon$$

[1]) Siehe dazu die allgemeine Grundlegung in IK § 1, sowie zu den folgenden Ausführungen die Begründung ebendort § 4.

[2]) Die in IK § 4 für den Fall der abelschen Körper K/Ω gegebene Kennzeichnung von W als die Gruppe aller Elemente ω aus K mit $\omega^n = w$ in Ω (Radikalgruppe) überträgt sich nicht auf den etwas allgemeineren Fall der abelschen Algebren. Siehe dazu die im später folgenden Teil II, 2 gegebene Ergänzung.

die einem Vertretersystem R von $\mathfrak{A}$ nach $\mathfrak{A}_0$ entsprechende Komponentenzerlegung § 1, (1) einer Faktorbasis ω_χ von K/Ω. Nach § 1, (2) ist dann

$$\omega_\chi^A = \sum_R \left(\mathring{\omega}_{\chi, R'^{-1}}^{A_0}\right)^R, \quad \text{wenn} \quad A R^{-1} = R'^{-1} A_0 \quad \text{mit} \quad A_0 \text{ in } \mathfrak{A}_0.$$

Der Vergleich mit (1) ergibt die Formeln

$$\mathring{\omega}_{\chi, R'^{-1}}^{A_0} = \chi(A)\, \mathring{\omega}_{\chi, R^{-1}}.$$

Nach ihnen leiten sich die $\mathring{\omega}_{\chi, R^{-1}}$ aus den $\mathring{\omega}_{\chi, 1} = \mathring{\omega}_\chi$ in der Form

$$\mathring{\omega}_{\chi, R^{-1}} = \chi(R^{-1})\mathring{\omega}_\chi$$

her, und die $\mathring{\omega}_\chi$ haben die Eigenschaft

$$\mathring{\omega}_\chi^{A_0} = \chi(A_0)\mathring{\omega}_\chi \quad \text{für} \quad A_0 \text{ aus } \mathfrak{A}_0.$$

Bedeutet χ_0 ein Vertretersystem der Klassen von X nach der Untergruppe H der Charaktere η mit $\eta(A_0) = 1$ für alle A_0 aus $\mathfrak{A}_0$ — kurz $\mathsf{H}(\mathfrak{A}_0) = 1$ — oder also ein Vertretersystem in X der Charaktergruppe $\mathsf{X}_0 \cong \mathsf{X}/\mathsf{H}$ von $\mathfrak{A}_0$, so gilt hiernach

$$\mathring{\omega}_\chi = a_\chi \mathring{\omega}_{\chi_0} \quad \text{für} \quad \chi \equiv \chi_0 \text{ nach } \mathsf{H}$$

mit Faktoren $a_\chi \neq 0$ aus Ω, sowie

$$\mathring{\omega}_{\chi_0}^{A_0} = \chi_0(A_0)\mathring{\omega}_{\chi_0}.$$

Die letzteren Relationen besagen, daß die $\mathring{\omega}_{\chi_0}$ eine Faktorbasis von $\mathring{\mathsf{K}}/\Omega\varepsilon$ bilden. Denkt man ferner in der Faktorbasis ω_χ von K/Ω die Substitution $\omega_\chi \to a_\chi\omega_\chi$ von der Form (2) mit den Faktoren a_χ aus den ersteren Relationen ausgeführt, so bekommt die obige Komponentenzerlegung die Gestalt

$$\omega_\chi = \sum_R \chi(R^{-1})\, \mathring{\omega}_{\chi_0}^R, \quad \text{wo} \quad \chi \equiv \chi_0 \text{ nach } \mathsf{H}.$$

Bringt man schließlich hierin das Multiplikationsschema (3) der Faktorbasis ω_χ von K/Ω zum Ausdruck, so ergibt sich für die Faktorbasis $\mathring{\omega}_{\chi_0}$ von $\mathring{\mathsf{K}}/\Omega\varepsilon$ das Multiplikationsschema

$$\mathring{\omega}_{\chi_0}\mathring{\omega}_{\psi_0} = c_{\chi,\psi}\mathring{\omega}_{\chi_0\psi_0}, \quad \text{wo} \quad \chi, \psi \equiv \chi_0, \psi_0 \text{ nach } \mathsf{H}.$$

Danach haben die Faktoren $c_{\chi,\psi}$ — nachdem sie mit den obigen a_χ gemäß (2′) transformiert sind — die Eigenschaft

$$c_{\chi,\psi} = c_{\chi_0,\psi_0} \quad \text{für} \quad \chi, \psi \equiv \chi_0, \psi_0 \text{ nach } \mathsf{H}, \tag{4}$$

hängen also nur von den Klassen der χ, ψ nach H ab und liefern das Faktorensystem c_{χ_0,ψ_0} der Faktorbasis $\mathring{\omega}_{\chi_0}$ von $\mathring{\mathsf{K}}/\Omega\varepsilon$.

Zusammengefaßt ist damit festgestellt:

Ist K/Ω eine abelsche Algebra mit der Gruppe $\mathfrak{A}$ und K_0/Ω ihr Kernkörper mit der Untergruppe $\mathfrak{A}_0$, sowie $\mathsf{X}_0 \cong \mathsf{X}/\mathsf{H}$ die Charaktergruppe von $\mathfrak{A}_0$ in ihrer Darstellung als Faktorgruppe der Charaktergruppe X von $\mathfrak{A}$, so gibt es in der K/Ω invariant zugeordneten abelschen Faktorensystemklasse $\mathfrak{c}$ ein Faktorensystem $c_{\chi,\psi}$

zu X *mit der Eigenschaft* (4), *das also eindeutig ein abelsches Faktorensystem* c_{χ_0, ψ_0} *zu* X_0 *festlegt. Die Klasse* $\mathfrak{c}_0$ *dieses letzteren Systems ist die* K_0/Ω *invariant zugeordnete abelsche Faktorensystemklasse.*

Da K_0/Ω ein Körper ist, ist die Klasse $\mathfrak{c}_0$ *irreduzibel* im Sinne von IK § 4.

4. Hat umgekehrt das Faktorensystem $c_{\chi, \psi}$ einer abelschen Algebra K/Ω bei geeigneter Wahl der Faktorbasis ω_χ die Eigenschaft (4) für eine Faktorgruppe $\mathsf{X}_0 \cong \mathsf{X}/\mathsf{H}$, so wird durch das Multiplikationsschema

$$\omega_{\chi_0}^{(0)} \omega_{\psi_0}^{(0)} = c_{\chi_0, \psi_0} \omega_{\chi_0, \psi_0}^{(0)}$$

eine abelsche Algebra K_0/Ω mit der durch $\mathsf{H}(\mathfrak{A}_0) = 1$ charakterisierten, zu X_0 isomorphen Gruppe $\mathfrak{A}_0$ definiert, die auf Grund der Zuordnung $\omega_\chi \to \omega_{\chi_0}^{(0)}$ für $\chi \equiv \chi_0$ nach H zu K/Ω homomorph ist. Ist dabei überdies das System c_{χ_0, ψ_0} irreduzibel, also K_0/Ω ein Körper, so ist dieser nach der allgemeinen Darstellungstheorie der Algebren zu einem direkten Summanden $\mathring{\mathsf{K}}/\Omega\varepsilon$ von K/Ω isomorph, also K_0/Ω der Kernkörper von K/Ω.

Damit ist bewiesen:

Der Kernkörper K_0/Ω *von* K/Ω *entspricht der weitesten Untergruppe* H *von* X *derart, daß in der Faktorensystemklasse* $\mathfrak{c}$ *ein gemäß* (4) *auf die Faktorgruppe* $\mathsf{X}_0 \cong \mathsf{X}/\mathsf{H}$ *reduzierbares System vorhanden ist, indem diese Untergruppe* H *vermöge* $\mathsf{H}(\mathfrak{A}_0) = 1$ *die Galoisgruppe* $\mathfrak{A}_0$ *von* K_0/Ω *charakterisiert.*

Äquivalent hiermit ist die Feststellung:

Eine abelsche Faktorensystemklasse $\mathfrak{c}$ *zu* X *ist dann und nur dann irreduzibel, wenn in ihr kein gemäß* (4) *auf eine echte Faktorgruppe von* X *reduzierbares System vorhanden ist.*

Die diesen Formulierungen implizit zugrunde liegende Tatsache, daß wenn in der Klasse $\mathfrak{c}$ sowohl ein auf die Faktorgruppe X/H_1 als auch ein auf die Faktorgruppe X/H_2 reduzierbares System existiert, dann in $\mathfrak{c}$ auch ein auf die Faktorgruppe $\mathsf{X}/\mathsf{H}_1\mathsf{H}_2$ reduzierbares System existiert, ist nicht unmittelbar einsichtig, ergibt sich vielmehr erst aus dem zuvor festgestellten Zusammenhang der Reduzierbarkeit von $\mathfrak{c}$ mit der Struktur von K/Ω.

Das erhaltene Kriterium für die Irreduzibilität einer abelschen Faktorensystemklasse $\mathfrak{c}$ zu X erfordert die Prüfung aller Systeme $c_{\chi, \psi}$ aus $\mathfrak{c}$ auf ihre Reduzierbarkeit und ist daher für die Anwendung in gegebenen Fällen unhandlich. Ein für die Anwendung geeignetes Irreduzibilitätskriterium, bei dem man nur die Potenzfaktoren c_χ zu irgendeinem festen System $c_{\chi, \psi}$ aus $\mathfrak{c}$ zu betrachten hat, wurde in IK Satz 4 gegeben[1]):

Ein abelsches Faktorensystem $c_{\chi, \psi}$ *zu* X *in* Ω *ist dann und nur dann primitiv, wenn für jeden Charakter* χ *aus* X, *von der Ordnung* n_χ, *der zugehörige Potenzfaktor*

$$c_\chi = \prod_{\nu \bmod n_\chi} c_{\chi, \chi^\nu} \qquad \left(\textit{entsprechend der Potenz } \omega_\chi^{n_\chi} = c_\chi\right)$$

die genaue Ordnung n_χ *in bezug auf die Gruppe der* n_χ*-ten Potenzen aus* Ω *hat.*

---

[1]) Siehe hierzu auch die in Teil II, 2 gegebene Ergänzung.

§ 3. Abelsche Algebren mit vorgegebener Galoisgruppe über einem Teilkörper des Grundkörpers.

1. Wie in IK § 5 seien gegeben:

eine endliche abelsche Gruppe $\mathfrak{A}$ vom Exponenten n, der Ordnung N, mit der Charaktergruppe X,

ein Grundkörper Ω mit nicht in n aufgehender Charakteristik, der die n-ten Einheitswurzeln enthält,

eine endliche Automorphismengruppe $\mathfrak{g}$ von Ω, der Ordnung g, mit dem Invariantenkörper Ω_0,

eine homomorphe Darstellung Γ von $\mathfrak{g}$ durch Automorphismen von $\mathfrak{A}$,

eine Klasse $\mathfrak{C}$ assoziativer Faktorensysteme zu $\mathfrak{g}$, Γ in $\mathfrak{A}$.

Die den Elementen $s, t, \ldots$ aus $\mathfrak{g}$ (Automorphismen von Ω) zugeordneten Elemente aus Γ (Automorphismen von $\mathfrak{A}$) seien mit den entsprechenden griechischen Buchstaben $\sigma, \tau, \ldots$ bezeichnet. Durch die Festsetzung

$$\chi^{\sigma}(A) = \chi(A^{\sigma^{-1}})^{s} \qquad (A \text{ in } \mathfrak{A})$$

sei Γ auch zur Darstellung von $\mathfrak{g}$ durch Automorphismen von X gemacht[1]). Die Darstellung Γ und die Faktorensystemklasse $\mathfrak{C}$ sind gemäß IK § 1 die Invarianten eines bestimmten Erweiterungstypus

$$\mathfrak{G} = (\mathfrak{A};\ \Gamma, \mathfrak{C})$$

von $\mathfrak{A}$ mit der Faktorgruppe $\mathfrak{G}/\mathfrak{A} \cong \mathfrak{g}$, der mittels eines Vertretersystems U_s der Klassen von $\mathfrak{G}/\mathfrak{A}$ als

$$\mathfrak{G} = \sum_{s} U_s \mathfrak{A}$$

mit den Relationen

$$A\,U_s = U_s A^{\sigma} \qquad (\sigma \text{ aus } \Gamma),$$

$$U_s U_t = U_{st} C_{s,t} \qquad (C_{s,t} \text{ aus } \mathfrak{C})$$

gegeben ist.

2. Als notwendige Bedingung für die Existenz einer abelschen Algebra K/Ω mit der Gruppe $\mathfrak{A}$, die über Ω_0 galoissch mit der Gruppe $\mathfrak{G}$ ist, wurde in IK § 5 die Lösbarkeit des Gleichungssystems

$$\chi(C_{s,t}) = \frac{b^{t}_{\chi^{\tau^{-1}},s}\, b_{\chi,t}}{b_{\chi,st}} \tag{1}$$

durch ein *Verkettungssystem* $b_{\chi,s}$ *zwischen* X *und* $\mathfrak{g}$ aus Ω festgestellt[2]). Alle solchen Algebren K/Ω werden dann erhalten, indem man dazu alle diejenigen

---

[1]) Die beiden in dieser Weise zusammenhängenden, sich gegenseitig eindeutig bestimmenden Darstellungen von $\mathfrak{g}$ durch Automorphismen von $\mathfrak{A}$ und X wurden in IK unterschiedlich mit Γ und Γ^* bezeichnet. Da hier die dortigen Matrizendarstellungen von Γ und Γ^* nicht auftreten werden, kann ohne Gefahr eines Mißverständnisses der Unterschied in der Bezeichnung fallen gelassen werden.

[2]) A. a. O. wurde allerdings nur der Fall eines abelschen Körpers K/Ω in Betracht gezogen. Die dortigen Schlüsse übertragen sich aber ohne weiteres auf den hier betrachteten, etwas allgemeineren Fall einer abelschen Algebra K/Ω im Sinne von § 1 und § 2. Siehe hierzu auch die in Teil III, § 1 gegebene Ergänzung. — Das Verkettungssystem ist durch Anwendung eines Vertretersystems U_s der Klassen von $\mathfrak{G}$ nach $\mathfrak{A}$ auf eine Faktorbasis ω_χ von K/Ω in der Form $\omega^{U_s}_{\chi^{\sigma^{-1}}} = \omega_\chi b_{\chi,s}$ definiert.

Lösungen $c_{\chi,\psi}$ in Ω des Gleichungssystems

$$(2)\qquad \frac{b_{\chi,s}\, b_{\psi,s}}{b_{\chi\psi,s}} = \frac{c^{s}_{\chi^{\sigma^{-1}},\,\psi^{\sigma^{-1}}}}{c_{\chi,\psi}}$$

bestimmt, die den Kommutativ- und Assoziativrelationen aus § 2, **2** genügen, also abelsche Faktorensysteme zu X in Ω sind, und zu jeder solchen Lösung $c_{\chi,\psi}$ die abelsche Algebra K/Ω nach dem Schema von § 2, **2** bildet.

Die diesen Verkettungsmechanismus zwischen dem gegebenen Faktorensystem $C_{s,t}$ und dem zu konstruierenden Faktorensystem $c_{\chi,\psi}$ beherrschenden formalen Gesetze seien hier noch einmal kurz zusammengefaßt. Durch (1) ist das Verkettungssystem wesentlich eindeutig, nämlich genau bis auf Substitutionen $b_{\chi,s} \to b_{\chi,s}\, \frac{a^{s}_{\chi^{\sigma^{-1}}}}{a_\chi}$ mit willkürlichen $a_\chi \neq 0$ aus Ω festgelegt; diese Substitutionen in die *bzgl.* $\mathfrak{g}$ *assoziierten* Verkettungssysteme können in (2) durch die Substitutionen $c_{\chi,\psi} \to c_{\chi,\psi}\, \frac{a_\chi a_\psi}{a_{\chi\psi}}$ in die assoziierten Faktorensysteme kompensiert werden. Macht man in (1) die Substitutionen $C_{s,t} \to C_{s,t}\, \frac{A^{t}_{s} A_t}{A_{st}}$ mit willkürlichen A_s aus $\mathfrak{A}$ in die assoziierten Faktorensysteme, so werden diese durch die Substitutionen $b_{\chi,s} \to b_{\chi,s}\, \chi(A_s)$ in die *bzgl.* X *assoziierten* Verkettungssysteme kompensiert; dabei bleiben die linken Seiten der Bestimmungsgleichungen (2) für die $c_{\chi,\psi}$ invariant. Zusammengenommen besagen diese Feststellungen:

Der Verkettungsmechanismus (1), (2) *ist in dem Sinne klasseninvariant, daß er zu einer gegebenen Faktorensystemklasse* $\mathfrak{C}$ *mittels einer eindeutig bestimmten Verkettungssystemklasse* $\mathfrak{b}$ *gewisse Faktorensystemklassen* $\mathfrak{c}$ *festlegt.*

Es erheben sich dann die Fragen nach der *Lösbarkeit* und der *Lösungsmannigfaltigkeit* dieses Bestimmungsschemas für die Klassen $\mathfrak{c}$.

3. Was die *Lösbarkeit* des Systems (2) unter Voraussetzung der Lösbarkeit des Systems (1) betrifft, so wurde durch den Hilfssatz in IK § 5 festgestellt, daß man bei unendlichem[1]) Grundkörper Ω in dem Ansatz

$$(3)\qquad c^{-1}_{\chi,\psi} = \sum_{r \text{ in } \mathfrak{g}} a^{r}_{\chi^{\varrho^{-1}},\,\psi^{\varrho^{-1}}}\, \frac{b_{\chi,r}\, b_{\psi,r}}{b_{\chi\psi,r}}$$

die Koeffizienten $a_{\chi,\psi}$ aus Ω so bestimmen kann, daß die $c^{-1}_{\chi,\psi} \neq 0$ ausfallen, und daß jedes so gebildete System $c_{\chi,\psi}$ eine Lösung ist[2]). Indem man dabei $a_{\chi,\psi} = a_{\psi,\chi}$ wählt, was ohne Einfluß auf den Möglichkeitsbeweis für $c^{-1}_{\chi,\psi} \neq 0$ ist, kann man auch die Kommutativrelationen $c_{\chi,\psi} = c_{\psi,\chi}$ erfüllen. Dagegen bleibt offen, ob man durch geeignete Wahl der $a_{\chi,\psi}$ auch noch die Assoziativrelationen für die $c_{\chi,\psi}$ stets erfüllen kann, oder ob dies an einschränkende Voraussetzungen über den Grundkörper Ω gebunden ist. Die Schwierigkeit liegt darin, daß die Assoziativrelationen nicht mehr linear, sondern quadratisch in den $c_{\chi,\psi}$ sind, so daß die bei

1) Nur dieser Fall ist im Sinne der ganzen Fragestellung von Interesse; vgl. die darauf bezügliche Fußnote in IK § 5.

2) Siehe außerdem den a. a. O. bereits skizzierten begrifflichen Beweis, der in § 4, 8 dieser Arbeit ausgeführt wird.

dem eben angeführten Existenzbeweis zur Verwendung kommenden Methoden der linearen Algebra versagen.

Ich möchte die *Vermutung* aussprechen:

(V.) *Das System* (2) *besitzt unter Voraussetzung der Lösbarkeit in* Ω *des Systems* (1), *unabhängig von der Natur des Grundkörpers* Ω, *wirklich kommutative assoziative Lösungen* $c_{\chi,\psi}$ *in* Ω.

Daß einschränkende Voraussetzungen über Ω nötig werden, wenn man überdies die Irreduzibilität des Faktorensystems $c_{\chi,\psi}$, also die Körpereigenschaft der Algebra K/Ω verlangt, ist durch einfachste Gegenbeispiele klar (etwa Ω_0 und Ω die Körper aller reellen und komplexen Zahlen). Die Vermutung (V.) besagt, daß diese wohlverständlichen Einschränkungen zum Wegfall kommen und demgemäß ein glatter, rein-algebraischer Sachverhalt vorliegt, wenn man — wie in dieser Arbeit geschehen — auf die Forderung der Irreduzibilität verzichtet, also von vornherein neben den abelschen Körpern auch die etwas allgemeineren abelschen Algebren in Betracht zieht. In den Spezialfällen, wo $\mathfrak{g}$ von der Ordnung $g = 2$ und $\mathfrak{A}$ von der Ordnung $N = 2$, 3 oder 4 ist, konnte ich die Richtigkeit der Vermutung (V.) durch explizite Nachprüfung bestätigen[1]).

4. Ein allgemeiner Beweis der Vermutung (V.) — und damit die formale Abrundung der hier entwickelten Theorie — ist mir leider bisher nicht gelungen. Ich möchte aber eine in etwas anderer Richtung liegende Abrundung anfügen.

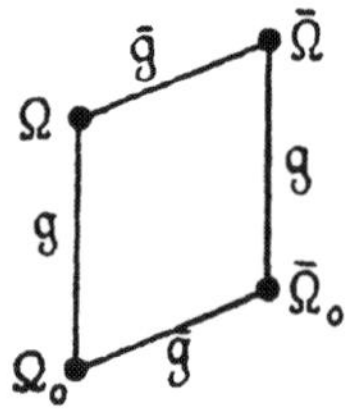

Fig. 1

Es sei $\bar{\Omega}_0/\Omega_0$ eine zu Ω/Ω_0 isomorphe Erweiterung, aufgefaßt als galoissche Algebra mit zu $\mathfrak{g}$ isomorpher Gruppe $\bar{\mathfrak{g}}$. Dann liefert die Grundkörpererweiterung von Ω_0 zu Ω aus $\bar{\Omega}_0/\Omega_0$ eine galoissche Algebra $\bar{\Omega}/\Omega$ mit der Gruppe $\bar{\mathfrak{g}}$ und dem Kernkörper Ω. Anders gesagt handelt es sich dabei um das über Ω_0 als Grundkörper gebildete direkte Produkt der beiden zueinander isomorphen Algebren (Erweiterungskörper) Ω und $\bar{\Omega}_0$, das wegen seiner Symmetrie auch als galoissche Algebra $\bar{\Omega}/\bar{\Omega}_0$ mit der Gruppe $\mathfrak{g}$ und dem Kernkörper $\bar{\Omega}_0$ aufgefaßt werden kann. Die beiden zueinander isomorphen Gruppen $\mathfrak{g}$ und $\bar{\mathfrak{g}}$ treten als Automorphismengruppen von $\bar{\Omega}/\Omega_0$ zum direkten Produkt zusammen, indem Ω bei $\bar{\mathfrak{g}}$ und $\bar{\Omega}_0$ bei $\mathfrak{g}$ elementweise invariant ist. Ist ε ein primitives Idempotent aus $\bar{\Omega}$, und definiert man den Isomorphismus $s \longleftrightarrow \bar{s}$ zwischen $\mathfrak{g}$ und $\bar{\mathfrak{g}}$ auf Grund des durch $\Omega\varepsilon = \bar{\Omega}_0\varepsilon$ gelieferten Isomorphismus zwischen Ω/Ω_0 und $\bar{\Omega}_0/\Omega_0$, so gilt

$$\bar{\Omega} = \sum_{r \text{ in } \mathfrak{g}} \Omega\varepsilon^r, \qquad \varepsilon^{\bar{s}} = \varepsilon^{s^{-1}},$$

wobei die ε^r zueinander orthogonale primitive Idempotente sind. Durch diese Beziehungen werden das Rechnen in $\bar{\Omega}$ und die Anwendung der Automorphismen aus $\mathfrak{g}$ und $\bar{\mathfrak{g}}$ auf $\bar{\Omega}$ vollständig beschrieben.

---

[1]) Zusatz bei der Korrektur: In Teil III, § 2 wird allgemeiner die Richtigkeit von (V.) im Falle $\mathsf{F} = 1$ für X, sowie im Falle $\mathfrak{C} = 1$ gezeigt werden.

In $\overline{\Omega}$ ist nun eine Lösung $\overline{b}_{\chi,s}$ von (1) explizit angebbar, nämlich

$$\overline{b}_{\chi,s} = \sum_{r} \chi(C_{r,s})\varepsilon^{rs},$$

und für diese Lösung werden die linken Seiten von (2) einfach

$$\frac{\overline{b}_{\chi,s}\overline{b}_{\psi,s}}{\overline{b}_{\chi\psi,s}} = 1.$$

Die vorausgesetzte Lösung $b_{\chi,s}$ in Ω muß dann zu dieser Normallösung $\overline{b}_{\chi,s}$ in $\overline{\Omega}$ bzgl. $\mathfrak{g}$ assoziiert sein; man findet in der Tat explizit

$$\overline{b}_{\chi,s} = b_{\chi,s}\frac{\overline{b}^{s}_{\chi^{\sigma^{-1}}}}{\overline{b}_{\chi}} \quad \text{mit} \quad \overline{b}_{\chi} = \sum_{r} b_{\chi,r}\varepsilon^{r}.$$

Die zugehörige Transformation der Lösungen $\overline{c}_{\chi,\psi}$ in $\overline{\Omega}$ von (2) in assoziierte lautet dann

$$\overline{a}^{-1}_{\chi,\psi} = \overline{c}_{\chi,\psi}\frac{\overline{b}_{\chi}\overline{b}_{\psi}}{\overline{b}_{\chi\psi}},$$

wobei die Faktorensysteme $\overline{a}_{\chi,\psi}$ mit dem Exponenten -1 angesetzt sind, um die formale Analogie zu dem obigen Ansatz (3) herzustellen. Jedes dieser Faktorensysteme $\overline{a}_{\chi,\psi}$ aus $\overline{\Omega}$ hat, als der Normallösung $\overline{b}_{\chi,s}$ von (1) zugeordnet, statt (2) die einfache Eigenschaft

$$\overline{a}^{s}_{\chi^{\sigma^{-1}},\psi^{\sigma^{-1}}} = \overline{a}_{\chi,\psi}$$

und entspricht daher durch seine Normalbasisdarstellung von der speziellen Form

$$\overline{a}_{\chi,\psi} = \sum_{r} a^{r}_{\chi^{\varrho^{-1}},\psi^{\varrho^{-1}}}\varepsilon^{r}$$

umkehrbar eindeutig einem Faktorensystem $a_{\chi,\psi}$ aus Ω. Zusammengenommen ergibt sich hieraus:

Zu gegebener Lösung $b_{\chi,s}$ von (1) in Ω erhält man alle kommutativen assoziativen Lösungen $\overline{c}_{\chi,\psi}$ von (2) in $\overline{\Omega}$, wenn man in dem Ansatz

$$(\overline{3}) \qquad \overline{c}^{-1}_{\chi,\psi} = \overline{a}_{\chi,\psi}\frac{\overline{b}_{\chi}\overline{b}_{\psi}}{\overline{b}_{\chi\psi}} = \sum_{r} a^{r}_{\chi^{\varrho^{-1}},\psi^{\varrho^{-1}}}\frac{b_{\chi,r}b_{\psi,r}}{b_{\chi\psi,r}}\varepsilon^{r}$$

für $a_{\chi,\psi}$ alle abelschen Faktorensysteme zu X aus Ω nimmt.

Zum Vergleich von $(\overline{3})$ mit (3) hat man sich, als Äquivalent der in $(\overline{3})$ vorliegenden Erweiterung vom Körper Ω/Ω_0 auf die Algebra $\overline{\Omega}/\overline{\Omega}_0$, in (3) die $a^{r}_{\chi^{\varrho^{-1}},\psi^{\varrho^{-1}}}$ durch konjugierte Basen von Ω/Ω_0 dargestellt zu denken und dabei statt nur Koeffizienten aus Ω_0 auch solche aus Ω zuzulassen (ohne daß diese letzteren den Automorphismen r aus $\mathfrak{g}$ unterworfen werden)[1]). Dann wird die Kommutativität und Assoziativität der so gebildeten $\overline{c}^{-1}_{\chi,\psi}$ dadurch erzwungen, daß man erstens nur kommutative und assoziative $a_{\chi,\psi}$ in Betracht zieht und zweitens zwischen den eben genannten Koeffizienten in (3) noch diejenigen linearen Relationen fest-

[1]) Genau in dieser Weise wurde ja schon beim Beweis des Hilfssatzes in IK § 5 vorgegangen.

setzt, die der Hinzufügung der orthogonalen Idempotente ε^r als Faktoren in $(\overline{3})$ entsprechen. Hierdurch wird aber die Schwierigkeit nicht behoben, sondern nur verschoben, nämlich von der Befriedigung der Assoziativrelationen auf die Zugehörigkeit der Lösungen $\bar{c}_{\chi,\psi}$ zum Ausgangskörper Ω. In $(\overline{3})$ drückt sich diese Forderung durch die Invarianz der $\bar{c}_{\chi,\psi}$ bei den Automorphismen $\bar{s}$ aus $\bar{\mathfrak{g}}$ aus; diese läuft auf eine solche Wahl des abelschen Faktorensystems $a_{\chi,\psi}$ aus Ω hinaus, daß die Koeffizienten der ε^r in $(\overline{3})$ von r unabhängig sind, und das wiederum ist formal gleichbedeutend mit der Befriedigung von (2) durch ein abelsches Faktorensystem $c_{\chi,\psi}$ aus Ω. Ebenso läuft auch in (3) bei der eben skizzierten Auffassung die Forderung der Zugehörigkeit der $\bar{c}_{\chi,\psi}$ zu Ω formal auf die ursprüngliche Fragestellung zurück.

Hiernach scheint zum Beweise der Vermutung (V.) eine derartige einfache formale Schlußweise nicht auszureichen, vielmehr ein genaueres Eingehen auf die Struktur der Assoziativrelationen erforderlich zu sein.

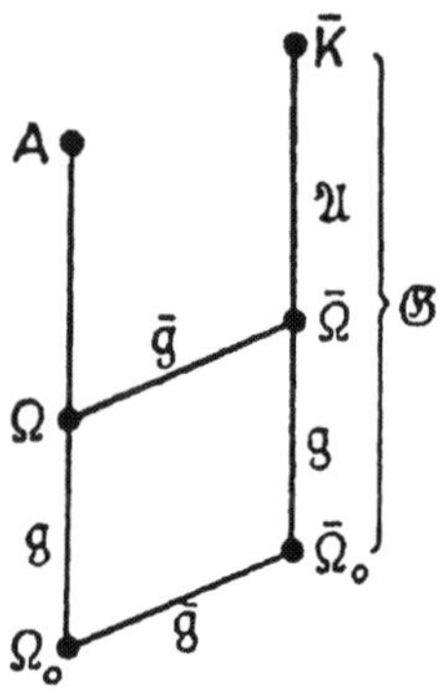

Fig. 2

Immerhin ist der entwickelte Zusammenhang nicht ohne Interesse. Er stellt nämlich fest:

Ist (1) *durch ein Verkettungssystem* $b_{\chi,s}$ *zwischen* X *und* $\mathfrak{g}$ *in* Ω *lösbar, so entspricht jeder abelschen Algebra* A/Ω *mit der Gruppe* $\mathfrak{A}$ *(gegeben durch ein abelsches Faktorensystem* $a_{\chi,\psi}$ *zu* X *in* Ω*), gleichgültig wie sich* A/Ω_0 *verhält, eindeutig eine abelsche Algebra* $\bar{\mathsf{K}}/\bar{\Omega}$ *mit der Gruppe* $\mathfrak{A}$ *(gegeben durch das nach* $(\overline{3})$ *bestimmte abelsche Faktorensystem* $\bar{c}_{\chi,\psi}$ *zu* X *in* $\bar{\Omega}$*) derart, daß* $\bar{\mathsf{K}}/\bar{\Omega}_0$ *galoissch mit der vorgegebenen Erweiterung* $\mathfrak{G} = (\mathfrak{A};\ \Gamma,\ \mathfrak{C})$ *als Gruppe ist, und umgekehrt.*

Man beachte, daß hierbei von einem Enthaltensein von A in $\bar{\mathsf{K}}$ nicht die Rede ist. Die Richtigkeit der Vermutung (V.) würde bedeuten, daß $\bar{\mathsf{K}}/\bar{\Omega}$ aus einer Teilalgebra K/Ω durch Grundkörpererweiterung hervorgeht.

5. Was die *Mannigfaltigkeit der (kommutativen assoziativen) Lösungen* $c_{\chi,\psi}$ des Systems (2) betrifft, so liegen diese Lösungen genau fest bis auf Substitutionen $c_{\chi,\psi} \to c_{\chi,\psi}\, a_{\chi,\psi}$ mit (abelschen) Faktorensystemen $a_{\chi,\psi}$ aus Ω der besonderen Eigenschaft

$$(4) \qquad a^s_{\chi^{\sigma^{-1}},\,\psi^{\sigma^{-1}}} = a_{\chi,\psi} \quad \text{oder also} \quad a_{\chi^\sigma,\,\psi^\sigma} = a^s_{\chi,\psi}$$

für alle s aus $\mathfrak{g}$. Demnach gilt:

Im Falle der Lösbarkeit von (2) *durch ein abelsches Faktorensystem* $c^{(0)}_{\chi,\psi}$ *zu* X *in* Ω *erhält man die Gesamtheit der nicht-assoziierten solchen Lösungen in der Form* $c_{\chi,\psi} = c^{(0)}_{\chi,\psi}\, a_{\chi,\psi}$, *wo* $a_{\chi,\psi}$ *die Gesamtheit der nicht-assoziierten abelschen Faktorensysteme zu* X *in* Ω *mit der Eigenschaft* (4) *durchläuft.*

Die Systeme $a_{\chi,\psi}$ mit der Eigenschaft (4) lassen sich in der folgenden Weise kennzeichnen. Die Charaktergruppe X zerfällt in *Klassen* $\mathfrak{K}$ *durch die Automorphismengruppe* Γ *konjugierter Charaktere* χ. Die Klasse $\mathfrak{K}_\chi$ der zu einem Charakter χ durch Γ konjugierten Charaktere besteht aus den χ^σ für alle s aus $\mathfrak{g}$. Diese Charaktere entsprechen eineindeutig den linksseitigen Nebengruppen nach derjenigen Untergruppe $\mathfrak{g}_\chi$ von $\mathfrak{g}$, deren Bild Γ_χ in Γ den Charakter χ invariant läßt; der Invariantenkörper dieser Untergruppe $\mathfrak{g}_\chi$ sei mit Ω_χ bezeichnet. Entsprechend zerfällt die Menge aller Charakterpaare aus X in Klassen durch Γ konjugierter Paare. Die Klasse $\mathfrak{K}_{\chi,\psi}$ der zu einem Paar χ, ψ durch Γ konjugierten Paare besteht aus den χ^σ, ψ^σ für alle s aus $\mathfrak{g}$. Diese Paare entsprechen eineindeutig den linksseitigen Nebengruppen des Durchschnitts $\mathfrak{g}_\chi \cap \mathfrak{g}_\psi$; dessen Invariantenkörper ist das Kompositum $\Omega_\chi \Omega_\psi$. Durchläuft i ein Vertretersystem der linksseitigen Nebengruppen von $\mathfrak{g}$ nach $\mathfrak{g}_\chi \cap \mathfrak{g}_\psi$, so sind einerseits χ^ι, ψ^ι die verschiedenen Paare aus $\mathfrak{K}_{\chi,\psi}$, und andrerseits bilden für jedes Element a aus $\Omega_\chi \Omega_\psi$ die a^i das System der durch $\mathfrak{g}$ konjugierten Elemente aus den durch $\mathfrak{g}$ konjugierten Körpern $\Omega_\chi^i \Omega_\psi^i = \Omega_{\chi^\iota} \Omega_{\psi^\iota}$. Daraus erkennt man:

Die Systeme $a_{\chi,\psi}$ mit der Eigenschaft (4) *sind dadurch gekennzeichnet, daß sie in Systeme durch $\mathfrak{g}$ konjugierter Elemente aus den durch $\mathfrak{g}$ konjugierten Körpern $\Omega_\chi \Omega_\psi$ zerfallen, entsprechend der Einteilung der Charakterpaare χ, ψ aus X in Klassen durch Γ konjugierter Paare.*

Ist speziell $\Gamma = 1$ für X, so daß die Klassen $\mathfrak{K}_\chi$, $\mathfrak{K}_{\chi,\psi}$ nur je aus einem Charakter χ bzw. Paar χ, ψ bestehen, so sind die Untergruppen $\mathfrak{g}_\chi$, $\mathfrak{g}_\chi \cap \mathfrak{g}_\psi = \mathfrak{g}$, also ihre Invariantenkörper Ω_χ, $\Omega_\chi \Omega_\psi = \Omega_0$, und (4) besagt, daß alle $a_{\chi,\psi}$ in Ω_0 liegen. In diesem Spezialfall handelt es sich also einfach um die (in Ω nicht-assoziierten) abelschen Faktorensysteme $a_{\chi,\psi}$ zu X in Ω_0, wobei aber, da Ω_0 die n-ten Einheitswurzeln nicht zu enthalten braucht, die zugeordneten halbeinfachen kommutativen Algebren A_0/Ω_0 (mit dem Multiplikationsschema $\omega_\chi \omega_\psi = a_{\chi,\psi} \omega_{\chi\psi}$) im allgemeinen nicht abelsch mit der Gruppe $\mathfrak{A}$ sind.

Im allgemeinen Falle bleibt noch die Aufgabe, die abelschen Algebren A/Ω mit der Gruppe $\mathfrak{A}$, die den Faktorensystemen $a_{\chi,\psi}$ mit der besonderen Eigenschaft (4) zugeordnet sind, unter allen solchen Algebren zu kennzeichnen und so die gewonnene Übersicht über die Lösungsmannigfaltigkeit des Systems (2) zu vertiefen. Auf diese Aufgabe möchte ich in der vorliegenden Arbeit nicht weiter eingehen[1]).

§ 4. Zusammenhang mit der Existenz echter vom Grundkörper zerfällter Divisionsalgebren über dem Teilkörper.

1. Nachdem so — bis auf die offen gebliebene Vermutung (V.) — Klarheit über Lösbarkeit und Lösungsmannigfaltigkeit des Gleichungssystems § 3, (2) durch abelsche Faktorensysteme $c_{\chi,\psi}$ aus Ω gewonnen ist, soll jetzt die Frage nach der Lösbarkeit des Gleichungssystems § 3, (1) durch ein Verkettungssystem $b_{\chi,s}$ aus Ω näher untersucht werden; daß hier im Falle der Lösbarkeit die Verkettungssystemklasse $\mathfrak{b}$ der Lösung eindeutig und invariant bestimmt ist, wurde bereits in § 3, **2** festgestellt.

Das zu betrachtende Gleichungssystem

$$(1) \qquad \chi(C_{s,t}) = \frac{b^t_{\chi^{\tau^{-1}},s}\, b_{\chi,t}}{b_{\chi,st}}$$

wurde in IK § 5 mit der Aufgabe der *Fortsetzung der Charaktere χ von $\mathfrak{A}$ auf die Erweiterungsgruppe* $\mathfrak{G} = (\mathfrak{A};\, \Gamma,\, \mathfrak{C})$ in Beziehung gesetzt. Für diese Fortsetzung

[1]) Siehe dazu Teil II, **4.**

wurde die allgemeine Multiplikationsregel

$$(2) \qquad \chi(U_s A \cdot U_t B) = \chi^{\tau^{-1}}(U_s A) \cdot \chi(U_t B) \qquad (A, B \text{ in } \mathfrak{A})$$

gefordert[1]), also insbesondere

$$(3) \quad \chi(U_s A) = \chi(U_s)\chi(A), \quad \chi(A U_s) = \chi^{\sigma^{-1}}(A)\chi(U_s), \quad \chi(U_s U_t) = \chi^{\tau^{-1}}(U_s)\chi(U_t).$$

Daraus ergaben sich für die neu zu schaffenden Charakterwerte $\chi(U_s)$ des Vertretersystems U_s die Relationen

$$(4) \qquad \chi(A)^{s^{-1}}\chi(U_s) = \chi(U_s)\chi(A), \qquad \chi^{\tau^{-1}}(U_s)\chi(U_t) = \chi(U_{st})\chi(C_{s,t}).$$

Denkt man sich umgekehrt die $\chi(U_s)$ als abstraktes Elementsystem durch die Relationen (4) definiert, so erfüllen, wie ebenfalls a. a. O. festgestellt wurde, die nach (3_1) für alle Elemente $U_s A$ aus $\mathfrak{G}$ erklärten Funktionen χ auch (3_2), (3_3) und die allgemeine Multiplikationsregel (2), stellen also eine Fortsetzung der Charaktere χ von $\mathfrak{A}$ auf $\mathfrak{G}$ im geforderten Sinne dar.

2. Der auf diese Weise geschaffene Erweiterungsbereich des Bereichs der Charakterwerte $\chi(A)$, also der in Ω enthaltenen Gruppe der n-ten Einheitswurzeln, ist insofern noch lückenhaft, als in ihm nur gewisse Produkte der neuen Charakterwerte $\chi(U_s A)$ erklärt sind, nämlich die in der allgemeinen Multiplikationsregel (2) vorkommenden. Um diese Lücken zu schließen, sei in Ergänzung zu (4_2) festgesetzt, daß alle übrigen Produkte aus den $\chi(U_s)$ Null sein sollen. Da durch diese Hinzunahme der Null zum Wertbereich der rein-gruppentheoretische Rahmen des Erweiterungsprozesses überschritten wird, sei außerdem — wie bereits in IK § 5 — als Ausgangsbereich statt nur der n-ten Einheitswurzeln der volle Körper Ω zugrunde gelegt, mit der (4_1) entsprechenden allgemeinen Transformationsregel.

In dieser Weise füllen sich die erzeugenden Relationen (4) zum *Multiplikationsschema einer Algebra* A/Ω_0 auf, das — von den Ω/Ω_0 definierenden Relationen abgesehen — aus den folgenden Relationen für eine *Relativbasis* $\chi(U_s)$ *von* A/Ω besteht:

$$(5) \qquad a\chi(U_s) = \chi(U_s)a^s \qquad (a \text{ in } \Omega),$$

$$(6) \qquad \psi(U_s)\chi(U_t) = e_{\psi^\tau,\chi}\,\chi(U_{st})\chi(C_{s,t}),$$

wo $e_{\chi,\psi}$ die Koeffizienten der Einsmatrix zu den Charakteren χ, ψ aus X als Zeilen- und Spaltenindizes bedeuten. Diese Algebra A hat über Ω den Rang Ng, also über Ω_0 den Rang Ng^2, wo N, g die Ordnungen von $\mathfrak{A}$, $\mathfrak{g}$ sind.

3. Erklärt man in A die allgemeinen Charakterwerte $\chi(U_s A)$ durch (3_1), so gelten für diese, wie gesagt, auch (3_2), (3_3) und (2). Dieser an sich entbehrliche Einbau des Formalismus der zum Ausgang genommenen Charakterfortsetzung[2]) kann zur Vereinfachung und durchsichtigeren Gestaltung des Rechnens in A

[1]) Aus Zweckmäßigkeitsgründen wird hier eine andere Normierung zugrunde gelegt, indem die dortigen $\chi(U_s)$ hier als $\chi^\sigma(U_s)$ angesetzt werden. Dadurch bekommen die dortigen Formeln hier eine etwas andere Gestalt; insbesondere treten nachstehend in (4) die Charakterwerte $\chi(C_{s,t})$ nicht mehr durch die Automorphismen $\sigma\tau$ von X verschoben auf.

[2]) Man könnte die Relativbasis $\chi(U_s)$ etwa mit $u_{\chi,s}$ bezeichnen und brauchte von Charakterfortsetzung nicht zu reden.

mit Vorteil benutzt werden, wie sich im folgenden wiederholt zeigen wird. So liest man, indem man die Multiplikationsregel (6) in die Gestalt

$$\psi(U_s)\,\chi(U_t) = e_{\psi^\tau,\chi}\,\chi(U_s U_t)$$

setzt, aus

$$\varphi(U_r)\cdot\psi(U_s)\,\chi(U_t) = e_{\varphi^\sigma,\psi}\,e_{\psi^\tau,\chi}\,\chi(U_r U_s U_t) = \varphi(U_r)\,\psi(U_s)\cdot\chi(U_t)$$

die *Assoziativität von* A als Folge aus der Assoziativität von $\mathfrak{G}$ ab.

Ohne Einschränkung sei U_1 als das Einselement von $\mathfrak{G}$ vorausgesetzt. Dann ist

$$\varepsilon = \sum_\chi \chi(U_1) \tag{7}$$

das *Einselement von* A, und zwar ist dies eine *Zerlegung von* ε *in zueinander orthogonale Idempotente* $\chi(U_1)$ *aus* A. Wie bei den gewöhnlichen verschränkten Produkten werde auch bei der hier vorliegenden Verallgemeinerung der Ausgangskörper Ω mit dem Teilkörper $\varepsilon\Omega$ von A identifiziert. Man muß dann aber zwischen den Elementen $\chi(A)$ aus diesem Teilkörper Ω und den Elementen $\chi(U_1 A) = \chi(U_1)\,\chi(A)$ aus den zu ihm isomorphen Teilkörpern $\chi(U_1)\,\Omega$ unterscheiden, kann also den Faktor U_1 im Argument der Charaktere χ nicht einfach weglassen.

Aus (5), (6), (7) erkennt man:

Die Algebra A *ist die direkte Summe derjenigen Teilalgebren* $A_{\mathfrak{K}}$, *die entstehen, wenn man sich in der Relativbasis* $\chi(U_s)$ *auf die Charaktere* χ *aus einer festen Klasse* $\mathfrak{K}$ *durch* Γ *konjugierter Charaktere beschränkt.*

4. Das zu untersuchende Gleichungssystem (1) hat für die Algebra A die folgende Bedeutung. Die Struktur des Multiplikationsschemas (5), (6) bleibt, von den Werten des Faktorensystems $\chi(C_{s,t})$ abgesehen, genau bei den Relativbasissubstitutionen

$$\chi(U_s) \rightarrow \chi(U_s)\,b_{\chi,s} \tag{8}$$

mit beliebigen $b_{\chi,s} \neq 0$ aus Ω invariant. Dabei erfährt das Faktorensystem $\chi(C_{s,t})$ die Substitutionen

$$\chi(C_{s,t}) \rightarrow \chi(C_{s,t})\,\frac{b^t_{\chi^{\tau^{-1}},s}\,b_{\chi,t}}{b_{\chi,st}}\,. \tag{8'}$$

Versteht man also unter dem *Zerfallen von* A, daß das Faktorensystem $\chi(C_{s,t})$ durch eine die Struktur von (5), (6) erhaltende Relativbasissubstitution zu 1 gemacht werden kann, so gilt:

Die Lösbarkeit von (1) *durch ein Verkettungssystem* $b_{\chi,s}$ *aus* Ω *bedeutet das Zerfallen von* A.

Der direkten Zerlegung $A = \sum_{\mathfrak{K}} A_{\mathfrak{K}}$ entsprechend zerfällt auch das Gleichungssystem (1) in voneinander unabhängige Teilsysteme, in denen χ auf je eine Klasse $\mathfrak{K}$ durch Γ konjugierter Charaktere beschränkt ist. Die Lösbarkeit eines dieser Teilsysteme bedeutet das Zerfallen der entsprechenden Teilalgebra $A_{\mathfrak{K}}$. Es genügt demnach, sich auf die Betrachtung eines solchen Teilsystems von (1) und der entsprechenden Teilalgebra $A_{\mathfrak{K}}$ von A zu beschränken.

5. Sei weiterhin $\mathfrak{K}$ eine feste Klasse durch Γ konjugierter Charaktere χ aus X und h die Anzahl ihrer Elemente, gleichzeitig der Index der in § 3, 5 erklärten konjugierten Untergruppen $\mathfrak{g}_\chi$ von $\mathfrak{g}$ (bestehend aus den s_0 mit $\chi^{\sigma_0} = \chi$) und

der Grad ihrer durch $\mathfrak{g}$ konjugierten Invariantenkörper Ω_χ über Ω_0. Die $\mathfrak{K}$ entsprechende Algebra $\mathsf{A}_\mathfrak{K}$ hat über Ω den Rang hg, also über Ω_0 den Rang hg^2. Über ihre Struktur läßt sich folgendes aussagen.

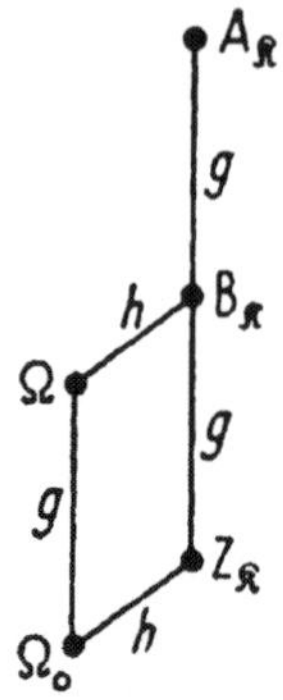

Fig. 3

Aus der Relativbasisdarstellung

$$x = \sum_\chi \sum_s \chi(U_s)\, a_{\chi,s} \qquad (a_{\chi,s} \text{ in } \Omega)$$

der Elemente x aus $\mathsf{A}_\mathfrak{K}$ liest man ab, daß die *Teilalgebra* $\mathsf{B}_\mathfrak{K}$ *der mit allen Elementen aus* Ω *vertauschbaren Elemente* y *aus* $\mathsf{A}_\mathfrak{K}$ in Relativbasisdarstellung durch

$$y = \sum_\chi \chi(U_1)\, a_\chi \qquad (a_\chi \text{ in } \Omega)$$

gegeben ist. Demnach ist $\mathsf{B}_\mathfrak{K}$ *kommutativ*, vom Rang h über Ω, also hg über Ω_0, und *direkte Summe der zu* Ω *isomorphen Körper* $\chi(U_1)\Omega$.

Indem man die Forderung der Vertauschbarkeit mit der Relativbasis $\chi(U_s)$ hinzunimmt, erhält man für die Elemente z des *Zentrums* $\mathsf{Z}_\mathfrak{K}$ von $\mathsf{A}_\mathfrak{K}$ die Relativbasisdarstellung

$$z = \sum_\chi \chi(U_1)\, a_\chi \quad \text{mit} \quad a^s_{\chi^{\sigma^{-1}}} = a_\chi \quad \text{oder also} \quad a_{\chi^\sigma} = a^s_\chi .$$

Letzteres besagt analog wie in § 3, 5, daß die a_χ in Systeme durch $\mathfrak{g}$ konjugierter Elemente aus den durch $\mathfrak{g}$ konjugierten Teilkörpern Ω_χ von Ω zerfallen. Demnach hat $\mathsf{Z}_\mathfrak{K}$ über Ω_0 den Rang h, ist ein *zu den* Ω_χ *isomorpher Erweiterungskörper von* Ω_0, und es gilt $\mathsf{Z}_\mathfrak{K} \cap \Omega = \Omega_0$, also $\mathsf{Z}_\mathfrak{K}\Omega = \mathsf{B}_\mathfrak{K}$. Ferner hat $\mathsf{A}_\mathfrak{K}$ über $\mathsf{Z}_\mathfrak{K}$ den Rang g^2 und $\mathsf{B}_\mathfrak{K}$ über $\mathsf{Z}_\mathfrak{K}$ den Rang g.

6. Auf Grund der Festsetzung

$$y^s = \sum_\chi \chi(U_1)\, a^s_{\chi^{\sigma^{-1}}} = \sum_\chi \chi^\sigma(U_1)\, a^s_\chi$$

ist $\mathsf{B}_\mathfrak{K}/\mathsf{Z}_\mathfrak{K}$ *eine galoissche Algebra mit der Gruppe* $\mathfrak{g}$ im Sinne von § 1. Einerseits erkennt man nämlich im Hinblick auf die Orthogonalität der Idempotente $\chi(U_1)$ sofort, daß durch diese Festsetzung $\mathfrak{g}$ zur Automorphismengruppe von $\mathsf{B}_\mathfrak{K}/\mathsf{Z}_\mathfrak{K}$ gemacht wird. Um andrerseits einzusehen, daß die Anwendung von $\mathfrak{g}$ auf eine Basis von $\mathsf{B}_\mathfrak{K}/\mathsf{Z}_\mathfrak{K}$ eine Darstellung aus der regulären Darstellungsklasse von $\mathfrak{g}$ liefert, gehe man von einem System durch $\mathfrak{g}$ konjugierter Relativbasen $\Theta_{\chi,\nu}$ $(\nu = 1, \ldots, g/h)$ für die Ω/Ω_χ aus, die also untereinander in dem Zusammenhang $\Theta_{\chi^\sigma,\nu} = \Theta^s_{\chi,\nu}$ stehen und dementsprechend aus einer von ihnen, die willkürlich gewählt werden kann, gewonnen werden. Dann bilden die $\chi(U_1)\Theta_{\chi,\nu}$ eine Basis von $\mathsf{B}_\mathfrak{K}/\mathsf{Z}_\mathfrak{K}$, die sich bei $\mathfrak{g}$ nach der getroffenen Festsetzung gemäß $(\chi(U_1)\Theta_{\chi,\nu})^s = \chi^\sigma(U_1)\Theta_{\chi^\sigma,\nu}$ transformiert, also die durch eine reguläre Darstellung von $\mathfrak{g}_\chi$ induzierte Darstellung von $\mathfrak{g}$ erfährt. Das ist aber bekanntlich eine reguläre Darstellung von $\mathfrak{g}$.

Indem man die Elemente x aus $\mathsf{A}_\mathfrak{K}$ in der Form

$$x = \sum_\chi \sum_s \chi(U_s)\, a_{\chi,s} = \sum_{\chi,\psi} \chi(U_s)\, \psi(U_1)\, a_{\psi,s} = \sum_s \sum_\chi \chi(U_s)\, y_s$$

$$\text{mit} \quad y_s = \sum_\psi \psi(U_1)\, a_{\psi,s} \quad \text{aus} \quad \mathsf{B}_\mathfrak{K}$$

schreibt, erkennt man ferner, daß die Elemente

$$u_s = \sum_\chi \chi(U_s)$$

eine Relativbasis von $\mathsf{A}_\mathfrak{K}/\mathsf{B}_\mathfrak{K}$ bilden. Für diese Relativbasis ergeben sich die Rechenregeln:

$$y u_s = u_s y^s \qquad (y \text{ in } \mathsf{B}_\mathfrak{K}),$$

$$u_s u_t = u_{st} \sum_\chi \chi(U_1)\chi(C_{s,t}).$$

Sie besagen:

Die Algebra $\mathsf{A}_\mathfrak{K}/\mathsf{Z}_\mathfrak{K}$ (vom Range g^2) ist das verschränkte Produkt der maximalen kommutativen Teilalgebra $\mathsf{B}_\mathfrak{K}/\mathsf{Z}_\mathfrak{K}$ (vom Range g) und ihrer Galoisgruppe $\mathfrak{g}$, mit dem Faktorensystem $\sum_\chi \chi(U_1)\chi(C_{s,t})$.

7. In dieser verschränkten Produktdarstellung von $\mathsf{A}_\mathfrak{K}$ tritt das Faktorensystem $\chi(C_{s,t})$ noch in additiver Zusammensetzung mit den orthogonalen Idempotenten $\chi(U_1)$ auf. Davon kann man aber durch Abspaltung einer vollen Matrixalgebra loskommen.

Sei dazu jetzt χ ein fester Charakter aus $\mathfrak{K}$ und $\mathfrak{g} = \sum_i \mathfrak{g}_\chi i$ die linksseitige Zerlegung von $\mathfrak{g}$ nach $\mathfrak{g}_\chi$, so daß also die verschiedenen Charaktere aus $\mathfrak{K}$ mittels des Vertretersystems i in der Form χ^i gegeben sind. Die Untergruppe $\mathfrak{g}_\chi$ selbst sei durch $i = 1$ vertreten. Wie man sofort bestätigt, erzeugen dann die Elemente

$$\varepsilon_{i1} = \chi(U_i^{-1}), \qquad \varepsilon_{1k} = \chi^k(U_k)$$

in der Form

$$\varepsilon_{ik} = \varepsilon_{i1}\varepsilon_{1k} = \chi^k(U_i^{-1}U_k)$$

ein System von h^2 Matrizeneinheiten aus $\mathsf{A}_\mathfrak{K}$, das der Zerlegung

$$\varepsilon_\mathfrak{K} = \sum_i \chi^i(U_1) = \sum_i \varepsilon_{ii}$$

des Einselements $\varepsilon_\mathfrak{K}$ von $\mathsf{A}_\mathfrak{K}$ in orthogonale Idempotente zugeordnet ist. Dementsprechend ist aus $\mathsf{A}_\mathfrak{K}$ eine volle Matrixalgebra vom Range h^2 als direkter Faktor abspaltbar. In bekannter Weise gilt dann:

Die Algebra $\mathsf{A}_\mathfrak{K}$ ist ähnlich zu der Teilalgebra $\mathsf{A}_\mathfrak{K}^0 = \varepsilon_{11}\mathsf{A}_\mathfrak{K}\varepsilon_{11}$ mit dem zu Ω_χ isomorphen Zentrum $\mathsf{Z}_\mathfrak{K}^0 = \varepsilon_{11}\mathsf{Z}_\mathfrak{K}\varepsilon_{11} = \chi(U_1)\Omega_\chi$.

Die Teilalgebra $\mathsf{A}_\mathfrak{K}^0$ hat über Ω den Rang $\frac{g}{h}$ und die Relativbasis $\chi(U_{s_0})$ mit dem Multiplikationsschema

$$a\chi(U_{s_0}) = \chi(U_{s_0})a^{s_0} \qquad (a \text{ in } \Omega),$$

$$\chi(U_{s_0})\chi(U_{t_0}) = \chi(U_{s_0t_0})\chi(C_{s_0,t_0}),$$

wobei s_0, t_0 auf die Untergruppe $\mathfrak{g}_\chi$ beschränkt sind. Dies besagt:

Die Algebra $\mathsf{A}_\mathfrak{K}^0/\chi(U_1)\Omega_\chi$ ist isomorph zu dem verschränkten Produkt des Körpers Ω/Ω_χ und seiner Galoisgruppe $\mathfrak{g}_\chi$, mit dem Faktorensystem $\chi(C_{s_0,t_0})$ (χ fest aus $\mathfrak{K}$; s_0, t_0 in $\mathfrak{g}_\chi$).

Da dies verschränkte Produkt bekanntlich eine einfache Algebra ist, ist auch $\mathsf{A}_\mathfrak{K}$ *einfach* und $\mathsf{A} = \sum_\mathfrak{K} \mathsf{A}_\mathfrak{K}$ *halbeinfach.*

8. Aus der Einfachheit von $\mathsf{A}_\mathfrak{K}$ ergibt sich ein begrifflicher Beweis des Hilfssatzes aus IK § 5, wie er dort in einer längeren Fußnote bereits skizziert wurde,

in voller Analogie zu dem begrifflichen Beweis des entsprechenden Satzes über gewöhnliche Transformationsgrößen.[1])

Sei vorausgesetzt, daß (für die Charaktere χ aus einer festen Klasse $\mathfrak{K}$) die mit den Elementen $b_{\chi,s} \neq 0$ aus Ω gebildeten verallgemeinerten Transformationsgrößen

$$\frac{b^t_{\chi^{\tau^{-1}},s}\, b_{\chi,t}}{b_{\chi,st}} = 1$$

sind. Nach (8), (8′) liefert dann die Relativbasissubstitution $\chi(U_s) \to \chi(U_s)\, b_{\chi,s}$ bei elementweiser Invarianz von Ω einen Automorphismus von $\mathsf{A}_{\mathfrak{K}}$. Wegen der Einfachheit von $\mathsf{A}_{\mathfrak{K}}$ ist dieser Automorphismus notwendig ein innerer; es gilt also

$$v\chi(U_s) = \chi(U_s)\, b_{\chi,s}\, v$$

mit einem regulären Element v aus $\mathsf{A}_{\mathfrak{K}}$, das zudem mit Ω elementweise vertauschbar ist. Aus dem letzteren Grunde gehört v zur maximalen kommutativen Teilalgebra $\mathsf{B}_{\mathfrak{K}}$, hat also eine Relativbasisdarstellung der Gestalt

$$v = \sum_{\chi} \chi(U_1)\, a_\chi$$

mit Elementen $a_\chi \neq 0$ aus Ω. Damit wird

$$v\chi(U_s) = \sum_{\psi} \psi(U_1)\, a_\psi \chi(U_s) = \sum_{\psi} \psi(U_1)\, \chi(U_s)\, a^s_\psi = \chi(U_s)\, a^s_{\chi^{\sigma^{-1}}},$$

$$\chi(U_s)\, b_{\chi,s}\, v = \chi(U_s)\, v\, b_{\chi,s} = \sum_{\psi} \chi(U_s)\, \psi(U_1)\, a_\psi\, b_{\chi,s} = \chi(U_s)\, a_\chi\, b_{\chi,s}.$$

Durch Vergleich ergibt sich hieraus die Behauptung

$$b_{\chi,s} = \frac{a^s_{\chi^{\sigma^{-1}}}}{a_\chi}$$

des in Rede stehenden Satzes.

9. Die einfache Algebra $\mathsf{A}^0_{\mathfrak{K}}$ ist auf Grund der erhaltenen verschränkten Produktdarstellung bekanntlich dann und nur dann volle Matrixalgebra über ihrem Zentrum $\chi(U_1)\,\Omega_\chi$, wenn das Faktorensystem $\chi(C_{s_0,t_0}) \sim 1$ in Ω ist, wenn also das in (1) als Teilsystem enthaltene Gleichungssystem

$$(1_0) \qquad \chi(C_{s_0,t_0}) = \frac{b^{t_0}_{\chi,s_0}\, b_{\chi,t_0}}{b_{\chi,s_0t_0}} \qquad (\chi \text{ fest aus } \mathfrak{K};\ s_0, t_0 \text{ in } \mathfrak{g}_\chi)$$

eine Lösung b_{χ,s_0} in Ω besitzt. Analog ist die einfache Algebra $\mathsf{A}_{\mathfrak{K}}$ auf Grund der ihrer maximalen kommutativen Teilalgebra $\mathsf{B}_{\mathfrak{K}}$ entsprechenden verschränkten Produktdarstellung dann und nur dann volle Matrixalgebra über ihrem Zentrum $\mathsf{Z}_{\mathfrak{K}}$, wenn das Faktorensystem $\sum_{\chi} \chi(U_1)\, \chi(C_{s,t}) \sim 1$ in $\mathsf{B}_{\mathfrak{K}} = \sum_{\chi} \chi(U_1)\,\Omega$ ist, wenn also das Gleichungssystem

$$\sum_{\chi} \chi(U_1)\, \chi(C_{s,t}) = \frac{\left(\sum_{\chi} \chi(U_1)\, b_{\chi,s}\right)^t \cdot \left(\sum_{\chi} \chi(U_1)\, b_{\chi,t}\right)}{\sum_{\chi} \chi(U_1)\, b_{\chi,st}},$$

[1]) Von E. Noether „Hauptgeschlechtssatz im Minimalen" genannt; siehe ihre Arbeit: Der Hauptgeschlechtssatz für relativ-galoissche Zahlkörper. Math. Ann., Berlin **108** (1933), 411—419.

wo χ die Charaktere aus $\mathfrak{K}$ durchläuft, eine Lösung $\sum_{\chi} \chi(U_1)\, b_{\chi, s}$ mit Koeffizienten $b_{\chi, s}$ aus Ω besitzt. Dies letztere Gleichungssystem läuft aber durch Ausführung des Automorphismus t im ersten Faktor rechts und Komponentenzerlegung nach den orthogonalen Idempotenten $\chi(U_1)$ auf das zu untersuchende Gleichungssystem

$$(1_{\mathfrak{K}}) \qquad \chi(C_{s,t}) = \frac{b^t_{\chi^{\tau^{-1}}, s}\, b_{\chi, t}}{b_{\chi, st}} \qquad (\chi \text{ in } \mathfrak{K};\ s, t \text{ in } \mathfrak{g})$$

zurück. Auch für die verallgemeinerten verschränkten Produkte mit Multiplikationsschema vom Typus (5), (6) ist demnach (bei Beschränkung auf die Charaktere χ einer festen Klasse $\mathfrak{K}$) das Zerfallen von $\mathsf{A}_{\mathfrak{K}}$ im oben definierten Sinne, der kurz durch $\chi(C_{s,t}) \sim 1$ in Ω angedeutet sei, gleichbedeutend damit, daß $\mathsf{A}_{\mathfrak{K}}$ volle Matrixalgebra über dem Zentrum $\mathsf{Z}_{\mathfrak{K}}$ ist.

Da nun $\mathsf{A}_{\mathfrak{K}}$ isomorph zu einer vollen Matrixalgebra über $\mathsf{A}^0_{\mathfrak{K}}$ und dabei genauer $\mathsf{A}^0_{\mathfrak{K}} = \varepsilon_{11} \mathsf{A}_{\mathfrak{K}} \varepsilon_{11}$ sowie $\mathsf{Z}^0_{\mathfrak{K}} = \varepsilon_{11} \mathsf{Z}_{\mathfrak{K}} \varepsilon_{11} = \chi(U_1)\Omega_\chi$ ist, ist $\mathsf{A}_{\mathfrak{K}}$ dann und nur dann volle Matrixalgebra über $\mathsf{Z}_{\mathfrak{K}}$, wenn $\mathsf{A}^0_{\mathfrak{K}}$ volle Matrixalgebra über $\mathsf{Z}^0_{\mathfrak{K}}$ ist. So ergibt sich:

Die Lösbarkeit des vollen Systems $(1_{\mathfrak{K}})$ *in* Ω *ist gleichbedeutend mit der Lösbarkeit des Teilsystems* (1_0) *in* Ω.

10. Diese überraschende Tatsache, die aus der Strukturtheorie der Algebra $\mathsf{A}_{\mathfrak{K}}$ gewonnen wurde, läßt sich auch direkt bestätigen[1]), indem man explizit eine Relativbasissubstitution der Form (8) angibt, bei deren zugeordneter Substitution (8′) sich das Faktorensystem $\chi(C_{s,t})$ aus $(1_{\mathfrak{K}})$ auf die durch $\mathfrak{g}$ konjugierten des Teilsystems $\chi(C_{s_0, t_0})$ aus (1_0) reduziert.

Als neue Relativbasis von $\mathsf{A}_{\mathfrak{K}}$ über Ω werde angesetzt:

$$\overline{\chi^{\varkappa}(U_s)} = \varepsilon_{i1}\, \chi(U_s)\, \varepsilon_{1k}\,,$$

wo χ fest aus $\mathfrak{K}$ und

$$is = s_0 k \qquad \text{mit } s_0 \text{ in } \mathfrak{g}_\chi$$

die durch Rechtsmultiplikation des Linksvertretersystems i von $\mathfrak{g}$ nach $\mathfrak{g}_\chi$ mit den Elementen s aus $\mathfrak{g}$ gelieferte monomiale Darstellung von $\mathfrak{g}$ über $\mathfrak{g}_\chi$ ist. Daß dieser Ansatz in der Tat eine Relativbasissubstitution der Form (8) ist, erkennt man aus der Umformung

$$\overline{\chi^{\varkappa}(U_s)} = \chi(U_i^{-1})\, \chi(U_{s_0})\, \chi^{\varkappa}(U_k) = \chi^{\varkappa}(U_i^{-1} U_{s_0} U_k) = \chi^{\varkappa}(U_s)\, \chi^{\varkappa}(C_{i,s}^{-1} C_{s_0, k})\,.$$

Bei dieser Substitution geht die Multiplikationsregel (6) über in

$$\begin{aligned} \overline{\chi^{\varkappa}(U_s)}\, \overline{\chi^{\lambda}(U_t)} &= \chi^{\varkappa}(U_i^{-1} U_{s_0} U_k)\, \chi^{\lambda}(U_{k'}^{-1} U_{t_0} U_l) \qquad (is = s_0 k,\ k't = t_0 l) \\ &= e_{\chi^{\varkappa}, \chi^{\varkappa'}}\, \chi^{\lambda}(U_i^{-1} U_{s_0} U_{t_0} U_l) \\ &= e_{\chi^{\varkappa\tau}, \chi^{\lambda}}\, \chi^{\lambda}(U_i^{-1} U_{s_0 t_0} U_l)\, \chi^{\lambda}(C^{\lambda}_{s_0, t_0}) \\ &= e_{\chi^{\varkappa\tau}, \chi^{\lambda}}\, \overline{\chi^{\lambda}(U_{st})}\, \chi(C_{s_0, t_0})^l\,, \end{aligned}$$

letzteres einerseits, weil für $k = k'$ gilt $i \cdot st = s_0 t_0 \cdot l$, und andrerseits nach der Automorphismenübertragungsregel aus § 3, **1.** Die zugehörige Substitution (8′)

---

[1]) Dadurch erspart man die vorstehend benutzten Verallgemeinerungen bekannter Tatsachen über verschränkte Produkte und volle Matrixalgebren vom Falle eines maximalen galoisschen T e i l k ö r p e r s auf den Fall einer maximalen galoisschen T e i l a l g e b r a, die meines Wissens in der Literatur über Algebren nicht im einzelnen durchgeführt sind.

des Faktorensystems lautet demnach:

$$\chi^{\lambda}(C_{s,t}) \to \chi(C_{s_0,t_0})^l, \quad \text{wo} \quad lt^{-1} = t_0 k^{-1}, \, ks^{-1} = s_0 i^{-1} \quad \text{mit} \quad t_0, s_0 \text{ aus } \mathfrak{g}_\chi .$$

Die letztere eindeutige Festlegung von t_0, s_0 durch l und t, s ergibt sich aus der vorstehend auftretenden Form $is = s_0 k$, $kt = t_0 l$ durch Übergang zur transponierten reziproken Darstellung, ähnlich wie das auch bei der Automorphismenregel § 1, (2) erforderlich war.

Damit ist die oben festgestellte Reduktion von $(I_{\mathfrak{R}})$ auf (I_0) auch direkt erwiesen. Sie erfolgt nach obigem durch eine Transformation der Form (8′) mit den speziellen Verkettungsfaktoren

$$b^{(0)}_{\chi^{\varkappa}_{i}, s} = \chi^{\varkappa}(C^{-1}_{i,s} C_{s_0,k}), \quad \text{wo} \quad is = s_0 k \text{ mit } s_0 \text{ in } \mathfrak{g}_\chi ,$$

und lautet für die Lösungen selbst, wie leicht zu sehen, folgendermaßen:

$$b_{\chi^{\varkappa}, s} = b^{k}_{\chi, s_0} \chi^{\varkappa}(C_{i,s} C^{-1}_{s_0,k}) .$$

Man kann diese Reduktion, auf die es für die gestellte Aufgabe allein ankommt, natürlich auch ohne den Umweg über die Algebra A durch explizites Nachrechnen bestätigen. Es dürfte jedoch schwer gefallen sein, sie ohne die Theorie der Algebra A aufzufinden, in der sie in analoger Weise eine nicht bloß formale Bedeutung hat, wie der E. Noethersche Hauptgeschlechtssatz in der Theorie der gewöhnlichen verschränkten Produkte.

11. Zusammenfassend ist damit folgendes festgestellt.

Unter den in § 3, 1 vorangestellten Gegebenheiten und Definitionen werde die *Aufgabe:*

eine abelsche Algebra K/Ω mit der Gruppe $\mathfrak{A}$ zu konstruieren, die über Ω_0 galoissch mit der Erweiterungsgruppe $\mathfrak{G} = (\mathfrak{A};\, \Gamma,\, \mathfrak{C})$ ist,

kurz als das *Erweiterungsproblem* Ω/Ω_0, $\mathfrak{A}$; Γ, $\mathfrak{C}$ bezeichnet. Für jeden Charakter χ von $\mathfrak{A}$ sei $\mathfrak{g}_\chi$ diejenige Untergruppe von $\mathfrak{g}$, deren Bild Γ_χ in Γ den Charakter χ invariant läßt, und Ω_χ ihr Invariantenkörper. Die galoissche Algebra $\overline{\Omega}/\overline{\Omega}_0$ mit der Gruppe $\mathfrak{g}$ entstehe aus dem galoisschen Körper Ω/Ω_0 mit der Gruppe $\mathfrak{g}$, indem der Grundkörper Ω auf einen zu ihm isomorphen Körper Ω_0 erweitert wird.

Dann besteht die folgende *Alternative:*

Entweder zerfällt für mindestens einen Charakter χ von $\mathfrak{A}$ die normale einfache Algebra $\mathsf{A}_\chi/\Omega_\chi$ mit dem maximalen galoisschen Teilkörper Ω/Ω_χ und dem zugehörigen Faktorensystem $\chi(C_{s_0,t_0})$ (s_0, t_0 in $\mathfrak{g}_\chi$) nicht, so daß die in ihr enthaltene von Ω zerfällte normale Divisionsalgebra Δ_χ/Ω_χ echt ist. Dann ist das Erweiterungsproblem Ω/Ω_0, $\mathfrak{A}$; Γ, $\mathfrak{C}$ unlösbar.

Oder alle diese Algebren $\mathsf{A}_\chi/\Omega_\chi$ zerfallen. Dann ist zum mindesten das Erweiterungsproblem $\overline{\Omega}/\overline{\Omega}_0$, $\mathfrak{A}$; Γ, $\mathfrak{C}$ lösbar, und wenn die in § 3, 3 ausgesprochene Vermutung (V.) *zutrifft, auch das Erweiterungsproblem Ω/Ω_0, $\mathfrak{A}$; Γ, $\mathfrak{C}$ selbst.*

Im letzteren Falle entsprechen die Lösungen K/Ω des Erweiterungsproblems eineindeutig denjenigen abelschen Algebren A/Ω, mit der Gruppe $\mathfrak{A}$, deren zugeordnete Faktorensystemklasse $\mathfrak{a}$ Systeme $a_{\chi,\psi}$ aus durch $\mathfrak{g}$ konjugierten Elementen der durch $\mathfrak{g}$ konjugierten Teilkörper $\Omega_\chi \Omega_\psi$ von Ω enthält.

66. Existenz und Mannigfaltigkeit abelscher Algebren mit vorgegebener Galoisgruppe über einem Teilkörper des Grundkörpers. II [100]

Mathematische Nachrichten
1 (1948), 213 – 217

(Eingegangen am 24. 3. 1948.)

Die vorliegende Fortsetzung der im ersten Heft dieser Zeitschrift erschienenen Arbeit gleichen Titels[1]) gibt eine Ergänzung zu dem in Teil I behandelten Verkettungsmechanismus. Sie gestaltet nämlich diesen Mechanismus zu einer gruppentheoretischen Isomorphieaussage aus. Das gelingt mittels des an anderer Stelle[2]) eingeführten Begriffes der *fixierten abelschen Körper* $(\mathsf{K}/\Omega, \pi)$ *mit der Gruppe* $\mathfrak{A}$ und ihrer Multiplikation.

1. Diesem Begriff liegt die Auffassung zugrunde, daß $\mathfrak{A}$ eine abstrakte abelsche Gruppe ist, gegeben durch ihr Multiplikationsschema, die von der Galoisgruppe $\mathfrak{A}_*$ von K/Ω, bestehend aus Automorphismen von K/Ω, unterschieden wird. Erst durch Vorgabe eines Isomorphismus π von $\mathfrak{A}_*$ auf $\mathfrak{A}$ wird dann K/Ω zum fixierten Körper mit der Gruppe $\mathfrak{A}$. Zur Abkürzung der Ausdrucksweise wird hierbei „Körper" im Sinne von „kommutative Algebra" verstanden; die Körper im üblichen Sinne werden durch den Zusatz „eigentlich" gekennzeichnet.

Die K/Ω invariant zugeordnete Faktorensystemklasse $\mathfrak{c}$ in Ω zur Charaktergruppe X von $\mathfrak{A}$ ist in Wahrheit eine Invariante des fixierten Körpers $(\mathsf{K}/\Omega, \pi)$; denn sie liegt bei der genannten Auffassung erst bei Vorgabe des Isomorphismus π fest. Diese Abhängigkeit von π drückt sich in der charakteristischen Eigenschaft der Faktorbasen ω_χ von K/Ω, deren Multiplikationsschema die Faktorensysteme $c_{\chi,\psi}$ aus $\mathfrak{c}$ liefert, in der Form

$$\omega_\chi^A = \chi(A^\pi)\,\omega_\chi$$

aus. Zwei fixierte abelsche Körper $(\mathsf{K}/\Omega, \pi)$, $(\mathsf{K}'/\Omega, \pi')$ mit der Gruppe $\mathfrak{A}$ heißen gleich, wenn ihre Invarianten $\mathfrak{c}$, $\mathfrak{c}'$ übereinstimmen. Dies ist dann und nur dann

[1]) H. Hasse, Existenz und Mannigfaltigkeit abelscher Algebren mit vorgegebener Galoisgruppe über einem Teilkörper des Grundkörpers. Math. Nachr., Berlin **1** (1948), 40—61.

[2]) H. Hasse, Die Multiplikationsgruppe der abelschen Körper mit fester Galoisgruppe. Erscheint in den Abh. math. Sem. Hansische Univ.

der Fall, wenn erstens $\mathsf{K}' = \mathsf{K}$, und zweitens $\pi' = \pi\alpha$ mit einem derartigen Automorphismus α von $\mathfrak{A}$ ist, daß der nach der Regel

$$\chi^{\mathring{\alpha}}(A) = \chi(A^{\alpha})$$

antiisomorph zugeordnete Automorphismus $\mathring{\alpha}$ von X die Eigenschaft $\mathfrak{c}_{\mathring{\alpha}} = \mathfrak{c}$ hat.

Wie a. a. O. gezeigt, bilden die fixierten abelschen Körper K/Ω mit der Gruppe $\mathfrak{A}$ bei dieser Gleichheitsdefinition und einer dort gegebenen, auf das direkte Produkt und Teilkörperwahl hinauslaufenden Produktdefinition eine multiplikative Gruppe $K_{\mathfrak{A}}$, die zur Multiplikationsgruppe der abelschen Faktorensystemklassen $\mathfrak{c}$ zu X in Ω isomorph ist und deren Einselement der zerfallende Körper K/Ω (mit dem Kernkörper Ω) ist.

2. Der Auseinandersetzung der Isomorphieaussage des Verkettungsmechanismus sei noch eine Ergänzung zur Theorie der Kummer-Erzeugung vorangestellt. Es sei K/Ω ein abelscher Körper mit der Gruppe $\mathfrak{A}$. Sein Kernkörper K_0/Ω habe die Untergruppe $\mathfrak{A}_0$ als Galoisgruppe, und es sei X_0 die ihr als Charaktergruppe entsprechende Faktorgruppe von X. Mit χ_0 seien die Klassen in X_0 bezeichnet, denen die Charaktere χ aus X angehören. Ferner sei e ein primitives Idempotent von K/Ω und $\mathring{\mathsf{K}}/\Omega e$ der zu K_0/Ω isomorphe Teilkörper von K/Ω mit dem Einselement e. Wie in Teil I, § 2 gezeigt, läßt sich dann eine Faktorbasis ω_χ von K/Ω so wählen, daß ihre direkte Zerlegung die Gestalt

$$\omega_\chi = \sum_R \chi(R^{-1})\,\mathring{\omega}_{\chi_0}^R \quad \text{mit} \quad \mathring{\omega}_{\chi_0} = \omega_\chi e \ \text{aus}\ \mathring{\mathsf{K}} \tag{1}$$

hat, wo R ein Restsystem von $\mathfrak{A}$ nach $\mathfrak{A}_0$ durchläuft. Dabei ist dann $\mathring{\omega}_{\chi_0}$ eine Faktorbasis von $\mathring{\mathsf{K}}/\Omega e$. Ist nun n_0 der Exponent von $\mathfrak{A}_0$, so bilden nach der Theorie der Kummererzeugung für eigentliche Körper die Potenzen $\mathring{\omega}_{\chi_0}^{n_0} = \mathring{w}_{\chi_0}$ ein Vertretersystem für die K_0/Ω invariant zugeordnete n_0-Klassengruppe $\mathsf{W}_0/\Omega^{n_0} \cong \mathsf{X}_0$ in Ω. Durch weitere Potenzierung mit dem zu n_0 komplementären Teiler m_0 des Exponenten $n = n_0 m_0$ von $\mathfrak{A}$ erhält man eine dazu isomorphe n-Klassengruppe $\mathsf{W}_0^{m_0}/\Omega^n \cong \mathsf{X}_0$ in Ω. Auf Grund von (1) und wegen $\sum_R e^R = 1$ ist aber

$$w_\chi = \omega_\chi^n = \mathring{\omega}_{\chi_0}^n = \mathring{w}_{\chi_0}^{m_0}.$$

Somit erhält man ein Vertretersystem für die n-Klassengruppe $\mathsf{W}_0^{m_0}/\Omega^n$ auch in den $w_\chi = \omega_\chi^n$, also ohne erst auf den Kernkörper zurückzugehen. Es werde dementsprechend $\mathsf{W} = \mathsf{W}_0^{m_0}$ gesetzt. Die so definierte n-Klassengruppe $\mathsf{W}/\Omega^n \cong \mathsf{X}_0$ kann an Stelle der Faktorensystemklasse $\mathfrak{c}$ zur invarianten Beschreibung von K/Ω im Grundkörper Ω dienen. Man erhält W/Ω^n aus $\mathfrak{c}$, indem man für irgendein zugehöriges Faktorensystem $c_{\chi,\psi}$ die Potenzfaktoren

$$c_\chi = \omega_\chi^{n_\chi} = \prod_{\nu \bmod n_\chi} c_{\chi,\chi^\nu} \tag{2}$$

bildet und diese weiter mit dem zur Ordnung n_χ von χ komplementären Teiler m_χ von $n = n_\chi m_\chi$ potenziert:

$$w_\chi = c_\chi^{m_\chi}. \tag{3}$$

Als bloße n-Klassengruppe in Ω aufgefaßt, ist W/Ω^n eine Invariante des unfixierten Körpers K/Ω; der zugehörige Kernkörper K_0/Ω wird durch sie in invarianter Kummer-Erzeugung als

$$\mathsf{K}_0 = \Omega(\sqrt[n]{\mathsf{W}})$$

gegeben, und daraus baut sich K/Ω selbst nach dem invarianten gruppentheoretischen Schema aus Teil I, § 1 auf. Zur Invariante des fixierten abelschen Körpers $(\mathsf{K}/\Omega, \pi)$ mit der Gruppe $\mathfrak{A}$ wird W/Ω^n durch Auffassung als Homomorphismus $\chi \to w_\chi \Omega^n$ von X in die n-Klassengruppe von Ω; der Kernkörper K_0/Ω von K/Ω ist dann dadurch gekennzeichnet, daß die ihm entsprechende Charaktergruppe X_0 gerade die durch diesen Homomorphismus isomorph abgebildete Faktorgruppe von X ist.

Die w_χ seien die ***Radikanden***, die c_χ die ***reduzierten Radikanden*** der Kummer-Erzeugung von K_0/Ω genannt.

3. Der Verkettungsmechanismus

$$\text{(M)} \qquad \frac{c^s_{\chi^{\sigma^{-1}}, \psi^{\sigma^{-1}}}}{c_{\chi, \psi}} = \frac{b_{\chi, s} b_{\psi, s}}{b_{\chi\psi, s}}, \qquad \frac{b^t_{\chi^{\tau^{-1}}, s} b_{\chi, t}}{b_{\chi, st}} = \chi(C_{s,t})$$

ist, wie in Teil I, § 3 gezeigt, eine invariante Beziehung zwischen den beiden Faktorensystemklassen $\mathfrak{c}$ zu X in Ω und $\mathfrak{C}$ zu $\mathfrak{g}$, $\mathsf{\Gamma}$ in $\mathfrak{A}$, vermittelt durch eine eindeutig bestimmte Verkettungssystemklasse $\mathfrak{b}$ zu $\mathsf{\Gamma}$ zwischen X und $\mathfrak{g}$ in Ω.

Ist das erste Gleichungssystem lösbar (in invarianter Schreibweise $\mathfrak{c}^s = \mathfrak{c}_\sigma$), so legt er eindeutig eine assoziative Faktorensystemklasse $\mathfrak{C}$ fest. Ist das zweite Gleichungssystem lösbar (in invarianter Schreibweise $\chi(\mathfrak{C}) = 1$), so legt er – unter Annahme der Richtigkeit der Vermutung (V.) aus Teil I, § 3 – eine abelsche Faktorensystemklasse $\mathfrak{c}$ genau bis auf Substitutionen $\mathfrak{c} \to \mathfrak{c}\tilde{\mathfrak{c}}$ fest, wo $\tilde{\mathfrak{c}}$ alle abelschen Faktorensystemklassen zu X in Ω durchläuft, in denen es Systeme $\tilde{c}_{\chi,\psi}$ mit der Symmetrieeigenschaft

$$\text{(4)} \qquad \tilde{c}^s_{\chi,\psi} = \tilde{c}_{\chi^\sigma, \psi^\sigma}$$

gibt.

4. Die Eigenschaft (4) besagt, wie in Teil I, § 3 näher auseinandergesetzt, daß die Systeme $\tilde{c}_{\chi,\psi}$ durch $\mathfrak{g}$ konjugierte Elemente aus den Systemen durch $\mathfrak{g}$ konjugierter Körper $\Omega_\chi \Omega_\psi$ sind, welch letztere eineindeutig den Klassen durch $\mathsf{\Gamma}$ konjugierter Charakterpaare (χ, ψ) aus X entsprechen, nämlich als die Invariantenkörper zu den Untergruppen $\mathfrak{g}_\chi \cap \mathfrak{g}_\psi$, für deren Automorphismen s die Invarianzbeziehung $(\chi^\sigma, \psi^\sigma) = (\chi, \psi)$ erfüllt ist.

Für die speziellen Faktorensysteme $\tilde{c}_{\chi,\psi}$ mit der Eigenschaft (4) bestehen nach (2), (3) auch die Eigenschaften

$$\text{(5)} \qquad \tilde{c}^s_\chi = \tilde{c}_{\chi^\sigma},$$

$$\text{(6)} \qquad \tilde{w}^s_\chi = \tilde{w}_{\chi^\sigma}$$

der zugeordneten Potenzfaktoren $\tilde{c}_\chi$ bzw. Vertretersysteme $\tilde{w}_\chi$ von $\tilde{W}/\Omega^n$. Während aus (5) auch umgekehrt (4) folgt, da die $\tilde{c}_{\chi,\psi}$ aus den $\tilde{c}_\chi$ nach dem

Schema aus Teil I, § 2 aufbaubar sind, ist (6) unter Umständen schwächer als (4), (5), weil die m_χ-ten Wurzeln in (3) nicht notwendig unter Einhaltung der verlangten Symmetriebedingung ausziehbar zu sein brauchen.

Die Eigenschaften (5), (6) besagen, daß die $\tilde{c}_\chi$, $\tilde{w}_\chi$ Systeme durch $\mathfrak{g}$ konjugierter Elemente aus den Systemen durch $\mathfrak{g}$ konjugierter Körper Ω_χ sind, welch letztere eineindeutig den Klassen $\mathfrak{K}$ durch Γ konjugierter Charaktere χ aus X entsprechen, nämlich als die Invariantenkörper zu den Untergruppen $\mathfrak{g}_\chi$, für deren Automorphismen s die Invarianzbeziehung $\chi^\sigma = \chi$ erfüllt ist. Diese etwas einfacher auszusprechende Eigenschaft (Charaktere χ statt Charakterpaare (χ, ψ)) kommt demnach einem geeignet gewählten reduzierten Radikandensystem $\tilde{c}_\chi$ bzw. Radikandensystem $\tilde{w}_\chi$ der Kummer-Erzeugung der Kernkörper $\tilde{\mathsf{K}}_0/\Omega$ der in Rede stehenden abelschen Körper $\tilde{\mathsf{K}}/\Omega$ zu, und daß sie sowohl für die reduzierten Radikanden $\tilde{c}_\chi$ als dann natürlich auch für die Radikanden $\tilde{w}_\chi$ erfüllbar ist, ist auch charakteristisch für diese Körper.

Im Spezialfall $\Gamma = 1$ für X besagt (4) einfach, daß die $\tilde{c}_{\chi,\psi}$ im Invariantenkörper Ω_0 der vollen Gruppe $\mathfrak{g}$ wählbar sind, und (5), (6) entsprechend, daß die $\tilde{c}_\chi$, $\tilde{w}_\chi$ in Ω_0 wählbar sind.

5. In der Fragestellung aus Teil I, § 3 sei jetzt die Darstellung Γ von $\mathfrak{g}$ als Automorphismengruppe von $\mathfrak{A}$ nebst ihrer gleichbezeichneten Übertragung als Automorphismengruppe von X nach der Regel $\chi^\sigma(A) = \chi(A^{\sigma^{-1}})^s$ festgehalten, die Faktorensystemklasse $\mathfrak{C}$ zu $\mathfrak{g}, \Gamma$ in $\mathfrak{A}$ dagegen veränderlich gedacht. Dann handelt es sich also um die fixierten abelschen Körper $(\mathsf{K}/\Omega, \pi)$ mit der Gruppe $\mathfrak{A}$ derart, daß K/Ω_0 galoissch ist und eine Galoisgruppe vom Erweiterungstypus $(\mathfrak{A}; \Gamma, \mathfrak{C})$ mit festem Γ und irgendeinem $\mathfrak{C}$ hat; einer Änderung $\pi \to \pi\alpha$ der Fixierung durch einen Automorphismus α von $\mathfrak{A}$ mit nach der Regel $\chi^{\grave{\alpha}}(A) = \chi(A^\alpha)$ antiisomorph zugeordnetem Automorphismus $\grave{\alpha}$ von X entspricht dabei für $\mathfrak{A}$ der Übergang $\Gamma \to \alpha\Gamma\alpha^{-1}$ und für X der Übergang $\Gamma \to \grave{\alpha}^{-1}\Gamma\grave{\alpha}$ zu einer ähnlichen Darstellung. Die fixierten Körper $(\mathsf{K}/\Omega, \pi)$ mit der in Rede stehenden Eigenschaft bilden eine Untergruppe $K_{\mathfrak{A},\Gamma}$ der eingangs genannten Multiplikationsgruppe $K_\mathfrak{A}$ aller fixierten abelschen Körper mit der Gruppe $\mathfrak{A}$; diese Untergruppe ist durch die Eigenschaft $\mathfrak{c}^s = \mathfrak{c}_\sigma$ der zugeordneten Faktorensystemklasse $\mathfrak{c}$ zu X in Ω gekennzeichnet. Die zuvor besprochenen speziellen fixierten abelschen Körper K/Ω mit den Symmetrieeigenschaften (4), (5), (6) bilden ihrerseits eine Untergruppe $K_{\mathfrak{A},\Gamma}$ von $K_{\mathfrak{A},\Gamma}$.

Durch den Verkettungsmechanismus (M) wird nun ersichtlich ein Isomorphismus der Faktorgruppe $K_{\mathfrak{A},\Gamma}/\tilde{K}_{\mathfrak{A},\Gamma}$ auf die Multiplikationsgruppe $E_{\mathfrak{A},\Gamma}$ derjenigen Faktorensystemklassen $\mathfrak{C}$ zu $\mathfrak{g}, \Gamma$ in $\mathfrak{A}$ geliefert, welche die Eigenschaft $\chi(\mathfrak{C}) = 1$ haben. Diese Gruppe ist als Untergruppe in der Multiplikationsgruppe $F_{\mathfrak{A},\Gamma}$ aller Faktorensystemklassen $\mathfrak{C}$ zu $\mathfrak{g}, \Gamma$ in $\mathfrak{A}$ enthalten. Nun besagt die Eigenschaft $\chi(\mathfrak{C}) = 1$ das vollständige Zerfallen der in Teil I, § 4 für beliebiges $\mathfrak{C}$ aus der Fortsetzungstheorie der Charaktere χ konstruierten halbeinfachen Algebra $\mathsf{A}_{\mathfrak{A};\Gamma,\mathfrak{C}}/\Omega_0$, nämlich das Zerfallen ihrer sämtlichen einfachen Bestandteile $\mathsf{A}_\mathfrak{K}/\Omega_0$. Diese einfachen Bestandteile sind den Klassen $\mathfrak{K}$ durch Γ konjugierter Charaktere χ aus X eineindeutig zugeordnet. Sie haben die Eigenschaft $\mathsf{A}_\mathfrak{K}^{n_\mathfrak{K}} \sim 1$, wo $n_\mathfrak{K}$ die

Ordnung der Charaktere aus $\mathfrak{K}$ ist. Ihre Zentren $\mathfrak{Z}_{\mathfrak{K}}$ sind zu den vorher genannten Systemen durch $\mathfrak{g}$ konjugierter Körper Ω_χ isomorph, der Körper Ω ist gemeinsamer Zerfällungskörper für die $\mathsf{A}_{\mathfrak{K}}$, und $\mathsf{A}_{\mathfrak{K}}/\mathfrak{Z}_{\mathfrak{K}}$ ist isomorph zum verschränkten Produkt des Körpers Ω/Ω_χ und seiner Galoisgruppe $\mathfrak{g}_\chi$ mit dem Faktorensystem $\chi(C_{s_0, t_0})$, wo χ fest in $\mathfrak{K}$ ist und s_0, t_0 in $\mathfrak{g}_\chi$ laufen. Bei veränderlichem $\mathfrak{C}$ liefern die $\mathsf{A}_{\mathfrak{K}}$ für jedes feste $\mathfrak{K}$ eine Untergruppe $B_{\mathfrak{K};\mathfrak{A},\mathfrak{r}}$ der R. Brauerschen Algebrenklassengruppe über $\mathfrak{Z}_{\mathfrak{K}}$. Der direkten Zusammensetzung $\mathsf{A} = \sum\limits_{\mathfrak{K}} \mathsf{A}_{\mathfrak{K}}$ entsprechend seien diese Algebrenklassengruppen $B_{\mathfrak{K};\mathfrak{A},\mathfrak{r}}$ der einfachen Algebren $\mathsf{A}_{\mathfrak{K}}$ zu einer Algebrenklassengruppe $B_{\mathfrak{A},\mathfrak{r}}$ der halbeinfachen Algebren $\mathsf{A}_{\mathfrak{A};\mathfrak{r},\mathfrak{C}}$ mit komponentenweiser Multiplikation zusammengesetzt. Dann ist also $B_{\mathfrak{A};\mathfrak{r}}$ zur Faktorgruppe $F_{\mathfrak{A},\mathfrak{r}}/E_{\mathfrak{A},\mathfrak{r}}$ isomorph.

Zusammenfassend ist damit festgestellt:

$$K_{\mathfrak{A},\mathfrak{r}}/\tilde{K}_{\mathfrak{A},\mathfrak{r}} \cong E_{\mathfrak{A},\mathfrak{r}}, \qquad B_{\mathfrak{A},\mathfrak{r}} \cong F_{\mathfrak{A},\mathfrak{r}}/E_{\mathfrak{A},\mathfrak{r}}.$$

Durch diese Isomorphieaussagen wird der in Teil I besprochene, von R. Brauer entdeckte eigenartige Zusammenhang zwischen der Existenz echter (nicht zerfallender) Algebren vom Exponenten n und der Nichtexistenz von abelschen Körpererweiterungen vom Exponenten n in gruppentheoretisches Licht gesetzt. Denn das Auftreten ein und derselben Gruppe $E_{\mathfrak{A},\mathfrak{r}}$ einmal direkt auf der Körperseite, das andere Mal invers auf der Algebrenseite des Isomorphiezusammenhangs bedeutet grob gesagt, daß die existierenden Körpererweiterungen den zerfallenden Algebren entsprechen.

Der Klarheit halber sei noch einmal darauf hingewiesen, daß diese Isomorphieaussage in der gegebenen glatten Form an die Richtigkeit der in Teil I, § 3 ausgesprochenen Vermutung (V.) geknüpft ist. Bestätigt sich diese Vermutung nicht, so sind die Gruppen $K_{\mathfrak{A},\mathfrak{r}}$, $\tilde{K}_{\mathfrak{A},\mathfrak{r}}$ noch einer entsprechenden Einschränkung zu unterwerfen.

67. Existenz und Mannigfaltigkeit abelscher Algebren mit vorgegebener Galoisgruppe über einem Teilkörper des Grundkörpers. III [101]

Mathematische Nachrichten
1 (1948), 277 – 283

(Eingegangen am 19. 4. 1948.)

Der vorliegende Teil III bringt zwei verschiedene Ergänzungen zu den in dieser Zeitschrift unter gleichem Titel erschienenen Teilen I, II[1]).

In § 1 wird ein in Teil I, § 3, 2 übergangener Punkt näher ausgeführt. Ist unter den dortigen Gegebenheiten K/Ω eine abelsche Algebra mit der Gruppe $\mathfrak{A}$ und K_0/Ω ihr Kernkörper mit der Untergruppe $\mathfrak{A}_0$, so handelt es sich um die Frage, wie die betrachtete Eigenschaft, daß K/Ω_0 galoissch mit der Erweiterungsgruppe $\mathfrak{G} = (\mathfrak{A};\, \Gamma,\, \mathfrak{C})$ ist, in der Struktur von K_0/Ω_0 zum Ausdruck kommt. Als Antwort stellt sich folgendes heraus: Einerseits transformiert die homomorphe Darstellung Γ von $\mathfrak{g}$ durch Automorphismen von $\mathfrak{A}$ die Untergruppe $\mathfrak{A}_0$ in sich, liefert also eine homomorphe Darstellung Γ_0 von $\mathfrak{g}$ durch Automorphismen von $\mathfrak{A}_0$. Andererseits enthält die Faktorensystemklasse $\mathfrak{C}$ zu $\mathfrak{g}$, Γ in $\mathfrak{A}$ Systeme aus lauter Elementen der Untergruppe $\mathfrak{A}_0$, entsteht also aus einer Faktorensystemklasse $\mathfrak{C}_0$ zu $\mathfrak{g}$, Γ_0 in $\mathfrak{A}_0$. Es ist dann K_0/Ω_0 galoissch mit der Gruppe $\mathfrak{G}_0 = (\mathfrak{A}_0;\, \Gamma_0,\, \mathfrak{C}_0)$. Mit dieser Feststellung wird die in der Einleitung von Teil I nur grob formulierte Bemerkung über die Bedeutung des Inbetrachtziehens der abelschen A l g e b r e n neben den abelschen K ö r p e r n präzisiert.

In § 2 wird die in Teil I, § 3, 3 ausgesprochene Vermutung (V.) unter der speziellen Voraussetzung bewiesen, daß die homomorphe Darstellung Γ von $\mathfrak{g}$ durch Automorphismen von $\mathfrak{A}$ bei der Übertragung auf die Charaktergruppe X nach der Regel $\chi^{\sigma}(A) = \chi(A^{\sigma^{-1}})^{s}$ die identische Darstellung ergibt, oder kurz gesagt, daß $\Gamma = 1$ für X ist, und es wird die Bedeutung der Isomorphieaussage aus Teil II, 5 für diesen Spezialfall erläutert. Außerdem wird noch ein anderer Spezialfall hervorgehoben, in dem die Vermutung (V.) trivialerweise richtig ist, nämlich der Fall $\mathfrak{C} = 1$.

§ 1. Die Galoisgruppe des Kernkörpers.

1. Unter den Gegebenheiten von Teil I, § 3, 1 sei K/Ω eine abelsche Algebra mit der Gruppe $\mathfrak{A}$.

Ist K/Ω_0 galoissch mit der Erweiterungsgruppe $\mathfrak{G} = (\mathfrak{A};\, \Gamma,\, \mathfrak{C})$, so gelten für

---

[1]) Math. Nachr., Berlin **1** (1948), 40—61, 213—217.

eine **Faktorbasis** ω_χ von K/Ω und ein Vertretersystem U_s von $\mathfrak{G}/\mathfrak{A}$ Relationen der Form

$$\omega_{\chi^{\sigma^{-1}}}^{U_s} = \omega_\chi b_{\chi,s} \tag{1}$$

mit Faktoren $b_{\chi,s} \neq 0$ aus Ω. Dabei ist die Anwendung der Automorphismen σ aus Γ auf die Charaktere χ von $\mathfrak{A}$ durch die Übertragungsregel

$$\chi^\sigma(A) = \chi(A^{\sigma^{-1}})^s \quad \text{oder auch} \quad \chi^{\sigma^{-1}}(A)^s = \chi(A^\sigma) \tag{2}$$

definiert. Das so festgelegte Verkettungssystem $b_{\chi,s}$ aus Ω zu Γ zwischen X und $\mathfrak{g}$ vermittelt dann die Verkettung

$$\frac{c^s_{\chi^{\sigma^{-1}},\psi^{\sigma^{-1}}}}{c_{\chi,\psi}} = \frac{b_{\chi,s}\, b_{\psi,s}}{b_{\chi\psi,s}}, \qquad \frac{b^t_{\chi^{\tau^{-1}},s}\, b_{\chi,t}}{b_{\chi,st}} = \chi(C_{s,t}) \tag{3}$$

zwischen dem abelschen Faktorensystem $c_{\chi,\psi}$ zu X in Ω der Faktorbasis ω_χ und dem assoziativen Faktorensystem $C_{s,t}$ zu $\mathfrak{g}$, Γ in $\mathfrak{A}$ des Vertretersystems U_s. Die Beweise dieser Tatsachen wurden an anderer Stelle[1]) für den Fall eines abelschen K ö r p e r s K/Ω ausgeführt; sie übertragen sich, wie schon in Teil I, § 3, 2 angemerkt, ohne weiteres auf den Fall einer abelschen A l g e b r a K/Ω.

Sind umgekehrt die Verkettungsbeziehungen (3) mit einem System $b_{\chi,s}$ aus Ω erfüllt, und definiert man die Anwendung der Operatoren U_s auf K durch (1) und die Festsetzung, daß Ω die Automorphismen s aus $\mathfrak{g}$ erfahren soll, so wird, wie sofort zu sehen, $\mathfrak{G}$ zur Automorphismengruppe von K/Ω_0. Um nachzuweisen, daß dann K/Ω_0 galoissch mit der Gruppe $\mathfrak{G}$ im Sinne von Teil I, § 1, 1 ist, bleibt noch zu zeigen, daß K als Ω_0-Linksmodul mit $\mathfrak{G}$ als Rechtsoperatorenbereich Darstellungsmodul zur regulären Darstellungsklasse von $\mathfrak{G}$ ist. Dieser in Teil I, § 3, 2 übergangene Nachweis soll hier zunächst nachgeholt werden.

Es sei w^r (r in $\mathfrak{g}$) eine Normalbasis von Ω/Ω_0. Dann ist $\omega_\chi w^r$ eine Basis von K/Ω_0. Bei den Automorphismen $U_s A$ aus $\mathfrak{G}$ hat diese Basis nach (1) das Verhalten

$$(\omega_\chi w^r)^{U_s A} = \omega_{\chi^\sigma} z_{s,A}\, w^{rs} \quad \text{mit} \quad z_{s,A} = \chi^\sigma(A)\, b_{\chi^\sigma,s}.$$

Es ist nachzuweisen, daß sich hieraus eine Darstellung aus der regulären Darstellungsklasse von $\mathfrak{G}$ ergibt, wenn man die Produkte $z_{s,A} w^{rs}$ durch die zum Ausgang genommene Normalbasis w^r darstellt. Dazu genügt es, den Charakter $\mathrm{Sp}(U_s A)$ der so entstehenden Darstellung vou $\mathfrak{G}$ zu bestimmen. Setzt man nun $\mathfrak{w} = (w^r)$ (als Spalte) und allgemein $z\mathfrak{w}^s = Z\mathfrak{w}$ mit einer Darstellungsmatrix Z aus Ω_0 für z aus Ω, so gilt, wie leicht zu bestätigen, die Spurregel $\mathrm{Sp}(Z) = \mathrm{Sp}(z)$ oder 0, je nachdem $s = 1$ oder $\neq 1$ ist. Hieraus folgt

$$\mathrm{Sp}(U_s A) = 0 \quad \text{für} \quad s \neq 1,$$

$$\mathrm{Sp}(U_1 A) = g \sum_\chi \mathrm{Sp}(z_{1,A}) = g \sum_\chi \chi(A)\, b_{1,\chi} = g \sum_\chi \chi(A) = \begin{Bmatrix} 0 & \text{für} & A \neq 1 \\ gN & \text{für} & A = 1 \end{Bmatrix},$$

wo g, N die Ordnungen von $\mathfrak{g}$, $\mathfrak{A}$ sind und ohne Einschränkung $U_1 = 1$ normiert ist, so daß $C_{1,1} = 1$ und dann nach (3) auch $b_{\chi,1} = 1$ für alle χ ist. Demnach ist in der Tat $\mathrm{Sp}(U_s A)$ gleich dem Charakter der regulären Darstellungsklasse von $\mathfrak{G}$.

---

[1]) H. Hasse, Invariante Kennzeichnung relativ-abelscher Zahlkörper mit vorgegebener Galoisgruppe über einem Teilkörper des Grundkörpers. Erscheint in den Abh. Deutsche Akad. Wiss., math.-naturw. Klasse. Im folgenden kurz mit IK zitiert. — Siehe hier IK, § 5, 2, 3.

Die Verkettungsbeziehungen (3) sind demnach notwendig und hinreichend dafür, daß K/Ω_0 galoissch mit der Gruppe $\mathfrak{G} = (\mathfrak{A}; \Gamma, \mathfrak{C})$ ist.

2. Es sei jetzt vorausgesetzt, daß diese notwendige und hinreichende Bedingung erfüllt ist, und es sollen dann die in der Einleitung ausgesprochenen Tatsachen über den Kernkörper K_0/Ω von K/Ω bewiesen werden.

Sei dazu $\mathfrak{A}_0$ die Galoisgruppe von K_0/Ω. Sie ist nach Teil I, § 1, 3 diejenige Untergruppe der Galoisgruppe $\mathfrak{A}$ von K/Ω, bei der ein primitives Idempotent ε von K invariant ist. Ist $\mathfrak{A} = \sum_R \mathfrak{A}_0 R$ die Zerlegung von $\mathfrak{A}/\mathfrak{A}_0$, so sind ε^R die sämtlichen (zueinander orthogonalen) Idempotente von K, und $\mathfrak{A}_0 = R^{-1}\mathfrak{A}_0 R$ ist auch die Invarianzgruppe jedes dieser Idempotente ε^R.

I. *Die homomorphe Darstellung* Γ *von* $\mathfrak{g}$ *durch Automorphismen von* $\mathfrak{A}$ *transformiert die Untergruppe* $\mathfrak{A}_0$ *in sich, liefert also eine homomorphe Darstellung* Γ_0 *von* $\mathfrak{g}$ *durch Automorphismen von* $\mathfrak{A}_0$.

Beweis. Da das primitive Idempotent ε von K bei jedem Automorphismus von K wieder in ein solches übergeht, gibt es zu jedem Vertreter U_s von $\mathfrak{G}/\mathfrak{A}$ einen Vertreter R_s von $\mathfrak{A}/\mathfrak{A}_0$ derart, daß

$$\varepsilon^{U_s} = \varepsilon^{R_s} \tag{4}$$

gilt. Bringt man in (4) die ersten $\mathfrak{G}$ definierenden Relationen $AU_s = U_s A^\sigma$ speziell für die Elemente $A = A_0$ aus $\mathfrak{A}_0$ zum Ausdruck, so folgen aus den Invarianzbeziehungen $\varepsilon^{A_0} = \varepsilon$ die Invarianzbeziehungen

$$\varepsilon^{R_s} = \varepsilon^{U_s} = \varepsilon^{A_0 U_s} = \varepsilon^{U_s A_0^\sigma} = \varepsilon^{R_s A_0^\sigma},$$

und damit nach dem zuvor Gesagten die Zugehörigkeit von A_0^σ zu $\mathfrak{A}_0$, wie behauptet.

II. *Die Faktorensystemklasse* $\mathfrak{C}$ *zu* $\mathfrak{g}$, Γ *in* $\mathfrak{A}$ *enthält Systeme aus lauter Elementen der Untergruppe* $\mathfrak{A}_0$, *entsteht also aus einer Faktorensystemklasse* $\mathfrak{C}_0$ *zu* $\mathfrak{g}$, Γ_0 *in* $\mathfrak{A}_0$.

Beweis. Führt man die Vertretersubstitutionen $U_s \to U_s R_s^{-1}$ mit den R_s aus (4) aus, so gehen diese Beziehungen in

$$\varepsilon^{U_s} = \varepsilon \tag{4_0}$$

über. Bringt man in (4_0) die zweiten $\mathfrak{G}$ definierenden Relationen $U_s U_t = U_{st} C_{s,t}$ zum Ausdruck, so ergeben sich die Beziehungen

$$\varepsilon^{C_{s,t}} = \varepsilon$$

und damit nach dem zuvor Gesagten die Zugehörigkeit der $C_{s,t}$ zu $\mathfrak{A}_0$ (bei der getroffenen Normierung der U_s), wie behauptet.

3. Auf Grund der eben bewiesenen Tatsachen I, II ist in der Erweiterungsgruppe $\mathfrak{G} = (\mathfrak{A}; \Gamma, \mathfrak{C})$ die Erweiterungsgruppe $\mathfrak{G}_0 = (\mathfrak{A}_0; \Gamma_0, \mathfrak{C}_0)$ als Untergruppe enthalten. Es gilt dann, wie in der Einleitung behauptet:

Satz. K_0/Ω_0 *ist galoissch mit der Gruppe* $\mathfrak{G}_0$.

Der Beweis ergibt sich durch die Feststellung, daß für K_0/Ω und $\mathfrak{G}_0 = (\mathfrak{A}_0; \Gamma_0, \mathfrak{C}_0)$ die in 1 als notwendig und hinreichend erkannten Verkettungsbeziehungen (3) durch ein Verkettungssystem $b_{\chi_0, s}$ aus Ω zu Γ_0 zwischen der Charaktergruppe X_0 von $\mathfrak{A}_0$ und der Galoisgruppe $\mathfrak{g}$ von Ω/Ω_0 erfüllt sind. Wie bereits in Teil I, § 2, 3 gezeigt, läßt sich das Faktorensystem $c_{\chi, \psi}$ in seiner Klasse $\mathfrak{c}$ so wählen, daß die Faktoren nur von den Klassen χ_0, ψ_0 der χ, ψ in der Faktorgruppe X_0 von X abhängen. Auf Grund von I lassen sich dann die linken Seiten von (3_1) in der Form $\frac{c^s_{\chi_0^{\sigma^{-1}}, \psi_0^{\sigma^{-1}}}}{c_{\chi_0, \psi_0}}$ schreiben, wo $\chi_0^{\sigma^{-1}}$, $\psi_0^{\sigma^{-1}}$ durch Übertragung des Automorphismus σ^{-1} aus Γ_0 von $\mathfrak{A}_0$ auf X_0 nach der Regel (2) entstehen; nach I und (2) wird in der Tat die Faktorgruppe X_0 durch Γ in sich transformiert. Auf Grund von II lassen sich ferner die rechten Seiten von (3_2) bei der zuvor getroffenen Normierung der U_s und damit der $C_{s,t}$ in der Form $\chi_0(C_{s,t})$ schreiben. Es bleibt dann noch zu zeigen, daß bei diesen Normierungen gilt:

III. *Die Verkettungsfaktoren* $b_{\chi, s}$ *hängen nur von den Klassen* χ_0 *in* X_0 *der* χ *aus* X *ab.*

Beweis. Nach Teil I, § 2, 3 ergibt sich die vorher genannte Normierung des Faktorensystems $c_{\chi, \psi}$ aus $\mathfrak{c}$ aus der Normierung

$$\omega_\chi = \sum_R \chi(R^{-1}) \mathring{\omega}_{\chi_0}^R \quad \text{mit} \quad \mathring{\omega}_{\chi_0} = \omega_\chi \varepsilon \quad \text{aus} \quad \mathring{\mathsf{K}} = \mathsf{K}\varepsilon$$

der Faktorbasis ω_χ von K/Ω, wo die R und ε die Bedeutung aus 2 haben. Geht man hiermit in die Definitionsbeziehungen (1) der $b_{\chi, s}$ ein, so hat man einerseits

$$\omega_{\chi^{\sigma^{-1}}}^{U_s} = \sum_R \chi^{\sigma^{-1}}(R^{-1})^s \mathring{\omega}_{\chi_0^{\sigma^{-1}}}^{R U_s} = \sum_R \chi(R^{-\sigma}) \mathring{\omega}_{\chi_0^{\sigma^{-1}}}^{U_s R^\sigma},$$

letzteres nach der Übertragungsregel (2) und den ersten $\mathfrak{G}$ definierenden Relationen. Nach (4_0) liegt dabei $\omega_{\chi_0^{\sigma^{-1}}}^{U_s}$ wieder in der ε entsprechenden Komponente $\mathring{\mathsf{K}} = \mathsf{K}\varepsilon$ von K, und nach I ist auch R^σ ein Restsystem von $\mathfrak{A}/\mathfrak{A}_0$, also $R^\sigma = A_0^{(s)} R^{(s)}$ mit $A_0^{(s)}$ aus $\mathfrak{A}_0$ und einer Permutation $R^{(s)}$ des Restsystems R. Führt man dementsprechend die bei der Normierung (4) noch verfügbare Vertretersubstitution $U_s \to U_s A_0^{(s)}$ mit diesen $A_0^{(s)}$ aus und ersetzt danach das permutierte Summationssystem $R^{(s)}$ wieder durch das ursprüngliche R, so bekommen die erhaltenen Relationen die Gestalt

$$\omega_{\chi^{\sigma^{-1}}}^{U_s} = \sum_R \chi(R^{-1}) \left(\mathring{\omega}_{\chi_0^{\sigma^{-1}}}^{U_s}\right)^R \quad \text{mit} \quad \mathring{\omega}_{\chi_0^{\sigma^{-1}}}^{U_s} = \omega_{\chi^{\sigma^{-1}}}^{U_s} \varepsilon \quad \text{aus} \quad \mathring{\mathsf{K}} = \mathsf{K}\varepsilon.$$

Andererseits hat man unmittelbar

$$\omega_\chi b_{\chi, s} = \sum_R \chi(R^{-1}) \mathring{\omega}_{\chi_0}^R b_{\chi, s}.$$

Durch Vergleich gemäß (1) dieser beiden eindeutigen Komponentenzerlegungen ergibt sich dann

$$\mathring{\omega}_{\chi_0^{\sigma^{-1}}}^{U_s} = \mathring{\omega}_{\chi_0} b_{\chi, s}.$$

Hieraus liest man die Behauptung $b_{\chi, s} = b_{\chi_0, s}$ ab.

§ 2. Beweis der Vermutung (V.) im Spezialfall Γ = 1 für X.

1. Die Vermutung (V.) aus Teil I, § 3, 3 besagt folgendes. Unter den Gegebenheiten von Teil I, § 3, 1 sei vorausgesetzt, daß das Gleichungssystem

$$\chi(C_{s,t}) = \frac{b^t_{\chi^{\tau^{-1}},s} b_{\chi,t}}{b_{\chi,st}} \tag{1}$$

durch ein Verkettungssystem $b_{\chi,s}$ zu Γ aus Ω zwischen X und g lösbar ist. Dann ist das Gleichungssystem

$$\frac{b_{\chi,s} b_{\psi,s}}{b_{\chi\psi,s}} = \frac{c^s_{\chi^{\sigma^{-1}},\psi^{\sigma^{-1}}}}{c_{\chi,\psi}} \tag{2}$$

durch ein abelsches Faktorensystem $c_{\chi,\psi}$ zu X aus Ω lösbar.

Unter $b_{\chi,s}$ kann dabei irgendeine passend gewählte Lösung von (1) verstanden werden; denn die sämtlichen Lösungen entstehen aus einer durch die Substitutionen $b_{\chi,s} \to b_{\chi,s} \frac{a^s_{\chi^{\sigma^{-1}}}}{a_\chi}$ mit willkürlichen $a_\chi \neq 0$ aus Ω, und diese werden in (2) durch die Substitutionen $c_{\chi,\psi} \to c_{\chi,\psi} \frac{a_\chi a_\psi}{a_{\chi\psi}}$ in die assoziierten Faktorensysteme kompensiert.

Wie in Teil I, § 3, 3 näher ausgeführt, liegt der Nachdruck auf der Erfüllbarkeit der Assoziativrelationen für das Faktorensystem $c_{\chi,\psi}$. Diese kann dadurch gesichert werden, daß man das abelsche Faktorensystem gemäß IK, § 4, 5 aus seinen untereinander unabhängigen Invarianten, den Basispotenzfaktoren, aufbaut. Im allgemeinen Falle stellt sich bei diesem Aufbau der Verkettungsmechanismus (1), (2) nach IK, § 6 durch recht verwickelte Gleichungssysteme dar. Im Spezialfall Γ = 1 für X haben diese Gleichungssysteme eine ganz einfache Form, aus der sich der Beweis der Vermutung (V.), wie nachstehend gezeigt werden soll, fast unmittelbar ergibt.

2. Im Spezialfall Γ = 1 für X lauten die Verkettungsbeziehungen (1), (2) einfacher

$$\chi(C_{s,t}) = \frac{b^t_{\chi,s} b_{\chi,t}}{b_{\chi,st}}, \tag{1_0}$$

$$\frac{b_{\chi,s} b_{\psi,s}}{b_{\chi\psi,s}} = \frac{c^s_{\chi,\psi}}{c_{\chi,\psi}}. \tag{2_0}$$

Es fällt also die doppelte Verschränkung fort, die in dem Auftreten der Exponenten τ^{-1}, σ^{-1} an den Charakteren χ, ψ liegt.

Seien die χ_i eine Basis von X, mit den Ordnungen n_i. Für die zugehörigen Basispotenzfaktoren

$$c_{\chi_i} = \prod_{\nu_i \bmod n_i} c_{\chi_i, \chi_i^{\nu_i}}$$

ergeben die Gleichungen (2_0) die Forderungen

$$b^{n_i}_{\chi_i,s} = \frac{c^s_{\chi_i}}{c_{\chi_i}}. \tag{3}$$

Da die $b^{n_i}_{\chi_i,s}$ nach der Voraussetzung (1_0) die Transformationsgrößen 1 haben, ist das Gleichungssystem (3) durch ein System $c_{\chi_i} \neq 0$ aus Ω lösbar.

Die in (3) auftretenden Basisverkettungsfaktoren $b_{\chi_i,s}$ genügen nun zum Aufbau des vollen Verkettungssystems $b_{\chi,s}$. In der Tat ist ersichtlich

$$(4) \qquad b_{\chi,s} = \prod_i b_{\chi_i,s}^{\varrho_i(\nu_i)} \quad \text{für} \quad \chi = \prod_i \chi_i^{\nu_i},$$

wo die $\varrho_i(\nu_i)$ die kleinsten nicht negativen Reste der Exponenten $\nu_i \bmod n_i$ bedeuten, eine Lösung von (1_0) für den allgemeinen Charakter χ, wenn die $b_{\chi_i,s}$ Lösungen von (1_0) für die Basischaraktere χ_i sind; und es genügt, wie in **1** bemerkt, die so aufgebaute Lösung $b_{\chi,s}$ von (1_0) zugrunde zu legen. Nach IK, § 4, 5 bestimmen sich ferner zu den Basispotenzfaktoren c_{χ_i} die allgemeinen Faktoren $c_{\chi,\chi'}$ nach der Regel

$$(5) \qquad c_{\chi,\chi'} = \prod_i c_{\chi_i}^{\delta_i(\nu_i,\nu_i')} \quad \text{für} \quad \chi = \prod_i \chi_i^{\nu_i}, \quad \chi' = \prod_i \chi_i^{\nu_i'},$$

wo

$$n_i \delta_i(\nu_i, \nu_i') = \varrho_i(\nu_i) + \varrho_i(\nu_i') - \varrho_i(\nu_i + \nu_i')$$

ist.

Denkt man in (5) die c_{χ_i} als Lösung von (3) gewählt, so ergibt sich nach (4) das Bestehen der Gleichungen

$$\frac{c^s_{\chi,\chi'}}{c_{\chi,\chi'}} = \prod_i \left(\frac{c^s_{\chi_i}}{c_{\chi_i}}\right)^{\delta_i(\nu_i,\nu_i')} = \prod_i b_{\chi_i,s}^{\varrho_i(\nu_i)+\varrho_i(\nu_i')-\varrho_i(\nu_i+\nu_i')} = \frac{b_{\chi,s}\, b_{\chi',s}}{b_{\chi\chi',s}},$$

also der Gleichungen (2_0). Unter der Voraussetzung der Lösbarkeit von (1_0) durch ein Verkettungssystem $b_{\chi,s}$ aus Ω zwischen X und $\mathfrak{g}$ ist damit die Lösbarkeit von (2_0) durch ein abelsches Faktorensystem $c_{\psi,\chi}$ zu X aus Ω bewiesen, wie verlangt.

3. Der betrachtete Spezialfall $\Gamma = 1$ für X ist nach der Übertragungsregel § 1, (2) dadurch charakterisiert, daß die homomorphe Darstellung Γ von $\mathfrak{g}$ durch Automorphismen von $\mathfrak{A}$ die Eigenschaft

$$(6) \qquad \chi(A^\sigma) = \chi(A)^s$$

hat. Durch diese Eigenschaft sind die Bilder σ in Γ der s aus $\mathfrak{g}$ in ihrer Wirkung auf $\mathfrak{A}$ eindeutig festgelegt. Dann und nur dann, wenn die n-ten Einheitswurzeln bereits im Teilkörper Ω_0 von Ω enthalten sind, ist auch $\Gamma = 1$ für $\mathfrak{A}$.

Durch den Nachweis der Richtigkeit der Vermutung (V.) im Falle $\Gamma = 1$ für X ist für diesen Spezialfall auch der Isomorphiezusammenhang aus Teil II, 5, der das Hauptergebnis der vorliegenden Untersuchung in einem gruppentheoretischen Schema zusammenfaßt, vollständig bewiesen. Die in diesem Isomorphieschema

$$(7) \qquad K_{\mathfrak{A},\Gamma}/\tilde{K}_{\mathfrak{A},\Gamma} \cong E_{\mathfrak{A},\Gamma}, \qquad F_{\mathfrak{A},\Gamma}/E_{\mathfrak{A},\Gamma} \cong B_{\mathfrak{A},\Gamma}$$

auftretenden Gruppen haben unter der gemachten speziellen Voraussetzung (6) über die Automorphismengruppe Γ von $\mathfrak{A}$ die folgende gegenüber dem allgemeinen Fall einfachere Bedeutung:

$K_{\mathfrak{A},\Gamma}$ ist die Multiplikationsgruppe der fixierten (eigentlichen und uneigentlichen) abelschen Körper K/Ω mit der Gruppe $\mathfrak{A}$, die über Ω_0 galoissch mit einer Gruppe $\mathfrak{G} = (\mathfrak{A};\, \Gamma, \mathfrak{C})$ sind, wo Γ durch (6) gegeben ist und $\mathfrak{C}$ alle assoziativen Faktorensystemklassen zu $\mathfrak{g}$, Γ in $\mathfrak{A}$ durchläuft. Die K/Ω sind gegeben durch die ihnen invariant zugeordneten Klassen abelscher Faktorensysteme $c_{\chi,\psi}$ zu X in Ω, oder auch schon durch die n_i-Klassen in Ω der zugehörigen Basispotenzfaktoren c_{χ_i} (Kummer-Erzeugung $\mathsf{K} = \Omega(\ldots, \omega_{\chi_i}, \ldots)$ mit $\omega_{\chi_i}^{n_i} = c_{\chi_i}$). Die Gleichheit der fixierten K/Ω entspricht der Gleichheit dieser Klassen und ihre Multiplikation der Klassenmultiplikation, erklärt durch gliedweise Multiplikation der Systeme $c_{\chi,\psi}$ oder c_{χ_i}. Soweit es sich um uneigentliche abelsche Körper (d. h. zerfallende abelsche Algebren) K/Ω handelt, ist für die Galoisgruppe der in § 1 bewiesene Satz zu beachten.

$\tilde{K}_{\mathfrak{A},\Gamma}$ ist die Untergruppe mit in Ω_0 wählbaren Faktorensystemen $\tilde{c}_{\chi,\psi}$ oder auch nur Basispotenzfaktoren $\tilde{c}_{\chi_i}$.

$F_{\mathfrak{A},\Gamma}$ ist die Multiplikationsgruppe aller Klassen $\mathfrak{C}$ assoziativer Faktorensysteme $C_{s,t}$ zu $\mathfrak{g}$, Γ in $\mathfrak{A}$.

$E_{\mathfrak{A},\Gamma}$ ist die Untergruppe mit $\chi(C_{s,t}) \sim 1$ in Ω für alle Charaktere χ von $\mathfrak{A}$.

$B_{\mathfrak{A},\Gamma}$ ist die R. Brauersche Klassengruppe derjenigen halbeinfachen Algebren A über Ω_0, deren einfache Bestandteile A_χ den Charakteren χ von $\mathfrak{A}$ zugeordnete normale einfache Algebren über Ω_0 mit Ω als Zerfällungskörper und jeweils $\chi(C_{s,t})$ als zugehörigem Faktorensystem sind; kurz $\mathsf{A} = \sum_\chi \mathsf{A}_\chi$ mit $\mathsf{A}_\chi = (\Omega, \chi(C_{s,t}))$.

4. Die Vermutung (V.) trifft trivialerweise auch zu, wenn die Faktorensystemklasse $\mathfrak{C} = 1$ ist. Denn dann ist die Verkettungssystemklasse $\mathfrak{B} = 1$ Lösung von (1) und dazu die Faktorensystemklasse $\mathfrak{c} = 1$ Lösung von (2).

Dieser Spezialfall $\mathfrak{C} = 1$ liegt beispielsweise notwendig unter den folgenden Voraussetzungen vor:

$\mathfrak{A}$ zyklisch von Primzahlordnung n,
$\mathfrak{g}$ zyklisch von zu n primer Ordnung g.

Denn dann haben (bei jeder möglichen Wahl von Γ als homomorphe Darstellung von $\mathfrak{g}$ durch Automorphismen von $\mathfrak{A}$) die erzeugenden Relationen von $\mathfrak{G}$ die Form

$$A^n = 1, \quad S^{-1}AS = A^\sigma, \quad S^g = C \text{ (Potenz von } A\text{)}$$

mit

$$\sigma^g \equiv 1 \bmod n \quad \text{und} \quad C^\sigma = C.$$

Ist $\sigma \not\equiv 1 \bmod n$, so ist notwendig $C = 1$. Ist $\sigma \equiv 1 \bmod n$, also $\mathfrak{G}$ abelsch, so kann durch passende Wahl des Vertreters S erreicht werden, daß $C = 1$ ist. In jedem Falle ist also in der Tat $\mathfrak{C} = 1$.

In diesen Spezialfällen reduzieren sich die beiden Faktorgruppen des Isomorphieschemas (7) auf die Einsgruppe:

$$K_{\mathfrak{A},\Gamma} = \tilde{K}_{\mathfrak{A},\Gamma}, \quad F_{\mathfrak{A},\Gamma} = E_{\mathfrak{A},\Gamma}.$$

68. Die Multiplikationsgruppe der abelschen Körper mit fester Galoisgruppe[1] [106]

Herrn E. Artin zum 50. Geburtstag gewidmet

Abhandlungen aus dem Mathematischen Seminar
der Universität Hamburg
16 (1949), 29 – 40

1. In Zusammenhängen, wo quadratische Körper K über einem Grundkörper Ω mit von 2 verschiedener Charakteristik eine Rolle spielen, hat man es häufig mit einer Zusammensetzung zweier solchen Körper $\mathsf{K}_1 = \Omega(\sqrt{w_1})$, $\mathsf{K}_2 = \Omega(\sqrt{w_2})$ zu einem dritten $\mathsf{K} = \Omega(\sqrt{w})$ nach dem Schema $w \underset{2}{=} w_1 w_2$ in Ω (d.h. gleich bis auf einen quadratischen Faktor aus Ω) zu tun. Hierbei ergibt sich K als der dritte quadratische Teilkörper des Kompositums von K_1, K_2. Man ist versucht, diese Zusammensetzung als eine Multiplikation $\mathsf{K} = \mathsf{K}_1\mathsf{K}_2$ aufzufassen, bei welcher der „uneigentliche" quadratische Körper $\mathsf{K}_0 = \Omega(\sqrt{w_0})$ mit $w_0 \underset{2}{=} 1$ in Ω Einselement ist und die Körper K eine zur 2-Klassengruppe in Ω (Faktorgruppe Ω^*/Ω^{*2} der Multiplikationsgruppe von Ω) isomorphe Gruppe bilden.

Diese Auffassung scheitert aber bereits bei der formalen Verallgemeinerung auf den nächsthöheren Fall der zyklischen kubischen Körper K über einem Grundkörper Ω mit von 3 verschiedener Charakteristik, der die dritten Einheitswurzeln enthält. Denn hier besitzt das Kompositum von $\mathsf{K}_1 = \Omega(\sqrt[3]{w_1})$, $\mathsf{K}_2 = \Omega(\sqrt[3]{w_2})$ außer diesen beiden Komponentenkörpern die zwei im allgemeinen von ihnen und untereinander verschiedenen kubischen Teilkörper $\mathsf{K} = \Omega(\sqrt[3]{w})$, $\mathsf{K}' = \Omega(\sqrt[3]{w'})$ mit $w \underset{3}{=} w_1 w_2$, $w' \underset{3}{=} w_1 w_2^2$ in Ω, von denen keiner vor dem anderen durch eine algebraisch-invariante Eigenschaft ausgezeichnet ist.

Um zu einer vernünftigen, algebraisch-invarianten Verallgemeinerung der betrachteten Multiplikation auf höhere als quadratische Körper zu gelangen, wird man offenbar als Elemente der Zusammensetzung mehr

---

[1]) Der Titel dieser Arbeit sollte in präziser Formulierung den folgenden längeren Wortlaut haben: „Die Multiplikationsgruppe derjenigen fixierten abelschen Körper, deren Galoisgruppen zu irgendwelchen Untergruppen einer festen endlichen abelschen Gruppe vom Exponenten n isomorph sind, über einem Grundkörper mit nicht in n aufgehender Charakteristik, der die n-ten Einheitswurzeln enthält". — Nach Abschluß der Arbeit bemerke ich, daß die Ergebnisse für den Spezialfall einer zyklischen Galoisgruppe sich bereits in der folgenden Arbeit vorfinden: O. Teichmüller, Multiplikation zyklischer Normalringe, Deutsche Math. **1** (1936), 197 bis 238. Der Nachdruck in der vorliegenden Arbeit liegt jedoch gerade in der Verallgemeinerung auf beliebige abelsche Galoisgruppen.

als die bloßen Körper K anzusetzen haben. Außerdem wird man den im quadratischen Fall ohne weiteres klaren Begriff der „uneigentlichen" Körper und seine Einordnung in das Schema der Zusammensetzung in geeigneter Weise zu präzisieren haben. Dies beides soll in den folgenden Ausführungen in Anknüpfung an Begriffsbildungen aus zwei kürzlich erschienenen Arbeiten[1]) für beliebige abelsche Körper K/Ω geschehen, und es soll dann gezeigt werden, daß die in Rede stehende Zusammensetzung im Falle der Kummerschen Körper mit fester Galoisgruppe zu einer Multiplikationsgruppe führt, deren Struktur aus den Invarianten der Kummer-Erzeugung ablesbar ist, und die im Falle der Klassenkörper auch durch das Artin-Symbol bzw. Normenrestsymbol beschrieben werden kann.

2. Es sei zunächst Ω ein beliebiger Grundkörper und $\mathfrak{G}$ eine beliebige endliche Gruppe. Statt bloß die *galoisschen Körper* K/Ω *mit der Gruppe* $\mathfrak{G}$ betrachten wir allgemeiner die *galoisschen assoziativen kommutativen Algebren* K/Ω *mit der Gruppe* $\mathfrak{G}$. Von einer solchen reden wir, wenn folgende drei Bedingungen erfüllt sind:

1. K/Ω ist eine assoziative kommutative Algebra, die halbeinfach und separabel[2]) ist (d.h. bei beliebiger Grundkörpererweiterung halbeinfach bleibt).

2. K/Ω besitzt $\mathfrak{G}$ als Automorphismengruppe.

3. K/Ω ist als additiver Ω-Modul mit $\mathfrak{G}$ als Rechtsoperatorenbereich isomorph zum Gruppenring von $\mathfrak{G}$ über Ω als $\mathfrak{G}$-Rechtsideal (d.h. eine Basis von K/Ω transformiert sich bei Anwendung der Automorphismen aus $\mathfrak{G}$ nach einer linearen Substitutionsgruppe aus der Klasse der regulären Darstellung von $\mathfrak{G}$ über Ω).

Eine galoissche assoz. komm. Algebra K/Ω mit der Gruppe $\mathfrak{G}$ ist nach dem ersten Wedderburnschen Struktursatz eindeutig als direkte Summe von Teilkörpern darstellbar. Diese Teilkörper sind sämtlich zu einem festen galoisschen Körper K_0/Ω mit einer Untergruppe $\mathfrak{G}_0$ von $\mathfrak{G}$ als Galoisgruppe isomorph. Sie entsprechen eindeutig den Klassen

---

[1]) H. Hasse: 1. Invariante Kennzeichnung relativ-abelscher Zahlkörper mit vorgegebener Galoisgruppe über einem Teilkörper des Grundkörpers; Abhandl. der Deutschen Akad. d. Wiss. Berlin, Jahrg. 1947, Nr. 8, 56 S., Berlin 1949. 2. Existenz und Mannigfaltigkeit abelscher Körper mit vorgegebener Galoisgruppe über einem Teilkörper des Grundkörpers I, II, III; Math. Nachr. Berlin, **1** (1948), 40–61, 213 bis 217, 277–283. — Die dort eingeführten Begriffe und die erforderlichen Sätze über sie werden in der vorliegenden Arbeit nochmals kurz erklärt, so daß die hier erzielten Ergebnisse auch ohne das Studium der in jenen beiden Arbeiten ausführlich entwickelten Theorie verstanden werden können.

[2]) Diese Forderung kann, wie leicht zu sehen, als Folge aus den beiden weiteren Bedingungen weggelassen werden.

der Rechtszerlegung $\mathfrak{G} = \sum_R R\mathfrak{G}_0$, haben als Galoisgruppen die konjugierten Untergruppen $R\mathfrak{G}_0R^{-1}$, und permutieren und transformieren sich bei den Automorphismen S aus $\mathfrak{G}$ nach der monomialen Darstellung $SR = R'S_0$ (S_0 in $\mathfrak{G}_0$) von $\mathfrak{G}$ in $\mathfrak{G}_0$. Wir nennen K_0/Ω den *Kernkörper* von K/Ω. Ist umgekehrt ein galoisscher Körper K_0/Ω mit einer Untergruppe $\mathfrak{G}_0$ von $\mathfrak{G}$ als Galoisgruppe gegeben, so erhält man eine galoissche assoz. komm. Algebra K/Ω mit dem Kernkörper K_0/Ω, indem man den Rechtsklassen von $\mathfrak{G}$ nach $\mathfrak{G}_0$ zu K_0/Ω isomorphe Körper zuordnet, deren direkte Summe bildet, und die Anwendung der Operatoren aus $\mathfrak{G}$ auf diese nach dem angegebenen Schema erklärt. Die galoisschen assoz. komm. Algebren K/Ω mit der Gruppe $\mathfrak{G}$ entsprechen so eineindeutig den galoisschen Körpern K_0/Ω mit irgendwelchen Untergruppen $\mathfrak{G}_0$ von $\mathfrak{G}$ als Galoisgruppen.

In den Algebren K/Ω, deren Kernkörper K_0/Ω echte Teilkörper von K/Ω sind, haben wir die unserem Zweck entsprechende Präzisierung des Begriffs der „uneigentlichen" Körper aus Nr. 1 vor uns. Zur Verfachung der Ausdrucksweise werden wir im folgenden „galoisscher Körper" stets im Sinne von „galoissche assoz. komm. Algebra" verstehen und Körper im üblichen Sinne durch den Zusatz „eigentlich" kennzeichnen. Wir ziehen fortan die Gesamtheit aller in diesem weiteren Sinne verstandenen abelschen Körper K/Ω mit einer festen abelschen Gruppe $\mathfrak{A}$ als Galoisgruppe in Betracht.

3. Es seien K_1/Ω, $\mathsf{K}_2/\Omega, \ldots$ endlich viele abelsche Körper mit den Galoisgruppen $\mathfrak{A}_1, \mathfrak{A}_2, \ldots$, und diese Galoisgruppen seien sämtlich zu einer festen Gruppe $\mathfrak{A}$ isomorph. Wir stellen uns dabei $\mathfrak{A}$ als abstrakte Gruppe vor, gegeben durch ihr Multiplikationsschema, die $\mathfrak{A}_i$ dagegen als konkrete Gruppen, bestehend aus Automorphismen der K_i/Ω. Es seien $\pi_1, \pi_2, \ldots$ Isomorphismen von $\mathfrak{A}_1, \mathfrak{A}_2, \ldots$ auf $\mathfrak{A}$, so daß also die $\mathfrak{A}_i^{\pi_i} = \mathfrak{A}$ sind. Die Isomorphismen π_i liegen nur bis auf willkürliche Automorphismen α_i von $\mathfrak{A}$ fest, also bis auf Substitutionen $\pi_i \to \pi_i\alpha_i$. Ist irgendeine Wahl der π_i getroffen, so nennen wir die formalen Paare $(\mathsf{K}_i/\Omega, \pi_i)$ *fixierte abelsche Körper mit der Gruppe* $\mathfrak{A}$. In dieser Hinzunahme der Isomorphismen π_i zu den bloßen Körpern K_i haben wir die in Nr. 1 für eine eindeutige und algebraisch-invariante Produktdefinition als erforderlich erkannte Ergänzung vor uns.

Wir können in der Tat nunmehr eindeutig das Produkt der fixierten abelschen Körper $(\mathsf{K}_i/\Omega, \pi_i)$ mit der Gruppe $\mathfrak{A}$ als einen fixierten abelschen Körper $(\mathsf{K}_0/\Omega, \pi_0)$ mit der Gruppe $\mathfrak{A}$ definieren. Dazu bilden wir zunächst das direkte Produkt $\overline{\mathsf{K}} = \mathsf{K}_1 \times \mathsf{K}_2 \times \cdots$ der K_i/Ω im Sinne der Algebrentheorie. Wie nach Nr. 2 klar, ist K/Ω ein abelscher Körper, dessen Galoisgruppe konkret als das direkte Produkt

$\overline{\mathfrak{A}} = \mathfrak{A}_1 \times \mathfrak{A}_2 \times \cdots$ gegeben ist. Ordnet man allgemein dem Element $\bar{A} = A_1 A_2 \cdots$ aus $\overline{\mathfrak{A}}$ das Element $A_1^{\pi_1} A_2^{\pi_2} \cdots$ aus $\mathfrak{A}$ zu, so erhält man einen Homomorphismus von $\overline{\mathfrak{A}}$ auf $\mathfrak{A}$. Dieser ist ein Isomorphismus π_0 der Faktorgruppe $\mathfrak{A}_0 = \overline{\mathfrak{A}}/\mathfrak{N}$ auf $\mathfrak{A}$, wo $\mathfrak{N}$ die Untergruppe der Elemente $\bar{A}$ aus $\overline{\mathfrak{A}}$ mit $A_1^{\pi_1} A_2^{\pi_2} \cdots = 1$ ist. Es ist also dann $\mathfrak{A}_0^{\pi_0} = \mathfrak{A}$, und für jedes Element $A_0 \equiv A_1 A_2 \cdots (\mathfrak{N})$ aus $\mathfrak{A}_0 = \overline{\mathfrak{A}}/\mathfrak{N}$ besteht eine (nicht eindeutige) Darstellung der Form $A_0^{\pi_0} = A_1^{\pi_1} A_2^{\pi_2} \cdots$ mit A_i aus $\mathfrak{A}_i$. Wir bilden dann weiter den Invariantenkörper K_0 von $\bar{K}$ bei der Untergruppe $\mathfrak{N}$ von $\overline{\mathfrak{A}}$. Wie nach Nr. 2 leicht zu sehen, ist K_0/Ω ein abelscher Körper mit der nach dem eben Gesagten konkret gegebenen Galoisgruppe $\mathfrak{A}_0$. Durch Hinzunahme des eben bestimmten Isomorphismus π_0 wird daher K_0 zum fixierten abelschen Körper $(K_0/\Omega, \pi_0)$ mit der Gruppe $\mathfrak{A}$. Der so gewonnene fixierte Körper $(K_0/\Omega, \pi_0)$ sei als das Produkt

$$(K_1/\Omega, \pi_1)(K_2/\Omega, \pi_2) \cdots = (K_0/\Omega, \pi_0)$$

der fixierten Körper $(K_i/\Omega, \pi_i)$ definiert.

Wie man ohne weiteres erkennt, erfährt dies Produkt bei einer Substitution der speziellen Form $\pi_i \to \pi_i \alpha$ mit einem festen Automorphismus α von $\mathfrak{A}$ nur die Subsitution $\pi_0 \to \pi_0 \alpha$. Bei einer Substitution der allgemeinen Form $\pi_i \to \pi_i \alpha_i$ mit verschiedenen Automorphismen α_i von $\mathfrak{A}$ dagegen ändert sich im allgemeinen auch der Körper K_0. Diese Sachlage ist ganz analog wie bei der Addition von Vektoren in homogenen Koordinaten.

4. Die vorstehend gegebene Produktdefinition stützt sich auf das direkte Produkt der Körper K_i/Ω, also auf das Rechnen mit den Elementen der Körper K_i. Hat man eine Kennzeichnung dieser Körper durch invariante Bildungen in Grundkörper Ω, so erhebt sich die Frage, wie sich das fixierte Körperprodukt in diesen Invarianten darstellt. Solche Kennzeichnungen hat man in den folgenden beiden Fällen: erstens, wenn Ω eine nicht im Exponenten n von $\mathfrak{A}$ aufgehende Charakteristik hat und die n-ten Einheitswurzeln enthält, die Kennzeichnung durch die algebraischen Invarianten aus der Theorie der Kummer-Erzeugung; zweitens, wenn Ω ein endlich-algebraischer Zahlkörper oder Funktionenkörper einer Unbestimmten mit endlichem Konstantenkörper oder ein zugehöriger lokaler Körper (diskret bewerteter perfekter Körper mit endlichem Restklassenkörper) ist, die Kennzeichnung durch die zugeordnete Kongruenzgruppe nach der Klassenkörpertheorie im Großen bzw. im Kleinen. Im folgenden soll die Darstellung des fixierten Körperprodukts in den Invarianten dieser beiden Theorien behandelt werden.

5. Für die zunächst zu behandelnde Theorie der Kummer-Erzeugung sei Ω ein Körper mit nicht im Exponenten n von $\mathfrak{A}$ aufgehender Charakteristik, der die n-ten Einheitswurzeln enthält. Dann liegen die Werte $\chi(A)$ der (einfachen) Charaktere χ von $\mathfrak{A}$ in Ω. Die Charaktere χ bilden eine zu $\mathfrak{A}$ isomorphe Gruppe X, die Charaktergruppe von $\mathfrak{A}$.

Wir betrachten vorerst einen einzelnen abelschen Körper K/Ω mit der Gruppe $\mathfrak{A}$. Dabei ist eine Fixierung nicht erforderlich; wir denken also die Gruppe $\mathfrak{A}$ als die Galoisgruppe von K/Ω gegeben. Auf Grund der Definition in Nr. 2 und nach der Voraussetzung über Ω ist die Matrizendarstellung von $\mathfrak{A}$, die der Anwendung der Automorphismen A auf eine Basis von K/Ω entspricht, über Ω vollständig reduzibel in die irreduziblen Bestandteile $\chi(A)$. Diejenigen Basen von K/Ω, für die diese vollständige Zerfällung vorliegt, nennen wir die ***Faktorbasen*** von K/Ω. Eine solche Faktorbasis besteht aus einem den Charakteren χ von $\mathfrak{A}$ eineindeutig zugeordneten System regulärer Elemente ω_χ aus K mit der charakteristischen Eigenschaft

(1) $$\omega_\chi^A = \chi(A)\omega_\chi.$$

Alle Faktorbasen von K/Ω entstehen aus einer durch die Substitutionen

(2) $$\omega_\chi \to \omega_\chi a_\chi$$

mit willkürlichen a_χ aus Ω^* (der Multiplikationsgruppe von Ω). Durch die lineare Substitution nebst Umkehrung

$$\omega_\chi = \sum_A \chi(A^{-1})\theta^A, \qquad \theta^A = \frac{1}{N}\sum_\chi \chi(A)\omega_\chi,$$

wo N die Ordnung von $\mathfrak{A}$ bedeutet, hängen die Faktorbasen ω_χ umkehrbar eindeutig mit den Normalbasen θ^A von K/Ω zusammen (Theorie der Lagrangeschen Resolventen).

Das Multiplikationsschema einer Faktorbasis ω_χ hat die Gestalt

(3) $$\omega_\chi\omega_\psi = \omega_{\chi\psi}c_{\chi,\psi}$$

mit einem ***Faktorensystem*** $c_{\chi,\psi}$ *zu* X *in* Ω^*. Dieses genügt den Kommutativ- und Assoziativrelationen

(4) $$c_{\chi,\psi} = c_{\psi,\chi}, \qquad c_{\varphi\chi,\psi}c_{\varphi,\chi} = c_{\varphi,\chi\psi}c_{\chi,\psi}$$

und erfährt bei den zulässigen Basissubstitutionen (2) die Substitutionen

(5) $$c_{\chi,\psi} \to c_{\chi,\psi}\frac{a_\chi a_\psi}{a_{\chi\psi}}.$$

Die diesen Substitutionen entsprechend gebildete ***Klasse*** $\mathfrak{c}$ ***assoziierter Faktorensysteme*** *zu* X *in* Ω^* ist eine K/Ω kennzeichnende Invariante in Ω. Sie ist lediglich den Kommutativ- und Assoziativrelationen (4) unterworfen. In der Tat erhält man zu gegebenem (4) genügenden Faktorensystem $c_{\chi,\psi}$ einen abelschen Körper K/Ω mit der Gruppe $\mathfrak{A}$, indem man die Algebra K/Ω mit dem Multiplikationsschema (3) bildet und die Anwendung der Operatoren aus $\mathfrak{A}$ auf ihre Elemente durch (1) und die elementweise Invarianz von Ω erklärt.

Wie in der zweiten meiner eingangs zitierten Arbeiten, Teil I, § 2 gezeigt, entspricht der Kernkörper K_0/Ω von K/Ω der engsten Faktorgruppe X_0 von X derart, daß es in der Klasse $\mathfrak{c}$ ein System $c_{\chi,\psi}$ gibt, dessen Faktoren nur von den Klassen χ_0, ψ_0 in X_0 der χ, ψ aus X abhängen. Diese Faktorgruppe X_0 von X ist nämlich dann die Charaktergruppe der Galoisgruppe $\mathfrak{A}_0$ von K_0/Ω, wodurch $\mathfrak{A}_0$ als Untergruppe von $\mathfrak{A}$ und damit K_0/Ω als Teilkörper von K/Ω festgelegt ist. Insbesondere ist K/Ω dann und nur dann ein *eigentlicher* abelscher Körper mit der Gruppe $\mathfrak{A}$, wenn die Faktorensystemklasse $\mathfrak{c}$ zu X in dem Sinne *irreduzibel* in Ω ist, daß keines ihrer Systeme $c_{\chi,\psi}$ eine Reduktion der angegebenen Art auf eine echte Faktorgruppe von X gestattet.

6. Eine andere K/Ω kennzeichnende Invariante in Ω ergibt sich in Gestalt einer Faktorgruppe W/Ω^{*n} (n-Klassengruppe) wie folgt. Die sämtlichen gemäß (1), (2) in den Faktorbasen von K/Ω vorkommenden Elemente ω bilden eine Ω^* enthaltende multiplikative Gruppe W regulärer Elemente aus K derart, daß die Faktorgruppe $\mathsf{W}/\Omega^* \cong \mathsf{X}$ ist; eine Faktorbasis ω_χ ist dann ein Vertretersystem für die Klassen dieser Faktorgruppe (und das zugehörige Faktorsystem $c_{\chi,\psi}$ kennzeichnet die Erweiterung der Gruppe Ω^* zu einer Gruppe W mit $\mathsf{W}/\Omega^* \cong \mathsf{X}$). Durch Potenzierung mit n entsteht aus W eine Ω^{*n} enthaltende multiplikative Gruppe W in Ω, für die W/Ω^{*n} zu X homomorph ist. Wie in der zweiten meiner eingangs zitierten Arbeiten, Teil II, Nr. 2 gezeigt, ist genauer $W/\Omega^{*n} \cong \mathsf{X}_0$, und W besteht aus der Gesamtheit derjenigen Elemente w aus Ω^*, für die $\sqrt[n]{w}$ im Kernkörper K_0 liegt. Demnach ist

$$\mathsf{K}_0 = \Omega(\sqrt[n]{W})$$

die Kummer-Erzeugung des Kernkörpers K_0/Ω in invarianter Gestalt. Nach Nr. 2 ist damit dann auch K/Ω durch W/Ω^{*n} eindeutig und invariant gekennzeichnet.

Man erhält ein Vertretersystem w_χ für die Klassen von W/Ω^{*n} in eineindeutiger Zuordnung zu den Charakteren χ_0 aus X_0 aus einem Faktorensystem $c_{\chi,\psi}$ der Klasse $\mathfrak{c}$, indem man zu jedem Charakter χ aus X den *Potenzfaktor*

(6) $$\omega_\chi^{n_\chi} = c_\chi = \prod_{\nu \bmod n_\chi} c_{\chi,\chi^\nu} \qquad (n_\chi \text{ die Ordnung von } \chi)$$

bildet und dann weiter zu der Potenz

(7) $$w_\chi = \omega_\chi^n = c_\chi^{m_\chi} \qquad (n = n_\chi m_\chi)$$

übergeht, deren n-Klasse in Ω sich als nur von der Klasse χ_0 in X_0 des Charakters χ aus X abhängig erweist.

Umgekehrt läßt sich aus den Potenzfaktoren c_χ (und damit auch aus den Vertretern w_χ, deren m_χ-te Wurzeln ja in Ω ausziehbar sind) ein volles Faktorensystem $c_{\chi,\psi}$ der Klasse $\mathfrak{c}$ aufbauen. Es genügt dazu, von den Potenzfaktoren c_i für eine Basis χ_i von X mit den Ordnungen n_i auszugehen. Baut man die Faktorbasis ω_χ aus den Basisvertretern ω_i nach dem Schema

$$\omega_\chi = \prod_i \omega_i^{\varrho_i(\nu_i)} \qquad \text{für } \chi = \prod_i \chi_i^{\nu_i}$$

auf, wo die $\varrho_i(\nu_i)$ die kleinsten Reste der ν_i mod. n_i sind, so ist das zugehörige Faktorensystem gegeben durch

$$c_{\chi,\chi'} = \prod_i c_i^{\delta_i(\nu_i,\nu_i')} \qquad \text{für } \chi = \prod_i \chi_i^{\nu_i}, \quad \chi' = \prod \chi_i^{\nu_i'},$$

wo die $\delta_i(\nu_i, \nu_i') = 0$ oder 1 die durch

$$\varrho_i(\nu_i) + \varrho_i(\nu_i') = \varrho_i(\nu_i + \nu_i') + n_i\,\delta_i(\nu_i, \nu_i')$$

definierten Übertragungszahlen bei der n_i-adischen Restaddition sind. Den noch zulässigen Substitutionen (2), (5) entsprechen für die Basispotenzfaktoren die Substitutionen $c_i \to c_i a_i^{n_i}$ mit willkürlichen a_i aus Ω^*; es liegen also genau die n_i-Klassen in Ω der c_i invariant fest. Diese sind keinerlei Einschränkung unterworfen, d.h. sie bilden ein vollständiges unabhängiges Invariantensystem für die Faktorensystemklasse $\mathfrak{c}$ zu X in Ω^*. Die Irreduzibilität von $\mathfrak{c}$ drückt sich in diesem Invariantensystem durch die Bedingung aus, daß die Potenzen

$$w_i = c_i^{m_i} \qquad (n = n_i m_i)$$

ein System n-unabhängiger n-Klassen aus Ω vertreten, so daß die aus ihnen erzeugte n-Klassengruppe $W/\Omega^{*n} \cong \mathsf{X}$ ist, und es ist dann

$$\mathsf{K} = \Omega(\ldots, \sqrt[n_i]{c_i}, \ldots) = \Omega(\ldots, \sqrt[n]{w_i}, \ldots)$$

die Kummer-Erzeugung des eigentlichen abelschen Körpers K/Ω mit der Gruppe $\mathfrak{A}$ in der üblichen Schreibweise; im uneigentlichen Fall läßt sich diese Schreibweise nur bei sinngemäßer Umdeutung der Wurzelzeichen verwenden[1]).

7. Die in Nr. **5** definierte Invariante $\mathfrak{c}$ liegt bei dem in Nr. **3** eingenommenen Standpunkt erst nach Fixierung des abelschen Körpers K/Ω

---

[1]) Zu alledem siehe die ausführliche Darstellung in meinen eingangs zitierten beiden Arbeiten. Im Hinblick auf die besondere Bestimmung dieses Heftes sei hier, wie schon dort, nochmals hervorgehoben, daß der grundlegende Gedanke, die eigentlichen abelschen Körper K/Ω durch die von der Basiswahl unabhängige n-Klassengruppe W/Ω^{*n} in Ω invariant zu kennzeichnen, auf E. Artin zurückgeht. — Siehe außerdem das erstmalige Auftreten dieser Auffassung in der Literatur bei E. Witt, Der Existenzsatz für abelsche Funktionenkörper, Journ. f. Math. **173** (1935), 43–51.

durch einen Isomorphismus π seiner Galoisgruppe $\mathfrak{A}_*$ auf die abstrakte Gruppe $\mathfrak{A}$ fest, ist also in Wahrheit eine Invariante des fixierten abelschen Körpers $(K/\Omega, \pi)$ mit der Gruppe $\mathfrak{A}$. Um das zu präzisieren, fassen wir $\mathfrak{c}$ als Klasse assoziierter Faktorensysteme in Ω zur Charaktergruppe X der abstrakten Gruppe $\mathfrak{A}$ auf. Dann sind die Faktorbasen ω_χ von K/Ω und die nach (3) zugehörigen Faktorensysteme $c_{\chi,\psi}$ aus $\mathfrak{c}$ erst vermöge des Isomorphismus π von $\mathfrak{A}_*$ auf die Gruppe $\mathfrak{A}$ bezogen, indem die charakteristische Eigenschaft (1) jetzt in der Form

$$(1^*) \qquad \omega_\chi^{A_*} = \chi(A_*^\pi)\,\omega_\chi$$

für die Elemente A_* aus $\mathfrak{A}_*$ zu schreiben ist.

Ist α ein Automorphismus von $\mathfrak{A}$, so verstehen wir unter $\grave{\alpha}$ den durch die Regel

$$(8) \qquad \chi^{\grave{\alpha}}(A) = \chi(A^\alpha)$$

antiisomorph zugeordneten Automorphismus von X. Die Substitution $\pi \to \pi\alpha$ hat dann nach (1^*) die Substitutionen $\omega_\chi \to \omega_{\chi^{\grave{\alpha}}}$, $c_{\chi,\psi} \to c_{\chi^{\grave{\alpha}},\psi^{\grave{\alpha}}}$ [bis auf willkürliche Substitutionen (2), (5)], also $\mathfrak{c} \to \mathfrak{c}_{\grave{\alpha}}$ zur Folge, wo der Index $\grave{\alpha}$ die Anwendung des Automorphismus $\grave{\alpha}$ von X auf die Argumente χ, ψ der Faktoren andeuten soll.

Im allgemeinen ist nun $\mathfrak{c}_{\grave{\alpha}}$ von $\mathfrak{c}$ verschieden; die Relation $\mathfrak{c}_{\grave{\alpha}} = \mathfrak{c}$ gilt nämlich genau dann, wenn die dem Kernkörper K_0/Ω von K/Ω gemäß Nr. 5 entsprechende Faktorgruppe X_0 von X bei $\grave{\alpha}$ den identischen Automorphismus erfährt (siehe am Schluß von Nr. 7). Dann und nur dann, wenn $\mathfrak{c}$ irreduzibel, d.h. K/Ω eigentlicher Körper ist, ist $\mathfrak{c}_{\grave{\alpha}} = \mathfrak{c}$ gleichbedeutend mit $\grave{\alpha} = 1$; und dann und nur dann ist $\mathfrak{c}_{\grave{\alpha}} = \mathfrak{c}$ für alle Automorphismen $\grave{\alpha}$ von X, wenn $\mathfrak{c} = 1$ ist (Klasse des Faktorensystems $c_{\chi,\psi} = 1$, bestehend aus den *zerfallenden* Faktorensystemen $c_{\chi,\psi} = \frac{a_\chi a_\psi}{a_{\chi\psi}}$), d. h. K/Ω den Kernkörper K_0/Ω hat (*voll zerfällt*).

Hiernach ist in der Tat die Invariante $\mathfrak{c}$ im allgemeinen erst durch den fixierten Körper $(K/\Omega, \pi)$ festgelegt, und umgekehrt legt sie einen solchen fixierten Körper bis auf Fixierungssubstitutionen $\pi \to \pi\alpha$ mit der Eigenschaft $\mathfrak{c}_{\grave{\alpha}} = \mathfrak{c}$ fest. Im Hinblick auf letzteres liegt es nahe, zwei fixierte abelsche Körper $(K/\Omega, \pi)$, $(K'/\Omega, \pi')$ dann und nur dann gleich zu nennen, wenn ihre Invarianten $\mathfrak{c}$, $\mathfrak{c}'$ übereinstimmen:

$$(9) \qquad (K'/\Omega, \pi') = (K/\Omega, \pi) \longleftrightarrow \mathfrak{c}' = \mathfrak{c},$$

wenn also erstens $K' = K$ und zweitens $\pi' = \pi\alpha$ mit einem Automorphismus α von $\mathfrak{A}$ gilt, dessen nach der Regel (8) antiisomorph zugeordneter Automorphismus $\grave{\alpha}$ von X die Eigenschaft $\mathfrak{c}_{\grave{\alpha}} = \mathfrak{c}$ hat. Diese Gleichheitsdefinition läuft nach dem zuvor Gesagten nur im Falle eigentlicher Körper auf die formale Identität $K' = K$, $\pi' = \pi$ hinaus;

im extrem-uneigentlichen Falle, daß K/Ω voll zerfällt — und auch nur in diesem Falle —, ist $(\mathsf{K}/\Omega, \pi)$ von π unabhängig.

Entsprechendes gilt auch für die Beschreibung von K/Ω durch die Invariante W/Ω^{*n}. Als bloße n-Klassengruppe in Ω (Untergruppe der vollen n-Klassengruppe Ω^*/Ω^{*n}) aufgefaßt, ist diese eine Invariante des unfixierten Körpers K/Ω. Zur Invariante des fixierten Körpers $(\mathsf{K}/\Omega, \pi)$ wird sie durch Auffassung als Homomorphismus $\chi \to w_\chi \Omega^{*n}$ von X in die n-Klassengruppe Ω^*/Ω^{*n}, bei dem die dem Kernkörper K_0/Ω entsprechende Faktorgruppe X_0 isomorph abgebildet wird. Wird die Vorfügung eines Automorphismus $\dot{\alpha}$ von X (also $\chi \to w_{\chi^{\dot{\alpha}}} \Omega^{*n}$) wieder durch die Schreibweise $W_{\dot{\alpha}}/\Omega^{*n}$ mit dem Index $\dot{\alpha}$ angedeutet, so drückt sich die Relation $\mathfrak{c}_{\dot{\alpha}} = \mathfrak{c}$ bei der Gleichheitsdefinition (9) auch in der Form $W_{\dot{\alpha}}/\Omega^{*n} = W/\Omega^{*n}$ aus. Aus der Isomorphie von W/Ω^{*n} zu X_0 folgt, daß diese Relation gleichbedeutend mit der elementweisen Invarianz von X_0 bei $\dot{\alpha}$ ist, wie oben behauptet.

8. Es sei nunmehr

(10a) $$(\mathsf{K}_1/\Omega, \pi_1)(\mathsf{K}_2/\Omega, \pi_2)\cdots = (\mathsf{K}_0/\Omega, \pi_0)$$

eine Produktrelation zwischen fixierten abelschen Körpern mit der Gruppe $\mathfrak{A}$. Wir zeigen, daß dann die entsprechende Produktrelation

(10b) $$\mathfrak{c}_1\mathfrak{c}_2\cdots = \mathfrak{c}_0$$

zwischen den ihnen invariant zugeordneten Faktorensystemklassen zu X in Ω^* besteht. Dabei ist die Multiplikation (10b) der Faktorensystemklassen in der bekannten Art, nämlich durch gliedweise Multiplikation der Faktorensysteme erklärt.

Zum Beweis lassen wir einfach die Vorschrift aus Nr. 3 zur Bildung des Produktes (10a) ablaufen. Sind die $\omega_\chi^{(i)}$ auf X bezogene Faktorbasen der K_i/Ω, so erhält man für das direkte Produkt $\overline{\mathsf{K}} = \mathsf{K}_1 \times \mathsf{K}_2 \times \cdots$ eine Basis von $\overline{\mathsf{K}}/\Omega$ in Gestalt der sämtlichen Produkte $\omega_{\chi_1}^{(1)}\omega_{\chi_2}^{(2)}\cdots$ mit voneinander unabhängig gewählten $\chi_1, \chi_2, \ldots$ aus X. Die Elemente von $\overline{\mathsf{K}}$ sind demnach in eindeutiger Basisdarstellung gegeben durch

$$\xi = \sum_{\chi_1, \chi_2, \ldots} x_{\chi_1, \chi_2, \ldots}\, \omega_{\chi_1}^{(1)}\omega_{\chi_2}^{(2)}\cdots$$

mit $x_{\chi_1, \chi_2, \ldots}$ aus Ω. Die Anwendung eines Automorphismus $\bar{A} = A_1 A_2 \cdots$ aus dem direkten Produkt $\overline{\mathfrak{A}} = \mathfrak{A}_1 \times \mathfrak{A}_2 \times \cdots$ ergibt nach (1*) die Basisdarstellung

$$\xi^{\bar{A}} = \sum_{\chi_1, \chi_2, \ldots} \chi_1(A_1^{\pi_1})\,\chi_2(A_2^{\pi_2})\cdots x_{\chi_1, \chi_2, \ldots}\, \omega_{\chi_1}^{(1)}\omega_{\chi_2}^{(2)}\cdots.$$

Daß ξ im Invariantenkörper K_0 zur Untergruppe $\mathfrak{N}$ mit $A_1^{\pi_1}A_2^{\pi_2}\cdots = 1$ liegt, ist auf Grund dieser Basisdarstellungen gleichbedeutend damit, daß für alle Systeme $\chi_1, \chi_2, \ldots$ aus X mit $x_{\chi_1, \chi_2, \ldots} \neq 0$ aus $A_1^{\pi_1}A_2^{\pi_2}\cdots = 1$ folgt $\chi_1(A_1^{\pi_1})\chi_2(A_2^{\pi_2})\cdots = 1$, und letzteres ist, wie sofort zu sehen, gleichbedeutend mit $\chi_1 = \chi_2 = \cdots$. Daher besteht K_0 aus den Elementen der Form

$$\xi_0 = \sum_{\chi} x_{\chi} \omega_{\chi}^{(1)} \omega_{\chi}^{(2)} \cdots\cdots = \sum_{\chi} x_{\chi} \omega_{\chi}^{(0)}$$

mit x_{χ} aus Ω und $\omega_{\chi}^{(0)} = \omega_{\chi}^{(1)} \omega_{\chi}^{(2)} \cdots$. Diese letzteren Produkte bilden mithin eine Basis von K_0/Ω, und zwar eine Faktorbasis; denn auf Grund der Darstellung $A_0^{\pi_0} = A_1^{\pi_1} A_2^{\pi_2} \cdots$ für die Elemente $A_0 \equiv A_1 A_2 \cdots\cdot (\mathfrak{N})$ der Galoisgruppe $\mathfrak{A}_0 = \overline{\mathfrak{A}}/\mathfrak{N}$ von K_0/Ω folgt

$$(\omega_{\chi}^{(0)})^{A_0} = (\omega_{\chi}^{(1)} \omega_{\chi}^{(2)} \cdots)^{A_1 A_2 \cdots} = \chi(A_1^{\pi_1}) \omega_{\chi}^{(1)} \cdot \chi(A_2^{\pi_2}) \omega_{\chi}^{(2)} \cdots\cdot = \chi(A_0^{\pi_0}) \omega_{\chi}^{(0)},$$

also die charakteristische Eigenschaft (1*). Das Faktorensystem dieser Faktorbasis von K_0/Ω ist aber ersichtlich das Produktsystem $c_{\chi,\psi}^{(0)} = c_{\chi,\psi}^{(1)} c_{\chi,\psi}^{(2)} \cdots$, was die Behauptung ergibt.

Als Folgerung aus dem Produktsatz (10) und im Hinblick auf die Gleichheitsdefinition (9) können wir in Analogie zur R. Brauerschen Algebrenklassengruppe feststellen:

Die fixierten abelschen Körper $(K/\Omega, \pi)$ *mit der Gruppe* $\mathfrak{A}$ *bilden eine multiplikative Gruppe. Diese ist isomorph zur Multiplikationsgruppe der Faktorensystemklassen* $\mathfrak{c}$ *in* Ω^* *zur Charaktergruppe* X *von* $\mathfrak{A}$. *Einselement ist der voll zerfallende uneigentliche abelsche Körper mit der Gruppe* $\mathfrak{A}$.

Ein entsprechender Produkt- und Isomorphiesatz gilt auch für die invariante Beschreibung der fixierten abelschen Körper $(K/\Omega, \pi)$ mit der Gruppe $\mathfrak{A}$ durch die zugeordneten n-Klassengruppen W/Ω^{*n}. Dabei ist deren Multiplikation klassenweise, auf Grund der isomorphen Zuordnung zu X, zu erklären. Beschreibt man diese letztere Multiplikation unter Zugrundelegung einer Basis von X wie in Nr. **6**, so gelangt man zur Einordnung der speziellen in Nr. **1** zum Ausgang genommenen Multiplikationen in die hier entwickelte allgemeine Theorie.

9. Es bleibt jetzt noch die entsprechende Theorie für die Kennzeichnung der abelschen Körper K/Ω als Klassenkörper zu geben. Dabei können wir uns ganz kurz fassen, da es sich lediglich um eine formale Abrundung der bekannten Theorie des Artin-Symbols bzw. Normenrestsymbols[1]) handelt, die jedem Kenner dieser Theorie sofort einleuchtend sein wird.

Wir betrachten zunächst den Fall der Klassenkörpertheorie im Großen, wo also Ω ein endlich-algebraischer Zahlkörper oder Funktionenkörper einer Unbestimmten mit endlichem Konstantenkörper ist.

Sei $(K/\Omega, \pi)$ ein fixierter abelscher Körper mit der Gruppe $\mathfrak{A}$. Seinem Kernkörper K_0/Ω entspricht als Invariante eine Kongruenzdivisorengruppe H von endlichem Führer $\mathfrak{f}$ in der Gruppe D aller zu $\mathfrak{f}$ primen

---

[1]) Siehe dazu meinen „Zahlbericht", Teil II, Abschn. I.

Divisoren $\mathfrak{a}$ von Ω. Durch das Artin-Symbol $\left(\frac{K_0/\Omega}{\mathfrak{a}}\right)$ wird ein Isomorphismus der Klassengruppe D/H auf die Galoisgruppe von K_0/Ω gegeben. Wir können die Klassengruppe D/H formal auch als dem Körper K/Ω zugeordnet ansehen und setzen dementsprechend $\left(\frac{K/\Omega}{\mathfrak{a}}\right) = \left(\frac{K_0/\Omega}{\mathfrak{a}}\right)$. Fügt man den fixierenden Isomorphismus π an, so liefert $\left(\frac{K/\Omega}{\mathfrak{a}}\right)^{\pi}$ einen Isomorphismus von D/H in die abstrakte Gruppe $\mathfrak{A}$.

Aus der Bildungsvorschrift in Nr. 3 folgert man dann nach den bekannten Regeln für das Rechnen mit dem Artin-Symbol ohne weiteres, daß aus einer Produktrelation (10a) zwischen fixierten abelschen Körpern mit der Gruppe $\mathfrak{A}$ die entsprechende Produktrelation

(10c) $$\left(\frac{K_1/\Omega}{\mathfrak{a}}\right)^{\pi_1} \left(\frac{K_2/\Omega}{\mathfrak{a}}\right)^{\pi_2} \cdots = \left(\frac{K_0/\Omega}{\mathfrak{a}}\right)^{\pi_0}$$

für die zugeordneten Artin-Symbole (im Bereich der zu allen Führern primen Divisoren $\mathfrak{a}$ von Ω) folgt. Demnach findet man die Klassengruppe D/H_0 zum Produktkörper K_0/Ω aus den Klassengruppen D/H_i zu den Faktorenkörpern K_i/Ω, indem man die Klassen der D/H_i mittels der Artin-Symbole $\left(\frac{K_i/\Omega}{\mathfrak{a}}\right)$ und der Isomorphismen π_i in die Gruppe $\mathfrak{A}$ abbildet und das Produkt dieser Bilder nimmt. Die Hauptklasse H_0 wird dann durch diejenigen $\mathfrak{a}$ geliefert, für die dies Bilderprodukt 1 ist, und seinen übrigen Werten entsprechen die übrigen Klassen von D/H_0.

Im Fall der Klassenkörpertheorie im Kleinen, wo also Ω ein diskretbewerteter perfekter Körper mit endlichem Restklassenkörper ist, gilt ganz Entsprechendes. Hier ist H eine Kongruenzgruppe in der Multiplikationsgruppe Ω^* aller Elemente $a \neq 0$ aus Ω, und ein Isomorphismus von Ω^*/H auf die Galoisgruppe von K_0/Ω wird durch das Normenrestsymbol $\left(\frac{K_0/\Omega, a}{\mathfrak{p}}\right) = \left(\frac{K/\Omega, a}{\mathfrak{p}}\right)$ gegeben, wo $\mathfrak{p}$ den einzigen Primdivisor von Ω bedeutet. Anstelle von (10c) gilt dann die Produktrelation

(10d) $$\left(\frac{K_1/\Omega, a}{\mathfrak{p}}\right)^{\pi_1} \left(\frac{K_2/\Omega, a}{\mathfrak{p}}\right)^{\pi_2} \cdots = \left(\frac{K_0/\Omega, a}{\mathfrak{p}}\right)^{\pi_0}.$$

10. Um die vorstehend im abelschen Falle gewonnenen Ergebnisse auf die fixierten galoisschen Körper $(K/\Omega, \pi)$ mit fester Galoisgruppe $\mathfrak{G}$ zu verallgemeinern, muß man vor allem eine Kennzeichnung dieser Körper durch Invarianten im Grundkörper Ω besitzen. Was die arithmetische Kennzeichnung der abelschen Körper nach der Klassenkörpertheorie betrifft, so ist deren Verallgemeinerung auf beliebige galoissche Körper das große noch offenstehende Problem der heutigen Zahlentheorie. Was die algebraische Kennzeichnung der abelschen Körper durch die Invarianten $\mathfrak{c}$ oder W/Ω^{*n} der Kummer-Erzeugung betrifft, so eignet sich die Klassengruppe W/Ω^{*n} nicht zu einer solchen Verallgemeinerung, weil sie an die spezielle „reine" Gleichungsform der Erzeugung gebunden ist, wohl aber die Faktorsystemklasse $\mathfrak{c}$, der aus diesem Grunde in den vorstehenden Ausführungen der Vorrang gegeben wurde. Wie ich an anderer Stelle darlegen werde[1]), ist es mir in der Tat gelungen, anknüpfend an Begriffsbildungen von E. Noether ein genaues Analogon zu dieser letzteren invarianten Beschreibungsart der abelschen Körper für beliebige galoissche Körper zu entwickeln. Es steht zu erwarten, daß man mittels dieser Theorie auch zu einer Verallgemeinerung des Produkt- und Isomorphiesatzes aus Nr. 8 auf die fixierten galoisschen Körper $(\mathsf{K}/\Omega, \pi)$ mit fester Galoisgruppe $\mathfrak{G}$ gelangt. In dieser Hinsicht ist allerdings zu bemerken, daß eine rein-formale Verallgemeinerung der Produktdefinition aus Nr. **3** auf nichtkommutative Gruppen $\mathfrak{G}$ nicht möglich ist, weil dann die Definition der dortigen Untergruppe $\mathfrak{N}$ versagt.

Da es sich bei dem Produkt- und Isomorphiesatz aus Nr. 8 um einen Tatsachenkomplex handelt, der im abelschen Falle gemäß Nr. **9** aufs engste mit dem Artinschen Reziprozitätsgesetz verknüpft ist, scheinen mir die Ergebnisse dieser Arbeit nicht bloß formale Abrundungen von im Grunde bekannten körpertheoretischen Sachverhalten zu sein, sondern weitertragende Bedeutung insbesondere für das genannte offene Problem zu haben.

---

[1]) H. Hasse, Invariante Kennzeichnung galoisscher Körper mit vorgegebener Galoisgruppe, Journ. reine angew. Math. **187** (1949), 15—44.

69. Invariante Kennzeichnung galoisscher Körper mit vorgegebener Galoisgruppe[1] [105]

Dem Andenken an Emmy Noether gewidmet,
die mir Lehrmeisterin war in der begrifflichen Durchdringung
und invarianten Gestaltung algebraischer Sachverhalte.

Journal für die reine und angewandte Mathematik
187 (1949), 14 – 43

Inhalt.

Einleitung.

§ 1. Aufgabenstellung, anknüpfend an den abelschen Fall.

Es ist bekannt, daß sich die algebraischen Gleichungen mit abelscher Galoisgruppe auf reine Gleichungen zurückführen lassen. In der klassischen Algebra geschieht das nach Adjunktion der nötigen Einheitswurzeln durch Bildung der Lagrangeschen Resolventen. In der modernen Algebra stellt man statt einer algebraischen Gleichung den durch ihre

[1]) Eine vorläufige Mitteilung über die Ergebnisse dieser Arbeit erscheint unter dem gleichen Titel im Arch. d. Math.

Wurzeln erzeugten Normalkörper K über einem die Gleichungskoeffizienten und die nötigen Einheitswurzeln enthaltenden Grundkörper Ω als invarianten Begriff an die Spitze. Die Zurückführung auf reine Gleichungen stellt sich dann als die Theorie der sogenannten Kummer-Erzeugung von K/Ω folgendermaßen dar[3]).

Es sei K/Ω ein Normalkörper endlichen Grades mit abelscher Galoisgruppe $\mathfrak{G}$, und es bezeichne

$$g \text{ die Ordnung von } \mathfrak{G}, \quad n \text{ den Exponenten von } \mathfrak{G}.$$

Letzterer ist erklärt als das kleinste gemeinsame Vielfache aller Elementordnungen von $\mathfrak{G}$. Es ist n ein Teiler von g; umgekehrt ist jeder Primteiler von g auch in n enthalten.

Die Betrachtung sei auf den Fall beschränkt, daß folgende Voraussetzung erfüllt ist:

A. Die Charakteristik von Ω ist kein Teiler von g (oder, was dasselbe, von n). Ferner sei von vornherein vorausgesetzt:

B. In Ω sind die n-ten Einheitswurzeln enthalten.

Unter diesen Voraussetzungen besitzt K/Ω eine Erzeugung der Form

$$K = \Omega\left(\sqrt[n]{W}\right), \tag{1, 1}$$

wo W eine multiplikative Gruppe in Ω (Untergruppe der Multiplikationsgruppe $\Omega^{\times}$) mit den folgenden drei Eigenschaften ist:

(a) W enthält $\Omega^{\times^n}$ als Untergruppe von endlichem Index.

(b) Die Faktorgruppe $W/\Omega^{\times^n}$ ist zu $\mathfrak{G}$ isomorph.

(c) W ist die Gesamtheit der Elemente $w \neq 0$ aus Ω, für die $\sqrt[n]{w} = \omega$ in K liegt.

Führt man eine Basis $S_1, \ldots, S_r$ von $\mathfrak{G}$ mit den Ordnungen $n_1, \ldots, n_r$, also mit den erzeugenden Relationen

$$S_i^{n_i} = 1 \qquad (i = 1, \ldots, r)$$

ein, wobei

$$n_1 \cdots n_r = g, \qquad [n_1, \ldots, n_r] = n$$

ist, so liefern gemäß (b) isomorph zugeordnete Basisvertreter $w_1, \ldots, w_r$ von $W/\Omega^{\times^n}$ eine Erzeugung von K/Ω der Gestalt

$$K = \Omega\left(\sqrt[n]{w_1}, \ldots, \sqrt[n]{w_r}\right), \tag{1, 2}$$

also durch endlich viele unabhängige n-te Radikale. Vermöge der Relationen

$$w_i^{n_i} = c_i^n, \text{ also } w_i = c_i^{\frac{n}{n_i}}, \text{ mit } c_i \text{ aus } \Omega \qquad (i = 1, \ldots, r)$$

kann diese Erzeugung auch in die Gestalt

$$K = \Omega\left(\sqrt[n_1]{c_1}, \ldots, \sqrt[n_r]{c_r}\right) \tag{1, 3}$$

---

[3]) Zu den auf abelsche Relativkörper bezüglichen Ausführungen dieser Einleitung siehe die systematische Darstellung in meinen vorangehenden Arbeiten:

1. Invariante Kennzeichnung relativ-abelscher Zahlkörper mit vorgegebener Galoisgruppe über einem Teilkörper des Grundkörpers, Abh. Deutsche Akad. d. Wiss. Berlin, Math.-naturw. Kl., 1947, Nr. 8, 1–56, Berlin 1949. — Im folgenden zitiert mit I. K. A.; siehe dort insbesondere § 4.

2. Existenz und Mannigfaltigkeit abelscher Algebren mit vorgegebener Galoisgruppe über einem Teilkörper des Grundkörpers, I, II, III, Math. Nachr. 1 (1948), 40–61, 213–217, 277–283. — Im folgenden zitiert mit E. M. I, II, III; siehe insbesondere I, § 2 und II, 2.

3. Die Multiplikationsgruppe der abelschen Körper mit fester Galoisgruppe; erscheint demnächst in den Abh. Math. Sem. Hamburg. — Siehe dort insbesondere 4–6.

mit endlich vielen unabhängigen irreduziblen Radikalen gebracht werden. Dadurch wird dann jede K/Ω erzeugende Gleichung auf die endlich vielen reinen irreduziblen Gleichungen

$$\omega_i^{n_i} = c_i \qquad (i = 1, \ldots, r)$$

zurückgeführt.

Vom modernen Standpunkt ist die allgemeine Form (1, 1) der Kummer-Erzeugung von K/Ω durch eine Gruppe W in Ω mit der Eigenschaft (a) den endlichen Gestalten (1, 2), (1, 3) vorzuziehen[3]). Denn während (1, 2), (1, 3) auf eine Basis der Galoisgruppe 𝔊 von K/Ω bezogen sind, ist (1, 1) nicht nur von einer solchen Beziehung frei, sondern die allein eingehende Faktorgruppe $W/\Omega^{\times n}$ ist überdies dem betrachteten Relativkörper K/Ω nach (b) invariant zugeordnet. Die Kummer-Erzeugung (1, 1) liefert somit mehr als die von der klassischen Algebra geforderte Zurückführung einer erzeugenden Gleichung von K/Ω auf reine Gleichungen; sie liefert zudem eine Kennzeichnung des Relativkörpers K/Ω durch eine Invariante $W/\Omega^{\times n}$ im Grundkörper Ω.

Geht man umgekehrt von irgendeiner Gruppe W in Ω mit der Eigenschaft (a) aus, also anders gesagt von irgendeiner endlichen Untergruppe $W/\Omega^{\times n}$ der sogenannten n-Klassengruppe $\Omega^{\times}/\Omega^{\times n}$ von Ω, so wird durch (1, 1) ein Normalkörper K/Ω endlichen Grades mit abelscher Galoisgruppe 𝔊 definiert, für den die Beziehungen (b) und (c) erfüllt sind.

Hiernach ist die Gesamtheit der abelschen Relativkörper K/Ω *mit Gruppen* 𝔊 *vom Exponenten n invariant gekennzeichnet durch die Gesamtheit der endlichen Untergruppen* $W/\Omega^{\times n}$ *der n-Klassengruppe von* Ω, *und zwar derart, daß dabei* $\mathrm{K} = \Omega(\sqrt[n]{W})$ *und* $\mathfrak{G} \cong W/\Omega^{\times n}$ *gilt.*

Diese Tatsache ist in der algebraischen Zahlentheorie ein wichtiges Hilfsmittel zur Herleitung der invarianten Kennzeichnung der relativ-abelschen Zahlkörper als Klassenkörper zu Divisorenklassengruppen im Grundkörper. Der Vergleich der beiden Kennzeichnungen, als Kummersche Körper und als Klassenkörper, liefert dort das allgemeine Reziprozitätsgesetz der Potenzreste. Als erster Schritt zu einer Verallgemeinerung der Klassenkörpertheorie und des Reziprozitätsgesetzes auf beliebige relativ-galoissche Zahlkörper erscheint es mir daher eine Aufgabe von grundlegender Bedeutung, *die obige invariante Kennzeichnung durch die Kummer-Erzeugung auf Relativkörper* K/Ω *mit beliebiger Galoisgruppe* 𝔊 *zu verallgemeinern.*

Die vorliegende Arbeit ist der Lösung dieser Aufgabe gewidmet. Soweit ich sehe, ist eine solche Lösung bisher nicht gegeben worden. Die Methode zur Lösung verdanke ich meiner mehrjährigen engen Berührung mit Emmy Noether, die im Zusammenhang mit dieser Fragestellung immer wieder auf die Bedeutung des von ihr geschaffenen Begriffs der *Galoismoduln* hinwies. Darunter versteht man nach ihr die in K enthaltenen Ω-Moduln mit der Galoisgruppe 𝔊 von K/Ω als Operatorenbereich.

In den folgenden beiden Paragraphen dieser Einleitung will ich den Gedankengang, der mich zur Lösung der genannten Aufgabe geführt hat, skizzieren, um dann in zwei weiteren einleitenden Paragraphen den Lösungsansatz zu entwickeln und das Hauptergebnis mitzuteilen.

---

[3]) Vergl. dazu J. K. A., §4, 6, Anm. 16. — Neben den dort erwähnten mündlichen Mitteilungen von E. Artin und Cl. Chevalley sei auch auf eine Arbeit von E. Witt verwiesen, in der diese Form der Kummer-Erzeugung eingeführt wird: Der Existenssatz für abelsche Funktionenkörper, ds. Journ. **178** (1935), 43-51.

§ 2. Umgestaltung der Erzeugung im abelschen Fall.

Es ist zunächst erforderlich, im abelschen Falle die Kummer-Erzeugung (1, 1) in eine verallgemeinerungsfähige Gestalt zu setzen, die frei von der Bezugnahme auf einen bestimmten Typus von Grundgleichungen — hier die reinen Gleichungen — ist. Denn soviel ist jedenfalls aus allen bisherigen Erkenntnissen und Ansätzen über galoissche Körper klar, daß man nicht hoffen darf, für jede endliche Gruppe oder geeignet bestimmte Gattung von endlichen Gruppen $\mathfrak{G}$ einen zugehörigen Normaltypus von galoisschen Grundgleichungen zu finden.

Die erforderliche Umgestaltung der Kummer-Erzeugung (1, 1) ergibt sich, indem man sich nicht mit der bloßen Isomorphieaussage $W/\Omega^{\times^n} \cong \mathfrak{G}$ begnügt, sondern — wie es Artin in diesen und auch in anderen Zusammenhängen, z. B. bei seinem Reziprozitätsgesetz, immer wieder als systematische Forderung erhoben hat — nach einer formelmäßigen Darstellung dieser Isomorphie, also nach einem bestimmten Isomorphismus zwischen $W/\Omega^{\times^n}$ und $\mathfrak{G}$ fragt. Es zeigt sich, daß man dazu sowohl $W/\Omega^{\times^n}$ als auch $\mathfrak{G}$ zuvor durch andere, mit ihnen in leicht übersehbarer Weise isomorph zusammenhängende Bildungen ersetzen muß.

Einerseits muß man die *Radikandengruppe* $W/\Omega^{\times^n}$ durch die zugehörige, zu ihr isomorphe *Radikalgruppe* $\mathrm{W}/\Omega^{\times}$ ersetzen, nämlich die Gesamtheit der Elemente $\omega \neq 0$ aus K, für die $\omega^n = w$ in Ω liegt. Durch $\omega \to w$ wird dabei ein bestimmter Isomorphismus von $\mathrm{W}/\Omega^{\times}$ auf $W/\Omega^{\times^n}$ gegeben.

Andererseits muß man die abelsche Galoisgruppe $\mathfrak{G}$ durch die zugehörige, zu ihr isomorphe Charaktergruppe X ersetzen. Eine invariante, von der Bezugnahme auf Basen von $\mathfrak{G}$ und X freie Darstellung dieser Isomorphie gibt es bekanntlich nicht; man kann vielmehr die gegenseitig eindeutige Beziehung zwischen $\mathfrak{G}$ und X in invarianter Weise nur durch das folgende Dualitätsprinzip zum Ausdruck bringen. In der Matrix

$$(2, 1) \qquad \mathrm{A} = \chi(S) \quad \begin{Bmatrix} \text{Zeilenindex } S \text{ in } \mathfrak{G} \\ \text{Spaltenindex } \chi \text{ in X} \end{Bmatrix}$$

der g^2 Charakterwerte stellen nicht nur die Spalten die Werte der g Charaktere von $\mathfrak{G}$, sondern auch die Zeilen die Werte der g Charaktere von X dar.

Eine Darstellung der Isomorphie zwischen $W/\Omega^{\times^n}$ und $\mathfrak{G}$ erhält man dann als einen bestimmten Isomorphismus zwischen $\mathrm{W}/\Omega^{\times}$ und X in folgender Weise. Jedem Charakter χ von $\mathfrak{G}$ entspricht umkehrbar eindeutig eine Radikalklasse $\omega_\chi\, \Omega^{\times}$ von K/Ω derart, daß bei der Anwendung der Automorphismen S aus $\mathfrak{G}$ gilt:

$$(2, 2) \qquad \omega_\chi^S = \chi(S)\, \omega_\chi.$$

Die Elemente ω_χ aus K bilden dabei ein volles Vertretersystem für die Klassen von $\mathrm{W}/\Omega^{\times}$. Sie sind linear-unabhängig über Ω, bilden also eine Basis von K/Ω.

Eine solche Basis ω_χ habe ich im Hinblick auf das Verhalten (2, 2) bei den Automorphismen S von K/Ω eine *Faktorbasis* von K/Ω genannt. Die Faktorbasen ω_χ von K/Ω sind gerade die Lagrangeschen Resolventen der klassischen Algebra. Sie hängen nämlich mit den *Normalbasen* θ^S von K/Ω umkehrbar eindeutig durch die linearen Gleichungssysteme

$$(2, 3) \qquad \theta^S = \sum_\chi \chi(S)\, \omega_\chi, \quad \omega_\chi = \frac{1}{g} \sum_S \chi(S^{-1})\, \theta^S$$

zusammen, deren Matrix die in (2, 1) definierte Matrix A der Charakterwerte bzw. deren Reziproke ist.

Die Ersetzung der Radikandengruppe $W/\Omega^{\times^n}$ aus Ω durch die Radikalgruppe $W/\Omega^{\times}$ aus K liegt zunächst nicht im Sinne der gestellten Aufgabe, K/Ω invariant in Ω zu kennzeichnen. Man kommt jedoch zu einer im Grundkörper Ω gelegenen Invariante zurück, wenn man das ***Multiplikationsschema*** einer Faktorbasis ω_χ von K/Ω ins Auge faßt. Dieses hat nach (2, 2) die einfache Gestalt

$$\text{(2, 4)} \qquad \omega_\chi\, \omega_\psi = \omega_{\chi\psi}\, c_{\chi,\psi}$$

mit einem ***Faktorensystem*** $c_{\chi,\psi} \neq 0$ aus Ω, das den ***Kommutativ- und Assoziativrelationen***

$$\text{(2, 5)} \qquad c_{\psi,\chi} = c_{\chi,\psi}, \quad c_{\varphi\chi,\psi}\, c_{\varphi,\chi} = c_{\varphi,\chi\psi}\, c_{\chi,\psi}$$

genügt — kurz: *abelsch* ist — und bei den für eine Faktorbasis allein zulässigen Substitutionen

$$\text{(2, 6)} \qquad \omega_\chi \to \omega_\chi\, a_\chi \text{ mit willkürlichen } a_\chi \neq 0 \text{ aus } \Omega$$

gemäß

$$\text{(2, 7)} \qquad c_{\chi,\psi} \to c_{\chi,\psi} \frac{a_\chi\, a_\psi}{a_{\chi\psi}}$$

in ***assoziierte*** Systeme übergeht. Die durch diese Substitutionen gelieferte ***Klasse*** $\mathfrak{c}$ ***assoziierter abelscher Faktorensysteme zu*** X ist dann eine wieder in Ω gelegene Invariante von K/Ω. Sie reicht zur Kennzeichnung von K/Ω aus, da die Elemente $c_{\chi,\psi}$ irgendeines Vertreters aus $\mathfrak{c}$ nach (2, 4) die Multiplikationskonstanten einer Basis ω_χ von K/Ω sind.

Bei dieser Beschreibung von K/Ω tritt an die Stelle der Kummer-Erzeugung (1, 1) das Gleichungssystem (2, 4), an die Stelle der reinen Grundgleichungen also das Multiplikationsschema einer Faktorbasis, das als solches den Methoden der linearen Algebra zugänglich ist. Gerade in dem letzteren Umstand besteht der Vorteil und die Verallgemeinerungsfähigkeit dieser neuen Form der Kummer-Erzeugung.

Geht man umgekehrt von irgendeiner abelschen Faktorensystemklasse $\mathfrak{c}$ zu X in Ω aus und definiert K/Ω formal durch das Multiplikationsschema (2, 4) mit einem Vertreter $c_{\chi,\psi}$ aus $\mathfrak{c}$, so erhält man dann und nur dann einen abelschen Körper K/Ω mit der Gruppe $\mathfrak{G}$, wenn $\mathfrak{c}$ im Sinne von I. K. A., § 4, **3**, **4** *irreduzibel* ist, sonst nur eine abelsche Algebra K/Ω mit der Gruppe $\mathfrak{G}$ im dortigen Sinne, deren Kernkörper K_0/Ω dann eine echte Untergruppe $\mathfrak{G}_0$ von $\mathfrak{G}$ als Galoisgruppe hat. Allgemeiner als zuvor hat auch jede abelsche Algebra K/Ω mit der Gruppe $\mathfrak{G}$ eine Erzeugung (2, 4) durch eine abelsche Faktorensystemklasse $\mathfrak{c}$ zu X in Ω[4]). Bei dieser neuen Form der Kummer-Erzeugung wird mithin die ursprüngliche Frage nach der invarianten Kennzeichnung der abelschen Körper K/Ω mit der Gruppe $\mathfrak{G}$ insofern gelockert, als gleich die Gesamtheit aller abelschen Algebren K/Ω mit der Gruppe $\mathfrak{G}$ erfaßt wird. Nach E. M. I, §§1, 2 und II, **2** läuft das auf die gleichzeitige Betrachtung aller derjenigen abelschen Körper K_0/Ω hinaus, deren Galoisgruppen $\mathfrak{G}_0$ irgendwelche Untergruppen der gegebenen Gruppe $\mathfrak{G}$ sind.

Hiernach ist die Gesamtheit der abelschen Algebren K/Ω mit vorgegebener Galoisgruppe $\mathfrak{G}$ — oder, was auf dasselbe hinausläuft, die Gesamtheit der abelschen Körper K_0/Ω mit irgendwelchen Untergruppen $\mathfrak{G}_0$ von $\mathfrak{G}$ als Galoisgruppen — umkehrbar eindeutig und invariant gekennzeichnet durch die Gesamtheit der abelschen Faktorensystemklassen $\mathfrak{c}$ in Ω zur Charaktergruppe X von $\mathfrak{G}$, und zwar derart, daß K_0/Ω der Kernkörper der durch das Multiplikationsschema (2, 4) gelieferten abelschen Algebra K/Ω mit der Gruppe $\mathfrak{G}$ ist.

[4]) Hierbei ist folgende in E. M. I, § 2, **2** nicht ausdrücklich erwähnte Tatsache zu beachten: Die Basiselelemente ω_χ sind nicht nur $\neq 0$, sondern sie sind sogar *reguläre* Elemente aus K; denn nach (2, 2) sind die $\omega_\chi^n = w_\chi$ Elemente aus Ω, und diese sind $\neq 0$, weil K als abelsche Algebra definitionsgemäß halbeinfach ist.

§ 3. Überleitung zur Verallgemeinerung.

Für die Verallgemeinerung auf den Fall einer beliebigen Galoisgruppe $\mathfrak{G}$ wird man sich fragen, wie man, ausgehend von einer in beliebigen galoisschen Körpern (oder Algebren) K/Ω vorhandenen Begriffsbildung, zu der Erzeugung (2, 4) gelangen kann. Unter den vorstehend vorkommenden Begriffsbildungen tritt als hierzu geeignet der Begriff der *Normalbasis* von K/Ω hervor, von dem ja auch die klassische Algebra bei der Konstruktion der Lagrangeschen Resolventen ausgeht.

Die Existenz einer Normalbasis von K/Ω ist gleichbedeutend mit der Tatsache, daß K/Ω als Galoismodul isomorph ist zum Gruppenring G von $\mathfrak{G}$ über Ω als G-Rechtsideal[5]). Die Normalbasen θ^S von K/Ω entsprechen umkehrbar eindeutig den Isomorphismen

$$(3,1) \qquad S \to \theta^S \quad \text{(gegeben bereits durch } 1 \to \theta\text{)}$$

des Gruppenrings G auf den Galoismodul K/Ω, nämlich als die Bilder der aus den Elementen S aus $\mathfrak{G}$ bestehenden Ω-Basis von G bei diesen Isomorphismen.

Die linearen Gleichungssysteme (2, 3), durch die im abelschen Falle die Normalbasen mit den Faktorbasen zusammenhängen, lassen sich bei dieser Auffassung folgendermaßen deuten.

Für eine abelsche Gruppe $\mathfrak{G}$ ist der Gruppenring G, zufolge der Charakteristik- und Einheitswurzelvoraussetzungen § 1, A, B über Ω, vollständig reduzibel in einfache Bestandteile vom Range 1, also direkte Summe von g zu Ω isomorphen Körpern, und zwar sind die Komponenten der Basiselemente S von G bei dieser eindeutig bestimmten direkten Zerlegung den Charakterwerten $\chi(S)$ isomorph zugeordnet. Es gilt also

$$(3,2) \qquad G = \sum_\chi \Omega\, e_\chi$$

mit den Charakteren χ von G zugeordneten primitiven orthogonalen Idempotenten e_χ aus G, die mit den Elementen S aus $\mathfrak{G}$ durch die linearen Gleichungssysteme

$$(3,3) \qquad S = \sum_\chi \chi(S)\, e_\chi, \qquad e_\chi = \frac{1}{g} \sum_S \chi(S^{-1})\, S$$

zusammenhängen.

Bei einem Isomorphismus (3, 1) von G auf K/Ω geht nun (3, 2) in eine eindeutig bestimmte direkte Zerlegung

$$(3,4) \qquad K = \sum_\chi \Omega\, \omega_\chi$$

in einfache Galoismoduln vom Range 1 über, und (3, 3) gerade in die obigen linearen Gleichungssysteme (2, 3) für die Erzeugenden ω_χ dieser einfachen Galoismoduln. Diese Erzeugenden ω_χ bilden also eine Faktorbasis von K/Ω. Den verschiedenen Isomorphismen (3, 1) von G auf K/Ω entsprechen so gerade die verschiedenen Faktorbasen ω_χ von K/Ω. *Demnach lassen sich die Faktorbasen ω_χ einer abelschen Algebra K/Ω auch deuten als die Systeme von Vertretern $\neq 0$ (die dann auch regulär sind) aus den einfachen Galoismoduln von K/Ω.*

§ 4. Lösungsansatz im allgemeinen Fall.

Es liegt nunmehr auf der Hand, wie die Verallgemeinerung auf den Fall einer galoisschen Algebra K/Ω mit beliebiger Galoisgruppe $\mathfrak{G}$ anzusetzen ist. Ich gebe hier zunächst eine kurze, einleitende Skizze dieses Ansatzes, die ich denn in den beiden Hauptabschnitten der Arbeit im einzelnen ausführen werde.

---

[5]) Siehe dazu M. Deuring, Galoissche Theorie und Darstellungstheorie, Math. Ann. **107** (1933), 140–144, oder auch M. Deuring, Algebren (Ergebn. d. Math. u. ihrer Grenzgeb. 4, Berlin 1935), IV, § 3.

Man wird ausgehen von einer zu (3, 2) analogen Zerlegung des Gruppenrings G von $\mathfrak{G}$ über Ω in einfache Bestandteile, und zwar nicht nur von der eindeutig bestimmten gröberen Zerlegung in einfache zweiseitige Ideale, sondern von einer feineren Zerlegung in einfache Rechtsideale[6]). Unter den Charakteristik- und Einheitswurzelvoraussetzungen § 1, A, B — wobei statt B bei dem heutigen Stande der Erkenntnis eine etwas schärfere Forderung zu stellen ist (g-te statt nur n-te Einheitswurzeln in Ω)[7]) — entsprechen die einfachen zweiseitigen Ideale G_χ von G umkehrbar eindeutig den einfachen Frobeniusschen Charakteren χ von $\mathfrak{G}$, und ihre Ränge sind die Quadrate f_χ^2 der Grade f_χ der zugehörigen irreduziblen Darstellungen Γ_χ von $\mathfrak{G}$. Die G_χ sind volle Matrixalgebren der Grade f_χ über zu Ω isomorphen Körpern $\Omega\, e_\chi$, nämlich den einfachen Bestandteilen des Zentrums Z von G. Die primitiven orthogonalen Idempotente e_χ von Z hängen dabei mit der Ω-Basis von Z, die aus den Elementsummen $\mathfrak{S}$ der Klassen konjugierter Elemente von $\mathfrak{G}$ besteht, durch die zu (3, 3) analogen Gleichungen

$$(4,1)\qquad \mathfrak{S} = \sum_\chi \frac{h_{\mathfrak{S}}\, \chi(S)}{f_\chi}\, e_\chi, \qquad e_\chi = \frac{1}{g} \sum_{\mathfrak{S}} f_\chi\, \chi(S^{-1})\, \mathfrak{S}$$

zusammen, wo $h_{\mathfrak{S}}$ die Elementanzahl von $\mathfrak{S}$ bezeichnet und S ein Element aus $\mathfrak{S}$ bedeutet. Als volle Matrixalgebren der Grade f_χ sind die G_χ weiter direkte Summen von je f_χ zueinander isomorphen einfachen Rechtsidealen G_χ^k vom Range f_χ.

Bei einem Isomorphismus (3, 1) von G auf K/Ω entsteht aus der direkten Zerlegung von G in die einfachen Rechtsideale G_χ^k der Ränge f_χ eine zu (3, 4) analoge direkte Zerlegung von K/Ω in einfache Galoismoduln K_χ^k/Ω der Ränge f_χ, von denen die je f_χ demselben χ entsprechenden zueinander isomorph sind. Stellt man ein System von Basisspalten von je f_χ solchen zueinander isomorphen K_χ^k/Ω zu je einer f_χ-reihig-quadratischen Matrix W_χ zusammen, so bilden die $\sum\limits_\chi f_\chi^2 = g$ Elemente dieser Matrizen W_χ zusammen eine Basis von K/Ω. Es zeigt sich dann, daß diese Basis von K/Ω die zu (2, 2) analoge Eigenschaft

$$(4,2)\qquad \mathsf{W}_\chi^S = A_\chi(S)\, \mathsf{W}_\chi$$

einer *Faktorbasis* von K/Ω hat, wo für jeden einfachen Charakter χ von $\mathfrak{G}$ die Matrizen $A_\chi(S)$ über Ω eine irreduzible Darstellung Γ_χ von $\mathfrak{G}$ aus der durch χ charakterisierten Darstellungsklasse sind. Die Faktorbasen W_χ von K/Ω erhält man, ausgehend von den Normalbasen θ^S von K/Ω, explizit in der zu den zweiten Gleichungen (2, 3) analogen Form

$$(4,3)\qquad \mathsf{W}_\chi = \frac{1}{g} \sum_S f_\chi\, A_\chi(S^{-1})\, \theta^S.$$

Man wird nunmehr das Multiplikationsschema einer Faktorbasis W_χ von K/Ω ins Auge fassen. Formal erhält man es, indem man für je zwei einfache Charaktere χ, ψ von $\mathfrak{G}$ das Kroneckersche Matrizenprodukt $\mathsf{W}_\chi \times \mathsf{W}_\psi$ bildet. Dazu muß man sich auf die Verallgemeinerung der Charaktergruppe X von $\mathfrak{G}$ des abelschen Falles stützen. Im allgemeinen Falle tritt an deren Stelle eine kommutative assoziative halbeinfache Algebra. Diese *Charakteralgebra* X von $\mathfrak{G}$, hier über dem Grundkörper Ω zu betrachten, ergibt sich aus den einfachen Charakteren ξ von $\mathfrak{G}$ und einem zugehörigen Vertretersystem Γ_ξ in Ω der irreduziblen Darstellungsklassen von $\mathfrak{G}$, indem man für je zwei einfache Charaktere χ, ψ von $\mathfrak{G}$ die Produktdarstellung $\Gamma_\chi \times \Gamma_\psi$ auf ihre irreduziblen Bestandteile reduziert. Treten dabei die irreduziblen Bestandteile Γ_ξ mit den Vielfachheiten $k_{\chi\psi}^\xi$ auf, so multiplizieren sich die Charaktere χ, ψ nach dem Schema

$$(4,4)\qquad \chi\psi = \sum_\xi k_{\chi\psi}^\xi\, \xi.$$

[6]) Siehe dazu E. Noether, Hyperkomplexe Größen und Darstellungstheorie, Math. Zeitschr. **30** (1929), 641–692, oder auch B. L. van der Waerden, Moderne Algebra II, 2. Aufl. (Grundl. d. Math. Wiss. **34**, Berlin 1940), §§ 125, 126.

[7]) Siehe dazu unten I, § 6, Anm. 10.

Durch dies Multiplikationsschema für die einfachen Charaktere ξ von $\mathfrak{G}$ als Basiselemente (über Ω) wird die Charakteralgebra X von $\mathfrak{G}$ (über Ω) definiert. Sie besitzt übrigens eine zur direkten Zerlegung (4, 1) des Zentrums Z von G analoge direkte Zerlegung in zu Ω isomorphe Körper, und man kann hieraus eine Verallgemeinerung des im abelschen Falle bestehenden Dualismus zwischen X und $\mathfrak{G}$ entwickeln.

Für die Darstellungen gilt bei der Charaktermultiplikation (4, 4) entsprechend

$$\Gamma_\chi \times \Gamma_\psi = P_{\chi,\psi}^{-1} \Gamma_{\chi\psi} P_{\chi,\psi}, \tag{4, 5}$$

wo die $\Gamma_{\chi\psi}$ die diagonal aus den Γ_ξ mit den Vielfachheiten $k_{\chi\psi}^\xi$ zusammengesetzten, vollständig reduzierten Darstellungen bedeuten und die $P_{\chi,\psi}$ ein *Transformatorensystem* aus regulären Matrizen über Ω der Grade $f_\chi f_\psi$ sind, das durch das Vertretersystem Γ_ξ wesentlich eindeutig bestimmt ist (nämlich bis auf reguläre mit $\Gamma_{\chi\psi}$ vertauschbare Matrizen über Ω als vordere Faktoren). Es zeigt sich dann, daß das Multiplikationsschema einer Faktorbasis W_χ von K/Ω die zu (2. 4) analoge Gestalt

$$W_\chi \times W_\psi = P_{\chi,\psi}^{-1} W_{\chi\psi} P_{\chi,\psi} \cdot C_{\chi,\psi} \tag{4, 6}$$

hat, wo die $W_{\chi\psi}$ die diagonal aus den W_ξ mit den Vielfachheiten $k_{\chi\psi}^\xi$ zusammengesetzten Matrizen über K bedeuten und die $C_{\chi,\psi}$ ein *Faktorensystem* aus Matrizen über Ω der Grade $f_\chi f_\psi$ sind, das durch das Vertretersystem Γ_ξ und die Faktorbasis W_ξ eindeutig bestimmt ist.

Bei den für eine Faktorbasis W_χ von K/Ω bei festem Vertretersystem Γ_χ, wie sich zeigt, allein zulässigen zu (2, 6) analogen Substitutionen

$$W_\chi \to W_\chi A_\chi \tag{4, 7}$$

mit willkürlichen regulären Matrizen A_χ über Ω geht das Faktorensystem $C_{\chi,\psi}$ gemäß den zu (2, 7) analogen Substitutionen

$$C_{\chi,\psi} \to (P_{\chi,\psi}^{-1} A_{\chi\psi} P_{\chi,\psi})^{-1} C_{\chi,\psi} (A_\chi \times A_\psi) \tag{4, 8}$$

in *assoziierte* Systeme über, wobei wieder $A_{\chi\psi}$ aus den A_ξ diagonal mit den Vielfachheiten $k_{\chi\psi}^\xi$ zusammengesetzt ist. Die durch diese Substitutionen gelieferte *Klasse* $\mathfrak{C}$ *assoziierter Faktorensysteme zu* X ist dann die gesuchte K/Ω kennzeichnende Invariante in Ω.

Als Folge aus der definitionsgemäßen Kommutativität und Assoziativität der galoisschen Algebra K/Ω genügt das Faktorensystem $C_{\chi,\psi}$ zu (2, 5) analogen *Kommutativ- und Assoziativrelationen*, die aber wesentlich komplizierter sind. Sie lauten

$$\left\{\begin{aligned} & C_{\psi,\chi} = V_{\chi,\psi}^{-1} C_{\chi,\psi} V_{\chi,\psi} \\ & (P_{\varphi,\chi} \times I_\psi)^{-1} C_{\varphi\chi,\psi} (P_{\varphi,\chi} \times I_\psi) \cdot (C_{\varphi,\chi} \times I_\psi) \\ & \quad = (I_\varphi \times P_{\chi,\psi})^{-1} C_{\varphi,\chi\psi} (I_\varphi \times P_{\chi,\psi}) \cdot (I_\varphi \times C_{\chi,\psi}) \end{aligned}\right\}. \tag{4, 9}$$

Dabei sind die $V_{\chi,\psi}$ gewisse durch die Grade f_χ, f_ψ bestimmte Permutationsmatrizen, die mit dem Umstand zusammenhängen, daß das Kroneckersche Matrizenprodukt nur bis auf Zeilen- und Spaltenpermutationen kommutativ ist. Ferner entstehen die $C_{\varphi\chi,\psi}$ aus den $C_{\xi,\psi}$ durch diagonale Zusammensetzung mit den Vielfachheiten $k_{\varphi\chi}^\xi$ und die $C_{\varphi,\chi\psi}$ aus den hiernach bestimmten $C_{\chi\psi,\varphi}$ durch Transformation mit den Permutationsmatrizen $V_{\chi\psi,\varphi}$ zu den Graden $f_\chi f_\psi$, f_φ. Schließlich bezeichnet allgemein I_χ die Einsmatrix vom Grade f_χ. Kommutativ- und Assoziativrelationen von ähnlichem Bau bestehen übrigens auch schon für die Transformationsmatrizen $P_{\chi,\psi}$.

Als Folge aus der definitionsgemäßen Halbeinfachheit und Separabilität der galoisschen Algebra K/Ω genügt das Faktorensystem $C_{\chi,\psi}$ einer *Regularitätsbedingung*, die aber nicht etwa besagt, daß die Matrizen $C_{\chi,\psi}$ im gewöhnlichen Sinne regulär sind, sondern eine schwächere Forderung darstellt. Sie betrifft nur die Matrizen $C_{\chi,\bar{\chi}}$, wo

$\bar{\chi}$ den zu χ adjungierten Charakter bedeutet, und verlangt, daß die aus ihnen gebildeten Matrizen

$$(4, 10) \qquad \mathfrak{Z}_1(P_{\chi,\bar{\chi}} C_{\chi,\bar{\chi}}) \text{ regulär}$$

sind. Die Bildung dieser Matrizen erfolgt nach dem folgenden Schema. Die erste (dem einfachen Bestandteil Γ_1 von $\Gamma_{\chi\bar{\chi}}$ entsprechende) Zeile von $P_{\chi,\bar{\chi}} C_{\chi,\bar{\chi}}$ besteht nach (4, 6) aus f_χ^2 Gliedern, die den Spaltenpaaren $k, \bar{k}$ von Γ_χ, $\Gamma_{\bar{\chi}}$ zugeordnet sind. Diese f_χ^2 Glieder werden zu einer f_χ-reihig-quadratischen Matrix $\mathfrak{Z}_1(P_{\chi,\bar{\chi}} C_{\chi,\bar{\chi}})$ mit $k, \bar{k}$ als Zeilen- und Spaltenindex zusammengestellt.

§ 5. Hauptergebnis.

Geht man umgekehrt von irgendeiner kommutativen assoziativen regulären Faktorensystemklasse $\mathfrak{C}$ zu X in Ω im Sinne von (4, 7), (4, 8), (4, 9), (4, 10) aus und definiert K/Ω formal durch das Multiplikationsschema (4, 6) für die W_χ als Basis, wobei das Transformatorensystem $P_{\chi,\psi}$ durch (4, 5) und die $W_{\chi\psi}$, $\Gamma_{\chi\psi}$ in der angegebenen Weise durch die Vielfachheiten $k^\xi_{\chi\psi}$ aus (4, 4) bestimmt sind, so erhält man eine galoissche Algebra K/Ω mit der Gruppe $\mathfrak{G}$, und damit als Kernkörper einen galoisschen Körper K_0/Ω mit einer Untergruppe $\mathfrak{G}_0$ von $\mathfrak{G}$ als Galoisgruppe.

Als Hauptergebnis dieser Arbeit kann somit festgestellt werden:

Unter den Charakteristik- und Einheitswurzelvoraussetzungen § 1, A, B (*letztere mit g statt n*) *wird die Gesamtheit der galoisschen Algebren* K/Ω *mit vorgegebener Galoisgruppe* $\mathfrak{G}$ — *oder, was auf dasselbe hinausläuft, die Gesamtheit der galoisschen Körper* K_0/Ω *mit irgendwelchen Untergruppen* $\mathfrak{G}_0$ *von* $\mathfrak{G}$ *als Galoisgruppen — auf Grund der verallgemeinerten Kummer-Erzeugung* (4, 6) (*mit der Eigenschaft* (4, 2) *und der expliziten Angabe* (4, 3) *durch eine Normalbasis von* K/Ω) *umkehrbar eindeutig und invariant gekennzeichnet durch die Gesamtheit der Klassen* $\mathfrak{C}$ *kommutativer assoziativer regulärer Faktorensysteme in* Ω *zur Charakteralgebra* X *von* $\mathfrak{G}$ *im Sinne von* (4, 7), (4, 8), (4, 9), (4, 10), *und zwar derart, daß* K_0/Ω *der Kernkörper der durch das Multiplikationsschema* (4, 6) *gelieferten galoisschen Algebra ist.*

Die notwendige und hinreichende Bedingung dafür, daß K/Ω selbst ein Körper ist, muß sich grundsätzlich in einer zu I. K. A., § 4, **4** analogen *Irreduzibilitätseigenschaft* der Faktorensystemklasse $\mathfrak{C}$ in Ω ausdrücken lassen. Die explizite Aufstellung dieser Eigenschaft habe ich noch nicht in Angriff genommen. Sie wären zu leisten, wenn man mit der hier zunächst nur in ihren Grundzügen entwickelten Methode das bekannte Problem der *Existenz galoisscher Körper* K/Ω *mit vorgegebener Galoisgruppe* $\mathfrak{G}$ in Angriff nehmen will. Der Lösung dieses Problems steht aber auch abgesehen hiervon noch eine erhebliche Schwierigkeit im Wege, nämlich der Umstand, daß die Faktorensystemklasse $\mathfrak{C}$ in Ω nicht ein System unabhängiger Invarianten von K/Ω liefert, sondern den formal einigermaßen komplizierten Kommutativ- und Assoziativrelationen (4, 7) unterworfen ist. Für die in I. K. A. und E. M. behandelten speziellen Gruppen $\mathfrak{G} = (\mathfrak{A}; \Gamma, \mathfrak{C})$[8]) läuft die Überwindung dieser Schwierigkeit auf den Beweis der im allgemeinen Falle noch offen gebliebenen Vermutung (V.) aus E. M. I, § 3, **3** zurück.

Die Bedeutung meiner Methode scheint mir im übrigen weniger in diesem neuen Ansatz zur Lösung des Existenzproblems zu liegen. Ein bloßer Existenzbeweis wird ja den Algebraiker niemals zufriedenstellen. Was dieser darüber hinaus grundsätzlich fordern muß, ist eine invariante Konstruktion der Gesamtheit der im jeweiligen

[8]) Die dortige (gruppentheoretische) Faktorensystemklasse $\mathfrak{C}$ darf nicht mit der obigen (körpertheoretischen) Faktorensystemklasse $\mathfrak{C}$ verwechselt werden; letztere entspricht vielmehr der dortigen (körpertheoretischen) Faktorensystemklasse c.

Existenzproblem geforderten Gegenstände, und hierzu ist mit ihrer invarianten Kennzeichnung eine weitertragende Vorarbeit geleistet als mit dem bloßen Existenzbeweis eines unter ihnen nicht näher gekennzeichneten.

Für die galoisschen Körper K_0/Ω, deren Gruppen $\mathfrak{G}_0$ Untergruppen einer gegebenen Gruppe $\mathfrak{G}$ sind, wird die invariante Kennzeichnung durch das zuvor ausgesprochene Hauptergebnis dieser Arbeit geleistet. Zu ihrer invarianten Konstruktion wäre die Lösungsgesamtheit der Kommutativ- und Assoziativrelationen durch unabhängige Parameter zu beschreiben, wie das in einer anschließenden Arbeit an einem Beispiel durchgeführt werden soll. Zur Lösung des Existenzproblems wäre darüber hinaus die Existenz eine in noch zu präzisierendem Sinne irreduziblen Lösung nachzuweisen.

Viel wichtiger scheint mir aber, wie schon zuvor betont, die Ausnutzung meiner Methode zur Verallgemeinerung von Klassenkörpertheorie und Reziprozitätsgesetz auf beliebige galoissche Zahlkörper zu sein. Auf dieses Problem hoffe ich, in anschließenden Arbeiten — oder auch durch solche meiner Schüler — zurückzukommen.

I. Darstellungstheoretische Grundlagen[9]).

§ 6. Die Orthogonalitätsrelationen für die Charaktere und Stellenspalten der absolut-irreduziblen Darstellungen von $\mathfrak{G}$.

Es sei $\mathfrak{G}$ eine endliche Gruppe der Ordnung g und Ω ein Körper von nicht in g aufgehender Charakteristik, über dem alle absolut-irreduziblen Darstellungsklassen von $\mathfrak{G}$ vertreten sind. Nach R. Brauer[10]) genügt dazu, daß Ω die g-ten Einheitswurzeln enthält. Es ist zu vermuten, daß analog wie im abelschen Fall bereits die n-ten Einheitwurzeln ausreichen, wo n der Exponent von $\mathfrak{G}$ ist; dann würden für alles Folgende die Voraussetzungen § 1, A, B genügen.

Die absolut-irreduziblen Darstellungsklassen von $\mathfrak{G}$ sind eindeutig gekennzeichnet durch ihre Charaktere χ, die einfachen Charaktere von $\mathfrak{G}$; sie haben die Grade

$$f_\chi = \chi(1).$$

Es sei Γ_χ ein über Ω gelegenes Vertretersystem dieser Darstellungsklassen. Die den Elementen S aus $\mathfrak{G}$ zugeordneten Matrizen aus Γ_χ seien mit

$$A_\chi(S) = (a_\chi^{ik}(S)) \qquad (i, k = 1, \ldots, f_\chi)$$

bezeichnet; dann sind die Charakterwerte

$$\chi(S) = \mathrm{Sp}\,(A_\chi(S)) = \sum_i a_\chi^{ii}(S)\,.$$

Für das Einselement 1 von $\mathfrak{G}$ sei durchweg

$$A_\chi(1) = I_\chi = (e_{ik}) \qquad (i, k = 1, \ldots, f_\chi)$$

gesetzt, also unter $I_\chi = (e_{ik})$ die Einsmatrix vom Grade f_χ verstanden.

Für ein Element S aus $\mathfrak{G}$ sei die zugehörige Klasse konjugierter Elemente von $\mathfrak{G}$ mit dem entsprechenden deutschen Buchstaben $\mathfrak{S}$ bezeichnet; bei festliegender Klasse $\mathfrak{S}$

[9]) In diesem Abschnitt stelle ich die gebrauchten Grundlagen aus der Darstellungstheorie zusammen, wie sie in der bereits zitierten Literatur (Deuring, Noether, van der Waerden) oder auch bei A. Speiser, Theorie der Gruppen von endlicher Ordnung (Grundl. d. Math. Wiss. 5, 3. Aufl., Berlin 1937), Kap. 11, 12 entwickelt sind, und zwar setze ich diese Grundlagen hier in eine solche Form, wie es für den vorliegenden Zweck angebracht erscheint, und unter Einarbeitung einiger hier wesentlicher, bisher nirgends ausgeführter Ergänzungen.

[10]) R. Brauer, On the representation of a group of finite order g in the field of the g-th roots of unity, Amer. Journ. Math. **67** (1947), 461–471. Siehe auch schon in weniger scharfer Form (nämlich mit einer hinreichend hohen Potenz g^h statt g) bei R. Brauer-H. Hasse-E. Noether, Beweis eines Hauptsatzes in der Theorie der Algebren, dies Journ. **167** (1931), 399–404, Satz 6.

sei unter S ein beliebiger Vertreter aus $\mathfrak{S}$ verstanden. Mit $h_{\mathfrak{S}}$ sei die Elementanzahl von $\mathfrak{S}$ bezeichnet. Die Anzahl der verschiedenen absolut-irreduziblen Darstellungsklassen, also der verschiedenen einfachen Charaktere χ und Vertreter Γ_χ ist gleich der Anzahl der verschiedenen Klassen $\mathfrak{S}$; diese Anzahl sei mit r bezeichnet.

Die Charakterwerte $\chi(S)$ hängen nur von den Klassen $\mathfrak{S}$ ab. Es bestehen die beiden Systeme zueinander komplementärer Orthogonalitätsrelationen

$$(6,1) \qquad \frac{1}{g} \sum_{\mathfrak{S}} h_{\mathfrak{S}}\, \chi(S)\, \psi(S^{-1}) = e_{\chi,\psi},$$

$$(6,2) \qquad \frac{1}{g} \sum_{\chi} h_{\mathfrak{S}}\, \chi(S)\, \chi(T^{-1}) = e_{\mathfrak{S},\mathfrak{T}},$$

wo $e_{\chi,\psi}$ und $e_{\mathfrak{S},\mathfrak{T}}$ die Elemente der Einsmatrizen zu den Charakteren χ, ψ bzw. Klassen $\mathfrak{S}$, $\mathfrak{T}$ als Zeilen- und Spaltenindizes bezeichnen. Nach (6, 2) für $S = 1$, $T = 1$ besteht insbesondere die Gradrelation

$$(6,3) \qquad \sum_{\chi} f_\chi^2 = g.$$

Den Orthogonalitätsrelationen (6, 1) für die Charakterwerte $\chi(S)$ liegen die Orthogonalitätsrelationen

$$(6,4) \qquad \frac{1}{g} \sum_{S} f_\chi\, a_\chi^{ik}(S)\, a_\psi^{k'i'}(S^{-1}) = e_{\chi,\psi}\, e_{ii'}\, e_{kk'}$$

für die Elemente $a_\chi^{ik}(S)$ der Darstellungsmatrizen $A_\chi(S)$ zugrunde, die hier zu sogenannten Stellenspalten zusammengefaßt erscheinen; die Stellenspalten der Darstellung Γ_χ sind die Elementspalten $a_\chi^{ik}(S)$ mit festem χ und festem Stellenindexpaar i, k aus der Reihe $1, \ldots, f_\chi$ bei laufendem S. Den komplementären Orthogonalitätsrelationen (6, 2) für die Charakterwerte entsprechen ebenso die komplementären Orthogonalitätsrelationen

$$(6,5) \qquad \frac{1}{g} \sum_{\chi, i, k} f_\chi\, a_\chi^{ik}(S)\, a_\chi^{ki}(T^{-1}) = e_{S,T}$$

für die Elemente der Darstellungsmatrizen, die übrigens auch in der Form

$$(6,5') \qquad \frac{1}{g} \sum_{\chi} f_\chi\, \mathrm{Sp}\,(A_\chi(S)\, A_\chi(T^{-1})) = e_{S,T}$$

geschrieben werden können und dadurch wegen $A_\chi(S)\, A_\chi(T^{-1}) = A_\chi(S\, T^{-1})$ als Folge aus (6, 2) (mit $\psi = 1$, $S \to S\, T^{-1}$) erscheinen.

Die zueinander komplementären Orthogonalitätsrelationen (6, 4), (6, 5) können auch durch die folgende Aussage zum Ausdruck gebracht werden. Die aus den Elementen der Darstellungsmatrizen $A_\chi(S)$ zusammengestellte Matrix

$$(6,6) \qquad \mathrm{A} = (a_\chi^{ik}(S)) \qquad \left\{ \begin{array}{l} S \text{ Zeilenindex} \\ \chi;\ i,\ k \text{ Spaltenindizes} \end{array} \right\}$$

der sogenannten Stellenspalten, die nach (6, 3) g-reihig-quadratisch ist, ist regulär mit der transponierten Reziproken

$$(6,7) \qquad \mathrm{A}'^{-1} = \frac{1}{g}\, (f_\chi\, a_\chi^{ki}(S^{-1})) \qquad \left\{ \begin{array}{l} S \text{ Zeilenindex} \\ \chi;\ i,\ k \text{ Spaltenindizes} \end{array} \right\}.$$

Die ersten Orthogonalitätsrelationen (6, 1), (6, 4) ordnen sich den allgemeineren Relationen

$$(6,8) \qquad \frac{1}{g} \sum_{ST=R} f_\chi\, \chi(S)\, \psi(T) = \chi(R)\, e_{\chi,\psi},$$

$$(6,9) \qquad \frac{1}{g} \sum_{ST=R} f_\chi\, a_\chi^{ik}(S)\, a_\psi^{k'i'}(T) = a_\chi^{i'i}(R)\, e_{\chi,\psi}\, e_{kk'}$$

als die Spezialfälle $R = 1$ unter. Diese allgemeineren Relationen haben eine begriffliche Deutung; siehe am Schluß von §§ 8, 11.

§ 7. Die Charakteralgebra X von $\mathfrak{G}$ über Ω.

Wie schon in der Einleitung § 4 ausgeführt, ergibt sich für die einfachen Charaktere χ von $\mathfrak{G}$ aus der (in § 9 zu behandelnden) Kroneckerschen Multiplikationen der Darstellungen Γ_χ ein Multiplikationsschema

(7, 1) $$\chi\psi = \sum_\xi k^\xi_{\chi\psi}\,\xi$$

mit durch die Gruppe $\mathfrak{G}$ bestimmten, ganzzahligen nicht-negativen Koeffizienten $k^\xi_{\chi\psi}$. Diese bestimmen sich explizit durch Übergang zu den Charakterwerten und Auflösung mittels der Orthogonalitätsrelationen (6, 1) zu

(7, 2) $$k^\xi_{\chi\psi} = \frac{1}{g}\sum_S \chi(S)\,\psi(S)\,\xi(S^{-1}).$$

Durch das Multiplikationsschema (7, 1) wird eine kommutative assoziative Algebra X vom Range r mit den einfachen Charakteren ξ als Basis definiert, die hier über dem Grundkörper Ω zu betrachten ist; sie sei die *Charakteralgebra von* $\mathfrak{G}$ *über* Ω genannt.

Die Übergänge $\chi \to \chi(S)$ zu den Charakterwerten liefern r verschiedene Darstellungen ersten Grades von X in Ω. Daher ist die Charakteralgebra X halbeinfach und die direkte Summe von r zu Ω isomorphen Körpern:

$$\mathrm{X} = \sum_{\mathfrak{S}} \Omega\,\varepsilon_{\mathfrak{S}},$$

wo $\mathfrak{S}$ die Klassen konjugierter Elemente von $\mathfrak{G}$ durchläuft und die $\varepsilon_{\mathfrak{S}}$ ihnen zugeordnete, primitive orthogonale Idempotente aus X sind. Diese haben die Eigenschaften

$$\chi\,\varepsilon_{\mathfrak{S}} = \chi(S)\,\varepsilon_{\mathfrak{S}}, \qquad \sum_{\mathfrak{S}} \varepsilon_{\mathfrak{S}} = 1.$$

Aus den demgemäß bestehenden Formeln

(7, 3) $$\chi = \sum_{\mathfrak{S}} \chi(S)\,\varepsilon_{\mathfrak{S}}$$

folgt durch Auflösung mittels der Orthogonalitätsrelationen (6, 2) die explizite Darstellung

(7, 4) $$\varepsilon_{\mathfrak{S}} = \frac{1}{g}\sum_\chi h_{\mathfrak{S}}\,\chi(S^{-1})\,\chi$$

der Idempotente $\varepsilon_{\mathfrak{S}}$ durch die einfachen Charaktere χ.

Die Kommutativität und Assoziativität der Charakteralgebra X drückt sich durch die folgenden Relationen zwischen den Multiplikationskonstanten $k^\xi_{\chi\psi}$ aus (7, 1), (7, 2) aus:

(7, 5) $$k^\xi_{\psi\chi} = k^\xi_{\chi\psi},$$

(7, 6) $$\sum_\xi k^\eta_{\varphi\xi}\,k^\xi_{\chi\psi} = \sum_\xi k^\xi_{\varphi\chi}\,k^\eta_{\xi\psi}.$$

§ 8. Das Zentrum Z des Gruppenrings G von $\mathfrak{G}$ über Ω.

Es sei G der durch $\mathfrak{G}$ bestimmte Gruppenring über dem Körper Ω. Die Klassen $\mathfrak{S}$ konjugierter Elemente von $\mathfrak{G}$ seien fortan als die in G gelegenen Summen ihrer Elemente S verstanden. Sie bilden eine Ω-Basis des Zentrums Z von G.

In einer irreduziblen Darstellung Γ_χ von $\mathfrak{G}$ und damit von G über Ω entsprechen den Klassensummen $\mathfrak{S}$ Matrizen der Form

(8, 1) $$A_\chi(\mathfrak{S}) = c_{\mathfrak{S}}\,I_\chi$$

mit Elementen $c_{\mathfrak{S}}$ aus Ω. Diese bestimmen sich durch Übergang zu den Charakterwerten:

$$\chi(\mathfrak{S}) = h_{\mathfrak{S}}\, \chi(S) = c_{\mathfrak{S}}\, f_\chi. \tag{8, 2}$$

Das Multiplikationsschema der Basis $\mathfrak{S}$ von Z hat die Gestalt

$$\mathfrak{S}\mathfrak{T} = \sum_{\mathfrak{R}} l^{\mathfrak{R}}_{\mathfrak{S}\mathfrak{T}}\, \mathfrak{R} \tag{8, 3}$$

mit durch die Gruppe $\mathfrak{G}$ bestimmten, ganzrationalen nicht-negativen Koeffizienten $l^{\mathfrak{R}}_{\mathfrak{S}\mathfrak{T}}$. Diese bestimmen sich explizit durch Übergang zu den Darstellungsmatrizen gemäß (8, 1), (8, 2) und Auflösung mittels der Orthogonalitätsrelationen (6, 2) zu

$$l^{\mathfrak{R}}_{\mathfrak{S}\mathfrak{T}} = \frac{1}{g} \sum_{\chi} \frac{h_{\mathfrak{S}} h_{\mathfrak{T}}}{f_\chi}\, \chi(S)\, \chi(T)\, \chi(R^{-1}). \tag{8, 4}$$

Die Übergänge $\mathfrak{S} \to A_\chi(\mathfrak{S})$ zu den Darstellungsmatrizen gemäß (8, 1), (8, 2) liefern r verschiedene Darstellungen ersten Grades von Z in Ω. Daher ist das Zentrum Z halbeinfach und die direkte Summe von r zu Ω isomorphen Körpern:

$$Z = \sum_{\chi} \Omega\, e_\chi,$$

wo die e_χ den einfachen Charakteren χ zugeordnete, primitive orthogonale Idempotente aus Z sind. Diese haben die Eigenschaften

$$\mathfrak{S}\, e_\chi = \frac{h_{\mathfrak{S}}\, \chi(S)}{f_\chi}\, e_\chi, \qquad \sum_{\chi} e_\chi = 1.$$

Aus den demgemäß bestehenden Formeln

$$\mathfrak{S} = \sum_{\chi} \frac{h_{\mathfrak{S}}\, \chi(S)}{f_\chi}\, e_\chi \tag{8, 5}$$

folgt durch Auflösung mittels der Orthogonalitätsrelationen (6, 1) die explizite Darstellung

$$e_\chi = \frac{1}{g} \sum_{\mathfrak{S}} f_\chi\, \chi(S^{-1})\, \mathfrak{S} \tag{8, 6}$$

der Idempotente e_χ durch die Klassensummen $\mathfrak{S}$.

Die Kommutativität und Assoziativität des Zentrums Z drückt sich durch die folgenden Relationen zwischen den Multiplikationskonstanten $l^{\mathfrak{R}}_{\mathfrak{S}\mathfrak{T}}$ aus (8, 3), (8, 4) aus:

$$l^{\mathfrak{R}}_{\mathfrak{T}\mathfrak{S}} = l^{\mathfrak{R}}_{\mathfrak{S}\mathfrak{T}}, \tag{8, 7}$$

$$\sum_{\mathfrak{X}} l^{\mathfrak{Y}}_{\mathfrak{R}\mathfrak{X}}\, l^{\mathfrak{X}}_{\mathfrak{S}\mathfrak{T}} = \sum_{\mathfrak{X}} l^{\mathfrak{X}}_{\mathfrak{R}\mathfrak{S}}\, l^{\mathfrak{Y}}_{\mathfrak{X}\mathfrak{T}}. \tag{8, 8}$$

Bringt man die Orthogonalität der Idempotente e_χ in ihrer expliziten Darstellung (8, 6) zum Ausdruck, so ergeben sich gerade die Formeln (6, 8); hierin liegt deren begriffliche Bedeutung.

Bemerkung zu §§ 7, 8. Im abelschen Falle spielt der Dualismus zwischen der Gruppe $\mathfrak{G}$ und ihrer Charaktergruppe X eine wichtige Rolle in der Klassenkörpertheorie. Im allgemeinen Falle sind das Zentrum Z des Gruppenrings G von $\mathfrak{G}$ über Ω und die Charakteralgebra X von $\mathfrak{G}$ über Ω beide direkte Summen von je r zu Ω isomorphen Körpern, also zueinander isomorph, und die Formeln aus §§ 7, 8 lassen einen entsprechenden Dualismus zwischen Z und X hervortreten. Es ist zu erwarten, daß das bei der Anwendung der Ergebnisse dieser Arbeit auf die Verallgemeinerung der Klassenkörpertheorie von Bedeutung sein wird.

§ 9. Die Kroneckersche Multiplikation der irreduziblen Darstellungen.

Ist

$$\pi = \sum_\xi k_\pi^\xi \xi$$

ein aus den einfachen Charakteren ξ von $\mathfrak{G}$ mit ganzrationalen nicht-negativen Vielfachheiten k_π^ξ zusammengesetzter Charakter, so bezeichne

(9, 1) $$\Gamma_\pi = \underset{\xi}{\Delta} (I_\pi^\xi \times \Gamma_\xi)$$

die zugehörige, aus den irreduziblen Darstellungen Γ_ξ über Ω diagonal mit den Vielfachheiten k_π^ξ zusammengesetzte, vollständig reduzierte Darstellung vom Grade

$$f_\pi = \sum_\xi k_\pi^\xi f_\xi .$$

Die diagonale Zusammensetzung von k_π^ξ Darstellungen Γ_ξ ist dabei als das Kroneckersche Produkt der Einsmatrix I_π^ξ vom Grade k_π^ξ mit der Darstellung Γ_ξ geschrieben, und die diagonale Zusammensetzung der den verschiedenen ξ entsprechenden Bestandteile $I_\pi^\xi \times \Gamma_\xi$ durch das zum Summenzeichen analoge Zeichen $\underset{\xi}{\Delta}$ angegeben. Für die einfachen Charaktere ξ von $\mathfrak{G}$ sei dabei eine ein für allemal feste Reihenfolge zugrunde gelegt. Die mit der vollständig reduzierten Darstellung Γ_π vertauschbaren Matrizen sind die Matrizen der Form

(9, 2) $$D_\pi = \underset{\xi}{\Delta} (A_\pi^\xi \times I_\xi)$$

mit willkürlichen Matrizen A_π^ξ der Grade k_π^ξ und den bereits in § 6 eingeführten Einsmatrizen I_ξ der Grade f_ξ.

Als Regel für die Zeilen- und Spaltenfolge des Kroneckerschen Matrizenprodukts sei allgemein festgesetzt, daß die Paare der Zeilen- und Spaltenindizes der beiden Faktoren lexikographisch angeordnet werden, wobei der erste Faktor (Grobstruktur) den Vorrang vor dem zweiten Faktor (Feinstruktur) haben soll. Es werden also die einzelnen Elemente des ersten Faktors mit dem vollen zweiten Faktor multipliziert und zu einer Matrix zusammengestellt. Bei dieser Festsetzung liegt in (9, 1) in der Tat eine diagonale Zusammensetzung vor, während in (9, 2) eine Matrix aus Skalarmatrizen entsteht.

Im folgenden treten neben der gewöhnlichen Addition und Multiplikation der Matrizen laufend die beiden in (9, 1), (9, 2) vorkommenden Operationen Δ und $\times$ vom Charakter einer Addition und Multiplikation auf. Es wird also in einem Kalkül mit insgesamt vier Operationen gearbeitet, die untereinander in bekannten oder ohne weiteres ersichtlichen Distributivbeziehungen stehen. Es wäre erwünscht, diesem Kalkül eine formal-algebraische Ausgestaltung zu geben, um die im folgenden zu entwickelnden, einigermaßen komplizierten Formeln durchsichtiger und für weitere Untersuchungen handlicher zu machen.

Dem Multiplikationsschema (7, 1) für die einfachen Charaktere liegt das Multiplikationsschema für die Kroneckerschen Produkte der irreduziblen Darstellungen zugrunde. Dieses hat die Gestalt

(9, 3) $$\Gamma_\chi \times \Gamma_\psi = P_{\chi,\psi}^{-1} \Gamma_{\chi\psi} P_{\chi,\psi} .$$

Dabei sind die Darstellungen $\Gamma_{\chi\psi}$ nach dem Schema (9, 1) mit den Vielfachheiten $k_{\chi\psi}^\xi$ aus (7, 1), (7, 2) gebildet, also

(9, 4) $$\Gamma_{\chi\psi} = \underset{\xi}{\Delta} (I_{\chi\psi}^\xi \times \Gamma_\xi),$$

und die $P_{\chi,\psi}$ sind ein *Transformatorensystem* aus von S unabhängigen regulären Matrizen über Ω der Grade $f_{\chi\psi} = f_\chi f_\psi$. Dieses System liegt durch das Vertretersystem Γ_ξ nur bis auf Substitutionen

$$(9,5) \qquad P_{\chi,\psi} \to D_{\chi\psi} P_{\chi,\psi}$$

fest, wo die $D_{\chi\psi}$ reguläre Matrizen über Ω von der Form (9, 2) mit den Vielfachheiten $k^\xi_{\chi\psi}$ sind, also

$$(9,6) \qquad D_{\chi\psi} = \underset{\xi}{\Delta}\,(A^\xi_{\chi\psi} \times I_\xi)$$

mit willkürlichen regulären Matrizen $A^\xi_{\chi\psi}$ über Ω der Grade $k^\xi_{\chi\psi}$. Da es auf die Normierung der Transformatoren $P_{\chi,\psi}$ gemäß (9, 5) nicht ankommen wird, sei die Gleichheit bis auf einen vorderen Faktor $D_{\chi\psi}$ der Gestalt (9, 6) im folgenden kurz mit $\sim$ bezeichnet; dies soll sinngemäß auch bei der späteren Verallgemeinerung der Transformatoren $P_{\chi,\psi}$ auf zusammengesetzte Charaktere an Stelle der einfachen χ, ψ gelten.

§ 10. Die Kommutativ- und Assoziativrelationen für das Transformatorensystem.

Entsprechend der Kommutativität und Assoziativität der Charakteralgebra X, die sich in den Relationen (7, 5), (7, 6) für die Multiplikationskonstanten $k^\xi_{\chi\psi}$ aus (7, 1), (7, 2) ausdrückt, bestehen für das Transformatorensystem $P_{\chi,\psi}$ aus (9, 3) Kommutativ- und Assoziativrelationen im Sinne der bei (9, 5), (9, 6) erklärten Gleichheit $\sim$, die jetzt aufgestellt werden sollen.

a) Für die Kommutativrelationen ist zu beachten, daß das Kroneckersche Matrizenprodukt nur bis auf Zeilen- und Spaltenpermutationen kommutativ ist. Sind A, B irgend zwei Matrizen der Grade m, n, so gilt die Vertauschungsregel

$$(10,1) \qquad B \times A = V^{-1}_{m,n}(A \times B)\, V_{m,n},$$

wo $V_{m,n}$ die Matrix derjenigen allein durch die Grade m, n bestimmten Permutation ist, welche die lexikographische Anordnung der Indizespaare unter Bevorzugung des zweiten Index in die lexikographische Anordnung unter Bevorzugung des ersten Index überführt[11]).

Für die Kroneckerschen Produkte der irreduziblen Darstellungen gilt nach (10, 1) die Regel

$$(10,2) \qquad \Gamma_\psi \times \Gamma_\chi = V^{-1}_{\chi,\psi}(\Gamma_\chi \times \Gamma_\psi)\, V_{\chi,\psi},$$

wo zur Abkürzung $V_{f_\chi, f_\psi} = V_{\chi,\psi}$ gesetzt ist. Nach (9, 3), (9, 5) ergeben sich daraus für das Transformatorensystem die Kommutativrelationen

$$(10,3) \qquad P_{\psi,\chi} \sim P_{\chi,\psi} V_{\chi,\psi}.$$

Die Regel (10, 2) gilt allgemeiner auch für zusammengesetzte Charaktere an Stelle der einfachen χ, ψ. Die entsprechende Verallgemeinerung der Relationen (10, 3) wird sich nachher im Zusammenhang mit der Definition der Transformatoren $P_{\chi,\psi}$ für zusammengesetzte Charaktere an Stelle der einfachen χ, ψ einstellen.

b) Für die Assoziativrelationen ist zu beachten, daß das Kroneckersche Matrizenprodukt bei der festgesetzten lexikographischen Bildungsregel assoziativ ist, ferner in Verbindung mit dem gewöhnlichen Matrizenprodukt der Distributivregel

$$(10,4) \qquad (A_1 \times B_1)(A_2 \times B_2) = A_1 A_2 \times B_1 B_2$$

[11]) Man beachte, daß bei der Transformation $V^{-1} A V$ einer Matrix A mit einer Permutationsmatrix V die Zeilen und Spalten von A die der Reziproken V^{-1} zugeordnete Permutation erfahren.

genügt, und schließlich auch in Verbindung mit der diagonalen Zusammensetzung des ersten Faktors einer entsprechenden Distributivregel

$$\underset{\iota}{\Delta} A_\iota \times B = \underset{\iota}{\Delta} (A_\iota \times B) \tag{10, 5}$$

genügt. Für die diagonale Zusammensetzung des zweiten Faktors gilt nicht etwa einfach die analoge Regel; man kann jedoch mittels der obigen Vertauschungsregel (10, 1) auf die diagonale Zusammensetzung des ersten Faktors zurückgehen.

Für die Kroneckerschen Produkte der irreduziblen Darstellungen gilt nach (9, 3) und (10, 4) zunächst

$$(10, 6_1)\quad \begin{aligned}(\Gamma_\varphi \times \Gamma_\chi) \times \Gamma_\psi &= P_{\varphi,\chi}^{-1} \Gamma_{\varphi\chi} P_{\varphi,\chi} \times \Gamma_\psi \\ &= (P_{\varphi,\chi} \times I_\psi)^{-1} (\Gamma_{\varphi\chi} \times \Gamma_\psi)(P_{\varphi,\chi} \times I_\psi),\end{aligned}$$

$$(10, 6_2)\quad \begin{aligned}\Gamma_\varphi \times (\Gamma_\chi \times \Gamma_\psi) &= \Gamma_\varphi \times P_{\chi,\psi}^{-1} \Gamma_{\chi\psi} P_{\chi,\psi} \\ &= (I_\varphi \times P_{\chi,\psi})^{-1} (\Gamma_\varphi \times \Gamma_{\chi\psi})(I_\varphi \times P_{\chi,\psi}).\end{aligned}$$

Einerseits hat man hierin nach (9, 4) und (10, 4), (10, 5) die Umformung

$$\begin{aligned}\Gamma_{\varphi\chi} \times \Gamma_\psi &= \underset{\xi}{\Delta} (I^\xi_{\varphi\chi} \times \Gamma_\xi \times \Gamma_\psi) = \underset{\xi}{\Delta} (I^\xi_{\varphi\chi} \times P_{\xi,\psi}^{-1} \Gamma_{\xi\psi} P_{\xi,\psi}) \\ &= \underset{\xi}{\Delta}[(I^\xi_{\varphi\chi} \times P_{\xi,\psi})^{-1} (I^\xi_{\varphi\chi} \times \Gamma_{\xi\psi})(I^\xi_{\varphi\chi} \times P_{\xi,\psi})] \\ &= \underset{\xi}{\Delta} (I^\xi_{\varphi\chi} \times P_{\xi,\psi})^{-1} \cdot \underset{\xi}{\Delta} (I^\xi_{\varphi\chi} \times \Gamma_{\xi\psi}) \cdot \underset{\xi}{\Delta} (I^\xi_{\varphi\chi} \times P_{\xi,\psi}).\end{aligned}$$

Nun geht die diagonale Zusammensetzungsfolge aus

$$\underset{\xi}{\Delta} (I^\xi_{\varphi\chi} \times \Gamma_{\xi\psi}) = \underset{\xi}{\Delta} [I^\xi_{\varphi\chi} \times \underset{\eta}{\Delta} (I^\eta_{\xi\psi} \times \Gamma_\eta)]$$

durch eine Permutation in die diagonale Zusammensetzungsfolge aus

$$\Gamma_{\varphi\chi\psi} = \underset{\eta}{\Delta} (I^\eta_{\varphi\chi\psi} \times \Gamma_\eta) = \underset{\eta}{\Delta}[\underset{\xi}{\Delta} (I^\xi_{\varphi\chi} \times I^\eta_{\chi\psi}) \times \Gamma_\eta]$$

über, wobei zu beachten ist, daß die Vielfachheit $k^\eta_{\varphi\chi\psi} = \sum_\xi k^\xi_{\varphi\chi} k^\eta_{\xi\psi}$ ist. Bezeichnet $U_{\varphi\chi,\psi}$ die Matrix dieser durch die Vielfachheiten $k^\xi_{\varphi\chi}$, $k^\eta_{\xi\psi}$ und die Grade f_η bestimmten Permutationen, so gilt also[12])

$$\underset{\xi}{\Delta} (I^\xi_{\varphi\chi} \times \Gamma_{\xi\psi}) = U_{\varphi\chi,\psi}^{-1} \Gamma_{\varphi\chi\psi} U_{\varphi\chi,\psi}. \tag{10, 7}$$

Definiert man demgemäß

$$P_{\varphi\chi,\psi} \sim U_{\varphi\chi,\psi} \cdot \underset{\xi}{\Delta} (I^\xi_{\varphi\chi} \times P_{\xi,\psi}), \tag{10, 8_1}$$

so hat man

$$\Gamma_{\varphi\chi} \times \Gamma_\psi = P_{\varphi\chi,\psi}^{-1} \Gamma_{\varphi\chi\psi} P_{\varphi\chi,\psi}. \tag{10, 9_1}$$

Durch die Formeln (10, 9_1) wird das Multiplikationsschema (9, 3) zweier irreduzibler Darstellungen Γ_χ, Γ_ψ auf den Fall verallgemeinert, daß der erste Faktor eine reduzible Darstellung $\Gamma_{\varphi\chi}$ in vollständig reduzierter Gestalt ist. In Verallgemeinerung der Transformatoren $P_{\chi,\psi}$ aus (9, 3) treten dabei die durch die Formeln (10, 8_1) definierten Transformatoren $P_{\varphi\chi,\psi}$ auf. Nach dieser Definition erhält man $P_{\varphi\chi,\psi}$, indem man zunächst die $P_{\xi,\psi}$ diagonal mit den Vielfachheiten $k^\xi_{\varphi\chi}$ zusammensetzt und dann die so erhaltene Matrix vorne mit der durch (10, 7) definierten Permutationsmatrix $U_{\varphi\chi,\psi}$ multipliziert, d. h. ihre Zeilen der zugeordneten Permutation unterzieht.

---

12) Vgl. die vorige Anmerkung.

Andererseits hat man unter Verwendung dieses Ergebnisses nach der verallgemeinerten Vertauschungsregel (10, 2) die Umformung

$$\Gamma_\varphi \times \Gamma_{\chi\psi} = V_{\chi\psi,\varphi}^{-1} (\Gamma_{\chi\psi} \times \Gamma_\varphi) V_{\chi\psi,\varphi} = V_{\chi\psi,\varphi}^{-1} P_{\chi\psi,\varphi}^{-1} \Gamma_{\varphi\chi\psi} P_{\chi\psi,\varphi} V_{\chi\psi,\varphi}.$$

Definiert man demgemäß

$$(10, 8_2) \qquad P_{\varphi,\chi\psi} \sim P_{\chi\psi,\varphi} V_{\chi\psi,\varphi},$$

so hat man

$$(10, 9_2) \qquad \Gamma_\varphi \times \Gamma_{\chi\psi} = P_{\varphi,\chi\psi}^{-1} \Gamma_{\varphi\chi\psi} P_{\varphi,\chi\psi}.$$

Durch die Formeln (10, 9_2) wird das Multiplikationsschema (9, 3) zweier irreduzibler Darstellungen Γ_φ, Γ_χ auch auf den Fall verallgemeinert, daß der zweite Faktor eine reduzible Darstellung $\Gamma_{\chi\psi}$ in vollständig reduzierter Gestalt ist. In Verallgemeinerung der Transformatoren $P_{\varphi,\chi}$ aus (9, 3) treten dabei die durch (10, 8_2) definierten Transformatoren $P_{\varphi,\chi\psi}$ auf. Nach dieser Definition erhält man die $P_{\varphi,\chi\psi}$ aus den vorstehend bereits festgelegten $P_{\chi\psi,\varphi}$ durch formale Verallgemeinerung der Kommutativrelationen (10, 3) auf den Fall, daß einer der beiden Charaktere zusammengesetzt ist.

Trägt man die Umformungsergebnisse (10, 9) in die Ausgangsformeln (10, 6) ein, so ergeben sich durch Vergleich der beiden Berechnungsarten des assoziativen Kroneckerschen Produkts $\Gamma_\varphi \times \Gamma_\chi \times \Gamma_\psi$ die Assoziativrelationen

$$(10, 10) \qquad P_{\varphi\chi,\psi} (P_{\varphi,\chi} \times I_\psi) \sim P_{\varphi,\chi\psi} (I_\varphi \times P_{\chi,\psi}),$$

wo die $P_{\varphi\chi,\psi}$, $P_{\varphi,\chi\psi}$ durch die Formeln (10, 8) gegeben sind. Die Gleichheit $\sim$ bedeutet dabei das Übereinstimmen bis auf eine mit $\Gamma_{\varphi\chi\psi}$ vertauschbare reguläre Matrix $D_{\varphi\chi\psi}$ über Ω als vorderen Faktor, also eine Matrix der Gestalt

$$D_{\varphi\chi\psi} = \underset{\eta}{\Delta} (A^\eta_{\varphi\chi\psi} \times I_\eta)$$

mit willkürlichen regulären Matrizen $A^\eta_{\varphi\chi\psi}$ über Ω der Grade $k^\eta_{\varphi\chi\psi}$.

§ 11. Direkte Zerlegung des Gruppenrings G von $\mathfrak{G}$ über Ω in einfache Rechtsideale.

Da die Charakteristik von Ω kein Teiler von g sein soll, ist der Gruppenring G von $\mathfrak{G}$ über Ω wie sein Zentrum Z eine halbeinfache Algebra. Der eindeutig bestimmten direkten Zerlegung

$$Z = \sum_\chi \Omega\, e_\chi$$

aus § 8 in r den einfachen Charakteren χ von $\mathfrak{G}$ zugeordnete zu Ω isomorphe Körper $\Omega\, e_\chi$ mit den primitiven orthogonalen Idempotenten e_χ als Einselementen entspricht die direkte Zerlegung

$$(11, 1) \qquad G = \sum_\chi G_\chi \quad \text{mit} \quad G_\chi = G\, e_\chi = e_\chi\, G$$

in r den χ zugeordnete einfache invariante Teilalgebren G_χ mit den Einselementen e_χ. Diese direkten Summanden G_χ sind auch als die einfachen zweiseitigen Ideale von G gekennzeichnet.

Da die absolut-irreduziblen Darstellungsklassen von $\mathfrak{G}$ über Ω vertreten sein sollen, sind die G_χ aus (11, 1) volle Matrixalgebren über den Körpern $\Omega\, e_\chi$, und es gilt genauer folgendes. Sei e_χ^{ik} $(i, k = 1, \ldots, f_\chi)$ ein System von Matrizeneinheiten aus G_χ (nur bis auf innere Automorphismen von G_χ festliegend). Stellt man dann die speziellen Elemente $S\, e_\chi$ aus G_χ mit S aus $\mathfrak{G}$ in der Form

$$(11, 2) \qquad S\, e_\chi = \sum_{i,k} a_\chi^{ik}(S)\, e_\chi^{ik}$$

mit Koeffizienten $a_\chi^{ik}(S)$ aus Ω dar, so bilden die Matrizen $A_\chi(S) = (a_\chi^{ik}(S))$ eine irreduzible Darstellung von $\mathfrak{G}$ über Ω, und zwar gerade einen Vertreter Γ_χ aus der durch χ charakterisierten irreduziblen Darstellungsklasse.

Um letzteres einzusehen, bezeichne für den Augenblick $\Gamma_{\chi'}$ die Darstellung aus (11, 2). Zur Bestimmung ihres Charakters χ' genügt es, die Werte $\chi'(\mathfrak{S}) = h_{\mathfrak{S}}\, \chi'(S)$ für die Klassensummen $\mathfrak{S}$ zu berechnen. Diese ergeben sich aus

$$\mathfrak{S}\, e_\chi = \sum_{i,k} \Big(\sum_{S\, \text{in}\, \mathfrak{S}} a_\chi^{ik}(S) \Big) e_\chi^{ik}$$

als die Summen der Diagonalglieder rechts. Durch Vergleich mit der nach § 8 bestehenden Formel

$$\mathfrak{S}\, e_\chi = \frac{h_{\mathfrak{S}}\, \chi(S)}{f_\chi}\, e_\chi = \sum_i \frac{h_{\mathfrak{S}}\, \chi(S)}{f_\chi}\, e_\chi^{ii}$$

findet man $h_{\mathfrak{S}}\, \chi'(S) = h_{\mathfrak{S}}\, \chi(S)$, also in der Tat $\chi' = \chi$.

Als volle Matrixalgebren der Grade f_χ über den Körpern $\Omega\, e_\chi$ haben die G_χ die Ω-Ränge f_χ^2. Idealtheoretisch ausgedrückt ist jedes der einfachen zweiseitigen G-Ideale G_χ als direkte Summe

$$(11,3) \qquad G_\chi = \sum_k G_\chi^k \quad \text{mit} \quad G_\chi^k = e_\chi^{kk}\, G_\chi$$

von f_χ einfachen G-Rechtsidealen G_χ^k vom Ω-Rang f_χ darstellbar. Die eine solche Zerlegung erzeugenden primitiven orthogonalen Idempotente e_χ^{kk} sind die Diagonalglieder eines Matrizeneinheitensystems e_χ^{ik} aus G_χ. Jedes G_χ^k liefert, als Ω-Darstellungsmodul von $\mathfrak{G}$ aufgefaßt, vermöge seiner Ω-Basen die irreduziblen Darstellungen von $\mathfrak{G}$ über Ω aus der durch χ charakterisierten Darstellungsklasse.

Ein spezielles System von Ω-Basen der G_χ^k bilden die Spalten der Matrix

$$(11,4) \qquad E_\chi = (e_\chi^{ki}) \quad (i, k = 1, \ldots, f_\chi),$$

die aus einem der Zerlegung (11, 3) angepaßten System von Matrizeneinheiten e_χ^{ik} unter Transposition zusammengestellt ist. Diese Basisspalten liefern gerade den dem Matrizeneinheitensystem e_χ^{ik} nach (11, 2) zugeordneten Vertreter Γ_χ aus der durch χ charakterisierten irreduziblen Darstellungsklasse von $\mathfrak{G}$ über Ω; denn nach (11, 2) stellt sich für sie der geläufige Formalismus der Erzeugung der Darstellung aus dem Ω-Darstellungsmodul G_χ^k so dar:

$$e_\chi^{ki}\, S = e_\chi^{ki}\, e_\chi\, S = e_\chi^{ki}\, S\, e_\chi = e_\chi^{ki} \sum_{l,j} a_\chi^{lj}(S)\, e_\chi^{lj} = \sum_j a_\chi^{ij}(S)\, e_\chi^{kj}.$$

Diese Formeln können zu der Matrizengleichung

$$(11,5) \qquad E_\chi\, S = A_\chi(S)\, E_\chi$$

zusammengefaßt werden.

Aus den Formeln (11, 2) erhält man durch Summation über χ gemäß (11, 1) das lineare Gleichungssystem

$$(11,6) \qquad S = \sum_{\chi;\, i,k} a_\chi^{ik}(S)\, e_\chi^{ik},$$

welches die Elemente S aus $\mathfrak{G}$ durch die Matrizensysteme e_χ^{ik} aus den G_χ ausdrückt. Die Matrix dieses Systems ist die in (6, 6) eingeführte Matrix A der Stellenspalten der Darstellungen Γ_χ. Nach (6, 7), oder also nach den Orthogonalitätsrelationen (6, 4), ergibt sich umgekehrt das lineare Gleichungssystem

$$(11,7) \qquad e_\chi^{ik} = \frac{1}{g} \sum_S f_\chi\, a_\chi^{ki}(S^{-1})\, S,$$

welches die Matrizeneinheitensysteme e_χ^{ik} explizit durch die Gruppenelemente S ausdrückt. Unter Verwendung der in (11, 4) definierten Matrizen E_χ über den G_χ kann das System (11, 7) einfacher in der Gestalt

$$E_\chi = \frac{1}{g} \sum_S f_\chi A_\chi(S^{-1}) S \qquad (11, 8)$$

geschrieben werden. Hierdurch wird das Verhalten (11, 5) der Matrizen E_χ bei Anwendung der Operatoren S aus $\mathfrak{G}$ in Evidenz gesetzt Entsprechend kann übrigens das System (11, 6) einfacher in der Gestalt

$$S = \sum_\chi \mathrm{Sp}\,(A_\chi(S)\, E'_\chi) \qquad (11, 7')$$

geschrieben werden. Jedoch kommt es darauf für die Zwecke dieser Arbeit nicht an.

Über das Verhalten (11, 5) der Matrizen E_χ bei Anwendung der Operatoren S aus $\mathfrak{G}$ gilt die folgende später benötigte Tatsache:

Die f_χ-reihig-quadratischen Matrizen E_χ über G werden durch die Beziehungen (11, 5) *und die Forderung ihrer Regularität* (*im Sinne über Ω linear-unabhängiger Spalten*) *genau bis auf eine Substitution*

$$E_\chi \to \alpha E_\chi$$

mit willkürlichem regulärem α aus G, also genau bis auf einen willkürlichen Automorphismus von G als G-Rechtsideal festgelegt.

Beweis. Es sei E_χ^* ein System f_χ-reihig-quadratischer Matrizen über G mit dem zu (11, 5) analogen Verhalten

$$E_\chi^* S = A_\chi(S)\, E_\chi^*$$

bei Anwendung der Operatoren S aus $\mathfrak{G}$. Dann sind die zu (11, 8) analogen Gleichungen

$$E_\chi^* = \frac{1}{g} \sum_S f_\chi A_\chi(S^{-1})\, \alpha_S$$

wegen der Regularität der Stellenspaltenmatrix A aus (6, 6) eindeutig durch ein Elementsystem α_S aus G lösbar. Wegen der Voraussetzung über die E_χ^* hat diese Lösung α_S die Form

$$\alpha_S = \alpha S$$

mit einem Element α aus G, so daß also

$$E_\chi^* = \alpha E_\chi$$

ist. Umgekehrt liefert ersichtlich die Substitution $E_\chi \to \alpha E_\chi$ für jedes α aus G wieder eine Lösung der Beziehungen (11, 5). Nun ist

$$\alpha E_\chi = E_\chi A_\chi,$$

wo $A_\chi = A_\chi(\alpha) = (a_\chi^{ik})$ die $\alpha = \sum_{\chi; i, k} a_\chi^{ik} e_\chi^{ik}$ zugeordnete Matrix aus der (auf G erweiterten) Darstellung Γ_χ über Ω ist. Hiernach ist αE_χ dann und nur dann im angegebenen Sinne regulär, wenn A_χ regulär ist, und dies ist dann und nur dann für alle χ der Fall, wenn α regulär ist.

Sieht man von der Regularitätsforderung für E_χ^* ab, so ergibt dieser Beweis jedenfalls

$$E_\chi^* = E_\chi A_\chi$$

mit einer f_χ-reihig-quadratischen Matrix A_χ über Ω. Sei nun für einen festen einfachen Charakter χ eine f_χ-gliedrige Spalte $\mathfrak{e}_\chi$ mit der Eigenschaft

$$\mathfrak{e}_\chi S = A_\chi(S)\, \mathfrak{e}_\chi \qquad (11, 9)$$

gegeben. Dann fülle man $\mathfrak{e}_\chi$ durch Nullspalten zu einer quadratischen Matrix E_χ^* auf und wähle im übrigen $E_{\chi'}^* = 0$ $(\chi' \neq \chi)$. So erhält man den für später wichtigen Zusatz:

Eine f_χ-gliedrige Spalte $\mathfrak{e}_\chi$ über G mit der Eigenschaft (11, 9) *entsteht aus der Matrix E_χ in der Form*

$$\mathfrak{e}_\chi = E_\chi \mathfrak{a}_\chi$$

mit einer f_χ-gliedrigen Spalte $\mathfrak{a}_\chi$ über Ω.

Die zueinander komplementären feineren Gleichungsysteme (11, 6), (11, 7) zwischen den Gruppenelementen S und den Matrizeneinheitensystemen e_χ^{ik} sind formal analog zu den zueinander komplementären gröberen Gleichungssystemen (8, 5), (8, 6) zwischen den Klassensummen $\mathfrak{S}$ und den primitiven Zentrumsidempotenten e_χ^{ik}.

Bringt man das Multiplikationsschema der Matrizeneinheiten e_χ^{ik} bei festen χ und ihre Orthogenalität für verschiedene χ in den expliziten Formeln (11, 7) zum Ausdruck, so ergeben sich gerade die Formeln (6, 9); hierin liegt deren begriffliche Bedeutung.

II. Invariante Erzeugung galoisscher Algebren.

§ 12. Die Normalbasen und Faktorbasen einer galoisschen Algebra.

Unter den Voraussetzungen aus § 6 über $\mathfrak{G}$ und Ω sei jetzt K eine galoissche Algebra über Ω mit der Gruppe $\mathfrak{G}$ im Sinne von E. M. I, § 1.

Betrachtet man K als Ω-Modul mit den Automorphismen aus $\mathfrak{G}$ als Rechtsoperatoren, so wird K zum Ω-Darstellungsmodul von $\mathfrak{G}$. Diesen und allgemeiner jeden in ihm enthaltenen Ω-Darstellungsmodul von $\mathfrak{G}$ nennt man auch *Galoismodul von* K *über* Ω.

Laut Definition einer galoisschen Algebra K/Ω mit der Gruppe $\mathfrak{G}$ ist K als Galoismodul über Ω isomorph zum Gruppenring G von $\mathfrak{G}$ über Ω als G-Rechtsideal[13]), liefert also die reguläre Darstellungsklasse von $\mathfrak{G}$, und zwar erhält man die reguläre Darstellung in ihrer Permutationsgestalt, wenn man die aus den Elementen S von $\mathfrak{G}$ gebildete Ω-Basis von G zugrunde legt. Die Isomorphismen J von G auf K ordnen dieser Ω-Basis S von G die *Normalbasen* θ^S von K/Ω zu.

Es sei

(12, 1) $\qquad J = (S \to \theta^S)$, gegeben bereits durch $(1 \to \theta)$,

ein fester Isomorphismus von G auf K. Dann erhält man alle übrigen solchen, indem man einen willkürlichen Automorphismus von G als G-Rechtsideal vorsetzt; der allgemeinste solche ist

(12, 2) $\qquad K_\alpha = (S \to \alpha S)$, gegeben bereits durch $(1 \to \alpha)$,

mit willkürlichem regulärem α aus G, also

$$\alpha = \sum_S a_S S, \quad a_S \text{ in } \Omega, \quad |a_{ST^{-1}}| \neq 0.$$

Statt dessen kann man auch den K_α durch J zugeordneten Automorphismus von K/Ω als Galoismodul hintersetzen; dieser ist gegeben durch

$$J^{-1} K_\alpha J = (\theta \to \sum_S a_S \theta^S), \quad a_S \text{ in } \Omega, \ |a_{ST^{-1}}| \neq 0.$$

Durch die letzteren Substitutionen erhält man also alle möglichen Normalbasiserzeugenden von K/Ω aus einer festen θ, wie auch ohne die gegebene begriffliche Unterbauung klar ist.

Es sollen jetzt die direkten Zerlegungen (11, 1) und (11, 3) das Gruppenrings G mittels eines festen Isomorphismus (12, 1) auf den Galoismodul K übertragen werden.

[13]) Für den Spezialfall galoisscher Körper K/Ω liegt dem der bereits in der Einleitung § 3, Anm. 5 zitierte Deuringsche Satz zugrunde.

Was zunächst die eindeutig bestimmte gröbere Zerlegung (11, 1) von G in die r einfachen zweiseitigen G-Ideale G_χ der Ω-Ränge f_χ^2 betrifft, so entspricht ihr bei J eine direkte Zerlegung

$$\mathrm{K} = \sum_\chi \mathrm{K}_\chi$$

von K in r Galoismoduln K_χ der Ω-Ränge f_χ^2. Diese brauchen keineswegs einfach zu sein; denn die Linksidealeigenschaft der G_χ in G hat für die K_χ in K kein Äquivalent, so daß sich die Einfachheit der G_χ' als zweiseitige Ideale nicht übertragen läßt. Entsprechend den Hauptidealdarstellungen $G_\chi = e_\chi G$ mit den durch (8, 6) gegebenen primitiven orthogonalen Idempotenten e_χ werden die K_χ als Ω-Moduln erzeugt durch die *Charaktersummen*

$$\omega_\chi = \frac{1}{g} \sum_S f_\chi\, \chi(S^{-1})\, \theta^S \tag{12, 3}$$

und ihre Konjugierten

$$\omega_\chi^S = \frac{1}{g} \sum_T f_\chi\, \chi(T^{-1})\, \theta^{TS} = \frac{1}{g} \sum_T f_\chi\, \chi(S\,T^{-1})\, \theta^T.$$

Unter diesen Konjugierten sind demnach für jedes feste χ genau f_χ^2 über Ω linear-unabhängig.

Was ferner die feinere Zerlegung (11, 3) von G_χ in f_χ zueinander isomorphe einfache G-Rechtsideale G_χ^k vom Ω-Rang f_χ betrifft, so entspricht ihr bei J eine direkte Zerlegung

$$\mathrm{K}_\chi = \sum_k \mathrm{K}_\chi^k$$

von K_χ in f_χ zueinander isomorphe einfache Galoismoduln K_χ^k vom Ω-Rang f_χ, deren jeder die durch χ charakterisierte irreduzible Darstellungsklasse von $\mathfrak{G}$ über Ω liefert. Der in (11, 4) definierten Matrix $E_\chi = (e_\chi^{ki})$ der Matrizeneinheiten aus G_χ (die der Zerlegung (11, 3) angepaßt sind), aufgefaßt als Matrix aus Ω-Basisspalten der G_χ^k, entspricht bei J eine Matrix

$$\mathrm{W}_\chi = (\omega_\chi^{ik}) \qquad (i, k = 1, \ldots, f_\chi)$$

über K_χ aus Ω-Basisspalten der K_χ^k. Der expliziten Formel (11, 7) für die Matrizen E_χ entsprechend stellen sich die Matrizen explizit in der Form

$$\mathrm{W}_\chi = \frac{1}{g} \sum_S f_\chi\, A_\chi(S^{-1})\, \theta^S \tag{12, 4}$$

dar. Ihre $\sum_\chi f_\chi^2 = g$ Elemente ω_χ^{ik} bilden zusammen eine Ω-Basis von K. Insbesondere sind daher die f_χ Spalten jeder einzelnen Matrix W_χ linear-unabhängig über Ω, also die Matrizen W_χ über K in diesem Sinne regulär.

Dem Verhalten (11, 5) der Matrizen E_χ bei Anwendung der Operatoren S aus $\mathfrak{G}$ entspricht bei J das Verhalten

$$\mathrm{W}_\chi^S = A_\chi(S)\, \mathrm{W}_\chi \tag{12, 5}$$

der Matrizen W_χ bei Anwendung der Automorphismen S aus $\mathfrak{G}$. Dies Verhalten wird auch durch die explizite Darstellung (12, 4) in Evidenz gesetzt. Das entsprechende Verhalten haben dann auch die einzelnen Spalten der W_χ; hierdurch wird die obige Aussage präzisiert, daß jeder der zueinander isomorphen einfachen Galoismoduln K_χ^k die durch χ charakterisierte irreduzible Darstellungsklasse von $\mathfrak{G}$ über Ω liefert.

Da die Matrizen E_χ, wie in § 8 bewiesen, durch ihr Verhalten (11, 5) bei den Operatoren S aus $\mathfrak{G}$ und die Forderung ihrer Regularität genau bis auf einen willkürlichen Automorphismus von G als G-Rechtsideal festliegen, liegen die Matrizen W_χ durch ihr Verhalten (12, 5) bei den Automorphismen S aus $\mathfrak{G}$ und die Forderung ihrer Regularität genau bis auf einen willkürlichen Automorphismus von K/Ω als Galoismodul fest. Hiernach bilden für jedes System regulärer f_χ-reihig-quadratischer Matrizen $\mathrm{W}_\chi = (\omega_\chi^{ik})$ über K mit der Eigenschaft (12, 5) die $\sum_\chi f_\chi^2 = g$ Elemente ω_χ^{ik} eine Basis von K/Ω.

Eine solche Basis sei eine ***Faktorbasis*** von K/Ω genannt und auch als solche kurz mit W_χ bezeichnet.

Die sämtlichen Faktorbasen von K/Ω entstehen nach dem eben Gesagten aus einer W_χ durch Anwendung der sämtlichen Automorphismen von K/Ω als Galoismodul. Wie bei (12, 1), (12, 2) bemerkt, läuft das auf die Abänderungen $J \to K_\alpha J$ des zugrunde gelegten Isomorphismus von G auf K/Ω hinaus. Da diese Abänderungen gerade zu den sämtlichen Normalbasen von K/Ω führen, hängt also die Gesamtheit der Faktorbasen W_χ von K/Ω mit der Gesamtheit der Normalbasen θ^S von K/Ω umkehrbar eindeutig durch (12, 4), also durch das lineare Gleichungssystem

$$\omega_\chi^{ik} = \frac{1}{g} \sum_S f_\chi \, a_\chi^{ik}(S^{-1}) \, \theta^S \tag{12, 6}$$

und das dazu komplementäre

$$\theta^S = \sum_{\chi;\, i,k} a_\chi^{ik}(S) \, \omega_\chi^{ik} \tag{12, 7}$$

oder auch

$$\theta^S = \sum_\chi \mathrm{Sp}\,(A_\chi(S)\, W'_\chi) \tag{12, 7'}$$

zusammen. Formal entstehen diese beiden Systeme aus den beiden Systemen (11, 6), (11, 7) durch Anwendung des Isomorphismus J.

Die charakteristische Eigenschaft (12, 5) der Faktorbasen W_χ von K/Ω sei im folgenden kurz so ausgedrückt: W_χ *multipliziert sich bei* $\mathfrak{G}$ *vorne mit* Γ_χ. Es ist das die Verallgemeinerung der bekannten Eigenschaft der Lagrangeschen Resolventen des abelschen Falles. Die dort auftretenden Faktoren $\chi(S)$ werden dabei in ihrer Eigenschaft als Darstellungsmatrizen verallgemeinert. Die Verallgemeinerung als Charakterwerte liefert nur die Charaktersummen (12, 3), die aus den Matrizen (12, 4) einer Faktorbasis durch Bildung der Matrizenspuren

$$\omega_\chi = \mathrm{Sp}\,(W_\chi)$$

entstehen. Bei dieser Spurbildung geht die charakteristische Eigenschaft (12, 5) verloren. Somit sind die Charaktersummen ω_χ nicht die richtige Verallgemeinerung der Lagrangeschen Resolventen des abelschen Falles. Sie wurden hier nur beiläufig erwähnt, weil sie sich bei der schrittweise durchgeführten direkten Zerlegung von K in die einfachen Galoismoduln K_χ^k unterwegs (bei den noch nicht notwendig einfachen K_χ) einstellten. Im folgenden werden sie keine Rolle spielen.

Über den umkehrbar eindeutigen Zusammenhang (12, 6), (12, 7) zwischen den Normalbasen und Faktorbasen von K/Ω sei schließlich noch folgendes bemerkt. Jede Normalbasis θ^S liefert die reguläre Permutationsdarstellung Π von $\mathfrak{G}$, jede Faktorbasis W_χ nach (12, 5) eine vollständig in irreduzible Bestandteile Γ_χ mit den Vielfachheiten f_χ reduzierte Darstellung von $\mathfrak{G}$. Die Gleichungssysteme (12, 6), (12, 7) drücken also zusammen mit (12, 5) die aus der klassischen Darstellungstheorie bekannte Tatsache aus, daß Π durch Transformation mit der Stellenspaltenmatrix A aus (6, 6) vollständig in die Γ_χ mit den Vielfachheiten f_χ zerfällt:

$$\mathrm{A}^{-1}\, \Pi\, \mathrm{A} = \underset{\chi}{\Delta}\, (I_\chi \times \Gamma_\chi).$$

Man hätte auch diese Tatsache an die Spitze der hier entwickelten Theorie stellen können und wäre so schneller zu den weiterhin allein wichtigen Faktorbasen gelangt. Jedoch schien mir die Anknüpfung an die moderne Form der Darstellungstheorie als Strukturtheorie des Gruppenrings für ein tieferes Verständnis dienlicher. Dies wird insbesondere bei den im folgenden Paragraphen zu beweisenden Tatsachen hervortreten. Vermutlich wird diese Anknüpfung auch für die Anwendung auf die Klassenkörpertheorie wichtig sein.

§ 13. Zulässige Substitutionen für eine Faktorbasis.

Eine Faktorbasis W_χ von K/Ω liegt, wie bereits in § 12 festgestellt, bei vorgegebenem Vertretersystem Γ_χ der irreduziblen Darstellungsklassen von $\mathfrak{G}$ über Ω durch ihre charakteristische Eigenschaft (12, 5) und die Forderung ihrer Regularität (im Sinne von über Ω linear-unabhängigen Spalten) genau bis auf einen willkürlichen Automorphismus von K/Ω als Galoismodul fest. Dieser stellt sich in der Form

(13, 1) $\quad W_\chi \to W_\chi A_\chi$ mit willkürlichen regulären Matrizen A_χ über Ω dar.

Letzteres erkennt man, indem man den willkürlichen Automorphismus von K/Ω als Galoismodul gemäß (12, 1), (12, 2) durch eine Abänderung

$$J \to K_\alpha J \text{ mit willkürlichem regulärem } \alpha \text{ aus } G$$

des zugrunde gelegten Isomorphismus J von G aus K erzeugt. Bei dem vorgesetzten willkürlichen Automorphismus

$$K_\alpha = (S \to \alpha S)$$

von G als G-Rechtsideal haben nämlich nach dem Beweis in § 11 die Matrizen E_χ der den Γ_χ zugeordneten Matrizeneinheiten aus G das Verhalten

$$E_\chi \to \alpha E_\chi = E_\chi A_\chi,$$

wo $A_\chi = A_\chi(\alpha)$ die α zugeordneten Matrizen aus den (auf G erweiterten) Darstellungen Γ_χ über Ω sind. Durchläuft α alle regulären Elemente aus G, so durchlaufen die A_χ alle regulären Matrizen über Ω der Grade f_χ, weil Γ_χ als Darstellung von G zu G_χ isomorph, also volle Matrixalgebra über Ω ist. Bei $K_\alpha J$ gilt dann $E_\chi \to E_\chi A_\chi \to W_\chi A_\chi$, bei $J^{-1} K_\alpha J$ also in der Tat $W_\chi \to W_\chi A_\chi$.

Bei vorgegebenem Vertretersystem Γ_χ der irreduziblen Darstellungsklassen von $\mathfrak{G}$ über Ω sind demnach für eine Faktorbasis W_χ von K/Ω allein die Substitutionen (13, 1) zulässig. Den Übergängen

(13, 2) $\quad \Gamma_\chi \to B_\chi^{-1} \Gamma_\chi B_\chi$ mit willkürlichen regulären Matrizen B_χ über Ω

zu anderen Vertretersystemen entsprechen nach (12, 5) ersichtlich die Substitutionen

(13, 3) $\quad W_\chi \to B_\chi^{-1} W_\chi B_\chi$ mit willürlichen regulären Matrizen B_χ über Ω,

denen sich dann noch die Substitutionen (13, 1) überlagern. Im Hinblick auf letzteres könnten in (13, 3) die hinteren Faktoren B_χ auch weggelassen werden; es erweist sich jedoch als zweckmäßig, sie mitzuführen.

Für das Folgende ist es wichtig, die Tatsache (13, 1) über die Festlegung der Matrizen W_χ durch die Eigenschaft (12, 5) und ihre Regularität auf reduzible Darstellungen an Stelle der irreduziblen Γ_χ zu verallgemeinern, nämlich die folgende Tatsache zu beweisen:

Ist Γ *eine beliebige Darstellung von* $\mathfrak{G}$ *über* Ω *vom Grade* f, *so wird eine* f*-reihig-quadratische Matrix* W *über* K, *die sich bei* $\mathfrak{G}$ *vorne mit* Γ *multipliziert, durch diese Eigenschaft bis auf eine Substitution* $W \to W A$ *mit einer willkürlichen Matrix* A *über* Ω *festgelegt.*

Beweis. Es genügt ersichtlich, die Darstellung Γ in der vollständig reduzierten Gestalt

$$\Gamma_\pi = \underset{\xi}{\Delta} \, (I_\pi^\xi \times \Gamma_\xi)$$

vorauszusetzen, und zu beweisen, daß eine Matrix W mit der angegebenen Eigenschaft sich durch die Matrix

$$W_\pi = \underset{\xi}{\Delta} \, (I_\pi^\xi \times W_\xi),$$

die ja ebenfalls diese Eigenschaft hat, in der Form

$$W = W_\pi A$$

mit einer Matrix A über Ω darstellt. Dazu genügt es ferner zu beweisen, daß eine f-gliedrige Spalte $\mathfrak{w}$ über K, die sich bei $\mathfrak{G}$ vorne mit Γ_π multipliziert, die also die Eigenschaft

$$\mathfrak{w}^S = A_\pi(S)\,\mathfrak{w} \text{ mit } A_\pi(S) = \underset{\xi}{\Delta}\,(I_\pi^\xi \times A_\xi(S))$$

hat, sich in der Form

$$\mathfrak{w} = \mathrm{W}_\pi\,\mathfrak{a}$$

mit einer f-gliedrigen Spalte $\mathfrak{a}$ über Ω darstellt. Diese Aussage reduziert sich aber infolge des diagonalen Zerfallens von Γ_π und W_π auf die entsprechende Aussage für irreduzible Darstellungen, die ihrerseits aus dem Zusatz in § 11 durch Ausübung eines Isomorphismus J von G auf K folgt.

Wegen der Basiseigenschaft W_χ ist dabei $\mathfrak{a}$ durch $\mathfrak{w}$ und somit vorher A durch W *eindeutig* bestimmt.

§ 14. Das Multiplikationsschema einer Faktorbasis.

Aus dem durch (9, 3) gegebenen Multiplikationsschema

$$\Gamma_\chi \times \Gamma_\psi = P_{\chi,\psi}^{-1}\,\Gamma_{\chi\psi}\,P_{\chi,\psi}$$

eines Vertretersystems Γ_χ der irreduziblen Darstellungsklassen von $\mathfrak{G}$ über Ω ergibt sich ein entsprechendes Multiplikationsschema für eine zugehörige Faktorbasis W_χ von K/Ω.

Analog zu (9, 4) (siehe auch schon im Beweis aus § 13) sei dazu

$$\mathrm{W}_{\chi\psi} = \underset{\xi}{\Delta}\,(I_{\chi\psi}^\xi \times \mathrm{W}_\xi) \tag{14, 1}$$

gesetzt. Nach (12, 5) multipliziert sich dann bei $\mathfrak{G}$ einerseits $\mathrm{W}_{\chi\psi}$ vorne mit $\Gamma_{\chi\psi}$ und somit $P_{\chi,\psi}^{-1}\,\mathrm{W}_{\chi\psi}\,P_{\chi,\psi}$ vorne mit $P_{\chi,\psi}^{-1}\,\Gamma_{\chi\psi}\,P_{\chi,\psi}$, andererseits $\mathrm{W}_\chi \times \mathrm{W}_\psi$ vorne mit $\Gamma_\chi \times \Gamma_\psi$. Da hiernach $P_{\chi,\psi}^{-1}\,\mathrm{W}_{\chi\psi}\,P_{\chi,\psi}$ und $\mathrm{W}_\chi \times \mathrm{W}_\psi$ bei $\mathfrak{G}$ dieselbe vordere Multiplikation erfahren, ergibt sich nach dem Satz aus § 13 für die W_χ ein Multiplikationsschema der Gestalt

$$\mathrm{W}_\chi \times \mathrm{W}_\psi = P_{\chi,\psi}^{-1}\,\mathrm{W}_{\chi\psi}\,P_{\chi,\psi}\cdot C_{\chi,\psi}, \tag{14, 2}$$

wo das Transformatorensystem $P_{\chi,\psi}$ die Bedeutung aus (9, 3) hat und $C_{\chi,\psi}$ ein durch dieses Schema eindeutig festgelegtes *Faktorensystem* aus Matrizen über Ω der Grade $f_{\chi\psi} = f_\chi\,f_\psi$ ist. Durch die an sich entbehrliche Mitführung der hinteren Faktoren $P_{\chi,\psi}$ in (14, 2) wird erreicht, daß das Faktorensystem $C_{\chi,\psi}$ unabhängig von der Normierung des Transformatorensystems $P_{\chi,\psi}$ im Sinne von (9, 5), (9, 6) ist, also allein durch die Faktorbasis W_χ von K/Ω eindeutig festliegt.

Bei den für festes Vertretersystem Γ_χ nach (13, 1) allein noch zulässigen Substitutionen

$$\mathrm{W}_\chi \to \mathrm{W}_\chi\,A_\chi$$

mit willkürlichen regulären Matrizen A_χ über Ω erfährt das Faktorensystem $C_{\chi,\psi}$ die Substitutionen

$$C_{\chi,\psi} \to (P_{\chi,\psi}^{-1}\,A_{\chi\psi}\,P_{\chi,\psi})^{-1}\,C_{\chi,\psi}\,(A_\chi \times A_\psi) \tag{14, 3}$$

in *assoziierte* Systeme, wo zu (14, 1) analog

$$A_{\chi\psi} = \underset{\xi}{\Delta}\,(I_{\chi\psi}^\xi \times A_\xi)$$

gesetzt ist. Die durch diese Substitutionen gelieferte *Klasse* $\mathfrak{C}$ *assoziierter Faktorensysteme* $C_{\chi,\psi}$ *zur Charakteralgebra* X *von* $\mathfrak{G}$ *über* Ω ist demnach eine Invariante der galoisschen Algebra K/Ω, und zwar eine diese Algebra kennzeichnende Invariante, da durch das Faktorensystem $C_{\chi,\psi}$ das Multiplikationsschema (14, 2) einer Faktorbasis W_χ von K/Ω bestimmt ist. Man beachte dazu, daß das in (14, 2) ebenfalls eingehende Transformatorensystem $P_{\chi,\psi}$ bereits durch die Gruppe $\mathfrak{G}$ und das Vertretersystem Γ_χ ihrer irreduziblen

Darstellungsklassen über Ω bestimmt ist. Die eigentlichen Multiplikationskonstanten der Faktorbasis W_χ sind Linearformen über Ω in den Elementen der Faktoren $C_{\chi,\psi}$, deren Koeffizienten sich durch die Transformatoren $P_{\chi,\psi}$ bestimmen.

Es wird im allgemeinen genügen, das Vertretersystem Γ_χ der irreduziblen Darstellungsklassen von $\mathfrak{G}$ über Ω festzuhalten. Der Vollständigkeit halber sei jedoch auch angegeben, wie die Faktorensystemklasse $\mathfrak{C}$ von der Wahl des Vertretersystems Γ_χ abhängt.

Bei den Übergängen (13, 2), (13, 3) zu anderen Vertretersystemen und Faktorbasen

$$\Gamma_\chi \to B_\chi^{-1}\,\Gamma_\chi\,B_\chi,\quad W_\chi \to B_\chi^{-1}\,W_\chi\,B_\chi$$

mit willkürlichen regulären Matrizen B_χ über Ω erfährt zunächst das Transformatorensystem die Substitutionen

$$P_{\chi,\psi} \to B_{\chi\psi}^{-1}\,P_{\chi,\psi}\,(B_\chi \times B_\psi), \tag{14, 4}$$

wo wieder zu (14, 1) analog

$$B_{\chi\psi} = \underset{\xi}{\Delta}\,(I_{\chi\psi}^{\xi} \times B_\xi)$$

gesetzt ist, und dann das Faktorensystem $C_{\chi,\psi}$ die Substitutionen

$$C_{\chi,\psi} \to (B_\chi \times B_\psi)^{-1}\,C_{\chi,\psi}\,(B_\chi \times B_\psi), \tag{14, 5}$$

denen sich für die Klasse $\mathfrak{C}$ wieder noch die Substitutionen (14, 3) überlagern.

§ 15. Die Kommutativ- und Assoziativrelationen für das Faktorensystem.

Eine galoissche Algebra K/Ω mit der Gruppe $\mathfrak{G}$ liegt laut der in E. M. I, § 1 gegebenen Definition vor, wenn folgende vier Tatsachen erfüllt sind:

(I). K/Ω ist eine Algebra.

(II.) K/Ω hat $\mathfrak{G}$ als Automorphismengruppe und ist als Ω-Modul mit $\mathfrak{G}$ als Rechtsoperatorenbereich isomorph zum Gruppenring G von $\mathfrak{G}$ über Ω als G-Rechtsideal, d. h. liefert als Ω-Darstellungsmodul von $\mathfrak{G}$ die reguläre Darstellungsklasse.

(III.) K/Ω ist kommutativ und assoziativ.

(IV.) K/Ω ist halbeinfach und separabel; letzteres kann auch dadurch ausgedrückt werden, daß K/Ω bei jeder Grundkörperweiterung halbeinfach bleibt[14]).

Von diesen vier Definitionseigenschaften einer galoisschen Algebra K/Ω wurde in §§ 12, 13 zur Definition der Faktorbasen W_χ und Herleitung ihrer Eigenschaften nur (II.) benutzt, in § 14 zur Aufstellung des Multiplikationsschemas einer Faktorbasis W_χ und Definition des zugehörigen Faktorensystems $C_{\chi,\psi}$ dann auch (I.). Es bleibt jetzt zu untersuchen, wie sich die beiden weiteren Definitionseigenschaften (III.) und (IV.) in Eigenschaften des K/Ω kennzeichnenden Faktorensystems $C_{\chi,\psi}$ einer Faktorbasis W_χ widerspiegeln. Das soll für (III.) in diesem § 15, für (IV.) im folgenden § 16 geschehen.

Die Kommutativität der Algebra K/Ω drückt sich nach (10, 1) in den zu (10, 2) analogen Beziehungen

$$W_\psi \times W_\chi = V_{\chi,\psi}^{-1}\,(W_\chi \times W_\psi)\,V_{\chi,\psi}$$

für je zwei einfache Charaktere χ, ψ aus. Nach (14, 2) hat man nun einerseits

$$W_\psi \times W_\chi = P_{\psi,\chi}^{-1}\,W_{\chi\psi}\,P_{\psi,\chi}\cdot C_{\psi,\chi},$$

andrerseits

$$\begin{aligned} V_{\chi,\psi}^{-1}\,(W_\chi \times W_\psi)\,V_{\chi,\psi} &= V_{\chi,\psi}^{-1}\cdot P_{\chi,\psi}^{-1}\,W_{\chi\psi}\,P_{\chi,\psi}\cdot C_{\chi,\psi}\cdot V_{\chi,\psi} \\ &= (P_{\chi,\psi}\,V_{\chi,\psi})^{-1}\,W_{\chi\psi}\,(P_{\chi,\psi}\,V_{\chi,\psi})\cdot V_{\chi,\psi}^{-1}\,C_{\chi,\psi}\,V_{\chi,\psi}. \end{aligned}$$

---

[14]) Herr H. W. Knobloch, dem ich manchen wertvollen Hinweis zu einzelnen Punkten dieser Arbeit verdanke, bemerkt, daß die Separabilität schon aus (II.) folgt und daher in (IV.) nicht besonders gefordert zu werden braucht.

Auf Grund der Kommutativrelationen (10, 3) für das Transformatorensystem $P_{\chi,\psi}$ und wegen des eindeutigen Festliegens des Faktorensystems durch das Multiplikationsschema spiegelt sich hiernach die Kommutativität von K/Ω in den ***Kommutativrelationen***

$$(15, 1) \qquad C_{\psi,\chi} = V_{\chi,\psi}^{-1}\, C_{\chi,\psi}\, V_{\chi,\psi}$$

für das Faktorensystem $C_{\chi,\psi}$ wieder.

Die Assoziativität der Algebra K/Ω drückt sich in den Beziehungen

$$(\mathrm{W}_\varphi \times \mathrm{W}_\chi) \times \mathrm{W}_\psi = \mathrm{W}_\varphi \times (\mathrm{W}_\chi \times \mathrm{W}_\psi)$$

für je drei einfache Charaktere φ, χ, ψ aus. Nach (14, 2) hat man nun analog zu (10, 6) zunächst

$$(15, 2_1) \qquad (\mathrm{W}_\varphi \times \mathrm{W}_\chi) \times \mathrm{W}_\psi = (P_{\varphi,\chi} \times I_\psi)^{-1} (\mathrm{W}_{\varphi\chi} \times \mathrm{W}_\psi)(P_{\varphi,\chi} \times I_\psi) \cdot (C_{\varphi,\chi} \times I_\psi),$$

$$(15, 2_2) \qquad \mathrm{W}_\varphi \times (\mathrm{W}_\chi \times \mathrm{W}_\psi) = (I_\varphi \times P_{\chi,\psi})^{-1} (\mathrm{W}_\varphi \times W_{\chi\psi})(I_\varphi \times P_{\chi,\psi}) \cdot (I_\varphi \times C_{\chi,\psi}).$$

Beachtet man, daß analog zu (10, 7) auch

$$\underset{\xi}{\Delta}\,(I^\xi_{\varphi\chi} \times \mathrm{W}_{\xi\psi}) = U^{-1}_{\varphi\chi,\psi}\, \mathrm{W}_{\varphi\chi\psi}\, U_{\varphi\chi,\psi}$$

mit der dort definierten Permutationsmatrix $U_{\varphi\chi,\psi}$ gilt, so hat man nach (14, 2) und (10, 8) analog zu (10, 9), (10, 8) weiter

$$(15, 3_1) \qquad \mathrm{W}_{\varphi\chi} \times \mathrm{W}_\psi = P^{-1}_{\varphi\chi,\psi}\, \mathrm{W}_{\varphi\chi\psi}\, P_{\varphi\chi,\psi} \cdot C_{\varphi\chi,\psi},$$

$$(15, 3_2) \qquad \mathrm{W}_\varphi \times \mathrm{W}_{\chi\psi} = P^{-1}_{\varphi,\chi\psi}\, \mathrm{W}_{\varphi\chi\psi}\, P_{\varphi,\chi\psi} \cdot C_{\varphi\chi\psi}$$

mit

$$(15, 4_1) \qquad C_{\varphi\chi,\psi} = \underset{\xi}{\Delta}\,(I^\xi_{\varphi\chi} \times C_{\xi,\psi}),$$

$$(15, 4_2) \qquad C_{\varphi,\chi\psi} = V^{-1}_{\chi\psi,\varphi}\, C_{\chi\psi,\varphi}\, V_{\chi\psi,\varphi}.$$

Trägt man die Formeln (15, 3) in (15, 2) ein und beachtet die Assoziativrelationen (10, 10) für das Transformatorensystem $P_{\chi,\psi}$, so folgt aus der eindeutigen Bestimmtheit des in den entstehenden Relationen auftretenden Faktorensystems, daß sich die Assoziativität von K/Ω in den *Assoziativrelationen*

$$(15, 5) \qquad (P_{\varphi,\chi} \times I_\psi)^{-1}\, C_{\varphi\chi,\psi}\, (P_{\varphi,\chi} \times I_\psi) \cdot (C_{\varphi,\chi} \times I_\psi)$$
$$= (I_\varphi \times P_{\chi,\psi})^{-1}\, C_{\varphi,\chi\psi}\, (I_\varphi \times P_{\chi,\psi}) \cdot (I_\varphi \times C_{\chi,\psi})$$

für das Faktorensystem $C_{\chi,\psi}$ widerspiegelt, in denen die Faktoren $C_{\varphi,\chi\psi}$ und $C_{\varphi,\chi\psi}$ für zusammengesetzten ersten bzw. zweiten Charakter durch die Formeln (15, 4) definiert sind.

§ 16. Die Regularitätsbedingung für das Faktorensystem.

Wenn die Definitionseigenschaften § 15, (I.), (II.), (III.) einer galoisschen Algebra K/Ω erfüllt sind, so ist für das Erfülltsein von (IV.) notwendig und hinreichend, daß für eine Basis ω_μ von K/Ω die Determinante

$$d(\omega_\mu) = |\mathrm{sp}(\omega_\mu\, \omega_\nu)| \neq 0 \qquad (\mu, \nu = 1, \ldots, g)$$

ist. Dabei stellt sich die aus der charakteristischen Gleichung zu bildende Spur $\mathrm{sp}(\omega)$ eines Elements ω aus K auch in der Form

$$(16, 1) \qquad \mathrm{sp}(\omega) = \sum_S \omega^S$$

dar, also als Summe der durch die Automorphismen S aus $\mathfrak{G}$ gelieferten Konjugierten von ω. Diese Tatsachen ergeben sich nach dem Muster der Beweise aus der allgemeinen Algebrentheorie ohne Schwierigkeit im Anschluß an die Ausführungen in E. M. 1, § 1.

Um demnach die Definitionseigenschaft § 15, (IV.) in einer Eigenschaft des K/Ω kennzeichnenden Faktorensystems $C_{\chi,\psi}$ widerzuspiegeln, genügt es, die Diskriminante $d(W_\chi)$ einer Faktorbasis W_χ von K/Ω durch das zugehörige Faktorensystem $C_{\chi,\psi}$ auszudrücken.

Diese Basisdiskriminante $d(\mathrm{W}_\chi)$ läßt sich nun aus dem System

$$\mathrm{W}_\chi \times \mathrm{W}_\psi = (\omega_\chi^{ik}\ \omega_\psi^{i'k'}) \qquad \begin{Bmatrix} \text{Zeilenindizes } i,\ i' \\ \text{Spaltenindizes } k,\ k' \end{Bmatrix}$$

der linken Seiten des Multiplikationsschemas (14, 2) durch den folgenden formalen Prozeß gewinnen. Man nehme zunächst mit den Zeilen- und Spaltenindizes die Umordnung

$$\mathfrak{S}(\mathrm{W}_\chi \times \mathrm{W}_\psi) = (\omega_\chi^{ik}\ \omega_\psi^{i'k'}) \qquad \begin{Bmatrix} \text{Zeilenindizes } i,\ k \\ \text{Spaltenindizes } i',\ k' \end{Bmatrix}$$

vor. Ferner rechne man auch noch χ als Zeilenindex, ψ als Spaltenindex, ganz entsprechend wie bei der Stellenspaltenmatrix A in (6, 6), so daß das (zugleich Kroneckersche und gewöhnliche) Produkt einer g-gliedrigen Spalte und einer g-gliedrigen Zeile entsteht. Dann ist die durch elementweise Spurbildung gelieferte Determinante

$$(16,2) \qquad d(\mathrm{W}_\chi) = |\mathfrak{S}(\mathrm{sp}(\mathrm{W}_\chi \times \mathrm{W}_\psi))| = |\mathrm{sp}(\omega_\chi^{ik}\ \omega_\psi^{i'k'})| \ \begin{Bmatrix} \text{Zeilenindizes } \chi;\ i,\ k \\ \text{Spaltenindizes } \psi;\ i',\ k' \end{Bmatrix}$$

die zu bestimmende Basisdiskriminante.

Um die so dargestellte Basisdiskriminante $d(W_\chi)$ durch das Faktorensystem $C_{\chi,\psi}$ auszudrücken, ist der entsprechende Prozeß auch mit den rechten Seiten des Multiplikationsschemas (14, 2) durchzuführen. Dazu sei vorweg folgendes bemerkt.

Jeder

irreduziblen Darstellung Γ_χ, Matrizen $A_\chi(S)$, Charakterwerte $\chi(S)$

entspricht dual die transponierte reziproke oder auch

adjungierte Darstellung Γ'^{-1}_χ, Matrizen $A'_\chi(S)^{-1} = A'_\chi(S^{-1})$,
Charakterwerte $\bar{\chi}(S) = \chi(S^{-1})$.

Für den ihr entsprechenden Vertreter $\Gamma_{\bar{\chi}}$ in dem zugrunde gelegten Vertretersystem der irreduziblen Darstellungsklassen von $\mathfrak{G}$ über Ω besteht dann eine Beziehung

$$(16,3) \qquad \Gamma_{\bar{\chi}} = P_\chi^{-1}\,\Gamma'^{-1}_\chi\,P_\chi$$

mit einer von S unabhängigen regulären Matrix P_χ über Ω vom Grade f_χ. In dem Multiplikationsschema (7, 1) der einfachen Charaktere χ sind nach (7, 2) und den Orthogonalitätsrelationen (6, 1) die Vielfachheiten des Hauptcharakters $\xi = 1$ gegeben, durch

$$(16,4) \qquad k^1_{\chi,\psi} = e_{\chi,\bar{\psi}}.$$

Es werde nun der oben beschriebene Prozeß zunächst mit dem Multiplikationsschema (9, 3) des Vertretersystems Γ_χ vorgenommen, wobei als formales Analogon der Spurbildung gemäß (16, 1) die Summation über die Gruppenelemente S tritt. Nach den Orthogonalitätsrelationen (6, 4) mit $\psi = 1$ gilt

$$(16,5) \qquad \sum_S A_\chi(S) = g\,e_{\chi,1}.$$

Aus (9, 3), (9, 4) ergibt sich nach (16, 4), (16, 5) das Formelsystem

$$\sum_S (A_\chi(S) \times A_\psi(S)) = P_{\chi,\psi}^{-1} \cdot \sum_S A_{\chi\psi}(S) \cdot P_{\chi,\psi} = P_{\chi,\psi}^{-1} \cdot \underset{\xi}{\Delta}\left(I^\xi_{\chi\psi} \times \sum_S A_\xi(S)\right) \cdot P_{\chi,\psi}$$
$$= g\,e_{\chi,\bar{\psi}}\,P_{\chi,\bar{\chi}}^{-1} \begin{pmatrix} 1 & & \\ & 0 & \\ & & \ddots \\ & & & 0 \end{pmatrix} P_{\chi,\bar{\chi}},$$

wobei die feste Reihenfolge der einfachen Charaktere ξ als mit dem Hauptcharakter $\xi = 1$ beginnend angenommen ist. Nimmt man hierin die oben definierte Umordnung $\mathfrak{J}$ der Zeilen- und Spaltenindizes vor, so erhält man, wie leicht zu sehen, das Formelsystem

$$(16,6)\qquad \mathfrak{J}\Big[\sum_S (A_\chi(S) \times A_\psi(S))\Big] = g\, e_{\chi,\bar\psi}\big(\mathfrak{Z}_1(P'^{-1}_{\chi,\bar\chi}) \times \mathfrak{Z}_1(P_{\chi,\bar\chi})\big)$$

mit folgender Bedeutung der beiden Faktoren des Kroneckerschen Produkts rechts. Der Tatsache gemäß, daß nach (9, 3) die Zeilen von $P^{-1}_{\chi,\bar\chi}$ den Zeilenpaaren $i, \bar i$ und die Spalten von $P_{\chi,\bar\chi}$ den Spaltenpaaren $k, \bar k$ von $\Gamma_\chi, \Gamma_{\bar\chi}$ zugeordnet sind, entsteht $\mathfrak{Z}_1(P'^{-1}_{\chi,\bar\chi})$ indem man die (dem Hauptcharakter zugeordnete) erste Spalte von $P^{-1}_{\chi,\bar\chi}$, oder also die erste Zeile von $P'^{-1}_{\chi,\bar\chi}$ zu einer quadratischen Matrix mit $i, \bar i$ als Zeilen- und Spaltenindex umordnet, und $\mathfrak{Z}_1(P_{\chi,\bar\chi})$ entsprechend, indem man die erste Zeile von $P_{\chi,\bar\chi}$ zu einer quadratischen Matrix mit $k, \bar k$ als Zeilen- und Spaltenindex umordnet. Rechnet man auch noch χ, ψ als Zeilen- und Spaltenindex und geht zur Determinante über, so erhält man die Formel

$$(16,7)\qquad \Big|\mathfrak{J}\Big[\sum_S (A_\chi(S) \times A_\psi(S))\Big]\Big| = g^\varrho \prod_\chi \big(|\mathfrak{Z}_1(P'^{-1}_{\chi,\bar\chi})|\,|\mathfrak{Z}_1(P_{\chi,\bar\chi})|\big)^{f_\chi}.$$

Diese Determinante läßt sich auch noch auf eine andere Weise bestimmen, indem man nämlich die Summe links direkt nach den Orthogonalitätsrelationen (6, 4) unter Beachtung von (16, 3) berechnet. So ergibt sich zunächst das Formelsystem

$$\begin{aligned}\sum_S (A_\chi(S) \times A_\psi(S)) &= (I_\chi \times P_{\bar\psi})^{-1} \sum_S (A_\chi(S) \times A'_{\bar\psi}(S^{-1}))\,(I_\chi \times P_{\bar\psi})\\ &= \frac{g}{f_\chi} e_{\chi,\bar\psi}\,(I_\chi \times P_\chi)^{-1}\,(e_{ii'}\,e_{kk'})\,(I_\chi \times P_\chi)\\ &= \frac{g}{f_\chi} e_{\chi,\bar\psi}\,(I_\chi \times P_\chi)^{-1} \cdot \mathfrak{J}(I_\chi \times I_\chi)\cdot(I_\chi \times P_\chi).\end{aligned}\qquad \begin{Bmatrix}\text{Zeilenindizes } i, i'\\ \text{Spaltenindizes } k, k'\end{Bmatrix}$$

Durch Ausführung der Umordnung $\mathfrak{J}$ entsteht hieraus, wie leicht zu sehen, das Formelsystem

$$(16,8)\qquad \mathfrak{J}\Big[\sum_S (A_\chi(S) \times A_\psi(S))\Big] = \frac{g}{f_\chi} e_{\chi,\bar\psi}\,(P'^{-1}_\chi \times P_\chi).$$

Rechnet man wieder auch χ, ψ als Zeilen- und Spaltenindex, so erhält man die Formel

$$(16,9)\qquad \Big|\mathfrak{J}\Big[\sum_S (A_\chi(S) \times A_\psi(S))\Big]\Big| = \frac{g^n}{\prod_\chi f_\chi^{f_\chi^2}}.$$

Durch Vergleich von (16, 9) und (16, 7) ergibt sich die Determinantenformel

$$(16,10)\qquad \prod_\chi \big(|f_\chi\,\mathfrak{Z}_1(P'^{-1}_{\chi,\bar\chi})|\,|\mathfrak{Z}_1(P_{\chi,\bar\chi})|\big)^{f_\chi} = 1.$$

Nach (16, 8), (16, 6) mit $\psi = \bar\chi$ gilt diese Formel sogar beitragsweise für die einzelnen χ. Hiernach sind die aus den ersten Zeilen von $P'^{-1}_{\chi,\bar\chi}$, $P_{\chi,\bar\chi}$ in der oben angegebenen Weise gebildeten Matrizen $\mathfrak{Z}_1(P'^{-1}_{\chi,\bar\chi})$, $\mathfrak{Z}_1(P_{\chi,\bar\chi})$ regulär.

Nunmehr werde auf die vorstehend beschriebene Art die Basisdiskriminante (16, 2) berechnet. Analog zu (16, 5) gilt nach (12, 5) und (16, 1)[15]) hier

$$(16,11)\qquad \mathrm{sp}\,(\mathrm{W}_\chi) = \sum_S \mathrm{W}_\chi^S = \sum_S A_\chi(S)\cdot \mathrm{W}_\chi = g\, e_{\chi,1}\,\mathrm{W}_1 = g\, e_{\chi,1}\, C_{1,1},$$

letzteres da nach dem Multiplikationsschema (14, 2) speziell (einreihige Matrizen!)

$$\mathrm{W}_1\,\mathrm{W}_1 = P^{-1}_{1,1}\,\mathrm{W}_1\,P_{1,1}\cdot C_{1,1} = \mathrm{W}_1\,C_{1,1}$$

---

[15]) Die hier auftretende, elementweise zu bildende Spur sp (W_χ) ist nicht mit der in § 12 erwähnten Matrizenspur Sp (W_χ) zu verwechseln.

mit $W_1 \neq 0$, $C_{1,1} \neq 0$, also $\frac{W_1}{C_{1,1}} = 1$ das Einselement von K ist. Unter Berücksichtigung der formalen Abweichungen in (16, 11), (14, 2) gegenüber (16, 5), (9, 3) ergibt sich durch die analoge Rechnung wie bei (16, 6) hier das Formelsystem

$$\mathfrak{J}(\mathrm{sp}(W_\chi \times W_\psi)) = g\, e_{\chi,\bar\psi}\, C_{1,1}\,(\mathfrak{Z}_1(P'^{-1}_{\chi,\bar\chi}) \times \mathfrak{Z}_1(P_{\chi,\bar\chi}\, C_{\chi,\bar\chi})),$$

und daraus analog zu (16, 7) die Formel

$$(16, 12) \quad d(W_\chi) = |\mathfrak{J}(\mathrm{sp}(W_\chi \times W_\psi))| = g^g\, C^g_{1,1} \prod_\chi (|\mathfrak{Z}_1(P'^{-1}_{\chi,\bar\chi})|\, |\mathfrak{Z}_1(P_{\chi,\bar\chi}\, C_{\chi,\bar\chi})|)^{f_\chi}$$

für die Diskriminante der Faktorbasis W_χ von K/Ω. Sie kann nach (16, 10) auch in der Form

$$(16, 12') \quad d(W_\chi) = |\mathfrak{J}(\mathrm{sp}(W_\chi \times W_\psi))| = g^g\, C^g_{1,1} \prod_\chi \left(\frac{|\mathfrak{Z}_1(P_{\chi,\bar\chi}\, C_{\chi,\bar\chi})|}{|f_\chi\, \mathfrak{Z}_1(P_{\chi,\bar\chi})|}\right)^{f_\chi}$$

geschrieben werden[16]).

Nach diesen Formeln spiegelt sich die Halbeinfachheit und Separabilität von K/Ω in der *Regularitätsbedingung*

$$(16, 13) \qquad |\mathfrak{Z}_1(P_{\chi,\bar\chi}\, C_{\chi,\bar\chi}| \neq 0$$

für die speziellen Faktoren $C_{\chi,\bar\chi}$ des Faktorensystems $C_{\chi,\psi}$ wider, in die auch die speziellen Transformatoren $P_{\chi,\bar\chi}$ des Transformatorensystems $P_{\chi,\psi}$ eingehen, und zwar entsteht, noch einmal gesagt, $\mathfrak{Z}_1(P_{\chi,\bar\chi}\, C_{\chi,\bar\chi})$, indem man die erste (dem Hauptcharakter zugeordnete) Zeile von $P_{\chi,\bar\chi} C_{\chi,\bar\chi}$, deren Glieder den Spaltenpaaren $k, \bar k$ von Γ_χ, $\Gamma_{\bar\chi}$ (oder hier richtiger W_χ, $W_{\bar\chi}$) zugeordnet sind, zu einer quadratischen Matrix mit $k, \bar k$ als Zeilen- und Spaltenindex umordnet.

Aus dem Erfülltsein der Regularitätsbedingung (16, 13) für die speziellen Faktoren $C_{\chi,\bar\chi}$ und der Kommutativ- und Assoziativrelationen (15, 1), (15, 5) für das Faktorensystem $C_{\chi,\psi}$ folgt im allgemeinen Falle nicht, daß die sämtlichen Faktoren $C_{\chi,\psi}$ reguläre Matrizen im gewöhnlichen Sinne sind. Im abelschen Spezialfall trifft dies zu (vergl. die Anmerkung 4 in § 2) und läßt sich auch leicht direkt rechnerisch zeigen. Ist nämlich $c_{\chi,\psi}$ ein kommutatives assoziatives Faktorensystem zur Charaktergruppe X einer abelschen Gruppe $\mathfrak{G}$, und gilt

$$c_{\chi,\bar\chi} \neq 0 \quad \text{für alle } \chi,$$

so hat man nach den Assoziativrelationen mit χ, $\bar\chi$, 1 zunächst

$$c_{11}\, c_{\chi,\bar\chi} = c_{\chi,\bar\chi}\, c_{\bar\chi,1}, \quad \text{also} \quad c_{\chi,1} = c_{1,1} \neq 0 \text{ für alle } \chi,$$

und nach den Assoziativrelationen mit χ, ψ, $\bar\psi$ dann

$$c_{\chi\psi,\bar\psi}\, c_{\chi,\psi} = c_{\chi,1}\, c_{\psi,\bar\psi}, \quad \text{also} \quad c_{\chi,\psi} \neq 0 \text{ für alle } \chi, \psi.$$

§ 17. Erzeugung durch das Faktorensystem.

Es seien nach wie vor die Gruppe $\mathfrak{G}$, der Körper Ω, das Vertretersystem Γ_χ der irreduziblen Darstellungsklassen von $\mathfrak{G}$ über Ω und das zugehörige Transformatorensystem $P_{\chi,\psi}$ fest zugrunde gelegt.

Während aber im vorhergehenden eine galoissche Algebra K/Ω mit der Gruppe $\mathfrak{G}$ als gegeben betrachtet, vermöge einer Faktorbasis W_χ zu Γ_χ das zugehörige Faktoren-

[16]) Der vorbereitende Nachweis der Determinantenformel (16, 10) ist entbehrlich. Da nämlich $\mathfrak{Z}_1(P'^{-1}_{\chi,\bar\chi})$ nur von $\mathfrak{G}$, nicht von K, abhängt, kann $|\mathfrak{Z}_1(P'^{-1}_{\chi,\bar\chi})| \neq 0$ auch aus der Formel (16, 12) selbst erschlossen werden, indem man K auf die voll zerfallende galoissche Algebra über Ω mit der Gruppe $\mathfrak{G}$ (direkte Summe von g zu Ω isomorphen Körpern) spezialisiert, für die man leicht $d(W_\chi) = 1$ findet.

system $C_{\chi,\psi}$ gebildet, und seine Klasse $\mathfrak{C}$ als kennzeichnende Invariante von K/Ω im Grundkörper Ω untersucht wurde, sei nunmehr umgekehrt ein Faktorensystem $C_{\chi,\psi}$ zur Charakteralgebra X von $\mathfrak{G}$ über Ω gegeben, das den Kommutativ- und Assoziativrelationen (15, 1), (15, 5) sowie der Regularitätsbedingung (16, 13) genügen soll. Durch (14, 2) als Multiplikationsschema für eine zu f_χ-reihig-quadratischen Matrizen W_χ zusammengestellte Basis wird dann eine Algebra K/Ω vom Range $\sum\limits_\chi f_\chi^2 = g$ definiert, also die Definitionsbedingung § 15, (I.) erfüllt. Es soll jetzt gezeigt werden, daß für K/Ω auch die weiteren Definitionsbedingungen § 15, (II.), (III.), (IV.) einer galoisschen Algebra erfüllt sind.

Was die Galoisgruppe betrifft, so werde die Wirkung der Operatoren S aus $\mathfrak{G}$ auf die Elemente von K formal dadurch definiert, daß die Elemente aus Ω invariant sein und die Basismatrizen W_χ das Verhalten (12, 5) haben, sich also bei $\mathfrak{G}$ vorne mit Γ_χ multiplizieren sollen. Dann folgt einerseits

$$W_\chi^S \times W_\psi^S = \big(A_\chi(S) \times A_\chi(S)\big)\,(W_\chi \times W_\psi) = P_{\chi,\psi}^{-1} A_{\chi\psi}(S)\, P_{\chi,\psi} \cdot P_{\chi,\psi}^{-1} W_{\chi\psi} P_{\chi,\psi} \cdot C_{\chi,\psi}$$
$$= P_{\chi,\psi}^{-1} \big(A_{\chi\psi}(S)\, W_{\chi\psi}\big)\, P_{\chi,\psi} \cdot C_{\chi,\psi} = P_{\chi,\psi}^{-1} W_{\chi\psi}^S\, P_{\chi,\psi} \cdot C_{\chi,\psi},$$

also die Invarianz des Multiplikationsschemas (14, 2) bei $\mathfrak{G}$, und andererseits

$$(W_\chi^S)^T = A_\chi(S)\, W_\chi^T = A_\chi(S)\, A_\chi(T)\, W_\chi = A_\chi(S\,T)\, W_\chi = W_\chi^{ST}.$$

Daher sind die wie angegeben definierten Operatoren S aus $\mathfrak{G}$ Automorphismen von K/Ω und setzen sich als solche nach der Multiplikation in $\mathfrak{G}$ zusammen. Demnach ist $\mathfrak{G}$ Automorphismengruppe von K/Ω. Als Ω-Modul mit dem Operatorenbereich $\mathfrak{G}$ liefert dabei K vermöge der Basis W_χ nach der Festsetzung (12, 5) die vollständig reduzierte Darstellung $\underset{\chi}{\Delta}\,(I_\chi \times \Gamma_\chi)$ aus der regulären Darstellungsklasse von $\mathfrak{G}$. Hiernach ist die Definitionsbedingung § 15, (II.) für K/Ω erfüllt.

Was die Kommutativität und Assoziativität betrifft, so folgert man aus dem Multiplikationsschema (14, 2) und den vorausgesetzten Kommutativ- und Assoziativrelationen (15, 1), (15, 5) nach den jetzt rückwärts auszuführenden Rechnungen in § 15 ohne weiteres die Gültigkeit der Beziehungen

$$W_\psi \times W_\chi = V_{\chi,\psi}^{-1}\,(W_\chi \times W_\psi)\, V_{\chi,\psi},$$
$$(W_\varphi \times W_\chi) \times W_\psi = W_\varphi \times (W_\chi \times W_\psi).$$

Diese besagen, daß die Multiplikation in K kommutativ und assoziativ ist. Danach ist auch die Definitionsbedingung § 15, (III.) für K/Ω erfüllt.

Was die Halbeinfachheit und Separabilität betrifft, so folgt aus der vorausgesetzten Regularitätsbedingung (16, 13) nach der Formel (16, 12), daß die Basisdiskriminante $d(W_\chi) \neq 0$ ist. Man beachte hierzu, daß die zu (16, 12) führende Rechnung auch unter den jetzigen Voraussetzungen gültig ist, weil sie lediglich von dem Multiplikationsschema (14, 2) und der charakteristischen Eigenschaft (12, 5) einer Faktorbasis W_χ von K/Ω Gebrauch macht. Nach dem zu Beginn von § 15 Gesagten ist danach auch die Definitionsbedingung § 15. (IV.) für K/Ω erfüllt.

Somit ist K/Ω eine galoissche Algebra mit der Gruppe $\mathfrak{G}$, die der Definition zugrunde liegende Basis W_χ ist eine Faktorbasis zu Γ_χ von K/Ω, und das zum Ausgang genommene Faktorensystem $C_{\chi,\psi}$ ist das Faktorensystem dieser Faktorbasis.

Durch die in §§ 12—17 erhaltenen Einzelergebnisse ist das in § 5 formulierte Hauptergebnis dieser Arbeit in beiden Richtungen — von K/Ω zu $\mathfrak{C}$ und von $\mathfrak{C}$ zu K/Ω — vollständig bewiesen.

Eingegangen 15. August 1947.

70. Verallgemeinerung des Dualitätssatzes für die Charaktere endlicher abelscher Gruppen auf beliebige endliche Gruppen [107]

Mathematische Nachrichten
3 (1949), 1 – 3

(Eingegangen am 2. 8. 1949.)

1. Es sei zunächst $\mathfrak{G}$ eine endliche abelsche Gruppe der Ordnung g und X ihre Charaktergruppe. Bekanntlich ist X zu $\mathfrak{G}$ isomorph. Ein Isomorphismus von X auf $\mathfrak{G}$ läßt sich aber nicht in gruppentheoretisch invarianter Form angeben, sondern man muß dazu Basisdarstellungen von $\mathfrak{G}$ und X einführen.

Aus der Isomorphie von X zu $\mathfrak{G}$ folgt, daß die Charaktergruppe von X wieder zu $\mathfrak{G}$ isomorph ist. Ein solcher Isomorphismus läßt sich in gruppentheoretisch invarianter Form angeben. Dazu stelle man die Charakterwerte zu der Matrix

$$\Gamma = (\chi(S)) \qquad \begin{Bmatrix} S \text{ in } \mathfrak{G}, \text{ Zeilenindex} \\ \chi \text{ in } \mathsf{X}, \text{ Spaltenindex} \end{Bmatrix}$$

zusammen. Diese Matrix ist quadratisch, regulär, und es bestehen die Orthogonalitätsrelationen

$$\frac{1}{g} \sum_{\chi} \chi(S)\,\chi(T^{-1}) = e_{S,T}$$

sowie die dazu komplementären. In der Matrix Γ bilden nicht nur — nach Konstruktion — die Spalten gerade die Wertsysteme aller Charaktere von $\mathfrak{G}$, sondern auch — und darin besteht jener Isomorphismus — die Zeilen gerade die Wertsysteme aller Charaktere von X. Hierin wurzelt die Dualität zwischen den Elementen S und den Charakteren χ von $\mathfrak{G}$.

Man kann die wesentliche Aussage dieses Dualitätssatzes auch folgendermaßen aussprechen:

Ist a_χ ein den Charakteren χ von $\mathfrak{G}$ zugeordnetes System von Zahlen mit der Eigenschaft

$$a_\chi a_\psi = a_{\chi\psi}\,;$$

so ist entweder durchweg $a_\chi = 0$, oder aber es existiert ein Element S aus $\mathfrak{G}$ derart, daß durchweg $a_\chi = a_\chi(S)$ ist.

2. Es sei jetzt $\mathfrak{G}$ eine beliebige endliche Gruppe der Ordnung g. Mit χ (und anderen kleinen griechischen Buchstaben) seien ihre einfachen Charaktere, mit Γ_χ ein Vertretersystem der zugehörigen absolut-irreduziblen Darstellungen, mit $f_\chi = \chi(1)$ deren Grade, und mit

$$C_\chi(S) = (c_\chi^{ik}(S)) \qquad (i, k = 1, \ldots, f_\chi)$$

die den Elementen S aus $\mathfrak{G}$ zugeordneten Matrizen aus Γ_χ bezeichnet.

Die Verallgemeinerung der Charakterwertmatrix des abelschen Falles ist die Stellenspaltenmatrix

$$\Gamma = (c_{\chi}^{ik}(S)) \quad \left\{ \begin{matrix} S \text{ Zeilenindex} \\ \chi; i, k \text{ Spaltenindizes} \end{matrix} \right\}. \tag{1}$$

Diese Matrix ist wieder quadratisch, regulär, und es bestehen die Orthogonalitätsrelationen

$$\frac{1}{g} \sum_{\chi} f_{\chi} \operatorname{Sp}(C_{\chi}(S)\, C_{\chi}(T^{-1})) = e_{S,T}. \tag{2}$$

Auf Grund der Kroneckerschen Multiplikation der irreduziblen Darstellungen bilden die einfachen Charaktere die Basis einer kommutativen Algebra X mit dem Multiplikationsschema

$$\chi\psi = \sum_{\xi} k^{\xi}_{\chi\psi}\, \xi,$$

dessen ganzzahlige, nicht-negative Koeffizienten durch

$$k^{\xi}_{\chi\psi} = \frac{1}{g} \sum_{S} \chi(S)\, \psi(S)\, \xi(S^{-1}) \tag{3}$$

gegeben sind[1]). Das zugrunde liegende Multiplikationsschema der irreduziblen Darstellungen lautet dann

$$\Gamma_{\chi} \times \Gamma_{\psi} = P^{-1}_{\chi,\psi} \Gamma_{\chi\psi} P_{\chi,\psi}, \quad \text{wo} \quad \Gamma_{\chi\psi} = \underset{\xi}{\Delta} \left(I^{\xi}_{\chi\psi} \times \Gamma_{\xi} \right). \tag{4}$$

Hierbei ist $P_{\chi,\psi}$ eine durch Γ_{χ}, Γ_{ψ} wesentlich eindeutig bestimmte reguläre Matrix vom Grade $f_{\chi} f_{\psi}$; ferner bezeichnet $\underset{\xi}{\Delta}$ die diagonale Zusammensetzung und $I^{\xi}_{\chi\psi}$ die Einsmatrix vom Grade $k^{\xi}_{\chi\psi}$.

3. Mit diesen Begriffsbildungen und Bezeichnungen kann die Verallgemeinerung des obigen Dualitätssatzes folgendermaßen formuliert werden:

Ist A_{χ} ein den einfachen Charakteren χ von $\mathfrak{G}$ zugeordnetes System von quadratischen Matrizen der Grade f_{χ} mit der Eigenschaft

$$A_{\chi} \times A_{\psi} = P^{-1}_{\chi,\psi} A_{\chi\psi} P_{\chi,\psi}, \quad wo \quad A_{\chi\psi} = \underset{\xi}{\Delta} \left(I^{\xi}_{\chi\psi} \times A_{\xi} \right), \tag{5}$$

so ist entweder durchweg $A_{\chi} = 0$, oder aber es existiert ein Element S aus $\mathfrak{G}$ derart, daß durchweg $A_{\chi} = C_{\chi}(S)$ ist.

Beweis. Wegen der Regularität der Stellenspaltenmatrix (1) kann man

$$A_{\chi} = \sum_{S} k_S C_{\chi}(S) \tag{6}$$

mit Zahlkoeffizienten k_S ansetzen, die nach den Orthogonalitätsrelationen (2) eindeutig als

$$k_S = \frac{1}{g} \sum_{\chi} f_{\chi} \operatorname{Sp}(A_{\chi} C_{\chi}(S^{-1})) \tag{7}$$

bestimmt sind. Die Behauptung läuft dann auf den Nachweis hinaus, daß sowohl jeder einzelne Koeffizient k_S als auch ihre Summe $\sum_{S} k_S$ idempotent ist.

---

[1]) Hierzu und zu der anschließenden Formel siehe die ausführliche Darstellung in meiner Arbeit: Invariante Kennzeichnung galoisscher Körper mit vorgegebener Galoisgruppe. J. reine angew. Math. **187** (1949), 15—44.

a) Idempotenz von k_S. Unter Anwendung der Rechenregeln

$$\mathrm{Sp}(A_1)\,\mathrm{Sp}(A_2) = \mathrm{Sp}(A_1 \times A_2),$$
$$A_1 B_1 \times A_2 B_2 = (A_1 \times A_2)(B_1 \times B_2)$$

für das Kroneckersche Produkt hat man

$$k_S^2 = \frac{1}{g^2} \sum_{\chi,\psi} f_\chi f_\psi \,\mathrm{Sp}(A_\chi C_\chi(S^{-1}))\,\mathrm{Sp}(A_\psi C_\psi(S^{-1})) \quad \text{(nach (7))}$$
$$= \frac{1}{g^2} \sum_{\chi,\psi} f_\chi f_\psi \,\mathrm{Sp}[(A_\chi \times A_\psi)(C_\chi(S^{-1}) \times C_\psi(S^{-1}))]$$
$$\left.\begin{aligned} &= \frac{1}{g^2} \sum_{\chi,\psi} f_\chi f_\psi \,\mathrm{Sp}(A_{\chi\psi} C_{\chi\psi}(S^{-1})) \\ &= \frac{1}{g^2} \sum_{\chi,\psi} f_\chi f_\psi \sum_\xi k_{\chi\psi}^\xi \,\mathrm{Sp}(A_\xi C_\xi(S^{-1}))\end{aligned}\right\} \text{(nach (4) und (5))}$$
$$= \frac{1}{g^2} \sum_\xi \Big(\sum_{\chi,\psi} f_\chi f_\psi k_{\chi\psi}^\xi\Big) \mathrm{Sp}(A_\xi C_\xi(S^{-1})).$$

Hierin ist nach (3)

$$\sum_{\chi,\psi} f_\chi f_\psi k_{\chi\psi}^\xi = \frac{1}{g} \sum_S \sum_\chi f_\chi \chi(S) \cdot \sum_\psi f_\psi \psi(S) \cdot \xi(S^{-1})$$
$$= \frac{1}{g} \sum_S \varrho(S)\,\varrho(S)\,\xi(S^{-1}) \quad (\varrho \text{ der Charakter der regulären Darstellung})$$
$$= g\,\xi(1) = g f_\xi .$$

Damit wird in der Tat

$$k_S^2 = \frac{1}{g} \sum_\xi k_\xi \,\mathrm{Sp}(A_\xi C_\xi(S^{-1})) = k_S \quad \text{(nach (7))}.$$

b) Idempotenz von $\sum_S k_S$. Nach (6) ist $\sum_S k_S = A_1$, und nach der Voraussetzung (5) ist $A_1 A_1 = A_1$.

4. In Anlehnung an die eigentliche Formulierung des Dualitätssatzes für abelsche Gruppen läßt sich der damit bewiesene Satz auch folgendermaßen aussprechen: Während die Spalten der Matrix Γ gerade die sämtlichen irreduziblen Darstellungen von $\mathfrak{G}$ (als Stellenspalten geschrieben) liefern, liefern die Zeilen von Γ (zu Matrizen zusammengefaßt) gerade die sämtlichen nicht-trivalen Darstellungen des Multiplikationsschemas (4) der irreduziblen Darstellungen von $\mathfrak{G}$.

Man beachte, daß bei dieser Verallgemeinerung des Dualitätssatzes die Charaktere des abelschen Falles nicht als Charaktere, sondern als irreduzible Darstellungen verallgemeinert werden. Bei der Verallgemeinerung als Charaktere würde nur das Multiplikationsschema der Charakteralgebra X herauskommen, die nach den Ausführungen in meiner oben zitierten Arbeit nicht mit der Gruppe $\mathfrak{G}$ bzw. dem Gruppenring G selbst, sondern nur mit dem Zentrum Z von G in gewisser Weise dual verknüpft ist.

XI. Klassenzahl- und Einheitenberechnung

71. Arithmetische Bestimmung von Grundeinheit und Klassenzahl in zyklischen kubischen und biquadratischen Zahlkörpern [109]

Abhandlungen der Deutschen Akademie der Wissenschaften Berlin,
Math.-Nat. Kl. 1950, Nr. 2, 3 – 95

Inhaltsverzeichnis

Einleitung

In einer größeren Abhandlung *Hasse* [3][1] habe ich ganz allgemein das Problem aufgerollt, aus der bekannten analytischen Klassenzahlformel für abelsche Zahlkörper K zu einer arithmetischen Bestimmung der Klassenzahl h zu gelangen. Nach den dortigen Ausführungen sind dazu im wesentlichen die folgenden beiden Aufgaben im größten reellen Teilkörper K_0 von K zu lösen:

I. Bestimmung eines Grundeinheitensystems von K_0.

II. Bestimmung der Höhe des Kreiseinheitensystems von K_0 über diesem Grundeinheitensystem.

Für die reellen quadratischen Zahlkörper $K = K_0$ ist die Lösung der Aufgabe I seit langem bekannt: die Grundeinheit $\varepsilon = \frac{x + y\sqrt{d}}{2}$ von K entspricht der kleinsten positiven Lösung x, y der Pellschen Gleichung $\frac{x^2 - d y^2}{4} = \pm 1$, wo d die Diskriminante von K ist. Die Lösung der Aufgabe II für diese Körper gab, im Anschluß an meine Arbeit *Hasse* [2], die den Spezialfall einer Primzahldiskriminante $d = p \equiv 1 \bmod 4$ behandelt, vor einiger Zeit mein Schüler *Bergström* [1] auch im Falle einer zusammengesetzten Diskriminante d.

Die vorliegende Arbeit setzt sich zum Ziel, die Aufgaben I und II für die zyklischen kubischen und biquadratischen Zahlkörper K zu lösen und damit auch für diese Körper eine arithmetische Bestimmung der Klassenzahl h zu geben. Die zyklischen kubischen Zahlkörper sind notwendig reell, für sie ist also $K = K_0$. Die zyklischen biquadratischen Zahlkörper zerfallen in reelle $K = K_0$ und imaginäre mit quadratischem, größtem reellen Teilkörper K_0. Es brauchen hier nur die ersteren betrachtet zu werden, da für die letzteren die arithmetische Klassenzahlbestimmung, vermöge der in *Hasse* [3, Abschn. III] behandelten arithmetischen Formel für die Relativklassenzahl von K/K_0, auf die arithmetische Klassenzahlbestimmung im reellen quadratischen Teilkörper K_0 zurückläuft, wie sie bei *Hasse* [2] und *Bergström* [1] durchgeführt ist.

Als Grundlage für die Lösung der beiden Aufgaben I und II braucht man eine Übersicht über die ganzen Zahlen von K durch Angabe einer Ganzheitsbasis. Die üblichen Ansätze zur Bildung einer solchen, wie sie in der Literatur verschiedentlich für spezielle Körpertypen durchgeführt sind, haben zwei Nachteile. Erstens führen sie auf lästige Fallunterscheidungen, und zweitens werden dabei die Basiselemente nicht in invarianter Weise durch die arithmetischen Bestimmungsstücke von K, sondern durch mehr oder weniger willkürliche Auswahlvorschriften festgelegt.

Was den ersten Nachteil betrifft, so hat man schon im Fall der quadratischen Zahlkörper K die geläufige Fallunterscheidung: je nachdem d gerade oder ungerade ist, ist

[1] Die Ziffern in eckigen Klammern beziehen sich auf das Literaturverzeichnis am Schluß der Abhandlung.

$1, \sqrt{d}$ oder $1, \frac{1+\sqrt{d}}{2}$ eine Ganzheitsbasis von K. Man kann hier die beiden Fälle zusammenfassen, indem man statt der Darstellung durch eine Ganzheitsbasis eine etwas allgemeinere Basisdarstellung verwendet: die ganzen Zahlen von K sind in jedem Falle die Gesamtheit aller $\frac{x+y\sqrt{d}}{2}$ mit ganzrationalen x, y, die der Kongruenzbedingung $x \equiv d\, y \bmod 2$ unterworfen sind.

Was den zweiten Nachteil betrifft, so tritt er im Falle der quadratischen Zahlkörper K noch nicht in Erscheinung: hier ist ja die in die Basis $1, \sqrt{d}$ eingehende Zahl $\sqrt{d}$ als die Quadratwurzel aus der Diskriminante d von K körperinvariant festgelegt. Für die beabsichtigte Verallgemeinerung knüpft man zweckmäßig an eine andere körperinvariante Bedeutung der Zahl $\sqrt{d}$ an, nämlich als den Wert der dem Körper K oder vielmehr seinem erzeugenden Charakter $\chi(x) = \left(\frac{d}{x}\right)$ zugeordneten Gaußschen Summe $\tau(\chi)$. Dabei tritt auch für die Diskriminante d selbst eine andere Bedeutung in den Vordergrund, nämlich als Führer f der rationalen Kongruenzgruppe H, gekennzeichnet durch $\chi(x) = 1$, zu der K Klassenkörper ist.

Auf dieser Grundlage gelangt man durch entsprechende Verallgemeinerung für die zyklischen kubischen und biquadratischen Zahlkörper K in der Tat zu einer Darstellung der ganzen Zahlen aus K durch eine aus den klassenkörpertheoretischen Bestimmungsstücken von K gebildete Basis, und zwar zu einer Basisdarstellung im obigen verallgemeinerten Sinne, bei der neben einer Kongruenzbedingung zwischen den Koordinaten noch ein anderer abweichender Umstand eintritt, daß nämlich ein Koordinatenpaar nicht rational ist, sondern aus zwei konjugiert-komplexen Zahlen im Körper der dritten bzw. vierten Einheitswurzeln besteht. Damit wird das Rechnen in den zyklischen kubischen und biquadratischen Zahlkörpern in grundsätzlich ebenso einfacher Weise zugänglich, wie in den quadratischen Zahlkörpern.

Was die Lösung der Aufgabe I betrifft, so ergibt sich zunächst für die zyklischen kubischen Zahlkörper K die Existenz einer wesentlich eindeutig bestimmten Grundeinheit E, die zusammen mit ihren konjugierten und -1 die volle Einheitengruppe von K erzeugt, und für die reellen zyklischen biquadratischen Zahlkörper K die Existenz einer wesentlich eindeutig bestimmten Relativgrundeinheit E, mit der Relativnorm $n(\mathsf{E}) = \pm 1$ in bezug auf den quadratischen Teilkörper $\varkappa$, die zusammen mit ihren konjugierten, -1 und der Grundeinheit ε von $\varkappa$ eine Untergruppe vom Index $Q = 1$ oder 2 in der vollen Einheitengruppe von K erzeugt. In beiden Fällen ist diese Grundeinheit E in ihrer Basisdarstellung durch eine ähnliche, wenn auch etwas allgemeinere Minimaleigenschaft der Koordinaten gekennzeichnet, wie die Grundeinheit ε von $\varkappa$ aus der Pellschen Gleichung, und es ergibt sich daraus ein einfach durchführbares Verfahren zu ihrer numerischen Berechnung.

Was die Lösung der Aufgabe II betrifft, so ist dazu vor allem die Basisdarstellung der Kreiseinheiten von K herzuleiten. Dies geschieht durch Anwendung der von *Bergström* [1] entwickelten Methode, die der Verallgemeinerung auf höhere als quadratische Zahlkörper bereits weitgehend Rechnung trägt. Gerade hierfür ist die zuvor besprochene Basiswahl auf klassenkörpertheoretischer Grundlage entscheidend. Die Bestimmung der Höhe der Kreiseinheiten über den Grundeinheiten kann dann durch ein einfaches Rekursionsverfahren in den Koordinaten dieser Basisdarstellung erfolgen.

Damit hat man alles in der Hand, was für die arithmetische Bestimmung der Klassenzahl h der zyklischen kubischen und der reellen zyklischen biquadratischen Zahlkörper K erforderlich ist. Es ergeben sich für h Formeln von analogem Bau wie im reell-quadratischen Fall bei *Hasse* [2] und *Bergström* [1].

Der Arbeit sind Tafeln der Grundeinheiten, Kreiseinheiten und Klassenzahlen für die zyklischen kubischen und die reellen zyklischen biquadratischen Zahlkörper mit Führern $\leqq 100$ beigefügt, die nach den entwickelten Methoden berechnet sind; für die imaginären zyklischen biquadratischen Zahlkörper mit Führern $\leqq 100$ findet man die Klassenzahlen bereits in den allgemeinen Tafeln am Schluß von *Hasse* [3]. Dadurch werden die zyklischen kubischen und die zyklischen biquadratischen Zahlkörper der numerischen Rechnung ebenso erschlossen, wie die quadratischen Zahlkörper durch die bekannten Tafeln am Schluß von *Sommer* [1]. Derartiges numerisches Material, das sich auf höhere als quadratische Zahlkörper bezieht, habe ich bei der Durchführung zahlentheoretischer Untersuchungen schon häufig vermißt.

Berlin, den 22. April 1948.

I. Die Arithmetik in zyklischen kubischen Zahlkörpern

§ 1. Invariante Kennzeichnung des Körpers

1. Kummer-Erzeugung von K. Wir betrachten einen zyklischen Zahlkörper K von zunächst beliebigem Grade m über dem rationalen Zahlkörper P. Die Zahlen aus K sind bekanntlich rational durch Einheitswurzeln darstellbar. Es sei f die kleinste natürliche Zahl derart, daß K im Körper P_f der f-ten Einheitswurzeln ζ enthalten ist. Dann ist K Klassenkörper zu einer rationalen Kongruenzgruppe H vom Führer f mit zyklischer Klassengruppe von der Ordnung m. Sei weiter s ein Vertreter aus einer erzeugenden Klasse nach H, also $H, sH, \ldots, s^{m-1}H$ die Klassengruppe nach H. Auf Grund der Einbettung von K in P_f liefert dann der Automorphismus $\zeta \to \zeta^s$ von P_f einen erzeugenden Automorphismus S von K. Sei schließlich χ ein erzeugender Charakter der Galoisgruppe $1, S, \ldots, S^{m-1}$ von K. Durch die Festsetzungen

$$(1) \qquad \chi(H) = 1, \qquad \chi(s) = \chi(S^{-1}) = \chi^{-1}(S) = \bar{\chi}(S)$$

wird χ zum erzeugenden Charakter der Klassengruppe nach H, und wenn man noch die übliche Festsetzung

$$\chi(x) = 0 \qquad \text{für} \qquad (x, f) \neq 1$$

hinzufügt, zu einer für alle ganzrationalen x erklärten Charakterfunktion vom Führer f, deren Werte im Körper P_m der m-ten Einheitswurzeln liegen. Je nachdem diese Funktion χ gerade oder ungerade, d. h. je nachdem $\chi(-1) = 1$ oder -1 ist, ist der Körper K reell oder imaginär.

Um zu einer invariant bestimmten Erzeugung von K/P zu gelangen, betrachte man in grundsätzlich bekannter Weise die zum Charakter χ gehörige *Gaußsche Summe*

$$(2) \qquad \tau(\chi) = \sum_{x \bmod f} \chi(x) e_f(x), \qquad \text{wo } e_f(x) = e^{\frac{2\pi i x}{f}}.$$

Sie gehört dem Erweiterungskörper $K_m = KP_m$ an und bekommt beim Automorphismus S von K/P, wenn dieser durch die Festsetzung der elementweisen Invarianz von P_m formal auf K_m/P_m erweitert wird, gemäß (1) den Faktor $\chi(S)$, so daß ihre m-te Potenz als früheste bei S invariant ist. Daher ist die formale Erweiterung K_m/P_m ein zyklischer Relativkörper vom Grade m mit dem erzeugenden Automorphismus S und der *Kummer-Erzeugung*

$$(3) \qquad K_m = P_m(\tau(\chi)) = P_m(\sqrt[m]{\tau(\chi)^m}).$$

Man hat dann die hierin auftretende Zahl $\tau(\chi)^m$ aus P_m arithmetisch zu kennzeichnen und außerdem noch von der damit erhaltenen Kummer-Erzeugung des Erweiterungskörpers K_m/P_m zu einer Erzeugung des zu untersuchenden Körpers K/P zurückzugehen.

Die vorstehend eingeführten Bezeichnungen verwenden wir im folgenden ohne jedesmalige neue Erklärung. Insbesondere halten wir an der Festsetzung (1) fest, die eine Koppelung zwischen den Normierungen von χ gegenüber $\bar{\chi}$ einerseits und S gegenüber S^{-1} sowie sH gegenüber $s^{-1}H$ andrerseits darstellt. In den zu betrachtenden Fällen $m = 3, 4$ sind dies die einzigen Freiheiten für die Wahl von χ, S, sH. Abweichend von *Hasse* [3, § 1] haben wir hier (1) mit dem Exponenten -1 angesetzt, um zu erreichen, daß die Gaußsche Summe (2) bei S den Faktor $\chi(S)$ [statt $\bar{\chi}(S)$] bekommt; siehe dazu auch die grundsätzliche Bemerkung in *Hasse* [3, § 5, Anm. 1].

Sei weiterhin in diesem ersten Abschnitt der Grad $m=3$, also K ein zyklischer kubischer Zahlkörper. Dann liegt die Zahl $\tau(\chi)^3$ im imaginären quadratischen Körper $\mathsf{P}_3 = \mathsf{P}(\sqrt{-3})$ der primitiven dritten Einheitswurzeln $\varrho^{\pm 1} = \frac{-1 \pm \sqrt{-3}}{2}$.

2. *Arithmetische Struktur von f und χ.* Um zu einer arithmetischen Kennzeichnung von $\tau(\chi)^3$ zu gelangen, betrachten wir die eindeutige Zerlegung

$$\chi = \chi_0 \chi_1 \cdots \chi_n \tag{4}$$

des erzeugenden Charakters χ von K in Komponenten χ_ν von Primzahlpotenzführern. Als Komponenten χ_ν kommen in Frage:

a) für jede Primzahl $p \equiv 1 \bmod 3$ die beiden konjugierten kubischen Charaktere $\chi_p, \bar{\chi}_p$ vom Führer p, gegeben durch die kubischen Restsymbole

$$\chi_p(x) = \left(\frac{x}{\mathfrak{p}}\right)_3, \qquad \bar{\chi}_p(x) = \left(\frac{x}{\bar{\mathfrak{p}}}\right)_3$$

nach den beiden konjugierten Primdivisoren von $p \cong \mathfrak{p}\bar{\mathfrak{p}}$ in P_3; nach dem verallgemeinerten Eulerschen Kriterium[1] sind diese beiden Restsymbole eindeutig durch die Kongruenzen

$$\chi_p(x) \equiv x^{\frac{p-1}{3}} \bmod \mathfrak{p}, \qquad \bar{\chi}_p(x) \equiv x^{\frac{p-1}{3}} \bmod \bar{\mathfrak{p}}$$

gekennzeichnet.

b) für die Primzahl 3 die beiden konjugierten kubischen Charaktere $\chi_{3^2}, \bar{\chi}_{3^2}$ vom Führer 3^2, gegeben durch die kubischen Restsymbole

$$\chi_{3^2}(x) = \left(\frac{\varrho}{x}\right)_3 = \varrho^{\frac{x^2-1}{3}}, \qquad \bar{\chi}_{3^2}(x) = \left(\frac{\varrho^{-1}}{x}\right)_3 = \varrho^{-\frac{x^2-1}{3}}$$

mit den angegebenen expliziten Darstellungen nach dem ersten Ergänzungssatz zum kubischen Reziprozitätsgesetz[2].

Bezeichnet jeweils χ_p bzw. χ_{3^2} die in χ auftretende Komponente, so hat man demnach

$$f = p_0 p_1 \cdots p_n, \qquad \chi = \chi_{p_0} \chi_{p_1} \cdots \chi_{p_n} \qquad \text{für } 3 \nmid f, \tag{5a}$$

$$f = 3^2 p_1 \cdots p_n, \qquad \chi = \chi_{3^2} \chi_{p_1} \cdots \chi_{p_n} \qquad \text{für } 3 \mid f, \tag{5b}$$

mit $n+1$ bzw. n verschiedenen Primzahlen $p_\nu \equiv 1 \bmod 3$, wobei $n \geq 0$ ist.

Durch Vorgabe eines Führers f dieser Art ist der Körper K noch nicht vollständig bestimmt, sondern erst durch Vorgabe des zugehörigen Charakters χ (oder auch nur der Kongruenzgruppe H), d. h. durch zusätzliche Festlegung der Komponenten χ_ν gegenüber ihren konjugierten $\bar{\chi}_\nu$. Dabei liefern immer nur je zwei konjugierte Charaktere $\chi, \bar{\chi}$ denselben Körper K. Zu jedem f der in (5) angegebenen Struktur gibt es somit genau $N = 2^n$ verschiedene K. Dann und nur dann ist diese Anzahl $N = 1$, wenn $n = 0$, also f *Primführer* ist:

$$f = p \equiv 1 \bmod 3 \qquad \text{oder} \qquad f = 3^2. \tag{6}$$

Nur in diesen Fällen liegt also K bereits durch f eindeutig fest.

3. *Arithmetische Kennzeichnung von $\tau(\chi)^3$.* Der Zerlegung (4) entsprechend besteht die Zerlegung[3]

$$\tau(\chi)^3 = \tau(\chi_0)^3 \tau(\chi_1)^3 \cdots \tau(\chi_n)^3. \tag{7}$$

---

[1] Siehe etwa *Hasse* [1, Teil II, § 10, (2)].
[2] Siehe etwa *Hasse* [1, Teil II, § 19, V].
[3] Siehe dazu die allgemeine Formel *Bergström* [1, § 2, (17)], die im folgenden als *Komponentenzerlegung der Gaußschen Summen* bezeichnet sei.

a) Für eine Komponente χ_p mit $p \equiv 1 \bmod 3$ hat man nun nach *Davenport-Hasse* [1, § 4] zunächst

$$\tau(\chi_p)^3 \sim \mathfrak{p}^2\bar{\mathfrak{p}} \cong p\mathfrak{p}.$$

Nach (2) ist ferner

$$-\tau(\chi_p) \equiv 1 \bmod 1-\varrho$$

und wegen $(1-\varrho)^2 \sim 3$ daher

$$-\tau(\chi_p)^3 \equiv 1 \bmod 3.$$

Zusammengenommen ergibt sich die arithmetische Kennzeichnung

(8a) $$-\tau(\chi_p)^3 = p\pi,$$

wo π derjenige Primfaktor von $p = \pi\bar{\pi}$ in P_3 ist, der gegenüber seinem konjugierten $\bar{\pi}$ durch die Darstellung

$$\chi_p(x) = \left(\frac{x}{\pi}\right)_3 \qquad \text{oder also} \qquad \chi_p(x) \equiv x^{\frac{p-1}{3}} \bmod \pi$$

der Komponente χ_p als kubisches Restsymbol und unter seinen assoziierten $\pm\varrho^\mu\pi$ $(\mu = 0, 1, 2)$ durch die Kongruenz

$$\pi \equiv 1 \bmod 3$$

eindeutig normiert ist.

b) Für die Komponente χ_{3^2} ergibt sich durch explizite Berechnung der Gaußschen Summe (2) die arithmetische Kennzeichnung

(8b) $$\tau(\chi_{3^2})^3 = 3^3\varrho = 3^2\cdot 3\varrho,$$

wo ϱ diejenige unter den beiden primitiven dritten Einheitswurzeln ist, für die die Komponente χ_{3^2} die Darstellung

$$\chi_{3^2}(x) = \varrho^{\frac{x^2-1}{3}} = \left(\frac{\varrho}{x}\right)_3 = \left(\frac{\varrho}{x}\right)_3\left(\frac{x}{3}\right)_3$$

als kubisches Restsymbol hat; daß der aus gleich hervortretendem, formalem Grunde hinzugefügte Faktor $\left(\frac{x}{3}\right)_3 = 1$ ist, folgt aus seiner Invarianz beim erzeugenden Automorphismus $\varrho \to \varrho^{-1}$ von P_3.

Wir fassen jetzt die Kennzeichnungen (8) gemäß den Komponentenzerlegungen (5), (7) zusammen. Dazu bezeichnen wir mit

$$\mu_3(f) = \begin{cases} (-1)^{n+1} & \text{für } 3 \nmid f \\ (-1)^n & \text{für } 3 \mid f \end{cases}$$

die Möbiussche Funktion des zu 3 primen Bestandteils von f und setzen

(9) $$\varphi = \begin{cases} \pi_0\pi_1\cdots\pi_n & \text{für } 3 \nmid f \\ 3\varrho\pi_1\cdots\pi_n & \text{für } 3 \mid f \end{cases},$$

wo π_ν die bei (8a) festgelegten Primfaktoren in P_3 der Primteiler $p_\nu \equiv 1 \bmod 3$ von f sind und ϱ die bei (8b) festgelegte primitive dritte Einheitswurzel ist. Dann hat man für die in der Kummer-Erzeugung (3) von $\mathsf{K}_3/\mathsf{P}_3$ auftretende Zahl $\tau(\chi)^3$ aus P_3 die arithmetische Kennzeichnung

(10) $$\mu_3(f)\,\tau(\chi)^3 = f\varphi,$$

wo φ die durch (9) gegebene ganze Zahl aus P_3 mit

(11) $$N(\varphi) = \varphi\bar{\varphi} = f$$

ist.

Unter allen möglichen ganzzahligen Lösungen von (11) ist diese Zahl φ zunächst als Hauptdivisor eindeutig dadurch festgelegt, daß der Charakter χ die Darstellung

$$(12)\qquad \chi(x) = \begin{cases} \left(\dfrac{x}{\varphi}\right)_3 & \text{für } 3 \nmid f \\ \left(\dfrac{\varrho}{x}\right)_3 \left(\dfrac{x}{\varphi}\right)_3 & \text{für } 3 \mid f \end{cases}$$

als kubisches Restsymbol hat, und φ ist dann unter den assoziierten $\pm\varrho^{\mu}\varphi\ (\mu = 0, 1, 2)$ durch die Kongruenz

$$(13)\qquad \varphi \equiv \begin{cases} 1 \bmod 3 & \text{für } 3 \nmid f \\ 3\varrho \bmod 3^2 & \text{für } 3 \mid f \end{cases}$$

eindeutig normiert.

4. *Invariante Kennzeichnung von* K. Etwas anders gesagt ist damit bewiesen:

Satz 1. Einem zyklischen kubischen Zahlkörper K *entspricht umkehrbar eindeutig eine Zerlegung*

$$f = \varphi\,\overline{\varphi} = N(\varphi)$$

seines Führers f in zwei konjugierte ganze Zahlen φ, $\overline{\varphi}$ aus P_3 mit der Kongruenzeigenschaft (13), *mittels derer sich die Kummer-Erzeugung des Erweiterungskörpers K_3/P_3 in der Form*

$$(14)\qquad K_3 = P_3\left(\sqrt[3]{f\varphi}\right) = P_3\left(\sqrt[3]{f\overline{\varphi}}\right)$$

darstellt. Der eine Faktor φ dieser Zerlegung von f hängt mit einem erzeugenden Charakter χ von K *umkehrbar eindeutig durch die Beziehung* (12) *zusammen, der andere Faktor $\overline{\varphi}$ ebenso mit dem konjugierten Charakter $\overline{\chi}$.*

Wir nennen φ die *zu χ gehörige Basiszahl von* K *aus P_3.*

Mit Satz 1 haben wir zunächst eine invariante Kennzeichnung des zu K gehörigen zyklischen bikubischen Erweiterungskörpers K_3 gewonnen. Der zyklische kubische Zahlkörper K selbst ist dann einfach als der Invariantenkörper von K_3 beim erzeugenden Automorphismus $\varrho \to \varrho^{-1}$ von P_3 gekennzeichnet.

An die Kummer-Erzeugung (14) mit (10) schließen wir noch die folgende Bemerkung an. Da $\tau(\chi)$ beim Frobenius-Automorphismus von K_3 für einen Primdivisor $\mathfrak{q} \nmid f$ aus P_3 den Faktor $\overline{\chi}(N(\mathfrak{q}))$ bekommt, gilt nach der Definition des kubischen Restsymbols[1]

$$(15)\qquad \overline{\chi}(x) = \left(\frac{f\varphi}{\xi}\right)_3 \quad \text{für } x \equiv N(\xi) \bmod f \text{ mit zu } f \text{ primem } \xi \text{ aus } P_3.$$

Durch Vergleich mit der Darstellung (12) von χ erhält man in bekannter Weise[2] das kubische Reziprozitätsgesetz in P_3. Umgekehrt bestätigt man durch Anwendung dieses Reziprozitätsgesetzes in der bei *Hasse* [1, Teil II, § 12, I″] gegebenen allgemeinen Form auf das kubische Restsymbol in (15) leicht die Darstellung (12) von χ.

5. *Übersicht über alle zyklischen kubischen Zahlkörper* K *zu gegebenem Führer f.* Man bestimme alle ganzrationalen Lösungen a, b von

$$f = \frac{a^2 + 3b^2}{4}$$

mit

$$(16a)\qquad a \equiv 2,\quad b \equiv 0 \bmod 3 \quad \text{und} \quad b > 0 \qquad \text{für } 3 \nmid f,$$

$$(16b)\qquad \begin{cases} a = 3a_0, & b = 3b_0 \\ a_0 \equiv 2, & b_0 \not\equiv 0 \bmod 3 \quad \text{und} \quad b_0 > 0 \end{cases} \qquad \text{für } 3 \mid f.$$

---

[1] Siehe *Hasse* [1, Teil II, § 10, Abs. 1].

[2] Siehe etwa *Hilbert* [1, §§ 113–115].

Dann bilden die

$$\varphi = \frac{a + b\sqrt{-3}}{2}$$

ein vollständiges System nicht-konjugierter Basiszahlen zu f. Die diesen Basiszahlen φ entsprechenden Charaktere χ sind durch die kubischen Restsymbole (12) oder (15) gegeben, und die zugehörigen zyklischen kubischen Zahlkörper K erhält man aus den Körpern K_3 in (14) durch Bildung der Invariantenkörper bei $\varrho \to \varrho^{-1}$. Das gemäß (16) festgelegte vollständige System nicht-konjugierter Basiszahlen φ zu f erhält man auch, indem man in (9) die Basiszahlen π_ν zu den Primteilern $p_\nu \equiv 1 \bmod 3$ von f und die primitive dritte Einheitswurzel ϱ unabhängig voneinander durch ihre konjugierten $\bar{\pi}_\nu$, ϱ^{-1} ersetzt und aus jedem der so entstehenden Paare konjugierter Basiszahlen φ, $\bar{\varphi}$ diejenige φ auswählt, deren Imaginärteil positiv ist.

6. Die Diskriminante von K. Ihr Betrag ist nach dem Führerdiskriminantensatz[1] durch

(17) $$d = f^2$$

gegeben. Wie man sofort erkennt, ist diese Formel auch hinsichtlich des Vorzeichens richtig.

§ 2. Übersicht über die ganzen Zahlen

1. Basisdarstellung aller Zahlen aus K. Für die in § 1, Satz 1, (14) erhaltenen Kummer-Erzeugenden von K_3/P_3, die sich gemäß § 1, (10) als Gaußsche Summen darstellen, verwenden wir im folgenden die Abkürzungen

$$\tau = \mu_3(f)\,\tau(\chi), \qquad \bar{\tau} = \mu_3(f)\,\tau(\bar{\chi}).$$

Nach der allgemeinen Formel $\overline{\tau(\chi)} = \chi(-1)\,\tau(\bar{\chi})$, und weil hier $\chi(-1) = 1$ ist, ist $\bar{\tau}$ die konjugiert-komplexe zu τ. Nach § 1, (10) ist

$$\tau^3 = f\varphi, \qquad \bar{\tau}^3 = f\bar{\varphi},$$

und nach § 1, (11) bestehen daher die Relationen

(1) $$\tau\bar{\tau} = f, \qquad \tau^2 = \varphi\bar{\tau}, \qquad \bar{\tau}^2 = \bar{\varphi}\tau,$$

wo φ, $\bar{\varphi}$ die zu χ, $\bar{\chi}$ gehörigen Basiszahlen von K aus P_3 sind. Demnach ist $1, \tau, \bar{\tau}$ eine Basis von K_3/P_3 mit dem Multiplikationsschema (1).

Die Zahlen A aus K sind innerhalb K_3 durch die Invarianz beim erzeugenden Automorphismus $\varrho \to \varrho^{-1}$ von P_3 gekennzeichnet, der sich auch als der Übergang zum konjugiert-komplexen darstellt. Sie haben somit die eindeutige Darstellung

(2) $$A = \frac{x + y\tau + \bar{y}\bar{\tau}}{3} = [x, y] \quad \text{mit } x \text{ in } P \quad \text{und} \quad y, \bar{y} \text{ konjugiert in } P_3.$$

Den Nenner 3 haben wir dabei im Hinblick auf die nachfolgende Kennzeichnung der ganzen Zahlen aus K angesetzt. Die konjugierten zu A sind

$$A' = A^S = \frac{x + \varrho y\tau + \varrho^{-1}\bar{y}\bar{\tau}}{3} = [x, \varrho y],$$

$$A'' = A^{S^2} = \frac{x + \varrho^2 y\tau + \varrho^{-2}\bar{y}\bar{\tau}}{3} = [x, \varrho^2 y],$$

[1] Siehe etwa *Hasse* [1, Teil I, § 9, (12)] oder, gleich für abelsche Zahlkörper spezialisiert, *Hasse* [3, § 3, (2)].

wo die primitive dritte Einheitswurzel ϱ gemäß § 1, (1) durch

$$\bar{\chi}(s) = \chi(S) = \varrho$$

festgelegt ist.

Die Darstellung (2) ist keine eigentliche Basisdarstellung der Zahlen aus K. Eine solche ergibt sich vielmehr erst, indem man für die Zahlen y aus P_3 eine Basisdarstellung einführt, etwa

$$y = y_0 + y_1 \varrho \qquad \text{mit} \qquad y_0, y_1 \text{ in } P. \tag{3}$$

Man erhält so für K/P die Basis $\frac{1}{3}, \frac{\tau + \bar{\tau}}{3}, \frac{\varrho\tau + \varrho^{-1}\bar{\tau}}{3}$, deren Diskriminante sich am einfachsten nach dem Formalismus aus *Hasse* [3, §§ 13—14] und gemäß § 1, (17) zu

$$d\left(\frac{1}{3}, \frac{\tau + \bar{\tau}}{3}, \frac{\varrho\tau + \varrho^{-1}\bar{\tau}}{3}\right) = \frac{f^2}{3^2} = \frac{d}{3^2} \tag{4}$$

berechnet. Die Darstellung durch diese eigentliche Basis von K/P ist jedoch für das Rechnen mit den Zahlen A aus K nicht so bequem wie die Darstellung (2) mit dem einfachen Multiplikationsschema (1). Wir werden daher im folgenden immer mit der Darstellung (2) arbeiten und dafür die bereits angegebene abkürzende Schreibweise $A = [x, y]$ verwenden.

2. *Kennzeichnung der ganzen Zahlen.* Wir beweisen nunmehr:

Satz 2. Die ganzen Zahlen A *aus* K *sind in der Darstellung* (2) *dadurch gekennzeichnet, daß die Koordinaten x, y ganz sind und der Kongruenz*

$$x \equiv f y \bmod 1 - \varrho, \tag{5}$$

oder also im einzelnen

$$x \equiv y \bmod 1 - \varrho \quad \textit{für } 3 \nmid f,$$
$$x \equiv 0 \bmod 3 \quad \textit{für } 3 \mid f,$$

genügen.

Beweis. Durch die Kongruenz (5) wird aus der Additionsgruppe aller A mit ganzen x, y eine Untergruppe vom Index 3 herausgehoben, deren Basisdiskriminante nach (4) gerade die Körperdiskriminante d ist. Danach bleibt zu beweisen, daß die Zahlen aus dieser Untergruppe sämtlich ganz sind. Da die Primzahl 3 in K entweder unverzweigt oder von der ungeraden Ordnung 3 verzweigt ist, genügt es hierzu zu zeigen, daß für ganze der Kongruenz (5) genügende x, y die Kongruenz

$$x + y\tau + \bar{y}\bar{\tau} \equiv 0 \bmod 1 - \varrho$$

besteht. Nun ist

$$\tau(\chi) = \sum_{x \bmod f} \chi(x) e_f(x) \equiv \sum_{\substack{x \bmod f \\ (x, f) = 1}} e_f(x) = \mu(f) \equiv f \mu_3(f) \bmod 1 - \varrho,$$

letzteres auf Grund der in § 1, (5) festgestellten Struktur von f. Daraus folgt $\tau \equiv f \bmod 1 - \varrho$ und somit unter der Voraussetzung (5) in der Tat

$$x + y\tau + \bar{y}\bar{\tau} \equiv f(y + y + \bar{y}) \equiv 3fy \equiv 0 \bmod 1 - \varrho.$$

Zusatz. Führt man für die Koordinate y aus P_3 die Basisdarstellung (3) *ein, so sind die ganzen Zahlen* A *aus* K *dadurch gekennzeichnet, daß die Koordinaten x, y_0, y_1 ganzrational sind und der Kongruenz*

$$x \equiv f(y_0 + y_1) \bmod 3,$$

oder also im einzelnen

$$x \equiv y_0 + y_1 \bmod 3 \quad \textit{für } 3 \nmid f,$$
$$x \equiv 0 \bmod 3 \quad \textit{für } 3 \mid f,$$

genügen.

3. Formeln für das Rechnen in K. Zum späteren Gebrauch stellen wir noch einige Formeln für das Rechnen mit den Zahlen A aus K in der Darstellung (2) zusammen. Allgemein berechnet sich das Produkt von

$$\mathsf{A}_1 = [x_1, y_1], \qquad \mathsf{A}_2 = [x_2, y_2]$$

nach dem Multiplikationsschema (1) zu

$$\mathsf{A}_1 \mathsf{A}_2 = \left| \frac{x_1 x_2 + f S(y_1 \overline{y}_2)}{3}, \quad \frac{x_1 y_2 + x_2 y_1 + \overline{\varphi}\, \overline{y}_1 \overline{y}_2}{3} \right|.$$

Speziell hat man danach für das Quadrat und die Reziproke von

$$\mathsf{A} = [x, y]$$

die Formeln

$$\mathsf{A}^2 = \left| \frac{x^2 + 2fN(y)}{3}, \quad \frac{2xy + \overline{\varphi}\, \overline{y}^2}{3} \right|,$$

$$N(\mathsf{A})\mathsf{A}^{-1} = \mathsf{A}'\mathsf{A}'' = \left| \frac{x^2 - fN(y)}{3}, \quad \frac{-xy + \overline{\varphi}\, \overline{y}^2}{3} \right|.$$

Für die Norm von A findet sich der Ausdruck

$$N(\mathsf{A}) = \frac{x^3 - 3fxN(y) + fS(\varphi y^3)}{27},$$

während die Spur von A einfach

$$S(\mathsf{A}) = x$$

ist. Von Wichtigkeit werden schließlich noch die Ausdrücke für die Spur von A^2 und A^{-1} sein, nämlich

$$x^{(2)} = S(\mathsf{A}^2) = \frac{x^2 + 2fN(y)}{3},$$

$$x' = N(\mathsf{A})S(\mathsf{A}^{-1}) = \frac{x^2 - fN(y)}{3}.$$

Für ganze A_1, A_2, A sind alle vorstehend auftretenden Ausdrücke notwendig ganz, d. h. die formalen Nenner 3 bzw. 27 heben sich heraus, was man auch leicht als Folge aus der Ganzheitsbedingung (5) bestätigt.

§ 3. Allgemeines über die Einheiten

1. Die volle Einheitengruppe. Die volle Einheitengruppe von K ist das direkte Produkt aus der Einheitswurzelgruppe ± 1 und der Untergruppe der *normpositiven Einheiten* H, d. h. derer mit $N(\mathsf{H}) = 1$. Es genügt, diese letztere Untergruppe zu betrachten. Wir verstehen demgemäß im folgenden unter Einheiten von K, wo nichts anderes gesagt ist, immer normpositive Einheiten.

2. Koordinatenformeln. Aus den Formeln in § 2, *3* ergeben sich die folgenden Tatsachen. Eine ganze Zahl $\mathsf{H} = [x, y]$ aus K ist dann und nur dann eine Einheit, wenn ihre Koordinaten der *Normgleichung*

$$\frac{x^3 - 3fxN(y) + fS(\varphi y^3)}{27} = 1 \tag{1}$$

genügen. Besteht diese Gleichung für ganze x, y, so ist die für die Ganzheit von H nach § 2, Satz 2 notwendige und hinreichende Kongruenzbedingung $x \equiv fy \bmod 1 - \varrho$ von selbst erfüllt; denn auf Grund der in § 1, (5), (13) festgestellten Struktur von f und φ folgt

$$0 \equiv x^3 - 3fxN(y) + fS(\varphi y^3) \equiv x + fS(\varphi y) \equiv x + 2fy \equiv x - fy \bmod 1 - \varrho.$$

Für die zu einer Einheit $\mathsf{H} = [x, y]$ reziproke Einheit $\mathsf{H}^{-1} = [x', y']$ hat man

(2) $$x' = \frac{x^2 - fN(y)}{3}, \qquad y' = \frac{-xy + \bar{\varphi}\bar{y}^2}{3}.$$

Zwischen den Koordinaten von H und H^{-1} bestehen demnach die Beziehungen

(3) $$fN(y) = x^2 - 3x', \qquad fN(y') = x'^2 - 3x.$$

Das zu H gehörige kubische Polynom ist

(4) $$N(t - \mathsf{H}) = t^3 - xt^2 + x't - 1 \qquad \text{mit } x = S(\mathsf{H}), \quad x' = S(\mathsf{H}^{-1}).$$

Es ist

(5_0) $$x = 3,\ x' = 3 \quad \text{und} \quad y = 0,\ y' = 0 \quad \text{für } \mathsf{H} = 1,$$

sowie jedenfalls

(5) $$x \text{ oder } x' \neq 3 \quad \text{und} \quad y \neq 0,\ y' \neq 0 \quad \text{für } \mathsf{H} \neq 1.$$

3. *Die Signaturen der Einheiten.* Entweder sind alle normpositiven Einheiten H total-positiv, oder es gibt eine Einheit H mit etwa $\mathsf{H} > 0$, $\mathsf{H}' < 0$, $\mathsf{H}'' < 0$. Im letzteren Falle liefern H, H', H'' genau zwei voneinander unabhängige Signaturen. Mehr solche kann es in der normpositiven Einheitengruppe wegen der Normrelation $N(\mathsf{H}) = 1$ nicht geben. In der vollen Einheitengruppe gilt demnach:

Satz 3. Der Einheitensignaturenrang von K *ist* $r = 1$ *oder* 3, *je nachdem alle normpositiven Einheiten von* K *total-positiv sind oder nicht.*

Aus (4) und (2) folgt:

Satz 4. Damit eine Einheit $\mathsf{H} = [x, y]$ *total-positiv ist, ist notwendig und hinreichend*

$$x > 0,\ x' > 0 \quad \textit{oder also} \quad x > 0,\ x^2 > fN(y).$$

In Verschärfung von (5) gilt

(6) $$x > 3,\ x' > 3 \quad \text{und} \quad y \neq 0,\ y' \neq 0 \text{ für total-positive } \mathsf{H} \neq 1.$$

Denn das Minimum von $x = S(\mathsf{H}) = \mathsf{H} + \mathsf{H}' + \mathsf{H}''$ auf der Normeinsfläche $N(\mathsf{H}) = \mathsf{H}\mathsf{H}'\mathsf{H}'' = 1$ im Konjugiertenraum von K liegt bei stetig veränderlichen H, H', H'' für $\mathsf{H} = \mathsf{H}' = \mathsf{H}'' = 1$ vor und hat den Wert $x = 3$.

4. *Einheiten erster und zweiter Art.* Wir teilen die Einheiten $\mathsf{H} \neq 1$ in *Einheiten erster und zweiter Art* ein, je nachdem unter den drei Konjugiertenbeträgen $|\mathsf{H}|$, $|\mathsf{H}'|$, $|\mathsf{H}''|$ genau einer < 1 oder genau einer > 1 ist. Aus der nach (4) bestehenden Beziehung $N(1 - \mathsf{H}) = x' - x$ folgt unter Beachtung von (2) das Kriterium:

Satz 5. Eine total-positive Einheit $\mathsf{H} \neq 1$ *ist von erster oder zweiter Art, je nachdem*

$$x' \gtrless x \quad \textit{oder also} \quad x^2 - 3x \gtrless fN(y).$$

Für beliebige $\mathsf{H} \neq 1$ erhält man ein entsprechendes Kriterium, wenn man beachtet, daß H von gleicher Art wie H^2 ist, und demgemäß die Koordinaten von $\mathsf{H} = [x, y]$ durch die von $\mathsf{H}^2 = [x^{(2)}, y^{(2)}]$ ersetzt. Nach § 2, 3 ist

$$x^{(2)} = \frac{x^2 + 2fN(y)}{3}, \qquad y^{(2)} = \frac{2xy + \bar{\varphi}\bar{y}^2}{3}.$$

Unter Beachtung der aus (2) folgenden Beziehungen

$$x^{(2)} = x' + fN(y), \qquad x'^{(2)} = x + fN(y')$$

läßt sich das in Rede stehende Kriterium auch durch die Koordinaten von H und H^{-1} ausdrücken, nämlich in der folgenden Form:

Satz 6. Eine Einheit $\mathsf{H} \neq 1$ *ist von erster oder zweiter Art, je nachdem*

$$fN(y') - fN(y) \gtrless x' - x.$$

Auch der folgende Satz liefert, von dem in ihm auftretenden Sonderfalle abgesehen, ein für beliebige Einheiten $\mathsf{H} \neq 1$ gültiges Kriterium über die Art:

Satz 7. Es ist $N(y') \geqq N(y)$ *oder* $N(y') \leqq N(y)$, *je nachdem* H *von erster oder zweiter Art ist.*

Die Gleichheit $N(y') = N(y)$ *besteht dann und nur dann, wenn* $1+\mathsf{H}$ *eine normnegative Einheit ist, und zwar ist dann* $1+\mathsf{H} = -\mathsf{H}'^{-1}$ *oder* $-\mathsf{H}''^{-1}$.

Beweis. Da H und H^{-1} von ungleicher Art sind, genügt es zu beweisen, daß für eine Einheit H von erster Art die Ungleichung $N(y') \geqq N(y)$ gilt, mit Gleichheit genau unter der angegebenen Bedingung. Sei demnach H von erster Art vorausgesetzt. Nach (3) und (4) hat man

$$f N(y') - f N(y) = (x'^2 - x^2) + 3(x' - x) = (x' - x)(x + x' + 3) = N(1-\mathsf{H})[1 + N(1+\mathsf{H})].$$

Ist H total-positiv, so ist den Sätzen 4, 5 zufolge $x > 0$, $x' > 0$ und $x' > x$; es folgt also ohne weiteres $N(y') > N(y)$. In diesem Falle ist $N(1+\mathsf{H}) > 1$, also $1+\mathsf{H}$ sicher keine normnegative (und auch keine normpositive) Einheit.

Ist H nicht total-positiv und etwa

$$|\mathsf{H}| < 1, \qquad |\mathsf{H}'| > 1, \qquad |\mathsf{H}''| > 1,$$

so ist zu unterscheiden, ob $\mathsf{H} > 0$ oder $\mathsf{H} < 0$ ist. Im ersteren Falle hat man

$$0 < \mathsf{H} < 1, \qquad \mathsf{H}' < -1, \qquad \mathsf{H}'' < -1,$$

also

$$N(1-\mathsf{H}) > 0, \qquad N(1+\mathsf{H}) > 0,$$

und daher wieder $N(y') > N(y)$. Hier ist $1+\mathsf{H}$ ebenfalls keine normnegative (möglicherweise jedoch eine normpositive) Einheit. Im letzteren Falle hat man etwa

$$-1 < \mathsf{H} < 0, \qquad \mathsf{H}' < -1, \qquad \mathsf{H}'' > 1$$

(oder entsprechend unter Vertauschung von H' und H''), also

$$N(1-\mathsf{H}) < 0, \qquad N(1+\mathsf{H}) < 0 \text{ und dann } \leqq -1,$$

und daher jedenfalls $N(y') \geqq N(y)$. Die Gleichheit $N(y') = N(y)$ besteht hier dann und nur dann, wenn $N(1+\mathsf{H}) = -1$, also $1+\mathsf{H}$ eine normnegative Einheit ist. Wegen $1 + N(1+\mathsf{H}) = x + x' + 3$ hat man dann

$$1 + \mathsf{H} = [x+3, y] = [-x', y],$$

während

$$-\mathsf{H}^{-1} = [-x', -y']$$

ist. Mit $N(y') = N(y)$ gilt dabei wegen der Normgleichung (1) noch $S(-\varphi y'^3) = S(\varphi y^3)$; die beiden Zahlen $-\varphi y'^3$ und φy^3 aus P_3 haben also gleiche Normen und Spuren. Daher ist entweder $-\varphi y'^3 = \varphi y^3$ oder $-\varphi y'^3 = \overline{\varphi}\overline{y}^3$. Der letztere Fall ist unmöglich, weil der Quotient $\dfrac{\overline{\varphi}}{\varphi}$ auf Grund der in § 1, (9) festgestellten Struktur der Basiszahl φ kein Kubus in P_3 ist. Im ersteren Falle ist $-y'$ zu y durch eine dritte Einheitswurzel assoziiert, also $1+\mathsf{H}$ zu $-\mathsf{H}^{-1}$ konjugiert. Wegen der Unmöglichkeit der Gleichung $1+\mathsf{H} = -\mathsf{H}^{-1}$ (sie hätte $\mathsf{H} = \varrho^{\pm 1}$ zur Folge) muß dann $1+\mathsf{H} = -\mathsf{H}'^{-1}$ oder $-\mathsf{H}''^{-1}$ sein (und zwar bei obiger Normierung der konjugierten $1+\mathsf{H} = -\mathsf{H}'^{-1}$).

5. *Abschätzung von x durch y.* Wir beweisen schließlich:

Satz 8. Für jede Einheit $\mathsf{H} \neq 1$ *ist* $|x| \leqq 2\sqrt{fN(y)}$.

Beweis. Sei $z = y\tau$ gesetzt. Dann ist $|z| = \sqrt{fN(y)}$, $z^3 = f\varphi y^3$, und die Normgleichung (1) lautet

$$P(x) = x^3 - 3x|z|^2 + (z^3 + \overline{z}^3) = 27.$$

Für variables reelles x ist nun

$$P(x) \leqq x^3 - 3x|z|^2 + 2|z|^3 = (x - |z|)^2(x + 2|z|),$$
$$P(x) \geqq x^3 - 3x|z|^2 - 2|z|^3 = (x + |z|)^2(x - 2|z|),$$

sowie

$$P'(x) = 3(x^2 - |z|^2), \qquad P''(x) = 6x.$$

Hiernach gilt:

$P(x)$ fällt konkav für $x \leqq -|z|$, und es ist $P(-2|z|) \leqq 0$,

$P(x)$ wächst konvex für $x \geqq |z|$, und es ist $P(2|z|) \geqq 0$.

Aus der ersteren Aussage folgt (ohne Benutzung der Konkavität) für unser x mit $P(x) = 27$ ohne weiteres die behauptete untere Abschätzung $x > -2|z|$, sogar unter Ausschluß der Gleichheit. Aus der letzteren Aussage folgt (unter Benutzung der Konvexität) zunächst für variables x die schärfere Ungleichung

$$P(x) > P(2|z|) + P'(2|z|)(x - 2|z|) > 9|z|^2(x - 2|z|) \text{ für } x > 2|z|,$$

und daraus unter Beachtung von $z \neq 0$ wegen $\mathsf{H} \neq 1$ weiter

$$P(x) > 27 \qquad \text{für } x \geqq 2|z| + \frac{3}{|z|^2}.$$

Für unser x mit $P(x) = 27$ besteht demnach jedenfalls die obere Abschätzung

$$x < 2|z| + \frac{3}{|z|^2}.$$

Um daraus auf die behauptete schärfere obere Abschätzung $x \leqq 2|z|$ schließen zu können, bleibt zu zeigen, daß es keine ganzrationale Zahl g im Intervall

$$2|z| < g < 2|z| + \frac{3}{|z|^2}$$

oder also keine ganzrationale Quadratzahl g^2 im Intervall

$$4m < g^2 < 4m + \frac{12}{\sqrt{m}} + \frac{9}{m^2} \quad \text{mit } m = |z|^2 = fN(y)$$

gibt. Wegen $f \geqq 7$, $N(y) \geqq 1$ ist nun jedenfalls $m \geqq 7$, also $\frac{12}{\sqrt{m}} + \frac{9}{m^2} < 5$, so daß es genügt, $4m + 1, 2, 3, 4 = g^2$ auszuschließen; $4m + 2, 3$ kommen dabei von vornherein nicht als Quadratzahlen g^2 in Frage, sondern höchstens $4m + 1, 4$. Für $m > 9$ bzw. 144 ist ferner $\frac{12}{\sqrt{m}} + \frac{9}{m^2} < 4$ bzw. 1, so daß es genügt, $4m + 1 = g^2$ für $7 \leqq m \leqq 144$ und $4m + 4 = g^2$ für $7 \leqq m \leqq 9$ auszuschließen. In der Tat stellt man nun sofort fest, daß bei den ungeraden Quadratzahlen $g^2 = 4m + 1$ mit $7 \leqq m \leqq 144$ und bei den geraden Quadratzahlen $g^2 = 4m + 4$ mit $7 \leqq m \leqq 9$ die m nicht von der hier allein in Frage kommenden Form $fN(y)$ sind.

Bemerkung. Wie schon im Beweis festgestellt, ist bei der unteren Abschätzung die Gleichheit ausgeschlossen. Bei der oberen Abschätzung hat die Gleichheit $x = 2\sqrt{fN(y)}$ nach der Normgleichung zur Folge, daß f in 27 aufgeht, so daß dafür nur der Primführer $f = 3^2$ mit $\varphi = 3\varrho$ in Frage kommt. Außerdem muß dabei $N(y)$ Quadratzahl sein. Hätte y einen ganzrationalen Teiler t, so ginge $3t$ in x, also t in H auf, was nur für $t = \pm 1$ zutrifft. Daher folgt $y \simeq y_0^2$ in P_3. Die Normgleichung (1) reduziert sich dann auf $2N(y_0^3) \pm S(\varrho y_0^6) = 1$, oder wenn man $\varrho^2 y_0^3 = y_1$, also $\varrho y_0^6 = y_1^2$ einführt, auf $2N(y_1) \pm S(y_1^2) = 1$. Mit dem Minuszeichen kann diese Gleichung, wie leicht zu sehen, nicht bestehen; mit dem Pluszeichen ist sie genau für die y_1 mit $S(y_1) = \pm 1$ erfüllt, in der ursprünglichen Form also genau für die y_0 mit $S(\varrho^2 y_0^3) = \pm 1$. Die ohne weiteres ersichtliche Lösung $y_0 \cong 1$ liefert die Einheit $\mathsf{H} = [6, 1]$ nebst ihren konjugierten (es ist das die total-positive Grundeinheit E_+ für $f = 3^2$ im Sinne von § 4). Ob weitere Lösungen vorhanden sind, bleibe dahingestellt. Für alle übrigen Führer f ist die Gleichheit auch in der oberen Abschätzung von Satz 8 ausgeschlossen.

§ 4. Existenz, Eindeutigkeit und Kennzeichnung der Grundeinheit

1. Äquivalente Einheiten. Jede Einheit $\mathsf{H} \neq 1$ von K bestimmt durch Reziproken- und Konjugiertenbildung ein Sextupel $\mathsf{H}^{\pm 1}$, $\mathsf{H}'^{\pm 1}$, $\mathsf{H}''^{\pm 1}$ von Einheiten, die untereinander *äquivalent* genannt seien. Da H und H^{-1} von ungleicher Art sind, wird aus einem Reziprokenpaar $\mathsf{H}^{\pm 1}$ ein Vertreter eindeutig durch die Forderung festgelegt, daß H von erster Art sein soll. Ferner wird dann aus dem Konjugiertentripel $\mathsf{H}, \mathsf{H}', \mathsf{H}''$ ein Vertreter H eindeutig durch die Forderung festgelegt, daß $|\mathsf{H}| < 1$ (und dann $|\mathsf{H}'| > 1$, $|\mathsf{H}''| > 1$) sein soll. Demnach gilt:

Satz 9. Die Einheiten H von erster Art mit $|\mathsf{H}| < 1$ bilden ein volles Vertretersystem der Klassen äquivalenter Einheiten $\neq 1$ von K.

2. Existenz und Eindeutigkeit der Grundeinheit. Wir beweisen nunmehr die grundlegende Tatsache:

Satz 10. Es gibt eine Einheit E von K, die zusammen mit ihren konjugierten die Einheitengruppe von K erzeugt. Diese Einheit E liegt bis auf die Auswahl unter ihren äquivalenten eindeutig fest.

Beweis. Den Einheiten H von K entsprechen umkehrbar eindeutig die Punkte $(\log|\mathsf{H}|, \log|\mathsf{H}'|, \log|\mathsf{H}''|)$ im Logarithmenraum von K. Diese Punkte bilden ein zweidimensionales Gitter in der Normeinsebene $\log|\mathsf{H}| + \log|\mathsf{H}'| + \log|\mathsf{H}''| = 0$ des Logarithmenraums. Dem Automorphismenzyklus $1, S, S^2$ von K entspricht im Logarithmenraum die zyklische Vertauschung der Koordinaten, also in der Normeinsebene der Drehungszyklus der Ordnung 3 um den Nullpunkt. Bei diesem Drehungszyklus geht das Einheitengitter in sich über. Daher ist es ein hexagonales Gitter. Seinem regulären Grundsechseck um den Nullpunkt entspricht ein Einheitensextupel $\mathsf{E}^{\pm 1}$, $\mathsf{E}'^{\pm 1}$, $\mathsf{E}''^{\pm 1}$, das die Einheitengruppe von K erzeugt. Jedes andere Einheitensextupel $\mathsf{H}^{\pm 1}$, $\mathsf{H}'^{\pm 1}$, $\mathsf{H}''^{\pm 1}$ entspricht einem vom Grundsechseck verschiedenen regulären Gittersechseck um den Nullpunkt, erzeugt also nur eine echte Untergruppe der Einheitengruppe von K.

Wir normieren E unter den äquivalenten als Einheit erster Art mit $|\mathsf{E}| < 1$ und nennen die so eindeutig festgelegte Einheit E die *Grundeinheit* von K.

3. Die total-positive Grundeinheit. Analog zu Satz 10 beweist man für die Untergruppe der total-positiven Einheiten H_+ die Existenz und wesentliche Eindeutigkeit der *total-positiven Grundeinheit* E_+ von K. Bei der entsprechenden Normierung gilt für sie $\mathsf{E}_+ = \mathsf{E}$ oder E^2, je nachdem E total-positiv ist oder nicht; denn im ersteren Falle sind alle Einheiten H, im letzteren nur alle Einheitenquadrate H^2 total-positiv. Das Kriterium aus Satz 3 kann demgemäß auch so ausgesprochen werden.

Satz 11. Der Einheitensignaturenrang von K ist $r = 1$ oder 3, je nachdem $\mathsf{E}_+ = \mathsf{E}$ oder E^2 ist.

4. Darstellung durch die Grundeinheit. Die nach Satz 10 bestehende eindeutige Darstellung aller Einheiten H durch die Grundeinheit E setzen wir in der Form

$$\mathsf{H} = \mathsf{E}^{\mu - \nu S^2} \qquad (\mu, \nu \text{ ganzrational}) \tag{1}$$

an, mit $\mu - \nu S^2$ statt einfacher $\mu + \nu S$, damit die den Gruppenringelementen $\mu - \nu S^2$ aus dieser Darstellung isomorph zugeordneten Zahlen $\chi(\mu - \nu S^2) = \mu - \nu\varrho^2$ aus P_3 für $\mu \geqq 0$,

$\nu \geqq 0$ im ersten Sextanten der komplexen Zahlenebene liegen. Für die zu H konjugierten Einheiten H′, H″ bestehen dann die Darstellungen

$$(1') \qquad \mathsf{H}' = \mathsf{H}^S = \mathsf{E}^{-\nu+\mu S} = \mathsf{E}^{-(\mu+\nu)-\mu S^2},$$

$$(1'') \qquad \mathsf{H}'' = \mathsf{H}^{S^2} = \mathsf{E}^{-\nu S+\mu S^2} = \mathsf{E}^{\nu+(\mu+\nu)S^2}.$$

Die *Höhe* $[\mathsf{H}:\mathsf{E}]$ von H über E, d. h. der Index der durch H, H′, H″ erzeugten Untergruppe in der durch E, E′, E″ erzeugten Einheitengruppe (auch für den Fall, daß E nicht die Grundeinheit ist), berechnet sich auf Grund der Darstellungen (1), (1′), (1″) zu

$$(2) \qquad [\mathsf{H}:\mathsf{E}] = \mu^2 + \mu\nu + \nu^2 = N(\mu - \nu\varrho^2).$$

Beschränkt man in (1) die Zahl $\mu - \nu\varrho^2$ auf den ersten Sextanten $\mu > 0$, $\nu \geqq 0$ (ohne Nullpunkt und oberen Randstrahl), so erhält man ein volles Vertretersystem der Klassen äquivalenter Einheiten $\neq 1$. Diese Festlegung eines solchen Systems im Logarithmenraum ist für den Beweis der anschließend zu gebenden Kennzeichnung der Grundeinheiten E, E_+ wichtig, während die oben in Satz 9 gegebene Festlegung im Konjugiertenraum der Beschreibung durch die Koordinaten x, y von H und damit der numerischen Rechnung leichter zugänglich ist.

5. Kennzeichnung der Grundeinheit durch eine Minimaleigenschaft. Wir beweisen:

Satz 12. Die Grundeinheit $\mathsf{E} = [x, y]$ *ist, bis auf die Unterscheidung von ihren konjugierten eindeutig, als diejenige Einheit* $\neq 1$ *von* K *gekennzeichnet, für die das Nullpunktabstandsquadrat im Konjugiertenraum* $x^{(2)} = S(\mathsf{E}^2) = \dfrac{x^2 + 2f\,N(y)}{3}$ *möglichst klein ist.*

Die total-positive Grundeinheit $\mathsf{E}_+ = [x_+, y_+]$ *ist, bis auf die Unterscheidung von ihren konjugierten eindeutig, als diejenige total-positive Einheit* $\neq 1$ von K *gekennzeichnet, für die der Rationalteil* $x_+ = S(\mathsf{E}_+)$ *möglichst klein ist.*

Die Beschränkung auf Einheiten $\neq 1$ in diesen Kennzeichnungen läuft nach § 3, (5), (6) auf die Forderungen $y \neq 0$ bzw. $y_+ \neq 0$ oder auf die Einschränkungen $x^{(2)} > 3$ bzw. $x_+ > 3$ in den Minimalforderungen hinaus.

Beweis. Die obigen Darstellungsformeln (1), (1′), (1″) seien jetzt für die Darstellung der Einheitenquadrate H^2 durch das Grundeinheitquadrat E^2 bzw. der total-positiven Einheiten H_+ durch die total-positive Grundeinheit E_+ verstanden (die Exponenten 2 bzw. Indizes + einfachheitshalber weggelassen). Es genügt dann zu zeigen, daß für $\mu > 0$, $\nu \geqq 0$ durchweg

$$S(\mathsf{H}) \geqq S(\mathsf{E}), \qquad S(\mathsf{H}^{-1}) > S(\mathsf{E})$$

gilt, mit Gleichheit im ersteren Falle nur für $\mu = 1$, $\nu = 0$, d. h. $\mathsf{H} = \mathsf{E}$. Beachtet man, daß dem Satz 5 zufolge $S(\mathsf{E}^{-1}) = x' > x = S(\mathsf{E})$ ist, da E für die total-positive Einheit erster Art E^2 bzw. E_+ steht, so genügt hierzu auf Grund von Rekursion in μ, ν der Nachweis, daß für $\mu > 0$, $\nu \geqq 0$ durchweg gilt:

(I) $S(\mathsf{E}\mathsf{H}) > S(\mathsf{E})$ oder $S(\mathsf{H})$, (I′) $S(\mathsf{E}^{-1}\mathsf{H}^{-1}) > S(\mathsf{E}^{-1})$ oder $S(\mathsf{H}^{-1})$,

(II) $S(\mathsf{E}''^{-1}\mathsf{H}) > S(\mathsf{E}^{-1})$ oder $S(\mathsf{H})$, (II′) $S(\mathsf{E}''\mathsf{H}^{-1}) > S(\mathsf{E})$ oder $S(\mathsf{H}^{-1})$.

Nun ist normierungsgemäß

$$\mathsf{E} < 1, \qquad \mathsf{E}' > 1, \qquad \mathsf{E}'' > 1,$$

also

$$\mathsf{E}''^{-1} < 1, \qquad \mathsf{E}^{-1} > 1, \qquad \mathsf{E}'^{-1} < 1.$$

Für $\mu>0$, $\nu\geqq 0$ ist daher nach (1), (1′), (1″) entweder

(a) $\mathsf{H}<1, \quad \mathsf{H}'>1, \quad \mathsf{H}''>1$ (H von erster Art)

oder

(b) $\mathsf{H}<1, \quad \mathsf{H}'>1, \quad \mathsf{H}''<1$ (H von zweiter Art).

Die Behauptungen (II), (II′) laufen hiernach durch Vertauschung der ersten und dritten konjugierten und unter Vertauschung der Voraussetzungen (a), (b) auf die Behauptungen (I′), (I) zurück. Es genügt daher, die Behauptungen (I), (I′) unter jeder der Voraussetzungen (a), (b) zu beweisen.

Unter der Voraussetzung (a) hat man nun wegen der Gleichartigkeit der Ungleichungen für E und H einfach

$$S(\mathsf{EH})-S(\mathsf{E})=S(\mathsf{E}(\mathsf{H}-1))>S(\mathsf{H}-1)=S(\mathsf{H})-3>0,$$
$$S(\mathsf{EH})-S(\mathsf{H})=S((\mathsf{E}-1)\mathsf{H})>S(\mathsf{E}-1)=S(\mathsf{E})-3>0,$$

sowie ebenso die beiden entsprechenden Ungleichungen für die reziproken E^{-1} und H^{-1}.

Unter der Voraussetzung (b) hat man etwas umständlicher

$$\begin{aligned} S(\mathsf{EH})-S(\mathsf{H}) &= S((\mathsf{E}-1)\mathsf{H}) > (\mathsf{E}-1)+(\mathsf{E}'-1)\mathsf{H}'+(\mathsf{E}''-1)\mathsf{H}'^{-1} \\ &\geqq (\mathsf{E}-1)+2\sqrt{(\mathsf{E}'-1)(\mathsf{E}''-1)} = -(1-\mathsf{E})+\frac{2\sqrt{N(1-\mathsf{E})}}{\sqrt{1-\mathsf{E}}} \\ &\geqq -(1-\mathsf{E})+\frac{2}{\sqrt{1-\mathsf{E}}} > -1+2>0, \end{aligned}$$

sowie unter Vertauschung von E und H entsprechend $S(\mathsf{E}^{-1}\mathsf{H}^{-1})-S(\mathsf{E}^{-1})>0$.

Damit sind die Behauptungen (I), (I′), (II), (II′) in jedem Falle bewiesen, und zwar (I), (I′) im Falle (a) sowie (II), (II′) im Falle (b) sogar mit „und“ statt „oder“.

Bemerkung. Gelänge es, in jedem Falle die Richtigkeit der mit „oder“ angeschlossenen Behauptung festzustellen, so folgte, daß $S(\mathsf{H})$ und $S(\mathsf{H}^{-1})$ für $\mu>0$, $\nu\geqq 0$ mit μ,ν monoton wachsen; ob dies richtig ist, erscheint fraglich. Zu vermuten ist aber, daß $S(\mathsf{H})$ und $S(\mathsf{H}^{-1})$ (für total-positive H) mit der Höhe $\mu^2+\mu\nu+\nu^2$ monoton wachsen; doch ist mir der Nachweis hierfür nicht gelungen.

§ 5. Verfahren zur Berechnung der Grundeinheit

Die Koordinaten x, y der Grundeinheit E sind nach § 4, Satz 12 und der Bemerkung bei § 3, (1), bis auf die Festlegung eines dritten Einheitswurzelfaktors an y eindeutig, als diejenige ganzzahlige Lösung der Normgleichung

$$x^3-3fxN(y)+fS(\varphi y^3)=27 \tag{1}$$

gekennzeichnet, für die $x^2+2fN(y)$ möglichst klein und $y\neq 0$ ist. Bei durch den Führer f und die Basiszahl $\varphi=\dfrac{a+b\sqrt{-3}}{2}$ gegebenem Körper K ergibt sich zur Bestimmung dieser Lösung das folgende Verfahren.

1. Bestimmung einer Lösung mit minimalem $N(y)$. Unter jeweiliger Zusammenfassung der Paare entgegengesetzt gleicher $\pm y$ schreibe man die Normgleichung (1) in der Form

$$\frac{x^3-27}{f}-3xN(y)\pm S(\varphi y^3)=0. \tag{2}$$

Man wähle ein Vertretersystem nicht-assoziierter ganzer $y \neq 0$ aus P_3, etwa das für die Rechnung besonders bequeme System

$$y = u + v\sqrt{-3} \quad \text{mit} \quad (u, v) = 2^{\varkappa}(u_0, v_0), \quad \varkappa \geqq 0, \quad u_0 + v_0 \not\equiv 0 \bmod 2, \ u_0 + v_0 > 0$$

aus dem Ring mod 2 von P_3; dann ist

$$N(y) = u^2 + 3v^2, \quad S(\varphi y^3) = au(u^2 - 9v^2) - 9bv(u^2 - v^2).$$

Für x kommen nur die 3^{n+1} Restklassen $x \bmod f$ mit

$$x^3 \equiv 27 \bmod f$$

in Frage (wo n die Bedeutung aus § 1, (5) hat). Dazu tritt bei festem y nach § 2, Satz 2 noch die weitere Kongruenzeinschränkung[1]

$$x \equiv u \bmod 3 \quad \text{für } 3 \nmid f.$$

sowie nach § 3, Satz 8 die Größenbeschränkung[2]

$$|x| \leqq 2\sqrt{f N(y)}\,.$$

Nach steigenden $N(y)$ und bei festem y nach steigenden $|x|$ fortschreitend prüfe man dann jeweils für diese endlich vielen x, ob die Normgleichung (2) für eines der beiden $\pm\, y$ besteht Im Falle $3 | f$ kann man dabei die Rechnung vermöge $f = 3^2 f_0$, $a = 3a_0$, $b = 3b_0$, $x = 3x_0$ noch auf kleinere Zahlen reduzieren.

Nach endlich vielen Schritten erhält man so notwendig einmal eine Normgleichungslösung $\mathsf{E}_0 = [x_0, y_0]$, und zwar ist dies E_0 diejenige Einheit $\neq 1$ von K, für die in erster Linie $N(y_0)$ und in zweiter Linie $|x_0|$ möglichst klein ist.

2. *Bestimmung der Lösung mit minimalem* $x^2 + 2fN(y)$. Für die erhaltene Lösung $\mathsf{E}_0 = [x_0, y_0]$ ist $x_0^2 + 2fN(y_0)$ noch nicht notwendig minimal. Es bleibt demnach zu prüfen, ob weitere Normgleichungslösungen $\mathsf{E} = [x, y]$ mit

$$\text{zwar} \quad N(y) > N(y_0), \qquad \text{aber} \quad x^2 + 2fN(y) < x_0^2 + 2fN(y_0)$$

vorhanden sind. Dazu setze man das beschriebene Verfahren im Intervall

$$N(y_0) < N(y) \leqq N(y_0) + \frac{x_0^2 - 1}{2f}$$

fort, unter jeweiliger Beschränkung auf

$$x^2 < x_0^2 - 2f(N(y) - N(y_0)),$$

oder etwas weniger scharf

$$|x| < |x_0| - \frac{f(N(y) - N(y_0))}{|x_0|},$$

neben der im Verfahren auftretenden Größenbeschränkung $|x| \leqq 2\sqrt{f N(y)}$. Findet man dabei keine weitere Lösung — also a fortiori für $x_0^2 \leqq 2f$ —, so ist bereits E_0 zur Grundeinheit E konjugiert. Andernfalls sei $\mathsf{E}_1 = [x_1, y_1]$ die erste sich einstellende weitere Lösung. Dann gehe man mit E_1 in gleicher Weise vor wie oben mit E_0, und fahre so fort, bis das Verfahren mit einer Lösung $\mathsf{E}_r = [x_r, y_r]$ dadurch zum Abschluß kommt, daß $x_r^2 \leqq 2f$ wird oder keine weiteren Lösungen vorhanden sind; dies muß wegen des dauernden Abnehmens von $x^2 + 2fN(y)$ nach endlich vielen Schritten eintreten. Es ist dann E_r zur Grundeinheit E konjugiert.

---

[1] Diese Einschränkung ist zwar, wie bei § 3, (1) bemerkt, theoretisch entbehrlich; sie führt jedoch praktisch zu einer Vereinfachung des Verfahrens.

[2] Hinsichtlich des Gleichheitszeichens siehe die Bemerkung zu Satz 8.

3. *Obere Schranke für* $N(y)$. Für die Durchführung des vorstehenden Verfahrens ist es erwünscht, von vornherein eine obere Schranke für $x^2 + 2fN(y)$ und damit auch für $N(y)$ zu kennen, so daß man nicht ins Ungewisse hinein zu rechnen braucht. Kennt man überhaupt eine Einheit $\mathsf{H} \neq 1$ von K, in ihrer Basisdarstellung $\mathsf{H} = [X, Y]$, so ist $X^2 + 2fN(Y)$ nach § 4, Satz 12 eine obere Schranke für $x^2 + 2fN(y)$. Nun werden wir im dritten Abschnitt für die in der Klassenzahlformel auftretende erzeugende Kreiseinheit $\mathsf{H} = \Theta^{1-S}$ von K die Basisdarstellung bestimmen (siehe § 18). Diese Bestimmung liefert dann eine Schranke der gewünschten Art. Bei zusammengesetztem f ist auch schon die der Bildung von H zugrunde liegende Zahl Θ eine (nicht notwendig normpositive) Einheit von K; sie liefert nach § 4, Satz 12 eine bessere Schranke.

4. *Normierung von* E. Zur vollständigen Bestimmung der Grundeinheit $\mathsf{E} = [x, y]$ bleibt jetzt noch zu entscheiden, bei welcher Normierung des dritten Einheitswurzelfaktors an y die Normierung $|\mathsf{E}| < 1$ unter den konjugierten vorliegt. Hierzu hat man die konjugierten $\mathsf{E}, \mathsf{E}', \mathsf{E}''$ mit hinreichender Annäherung numerisch zu berechnen.

Wir gehen dazu aus von den Formeln

$$\text{(3)} \qquad \left\{\begin{aligned} \Omega \;&= \frac{\delta + \tau + \bar{\tau}}{3} = \mu_3(f) \sum_{a} e_f(a) = 2\mu_3(f) \sum_{\pm a} \cos \frac{2\pi a}{f} \\ \Omega' &= \frac{\delta + \varrho\tau + \varrho^{-1}\bar{\tau}}{3} = \mu_3(f) \sum_{a'} e_f(a') = 2\mu_3(f) \sum_{\pm a'} \cos \frac{2\pi a'}{f} \\ \Omega'' &= \frac{\delta + \varrho^2\tau + \varrho^{-2}\bar{\tau}}{3} = \mu_3(f) \sum_{a''} e_f(a'') = 2\mu_3(f) \sum_{\pm a''} \cos \frac{2\pi a''}{f} \end{aligned}\right\}$$

mit

$$\delta = \Omega + \Omega' + \Omega'' = \frac{\mu(f)}{\mu_3(f)} = \begin{Bmatrix} 1 \text{ für } 3 \nmid f \\ 0 \text{ für } 3 \mid f \end{Bmatrix},$$

wo a, a', a'' Vertretersysteme der Restklassen mod f aus H, sH, s^2H (also mit $\chi(a) = 1$, $\chi(a') = \varrho^{-1}$, $\chi(a'') = \varrho^{-2}$) durchlaufen und in den Cosinussummen nur über die Vertreterpaare $\pm a, \pm a', \pm a''$ entgegengesetzter Restklassen mod f (also sog. Halbsysteme mod f aus H, sH, s^2H) summiert ist. Die so definierten $\Omega, \Omega', \Omega''$ sind ein System zueinander konjugierter ganzer Zahlen aus K. Wir unterscheiden dann die beiden Fälle $3 \nmid f$ und $3 \mid f$.

a) Im Falle $3 \nmid f$ sind $\Omega, \Omega', \Omega''$ linear unabhängig über P, man kann also ansetzen:

$$\text{(4a)} \qquad \mathsf{E} = \frac{x + y\tau + \bar{y}\bar{\tau}}{3} = z\Omega + z'\Omega' + z''\Omega''$$

mit rationalen z, z', z''. Dann ist

$$x = z + z' + z'',$$
$$y = z + z'\varrho + z''\varrho^2,$$

d. h. es sind z, z', z'' die sog. Trigonalkoordinaten von y mit der Summe x, explizit gegeben durch

$$\text{(5a)} \qquad z = \frac{x + S(y)}{3}, \quad z' = \frac{x + S(\varrho^{-1}y)}{3}, \quad z'' = \frac{x + S(\varrho^{-2}y)}{3}.$$

Mit Hinblick auf die Ganzheitsbedingung $y \equiv x \bmod 1 - \varrho$ aus § 2, Satz 2 sind z, z', z'' ganz. Die Zahlen $\Omega, \Omega', \Omega''$ bilden also in diesem Falle eine Ganzheitsnormalbasis von K, und z, z', z'' sind die zugehörigen Normalkoordinaten von E. Die entsprechenden Normalkoordinaten der konjugierten $\mathsf{E}', \mathsf{E}''$ ergeben sich dann durch zyklische Vertauschung von z, z', z''.

b) Im Falle $3 \mid f$ sind $\Omega, \Omega', \Omega''$ linear abhängig über P: ihre Summe ist 0. Man kann hier also nur ansetzen:

$$(4\text{b}) \qquad \mathsf{E} = \frac{x + y\tau + \bar{y}\bar{\tau}}{3} = \frac{x + z\Omega + z'\Omega' + z''\Omega''}{3}$$

mit rationalen z, z', z'' der Summe

$$z + z' + z'' = 0.$$

Dann ist

$$y = \frac{z + z'\varrho + z''\varrho^2}{3},$$

d.h. sind z, z', z'' die Trigonalkoordinaten von $3y$ mit der Summe 0, explizit gegeben durch

$$(5\text{b}) \qquad z = S(y), \qquad z' = S(\varrho^{-1}y), \qquad z'' = S(\varrho^{-2}y).$$

Mit Rücksicht auf den herausgezogenen Nenner 3 sind z, z', z'' wieder ganz, und neben der Ganzheitsbedingung $x \equiv 0 \bmod 3$ aus § 2, Satz 2 hat man hier die Kongruenzen $z \equiv z' \equiv z'' \bmod 3$. Eine Ganzheitsnormalbasis von K gibt es in diesem Falle nicht, wie man leicht nachweisen kann. Auch hier ergeben jedoch die E neben x eindeutig zugeordneten Koordinaten z, z', z'' durch zyklische Vertauschung die entsprechenden Koordinaten der konjugierten $\mathsf{E}', \mathsf{E}''$.

Auf Grund der Basisdarstellung (4) mit den gemäß (5) bestimmten Koordinaten z, z', z'' ergeben sich die numerischen Werte von $\mathsf{E}, \mathsf{E}', \mathsf{E}''$ durch Berechnung von $\Omega, \Omega', \Omega''$ vermittels der Cosinussummen in (3). Da es für den hier verfolgten Zweck nur auf die Größe von $\mathsf{E}, \mathsf{E}', \mathsf{E}''$ im Vergleich zu 1 ankommt, genügt eine grobe numerische Näherung für $\Omega, \Omega', \Omega''$, etwa durch Berechnung der Cosinussummen mit dem Rechenschieber. Durch Bestimmung der relativen Lage von $\mathsf{E}, \mathsf{E}', \mathsf{E}''$ zu 0 ergibt sich in der gleichen Weise auch noch die Signatur von E.

5. *Beispiel.* Wir wollen das vorstehend geschilderte Verfahren zur Berechnung der Grundeinheit noch an einem Beispiel erläutern.

$$\underline{f = 31, \quad \varphi = -2 + 3\sqrt{-3}.}$$

$N(y)$	y	$S(\varphi y^3)$	$[2\sqrt{fN(y)}]$	$x \bmod 3$	$x \equiv 3, 13, 15 \bmod 31$
1	1	-4	11	1	—
3	$\sqrt{-3}$	54	19	0	$3, 15, -18$
4	2	-32	22	2	-16
7	$\begin{cases} 2+\sqrt{-3} \\ 2-\sqrt{-3} \end{cases}$	$\begin{rcases} -122 \\ 202 \end{rcases}$	29	2	$-16, -28$
9	3	-108	33	0	$3, 15, -18$
12	$2\sqrt{-3}$	432	38	0	$3, 15, -18$

Die beiden ersten Spalten geben das Vertretersystem nicht-assoziierter ganzer $y \neq 0$ aus P_3, geordnet nach steigenden $N(y)$; es ist für alle f dasselbe. Die dritte Spalte gibt die zugehörigen Werte von $S(\varphi y^3)$. Die vierte und fünfte Spalte geben die für x jeweils vorliegenden Betragsschranken und Kongruenzwerte mod 3. Die sechste Spalte gibt jeweils die endlich vielen Lösungen von $x^3 \equiv 27 \bmod f$ mit diesen Größen- und Kongruenzbeschränkungen. Für diese den einzelnen y zugeordneten x wird dann nachstehend weitergerechnet.

$y=\sqrt{-3}$

x	$\frac{x^3-27}{f}$	$3xN(y)$	Diff.
3	0	27	—27
15	108	135	—27
—18	—189	—162	—27

$y=2$

x	$\frac{x^3-27}{f}$	$3xN(y)$	Diff.
—16	—133	—192	59

$y=2\pm\sqrt{-3}$

x	$\frac{x^3-27}{f}$	$3xN(y)$	Diff.
—16	—133	—336	203
—28	—709	—588	—121

$y=3$

x	$\frac{x^3-27}{f}$	$3xN(y)$	Diff.
3	0	81	—81
15	108	405	—297
—18	—189	486	—695

$y=2\sqrt{-3}$

x	$\frac{x^3-27}{f}$	$3xN(y)$	Diff.
3	0	108	—108
15	108	540	—**432**
—18	—189	—648	459

Die in den letzten Spalten angegebene Differenz $\frac{x^3-27}{f} - 3xN(y)$ stimmt zum erstenmal für $y=2\sqrt{-3}$ bei $x=15$ mit der oben in der dritten Spalte angegebenen Größe $S(\varphi y^3)$ dem Betrage nach überein. Dementsprechend ist $\mathsf{E}_0=[15, 2\sqrt{-3}]$ die erste auftretende Normgleichungslösung.

Das Verfahren ist dann noch im Intervall $12 < N(y) \leqq 12 + \frac{15^2-1}{2\cdot 31}$, also $12 < N(y) \leqq 15$ fortzusetzen. Darin kommt nur $N(y)=13$ in Frage, mit $y=1\pm 2\sqrt{-3}$ und der zusätzlichen Beschränkung $|x| < 15 - \frac{31}{15}$, also $|x| \leqq 12$, neben den Beschränkungen $x\equiv 1 \bmod 3$ und $x\equiv 3, 13, 15 \bmod 31$ des Verfahrens. Ein solches x gibt es nicht. Demnach ist die Grundeinheit E zu der gefundenen Einheit $\mathsf{E}_0=[15, 2\sqrt{-3}]$ konjugiert.

Es ist jetzt noch die konjugierte mit $|\mathsf{E}|<1$ zu bestimmen. Für den Primteiler $\varphi=\pi=-2+3\sqrt{-3}$ von $f=p=31$ in P_3 hat man

$$\sqrt{-3}\equiv 11 \bmod \pi, \qquad \text{also} \qquad \varrho, \varrho^2 \equiv 5, -6 \bmod \pi,$$

und daher

$$\chi(3)\equiv 3^{10}\equiv -6\equiv \varrho^2 \bmod \pi, \qquad \text{also} \quad \chi(3)=\varrho^2.$$

Von der primitiven Wurzel 3 mod 31 ausgehend ergeben sich dann die Vertretersysteme a, a', a'' und die zugehörigen Cosinussummen $\Omega, \Omega', \Omega''$ aus (3) wie folgt:

a	$\frac{2\pi a}{f}$	$\cos\frac{2\pi a}{f}$
1	11,6°	0,98
2	23,2°	0,92
4	46,4°	0,69
8	92,9°	— 0,05
15	174,1°	— 0,99
		1.55

a'	$\frac{2\pi a'}{f}$	$\cos\frac{2\pi a'}{f}$
3	34,8°	0,82
6	69,7°	0,35
7	81,3°	0,15
12	139,3°	— 0,76
14	162,6°	— 0,95
		— 0,39

a''	$\frac{2\pi a''}{f}$	$\cos\frac{2\pi a''}{f}$
5	58,0°	0,53
9	104,5°	— 0,25
10	116,1°	— 0,44
11	127,7°	— 0,61
13	150,9°	— 0,87
		— 1,64

$$\Omega=-3{,}10, \qquad \Omega'=0{,}78, \qquad \Omega''=3{,}28.$$

Die Normalkoordinaten (5a) von $[x, y]=[15, 2\sqrt{-3}]$ sind ferner

$$z=5, \qquad z'=7, \qquad z''=3.$$

Daraus liest man gemäß (4a) die Größe von E_0, E_0', E_0'' wie folgt ab:

$$-1 < E_0 < 0, \qquad E_0' > 1, \qquad E_0'' < -1.$$

Die normierte Grundeinheit E stimmt somit mit E_0 überein:

$$E = [15, 2\sqrt{-3}].$$

§ 6. Verfahren zur Berechnung der Höhe einer Einheit

Kennt man die Basisdarstellung $H = [X, Y]$ einer Einheit und damit nach § 3, (2) auch die Basisdarstellung $H^{-1} = [X', Y']$ ihrer reziproken, so kann man den Gruppenringexponenten $\mu - \nu S^2$ in ihrer Darstellung

$$H = E^{\mu - \nu S^2}$$

durch die Grundeinheit E und damit nach § 4, (2) die Höhe

$$[H : E] = N(\mu - \nu\varrho^2) = \mu^2 \dot{+} \mu\nu + \nu^2$$

durch das folgende einfache Verfahren bestimmen.

Die Grundeinheit $E = [x, y]$ und ihre reziproke $E^{-1} = [x', y']$ genügen nebst ihren konjugierten nach § 3, (4) den kubischen Gleichungen

$$E^3 = xE^2 - x'E + 1, \qquad E^{-3} = x'E^{-2} - xE^{-1} + 1.$$

Setzt man also

$$E^{\mu - \nu S^2} = E^{\mu} E''^{-\nu} = E_{\mu\nu} = [x_{\mu\nu}, y_{\mu\nu}],$$

so bestehen für die $E_{\mu\nu}$ die Rekursionsformeln

$$E_{\mu+3,\nu} = x E_{\mu+2,\nu} - x' E_{\mu+1,\nu} + E_{\mu\nu},$$
$$E_{\mu,\nu+3} = x' E_{\mu,\nu+2} - x E_{\mu,\nu+1} + E_{\mu\nu}.$$

Entsprechende Rekursionsformeln gelten dann für jede der beiden Koordinaten $x_{\mu\nu}$, $y_{\mu\nu}$. Hiernach berechnen sich alle Einheiten $E_{\mu\nu}$ von K rekursiv aus den neun Einheiten $E_{\mu_0\nu_0}$ mit $\mu_0, \nu_0 = 0, 1, -1$, die man mit E nach den Formeln aus § 2, *3* kennt. Da man mit $H^{\pm 1}$ auch die konjugierten $H'^{\pm 1}$, $H''^{\pm 1}$ kennt, genügt es, diese rekursive Berechnung für die Gruppenringexponenten $\mu - \nu S^2$ mit zugeordneten Zahlen $\mu - \nu\varrho^2$ aus dem ersten Sextanten $\mu \geqq 0$, $\nu \geqq 0$ ablaufen zu lassen. Man rechne also, von den neun Einheiten $E_{\mu_0\nu_0}$ ausgehend, nach steigenden μ, ν so lange, bis man eine Einheit $E_{\mu\nu}$ findet, die dem Sextupel $H^{\pm 1}$, $H'^{\pm 1}$, $H''^{\pm 1}$ angehört, d. h. bis sich eines der sechs Gleichungspaare $[x_{\mu\nu}, y_{\mu\nu}] = [X, \varrho^{\varkappa} Y]$ oder $[X', \varrho^{\varkappa} Y']$ $(\varkappa = 0, 1, 2)$ einstellt.

II. Die Arithmetik in (ab § 9 reellen) zyklischen biquadratischen Zahlkörpern

§ 7. Invariante Kennzeichnung des Körpers

An die allgemeinen Ausführungen in § 1, *1* anknüpfend sei in diesem zweiten Abschnitt der Grad $m = 4$, also K ein zyklischer biquadratischer Zahlkörper. Dann liegt die Zahl $\tau(\chi)^4$ im imaginären quadratischen Zahlkörper $P_4 = P(\sqrt{-1})$ der primitiven vierten Einheitswurzeln $i^{\pm 1} = \pm i = \pm\sqrt{-1}$.

1. Arithmetische Struktur von F und χ. Wir bezeichnen hier den Führer von K mit F und den Führer des reellen quadratischen Teilkörpers $\varkappa$ mit f. Es ist dann

$$\varkappa = P(\sqrt{f}).$$

Der erzeugende Charakter von $\varkappa$ ist χ^2. Da f in F aufgeht, hat man

(1) $$F = fG$$

mit ganzem G. Es sei ferner

(2) $$\chi = \chi^* \psi$$

die schon in *Hasse* [3, § 18] eingeführte eindeutige Zerlegung des erzeugenden Charakters χ von K in einen reinen biquadratischen Charakter χ^* und einen quadratischen Charakter ψ (der auch 1 sein kann), sowie

(3) $$F = F^* g \qquad \text{mit } (F^*, g) = 1$$

die zugehörige Zerlegung von F in den Führer F^* von χ^* und den Führer g von ψ. Wegen $\psi^2 = 1$ ist $\chi^2 = \chi^{*2}$. Wie in § 1, (4) sei schließlich

(4) $$\chi^* = \chi_0 \chi_1 \cdots \chi_n$$

die eindeutige Zerlegung von χ^* in Komponenten χ_ν von Primzahlpotenzführern; diese χ_ν sind nach der Definition von χ^* sämtlich biquadratisch.

Als Komponenten χ_ν kommen in Frage:

a) für jede Primzahl $p \equiv 1 \bmod 4$ die beiden konjugierten biquadratischen Charaktere $\chi_p, \bar{\chi}_p$ vom Führer p, gegeben durch die biquadratischen Restsymbole

$$\chi_p(x) = \left(\frac{x}{\mathfrak{p}}\right)_4, \qquad \bar{\chi}_p(x) = \left(\frac{x}{\bar{\mathfrak{p}}}\right)_4$$

nach den beiden konjugierten Primdivisoren von $p \cong \mathfrak{p}\bar{\mathfrak{p}}$ in P_4; nach dem verallgemeinerten Eulerschen Kriterium[1] sind diese beiden Restsymbole eindeutig durch die Kongruenzen

$$\chi_p(x) \equiv x^{\frac{p-1}{4}} \bmod \mathfrak{p}, \qquad \bar{\chi}_p(x) \equiv x^{\frac{p-1}{4}} \bmod \bar{\mathfrak{p}}$$

gekennzeichnet.

b) für die Primzahl 2 die beiden geraden und die beiden ungeraden biquadratischen Charaktere $\chi_{2^4}^{(\nu)}, \bar{\chi}_{2^4}^{(\nu)}$ $(\nu = 0, 1)$ vom Führer 2^4, gegeben durch die biquadratischen Restsymbole

$$\chi_{2^4}^{(\nu)}(x) = \left(\frac{-1}{x}\right)_4^{\nu} \left(\frac{1-i}{x}\right)_4 = (-1)^{\nu\frac{x-1}{2}} i^{\frac{x^2-1}{8}}, \qquad \bar{\chi}_{2^4}^{(\nu)}(x) = \left(\frac{-1}{x}\right)_4^{\nu} \left(\frac{1+i}{x}\right)_4 = (-1)^{\nu\frac{x-1}{2}} i^{-\frac{x^2-1}{8}}$$

mit den angegebenen expliziten Darstellungen nach den beiden Ergänzungssätzen zum biquadratischen Reziprozitätsgesetz[2].

Bezeichnet jeweils χ_p bzw. χ_{2^4} die in χ^* auftretende Komponente, so hat man demnach

(5a) $$\left.\begin{cases} F = p_0 p_1 \cdots p_n g, & \chi = \chi_{p_0} \chi_{p_1} \cdots \chi_{p_n} \psi \\ f = p_0 p_1 \cdots p_n = F^*, & G = g, \ (f, G) = 1 \end{cases}\right\} \quad \text{für } 2 \nmid f,$$

(5b) $$\left.\begin{cases} F = 2^4 p_1 \cdots p_n g, & \chi = \chi_{2^4} \chi_{p_1} \cdots \chi_{p_n} \psi \\ f = 2^3 p_1 \cdots p_n = \dfrac{1}{2} F^*, & G = 2g, \ (f, G) = 2 \end{cases}\right\} \quad \text{für } 2 \mid f,$$

mit $n + 1$ bzw. n verschiedenen Primzahlen $p_\nu \equiv 1 \bmod 4$, wobei $n \geqq 0$ ist, und einem zu f primen quadratischen Führer g (der auch 1 sein kann).

Durch Vorgabe eines Führers F dieser Art ist der Körper K noch nicht vollständig bestimmt, auch dann nicht, wenn man noch den Teiler f und damit den quadratischen Teilkörper $\varkappa$ vorgibt, sondern erst durch Vorgabe des zugehörigen Charakters χ (oder auch nur der Kongruenzgruppe H), d. h. durch zusätzliche Festlegung der Komponenten χ_ν

---

[1] Siehe etwa *Hasse* [1, Teil II, § 10, (2)].

[2] Siehe etwa *Hasse* [1, Teil II, § 19, VI].

gegenüber ihren konjugierten $\bar{\chi}_p$. Dabei liefern immer nur je zwei konjugierte Charaktere $\chi, \bar{\chi}$ denselben Körper K. Es ist hier noch zu unterscheiden, ob χ gerade oder ungerade und demgemäß K reell oder imaginär ist. Nun ist eine Komponente χ_p gerade oder ungerade, je nachdem $p \equiv 1$ oder 5 mod 8 ist, was auch durch die Alternative $\chi_p^2(2) = \pm 1$ zum Ausdruck gebracht werden kann. Ferner gibt es zu einem gegebenen quadratischen Führer g nur einen quadratischen Charakter ψ von bestimmter Parität, wenn höchstens $2^2 | g$ ist, dagegen zwei solche von entgegengesetzter Parität, wenn $2^3 | g$ ist. Damit ergibt sich für die Anzahlen N und N' der reellen und imaginären zyklischen biquadratischen Zahlkörper K zu vorgegebenem Führer F und quadratischem Teilführer f (quadratischem Teilkörper $\varkappa$) der in (5) angegebenen Struktur folgender Tatbestand:

Für $2^3 \nmid F$ ist $N = 2^n$, $N' = 0$ oder $N = 0$, $N' = 2^n$, je nachdem $\chi^2(2)\psi(-1) = \pm 1$.

Für $2^3 | F$ ist $N = 2^n$ und $N' = 2^n$, und zwar erhält man die 2^n imaginären aus den 2^n reellen Körpern, indem man

$$\left.\begin{cases}\text{für } 2^3 | g \text{ in dem quadratischen Charakter } \psi \\ \text{für } 2^3 | f \text{ in der biquadratischen Komponente } \chi_{2^4}\end{cases}\right\}\text{ die Parität wechselt.}$$

Dann und nur dann sind die Anzahlen $N \left\{\begin{matrix}\text{oder}\\ \text{und}\end{matrix}\right\} N' = 1$, wenn $n = 0$, also f (*reell-quadratischer*) *Primführer* ist:

$$(6_0) \qquad f = p \equiv 1 \bmod 4 \qquad \text{oder} \qquad f = 2^3.$$

Dabei ist noch g willkürlich. Nur wenn $g = 1$ ist, ist auch F (*biquadratischer*) *Primführer:*

$$(6) \qquad F = p \equiv 1 \bmod 4 \qquad \text{oder} \qquad F = 2^3.$$

Für den ersteren Typus gibt es genau einen Körper K, der reell oder imaginär ist, je nachdem $p \equiv 1$ oder 5 mod 8 ist; für den letzteren Typus gibt es genau einen reellen und genau einen imaginären Körper K.

2. *Arithmetische Kennzeichnung von* $\frac{\tau(\chi)^2}{\tau(\chi^2)}$ *und* $\tau(\chi)^4$. Um zu einer arithmetischen Kennzeichnung der in der Kummer-Erzeugung § 1, (3) auftretenden Zahl $\tau(\chi)^4$ aus P_4 zu gelangen, lösen wir die entsprechende Aufgabe gleich für die ebenfalls benötigte Zahl $\frac{\tau(\chi)^2}{\tau(\chi^2)}$ aus P_4, deren Nenner bekanntlich $\tau(\chi^2) = \sqrt{f}$ mit positiver Quadratwurzel ist. Den Zerlegungen (2), (4), (5) entsprechend ergibt sich für diese Zahl durch Komponentenzerlegung der Gaußschen Summen[1] die Zerlegung

$$(7) \qquad \frac{\tau(\chi)^2}{\tau(\chi^2)} = \varepsilon\chi^2(g)\frac{\tau(\chi_0)^2}{\tau(\chi_0^2)}\frac{\tau(\chi_1)^2}{\tau(\chi_1^2)}\cdots\frac{\tau(\chi_n)^2}{\tau(\chi_n^2)}\tau(\psi)^2$$

mit dem Vorzeichenfaktor

$$\varepsilon = \left\{\begin{matrix} 1 & \text{für } 2 \nmid f \\ \chi_{2^4}^2(p_1 \cdots p_n) = \chi_{p_1}(-1)\cdots\chi_{p_n}(-1) & \text{für } 2 | f \end{matrix}\right\}.$$

a) Für eine Komponente χ_p mit $p \equiv 1 \bmod 4$ hat man nun nach *Davenport-Hasse* [1, § 4] zunächst

$$\tau(\chi_p)^4 \cong \mathfrak{p}^3\bar{\mathfrak{p}} \cong p\,\mathfrak{p}^2,$$

also

$$\frac{\tau(\chi_p)^2}{\tau(\chi_p^2)} \cong \mathfrak{p}.$$

[1] Siehe § 1, 3, Fußnote [3].

Durch eine ähnliche Schlußweise wie bei *Davenport-Hasse* [1, § 7, (4)] folgt ferner

$$\frac{\tau(\chi_p)^2}{\tau(\chi_p^2)} = \pi(\chi_p, \chi_p) = \sum_{\substack{x,\, y \bmod p \\ x+y\equiv 1 \bmod p}} \chi_p(x)\chi_p(y) = \chi_p^2(\tfrac{1}{2}) + 2 \sum_{\substack{x,\, y \bmod p \\ x+y\equiv 1 \bmod p \\ x<y}} \chi_p(x)\chi_p(y)$$

$$\equiv \chi_p^2(2) + 2\,\frac{p-3}{2} \equiv \chi_p^2(2) + 2 \equiv -\chi_p^2(2) \equiv -\chi_p(-1) \bmod 2(1-i).$$

Zusammengenommen ergibt sich die arithmetische Kennzeichnung

$$\text{(8a)} \qquad \frac{\tau(\chi_p)^2}{\tau(\chi_p^2)} = -\chi_p(-1)\pi,$$

wo π derjenige Primfaktor von $p = \pi\bar{\pi}$ in P_4 ist, der gegenüber seinem konjugierten $\bar{\pi}$ durch die Darstellung

$$\chi_p(x) = \left(\frac{x}{\pi}\right)_4 \qquad \text{oder also} \qquad \chi_p(x) \equiv x^{\frac{p-1}{4}} \bmod \pi$$

der Komponente χ_p als biquadratisches Restsymbol und unter seinen assoziierten $\pm\pi$, $\pm i\pi$ durch die Kongruenz

$$\pi \equiv 1 \bmod 2(1-i)$$

eindeutig normiert ist.

b) Für die Komponente χ_{2^4} ergibt sich durch explizite Berechnung der Gaußschen Summe § 1, (2) die arithmetische Kennzeichnung

$$\text{(8b)} \qquad \frac{\tau(\chi_{2^4})^2}{\tau(\chi_{2^4}^2)} = 2^2(1+i) = 2\cdot 2(1+i),$$

wo i diejenige unter den beiden primitiven vierten Einheitswurzeln ist, für die die Komponente χ_{2^4} in der Untergruppe $x \equiv 1 \bmod 4$ die Darstellung

$$\chi_{2^4}(x) = i^{\frac{x^2-1}{8}} = \left(\frac{1-i}{x}\right)_4$$

als biquadratisches Restsymbol hat. Man beachte, daß diese Kennzeichnung nicht von der Parität von χ_{2^4} abhängt, in Übereinstimmung damit, daß die geraden Charaktere $\chi_{2^4}^{(0)}$, $\bar{\chi}_{2^4}^{(0)}$ sich von den ungeraden Charakteren $\chi_{2^4}^{(1)}$, $\bar{\chi}_{2^4}^{(1)}$ nur um den erzeugenden Charakter $\left(\frac{-1}{x}\right)_4 = (-1)^{\frac{x-1}{2}} = \left(\frac{-1}{x}\right)_2$ von P_4 unterscheiden und daher über dem Grundkörper P_4 äquivalent sind, wie es auch in ihrem Übereinstimmen innerhalb der P_4 zugeordneten Kongruenzgruppe $x \equiv 1 \bmod 4$ zum Ausdruck kommt.

c) Für den quadratischen Bestandteil ψ hat man bekanntlich einfach

$$\text{(8c)} \qquad \tau(\psi)^2 = \psi(-1)g.$$

Wir fassen jetzt die Kennzeichnungen (8) gemäß den Komponentenzerlegungen (5), (7) zusammen. Dazu bezeichnen wir mit

$$\mu_2(f) = \begin{cases} (-1)^{n+1} & \text{für } 2 \nmid f \\ (-1)^n & \text{für } 2 \mid f \end{cases}$$

die Möbiussche Funktion des zu 2 primen Bestandteils von f und setzen

$$\text{(9)} \qquad \varphi = \begin{cases} \pi_0\pi_1\cdots\pi_n & \text{für } 2\nmid f \\ 2(1+i)\pi_1\cdots\pi_n = 2(1+i)\varphi_0 & \text{für } 2\mid f \end{cases},$$

wo π_ν die bei (8a) festgelegten Primfaktoren in P_4 der Primteiler $p_\nu \equiv 1 \bmod 4$ von f sind und i die bei (8b) festgelegte primitive vierte Einheitswurzel ist. Dann hat man für die Zahl $\frac{\tau(\chi)^2}{\tau(\chi^2)}$ aus P_4 die arithmetische Kennzeichnung

$$\text{(10)} \qquad \frac{\tau(\chi)^2}{\tau(\chi^2)} = \sigma\chi(-1)G\varphi,$$

wo φ die durch (9) gegebene ganze Zahl aus P_4 mit

(11) $$N(\varphi) = \varphi\overline{\varphi} = f$$

und σ der folgendermaßen definierte Vorzeichenfaktor ist:

(12) $$\sigma = \begin{Bmatrix} \mu_2(f)\,\chi^2(G) & \text{für } 2 \nmid f \\ \mu_2(f)\,\chi^*(-1)\,\chi^2(g) & \text{für } 2 \mid f \end{Bmatrix}.$$

Der im letzteren Falle auftretende Faktor $\chi^*(-1)$ kann als Ersatz des dann nicht definierten Beitrags $\chi^2(2)$ angesehen werden, der $\chi^2(g)$ formal zu $\chi^2(G)$ auffüllen würde; für $2 \nmid f$ gilt ja in der Tat $\chi^*(-1) = \chi^2(2)$.

Unter allen möglichen Lösungen von (11) ist die Zahl φ zunächst als Hauptdivisor eindeutig dadurch festgelegt, daß der Charakter χ in der Untergruppe $x \equiv 1 \bmod 4$ die Darstellung

(13) $$\chi(x) = \begin{Bmatrix} \left(\dfrac{x}{\varphi}\right)_4 \psi(x) & \text{für } 2 \nmid f \\ \left(\dfrac{1-i}{x}\right)_4 \left(\dfrac{x}{\varphi_0}\right)_4 \psi(x)\ [\text{mit } \varphi = 2\,(1+i)\varphi_0] & \text{für } 2 \mid f \end{Bmatrix}$$

als Produkt eines biquadratischen Restsymbols und des quadratischen Charakters ψ hat, und φ ist dann unter den assoziierten $\pm\varphi$, $\pm i\varphi$ durch die Kongruenz

(14) $$\varphi \equiv \begin{Bmatrix} 1 \quad \bmod 2(1-i) & \text{für } 2 \nmid f \\ 2\,(1+i) \bmod 2^3 \quad [\varphi_0 \equiv 1 \bmod 2(1-i)] & \text{für } 2 \mid f \end{Bmatrix}$$

eindeutig normiert.

Durch Quadrieren von (10), wobei die Vorzeichenfaktoren herausfallen, erhält man für die in der Kummer-Erzeugung § 1, (3) auftretende Zahl $\tau(\chi)^4$ aus P_4 die arithmetische Kennzeichnung

(15) $$\tau(\chi)^4 = fG^2\varphi^2.$$

3. *Invariante Kennzeichnung von* K. Etwas anders gesagt ist damit bewiesen:

Satz 13. Einem zyklischen biquadratischen Zahlkörper K *vom Führer* $F = fG$ *mit dem reellen quadratischen Teilkörper* $\varkappa$ *vom Führer* f *entspricht umkehrbar eindeutig eine Zerlegung*

$$f = \varphi\overline{\varphi} = N(\varphi)$$

des quadratischen Teilführers f *in zwei konjugierte ganze Zahlen* φ, $\overline{\varphi}$ *aus* P_4 *mit der Kongruenzeigenschaft* (14), *mittels derer sich die Kummer-Erzeugung des Erweiterungskörpers* $\mathsf{K}_4/\mathsf{P}_4$ *in der Form*

(16) $$\mathsf{K}_4 = \mathsf{P}_4\left(\sqrt[4]{fG^2\varphi^2}\right) = \mathsf{P}_4\left(\sqrt[4]{fG^2\overline{\varphi}^2}\right)$$

darstellt. Der eine Faktor φ *dieser Zerlegung von* f *hängt mit einem erzeugenden Charakter* χ *von* K *umkehrbar eindeutig durch die Beziehung* (13) *zusammen, der andere Faktor* $\overline{\varphi}$ *ebenso mit dem konjugierten Charakter* $\overline{\chi}$.

Wir nennen φ die *zu* χ *gehörige Basiszahl von* K *in* P_4.

Mit Satz 13 haben wir zunächst eine invariante Kennzeichnung des zu K gehörigen bizyklischen bibiquadratischen Erweiterungskörpers K_4 gewonnen. Der zyklische biquadratische Zahlkörper K selbst ist dann einfach als der Invariantenkörper von K_4 beim erzeugenden Automorphismus $i \to -i$ von P_4 gekennzeichnet.

An die Kummer-Erzeugung (16) mit (15) schließen wir noch die folgende Bemerkung an. Da $\tau(\chi)$ beim Frobenius-Automorphismus von K_4 für einen Primdivisor $\mathfrak{q} \nmid F$ aus P_4

den Faktor $\overline{\chi}(N(\mathfrak{q}))$ bekommt, gilt nach der Definition das biquadratischen Restsymbols[1]

(17) $$\overline{\chi}(x) = \left(\frac{f G^2 \varphi^2}{\xi}\right)_4 \quad \text{für } x \equiv N(\xi) \bmod F \text{ mit zu } F \text{ primem } \xi \text{ aus } \mathsf{P}_4.$$

Durch Vergleich mit der Darstellung (13) von χ erhält man in bekannter Weise[2] das biquadratische Reziprozitätsgesetz in P_4. Umgekehrt bestätigt man durch Anwendung dieses Reziprozitätsgesetzes in der bei *Hasse* [1, Teil II, § 12, I''] gegebenen allgemeinen Form auf das biquadratische Restsymbol in (17) leicht die Darstellung (13) von χ.

4. *Übersicht über alle zyklischen biquadratischen Zahlkörper* K *zu gegebenem Führer F und quadratischem Teilführer f.* Man bestimme alle ganzrationalen Lösungen a, b von

$$f = a^2 + b^2$$

mit

(18a) $$a \equiv 1,\ b \equiv 0 \bmod 2,\ a + b \equiv 1 \bmod 4 \quad \text{und} \quad b > 0 \qquad \text{für } 2 \nmid f,$$

(18b) $$\left\{\begin{matrix} a = 2a_0, & b = 2b_0 \\ a_0 \equiv 1, & b_0 \equiv 1 \bmod 4 \end{matrix}\right\} \qquad \text{für } 2 \mid f.$$

Dann bilden die

$$\varphi = a + bi$$

ein vollständiges System nicht-konjugierter Basiszahlen zu f. Die diesen Basiszahlen φ entsprechenden Charaktere χ sind durch die biquadratischen Restsymbole (13) oder (17) gegeben, und die zugehörigen zyklischen biquadratischen Zahlkörper K erhält man aus den Körpern K_4 in (16) durch Bildung der Invariantenkörper bei $i \to -i$. Das gemäß (18) festgelegte vollständige System nicht-konjugierter Basiszahlen φ zu f erhält man auch, indem man in (9) die Basiszahlen π_ν zu den Primteilern $p_\nu \equiv 1 \bmod 4$ von f und die primitive vierte Einheitswurzel i unabhängig voneinander durch ihre konjugierten $\overline{\pi}_\nu$, $-i$ ersetzt und aus jedem der so entstehenden Paare konjugierter Basiszahlen $\varphi, \overline{\varphi}$ diejenige φ auswählt, deren Imaginärteil positiv bzw. $\equiv 2 \bmod 8$ ist, je nachdem $2 \nmid f$ oder $2 \mid f$ ist.

5. *Die Diskriminante von* K. Ihr Betrag ist nach dem Führerdiskriminantensatz[3] durch

(19) $$d = f F^2$$

gegeben. Wie man sofort erkennt, ist diese Formel auch hinsichtlich des Vorzeichens richtig.

§ 8. Übersicht über die ganzen Zahlen

1. *Basisdarstellung aller Zahlen aus* K. Für die in § 7, Satz 13 erhaltenen Kummer-Erzeugenden von $\mathsf{K}_4/\mathsf{P}_4$, die sich gemäß § 7, (15) als Gaußsche Summen darstellen, verwenden wir im folgenden die Abkürzungen

$$\mathsf{T} = \tau(\chi), \qquad \tilde{\mathsf{T}} = \tau(\overline{\chi}).$$

Nach der allgemeinen Formel $\overline{\tau(\chi)} = \chi(-1)\tau(\overline{\chi})$ hängt $\tilde{\mathsf{T}}$ mit der konjugiert-komplexen $\overline{\mathsf{T}}$ zu T durch

$$\tilde{\mathsf{T}} = \chi(-1)\overline{\mathsf{T}}$$

---

[1] Siehe *Hasse* [1, Teil II, § 10, Abs. 1].

[2] Siehe etwa *Hilbert* [1, §§ 113—115]. — Die dortige Schlußweise bezieht sich zwar nur auf Primzahlgrad $m = l$, überträgt sich aber ohne weiteres auch auf zusammengesetzten Grad m. Nähere Ausführung siehe bei *H. Hasse*, Das Eisensteinsche Reziprozitätsgesetz der n-ten Potenzreste, Math. Anm. **97** (1927), 599—623.

[3] Siehe *Hasse* [1, Teil I, § 9, (12)] oder *Hasse* [3, § 3, (2)].

zusammen; in dem ab § 9 ausschließlich zu betrachtenden reellen Fall $\chi(-1) = 1$ ist also wie im kubischen Falle $\tilde{\mathsf{T}} = \overline{\mathsf{T}}$. Wir führen ferner zur Abkürzung die normierte Kummer-Erzeugende

$$\tau = \sigma\tau(\chi^2) = \sigma\sqrt{f} \qquad \text{(mit positiver Quadratwurzel)}$$

des reellen quadratischen Teilkörpers $\varkappa$ ein, wo σ der nach § 7, (12) durch den Führer $F = fG$ des Erweiterungskörpers K bestimmte Vorzeichenfaktor ist. Nach § 7, (10), (11) bestehen dann die Relationen

$$(1) \qquad \left\{\begin{matrix} \mathsf{T}\tilde{\mathsf{T}} = \chi(-1)F, & \mathsf{T}^2 = \chi(-1)G\varphi\cdot\tau, & \tilde{\mathsf{T}}^2 = \chi(-1)G\overline{\varphi}\cdot\tau \\ \tau^2 = f, & \tau\mathsf{T} = \varphi\tilde{\mathsf{T}}, & \tau\tilde{\mathsf{T}} = \overline{\varphi}\mathsf{T} \end{matrix}\right\},$$

wo $\varphi, \overline{\varphi}$ die zu $\chi, \overline{\chi}$ gehörigen Basiszahlen von K aus P_4 sind. Demnach ist $1, \tau, \mathsf{T}, \tilde{\mathsf{T}}$ eine Basis von $\mathsf{K}_4/\mathsf{P}_4$ mit dem Multiplikationsschema (1).

Die Zahlen A aus K sind innerhalb K_4 durch die Invarianz beim erzeugenden Automorphismus $i \to -i$ von P_4 gekennzeichnet, der sich für die genannte Basis in der Form $\tau \to \tau$, $\mathsf{T} \to \tilde{\mathsf{T}}$ darstellt. Sie haben somit die eindeutige Darstellung

$$(2) \qquad \mathsf{A} = \frac{1}{2}\left(x + \frac{y\mathsf{T} + \overline{y}\tilde{\mathsf{T}}}{2}\right) = [x, y] \text{ mit } x \text{ in } \varkappa \text{ und } y, \overline{y} \text{ konjugiert in } \mathsf{P}_4.$$

Die Nenner 2 haben wir dabei im Hinblick auf die nachfolgende Kennzeichnung der ganzen Zahlen aus K angesetzt. Die konjugierten zu A sind

$$\mathsf{A}' = \mathsf{A}^S = \frac{1}{2}\left(x' + \frac{iy\mathsf{T} - i\overline{y}\tilde{\mathsf{T}}}{2}\right) = [x', iy],$$

$$\mathsf{A}'' = \mathsf{A}^{S^2} = \frac{1}{2}\left(x - \frac{y\mathsf{T} + \overline{y}\tilde{\mathsf{T}}}{2}\right) = [x, -y],$$

$$\mathsf{A}''' = \mathsf{A}^{S^3} = \frac{1}{2}\left(x' - \frac{iy\mathsf{T} - i\overline{y}\tilde{\mathsf{T}}}{2}\right) = [x', -iy],$$

wo x' die konjugierte zu x bezeichnet und die primitive vierte Einheitswurzel i gemäß § 1, (1) durch

$$\overline{\chi}(s) = \chi(S) = i$$

festgelegt ist.

Die Darstellung (2) ist keine eigentliche Basisdarstellung der Zahlen aus K. Eine solche ergibt sich vielmehr erst, indem man für die Zahlen x aus $\varkappa$ und y aus P_4 Basisdarstellungen einführt:

$$(3) \qquad \left\{\begin{matrix} x = \dfrac{x_0 + x_1\tau}{2} & \text{mit } x_0, x_1 \text{ in } \mathsf{P} \\ y = y_0 + y_1 i & \text{mit } y_0, y_1 \text{ in } \mathsf{P} \end{matrix}\right\}.$$

Man erhält so für K/P die Basis $\frac{1}{4}, \frac{\tau}{4}, \frac{\mathsf{T}+\tilde{\mathsf{T}}}{4}, \frac{i\mathsf{T}-i\tilde{\mathsf{T}}}{4}$, deren Diskriminante sich am einfachsten nach dem Formalismus aus *Hasse* [3, §§ 13—14] und gemäß § 7, (19) zu

$$(4) \qquad d\left(\frac{1}{4}, \frac{\tau}{4}, \frac{\mathsf{T}+\tilde{\mathsf{T}}}{4}, \frac{i\mathsf{T}-i\tilde{\mathsf{T}}}{4}\right) = \frac{fF^2}{2^6} = \frac{d}{(2^3)^2}$$

berechnet. Die Darstellung durch diese eigentliche Basis von K/P ist jedoch für das Rechnen mit den Zahlen A aus K nicht so bequem wie die Darstellung (2) mit dem einfachen Multiplikationsschema (1). Wir werden daher im folgenden immer mit der Darstellung (2) arbeiten und dafür die bereits angegebene abkürzende Schreibweise $\mathsf{A} = [x, y]$ verwenden.

2. *Kennzeichnung der ganzen Zahlen.* Wir beweisen nunmehr:

Satz 14. Die ganzen Zahlen aus K *sind in der Darstellung* (2) *dadurch gekennzeichnet, daß die Koordinaten x, y ganz sind und der Kongruenz*

$$x \equiv F \frac{S\left(\frac{1+i}{2}y\right) + S\left(\frac{1-i}{2}y\right)\tau}{2} \bmod 2, \tag{5}$$

oder also im einzelnen

$$x \equiv \frac{S\left(\frac{1+i}{2}y\right) + S\left(\frac{1-i}{2}y\right)\tau}{2} \bmod 2 \quad \textit{für } 2 \nmid F,$$

$$x \equiv 0 \bmod 2 \quad \textit{für } 2 \mid F,$$

genügen.

Beweis. Durch die Kongruenz (5) wird aus der Additionsgruppe aller **A** mit ganzen x, y, deren Basisdiskriminante nach (4) und mit Rücksicht auf die Ganzheitsbedingung $x_0 \equiv f x_1 \bmod 2$ in (3) gleich $\frac{d}{(2^2)^2}$ ist, eine Untergruppe vom Index 2^2 herausgehoben, deren Basisdiskriminante gerade die Körperdiskriminante d ist. Danach bleibt zu beweisen, daß die Zahlen aus dieser Untergruppe sämtlich ganz sind. Hierzu genügt es zu zeigen, daß für ganze y die Kongruenz

$$\frac{y\mathsf{T} + \bar{y}\tilde{\mathsf{T}}}{2} \equiv F \frac{S\left(\frac{1+i}{2}y\right) + S\left(\frac{1-i}{2}y\right)\tau}{2} \bmod 2 \tag{6}$$

besteht. Man beachte dabei, daß der Ausdruck rechts wegen $S\left(\frac{1+i}{2}y\right) \equiv S\left(\frac{1-i}{2}y\right) \bmod 2$ auch für $2 \nmid F$ ganz ist.

Aus

$$\mathsf{T} = \tau(\chi) = \sum_{x \bmod F} \chi(x) e_F(x), \qquad \tilde{\mathsf{T}} = \tau(\bar{\chi}) = \sum_{x \bmod F} \bar{\chi}(x) e_F(x)$$

folgt nun

$$\frac{y\mathsf{T} + \bar{y}\tilde{\mathsf{T}}}{2} = \sum_{x \bmod F} \tfrac{1}{2} S(\chi(x)y) e_F(x).$$

Hierin ist

$$\tfrac{1}{2} S(\chi(x)y) \equiv \begin{Bmatrix} \tfrac{1}{2} S(y) \bmod 2 \text{ für } (x, F) = 1 \text{ und } \chi^2(x) = 1 \\ \tfrac{1}{2} S(iy) \bmod 2 \text{ für } (x, F) = 1 \text{ und } \chi^2(x) = -1 \end{Bmatrix},$$

$$\tfrac{1}{2} S(\chi(x)y) = 0 \qquad \text{für } (x, F) \neq 1.$$

Führt man diese Kongruenzwerte mod 2 ein, so erhält man nach leichter Umformung

$$\frac{y\mathsf{T} + \bar{y}\tilde{\mathsf{T}}}{2} \equiv \frac{S\left(\frac{1+i}{2}y\right)\tau(1, F) + S\left(\frac{1-i}{2}y\right)\tau(\chi^2, F)}{2} \bmod 2, \tag{7}$$

wo $\tau(1, F)$, $\tau(\chi^2, F)$ die Gaußschen Summen mod F zu den Charakteren 1, χ^2 der Führer 1, f sind. Durch Reduktion des Moduls auf die Führer ergeben sich die Formeln

$$\tau(1, F) = \mu(F) = \begin{Bmatrix} \pm 1 & \text{für } 2 \nmid F \\ 0 & \text{für } 2 \mid F \end{Bmatrix},$$

$$\tau(\chi^2, F) = \mu(G) \chi^2(G) \tau(\chi^2) = \begin{Bmatrix} \pm \tau & \text{für } 2 \nmid F \\ 0 & \text{für } 2 \mid F \end{Bmatrix},$$

letztere am einfachsten durch Komponentenzerlegung gemäß $F = F^* \cdot g$, $\chi^2 = \chi^2 \cdot 1$; man beachte dabei die Struktur § 7, (5) von F. Danach hat man

$$\tau(1, F) \equiv F, \qquad \tau(\chi^2, F) \equiv F\tau \bmod 2,$$

und somit nach (7) in der Tat die Kongruenz (6).

Zusatz. Führt man für die Koordinaten x aus $\varkappa$ und y aus P_4 die Basisdarstellungen (3) ein, so sind die ganzen Zahlen A aus K dadurch gekennzeichnet, daß die Koordinaten x_0, x_1, y_0, y_1 ganzrational sind und den Kongruenzen

$$(5') \qquad \left|\begin{array}{llll} x_0 \equiv x_1, & \dfrac{x_0 + x_1}{2} \equiv G y_0, & \dfrac{x_0 - x_1}{2} \equiv G y_1 \bmod 2 & \text{für } 2 \nmid f \\ x_0 \equiv 0, & \dfrac{x_0}{2} \equiv 0, & x_1 \equiv 0 \quad \bmod 2 & \text{für } 2 \mid f \end{array}\right|$$

genügen.

3. *Die Operation $x \circ y$ und die quadratischen Formen $\varphi(y)$, $\hat{\varphi}(y)$.* Um mit den Zahlen A aus K in der Darstellung (2) bequem rechnen zu können, führen wir eine Operation ein, die jedem x aus $\varkappa$ und y aus P_4 ein *Operatorprodukt* $x \circ y$ aus P_4 zuordnet, nämlich nach dem Schema

$$(8) \qquad x(y\mathsf{T} + \bar{y}\bar{\mathsf{T}}) = (x \circ y)\mathsf{T} + (\overline{x \circ y})\bar{\mathsf{T}}.$$

Nach dem Multiplikationsschema (1) besitzt der Ausdruck links in der Tat eine Basisdarstellung (2) der rechts angegebenen Form, und zwar ist explizit

$$(9) \qquad x \circ y = \frac{x_0 y + x_1 \bar{\varphi}\bar{y}}{2}, \quad \text{wenn} \quad x = \frac{x_0 + x_1\tau}{2} \quad \text{mit } x_0, x_1 \text{ in } \mathsf{P}.$$

Nach (8) ist das so definierte Operatorprodukt $x \circ y$ linear in jedem der beiden Faktoren x, y und es gilt die Assoziativregel

$$(10) \qquad x_1 \circ (x_2 \circ y) = x_1 x_2 \circ y.$$

Beim Übergang von y zur assoziierten iy gilt ferner die Regel

$$(11) \qquad x \circ iy = i(x' \circ y),$$

wo x' die konjugierte zu x ist. Nach (9) und obigem Zusatz ist für ganze x, y auch $x \circ y$ ganz.

Das Operatorprodukt $x \circ y$ hängt außer von den beiden Faktoren x, y auch von dem betrachteten Körper K, genauer von dem erzeugenden Charakter χ von K ab, indem die zu χ gehörige Basiszahl φ von K in seine Definition (9) eingeht. Wir führen außerdem zwei durch $\varphi = a + bi$ bestimmte *quadratische Formen* in den Koordinaten von $y = y_0 + y_1 i$ ein, nämlich

$$(12) \qquad \left|\begin{array}{l} \varphi(y) = \tfrac{1}{2} S(\varphi y^2) = a(y_0^2 - y_1^2) - 2b y_0 y_1 \\ \hat{\varphi}(y) = -\tfrac{1}{4} S(i\varphi y^2) = \tfrac{1}{4} b(y_0^2 - y_1^2) + a y_0 y_1 \end{array}\right|.$$

Da nach § 7, (18) stets $b \equiv 0 \bmod 2$ ist, haben beide Formen ganzrationale Koeffizienten. Wegen $a^2 + b^2 = N(\varphi) = f$ hat $\varphi(y)$ die Diskriminante $4f$ und $\hat{\varphi}(y)$ die Diskriminante f. Aus $x \circ y = 0$ folgt nach (9) entweder $x = 0$ oder $\varphi(y) = 0$; da die letztere Gleichung in P_4 nur die Lösung $y = 0$ hat, gilt also

$$(13) \qquad x \circ y = 0 \quad \text{dann und nur dann, wenn } x = 0 \text{ oder } y = 0,$$

eine Tatsache, die man auch ohne weiteres aus (8) entnimmt.

4. *Formeln für das Rechnen in* K. Zum späteren Gebrauch stellen wir einige Formeln für das Rechnen mit den Zahlen A aus K in der Darstellung (2) zusammen, wobei wir von

den vorstehend eingeführten Bildungen Gebrauch machen. Allgemein berechnet sich das Produkt von

$$\mathsf{A}_1 = [x_1, y_1], \qquad \mathsf{A}_2 = [x_2, y_2]$$

nach dem Multiplikationsschema (1) zu

$$\mathsf{A}_1 \mathsf{A}_2 = \left[\frac{1}{2}\left(x_1 x_2 + \chi(-1)\, G\, \frac{\frac{1}{2} S(y_1 \bar{y}_2) f + \frac{1}{2} S(\varphi\, y_1 y_2)\tau}{2}\right), \quad \frac{(x_1 \circ y_2) + (x_2 \circ y_1)}{2}\right].$$

Speziell hat man danach für Quadrat, $(1 + S)$-te Potenz und $(1 + S^2)$-te Potenz (Relativnorm in bezug auf $\varkappa$) von

$$\mathsf{A} = [x, y]$$

die Formeln

$$\mathsf{A}^2 = \left[\frac{1}{2}\left(x^2 + \chi(-1)\, G\, \frac{N(y) f + \varphi(y)\tau}{2}\right), \; x \circ y\right], \tag{14}$$

$$\mathsf{A}^{1+S} = \left[\frac{N(x) - \chi(-1)\, G\, \hat{\varphi}(y)\tau}{2}, \; \frac{1+i}{2}(x' \circ y)\right], \tag{15}$$

$$n(\mathsf{A}) = \mathsf{A}^{1+S^2} = \frac{1}{4}\left(x^2 - \chi(-1)\, G\, \frac{N(y) f + \varphi(y)\tau}{2}\right). \tag{16}$$

Norm und Spur in K seien mit Nm und Sp bezeichnet, zum Unterschied von den mit N und S bezeichneten Normen und Spuren im quadratischen Teilkörper $\varkappa$ und im quadratischen Hilfskörper P_4. Den Ausdruck für $Nm(\mathsf{A})$ werden wir nicht brauchen. Die Relativspur in bezug auf $\varkappa$ von A ist einfach

$$s(\mathsf{A}) = x \tag{17}$$

und daher die volle Spur

$$Sp(\mathsf{A}) = S(x).$$

Hieraus folgt nach (14) noch der für später wichtige Ausdruck für die Spur von A^2, nämlich

$$Sp(\mathsf{A}^2) = \frac{S(x^2) + \chi(-1) F N(y)}{2}. \tag{18}$$

Für ganze $\mathsf{A}, \mathsf{A}_1, \mathsf{A}_2$ sind alle vorstehend auftretenden Ausdrücke notwendig ganz, d. h. die formalen Nenner 2 bzw. 4 heben sich heraus, was man auch leicht als Folge der Ganzheitsbedingung (5) bestätigt.

Berechnet man nach (15) für ein A aus K und ein α aus $\varkappa$ die $(1 + S)$-te Potenz $(\alpha\,\mathsf{A})^{1+S} = N(\alpha)\,\mathsf{A}^{1+S}$, so erhält man durch Vergleich der Koeffizienten von τ die Identität

$$\hat{\varphi}\,(\alpha \circ y) = N(\alpha)\,\hat{\varphi}\,(y) \tag{19}$$

in den Koordinaten von α und y. Diese Identität läßt insbesondere die folgende für später wichtige Tatsache erkennen:

Hilfssatz. Die ganzzahligen Transformationen der quadratischen Form $\hat{\varphi}(y)$ in sich bis auf einen Vorzeichenfaktor ± 1 werden durch die Operatormultiplikationen $\eta \circ y$ mit den Einheiten η von $\varkappa$ der Normen $N(\eta) = \pm 1$ geliefert.

5. *Kummer-Erzeugung von $\mathsf{K}/\varkappa$.* Obwohl wir davon im folgenden keinen Gebrauch zu machen haben, wollen wir des Interesses halber noch die Kummer-Erzeugung des relativquadratischen Zahlkörpers $\mathsf{K}/\varkappa$ in ihrer einfachsten ganzzahligen Form angeben. Für $\mathsf{K}/\varkappa$ genügen reinen Gleichungen nach (14) genau alle $\mathsf{A} = [x, y]$ mit $x \circ y = 0$, also nach (13) mit $x = 0$ oder $y = 0$. Die letzteren $\mathsf{A} = [x, 0] = \frac{1}{2}\, x$ gehören zu $\varkappa$; für die ersteren $\mathsf{A} = [0, y]$ ist

$$\mathsf{A}^2 = \chi(-1)\, G\, \frac{N(y) f + \varphi(y)\tau}{8},$$

und die Ganzheitsbedingung (5) lautet $Fy \equiv 0 \bmod 2$, wie man am einfachsten aus dem Zusatz zu Satz 14 abliest. Die einfachste solche in jedem Falle ganze Zahl erhält man für $y = 2$; sie lautet nebst ihrer konjugierten

(20) $$\Omega = \frac{\mathsf{T}+\tilde{\mathsf{T}}}{2} = \sum_{\substack{x \bmod F \\ \chi^2(x)=1}} \tfrac{1}{2} S(\chi(x)) e_F(x), \qquad \Omega' = \frac{i\mathsf{T}-i\tilde{\mathsf{T}}}{2} = \sum_{\substack{x \bmod F \\ \chi^2(x)=-1}} \tfrac{1}{2} S(i\chi(x)) e_F(x)$$

mit

(21) $$\Omega^2, \Omega'^2 = \chi(-1) G \frac{f \pm a\tau}{2} = \chi(-1) G \frac{f \pm \sigma a \sqrt{f}}{2}.$$

Demnach lautet die gesuchte Kummer-Erzeugung

(22) $$\mathsf{K} = \varkappa\left(\sqrt{\chi(-1)\, G\, \frac{f \pm \sigma a \sqrt{f}}{2}}\right).$$

Dabei ist wie bisher $\varphi = a + bi$ gesetzt und σ das in § 7, (12) definierte Vorzeichen. Auf dieses Vorzeichen σ kommt es jedoch für die Kummer-Erzeugung (22) nicht an; denn da K galoissch ist, kann der Radikand (21) aus $\varkappa$ auch durch seine konjugierte ersetzt werden.

§ 9. Allgemeines über die Einheiten

A. Imaginärer Fall

Für imaginäre zyklische biquadratische Zahlkörper K hat der in *Hasse* [3, § 5] definierte *Einheitenindex von* $\mathsf{K}/\varkappa$ nach *Hasse* [3, § 25, Satz 24] den Wert $Q = 1$, die Einheitengruppe von K entsteht also aus der von $\varkappa$ einfach durch Komposition mit der Einheitswurzelgruppe von K. Die Einheitengruppe des reellen quadratischen Teilkörpers $\varkappa$ besteht aus den sämtlichen Potenzen $\pm\varepsilon^\nu$ (ν ganz) beiderlei Vorzeichens der Grundeinheit ε von $\varkappa$. Die Einheitswurzelgruppe von K ist mit Hinblick auf den Relativgrad 2 nur dann höher als die Einheitswurzelgruppe ± 1 von $\varkappa$, wenn K selbst voller Kreiskörper, also $\mathsf{K} = \mathsf{P}_F$ ist; dies trifft nur dann zu, wenn für den Führer F der in § 7, (5) angegebenen Struktur speziell $\varphi(F) = 4$ ist, also lediglich für den Primführer $F = 5$, wo dann K die zehnten Einheitswurzeln $\pm\zeta_5^\mu$ (μ mod 5) und keine anderen enthält. Damit ist bewiesen:

Satz 15. Für einen imaginären zyklischen biquadratischen Zahlkörper K *vom Führer* F *besteht die Einheitswurzelgruppe aus den Potenzen* $\pm\varepsilon^\nu$ *(ν ganz) beiderlei Vorzeichens der Grundeinheit* ε *des reellen quadratischen Teilkörpers* $\varkappa$ *bzw. aus den Potenzprodukten* $\pm\zeta_5^\mu\varepsilon^\nu$ *(μ mod 5, ν ganz), je nachdem* $F \neq 5$ *oder* $F = 5$ *ist.*

B. Reeller Fall

Von jetzt an bis zum Ende des zweiten Abschnitts sei K ein reeller zyklischer biquadratischer Zahlkörper. In den Formeln des vorangehenden § 8 ist dann durchweg $\chi(-1) = 1$ und $\tilde{\mathsf{T}} = \bar{\mathsf{T}}$ konjugiert-komplex zu T.

1. Relativeinheiten, Einheitenindex. Durch den quadratischen Teilkörper $\varkappa$ bedingt, treten in der vollen Einheitengruppe H^* von K die folgenden beiden Untergruppen auf[1]:

(i) Einheiten η von $\varkappa$.

(ii) Einheiten H mit Relativnorm $n(\mathsf{H}) = \pm 1$; wir nennen sie *Einheiten von* $\mathsf{K}/\varkappa$ oder auch *Relativeinheiten von* K.

[1] Wir machen hier von der in *Hasse* [1, Teil Ia, § 1] eingeführten und näher erläuterten Bezeichnungsweise Gebrauch, bei der das allgemeine Element einer Gruppe zugleich als Zeichen für die Gruppe selbst verwendet wird.

Diese beiden Untergruppen haben nur die Einheitswurzelgruppe ± 1 gemeinsam, fügen sich also über ihr in der vollen Einheitengruppe zum direkten Produkt zusammen. Der Index

$$Q = [\mathsf{H}^* : \eta \mathsf{H}]$$

heiße der *Einheitenindex von* $\mathsf{K}/\varkappa$, in Analogie zu der ähnlichen Begriffsbildung aus *Hasse* [3, § 5] im imaginären Fall. Wie dort gilt auch hier:

Satz 16. Der Einheitenindex von $\mathsf{K}/\varkappa$ *hat einen der beiden Werte* $Q = 1$ *oder* 2, *und zwar ist* $Q = 2$ *dann und nur dann, wenn zur Grundeinheit* ε *von* $\varkappa$ *eine Einheit* E^* *von* K *mit* $n(\mathsf{E}^*) = \pm\, \varepsilon$ *existiert.*

Beweis. Für jede Einheit H^* von K ist $n(\mathsf{H}^*) = \pm\, \varepsilon^{\lambda^*}$ eine Einheit von $\varkappa$. Durch Multiplikation von H^* mit Einheiten von $\varkappa$ kann hierin der Exponent λ^* mod 2 reduziert werden. Existiert kein E^* mit $n(\mathsf{E}^*) = \pm\, \varepsilon$, so ist demnach durchweg $\lambda^* = 2\,\lambda$ gerade, also $\mathsf{H}^* = \varepsilon^{\lambda} \mathsf{H}$ mit $n(\mathsf{H}) = \pm\, 1$ und daher $Q = 1$. Existiert ein E^* mit $n(\mathsf{E}^*) = \pm\, \varepsilon$, so kommen auch ungerade $\lambda^* = 2\,\lambda + 1$, also $\mathsf{H}^* = \varepsilon^{\lambda} \mathsf{E}^* \mathsf{H}$ mit $n(\mathsf{H}) = \pm 1$ vor; daher ist dann $Q = 2$.

Wir beweisen ferner:

Satz 17. In der vollen Einheitengruppe H^* *von* K *sind die*

$$\left\{\begin{array}{l} \textit{Einheiten } \eta \textit{ von } \varkappa \textit{ durch } \mathsf{H}^{*1-S^2} = \pm\, 1 \text{ oder auch } \mathsf{H}^{*1+S} = \pm\, 1 \\ \textit{Einheiten } \mathsf{H} \textit{ von } \mathsf{K}/\varkappa \textit{ durch } \mathsf{H}^{*1+S^2} = \pm\, 1 \end{array}\right\}$$

gekennzeichnet.

Beweis. Letzteres ist definitionsgemäß klar. Zu ersterem beachte man, daß es in K keine Einheit H^* mit $\mathsf{H}^{*1-S^2} = -1$ gibt; denn sonst wäre $\mathsf{H}^{*2} = \eta$ eine Einheit aus $\varkappa$, während H^* selbst nicht zu $\varkappa$ gehört, es wäre also $\mathsf{K} = \varkappa(\sqrt{\eta})$, im Widerspruch zu der folgenden Tatsache:

Satz 18. Die Kummer-Erzeugung von $\mathsf{K}/\varkappa$ *ist nicht von der Form* $\mathsf{K} = \varkappa(\sqrt{\eta})$ *mit einer Einheit* η *von* $\varkappa$; *anders gesagt,* $\mathsf{K}/\varkappa$ *ist wesentlich verzweigt*[1].

Beweis. Die Behauptung kann entweder leicht aus der expliziten Angabe der Kummer-Erzeugung von $\mathsf{K}/\varkappa$ in § 8, (22) abgelesen werden, oder man schließt indirekt folgendermaßen. Da K reell ist, wäre notwendig η total-positiv, also sicher $N(\eta) = 1$. Dann hätte man in bekannter Weise

$$\eta = \frac{1+\eta}{1+\eta'} = \frac{N(1+\eta)}{(1+\eta')^2}, \quad \text{also} \quad \mathsf{K} = \varkappa(\sqrt{N(1+\eta)}) = \mathsf{P}(\sqrt{f}, \sqrt{N(1+\eta)}),$$

im Widerspruch dazu, daß K zyklisch ist.

2. *Äquivalente Einheiten.* Die aus einer Einheit H^* durch Bildung der konjugierten, reziproken und negativen entstehenden, im allgemeinen verschiedenen 16 Einheiten $\pm\, (\mathsf{H}^*, \mathsf{H}^{*\prime}, \mathsf{H}^{*\prime\prime}, \mathsf{H}^{*\prime\prime\prime})^{\pm 1}$ seien zu H^* *äquivalent* genannt. Für die Einheiten $\mathsf{H} \neq \pm\, 1$ von $\mathsf{K}/\varkappa$ reduziert sich das Äquivalentensystem auf die 8 verschiedenen Einheiten $\pm\, (\mathsf{H}, \mathsf{H}')^{\pm 1}$. Unter ihnen wird H durch die beiden Forderungen

(1) $$\mathsf{H} > 1, \qquad |\log|\mathsf{H}|| > |\log|\mathsf{H}'||,$$

oder logarithmenfrei ausgedrückt

(1′) $$\mathsf{H} > 1, \qquad ||\mathsf{H}| - |\mathsf{H}''|| > ||\mathsf{H}'| - |\mathsf{H}'''||$$

eindeutig normiert. Demnach gilt:

Satz 19. Die Einheiten H *von* $\mathsf{K}/\varkappa$ *mit den Eigenschaften* (1) *bilden ein volles Vertretersystem der Klassen äquivalenter Einheiten* $\neq \pm\, 1$ *von* $\mathsf{K}/\varkappa$.

---

[1] Im Sinne von *Hasse* [3, § 22]. — Die Behauptung folgt auch aus den dortigen Kriterien § 23, Sätze 19, 20.

Für die Einheiten $\eta \neq \pm 1$ von $\varkappa$ reduziert sich das Äquivalentensystem auf die 4 verschiedenen Einheiten $\pm \eta^{\pm 1}$, und durch die Forderung $\eta > 1$ wird η unter ihnen eindeutig normiert, so daß die Einheiten $\eta > 1$ von $\varkappa$ ein volles Vertretersystem der Klassen äquivalenter Einheiten $\neq \pm 1$ von $\varkappa$ bilden.

3. *Die Signaturen der Einheiten.* Der Begriff der *total-positiven* Einheiten $\mathsf{H}^* \gg 0$ wird in unseren Untersuchungen eine nur beiläufige Rolle spielen, weil er nämlich zwar beim Übergang zu den konjugierten und reziproken, aber nicht beim Übergang zu den negativen invariant ist. Wir werden es vielmehr mit den folgenden drei beim Übergang zu allen äquivalenten invarianten Begriffsbildungen zu tun haben, von denen jede nachfolgende enger als die vorhergehende ist:

H^* *normpositiv*, wenn $Nm(\mathsf{H}^*) = 1$,

H^* *relativnormpositiv*, wenn $n(\mathsf{H}^*) \gg 0$,

H^* *wesentlich-positiv*, wenn bei einem der beiden Vorzeichen $\pm\, \mathsf{H}^* \gg 0$.

Man erkennt ohne weiteres:

Satz 20. Die Einheiten H *von* $\mathsf{K}/\varkappa$ *sind normpositiv. Ihre* $(1+S)$-ten *Potenzen* H^{1+S}, *sowie die Einheiten* η *von* $\varkappa$ *(als solche von* K *betrachtet) sind relativnormpositiv.*

Innerhalb der (im obigen Sinne nicht-invarianten) Untergruppe der *positiv-normierten* Einheiten $\mathsf{H}^* > 0$ von K fallen die wesentlich-positiven mit den total-positiven Einheiten zusammen.

4. *Koordinatenformeln.* Wir betrachten jetzt die Einheiten von K in ihrer Basisdarstellung § 8, (2). Eine ganze Zahl

$$\mathsf{H}^* = \frac{1}{2}\left(x + \frac{y\mathsf{T} + \bar{y}\bar{\mathsf{T}}}{2}\right) = [x, y]$$

aus K ist dann und nur dann Einheit, wenn ihre Relativnorm

$$n(\mathsf{H}^*) = \eta$$

eine Einheit von $\varkappa$ ist. In den Koordinaten x, y ausgedrückt, bedeutet das nach § 8, (16) das Bestehen der *Relativnormgleichung*

$$(2) \qquad \frac{1}{4}\left(x^2 - G\,\frac{N(y)f + \varphi(y)\tau}{2}\right) = \eta.$$

Es genügt hierbei, die Koordinate x aus $\varkappa$ als ganz vorauszusetzen; dann ist von selbst auch die Koordinate y aus P_4 ganz und die für die Ganzheit von H^* nach § 8, Satz 14 erforderliche Kongruenzbedingung (5) erfüllt, da ja dann neben der Relativnorm $n(\mathsf{H}^*) = \eta$ gemäß § 8, (17) auch die Relativspur $s(\mathsf{H}^*) = x$ ganz und somit H^* ganz ist.

Für jede Einheit H^* von K ist nach Satz 18 notwendig $x \neq 0$. Wenn H^* nicht zu $\varkappa$ gehört, ist ferner ersichtlich auch $y \neq 0$.

Das zu H^* über $\varkappa$ gehörige quadratische Polynom ist

$$(3) \qquad n(t - \mathsf{H}^*) = t^2 - xt + \eta.$$

Daher besitzt H^* die Radikaldarstellung

$$(4) \qquad \mathsf{H}^* = \frac{x + \sqrt{x^2 - 4\eta}}{2},$$

in der das Vorzeichen der Quadratwurzel durch die Beziehung

$$(4') \qquad \sqrt{x^2 - 4\eta} = \frac{y\mathsf{T} + \bar{y}\bar{\mathsf{T}}}{2}$$

mit dem Vorzeichen von y verknüpft ist.

Für die Signatur von H^* gelten die Regeln:

Satz 21. Ist $H^* = [x, y]$ *eine Einheit von* K *mit* $n(H^*) = \eta$ *in* $\varkappa$, *so ist*

H^* *normpositiv*, *genau wenn* η *normpositiv* (*in* $\varkappa$),
H^* *relativnormpositiv*, *genau wenn* η *total-positiv*,
H^* *wesentlich-positiv*, *genau wenn* η *total-positiv und* x *wesentlich-positiv*,
H^* *total-positiv*, *genau wenn* η *total-positiv und* x *total-positiv*.

Beweis. Die beiden ersten Regeln folgen ohne weiteres aus den obigen Signaturdefinitionen, ebenso die Notwendigkeit der Bedingungen in den beiden letzten Regeln. Daß diese Bedingungen auch hinreichend sind, erkennt man aus der Radikaldarstellung (4).

5. *Spezialfall der Relativeinheiten.* Für die Relativeinheiten H von K hat man in den vorstehenden Formeln und Tatsachen $\eta = \pm 1$ zu setzen. Es gelten dann die folgenden weiteren Tatsachen.

Für eine Relativeinheit $H \neq \pm 1$ liegt die Normierung (1) unter ihren äquivalenten genau dann vor, wenn ihre Koordinaten den Ungleichungen

$$(5) \qquad x > 0, \qquad \sqrt{x^2 \mp 4} = \frac{y\mathsf{T} + \bar{y}\bar{\mathsf{T}}}{2} > 0, \qquad |x| > |x'|$$

genügen. Man liest dies leicht aus der Radikaldarstellung (4), (4') ab. Von den Ungleichungen (5) normiert die erste x gegenüber $-x$, die zweite y gegenüber $-y$, die dritte gleichzeitig $\pm x$ gegenüber $\pm x'$ und $\pm y$ gegenüber $\pm iy$. Man erkennt so auch direkt, daß durch die Ungleichungen (5) unter den 8 äquivalenten $[\pm x, \pm y]$, $[\pm x', \pm iy]$ genau ein Vertreter herausgegriffen wird, wie es gemäß Satz 19 der Fall sein muß. In der Basisdarstellung

$$x = \frac{x_0 + x_1\tau}{2} = \frac{x_0 + \sigma x_1\sqrt{f}}{2}$$

bedeuten die beiden Ungleichungen $x > 0$, $|x| > |x'|$ ersichtlich

$$(5') \qquad x_0 > 0, \qquad \sigma x_1 > 0.$$

Es gilt

$$(6) \qquad x \neq 0, \; y \neq 0 \qquad \text{und auch } x_0 \neq 0, \; x_1 \neq 0 \qquad \text{für } H \neq \pm 1.$$

Die beiden ersteren Ungleichungen wurden bereits oben für alle bzw. alle nicht zu $\varkappa$ gehörigen Einheiten H^* von K festgestellt, und die Relativeinheiten $H \neq \pm 1$ gehören nicht zu $\varkappa$. Was die beiden letzteren Ungleichungen betrifft, so wäre für $x_0 = 0$ oder $x_1 = 0$ der Radikand $x^2 \mp 4$ in (4) rational, und dies steht, da $H \neq \pm 1$ nicht zu $\varkappa$ gehört, im Widerspruch dazu, daß K zyklisch ist.

Ferner gilt

$$(7_0) \qquad x = \pm 2, \; y = 0, \qquad \text{sowie } Sp(H^2) = 4 \qquad \text{für } H = \pm 1,$$

dagegen

$$(7) \qquad x \neq \pm 2, \; y \neq 0, \qquad \text{sowie } Sp(H^2) > 4 \qquad \text{für } H \neq \pm 1.$$

Zu letzterem beachte man, daß für $x = \pm 2$ nach (4) entweder $H = \pm 1$ oder $H = \pm 1 \pm \sqrt{2}$ Einheit von $\varkappa = P(\sqrt{2})$, also keine Relativeinheit von K ist, sowie daß das Minimum von $Sp(H^2) = H^2 + H'^2 + H^{-2} + H'^{-2}$ bei stetig veränderlichen positiven H^2, H'^2 für $H^2 = H'^2 = 1$ vorliegt. Da in (4) der Radikand $x^2 \mp 4$ notwendig total-positiv ist, gilt statt der ersten Ungleichung (7) sogar

$$(7') \qquad x^2 \gg 4 \quad \text{für relativnormpositive } H \neq \pm 1 \text{ (also solche mit } \eta = 1).$$

§ 10. Existenz, Eindeutigkeit und Kennzeichnung der Relativgrundeinheit

1. Plan der Untersuchung. Zur Beherrschung der vollen Einheitengruppe H^* von K hat man nach § 9, Satz 16, und da die Einheitengruppe η von $\varkappa$ als bekannt angesehen werden kann, erstens die Struktur der Einheitengruppe H von $K/\varkappa$ zu untersuchen, und zweitens festzustellen, ob die Gleichung $n(E^*) = \pm\varepsilon$ durch eine Einheit E^* von K befriedigt wird und wie sich dann diese Einheit E^* mit dem über ± 1 direkten Produkt ηH zusammenfügt. Hierbei sind H^*, η, H als abelsche Operatorgruppen mit den Automorphismen $1, S, S^2, S^3$ von K als Operatoren verstanden. Die erste Aufgabe behandeln wir anschließend, die zweite im folgenden § 11.

2. Existenz und Eindeutigkeit der Relativgrundeinheit. Wir beweisen die grundlegende Tatsache:

Satz 22. Es gibt eine Relativeinheit E von K, die zusammen mit ihren konjugierten (es genügt E') und -1 die Relativeinheitengruppe H von K erzeugt. Diese Relativeinheit E liegt bis auf die Auswahl unter ihren äquivalenten eindeutig fest.

Beweis. Den Einheitenpaaren $\pm H^*$ von K entsprechen umkehrbar eindeutig die Punkte $(\log|H^*|, \log|H^{*\prime}|, \log|H^{*\prime\prime}|, \log|H^{*\prime\prime\prime}|)$ im dreidimensionalen Normeinsteilraum $\log|H^*| + \log|H^{*\prime}| + \log|H^{*\prime\prime}| + \log|H^{*\prime\prime\prime}| = 0$ des vierdimensionalen Logarithmenraums von K; sie bilden in diesem Teilraum ein dreidimensionales Parallelgitter. Für die Relativeinheitenpaare $\pm H$ liegen die zugehörigen Punkte in der Relativnormeinsebene $\log|H| + \log|H''| = 0$, $\log|H'| + \log|H'''| = 0$ oder also $(\log|H|, \log|H'|, -\log|H|, -\log|H'|)$; sie bilden in dieser Ebene ein zweidimensionales Parallelgitter. Für den gegenwärtigen Zweck genügt es, die Projektion dieses Gitters in die Ebene $(\log|H|, \log|H'|)$ der beiden ersten konjugierten zu betrachten. Dem Automorphismenzyklus $1, S, S^2, S^3$ von K entspricht der Drehungszyklus der Ordnung 4 um den Nullpunkt der Gitterebene. Bei diesem Drehungszyklus geht das Relativeinheitengitter in sich über. Daher ist es ein quadratisches Gitter. Seinem Grundquadrat um den Nullpunkt entspricht ein Biquadrupel von Relativeinheiten $\pm E^{\pm 1}$, $\pm E'^{\pm 1}$, das die Relativeinheitengruppe erzeugt. Jedes andere Biquadrupel von Relativeinheiten $\pm H^{\pm 1}$, $\pm H'^{\pm 1}$ entspricht einem vom Grundquadrat verschiedenen Quadrat um den Nullpunkt, erzeugt also nur eine echte Untergruppe der Relativeinheitengruppe.

Wir normieren E unter den äquivalenten gemäß § 9, (1'), also durch die Forderungen

$$(1)\qquad E > 1, \quad \big||E| - |E''|\big| > \big||E'| - |E'''|\big|,$$

und nennen die so eindeutig festgelegte Relativeinheit E die *Grundeinheit von* $K/\varkappa$ oder auch die *Relativgrundeinheit von* K.

3. Die relativnormpositive Relativgrundeinheit. Analog zu Satz 22 beweist man für die Untergruppe der relativnormpositiven Relativeinheiten H_+ (also derer mit $n(H_+) = 1$) die Existenz und wesentliche Eindeutigkeit der *relativnormpositiven Relativgrundeinheit* E_+ *von* K. Je nachdem $n(E) = 1$ oder $n(E) = -1$ ist, sind alle Relativeinheiten H oder nur ihre $(1+S)$-ten Potenzen H^{1+S} relativnormpositiv. Daher ist

$$E_+ = E \quad \text{für} \quad n(E) = 1, \qquad E_+ \sim E^{1+S} \quad \text{für} \quad n(E) = -1.$$

Auf die Frage, welche der acht äquivalenten $\pm E^{\pm 1 \pm S}$ im letzteren Falle analog zu (1) normiert ist, gehen wir nicht ein.

4. Darstellung durch die Relativgrundeinheit. Nach Satz 22 besteht eine eindeutige Darstellung aller Relativeinheiten H durch die Relativgrundeinheit E in der Form

$$(2)\qquad H = \pm E^{\mu + \nu S} \qquad (\mu, \nu \text{ ganzrational}).$$

Den Gruppenringelementen $\mu + \nu S$ als Exponenten von Relativeinheiten sind die Zahlen $\chi(\mu + \nu S) = \mu + \nu i$ aus P_4 isomorph zugeordnet. Für die zu H konjugierte Einheit H′ besteht die Darstellung

(2′) $$H' = H^S = \pm E^{-\nu + \mu S}.$$

Für die weiteren beiden konjugierten ergeben sich die entsprechenden Darstellungen gemäß $H'' = \pm H^{-1}$, $H''' = \pm H'^{-1}$.

Die *Höhe* $[H : E]$ von H über E, d. h. der Index der durch H, H′ und -1 erzeugten Untergruppe in der durch E, E′ und -1 erzeugten Relativeinheitengruppe (auch für den Fall, daß E nicht die Relativgrundeinheit ist) berechnet sich auf Grund der Darstellungen (2), (2′) zu

(3) $$[H : E] = \mu^2 + \nu^2 = N(\mu + \nu i).$$

Beschränkt man in (2) die Zahl $\mu + \nu i$ auf den ersten Quadranten $\mu > 0$, $\nu \geqq 0$ (ohne Nullpunkt und senkrechten Randstrahl), so erhält man ein volles Vertretersystem der Klassen äquivalenter Relativeinheiten $\neq \pm 1$. Diese Festlegung eines solchen Systems im Logarithmenraum ist für den Beweis der anschließend zu gebenden Kennzeichnung der Relativgrundeinheiten E, E_+ wichtig, während die in § 9, Satz 19 gegebene Festlegung (1′) im Konjugiertenraum im Hinblick auf ihre einfache Beschreibung in § 9, (5) durch die Koordinaten x, y von H für die numerische Rechnung bequemer ist.

5. *Kennzeichnung der Relativgrundeinheit durch eine Minimaleigenschaft.* Wir beweisen:

Satz 23. Die Relativgrundeinheit E *ist, bis auf die Unterscheidung von ihren äquivalenten eindeutig, als diejenige Relativeinheit* $\neq \pm 1$ *von* K *gekennzeichnet, für die das Nullpunktabstandsquadrat im Konjugiertenraum* $Sp(E^2)$ *möglichst klein ist.*

Die Beschränkung auf Relativeinheiten $\neq \pm 1$ in dieser Kennzeichnung läuft nach § 9, (7) auf die Forderung $y \neq 0$ oder auf die Einschränkung $Sp(E^2) > 4$ in der Minimalforderung hinaus.

Beweis. Es ist zu zeigen, daß für jede Relativeinheit $H \neq \pm 1$ die Ungleichung

$$Sp(H^2) \geqq Sp(E^2)$$

besteht, mit Gleichheit nur dann, wenn H zu E äquivalent ist. Sei dazu in (2) ohne Einschränkung S gegenüber $S^3 = S^{-1}$ so normiert, daß für die beiden Faktoren von $n(E') = E'E''' = \pm 1$ die Ungleichungen

$$|E'| = |E^S| > 1, \qquad |E'''| = |E^{S^3}| < 1$$

gelten. Sei ferner

$$|E'| = |E|^q, \qquad \text{also} \qquad q = \frac{\log|E'|}{\log|E|}$$

gesetzt. Auf Grund der Normierung (1) von E und der (davon unabhängigen) eben getroffenen Normierung von S ist dann

$$0 < q < 1.$$

In der zu untersuchenden Größe

$$Sp(H^2) = (H^2 + H^{-2}) + (H'^2 + H'^{-2})$$

hat man nach (2), (2′) für die ersten Glieder der Klammern

$$H^2 = (E^2)^{\mu + q\nu}, \qquad H'^2 = (E^2)^{-\nu + q\mu}.$$

Da es auf die Unterscheidung der konjugierten von H nicht ankommt, braucht man die Behauptung nur unter der Voraussetzung zu beweisen, daß der Exponent $\mu + \nu i$ im ersten Quadranten $\mu > 0$, $\nu \geqq 0$ liegt. Zu diesem Beweis genügt es zu zeigen, daß der Ausdruck $Sp(\mathsf{H}^2)$ bei stetig veränderlichen μ, ν monoton zunimmt, wenn $\mu + \nu i$ von 0 ausgehend, zunächst ein Stück der positiven reellen Achse und dann ein in die obere Halbebene gerichtetes Stück einer Parallelen zur imaginären Achse durchläuft. In dieser Behauptung können an Stelle von μ, ν auch

$$u = \mu \log \mathsf{E}^2, \qquad v = \nu \log \mathsf{E}^2$$

als Veränderliche genommen werden, da auf Grund der Normierung (1) von E der Zusatzfaktor $\log \mathsf{E}^2 > 0$ ist. Setzt man noch

$$t = \log \mathsf{H}^2, \qquad t' = \log \mathsf{H}'^2,$$

so wird nach obigem

$$t = u + qv, \qquad t' = -v + qu$$

und

$$\tfrac{1}{2} Sp(\mathsf{H}^2) = \mathfrak{Cof}\, t + \mathfrak{Cof}\, t'.$$

Daraus folgt durch Differentiation

$$\frac{1}{2} \frac{\partial Sp(\mathsf{H}^2)}{\partial u} = \mathfrak{Sin}\, t + q\, \mathfrak{Sin}\, t', \qquad \frac{1}{2} \frac{\partial Sp(\mathsf{H}^2)}{\partial v} = q\, \mathfrak{Sin}\, t - \mathfrak{Sin}\, t'.$$

Auf dem ersten Wegstück ist nun $t = u$ und $t' = qu$ mit $u \geqq 0$, also

$$\frac{1}{2} \frac{\partial Sp(\mathsf{H}^2)}{\partial u} = \mathfrak{Sin}\, u + q\, \mathfrak{Sin}\, qu \geqq 0,$$

mit Gleichheit nur im Nullpunkt. Auf dem zweiten Wegstück ist sicher $t > 0$ und $t' \leqq qt$, also

$$\frac{1}{2} \frac{\partial Sp(\mathsf{H}^2)}{\partial v} \geqq q\, \mathfrak{Sin}\, t - \mathfrak{Sin}\, qt = q\left(\mathfrak{Sin}\, t - \frac{1}{q}\, \mathfrak{Sin}\, qt\right) > 0,$$

letzteres, unter Beachtung von $0 < q < 1$, weil $\dfrac{1}{q}\, \mathfrak{Sin}\, qt$ für $q > 0$, $t > 0$ eine monoton zunehmende Funktion von q ist, die für $q = 1$ den Wert $\mathfrak{Sin}\, t$ hat. Demnach nimmt der Ausdruck $Sp(\mathsf{H}^2)$ in der Tat auf jedem der beiden betrachteten Wegstücke monoton zu.

Ganz analog beweist man:

Zusatz. Die relativnormpositive Relativgrundeinheit E_+ *ist, bis auf die Unterscheidung von ihren äquivalenten eindeutig, als diejenige relativnormpositive Relativeinheit* $\neq \pm 1$ *von* K *gekennzeichnet, für die das Nullpunktabstandsquadrat im Konjugiertenraum* $Sp(\mathsf{E}_+^2)$ *möglichst klein ist.*

Nach § 8, (18) ist die in der Minimalforderung von Satz 23 auftretende Größe

$$Sp(\mathsf{E}^2) = \frac{S(x^2) + FN(y)}{2}$$

eine positiv-definite quadratische Form in den rationalen Koordinaten von $\mathsf{E} = [x, y]$. Sie ist aus den beiden positiv-definiten quadratischen Formen $S(x^2)$ und $N(y)$ mit positiven Koeffizienten zusammengesetzt. Wir beweisen jetzt noch, daß sich die Minimaleigenschaft von Satz 23 auch auf diese beiden Bestandteile für sich erstreckt:

Satz 24. Im Bereich der Relativeinheiten $\neq \pm 1$ *haben auch* $S(x^2)$ *und* $N(y)$ *ihre kleinstmöglichen Werte für die Relativgrundeinheit* $\mathsf{E} = [x, y]$ *nebst äquivalenten, und zwar* $S(x^2)$ *nur für diese,* $N(y)$ *im Falle* $n(\mathsf{E}) = 1$ *ebenfalls nur für diese, während* $N(y)$ *im Falle* $n(\mathsf{E}) = -1$ *möglicherweise auch noch für die relativnormpositive Relativgrundeinheit* $\mathsf{E}_+ = [x_+, y_+]$ *nebst äquivalenten seinen kleinstmöglichen Wert hat, also nur* $N(y_+) \geqq N(y)$ *gilt.*

Beweis. Für jede Relativeinheit $\mathsf{H} = [x, y]$ gilt

$$S(x^2) = \frac{S(x^2) + FN(y)}{2} + \frac{S(x^2) - FN(y)}{2} = Sp(\mathsf{H}^2) \pm 4,$$

$$FN(y) = \frac{S(x^2) + FN(y)}{2} - \frac{S(x^2) - FN(y)}{2} = Sp(\mathsf{H}^2) \mp 4,$$

wobei die zweiten Darstellungen rechts durch Spurbildung aus der Relativnormgleichung § 9, (2) (mit $\eta = \pm 1$) folgen und die Vorzeichenalternative in ihnen durch die Alternative $n(\mathsf{H}) = \pm 1$ bedingt ist. Ist $n(\mathsf{E}) = 1$, so ist durchweg $n(\mathsf{H}) = 1$, es gelten also durchweg die oberen Vorzeichen; dann folgen die Behauptungen ohne weiteres aus Satz 23. Ist $n(\mathsf{E}) = -1$, so erschließt man in gleicher Weise die Richtigkeit der Behauptungen im Bereich $n(\mathsf{H}) = -1$, wo durchweg die unteren Vorzeichen gelten, sowie im Hinblick auf $Sp(\mathsf{H}^2) + 4 > Sp(\mathsf{H}^2) - 4$ auch noch die Richtigkeit der Behauptung über $S(x^2)$ im Bereich $n(\mathsf{H}) = 1$, $\mathsf{H} \neq \pm 1$. Was schließlich den kleinstmöglichen Wert von $N(y)$ im Bereich $n(\mathsf{H}) = 1$, $\mathsf{H} \neq \pm 1$ unter der Voraussetzung $n(\mathsf{E}) = -1$ betrifft, so ergibt sich aus dem Zusatz zu Satz 23 in gleicher Weise wie eben, daß er genau für $\mathsf{E}_+ \sim \mathsf{E}^{1+S}$ vorliegt. Demnach bleibt noch zu zeigen, daß unter der Voraussetzung $n(\mathsf{E}) = -1$ jedenfalls $N(y_+) \geqq N(y)$ gilt. Nach Satz 23 ist nun

$$\frac{S(x_+^2) + FN(y_+)}{2} > \frac{S(x^2) + FN(y)}{2},$$

während nach der Relativnormgleichung § 9, (2) im betrachteten Falle

$$\frac{S(x_+^2) - FN(y_+)}{2} = 4, \qquad \frac{S(x^2) - FN(y)}{2} = -4$$

ist. Zusammengenommen folgt daraus

$$F(N(y_+) - N(y)) > -8.$$

Da aber $F \geqq 15$ ist, ergibt sich notwendig $N(y_+) \geqq N(y)$.

Bemerkung. Die Beschränkung auf Relativeinheiten $\neq \pm 1$ läuft für $S(x^2)$ im Falle $n(\mathsf{E}) = 1$ nach § 9, (7') auf die Einschränkung $S(x^2) > 8$ in der Minimalforderung hinaus, während sie im Falle $n(\mathsf{E}) = -1$ gemäß § 9, (7) nur in der Form $x \neq \pm 2$ zum Ausdruck gebracht werden kann. Für $N(y)$ läuft diese Beschränkung gemäß § 9, (7) in jedem Falle auf die Einschränkung $N(y) > 0$ in der Minimalforderung hinaus. — Das Beispiel $F = 15$ lehrt, daß nicht nur $N(y_+) = N(y)$ wirklich vorkommt, sondern dabei sogar $y_+ = y$ sein kann.

§ 11. Die volle Einheitengruppe

Zu der in § 10 festgelegten Grundeinheit E von $\mathsf{K}/\varkappa$ tritt die Grundeinheit ε von $\varkappa$ hinzu, für die wir die übliche Normierung $\varepsilon > 1$ unter ihren äquivalenten zugrunde legen. Für den Aufbau der Gruppe aller Einheiten H^* von K aus den beiden Untergruppen der Einheiten H von $\mathsf{K}/\varkappa$ und η von $\varkappa$ haben wir dann gemäß § 9, Satz 16 zu unterscheiden, ob $\mathsf{K}/\varkappa$ den Einheitenindex $Q = 1$ oder 2 hat.

A. *Der Fall* $Q = 1$

1. Eindeutige Darstellung aller Einheiten. Im Falle $Q = 1$ ist die Gruppe $\mathsf{H}^* = \eta\mathsf{H}$ das über ± 1 direkte Produkt der beiden Untergruppen η und H. Gemäß § 10, (2) erhält man also alle Einheiten H^* von K in der eindeutigen Darstellung

(1) $$\mathsf{H}^* = \pm\,\varepsilon^\lambda \mathsf{E}^{\mu+\nu S} \qquad (\lambda, \mu, \nu \text{ ganzrational})$$

durch die beiden Grundeinheiten ε von $\varkappa$ und E von $\mathsf{K}/\varkappa$. Das zugehörige dreidimensionale Parallelgitter im Normeinsteilraum des Logarithmenraums von K (siehe den Beweis von § 10, Satz 22) ist das direkte Produkt aus dem eindimensionalen Gitter der Einheiten η von $\varkappa$ und dem zweidimensionalen Quadratgitter der Einheiten H von $\mathsf{K}/\varkappa$. Da die Vektoren $(\log|\eta|, \ -\log|\eta|, \ \log|\eta|, \ -\log|\eta|)$ auf der Relativnormeinsebene $(\log|\mathsf{H}|, \ \log|\mathsf{H}'|, \ -\log|\mathsf{H}|, \ -\log|\mathsf{H}'|)$ senkrecht stehen, ist das dreidimensionale Produktgitter orthogonal. Beim erzeugenden Automorphismus S von K erfährt es neben der Vierteldrehung um die η-Achse noch die Spiegelung an der H-Ebene.

2. Berechnung der Höhe. Für eine beliebige Einheit H^* von K in der Darstellung (1) berechnet sich analog zu § 10, (3) die Höhe über den Grundeinheiten ε, E zu

$$[\mathsf{H}^* : (\varepsilon, \mathsf{E})] = 2\,|\lambda|\,(\mu^2 + \nu^2) = 2\,|\lambda|\,N(\mu + \nu i). \tag{2}$$

Der voranstehende Faktor 2 läßt erkennen:

Satz 25. Im Falle $Q = 1$ gibt es keine Einheit von K, die zusammen mit ihren konjugierten und -1 die volle Einheitengruppe von K erzeugt.

Die größte auf diese Weise erzeugbare Untergruppe hat vielmehr den Index 2 und ist in der Darstellung (1) durch die Exponentenkongruenz $\lambda \equiv \mu + \nu \bmod 2$ gekennzeichnet; als Erzeugende kann etwa das Produkt $\varepsilon\mathsf{E}$ der beiden Grundeinheiten gewählt werden.

Für ein Einheitenpaar η von $\varkappa$, H von $\mathsf{K}/\varkappa$ mit den Darstellungen

$$\eta = \pm\,\varepsilon^{\lambda}, \qquad \mathsf{H} = \pm\,\mathsf{E}^{\mu + \nu S}$$

berechnet sich die Höhe über dem Grundeinheitenpaar ε, E nach § 10, (3) zu

$$[(\eta, \mathsf{H}) : (\varepsilon, \mathsf{E})] = [\eta : \varepsilon]\,[\mathsf{H} : \mathsf{E}] = |\lambda|\,(\mu^2 + \nu^2) = |\lambda|\,N(\mu + \nu i). \tag{3}$$

3. Signaturgesetze. Mittels § 9, Satz 20 ergeben sich ohne weiteres die folgenden Tatsachen:

Satz 26. Im Falle $Q = 1$ sind alle Einheiten H^* von K normpositiv. Für den Einheitensignaturenrang r von K gilt demnach $r \leqq 3$. Es ist

$r \leqq 2$ genau dann, wenn E relativnormpositiv,
$r = 1$ genau dann, wenn ε und E wesentlich-positiv.

Als Seitenstücke hierzu gelten für die Untergruppen $\mathsf{H}^*_{\mathrm{rp}}$ und $\mathsf{H}^*_{\mathrm{wp}}$ der relativnormpositiven und wesentlich-positiven Einheiten von K im Falle $Q = 1$, wie man leicht bestätigt, die folgenden Tatsachen:

Satz 27. Ist E relativnormpositiv, so ist $\mathsf{H}^*_{\mathrm{rp}} = \mathsf{H}^*$; andernfalls ist $[\mathsf{H}^* : \mathsf{H}^*_{\mathrm{rp}}] = 2$, und $\mathsf{H}^*_{\mathrm{rp}}$ ist in H^* durch die Exponentenkongruenz $\mu + \nu \equiv 0 \bmod 2$ in der Darstellung (1) gekennzeichnet.

Sind ε und E wesentlich-positiv, so ist $\mathsf{H}^*_{\mathrm{wp}} = \mathsf{H}^*_{\mathrm{rp}} = \mathsf{H}^*$; andernfalls ist $[\mathsf{H}^*_{\mathrm{rp}} : \mathsf{H}^*_{\mathrm{wp}}] = 2$.

B. Der Fall $Q = 2$.

1. Eindeutige Darstellung aller Einheiten. Im Falle $Q = 2$ entsteht die volle Einheitengruppe H^* aus der Untergruppe $\eta\mathsf{H}$ vom Index 2 durch Hinzunahme der Nebengruppe $\eta\mathsf{H}\mathsf{E}^*$, wo E^* eine Einheit mit

$$n(\mathsf{E}^*) = \pm\,\varepsilon \tag{4}$$

ist. Gemäß § 10, (2) erhält man also hier alle Einheiten H^* von K in der eindeutigen Darstellung

$$\mathsf{H}^* = \pm\,\varepsilon^{\lambda}\,\mathsf{E}^{\mu + \nu S}\,\mathsf{E}^{*\delta} \quad (\lambda, \mu, \nu \text{ ganzrational}, \ \delta = 0 \text{ oder } 1). \tag{5}$$

Die Einheit E^* liegt durch (4) nur bis auf eine willkürliche Relativeinheit H als Faktor fest. Zur Normierung dieses Faktors betrachten wir die Einheit E^{*1+S}. Sie hat die Eigenschaft

$$n(\mathsf{E}^{*1+S}) = \varepsilon^{1+S} = N(\varepsilon) = \pm 1,$$

ist also eine Relativeinheit und besitzt als solche eine Darstellung

$$\mathsf{E}^{*1+S} = \pm\, \mathsf{E}^{\mu+\nu S}.$$

Durch Anbringung eines Relativeinheitsfaktors H an E^* kann man den hier auftretenden Exponenten $\mu + \nu S$ mod $1 + S$ reduzieren, also eine der beiden Beziehungen $\mathsf{E}^{*1+S} = \pm 1$ oder $\mathsf{E}^{*1+S} = \pm\,\mathsf{E}$ erreichen. Aus $\mathsf{E}^{*1+S} = \pm 1$ folgte nach § 9, Satz 17, daß E^* in $\varkappa$ läge, was nach (4) nicht der Fall ist. Somit ergibt die Reduktion notwendig

(6) $$\mathsf{E}^{*1+S} = \pm\,\mathsf{E}.$$

Durch (6) wird die Lösung E^* von (4) bis aufs Vorzeichen eindeutig festgelegt. Man kann auch umgekehrt E^* als Lösung von (6) auffassen; als solche liegt E^* nach § 9, Satz 17 nur bis auf einen willkürlichen Einheitsfaktor η aus $\varkappa$ fest, der dann durch (4) bis aufs Vorzeichen eindeutig normiert wird.

Durch Einführung der Darstellungen (4), (6) von ε, E in die Darstellung (5) erkennt man:

Satz 28. Im Falle $Q = 2$ gibt es eine Einheit E^* von K, die zusammen mit ihren konjugierten und -1 die volle Einheitengruppe von K erzeugt, nämlich die bis aufs Vorzeichen eindeutig festliegende Lösung der beiden Beziehungen (4), (6).

Das noch verfügbare Vorzeichen von E^* sei durch die Forderung $\mathsf{E}^* > 0$ normiert. Die so eindeutig festgelegte Einheit E^* heiße die *Grundeinheit von* K. Die Existenz einer Grundeinheit im Sinne von Satz 28 ist auf den Fall $Q = 2$ beschränkt; im Falle $Q = 1$ gibt es nach Satz 25 keine solche Grundeinheit.

Geht man in (4) zur Norm in $\varkappa$, in (6) zur Relativnorm für $\mathsf{K}/\varkappa$ über, so erhält man das Beziehungspaar

$$Nm(\mathsf{E}^*) = N(\varepsilon), \qquad Nm(\mathsf{E}^*) = n(\mathsf{E}).$$

Demnach gilt:

Satz 29. Der Fall $Q = 2$ kann höchstens dann vorliegen, wenn $n(\mathsf{E}) = N(\varepsilon)$ ist, und dann hat $Nm(\mathsf{E}^*)$ diesen gemeinsamen Wert.

Die der Darstellung (5) zugrunde liegende Untergruppe $\eta\,\mathsf{H}$ vom Index 2 ist innerhalb der vollen Einheitengruppe H^* durch jede der beiden Beziehungen

$$n(\mathsf{H}^*) = \pm\,\eta^2, \qquad \mathsf{H}^{*1-S^2} = \pm\,\mathsf{H}^2$$

gekennzeichnet. Aus (4) und (6) folgt ferner für die Grundeinheit E^* die Beziehung

$$\mathsf{E}^{*2} = n(\mathsf{E}^*)\,\mathsf{E}^{*1-S^2} = \pm\,\varepsilon\,\mathsf{E}^{1-S}.$$

Hieraus erkennt man, daß im Falle $Q = 2$ das Einheitengitter H^* im Logarithmenraum von K dadurch entsteht, daß man dem Orthogonalgitter $\eta\,\mathsf{H}$ (siehe oben Fall $Q = 1$) die Maschenmittelpunkte $\eta\,\mathsf{H}\,\mathsf{E}^*$ hinzufügt.

Neben (5) hat man nach Satz 28 für die Einheiten H^* von K die eindeutige Darstellung

(7) $$\mathsf{H}^* = \pm\,\mathsf{E}^{*\mu_0+\mu_1 S+\mu_2 S^2} \qquad (\mu_0,\ \mu_1,\ \mu_2 \text{ ganzrational}),$$

bei der mit den Exponenten $\mu_0 + \mu_1 S + \mu_2 S^2$ aus dem Gruppenring von K als Elementen des Restklassenrings nach dem reduziblen Polynom $1 + S + S^2 + S^3 = (1 + S)(1 + S^2)$ zu rechnen ist.

2. *Berechnung der Höhe.* Die Berechnung der Höhe einer beliebigen Einheit H^* über der Grundeinheit E^* auf Grund einer der beiden Darstellungen (5), (7) ergibt Formeln von nicht besonders handlichem Bau. Einfacher und brauchbarer ist das folgende Berechnungsschema. Da die durch ε und E nebst konjugierten und -1 erzeugte Untergruppe in

der durch E^* nebst konjugierten und -1 erzeugten Gruppe den Index 2 hat, hat das System ε, E über der Grundeinheit E^* die Höhe

$$[(\varepsilon, \mathsf{E}) : \mathsf{E}^*] = 2.$$

Setzt man analog zu den Definitionsbeziehungen (4), (6) von E^* für eine beliebige Einheit die Beziehungen

$$n(\mathsf{H}^*) = \eta = \pm \varepsilon^\lambda, \qquad \mathsf{H}^{*1+S} = \mathsf{H} = \pm \mathsf{E}^{\mu+\nu S} \tag{8}$$

an, so hat man entsprechend

$$[(\eta, \mathsf{H}) : \mathsf{H}^*] = 2.$$

Damit ergibt sich für die Höhe von H^* über E^*, durch Zurückführung auf die in (3) berechnete Höhe von η, H über ε, E nach dem Parallelogrammschema, die Formel

$$[\mathsf{H}^* : \mathsf{E}^*] = [(\eta, \mathsf{H}) : (\varepsilon, \mathsf{E})] = [\eta : \varepsilon]\,[\mathsf{H} : \mathsf{E}] = |\lambda|(\mu^2 + \nu^2) = |\lambda| N(\mu + \nu i), \tag{9}$$

wo λ, $\mu + \nu S$ die Exponenten aus den Darstellungen (8) sind.

3. *Signaturgesetze.* Auf Grund der Darstellung (7) ergeben sich leicht die folgenden Tatsachen:

Satz 30. Im Falle $Q = 2$ kann der Einheitensignaturenrang r von K *jeden der vier Werte $r \leqq 4$ haben. Es ist*

$r \leqq 3$ genau dann, wenn E^* normpositiv,
$r \leqq 2$ genau dann, wenn E^* relativnormpositiv,
$r = 1$ genau dann, wenn E^* wesentlich-positiv.

Nach (4), (6), Satz 29 und mit Rücksicht auf die getroffene positive Normierung von ε, E können die letzten drei Bedingungen auch folgendermaßen ausgesprochen werden:

Zusatz. Es ist

$r \leqq 3$ genau dann, wenn $N(\varepsilon) = 1$, $n(\mathsf{E}) = 1$,
$r \leqq 2$ genau dann, wenn zudem in (4) das positive Vorzeichen vorliegt,
also $n(\mathsf{E}^*) = \varepsilon$,
$r = 1$ genau dann, wenn zudem auch in (6) das positive Vorzeichen vorliegt,
also $\mathsf{E}^{*1+S} = \mathsf{E}$.

Als Seitenstücke hierzu gelten für die Untergruppen $\mathsf{H}^*_{\mathrm{np}}$, $\mathsf{H}^*_{\mathrm{rp}}$, $\mathsf{H}^*_{\mathrm{wp}}$ der normpositiven, relativnormpositiven, wesentlich-positiven Einheiten von K im Falle $Q = 2$, wie man leicht bestätigt, die Tatsachen:

Satz 31. Ist E^* normpositiv, so ist $\mathsf{H}^*_{\mathrm{np}} = \mathsf{H}^*$; andernfalls ist $[\mathsf{H}^* : \mathsf{H}^*_{\mathrm{np}}] = 2$, und $\mathsf{H}^*_{\mathrm{np}}$ ist in H^* durch die Exponentengleichung $\delta = 0$ in der Darstellung (5) gekennzeichnet.

Ist E^* relativnormpositiv, so ist $\mathsf{H}^*_{\mathrm{rp}} = \mathsf{H}^*_{\mathrm{np}} = \mathsf{H}^*$; andernfalls ist $[\mathsf{H}^*_{\mathrm{np}} : \mathsf{H}^*_{\mathrm{rp}}] = 2$.

Ist E^* wesentlich-positiv, so ist $\mathsf{H}^*_{\mathrm{wp}} = \mathsf{H}^*_{\mathrm{rp}} = \mathsf{H}^*_{\mathrm{np}} = \mathsf{H}^*$; andernfalls ist $[\mathsf{H}^*_{\mathrm{rp}} : \mathsf{H}^*_{\mathrm{wp}}] = 2$.

§ 12. Verfahren zur Berechnung der Relativgrundeinheit, des Einheitenindex und gegebenenfalls der Grundeinheit

A. Berechnung der Relativgrundeinheit

Für die Berechnung der Relativgrundeinheit $\mathsf{E} = [x, y]$ stützen wir uns auf § 10, Satz 24, und zwar legen wir die Minimaleigenschaft von $N(y)$ zugrunde, weil es sich mit dieser etwas einfacher arbeitet als mit der von $S(x^2)$. Danach ist E, bis auf die Unterscheidung der acht äquivalenten $[\pm x, \pm y]$, $[\pm x', \pm iy]$ eindeutig, als diejenige ganzzahlige Lösung der Relativnormgleichung § 9, (2) mit $\eta = \mp 1$, also der Gleichung

$$n(\mathsf{E}) = \frac{1}{4}\left(x^2 - G\,\frac{N(y)f + \varphi(y)\tau}{2}\right) = \mp 1 \tag{1}$$

gekennzeichnet, für die $N(y) > 0$ und möglichst klein ist; bei gleichen $N(y)$, aber entgegengesetzten $n(\mathsf{E})$ ist dabei der Lösung mit $n(\mathsf{E}) = -1$ der Vorrang zu geben.

Bei durch den Teilführer f, den Führer $F = fG$ und die Basiszahl $\varphi = a + bi$ gegebenem Körper K ergibt sich zur Bestimmung dieser Lösung das folgende Verfahren.

1. Bestimmung der Lösung mit minimalem $N(y)$. Man führe für die ganze Zahl x aus $\varkappa$ die Basisdarstellung

$$x = \frac{x_0 + x_1\tau}{2} \qquad (x_0,\ x_1 \text{ ganzrational}, \quad x_0 \equiv f x_1 \bmod 2)$$

ein und zerlege dementsprechend die Relativnormgleichung (1) in das Gleichungspaar

$$(2) \qquad \frac{\dfrac{x_0^2 \pm 16}{f} + x_1^2}{2G} = N(y), \qquad \frac{x_0 x_1}{G} = \varphi(y).$$

Man wähle weiter ein Vertretersystem nicht-assoziierter ganzer Zahlen $y \neq 0$ aus P_4, etwa das System

$$y = y_0 + y_1 i \qquad (y_0,\ y_1 \text{ ganzrational}, \quad y_0 > 0, \quad y_1 \geqq 0)$$

aus dem ersten Quadranten; dann ist

$$N(y) = y_0^2 + y_1^2, \qquad \varphi(y) = \tfrac{1}{2} S(\varphi\, y^2) = a(y_0^2 - y_1^2) - 2b\, y_0 y_1.$$

Für x_0 kommen nur die je 2^{n+1} Restklassen $x_0 \bmod f$ mit

$$x_0^2 \equiv \mp 16 \bmod f$$

in Frage (wo n die Bedeutung aus § 7, (5) hat). Dazu tritt bei festem y nach § 8, Satz 14, Zusatz noch die weitere Kongruenzeinschränkung[1]

$$x_0 \equiv G(y_0 + y_1) \bmod 2 \qquad \text{für } 2 \nmid f,$$

sowie die Größenbeschränkung

$$|x_0| < \sqrt{2FN(y) \mp 16}.$$

Überdies kann man $x_0 > 0$ normieren, da nach der Normierung von y unter seinen assoziierten noch das Vorzeichen von x freibleibt und nach § 9, (6) sicher $x_0 \neq 0$ ist.

Bei festem x_0 kommen weiter für x_1 nur die Restklassen $x_1 \bmod 2G$ mit

$$x_1^2 \equiv -\frac{x_0^2 \pm 16}{f} \bmod 2G, \qquad x_0 x_1 \equiv 0 \bmod G$$

in Frage. Dazu tritt bei festem y nach § 8, Satz 14, Zusatz noch die weitere Kongruenzeinschränkung[2]

$$x_1 \equiv -x_0 + 2Gy_0 \equiv x_0 - 2Gy_1 \bmod 4 \qquad \text{für } 2 \nmid f,$$

sowie die Größenbeschränkung

$$|x_1| \leqq \sqrt{2G\,N(y) - \frac{x_0^2 \pm 16}{f}}.$$

Neben den $x_1 > 0$ sind hier auch die $x_1 < 0$ in Betracht zu ziehen; nach § 9, (6) ist auch $x_1 \neq 0$.

Nach steigenden $N(y)$ fortschreitend prüfe man dann jeweils für die allen diesen Bedingungen genügenden $x = \dfrac{x_0 + x_1\tau}{2}$, ob für y das die Relativnormgleichung (1) ausdrückende Gleichungspaar (2) besteht. Im Falle $2 \mid G$ kann man dabei die Rechnung noch

---

[1] Diese Einschränkung ist zwar, wie bei § 9, (2) bemerkt, theoretisch entbehrlich; sie führt jedoch praktisch zu einer Vereinfachung des Verfahrens.

[2] Siehe das in Fußnote [1] Gesagte.

auf kleinere Zahlen reduzieren, indem man aus x_0, x_1 für $2 \nmid f$ die Faktoren 2, 2 und für $2 \mid f$ die Faktoren 4, 2 wegdividiert.

Nach endlich vielen Schritten erhält man so notwendig eine erste Lösung $\mathsf{E} = [x, y]$ von $n(\mathsf{E}) = \mp 1$. Diese ist nach dem Gesagten zur Relativgrundeinheit äquivalent.

2. Obere Schranke für $N(y)$. Für die Durchführung des vorstehenden Verfahrens ist es erwünscht, von vornherein eine obere Schranke für $N(y)$ zu kennen, so daß man nicht ins Ungewisse hineinzurechnen braucht. Kennt man nun überhaupt eine Relativeinheit $\mathsf{H} \neq \pm 1$ von K in ihrer Basisdarstellung $\mathsf{H} = [X, Y]$, so ist $N(Y)$ nach § 10, Satz 24 eine obere Schranke für $N(y)$. Nun werden wir im dritten Abschnitt für die aus der erzeugenden Kreiseinheit $\mathsf{H}^* = \Theta^{1-S}$ von K abgeleitete Relativeinheit $\mathsf{H} = \mathsf{H}^{*1+S} = \Theta^{1-S^2}$, wie sie in der Klassenzahlformel auftritt, die Basisdarstellung bestimmen (siehe § 19). Diese Bestimmung liefert dann eine Schranke der gewünschten Art[1]. Bei zusammengesetztem F ist auch schon $\mathsf{H}_0 = \Theta^{1+S}$, und unter Umständen sogar schon Θ selbst bis auf einen Einheitsfaktor aus $\varkappa$, eine Relativeinheit von K; wie man leicht analog zum Beweis von § 10, Satz 24 bestätigt, liefert diese dann eine bessere Schranke.

3. Normierung von E. Zur vollständigen Bestimmung der Relativgrundeinheit $\mathsf{E} = [x, y]$ bleibt jetzt noch zu entscheiden, bei welcher Normierung unter den acht äquivalenten $[\pm x, \pm y]$, $[\pm x', \pm iy]$ die Normierung § 9, (1) vorliegt, die, wie wir schon sahen, in den Koordinaten x, y ausgedrückt auf § 9, (5) hinausläuft. Hinsichtlich x ist diese Normierung bereits in § 9, (5′) gegeben, nämlich

$$x_0 > 0, \qquad \sigma x_1 > 0,$$

wo σ das in § 7, (12) definierte Vorzeichen ist. Hinsichtlich y hat man dann noch zu entscheiden, bei welchem Vorzeichen von y der Ausdruck

$$\sqrt{x^2 \pm 4} = \frac{y\mathsf{T} + \bar{y}\bar{\mathsf{T}}}{2} = y_0 \Omega + y_1 \Omega' > 0$$

ist; dabei bedeuten Ω, Ω' die beiden in § 8, (20) eingeführten Summen

$$(3) \qquad \left|\begin{aligned} \Omega &= \frac{\mathsf{T} + \bar{\mathsf{T}}}{2} = \sum_{\substack{x \bmod F \\ \chi^2(x) = 1}}' \tfrac{1}{2} S(\chi(x))\, e_F(x) = 2 \sum_{\mathfrak{a}}' \cos \frac{2\pi a}{F} - 2 \sum_{\mathfrak{a}''}' \cos \frac{2\pi a''}{F} \\ \Omega' &= \frac{i\mathsf{T} - i\bar{\mathsf{T}}}{2} = \sum_{\substack{x \bmod F \\ \chi^2(x) = -1}}' \tfrac{1}{2} S(i\chi(x))\, e_F(x) = 2 \sum_{\mathfrak{a}'}' \cos \frac{2\pi a'}{F} - 2 \sum_{\mathfrak{a}'''}' \cos \frac{2\pi a'''}{F} \end{aligned}\right|,$$

wo $\mathfrak{a}, \mathfrak{a}', \mathfrak{a}'', \mathfrak{a}'''$ Halbsysteme mod F aus H, sH, s^2H, s^3H (also mit $\chi(a) = 1$, $\chi(a') = -i$, $\chi(a'') = -1$, $\chi(a''') = i$) sind.

Für die in Rede stehende Entscheidung genügt eine grobe numerische Näherungsberechnung der Cosinussummen (3), etwa mit dem Rechenschieber. Man kann damit überdies die relative Lage von

$$\mathsf{E}' = \tfrac{1}{2}(x' - y_1 \Omega + y_0 \Omega')$$

zu ± 1 und 0 bestimmen; im Hinblick auf die Normierung $\mathsf{E} > 1$ und den durch das obige Verfahren bekannten Wert $n(\mathsf{E}) = \mp 1$ ergibt sich daraus die Größe der konjugierten von E im Vergleich zu 1 und die Signatur von E.

B. Berechnung des Einheitenindex und gegebenenfalls der Grundeinheit

Gemäß § 11, Satz 28 haben wir zu entscheiden, ob zu der eben bestimmten Grundeinheit $\mathsf{E} = [x, y]$ von $\mathsf{K}/\varkappa$ und der Grundeinheit ε von $\varkappa$ eine ganzzahlige Lösung E^* in K

[1] Für die Berechnung dieser Schranke siehe auch § 19, *4*.

der beiden Beziehungen

(4) $$n(\mathsf{E}^*) = \pm \varepsilon, \qquad \mathsf{E}^{*1+S} = \pm \mathsf{E}$$

vorhanden ist, und gegebenenfalls die Koordinaten der hierdurch bis aufs Vorzeichen eindeutig festgelegten Grundeinheit $\mathsf{E}^* = [x^*, y^*]$ von K zu berechnen. Als notwendige Lösbarkeitsbedingung hat sich in § 11, Satz 29 bereits die Beziehung

$$n(\mathsf{E}) = N(\varepsilon)$$

ergeben, die wir im folgenden als erfüllt voraussetzen.

Zur Entscheidung über die Lösbarkeit und gegebenenfalls Bestimmung der Lösung E^* von (4) stehen zwei Wege zur Verfügung, je nachdem man die Lösbarkeit in der Koordinatendarstellung der Beziehung $n(\mathsf{E}^*) = \pm\varepsilon$ oder $\mathsf{E}^{*1+S} = \pm \mathsf{E}$ diskutiert und die jeweils andere Beziehung zur Normierung der Lösung E^* verwendet. Die Koordinatendarstellung der Beziehung $n(\mathsf{E}^*) = \pm\varepsilon$, die sich aus der Relativnormgleichung § 9, (2) ergibt, ist zwar formal die einfachere; jedoch läßt sich dabei die Normierung durch die Beziehung $\mathsf{E}^{*1+S} = \pm \mathsf{E}$ weniger bequem übersehen. Daher nehmen wir die Koordinatendarstellung von $\mathsf{E}^{*1+S} = \pm \mathsf{E}$ zum Ausgang und normieren durch $n(\mathsf{E}^*) = \pm\varepsilon$.

1. Gleichungssystem für die Koordinaten von E^*. Die Beziehung $\mathsf{E}^{*1+S} = \pm \mathsf{E}$ lautet nach § 8, (15) in Koordinatendarstellung

$$\left[\frac{N(x^*) - G\hat{\varphi}(y^*)\tau}{2}, \quad \frac{1+i}{2}(x^{*\prime} \circ y^*)\right] = \pm [x, y].$$

Setzt man wie bisher $x = \frac{x_0 + x_1\tau}{2}$, sowie

$$x^* = \frac{x_0^* + x_1^*\tau}{4}, \qquad y^* = y_0^* + y_1^* i,$$

so bedeutet dies das Gleichungssystem

(5) $$\left\{\begin{aligned} N(x^*) &= \frac{x_0^{*2} - f x_1^{*2}}{4} = \delta x_0 \\ -G\hat{\varphi}(y^*) &= -G\left[\tfrac{1}{2} b(y_0^{*2} - y_1^{*2}) + a y_0^* y_1^*\right] = \delta x_1 \\ \frac{1+i}{2}(x^{*\prime} \circ y^*) &= \frac{1+i}{2}\,\frac{x_0^* y^* - x_1^* \overline{\varphi}\,\overline{y}^*}{2} = \delta y \end{aligned}\right\}$$

für die ganzzahligen Unbekannten x^* aus $\varkappa$, y^* aus P_4 bzw. ihre ganzrationalen Koordinaten, mit einem unbestimmten gemeinsamen Vorzeichenfaktor $\delta = \pm 1$ auf den rechten Seiten. Solange es sich nur um die Lösung der Beziehung $\mathsf{E}^{*1+S} = \delta\mathsf{E}$ handelt, kann E^* noch mit einem beliebigen Einheitsfaktor η aus $\varkappa$ versehen werden. Wegen $\eta\mathsf{E}^* = [\eta x^*, \eta \circ y^*]$ können demgemäß die zu bestimmenden Koordinaten x^*, y^* noch einer beliebigen Substitution $x^* \to \eta x^*$, $y^* \to \eta \circ y^*$ unterworfen werden. In dieser Weise zusammenhängende Lösungen seien für den Augenblick äquivalent genannt. Nun sind die Unbekannten x^*, y^* in den beiden ersten Gleichungen (5) getrennt, und man kann für jede einzelne dieser beiden Gleichungen leicht über die ganzzahlige Lösbarkeit entscheiden, sowie gegebenenfalls ein volles System nicht-äquivalenter ganzzahliger Lösungen angeben.

2. Lösbarkeitsbedingungen. Für die ganzzahlige Lösbarkeit der ersten Gleichung (5) ist notwendig und hinreichend, daß $|x_0|$ als Norm eines ganzen Hauptdivisors von $\varkappa$ darstellbar ist, und ein volles System nicht-äquivalenter ganzzahliger Lösungen entspricht genau den endlich vielen verschiedenen solchen Darstellungen.

Für die ganzzahlige Lösbarkeit der zweiten Gleichung (5) ist notwendig und hinreichend, daß $|x_1|$ durch G teilbar und der Quotient $\frac{|x_1|}{G}$ als Norm eines ganzen Divisors aus derjenigen Divisorenklasse von $\varkappa$ darstellbar ist, die der quadratischen Form $\hat{\varphi}(y^*)$

von der Diskriminante f zugeordnet ist, und nach dem Hilfssatz aus § 8 entspricht ein volles System nicht-äquivalenter ganzzahliger Lösungen genau den endlich vielen verschiedenen solchen Darstellungen.

Es seien nun x_μ^*, y_ν^* die so bestimmten beiden vollen Systeme nicht-äquivalenter ganzzahliger Lösungen der beiden ersten Gleichungen (5), jede für sich betrachtet. Ein entsprechendes Lösungssystem für diese beiden Gleichungen zusammen erhält man dann in folgender Weise. Ist $N(\varepsilon) = -1$, so bilde man alle Lösungspaare x_μ^*, $\vartheta \circ y_\nu^*$, wo ϑ alle Einheiten von $\varkappa$ mit $N(\vartheta) = 1$ oder -1 durchläuft, je nachdem in den beiden Gleichungen für x_μ^* und y_ν^* die Vorzeichen übereinstimmen oder nicht. Ist $N(\varepsilon) = 1$, so behalte man nur diejenigen Lösungspaare x_μ^* y_ν^* bei, für die diese beiden Vorzeichen übereinstimmen, und bilde aus ihnen alle Lösungspaare x_μ^*, $\vartheta \circ y_\nu^*$ mit beliebigen Einheiten ϑ von $\varkappa$; in diesem letzteren Falle tritt als weitere notwendige Lösbarkeitsbedingung hinzu, daß für mindestens ein Lösungspaar x_μ^*, y_ν^* die beiden fraglichen Vorzeichen übereinstimmen. In jedem Falle ist dann ηx_μ^*, $\eta\vartheta \circ y_\nu^*$ mit beliebigen Einheiten η von $\varkappa$ das vollständige System aller ganzzahligen Lösungen der beiden ersten Gleichungen (5) zusammen. Für jede solche Lösung liegt der Vorzeichenfaktor δ fest. Es bleibt dann noch zu prüfen, ob für eine solche Lösung auch die dritte Gleichung (5) mit diesem Vorzeichenfaktor δ besteht; dabei genügt es, sich auf das angegebene Vertretersystem x_μ^*, $\vartheta \circ y_\nu^*$ zu beschränken.

Für eine Lösung der Form x_μ^*, $\vartheta \circ y_\nu^*$ wird die dritte Gleichung (5) nach § 8, (10) zu

$$\frac{1+i}{2}(\vartheta x_\mu^{*\prime} \circ y_\nu^*) = \delta y .$$

Dies ist ein lineares Gleichungssystem für die Koordinaten der noch unbestimmten Einheit ϑ von $\varkappa$, dessen Determinante sich leicht zu $\frac{1}{4} N(x_\mu^*)\, \bar{\varphi}(y_\nu^*) = -\frac{x_0 x_1}{4G}$ berechnet und daher nach § 9, (6) nicht verschwindet. Dazu tritt dann noch die in den Koordinaten von ϑ quadratische Gleichung $N(\vartheta) = \pm 1$ mit nach den obigen Ausführungen festliegendem Vorzeichen. Als letzte notwendige Lösbarkeitsbedingung ergibt sich demnach, daß für mindestens eines der zuvor bestimmten nicht-äquivalenten ganzzahligen Lösungspaare x_μ^*, y_ν^* die eindeutig bestimmte Lösung jenes linearen Gleichungssystems ganzzahlig ist und dieser quadratischen Gleichung genügt.

3. Bestimmung und Normierung der Lösung E^*. Ist eine der vorstehend angegebenen notwendigen Lösbarkeitsbedingungen verletzt, so gibt es keine Einheit E^* der verlangten Art, d. h. der Einheitenindex ist $Q = 1$. Sind dagegen alle diese notwendigen Lösbarkeitsbedingungen erfüllt, so erhält man in der geschilderten Weise mindestens eine Einheit $\mathsf{E}_0^* = [x_\mu^*, \vartheta \circ y_\nu^*]$ mit $\mathsf{E}_0^{*1+S} = \pm \mathsf{E}$. Es ist dann notwendig $n(\mathsf{E}_0^*) = \pm \varepsilon^{2\lambda+1}$, also der Einheitenindex $Q = 2$; denn wäre $n(\mathsf{E}_0^*) = \pm \varepsilon^{2\lambda}$, so wäre $\mathsf{E}_0 = \varepsilon^{-\lambda} \mathsf{E}_0^*$ eine Relativeinheit mit $\mathsf{E}_0^{1+S} = \pm \mathsf{E}$, also $[\mathsf{E} : \mathsf{E}_0] = 2$, was für die Relativgrundeinheit E unmöglich ist. Wählt man dann den noch verfügbaren Einheitsfaktor $\eta = \pm \varepsilon^{-\lambda}$, so erhält man in der Form $\mathsf{E}^* = \eta \mathsf{E}_0^* = [\eta x_\mu^*, \eta\vartheta \circ y_\nu^*] = [x^*, y^*]$ die gesuchte, bis aufs Vorzeichen eindeutig bestimmte ganzzahlige Lösung der beiden Beziehungen (4), also die in diesem Falle vorhandene Grundeinheit E^*.

Die noch zu leistende Festlegung des Vorzeichens von E^* im Sinne unserer Normierung $\mathsf{E}^* > 0$ ergibt sich in der Koordinatendarstellung

$$\mathsf{E}^* = [x^*, y^*] = \tfrac{1}{2}(x^* + y_0^* \Omega + y_1^* \Omega')$$

ohne weiteres vermöge der oben bei der Normierung von E bereits berechneten Werte der beiden Cosinussummen Ω, Ω' aus (3). Die Größe der konjugierten von E^* im Vergleich zu 1 und die Signatur von E^* kann man hier ohne weitere Rechnung aus den entsprechenden Angaben über ε und E, unter Beachtung der Normierungsbedingung § 9, (1), vermöge der beiden Beziehungen (4) und ihrer Folge $\mathsf{E}^{*2} = \pm\, \varepsilon\, \mathsf{E}^{1-S}$ ablesen; man beachte dazu, daß die Vorzeichen in (4) durch das vorstehende Verfahren bestimmt sind.

C. Beispiele

Wir wollen für das vorstehend geschilderte Verfahren zur Berechnung der Relativgrundeinheit, des Einheitenindex und gegebenenfalls der Grundeinheit noch zwei Beispiele geben. Im Hinblick auf das ausführlich erläuterte Beispiel aus § 6, *5* für den kubischen Fall können wir hier wohl auf eine nähere Erläuterung der einzelnen Rechenschemata verzichten.

$$1.\quad f = 41, \quad G = 1, \quad F = 41, \quad \varphi = 5 + 4i.$$

$$\sigma = -1, \quad \varepsilon = 32 + 5\sqrt{41}, \quad N(\varepsilon) = -1.$$

A. Berechnung von E

$N(y)$	y	$\varphi(y)$	$[\sqrt{2FN(y) \mp 16}]$	$x_0 \bmod 2$	$x_0 \equiv \left\{\begin{matrix}\pm 5\\ \pm 4\end{matrix}\right\} \bmod 41$
1	1	5	$\left\{\begin{matrix}8\\ 9\end{matrix}\right\}$	1	$\left\{\begin{matrix}5\\ —\end{matrix}\right\}$

x_0	$X_0 = \frac{x_0^2 \pm 16}{f}$	$x_1 \bmod 2G$	x_1	$\frac{X_0 + x_1^2}{2G}$	$\frac{x_0 x_1}{G}$	
5	1	1	$\left\{\begin{matrix}-1,\dots\\ 1,\dots\end{matrix}\right.$	1, . . . $\underline{1}$, . . .	−5, . . . $\underline{5}$, . . .	für $y_0 \equiv 0 \bmod 2$ für $y_0 \equiv 1 \bmod 2$

$$\mathsf{E} \sim \left[\frac{5 - \sqrt{41}}{2},\ 1\right], \qquad n(\mathsf{E}) = -1.$$

Normierung:

$$i \equiv 9 \bmod \varphi, \qquad 11^{10} \equiv (-2)^5 \equiv 9 \equiv i \bmod \varphi, \qquad \chi(11) = i.$$

a	$\frac{2\pi a}{F}$	$\cos\frac{2\pi a}{F}$	a'	$\frac{2\pi a'}{F}$	$\cos\frac{2\pi a'}{F}$	a''	$\frac{2\pi a''}{F}$	$\cos\frac{2\pi a''}{F}$	a'''	$\frac{2\pi a'''}{F}$	$\cos\frac{2\pi a'''}{F}$
1	8,8°	0,99	6	52,7°	0,61	2	17,6°	0,95	3	26,3°	0,90
4	35,1°	0,82	14	122,9°	−0,54	5	44,9°	0,70	7	61,5°	0,48
10	87,8°	0,04	15	131,7°	−0,67	8	70,2°	0,34	11	96,6°	−0,11
16	140,5°	−0,77	17	149,3°	−0,86	9	79,0°	0,19	12	105,4°	−0,27
18	158,0°	−0,93	19	166,8°	−0,97	20	175,6°	−1,00	13	114,1°	−0,41
		0,15			−2,43			1,18			0,59

$$\Omega = -2{,}06, \qquad \Omega' = -6{,}04.$$

$$\mathsf{E} = \left[\frac{5 + \sqrt{41}}{2},\ -i\right], \qquad \mathsf{E}' < -1.$$

B. Berechnung von Q *und* E^*

Es ist $n(\mathsf{E}) = N(\varepsilon)$. Ferner sind $x_0 = 5$, $-\frac{x_1}{G} = 1$ durch die quadratischen Formen

$$N(x^*) = \frac{x_0^{*2} - 41\, x_1^{*2}}{4}, \qquad \hat{\varphi}(y^*) = 2(y_0^{*2} - y_1^{*2}) + 5 y_0^* y_1^*$$

ganzzahlig darstellbar, und es ist

$$x^* = 6 \pm \sqrt{41}, \qquad y^* = 1 + 3i \qquad \text{mit } \delta = -1$$

ein volles System nicht-äquivalenter ganzzahliger Lösungspaare von $\delta N(x^*) = 5$, $-\delta\hat{\varphi}(y^*) = 1$. Die diesen beiden Lösungspaaren entsprechenden linearen Gleichungssysteme für die Koordinaten von $\vartheta = \frac{t_0 - t_1\sqrt{41}}{2}$ lauten

$$\left\{\begin{array}{r} \frac{5}{2}\,t_1 = 0 \\ -\frac{1}{2}\,t_0 - 2\,t_1 = 1 \end{array}\right\} \quad \text{bzw.} \quad \left\{\begin{array}{r} -6\,t_0 - \frac{77}{2}\,t_1 = 0 \\ \frac{25}{2}\,t_0 + 80\,t_1 = 1 \end{array}\right\}.$$

Nur für das erstere System ist die Lösung

$$t_0 = -2, \qquad t_1 = 0, \qquad \text{also } \vartheta = -1$$

ganzzahlig und genügt der quadratischen Gleichung $N(\vartheta) = 1$. Demnach ist $Q = 2$ und zunächst

$$\mathsf{E}_0^* = [6 + \sqrt{41}, \ -1 - 3i] \qquad \text{mit} \qquad \mathsf{E}_0^{*1+S} = -\mathsf{E}.$$

Nach der Normformel findet man dann

$$n(\mathsf{E}_0^*) = -\varepsilon, \qquad \text{also} \qquad \mathsf{E}^* = \pm\,\mathsf{E}_0^*.$$

Positive Normierung ergibt $\mathsf{E}^* = \mathsf{E}_0^*$, also

$$\mathsf{E}^* = [6 + \sqrt{41}, \ -1 - 3i] \qquad \text{mit} \qquad n(\mathsf{E}^*) = -\varepsilon, \qquad \mathsf{E}^{*1+S} = -\mathsf{E}.$$

Wegen $Nm(\mathsf{E}^*) = -1$ ist

$$r = 4.$$

2. $f = 29, \quad G = 3, \quad F = 87, \quad \varphi = -5 + 2i.$

$$\sigma = 1, \qquad \varepsilon = \frac{5 + \sqrt{29}}{2}, \qquad N(\varepsilon) = -1.$$

$N(y)$	y	$\varphi(y)$	$[\sqrt{2FN(y) \mp 16}]$	$x_0 \bmod 2$	$x_0 \equiv \left\{\begin{matrix}\pm 10\\ \pm 4\end{matrix}\right\} \bmod 29$
1	1	−5	{12, 13}	1	{—, —}
2	$1+i$	−4	{18, 19}	0	{10, 4}
4	2	−20	{26, 26}	0	{10, 4}
5	$1+2i$	7	{35, 34}	1	{19, 25,33}
5	$2+i$	−23	{35, 34}	1	{19, 25,33}
8	$2+2i$	−16	37	0	{10, 4}
9	3	−45	39	1	{19,39, 25,33}
10	$1+3i$	28	41	0	{10, 4}
10	$3+i$	−52	41	0	{10, 4}
13	$2+3i$	1	47	1	{19,39, 25,33}
13	$3+2i$	−49	47	1	{19,39, 25,33}
16	4	−80	52	0	{10,48, 4}
17	$1+4i$	59	54	1	{19,39, 25,33}
17	$4+i$	−91	54	1	{19,39, 25,33}

x_0	$X_0 = \frac{x_0^2 \pm 16}{f}$	$x_1 \bmod 2G$	x_1	$\frac{X_0 + x_1^2}{2G}$	$\frac{x_0 x_1}{G}$	
4	0	0	.... $\pm 6, \ldots$	.... $6, \ldots$	.... $\pm 8, \ldots$	für $y_0 \equiv 0 \bmod 2$ „ $y_0 \equiv 1 \bmod 2$
10	4	—	—	—	—	
19	13	—	—	—	—	
25	21	3	$3, -9, \ldots$ $-3, 9, \ldots$	$5, 17, \ldots$ $5, 17, \ldots$	$25, -75, \ldots$ $-25, 75, \ldots$	„ $y_0 \equiv 0 \bmod 2$ „ $y_0 \equiv 1 \bmod 2$
33	37	—	—	—	—	
39	53	± 1	$1, 5, -7, \ldots$ $-1, -5, 7, \ldots$	$9, 13, 17, \ldots$ $9, 13, 17, \ldots$	$13, 65, -91, \ldots$ $-13, -65, 91, \ldots$	„ $y_0 \equiv 0 \bmod 2$ „ $y_0 \equiv 1 \bmod 2$

$$\mathsf{E} \sim \left[\frac{39 - 7\sqrt{29}}{2},\ 4 + i\right], \qquad n(\mathsf{E}) = -1.$$

Normierung:

$$\chi = \chi^* \psi, \qquad \chi^* \text{ biquadratisch vom Führer } 29, \quad \psi \text{ quadratisch vom Führer } 3.$$

$$i \equiv -12 \bmod \varphi, \qquad 2^7 \equiv 12 \equiv -i \bmod \varphi, \qquad \chi^*(2) = -i, \qquad \psi(2) = -1, \qquad \chi(2) = i.$$

a	$\frac{2\pi a}{F}$	$\cos\frac{2\pi a}{F}$	a'	$\frac{2\pi a'}{F}$	$\cos\frac{2\pi a'}{F}$	a''	$\frac{2\pi a''}{F}$	$\cos\frac{2\pi a''}{F}$	a'''	$\frac{2\pi a'''}{F}$	$\cos\frac{2\pi a'''}{F}$
1	4,1°	1,00	8	33,1°	0,84	4	16,6°	0,96	2	8,3°	0,99
5	20,7°	0,94	19	78,6°	0,20	13	53,8°	0,59	10	41,4°	0,75
7	29,0°	0,87	26	107,6°	—0,30	20	82,8°	0,13	11	45,5°	0,70
16	66,2°	0,40	31	128,3°	—0,62	22	91,1°	—0,02	14	57,9°	0,53
25	103,4°	—0,23	40	165,5°	—0,97	23	95,2°	—0,09	17	70,4°	0,34
35	144,8°	—0,82	41	169,6°	—0,98	28	115,8°	—0,44	32	132,4°	—0,67
38	157,2°	—0,92	43	177,9°	—1,00	34	140,7°	—0,78	37	153,1°	—0,89
		1,24			—2,83			0,35			1,75

$$\Omega = 1{,}78, \qquad \Omega' = -9{,}16.$$

$$\mathsf{E} = \left[\frac{39 + 7\sqrt{29}}{2},\ 1 - 4i\right], \qquad -1 < \mathsf{E}' < 0.$$

Da $x_1 = 7$ nicht durch $G = 3$ teilbar, ist $Q = 1$. Wegen $n(\mathsf{E}) = -1$ ist $r = 3$.

§ 13. Verfahren zur Berechnung der Höhe einer Relativeinheit

Kennt man die Basisdarstellung $\mathsf{H} = [X, Y]$ einer Relativeinheit, so kann man den Gruppenringexponenten $\mu + \nu S$ in ihrer Darstellung

$$\mathsf{H} = \pm\, \mathsf{E}^{\mu + \nu S}$$

durch die Relativgrundeinheit E und damit nach § 10, (3) die Höhe

$$[\mathsf{H} : \mathsf{E}] = N(\mu + \nu i) = \mu^2 + \nu^2$$

durch das folgende einfache Verfahren bestimmen.

Die Relativgrundeinheit $\mathsf{E} = [x, y]$ und ihre konjugierte $\mathsf{E}' = [x', iy]$ genügen über $\varkappa$ nach § 9, (3) mit $\eta = \pm 1$ den quadratischen Gleichungen

$$\left\{\begin{aligned} \mathsf{E}^2 &= x\,\mathsf{E} \mp 1 \\ \mathsf{E}'^2 &= x'\,\mathsf{E}' \mp 1 \end{aligned}\right\}, \quad \text{je nachdem} \quad n(\mathsf{E}) = \pm 1.$$

Setzt man also

$$\mathsf{E}^{\mu+\nu S} = \mathsf{E}^{\mu}\mathsf{E}'^{\nu} = \mathsf{E}_{\mu\nu} = [x_{\mu\nu}, y_{\mu\nu}],$$

so bestehen für die $\mathsf{E}_{\mu\nu}$ die Rekursionsformeln

$$\left\{\begin{array}{l} \mathsf{E}_{\mu+2,\nu} = x\, \mathsf{E}_{\mu+1,\nu} \mp \mathsf{E}_{\mu\nu} \\ \mathsf{E}_{\mu,\nu+2} = x'\, \mathsf{E}_{\mu,\nu+1} \mp \mathsf{E}_{\mu\nu} \end{array}\right\}.$$

Daraus folgen für die Koordinaten $x_{\mu\nu}$, $y_{\mu\nu}$ die Rekursionsformeln

$$\left\{\begin{array}{l} x_{\mu+2,\nu} = x\, x_{\mu+1,\nu} \mp x_{\mu\nu} \\ x_{\mu,\nu+2} = x'\, x_{\mu,\nu+1} \mp x_{\mu\nu} \end{array}\right\}, \qquad \left\{\begin{array}{l} y_{\mu+2,\nu} = x \circ y_{\mu+1,\nu} \mp y_{\mu\nu} \\ y_{\mu,\nu+2} = x' \circ y_{\mu,\nu+1} \mp y_{\mu\nu} \end{array}\right\},$$

in deren letzterem Paar die in § 8, (8), (9) eingeführte Operatormultiplikation auftritt. Hiernach berechnen sich alle Relativeinheiten $\pm\, \mathsf{E}_{\mu\nu}$ von K rekursiv aus den vier Relativeinheiten $\mathsf{E}_{\mu_0\nu_0}$ mit $\mu_0, \nu_0 = 0, 1$, oder also aus den vier Relativeinheiten $1, \mathsf{E}, \mathsf{E}', \mathsf{E}\mathsf{E}'$, von denen man mit E auch die letztere nach § 8, (15) kennt. Da man mit H auch die acht äquivalenten $\pm\, \mathsf{H}^{\pm 1}$, $\pm\, \mathsf{H}'^{\pm 1}$ kennt, genügt es, diese rekursive Berechnung für die Gruppenringexponenten $\mu + \nu S$ mit zugeordneten Zahlen $\mu + \nu i$ aus dem ersten Quadranten $\mu \geqq 0$, $\nu \geqq 0$ ablaufen zu lassen. Man rechne also, von den vier Relativeinheiten $\mathsf{E}_{\mu_0\nu_0} = 1, \mathsf{E}, \mathsf{E}', \mathsf{E}\mathsf{E}'$ ausgehend, nach steigenden μ, ν so lange, bis man eine Relativeinheit $\mathsf{E}_{\mu\nu}$ findet, die dem Oktupel $\pm\, \mathsf{H}^{\pm 1}$, $\pm\, \mathsf{H}'^{\pm 1}$ angehört, d. h. bis sich eines der acht Gleichungspaare $[x_{\mu\nu}, y_{\mu\nu}] = [\pm X, \pm Y]$ oder $[\pm X', \pm i Y]$ einstellt.

III. Arithmetische Bestimmung der Klassenzahl

§ 14. Neuer Beweis der Bergströmschen Produktformel

1. Aufgabenstellung. Es sei K ein reeller abelscher Zahlkörper vom Grade m, ferner H die ihm zugeordnete, ± 1 enthaltende Kongruenzgruppe vom Führer f, und $\mathfrak{a}$ ein Halbsystem mod f aus H, als einzeilige Matrix aufgefaßt, sowie $l = \frac{1}{2}\frac{\varphi(f)}{m}$ seine Gliederzahl. Die Glieder a von $\mathfrak{a}$ seien für ungerades f ungerade normiert[1]; für gerades f ist das von selbst der Fall.

Wir betrachten das der Bildung der *Kreiseinheiten* von K gemäß *Hasse* [3, § 10] zugrunde liegende Produkt

$$\Theta = \prod_{\mathfrak{a}} \Delta_{2f}(a) \tag{1}$$

aus dem Kreiskörper P_{2f}, wo zur Abkürzung

$$\Delta_{2f}(x) = Z_{2f}^{x} - Z_{2f}^{-x} = 2i \sin\frac{\pi x}{f} \qquad \text{mit} \qquad Z_{2f}^{x} = e^{\frac{\pi i x}{f}} = e_{2f}(x)$$

gesetzt ist. Es handelt sich darum, für dieses Produkt eine Darstellung als lineare Kombination von Gaußschen Summen herzuleiten.

Im Anschluß an den bei *Hasse* [2, § 1] behandelten Spezialfall eines Primzahlführers $f = p$ hat *Bergström* [1, §§ 1, 4] diese Aufgabe für beliebige Führer f gelöst und durch ein schematisches Verfahren zur Berechnung der dabei auftretenden Koeffizienten ergänzt. Indem man dies Verfahren, das einfach auf die formale Ausmultiplikation des Produkts (1) hinausläuft, an die Spitze stellt, erhält man eine einfachere und durchsichtigere Darstellung

[1] Über Bedeutung und Zweck dieser Normierung siehe *Hasse* [3 § 10, bei Fußnote 2].

des ganzen Sachverhalts, die nachstehend gegeben werden soll. Dabei ergeben sich überdies gewisse allgemeine Abrundungen formaler und begrifflicher Art, die entweder bei *Bergström* [1, § 3] nur für den quadratischen Spezialfall $m = 2$ angefügt sind, oder dort überhaupt noch nicht berührt werden.

2. *Formale Ausmultiplikation des Produkts* Θ. Durch formale Ausmultiplikation erhält man aus der Produktdarstellung (1) von Θ zunächst die Summendarstellung

$$\Theta = \sum_{t \bmod 2f} A_t^* Z_{2f}^t \quad \text{mit} \quad A_t^* = \sum_{\mathfrak{a}\mathfrak{x} \equiv t \bmod 2f} |\mathfrak{x}|, \tag{2}$$

wo $\mathfrak{x}$ die einspaltigen Matrizen aus l Gliedern ± 1 durchläuft und $|\mathfrak{x}|$ das Produkt dieser l Glieder bezeichnet. Auf Grund der ungeraden Normierung von $\mathfrak{a}$ ist dabei $\mathfrak{a}\mathfrak{x} \equiv l \bmod 2$ und daher

$$A_t^* = 0 \quad \text{für} \quad t \not\equiv l \bmod 2. \tag{3}$$

Die in (2) explizit angegebenen Koeffizienten A_t^* sind durch diese Summendarstellung von Θ nicht eindeutig bestimmt, da man ja auf der rechten Seite ein beliebiges Vielfaches des irreduziblen Kreisteilungspolynoms vom Grade $\varphi(2f)$ hinzufügen kann, von dem Z_{2f} Wurzel ist. Man kann jedoch von (2) leicht zu einer Summendarstellung von Θ übergehen, die in einem weniger scharfen Sinne eindeutig ist, indem man nämlich Z_{2f} als Unbestimmte auffaßt und im Restklassenring nach dem reduziblen Polynom $Z_{2f}^f + 1$ vom Grade f rechnet. Diese letztere Auffassung sei nachstehend als *formal* bezeichnet; sie bedeutet anders gesagt, daß für Z_{2f} nur die Relation $Z_{2f}^f = -1$ beachtet wird. Sofern nur die Potenzen von $Z_{2f}^2 = Z_f$ auftreten, läuft die formale Auffassung auf das Rechnen im Restklassenring nach dem Polynom $Z_f^f - 1$ für ungerades f bzw. $Z_f^{\frac{1}{2}f} + 1$ für gerades f hinaus, d. h. anders gesagt, es wird für Z_f nur die Relation $Z_f^f = 1$ bzw. $Z_f^{\frac{1}{2}f} = -1$ beachtet. Die Summenformel (2) für das Produkt (1) ist in diesem formalen Sinne richtig.

Für ungerades f wird die Darstellung (2) durch Hinzufügung von (3) als Nebenbedingung formal eindeutig. Die Nebenbedingung (3) kann durch Einführung von $Z_{2f}^2 = Z_f$ eliminiert werden. So ergibt sich aus (2) die formal eindeutige Summendarstellung

$$\Theta = \sum_{t \bmod f} A_t Z_f^t \quad \text{mit} \quad A_t = \begin{Bmatrix} A_{2t}^* & \text{für gerades } l \\ -A_{2t+f}^* & \text{für ungerades } l \end{Bmatrix}. \tag{4a}$$

Für gerades f erhält man aus (2) eine formal eindeutige Summendarstellung, indem man die Koeffizienten antisymmetrisiert und die Antisymmetrie als Nebenbedingung hinzufügt, nämlich

$$\Theta = \begin{Bmatrix} \sum\limits_{t \bmod f} A_t Z_f^t \ \text{ mit } A_{t+\frac{1}{2}f} = -A_t, \text{ nämlich } A_t = \frac{1}{2}(A_{2t}^* - A_{2t+f}^*), \text{ für gerades } l \\ \sum\limits_{\substack{t \bmod 2f \\ t \text{ ungerade}}} A_t Z_{2f}^t \ \text{ mit } A_{t+f} = -A_t, \text{ nämlich } A_t = \frac{1}{2}(A_t^* - A_{t+f}^*), \text{ für ungerades } l \end{Bmatrix}. \tag{4b}$$

Anders als in (4a) sind in (4b) die Koeffizienten A_t nicht notwendig ganz, sondern haben unter Umständen den Nenner 2. Dieser fällt zwar heraus, wenn man nur über die erste Hälfte des Restsystems mod f bzw. mod $2f$ summiert und dementsprechend die Koeffizienten verdoppelt. Doch ist es aus gruppentheoretischen Gründen für unseren Zweck vorteilhafter, mit einer Summe über das volle Restsystem mod f bzw. mod $2f$ zu arbeiten und dafür die Koeffizientennenner 2 in Kauf zu nehmen.

3. *Das Bergströmsche Berechnungsschema für die Koeffizienten.* Die Koeffizienten A_t stellen sich, wie in (4) angegeben, durch die Summen A_t^* aus (2) dar. Zu ihrer numerischen Berechnung in gegebenen Fällen kann man das bei *Bergström* [1, § 4] ent-

wickelte schematische Verfahren verwenden. Setzt man nämlich $\mathfrak{a} = (a_1, \ldots, a_l)$ und multipliziert (im formalen Sinne) das Produkt

$$\Theta = (-1)^l Z_{2f}^{-\sum_{\mathfrak{a}} a} \prod_{\lambda=1}^{l} (1 - Z_{2f}^{2a_\lambda})$$

schrittweise aus, so erhält man zur Berechnung der $A_t^* = A_t^{*(l)}$ die Rekursion

$$A_t^{*(\lambda)} = A_t^{*(\lambda-1)} - A_{t-2a_\lambda}^{*(\lambda-1)} \qquad (\lambda = 1, \ldots, l)$$

mit den Anfangswerten

$$A_t^{*(0)} = \left\{ \begin{matrix} (-1)^l & \text{für} & t \equiv -\sum_{\mathfrak{a}} a \bmod 2f \\ 0 & & \text{sonst} \end{matrix} \right\}.$$

Diese Rekursion ist nichts anderes als das Bergströmsche schematische Verfahren, das a. a. O. aus der expliziten Summendarstellung (2) der A_t^* hergeleitet wurde. Nach (3) braucht man die Rekursion nur für die $t \equiv l \bmod 2$ ablaufen zu lassen. Anstatt die im folgenden allein interessierenden Koeffizienten A_t auf dem Umwege über die Summen A_t^* zu berechnen, kann man auch von vornherein eine entsprechende Rekursion für die A_t aufstellen, wobei die in (4) unterschiedenen Fälle zu trennen sind; jedoch gewinnt man dabei nicht wesentlich an Einfachheit des Berechnungsschemas.

4. *Der zu Θ gehörige Charakter ψ von H.* Wir betrachten jetzt das Verhalten der Zahl Θ aus P_{2f} bei den Automorphismen von P_{2f}/K, also bei den Substitutionen $Z_{2f} \to Z_{2f}^x$ mit ungeradem x aus H. Bei einer solchen Substitution gilt für die Faktoren des Produkts (1) ersichtlich

(5) $$\Delta_{2f}(xa) = (-1)^{\nu+\delta} \Delta_{2f}(a) \qquad \text{für ungerades } x \text{ aus } H,$$

mit Exponenten ν, $\delta \bmod 2$, die sich eindeutig aus der Reduktion

(6) $$xa \equiv (-1)^\nu a' + \delta f \bmod 2f \qquad (a, a' \text{ in } \mathfrak{a})$$

des Halbsystems $x\mathfrak{a}$ auf das Halbsystem $\mathfrak{a}$ bestimmen. Die Zahl Θ geht daher über in

(7) $$\Theta^{(x)} = \psi(x)\Theta \qquad \text{für ungerades } x \text{ aus } H,$$

mit

(8) $$\psi(x) = (-1)^{\Sigma\nu + \Sigma\delta},$$

wo die Summen über die Exponenten ν, $\delta \bmod 2$ aus den l Reduktionskongruenzen (6) erstreckt sind. Da die Tatsachen (5), (7) ihrer Herleitung nach im zuvor erklärten formalen Sinne gelten, folgt für die formal eindeutig bestimmten Koeffizienten A_t aus (4) die Regel

(9) $$A_{xt} = \psi(x) A_t \qquad \text{für ungerades } x \text{ aus } H.$$

Beachtet man, daß für ungerades f wegen der ungeraden Normierung von $\mathfrak{a}$ und x alle $\delta \equiv 0 \bmod 2$ sind, während (6) für gerades f auch in der multiplikativen Form $xa \equiv (-1)^\nu (1+f)^\delta a' \bmod 2f$ geschrieben werden kann, so erhält man aus (6) durch Produktbildung die Kongruenz

$$x^l \equiv (-1)^{\Sigma\nu} + \sum \delta f \bmod 2f.$$

Daraus ergibt sich für den in (7) und (9) auftretenden Vorzeichenfaktor (8) die zum Gaußschen Lemma analoge Regel

(10) $$\psi(x) = \pm 1, \text{ je nachdem } x^l \equiv \left\{ \begin{matrix} 1, & -(1+f) \\ -1, & 1+f \end{matrix} \right\} \bmod 2f.$$

Die durch (6), (8) definierte Funktion ψ der ungeraden Restklassen $x \bmod 2f$ aus H ist nach (10) ein Charakter von H, der folgendermaßen gekennzeichnet ist. Hat das Kongruenzenpaar $x^l \equiv -1,\ 1+f \bmod 2f$ keine ungerade Lösung x in H, so ist $\psi = 1$ der

Hauptcharakter von H. Ist dagegen eine solche Lösung x vorhanden, d. h. ist die Faktorgruppe $H/_{1,\,-(1+f)\bmod 2f}$ 2-zyklisch, so ist ψ der quadratische Charakter dieser Faktorgruppe. Für ungerades l liegt stets dieser letztere Fall vor, und zwar ist dann ψ bei ungeradem f einfach der quadratische Charakter von H selbst, bei geradem f der quadratische Charakter von $H/_{1,\,-(1+f)\bmod 2f}$. Für gerades l kommt bei ungeradem f nur die erste Kongruenz $x^l \equiv -1 \bmod 2f$ (oder auch nur mod f), bei geradem f nur die zweite Kongruenz $x^l \equiv 1+f \bmod 2f$ in Frage (da $x^2 \equiv -1 \bmod 4$ unlösbar), und es handelt sich dann bei ungeradem f einfach darum, ob die Gruppe H selbst, bei geradem f darum, ob die angegebene Faktorgruppe oder auch die etwas einfacher zu untersuchende $H/_{\pm 1 \bmod 2f}$ 2-zyklisch ist, sowie bejahendenfalls um deren quadratischen Charakter. Zusammengefaßt haben wir demnach für den zu Θ gemäß (7) gehörigen Charakter ψ von H, der durch (6), (8) oder (10) explizit gegeben ist, die folgende Kennzeichnung:

Satz 32. Ist l ungerade, so ist ψ bei ungeradem f der quadratische Charakter von H selbst, bei geradem f der quadratische Charakter der Faktorgruppe $H/_{1,\,-(1+f)\bmod 2f}$.

Ist l gerade, so ist $\psi = 1$ der Hauptcharakter von H außer in den folgenden Fällen:

bei ungeradem f, wenn die Gruppe H selbst 2-zyklisch ist; dann ist ψ ihr quadratischer Charakter;

bei geradem f, wenn die Faktorgruppe $H/_{\pm 1 \bmod 2f}$ 2-zyklisch ist; dann ist ψ ihr quadratischer Charakter.

In jedem Falle hat ψ die *Parität*

$$\psi(-1) = (-1)^l,$$

wie unmittelbar aus der Definition (6), (8) von ψ ersichtlich ist. Aus (7) folgt ferner:

Satz 33. Die Zahl Θ aus P_{2f} gehört dann und nur dann zu K, wenn $\psi = 1$ der Hauptcharakter von H ist; andernfalls gehört nur Θ^2 zu K.

Der Charakter ψ von H besitzt m verschiedene Fortsetzungen auf die volle prime Restklassengruppe mod f bzw. mod $2f$, die im folgenden ebenfalls mit ψ bezeichnet werden. Sie entstehen aus einer von ihnen durch Multiplikation mit den m Charakteren χ nach H, sind also im Falle $\psi = 1$, wo $\mathsf{K}(\Theta) = \mathsf{K}$ ist, einfach die m Charaktere von K, dagegen im Falle $\psi \neq 1$, wo $\mathsf{K}(\Theta)$ über K quadratisch ist, die m Charaktere von $\mathsf{K}(\Theta)/\mathsf{K}$ im Sinne von *Hasse* [3, § 1].

Der Charakter ψ von H induziert ferner einen reduziblen Charakter Ψ der primen Restklassengruppe mod f bzw. mod $2f$, nämlich

$$\Psi(x) = \begin{Bmatrix} m\psi(x) & \text{für} \quad x \text{ in } H \\ 0 & \text{sonst} \end{Bmatrix}. \tag{11}$$

Seine Zerlegung in irreduzible Charaktere lautet

$$\Psi = \sum_{\psi} \psi, \tag{12}$$

wo ψ die oben genannten m Fortsetzungen durchläuft.

5. Allgemeine Gaußsche Summen. Die Tatsache, daß die Koeffizienten A_t in (4) die Eigenschaft (9) haben, führt zu der angekündigten Darstellung des Produktes Θ als lineare Kombination von Gaußschen Summen, und zwar von solchen des gewöhnlichen Typus § 1, (2). Bei der hierzu führenden Umformung von (4) ergeben sich allerdings zunächst Gaußsche Summen des allgemeinen Typus

$$\tau_t(\psi, f) = \sum_{\substack{x \bmod f \\ (x, f) = 1}} \psi(x)\, e_f(tx), \tag{13}$$

wo ψ ein Kongruenzcharakter mit einem Führer $f(\psi)$ ist, der nicht notwendig mit dem Summationsmodul f zusammenfällt, und t eine ganzrationale Zahl ist, die nicht notwendig prim zu f ist. Wir stellen daher einige grundsätzlich bekannte Regeln voran, durch die die allgemeinen Gaußschen Summen (13) auf die gewöhnlichen Gaußschen Summen

$$\tau(\psi) = \tau_1(\psi, f(\psi))$$

im Sinne von § 1, (2) zurückgeführt werden.[1]

Seit $(t, f) = d$ und dementsprechend

$$t = t_0 d, \quad f = f_0 d \qquad \text{mit } (t_0, f_0) = 1.$$

Dann gelten die Regeln:

$$\tau_t(\psi, f) = \frac{\varphi(f)}{\varphi(f_0)} \tau_{t_0}(\psi, f_0), \tag{14}$$

$$\tau_{t_0}(\psi, f_0) = \begin{Bmatrix} \overline{\psi}(t_0)\tau_1(\psi, f_0) & \text{für} & f(\psi) \mid f_0 \\ 0 & \text{für} & f(\psi) \nmid f_0 \end{Bmatrix}, \tag{15}$$

$$\tau_1(\psi, f_0) = \mu\left(\frac{f_0}{f(\psi)}\right) \psi\left(\frac{f_0}{f(\psi)}\right) \tau(\psi) \qquad \text{für} \quad f(\psi) \mid f_0. \tag{16}$$

Die Regel (14) ergibt sich ohne weiteres durch Aufspaltung der Summation über die primen Restklassen $x \bmod f$ gemäß $x \equiv x_0 + y f_0 \bmod f$ in die Summation über die primen Restklassen $x_0 \bmod f_0$ und diejenigen $\frac{\varphi(f)}{\varphi(f_0)}$ Restklassen $y \bmod d$, für die jeweils die Restklasse $x \bmod f$ prim ausfällt.

Von der Regel (15) folgt in bekannter Weise die erste Aussage durch die Summationstransformation $x_0' \equiv t_0 x_0 \bmod f_0$, die zweite Aussage, indem man beachtet, daß dann nach der Definition von $f(\psi)$ ein $z \equiv 1 \bmod f_0$ mit $\psi(z) \neq 1$ vorhanden ist, durch die Summationstransformation $x_0' \equiv z x_0 \bmod f_0$.

Die Regel (16) bestätigt man am einfachsten durch Zurückführung auf Primzahlpotenzen $f_0 = p^\varrho$ mittels Komponentenzerlegung der Gaußschen Summen und direkten Nachweis, daß für $f(\psi) = p^\sigma$ mit $0 \leqq \sigma \leqq \varrho$ gilt

$$\tau_1(\psi, p^\varrho) = \begin{Bmatrix} \tau(\psi) & \text{für } \sigma = \varrho \\ \mu(p^\varrho) = \mu(p^\varrho)\tau(\psi) & \text{für } \sigma = 0 \\ 0 & \text{für } 0 < \sigma < \varrho \end{Bmatrix},$$

letzteres auf Grund der Summationsaufspaltung $x \equiv x_0 + y p^\sigma \bmod p^\varrho$ mit primem $x_0 \bmod p^\sigma$ und beliebigem $y \bmod p^{\varrho-\sigma}$.

6. *Beweis der Bergströmschen Produktformel.* Für die jetzt vorzunehmende Umformung von (4) unterscheiden wir die beiden Fälle, daß $(f-1)l$ gerade oder ungerade ist.

a) $(f-1)l$ *gerade, also f ungerade oder* $\begin{Bmatrix} f \text{ gerade} \\ l \text{ gerade} \end{Bmatrix}$.

Dann ist

$$\Theta = \sum_{d \mid f} \sum_{\substack{t \bmod f \\ (t, f) = d}} A_t \, e_f(t). \tag{17}$$

Für jedes feste $d \mid f$ sei $H^{(d)}$ die aus H durch Erweiterung mod f/d entstehende Kongruenzgruppe, $m(d) \mid m$ ihr Index und $s_\mu^{(d)}$ $(\mu = 1, \ldots, m(d))$ ein Vertretersystem der Klassen

[1] Siehe dazu die systematische Theorie in § 20 meines demnächst erscheinenden Buches: *Hasse*, Vorlesungen über Zahlentheorie, Grundlehren d. Math. Wiss. in Einzeldarstellungen, Verlag J. Springer, Berlin—Heidelberg

nach $H^{(d)}$. Jede der $\frac{\varphi(f/d)}{m(d)}$ Restklassen mod f/d aus $H^{(d)}$ enthält $\frac{\varphi(f)}{m} : \frac{\varphi(f/d)}{m(d)}$ Restklassen mod f aus H. Daher ist

$$(18)\qquad \sum_{\substack{t \bmod f \\ (t,f)=d}}' A_t e_f(t) = \sum_{\mu=1}^{m(d)}{}' \sum_{\substack{x \bmod f/d \\ x \text{ in } H^{(d)}}} A_{xs_\mu^{(d)}d}\, e_f(xs_\mu^{(d)}d) = \frac{m}{m(d)} \frac{\varphi(f/d)}{\varphi(f)} \sum_{\substack{x \bmod f \\ x \text{ in } H}} A_{xs_\mu^{(d)}d}\, e_f(xs_\mu^{(d)}d).$$

Nach der Regel (9) für die A_t sowie den Regeln (11), (12) und (14)—(16) für ψ ist nun hierin

$$\sum_{\substack{x \bmod f \\ x \text{ in } H}} A_{xs_\mu^{(d)}d}\, e_f(xs_\mu^{(d)}d) = A_{s_\mu^{(d)}d} \sum_{\substack{x \bmod f \\ x \text{ in } H}}' \psi(x) e_f(xs_\mu^{(d)}d) = \frac{1}{m} A_{s_\mu^{(d)}d} \sum_{x \bmod f}' \Psi(x)\, e_f(xs_\mu^{(d)}d)$$

$$= \frac{1}{m} A_{s_\mu^{(d)}d} \sum_{\psi}' \sum_{x \bmod f} \psi(x) e_f(xs_\mu^{(d)}d) = \frac{1}{m} A_{s_\mu^{(d)}d} \sum_{\psi}' \tau_{s_\mu^{(d)}d}(\psi, f)$$

$$= \begin{Bmatrix} \dfrac{1}{m}\dfrac{\varphi(f)}{\varphi(f/d)} A_{s_\mu^{(d)}d} \displaystyle\sum_{\psi}' \overline{\psi}(s_\mu^{(d)})\, \mu\!\left(\frac{f}{d f(\psi)}\right) \psi\!\left(\frac{f}{d f(\psi)}\right) \tau(\psi) & \text{für } f(\psi) \mid f/d \\ 0 & \text{für } f(\psi) \nmid f/d \end{Bmatrix}.$$

Führt man dies in (18) ein, summiert gemäß (17) über alle $d \mid f$ und zieht die Summation über die ψ vor, so erhält man als Ergebnis der Umformung des Produkts (1) die *Bergströmsche Produktformel:*

$$(19\text{a})\qquad \Theta = \frac{1}{m} \sum_{\psi}' \sum_{d \mid f/f(\psi)}' P_d(\overline{\psi}) \tau(\psi)$$

mit

$$(20\text{a})\qquad P_d(\overline{\psi}) = \frac{m}{m(d)} \mu(d') \psi(d') \sum_{\mu=1}^{m(d)}{}' \overline{\psi}(s_\mu^{(d)}) A_{s_\mu^{(d)}d}, \quad \text{wo } dd' = f/f(\psi).$$

Darin durchläuft ψ die m Fortsetzungen des in Satz 32 gekennzeichneten Charakters ψ von H, und es sind $f(\psi)$ die Führer dieser Fortsetzungen. Ferner sind $s_\mu^{(d)}$ $(\mu = 1, \ldots, m(d))$ Vertreter der Klassen nach der Erweiterung mod f/d von H. Schließlich sind A_t die in (4) eingeführten Verbindungen der Summen A_t^* aus (2). Die Summation kann auf diejenigen Teiler d von $f/f(\psi)$ beschränkt werden, für die der Komplementärteiler d' quadratfrei und zu $f(\psi)$ prim ist. Die Summen $P_d(\overline{\psi})$ sind Zahlen aus dem Wertkörper $\mathsf{P}(\psi)$ des Fortsetzungscharakters ψ, die nicht von der Wahl der Vertreter $s_\mu^{(d)}$ abhängen; ihre einzelnen Summanden sind den durch die $s_\mu^{(d)}$ vertretenen Klassen invariant zugeordnet.

b) $(f-1)l$ *ungerade, also* f *gerade,* l *ungerade*

Dann erhält man auf gleiche Weise die entsprechende Endformel mit $2f$ an Stelle von f, wobei die $s_\mu^{(d)}$ $(\mu = 1, \ldots, m(d))$ entsprechend durch Erweiterung mod $2f/d$ von H zu verstehen sind:

$$(19\text{b})\qquad \Theta = \frac{1}{m} \sum_{\psi}' \sum_{d \mid 2f/f(\psi)}' P_d(\overline{\psi}) \tau(\psi)$$

mit

$$(20\text{b})\qquad P_d(\overline{\psi}) = \frac{m}{m(d)} \mu(d') \psi(d') \sum_{\mu=1}^{m(d)}{}' \overline{\psi}(s_\mu^{(d)}) A_{s_\mu^{(d)}d}, \quad \text{wo } dd' = 2f/f(\psi).$$

Die Summation kann hier, weil $A_t = 0$ für gerades t gilt, sogar auf die ungeraden Teiler d von $2f/f(\psi)$ mit quadratfreiem zu $f(\psi)$ primem Komplementärteiler d' beschränkt werden.

§ 15. Bemerkungen zur Bergströmschen Produktformel im allgemeinen zyklischen Fall

Um die in § 14 bewiesene Bergströmsche Produktformel (19), (20) in einem gegebenen Spezialfall ansetzen zu können, hat man zwei Aufgaben zu lösen, nämlich erstens die Bestimmung der Indizes $m(d)$ und der Vertretersysteme $s_\mu^{(d)}$ $(\mu = 1, \ldots, m(d))$, und zweitens die Bestimmung des zu Θ gehörigen Charakters ψ von H nebst seinen m Fortsetzungen. Ehe wir im einzelnen auf die in dieser Arbeit zu behandelnden Spezialfälle der reellen zyklischen kubischen und biquadratischen Zahlkörper eingehen, betrachten wir hier wie in § 1, *1* kurz den allgemeinen zyklischen Fall. Es sei also jetzt K ein reeller zyklischer Zahlkörper vom Grade m und H die ihm zugeordnete, ± 1 enthaltende rationale Kongruenzgruppe vom Führer f, für die dann die Klassengruppe nach H zyklisch von der Ordnung m ist und ein erzeugender Charakter χ nach H den Führer $f(\chi) = f$ hat.

1. Die Indizes $m(d)$ und die Vertretersysteme $s_\mu^{(d)}$. Ist s Vertreter einer erzeugenden Klasse nach H, so daß also s^m als früheste Potenz zu H gehört, so erhält man für jeden Teiler d von f den Index der Erweiterung mod f/d von H als den kleinsten Teiler $m(d)$ von m derart, daß eine Kongruenz $s^{m(d)} \equiv a \bmod f/d$ mit a aus H besteht, und ein Vertretersystem der Klassen nach jener Erweiterung in der Form $s^{\mu-1}$ $(\mu = 1, \ldots, m(d))$. Entsprechendes gilt auch für $2f$ an Stelle von f. Damit ist die erste der genannten Aufgaben für den zyklischen Fall gelöst.

2. Der zu Θ gehörige Charakter ψ von H. Was die zweite jener Aufgaben betrifft, so beweisen wir nachstehend im allgemeinen zyklischen Fall ein hinreichendes Kriterium für $\psi = 1$, das sich in den nachher zu betrachtenden Spezialfällen $m = 2, 3, 4$ als zugleich notwendig erweisen wird. Dies Kriterium beruht auf der Unterscheidung der zusammengesetzten Führer f in *zerlegbare und unzerlegbare Führer.* Wir nennen $f = f(\chi)$ zerlegbar, wenn eine echte Zerlegung $f = f_1 f_2$ in zwei zueinander teilerfremde Faktoren derart besteht, daß $f_1 = f(\chi_1)$, $f_2 = f(\chi_2)$ mit geraden Charakteren χ_1, χ_2 ist, für die dann $\chi = \chi_1 \chi_2$ gilt. Andernfalls heißt f unzerlegbar. Diese Definition bezieht sich nur auf die Führer gerader Charaktere, also reeller zyklischer Zahlkörper, und der Nachdruck liegt auf der Einschränkung, daß die Komponenten χ_1, χ_2 wieder gerade Charaktere sein sollen; ohne diese Einschränkung wäre die Zerlegbarkeitsbedingung für alle zusammengesetzten Führer erfüllt.

Das in Rede stehende Kriterium für $\psi = 1$ und somit nach § 14, Satz 33 für die Zugehörigkeit von Θ zu K lautet:

Satz 34. Ist f zerlegbar, so ist $\psi = 1$, also Θ eine Zahl aus K.

Beweis. Sei der Zerlegbarkeitsdefinition entsprechend $f = f_1 f_2$ und $\chi = \chi_1 \chi_2$. Sei ferner $m = 2^\mu m_0$ mit ungeradem m_0; für mindestens eine der beiden Komponenten, etwa für χ_1, ist dann die Ordnung $m_1 = 2^\mu m_{01}$ mit derselben Potenz 2^μ und einem gewissen Teiler m_{01} von m_0. Wir unterscheiden die beiden Fälle, daß f_1 ungerade oder gerade ist.

a) *f_1 ungerade.* Wir zeigen, daß die nach § 14, (10) für $\psi = 1$ notwendige und hinreichende Kongruenz, nämlich in diesem Falle

$$x^l \equiv \begin{Bmatrix} 1 \bmod f, & \text{wenn } f_2 \text{ ungerade} \\ 1 \bmod 2f, & \text{wenn } f_2 \text{ gerade} \end{Bmatrix} \text{ mit } l = \frac{1}{2}\frac{\varphi(f)}{m}$$

für alle x aus H (und sogar für alle zu f primen x) richtig ist. Andernfalls hätte man

$$\text{(1a)} \qquad x^l \equiv \begin{Bmatrix} -1 \bmod f, & \text{also auch} \equiv -1 \bmod f_2, & \text{wenn } f_2 \text{ ungerade} \\ 1 + f \bmod 2f, & \text{also auch} \equiv 1 + f_2 \bmod 2f_2, & \text{wenn } f_2 \text{ gerade} \end{Bmatrix}.$$

Nun ist aber, weil χ_1 ein gerader Charakter vom Führer f_1 mit der Ordnung $m_1 = 2^\mu m_{01}$ ist, notwendig $l_1 = \frac{1}{2}\frac{\varphi(f_1)}{m_1} = \frac{1}{m_{01}}\cdot\frac{1}{2}\frac{\varphi(f_1)}{2^\mu}$ ganz, und daher

(2a) $$x^{m_0 l} = x^{\frac{1}{2}\frac{\varphi(f_1)\varphi(f_2)}{2^\mu}} = \left(x^{\frac{1}{2}\frac{\varphi(f_1)}{2^\mu}}\right)^{\varphi(f_2)} \equiv \begin{cases} 1 \bmod f_2, & \text{wenn } f_2 \text{ ungerade} \\ 1 \bmod 2f_2, & \text{wenn } f_2 \text{ gerade} \end{cases},$$

wobei im letzteren Falle zu beachten ist, daß f_2 als Führer mindestens durch 2^2 teilbar ist und daher in der primen Restklassengruppe mod $2f_2$ schon durchweg $y^{\varphi(f_2)} = y^{\frac{1}{2}\varphi(2f_2)} \equiv 1 \bmod 2f_2$ gilt. Weil m_0 ungerade ist, steht die Kongruenz (2a) im Widerspruch mit der aus unserer Annahme folgenden Kongruenz (1a).

b) f_1 *gerade.* Wir zeigen, daß die nach § 14, (10) für $\psi = 1$ notwendige und hinreichende Kongruenz, nämlich in diesem Falle

$$x^l \equiv 1 \bmod 2f \qquad \text{mit } l = \frac{1}{2}\frac{\varphi(f)}{m}$$

für alle x aus H richtig ist. Andernfalls hätte man

(1b) $$x^l \equiv 1 + f \bmod 2f, \qquad \text{also auch } \equiv 1 + f_1 \bmod 2f_1.$$

Ist $2^{\mu+1}$ in $\varphi(f_2)$ enthalten, so schließt man wie oben, unter Vertauschung der Rollen von f_1 und f_2 (sogar wieder für alle zu f primen x aus H). Ist nur genau 2^ν $(1 \leqq \nu \leqq \mu)$ in $\varphi(f_2)$ enthalten, so enthält die Ordnung m_2 der Komponente χ_2 höchstens $2^{\nu-1}$; denn da χ_2 gerade ist, ist m_2 notwendig Teiler von $\frac{1}{2}\varphi(f_2)$. Somit ist dann $\chi^{2^{\nu-1}m_0} = \chi_1^{2^{\nu-1}m_0}$. Für alle x aus H gilt daher $\chi_1(x^{2^{\nu-1}m_0}) = 1$, es liegt also $x^{2^{\nu-1}m_0}$ in der χ_1 zugeordneten Kongruenzgruppe H_1 vom Index $m_1 = 2^\mu m_{01}$ und somit x selbst in der $2^{\mu-\nu+1}$-ten Potenz einer Klasse nach H_1. Demnach hat man

$$x \equiv x_0^{2^{\mu-\nu+1}} x_1 \bmod f_1 \qquad \text{mit } x_1 \text{ aus } H_1.$$

Daraus folgt

(2b) $$x^{m_0 l} \equiv \left(x_0^{\varphi(f_1)}\right)^{\frac{\varphi(f_2)}{2^\nu}} \left(x_1^{\frac{1}{2}\frac{\varphi(f_1)}{2^\mu}}\right)^{\varphi(f_2)} \equiv 1 \bmod 2f_1,$$

wobei im ersten Faktor wieder zu beachten ist, daß hier durchweg $x_0^{\varphi(f_1)} = x_0^{\frac{1}{2}\varphi(2f_1)} \equiv 1 \bmod 2f_1$ gilt, und im zweiten Faktor, daß für x_1 aus H_1 gilt $x_1^{\frac{1}{2}\frac{\varphi(f_1)}{2^\mu}} = x_1^{m_{01}l_1} \equiv \pm 1 \bmod f_1$ und daß $\varphi(f_2)$ gerade ist.

3. Die konjugierten zu Θ. Neben dem Halbsystem $\mathfrak{a} \bmod f$ aus H gemäß § 14, *1* sei fortan für ungerades f auch der Vertreter s einer erzeugenden Klasse nach H ungerade normiert[1]. Unter S sei dann der durch die Substitution $\mathsf{Z}_{2f} \to \mathsf{Z}_{2f}^s$ erzeugte Automorphismus von P_{2f} verstanden; er liefert für den Teilkörper K den s zugeordneten erzeugenden Automorphismus S im Sinne von § 1, *1.*

Ist $\psi = 1$, also Θ eine Zahl aus K, so sind die konjugierten zu Θ einfach der Zyklus $\Theta, \Theta^S, \ldots, \Theta^{S^{m-1}}$, und es ist $\Theta^{S^m} = \Theta$.

Ist $\psi \neq 1$, also nur Θ^2 eine Zahl aus K, so sind die konjugierten zu Θ der Bizyklus $\pm\Theta, \pm\Theta^S, \ldots, \pm\Theta^{S^{m-1}}$, und es ist $\Theta^{S^m} = \pm\Theta$. Die letztere Beziehung lautet nach § 14, (7) genauer

(3) $$\Theta^{S^m} = \psi(s^m)\,\Theta.$$

---

[1] Über Bedeutung und Zweck dieser Normierung siehe *Hasse* [3 § 10, bei Fußnote 2].

Nach § 14, (10) ist dabei

$$\psi(s^m) = \pm 1, \qquad \text{je nachdem } s^{\frac{1}{2}\varphi(f)} \equiv \begin{Bmatrix} 1, & -(1+f) \\ -1, & 1+f \end{Bmatrix} \bmod 2f.$$

§ 16. Schematische Darstellung der Bergströmschen Produktformel im quadratischen, kubischen und biquadratischen zyklischen Fall

Wir geben nachstehend die Bergströmsche Produktformel § 14, (19), (20) im einzelnen für die reellen zyklischen Zahlkörper K der Grade $m = 2, 3, 4$ an. Dabei stellen wir jeweils die Fälle mit unzerlegbarem Führer f voran. Diese Fälle zerfallen in eine Anzahl einzelner Typen je nach der arithmetischen Struktur von f. Für jeden solchen Typus bestimmt sich der Charakter ψ von H leicht mittels § 14, Satz 32; damit hat man dann auch seine m Fortsetzungen $\chi^\mu \psi$ $(\mu = 0, \ldots, m-1)$ in der Hand. Hierbei stellt sich heraus, daß für die betrachteten Grade $m = 2, 3, 4$ bei unzerlegbarem Führer f durchweg ψ ein quadratischer Charakter von H ist, daß also ψ für $m = 2, 3, 4$ in Abrundung von § 15, Satz 34 auch n u r bei zerlegbarem Führer f der Hauptcharakter von H ist.

Für die *unzerlegbaren Führer* f begnügen wir uns damit, die für die Aufstellung der Bergströmschen Produktformel maßgeblichen Bestimmungsstücke, nach den einzelnen Typen von f geordnet, tabellarisch zusammenzustellen. Aus dieser Zusammenstellung kann man dann die Formel selbst nach § 14, (19), (20) leicht ablesen. Als Bestimmungsstücke tabellieren wir:

1. Die m Charaktere ψ, ihre Ordnungen $n(\psi)$, ihre Parität $\psi(-1) = (-1)^l$ und ihre Führer $f(\psi)$. Wir bezeichnen dabei mit ψ immer eine bestimmte unter den m Fortsetzungen des fraglichen quadratischen Charakters ψ von H, die wir für jeden Typus in besonderer Weise festlegen. Soweit diese Fortsetzung ψ durch Angabe von $n(\psi)$, $\psi(-1)$, $f(\psi)$ noch nicht eindeutig bestimmt ist, fügen wir die Darstellung durch die Komponenten eines erzeugenden Charakters χ nach H hinzu; eine solche Komponente bezeichnen wir durch Anfügung ihres Primzahlpotenzführers als Index an χ. Die übrigen $m-1$ Fortsetzungen geben wir dann entweder als Potenzen von ψ und $\overline{\psi}$ oder in der Form $\chi^\mu \psi$ $(\mu = 1, \ldots, m-1)$ an.

2. Die auftretenden Teiler d von $f/f(\psi)$ bzw. $2f/f(\psi)$, ihre Komplementärteiler d' nebst den Werten $\mu(d')$ und $\psi(d')$, sowie die Indizes (kleinsten Exponenten) $m(d)$, durch deren Angabe nach § 15, *1* das Vertretersystem $s^{\mu-1}$ $(\mu = 1, \ldots, m(d))$ bestimmt ist.

Was die Typeneinteilung der unzerlegbaren Führer betrifft, so kommen darunter insbesondere die *Primführer* vor, deren Typen bereits in den beiden ersten Abschnitten angeführt wurden; siehe § 1, (6) und § 7, (6_0), (6). Im kubischen Falle sind damit die unzerlegbaren Führer erschöpft, weil hier jeder zusammengesetzte Führer zerlegbar ist. Im quadratischen und biquadratischen Falle dagegen gibt es auch *zusammengesetzte unzerlegbare Führer.*

Für die *zerlegbaren Führer* f geben wir jeweils im Anschluß an die Tabellen die Bergströmsche Produktformel selbst an, weil hier eine Tabellierung in der zuvor beschriebenen Weise wegen der Vielzahl der auftretenden Teiler d nicht gut möglich ist. Man beachte, daß nach § 15, Satz 34 für diese Führer $\psi(-1) = 1$, also l gerade ist, so daß hier für die Bergströmsche Produktformel § 14, (19), (20) notwendig der erste der beiden Fälle a), b) vorliegt.

A. *Reelle quadratische Zahlkörper* ($m = 2$)

a) *Unzerlegbare Führer*

	1. Primführer				*2. Zusammengesetzte unzerlegbare Führer*									
Führer f	$p \equiv 1 \bmod 4$		2^3		pp' ($p, p' \equiv -1 \bmod 4$)				$2^2 p$ ($p \equiv -1 \bmod 4$)			$2^3 p$ ($p \equiv -1 \bmod 4$)		
Charaktere ψ	ψ	$\bar{\psi}$	ψ	$\bar{\psi}$	$\psi = \chi_p$		$\psi' = \chi_{p'}$		ψ		$\chi\psi$	ψ		$\chi\psi$
Ordnung $n(\psi)$	4	4	4	4	2		2		2		2	2		2
Parität $\psi(-1) = (-1)^l$	$(-1)^{\frac{p-1}{4}}$	$(-1)^{\frac{p-1}{4}}$	-1	-1	-1		-1		-1		-1	1		1
Führer $f(\psi)$	p	p	2^4	2^4	p		p'		2^3		$2^3 p$	2^3		$2^2 p$
Teiler d	1	1	1	1	1	p'	1	p	1	p	1	1	p	2
Kompl. Teiler d'	1	1	1	1	p'	1	p	1	p	1	1	p	1	1
$\mu(d')$	1	1	1	1	-1	1	-1	1	-1	1	1	-1	1	1
$\psi(d')$	1	1	1	1	$\chi_p(p') = \pm 1$	1	$\chi_p'(p) = \mp 1$	1	$(-1)^{\frac{p-3}{4}}$	1	1	$(-1)^{\frac{p+1}{4}}$	1	1
Index $m(d)$	2	2	2	2	2	1	2	1	2	1	2	2	1	1

Bemerkung: Bei den zusammengesetzten unzerlegbaren Führern kann man die Ausdrücke für die Koeffizienten $P_d(\psi)$ durch Einführung der folgenden Normierungen des Vertreters s vereinfachen:

	$s = p + p'$	$s = 1 - 2p$	$s = 1 - 4p$
Dann hat man	$\psi(s) = \chi_p(p')$ $\psi'(s) = \chi_{p'}(p)$	$\psi(s) = 1$ $\chi\psi(s) = -1$	$\psi(s) = 1$ $\chi\psi(s) = -1$

b) *Zerlegbare Führer*

$$\Theta = \left(\tfrac{1}{2}\mu(f)(A_1 + A_s) + \sum_{\substack{d \mid f \\ d \neq 1}} \mu(f/d) A_d\right) + \tfrac{1}{2}(A_1 - A_s)\tau(\chi).$$

B. *Zyklische kubische Zahlkörper* ($m = 3$)

a) *Unzerlegbare Führer (Primführer)*

Führer f	$p \equiv 1 \bmod 3$			3^2		
Charaktere ψ	ψ	$\chi\psi$	$\bar{\chi}\psi$	ψ	$\chi\psi$	$\bar{\chi}\psi$
Ordnung $n(\psi)$	2	6	6	2	6	6
Parität $\psi(-1) = (-1)^l$	$(-1)^{\frac{p-1}{6}}$	$(-1)^{\frac{p-1}{6}}$	$(-1)^{\frac{p-1}{6}}$	-1	-1	-1
Führer $f(\psi)$	p	p	p	3	3^2	3^2
Teiler d	1	1	1	3	1	1
Kompl. Teiler d'	1	1	1	1	1	1
$\mu(d')$	1	1	1	1	1	1
$\psi(d')$	1	1	1	1	1	1
Index $m(d)$	3	3	3	1	3	3

Bemerkung: Der Charakter ψ ist hier unter den drei Fortsetzungen ψ, $\chi\psi$, $\bar{\chi}\psi$ eindeutig dadurch normiert, daß seine Ordnung $n(\psi) = 2$ ist. Zur Vereinfachung der Ausdrücke für die Koeffizienten $P_d(\psi)$ kann man den Vertreter s so normieren, daß $\psi(s) = 1$ ist.

b) Zerlegbare Führer (zusammengesetzte Führer)

$$\Theta = \left(\tfrac{1}{3}\mu(f)(A_1 + A_s + A_{s^2}) + \sum_{\substack{d|f\\ d\neq 1}} \mu(f/d)A_d\right)$$
$$+\tfrac{1}{3}(A_1 + A_s\varrho + A_{s^2}\varrho^2)\tau(\chi) + \tfrac{1}{3}(A_1 + A_s\varrho^2 + A_{s^2}\varrho)\tau(\overline{\chi}).$$

Wie im ersten Abschnitt bei § 2, (2) und später ist dabei die primitive dritte Einheitswurzel ϱ durch $\overline{\chi}(s) = \varrho$ festgelegt.

C. Reelle zyklische biquadratische Zahlkörper ($m = 4$)

Wir bezeichnen hier wie im zweiten Abschnitt den Führer des biquadratischen Zahlkörpers K mit F, den Führer des quadratischen Teilkörpers $\varkappa$ mit f, und setzen $F = fG$. Bei Angabe der Primzerlegung von F unterscheiden wir die ungeraden Primzahlen in f und G durch die Zeichen p und q. Was die Primzahl 2 betrifft, so gehört ein Beitrag 2^4 mit seinem wesentlichen Bestandteil 2^3 zu f, dagegen ein Beitrag 2^2 oder 2^3 zu G; wir bringen diesen Strukturunterschied durch Vor- bzw. Nachstellen des Beitrags zum Ausdruck.

a) *Unzerlegbare Führer*

1. Primführer

Führer F	$p \equiv 1 \bmod 8$				2^4			
Charaktere ψ	ψ	$\overline{\psi}$	ψ^5	$\overline{\psi}^5$	ψ	$\overline{\psi}$	ψ^5	$\overline{\psi}^5$
Ordnung $n(\psi)$	8	8	8	8	8	8	8	8
Parität $\psi(-1) = (-1)^l$	$(-1)^{\frac{p-1}{8}}$	$(-1)^{\frac{p-1}{8}}$	$(-1)^{\frac{p-1}{8}}$	$(-1)^{\frac{p-1}{8}}$	-1	-1	-1	-1
Führer $f(\psi)$	p	p	p	p	2^5	2^5	2^5	2^5
Teiler d	1	1	1	1	1	1	1	1
Kompl. Teiler d'	1	1	1	1	1	1	1	1
$\mu(d')$	1	1	1	1	1	1	1	1
$\psi(d')$	1	1	1	1	1	1	1	1
Index $m(d)$	4	4	4	4	4	4	4	4

2. Zusammengesetzte unzerlegbare Führer

Führer F	pp' ($p, p' \equiv 5 \bmod 8$)						2^4p ($p \equiv 5 \bmod 8$)					
Charaktere ψ	$\psi = \chi_p^2$		$\psi' = \chi_{p'}^2$		$\chi^* = \overline{\chi}_p\chi_{p'}$	$\overline{\chi}^* = \chi_p\overline{\chi}_{p'}$	$\psi = \chi_{2^4}^2$		$\psi' = \chi_p^2$		$\chi^* = \overline{\chi}_{2^4}\chi_p$	$\overline{\chi}^* = \chi_{2^4}\overline{\chi}_p$
Ordnung $n(\psi)$	2		2		4	4	2		2		4	4
Parität $\psi(-1) = (-1)^l$	1		1		1	1	1		1		1	1
Führer $f(\psi)$	p		p'		pp'	pp'	2^3		p		2^4p	2^4p
Teiler d	1	p'	1	p	1	1	2	$2p$	2^3	2^4	1	1
Kompl. Teiler d'	p'	1	p	1	1	1	p	1	2	1	1	1
$\mu(d')$	-1	1	-1	1	1	1	-1	1	-1	1	1	1
$\psi(d')$	$\chi_p^2(p') = \pm 1$	1	$\chi_{p'}^2(p) = \pm 1$	1	1	1	-1	1	-1	1	1	1
Index $m(d)$	4	1	4	1	4	4	1	1	1	1	4	4

Bemerkung: Bei $\chi^*, \overline{\chi}^*$ handelt es sich um die Charaktere des in diesem Falle vorhandenen anderen reellen zyklischen biquadratischen Zahlkörpers K^* vom Führer F.

Führer F	$pq\ (p \equiv 5 \bmod 8,\ q \equiv -1 \bmod 4)$						
Charaktere ψ	$\psi = \chi_q$		$\chi^2\psi = \overset{2}{\chi_p}\chi_q$	$\psi' = \chi_p$		$\bar\psi' = \bar\chi_p$	
Ordnung $n(\psi)$	2		2	4		4	
Parität $\psi(-1) = (-1)^l$	-1		-1	-1		-1	
Führer $f(\psi)$	q		pq	p		p	
Teiler d	1	p	1	1	q	1	q
Kompl. Teiler d'	p	1	1	q	1	q	1
$\mu(d')$	-1	1	1	-1	1	-1	1
$\psi(d')$	$\chi_q(p)$	1	1	$\chi_p(q)$	1	$\bar\chi_p(q)$	1
Index $m(d)$	4	1	4	4	2	4	2

Führer F	$p\,2^2\ (p \equiv 5 \bmod 8)$					$p\,2^3\ (p \equiv 5 \bmod 8)$				
Charaktere ψ	ψ		$\chi^2\psi$	$\chi\psi$	$\bar\chi\psi$	ψ		$\chi^2\psi$	$\chi\psi$	$\bar\chi\psi$
Ordnung $n(\psi)$	2		2	4	4	2		2	4	4
Parität $\psi(-1) = (-1)^l$	-1		-1	-1	-1	1		1	1	1
Führer $f(\psi)$	2^3		2^3p	2^3p	2^3p	2^3		2^3p	2^2p	2^2p
Teiler d	1	p	1	1	1	1	p	1	2	2
Kompl. Teiler d'	p	1	1	1	1	p	1	1	1	1
$\mu(d')$	-1	1	1	1	1	-1	1	1	1	1
$\psi(d')$	-1	1	1	1	1	-1	1	1	1	1
Index $m(d)$	4	1	4	4	4	4	1	4	2	2

Führer F	$2^4q\ (q \equiv -1 \bmod 4)$					
Charaktere ψ	ψ		$\bar\psi$		$\chi\psi = \bar\chi\bar\psi$	$\chi\bar\psi = \bar\chi\psi$
Ordnung $n(\psi)$	4		4		2	2
Parität $\psi(-1) = (-1)^l$	1		1		1	1
Führer $f(\psi)$	2^4		2^4		2^2q	2^3q
Teiler d	1	q	1	q	2^2	2
Kompl. Teiler d'	q	1	q	1	1	1
$\mu(d')$	-1	1	-1	1	1	1
$\psi(d')$	$\psi(q)$	1	$\bar\psi(q)$	1	1	1
Index $m(d)$	4	2	4	2	1	1

b) Zerlegbare Führer

$$\Theta = \Big(\tfrac14\,\mu(F)\,(A_1 + A_s + A_{s^2} + A_{s^3}) + \tfrac12 \sum_{\substack{d \mid G \\ d \neq 1}} \mu(F/d)\,(A_d + A_{sd}) + \sum_{\substack{d \mid F \\ d \nmid G}} \mu(F/d)\,A_d\Big)$$
$$+ \Big(\tfrac14\,\mu(G)\,\chi^2(G)\,(A_1 - A_s + A_{s^2} - A_{s^3}) + \sum_{\substack{d \mid G \\ d \neq 1}} \mu(G/d)\,\chi^2(G/d)\,(A_d - A_{sd})\Big)\,\tau(\chi^2)$$
$$+ \tfrac14\,(A_1 + A_s i - A_{s^2} - A_{s^3} i)\,\tau(\chi) + \tfrac14\,(A_1 - A_s i - A_{s^2} + A_{s^3} i)\,\tau(\bar\chi).$$

Wie im zweiten Abschnitt bei § 8, (2) und später ist dabei die primitive vierte Einheitswurzel i durch $\bar\chi(s) = i$ festgelegt.

§ 17. Die Klassenzahlformel im quadratischen Fall

Im quadratischen Fall, also für die reellen quadratischen Zahlkörper, ist die arithmetische Bestimmung der Klassenzahl bereits in *Hasse* [2, § 2] und *Bergström* [1, § 3] durchgeführt. Der Vollständigkeit und Systematik halber, sowie vor allem im Hinblick auf das Auftreten der reellen quadratischen Zahlkörper als Teilkörper im später zu behandelnden biquadratischen Fall, entwickeln wir nachstehend diese Ergebnisse nochmals aus der Bergströmschen Produktformel in der hier zugrunde gelegten Gestalt.

1. Bezeichnungen. Im Hinblick auf den biquadratischen Fall ändern wir die in §§ 14 bis 16 verwendeten allgemeinen Bezeichnungen gleich wie folgt ab.

Es sei $\varkappa$ der zu betrachtende reelle quadratische Zahlkörper, H_0 die ihm zugeordnete rationale Kongruenzgruppe vom Führer f und χ_0 der erzeugende Charakter nach H_0. Ferner sei $\mathfrak{a}_0$ ein Halbsystem mod f aus H_0 (also mit $\chi_0(a_0) = 1$) und s Vertreter der erzeugenden Klasse nach H_0 (also mit $\chi_0(s) = -1$); für ungerades f sollen $\mathfrak{a}_0$ und s nach unserer allgemeinen Festsetzung ungerade normiert sein.

Die dem Halbsystem $\mathfrak{a}_0$ gemäß § 14, (4) zugeordneten Summen seien mit a_t bezeichnet. Wie in § 11 sei ε die Grundeinheit von $\varkappa$ in der Normierung $\varepsilon > 1$.

Schließlich seien

$$\vartheta = \prod_{\mathfrak{a}_0} \Delta_{2f}(a_0), \qquad \vartheta' = \vartheta^S = \prod_{\mathfrak{a}_0} \Delta_{2f}(s\,a_0)$$

das der Bildung der Kreiseinheit zugrunde liegende Produkt § 14, (1) und seine gemäß § 15, *3* gebildete konjugierte, sowie ψ der zu ϑ gehörige Charakter von H_0 im Sinne von § 14, *4*.

2. Die Kreiseinheit. Die wesentlich einzige Kreiseinheit von $\varkappa$ im Sinne von *Hasse* [3, § 10] ist der Quotient

$$\eta = \pm \frac{\vartheta}{\vartheta'} = \pm\, \vartheta^{1-S}, \tag{1}$$

wobei das Vorzeichen so gewählt sei, daß η positiv ist. Auf die Festlegung dieses Vorzeichens, das nur von der Wahl des Vertreters s, nicht auch von der Wahl des Halbsystems $\mathfrak{a}_0$ abhängt, kommt es für unseren Zweck nicht an[1].

Je nachdem der Führer f Potenz einer Primzahl p oder zusammengesetzt ist, stellt nun bekanntlich die Zahl ϑ^2 aus $\varkappa$ den Primdivisor ersten Grades von p in $\varkappa$ dar oder ist eine Einheit von $\varkappa$. Beachtet man hinsichtlich des Vorzeichens, daß $N(\vartheta^2)$ ein Produkt aus $2l = \frac{1}{2}\varphi(f)$ Faktoren der Form $\Delta_{2f}(x)^2 < 0$ ist, so folgt zunächst

$$N(\vartheta^2) = \left\{ \begin{array}{ll} p, & \text{wenn } f \text{ Potenz einer Primzahl } p \\ 1, & \text{wenn } f \text{ zusammengesetzt} \end{array} \right\}, \tag{2}$$

und somit weiter

$$\vartheta^{1+S} = \pm \sqrt{N(\vartheta^2)} = \left\{ \begin{array}{ll} \pm\sqrt{p}, & \text{wenn } f \text{ Potenz einer Primzahl } p \\ \pm 1, & \text{wenn } f \text{ zusammengesetzt} \end{array} \right\}, \tag{3}$$

mit einem Vorzeichen, das nur von der Wahl des Vertreters s, nicht auch von der Wahl des Halbsystems $\mathfrak{a}_0$ abhängt. Auch auf dieses Vorzeichen kommt es für unseren Zweck

---

[1] Anders als das Produkt ϑ hängt der Quotient η nicht von der Wahl des Halbsystems $\mathfrak{a}_0$ ab, wobei für ungerades f auch die ungerade Normierung von $\mathfrak{a}_0$ fallen gelassen werden kann, sofern nur s ungerade normiert bleibt. Wählt man demgemäß speziell $\mathfrak{a}_0$ als das kleinste positive Halbsystem mod f mit $\chi_0(a_0) = 1$ und versteht unter $\mathfrak{a}_0'$ das entsprechende System mit $\chi_0(a_0') = -1$, so ist das der positiven Normierung von η in (1) entsprechende Vorzeichen durch $\pm\,\vartheta' = \prod_{\mathfrak{a}_0'} \Delta_{2f}(a_0')$ gekennzeichnet. Diese spezielle Normierung ist in *Hasse* [2, § 2] und *Bergström* [1, § 3] zugrunde gelegt.

nicht an. Multipliziert man nämlich (1) mit (3) und beachtet hinsichtlich des Vorzeichens, daß ϑ^2 ein Produkt von $l = \frac{1}{4}\varphi(f)$ Faktoren $\Delta_{2f}(a_0)^2 < 0$ und $\psi(-1) = (-1)^l$ ist, so erhält man für die positiv normierte Kreiseinheit η die Darstellung

$$(4)\qquad \eta = \begin{Bmatrix} \psi(-1)\dfrac{\vartheta^2}{\sqrt{p}}, & \text{wenn } f \text{ Potenz einer Primzahl } p \\ \psi(-1)\,\vartheta^2, & \text{wenn } f \text{ zusammengesetzt} \end{Bmatrix},$$

in der das Vorzeichen bestimmt ist. Durch Normbildung folgt aus (4) unter Beachtung von (2) noch

$$(5)\qquad N(\eta) = \begin{Bmatrix} -1, & \text{wenn } f \text{ Primführer} \\ 1, & \text{wenn } f \text{ zusammengesetzt} \end{Bmatrix}.$$

3. Die Klassenzahlformel. Die Klassenzahl h_0 von $\varkappa$ ist bekanntlich durch die Formel

$$(6)\qquad h_0 = [\eta : \varepsilon]$$

gegeben[1], und zwar hat man genauer

$$(6^*)\qquad \eta = \varepsilon^{-h_0},$$

da $\eta < 1$ ist[2], während $\varepsilon > 1$ normiert sein sollte.

Aus (6) und der ersten Aussage in (5) folgen die aus der Geschlechtertheorie von $\varkappa$ bekannten Tatsachen, daß für Primführer f einerseits h_0 ungerade und andrerseits $N(\varepsilon) = -1$ ist[3].

Für zerlegbare Führer f ist nach § 15, Satz 34, bereits ϑ eine Einheit von $\varkappa$. Nach (6) und der zweiten Aussage in (4) ist daher in diesem Falle h_0 gerade, wie ebenfalls aus der Geschlechtertheorie von $\varkappa$ bekannt, und die Klassenzahlformel (6) reduziert sich auf

$$(6')\qquad \tfrac{1}{2}h_0 = [\vartheta : \varepsilon] \qquad \text{für zerlegbare } f.$$

4. Die Basisdarstellung der Kreiseinheit. Nach der Formel (6) bzw. (6′) läuft die arithmetische Bestimmung der Klassenzahl h_0 von $\varkappa$ darauf zurück, die Kreiseinheit η bzw. die ihrer Bildung zugrunde liegende Einheit ϑ von $\varkappa$ durch die Basis $1, \sqrt{f}$ von $\varkappa$ darzustellen; denn dann kann man ja die Höhe von η bzw. ϑ über der Grundeinheit ε durch ein einfaches Rekursionsverfahren nach dem Muster von §§ 6, 13 finden. Die Bestimmung der Basisdarstellung von η bzw. ϑ führen wir nachstehend mittels der Bergströmschen Produktformel getrennt nach den einzelnen Fällen und Typen aus § 16, A durch.

a) *Unzerlegbare Führer*

1. Primführer

1. Typus $f = p \equiv 1 \bmod 4$

Hier sind $\psi, \overline{\psi}$ die beiden biquadratischen Charaktere vom Führer p; wir normieren ψ gegenüber $\overline{\psi}$ durch die Festsetzung

$$\overline{\psi}(s) = i.$$

Dann lautet die Bergströmsche Produktformel

$$(7)\qquad \vartheta = \frac{\alpha\,\tau(\psi) + \overline{\alpha}\,\tau(\overline{\psi})}{2} = [0, 2\alpha],$$

---

[1] Siehe etwa *Hasse* [3, § 17, Satz 9].

[2] Siehe dazu *Hasse* [3, § 6].

[3] Des Interesses halber sei hier noch darauf hingewiesen, daß nach der Geschlechtertheorie von $\varkappa$ für zusammengesetzte unzerlegbare Führer f die Klassenzahl h_0 ebenfalls ungerade, aber $N(\varepsilon) = 1$ ist.

letzteres im Sinne von § 8, (2) für den ψ entsprechenden biquadratischen Zahlkörper $\mathsf{K} = \varkappa(\vartheta)$, mit

$$\alpha = P_1(\overline{\psi}) = a_1 + a_3 i.$$

Sei

$$\pi = a + bi$$

die zu ψ gehörige Basiszahl von K, wie sie bei § 7, (8a) gekennzeichnet ist. Dann ergibt sich die gesuchte Basisdarstellung aus (4), (7) durch Anwendung der Formel § 8, (14) zu

(8) $$\eta = \frac{-\pi(\alpha) + N(\alpha)\sqrt{p}}{2},$$

wobei nach § 8, (12) explizit

$$\pi(\alpha) = \tfrac{1}{2} S(\pi\alpha^2) = a(a_1^2 - a_3^2) - 2b\,a_1 a_3 \qquad \text{und} \qquad N(\alpha) = a_1^2 + a_3^2$$

ist[1].

2. Typus $f = 2^3$

Hier sind $\psi, \overline{\psi}$ die beiden ungeraden biquadratischen Charaktere vom Führer 2^4. Es sei etwa $\mathfrak{a}_0 = (1)$ und $s = 5$ gewählt. Nach § 14, (4b) findet sich dann

$$a_1 = \tfrac{1}{2}, \qquad a_5 = 0,$$

und die Bergströmsche Produktformel lautet

(7′) $$\vartheta = \frac{\tau(\psi) + \tau(\overline{\psi})}{4} = [0, 1],$$

letzteres im Sinne von § 8, (2) für den ψ entsprechenden biquadratischen Zahlkörper $\mathsf{K} = \varkappa(\vartheta)$. Nach § 7, (8b) ist hier

$$\pi = 2(1 + i)$$

die zu ψ gehörige Basiszahl von K. Damit ergibt sich die gesuchte Basisdarstellung aus (4), (7′) nach § 8, (14), (12) zu.

(8′) $$\eta = -\tfrac{1}{2}\pi(1) + N(1)\sqrt{2} = -1 + \sqrt{2}.$$

2. Zusammengesetzte unzerlegbare Führer

1. Typus $f = pp'$ ($p, p' \equiv -1 \bmod 4$)

Hier sind $\psi = \chi_p$, $\psi' = \chi_{p'}$ die beiden Komponenten von χ_0. Wir legen die im Anschluß an die Tabelle in § 16, A für diesen Typus angegebene Normierung $s = p + p'$ zugrunde und wählen außerdem die Reihenfolge der beiden Faktoren p, p' so, daß

$$\chi_p(p') = 1, \qquad \chi_{p'}(p) = -1$$

ist; nach dem quadratischen Reziprozitätsgesetz ist ja $\chi_p(p')\chi_{p'}(p) = -1$. Dann lautet die Bergströmsche Produktformel

(9) $$\vartheta = \frac{a\,\tau(\chi_p) + a'\,\tau(\chi_{p'})}{2}$$

mit

$$a = P_1(\chi_p) + P_{p'}(\chi_p) = -a_1 - a_{p+p'} + 2a_{p'},$$
$$a' = P_1(\chi_{p'}) + P_p(\chi_{p'}) = a_1 - a_{p+p'} + 2a_p.$$

Nun ist

$$\tau(\chi_p)^2 = -p, \qquad \tau(\chi_{p'})^2 = -p', \qquad \tau(\chi_p)\tau(\chi_{p'}) = -\tau(\chi_0) = -\sqrt{pp'},$$

[1] Beim Vergleich mit den Formeln aus *Hasse* [2, § 2, Abs. 3] beachte man, daß die Definition § 14, (4a) der Summen a_1, a_3 von der Definition der dortigen Summen A, B etwas abweicht.

letzteres durch Komponentenzerlegung oder auch nach der bekannten Vorzeichenregel für die quadratischen Gaußschen Summen. Damit ergibt sich aus (4), (9) die gesuchte Basisdarstellung zu

$$\eta = \frac{\frac{1}{2}(pa^2 + p'a'^2) + aa'\sqrt{pp'}}{2}. \tag{10}$$

2. *Typus* $f = 2p^2 (p \equiv -1 \bmod 4)$

Hier ist ψ der ungerade quadratische Charakter vom Führer 2^3. Wir legen wieder die im Anschluß an die Tabelle in § 16, A für diesen Typus angegebene Normierung $s = 1 - 2p$ zugrunde. Dann lautet die Bergströmsche Produktformel

$$\vartheta = \frac{a\tau(\psi) + b\tau(\chi_0\psi)}{4} \tag{9'}$$

mit

$$a = 2[P_1(\psi) + P_p(\psi)] = 2\left[(-1)^{\frac{p+1}{4}}(a_1 + a_{1-2p}) + 2a_p\right],$$
$$b = 2P_1(\chi_0\psi) \qquad = 2(a_1 - a_{1-2p}).$$

Dabei haben wir die zusätzlichen Faktoren 2 eingeführt, um die in der Definition § 14, (4b) der Summe a_t auftretenden Nenner 2 zu kompensieren. Nun ist

$$\tau(\psi)^2 = -8, \qquad \tau(\chi_0\psi)^2 = -8p, \qquad \tau(\psi)\tau(\chi_0\psi) = -4\tau(\chi_0) = -8\sqrt{p},$$

letzteres wieder durch Komponentenzerlegung oder auch nach der bekannten Vorzeichenregel für die quadratischen Gaußschen Summen. Damit ergibt sich aus (4), (9') die gesuchte Basisdarstellung zu

$$\eta = \frac{a^2 + pb^2}{2} + ab\sqrt{p}. \tag{10'}$$

3. *Typus* $f = 2^3 p (p \equiv -1 \bmod 4)$

Hier ist ψ der gerade quadratische Charakter vom Führer 2^3. Wir legen wieder die im Anschluß an die Tabelle in § 16, A für diesen Typus angegebene Normierung $s = 1 - 4p$ zugrunde. Dann lautet die Bergströmsche Produktformel

$$\vartheta = \frac{a\tau(\psi) + b\tau(\chi_0\psi)}{2} \tag{9''}$$

mit

$$a = P_1(\psi) + P_p(\psi) = (-1)^{\frac{p-3}{4}}(a_1 + a_{1-4p}) + 2a_p = 2a_p,$$
$$b = P_2(\chi_0\psi) \qquad = 2a_2.$$

Eine Kompensation der Nenner 2 aus § 14, (4b) durch zusätzliche Faktoren 2 ist hier nicht nötig, weil nach der dortigen Nebenbedingung der Beitrag $a_1 + a_{1-4p} = 0$ ist. Entsprechend wie beim vorhergehenden Typus findet man hier

$$\tau(\psi)^2 = 8, \qquad \tau(\chi_0\psi) = 4p, \qquad \tau(\psi)\tau(\chi_0\psi) = 2\tau(\chi_0) = 4\sqrt{2p}.$$

Damit ergibt sich nach (4), (9'') die gesuchte Basisdarstellung zu

$$\eta = (2a^2 + pb^2) + 2ab\sqrt{2p}. \tag{10''}$$

b) Zerlegbare Führer

Nach der reduzierten Klassenzahlformel (6') genügt es in diesem Falle, die Basisdarstellung von ϑ zu bestimmen. Diese wird unmittelbar durch die Bergströmsche Produktformel geliefert, wie sie im Anschluß an die Tabelle in § 16, A angegeben ist.

Für ungerade Führer f lautet sie in den jetzigen Bezeichnungen

$$\vartheta = \frac{a + b\sqrt{f}}{2} \tag{11}$$

mit

$$a = \mu(f)(a_1 + a_s) + 2 \sum_{\substack{d \mid f \\ d \neq 1}} \mu(f/d)\, a_d, \qquad b = a_1 - a_s.$$

Für gerade Führer f vereinfacht sich diese Formel mit Rücksicht auf $\mu(f) = 0$ zu

$$\vartheta = a' + b\sqrt{\tfrac{1}{4}f} \tag{11'}$$

mit

$$a' = \sum_{d \mid \frac{1}{4}f} \mu(\tfrac{1}{4}f/d)\, a_{4d}, \qquad b = a_1 - a_s.$$

§ 18. Die Klassenzahlformel im kubischen Fall

1. Normierungen. Es mögen jetzt wieder die allgemeinen Bezeichnungen aus §§ 14—16 gelten.

Im kubischen Falle, also für die zyklischen kubischen Zahlkörper K ist der Führer f nach § 1, (5) stets ungerade; demgemäß sind das Halbsystem $\mathfrak{a} \bmod f$ aus H und der Vertreter s einer erzeugenden Klasse nach H ungerade zu normieren. Bei gegebenem erzeugendem Charakter χ nach H sei wie im ersten Abschnitt bei § 2, (2) und später die primitive dritte Einheitswurzel ϱ mit dem Vertreter s durch die Beziehung

$$\bar{\chi}(s) = \varrho = \frac{-1 + \sqrt{-3}}{2} \tag{1}$$

gekoppelt.

Wie in der Tabelle aus § 16, B sei ferner der zu Θ gehörige Charakter ψ unter ψ, $\chi\psi$, $\bar{\chi}\psi$ eindeutig als der quadratische Charakter oder Hauptcharakter mod f normiert, je nachdem f Primführer oder zusammengesetzt ist, sowie der Vertreter s der weiteren Vorschrift

$$\psi(s) = 1 \tag{2}$$

unterworfen. Nach § 15, (3) gilt dann

$$\Theta^{S^3} = \Theta. \tag{3}$$

2. Die Kreiseinheit. Die wesentlich einzige Kreiseinheit von K im Sinne von *Hasse* [3, § 10] ist der Quotient

$$\mathsf{H} = \frac{\Theta'}{\Theta} = \Theta^{1-S}. \tag{4}$$

Sie hat bei dieser Vorzeichenfestlegung nach (3) die Eigenschaft $N(\mathsf{H}) = 1$, ist also entsprechend der im ersten Abschnitt zugrunde gelegten Beschränkung normpositiv normiert.

Je nachdem der Führer f Potenz einer Primzahl p oder zusammengesetzt ist, stellt nun bekanntlich die Zahl Θ^2 aus K den Primdivisor ersten Grades von p in K dar oder ist eine Einheit von K. Beachtet man hinsichtlich des Vorzeichens, daß $N(\Theta^2)$ ein Produkt von $3l = \frac{1}{2}\varphi(f)$ Faktoren der Form $\Delta_{2f}(x)^2 < 0$ ist, so folgt zunächst

$$N(\Theta^2) = \left\{ \begin{matrix} (-1)^{\frac{p-1}{2}} p, & \text{wenn } f \text{ Potenz einer Primzahl } p \\ 1, & \text{wenn } f \text{ zusammengesetzt} \end{matrix} \right\},$$

oder also in jedem Falle

$$N(\Theta^2) = \tau(\psi)^2,$$

und somit weiter

$$\Theta^{1+S+S^2} = \delta\tau(\psi) \tag{5}$$

mit einem Vorzeichenfaktor $\delta = \pm 1$, der von der Wahl des Halbsystems $\mathfrak{a}$ und des Vertreters s abhängt.

Wählt man $\mathfrak{a}$ als das kleinste positive ungerade Halbsystem mod f aus H (oder also als das kleinste positive prime Halbsystem mod $2f$ aus H), so findet man analog zu § 14, (6)—(8) und unter Beachtung der bekannten Vorzeichenregel für die quadratische Gaußsche Summe $\tau(\psi)$ leicht

$$\delta = \begin{cases} (-1)^k \psi(-2), & \text{wenn } f \text{ Primführer} \\ (-1)^{k+\frac{1}{4}\varphi(f)}, & \text{wenn } f \text{ zusammengesetzt} \end{cases}, \tag{6}$$

wo k die Gesamtanzahl der negativen Reste ist, die sich bei der Reduktion von $s\mathfrak{a}$ und $s^2\mathfrak{a}$ auf absolut-kleinste Reste mod $2f$ ergeben.

Durch Multiplikation von (4) mit (5) erhält man für die Kreiseinheit H die Darstellung

$$\mathsf{H} = \delta \frac{\Theta^{2+S^2}}{\tau(\psi)} = \delta \frac{\Theta^2 \Theta''}{\tau(\psi)}. \tag{7}$$

Auf den Vorzeichenfaktor δ kommt es dabei für unseren Zweck nicht wesentlich an; er sorgt lediglich dafür, daß die im ersten Abschnitt zugrunde gelegte Beschränkung auf normpositive Einheiten eingehalten wird.

3. *Die Klassenzahlformel.* Nach *Hasse* [3, § 11, Satz 4] gilt:

Satz 35. Die Klassenzahl h von K ist die Höhe

$$h = [\mathsf{H} : \mathsf{E}] \tag{8}$$

der Kreiseinheit H über der Grundeinheit E von K.

Gemäß § 4, (1), (2) berechnet sich demnach h aus der Darstellung

$$\mathsf{H} = \mathsf{E}^{\mu - \nu S^2}$$

zu

$$h = N(\mu - \nu\varrho^2) = \mu^2 + \mu\nu + \nu^2.$$

Für zusammengesetzte Führer f ist, da diese im vorliegenden kubischen Falle zugleich zerlegbar sind, nach § 15, Satz 34, bereits Θ eine Einheit von K. Diese ist allerdings nicht notwendig normpositiv; nach (6) ist vielmehr

$$N(\Theta) = \delta,$$

also $\delta\Theta$ normpositiv. Nach (4) hat man dann $[\mathsf{H} : \delta\Theta] = 3$. Aus (8) folgt somit:

Zusatz. Für zusammengesetzte Führer f ist die Klassenzahl h von K durch 3 teilbar, und die Klassenzahlformel (8) *reduziert sich auf*

$$\tfrac{1}{3} h = [\delta\Theta : \mathsf{E}]. \tag{8'}$$

Die erste Aussage dieses Zusatzes erkennt man auch leicht als Folge aus dem Hauptgeschlechtssatz der allgemeinen Klassenkörpertheorie[1].

4. *Die Basisdarstellung der Kreiseinheit.* Nach der Formel (8) bzw. (8′) und dem Rekursionsverfahren aus § 6 läuft die arithmetische Bestimmung der Klassenzahl h von K darauf zurück, die Basisdarstellung § 2, (2) der Kreiseinheit H bzw. der ihrer Bildung zugrunde liegenden Einheit $\delta\Theta$ von K zu bestimmen. Diese Bestimmung führen wir nachstehend mittels der Bergströmschen Produktformel getrennt nach den beiden Fällen und Typen aus § 16, B durch.

---

[1] Siehe *Hasse* [1, Teil I, § 6, Satz B′′′′]; der dort als die Geschlechteranzahl festgestellte Teiler $\frac{1}{3} h_1$ von h ist für zusammengesetzte f nach *Hasse* [1, Teil Ia, § 14, (1)] noch mindestens gleich 3^1.

a) *Unzerlegbare Führer (Primführer)*

1. Typus $f = p \equiv 1 \bmod 3$

Hier lautet die Bergströmsche Produktformel

$$\Theta = \frac{a\tau(\psi) + \alpha\tau(\chi\psi) + \bar{\alpha}\tau(\bar{\chi}\psi)}{3} \tag{9}$$

mit

$$a = P_1(\psi) = A_1 + A_s + A_{s^2},$$
$$\alpha = P_1(\bar{\chi}\,\psi) = A_1 + A_s\varrho + A_{s^2}\varrho^2.$$

Nach *Davenport-Hasse* [1, § 7, (1), (2)] ist nun

$$-\pi^*\tau(\chi\psi) = \tau(\chi)\,\tau(\psi),$$

wo sich π^* von der zu χ gehörigen Basiszahl π aus § 1, (8a) nur dadurch unterscheidet, daß an Stelle von $\pi \equiv 1 \bmod 3$ die Normierung $\pi^* \equiv 1 \bmod 2\,(1-\varrho)$ vorliegt. Es ist also $\varrho^*\pi^* = \pi$ mit einer dritten Einheitswurzel ϱ^*, die durch $\pi \equiv \varrho^* \bmod 2$ gekennzeichnet ist. Nach der Festlegung von π bei § 1, (8a), dem kubischen Reziprozitätsgesetz[1] in P_3 und dem verallgemeinerten Eulerschen Kriterium hat man

$$\chi(2) = \left(\frac{2}{\pi}\right)_3 = \left(\frac{\pi}{2}\right)_3 \equiv \pi \bmod 2.$$

Daher ist $\varrho^* = \chi(2)$, also $\chi(2)\pi^* = \pi$, und somit

$$\tau(\chi\psi) = -\chi(2)\,\frac{\tau(\chi)\,\tau(\psi)}{\pi}.$$

Gemäß § 2, *1* ist ferner hier $\tau(\chi) = -\tau$.

Aus (9) folgt demnach

$$\Theta = \tau(\psi)\,\frac{a + \chi(2)\frac{\alpha}{\pi}\tau + \bar{\chi}(2)\frac{\bar{\alpha}}{\bar{\pi}}\bar{\tau}}{3} = \tau(\psi)\left[a,\ \chi(2)\frac{\alpha}{\pi}\right], \tag{10}$$

letzteres im Sinne von § 2, (2). Unter Beachtung der Normierungen (1), (2) hat man dann

$$\Theta'' = \tau(\psi)\left[a,\ \varrho^2\chi(2)\frac{\alpha}{\pi}\right]. \tag{11}$$

Gemäß (7) ergibt sich aus (10), (11) die gesuchte Basisdarstellung durch Anwendung der Multiplikationsformeln aus § 2, *3* nach leichter Rechnung zu

$$\mathsf{H} = \delta\psi(-1)\left[\frac{pa^3 + S(\varrho\pi^2\bar{\alpha}^3)}{9},\qquad \chi(2)\sqrt{-3}\,\frac{\varrho^2\bar{\pi}a^2\alpha + \varrho\bar{\pi}N(\alpha)\alpha + \pi a\bar{\alpha}^2}{9}\right]. \tag{12}$$

Wählt man speziell $\mathfrak{a}$ als das **kleinste positive** ungerade Halbsystem mod f aus H, so ist hierin nach (6) der Vorzeichenfaktor

$$\delta\psi(-1) = (-1)^k\psi(2)$$

mit der bei (6) angegebenen Bedeutung von k. Auf die Angabe der ziemlich komplizierten Ausdrücke für die Koordinaten von H in den Koordinaten von π und α sei verzichtet.

---

[1] Man kann statt dessen auch nach § 1, (15) schließen.

2. *Typus* $f = 3^2$

Es sei etwa $\mathfrak{a} = (1)$ und $s = 7$ gewählt. Nach § 14, (4a) findet sich dann

$$A_1 = 0, \qquad A_7 = 0, \qquad A_{7^2} = 1,$$

und die Bergströmsche Produktformel lautet

(9′) $$\Theta = \frac{\varrho^2 \tau(\chi\psi) + \varrho^{-2} \tau(\bar{\chi}\psi)}{3}.$$

Wie man durch explizite Berechnung sofort feststellt, ist nun hier einfach

$$\tau(\chi\psi) = -\tau(\chi) = -\frac{\tau(\chi)\tau(\psi)}{\sqrt{-3}}.$$

Gemäß § 2, *1* ist ferner hier $\tau(\chi) = \tau$. Aus (9′) folgt demnach

(10′) $$\Theta = \tau(\psi) \frac{-\frac{\varrho^2}{\sqrt{-3}}\tau + \frac{\varrho^{-2}}{\sqrt{-3}}\bar{\tau}}{3} = \tau(\psi)\left[0, -\frac{\varrho^2}{\sqrt{-3}}\right],$$

letzteres im Sinne von § 2, (2). Unter Beachtung der Normierungen (1), (2) hat man dann

(11′) $$\Theta'' = \tau(\psi)\left[0, -\frac{\varrho}{\sqrt{-3}}\right].$$

Bei obiger Wahl von $\mathfrak{a}$ und s ist ferner nach (6) der Vorzeichenfaktor $\delta = -1$. Nach § 2, (8b) ist schließlich $\pi = 3\varrho$ die zu χ gehörige Basiszahl von K.

Gemäß (7) ergibt sich aus (10′), (11′) die gesuchte Basisdarstellung durch Anwendung der Multiplikationsformeln aus § 2, *3* nach leichter Rechnung zu

(12′) $$\mathsf{H} = [0, -1].$$

b) *Zerlegbare Führer* (*zusammengesetzte Führer*)

Nach der reduzierten Klassenzahlformel (8′) genügt es in diesem Falle, die Basisdarstellung von $\delta\,\Theta$ zu bestimmen. Diese wird unmittelbar durch die Bergströmsche Produktformel geliefert, wie sie im Anschluß an die Tabelle in § 16, A angegeben ist, wenn man noch die Definition von τ aus § 2, *1* beachtet.

Für nicht durch 3 teilbare Führer f wird danach

(13) $$\delta\Theta = \delta\mu(f)[a, \alpha]$$

mit

$$a = (A_1 + A_s + A_{s^2}) + 3 \sum_{\substack{d \mid f \\ d \neq 1}} \mu(d) A_d, \qquad \alpha = A_1 + A_s\varrho + A_{s^2}\varrho^2.$$

Für durch 3 teilbare Führer f wird mit Rücksicht auf $\mu(f/d) = 0$ für $3 \nmid d$ etwas abweichend

(13′) $$\delta\Theta = \delta\mu(\tfrac{1}{3}f)[3a', \alpha]$$

mit

$$a' = \sum_{d \mid \frac{1}{3}f} \mu(d) A_{3d}, \qquad \alpha = A_1 + A_s\varrho + A_{s^2}\varrho^2.$$

Wählt man speziell $\mathfrak{a}$ als das kleinste positive ungerade Halbsystem mod f aus H, so ist hierin nach (6) der Vorzeichenfaktor

$$\delta = (-1)^{k + \frac{1}{4}\varphi(f)} = \begin{cases} (-1)^{k+1} & \text{für } f = pp' \text{ oder } 3^2 p \\ (-1)^k & \text{sonst} \end{cases}$$

mit der bei (6) angegebenen Bedeutung von k.

§ 19. Die Klassenzahlformel im zyklischen biquadratischen Fall

Im zyklischen biquadratischen Falle, also für die zyklischen biquadratischen Zahlkörper K, bezeichnen wir wie im zweiten Abschnitt den Führer von K mit $F = fG$, wo f der Führer des reellen quadratischen Teilkörpers $\varkappa$ ist, und verwenden für die auf $\varkappa$ bezüglichen Bildungen die Bezeichnungen aus § 17. Ferner führen wir durch den Ansatz

$$h = h_0 h^*$$

statt der Klassenzahl h von K die Relativklassenzahl h^* von K/$\varkappa$ ein. Diese ist stets ganz; für den imaginären Fall wurde dies in *Hasse* [3, § 33] arithmetisch bewiesen, für den reellen Fall wird es sich nachher in Satz 36, 37 ergeben.

A. Imaginärer Fall

Für einen imaginären zyklischen biquadratischen Zahlkörper K ergibt sich aus der allgemeinen Formel in *Hasse* [3, § 5, (3b)] unter Beachtung von *Hasse* [3, § 25, Satz 24] die Relativklassenzahlformel

$$h^* = wN(\Theta),$$

wo

$$w = \begin{Bmatrix} 2 & \text{für} & F \neq 5 \\ 10 & \text{für} & F = 5 \end{Bmatrix}$$

gemäß § 9, Satz 15 die Einheitswurzelanzahl von K und

$$\Theta = -\frac{1}{2F} \sum_{x \bmod F}^{+} \chi(x)\, x$$

die in *Hasse* [3, §§ 27—33] arithmetisch näher untersuchte Charaktersumme aus P_4 ist.

B. Reeller Fall

1. Die Kreiseinheiten. Für einen reellen zyklischen biquadratischen Zahlkörper K gibt es neben der wesentlich einzigen *erzeugenden Kreiseinheit*

(1) $$\mathsf{H}^* = \Theta^{1-S}$$

im Sinne von *Hasse* [3, § 11, (6)] noch die wesentlich einzige *Relativkreiseinheit*

(2) $$\mathsf{H} = \Theta^{1-S^2} = \mathsf{H}^{*1+S}.$$

Zwischen der erzeugenden Kreiseinheit H^* von K und der Kreiseinheit η des quadratischen Teilkörpers $\varkappa$ wurde in *Hasse* [3, § 18, (6)] eine Beziehung festgestellt. Sei dazu

$$g = G \text{ oder } \tfrac{1}{2} G, \text{ je nachdem } 2 \nmid f \text{ oder } 2 \mid f,$$

der in § 7, (1), (2) eingeführte Führer der quadratischen Komponente von χ und

(3) $$g_{\mathsf{K}} = \prod_{q \mid g} (1 - \chi^2(q)) = \begin{Bmatrix} 0, & \text{wenn mindestens eine Primzahl } q \mid g \text{ mit } \chi^2(q) = 1 \text{ vorhanden ist} \\ 2^{\gamma}, & \text{wenn für die } \gamma (\geqq 0) \text{ Primzahlen } q \mid g \text{ durchweg } \chi^2(q) = -1 \text{ ist} \end{Bmatrix}$$

die in *Hasse* [3, § 9] eingeführte Invariante von K. Dann lautet jene Beziehung

(4) $$n(\mathsf{H}^*) = \delta \eta^{g_{\mathsf{K}}},$$

mit einem Vorzeichenfaktor $\delta = \pm 1$, der von der Wahl des Vertreters s (aber nicht von der Wahl des Halbsystems $\mathfrak{a}$) abhängt; siehe dazu auch die späteren Formeln (6), (9), (14). Durch eine ganz entsprechende Schlußweise, von deren Durchführung wir hier absehen wollen, ergibt sich schärfer zwischen den der Bildung von H und η zugrunde liegenden Produkten Θ und ϑ die Beziehung

(5) $$\vartheta^* = \Theta^{1+S^2} = \begin{Bmatrix} \delta^* \vartheta & \text{für} & g = 1 \\ \delta^* \eta^{\frac{1}{2} g_{\mathsf{K}}} & \text{für} & g \neq 1 \end{Bmatrix},$$

mit einem Vorzeichenfaktor $\delta^* = \pm 1$, der von der Wahl des Vertreters s und des Halbsystems $\mathfrak{a}_0$ in ϑ (aber nicht von der Wahl des Halbsystems $\mathfrak{a}$ in Θ) abhängt[1]. Geht man in (5) zur $(1-S)$-ten Potenz über, so erhält man nach (1) für den Vorzeichenfaktor δ in (4) die Kennzeichnung[1]

(6a) $$\eta = \delta\,\vartheta^{1-S} \quad [\text{vgl. § 17, (1)}] \quad \text{für } g = 1,$$

(6b) $$N(\eta)^{\frac{1}{2}g_{\mathsf{K}}} = \delta \quad [\text{vgl. § 17, (5)}] \quad \text{für } g \neq 1.$$

Die Norm der erzeugenden Kreiseinheit H^* ergibt sich nach (4), (3) und § 17, (5) zu

(7) $$Nm(\mathsf{H}^*) = N(\eta)^{g_{\mathsf{K}}} = \begin{Bmatrix} -1, & \text{wenn } F \text{ Primführer} \\ 1, & \text{wenn } F \text{ zusammengesetzt} \end{Bmatrix}.$$

Die Relativnorm der Relativkreiseinheit H ergibt sich nach (2) und § 15, (3) zu

(8) $$n(\mathsf{H}) = \psi(s^4) = \begin{Bmatrix} -1, & \text{wenn } F \text{ Primführer} \\ 1, & \text{wenn } F \text{ zusammengesetzt} \end{Bmatrix}.$$

Zu letzterem beachte man, daß $\psi(s^4) = \psi(s)^4$ für jede Fortsetzung des Charakters ψ von H ist, und daß diese Fortsetzungen ψ nach § 16, C genau von der Ordnung 8 oder höchstens von der Ordnung 4 sind, je nachdem F Primführer oder zusammengesetzt ist.

Das in (5) eingeführte Produkt ϑ^* ist in jedem Falle eine Zahl aus K. Analog wie in § 17, (2), (3) für den quadratischen Fall folgt hier

(9) $$\vartheta^{*1+S} = \Theta^{1+S+S^2+S^3} = \begin{Bmatrix} \delta\sqrt{p}, & \text{wenn } F \text{ Potenz einer Primzahl } p \\ \delta, & \text{wenn } F \text{ zusammengesetzt} \end{Bmatrix},$$

mit dem Vorzeichenfaktor δ aus (4); zu letzterem beachte man, daß die Kreiseinheit η von $\varkappa$ nach § 17, (1) positiv normiert sein sollte und daß $n(\mathsf{H}^*)$ von ϑ^{*1+S} nur um das Quadrat der reellen Zahl Θ^{S+S^3} als Faktor unterschieden ist.

Ist F Primführer (Potenz von p), so erhält man aus (2) nach (5), (9) für die Relativkreiseinheit H die Darstellung

(10) $$\mathsf{H} = \frac{\Theta^2}{\vartheta^*} = \delta\,\frac{\vartheta^{*S}\Theta^2}{\sqrt{p}} = \delta\delta^*\,\frac{\vartheta^S\Theta^2}{\sqrt{p}}.$$

Dabei ist der Vorzeichenfaktor δ auf Grund der Kennzeichnung (6a) eine reine Angelegenheit des quadratischen Teilkörpers $\varkappa$, während der Vorzeichenfaktor δ^* gemäß (5) mit der Einbettung von $\varkappa$ in K zu tun hat.

Ist F zusammengesetzt, so ist bereits

(11) $$\mathsf{H}_0 = \Theta^{1+S}$$

eine Relativeinheit von K. Sie heiße die *reduzierte Relativkreiseinheit*, weil sie nach (2) mit der Relativkreiseinheit H in dem Zusammenhang

(12) $$\mathsf{H} = \mathsf{H}_0^{1-S}$$

steht, also um den Faktor $[\mathsf{H} : \mathsf{H}_0] = 2$ niedrigere Höhe hat. Mit der erzeugenden Kreiseinheit H^* steht sie nach (1), (5) in dem Zusammenhang

(13) $$\mathsf{H}_0 = \vartheta^*\mathsf{H}^{*S},$$

und zwar ist hier der Faktor ϑ^* eine Einheit von $\varkappa$; denn nach (9) ist ϑ^* eine Einheit von K, der nach (8) die Eigenschaft $\vartheta^{*1-S^2} = n(\mathsf{H}) = 1$ zukommt. Die Relativnorm der reduzierten

---

[1] Eine Ausnahme bildet dabei der Fall des Primführers $F = 2^4$, in dem $\delta^* = \pm i$ ist; die aus (5) folgende Kennzeichnung (6a) von δ gilt in diesem Ausnahmefall nicht.

Relativkreiseinheit H_0 berechnet sich nach (11), (9), (5) zu

$$(14) \qquad n(\mathsf{H}_0) = \vartheta^{*1+S} = \delta = \begin{Bmatrix} N(\eta) & \text{für} \quad g = 1 \\ N(\vartheta)^{\frac{1}{2}g_{\mathsf{K}}} & \text{für} \quad g \neq 1 \end{Bmatrix}.$$

Durch die letztere Beziehung wird im vorliegenden Falle der Vorzeichenfaktor δ aus (5) und (9) explizit dargestellt und als unabhängig von der Wahl von s und $\mathfrak{a}_0$ erkannt; für $g \neq 1$ war das bereits in (6b) geschehen, für $g = 1$ kann es auch aus (6a) gefolgert werden, wenn man beachtet, daß dann f zerlegbar, also ϑ nach § 15, Satz 34 eine Einheit von $\varkappa$ ist, während η positiv normiert sein sollte.

2. *Die Relativklassenzahlformel.* In *Hasse* [3, §§ 11, 17] sind zwei allgemeine Methoden zur arithmetischen Bestimmung der Klassenzahl h eines reellen abelschen Zahlkörpers K entwickelt, die für den zyklischen biquadratischen Fall zu den beiden Formeln *Hasse* [3, § 18, (8), (7)] führen. Wir legen nachstehend die erste oder zweite dieser Methoden zugrunde, je nachdem F Primführer oder zusammengesetzt ist.

Für Primführer F lautet die der ersten Methode entspringende Klassenzahlformel einfach

$$(15) \qquad h = \frac{R(\mathsf{H}^*)}{R},$$

wo R den Regulator von K und $R(\mathsf{H}^*)$ den Regulator des Konjugiertensystems $\mathsf{H}^*, \mathsf{H}^{*\prime}, \mathsf{H}^{*\prime\prime}$ bedeutet. Nach (4) und § 17, (6*) gilt nun in diesem Falle

$$(16) \qquad n(\mathsf{H}^*) = \delta\eta = \delta\varepsilon^{-h_0},$$

und da mit F auch f Primführer ist, ist h_0 ungerade. Nach § 9, Satz 16 ist daher hier der Einheitenindex $Q = 2$. Für die demgemäß nach § 11, Satz 28 vorhandene Grundeinheit E^* von K gilt dann $R = R(\mathsf{E}^*)$. Damit bekommt die Klassenzahlformel (15) die arithmetische Gestalt

$$(17) \qquad h = [\mathsf{H}^* : \mathsf{E}^*].$$

Berechnet man diese Höhe gemäß § 11, (8), (9) unter Beachtung der obigen Formeln (2), (16), so ergibt sich:

Satz 36. Ist F Primführer, so hat $\mathsf{K}/\varkappa$ den Einheitenindex $Q = 2$, und die Relativklassenzahl h^* von $\mathsf{K}/\varkappa$ ist die Höhe

$$(18) \qquad h^* = [\mathsf{H} : \mathsf{E}]$$

der Relativkreiseinheit H über der Relativgrundeinheit E von K.

Gemäß § 10, (2), (3) berechnet sich demnach h^* aus der Darstellung

$$\mathsf{H} = \pm\, \mathsf{E}^{\mu+\nu S}$$

zu

$$h^* = N(\mu + \nu i) = \mu^2 + \nu^2.$$

Hieraus und aus (7), (8) liest man in Analogie zu den entsprechenden Tatsachen für den quadratischen Fall noch ab:

Zusatz. Ist F Primführer, so ist neben h_0 auch h^* ungerade, sowie neben $N(\varepsilon) = -1$ auch $n(\mathsf{E}) = -1$. Daher ist dann auch h ungerade, sowie $Nm(\mathsf{E}^*) = -1$ und der Einheitenrang $r = 4$.

Zu letzterem beachte man § 11, Sätze 29, 30.

Für zusammengesetzte Führer F legen wir die der zweiten Methode entspringende Klassenzahlformel

$$(19) \qquad h = \frac{R(\eta, \mathsf{H}^*)}{R}$$

zugrunde, wo R wieder den Regulator von K und $R(\eta, \mathsf{H}^*)$ den Regulator des Einheitensystems η, H^*, $\mathsf{H}^{*\prime}$ bedeutet. Einerseits ist nun der Definition des Einheitenindex Q zufolge

$$QR = R(\varepsilon, \mathsf{E}).$$

Andrerseits ist nach (13) ersichtlich

$$R(\eta, \mathsf{H}^*) = R(\eta, \mathsf{H}_0);$$

denn nach (5) ist in jedem Falle ϑ^{*2} eine Potenz von η. Damit und nach der Höhenformel § 11, (3) bekommt die Klassenzahlformel (19) die arithmetische Gestalt

$$h = Q[\eta : \varepsilon][\mathsf{H}_0 : \mathsf{E}]. \tag{20}$$

Unter Beachtung von § 17, (6) ergibt sich hieraus:

Satz 37. Ist F zusammengesetzt, so ist die Relativklassenzahl h^* von $\mathsf{K}/\varkappa$ die Q-fache Höhe

$$h^* = Q[\mathsf{H}_0 : \mathsf{E}] \tag{21}$$

der reduzierten Relativkreiseinheit H_0 über der Relativgrundeinheit E von K.

Für sogar zerlegbare Führer F läßt sich die Relativklassenzahlformel (21) noch weiter reduzieren. Nach § 15, Satz 34 ist dann nämlich Θ selbst eine Einheit von K, und zwar nach (5) mit

$$n(\Theta) = \vartheta^*.$$

Entweder ist nun $|\vartheta^*|$ kein Quadrat in $\varkappa$. Dann ist nach § 9, Satz 16 der Einheitenindex $Q = 2$, nach (21) also h^* gerade und $\frac{1}{2} h^* = [\mathsf{H}_0 : \mathsf{E}]$.

Oder aber es ist

$$|\vartheta^*| = \vartheta_0^2 \tag{22}$$

das Quadrat einer Einheit ϑ_0 von $\varkappa$. Dann erhält man in der Form

$$\Theta_0 = \vartheta_0' \Theta \tag{23}$$

eine Relativeinheit Θ_0 von K mit der Eigenschaft

$$\mathsf{H}_0 = \pm \Theta_0^{1+S}, \tag{24}$$

also eine nochmalige Reduktion der reduzierten Relativkreiseinheit H_0 um den Höhenfaktor $[\mathsf{H}_0 : \Theta_0] = 2$. Nach (21) ist somit wieder h^* gerade und $\frac{1}{2} h^* = Q[\Theta_0 : \mathsf{E}]$.

Ob $|\vartheta^*|$ Quadrat in $\varkappa$ ist oder nicht, kann nach (5) und (3) leicht entschieden werden. Für $g = 1$ ist mit F auch f zerlegbar; nach § 17, (6′) ist daher h_0 gerade und $\frac{1}{2} h_0 = [\vartheta : \varepsilon]$. Nach (5) ist demnach $|\vartheta^*|$ dann und nur dann kein Quadrat in $\varkappa$, wenn $\frac{1}{2} h_0$ ungerade ist. Für $g \neq 1$ ist $|\vartheta^*|$ nach (5) dann und nur dann kein Quadrat in $\varkappa$, wenn $h_0 = [\eta : \varepsilon]$ ungerade und $\frac{1}{2} g_{\mathsf{K}} = 1$ ist. Letzteres ist für $g \neq 1$, also $\gamma \geqq 1$, nach (3) dann und nur dann der Fall, wenn erstens $\gamma = 1$, also g Potenz einer Primzahl q ist, und zweitens für diese $\chi^2(q) = -1$ gilt. Zusammengenommen ergibt sich so:

Zusatz. Ist F sogar zerlegbar, so ist die Relativklassenzahl h^* von $\mathsf{K}/\varkappa$ gerade.

Ist dabei entweder $g = 1$ und $\frac{1}{2} h_0$ ungerade oder g Potenz einer Primzahl q mit $\chi^2(q) = -1$ und h_0 ungerade[1]*, so hat $\mathsf{K}/\varkappa$ den Einheitenindex $Q = 2$; die Relativklassenzahlformel* (21) *lautet dann also*

$$\tfrac{1}{2} h^* = [\mathsf{H}_0 : \mathsf{E}]. \tag{21'}$$

---

[1] Dies letztere ist genau dann der Fall, wenn f Primführer ist; denn zusammengesetzte unzerlegbare Führer (vgl. § 17, 3, Fußnote 3) kommen im biquadratischen Falle nicht als quadratische Teilführer in Frage.

Andernfalls reduziert sich die Relativklassenzahlformel (21) *auf*

(21'') $$\tfrac{1}{2}h^* = Q[\Theta_0 : \mathsf{E}],$$

wo Θ_0 *die aus* Θ *durch Abspaltung eines Einheitsfaktors* ϑ_0 *von* $\varkappa$ *gemäß* (22)—(24) *entstehende Relativeinheit von* K *ist.*

3. Die Basisdarstellung der Relativkreiseinheit. Nach den Formeln (18) bzw. (21), (21'), (21'') und dem Rekursionsverfahren aus § 13 läuft die arithmetische Bestimmung der Relativklassenzahl h^* von $\mathsf{K}/\varkappa$ darauf zurück, die Basisdarstellung § 8, (2) der Relativkreiseinheit H bzw. der reduzierten Relativkreiseinheit H_0 oder der nochmals reduzierten Relativkreiseinheit Θ_0 zu bestimmen. Diese Bestimmung führen wir nachstehend mittels der Bergströmschen Produktformel getrennt nach den einzelnen Fällen und Typen aus § 16, C durch. Unter der Typenbezeichnung geben wir jeweils die mit dem Vorzeichen § 7, (12) versehene quadratische Gaußsche Summe $\tau = \sigma\tau(\chi^2) = \sigma\sqrt{f}$ sowie den Wert (3) der Invariante g_{K} an.

Wir bestimmen dabei jeweils auch die Basisdarstellung der Zahl $\vartheta^* = \Theta\Theta''$ durch Ausmultiplikation dieses Produkts. Gemäß (5) ergibt das, von den in (3) gekennzeichneten Spezialfällen mit $g_{\mathsf{K}} = 0$, also $\vartheta^* = \delta = \pm 1$ abgesehen, eine neue arithmetische Bestimmung der Klassenzahl h_0 von $\varkappa$, die sich auf die Summen A_t des biquadratischen Falles an Stelle der Summen a_t des quadratischen Falles stützt. Da die Berechnung der A_t nach dem Bergströmschen Berechnungsschema aus § 14, *3* nur halb so viel Schritte erfordert wie die Berechnung der a_t, bedeutet dies eine Vereinfachung der Klassenzahlbestimmung aus § 17 für diejenigen reellen quadratischen Zahlkörper $\varkappa$, die als Teilkörper reeller zyklischer biquadratischer Zahlkörper K auftreten, deren Führer f also keinen Primteiler $p \equiv -1 \bmod 4$ enthält; die Bedingung $g_{\mathsf{K}} \neq 0$ ist bei gegebenem $\varkappa$ stets durch geeignete Wahl von g zu erreichen (etwa $g = 1$ für $f \equiv 1 \bmod 8$ oder $2^3 | f$, dagegen $g = 2^2$ für $f \equiv 5 \bmod 8$). In jedem Falle liefert die Bestimmung der Basisdarstellung von ϑ^* eine erwünschte Kontrolle für die numerische Rechnung.

Wie im ersten Abschnitt bei § 8, (2) und später sei durchweg bei gegebenem erzeugenden Charakter χ nach H die primitive vierte Einheitswurzel i mit dem Vertreter s einer erzeugenden Klasse nach H durch die Beziehung

(25) $$\bar{\chi}(s) = i = \sqrt{-1}$$

gekoppelt.

a) Unzerlegbare Führer

1. Primführer

1. Typus $F = p \equiv 1 \bmod 8$

$$\tau = -\sqrt{p}, \qquad g_{\mathsf{K}} = 1.$$

Hier sind $\psi, \bar{\psi}, \psi^5, \bar{\psi}^5$ die vier konjugierten Charaktere der Ordnung 8 vom Führer p; ihre Werte liegen im Kreiskörper $\mathsf{P}_8 = \mathsf{P}(\sqrt{-1}, \sqrt{-2})$. Ähnlich wie wir bei § 7, (8a) den beiden konjugierten Charakteren $\chi = \psi^2$, $\bar{\chi} = \bar{\psi}^2$ von K umkehrbar eindeutig die beiden konjugierten Basiszahlen $\pi, \bar{\pi}$ mit

(26) $$p = \pi\bar{\pi} \quad \text{in } \mathsf{P}_4 = \mathsf{P}(\sqrt{-1}) \qquad \text{und}^1 \qquad \pi, \bar{\pi} \equiv 1 \bmod 4$$

zugeordnet haben, nämlich durch

(27) $$\left(\frac{x}{\pi}\right)_4 = \chi(x), \qquad \left(\frac{x}{\bar{\pi}}\right)_4 = \bar{\chi}(x),$$

[1] Wegen $p \equiv 1 \bmod 8$ gilt hier diese Kongruenz statt nur $\bmod 2(1-i)$ ersichtlich sogar $\bmod 4$.

ordnen wir hier den beiden konjugierten Charakterpaaren $(\psi, \overline{\psi}^5)$, $(\psi^5, \overline{\psi})$ von $\mathsf{K}(\Theta)$ umkehrbar eindeutig zwei weitere konjugierte Basiszahlen $\tilde{\omega}$, $\hat{\tilde{\omega}}$ mit

$$(28) \qquad p = \tilde{\omega}\hat{\tilde{\omega}} \text{ in } \mathsf{P}'_8 = \mathsf{P}(\sqrt{-2}) \qquad \text{und} \qquad \tilde{\omega}\hat{\tilde{\omega}} \equiv 1 \bmod 2\sqrt{-2}$$

zu, nämlich durch

$$(29) \qquad \left(\frac{x}{\wp}\right)_8 = \psi(x), \quad \left(\frac{x}{\hat{\overline{\wp}}}\right)_8 = \overline{\psi}^5(x), \quad \left(\frac{x}{\hat{\wp}}\right)_8 = \psi^5(x), \quad \left(\frac{x}{\overline{\wp}}\right)_8 = \overline{\psi}(x),$$

wo $\wp, \hat{\overline{\wp}}, \hat{\wp}, \overline{\wp}$ die durch die weiteren Zerlegungen

$$(30) \qquad \begin{Bmatrix} \tilde{\omega} \cong \wp\hat{\overline{\wp}}, & \hat{\tilde{\omega}} \cong \hat{\wp}\overline{\wp} & \text{in} \quad \mathsf{P}_8 = \mathsf{P}'_8(\sqrt{-1}) \\ \pi \cong \wp\hat{\wp}, & \overline{\pi} \cong \overline{\wp}\hat{\overline{\wp}} & \text{in} \quad \mathsf{P}_8 = \mathsf{P}_4(\sqrt{-2}) \end{Bmatrix}$$

definierten Primdivisoren von P_8 sind. Die Anwendung des erzeugenden Automorphismus $\psi \to \psi^5$ von $\mathsf{P}_8/\mathsf{P}_4$ deuten wir im folgenden wie in (28)—(30) durch das Zeichen $\wedge$ an; für den Teilkörper P'_8 fällt dieser Automorphismus mit dem Übergang zum konjugiert-komplexen zusammen, es ist also $\hat{\tilde{\omega}} = \overline{\tilde{\omega}}$. Bei gegebenem Charakter χ liegen ψ, $\tilde{\omega}$, $\wp$ nur bis auf diesen Automorphismus fest. In Fortsetzung von (25) koppeln wir die primitive achte Einheitswurzel j mit dem Vertreter s durch die Festsetzung

$$(31) \qquad \overline{\psi}(s) = j = \frac{\sqrt{2} + \sqrt{-2}}{2} \qquad (\text{also } i = j^2, \quad \sqrt{2} = j + j^{-1}, \quad \sqrt{-2} = j - j^{-1}).$$

In rationalen Koordinaten hat man nach (26), (28) einerseits

$$(32) \qquad \begin{Bmatrix} \pi = a + bi & \text{mit} \quad p = a^2 + b^2 & \text{und}^1 \quad a \equiv 1 \bmod 4, & b \equiv 0 \bmod 4 \\ \tilde{\omega} = \tilde{a} + \tilde{b}\sqrt{-2} & \text{mit} \quad p = \tilde{a}^2 + 2\tilde{b}^2 & \text{und} \quad \tilde{a} \equiv 1 \bmod 4, & \tilde{b} \equiv 0 \bmod 2 \end{Bmatrix}$$

und nach (27), (29) und (25), (31) andrerseits

$$(33) \qquad a \equiv b s^{\frac{p-1}{4}} \bmod p, \qquad \tilde{a} \equiv \tilde{b}\left(s^{\frac{p-1}{8}} - s^{-\frac{p-1}{8}}\right) \bmod p.$$

Ebenso wie χ, π gegenüber $\overline{\chi}, \overline{\pi}$ in § 7, (18a) durch die Normierung $b > 0$ festgelegt wurden, kann man hier $\psi, \tilde{\omega}$ gegenüber $\psi^5, \hat{\tilde{\omega}}$ durch die Festsetzung $\tilde{b} > 0$ festlegen; doch kommt es darauf für unsere weiteren Formeln nicht an.

Wir benötigen im folgenden das Multiplikationsschema der Gaußschen Summen

$$\tau(\psi), \quad \tau(\overline{\psi}^5), \quad \tau(\psi^5), \quad \tau(\overline{\psi}), \quad \tau(\psi^2) = \tau(\chi) = \mathsf{T}, \quad \tau(\overline{\psi}^2) = \tau(\overline{\chi}) = \overline{\mathsf{T}}, \quad \tau(\psi^4) = \tau(\chi^2) = -\tau,$$

von dem wir den auf die letzteren drei bezüglichen Teil bereits in § 8, (1) angegeben haben. Nach *Davenport-Hasse* [1, § 4] lautet für diese Gaußschen Summen die Primzerlegung

$$\begin{array}{lll} \tau(\psi)^8 \cong \wp^7\hat{\overline{\wp}}^5\hat{\wp}^3\overline{\wp} \cong p\,\tilde{\omega}^4\pi^2 & & \\ \tau(\overline{\psi}^5)^8 \cong \wp^5\hat{\overline{\wp}}^7\hat{\wp}\,\overline{\wp}^3 \cong p\,\tilde{\omega}^4\overline{\pi}^2 & \tau(\chi)^4 \cong \pi^3\overline{\pi} \cong p\pi^2 & \\ \tau(\psi^5)^8 \cong \wp^3\hat{\overline{\wp}}\,\hat{\wp}^7\overline{\wp}^5 \cong p\,\hat{\tilde{\omega}}^4\pi^2 & \tau(\overline{\chi})^4 \cong \pi\overline{\pi}^3 \cong p\overline{\pi}^2 & \tau(\chi^2)^2 \cong p. \\ \tau(\overline{\psi})^8 \cong \wp\,\hat{\overline{\wp}}^3\hat{\wp}^5\overline{\wp}^7 \cong p\,\hat{\tilde{\omega}}^4\overline{\pi}^2 & & \end{array}$$

Für das Faktorensystem

$$\pi(\psi^\mu, \psi^\nu) = \frac{\tau(\psi^\mu)\tau(\psi^\nu)}{\tau(\psi^{\mu+\nu})} = \sum_{\substack{x,\,y \bmod p \\ x+y \equiv 1 \bmod p}}' \psi^\mu(x)\,\psi^\nu(y) \qquad (\mu, \nu, \mu + \nu \not\equiv 0 \bmod 8)$$

---

[1] Wegen $p \equiv 1 \bmod 8$ gelten hier statt § 7, (18a) ersichtlich diese schärferen Kongruenzen.

ihres Multiplikationsschemas erhält man daraus die Primzerlegung

	$\tau(\psi)$	$\tau(\bar{\psi}^5)$	$\tau(\psi^5)$	$\tau(\bar{\psi})$	$\tau(\chi)$	$\tau(\bar{\chi})$	$\tau(\chi^2)$
$\tau(\psi)$	$\tilde{\omega}\tau(\chi)$	$\tilde{\omega}\tau(\chi^2)$	$\pi\tau(\bar{\chi})$	p	$\pi\tau(\bar{\psi}^5)$	$\tilde{\omega}\tau(\bar{\psi})$	$\tilde{\omega}\tau(\psi^5)$
$\tau(\bar{\psi}^5)$	$\tilde{\omega}\tau(\chi^2)$	$\tilde{\omega}\tau(\bar{\chi})$	p	$\bar{\pi}\tau(\chi)$	$\tilde{\omega}\tau(\psi^5)$	$\bar{\pi}\tau(\psi)$	$\tilde{\omega}\tau(\bar{\psi})$
$\tau(\psi^5)$	$\pi\tau(\bar{\chi})$	p	$\hat{\tilde{\omega}}\tau(\chi)$	$\hat{\tilde{\omega}}\tau(\chi^2)$	$\pi\tau(\bar{\psi})$	$\hat{\tilde{\omega}}\tau(\bar{\psi}^5)$	$\hat{\tilde{\omega}}\tau(\psi)$
$\tau(\bar{\psi})$	p	$\bar{\pi}\tau(\chi)$	$\hat{\tilde{\omega}}\tau(\chi^2)$	$\hat{\tilde{\omega}}\tau(\bar{\chi})$	$\hat{\tilde{\omega}}\tau(\psi)$	$\bar{\pi}\tau(\psi^5)$	$\hat{\tilde{\omega}}\tau(\bar{\psi}^5)$
$\tau(\chi)$	$\pi\tau(\bar{\psi}^5)$	$\tilde{\omega}\tau(\psi^5)$	$\pi\tau(\bar{\psi})$	$\hat{\tilde{\omega}}\tau(\psi)$	$\pi\tau(\chi^2)$	p	$\pi\tau(\bar{\chi})$
$\tau(\bar{\chi})$	$\tilde{\omega}\tau(\bar{\psi})$	$\bar{\pi}\tau(\psi)$	$\hat{\tilde{\omega}}\tau(\bar{\psi}^5)$	$\bar{\pi}\tau(\psi^5)$	p	$\bar{\pi}\tau(\chi^2)$	$\bar{\pi}\tau(\chi)$
$\tau(\chi^2)$	$\tilde{\omega}\tau(\psi^5)$	$\tilde{\omega}\tau(\bar{\psi})$	$\hat{\tilde{\omega}}\tau(\psi)$	$\hat{\tilde{\omega}}\tau(\bar{\psi}^5)$	$\pi\tau(\bar{\chi})$	$\bar{\pi}\tau(\chi)$	p

Hierdurch liegen die Faktoren des gesuchten Multiplikationsschemas nur bis auf achte bzw. vierte Einheitswurzelfaktoren fest. Zu deren Bestimmung führen die folgenden Automorphismen, Relationen und Kongruenzen.

Automorphismen:

$$\psi \to \bar{\psi}, \quad \chi \to \bar{\chi} \qquad \text{mit} \quad \pi \to \bar{\pi}, \quad \tilde{\omega} \to \hat{\tilde{\omega}}.$$
$$\psi \to \psi^5, \quad \chi \to \chi \qquad \text{mit} \quad \pi \to \pi, \quad \tilde{\omega} \to \hat{\tilde{\omega}},$$
$$\psi \to \bar{\psi}^5, \quad \chi \to \bar{\chi} \qquad \text{mit} \quad \pi \to \bar{\pi}, \quad \tilde{\omega} \to \tilde{\omega}.$$

Relationen:

$$\pi(\chi, \psi^5) = \pi(\chi, \psi),$$
$$\pi(\chi, \bar{\psi})\, \pi(\chi^2, \psi) = \pi(\chi, \bar{\psi}^5)\pi(\chi^2, \bar{\psi}),$$
$$\pi(\chi, \bar{\psi}^5)\pi(\chi^2, \bar{\psi}) = \pi(\bar{\chi}, \bar{\psi})\, \pi(\chi^2, \chi),$$

sowie die hieraus durch Anwendung der Automorphismen hervorgehenden Relationen[1]. Man beachte außerdem die bekannten Relationen

$$\tau(\psi)\tau(\bar{\psi}) = \psi(-1)p, \qquad \tau(\chi)\tau(\bar{\chi}) = p, \qquad \tau(\chi^2)^2 = p.$$

Durch die Automorphismen und Relationen reduziert sich die Aufgabe auf die Bestimmung der Einheitswurzelfaktoren für die Summen

$$\pi(\psi, \psi), \qquad \pi(\chi^2, \psi), \qquad \pi(\chi^2, \chi).$$

Kongruenzen: Ähnlich wie in § 8, *2* ergibt sich

$$\pi(\psi, \psi) = \psi^2(\tfrac{1}{2}) + 2 \sum_{\substack{x,\, y \bmod p \\ x+y\equiv 1 \bmod p \\ x<y}} \psi(x)\psi(y) \equiv \bar{\chi}(2) + 2\frac{p-3}{2} \equiv \chi(2) + 2 \equiv -\chi(2) \bmod 2(1-j),$$

$$\pi(\chi^2, \psi) = \sum_{\substack{y \bmod p \\ y \not\equiv 1 \bmod p}} \psi(y) + \sum_{\substack{x,\, y \bmod p \\ x+y\equiv 1 \bmod p \\ x,\, y \not\equiv 0 \bmod p}} (\chi^2(x)-1)\psi(y) \equiv -1 + \sum_{\substack{x \bmod p \\ x \not\equiv 0,\, 1 \bmod p}} (\chi^2(x)-1) \equiv -p \equiv -1 \bmod 2(1-j),$$

$$\pi(\chi^2, \chi) = \sum_{\substack{y \bmod p \\ y \not\equiv 1 \bmod p}} \chi(y) + \sum_{\substack{x,\, y \bmod p \\ x+y\equiv 1 \bmod p \\ x,\, y \not\equiv 0 \bmod p}} (\chi^2(x)-1)\chi(y) \equiv -1 + \sum_{\substack{x \bmod p \\ x \not\equiv 0,\, 1 \bmod p}} (\chi^2(x)-1) \equiv -p \equiv -1 \bmod 2(1-j).$$

Bei der ersten Kongruenz beachte man, daß wegen $p \equiv 1 \bmod 8$ hier $\chi^2(2) = 1$, also $\chi(2) = \pm 1$, und somit $\bar{\chi}(2) = \chi(2)$ ist. Als Folge aus den Kongruenzen hat man

$$\pi(\psi, \psi) = -\chi(2)\tilde{\omega}, \qquad \pi(\chi^2, \psi) = -\tilde{\omega}, \qquad \pi(\chi^2, \chi) = -\pi.$$

[1] Alle diese Relationen ergeben sich leicht als formale Folgen aus den in *Davenport-Hasse* [1, Einl., (9)] angegebenen Relationen zwischen den Gaußschen Summen.

Die letztere Beziehung folgt bereits aus §.8, (1). Nach alledem ergibt sich das gesuchte Multiplikationsschema zu

	$\tau(\psi)$	$\tau(\bar\psi^5)$	$\tau(\psi^5)$	$\tau(\bar\psi)$	$\mathsf{T}=\tau(\chi)$	$\bar{\mathsf{T}}=\tau(\bar\chi)$	$\tau=-\tau(\chi^2)$
$\tau(\psi)$	$-\chi(2)\tilde\omega\cdot\mathsf{T}$	$\psi(-1)\tilde\omega\cdot\tau$	$-\chi(2)\pi\cdot\bar{\mathsf{T}}$	$\psi(-1)p$	$-\varepsilon\pi\cdot\tau(\bar\psi^5)$	$-\varepsilon\tilde\omega\cdot\tau(\bar\psi)$	$\tilde\omega\cdot\tau(\psi^5)$
$\tau(\bar\psi^5)$	$\psi(-1)\tilde\omega\cdot\tau$	$-\chi(2)\tilde\omega\cdot\bar{\mathsf{T}}$	$\psi(-1)p$	$-\chi(2)\bar\pi\cdot\mathsf{T}$	$-\varepsilon\tilde\omega\cdot\tau(\psi^5)$	$-\varepsilon\bar\pi\cdot\tau(\psi)$	$\tilde\omega\cdot\tau(\bar\psi)$
$\tau(\psi^5)$	$-\chi(2)\pi\cdot\bar{\mathsf{T}}$	$\psi(-1)p$	$-\chi(2)\hat{\tilde\omega}\cdot\mathsf{T}$	$\psi(-1)\hat{\tilde\omega}\cdot\tau$	$-\varepsilon\pi\cdot\tau(\bar\psi)$	$-\varepsilon\hat{\tilde\omega}\cdot\tau(\bar\psi^5)$	$\hat{\tilde\omega}\cdot\tau(\psi)$
$\tau(\bar\psi)$	$\psi(-1)p$	$-\chi(2)\bar\pi\cdot\mathsf{T}$	$\psi(-1)\hat{\tilde\omega}\cdot\tau$	$-\chi(2)\hat{\tilde\omega}\cdot\bar{\mathsf{T}}$	$-\varepsilon\hat{\tilde\omega}\cdot\tau(\psi)$	$-\varepsilon\bar\pi\cdot\tau(\psi^5)$	$\hat{\tilde\omega}\cdot\tau(\bar\psi^5)$
T	$-\varepsilon\pi\cdot\tau(\bar\psi^5)$	$-\varepsilon\tilde\omega\cdot\tau(\psi^5)$	$-\varepsilon\pi\cdot\tau(\bar\psi)$	$-\varepsilon\hat{\tilde\omega}\cdot\tau(\psi)$	$\pi\cdot\tau$	p	$\pi\cdot\bar{\mathsf{T}}$
$\bar{\mathsf{T}}$	$-\varepsilon\tilde\omega\cdot\tau(\bar\psi)$	$-\varepsilon\bar\pi\cdot\tau(\psi)$	$-\varepsilon\hat{\tilde\omega}\cdot\tau(\bar\psi^5)$	$-\varepsilon\bar\pi\cdot\tau(\psi^5)$	p	$\bar\pi\cdot\tau$	$\bar\pi\cdot\mathsf{T}$
τ	$\tilde\omega\cdot\tau(\psi^5)$	$\tilde\omega\cdot\tau(\bar\psi)$	$\hat{\tilde\omega}\cdot\tau(\psi)$	$\hat{\tilde\omega}\cdot\tau(\bar\psi^5)$	$\pi\cdot\bar{\mathsf{T}}$	$\bar\pi\cdot\mathsf{T}$	p

Dabei ist zur Abkürzung der Vorzeichenfaktor $\chi(2)\psi(-1)=\varepsilon$ gesetzt.

Die Bergströmsche Produktformel lautet im vorliegenden Falle

$$\Theta=\frac{\mathsf{A}\tau(\psi)+\hat{\bar{\mathsf{A}}}\,\tau(\bar\psi^5)+\hat{\mathsf{A}}\tau(\psi^5)+\bar{\mathsf{A}}\,\tau(\bar\psi)}{4} \tag{34}$$

mit der Zahl

$$\mathsf{A}=P_1(\bar\psi)=A_1+A_s j+A_{s^2}i+A_{s^3}ij$$

aus P_8 und ihren konjugierten als Koeffizienten. Gemäß (5) und (10) haben wir aus (34) zunächst die beiden Produkte $\vartheta^*=\Theta\Theta''$ und Θ^2 zu berechnen und dann das Produkt $\vartheta^{*S}\Theta^2$ zu bilden.

Unter Beachtung von (31) hat man

$$\Theta''=\Theta^{S^2}=\frac{i\mathsf{A}\tau(\psi)+i\hat{\bar{\mathsf{A}}}\tau(\bar\psi^5)+i\hat{\mathsf{A}}\tau(\psi^5)-i\bar{\mathsf{A}}\tau(\bar\psi)}{4}. \tag{35}$$

Für das Produkt der beiden Ausdrücke (34), (35) ergibt sich auf Grund des obigen Multiplikationsschemas nach leichter Rechnung die Basisdarstellung

$$\vartheta^*=\Theta\Theta''=\left[0,\ -\chi(2)i\frac{\tilde\omega\mathsf{A}^2+\hat{\tilde\omega}\hat{\mathsf{A}}^2-2\bar\pi\bar{\mathsf{A}}\hat{\bar{\mathsf{A}}}}{4}\right]. \tag{36}$$

Der Vergleich von (36) mit § 17, (7) ergibt unter Beachtung von (5) die Beziehung

$$\alpha=-\delta^*\chi(2)i\,\frac{\tilde\omega\mathsf{A}^2+\hat{\tilde\omega}\hat{\mathsf{A}}^2-2\bar\pi\bar{\mathsf{A}}\hat{\bar{\mathsf{A}}}}{8} \tag{37}$$

zwischen den in α zusammengefaßten Summen a_1, a_s zu $\varkappa$ und den in A zusammengefaßten Summen A_1, A_s, A_{s^2}, A_{s^3} zu K. Damit sind die Zahlen

$$\vartheta=[0,2\alpha] \quad \text{und} \quad \eta=\frac{-\pi(\alpha)+N(\alpha)\sqrt{p}}{2}$$

aus § 17, (7), (8) erneut bestimmt. Während der in (37) auftretende Vorzeichenfaktor δ^* aus (5) von der Festlegung des Halbsystems $\mathfrak{a}_0$ in ϑ abhängt[1], kann der Vorzeichenfaktor δ aus (4), (9) hier leicht bestimmt werden. Nach § 8, (15) hat man in der Tat

$$\delta\sqrt{p}=\vartheta^{*1+S}=\vartheta^{1+S}=-\hat\pi(\alpha)\tau=\hat\pi(\alpha)\sqrt{p},$$

also

$$\hat\pi(\alpha)=\delta. \tag{38}$$

[1] Wählt man speziell $\mathfrak{a}_0=(\mathfrak{a},s^2\mathfrak{a})$, so wird ersichtlich $\delta^*=1$.

Für das Quadrat des Ausdrucks (34) ergibt sich auf Grund des obigen Multiplikationsschemas nach leichter Rechnung die Basisdarstellung

(39) $$\Theta^2 = \psi(-1)[\tau u, \ -\chi(2)\mathsf{A}_0]$$

mit

$$u = \frac{A + A'\tau}{2}, \quad A = \tfrac{1}{2}(\mathsf{A}\overline{\mathsf{A}} + \hat{\mathsf{A}}\hat{\overline{\mathsf{A}}}), \quad A' = \tfrac{1}{2}(\tilde{\omega}\,\mathsf{A}\hat{\overline{\mathsf{A}}} + \hat{\tilde{\omega}}\,\hat{\mathsf{A}}\overline{\mathsf{A}}),$$

$$\mathsf{A}_0 = \tfrac{1}{4}(\tilde{\omega}\,\mathsf{A}^2 + \hat{\tilde{\omega}}\,\hat{\mathsf{A}}^2 + 2\overline{\pi}\,\overline{\mathsf{A}}\hat{\overline{\mathsf{A}}}) = \overline{\pi}\,\overline{\mathsf{A}}\hat{\overline{\mathsf{A}}} + 2\delta^*\chi(2)\,i\alpha,$$

letzteres nach (37).

Für das Produkt der beiden Ausdrücke $\vartheta^S = [0, 2i\alpha]$ und (39) erhält man auf Grund der allgemeinen Multiplikationsformel in § 8, *4* nach leichter Rechnung

(40) $$\vartheta^S\Theta^2 = \psi(-1)[-\chi(2)\tau v, \quad \tau u \circ i\alpha]$$

mit

$$v = \frac{\tfrac{1}{2}S(i\pi\alpha\mathsf{A}_0) + \tfrac{1}{2}S(i\alpha\overline{\mathsf{A}}_0)\tau}{2}.$$

Nach (10) ergibt sich aus (40), indem man den Faktor $\sqrt{p} = -\tau$ unter Beachtung von § 8, (8), (10) wegdividiert, die gesuchte Basisdarstellung der Relativkreiseinheit zu

(41) $$\mathsf{H} = \delta\delta^*\psi(-1)[\chi(2)v, \ -u \circ i\alpha].$$

Hinsichtlich der Vorzeichenfaktoren δ, δ^* siehe (38) und das im Anschluß an (37) Gesagte; die weiteren beiden Vorzeichenfaktoren berechnen sich explizit zu

$$\psi(-1) = (-1)^{\frac{p-1}{8}}, \qquad \chi(2) = (-1)^{\frac{1}{4}b},$$

letzteres nach dem zweiten Ergänzungssatz[1] zum biquadratischen Reziprozitätsgesetz in P_4. Auf die Angabe der ziemlich komplizierten Ausdrücke für die Koordinaten von H in den Koordinaten von π, $\tilde{\omega}$ und α, A sei verzichtet.

2. *Typus* $F = 2^4$.

$$\tau = 2\sqrt{2}, \quad g_{\mathsf{K}} = 1.$$

Hier sind ψ, $\overline{\psi}$, ψ^5, $\overline{\psi}^5$ die vier konjugierten ungeraden Charaktere der Ordnung 8 vom Führer 2^5. Es sei etwa $\mathfrak{a} = (1)$ und $s = 5$ gewählt. Nach § 14, (4b) findet sich dann

$$A_1 = \tfrac{1}{2}, \quad A_5 = 0, \quad A_{25} = 0, \quad A_{29} = 0,$$

und die Bergströmsche Produktformel lautet

(34′) $$\Theta = \frac{\tau(\psi) + \tau(\overline{\psi}) + \tau(\psi^5) + \tau(\overline{\psi}^5)}{8}.$$

Gemäß (25) folgt daraus

(35′) $$\Theta'' = \Theta^{S^2} = \frac{i\tau(\psi) - i\tau(\overline{\psi}) + i\tau(\psi^5) - i\tau(\overline{\psi}^5)}{8}.$$

Auf die Unterscheidung von ψ, $\overline{\psi}$ gegenüber ψ^5, $\overline{\psi}^5$ kommt es hier wegen der Symmetrie der Ausdrücke (34′), (35′) nicht an; die Unterscheidung von ψ, ψ^5 gegenüber $\overline{\psi}$, $\overline{\psi}^5$ läuft vermöge $\chi = \psi^2$, $\overline{\chi} = \overline{\psi}^2$ auf die Unterscheidung von χ gegenüber $\overline{\chi}$ hinaus, die ihrerseits dadurch gegeben ist, daß nach § 7, (8b) zu χ die Basiszahl

$$\pi = 2(1 + i)$$

von K gehören soll.

---

[1] Siehe dazu etwa *Hasse* [1, Teil II, § 19, VI].

Durch explizite Berechnung der Gaußschen Summen und Ausführung der Multiplikationen erhält man aus (34'), (35') die Basisdarstellungen

$$(36')\qquad \vartheta^* = \Theta\,\Theta'' = \frac{-i\tau(\chi) + i\tau(\bar{\chi})}{4} = [0,\ -i],$$

$$(39')\qquad \Theta^2 = -\frac{8 + \tau(\chi) + \tau(\bar{\chi})}{4} = -[4,\ 1].$$

Beim Vergleich von (36') mit § 17, (7') ist zu beachten, daß die dortigen ψ, $\bar{\psi}$ die beiden ungeraden Charaktere der Ordnung 4 vom Führer 2^4 sind, während χ, $\bar{\chi}$ die beiden geraden Charaktere der Ordnung 4 vom Führer 2^4 sind. Wie man leicht bestätigt, sind daher die dortigen Gaußschen Summen $\tau(\psi)$, $\tau(\bar{\psi})$ hier gleich $\tau(\chi)$, $-\tau(\bar{\chi})$. Demnach ist hier $i\vartheta = [0,\ i]$ und somit[1]

$$(37')\qquad \vartheta^* = -i\vartheta, \qquad \text{also}\quad \delta^* = -i.$$

Nach (9) findet man ferner

$$(38')\qquad \delta = 1.$$

Aus (36'), (39') erhält man durch Ausführung der Multiplikation nach der allgemeinen Formel in § 8, *4* weiter

$$(40')\qquad \vartheta^{*S}\,\Theta^2 = -[2(2+\sqrt{2}),\ 2].$$

Nach (10) und (38') ergibt sich aus (40'), indem man den Faktor $\sqrt{2} = \frac{1}{2}\tau$ unter Beachtung von $2 = 2 \circ 1 = \sqrt{2} \circ (\sqrt{2} \circ 1) = \sqrt{2} \circ (1-i)$ wegdividiert, die gesuchte Basisdarstellung der Relativkreiseinheit zu

$$(41')\qquad \mathsf{H} = -[2(1+\sqrt{2}),\ 1-i].$$

2. Zusammengesetzte unzerlegbare Führer

Für die 6 Typen dieses Falles gehen wir nach dem folgenden gemeinsamen Schema vor.

Wir legen zunächst eine bestimmte, und zwar eine quadratische Fortsetzung ψ des zu Θ gehörigen quadratischen Charakters von H fest und normieren den Vertreter s über (25) hinaus noch so, daß

$$(42)\qquad \psi(s) = 1$$

ist; dann haben die vier Fortsetzungen ψ, $\chi^2\psi$, $\chi\psi$, $\bar{\chi}\psi$ für s die Werte 1, -1, $-i$, i. Die Produkte der zugehörigen Gaußschen Summen $\tau(\psi)$, $\tau(\chi^2\psi)$, $\tau(\chi\psi)$, $\tau(\bar{\chi}\psi)$ mit $\tau(\psi)$ sind von den Gaußschen Summen 1, $\tau = \sigma\tau(\chi^2)$, $\mathsf{T} = \tau(\chi)$, $\bar{\mathsf{T}} = \tau(\bar{\chi})$ aus § 8, *1* nur um Zahlfaktoren unterschieden, von denen die beiden ersteren zu P gehören, die beiden letzteren konjugiert in P_4 sind, und die sich für die einzelnen Typen leicht durch Komponentenzerlegung der Gaußschen Summen bestimmen. Dabei treten die zu den biquadratischen Komponenten von χ gehörigen Basiszahlen aus P_4 im Sinne von § 7, (8) auf; wenn nur eine solche Komponente vorhanden, d. h. wenn f Primführer ist (vier letzte Typen), handelt es sich einfach um die zu χ gehörige Basiszahl $\varphi = \pi$ von K im Sinne von § 7, *3*.

Aus der Bergströmschen Produktformel für Θ ergibt sich dann durch Multiplikation mit $\tau(\psi)$ die Basisdarstellung § 8, (2) der Zahl $\tau(\psi)\Theta$ aus K. Unter Beachtung der Tatsache, daß der Faktor $\tau(\psi)$ nach (42) bei S invariant ist und das Quadrat $\tau(\psi)^2 = \psi(-1)f(\psi)$ hat, erhält man hieraus nach (11), (5) mittels der Multiplikationsformeln § 8, (15), (16) die gesuchten Basisdarstellungen der reduzierten Relativkreiseinheit $\mathsf{H}_0 = \Theta^{1+S}$ von K und der auf $\varkappa$ bezüglichen Kreiseinheit $\vartheta^* = \Theta^{1+S^*} = \delta^*\vartheta$ bzw. $\delta^*\eta^{\frac{1}{2}\varrho_{\mathsf{K}}}$ mit dem unbestimmten (nicht weiter interessierenden) Vorzeichenfaktor $\delta^* = \pm 1$.

[1] Vergl. die Fußnote 1 zu § 19, *1*.

Die Koordinaten von H_0 und ϑ^* erweisen sich dabei als gewisse Verbindungen der Summen A_t aus § 14, (4), die sich aus drei für die einzelnen Typen zweckentsprechend definierten linearen Grundverbindungen A, A', A aufbauen. In die Koeffizienten dieser Verbindungen geht für die 4 letzten Typen die Basiszahl $\varphi = \pi$ zu χ von K ein, und zwar treten die ihr zugeordneten quadratischen Formen $\pi(\mathsf{A})$, $\hat{\pi}(\mathsf{A})$ im Sinne von § 8, (12) auf. Für die 2 ersten Typen, wo neben K noch ein weiterer reeller zyklischer biquadratischer Zahlkörper K^* vom gleichen Führer F vorhanden ist, treten stattdessen die auf diesen Körper K^* bezüglichen quadratischen Formen $\varphi^*(\mathsf{A})$, $\hat{\varphi}^*(\mathsf{A})$ auf.

Durch Vergleich der erhaltenen Basisdarstellung von ϑ^* mit der entsprechenden Formel § 17, (11) bzw. (8) für ϑ bzw. η ergeben sich schließlich, sofern $g_{\mathsf{K}} \neq 0$ ist, zwei Beziehungen zwischen den Summen A_t zu K und den Summen a_t zu $\varkappa$, auf Grund deren die arithmetische Klassenzahlbestimmung für $\varkappa$ schon durch die Berechnung der Summen A_t zu K geleistet wird, während für $g_{\mathsf{K}} = 0$ die Summen a_t zu $\varkappa$ in diese Beziehungen gar nicht eingehen.

Es mag genügen, die nach diesem Schema gewonnenen Ergebnisse für die 6 Typen des vorliegenden Falles in kurzer Zusammenstellung anzugeben.

1. Typus $F = pp'$ $(p, p' \equiv 5 \bmod 8)$

$$\tau = \sqrt{pp'}, \qquad g_{\mathsf{K}} = 1.$$

Charaktere: $\psi = \chi_p^2$, $\chi^2\psi = \chi_{p'}^2$, $\chi\psi = \bar{\chi}_p \chi_{p'} = \chi^*$, $\bar{\chi}\psi = \chi_p \bar{\chi}_{p'} = \bar{\chi}^*$.

Normierung: $\chi_p^2(s) = 1$, $\chi_{p'}^2(s) = -1$.

Abkürzung: $\epsilon = \chi_{p'}^2(p') = \chi_{p'}^2(p)$.

Basiszahlen: π zu χ_p, π' zu $\chi_{p'}$, $\varphi = \pi\pi'$ zu χ, $\varphi^* = \bar{\pi}\pi'$ zu χ^*.

Multiplikationsschema:

	$\tau(\chi_p^2)$	$\tau(\chi_{p'}^2)$	$\tau(\chi^*)$	$\tau(\bar{\chi}^*)$
$\tau(\chi_p^2)$	p	τ	$-\epsilon\bar{\pi}\mathsf{T}$	$-\epsilon\pi\bar{\mathsf{T}}$

Grundverbindungen der A_t:

$$\begin{aligned} A &= -\epsilon[P_1(\chi_p^2) + P_{p'}(\chi_p^2)] = (A_1 + A_s + A_{s^2} + A_{s^3}) - 4\epsilon A_{p'}, \\ A' &= -\epsilon[P_1(\chi_{p'}^2) + P_p(\chi_{p'}^2)] = (A_1 - A_s + A_{s^2} - A_{s^3}) - 4\epsilon A_p, \\ \mathsf{A} &= \quad P_1(\bar{\chi}^*) \qquad\qquad = A_1 + A_s i - A_{s^2} - A_{s^3} i. \end{aligned}$$

Weitere Verbindungen:

$$u = \frac{pA + A'\tau}{2} = \sqrt{p}\,\frac{A\sqrt{p} + A'\sqrt{p'}}{2},$$

$$v = \frac{pp'N(\mathsf{A}) + \varphi^*(\mathsf{A})\tau}{2}.$$

Bergströmsche Produktformel:

$$-\epsilon\Theta = \tfrac{1}{4}[A\tau(\chi_p^2) + A'\tau(\chi_{p'}^2) - \epsilon\mathsf{A}\tau(\chi^*) - \epsilon\bar{\mathsf{A}}\tau(\chi^*)],$$

$$-\epsilon\tau(\chi_p^2)\Theta = [u, \bar{\pi}\mathsf{A}].$$

Basisdarstellung der reduzierten Relativkreiseinheit $\mathsf{H}_0 = [X_0, Y_0]$ von K:

$$X_0 = \frac{\frac{1}{p}N(u) - \hat{\varphi}^*(\mathsf{A})\tau}{2} = \frac{\frac{1}{4}(pA^2 - p'A'^2) - \hat{\varphi}^*(\mathsf{A})\sqrt{pp'}}{2},$$

$$Y_0 = \frac{1+i}{2}\,\frac{u' \circ \bar{\pi}\mathsf{A}}{2} = \frac{1+i}{2}\,\frac{\bar{\pi}A\mathsf{A} - \bar{\pi}'A'\bar{\mathsf{A}}}{2}.$$

Einbettung der reduzierten Kreiseinheit ϑ von $\varkappa$:

$$\vartheta^* = \delta^* \vartheta = \frac{1}{4}\left(\frac{1}{p} u^2 - v\right), \qquad \vartheta = \frac{a + b\sqrt{pp'}}{2}.$$

Beziehungen zwischen den Summen a_t und A_t:

$$4\delta^* a = \tfrac{1}{2}(pA^2 + p'A'^2) - pp'N(A), \qquad 4\delta^* b = AA' - \varphi^*(\mathsf{A}).$$

2. *Typus* $F = 2^4 p$ ($p \equiv 5 \bmod 8$)

$$\tau = -2\sqrt{2p}, \qquad g_K = 1.$$

Charaktere: $\psi = \chi_p^2$, $\chi^2\psi = \chi_{2^4}^2$, $\chi\psi = \chi_{2^4}\bar{\chi}_p = \chi^*$, $\bar{\chi}\psi = \bar{\chi}_{2^4}\chi_p = \bar{\chi}^*$.

Normierung: $\chi_p^2(s) = 1$, $\chi_{2^4}^2(s) = -1$; bedeutet $s \equiv \pm 5 \bmod 8$.

Basiszahlen: π zu χ_p, $\pi' = 2(1+i)$ zu χ_{2^4},
$\varphi = \pi\pi' = 2(1+i)\pi$ zu χ, $\varphi^* = \bar{\pi}\pi' = 2(1+i)\bar{\pi}$ zu χ^*.

Multiplikationsschema:

	$\tau(\chi_p^2)$	$\tau(\chi_{2^4}^2)$	$\tau(\chi^*)$	$\tau(\bar{\chi}^*)$
$\tau(\chi_p^2)$	p	$-\tau$	$-\bar{\pi}\mathsf{T}$	$-\pi\bar{\mathsf{T}}$

Grundverbindungen der A_t:

$$A = \tfrac{1}{4}[P_8(\chi_p^2) + P_{16}(\chi_p^2)] = A_8 + A_{16},$$
$$A' = \tfrac{1}{2}[P_2(\chi_{2^4}^2) + P_{2p}(\chi_{2^4}^2)] = 2(A_2 + A_{2p}),$$
$$\mathsf{A} = P_1(\bar{\chi}^*) = A_1 + A_s i - A_{s^2} - A_{s^3} i.$$

Weitere Verbindungen:

$$u = pA - A'\tfrac{1}{2}\tau = \sqrt{p}\,(A\sqrt{p} + A'\sqrt{2}),$$
$$v = 2pN(\mathsf{A}) + \tfrac{1}{2}\varphi^*(\mathsf{A})\,\tfrac{1}{2}\tau.$$

Bergströmsche Produktformel:

$$\Theta = \tfrac{1}{4}[4A\tau(\chi_p^2) + 2A'\tau(\chi_{2^4}^2) + \mathsf{A}\tau(\chi^*) + \bar{\mathsf{A}}\tau(\bar{\chi}^*)],$$
$$\tau(\chi_p^2)\Theta = [2u, \; -\bar{\pi}\mathsf{A}].$$

Basisdarstellung der reduzierten Relativkreiseinheit $\mathsf{H}_0 = [X_0, Y_0]$ von K:

$$\frac{1}{2}X_0 = \frac{1}{p}N(u) - \hat{\varphi}^*(\mathsf{A})\frac{1}{2}\tau = (pA^2 - 2A'^2) + \hat{\varphi}^*(\mathsf{A})\sqrt{2p},$$

$$Y_0 = -(1+i)\frac{u' \circ \bar{\pi}\mathsf{A}}{p} = -(1+i)\left(\bar{\pi}A\mathsf{A} + \frac{1}{2}\bar{\pi}'A'\bar{\mathsf{A}}\right).$$

Einbettung der reduzierten Kreiseinheit ϑ von $\varkappa$:

$$\vartheta^* = \delta^*\vartheta = \frac{1}{p}u^2 - v, \qquad \vartheta = a' + b\sqrt{2p}.$$

Beziehungen zwischen den Summen a_t und A_t:

$$\delta^* a' = pA^2 + 2A'^2 - 2pN(\mathsf{A}), \qquad \delta^* b = 2AA' + \tfrac{1}{2}\varphi^*(\mathsf{A}).$$

3. *Typus* $F = pq$ ($p \equiv 5 \bmod 8$, $q \equiv -1 \bmod 4$)

$$\tau = -\epsilon\sqrt{p}, \qquad g_{\mathsf{K}} = 1 - \epsilon = \begin{Bmatrix} 0 \\ 2 \end{Bmatrix}, \quad \text{wo } \epsilon = \chi^2(q) = \chi_p^2(q) = \chi_q(p).$$

Charaktere: $\psi = \chi_q$, $\chi^2\psi = \chi_p^2\chi_q$, $\chi\psi = \chi_p$, $\bar{\chi}\psi = \chi_q$.
Normierung: $\chi_q(s) = 1$.
Abkürzungen: ϵ siehe oben, $\iota = \chi_p(q)$, also $\iota^2 = \epsilon$.
Basiszahl: π zu χ_p und χ.
Multiplikationsschema:

	$\tau(\chi_q)$	$\tau(\chi_p^2\chi_q)$	$\tau(\chi_p)$	$\tau(\bar{\chi}_p)$
$\tau(\chi_q)$	$-q$	$\epsilon q \tau$	$\iota\mathsf{T}$	$\bar{\iota}\bar{\mathsf{T}}$

Grundverbindungen der A_i:

$$A = -\epsilon[P_1(\chi_q) + P_p(\chi_q)] = (A_1 + A_s + A_{s^2} + A_{s^3}) - 4\epsilon A_p,$$
$$A' = \quad P_1(\chi_p^2\chi_q) \quad = A_1 - A_s + A_{s^2} - A_{s^3},$$
$$\mathsf{A} = -\iota[P_1(\bar{\chi}_p) + P_q(\bar{\chi}_p)] = (A_1 + A_s i - A_{s^2} - A_{s^3} i) - 2\iota(A_q + A_{sq} i).$$

Weitere Verbindungen:

$$u = \frac{A + A'\tau}{2} = \frac{A - \epsilon A'\sqrt{p}}{2},$$

$$v = \frac{pN(\mathsf{A}) + \pi(\mathsf{A})\tau}{2}.$$

Bergströmsche Produktformel:

$$-\epsilon\Theta = \tfrac{1}{4}[A\tau(\chi_q) - \epsilon A'\tau(\chi_p^2\chi_q) + \iota\mathsf{A}\tau(\chi_p) + \bar{\iota}\bar{\mathsf{A}}\tau(\bar{\chi}_p)],$$
$$\epsilon\tau(\chi_q)\Theta = [qu, -\epsilon\mathsf{A}].$$

Basisdarstellung der reduzierten Relativkreiseinheit $\mathsf{H}_0 = [X_0, Y_0]$ von K:

$$X_0 = \frac{-qN(u) + \hat{\pi}(\mathsf{A})\tau}{2} = -\frac{\frac{1}{4}q(A^2 - pA'^2) + \epsilon\hat{\pi}(\mathsf{A})\sqrt{p}}{2},$$

$$Y_0 = \epsilon\frac{1+i}{2}(u' \circ \mathsf{A}) = \epsilon\frac{1+i}{2}\,\frac{A\mathsf{A} - \bar{\pi}A'\bar{\mathsf{A}}}{2}.$$

Einbettung der Kreiseinheit η von $\varkappa$:

$$\vartheta^* = \delta^*\begin{Bmatrix} 1 \\ \eta \end{Bmatrix} = -\frac{1}{4}(qu^2 - v), \qquad \eta = \frac{-\pi(\alpha) + N(\mathsf{A})\sqrt{p}}{2}.$$

Beziehungen zwischen den Summen a_i und A_i bzw. zwischen den A_i allein:

$$-8\delta^* = \tfrac{1}{2}q(A^2 + pA'^2) - pN(\mathsf{A}), \qquad 0 = qAA' - \pi(\mathsf{A}) \qquad \text{für } \epsilon = 1,$$
$$4\delta^*\pi(\alpha) = \tfrac{1}{2}q(A^2 + pA'^2) - pN(\mathsf{A}), \qquad -4\delta^* N(\alpha) = qAA' - \pi(\mathsf{A}) \qquad \text{für } \epsilon = -1.$$

4. *Typus* $F = p2^2$ ($p \equiv 5 \bmod 8$)

$$\tau = -\sqrt{p}, \qquad g_{\mathsf{K}} = 2$$

Charaktere: $\psi = \psi'_{2^3}$, $\chi^2\psi = \chi_p^2\psi'_{2^3}$, $\chi\psi = \chi_p\psi_{2^3}$, $\bar{\chi}\psi = \bar{\chi}_p\psi_{2^3}$,
wo ψ_{2^3} der gerade, ψ'_{2^3} der ungerade quadratische Charakter vom Führer 2^3.
Normierung: $\psi'_{2^3}(s) = 1$; bedeutet $s \equiv 1, -5 \bmod 8$.
Abkürzung: $\chi_p(2) = \iota$, also $\iota^2 = -1$.
Basiszahl: π zu χ_p und χ.

Multiplikationsschema:

	$\tau(\psi'_{2^3})$	$\tau(\chi_p^2\psi'_{2^3})$	$\tau(\chi_p\psi_{2^3})$	$\tau(\bar{\chi}_p\psi_{2^3})$
$\tau(\psi'_{2^3})$	-8	8τ	$4\iota\mathsf{T}$	$4\bar{\iota}\bar{\mathsf{T}}$

Grundverbindungen der A_t:

$$\begin{aligned} A &= 2[P_1(\psi'_{2^3}) + P_p(\psi'_{2^3})] = 2(A_1 + A_s + A_{s^2} + A_{s^3}) + 8A_p, \\ A' &= 2P_1(\chi_p^2\psi'_{2^3}) \qquad = 2(A_1 - A_s + A_{s^2} - A_{s^3}), \\ \mathsf{A} &= 2\bar{\iota}P_1(\bar{\chi}_p\psi_{2^3}) \qquad = 2\bar{\iota}(A_1 + A_s i - A_{s^2} - A_{s^3} i). \end{aligned}$$

Die zusätzlichen Faktoren 2 sind zur Kompensation der Nenner 2 aus § 14, (4b) eingeführt.

Weitere Verbindungen:

$$u = \frac{A - A'\tau}{2} = \frac{A + A'\sqrt{p}}{2},$$

$$v = \frac{pN(\mathsf{A}) + \pi(\mathsf{A})\tau}{2}.$$

Bergströmsche Produktformel:

$$\Theta = \tfrac{1}{8}[A\tau(\psi'_{2^3}) + A'\tau(\chi_p^2\psi'_{2^3}) + \iota\mathsf{A}\tau(\chi_p\psi_{2^3}) + \bar{\iota}\bar{\mathsf{A}}\tau(\bar{\chi}_p\psi_{2^3})],$$

$$-\tfrac{1}{2}\tau(\psi'_{2^3})\Theta = [2u, \mathsf{A}].$$

Basisdarstellung der reduzierten Relativkreiseinheit $\mathsf{H}_0 = [X_0; Y_0]$ von K:

$$X_0 = -N(u) + \hat{\pi}(\mathsf{A})\tau = -\tfrac{1}{4}(A^2 - pA'^2) - \hat{\pi}(\mathsf{A})\sqrt{p},$$

$$Y_0 = -\frac{1+i}{2}(u' \circ \mathsf{A}) = -\frac{1+i}{2}\,\frac{A\mathsf{A} + \bar{\pi}A'\bar{\mathsf{A}}}{2}.$$

Einbettung der Kreiseinheit η von $\varkappa$:

$$\vartheta^* = \delta^*\eta = -\frac{1}{2}(u^2 - v), \qquad \eta = \frac{-\pi(\alpha) + N(\alpha)\sqrt{p}}{2}.$$

Beziehungen zwischen den Summen a_t und A_t:

$$2\delta^*\pi(\alpha) = \tfrac{1}{2}(A^2 + pA'^2) - pN(\mathsf{A}), \qquad -2\delta^*N(\alpha) = AA' + \pi(\mathsf{A}).$$

5. *Typus* $F = p\,2^3$ $(p \equiv 5 \bmod 8)$

$$\tau = \sqrt{p}, \qquad g_{\mathsf{K}} = 2.$$

Charaktere: $\psi = \psi_{2^3}$, $\chi^2\psi = \chi_p^2\psi_{2^3}$, $\chi\psi = \chi_p\psi_{2^2}$, $\bar{\chi}\psi = \bar{\chi}_p\psi_{2^2}$,
wo ψ_{2^3} der gerade quadratische Charakter vom Führer 2^3 und ψ_{2^2} der quadratische Charakter vom Führer 2^2.

Normierung: $\psi_{2^3}(s) = 1$; bedeutet $s \equiv \pm 1 \bmod 8$.

Abkürzung: $\chi_p(2) = \iota$, also $\iota^2 = -1$.

Basiszahl: π zu χ_p und χ.

Multiplikationsschema:

	$\tau(\psi_{2^3})$	$\tau(\chi_p^2\psi_{2^3})$	$\tau(\chi_p\psi_{2^2})$	$\tau(\bar{\chi}_p\psi_{2^2})$
$\tau(\psi_{2^3})$	8	8τ	$2\iota\mathsf{T}$	$2\bar{\iota}\bar{\mathsf{T}}$

Grundverbindungen der A_t:

$$\begin{aligned} A &= 2[P_1(\psi_{2^2}) + P_p(\psi_{2^3})] = 2(A_1 + A_s + A_{s^2} + A_{s^3}) + 8A_p, \\ A' &= 2P_1(\chi_p^2 \psi_{2^3}) = 2(A_1 - A_s + A_{s^2} - A_{s^3}), \\ \mathsf{A} &= \bar{\iota} P_2(\bar{\chi}_p \psi_{2^2}) = 2\bar{\iota}(A_2 + A_{2s}\, i). \end{aligned}$$

Die zusätzlichen Faktoren 2 sind zur Kompensation der Nenner 2 aus § 14, (4b) eingeführt.
Weitere Verbindungen:

$$u = \frac{A + A'\tau}{2} = \frac{A + A'\sqrt{p}}{2},$$
$$v = p N(\mathsf{A}) + \pi(\mathsf{A})\tau.$$

Bergströmsche Produktformel:

$$\Theta = \tfrac{1}{8}[A\tau(\psi_{2^3}) + A'\tau(\chi_p^2\psi_{2^3}) + 2\iota\, \mathsf{A}\tau(\chi_p\psi_{2^2}) + 2\bar{\iota}\, \bar{\mathsf{A}}\tau(\bar{\chi}_p\psi_{2^2})],$$
$$\tfrac{1}{2}\tau(\psi_{2^3})\,\Theta = [2u, \mathsf{A}].$$

Basisdarstellung der reduzierten Relativkreiseinheit $\mathsf{H}_0 = [X_0, Y_0]$ von K:

$$X_0 = N(u) - 2\hat{\pi}(\mathsf{A})\tau = \tfrac{1}{4}(A^2 - pA'^2) - 2\hat{\pi}(\mathsf{A})\sqrt{p},$$
$$Y_0 = -\frac{1+i}{2}(u' \circ \mathsf{A}) = -\frac{1+i}{2}\,\frac{A\mathsf{A} - \bar{\pi}A'\bar{\mathsf{A}}}{2}.$$

Einbettung der Kreiseinheit η von $\varkappa$:

$$\vartheta^* = \delta^*\eta = \frac{1}{2}(u^2 - v), \qquad \eta = \frac{-\pi(\alpha) + N(\alpha)\sqrt{p}}{2}.$$

Beziehungen zwischen den Summen a_t und A_t:

$$-2\delta^*\pi(\alpha) = \tfrac{1}{2}(A^2 + pA'^2) - 2pN(\mathsf{A}), \qquad 2\delta^* N(A) = AA' - 2\pi(\mathsf{A}).$$

6. *Typus* $F = 2^4 q$ $(q \equiv -1 \bmod 4)$

$$\tau = -2\epsilon\sqrt{2}, \qquad g_{\mathsf{K}} = 1 - \epsilon = \begin{Bmatrix} 0 \\ 2 \end{Bmatrix}, \text{ wo } \epsilon = \chi^2(q) = \chi_{2^4}^2(q) = (-1)^{\frac{q+1}{4}}.$$

Charaktere: $\psi = \psi_{2^2}\chi_q$, $\chi^2\psi = \psi'_{2^3}\chi_q$, $\chi\psi = \psi_{2^2}\chi_{2^4}$, $\bar{\chi}\psi = \psi_{2^2}\bar{\chi}_{2^4}$,
wo ψ_{2^2} der quadratische Charakter vom Führer 2^2 und ψ'_{2^3} der ungerade quadratische Charakter vom Führer 2^3.

Normierung: $\psi_{2^2}\chi_q(s) = 1$.

Abkürzungen: ϵ siehe oben, $\chi_{2^4}(q) = \iota$, also $\iota^2 = \epsilon$.

Basiszahl: $\pi = 2(1+i)$ zu χ_{2^4} und χ.

Multiplikationsschema:

	$\tau(\psi_{2^2}\chi_q)$	$\tau(\psi'_{2^3}\chi_q)$	$\tau(\psi_{2^2}\chi_{2^4})$	$\tau(\psi_{2^2}\bar{\chi}_{2^4})$
$\tau(\psi_{2^2}\chi_q)$	$4q$	$-2\epsilon q\tau$	$-2\bar{\iota}i\mathsf{T}$	$2\iota i\bar{\mathsf{T}}$

Grundverbindungen der A_t:

$$\begin{aligned} A &= \tfrac{1}{2}P_4(\psi_{2^2}\chi_q) = 2A_4, \\ A' &= \tfrac{1}{2}\epsilon P_2(\psi'_{2^3}\chi_q) = 2A_2, \\ \mathsf{A} &= \bar{\iota}[P_1(\psi_{2^2}\bar{\chi}_{2^4}) + P_q(\psi_{2^2}\bar{\chi}_{2^4})] = \epsilon(A_1 + A_s i - A_{s^2} - A_{s^3} i) + 2\bar{\iota}(A_q + A_{sq} i). \end{aligned}$$

Weitere Verbindungen:

$$u = A - A' \tfrac{1}{2}\tau = A + \epsilon A' \sqrt{2},$$
$$v = 2N(\mathsf{A}) - \tfrac{1}{2}\pi(\mathsf{A}) \tfrac{1}{2}\tau.$$

Bergströmsche Produktformel:

$$\Theta = \tfrac{1}{4}[2A\tau(\psi_{2^2}\chi_q) + 2\epsilon A'\tau(\psi'_{2^3}\chi_q) + \iota\mathsf{A}\tau(\psi_{2^2}\chi_{2^4}) + \bar{\iota}\bar{\mathsf{A}}\tau(\psi_{2^2}\bar{\chi}_{2^4})],$$
$$\tfrac{1}{2}\tau(\psi_{2^2}\chi_q)\Theta = [2qu, -i\mathsf{A}].$$

Basisdarstellung der reduzierten Relativkreiseinheit $\mathsf{H}_0 = [X_0, Y_0]$ von K:

$$\tfrac{1}{2} X_0 = qN(u) + \hat{\pi}(\mathsf{A}) \tfrac{1}{2}\tau = q(A^2 - 2A'^2) - \epsilon\hat{\pi}(\mathsf{A})\sqrt{2},$$
$$Y_0 = (1-i)(u \circ \mathsf{A}) = (1-i)(A\mathsf{A} - \tfrac{1}{2}\bar{\pi}A'\bar{\mathsf{A}}) = (1-i)A\mathsf{A} + 2iA'\bar{\mathsf{A}}.$$

Einbettung der Kreiseinheit η von $\varkappa$:

$$\vartheta^* = \delta^* \begin{Bmatrix} 1 \\ \eta \end{Bmatrix} = qu^2 - v, \qquad \eta = -1 + \sqrt{2}.$$

Beziehungen zwischen den Summen a_t und A_t bzw. zwischen den A_t allein:

$$\delta^* = q(A^2 + 2A'^2) - 2N(\mathsf{A}), \qquad 0 = 2qAA' - \tfrac{1}{2}\pi(\mathsf{A}) \qquad \text{für } \epsilon = 1,$$
$$-\delta^* = q(A^2 + 2A'^2) - 2N(\mathsf{A}), \qquad -\delta^* = 2qAA' - \tfrac{1}{2}\pi(\mathsf{A}) \qquad \text{für } \epsilon = -1.$$

b) Zerlegbare Führer

In diesem Falle ist bereits Θ selbst eine Einheit von K. Ihre Basisdarstellung § 8, (2) wird unmittelbar durch die Bergströmsche Produktformel geliefert, wie sie im Anschluß an die Tabelle in § 16, C angegeben ist. Unter Beachtung der Definition § 7, (12) des Vorzeichenfaktors σ aus $\tau = \sigma\tau(\chi^2)$ lautet sie

$$\Theta = [u, \mathsf{A}]$$

mit

$$A = \begin{cases} \mu(F)(A_1 + A_s + A_{s^2} + A_{s^3}) + 2\sum\limits_{\substack{d \mid G \\ d \neq 1}} \mu(F/d)(A_d + A_{sd}) + 4\sum\limits_{\substack{d \mid F \\ d \nmid G}} \mu(F/d)A_d & \text{für } 2 \nmid f \\ 4\sum\limits_{d \mid \frac{1}{8}F} \mu(\tfrac{1}{8}F/d)A_{8d} & \text{für } 2 \mid f \end{cases},$$

$$A' = \begin{cases} \mu(F)(A_1 - A_s + A_{s^2} - A_{s^3}) + 2\sum\limits_{\substack{d \mid G \\ d \neq 1}} \mu(F/d)\chi^2(d)(A_d - A_{sd}) & \text{für } 2 \nmid f \\ 2\chi^*(-1)\sum\limits_{d \mid \frac{1}{2}G} \mu(\tfrac{1}{16}F/d)\chi^2(d)(A_{2d} - A_{2sd}) & \text{für } 2 \mid f \end{cases},$$

$$\mathsf{A} = A_1 + A_s i - A_{s^2} - A_{s^3} i$$

und

$$u = \frac{A + A'\tau}{2} = \frac{A + \sigma A'\sqrt{f}}{2}.$$

Setzt man noch

$$v = \frac{fN(\mathsf{A}) + \varphi(\mathsf{A})\tau}{2},$$

so wird nach (11) die reduzierte Relativkreiseinheit von K in Basisdarstellung

$$\mathsf{H}_0 = \Theta^{1+S} = [X_0, Y_0]$$

mit

$$X_0 = \frac{N(u) - G\hat{\varphi}(\mathsf{A})\tau}{2} = \frac{\tfrac{1}{4}(A^2 - fA'^2) - \sigma G\hat{\varphi}(\mathsf{A})\sqrt{f}}{2},$$
$$Y_0 = \frac{1+i}{2}(u' \circ \mathsf{A}) = \frac{1+i}{2}\,\frac{A\mathsf{A} - \bar{\varphi}A'\bar{\mathsf{A}}}{2}$$

und nach (5) die auf den Teilkörper $\varkappa$ bezügliche Kreiseinheit

$$\vartheta^* = n(\Theta) = \left\{\begin{matrix} \delta^*\vartheta & \text{für } g=1 \\ \delta^*\eta^{\frac{1}{2}\sigma_{\mathsf{K}}} & \text{für } g\neq 1 \end{matrix}\right\} = \tfrac{1}{4}(u^2 - Gv)$$

$$= \frac{1}{4}\,\frac{(\frac{1}{2}(A^2+fA'^2) - FN(\mathsf{A})) + \sigma(AA' - G\varphi(\mathsf{A}))\sqrt{f}}{2}.$$

Durch Vergleich mit der entsprechenden Formel aus § 17 erhält man hieraus das Beziehungspaar zwischen den Summen a_t zu $\varkappa$ und A_t zu K bzw. zwischen den A_t allein.

Von den im Zusatz zu Satz 37 gekennzeichneten Fällen abgesehen, ist $|\vartheta^*| = \vartheta_0^2$ mit einer Einheit ϑ_0 von $\varkappa$; dann liefert die nochmalige Reduktion von H_0 gemäß (23), (24) die Basisdarstellung

$$\Theta_0 = \vartheta'\,\Theta = [\vartheta_0' u,\ \vartheta_0' \circ \mathsf{A}].$$

4. Obere Schranke für die Norm der zweiten Koordinate der Relativgrundeinheit. Nach § 12, *2* wird eine solche obere Schranke durch die Norm der zweiten Koordinate der Relativkreiseinheit H bzw. der reduzierten Relativkreiseinheit H_0 oder der nochmals reduzierten Relativkreiseinheit Θ_0 geliefert. Auf Grund der vorstehend gewonnenen Formeln ist diese zweite Koordinate, bis auf einen Faktor von ohne weiteres erkenntlicher Norm, von der Form $x \circ y$. Dementsprechend sei nachstehend noch eine einfache Formel zur Berechnung von $N(x \circ y)$ hergeleitet.

Nach der Definition § 8, (8) des Operatorprodukts $x \circ y$ ist

$$[0,\ x \circ y] = x[0,\ y].$$

Hieraus folgt durch Relativnormbildung nach § 8, (16) die Identität

$$\frac{fN(x\circ y) + \varphi(x\circ y)\tau}{2} = x^2\,\frac{fN(y) + \varphi(y)\tau}{2}.$$

Setzt man noch in Basisdarstellung

$$x = \frac{x_0 + x_1\tau}{2},$$

so ergibt sich aus dieser Identität durch Koordinatenvergleich einerseits die gesuchte Formel

$$N(x\circ y) = \frac{\frac{1}{2}(x_0^2 + fx_1^2)N(y) + x_0x_1\varphi(y)}{2}$$

und andrerseits noch die Formel

$$\varphi(x\circ y) = \frac{fx_0x_1N(y) + \frac{1}{2}(x_0^2 + fx_1^2)\varphi(y)}{2}.$$

Schluß: Tafeln der Grundeinheiten, Kreiseinheiten und Klassenzahlen

Wir geben nachstehend je eine Tafel der Grundeinheiten, Kreiseinheiten und Klassenzahlen für die zyklischen kubischen und für die reellen zyklischen biquadratischen Zahlkörper K mit Führern ≤ 100. Die Grundeinheiten sind nach der Methode aus § 5 bzw. § 12 berechnet, die Kreiseinheiten nach der Methode aus § 14, *3* und § 18 bzw. § 19; das dann zur Berechnung der Klassenzahlen führende Rekursionsverfahren aus § 6 bzw. § 13 tritt bei diesen kleinen Führern noch nicht in Erscheinung, da sich hier die der Theorie gemäß reduzierte Kreiseinheit jedesmal als bereits zur Grundeinheit selbst äquivalent erweist. Die Tafeln sind nach den in § 16, B bzw. C und § 18, *4* bzw. § 19, *3* unterschiedenen Fällen und Typen unterteilt.

A. Zyklische kubische Zahlkörper

Spalte 1 gibt den Führer f von K [siehe § 1, (5)].

Spalte 2 gibt die Basiszahl φ von K aus P_3 [siehe § 1, *4*, *5*], und zwar mit positiv normiertem Imaginärteil. Durch sie liegt der zugehörige erzeugende Charakter χ von K fest [siehe § 1, (12)], und damit gemäß der durchgängigen Festsetzung $\bar{\chi}(s) = \varrho$ auch der erzeugende Automorphismus S von K [siehe § 1, (1)].

Spalte 3 gibt die Grundeinheit $\mathsf{E} = [x, y]$ von K [siehe § 4, *2*] in ihrer Basisdarstellung § 2, (2).

Spalte 4 gibt die reziproke Grundeinheit $\mathsf{E}^{-1} = [x', y']$ in ihrer Basisdarstellung [siehe § 3, (2)].

Spalte 5 gibt den Einheitensignaturenrang r von K [siehe § 4, Satz 11].

Spalte 6 gibt für Primführer f die Kreiseinheit H von K [siehe § 18, (4), (2)] in ihrer Darstellung durch die konjugierten von E; für zusammengesetzte Führer f wird statt dessen die reduzierte Kreiseinheit $\delta\Theta$ angegeben [siehe § 18, *3*].

Spalte 7 gibt die Klassenzahl h von K.

a) Unzerlegbare Führer (Primführer)

1	2	3	4	5	6	7
f	φ	E	E^{-1}	r	H	h
7	$\frac{-1+3\sqrt{-3}}{2}$	$[-1, -\varrho]$	$[-2, 1]$	3	E''^{-1}	1
13	$\frac{5+3\sqrt{-3}}{2}$	$[1, 1]$	$[-4, -\varrho]$	3	E''	1
19	$\frac{-7+3\sqrt{-3}}{2}$	$[2, -1]$	$[-5, \varrho^2]$	3	E'^{-1}	1
31	$-2+3\sqrt{-3}$	$[15, 2\sqrt{-3}]$	$[-49, 8+2\sqrt{-3}]$	3	E'^{-1}	1
37	$\frac{11+3\sqrt{-3}}{2}$	$[4, 1]$	$[-7, -\varrho]$	3	E'	1
43	$4+3\sqrt{-3}$	$[-25, 2\varrho^2]$	$[151, -17-9\sqrt{-3}]$	3	E'^{-1}	1
61	$\frac{-1+9\sqrt{-3}}{2}$	$[39, 3\varrho^2\sqrt{-3}]$	$[-42, -3\sqrt{-3}]$	3	E''	1
67	$\frac{5+9\sqrt{-3}}{2}$	$[20, -1+2\sqrt{-3}]$	$\left[-157, \frac{31+13\sqrt{-3}}{2}\right]$	3	E''^{-1}	1
73	$\frac{-7+9\sqrt{-3}}{2}$	$[-49, -1-3\sqrt{-3}]$	$[119, -13-3\sqrt{-3}]$	3	E''^{-1}	1
79	$\frac{17+3\sqrt{-3}}{2}$	$[7, \varrho]$	$[-10, -\varrho^2]$	3	E'	1
97	$\frac{-19+3\sqrt{-3}}{2}$	$[8, -\varrho^2]$	$[-11, \varrho]$	3	E''^{-1}	1
$9 = 3^2$	$\frac{-3+3\sqrt{-3}}{2}$	$[0, -\varrho]$	$[-3, 1]$	3	E	1

b) Zerlegbare Führer (zusammengesetzte Führer)

1	2	3	4	5	6	7
f	φ	E	E^{-1}	r	$\delta\Theta$	h
$91 = 7 \cdot 13$	$-8 + 3\sqrt{-3}$	$[-25, 2\varrho]$	$[87, 3 + 5\sqrt{-3}]$	3	E'^{-1}	3
	$\frac{11 + 9\sqrt{-3}}{2}$	$[-4, -1]$	$\left[-25, \frac{1 - 3\sqrt{-3}}{2}\right]$	3	E'	3
$63 = 3^2 \cdot 7$	$-6 + 3\sqrt{-3}$	$[-9, 2]$	$[-57, 6 + 4\sqrt{-3}]$	3	E'	3
	$\frac{15 + 3\sqrt{-3}}{2}$	$[6, \varrho]$	$[-9, -\varrho^2]$	3	E''^{-1}	3

B. Reelle zyklische biquadratische Zahlkörper

Spalten 1, 2, 3 geben den Führer F von K, den Führer f des quadratischen Teilkörpers $\varkappa$ und ihren Quotienten G [siehe § 7, (5)].

Spalte 4 gibt die Basiszahl φ von K aus P_4 [siehe § 7, *3*, *4*], und zwar für $2 \nmid f$ mit positivem Imaginärteil, für $2 \mid f$ mit Imaginärteil $\equiv 2 \bmod 8$ normiert. Durch sie liegt der zugehörige erzeugende Charakter χ von K fest [siehe § 7, (13)], und damit gemäß der durchgängigen Festsetzung $\bar{\chi}(s) = i$ auch der erzeugende Automorphismus S von K [siehe § 1, (1)].

Spalte 5 gibt die Grundeinheit ε von $\varkappa$ in der Normierung $\varepsilon > 1$.

Spalte 6 gibt ihre Norm $N(\varepsilon) = \pm 1$.

Spalte 7 gibt die Kreiseinheit η von $\varkappa$ [siehe § 17, (1)] in ihrer Darstellung durch ε

Spalte 8 gibt die Klassenzahl h_0 von $\varkappa$.

Spalte 9 gibt die Relativgrundeinheit $E = [x, y]$ von K [siehe § 10, *2*] in ihrer Basisdarstellung § 8, (2).

Spalte 10 gibt ihre Relativnorm $n(E) = \pm 1$.

Spalte 11 gibt an, ob $|E'| \gtrless 1$ ist; dadurch liegt die Größe der konjugierten von E im Vergleich zu 1 fest.

Spalte 12 gibt an, ob $E' \gtrless 0$ ist; dadurch liegt die Signatur von E fest.

Spalte 13 gibt für den Fall, daß $K/\varkappa$ den Einheitenindex $Q = 2$ hat, die Grundeinheit $E^* = [x^*, y^*]$ von K [siehe § 11, Satz 28] in ihrer Basisdarstellung § 8, (2). Im Falle $Q = 1$, wo diese Grundeinheit nicht vorhanden ist [siehe § 11, Satz 25], ist in dieser und den beiden folgenden Spalten ein Strich gesetzt.

Spalten 14, 15 geben $n(E^*) = \pm \varepsilon$ und $E^{*1+S} = \pm E$ [siehe § 11, (4), (6)]; dadurch liegt die Größe der konjugierten von E^* im Vergleich zu 1 und die Signatur von E^* fest [siehe § 12, *3*].

Spalte 16 gibt den Einheitensignaturenrang r von K [siehe § 11, Sätze 26, 30].

Spalte 17 gibt für Primführer F die Relativkreiseinheit H von K [siehe § 19, (2)] in ihrer Darstellung durch die konjugierten von E; für zusammengesetzte Führer F wird statt dessen die reduzierte Relativkreiseinheit H_0 angegeben. Von der Festlegung des Vorzeichens wird abgesehen, da diese von der Wahl des Vertreters s abhängt.

Spalten 18, 19 geben die Relativklassenzahl h^* von $K/\varkappa$ und die Klassenzahl $h = h_0 h^*$ von K.

a) *Unzerlegbare Führer*

1. *Primführer*

1	2	3	4	5	6	7	8	9	10	11	12	13	14	15	16	17	18	19
F	f	G	φ	ε	$N(\varepsilon)$	η	h_0	E	$n(\mathsf{E})$	$\lvert\mathsf{E}'\rvert$	E'	E^*	$n(\mathsf{E}^*)$	E^{*1+S}	r	$\pm\mathsf{H}$	h^*	h
17	17	1	$1+4i$	$4+\sqrt{17}$	-1	ε^{-1}	1	$\left[\frac{1+\sqrt{17}}{2}, i\right]$	-1	>1	<0	$[1, 1+i]$	$-\varepsilon$	E	4	E^{-1}	1	1
41	41	1	$5+4i$	$32+5\sqrt{41}$	-1	ε^{-1}	1	$\left[\frac{5+\sqrt{41}}{2}, -i\right]$	-1	>1	<0	$[6+\sqrt{41}, -1-3i]$	$-\varepsilon$	$-\mathsf{E}$	4	E'^{-1}	1	1
73	73	1	$-3+8i$	$1068+125\sqrt{73}$	-1	ε^{-1}	1	$[92+12\sqrt{73}, 18+14i]$	-1	<1	>0	$[93+11\sqrt{73}, 20+14i]$	$-\varepsilon$	$-\mathsf{E}$	4	E^{-1}	1	1
89	89	1	$5+8i$	$500+53\sqrt{89}$	-1	ε^{-1}	1	$[68+20\sqrt{89}, 2+30i]$	-1	>1	<0	$[15+\sqrt{89}, 4+6i]$	$-\varepsilon$	$-\mathsf{E}$	4	E^{-1}	1	1
97	97	1	$9+4i$	$5604+569\sqrt{97}$	-1	ε^{-1}	1	$\left[\frac{9+\sqrt{97}}{2}, i\right]$	-1	<1	>0	$[128+13\sqrt{97}, 7+33i]$	$-\varepsilon$	$-\mathsf{E}$	4	E'	1	1
16	2^3	2	$2(1+i)$	$1+\sqrt{2}$	-1	ε^{-1}	1	$[2(1+\sqrt{2}), 1-i]$	-1	<1	>0	$[2(1+\sqrt{2}), 1]$	ε	$-\mathsf{E}$	4	E^{-1}	1	1

2. *Zusammengesetzte unzerlegbare Führer*

α) *Reine Typen*

1	2	3	4	5	6	7	8	9	10	11	12	13	14	15	16	17	18	19
F	f	G	φ	ε	$N(\varepsilon)$	η	h_0	E	$n(\mathsf{E})$	$\lvert\mathsf{E}'\rvert$	E'	E^*	$n(\mathsf{E}^*)$	E^{*1+S}	r	$\pm\mathsf{H}_0$	h^*	h
65	$5\cdot 13$	1	$-7+4i$	$8+\sqrt{65}$	-1	ε^{-2}	2	$\left[\frac{7+\sqrt{65}}{2}, -i\right]$	-1	>1	>0	—	—	—	3	E'^{-1}	1	2
			$1+8i$	$8+\sqrt{65}$	-1	ε^{-2}	2	$[36+4\sqrt{65}, 6-6i]$	-1	>1	>0	—	—	—	3	E^{-1}	1	2
80	$2^3\cdot 5$	2	$2(-3+i)$	$3+\sqrt{10}$	-1	ε^{-2}	2	$[2(3+3\sqrt{10}), 3-i]$	-1	<1	>0	—	—	—	3	E^{-1}	1	2
			$2(1-3i)$	$3+\sqrt{10}$	-1	ε^{-2}	2	$[2(3+\sqrt{10}), 1-i]$	-1	<1	>0	—	—	—	3	E'^{-1}	1	2

β) *Gemischte Typen*

1	2	3	4	5	6	7	8	9	10	11	12	13	14	15	16	17	18	19
F	f	G	φ	ε	$N(\varepsilon)$	η	h_0	E	n(E)	|E'|	E'	E*	n(E*)	E^{*1+S}	r	$\pm H_0$	h^*	h
15	5	3	$-1+2i$	$\frac{1+\sqrt{5}}{2}$	-1	ε^{-1}	1	$\left[\frac{3+\sqrt{5}}{2}, -i\right]$	-1	>1	>0	—	—	—	3	E'	1	1
35	5	7	$-1+2i$	$\frac{1+\sqrt{5}}{2}$	-1	ε^{-1}	1	$\left[\frac{7+\sqrt{5}}{2}, i\right]$	-1	>1	>0	—	—	—	3	E	1	1
39	13	3	$3+2i$	$\frac{3+\sqrt{13}}{2}$	-1	ε^{-1}	1	$\left[\frac{9+\sqrt{13}}{2}, -i\right]$	1	<1	>0	—	—	—	2	E'^{-1}	1	1
55	5	11	$-1+2i$	$\frac{1+\sqrt{5}}{2}$	-1	ε^{-1}	1	$\left[\frac{11+\sqrt{5}}{2}, -1\right]$	1	>1	>0	—	—	—	2	E	1	1
87	29	3	$-5+2i$	$\frac{5+\sqrt{29}}{2}$	-1	ε^{-1}	1	$\left[\frac{39+7\sqrt{29}}{2}, 1-4i\right]$	-1	<1	<0	—	—	—	3	E'	1	1
91	13	7	$3+2i$	$\frac{3+\sqrt{13}}{2}$	-1	ε^{-1}	1	$\left[\frac{7+3\sqrt{13}}{2}, 1\right]$	-1	>1	<0	—	—	—	3	E'	1	1
95	5	19	$-1+2i$	$\frac{1+\sqrt{5}}{2}$	-1	ε^{-1}	1	$\left[\frac{19+11\sqrt{5}}{2}, 2+i\right]$	1	<1	<0	—	—	—	2	E^{-1}	1	1
20	5	2^2	$-1+2i$	$\frac{1+\sqrt{5}}{2}$	-1	ε^{-1}	1	$[1+\sqrt{5}, 1]$	-1	<1	>0	—	—	—	3	E	1	1
52	13	2^2	$3+2i$	$\frac{3+\sqrt{13}}{2}$	-1	ε^{-1}	1	$[3+\sqrt{13}, i]$	-1	>1	<0	—	—	—	3	E	1	1
40	5	2^3	$-1+2i$	$\frac{1+\sqrt{5}}{2}$	-1	ε^{-1}	1	$[4+2\sqrt{5}, 1-i]$	-1	>1	<0	—	—	—	3	E'^{-1}	1	1
48	2^3	$2\cdot 3$	$2(1+i)$	$1+\sqrt{2}$	-1	ε^{-1}	1	$[2(3+\sqrt{2}), 1-i]$	-1	>1	>0	—	—	—	3	E'^{-1}	1	1

b) Zerlegbare Führer

1	2	3	4	5	6	7	8	9	10	11	12	13	14	15	16	17	18	19
F	f	G	φ	ε	$N(\varepsilon)$	η	h_0	E	n(E)	|E'|	E'	E*	n(E*)	E^{*1+S}	r	$\pm H_0$	h^*	h
85	17	5	$1+4i$	$4+\sqrt{17}$	-1	ε^{-1}	1	$[76+20\sqrt{17}, 14-10i]$	-1	>1	<0	$[1+3\sqrt{17}, 2]$	$-\varepsilon$	$-$E	4	E'	2	2
80	2^3	$2\cdot 5$	$2(1+i)$	$1+\sqrt{2}$	-1	ε^{-1}	1	$[2(7+5\sqrt{2}), 1+3i]$	-1	>1	<0	$[2(3+\sqrt{2}), 1]$	ε	E	4	E^{-1}	2	2

Literaturverzeichnis[1]

Bergström, H., 1. Die Klassenzahlformel für reelle quadratische Zahlkörper mit zusammengesetzter Diskriminante als Produkt verallgemeinerter Gaußscher Summen. Journ. f. d. reine u. angew. Math. **186** (1944), 91—115.

Davenport, H. und *H. Hasse*, 1. Die Nullstellen der Kongruenzzetafunktionen in gewissen zyklischen Fällen. Journ. f. d. reine u. angew. Math. **172** (1934), 151—182.

Hasse, H., 1. Neuere Untersuchungen und Probleme aus der Theorie der algebraischen Zahlkörper.
Teil I, Klassenkörpertheorie. Jahresbericht D. M.-V. **35** (1926).
Teil Ia, Beweise zu Teil I. Ebenda **36** (1927).
Teil II, Reziprozitätsgesetz. Ebenda Erg. Bd. **6** (1930).

2. Produktformeln für verallgemeinerte Gaußsche Summen und ihre Anwendung auf die Klassenzahlformel für reelle quadratische Zahlkörper. Math. Zeitschr. **46** (1940), 303—314.

3. Über die Klassenzahl abelscher Zahlkörper. Erscheint demnächst in der von W. Blaschke bei der Wolfenbütteler Verlagsanstalt herausgegebenen Monographiensammlung „Bücher der Forschung". Voranzeige siehe Nachr. Ges. d. Wiss. Göttingen, math. phys. Kl., 1946, 126—130.

Hilbert, D., 1. Die Theorie der algebraischen Zahlkörper. Jahresbericht D. M.-V. **4** (1897).

Sommer, J., 1. Vorlesungen über Zahlentheorie. Leipzig u. Berlin 1907.

[1] Die in diesem Literaturverzeichnis angeführten Arbeiten werden im Text durch Angabe der entsprechenden Ziffer sowie nötigenfalls weitere Angaben in eckigen Klammern hinter den Autorennamen zitiert.

72. Die Einheitengruppe in einem total-reellen nichtzyklischen kubischen Zahlkörper und im zugehörigen bikubischen Normalkörper [110]

Miscellanea Academica Berolinensia
1 (1950), 1 – 24

1. *Die zu betrachtenden Körper.* Sei K ein total-reeller nicht-zyklischer kubischer Zahlkörper und B der zugehörige bikubische Normalkörper. Die Galoisgruppe $\mathfrak{G}$ von B ist die Diedergruppe mit den erzeugenden Relationen

$$S^3 = 1, \quad T^2 = 1, \quad TS = S^2 T.$$

Zu den durch $T, TS = S^2T, TS^2 = ST$ erzeugten drei konjugierten Untergruppen der Ordnung 2 von $\mathfrak{G}$ gehören die drei konjugierten kubischen Teilkörper K, K^S, K^{S^2} von B. Zu dem durch S erzeugten Normalteiler der Ordnung 3 von $\mathfrak{G}$ gehört ein quadratischer Teilkörper Ω von B. Ist d die Diskriminante von Ω, also

$$\Omega = P(\sqrt{d}),$$

so hat die Diskriminante von K die Form

$$D = df^2$$

mit ganzrationalem f, und B ist Klassenkörper über Ω zu einer Ringklassengruppe vom Führer f und Index 3. Es ist

$$B = K\Omega = K(\sqrt{d}).$$

Daß K total-reell sein soll, bedeutet $d > 0$, also daß Ω reell ist.

2. *Die Einheitengruppen.* Um die Gruppe der Einheiten H_0 von K zu beschreiben, betrachten wir die sie enthaltende Gruppe der Einheiten H^* von B. Die H_0 sind unter den H^* durch die Beziehung $H^{*1-T} = 1$ gekennzeichnet. Man kann diese Kennzeichnung auch durch die schwächere $H^{*1-T} = \pm 1$ ersetzen. Gäbe es nämlich eine nicht zu K gehörige Einheit H^* von B mit $H^{*1-T} = -1$, so hätte man $B = K(\sqrt{H_0})$ mit einer Einheit $H_0 = H^{*2}$ von K und daher $d \underset{2}{=} H_0$ in K, also (durch Normbildung) $d \underset{2}{=} \pm 1$ in P, und dann wegen $d > 0$ sogar $d \underset{2}{=} 1$ in P, also $\Omega = P$, so daß entgegen der Voraussetzung K zyklisch wäre.

[1] Eine vorläufige Mitteilung über die Ergebnisse dieser Arbeit erschien unter dem gleichen Titel im Archiv der Mathematik 1 (1948), 42–46. – Der Leser möge jene vorläufige Mitteilung als Einleitung zu den Ausführungen dieser Arbeit heranziehen. Siehe auch die dortigen Literaturangaben.

Zur Vereinfachung von Ausdrucksweise und Bezeichnung verabreden wir, daß Gleichungen zwischen Einheiten, Festlegungen von Einheiten und Eindeutigkeitsaussagen über Einheiten im folgenden durchweg im Sinne der Gleichheit bis aufs Vorzeichen (Betragsgleichheit) verstanden werden sollen. Nach dem oben Gezeigten sind dann die H_0 unter den H^* auch in diesem Sinne durch die Beziehung $\mathsf{H}^{*1-T}=1$ gekennzeichnet.

3. Geometrische Darstellung der bikubischen Einheiten. Relativeinheiten. Die Einheiten H^* von B werden in bekannter Weise umkehrbar eindeutig durch Punkte im sechsdimensionalen Logarithmenraum L von B repräsentiert; dieser besteht aus den Punkten mit den Koordinaten $\log|\mathsf{A}^P|$, wo A die Elemente der aus B durch Erweiterung vom rationalen Koeffizientenkörper P auf den reellen Zahlkörper entstehenden galoisschen Algebra[1] vom Range 6 mit der Gruppe $\mathfrak{G}$ sind und P die Automorphismen aus $\mathfrak{G}$ durchläuft, so daß A^P die Konjugierten von A sind (auf die es nur dem Betrage nach ankommt). Die Einheiten H^* liegen sämtlich in der fünfdimensionalen Hyperebene E^* aus L, gegeben durch die Beziehung

$$\log|N(\mathsf{A})| = \sum_P \log|\mathsf{A}^P| = \sum_{\nu \bmod 3} \log|\mathsf{A}^{S^\nu}| + \sum_{\nu \bmod 3} \log|\mathsf{A}^{S^\nu T}| = 0.$$

Sie bilden ein echtes Parallelgitter in dieser Hyperebene.

In der Einheitengruppe H^* von B heben wir die Untergruppe derjenigen Einheiten H hervor, deren Relativnorm $N_\Omega(\mathsf{H})=1$ ist; wir nennen diese H die *Relativeinheiten* von B/Ω. Sie liegen in der vierdimensionalen Hyperebene E aus L, gegeben durch die Beziehung

$$\log|N_\Omega(\mathsf{A})| = \sum_{\nu \bmod 3} \log|\mathsf{A}^{S^\nu}| = 0$$

nebst der Folgebeziehung

$$\log|N_\Omega(\mathsf{A})^T| = \sum_{\nu \bmod 3} \log|\mathsf{A}^{S^\nu T}| = 0,$$

und sie bilden ein echtes Parallelgitter in dieser Hyperebene.

Es können folgende beiden Fälle eintreten:

a) Für jede Einheit H^* von B ist $N_\Omega(\mathsf{H}^*)=\eta^3$ Kubus einer Einheit η von Ω. Dann ist

$$\mathsf{H}^* = \eta\mathsf{H} \text{ mit } \eta \text{ in } \Omega,\ N_\Omega(\mathsf{H}) = 1$$

eine eindeutige Komponentenzerlegung. Die Einheitengruppe H^* von B ist

[1] Zu diesem Begriff siehe meine Arbeit: Existenz und Mannigfaltigkeit abelscher Algebren mit vorgegebener Galoisgruppe über einem Teilkörper des Grundkörpers, Teil I (insbesondere § 1), Math. Nachr. 1 (1948), 40–61.

also in diesem Falle das direkte Produkt aus der Einheitengruppe η von Ω und der Relativeinheitengruppe H von B/Ω. Da die Vektoren

$$(\log|\alpha|,\ \log|\alpha|,\ \log|\alpha|,\ \log|\alpha^T|,\ \log|\alpha^T|,\ \log|\alpha^T|)$$

der Zahlen α von Ω auf der Hyperebene E senkrecht stehen, ist das Gitter der H^* orthogonal aus dem Gitter der η und dem Gitter der H zusammengesetzt.

b) Es gibt eine Einheit E^* von B, deren Relativnorm $N_\Omega(\mathsf{E}^*) = \varepsilon$ die Grundeinheit von Ω ist. Dann besitzt jede Einheit H^* von B eine eindeutige Darstellung

$$\mathsf{H}^* = \eta\,\mathsf{H}\,\mathsf{E}^{*\delta} \text{ mit } \eta \text{ in } \Omega, \quad N_\Omega(\mathsf{H}) = 1, \quad \delta = 0, \pm 1,$$

und zwar bestimmen sich η und δ aus $N_\Omega(\mathsf{H}^*) = \varepsilon^{3n+\delta}$, $\varepsilon^n = \eta$. Die Einheitengruppe H^* von B ist also in diesem Falle Obergruppe vom Index 3 des direkten Produkts $\eta\mathsf{H}$. Das Gitter der H^* entsteht demgemäß aus der orthogonalen Zusammensetzung der Gitter η und H, indem in den einzelnen Maschen noch je zwei bestimmte Dreiteilungspunkte eingefügt werden, deren relative Lage sich aus der Beziehung

$$\mathsf{E}^{*3} = \varepsilon\mathsf{H}$$

ergibt; darin ist der erste Faktor die Grundeinheit ε von Ω und der zweite Faktor jedenfalls eine Relativeinheit $\mathsf{H} \neq 1$ von B/Ω, da $\mathsf{B} = \Omega(\sqrt[3]{\varepsilon})$ wegen $d > 0$ (also $d \neq -3$) unmöglich ist; genauere Bestimmung von H siehe unten in *14*.

Nach dem Vorstehenden genügt es, weiterhin die Relativeinheitengruppe H von B/Ω zu untersuchen.

4. Das dem Relativeinheitengitter zugeordnete reguläre $\mathfrak{J}$-Rechtsideal. Der Logarithmenraum L und die Hyperebenen E^*, E darin, sowie auch die in ihnen liegenden Einheitengitter H^*, H gehen bei Anwendung der Automorphismen P aus $\mathfrak{G}$ in sich über. Algebraisch kann man das folgendermaßen ausdrücken.

Zunächst sind L und E^*, E Darstellungsmoduln für die Gruppe $\mathfrak{G}$. Wählt man in L eine Normalbasis (bestehend aus den Konjugiertenvektoren zu den log $|\Theta^P|$ für geeignetes Θ aus B), so erkennt man, daß L die reguläre Darstellung von $\mathfrak{G}$ liefert. Diese zerfällt bekanntlich in die identische Darstellung (ersten Grades)

$$S \to 1, \quad T \to 1$$

mit dem zugehörigen Zentrumsidempotent $\frac{1}{6}\sum_P P = \frac{1}{2}(e + e')$, wo

$$e = \frac{1}{3}\sum_{\nu \bmod 3} S^\nu, \qquad e' = eT = \frac{1}{3}\sum_{\nu \bmod 3} S^\nu T,$$

ferner die alternierende Darstellung (ersten Grades)

$$S \to 1, \quad T \to -1$$

mit dem zugehörigen Zentrumsidempotent $\frac{1}{6} \sum_P \psi(P) P = \frac{1}{2}(e - e')$,

wo ψ der quadratische Charakter von $\mathfrak{G}$ nach dem durch S erzeugten Normalteiler ist, und schließlich zweimal die irreduzible Darstellung zweiten Grades

$$S \to \begin{pmatrix} \varrho & 0 \\ 0 & \varrho^{-1} \end{pmatrix}, \quad T \to \begin{pmatrix} 0 & 1 \\ 1 & 0 \end{pmatrix}$$

mit dem zugehörigen Zentrumsidempotent $\frac{1}{3} \sum_P \chi(P) P = 1 - e$, wo ϱ eine primitive dritte Einheitswurzel und χ der irreduzible Charakter zweiten Grades von $\mathfrak{G}$ ist.

Spaltet man von L den Modul $L \cdot \frac{1}{2}(e + e')$ vom Rang 1 ab (repräsentiert durch die Zahlen $\log \sqrt[6]{|N(\mathsf{A})|}$), so ist der verbleibende komplementäre direkte Summand gerade E^*; dieser liefert also die nach Abspaltung der identischen aus der regulären Darstellung verbleibende Darstellung fünften Grades. Spaltet man weiter von E^* den Modul $L \cdot \frac{1}{2}(e - e') = E^* \cdot \frac{1}{2}(e - e')$ vom Rang 1 ab (repräsentiert durch die Zahlen $\log \sqrt[6]{|N_\Omega(\mathsf{A})^{1-T}|}$), so ist der verbleibende komplementäre direkte Summand gerade E; dieser liefert also die nach weiterer Abspaltung der alternierenden Darstellung verbleibende Darstellung vierten Grades, die sich aus zweimal der irreduziblen Darstellung zweiten Grades zusammensetzt. Es ist das die reguläre Darstellung des zerfallenden quadratischen hyperkomplexen Systems $\mathfrak{S}$ mit den erzeugenden Relationen

$$1 + S + S^2 = 0, \quad T^2 = 1, \quad TS = S^2 T,$$

die durch die Substitution

$$u = 1 + 2S = S - S^2, \qquad v = T$$

in die Normalform der erzeugenden Relationen

$$u^2 = -3, \quad v^2 = 1, \quad vu = -uv$$

einer verallgemeinerten Quaternionenalgebra übergehen. Daher ist E selbst als Darstellungsmodul isomorph zu der als $\mathfrak{S}$-Rechtsmodul betrachteten Erweiterung $\overline{\mathfrak{S}}$ des Systems $\mathfrak{S}$ auf den reellen Zahlkörper $\overline{\mathrm{P}}$ statt des rationalen P Koeffizientenkörpers. Dem Relativeinheitengitter H in E entspricht dabei ein reguläres $\mathfrak{J}$-Rechtsideal $\mathfrak{E}$ in $\mathfrak{S}$, wo $\mathfrak{J}$ die Ordnung der ganzzahligen Linearkombinationen aus der Basis $1, S, T, ST$ von $\mathfrak{S}$ ist. Das volle Einheitengitter H^* in E^* entsteht dann daraus in der schon beschriebenen Weise; auf die hiernach ohne weiteres ersichtliche idealtheoretische Deutung dieses letzteren Sachverhalts brauchen wir nicht einzugehen.

5. Die Hauptordnungen zu $\mathfrak{J}$. Die Ordnung $\mathfrak{J}$ ist keine Hauptordnung von $\mathfrak{S}$; es gibt vielmehr genau zwei Hauptordnungen $\mathfrak{O}^{\sigma}(\sigma = \pm 1)$ von $\mathfrak{S}$, die $\mathfrak{J}$ enthalten, und $\mathfrak{J}$ hat in jeder den Index 3.

Zum Beweis dieser Behauptungen gehen wir davon aus, daß die Hauptordnungen $\mathfrak{O}$ des zerfallenden hyperkomplexen Systems $\mathfrak{S}$ den rationalen Darstellungen von $\mathfrak{S}$ als volles Matrizensystem entsprechen, indem bei jeder solchen Darstellung die ganzzahligen Matrizen eine Hauptordnung bilden. Alle diese Darstellungen entstehen aus einer von ihnen Δ durch Transformation mit regulären, ohne Einschränkung primitiven Matrizen M in der Form $M^{-1}\Delta M$. Zwei solche Matrizen liefern genau dann dieselbe Hauptordnung, wenn sie durch rechtsseitige Multiplikation mit einer unimodularen Matrix zusammenhängen. Daher kann man M auf das bekannte Repräsentantensystem

$$M = \begin{pmatrix} a & b \\ 0 & d \end{pmatrix} \qquad \begin{pmatrix} a, b, d \text{ ganz, teilerfremd} \\ a > 0, d > 0, 0 \leqq b < a \end{pmatrix}$$

beschränken. Ist $\mathfrak{O}$ eine $\mathfrak{J}$ enthaltende Hauptordnung, so liefert die zugehörige Darstellung Δ ganzzahlige Matrizen für die Elemente aus $\mathfrak{G}$, und umgekehrt. Transformiert man mit einem Repräsentanten M, so ist also $\mathfrak{J}$ dann und nur dann auch in $M^{-1}\mathfrak{O}M$ enthalten, wenn auch $M^{-1}\Delta M$ ganzzahlige Matrizen für die Elemente aus $\mathfrak{G}$ liefert.

Nun ist

$$S \to \begin{pmatrix} 0 & 1 \\ -1 & -1 \end{pmatrix}, \quad T \to \begin{pmatrix} 0 & 1 \\ 1 & 0 \end{pmatrix}$$

eine ganzzahlige Matrizendarstellung Δ von $\mathfrak{G}$, und zwar handelt es sich dabei um die irreduzible Darstellung zweiten Grades, so daß Δ in der Tat ein volles Matrizensystem für $\mathfrak{S}$ liefert. Transformation mit einem Repräsentanten M liefert die Darstellung

$$S \to \begin{pmatrix} \frac{b}{d} & \frac{b^2 + bd + d^2}{ad} \\ -\frac{a}{d} & -\frac{b}{d} - 1 \end{pmatrix}, \qquad T \to \begin{pmatrix} -\frac{b}{d} & \frac{-b^2 + d^2}{ad} \\ \frac{a}{d} & \frac{b}{d} \end{pmatrix}.$$

Damit diese wieder ganzzahlig ist, muß zunächst $d|a$, $d|b$ sein, also wegen der Primitivität $d = 1$. Ferner muß dann $a|b^2 + b + 1$ und $a|b^2 - 1$ sein. Wegen $(b-1)(b^2-1) - (b-2)(b^2+b+1) = 3$ folgt daraus $a|3$, und also, wenn man den uninteressanten Fall $a = 1$ (M unimodular) beiseite läßt, $a = 3$, $b = 1$.

Nur $M = \begin{pmatrix} 3 & 1 \\ 0 & 1 \end{pmatrix}$ liefert demnach eine nicht unimodular-äquivalente ganzzahlige Darstellung Δ' von $\mathfrak{G}$ und damit eine von $\mathfrak{O}$ verschiedene $\mathfrak{J}$ enthaltende Hauptordnung $\mathfrak{O}'$ von $\mathfrak{S}$. Ersetzt man noch den Repräsentanten M durch die unimodular-äquivalente Matrix $M\begin{pmatrix} 1 & 1 \\ -2 & -1 \end{pmatrix} = \begin{pmatrix} 1 & 2 \\ -2 & -1 \end{pmatrix}$, so erhält man für Δ' die Gestalt

$$S \to \begin{pmatrix} 0 & 1 \\ -1 & -1 \end{pmatrix}, \qquad T \to \begin{pmatrix} 0 & -1 \\ -1 & 0 \end{pmatrix}.$$

Die den beiden ganzzahligen Matrizendarstellungen Δ^σ $(\sigma = \pm 1)$, nämlich

$$S \to \begin{pmatrix} 0 & 1 \\ -1 & -1 \end{pmatrix}, \qquad \sigma T \to \begin{pmatrix} 0 & 1 \\ 1 & 0 \end{pmatrix}$$

entsprechenden beiden $\mathfrak{J}$ enthaltenden Hauptordnungen $\mathfrak{O}^\sigma$ von $\mathfrak{S}$ sind somit die einzigen solchen. Wegen der Nichtäquivalenz von Δ^+ und Δ^- bei unimodularer Transformation sind $\mathfrak{O}^+$ und $\mathfrak{O}^-$ verschieden. Da schließlich die Berechnung der zu Δ^σ gehörigen Matrizeneinheiten auf das Gleichungssystem

$$\begin{aligned} e_{11} + e_{22} \qquad\qquad\quad &= 1 \\ e_{12} + e_{21} &= \sigma T \\ -e_{22} + e_{12} - e_{21} &= S \\ e_{11} - e_{22} \qquad - e_{21} &= \sigma S T \end{aligned}$$

des Determinantenbetrags 3 führt, hat $\mathfrak{J}$ in $\mathfrak{O}^\sigma$ den Index 3. Damit sind die obigen Behauptungen bewiesen.

6. *Explizite Darstellung der Hauptordnungen zu* $\mathfrak{J}$. Um zu einer expliziten Darstellung von $\mathfrak{O}^\sigma$ zu gelangen – sowie überhaupt für die folgenden Untersuchungen – bezeichnen wir die Elemente des zum Körper der dritten Einheitswurzeln isomorphen quadratischen Teilkörpers $\Sigma = \mathsf{P}(S)$ von $\mathfrak{S}$ mit kleinen griechischen Buchstaben und verstehen speziell sinngemäß

$$\sqrt{-3} = S - S^2 = 1 + 2S.$$

Die Elemente von $\mathfrak{S}$ sind dann in eindeutiger Basisdarstellung durch

$$X = \xi_1 + \xi_2 T$$

gegeben. Das Konjugierte und die reduzierte Norm von X in $\mathfrak{S}$ sind

$$\overline{X} = \bar{\xi}_1 - T\bar{\xi}_2, \quad \mathrm{n}(X) = X\overline{X} = \overline{X}X = N(\xi_1) - N(\xi_2),$$

wo allgemein $\bar{\xi}$ das Konjugierte und $N(\xi) = \xi\bar{\xi}$ die Norm von ξ in Σ bezeichnet. Es gilt allgemein

$$T\xi = \bar{\xi}T$$

und daher

$$X\sqrt{-3} = \sqrt{-3}X' \quad \text{mit} \quad X' = \xi_1 - \xi_2 T.$$

Dann und nur dann gehört X zu $\mathfrak{J}$, wenn ξ_1, ξ_2 ganz sind. Wegen der letzten beiden Beziehungen erzeugt $\sqrt{-3}$ ein zweiseitiges $\mathfrak{J}$-Hauptideal, dessen Restklassenring wegen $\xi \equiv \bar{\xi}$ mod. $\sqrt{-3}$ kommutativ ist. Die beiden Elemente $1 + \sigma T$ sind komplementäre Nullteiler in $\mathfrak{J}$.

Den aus diesen beiden Elementen gebildeten, nicht zu $\mathfrak{J}$ gehörigen beiden Elementen

$$Q^\sigma = \frac{1}{\sqrt{-3}}(1 + \sigma T) = (1 - \sigma T)\frac{1}{\sqrt{-3}}$$

entspricht bei den (mit dem entsprechenden $\sigma = \pm 1$ gebildeten) beiden Darstellungen Δ^σ die ganzzahlige Matrix

$$Q^\sigma \to -\frac{1}{3}\left[\begin{pmatrix} 0 & 1 \\ -1 & -1 \end{pmatrix} - \begin{pmatrix} -1 & -1 \\ 1 & 0 \end{pmatrix}\right]\begin{pmatrix} 1 & 1 \\ 1 & 1 \end{pmatrix} = -\frac{1}{3}\begin{pmatrix} 1 & 2 \\ -2 & -1 \end{pmatrix}\begin{pmatrix} 1 & 1 \\ 1 & 1 \end{pmatrix} =$$
$$= \begin{pmatrix} -1 & -1 \\ 1 & 1 \end{pmatrix}.$$

Daher gehört Q^σ zu $\mathfrak{O}^\sigma$, und es ist

$$\mathfrak{O}^\sigma = \mathfrak{J}(Q^\sigma),$$

letzteres unter Beachtung von $[\mathfrak{O}^\sigma : \mathfrak{J}] = 3$. Dementsprechend setzt sich $\mathfrak{O}^\sigma$ aus den drei Restklassen $\mathfrak{J}$, $\mathfrak{J} + Q^\sigma$, $\mathfrak{J} - Q^\sigma$ zusammen. Hieraus erkennt man, daß die Elemente Y aus $\mathfrak{O}^\sigma$ bei der Basisdarstellung

$$Y = \frac{1}{\sqrt{-3}}(\eta_1 + \eta_2 T)$$

dadurch gekennzeichnet sind, daß η_1, η_2 ganz sind und der Kongruenz $\eta_1 \equiv \sigma\,\eta_2$ mod. $\sqrt{-3}$ genügen.

7. Die regulären $\mathfrak{J}$-Rechtsideale. Dem Relativeinheitengitter H von B/Ω entspricht, wie oben festgestellt, ein reguläres $\mathfrak{J}$-Rechtsideal $\mathfrak{E}$ von $\mathfrak{S}$. Während bekanntlich für eine Hauptordnung $\mathfrak{O}$ von $\mathfrak{S}$ jedes reguläre $\mathfrak{O}$-Rechtsideal ein Hauptideal von $\mathfrak{O}$ ist, erzeugt durch ein reguläres Element aus $\mathfrak{S}$, braucht dies für die Ordnung $\mathfrak{J}$ nicht der Fall zu sein; wie wir sehen werden, gibt es in der Tat reguläre $\mathfrak{J}$-Rechtsideale von $\mathfrak{S}$, die keine Hauptideale von $\mathfrak{J}$ sind.

Sei $\mathfrak{A}$ irgendein reguläres $\mathfrak{J}$-Rechtsideal von $\mathfrak{S}$. Durchläuft

$$A = \alpha_1 + \alpha_2 T$$

die Elemente aus $\mathfrak{A}$, so durchlaufen α_1, α_2 Ideale $\mathfrak{a}_1$, $\mathfrak{a}_2$ von Σ in bezug auf die Hauptordnung Γ aller ganzen Elemente von Σ. Wegen

$$AT = \alpha_2 + \alpha_1 T$$

ist $\mathfrak{a}_1 = \mathfrak{a}_2$. Dies durch $\mathfrak{A}$ eindeutig bestimmte Γ-Ideal $\mathfrak{d} = \mathfrak{a}_1 = \mathfrak{a}_2$ von Σ heißt der *Linksteiler* von $\mathfrak{A}$. Ist $\mathfrak{d} = 1$, so heißt $\mathfrak{A}$ *primitiv*. Da jedes Γ-Ideal von Σ Hauptideal ist, hat man $\mathfrak{d} \cong \delta$ mit $\delta \neq 0$ aus Σ, und damit die Aufspaltung

$$\mathfrak{A} = \delta \mathfrak{A}_0$$

mit primitivem $\mathfrak{A}_0$. Dabei liegt δ bis auf die Auswahl unter Assoziierten fest, und dementsprechend der primitive Bestandteil $\mathfrak{A}_0$ bis auf einen sechsten Einheitswurzelfaktor aus Σ. Umgekehrt erhält man in dieser Form für beliebiges primitives $\mathfrak{A}_0$ und beliebiges $\delta \neq 0$ aus Σ ein $\mathfrak{J}$-Rechtsideal $\mathfrak{A}$ von $\mathfrak{S}$ vom Linksteiler $\mathfrak{d} \cong \delta$. Hiernach genügt es, die Untersuchung auf primitive $\mathfrak{J}$-Rechtsideale $\mathfrak{A}$ von $\mathfrak{S}$ zu beschränken.

Die zu Σ gehörigen Elemente aus $\mathfrak{A}$, also die $A = \alpha_1$ mit $\alpha_2 = 0$, durchlaufen ebenfalls ein Γ-Ideal $\mathfrak{n} \cong \nu$ von Σ. Das zu $\mathfrak{A}$ gehörige Element $\nu \neq 0$ aus Σ, das bis auf Assoziierte eindeutig festliegt, heiße das Σ-*Basiselement* von $\mathfrak{A}$. Wenn $\mathfrak{A}$ primitiv ist, ist ν ganz, und es gibt ferner in $\mathfrak{A}$ ein Element der Form $W = \omega + T$ mit ganzem ω aus Σ, wobei ω mod. ν eindeutig festliegt. Die so bestimmten Elemente ν, W aus $\mathfrak{A}$ bilden ersichtlich eine Basis von $\mathfrak{A}$ als Γ-Rechtsmodul, d. h. die Elemente von $\mathfrak{A}$ sind in eindeutiger Basisdarstellung durch

$$A = \nu\alpha + W\alpha' = (\nu\alpha + \omega\alpha') + \bar{\alpha}' T$$

mit ganzen α, α' aus Σ gegeben. Sind umgekehrt ein ganzes $\nu \neq 0$ und eine ganze Restklasse ω mod. ν aus Σ vorgegeben, so erhält man in dieser Form dann und nur dann ein primitives $\mathfrak{J}$-Rechtsideal $\mathfrak{A}$ von $\mathfrak{S}$, wenn

(1.) $\bar{\nu} \cong \nu$, also bei passender (eindeutiger) Normierung $\nu = n$ oder $n\sqrt{-3}$ mit natürlichem n, und

(2.) $N(\omega) \equiv 1$ mod. ν

ist. Notwendig und hinreichend ist nämlich, daß die Rechtsmultiplikation mit T nicht aus dem Γ-Rechtsmodul $\mathfrak{A} = [\nu, W]$ hinausführt. Nun ist eine Beziehung

$$\nu T = \nu\alpha + W\alpha' = (\nu\alpha + \omega\alpha') + \bar{\alpha}' T$$

gleichbedeutend mit

$$\nu\alpha + \omega\alpha' = 0, \quad \bar{\alpha}' = \nu,$$

also mit

$$\omega\bar{\nu} \equiv 0 \text{ mod. } \nu.$$

Ferner ist eine Beziehung

$$WT = \nu\alpha + W\alpha' = (\nu\alpha + \omega\alpha') + \bar{\alpha}' T$$

wegen

$$WT = 1 + \omega T$$

gleichbedeutend mit

$$\nu\alpha + \omega\alpha' = 1, \quad \bar{\alpha}' = \omega,$$

also mit

$$N(\omega) \equiv 1 \text{ mod. } \nu .$$

Wegen der letzteren Bedingung verschärft sich die erstere zu $\bar{\nu} \equiv 0$ mod. ν, also $\bar{\nu} \cong \nu$. Somit ergeben sich in der Tat (1.), (2.) als notwendige und hinreichende Bedingungen.

8. Einbettung in die Maximalordnungen. Es sei weiter $\mathfrak{A}$ ein primitives $\mathfrak{J}$-Rechtsideal. Der Einbettung von $\mathfrak{J}$ in die beiden Hauptordnungen $\mathfrak{O}^\sigma = \mathfrak{J}(Q^\sigma)$ entsprechen die beiden Erweiterungsideale

$$\mathfrak{A}\mathfrak{O}^\sigma = \mathfrak{A} + \mathfrak{A}Q^\sigma,$$

von denen feststeht, daß sie Hauptideale sind. Wir untersuchen, wie sich das Ausgangsideal aus ihnen herleitet.

Die Elemente von $\mathfrak{A}\mathfrak{O}^\sigma$ entstehen aus den Elementen

$$A = \nu\alpha + W\alpha' = (\nu\alpha + \omega\alpha') + \bar{\alpha}' T$$

von $\mathfrak{A}$, indem man diese rechts mit der Erzeugenden $Q^\sigma = \frac{1}{\sqrt{-3}}(1 + \sigma T)$ von $\mathfrak{O}^\sigma$ multipliziert und beliebige Elemente von $\mathfrak{A}$ hinzufügt. Es ist nach leichter Rechnung

$$AQ^\sigma = \frac{\nu\alpha + \omega\alpha' - \sigma\bar{\alpha}'}{\sqrt{-3}}(1 + \sigma T) = (\nu\xi + W\xi')\frac{1}{\sqrt{-3}}$$

mit

$$\xi = \alpha + \sigma\frac{\bar{\nu}}{\nu}\omega\bar{\alpha} + \sigma\frac{N(\omega) - 1}{\nu}\bar{\alpha}' \quad \left(\text{wo } \frac{\bar{\nu}}{\nu} = \pm 1 \text{ je nachdem } \nu = n \text{ oder } n\sqrt{-3}\right),$$

$$\xi' = \alpha' - \sigma\overline{\omega\alpha'} - \sigma\bar{\nu}\bar{\alpha}.$$

Die Hinzufügung von beliebigen Elementen

$$A_0 = \nu\alpha_0 + W\alpha_0'$$

aus $\mathfrak{A}$ bedeutet ersichtlich einfach, daß die (voneinander abhängigen) Elemente ξ, ξ' durch beliebige Elemente $\alpha^*, \alpha^{*\prime}$ aus ihren Restklassen mod. $\sqrt{-3}$ ersetzt werden. Daher besteht das Erweiterungsideal $\mathfrak{A}\mathfrak{O}^\sigma$ genau aus den Elementen

$$A^* = (\nu\alpha^* + W\alpha^{*\prime})\frac{1}{\sqrt{-3}}$$

mit ganzen α^*, $\alpha^{*\prime}$, die den Kongruenzen

$$\alpha^* \equiv (1 \pm \sigma\omega)\alpha + \sigma \frac{N(\omega)-1}{\nu}\alpha' \quad \text{mod.}\ \sqrt{-3}\ \text{(je nachdem}\ \nu = n\ \text{oder}\ n\sqrt{-3}),$$

$$\alpha^{*\prime} \equiv \quad -\sigma\nu\alpha \quad + \quad (1-\sigma\omega)\alpha' \quad \text{mod.}\ \sqrt{-3}$$

mit ganzen α, α' genügen. Je nachdem die Matrix $\begin{pmatrix} 1 \pm \sigma\omega & \sigma\frac{N(\omega)-1}{\nu} \\ -\sigma\nu & 1-\sigma\omega \end{pmatrix}$ mod. $\sqrt{-3}$ den Rang 0,1 oder 2 hat, bestehen zwischen α^*, $\alpha^{*\prime}$ zwei, eine oder keine linearen Abhängigkeiten mod. $\sqrt{-3}$.

Um einfache Verhältnisse zu bekommen, legen wir die Hauptordnung $\mathfrak{O}^\sigma$ wie folgt fest:

Für $\nu \equiv 0$ mod. $\sqrt{-3}$, wo notwendig $\omega \equiv \pm 1$ mod. $\sqrt{-3}$ ist, sei $\sigma \equiv \omega$ mod. $\sqrt{-3}$.

Für $\nu \not\equiv 0$ mod. $\sqrt{-3}$, was nur im Falle $\nu = n$ vorkommen kann, sei σ beliebig. Dann ist der fragliche Rang gleich 0 oder 1, je nachdem $\nu = n\sqrt{-3}$ oder n ist. Dementsprechend hat man

$$\mathfrak{A}\mathfrak{O}^\sigma = \mathfrak{A} \quad \text{für}\ \nu = n\sqrt{-3},$$
$$[\mathfrak{A}\mathfrak{O}^\sigma : \mathfrak{A}] = 3 \quad \text{für}\ \nu = n,$$

und im letzteren Falle besteht zwischen α^*, $\alpha^{*\prime}$ die eine Abhängigkeit

$$\nu\alpha^* + (\omega + \sigma)\alpha^{*\prime} \equiv 0 \ \text{mod.}\ \sqrt{-3},$$

während die Elemente aus $\mathfrak{A}$ innerhalb der so dargestellten Elemente A^* aus $\mathfrak{A}\mathfrak{O}^\sigma$ durch

$$\alpha^*, \alpha^{*\prime} \equiv 0 \ \text{mod.}\ \sqrt{-3}$$

gekennzeichnet sind. Die genannte Abhängigkeit zwischen α^*, $\alpha^{*\prime}$ besagt nichts anderes als die Zugehörigkeit der A^* zu $\mathfrak{O}^\sigma$, wie aus der Schreibweise

$$A^* = \frac{1}{\sqrt{-3}}[(\nu\alpha^* + \omega\alpha^{*\prime}) - \bar{\alpha}^{*\prime}T]$$

ersichtlich ist; da $\mathfrak{A}$ primitiv sein sollte, gilt in der Tat $\mathfrak{A} \leqq \mathfrak{J}$, also $\mathfrak{A}\mathfrak{O}^\sigma \leqq \mathfrak{O}^\sigma$.

9. *Hauptidealeigenschaft.* Wie schon gesagt, ist jedes reguläre $\mathfrak{O}^\sigma$-Rechtsideal von $\mathfrak{S}$ ein Hauptideal von $\mathfrak{O}^\sigma$, erzeugt durch ein reguläres Element aus $\mathfrak{S}$. In $\mathfrak{A}\mathfrak{O}^\sigma$ gibt es somit ein reguläres Element A^* derart, daß

$$\mathfrak{A}\mathfrak{O}^\sigma = A^*\mathfrak{O}^\sigma$$

ist.

Im Falle $\nu = n\sqrt{-3}$ ist nun $\mathfrak{A}\mathfrak{O}^\sigma = \mathfrak{A}$; daher liegt $A^* = A$ in $\mathfrak{A}$. Da A regulär ist, folgt aus $[\mathfrak{O}^\sigma : \mathfrak{J}] = 3$ auch $[A\mathfrak{O}^\sigma : A\mathfrak{J}] = 3$, und somit

$$[\mathfrak{A} : A\mathfrak{J}] = 3.$$

Die Nebengruppen zu $A\mathfrak{J}$ in $\mathfrak{A}$ sind $A(\mathfrak{J} \pm Q^\sigma)$. Man erkennt hieraus leicht, daß in $\mathfrak{A}$ kein Element A_0 derart existiert, daß $\mathfrak{A} = A_0\mathfrak{J}$ ist. Liegt nämlich A_0

in $A\mathfrak{J}$, so ist $A_0\mathfrak{J} \leqq A\mathfrak{J}$ echte Untergruppe von $\mathfrak{A}$. Liegt ferner A_0 in $A(\mathfrak{J} \pm Q^\sigma)$, hat man also $A_0 = A(X \pm Q^\sigma)$ mit X aus $\mathfrak{J}$, so gibt es kein Y aus $\mathfrak{J}$ derart, daß $A_0 Y = A$ ist, d. h. $A_0\mathfrak{J}$ ist wieder echte Untergruppe von $\mathfrak{A}$; gäbe es nämlich ein solches Y, so folgte wegen der Regularität von A die Beziehung $(X \pm Q^\sigma)\,Y = 1$, und da $X \pm Q^\sigma$ und Y als Elemente aus der Hauptordnung $\mathfrak{O}^\sigma$ notwendig ganze reduzierte Normen haben, weiter $\mathrm{n}(Y) = \overline{Y}Y = \pm 1$ und daher $X \pm Q^\sigma = \pm \overline{Y}$, so daß Q^σ zu $\mathfrak{J}$ gehörte, was nicht der Fall ist. *Im Falle $\nu = n\sqrt{-3}$ ist somit das $\mathfrak{J}$-Rechtsideal $\mathfrak{A}$ sicher kein Hauptideal von $\mathfrak{J}$, vielmehr nur ein Hauptideal von $\mathfrak{O}^\sigma$ mit dem durch $\sigma \equiv \omega$ mod. $\sqrt{-3}$ festgelegten σ.*

Im Falle $\nu = n$ zeigen wir, daß man die Erzeugende A^* von $\mathfrak{A}\mathfrak{O}^\sigma$ durch rechtsseitige Multiplikation mit einem Einheitsfaktor Y aus $\mathfrak{O}^\sigma$ zu einem Element $A = A^*Y$ aus $\mathfrak{A}$ normieren kann, so daß dann jedenfalls $A\mathfrak{J} \leqq \mathfrak{A}$ gilt. Da aber in diesem Falle einerseits $[A\mathfrak{O}^\sigma : \mathfrak{A}] = 3$ und andrerseits wie vorher auch $[A\mathfrak{O}^\sigma : A\mathfrak{J}] = 3$ ist, ergibt sich bei dieser Normierung die Gleichheit

$$\mathfrak{A} = A\mathfrak{J}.$$

Im Falle $\nu = n$ ist somit das $\mathfrak{J}$-Rechtsideal $\mathfrak{A}$ ein Hauptideal von $\mathfrak{J}$.

Um zu zeigen, daß die Normierung von A^* wie angegeben möglich ist, setzen wir A^* und Y in den zuvor gewonnenen Basisdarstellungen an:

$$A^* = (n\alpha^* + W\alpha^{*\prime})\frac{1}{\sqrt{-3}} \text{ mit } \alpha^*, \alpha^{*\prime} \text{ ganz und } n\alpha^* + (\omega+\sigma)\alpha^{*\prime} \equiv 0 \text{ mod. } \sqrt{-3},$$

$$Y = (\eta_1 + T\eta_2)\frac{1}{\sqrt{-3}} \text{ mit } \eta_1, \eta_2 \text{ ganz und } \eta_1 + \sigma\eta_2 \equiv 0 \text{ mod. } \sqrt{-3}.$$

Dann ergibt sich nach leichter Rechnung

$$-3A^*Y = n\left[\alpha^*\eta_1 + \left(\omega\bar{\alpha}^* + \frac{N(\omega)-1}{n}\,\bar{\alpha}^{*\prime}\right)\eta_2\right] + W\left[\alpha^{*\prime}\eta_1 - (n\bar{\alpha}^* + \bar{\omega}\bar{\alpha}^{*\prime})\,\eta_2\right].$$

Damit nun $A^*Y = A$ zu $\mathfrak{A}$ gehört, also von der Form

$$A = n\alpha + W\alpha'$$

mit ganzen α, α' ist, ist notwendig und hinreichend, daß die Kongruenzen

$$-3\alpha = \alpha^*\eta_1 + \left(\omega\,\bar{\alpha}^* + \frac{N(\omega)-1}{n}\,\bar{\alpha}^{*\prime}\right)\eta_2 \equiv 0 \text{ mod. } 3,$$

$$-3\alpha' = \alpha^{*\prime}\eta_1 - (n\bar{\alpha}^* + \bar{\omega}\bar{\alpha}^{*\prime})\,\eta_2 \equiv 0 \text{ mod. } 3$$

bestehen. Da A^*Y jedenfalls zu $\mathfrak{A}\mathfrak{O}^\sigma$ gehört, bestehen diese Kongruenzen sicherlich mod. $\sqrt{-3}$, wie man auch leicht als formale Folge der Kongruenzbedingungen mod. $\sqrt{-3}$ für $\alpha^*, \alpha^{*\prime}$ und η_1, η_2 bestätigt.

Sind α^*, $\alpha^{*\prime} \equiv 0$ mod. $\sqrt{-3}$, so erfüllt schon $A^* = A$ die verlangte Bedingung. Andernfalls besteht zwischen den beiden Kongruenzen eine echte lineare Abhängigkeit, nämlich mit den Koeffizienten $-\alpha^{*\prime}$, α^*, weil ihre Determinante

$$nN(\alpha^*) + S(\omega\bar{\alpha}^*\alpha^{*\prime}) + \frac{N(\omega)-1}{n}N(\alpha^{*\prime}) = \frac{N(n\alpha^* + \omega\alpha^{*\prime}) - N(\alpha^{*\prime})}{n} \equiv 0 \bmod. 3$$

ist, wie man auf Grund der Kongruenzbedingungen für α^*, $\alpha^{*\prime}$ leicht bestätigt. Es genügt demnach, eine (bestimmte) der beiden Kongruenzen zu erfüllen; die andere folgt dann aus ihr. Die zu erfüllende Kongruenz hat nach Anbringung eines Proportionalitätsfaktors notwendig die Form

$$\alpha_1\eta_1 + \sigma\alpha_2\eta_2 \equiv 0 \bmod. 3$$

mit

$$\alpha_1 \equiv 1, \quad \alpha_2 \equiv 1 \quad \bmod. \sqrt{-3},$$

da sie nach dem Gesagten mod. $\sqrt{-3}$ auf die Bedingung $\eta_1 + \sigma\eta_2 \equiv 0$ mod. $\sqrt{-3}$ zurücklaufen muß. Diese Kongruenz ist nun derart zu lösen, daß Y eine Einheit wird; das bedeutet die weitere Bedingung

$$\mathrm{n}(Y) = \frac{N(\eta_1) - N(\eta_2)}{3} = \pm 1.$$

Diese letztere Bedingung ist bei Multiplikation von η_i $(i = 1, 2)$ mit dritten Einheitswurzeln $S^{-k_i} \equiv 1 + k_i\sqrt{-3}$ mod. 3 invariant. In der ersteren Bedingung läuft das darauf hinaus, in den Koeffizienten $\alpha_i \equiv 1 + a_i\sqrt{-3}$ mod. 3 die Substitution $a_i \longrightarrow a_i + k_i$ zu machen. Hiernach kann man ohne Einschränkung sogar

$$\alpha_1 \equiv 1, \quad \alpha_2 \equiv 1 \bmod. 3$$

voraussetzen, so daß die zu erfüllende Kongruenzbedingung dann einfach

$$\eta_1 + \sigma\eta_2 \equiv 0 \bmod. 3$$

lautet. Davon ist aber ersichtlich

$$\eta_1 = 2, \quad \eta_2 = \sigma$$

eine Lösung, die auch die Normbedingung erfüllt. Damit ist der Nachweis der Möglichkeit der verlangten Normierung von A^* erbracht.

10. Andere Herleitung des vorstehenden Ergebnisses: Vorbereitung zum Beweis. Wir haben festgestellt, daß *die primitiven und damit dann auch die sämtlichen regulären $\mathfrak{J}$-Rechtsideale $\mathfrak{A}$ von $\mathfrak{S}$ Hauptideale von $\mathfrak{J}$ oder nur Hauptideale einer bestimmten der beiden $\mathfrak{J}$ enthaltenden Hauptordnungen $\mathfrak{O}^\sigma$ sind, je nachdem ihr normiertes Σ-Basiselement $v = n$ oder $n\sqrt{-3}$ mit natürlichem n ist, wobei sich im letzteren Falle σ aus dem anderen normierten Basiselement $W = \omega + T$ vermöge $\sigma \equiv \omega$ mod. $\sqrt{-3}$ bestimmt.*

Für dies Ergebnis kann man auch einen anderen, etwas kürzeren Beweis geben, der das Eingehen auf die Theorie der $\mathfrak{J}$ enthaltenden Hauptordnungen $\mathfrak{O}^\sigma$ von $\mathfrak{S}$ vermeidet.

Wir zeigen zunächst, daß *die regulären $\mathfrak{J}$-Hauptideale $\mathfrak{A} = A_0 \mathfrak{J}$ vom Typus $\nu = n$ sind.* Ohne Einschränkung sei $\mathfrak{A}$ als primitiv vorausgesetzt; das bedeutet, daß A_0 primitiv ist, d. h. daß der größte Linksteiler aus Σ von A_0 gleich 1 ist. Das Σ-Basiselement ν von $\mathfrak{A}$ berechnet sich definitionsgemäß als der größte gemeinsame Teiler aller zu Σ gehörigen Elemente $A = A_0 X$ (X in $\mathfrak{J}$) von $\mathfrak{A}$. Setzt man in Basisdarstellung an

$$A_0 = \alpha_1 + \alpha_2 T, \quad X = \xi_1 + T\xi_2,$$

so ist

$$A = A_0 X = (\alpha_1 \xi_1 + \alpha_2 \xi_2) + T(\bar{\alpha}_1 \xi_2 + \bar{\alpha}_2 \xi_1).$$

Dementsprechend ist ν der größte gemeinsame Teiler aller $\alpha_1 \xi_1 + \alpha_2 \xi_2$ unter der Nebenbedingung $\bar{\alpha}_1 \xi_2 + \bar{\alpha}_2 \xi_1 = 0$. Da α_1, α_2 wegen der Primitivität von A teilerfremd sind, bedeutet diese Nebenbedingung

$$\xi_1 = \lambda \bar{\alpha}_1, \quad \xi_2 = -\lambda \bar{\alpha}_2$$

mit ganzem λ. Somit ist ν der größte gemeinsame Teiler aller $\lambda\,[N(\alpha_1) - N(\alpha_2)] = \lambda \mathrm{n}(A_0)$, d. h. es ist in der Tat $\nu = \mathrm{n}(A_0)$ ganzrational. *Die regulären $\mathfrak{J}$-Rechtsideale $\mathfrak{A}$ vom Typus $\nu = n\sqrt{-3}$ sind demnach sicher keine Hauptideale von $\mathfrak{J}$.*

Wir zeigen ferner, daß man auf folgende Weise primitive $\mathfrak{J}$-Rechtsideale $\mathfrak{A}$ vom Typus $\nu = n\sqrt{-3}$ erhält. Sei A_0 ein reguläres Element aus $\mathfrak{S}$, das entweder primitiv ist, oder nur den größten gemeinsamen Linksteiler $\sqrt{-3}$ aus Σ hat, und das einer Kongruenz

$$A_0 \equiv a(1 + \sigma T) \bmod. \sqrt{-3}$$

mit ganzrationalem a und $\sigma = \pm 1$ genügt. Dann bildet die Gesamtheit der Elemente

$$A = A_0 \frac{1}{\sqrt{-3}} X$$

mit X in $\mathfrak{J}$ und

$$X \equiv x(1 + \sigma T) \bmod. \sqrt{-3}$$

mit ganzrationalem x ein primitives $\mathfrak{J}$-Rechtsideal $\mathfrak{A}$ vom Typus $\nu = n\sqrt{-3}$. (Im Sinne der Theorie aus *6* bedeutet die Kongruenzeinschränkung für X, daß $\frac{1}{\sqrt{-3}} X$ zu $\mathfrak{O}^\sigma$ gehört; es handelt sich also um ein Hauptideal von $\mathfrak{O}^\sigma$, erzeugt durch A_0). In der Tat gehören $X\xi$ mit ganzem ξ und XT ersichtlich wieder zu den zugelassenen X, und

$$n\sqrt{-3} = \frac{1}{3}\mathrm{n}(A_0)\sqrt{-3} = -A_0\bar{A}_0\frac{1}{\sqrt{-3}} = -(\alpha_1+\alpha_2 T)(\bar{\alpha}_1 - T\bar{\alpha}_2)\frac{1}{\sqrt{-3}}$$
$$= -(\alpha_1+\alpha_2 T)\frac{1}{\sqrt{-3}}(\bar{\alpha}_1 + T\bar{\alpha}_2)$$

gehört zu $\mathfrak{A}$. Daher ist $\mathfrak{A}$ ein reguläres $\mathfrak{J}$-Rechtsideal. Das allgemeine Element A von $\mathfrak{A}$ gehört wegen

$$A \equiv ax(1+\sigma T)(1-\sigma T)\frac{1}{\sqrt{-3}} \equiv 0 \bmod. 1$$

zu $\mathfrak{J}$. Setzt man ferner

$$A_0 \equiv a(1+\sigma T) + A_1\sqrt{-3} \bmod. 3,$$
$$X \equiv x(1+\sigma T) + X_1\sqrt{-3} \bmod. 3,$$

so hat man

$$A = A_0\frac{1}{\sqrt{-3}}X \equiv a(1+\sigma T)X_1 + x(1+\sigma T)A_1 \equiv$$
$$\equiv (1+\sigma T)(aX_1 + xA_1) \bmod. \sqrt{-3}.$$

Dabei ist — der Voraussetzung über den Linksteiler aus Σ von A_0 gemäß — $A_1 \not\equiv 0 \bmod. \sqrt{-3}$ für $a \equiv 0 \bmod. 3$. Hieraus erkennt man leicht, daß $\mathfrak{A}$ für die Primzahl $\sqrt{-3}$ von Σ primitiv ist; für die anderen Primzahlen von Σ ist $\mathfrak{A}$ ebenfalls primitiv, weil A_0 es ist. Somit ist $\mathfrak{A}$ schlechthin primitiv. Das Σ-Basiselement ν von $\mathfrak{A}$ berechnet sich als der größte gemeinsame Teiler aller zu Σ gehörigen Elemente $A = A_0\frac{1}{\sqrt{-3}}X$ (mit X wie oben) von $\mathfrak{A}$. Setzt man in Basisdarstellung an

$$A_0 = \alpha_1 + \alpha_2 T, \quad X = \xi_1 + T\xi_2,$$

so ist

$$A_0\frac{1}{\sqrt{-3}}X = (\alpha_1+\alpha_2 T)\frac{1}{\sqrt{-3}}(\xi_1 + T\xi_2) = \frac{\alpha_1\xi_1 - \alpha_2\xi_2}{\sqrt{-3}} + T\,\frac{\bar{\alpha}_2\xi_1 - \bar{\alpha}_1\xi_2}{\sqrt{-3}}.$$

Dementsprechend ist ν der größte gemeinsame Teiler aller $\frac{\alpha_1\xi_1 - \alpha_2\xi_2}{\sqrt{-3}}$ unter der Nebenbedingung $\bar{\alpha}_2\xi_1 - \bar{\alpha}_1\xi_2 = 0$, wobei für ξ_1, ξ_2 die Einschränkung $\xi_1 \equiv \sigma\xi_2 \bmod. \sqrt{-3}$ zu machen ist. Ist nun $a \not\equiv 0 \bmod. 3$, so ist A_0 primitiv, also sind α_1, α_2 teilerfremd, und folglich bedeutet die Nebenbedingung

$$\xi_1 = \lambda\bar{\alpha}_1, \quad \xi_2 = \lambda\bar{\alpha}_2$$

mit ganzem λ; diese ξ_1, ξ_2 genügen wegen $\alpha_1 \equiv \sigma\alpha_2 \bmod. \sqrt{-3}$ für jedes λ der einschränkenden Kongruenzbedingung. Somit ist ν der größte gemeinsame

Teiler aller $\lambda \frac{N(\alpha_1) - N(\alpha_2)}{\sqrt{-3}} = \lambda \frac{\mathrm{n}(A)}{\sqrt{-3}} = -\lambda n \sqrt{-3}$, d. h. es ist in der Tat $\nu = n\sqrt{-3}$. Ist ferner $a \equiv 0$ mod. 3, so hat A_0 den Linksteiler $\sqrt{-3}$ aus Σ, also haben α_1, α_2 den größten gemeinsamen Teiler $\sqrt{-3}$, und folglich bedeutet die Nebenbedingung

$$\xi_1 = \frac{\lambda}{\sqrt{-3}}\bar{\alpha}_1, \quad \xi_2 = \frac{\lambda}{\sqrt{-3}}\bar{\alpha}_2$$

mit ganzem λ; diese ξ_1, ξ_2 genügen der einschränkenden Kongruenzbedingung nur für

$$\lambda \frac{\alpha_1 - \sigma\alpha_2}{\sqrt{-3}} \equiv 0 \text{ mod. } \sqrt{-3}.$$

Da $\sqrt{-3}$ der genaue Linksteiler aus Σ von A_0 sein sollte, ist $\frac{\alpha_1 - \sigma\alpha_2}{\sqrt{-3}}$ prim zu $\sqrt{-3}$, also notwendig $\lambda \equiv 0$ mod. $\sqrt{-3}$, d. h. $\lambda = \sqrt{-3}\,\lambda_0$ mit ganzem λ_0. Demnach ist ν der größte gemeinsame Teiler aller $\lambda_0 \frac{N(\alpha_1) - N(\alpha_2)}{\sqrt{-3}} = \lambda_0 \frac{\mathrm{n}(A_0)}{\sqrt{-3}} = -\lambda_0 n\sqrt{-3}$, d. h. es ist in der Tat wieder $\nu = n\sqrt{-3}$. In beiden Fällen folgt für das zweite Σ-Basiselement $W = \omega + T$ von $\mathfrak{A}$ leicht die Kongruenz $\omega = \sigma$ mod. $\sqrt{-3}$.

11. Andere Herleitung des vorstehenden Ergebnisses: Eigentlicher Beweis. Wir wenden uns nunmehr zu dem in Aussicht gestellten anderen Beweis des obigen Ergebnisses über die regulären $\mathfrak{J}$-Rechtsideale $\mathfrak{A}$ von $\mathfrak{S}$. Wir setzen wieder ohne Einschränkung voraus, daß $\mathfrak{A}$ primitiv sei, und bezeichnen wie bisher mit $\nu = n$ oder $n\sqrt{-3}$ das normierte Σ-Basiselement von $\mathfrak{A}$. In $\mathfrak{A}$ gibt es sicher ein reguläres Element A_0 mit minimalem Betrag $|\mathrm{n}(A_0)|$. Ist dann A ein beliebiges Element aus $\mathfrak{A}$, so betrachten wir das Element

$$A_0^{-1} A = \varrho_1 + \varrho_2 T$$

aus $\mathfrak{S}$. Seine Koordinaten ϱ_1, ϱ_2 liegen je in (mindestens) einer gleichseitig-dreieckigen Masche des Gitters Γ der ganzen Elemente aus Σ. Man kann also zu ihnen ganze ξ_1, ξ_2 aus Σ auf je (mindestens) drei Weisen so bestimmen, daß bei dem Ansatz

$$\varrho_1 = \xi_1 + \varrho_1^0, \quad \varrho_2 = \xi_2 + \varrho_2^0$$

gilt

$$0 \leqq N(\varrho_1^0) \leqq 1, \quad 0 \leqq N(\varrho_2^0) \leqq 1.$$

Wir setzen

$$X = \xi_1 + \xi_2 T, \quad R = A_0(\varrho_1^0 + \varrho_2^0 T).$$

Dann ist

$$A = A_0 X + R \quad \text{mit} \quad X \text{ in } \mathfrak{J}, \quad \text{also} \quad R \text{ in } \mathfrak{A}.$$

Wir haben dann zwei Fälle zu unterscheiden:

a) ϱ_1, ϱ_2 *sind beide ganz*. Dann kann man $\xi_1 = \varrho_1, \xi_2 = \varrho_2$ wählen und hat dann $R = 0$, also

$$A = A_0 X \quad \text{mit} \quad X \text{ aus } \mathfrak{J}.$$

b) ϱ_1, ϱ_2 *sind nicht beide ganz*. Dann ist mindestens eine der beiden Zahlen $N(\varrho_1^0)$ oder $N(\varrho_2^0)$ von 0,1 verschieden, also ihre Differenz absolut < 1, und somit

$A = A_0 X + R$ mit X aus $\mathfrak{J}$, R aus $\mathfrak{A}$ und $0 \leqq |\mathrm{n}(R)| < |\mathrm{n}(A_0)|$. Wir unterscheiden:

1. ϱ_1, ϱ_2 *sind nicht beide Mittelpunkte von Gittermaschen*. Ist es etwa ϱ_1 nicht, so liefert die Ersetzung des Eckpunktes ξ_1 durch einen der beiden anderen verfügbaren Eckpunkte eine Änderung von $N(\varrho_1^0)$ und damit eine Änderung von $N(\varrho_1^0) - N(\varrho_2^0)$. Man kann dann also $\mathrm{n}(R) \neq 0$ erreichen. Damit ist aber in R ein reguläres Element aus $\mathfrak{A}$ mit kleinerem Betrag der reduzierten Norm als A_0 gefunden, im Widerspruch zu der Auswahl von A_0. Somit kommt dieser Fall nicht vor; es gilt also im Fall b) stets

2. ϱ_1, ϱ_2 *sind beide Mittelpunkte von Gittermaschen*. Dementsprechend kann man durch geeignete Wahl der Eckpunkte ξ_1, ξ_2 erreichen, daß

$$\varrho_1^0 = \pm \frac{1}{\sqrt{-3}}, \quad \varrho_2^0 = \pm \frac{1}{\sqrt{-3}}, \quad \text{also } R = A_0 \frac{1}{\sqrt{-3}} (\pm 1 \pm T)$$

wird, und es ist dann

$$A = A_0 \frac{1}{\sqrt{-3}} X^* \quad \text{mit} \quad X^* = \xi_1^* + \xi_2^* T \text{ in } \mathfrak{J} \quad \text{und}$$

$$\xi_1^* \equiv \pm 1, \xi_2^* \equiv \pm 1 \bmod. \sqrt{-3},$$

wobei die Vorzeichenkombinationen in den Kongruenzbedingungen zunächst keiner Einschränkung unterliegen.

Entweder liegt nun für alle A aus $\mathfrak{A}$ der Fall a) vor; dann ist $\mathfrak{A} = A_0 \mathfrak{J}$ ein Hauptideal von $\mathfrak{J}$, und als solches vom Typ $\nu = n$.

Oder aber es gibt außerdem noch Elemente A in $\mathfrak{A}$, für die der Fall b) vorliegt – die Elemente $A = A_0 X$ mit X aus $\mathfrak{J}$ gehören natürlich sämtlich zu $\mathfrak{A}$.

Dann gehören über diese letzteren Elemente hinaus entweder sämtliche

$$A = A_0 \frac{3}{\sqrt{-1}} X^* \quad \text{mit} \quad X^* \equiv \pm (1 + T) \bmod. \sqrt{-3}$$

oder sämtliche

$$A = A_0 \frac{1}{\sqrt{-3}} X^* \quad \text{mit} \quad X^* \equiv \pm (1 - T) \bmod. \sqrt{-3}$$

zu $\mathfrak{A}$. Beides gleichzeitig kann nicht eintreten. Denn sonst gehörte auch

$$A_0 \frac{1}{\sqrt{-3}} (3 - (1 + T) - (1 - T)) = A_0 \frac{1}{\sqrt{-3}}$$

zu $\mathfrak{A}$, im Widerspruch zu der Minimalauswahl von A_0. Zusammengefaßt besteht also $\mathfrak{A}$ in diesem Falle aus allen Elementen

$$A = A_0 \frac{1}{\sqrt{-3}} X \text{ mit } X \text{ aus } \mathfrak{J} \text{ und } X \equiv x (1 + \sigma T) \bmod. \sqrt{-3} \, (x \text{ ganzrational})$$

für ein bestimmtes $\sigma = 1$ oder -1. Demnach ist $\mathfrak{A}$ von dem zweiten der in *10* behandelten Typen und hat demgemäß $\nu = n \sqrt{-3}$; wie schon gesagt bestimmt sich dabei σ aus dem zweiten Σ-Basiselement $W = \omega + T$ von $\mathfrak{A}$ gemäß $\sigma \equiv \omega \bmod. \sqrt{-3}$.

Im Sinne der Theorie aus *8*, *9* ist in diesem letzteren Falle $\mathfrak{A} = A_0 \mathfrak{O}^\sigma$ ein Hauptideal der $\mathfrak{J}$ enthaltenden Hauptordnung $\mathfrak{O}^\sigma$.

Damit ist das zu Beginn von *10* ausgesprochene Ergebnis erneut hergeleitet.

12. Darstellung der Relativeinheitengruppe. Wir kommen jetzt zur Theorie der Relativeinheiten H von B/Ω zurück. Wie wir sahen, bilden diese ein echtes Parallelgitter in der vierdimensionalen Hyperebene E des Logarithmenraumes L von B, die durch die Beziehung

$$\log |N_\Omega(A)| = \sum_{\nu \bmod. 3} \log |A^{S^\nu}| = 0$$

nebst der Folgebeziehung

$$\log |N_\Omega(A)^T| = \sum_{\nu \bmod. 3} \log |A^{S^\nu T}| = 0$$

definiert ist. Die Hyperebene E ist Darstellungsmodul von $\mathfrak{G}$ und als solcher isomorph zu dem quadratischen hyperkomplexen System

$$\bar{\mathfrak{S}} = \bar{\mathsf{P}}(S, T) \quad \text{mit} \quad 1 + S + S^2 = 0,\ T^2 = 1,\ TS = S^{-1} T$$

als $\mathfrak{S}$-Rechtsmodul. Bei diesem Isomorphismus entspricht dem Relativeinheitengitter H aus E ein reguläres $\mathfrak{J}$-Rechtsideal $\mathfrak{E}$ von $\mathfrak{S}. = \mathsf{P}(S, T)$

Der Isomorphismus zwischen E und $\bar{\mathfrak{S}}$ wird vermittelt durch eine geeignete Zahl Θ aus B mit $|N_\Omega(\Theta)| = 1$, nämlich eine solche, für die Konjugierten

$\Theta, \Theta^S, \Theta^T, \Theta^{ST}$ eine Basis von E liefern. Dann liefern ja die Θ^X mit X aus $\bar{\mathfrak{S}}$ gerade E, und die Zuordnung $\Theta^X \longleftrightarrow X$ vermittelt den Isomorphismus zwischen E und $\bar{\mathfrak{S}}$. Dabei ist Θ nicht notwendig ganz, also nicht notwendig eine Relativeinheit von B/Ω.

Nach dem Ergebnis zu Beginn von *10* können nun für das $\mathfrak{J}$-Rechtsideal $\mathfrak{E}$ von $\mathfrak{S}$ folgende beiden Fälle vorliegen:

a) *Es ist ein Hauptideal von* $\mathfrak{J}$; es gibt also ein reguläres Element A aus $\mathfrak{E}$ derart, daß $\mathfrak{E} = A\mathfrak{J}$ ist.

b) *Es ist nur ein Hauptideal von* $\mathfrak{O}^\sigma$ (mit eindeutig bestimmtem $\sigma = \pm 1$); es gibt also ein reguläres Element A aus $\mathfrak{E}$ derart, daß $\mathfrak{E} = A\mathfrak{O}^\sigma$ ist.

In beiden Fällen sei E die A bei den genannten Isomorphismus zugeordnete Relativeinheit von B/Ω, also $\mathsf{E} = \Theta^A$; man beachte hierbei, daß A nicht notwendig in $\mathfrak{J}$ liegt, so daß also E aus Θ im allgemeinen durch eine Wurzelziehung entsteht.

Im *Falle* a) erhält man dann alle Relativeinheiten H von B/Ω in der Form

$$\mathsf{H} = \mathsf{E}^X \quad \text{mit} \quad X \text{ aus } \mathfrak{J}.$$

Siehe hierzu die geometrische Veranschaulichung in *15*.

Im *Falle* b) erhält man wegen $[A\mathfrak{O}^\sigma : A\mathfrak{J}] = 3$ in dieser Form nur eine Untergruppe vom Index 3 der vollen Relativeinheitengruppe von B/Ω. Um diese selbst zu erhalten, bezeichne $\hat{\mathsf{E}}$ die dem Element $AQ^\sigma = A\frac{1}{\sqrt{-3}}(1+\sigma T)$ $= A(1-\sigma T)\frac{1}{\sqrt{-3}}$ aus $\mathfrak{E}$ bei dem genannten Isomorphismus zugeordnete Relativeinheit von B/Ω, also $\hat{\mathsf{E}} = \Theta^{AQ^\sigma}$. Dann erhält man alle Relativeinheiten H von B/Ω in der Form

$$\mathsf{H} = \mathsf{E}^X \hat{\mathsf{E}}^\varkappa \quad \text{mit } X \text{ aus } \mathfrak{J} \text{ und } \varkappa = 0, \pm 1.$$

Im Hinblick auf die Definition von $\hat{\mathsf{E}}$ und wegen $\sqrt{-3} = S - S^2$ bestehen dabei die Beziehungen

$$\hat{\mathsf{E}}^{S-S^2} = \mathsf{E}^{1-\sigma T}, \qquad \hat{\mathsf{E}}^{1-\sigma T} = 1,$$

und als Folge aus der ersteren

$$\hat{\mathsf{E}}^3 = \mathsf{E}^{-(1-\sigma T)(S-S^2)} = \mathsf{E}^{-(S-S^2)(1+\sigma T)},$$

durch welche die relative Lage von $\hat{\mathsf{E}}^{\pm 1}$ im Teilgitter der E^X bestimmt ist.

13. Darstellung der kubischen Einheitengruppe. Wir wenden uns jetzt zu der Frage, wie man aus der gewonnenen Darstellung der Einheitengruppe H^* von B eine Darstellung der Einheitengruppe H_0 von K erhält. Wie wir eingangs sahen, ist H_0 innerhalb H^* durch die Beziehung $\mathsf{H}^{*1-T} = 1$ gekennzeichnet. Ferner ist unmittelbar klar, daß die Einheitengruppe H_0 von K sogar in der Untergruppe H der Relativeinheiten von B/Ω enthalten ist. In dieser Untergruppe ist sie dann wiederum durch die Beziehung $\mathsf{H}^{1-T} = 1$ gekennzeichnet.

Im *Falle* a) hat nun $\mathsf{H} = \mathsf{E}^X$ mit X aus $\mathfrak{J}$ dann und nur dann die Eigenschaft $\mathsf{H}^{1-T} = 1$, wenn $X(1-T) = 0$ ist. Setzt man $X = \xi_1 + \xi_2 T$, so ist $X(1-T) = (\xi_1 - \xi_2)(1-T)$, also notwendig $\xi_1 = \xi_2 = \xi$ und damit $X = \xi\,(1+T)$; umgekehrt haben alle diese X die verlangte Eigenschaft. Somit erhält man im Falle a) alle Einheiten H_0 von K in der Form

$$\mathsf{H}_0 = \mathsf{E}^{\xi(1+T)} = N_{\mathsf{K}}(\mathsf{E}^{\xi}) \text{ mit ganzem } \xi \text{ aus } \Sigma.$$

Dabei ist ξ durch H_0 eindeutig bestimmt; denn es ist $\xi\,(1+T) = 0$ nur für $\xi = 0$. Insbesondere ist in diesem Falle *jede Einheit von* K *die Relativnorm nach* K *einer Relativeinheit von* B/Ω (wobei gemäß unserer durchgängigen Verabredung vom Vorzeichen abgesehen ist).

Im *Falle* b) hat man die beiden Unterfälle $\sigma = 1$ und $\sigma = -1$ zu unterscheiden.

Für $\underline{\sigma = 1}$ hat $\mathsf{H} = \mathsf{E}^X \hat{\mathsf{E}}^{\varkappa}$ mit X aus $\mathfrak{J}$ und $\varkappa = 0, \pm 1$ wegen $\hat{\mathsf{E}}^{1-T} = 1$ dann und nur dann die Eigenschaft $\mathsf{H}^{1-T} = 1$, wenn $X(1-T) = 0$ ist, während $\varkappa = 0, \pm 1$ beliebig sein darf. In diesem Falle erhält man also alle Einheiten H_0 von K in der Form

$$\mathsf{H}_0 = \mathsf{E}^{\xi(1+T)}\,\hat{\mathsf{E}}^{\varkappa} = N_{\mathsf{K}}(\mathsf{E}^{\xi})\,\hat{\mathsf{E}}^{\varkappa} \quad \text{mit ganzem } \xi \text{ aus } \Sigma \text{ und } \varkappa = 0, \pm 1.$$

Dabei sind ξ und $\varkappa$ durch H_0 eindeutig bestimmt; die Einheiten aus K der speziellen Form $N_{\mathsf{K}}(\mathsf{E}^{\xi})$ bilden also eine Untergruppe vom Index 3 in der vollen Einheitengruppe H_0 von K. Die Einheit $\hat{\mathsf{E}}$ gehört dabei zu K. Weil hier $\hat{\mathsf{E}}^3 = N_{\mathsf{K}}(\mathsf{E}^{-(S-S^2)})$ ist, und wegen $[\mathsf{B} : \mathsf{K}] = 2$, ist auch $\hat{\mathsf{E}}$ selbst Relativnorm nach K einer Relativeinheit von B/Ω, nämlich

$$\hat{\mathsf{E}} = N_{\mathsf{K}}\left(\mathsf{E}^{-(S-S^2)}\,\hat{\mathsf{E}}^{-1}\right),$$

so daß die gewonnene Darstellung auch in der Form

$$\mathsf{H}_0 = N_{\mathsf{K}}\left(\mathsf{E}^{\xi'}\,\hat{\mathsf{E}}^{\varkappa'}\right) \text{ mit ganzem } \xi' \text{ aus } \Sigma \text{ und } \varkappa' = 0, \pm 1$$

geschrieben werden kann; dabei ist explizit

$$\xi' = \xi - \varkappa\sqrt{-3}, \quad \varkappa' = -\varkappa.$$

Für $\sigma = -1$ hat $\mathsf{H} = \mathsf{E}^X \hat{\mathsf{E}}^\varkappa$ mit X aus $\mathfrak{J}$ und $\varkappa = 0, \pm 1$ wegen $\hat{\mathsf{E}}^{1+T} = 1$, also

$$\mathsf{H}^{1-T} = \mathsf{E}^{X(1-T)} \hat{\mathsf{E}}^{2\varkappa} = \mathsf{E}^{X(1-T)-\varkappa(S-S^2)(1-T)} \hat{\mathsf{E}}^{-\varkappa},$$

dann und nur dann die Eigenschaft $\mathsf{H}^{1-T} = 1$, wenn $\varkappa = 0$ und $X(1-T) = 0$ ist. In diesem Falle erhält man also alle Einheiten H_0 von K wieder in der Form

$$\mathsf{H}_0 = \mathsf{E}^{\xi(1+T)} = N_{\mathsf{K}}(\mathsf{E}^\xi) \text{ mit ganzem } \xi \text{ aus } \Sigma.$$

Die Einheit $\hat{\mathsf{E}}$ gehört hier nicht zu K.

Auch im Falle b) ist, wie sich gezeigt hat, *jede Einheit von* K *die Relativnorm nach* K *einer Relativeinheit von* B/Ω.

Zusammenfassend können wir feststellen:

Im Falle a) *und im Unterfall* $\sigma = -1$ *des Falles* b) *bilden die beiden Einheiten* $N_{\mathsf{K}}(\mathsf{E})$ *und* $N_{\mathsf{K}}(\mathsf{E})^S$ *ein Grundeinheitensystem von* K. *Im Unterfall* $\sigma = 1$ *des Falles* b) *erzeugen sie nur eine Untergruppe vom Index* 3 *in der vollen Einheitengruppe von* K, *und es gibt kein Grundeinheitensystem jener speziellen Form.*

14. Genauere Beschreibung des bikubischen Einheitengitters. Es bleibt noch zu untersuchen, welche Möglichkeiten für die Relativeinheit $\mathsf{H} \neq 1$ von B/Ω bestehen, die im Falle $N_\Omega(\mathsf{E}^*) = \varepsilon$ durch

$$\mathsf{E}^{*3} = \varepsilon \mathsf{H}$$

bestimmt ist. Da $1 + S + S^2$ mit $S - S^2$ und $1 + T$ vertauschbar und $\varepsilon^{S-S^2} = 1$, $\varepsilon^{1+T} = 1$ ist, sind E^{*S-S^2} und E^{*1+T} Relativeinheiten von B/Ω. Dementsprechend bestehen Darstellungen

$$\mathsf{E}^{*S-S^2} = \mathsf{E}^{\alpha_1+\alpha_2 T}[\hat{\mathsf{E}}^\varkappa], \quad \mathsf{E}^{*1+T} = \mathsf{E}^{\beta_1+\beta_2 T}[\hat{\mathsf{E}}^\lambda],$$

wobei die eingeklammerten Potenzen von $\hat{\mathsf{E}}$ mit Exponenten $\varkappa$, $\lambda = 0$ oder ± 1 wegfallen, wenn E allein die Relativgrundeinheit von B/Ω ist. Die Einheit E^* liegt nur fest bis auf Substitutionen

$$\mathsf{E}^* \to \mathsf{E}^* \, \mathsf{E}^{\xi_1+\xi_2 T}[\hat{\mathsf{E}}^\omega].$$

Wie jetzt gezeigt werden soll, lassen sich durch geeignete Wahl einer solchen Substitution die Werte von E^{*S-S^2} und E^{*1+T} in bestimmter Weise normieren. Der zum Ausgang genommene Wert von E^{*3} ergibt sich dann gemäß

$$\mathsf{E}^{*3} = \mathsf{E}^{*(1+S+S^2)-(S-S^2)^2} = \varepsilon \left(\mathsf{E}^{*S-S^2}\right)^{-(S-S^2)}.$$

Wir haben entsprechend der Struktur der Relativeinheitengruppe von B/Ω drei Fälle zu unterscheiden.

a) *Die Relativgrundeinheit von* B/Ω *ist* E *allein.* Dann ergibt die angegebene Substitution

$$\alpha_1 + \alpha_2 T \to (\alpha_1 + \xi_1 \sqrt{-3}) + (\alpha_2 - \xi_2 \sqrt{-3})\, T,$$
$$\beta_1 + \beta_2 T \to (\beta_1 + \xi_1 + \xi_2) + (\beta_2 + \xi_1 + \xi_2) T.$$

Wählt man also $\xi_1 + \xi_2 = -\beta_2$, so erhält man die Gestalt

$$\mathsf{E}^{*S-S^2} = \mathsf{E}^{\alpha_1+\alpha_2 T}, \quad \mathsf{E}^{*1+T} = \mathsf{E}^{\beta},$$

und es sind nur noch Substitutionen mit $\xi_1 + \xi_2 = 0$ zulässig. Indem man

$$\mathsf{E}^{*(S-S^2)(1-T)} = \mathsf{E}^{*(1+T)(S-S^2)}$$

auf jede der beiden Weisen ausrechnet, erhält man die Beziehung

$$\mathsf{E}^{(\alpha_1-\alpha_2)(1-T)} = \mathsf{E}^{\beta\sqrt{-3}}$$

und daraus notwendig

$$\alpha_1 = \alpha_2, \quad \beta = 0,$$

also die Gestalt

$$\mathsf{E}^{*S-S^2} = \mathsf{E}^{\alpha(1+T)}, \quad \mathsf{E}^{*1+T} = 1.$$

Durch die noch zulässige Substitution $\mathsf{E}^* \to \mathsf{E}^*\mathsf{E}^{\xi(1-T)}$ kann man α mod. $\sqrt{-3}$ reduzieren, also $\alpha = 0, \pm 1$ erreichen. Hierbei ist $\alpha = 0$ unmöglich, da E^* nicht in Ω liegt (und auch nicht quadratisch über Ω ist, was bei Auftreten eines Vorzeichens -1 der Fall wäre). Indem man noch E geeignet unter $\mathsf{E}^{\pm 1}$ normiert, erhält man als *endgültige Gestalt*

$$\mathsf{E}^{*S-S^2} = \mathsf{E}^{1+T}, \quad \mathsf{E}^{*1+T} = 1,$$

also

$$\mathsf{E}^{*3} = \varepsilon\,\mathsf{E}^{-(1+T)(S-S^2)} = \varepsilon\,\mathsf{E}^{-(S-S^2)(1-T)}.$$

b) *Der Relativgrundeinheit* E *von* B/Ω *tritt eine Relativeinheit* $\hat{\mathsf{E}}$ *zur Seite,* mit

$$\hat{\mathsf{E}}^{S-S^2} = \mathsf{E}^{1-\sigma T}, \quad \hat{\mathsf{E}}^{1-\sigma T} = 1.$$

<u>1. $\sigma = 1$,</u> also

$$\hat{\mathsf{E}}^{S-S^2} = \mathsf{E}^{1-T}, \quad \hat{\mathsf{E}}^{1-T} = 1.$$

Dann ergibt die angegebene Substitution

$$\alpha_1 + \alpha_2 T \to (\alpha_1 + \xi_1 \sqrt{-3} + \omega) + (\alpha_2 - \xi_2 \sqrt{-3} - \omega) T,$$
$$\varkappa \to \varkappa$$
$$\beta_1 + \beta_2 T \to (\beta_1 + \xi_1 + \xi_2) + (\beta_2 + \xi_1 + \xi_2) T,$$
$$\lambda \to \lambda + 2\omega.$$

Wählt man zunächst $\omega = 2\lambda$ und beachtet $\hat{\mathsf{E}}^3 = \mathsf{E}^{-(1-T)(S-S^2)}$, so erhält man $\lambda = 0$; wählt man dann wieder $\xi_1 + \xi_2 = -\beta_2$, so erhält man die Gestalt

$$\mathsf{E}*^{S-S^2} = \mathsf{E}^{\alpha_1+\alpha_2 T}\hat{\mathsf{E}}^{\varkappa}, \quad \mathsf{E}*^{1+T} = \mathsf{E}^{\beta},$$

und es sind nur noch Substitutionen mit $\xi_1 + \xi_2 = 0$ und $\omega = 0$ zulässig. Wie vorher folgt hier die Beziehung $(\alpha_1 - \alpha_2)(1-T) = \beta\sqrt{-3}$, also $\alpha_1 = \alpha_2$, $\beta = 0$, und damit die Gestalt

$$\mathsf{E}*^{S-S^2} = \mathsf{E}^{\alpha(1+T)}\hat{\mathsf{E}}^{\varkappa}, \quad \mathsf{E}*^{1+T} = 1.$$

Durch die noch zulässige Substitution $\mathsf{E}* \to \mathsf{E}*\mathsf{E}^{\xi(1-T)}$ kann wieder $\alpha = 0, \pm 1$ erreicht werden; dabei kann entsprechend wie vorher nicht gleichzeitig $\alpha = 0$, $\varkappa = 0$ sein. Indem man wieder noch E, $\hat{\mathsf{E}}$ (simultan) gegebenenfalls durch ihre Reziproken ersetzt, erhält man als *endgültige Gestalt*

$$\mathsf{E}*^{S-S^2} = \hat{\mathsf{E}} \quad \text{oder} \quad \mathsf{E}^{1+T}\hat{\mathsf{E}}^{\varkappa} (\varkappa = 0, \pm 1), \quad \mathsf{E}*^{1+T} = 1,$$

also

$$\mathsf{E}*^3 = \varepsilon\,\mathsf{E}^{-(1-T)} \quad \text{oder} \quad \varepsilon\,\mathsf{E}^{-(S-S^2+\varkappa)(1-T)}.$$

2. $\sigma = -1$, also

$$\hat{\mathsf{E}}^{S-S^2} = \mathsf{E}^{1+T}, \quad \hat{\mathsf{E}}^{1+T} = 1.$$

Dann ergibt die angegebene Substitution

$$\alpha_1 + \alpha_2 T \to (\alpha_1 + \xi_1\sqrt{-3} + \omega) + (\alpha_2 - \xi_2\sqrt{-3} + \omega)T,$$
$$\varkappa \to \varkappa$$

$$\beta_1 + \beta_2 T \to (\beta_1 + \xi_1 + \xi_2) + (\beta_2 + \xi_1 + \xi_2)T,$$
$$\lambda \to \lambda.$$

Wählt man wieder $\xi_1 + \xi_2 = -\beta_2$, so erhält man die Gestalt

$$\mathsf{E}*^{S-S^2} = \mathsf{E}^{\alpha_1+\alpha_2 T}\check{\mathsf{E}}^{\varkappa}, \quad \mathsf{E}*^{1+T} = \mathsf{E}^{\beta}\hat{\mathsf{E}}^{\lambda},$$

und es sind nur noch Substitutionen mit $\xi_1 + \xi_2 = 0$ zulässig. Wie vorher folgt hier die Beziehung

$$\mathsf{E}^{(\alpha_1-\alpha_2)(1-T)}\hat{\mathsf{E}}^{2\varkappa} = \mathsf{E}^{\beta\sqrt{-3}+\lambda(1+T)},$$

und daraus notwendig $\varkappa = 0, \lambda \equiv 0 \mod. \sqrt{-3}$, also auch $\lambda = 0$, und $\alpha_1 = \alpha_2$, $\beta = 0$, somit die Gestalt

$$\mathsf{E}*^{S-S^2} = \mathsf{E}^{\alpha(1+T)}, \quad \mathsf{E}*^{1+T} = 1.$$

Durch die noch zulässige Substitution $\mathsf{E}^* \longrightarrow \mathsf{E}^* \mathsf{E}^{\xi(1-T)} \hat{\mathsf{E}}^{\omega}$ kann man hier sogar $\alpha = 0$ erreichen, was aber wie vorher unmöglich ist.

Somit kommt dieser Fall nicht vor, d. h. wenn $N_{\mathfrak{Q}}(\mathsf{E}^*) = \varepsilon$ lösbar ist und neben E ein $\hat{\mathsf{E}}$ vorhanden ist, dann ist notwendig $\sigma = 1$.

15. Geometrische Darstellung des Relativeinheitengitters. Wir geben zu dem Ergebnis aus *12* für den dortigen Fall a) noch die folgende geometrische Veranschaulichung der halben Grundmasche des Relativeinheitengitters

$$\mathsf{H} = \mathsf{E}^X, \quad X = \xi + \eta T,$$

dadurch bestimmt, daß ξ, η einzeln in einer gleichseitig-dreieckigen Grundmasche des Gitters Γ der ganzen Zahlen von $\Sigma = \mathsf{P}(S) = \mathsf{P}(\sqrt{-3})$ liegen sollen.

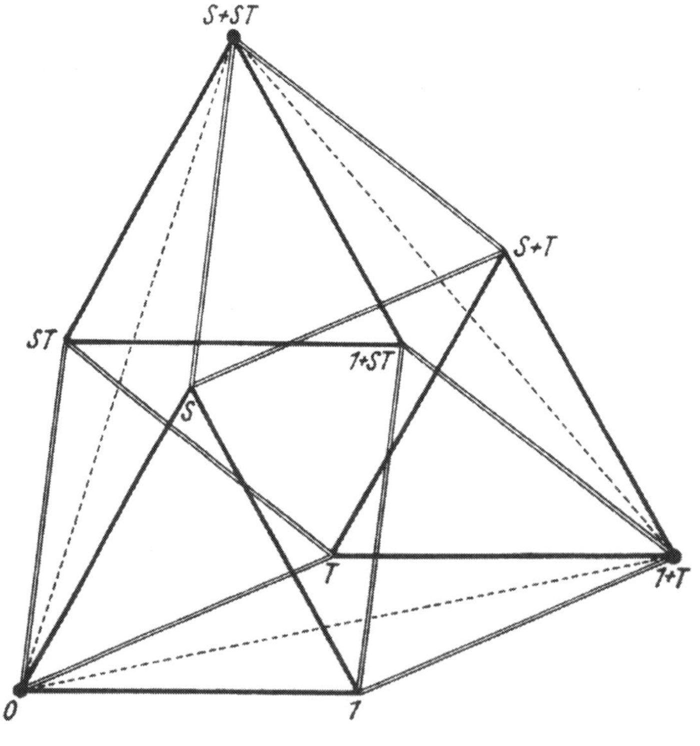

+ Eckenzahl	9	
− Kantenzahl	18	
+ Flächenzahl	15	(6 Dreiecke, 9 Vierecke)
− Körperzahl	6	(dreiseitige Prismen)
Eulersche Cnarakteristik	0	(wie es sein muß)

Anwendung von S liefert dreiteilige Drehsymmetrie; Symmetrieachse steht senkrecht auf dem betrachteten vierdimensionalen Raum E.

Anwendung von T liefert Spiegelung an der (K entsprechenden) Ebene, die durch 0, $1 + T$, $S + ST$ aufgespannt wird; durch die Spiegelung verbunden sind $1 \longleftrightarrow T$, $S \longleftrightarrow ST$, $S + T \longleftrightarrow 1 + ST$.

73. Einheitenberechnung mittels des Jacobi-Perronschen Algorithmus [139]

gemeinsam mit L. Bernstein

Journal für die reine und angewandte Mathematik
218 (1965), 51 - 69

In mehreren Arbeiten [1, 2, 3] hat der Jüngere von uns Klassen reeller algebraischer Irrationalzahlen ω vom Grade n aufgewiesen, für welche der Jacobi-Perronsche verallgemeinerte Kettenbruchalgorithmus periodisch ausfällt. In der vorliegenden Arbeit bestimmen wir die aus diesen periodischen Algorithmen resultierenden algebraischen Einheiten.

Es handelt sich um die Klassen

(1.) $$\omega = \sqrt[n]{D^n + d} \text{ mit } d \mid D \text{ und } (n-2)\,d \leqq D,$$

(2.) $$\omega = \sqrt[n]{D^n - d} \text{ mit } d \mid D \text{ und } 2(n-1)\,d \leqq D,$$

(3.) $$\omega = \sqrt[3]{D^3 + 3D} \text{ mit } D \geqq 2,$$

wobei $n \geqq 3$ und d, D natürliche Zahlen bedeuten. In (1.) und (2.) kann für Primzahlpotenzgrade $n = p^\nu$ auch pd mit $d \mid D$ anstelle von d treten, sofern nur die geforderte Ungleichung sogar mit pd erfüllt ist.

Wir geben zuvor eine kurze Skizze des Schemas der Einheitengewinnung aus einem periodischen Jacobi-Perronschen Algorithmus.

I. Einheitengewinnung aus einem periodischen Jacobi-Perronschen Algorithmus

1. Der Jacobi-Perronsche Algorithmus in *homogener* Schreibweise besteht formal aus einem Schema der folgenden Art:

$$\begin{array}{cccccccc}
 & a_{00} = 1 & & a_{01} = 1 \;\ldots\ldots\ldots & a_{0k} = 1 & & a_{0,k+1} = 1 \;\ldots \\
\omega_{00} & & \omega_{01} \;\ldots\ldots\ldots & & \omega_{0k} & \omega_{0,k+1} \;\ldots\ldots & \\
 & a_{10} & & a_{11} \;\ldots\ldots\ldots & a_{1k} & & a_{1,k+1} \;\ldots \\
\omega_{10} & & \omega_{11} \;\ldots\ldots\ldots & & \omega_{1k} & \omega_{1,k+1} \;\ldots\ldots & \\
\ldots & \ldots & \ldots & \ldots & \ldots & \ldots & \ldots \\
 & a_{n-1,0} & & a_{n-1,1} \;\ldots\ldots\ldots & a_{n-1,k} & & a_{n-1,k+1} \;\ldots \\
\omega_{n-1,0} & & \omega_{n-1,1} \;\ldots\ldots\ldots & & \omega_{n-1,k} & \omega_{n-1,k+1} \;\ldots\ldots &
\end{array}$$

kurz (mit Spaltenvektoren):

$$\begin{array}{cccccccc}
 & \mathfrak{a}_0 & & \mathfrak{a}_1 \;\ldots\ldots\ldots & \mathfrak{a}_k & & \mathfrak{a}_{k+1} \;\ldots \\
\mathfrak{w}_0 & & \mathfrak{w}_1 \;\ldots\ldots\ldots & & \mathfrak{w}_k & \mathfrak{w}_{k+1} \;\ldots\ldots &
\end{array}$$

Dabei ist $\mathfrak{w}_0 = \mathfrak{w}$ die zum Ausgang genommene Spalte aus reellen Zahlen $\omega_{i0} = \omega_i$ — hier als Basis eines reellen algebraischen Zahlkörpers $\mathfrak{K} = \mathfrak{R}(\mathfrak{w})$ vom Grade n über dem rationalen Zahlkörper $\mathfrak{R}$ vorausgesetzt. Ferner besteht jeweils $\mathfrak{a}_k$ aus den *größten Ganzen*

$$a_{ik} = \left[\frac{\omega_{ik}}{\omega_{0k}}\right], \text{ speziell } a_{0k} = 1,$$

und $\mathfrak{w}_{k+1}$ aus den zugehörigen *Resten*:

$$\omega_{i-1,k+1} = \omega_{ik} - a_{ik}\,\omega_{0k} \qquad (i = 1, \ldots, n-1),$$

$$\omega_{n-1,k+1} = \omega_{0k}.$$

Diese lineare Substitution, die $\mathfrak{w}_{k+1}$ aus $\mathfrak{w}_k$ liefert, kehrt man zweckmäßig um und führt auch noch in der letzten Gleichung $a_{0k} = 1$ als Koeffizient von $\omega_{n-1,k+1}$ ein:

$$\omega_{0k} = \qquad a_{0k}\omega_{n-1,k+1}$$

$$\omega_{ik} = \omega_{i-1,k+1} + a_{ik}\,\omega_{n-1,k+1} \qquad (i = 1, \ldots, n-1).$$

Die so entstehende umgekehrte Substitution hat die Matrix

$$A_k = \begin{pmatrix} 0 \ldots 0 & a_{0k} \\ 1 & a_{1k} \\ \ddots & \\ 1 & a_{n-1,k} \end{pmatrix}.$$

Damit schreibt sich der Zusammenhang zwischen $\mathfrak{w}_k$ und $\mathfrak{w}_{k+1}$ kurz in der Gestalt:

$$\mathfrak{w}_k = A_k \mathfrak{w}_{k+1}.$$

Diese Einzelschritte fassen sich wie folgt zu einem Gesamtschritt zusammen, der den Zusammenhang zwischen der Ausgangsbasis $\mathfrak{w} = \mathfrak{w}_0$ und einer späteren Restbasis $\mathfrak{w}_{k+1}$ liefert:

$$\mathfrak{w} = P_k \mathfrak{w}_{k+1} \text{ mit } P_k = A_0 \cdots A_k,$$

wobei sinngemäß $P_{-1} = I$ (Einsmatrix) zu setzen ist. Die Matrizen A_k, P_k sind ganzzahlig mit den Determinanten

$$|A_k| = (-1)^{n-1}, \quad |P_k| = (-1)^{(k+1)(n-1)}.$$

Die Matrizen P_k bauen sich auf Grund ihrer rekursiven Entstehung $P_k = P_{k-1}A_k$ wie folgt aus einer Spaltenfolge $\mathfrak{p}_k$ auf:

$$P_k = (\mathfrak{p}_{k-(n-1)}, \ldots, \mathfrak{p}_{k-1}, \mathfrak{p}_k),$$

wobei die Spaltenfolge $\mathfrak{p}_k$ sich aus der den Matrizen A_k zugrunde liegenden Spaltenfolge $\mathfrak{a}_k$ vermöge der folgenden Rekursionsformeln bestimmt:

$$\mathfrak{p}_k = a_{0k}\mathfrak{p}_{k-n} + \cdots + a_{n-1,k}\mathfrak{p}_{k-1}.$$

Gemäß $P_{-1} = I$ sind dabei als Ausgangsspalten

$$\mathfrak{p}_{-n} = \mathfrak{e}_1, \ldots, \mathfrak{p}_{-1} = \mathfrak{e}_n$$

die Spalten der Einsmatrix zu nehmen.

Bemerkung. Die in der Perronschen Originalarbeit [4] auftretende Matrix

$$\begin{pmatrix} A_0^{(k)} & A_0^{(k+1)} \ldots & A_0^{k+(n-1)} \\ \ldots & \ldots & \ldots \\ A_{n-1}^{(k)} & A_{n-1}^{(k+1)} \ldots & A_{(n-1)}^{k+(n-1)} \end{pmatrix}$$

ist unsere Matrix

$$P_{k-1} = (\mathfrak{p}_{k-n}, \ldots, \mathfrak{p}_{k-1}).$$

Bezeichnet also p_{ik} $(i = 0, \ldots, n-1)$ die Elemente von $\mathfrak{p}_k$, so sind die Perronschen $A_i^{(k)} = p_{i,k-n}$ bei uns.

2. Der Algorithmus sei jetzt als *periodisch* vorausgesetzt, mit l-gliedriger *Vorperiode* $\mathfrak{w}_0, \ldots, \mathfrak{w}_{l-1}$ und m-gliedriger *Periode* $\mathfrak{w}_l, \ldots, \mathfrak{w}_{l+m-1}$. Das drückt sich in der homogenen Schreibweise durch die *Proportionalität*

$$\mathfrak{w}_l \sim \mathfrak{w}_{l+m}$$

aus, also durch eine *Gleichung*

$$\mathfrak{w}_l = \varepsilon \mathfrak{w}_{l+m}$$

mit einem Proportionalitätsfaktor $\varepsilon \neq 0$ aus dem Körper $\mathfrak{K} = \mathfrak{R}(\mathfrak{w})$. Im Hinblick auf die Algorithmusgleichung

$$\mathfrak{w}_l = P\mathfrak{w}_{l+m} \quad \text{mit} \quad P = A_l \cdots A_{l+m-1} \; (\textit{Periodenmatrix})$$

hat man dann

$$P\mathfrak{w}_{l+m} = \varepsilon \mathfrak{w}_{l+m}$$

oder also

$$(\varepsilon I - P)\, \mathfrak{w}_{l+m} = 0,$$

d. h. der Proportionalitätsfaktor ε ist Eigenwert der Periodenmatrix P, mit zugehörigem Eigenvektor $\mathfrak{w}_{l+m}$ (oder auch $\mathfrak{w}_l$). Demnach ist ε Wurzel der charakteristischen Gleichung

$$|\varepsilon I - P| = 0.$$

Wie Perron [4] gezeigt hat, folgt aus den Eigenschaften der *Teilnenner*spalten $\mathfrak{a}_k$ und der daraus gebildeten *Näherungswert*spalten $\mathfrak{p}_k$, daß die charakteristische Matrix $|\varepsilon I - P|$ den bei Determinante 0 höchstmöglichen Rang $n-1$ hat. Daher ist der Eigenwert ε einfach, und der zugehörige Eigenvektor $\mathfrak{w}_l$ liegt bis auf proportionale eindeutig fest, ist nämlich zu den Adjunkten irgendeiner Spalte der charakteristischen Matrix proportional. Hiernach liegen die Verhältnisse der Elemente von $\mathfrak{w}_l$ im Körper $\mathfrak{R}(\varepsilon)$. Da aber schon diese Verhältnisse den Körper $\mathfrak{K} = \mathfrak{R}(\mathfrak{w}) = \mathfrak{R}(\mathfrak{w}_l)$ erzeugen, weil die Basen $\mathfrak{w}$ und $\mathfrak{w}_l$ rationalzahlig linear äquivalent zu einer Basis mit erstem Element 1 sind, hat man neben der oben festgestellten Tatsache $\mathfrak{R}(\varepsilon) \leq \mathfrak{K}$ auch die umgekehrte $\mathfrak{K} \leq \mathfrak{R}(\varepsilon)$, also zusammengenommen

$$\mathfrak{K} = \mathfrak{R}(\varepsilon).$$

Demnach ist ε ein primitives Element von $\mathfrak{K}$ (und die von ε befriedigte charakteristische Gleichung ist irreduzibel).

Da die charakteristische Gleichung ganzrationale Koeffizienten hat, deren höchster 1 und niedrigster $|P| = (-1)^{m(n-1)}$ ist, ist

ε eine Einheit von $\mathfrak{K}$, mit der Norm $N(\varepsilon) = (-1)^{m(n-1)}$.

3. Zur expliziten Bestimmung der Einheit ε aus dem Algorithmus führt der Übergang zur *inhomogenen* Schreibweise. Dieser erfolgt, indem man jede Spalte $\mathfrak{w}_k$ durch ihr Anfangsglied ω_{0k} dividiert. Die so entstehenden Spalten seien mit $\mathfrak{v}_k$, ihre Glieder mit $v_{ik} (i = 0, \ldots, n-1)$ bezeichnet. Man hat dann also den Zusammenhang:

$$\mathfrak{v}_k = \frac{\mathfrak{w}_k}{\omega_{0k}} \quad \text{und durchweg} \quad v_{0k} = 1.$$

Die Teilnennerspalten $\mathfrak{a}_k$ bleiben bei diesem Übergang erhalten.

Zur Beschreibung des Rückgangs zur homogenen Schreibweise sei ohne Einschränkung von vornherein

$$\omega_{00} = 1,$$

also

$$\mathfrak{v}_0 = \mathfrak{w}_0 = \mathfrak{w}$$

vorausgesetzt. Die Schlußglieder der weiteren Spalten $\mathfrak{v}_k (k \geqq 1)$ sind dann der Reihe nach

$$v_1 = v_{n-1,1} = \frac{\omega_{n-1,1}}{\omega_{01}}, \quad v_2 = v_{n-1,2} = \frac{\omega_{n-1,2}}{\omega_{02}}, \ldots .$$

Auf Grund der *Sprunggleichungen*

$$\omega_{n-1,k+1} = \omega_{0k}$$

des Algorithmus drücken sie sich auch so aus:

$$v_1 = \frac{\omega_{00}}{\omega_{01}} = \frac{1}{\omega_{01}}, \quad v_2 = \frac{\omega_{01}}{\omega_{02}}, \ldots .$$

Hiernach liefert Division der inhomogenen $\mathfrak{v}_1, \mathfrak{v}_2, \ldots$ mit den Produkten

$$\pi_1 = v_1, \quad \pi_2 = v_1 v_2, \ldots$$

wieder die homogenen $\mathfrak{w}_1, \mathfrak{w}_2, \ldots$, kurz:

$$\mathfrak{w}_k = \frac{\mathfrak{v}_k}{\pi_k} \quad \text{mit} \quad \pi_k = v_1 \cdots v_k \qquad (k \geqq 1).$$

Vergleich der beiden Übergänge liefert die Relationen

$$\pi_k \omega_{0k} = 1 \qquad (k \geqq 1).$$

Diese beiden Formeln gelten auch für $k = 0$, wenn man sinngemäß $\pi_0 = 1$ versteht.

Bei der inhomogenen Schreibweise drückt sich die Periodizität einfach durch die *Gleichung*

$$\mathfrak{v}_l = \mathfrak{v}_{l+m}$$

aus. Übergang zur homogenen Schreibweise liefert daraus nach Vorstehendem:

$$\pi_l \mathfrak{w}_l = \pi_{l+m} \mathfrak{w}_{l+m}.$$

Nach Wegdivision des gemeinsamen Faktors π_l wird das:

$$\mathfrak{w}_l = v_{l+1} \cdots v_{l+m} \mathfrak{w}_{l+m}.$$

Damit berechnet sich der im homogenen Algorithmus auftretende Proportionalitätsfaktor ε *zu*

$$\varepsilon = v_{l+1} \cdots v_{l+m},$$

also als das Produkt der Schlußglieder v_k *aus den Restespalten der Periode des inhomogenen Algorithmus.*

II. Anwendung auf die Irrationalitätenklasse (1)

1. Es sei $n \geqq 3$, und es seien D, d natürliche Zahlen mit

$$d \mid D, \; (n-2)\, d \leqq D.$$

Betrachtet wird die reelle algebraische Irrationalität

$$\omega = \sqrt[n]{D^n + d}.$$

Sie hat den genauen Grad n.

Dazu ist zu zeigen, daß der Radikand $D^n + d$ für keinen Primteiler p von n die p-te Potenz einer natürlichen Zahl ist, vielmehr echt zwischen zwei sukzessiven p-ten Potenzzahlen liegt. Setzt man $n = n_0 p$, so ist jedenfalls

$$(D^{n_0})^p = D^n < D^n + d.$$

Es genügt dann, noch zu zeigen, daß

$$D^n + d < (D^{n_0} + 1)^p = D^n + \sum_{\varrho=1}^{p} \binom{p}{\varrho} D^{\varrho n_0}$$

gilt. Dies ist aber sicher erfüllt, weil sogar gilt:

$$d \leqq \frac{D}{n-2} \leqq D < pD \leqq \binom{p}{1} D^{n_0}.$$

Als Ausgangsbasis des Algorithmus wird die Basis

$$\mathfrak{w} = \begin{pmatrix} 1 \\ \omega \\ \vdots \\ \omega^{n-1} \end{pmatrix}$$

von $\mathfrak{K} = \mathfrak{R}(\omega)$ genommen.

2. Der Jacobi-Perronsche Algorithmus für diese Basis $\mathfrak{w}$ ist, wie in [1] gezeigt, periodisch, mit

Vorperiodenlänge $l = n - 1$, Periodenlänge $m = n$,

und zwar stellt er sich in inhomogener Schreibweise explizit durch das folgende Schema dar:

Vorperiode				Periode					
	$\bar{\varphi}_{00} = 1$		$\bar{\varphi}_{01} = 1 \dots \bar{\varphi}_{0,n-2} = 1$		$\bar{\varphi}_{0,n-1} = \bar{\varphi}_0 = 1$		$\bar{\varphi}_{0n} = \bar{\varphi}_0 = 1$		$\bar{\varphi}_{0,n+1} = \bar{\varphi}_0 = 1 \dots \bar{\varphi}_{0,2n-2} = \bar{\varphi}_0 = 1$
$\varphi_{00} = 1$		$\varphi_{01} = 1 \dots \varphi_{0,n-2} = 1$		$\varphi_{0,n-1} = \varphi_0 = 1$		$\varphi_{0n} = \varphi_0 = 1$		$\varphi_{0,n+1} = \varphi_0 = 1 \dots \varphi_{0,2n-2} = \varphi_0 = 1$	
	$\bar{\varphi}_{10}$		$\bar{\varphi}_{11} \dots \bar{\varphi}_{1,n-2}$		$\bar{\varphi}'_1$		$\bar{\varphi}_1$		$\bar{\varphi}_1 \dots \bar{\varphi}_1$
$\varphi_{10} = \omega$		$\varphi_{11} \dots \varphi_{1,n-2}$		φ'_1		φ_1		$\varphi_1 \dots \varphi_1$	
	$\bar{\varphi}_{20}$		$\bar{\varphi}_{21} \dots \bar{\varphi}'_2$		$\bar{\varphi}'_2$		$\bar{\varphi}_2$		$\bar{\varphi}'_2 \dots \bar{\varphi}'_2$
$\varphi_{20} = \omega^2$		$\varphi_{21} \dots \varphi'_2$		φ'_2		φ_2		$\varphi_2 \dots \varphi'_2$	
$\dots$				$\dots$					
	$\bar{\varphi}_{n-2,0}$		$\bar{\varphi}_{n-2,1} \dots \bar{\varphi}'_{n-2}$		$\bar{\varphi}'_{n-2}$		$\bar{\varphi}_{n-2}$		$\bar{\varphi}_{n-2} \dots \bar{\varphi}'_{n-2}$
$\varphi_{n-2,0} = \omega^{n-2}$		$\varphi_{n-2,1} \dots \varphi'_{n-2}$		φ'_{n-2}		φ_{n-2}		$\varphi_{n-2} \dots \varphi'_{n-2}$	
	$\bar{\varphi}_{n-1,0}$		$\bar{\varphi}'_{n-1} \dots \bar{\varphi}'_{n-1}$		$\bar{\varphi}'_{n-1}$		$\bar{\varphi}_{n-1}$		$\bar{\varphi}'_{n-1} \dots \bar{\varphi}'_{n-1}$
$\varphi_{n-1,0} = \omega^{n-1}$		$\varphi'_{n-1} \dots \varphi'_{n-1}$		φ'_{n-1}		φ_{n-1}		$\varphi'_{n-1} \dots \varphi'_{n-1}$	
	$\mathfrak{a}_0$		$\mathfrak{a}_1 \dots \mathfrak{a}_{n-2}$		$\mathfrak{a}_{n-1}$		$\mathfrak{a}_n$		$\mathfrak{a}_{n+1} \dots \mathfrak{a}_{2n-2}$
$\mathfrak{w} = \mathfrak{w}_0 = \mathfrak{v}_0$		$\mathfrak{v}_1 \dots \mathfrak{v}_{n-2}$		$\mathfrak{v}_{n-1}$		$\mathfrak{v}_n$		$\mathfrak{v}_{n+1} \dots \mathfrak{v}_{2n-2}$	

Dabei sind folgende Abkürzungen verwendet:

$$\left\{\begin{aligned} \varphi_{ik} &= \varphi_{ik}(\omega) = \sum_{j=0}^{i} \binom{k+j-1}{j} D^j \omega^{i-j} \quad \binom{0 \leqq i \leqq n-1,\ k \geqq 0;}{\text{gebraucht nur für } k+i \leqq n} \\ \overline{\varphi}_{ik} &= \varphi_{ik}(D) = \binom{k+i}{i} D^i \end{aligned}\right\}.$$

$$\left\{\begin{aligned} \varphi_i &= \varphi_{i,n-i}(\omega) = \sum_{j=0}^{i} \binom{(n-1)-(i-j)}{j} D^j \omega^{i-j} \\ \overline{\varphi}_i &= \varphi_{i,n-i}(D) = \binom{n}{i} D^i \end{aligned}\right\}. \quad \text{(Es bedeutet also der Querstrich } \bar{}\ \text{die Ersetzung } \omega \to D.)$$

$$\left\{\begin{aligned} \varphi_i' &= \frac{\varphi_i}{d} \\ \overline{\varphi}_i' &= \frac{\overline{\varphi}_i}{d} \end{aligned}\right\}. \quad \text{(Es bedeutet also der Strich } '\ \text{die Division mit } d.)$$

Für diese Bildungen gelten die folgenden Regeln, auf denen der Periodizitätsbeweis wesentlich beruht:

$$\varphi_{0k} = 1, \qquad \overline{\varphi}_{0k} = 1.$$

$$\varphi_{i0} = \omega^i, \qquad \overline{\varphi}_{i0} = D^i.$$

$$\varphi_{i1} = \frac{\omega^{i+1} - D^{i+1}}{\omega - D}, \qquad \overline{\varphi}_{i1} = (i+1)\, D^i.$$

$$\varphi_{ik} - \overline{\varphi}_{ik} = (\omega - D)\, \varphi_{i-1,k+1} \qquad (i \geqq 1).$$

$$[\varphi_{ik}] = \overline{\varphi}_{ik} \quad (k + i \leqq n), \text{ insbesondere } [\varphi_i] = \overline{\varphi}_i.$$

3. Die Schlußglieder der inhomogenen Restespalten $\mathfrak{v}_k$ des vorstehenden Algorithmus sind:

$$v_k = \left\{\begin{aligned} \varphi_{n-1}' &= \frac{1}{d}\frac{\omega^n - D^n}{\omega - D} = \frac{1}{\omega - D} \quad \text{für } k \not\equiv 0 \bmod. n \\ \varphi_{n-1} &= \frac{\omega^n - D^n}{\omega - D} = \frac{d}{\omega - D} \quad \text{für } k \equiv 0 \bmod. n \end{aligned}\right\} (k \geqq 1).$$

Sie sind bereits von $k = 1$ an periodisch; darin liegt eine Besonderheit dieses Algorithmus. Die der Periode entsprechende Einheit aus $\mathfrak{K} = \mathfrak{R}(\omega)$ ist demnach

$$\varepsilon = v_n \cdots v_{2n-1} = v_1 \cdots v_n = \pi_n = \frac{d}{(\omega - D)^n} = \frac{\omega^n - D^n}{(\omega - D)^n}.$$

Daß dies ε aus $\mathfrak{K}$ eine Einheit mit $N(\varepsilon) = (-1)^{n(n-1)} = 1$ ist, wie das nach der allgemeinen Theorie der Fall sein muß, erkennt man auch leicht direkt, durch Betrachtung der Reziproken:

$$\begin{aligned} \varepsilon^{-1} &= \frac{(\omega - D)^n}{d} = \frac{1}{d} \sum_{\nu=0}^{n} (-1)^\nu \binom{n}{\nu} D^\nu \omega^{n-\nu} \\ &= \frac{\omega^n + (-1)^n D^n}{d} + \frac{1}{d} \sum_{\nu=1}^{n-1} (-1)^\nu \binom{n}{\nu} D^\nu \omega^{n-\nu} \\ &= \frac{(1 + (-1)^n)\, D^n}{d} + 1 + \frac{1}{d} \sum_{\nu=1}^{n-1} (-1)^\nu \binom{n}{\nu} D^\nu \omega^{n-\nu}. \end{aligned}$$

Im Hinblick auf die Voraussetzung $d \mid D$ sind hierin alle Glieder ganz. Ferner ist

$$N(\varepsilon^{-1}) = \left(\frac{N(\omega - D)}{d}\right)^n = \left(\frac{(-1)^n N(D-\omega)}{d}\right)^n = \left(\frac{(-1)^n (D^n - \omega^n)}{d}\right)^n$$
$$= \left(\frac{(-1)^n(-d)}{d}\right)^n = (-1)^{n(n-1)} = 1.$$

Die gewonnene Darstellung von ε^{-1} durch die Basis $\mathfrak{w}$ läßt zudem erkennen, daß ε^{-1} im Ring $\mathfrak{J} = \mathfrak{Z}[\omega]$ über dem Ring $\mathfrak{Z}$ der ganzrationalen Zahlen liegt. Mit ε^{-1} ist dann auch ε selbst eine Einheit dieses Ringes.

Im Spezialfall $d = 1$, wo die n-gliedrige Periode sich aus n eingliedrigen Perioden zusammensetzt, ist schon

$$\varepsilon_0 = v_n = v_1 = \frac{1}{\omega - D} = \sum_{j=0}^{n-1} D^j \omega^{i-j}$$

eine Einheit aus $\mathfrak{J}$, mit $N(\varepsilon_0) = (-1)^{n-1}$.

4. Da, wie hervorgehoben, die Schlußglieder v_k der inhomogenen Restespalten $\mathfrak{v}_k$ des Algorithmus bereits von $k = 1$ an periodisch sind, tritt die Einheit ε auch schon vor Einsetzen der Periode als Proportionalitätsfaktor auf, nämlich erstmalig in der Relation:

$$\varepsilon \mathfrak{w} = P_{n-1}\mathfrak{v}_n \quad \text{mit} \quad P_{n-1} = A_0 \cdots A_{n-2}A_{n-1} = VA_{n-1} \quad (\textit{erweiterte Vorperiodenmatrix}).$$

Hieraus läßt sich auch für ε selbst die Darstellung durch die Basis $\mathfrak{w}$ ermitteln. Im Hinblick auf die Spaltendarstellung

$$P_{n-1} = (\mathfrak{p}_0, \ldots, \mathfrak{p}_{n-1})$$

und die explizite Angabe von $\mathfrak{v}_n$ im Algorithmus bedeutet nämlich die angegebene Relation das lineare Gleichungssystem

$$\varepsilon \omega^h = \sum_{i=0}^{n-1} p_{hi} v_{in} = \sum_{i=0}^{n-1} p_{hi} \varphi_i \qquad (h = 0, \ldots, n-1).$$

Speziell für $h = 0$ hat man demnach:

$$\varepsilon = \sum_{i=0}^{n-1} p_{0i}\varphi_i = \sum_{i=0}^{n-1} p_{0i} \sum_{j=0}^{i} \binom{(n-1)-(i-j)}{j} D^j \omega^{i-j}$$
$$= \sum_{0 \leq j \leq i \leq n-1} \binom{(n-1)-(i-j)}{j} p_{0i} D^j \omega^{i-j}$$

(Transformation $i - j = i'$, also $i = i' + j$)

$$= \sum_{0 \leq j \leq i'+j \leq n-1} \binom{n-1-i'}{j} p_{0,i'+j} D^j \omega^{i'}$$
$$= \sum_{i'=0}^{n-1} \left(\sum_{j=0}^{n-1-i'} \binom{n-1-i'}{j} p_{0,i'+j} D^j \right) \omega^{i'}.$$

Demnach lautet die gesuchte Basisdarstellung:

$$\varepsilon = \sum_{i=0}^{n-1} e_i \omega^i \quad \text{mit} \quad e_i = \sum_{j=0}^{n-1-i} \binom{n-1-i}{j} p_{0,i+j} D^j.$$

Sie setzt direkt in Evidenz, daß ε eine Einheit des Ringes $\mathfrak{J} = \mathfrak{Z}[\omega]$ ist.

5. Von dem Spezialfall $d = 1$ abgesehen, wo die n-gliedrige Periode aus n eingliedrigen Perioden aufgebaut ist, sind die Proportionalitätsfaktoren

$$\pi_k = \frac{1}{(\omega - D)^k} \qquad (k = 1, \ldots, n-1)$$

keine Einheiten. Denn aus

$$\pi_n = \frac{d}{(\omega - D)^n} = \varepsilon \text{ mit } \mathfrak{N}(\varepsilon) = 1 \text{ (Absolutnorm)}$$

folgt

$$\mathfrak{N}(\omega - D)^n = \mathfrak{N}(d) = d^n,$$

also

$$\mathfrak{N}(\omega - D)^k = d^k,$$

so daß die π_k gebrochene Zahlen mit Nenner von der Absolutnorm d^k sind.

Jedoch erweisen sich analog zu der Bildung

$$\pi_n = \frac{d}{(\omega - D)^n} = \frac{\omega^n - D^n}{(\omega - D)^n} = \varepsilon$$

die Bildungen

$$(\omega^k - D^k)\,\pi_k = \frac{\omega^k - D^k}{(\omega - D)^k} \qquad (k = 1, \ldots, n-1)$$

jedenfalls als *ganze Zahlen* aus $\mathfrak{K}$ und sogar aus $\mathfrak{J}$.

Das sieht man mittels des betrachteten Algorithmus durch eine entsprechende Rechnung ein, wie sie vorher zur Bestimmung der Darstellung von ε durch die Basis $\mathfrak{w}$ angestellt wurde.

Definitionsgemäß hat man nämlich

$$\pi_k \mathfrak{w} = P_{k-1} \mathfrak{v}_k.$$

Für $k = 1, \ldots, n-1$ ist hierin einerseits

$$P_{k-1} = (\mathfrak{e}_{k+1}, \ldots, \mathfrak{e}_n, \mathfrak{p}_0, \ldots, \mathfrak{p}_{k-1}),$$

andererseits

$$\mathfrak{v}_k = \begin{bmatrix} \varphi_{0k} \\ \vdots \\ \varphi_{n-(k-1),k} \\ \varphi'_{n-k} \\ \vdots \\ \varphi'_{n-1} \end{bmatrix}.$$

Demnach spielen für die erste Zeile des Produkts $P_{k-1}\mathfrak{v}_k$ nur die letzten k Spalten von P_{k-1} und daher nur die letzten k Glieder von $\mathfrak{v}_k$ eine Rolle:

$$\begin{aligned} \pi_k &= \sum_{i=n-k}^{n-1} p_{0,i-(n-k)}\, \varphi'_{n-k} \\ &= \sum_{i=n-k}^{n-1} p_{0,i-(n-k)} \frac{1}{d} \sum_{j=0}^{i} \binom{(n-1)-(i-j)}{j} D^j \omega^{i-j} \\ &= \frac{1}{d} \sum_{n-k \leq i \leq n-1} \; \sum_{0 \leq i \leq j} p_{0,i-(n-k)} \binom{(n-1)-(i-j)}{j} D^j \omega^{i-j}. \end{aligned}$$

Durch die Summationstransformation

$$\begin{Bmatrix} i - j = i' \\ j = j' \end{Bmatrix} \text{ mit der Umkehrung } \begin{Bmatrix} i = i' + j' \\ j = \phantom{i' +{}} j' \end{Bmatrix}$$

werden die Summationsbedingungen

$$\begin{Bmatrix} n - k \leqq i \leqq n - i \\ 0 \leqq j \leqq i \end{Bmatrix} \text{ zu } \begin{Bmatrix} n - k \leqq i' + j' \leqq n - 1 \\ 0 \leqq \phantom{i' +{}} j' \leqq i' + j' \end{Bmatrix},$$

oder also zu

$$\begin{Bmatrix} 0 \leqq i' \leqq n - 1 \\ \operatorname{Max}(n - k - i', 0) \leqq j' \leqq n - 1 - i' \end{Bmatrix}.$$

Damit wird:

$$\pi_k = \frac{1}{d} \sum_{i=0}^{n-1} \left(\sum_{j = \operatorname{Max}(n-k-i,0)}^{n-1-i} p_{0,(i+j)-(n-k)} \binom{n-1-i}{j} D^j \right) \omega^i,$$

also ausführlicher:

$$\pi_k = \frac{1}{d} \sum_{i=0}^{n-1} g_{ik} \omega^i$$

mit

$$g_{ik} = \begin{Bmatrix} \sum\limits_{j=n-k-i}^{n-k-1} p_{0,(i+j)-(n-k)} \binom{n-1-i}{j} D^j & \text{für } 0 \leqq i \leqq n-k \\ \sum\limits_{j=0}^{n-1-i} p_{0,(i+j)-(n-k)} \binom{n-1-i}{j} D^j & \text{für } n-k \leqq i \leqq n-1 \end{Bmatrix} (k = 1, \ldots, n-1).$$

Für den zu führenden Ganzheitsbeweis kommt es nur auf π_k mod $^+1$ an, d. h. es können ganzzahlige Glieder vernachlässigt werden. Im Hinblick auf $d \mid D$ brauchen daher nur die Glieder mit $j = 0$ beibehalten zu werden:

$$\pi_k \equiv \frac{1}{d} \sum_{i=n-k}^{n-1} p_{0,i-(n-k)}\, \omega^i \bmod {}^+1.$$

Hiermit ergibt sich:

$$(\omega^k - D^k)\, \pi_k \equiv \omega^k \pi_k \equiv \frac{\omega^n}{d} \sum_{i=n-k}^{n-1} p_{0,i-(n-k)} \omega^{i-(n-k)} \equiv \frac{D^n + d}{d} \sum_{i=0}^{k-1} p_{0i}\, \omega^i \equiv 0 \bmod {}^+1,$$

also die behauptete Ganzheit der Zahlen

$$\frac{\omega^k - D^k}{(\omega - D)^k} = (\omega^k - D^k)\, \pi_k.$$

7. Schließlich sollen noch diejenigen unter den ganzen Zahlen $\dfrac{\omega^k - D^k}{(\omega - D)^k}$ $(k = 1, \ldots, n)$ ermittelt werden, welche sogar *Einheiten* sind. Das geschieht durch die Bestimmung ihrer Normen.

Einerseits war schon bei der Berechnung von $N(\varepsilon^{-1})$ festgestellt!

$$N(\omega - D) = (-1)^{n-1} d.$$

Daraus folgt:

$$N(\omega - D)^k = (-1)^{k(n-1)} d^k.$$

Andererseits sei $t = (k, n)$, also

$$k = t k_0,\ n = t n_0 \quad \text{mit} \quad (k_0, n_0) = 1,$$

sowie

$$\omega_0 = \omega^t.$$

Diese Zahl ω_0 genügt der Gleichung

$$\omega_0^{n_0} = \omega^n = D^n + d$$

und erzeugt einen Teilkörper $\mathfrak{K}_0 = \mathfrak{R}(\omega_0)$ von $\mathfrak{K} = \mathfrak{R}(\omega)$ vom Grade n_0, so daß $\mathfrak{K}/\mathfrak{K}_0$ den Relativgrad t hat. Entsprechendes gilt wegen $(k_0, n_0) = 1$ auch für die Zahl $\omega_0^{k_0} = \omega^k$ mit der Gleichung

$$(\omega^k)^{n_0} = \omega_0^{k_0 n_0} = (\omega^n)^{k_0} = (D^n + d)^{k_0}.$$

Die Norm in $\mathfrak{K}$ der Zahl $\omega^k - D^k$ aus $\mathfrak{K}_0$ ergibt sich nach der Normschachtelungsregel, indem man zunächst die Relativnorm für $\mathfrak{K}/\mathfrak{K}_0$ nimmt, die hier einfach die t-te Potenz ist:

$$\mathsf{N}(\omega^k - D^k) = (\omega^k - D^k)^t,$$

und dann die Norm in $\mathfrak{K}_0$ bildet:

$$\begin{aligned} N(\omega^k - D^k) &= N_0(\mathsf{N}(\omega^k - D^k)) = N_0(\omega^k - D^k)^t \\ &= ((-1)^{n_0-1}((D^n + d)^{k_0} - D^{kn_0}))^t \\ &= (-1)^{t(n_0-1)}((D^n + d)^{k_0} - D^{nk_0})^t \\ &= (-1)^{n-t}\left(\sum_{\varkappa=1}^{k_0} \binom{k_0}{\varkappa} D^{n(k_0-\varkappa)} d^\varkappa\right)^t. \end{aligned}$$

Zusammengenommen hat man demnach:

$$N\left(\frac{\omega^k - D^k}{(\omega - D)^k}\right) = (-1)^{-k(n-1)+(n-t)}\left(\frac{\sum\limits_{\varkappa=1}^{k_0}\binom{k_0}{\varkappa} D^{n(k_0-\varkappa)} d^\varkappa}{d^{k_0}}\right).$$

Hierin ist das letzte Zählerglied d^{k_0} gleich dem Nenner. Daher ist diese Norm nur dann gleich ± 1, wenn der Zähler nur aus diesem einen Glied besteht, d. h. lediglich im Spezialfall $k_0 = 1$, $t = k$. Dieser Spezialfall ist durch $k \mid n$ gekennzeichnet.

Damit ist bewiesen:

Unter den ganzen Zahlen $\dfrac{\omega^k - D^k}{(\omega - D)^k}$ $(k = 1, \ldots, n)$ *sind genau diejenigen Einheiten* ε_k *aus* $\mathfrak{K} = \mathfrak{R}(\omega)$, *und sogar aus* $\mathfrak{J} = \mathfrak{Z}[\omega]$, *für welche* $k \mid n$ *ist, und zwar mit*

$$N(\varepsilon_k) = (-1)^{(k-1)n}.$$

Der vorher schon behandelte Fall $k = n$ mit $\varepsilon_n = \varepsilon$ konnte in dies Ergebnis einbezogen werden. Der Fall $k = 1$ liefert die triviale Einheit $\varepsilon_1 = 1$.

Schlußbemerkung zu Abschnitt II. Die in **1** bis **4** durchgeführte Bestimmung der durch den Algorithmus gelieferten Einheit ε gilt auch für den eingangs erwähnten Zusatzfall zu (1.), daß bei Primzahlpotenzgrad $n = p^\nu$ der Teiler $d \mid D$ durch pd mit $(p^\nu - 2)\,pd \leqq D$ ersetzt wird. Dagegen ist der in **5** bis **7** erbrachte Nachweis weiterer Einheiten ε_k $(k \mid n)$ für jenen Zusatzfall nicht mehr allgemein gültig, weil dann die Koeffizienten der Basisdarstellung nicht mehr notwendig ganz sind, wie man leicht durch Gegenbeispiele bestätigt.

III. Anwendung auf die Irrationalitätenklasse (2)

1. *Es* sei $n \geqq 3$, und es seien D, d natürliche Zahlen mit

$$d \mid D, \quad 2(n-1)\, d \leqq D.$$

Betrachtet wird die reelle algebraische Irrationalität

$$\omega = \sqrt[n]{D^n - d}.$$

Sie hat den genauen Grad n.

Dazu ist wieder zu zeigen, daß der Radikand $D^n - d$ für keinen Primteiler p von n die p-te Potenz einer natürlichen Zahl ist, vielmehr echt zwischen zwei sukzessiven p-ten Potenzzahlen liegt. Setzt man $n = n_0 p$, so ist jedenfalls

$$(D^{n_0})^p = D^n > D^n - d.$$

Es genügt dann noch zu zeigen, daß

$$D^n - d = (D^{n_0})^p - d > (D^{n_0} - 1)^p$$

oder also

$$(D^{n_0})^p - (D^{n_0} - 1)^p > d$$

ist. Daß dies zutrifft, erkennt man hier folgendermaßen. Nach dem Mittelwertsatz ist

$$(D^{n_0})^p - (D^{n_0} - 1)^p = p\, (D^{n_0} - \vartheta)^{p-1} \text{ mit } 0 < \vartheta < 1,$$

also sicher

$$(D^{n_0})^p - (D^{n_0} - 1)^p > p(D^{n_0} - 1)^{p-1} \geqq p\left(\frac{D^{n_0}}{2}\right)^{p-1} \geqq 2\frac{D^{n_0}}{2} = D^{n_0} \geqq D \geqq 2(n-1)\, d > d.$$

Als Ausgangsbasis des Algorithmus wird wieder die Basis

$$\mathfrak{w} = \begin{pmatrix} 1 \\ \omega \\ \vdots \\ \omega^{n-1} \end{pmatrix}$$

von $\mathfrak{K} = \mathfrak{R}(\omega)$ genommen.

2. Der Jacobi-Perronsche Algorithmus für diese Basis $\mathfrak{w}$ ist, wie in [2] gezeigt, periodisch mit

Vorperiodenlänge $l = 1 + (n-2)\, n = (n-1)^2$, Periodenlänge $m = nn = n^2$,

und zwar setzt sich die auf den Beginn

$$\begin{array}{ccc}
1 & & \omega - D + 1 \\
 & D - 1 & \\
\omega & & \omega^2 - D^2 + 1 \\
 & D^2 - 1 & \\
\omega^2 & & \\
\cdots & \cdots & \cdots \\
 & & \omega^{n-1} - D^{n-1} + 1 \\
 & D^{n-1} - 1 & \\
\omega^{n-1} & & 1
\end{array}$$

folgende Entwicklung aus $(n-2) + n$ je n-gliedrigen Spaltengruppen zusammen, die in [2] *Fugen* genannt wurden.

Eine solche Fuge hat die Gestalt:

$$
\begin{array}{lcccccccc}
 & & 1 & & 1 & & & 1 \ldots\ldots\ldots\ldots\ldots\ldots & a_0 = 1 \\
\xi_0 & 1 & \frac{\xi_1}{\xi_0} & 1 & \frac{\xi_2}{\xi_1} & 1 & \ldots\ldots & \frac{1-\xi_0}{\xi_{n-2}} & 1 = \eta_0 \\
 & & 0 & & 0 & & & 0 \ldots\ldots\ldots\ldots\ldots\ldots & a_1 \\
\xi_1 & \frac{\xi_1}{\xi_0} & \frac{\xi_2}{\xi_0} & \frac{\xi_2}{\xi_1} & \frac{\xi_3}{\xi_1} & \frac{\xi_3}{\xi_2} & \ldots\ldots & \frac{\xi_0-\xi_1}{\xi_{n-2}} & \frac{\xi_0-\xi_1}{1-\xi_0} = \eta_1 \\
 & & 0 & & 0 & & & 0 \ldots\ldots\ldots\ldots\ldots\ldots & a_2 \\
\xi_2 & \frac{\xi_2}{\xi_0} & \frac{\xi_3}{\xi_0} & \frac{\xi_3}{\xi_1} & \frac{\xi_4}{\xi_1} & \frac{\xi_4}{\xi_2} & \ldots\ldots & \frac{\xi_1-\xi_2}{\xi_{n-2}} & \frac{\xi_1-\xi_2}{1-\xi_0} = \eta_2 \\
\ldots & \ldots & \ldots & \ldots & \ldots & \ldots & \ldots & \ldots & \ldots \\
 & & 0 & & 0 & & & 0 \ldots\ldots\ldots\ldots\ldots\ldots & a_{n-3} \\
\xi_{n-3} & \frac{\xi_{n-3}}{\xi_0} & \frac{\xi_{n-2}}{\xi_0} & \frac{\xi_{n-2}}{\xi_1} & \frac{1-\xi_0}{\xi_1} & \frac{1-\xi_0}{\xi_2} & \ldots\ldots & \frac{\xi_{n-4}-\xi_{n-3}}{\xi_{n-2}} & \frac{\xi_{n-4}-\xi_{n-3}}{1-\xi_0} = \eta_{n-3} \\
 & & 0 & & 0 & & & 0 \ldots\ldots\ldots\ldots\ldots\ldots & a_{n-2} \\
\xi_{n-2} & \frac{\xi_{n-2}}{\xi_0} & \frac{1-\xi_0}{\xi_0} & \frac{1-\xi_0}{\xi_1} & \frac{\xi_0-\xi_1}{\xi_1} & \frac{\xi_0-\xi_1}{\xi_2} & \ldots\ldots & \frac{\xi_{n-3}-\xi_{n-2}}{\xi_{n-2}} & \frac{\xi_{n-3}-\xi_{n-2}}{1-\xi_0} = \eta_{n-2} \\
 & & 1 & & 1 & & & 1 \ldots\ldots\ldots\ldots\ldots\ldots & a_{n-1} \\
\xi_{n-1} = 1 & \frac{1}{\xi_0} & 1 & \frac{\xi_0}{\xi_1} & 1 & \frac{\xi_1}{\xi_2} & \ldots\ldots & 1 & \frac{\xi_{n-2}}{1-\xi_0} = \eta_{n-1}
\end{array}
$$

Dabei wurden die Restespalten, wie sie durch Subtraktion der größten Ganzen und Hinzunahme des Divisors 1 als Schlußglied entstehen, der inhomogenen Durchführung des Algorithmus entsprechend immer gleich anschließend auf Anfangsglied 1 normiert.

Zur Mitteilung eines aus solchen Fugen zusammengesetzten Algorithmus genügt es vollständig, von jeder Fuge nur die abschließende inhomogene Restespalte $\mathfrak{y} = (\eta_i)$ und die daraus durch Bildung der größten Ganzen entstehende Teilnennerspalte $\mathfrak{a} = (a_i)$ — in [2] *Akkumulator* genannt — anzugeben. Die homogene Anfangsspalte $\mathfrak{x} = (\xi_i)$ berechnet sich aus $\mathfrak{y}$ rückwärts vermöge der Formeln:

$$
\begin{aligned}
1 + \eta_1 \quad &= \frac{1-\xi_1}{1-\xi_0}, \\
1 + \eta_1 + \eta_2 \quad &= \frac{1-\xi_2}{1-\xi_0}, \\
\ldots\ldots\ldots&\ldots\ldots\ldots \\
1 + \eta_1 + \cdots + \eta_{n-2} \quad &= \frac{1-\xi_{n-2}}{1-\xi_0}, \\
1 + \eta_1 + \cdots + \eta_{n-1} \quad &= \frac{1}{1-\xi_0},
\end{aligned}
$$

oder also

$$\begin{aligned}
\xi_1 &= (\xi_0 - 1)(1 + \eta_1) && + 1,\\
\xi_2 &= (\xi_0 - 1)(1 + \eta_1 + \eta_2) && + 1,\\
&\cdots\cdots\cdots\cdots\cdots\cdots\cdots\cdots\\
\xi_{n-2} &= (\xi_0 - 1)(1 + \eta_1 + \cdots + \eta_{n-2}) && + 1,
\end{aligned}$$

mit

$$\xi_0 - 1 = -\frac{1}{1 + \eta_1 + \cdots + \eta_{n-1}}.$$

Das für die Einheitenbestimmung nach I, **3** *wichtige Produkt* π *der Schlußglieder aus den inhomogenen Restespalten der Fuge ist nach dem vorstehenden Schema gegeben durch*

$$\pi = \frac{1}{\xi_0}\,\frac{\xi_0}{\xi_1}\,\cdots\,\frac{\xi_{n-3}}{\xi_{n-2}}\,\frac{\xi_{n-2}}{1-\xi_0} = \frac{1}{1-\xi_0},$$

bestimmt sich also schon durch das Anfangsglied ξ_0 *der homogenen Anfangsspalte* $\mathfrak{x}$ *der Fuge.* Im Hinblick hierauf werden diese Anfangsspalten im folgenden bei der expliziten Angabe des Algorithmus mit aufgeführt, obwohl das, wie gesagt, an sich entbehrlich wäre.

3. Zur formelmäßigen Angabe der Spalten $\mathfrak{x}$, $\mathfrak{y}$ für die $n-2$ Fugen der Vorperiode und n Fugen der Periode geht man zweckmäßig von dem Spezialfall $d = 1$ aus, also

$$\omega = \sqrt[n]{D^n - 1} \quad \text{mit} \quad D \geqq 2(n-1),$$

und gibt dann nachträglich an, welche Modifikationen im allgemeinen Falle vorzunehmen sind. In diesem Spezialfall stimmen die n Periodenfugen überein, so daß sich die Periode auf eine einzige Fuge reduziert. Für die insgesamt $n-1$ Fugen von Vorperiode und Periode sind die homogenen Anfangsspalten und die inhomogenen Schlußspalten in dem folgenden Schema explizit zusammengestellt:

Dabei sind folgende Abkürzungen verwendet:

$$\varphi_{ik} = \sum_{j=0}^{i} \binom{k+j-1}{j} D^j \omega^{i-j} \qquad \begin{pmatrix} 0 \leqq i \leqq n-1,\ 1 \leqq k \leqq n-1 \\ \text{gebraucht nur für } k+i \leqq n \end{pmatrix}.$$

$$\varphi_i = \varphi_{i,n-i}.$$

$$\Delta^h \varphi_{ik} = \sum_{j=0}^{h} (-1)^j \binom{h}{j} \varphi_{i-j,k} \qquad (\text{gebraucht nur für } h = k,\ k-1).$$

$$\begin{aligned}
\Phi_{ik} = {} & \sum_{j=0}^{k+i-n} (-1)^j \binom{n-i+j-1}{j} \varphi_{i-j} \\
& + \sum_{j=1}^{n-i} (-1)^{k+i-n+j} \binom{k}{n-i-j} \varphi_{n-k-j,k} \qquad \begin{pmatrix} 1 \leqq i \leqq n-1 \\ 1 \leqq k \leqq n-1 \\ k+i \geqq n \end{pmatrix}.
\end{aligned}$$

$$\begin{aligned}
\Psi_{ik} = {} & \sum_{j=0}^{k+i-n} (-1)^j \binom{n-i+j-2}{j} \varphi_{i-j} \\
& + \sum_{j=1}^{k-1} (-1)^{k+i-n+j} \binom{k-1}{n-i-j-1} \varphi_{n-k-j,k} \qquad \begin{pmatrix} 2 \leqq i \leqq n-2 \\ 1 \leqq k \leqq n-1 \\ k+i \geqq n \end{pmatrix}.
\end{aligned}$$

Vorperiode					Periode
$\langle\varphi_{01}\rangle\ \Delta\varphi_{01}=1$	$\langle\Delta\varphi_{02}\rangle\ \Delta^2\varphi_{02}=1$	$\langle\Delta^2\varphi_{03}\rangle\ \Delta^3\varphi_{03}=1$	....	$\langle\Delta^{n-3}\varphi_{0,n-2}\rangle\ \Delta^{n-2}\varphi_{0,n-2}=1$	$\langle\Delta^{n-2}\varphi_{0,n-1}\rangle\ \Delta^{n-1}\varphi_{0,n-1}=1$
$\langle\varphi_{11}\rangle\ \Delta\varphi_{11}$	$\langle\Delta\varphi_{12}\rangle\ \Delta^2\varphi_{12}$	$\langle\Delta^2\varphi_{13}\rangle\ \Delta^3\varphi_{13}$	....	$\langle\Delta^{n-3}\varphi_{1,n-2}\rangle\ \Delta^{n-2}\varphi_{1,n-2}$	$\langle\Delta^{n-2}\varphi_{1,n-1}\rangle\ \Delta^{n-1}\varphi_{1,n-1}$
$\langle\varphi_{21}\rangle\ \Delta\varphi_{21}$	$\langle\Delta\varphi_{22}\rangle\ \Delta^2\varphi_{22}$	$\langle\Delta^2\varphi_{23}\rangle\ \Delta^3\varphi_{23}$	....	$\langle\Delta^{n-3}\varphi_{2,n-2}\rangle\ \Delta^{n-2}\varphi_{2,n-2}$	$\langle\Psi_{2,n-1}\rangle\ \Phi_{2,n-1}$
$\langle\varphi_{31}\rangle\ \Delta\varphi_{31}$	$\langle\Delta\varphi_{32}\rangle\ \Delta^2\varphi_{32}$	$\langle\Delta^2\varphi_{33}\rangle\ \Delta^3\varphi_{33}$	....	$\langle\Psi_{3,n-2}\rangle\ \Phi_{3,n-2}$	$\langle\Psi_{3,n-1}\rangle\ \Phi_{3,n-1}$
....	....	....	....	....	....
$\langle\varphi_{n-3,1}\rangle\ \Delta\varphi_{n-3,1}$	$\langle\Delta\varphi_{n-3,2}\rangle\ \Delta^2\varphi_{n-3,2}$	$\langle\Delta^3\varphi_{n-3,3}\rangle\ \Delta^3\varphi_{n-3,3}$	....	$\langle\Psi_{n-3,n-2}\rangle\ \Phi_{n-3,n-2}$	$\langle\Psi_{n-3,n-1}\rangle\ \Phi_{n-3,n-1}$
$\langle\varphi_{n-2,1}\rangle\ \Delta\varphi_{n-2,1}$	$\langle\Delta\varphi_{n-2,2}\rangle\ \Delta^2\varphi_{n-2,2}$	$\langle\Psi_{n-2,3}\rangle\ \Phi_{n-2,3}$	....	$\langle\Psi_{n-2,n-2}\rangle\ \Phi_{n-2,n-2}$	$\langle\Psi_{n-2,n-1}\rangle\ \Phi_{n-2,n-1}$
$1\ \ \Delta\varphi_{n-1,1}$	$1\ \ \Phi_{n-1,2}$	$1\ \ \Phi_{n-1,3}$	....	$1\ \ \Phi_{n-1,n-2}$	$1\ \ \Phi_{n-1,n-1}$

Die in D, ω homogenen Polynome φ_{ik} der Grade i kamen bereits in II, 2 vor, ebenso auch die speziell für $k+i=n$ vorliegenden φ_i. In den weiteren Bildungen ist $\varphi_{rk}=0$ für $r<0$ zu verstehen. Die Bildungen $\Delta^{k-1}\varphi_{ik}$ und Ψ_{ik} selbst kommen im Algorithmus nicht vor, sondern nur die aus ihnen abgeleiteten Bildungen

$$\langle\Delta^{k-1}\varphi_{ik}\rangle = (\omega - D)\,\Delta^{k-1}\varphi_{ik} - 1,$$

$$\langle\Psi_{ik}\rangle = (\omega - D)\,\Psi_{ik} - 1.$$

Man beachte die Identitäten

$$\Delta^k\varphi_{n-k,k} = \Phi_{n-k,k}\,,\quad \Delta^{k-1}\varphi_{n-k,k} = \Psi_{n-k,k},$$

auf Grund deren in den Restespalten des Algorithmus auftretende Wechsel von den $\Delta^k\varphi_{ik}$, $\langle\Delta^{k-1}\varphi_{ik}\rangle$ zu den Φ_{ik}, $\langle\Psi_{ik}\rangle$ bei $i=n-k$ als ein stetiger Anschluß erscheint.

Die vorstehenden Formeln sind gegenüber denen in der Originalarbeit [2] durch weitestmögliche Zusammenfassung von Gliedern φ_{rs} vermöge von Summenformeln für Binomialkoeffizienten vereinfacht. Auch die Indizierung ist hier verändert, und zwar derart, daß durchweg der erste Index die Zeile und der zweite Index die Spalte (Fugennummer) im von links nach rechts durchgeführten (abgekürzten) Algorithmus angibt. Dadurch sind allerdings die Bildungen Φ_{ik} und Ψ_{ik} etwas komplizierter geworden; ihre einfachste Gestalt erhalten sie bei $i \to n - i$.

Was weiter die den Schlußspalten der Fugen zugeordneten Teilnennerspalten (Akkumulatoren) betrifft, so ergeben sie sich wieder einfach durch die Ersetzung $\omega \to D$, hier noch unter Subtraktion von 1, also in der Bezeichnungsweise aus I 2 allgemein:

$$[\Delta^k\varphi_{ik}] = \Delta^k\bar{\varphi}_{ik} - 1 \quad (1 \leqq i \leqq n-k),$$

$$[\Phi_{ik}] = \bar{\Phi}_{ik} - 1 \quad (n-k \leqq i \leqq n-1).$$

Die homogene Anfangsspalte der ersten Vorperiodenfuge findet sich im Hinblick auf

als $\dfrac{\omega^{i+1} - D^{i+1}}{\omega - D}$

$$\xi_{i1} = \langle\varphi_{i1}\rangle = \omega^{i+1} - D^{i+1} + 1 \qquad (i = 0, \ldots, n-2),$$

wie es nach dem zuvor angegebenen Beginn des Algorithmus sein soll.

4. Um aus dem vorstehend beschriebenen Algorithmus für den Spezialfall $d = 1$ den Algorithmus für den allgemeinen Fall

$$\omega = \sqrt[n]{D^n - d} \quad \text{mit} \quad d \mid D,\ 2(n-1)\,d \leqq D$$

herzuleiten, beachte man, daß die im Algorithmusschema auftretenden Bildungen $\Delta^k \varphi_{ik}$, $\Delta^{k-1}\varphi_{ik}$, Φ_{ik}, Ψ_{ik} Linearformen in den Polynomen φ_{rs} sind. Die anzubringende Modifikation besteht darin, daß man in diesen Linearformen an gewissen Stellen die speziellen Polynome $\varphi_{r,\,n-r}$ durch d zu dividieren hat. Das nachfolgende Schema gibt eine Übersicht darüber, an welchen Stellen diese Divisionen auszuführen sind.

Vorperiode

Zeile	1		2		3		$\cdots$	$n-2$	
0							$\cdots$		
1							$\cdots$		
2							$\cdots$	+	+
$\cdots$	$\cdots$		$\cdots$		$\cdots$		$\cdots$	$\cdots$	
$n-3$					+	+	$\cdots$	+	+
$n-2$			+	+	+	+	$\cdots$	+	+
$n-1$		+		+		+	$\cdots$		+

Periode

Zeile	$n-1$		n		$n+1$		$n+2$		$n+3$		$\cdots$	$2n-2$	
0			0								$\cdots$		
1	0	0	1								$\cdots$		
2	1	1	2								$\cdots$	0	0
$\cdots$	$\cdots$		$\cdots$		$\cdots$		$\cdots$		$\cdots$		$\cdots$	$\cdots$	
$n-3$	$n-4$	$n-4$	$n-3$						0	0	$\cdots$	$n-5$	$n-5$
$n-2$	$n-3$	$n-3$	$n-2$				0	0	1	1	$\cdots$	$n-4$	$n-4$
$n-1$		$n-2$				0		1		2	$\cdots$		$n-3$

Im Kopf sind die Fugennummern k durchlaufend für Vorperiode und Periode angegeben. Die beiden Spalten unter jeder Fugennummer beziehen sich auf die im Algorithmusschema aus III, **3** aufgeführte homogene Anfangsspalte und inhomogene Endspalte der Fuge. Die Zeichen +, die nur in der Vorperiode auftreten, bedeuten, daß an diesen Stellen alle speziellen Polynome $\varphi_{r,\,n-r}$ durch d zu dividieren sind. In $\Delta^k\varphi_{n-k,k}$ und $\Delta^{k-1}\varphi_{n-k,k}$ ist das gerade der erste Summand, in $\Phi_{i,k}$ und $\Psi_{i,k}$ gerade die erste Summe.

Man beachte, daß

$$\Phi_{i,n-1} = \sum_{j=0}^{i-1} (-1)^j \binom{n-i+j-1}{j} \varphi_{i-j} + (-1)^i \binom{n-1}{i}$$
$$= \sum_{j=0}^{i} (-1)^j \binom{n-i+j-1}{j} \varphi_{i-j} \qquad (1 \leqq i \leqq n-1)$$

und

$$\Psi_{i,n-1} = \sum_{j=0}^{i-1} (-1)^j \binom{n-i+j-2}{j} \varphi_{i-j} + (-1)^i \binom{n-2}{i}$$
$$= \sum_{j=0}^{i} (-1)^j \binom{n-i+j-2}{j} \varphi_{i-j} \qquad (1 \leqq i \leqq n-2)$$

ist und für $\Psi_{i,n-1}$ jetzt auch $i = 0$ zugelassen wird. Sei nun

$$\Phi^t_{i,n-1} = \frac{1}{d} \sum_{j=0}^{t} (-1)^j \binom{n-i+j-1}{j} \varphi_{i-j} + \sum_{j=t+1}^{i} (-1)^j \binom{n-i+j-1}{j} \varphi_{i-j} \quad \begin{pmatrix} 1 \leqq i \leqq n-1 \\ 0 \leqq t < i \end{pmatrix}$$

und

$$\Psi^t_{i,n-1} = \frac{1}{d} \sum_{j=0}^{t} (-1)^j \binom{n-i+j-2}{j} \varphi_{i-j} + \sum_{j=t+1}^{i} (-1)^j \binom{n-i+j-2}{j} \varphi_{i-j} \quad \begin{pmatrix} 0 \leqq i \leqq n-2 \\ 0 \leqq t \leqq i \end{pmatrix};$$

dann erhält man aus der Periodenfuge

$$\begin{array}{cc}
\langle \Psi_{0,n-1} \rangle & 1 \\
\langle \Psi_{1,n-1} \rangle & \Phi_{1,n-1} \\
\langle \Psi_{2,n-1} \rangle & \Phi_{2,n-1} \\
\langle \Psi_{3,n-1} \rangle & \Phi_{3,n-1} \\
\vdots & \vdots \\
\langle \Psi_{n-3,n-1} \rangle & \Phi_{n-3,n-1} \\
\langle \Psi_{n-2,n-1} \rangle & \Phi_{n-2,n-1} \\
1 & \Phi_{n-1,n-1}
\end{array}$$

des speziellen Falles die n Periodenfugen des allgemeinen Falles, indem man die in der Tabelle angegebenen Werte für t einsetzt. Man beachte übrigens die völlige Analogie der Verteilung dieser Pluszeichen bzw. t-Werte in den inhomogenen Endspalten mit der Verteilung der Striche im Algorithmusschema aus II, 2, die dort die Division durch d andeuten.

Durch die Divisionen durch d wird die Regel für die Bildung der Akkumulatoren nicht beeinträchtigt. Auch für die aus $\Delta^k \varphi_{i,k}$, Φ_{ik} durch diese Divisionen entstehenden Ausdrücke $\Delta^k \varphi'_{ik}$, $\Phi'_{i,k}$, $\Phi^t_{i,n-1}$ hat man wieder

$$[\Delta^k \varphi'_{i,k}] = \Delta^k \bar{\varphi}'_{i,k} - 1 \qquad (1 \leqq i \leqq n-k)$$

$$[\Phi'_{ik}] = \bar{\Phi}'_{i,k} - 1 \qquad \begin{pmatrix} 1 \leqq k \leqq n-2 \\ n-k \leqq i \leqq n-1 \end{pmatrix}$$

$$[\Phi^t_{i,n-1}] = \bar{\Phi}^t_{i,n-1} - 1 \qquad \begin{pmatrix} 1 \leqq i \leqq n-1 \\ 0 \leqq t < i \end{pmatrix}.$$

5. Was schließlich die durch den betrachteten Algorithmus gelieferte Einheit ε betrifft, so bestimmt sich diese nach der Regel aus I, 3 und dem Ergebnis aus II, 2 als das Produkt

$$\varepsilon = \pi_{n-1} \cdots \pi_{2n-2}$$

mit

$$\pi_k = \frac{1}{1 - \xi_{0k}} \qquad (k = n-1, \ldots, 2n-2),$$

wo die ξ_{0k} die Anfangsglieder der homogenen Anfangsspalten der Periodenfugen bedeuten.

Nach dem Algorithmusschema aus III, 3 und unter Berücksichtigung der Modifikation aus III, 4 ist nun

$$\xi_{0k} = \langle \Delta^{n-2} \varphi_{0,n-1} \rangle = (\omega - D) + 1 \qquad \text{für alle } k \neq n,$$

während für $k = n$ durch d zu dividieren, also

$$\xi_{0n} = \frac{\omega - D}{d} + 1$$

ist. Damit wird

$$\varepsilon = \frac{d}{(D - \omega)^n} = \frac{D^n - \omega^n}{(D - \omega)^n}.$$

Ganz analog wie in II, 3 erkennt man wieder auch leicht direkt, daß dies ε eine Einheit aus $\mathfrak{J} = \mathfrak{Z}[\omega]$, hier mit $N(\varepsilon) = 1$ ist.

6. Analog zu II, 4 sind auch hier wieder die Anfangsglieder ξ_{0k} der homogenen Anfangsspalten schon von der ersten Vorperiodenfuge an periodisch. Diese Tatsache kann wie dort zur Berechnung der Darstellung der gewonnenen Einheit ε durch die Basis $\mathfrak{w}$ ausgenutzt werden. Im Hinblick auf die hier sehr viel komplizierteren Ausdrücke für die Akkumulatoren der Vorperiodenfugen soll jedoch von der Durchführung dieser Rechnung abgesehen werden, ebenso auch von der zu II, 5 und 6 analogen Untersuchung der Zahlen $\frac{D^k - \omega^k}{(D - \omega)^k}$ $(k = 1, \ldots, n-1)$ auf Ganzzahligkeit und Einheiteneigenschaft.

Schlußbemerkung zu Abschnitt III. Die in 1 bis 5 durchgeführte Bestimmung der durch den Algorithmus gelieferten Einheit ε gilt auch für den eingangs erwähnten Zusatzfall zu (2.), daß bei Primzahlpotenzgrad $n = p^\nu$ der Teiler $d \mid D$ durch pd mit $2(p^\nu - 1)\, pd \leqq D$ ersetzt wird.

IV. Anwendung auf die Irrationalitätenklasse (3)

Es handelt sich um die reellen kubischen Irrationalitäten

$$\omega = \sqrt[3]{D^3 + 3D}$$

mit natürlichem $D \geqq 2$. Als Ausgangsbasis wird die Basis

$$\mathfrak{w} = \begin{pmatrix} 1 \\ \omega \\ \omega^2 \end{pmatrix}$$

von $\mathfrak{K} = \mathfrak{R}(\omega)$ genommen.

Der Jacobi-Perronsche Algorithmus für diese Basis $\mathfrak{w}$ ist, wie in [3] gezeigt, periodisch mit

Vorperiodenlänge $l = 4$, Periodenlänge $m = 4$.

Aus dem dort in extenso wiedergegebenen Schema der Entwicklung entnimmt man als Schlußglieder der inhomogenen Restespalten der Periode:

$$v_5 = \frac{\omega^2 + D\omega + D^2}{3D} = \frac{(1,\,10,\,100)}{30},$$

$$v_6 = \frac{(D+2)\,\omega^2 + (D^2 - D + 4)\,\omega + (D^3 + 2D^2 + 5D)}{3D^3 + 9D - 8} = \frac{(12,\,1\bar{1}4,\,1250)}{309\bar{8}},$$

$$v_7 = \frac{(D+1)\,\omega^2 + (D-1)^2\omega + (D^3 - 2D^2 - D - 2)}{3D^2 + 1} = \frac{(11,\,1\bar{2}1,\,1\bar{2}\bar{1}\bar{2})}{301},$$

$$v_8 = \omega^2 + D\omega + (D^2 + 1) = (1,\,10,\,101).$$

Die dabei jedesmal hinzugefügte Ziffernschreibweise der Zahlen aus $\mathfrak{K} = \mathfrak{R}(\omega)$ in Basisdarstellung durch $\mathfrak{w}$ ist wohl ohne weitere Erklärung verständlich. Unter ihrer Verwendung berechnet sich die durch den Algorithmus gelieferte Einheit

$$\varepsilon = v_5 v_6 v_7 v_8$$

mit ganz geringer Mühe zu

$$\varepsilon = (101,\,1020,\,10301) = (D^2 + 1)\,\omega^2 + (D^3 + 2D)\,\omega + (D^4 + 3D^2 + 1).$$

Wie man leicht bestätigt, ist das gerade die nach dem Schema aus II, **3** gebildete Einheit:

$$\varepsilon = \frac{\omega^3 - D^3}{(\omega - D)^3}$$

aus $\mathfrak{J} = \mathfrak{Z}[\omega]$ mit $N(\varepsilon) = 1$, mit der Reziproken

$$\varepsilon^{-1} = -\omega^2 + D\omega + 1.$$

Literaturverzeichnis

[1] *L. Bernstein*, Periodical continued fractions for irrationals of degree *n* by Jacobi's algorithm. Dieses Journal **218** (1964), 31—38.

[2] *L. Bernstein*, Representation of $\sqrt[n]{D^n - d}$ as a periodical continued fraction by Jacobi's algorithm. Mathematische Nachrichten (im Druck).

[3] *L. Bernstein*, Periodicity of Jacobi's algorithm for a special type of cubic irrationals. Dieses Journal **218** (1964), 137—146.

[4] *O. Perron*, Grundlagen für eine Theorie des Jacobischen Kettenbruchalgorithmus. Mathematische Annalen **64** (1907), 1—76.

Eingegangen 9. April 1964

XII. Allgemeines und Grundlagen der Zahlentheorie

74. Über die Einzigkeit der beiden Fundamentalsätze der elementaren Zahlentheorie [19]

Journal für die reine und angewandte Mathematik
155 (1926), 199 – 220

Im Mittelpunkte der elementaren, mit den rationalen Zahlen beschäftigten Zahlentheorie steht einerseits der *Satz von der eindeutigen Zerlegbarkeit in Primfaktoren*, andererseits das *quadratische Reziprozitätsgesetz*. Ich bezeichne diese beiden Sätze im folgenden als *1. und 2. Fundamentalsatz der elementaren Zahlentheorie*. Die nachstehenden Betrachtungen verfolgen den Zweck, diese beiden Fundamentalsätze von einem höheren Gesichtspunkt aus zu überschauen, der sie gewissen der Analysis entnommenen Begriffsbildungen unterordnet, und ihre Einzigkeit von diesem Standpunkt aus darzutun.

Faßt man die in dem Worte: *Zahlentheorie* liegende Aufgabe im weitesten Sinne, so wird die *Untersuchung der Eigenschaften der Zahlen* gefordert, wobei es genügt, unter *Zahlen* die *natürlichen Zahlen* zu verstehen, auf die sich alle weiteren Zahlen zurückführen lassen. Unter diese Aufgabe fallen dann alle, mit Zahlen beschäftigten Disziplinen der Mathematik, also außer dem gewöhnlich unter *Zahlentheorie* (*im engeren Sinne*) verstandenen Komplex die gesamte *Analysis* [1]). Daß die Analysis in der Tat kein gegenüber der Zahlentheorie i. e. S. streng abgrenzbares Gebiet ist, zeigt schon das bisher nicht zu umgehende Auftreten analytischer Beweise für rein zahlentheoretische Sätze, wird aber auch durch die folgenden, in die Grundlagen hinuntersteigenden Ausführungen verständlich.

Wir denken uns die natürlichen Zahlen auf mengentheoretischer Grundlage definiert. Welchen der so möglichen Wege (*Dedekind*, *Zermelo*, *Russell*) man auch geht, immer sind es zwei Grundtatsachen die dabei hervortreten: Die *Anordnung* und die beiden *Rechenoperationen Addition und Multiplikation*. Auf Grund der letzteren werden in bekannter Weise die *rationalen Zahlen* eingeführt, während die erstere bei der dann erfolgenden Einführung der *reellen Zahlen* ausschlaggebend ist. Eine rein aufbauende Betrachtung wird diese Tatsachen hinnehmen und von ihnen bei der Untersuchung der Eigenschaften der Zahlen Gebrauch machen; eine rückschauende Betrachtung, wie wir sie vorhaben, wird die Auswirkungen

[1]) Nicht aber die *Algebra*; diese ist abgesehen von ihrer selbständigen Bedeutung eine bloße Hilfswissenschaft der Zahlentheorie; denn jedenfalls nach der modernen Auffassung sind ihre Objekte nicht Zahlen, sondern formale Gesetze des Rechnens mit Zahlen, wie sie in den Definitionen der in der Algebra studierten Bereiche: Körper, Integritätsbereiche, Ringe, Gruppen usw. zugrundegelegt werden.

dieser beiden Tatsachen in dem weiteren Aufbau der Zahlentheorie genau verfolgen wollen. Das geschieht, indem jenen beiden Grundtatsachen entsprechende, abstrakte Begriffe gebildet werden, die von der *inhaltlichen* Bedeutung der in ihnen vorkommenden Elemente als Zahlen frei sind, und die einzig und allein den in ihnen liegenden *formalen* Gehalt verkörpern. So entspringt aus dem Tatbestande der Rechenoperationen, wie er nach der Erweiterung auf die rationalen Zahlen vorliegt, der Begriff des *Körpers* als eines abstrakten Elementbereiches K, in dem für je zwei Elemente a, b zwei Verknüpfungen $a + b$, $a \cdot b$ erklärt sind, die den formalen Gesetzen genügen:

(1) $a + b = b + a$ (3) $a . b = b . a$

(2) $(a + b) + c = a + (b + c)$ (4) $(a . b) . c = a . (b . c)$

(5) $a . (b + c) = a . b + a . c.$

(6) $a + x = b$ ist stets und eindeutig durch ein x aus K lösbar.

(7) $a . x = b$ ist für $a \neq 0$[1]) stets und eindeutig durch ein x aus K lösbar.

Aus dem Tatbestande, wie er bei der ebenfalls auf den Körper der rationalen Zahlen erweiterten Anordnung vorliegt, entspringt ferner der Begriff des *geordneten Körpers* als eines Körpers, für dessen Elemente noch eine Anordnungsrelation $a < b$ erklärt ist, die den formalen Gesetzen genügt:

(8) Es ist stets $a < b$ oder $a = b$ oder $b < a$ mit gegenseitigem Ausschluß.

(9) Aus $a < b$, $b < c$ folgt $a < c$.

(10) Aus $a < b$ folgt $a + c < b + c$.

(11) Aus $a < b$, $0 < c$ folgt $ac < bc$.

Auf den in (1)—(11) zusammengefaßten Tatsachenkomplex, der bei den rationalen Zahlen erfüllt ist, baut bekanntlich die reelle Analysis auf, indem sie auf Grund von (1)—(11) die Erweiterung zum ebenfalls geordneten Körper der reellen Zahlen vornimmt. Die elementare Zahlentheorie i. e. S. scheint zunächst, dem Gehalt der in ihr behandelten Sätze, insbesondere der beiden Fundamentalsätze nach, lediglich auf den in (1)—(7) liegenden Tatsachenkomplex gestützt. Daß dies in Wahrheit nicht der Fall ist, zeigt schon der Beweis des 1. Fundamentalsatzes, in dem neben der notwendig zu benutzenden inhaltlichen Bedeutung der Körperelemente als rationale Zahlen gerade auch die Anordnungsgesetze der rationalen Zahlen unentbehrlich sind (Euklidischer Algorithmus, Endlichkeit der Teilerzahl).

Teil I.

Es ist nun aber eigentlich nicht die Tatsache, daß die rationalen Zahlen einen *geordneten* Körper bilden, die beim Beweis des 1. Fundamentalsatzes ausschlaggebend ist, sondern vielmehr nur die Tatsache, daß sich für sie ein *absoluter Betrag* einführen läßt. Um die Auswirkung dieser Tatsache in der Zahlentheorie zu untersuchen, hat man wieder aus den beim absoluten Betrag vorliegenden Verhältnissen einen abstrakten Begriff zu schaffen. So entsteht der Begriff: *bewerteter Körper* [2]), den wir hier, etwas abweichend von dem bisher üblichen, folgendermaßen fassen:

---

[1]) Die Existenz des Elements 0 in K folgt bekanntlich aus (1), (2), (6).

[2]) *Kürschák*, ds. Journ. Bd. 142 (1913).

Es sei K ein geordneter Körper, in dem keine im Vergleich zu den rationalen Zahlen [1]) „unendlich-kleinen" oder „unendlich-großen" Elemente vorkommen, d. h.

(12) Aus $0 \leqq a < \varepsilon$ für jedes rationale $\varepsilon > 0$ aus K folgt $a = 0$.

Einen solchen Körper K nennen wir kurz einen *Wertkörper*. Wenn nun in einem Körper K eine solche Funktion $\varphi(a)$ der Elemente a von K mit Werten aus K (also eine Abbildung von K auf Elemente aus K) existiert, daß

(13) $\varphi(0) = 0, \quad \varphi(a) > 0 \quad \text{für } a \neq 0$

(14) $\varphi(a \cdot b) = \varphi(a) \cdot \varphi(b)$

(15) $\varphi(a + b) \leqq \varphi(a) + \varphi(b)$

ist, so nennen wir K einen *durch die Bewertung φ bewerteten Körper*. Hiernach ist speziell jeder Wertkörper K durch die Funktion

$$\varphi(0) = 0, \quad \varphi(a) = a \text{ für } a > 0, \quad \varphi(a) = -a \text{ für } a < 0$$

bewertet. Wir nennen dies die *absolute Bewertung* des Wertkörpers und gebrauchen für sie das übliche Zeichen $|a|$. Ferner besitzt jeder Körper die *identische Bewertung*

$$\varphi_0(0) = 0, \quad \varphi_0(a) = 1 \text{ für } a \neq 0.$$

Als Folge aus (15) nennen wir noch die für jede Bewertung φ von K gültige Relation

(15′) $\varphi(a - b) \geqq |\varphi(a) - \varphi(b)|$,

durch die φ mit der absoluten Bewertung des Wertkörpers verbunden ist.

Jede Bewertung φ eines Körpers K führt zu einem bewerteten (nicht notwendig echten) Erweiterungskörper $\overline{K}$ von K nach dem Schema der *Cantor*schen Erweiterung des rationalen zum reellen Zahlkörper. Nennt man nämlich in Übertragung des gewöhnlichen Konvergenzbegriffes eine Elementfolge (a_n) aus K *konvergent*, bzw. das Element a aus K ihren *Grenzwert* ($a = \lim\limits_{n\to\infty} a_n$) bezüglich φ, wenn zu jedem $\varepsilon > 0$ aus K ein $n_0(\varepsilon)$ existiert, so daß

(16) $\varphi(a_{n+m} - a_n) < \varepsilon$ für alle $n \geqq n_0(\varepsilon),\ m > 0$

bzw.

(17) $\varphi(a - a_n) < \varepsilon$ für alle $n \geqq n_0(\varepsilon)$,

so ist zwar jede Folge mit Grenzwert konvergent, aber es hat nicht notwendig jede konvergente Folge einen Grenzwert. Wenn letzteres stets der Fall ist, heißt K perfekt bezgl. φ. Definiert man nun im Bereich $\overline{K}$ aller bezgl. φ konvergenten Folgen (a_n) aus K die Gleichheit durch die Festsetzung

(18) $(a_n) = (b_n)$, wenn $\lim\limits_{n\to\infty} (a_n - b_n) = 0$

und die Rechenoperationen Addition und Multiplikation durch die bezgl. (18) eindeutigen Festsetzungen

(19) $\begin{cases} (a_n) + (b_n) = (a_n + b_n) \\ (a_n) \cdot (b_n) = (a_n \cdot b_n), \end{cases}$

so ist $\overline{K}$ ein Körper bezgl. (18), (19) und enthält in Gestalt aller konvergenten Folgen (a_n) mit Grenzwert a einen auf Grund der Zuordnung $(a_n) \longleftrightarrow a$ zu K

[1]) Ein geordneter Körper hat notwendig die Charakteristik 0, enthält also einen zum rationalen Körper isomorphen Teilkörper.

isomorphen Teilkörper. Vollzieht man ferner für den Wertkörper K bezüglich dessen absoluter Bewertung die entsprechende Erweiterung zu einem Körper $\overline{K}$, der durch die Festsetzung:

(20) $(\alpha_n) < (\beta_n)$, wenn $\alpha_n + \varepsilon < \beta_n$ mit einem festen $\varepsilon > 0$ von einem n_0 an,

die für den Teilkörper K mit der in K bestehenden Anordnungsvorschrift übereinstimmt, geordnet wird und sich überdies ebenfalls als Wertkörper herausstellt, so induziert die Bewertung φ von K durch die Festsetzung

(21) $$\varphi(\bar{a}) = (\varphi(a_n)) \quad \text{für} \quad \bar{a} = (a_n)$$

eine Bewertung $\bar{\varphi}$ von $\overline{K}$ mit dem Wertkörper $\overline{K}$, die für den Teilkörper K mit der Bewertung φ von K übereinstimmt. Bezüglich dieser induzierten Bewertung gilt:

(22) $$\bar{a} = \lim_{n\to\infty} a_n \quad \text{für} \quad \bar{a} = (a_n),$$

so daß die eben gegebene Definition (21) von $\bar{\varphi}$ auch in der Form

(21') $$\varphi(\bar{a}) = \lim_{n\to\infty} \varphi(a_n) \quad \text{für} \quad \bar{a} = \lim_{n\to\infty} a_n$$

geschrieben werden kann, wo die erstere Grenzrelation bezgl. der durch die absolute Bewertung von K induzierten, nach (20) ebenfalls absoluten Bewertung von $\overline{K}$ zu verstehen ist. Nach (22) *lassen sich die Elemente $\bar{a}$ von $\overline{K}$ sämtlich als Grenzwerte bezgl. $\bar{\varphi}$ von bezgl. φ konvergenten Folgen aus K darstellen*[1]. Schließlich erweist sich der *Körper $\overline{K}$ als bezgl. $\bar{\varphi}$ perfekt*. Man nennt $\overline{K}$ den *derivierten Körper* bezgl. φ zu K.

Der identischen Bewertung φ_0 von K entspricht natürlich K selbst als derivierter Körper. Ebenso ist ein bezgl. φ perfekter Körper mit seinem derivierten identisch. Zwei Bewertungen, bezgl. deren Konvergenz- und Grenzwertrelationen gleichbedeutend sind, nennen wir *äquivalent*. Äquivalente Bewertungen führen zu demselben derivierten Körper (aber, wie das Beispiel der identischen und einer anderen Bewertung eines bezgl. der letzteren perfekten Körpers zeigt, nicht notwendig umgekehrt).

Der rationale Zahlkörper, den wir im folgenden durchweg mit $\mathfrak{R}$ bezeichnen, besitzt zunächst die absolute Bewertung $|a|$, für die wir aus später ersichtlichen, bezeichnungstechnischen Gründen $\varphi_\infty(a)$ schreiben wollen. Ihr entspricht als derivierter Körper der reelle Zahlkörper $\mathfrak{R}_\infty$.

Aus (12) folgert man leicht, daß der derivierte Körper $\overline{K}$ jedes Wertkörpers K zum reellen Zahlkörper isomorph ist. Jeder Wertkörper K ist also zu einem Teilkörper des reellen Zahlkörpers isomorph und kann infolgedessen durch reelle Zahlen repräsentiert oder sogar, da der Übergang zu einem K umfassenden Wertkörper $\overline{K}$ für die mittels K erklärten Bewertungen nichts ausmacht (vgl. Anm. 1), direkt als der reelle Zahlkörper angenommen werden[2], was im folgenden geschehen

[1] Da bei $\bar{\varphi}$ in (16), (17) alle $\bar{\varepsilon} > 0$ aus $\overline{K}$, bei φ nur alle $\varepsilon > 0$ aus K in Betracht zu ziehen sind, sind φ und $\bar{\varphi}$, obwohl sie für die Elemente aus K dieselben Werte haben, zunächst zu unterscheiden. Diese Unterscheidung wird aber unnötig, weil nach (12) Konvergenz- und Grenzwertrelationen in K bezgl. φ und $\bar{\varphi}$ gleichbedeutend sind. Wir schreiben daher im folgenden auch einfach φ für $\bar{\varphi}$.

[2] Aus diesem Grunde wurde in der Bewertungstheorie bisher der Wertkörper K gleich von vorneherein als der reelle Zahlkörper angenommen. Die vorstehenden Ausführungen, die übrigens

soll. Der reelle Zahlkörper tritt dann im folgenden unter zwei verschiedenen Gesichtspunkten auf, einerseits als derivierter Körper $\mathfrak{K}_\infty$ für *eine spezielle Bewertung* des unserer Untersuchung zugrunde liegenden rationalen Zahlkörpers $\mathfrak{K}$, andererseits als Wertkörper K für *alle Bewertungen* von $\mathfrak{K}$. Wir halten aus methodischen Gründen an diesem Unterschied auch in den Bezeichnungen $\mathfrak{K}_\infty$, K fest.

Wie eben schon angedeutet, besitzt $\mathfrak{K}$ außer der absoluten Bewertung

$$(23\,\mathrm{a}) \qquad \varphi_\infty(a) = |a| = e^{\lg|a|}, \qquad (a \neq 0)$$

und den zu ihr äquivalenten

$$(24\,\mathrm{a}) \qquad \Phi_\infty(a) = \varphi_\infty^{s_\infty}(a) = |a|^{s_\infty} = e^{s_\infty \lg|a|}, \qquad (a \neq 0)$$

mit einem reellen, der Bedingung $0 < s_\infty \leqq 1$ unterworfenen Parameter s_∞ noch weitere, hierzu und zur identischen Bewertung nicht äquivalente Bewertungen, deren Existenz man aus dem 1. Fundamentalsatz erschließt. Nach diesem Satz besitzt nämlich, wenn p eine feste, positive rationale Primzahl ist, jede rationale Zahl $a \neq 0$ eine eindeutige Darstellung:

$$a = p^{\alpha_p(a)} a_0, \qquad (\alpha_p(a) \text{ ganz-rational}, \quad a_0 \text{ prim zu } p),$$

wo die Funktion $\alpha_p(a)$ — an dieser Bezeichnung halten wir im folgenden fest — die sog. *Ordnungszahl* von a für p ist. Setzt man dann

$$(23\,\mathrm{b}) \qquad \varphi_p(a) = p^{-\alpha_p(a)} = e^{-\alpha_p(a)\lg p}, \qquad (a \neq 0),$$

so ist das eine Bewertung von $\mathfrak{K}$, aus der die Serie äquivalenter Bewertungen

$$(24\,\mathrm{b}) \qquad \Phi_p(a) = \varphi_p^{s_p}(a) = p^{-s_p\alpha_p(a)} = e^{-s_p\alpha_p(a)\lg p}, \qquad (a \neq 0)$$

mit einem reellen, der Bedingung $s_p > 0$ unterworfenen Parameter s_p entspringt. Der zugehörige derivierte Körper $\mathfrak{K}_p$ ist der *Hensel*sche Körper der p-adischen Zahlen. Wir setzen für das folgende fest, daß der Buchstabe p alle positiven rationalen Primzahlen inkl. des Symbols ∞ durchläuft; dann sind wegen der Verschiedenheit (Nicht-Isomorphie) der derivierten Körper $\mathfrak{K}_p$ untereinander und von $\mathfrak{K}$ die sämtlichen Bewertungen φ_p untereinander und zu φ_0 inäquivalent. Herr *Ostrowski* hat gezeigt[1]), *daß $\mathfrak{K}$ außer den Φ_p keine weiteren Bewertungen besitzt.* Die Φ_p bilden somit bei jeder festen Wahl der Parameter s_p ein vollständiges Repräsentantensystem von untereinander und zur identischen nicht äquivalenten Bewertungen von $\mathfrak{K}$.

Für das *normierte* Repräsentantensystem φ_p gilt nun auf Grund des 1. Fundamentalsatzes das *Produkttheorem*

$$(25) \qquad \prod_p \varphi_p(a) = \varphi_0(a).$$

Fordert man das Bestehen der entsprechenden Relation

$$(26) \qquad \prod_p \Phi_p(a) = \varphi_0(a)$$

---

unter Berufung auf die bekannte *Cantor*sche Theorie der Fundamentalreihen knapp gehalten werden durften, zeigen aber, daß man die *Cantor*sche Theorie der reellen Zahlen in den Aufbau der allgemeinen Bewertungstheorie und die darin erfolgende Konstruktion des derivierten Körpers als Spezialfall einbeziehen kann, ohne sie voraussetzen zu müssen.

[1]) Acta math. 41 (1917).

für ein nicht in der speziellen Weise (23a, b) normiertes vollständiges Repräsentantensystem Φ_p untereinander und zur identischen nicht-äquivalenter Bewertungen von $\mathfrak{R}$, so folgt durch Einsetzen aller Primzahlen p für a, daß alle s_p einem einzigen reellen Parameter s (nämlich s_∞) gleich sein müssen. Wir können somit das Ergebnis unserer bisherigen, den 1. Fundamentalsatz rückschauend einbeziehenden Betrachtungen in folgendem Theorem zusammenfassen:

(I.) *Das allgemeinste vollständige Repräsentantensystem untereinander und zur identischen nicht-äquivalenter Bewertungen des rationalen Zahlkörpers wird durch*

$$(24\,\mathrm{a,\,b})\qquad \Phi_p(0) = 0, \quad \left\{ \begin{array}{l} \Phi_\infty(a) = \varphi_\infty^{s_\infty}(a) = e^{s_\infty \lg|a|} \\ \Phi_p(a) = \varphi_p^{s_p}(a) = e^{-s_p a_p(a) \lg p} \end{array} \right\} \quad \textit{für } a \neq 0$$

gegeben, wenn die verfügbaren Parameter s_p irgendwie als reelle, den Bedingungen $s_p > 0$, $0 < s_\infty \leqq 1$ unterworfene Zahlen gewählt werden. Wählt man die s_p alle gleich einem reellen, der Bedingung $0 < s \leqq 1$ unterworfenen s, so gilt für die so normierten

$$\Phi_p(a) = \varphi_p^s(a)$$

das mit dem 1. Fundamentalsatz äquivalente Produkttheorem

$$(26)\qquad \prod_p \Phi_p(a) = \varphi_0(a).$$

Umgekehrt müssen, damit dieses Produkttheorem gilt, die Parameter s_p wie angegeben gewählt werden.

Teil II.

Wir wenden uns nunmehr zur Einbeziehung auch des 2. Fundamentalsatzes in den Kreis unserer Betrachtungen. Dazu haben wir unsere der Analysis entnommen Begriffsbildungen auf der Grundlage der Bewertungstheorie weiter auszubauen. In einem durch φ bewerteten Körper K kann man neben den bisher aus der Analysis herangezogenen Begriffen Konvergenz und Grenzwert auch den Begriff *stetige Funktion* sinngemäß erklären. Um „unvernünftige" Funktionen auszuschließen, ist es dabei zweckmäßig, als Argumentmenge nicht nur den Körper K, sondern den zu φ gehörigen derivierten Körper $\overline{K}$ zugrundezulegen. Wir unterscheiden dann zwei Arten bezgl. φ stetiger Funktionen in $\overline{K}$:

1. *stetige Abbildungen von $\overline{K}$ auf Elemente von $\overline{K}$*, d. h. Funktionen ψ der Elemente von $\overline{K}$ mit Werten aus $\overline{K}$, die der Bedingung genügen:

$$(27)\qquad \left\{ \begin{array}{l} \text{zu jedem } a_0 \text{ aus } \overline{K} \text{ und } \varepsilon > 0 \text{ aus } \mathsf{K} \text{ existiert ein } \delta(a_0, \varepsilon) > 0 \text{ aus } \mathsf{K}, \text{ so daß} \\ \qquad \varphi(\psi(a) - \psi(a_0)) < \varepsilon \quad \text{für} \quad \varphi(a - a_0) < \delta(a_0, \varepsilon), \end{array} \right.$$

2. *stetige Abbildungen von $\overline{K}$ auf Elemente des Wertkörpers K (also auf reelle Zahlen)*, d. h. Funktionen χ der Elemente von $\overline{K}$ mit Werten aus K, die der Bedingung genügen:

$$(28)\qquad \left\{ \begin{array}{l} \text{zu jedem } a_0 \text{ aus } \overline{K} \text{ und } \varepsilon > 0 \text{ aus } \mathsf{K} \text{ existiert ein } \delta(a_0, \varepsilon) > 0 \text{ aus } \mathsf{K}, \text{ so daß} \\ \qquad |\chi(a) - \chi(a_0)| < \varepsilon \quad \text{für} \quad \varphi(a - a_0) < \delta(a_0, \varepsilon). \end{array} \right.$$

Offenbar ist $\psi_2(\psi_1(a))$ mit ψ_1 und ψ_2 stetig von der 1. Art und $\chi(\psi(a))$ mit χ stetig von der 2. Art, wenn ψ stetig von der 1. Art ist. Die einfachste stetige Funktion 1. Art, für die nämlich (27) trivial wird, ist die identische Abbildung $\psi_0(a) = a$

von $\overline{K}$ auf sich. Ebenso ist die einfachste stetige Funktion 2. Art die Bewertung φ selbst, für die (28) auf Grund von (15′) trivial wird.

Die Theorie der bezgl. der Bewertungen φ_p des rationalen Zahlkörpers $\mathfrak{K}$ stetigen Funktionen 1. Art ist durch Herrn *Hensel*[1]) weitgehend entwickelt und ihre Bedeutung für die Zahlentheorie i. e. S. von $\mathfrak{K}$ klargelegt worden, so daß wir hier auf eine nähere Ausführung verzichten können. Sie führt zu der weiter unten zu benutzenden, *eindeutigen multiplikativen Darstellung*[2]) *der Elemente* $a \neq 0$ *eines* $\mathfrak{K}_p$ *in der Form*:

$$\text{(a)}\quad p = \infty:\quad a = e^{\alpha_\infty(a)}(-1)^{\beta_\infty(a)},\qquad \begin{pmatrix}\alpha_\infty(a) \text{ in } \mathfrak{K}_\infty\\ \beta_\infty(a) \text{ mod. } 2\end{pmatrix}\text{[3])}$$

$$\text{(b)}\quad p = 2:\quad a = 2^{\alpha_2(a)}(-1)^{\beta_2(a)}(1+2^2)^{\gamma_2(a)},\qquad \begin{pmatrix}\alpha_2(a) \text{ ganz-rational}\\ \beta_2(a) \text{ mod. } 2\\ \gamma_2(a) \text{ ganz in } \mathfrak{K}_2\end{pmatrix}$$

$$\text{(c)}\quad p = q:\quad a = q^{\alpha_q(a)} r_q^{\beta_q(a)}(1+q)^{\gamma_q(a)},\qquad \begin{pmatrix}\alpha_q(a) \text{ ganz-rational}\\ \beta_q(a) \text{ mod. } q-1\\ \gamma_q(a) \text{ ganz in } \mathfrak{K}_q\end{pmatrix},$$

wobei hier wie im folgenden q die *ungeraden* positiven rationalen Primzahlen durchläuft, r_q eine feste der in $\mathfrak{K}_q$ vorhandenen primitiven $(q-1)$-ten Einheitswurzeln ist und die in den Exponenten auftretenden Funktionen von a — an deren Bezeichnung im folgenden festgehalten wird — den angegebenen Bedingungen genügen [4]).

Während die Theorie der bezgl. der φ_p stetigen Funktionen 1. Art in $\mathfrak{K}$ mit den Beziehungen der rationalen Zahlen zu *je einem einzelnen* p (also mit den sozusagen *lokalen* Eigenschaften der rationalen Zahlen) eng zusammenhängt, ist die Theorie der bezgl. der φ_p stetigen Funktionen 2. Art in $\mathfrak{K}$ mit den viel tiefer liegenden Beziehungen der rationalen Zahlen zu *allen p gleichzeitig* (also den sozusagen *integralen* Eigenschaften der rationalen Zahlen) aufs innigste verknüpft [5]). Es hat

---

[1]) „Zahlentheorie", Berlin 1913.

[2]) *Hensel* l. c. und ds. Journ. Bd. 146, S. 190—195.

[3]) Nach einem mündlichen Vorschlag von Herrn *Hensel* wähle ich hier die Bezeichnung $\alpha_\infty(a)$ statt der bisher von Herrn *Hensel* und mir verwendeten $\gamma_\infty(a)$; in der Tat entspricht der Faktor $e^{\alpha_\infty(a)} = \varphi_\infty(a)$ *inhaltlich* besser den ersten Faktoren $2^{\alpha_2(a)} = \frac{1}{\varphi_2(a)}$, $q^{\alpha_q(a)} = \frac{1}{\varphi_q(a)}$ in (b) und (c) als den letzten, zu denen vermöge des Wertbereichs der Exponenten nur eine stärkere *formale* Analogie besteht.

[4]) Die $\alpha_p(a)$ haben für $p \neq \infty$ dieselbe Bedeutung wie bisher; der Einheitlichkeit halber ist ferner $\alpha_\infty(a)$ für $\lg|a|$ geschrieben.

[5]) Es sei auf die von Herrn *Hensel* gern als Ausgangspunkt seiner Theorie der p-adischen Zahlen hingestellte Analogie der Theorie des rationalen Zahlkörpers $\mathfrak{K}$ zu der des Körpers $\mathfrak{Z}$ aller rationalen Funktionen einer komplexen Variablen z mit komplexen Zahlkoeffizienten hingewiesen (vgl. z. B. dessen „Theorie der algebraischen Zahlen", Leipzig 1908, Vorrede und Cap. I, § 1), bei der den einzelnen p die einzelnen Stellen $z = a$ der komplexen Zahlenebene und insbesondere $p = \infty$ die Stelle $z = \infty$ entspricht. Auch in der Theorie von $\mathfrak{Z}$ sind die Sätze integralen Charakters — (z. B. das dortige Analogon zum 1. Fundamentalsatz und der Satz, daß eine an allen Stellen rationalen Charakter besitzende Funktion auch überhaupt rational ist) — von viel tieferliegender Bedeutung, als die Sätze lokalen Charakters, die sich auf das Verhalten der rationalen Funktionen in den Umgebungen einer einzelnen Stelle beziehen. In der Theorie von $\mathfrak{Z}$ kann man der Be-

das seinen Grund darin, daß die stetigen Funktionen 1. Art nicht aus den einzelnen $\mathfrak{K}_p$ herausführen, während bei den stetigen Funktionen 2. Art der allen gemeinsame Wertkörper K als Bindeglied zwischen den einzelnen $\mathfrak{K}_p$ auftritt [1]).

Es ist eine besondere Klasse von bezgl. φ stetigen Funktionen 2. Art in K, die für den Spezialfall der Bewertungen φ_p von $\mathfrak{K}$ in der angekündigten engen Beziehung zu den Sätzen integralen Charakters über $\mathfrak{K}$ steht, nämlich die den weiteren Bedingungen

$$(29) \qquad \chi(0) = 0, \quad \chi(a) \neq 0 \quad \text{für } a \neq 0$$

$$(30) \qquad \chi(a) \cdot \chi(b) = \chi(a) \cdot (b)$$

unterworfenen solchen Funktionen. Wir nennen diese Funktionen χ *Charaktere* [2]) von K bezgl. φ. Zu ihnen gehört speziell die Bewertung φ selbst; die Beziehung der speziellen Charaktere φ_p von $\mathfrak{K}$ zu dem integralen Charakter besitzenden 1. Fundamentalsatz bildete den Inhalt des ersten Teiles unserer Betrachtung. Die die Charaktere von K bezgl. φ festlegenden Axiome (28)—(30) gehen aus den Axiomen (13)—(15), die den speziellen Charakter φ festlegen, hervor, indem (14) als (30) beibehalten, (15) bezw. das damit äquivalente (15′) durch das allgemeinere (28) ersetzt und sinngemäß (13) zu (29) verallgemeinert wird. Den durch die identische Bewertung φ_0 gelieferten Charakter nennen wir den *identischen Charakter* und bezeichnen ihn im jetzigen Zusammenhang auch mit χ_0, also

$$\chi_0(0) = 0, \quad \gamma_0(a) = 1 \quad \text{für } a \neq 0 \text{ [3]}).$$

Wir stellen uns jetzt die Aufgabe, *alle Charaktere von $\mathfrak{K}$ bezüglich der nichtidentischen* [4]) *Bewertungen φ_p zu finden.* Dazu stützen wir uns auf die oben ange-

zeichnung *integral* neben dem hier gemeinten: *auf alle Stellen bezüglich* noch den weiteren Sinn beilegen: *auf den Cauchyschen Integralsatz und die Cauchyschen Integralformeln zurückgehend.* In der Tat sind alle Sätze integralen Charakters über $\mathfrak{Z}$ leicht zu gewinnende Folgerungen aus diesen Integralsätzen. In der Theorie von $\mathfrak{K}$ hat man bisher kein Analogon zn den *Cauchy*schen Integralsätzen und wird wohl auch schwerlich ein solches finden können. Nach den Ausführungen dieser Anmerkung sind aber die Sätze integralen Charakters über $\mathfrak{K}$, wie z. B. die beiden Fundamentalsätze sowie das in meinen früheren Arbeiten über quadratische Formen in $\mathfrak{K}$ auftretende Fundamentalprinzip (ds. Journ. Bd. 152, S. 130; (II.); S. 208, (II.); Bd. 153, S. 24, Satz 11; S. 30, Satz 16; S. 33, Satz 19) als Äquivalent der *Cauchy*schen Integralsätze in $\mathfrak{K}$ anzusehen.

[1]) Die Tatsache, daß dieses Bindeglied K mit dem speziellen $\mathfrak{K}_\infty$ übereinstimmt, ist im Rahmen unserer Überlegungen als ein merkwürdiger Zufall anzusehen. (Vergl. die Ausführungen auf S. 203 oben.)

[2]) Das geht insofern über die Terminologie der Gruppentheorie hinaus, als wir außer den dort gestellten Forderungen (29), (30) noch die Stetigkeitsforderung (28) stellen, (die sich übrigens vermöge (29), (30) auf die Forderung der Stetigkeit an den Stellen $a_0 = 0$ und $a_0 = 1$ reduziert). Ein Charakter χ von K bezgl. φ liefert also eine *bezgl. φ stetige* „Darstellung" der multiplikativen Gruppe des derivierten Körpers $\overline{K}$ durch reelle Zahlen.

[3]) Es sei darauf hingewiesen, daß χ_0 wegen der auch auf $a_0 = 0$ erstreckten Stetigkeitsforderung (28) nur dann Charakter bezgl. φ ist, wenn 0 keine Häufungsstelle der Werte von φ ist, was im Falle $\mathfrak{K}$ *nur für die identische Bewertung* zutrifft.

[4]) Die Charaktere bezgl. φ_0 interessieren uns hier nicht; für φ_0 wird bei jedem k die Stetigkeitsforderung (28) inhaltlos, und die Charaktere von K bezgl. φ_0 sind identisch mit den nur (29), (30) genügenden Funktionen χ, d. h. mit den reellen Charakteren der multiplikativen Gruppe von $K(=\overline{K})$ im Sinne der Gruppentheorie.

gebenen, eindeutigen multiplikativen Darstellungen (a), (b), (c) der Elemente $a \neq 0$ eines $\mathfrak{K}_p$. Es seien u_p, v_p, w_p die Werte eines Charakters χ_p von $\mathfrak{K}$ bezgl. der Bewertung φ_p für die den Exponenten $\alpha_p, \beta_p, \gamma_p$ entsprechenden Basiselemente (w_∞ fällt weg). Diese Werte sind Zahlen aus K, die wegen (29) von 0 verschieden sind.

a) $p = \infty$.

$$\chi_\infty(e) = u_\infty, \quad \chi_\infty(-1) = v_\infty.$$

Nach (30) muß v_∞ eine 2-te Einheitswurzel sein, so daß wir

$$v_\infty = \chi_\infty(-1) = (-1)^{\beta'_\infty}, \quad (\beta'_\infty = 0 \text{ oder } 1)\,^{1)}$$

setzen können und dann nach (30)

$$\text{(a}'\text{)} \qquad \chi_\infty((-1)^{\beta_\infty}) = (-1)^{\beta'_\infty \beta_\infty}$$

haben.

Wir zeigen nun ferner, daß $u_\infty > 1$ ist. Da nämlich die Relation

$$\lim_{n\to\infty} e^{-n} = 0 \quad \text{bezgl. } \varphi_\infty$$

gilt, folgt aus (28) das Bestehen der Relation

$$\lim_{n\to\infty} \chi_\infty(e^{-n}) = \chi_\infty(0) = 0 \quad \text{bezgl. d. abs. Bew. v. K.}$$

Nun ist nach (30)

$$\chi_\infty(e^{-n}) = (\chi_\infty(e))^{-n} = u_\infty^{-n},$$

und diese Folge kann nur dann bezgl. der absoluten Bewertung von K zu 0 streben, wenn $|u_\infty| > 1$ ist. Da ferner nach (30) $u_\infty = \chi_\infty(e) = (\chi_\infty(e^{\frac{1}{2}}))^2$ ist, muß sogar $u_\infty > 1$ sein. Wir können somit setzen:

$$u_\infty = \chi_\infty(e) = e^{s_\infty}, \quad (s_\infty > 0 \text{ reell}).$$

Wir zeigen weiter, daß für alle α_∞ aus $\mathfrak{K}_\infty$

$$\text{(a}''\text{)} \qquad \chi_\infty(e^{\alpha_\infty}) = e^{s_\infty \alpha_\infty}$$

sein muß. Aus

$$\chi_\infty(e^{\alpha_\infty}) = (\chi_\infty(e^{\frac{\alpha_\infty}{2}}))^2$$

folgt zunächst, daß $\chi_\infty(e^{\alpha_\infty})$ stets positiv ist. Daraus folgt nach (30) leicht, daß (a″) für alle α_∞ aus $\mathfrak{K}$ gelten muß. Da nun ferner die Funktion $\psi_\infty(\alpha_\infty) = e^{\alpha_\infty}$ stetig von der 1. Art bezgl. φ_∞ ist, muß die Funktion $\chi_\infty(\psi_\infty(\alpha_\infty)) = \chi_\infty(e^{\alpha_\infty})$ nach (28) stetig von der 2. Art bezgl. φ_∞ sein. Stellt man also jedes α_∞ aus $\mathfrak{K}_\infty$ als Grenzwert bezgl. φ_∞ einer Folge $\alpha_\infty^{(n)}$ aus $\mathfrak{K}$ dar:

$$\alpha_\infty = \lim_{n\to\infty} \alpha_\infty^{(n)} \quad \text{bezgl. } \varphi_\infty,$$

so bestehen die Relationen:

$$\lim_{n\to\infty} \psi_\infty(\alpha_\infty^{(n)}) = \psi_\infty(\alpha_\infty) \quad \text{bezgl. } \varphi_\infty,$$

$$\lim_{n\to\infty} \chi_\infty(\psi_\infty(\alpha_\infty^{(n)})) = \chi_\infty(\psi_\infty(\alpha_\infty)) \quad \text{bezgl. d. abs. Bew. v. K.}$$

1) Die Bezeichnung dieses und der weiteren, entsprechenden Exponenten, die vorläufig unsystematisch anmuten mag, ist mit Rücksicht auf die unten (S. 211) herzustellende Beziehung zum *Hilbert*schen Normenrestsymbol gewählt.

Daraus folgt die bezgl. der absoluten Bewertung von K zu verstehende Grenzrelation:

$$\chi_\infty(e^{a_\infty}) = \chi_\infty(\psi_\infty(a_\infty)) = \lim_{n\to\infty} \chi_\infty(\psi_\infty(a_\infty^{(n)})) = \lim_{n\to\infty} \chi_\infty(e^{a_\infty^{(n)}}) = \lim_{n\to\infty} e^{s_\infty a_\infty^{(n)}}.$$

Nimmt man schließlich hinzu, daß die Funktion $\bar{\chi}_\infty(a_\infty) = e^{s_\infty a_\infty}$ für $s_\infty > 0$ stetig von der 2. Art bezgl. φ_∞ ist, so folgt

$$\lim_{n\to\infty} e^{s_\infty a_\infty^{(n)}} = \lim_{n\to\infty} \bar{\chi}(a_\infty^{(n)}) = \bar{\chi}_\infty(a_\infty) = e^{s_\infty a_\infty} \qquad \text{bezgl. d. abs. Bew. v. K},$$

d. h. die Richtigkeit von (a'') für beliebige a_∞ aus $\mathfrak{K}_\infty$ [1]).

Durch nochmalige Anwendung von (30) folgt jetzt aus (a), (a'), (a''), daß

$$\text{(31 a)} \qquad \chi_\infty(a) = e^{s_\infty a_\infty(a)}(-1)^{\beta'_\infty \beta_\infty(a)} = (\varphi_\infty(a))^{s_\infty}(-1)^{\beta'_\infty \beta_\infty(a)}, \qquad (a \neq 0)$$

sein muß. Umgekehrt zeigt man leicht, daß (31 a) für jedes reelle $s_\infty > 0$ und $\beta'_\infty = 0$ oder 1 einen Charakter von $\mathfrak{K}$ bezgl. φ_∞ darstellt.

b) $p = 2$.

$$\chi_2(2) = u_2, \quad \chi_2(-1) = v_2, \quad \chi_2(1 + 2^2) = w_2.$$

Nach (30) muß v_2 eine 2-te Einheitswurzel sein, so daß wir

$$v_2 = \chi_2(-1) = (-1)^{\beta_2'}, \qquad (\beta_2' = 0 \text{ oder } 1)$$

setzen können und dann nach (30)

$$\text{(b')} \qquad \chi_2((-1)^{\beta_2}) = (-1)^{\beta_2' \beta_2}$$

haben.

Wir zeigen ferner, daß $w_2 = \pm 1$ sein muß. Da nämlich die Funktion $\psi_2(\gamma_2) = (1 + 2^2)^{\gamma_2}$ für ganze γ_2 aus $\mathfrak{K}_2$ stetig von der 1. Art bezgl. φ_2 ist, muß für diese γ_2 die Funktion $\chi_2(\psi_2(\gamma_2)) = \chi_2((1 + 2^2)^{\gamma_2})$ nach (28) stetig von der 1. Art bezgl. φ_2 sein. Da nun die Relation

$$\lim_{n\to\infty} 2^n = 0 \quad \text{bezgl. } \varphi_2$$

gilt, folgen die Relationen

$$\lim_{n\to\infty} \psi_2(2^n) = \psi_2(0) = 1 \quad \text{bezgl. } \varphi_2,$$

$$\lim_{n\to\infty} \chi_2(\psi_2(2^n)) = \chi_2(1) = 1 \quad \text{bezgl. d. abs. Bew. v. K.}$$

Nun ist nach (30)

$$\chi_2(\psi_2(2^n)) = \chi_2((1 + 2^2)^{2^n}) = (\chi_2(1 + 2^2))^{2^n} = w_2^{2^n},$$

und diese Folge kann nur dann bezgl. der absoluten Bewertung von K zu 1 streben, wenn $w_2 = \pm 1$ ist. Wir können somit setzen:

$$w_2 = \chi_2(1 + 2^2) = (-1)^{\alpha_2'}, \qquad (\alpha_2' = 0 \text{ oder } 1).$$

---

[1]) Diese an sich bekannte Deduktion ist hier nur deshalb ausführlich wiedergegeben und insbesondere der rein methodische Unterschied zwischen der Bewertung φ_∞ von $\mathfrak{K}_\infty$ und der absoluten Bewertung von K überall hervorgehoben, um die völlige Analogie zu den entsprechenden Deduktionen unter b) und c) hervortreten zu lassen.

Wir zeigen weiter, daß für alle ganzen γ_2 aus $\mathfrak{K}_2$

(b'') $$\chi_2((1+2^2)^{\gamma_2}) = (-1)^{\alpha_2'\gamma_2}$$

sein muß. Nach (30) folgt nämlich unmittelbar, daß (b'') für alle ganzen γ_2 aus $\mathfrak{K}$ gelten muß. Stellt man also (was stets möglich) jedes ganze γ_2 aus $\mathfrak{K}_2$ als Grenzwert bezgl. φ_2 einer Folge $\gamma_2^{(n)}$ aus $\mathfrak{K}$ dar:

$$\gamma_2 = \lim_{n\to\infty} \gamma_2^{(n)} \qquad \text{bezgl. } \varphi_2,$$

so bestehen nach obigem die Relationen

$$\lim_{n\to\infty} \psi_2(\gamma_2^{(n)}) = \psi_2(\gamma_2) \qquad \text{bezgl. } \varphi_2,$$

$$\lim_{n\to\infty} \chi_2(\psi_2(\gamma_2^{(n)})) = \chi_2(\psi_2(\gamma_2)) \qquad \text{bezgl. d. abs. Bew. v. K.}$$

Daraus folgt die bezgl. der absoluten Bewertung von K zu verstehende Grenzrelation:

$$\chi_2((1+2^2)^{\gamma_2}) = \chi_2(\psi_2(\gamma_2)) = \lim_{n\to\infty} \chi_2(\psi_2(\gamma_2^{(n)})) = \lim_{n\to\infty} \chi_2((1+2^2)^{\gamma_2^{(n)}}) = \lim_{n\to\infty} (-1)^{\alpha_2'\gamma_2^{(n)}}.$$

Nimmt man schließlich hinzu, daß die Funktion $\bar{\chi}_2(\gamma_2) = (-1)^{\alpha_2'\gamma_2}$ stetig von der 2. Art bezgl. φ_2 ist, so folgt

$$\lim_{n\to\infty} (-1)^{\alpha_2'\gamma_2^{(n)}} = \lim_{n\to\infty} \bar{\chi}_2(\gamma_2^{(n)}) = \bar{\chi}_2(\gamma_2) = (-1)^{\alpha_2'\gamma_2} \qquad \text{bezgl. d. abs. Bew. v. K,}$$

d. h. die Richtigkeit von (b'') für beliebige ganze γ_2 aus $\mathfrak{K}_2$.

Wir zeigen schließlich, daß $|u_2| < 1$ sein muß. Da nämlich

$$\lim_{n\to\infty} 2^n = 0 \qquad \text{bezgl. } \varphi_2$$

gilt, folgt nach (28) die Relation

$$\lim_{n\to\infty} \chi_2(2^n) = \chi_2(0) = 0 \qquad \text{bezgl. d. abs. Bew. v. K.}$$

Nun ist nach (30)

$$\chi_2(2^n) = (\chi_2(2))^n = u_2^n,$$

und diese Folge kann nur dann bezgl. der absoluten Bewertung von K zu 0 streben, wenn $|u_2| < 1$ ist. Wir können somit setzen:

$$u_2 = \chi_2(2) = e^{-s_2 \lg 2}(-1)^{\gamma_2'}, \qquad (s_2 > 0 \text{ reell}, \; \gamma_2' = 0 \text{ oder } 1)$$

und haben dann nach (30) unmittelbar:

(b''') $$\chi_2(2^{\alpha_2}) = e^{-s_2\alpha_2 \lg 2}(-1)^{\gamma_2'\alpha_2}.$$

Durch nochmalige Anwendung von (30) folgt jetzt aus (b), (b'), (b''), (b'''), daß

(31 b) $$\chi_2(a) = e^{-s_2\alpha_2(a)\lg 2}(-1)^{\gamma_2'\alpha_2(a) + \beta_2'\beta_2(a) + \alpha_2'\gamma_2(a)}$$
$$= (\varphi_2(a))^{s_2}(-1)^{\gamma_2'\alpha_2(a) + \beta_2'\beta_2(a) + \alpha_2'\gamma_2(a)}, \qquad (a \neq 0)$$

sein muß. Umgekehrt zeigt man leicht, daß (31 b) für jedes reelle $s_2 > 0$ und $\alpha_2', \beta_2', \gamma_2' = 0$ oder 1 einen Charakter von $\mathfrak{K}$ bezgl. φ_2 darstellt.

c) $p = q$.

$$\chi_q(q) = u_q, \quad \chi_q(r_q) = v_q, \quad \chi_q(1+q) = w_q.$$

Nach (30) muß v_q eine $(q-1)$-te Einheitswurzel sein. Da aber K nur die 2-ten Einheitswurzeln enthält und $q-1$ gerade ist, muß v_q eine solche sein, und wir können setzen:

$$v_q = \chi_q(r_q) = (-1)^{\alpha_q'}, \qquad (\alpha_q' = 0 \text{ oder } 1),$$

so daß wir nach (30) haben:

$$(c') \qquad \chi_q(r_q^{\beta_q}) = (-1)^{\alpha_q' \beta_q}.$$

Die Überlegungen bezüglich w_q sind ganz dieselben wie die auf w_2 bezüglichen unter b), nur daß hier, weil q ungerade ist, aus

$$\lim_{n\to\infty} w_q^{q^n} = 0 \quad \text{bezgl. d. abs. Bew. v. K}$$

sogar auf $w_q = 1$ geschlossen werden kann. Wir erhalten also hier:

$$(c'') \qquad \chi_q(w_q^{\gamma_q}) = 1.$$

Entsprechend wir unter b) folgt auch hier, daß $|u_q| < 1$ ist, so daß wir setzen können:

$$u_q = \chi_q(q) = e^{-s_q \lg q}(-1)^{\frac{q-1}{2}\alpha_q' + \beta_q'}, \qquad (s_q < 0 \text{ reell}, \ \beta_q' = 0 \text{ oder } 1).$$

Wir haben dann nach (30):

$$(c''') \qquad \chi_q(q^{\alpha_q}) = e^{-s_q \alpha_q \lg q}(-1)^{\frac{q-1}{2}\alpha_q'\alpha_q + \beta_q'\alpha_q}.$$

Nach (30) ergibt sich aus (c'), (c'), (c''), (c'''), daß

$$(31\,c) \qquad \chi_q(a) = e^{-s_q \alpha_q(a) \lg q}(-1)^{\frac{q-1}{2}\alpha_q'\alpha_q(a) + \beta_q'\alpha_q(a) + \alpha_q'\beta_q(a)}$$
$$= (\varphi(a))^{s_q}(-1)^{\frac{q-1}{2}\alpha_q'\alpha_q(a) + \beta_q'\alpha_q(a) + \alpha_q'\beta_q(a)}, \qquad (a \neq 0)$$

sein muß. Umgekehrt zeigt man leicht, daß (31c) für jedes reelle $s_q > 0$ und α_q', $\beta_q' = 0$ oder 1 einen Charakter von $\mathfrak{K}$ bezgl. φ_q darstellt.

In (31a—c) haben wir alle Charaktere von $\mathfrak{K}$ bezgl. der Bewertungen φ_p gefunden. Wir stellen zunächst fest, daß

$$(32) \qquad |\chi_p(a)| = (\varphi_p(a))^{s_p} = \Phi_p(a)$$

mit dem allgemeinsten System untereinander und zur identischen nicht-äquivalenten Bewertungen von $\mathfrak{K}$ übereinstimmt. Wir setzen

$$(33) \qquad \chi_p(a) = |\chi_p(a))| \cdot \chi_p^{(0)}(a)$$

und nennen die $\chi_p^{(0)}$ *reduzierte Charaktere.* Diese genügen neben den Bedingungen (28)—(30) für die χ, wobei aber jetzt in der Stetigkeitsforderung (28) die Stelle $a_0 = 0$ auszunehmen ist, noch der Zusatzbedingung

$$(29') \qquad |\chi^{(0)}(a)| = 1 \qquad \text{für } a \neq 0$$

und sind (jedenfalls für den Spezialfall $\mathfrak{K}$) auf die allgemeinsten diesen Bedingungen genügenden Funktionen [1]). Aus (31 a—c) entnehmen wir als vollständiges System der reduzierten Charaktere von $\mathfrak{K}$ bezgl. der φ_p:

$$\left.\begin{array}{lll}(31\,\mathrm{a}^0) & \chi_\infty^{(0)}(a) = (-1)^{\beta'_\infty \beta_\infty(a)} \\ (31\,\mathrm{b}^0) & \chi_2^{(0)}(a) = (-1)^{\gamma_2'\alpha_2(a) + \beta_2'\beta_2(a) + \alpha_2'\gamma_2(a)} \\ (31\,\mathrm{c}^0) & \chi_q^{(0)}(a) = (-1)^{\frac{q-1}{2}\alpha_q'\alpha_q(a) + \beta_q'\alpha_q(a) + \alpha_q'\beta_q(a)}\end{array}\right\} \quad (a \neq 0),$$

wo die Parameter $\alpha'_p, \beta'_p, \gamma'_p$ irgendwelche Werte 0 oder 1 haben.

Wir stellen ferner die formale Analogie dieser reduzierten Charaktere zum *Hilbert*schen Normenrestsymbol fest. Ist nämlich $a' \neq 0$ irgendeine rationale Zahl, so gilt bekanntlich [2]) für $a \neq 0$ [3]):

$$(34\,\mathrm{a}) \qquad \left(\frac{a,\,a'}{\infty}\right) = (-1)^{\beta_\infty(a')\beta_\infty(a)}$$

$$(34\,\mathrm{b}) \qquad \left(\frac{a,\,a'}{2}\right) = (-1)^{\gamma_2(a')\alpha_2(a) + \beta_2(a')\beta_2(a) + \alpha_2(a')\gamma_2(a)}$$

$$(34\,\mathrm{c}) \qquad \left(\frac{a,\,a'}{q}\right) = (-1)^{\frac{q-1}{2}\alpha_q(a')\alpha_q(a) + \beta_q(a')\alpha_q(a) + \alpha_q(a')\beta_q(a)}$$

Bestimmt man also die Parameter $\alpha'_p, \beta'_p, \gamma'_p$ aus einem rationalen Parameter $a' \neq 0$ durch die Kongruenzen

$$(35) \qquad \alpha'_p \equiv \alpha_p(a'), \quad \beta'_p \equiv \beta_p(a'), \quad \gamma'_p \equiv \gamma_p(a') \mod 2$$

(γ'_∞ fällt weg), so gilt für die zugehörigen speziellen reduzierten Charaktere auf Grund des von *Hilbert* in die Form

$$(36) \qquad \prod_p \left(\frac{a,\,a'}{p}\right) = \chi_0(a)$$

gesetzten 2. Fundamentalsatzes das Produkttheorem

$$(37) \qquad \prod_p \chi_p^{(0)}(a) = \chi_0(a).$$

Wählt man ferner noch die Parameter s_p alle gleich einem reellen $s > 0$, so folgt aus (25), (32), (33), (37) auch für die zugehörigen allgemeinen χ_p das Produkttheorem:

$$(38) \qquad \prod_p \chi_p(a) = \chi_0(a).$$

Wir untersuchen nun wieder, ob die in (35) getroffene Wahl der Parameter $\alpha'_p, \beta'_p, \gamma'_p$ verbunden mit $s_p = s > 0$ für alle p die einzige ist, bei der das Produkttheorem (38) gilt, oder ob es ev. noch andere derartige Theoreme gibt. Es wird sich zeigen, daß letzteres der Fall ist, daß aber auch das allgemeinste Produkttheorem

---

[1]) Durch Weglassen der Stetigkeitsforderung (28) für $a_0 = 0$ tritt in der vorhergehenden Deduktion nur die Änderung ein, daß die s_p dann *beliebige reelle Zahlen*, speziell also auch 0, sein können. Ob auch für allgemeine K die $\chi^{(0)}$, d. h. die „Vorzeichen" der χ, die allgemeinsten den genannten Bedingungen genügenden Funktionen sind, steht dahin.

[2]) *Hensel* „Zahlentheorie", Berlin 1913, S. 328, (8).

[3]) Für $a = 0$ sei im folgenden $\left(\frac{a,\,a'}{p}\right) = 0$ gesetzt.

(38) nicht über den Inhalt des bisher gewonnenen Spezialfalles, nämlich über die beiden Fundamentalsätze der elementaren Zahlentheorie hinausgeht. Der einzige Unterschied, den das allgemeinste Produkttheorem (38) gegenüber dem bisherigen Spezialfall aufweist, ist der, daß in ihm der Parameter a' nicht auf die rationalen Zahlen $\neq 0$ (endliche Primzahlpotenzprodukte) beschränkt ist, sondern allgemeiner ein *unendliches Primzahlpotenzprodukt* sein kann.

Soll ein Charakterensystem χ_p von $\mathfrak{K}$ bezgl. der φ_p der Produktbedingung (38) genügen, so muß zunächst auch das System $|\chi_p|$ dieser Bedingung genügen. Aus (32) und unserem Resultat **(I.)** folgt also, daß die Parameter s_p alle einem reellen $s > 0$ gleich sein müssen, und dann nach (25), (33), daß für die zugehörigen reduzierten Charaktere $\chi_p^{(0)}$ das Produkttheorem (37) gelten muß.

Um daraus den weiteren angekündigten Schluß auf die Natur der $\chi_p^{(0)}$ ziehen zu können, müssen wir erst die dazu heranzuziehende Theorie der *Hilbert*schen Normenrestsymbole $\left(\frac{a,\, a'}{p}\right)$ mit in obigem Sinne unendlichen a', die bisher noch nirgends behandelt ist, entwickeln. Es sei

$$(39) \qquad a' = (-1)^{\beta_\infty(a')} 2^{\alpha_2(a')} q_1^{\alpha_{q_1}(a')} q_2^{\alpha_{q_2}(a')} \cdots\cdots\cdots \quad \begin{pmatrix} \beta_\infty(a') \text{ mod. } 2, \\ \alpha_2(a'),\ \alpha_{q_\nu}(a') \\ \text{ganz-rational} \end{pmatrix}$$

ein nicht notwendig endliches Produkt aus Primzahlpotenzen und einem Einheitsfaktor. Dabei sei hier und im folgenden $q_1, q_2, \ldots$ die irgendwie fest geordnete Folge der positiven ungeraden Primzahlen aus $\mathfrak{K}$, und für die in den Exponenten auftretenden Funktionen von a' werde die hier gewählte Bezeichnungsweise in Verallgemeinerung der bisherigen ein- für allemal festgesetzt. Wir setzen dann für $n \geqq 0$:

$$(40) \qquad a'_n = (-1)^{\beta_\infty(a')} 2^{\alpha_2(a')} q_1^{\alpha_{q_1}(a')} \cdots q_n^{\alpha_{q_n}(a')}$$

und definieren für jedes p eine Funktionsfolge

$$(41) \qquad \eta_p^{(n)}(a) = \left(\frac{a,\, a'_n}{p}\right)$$

für Argumente a aus $\mathfrak{K}$ mit Werten aus K. Diese Funktionen sind sämtlich reduzierte Charaktere von $\mathfrak{K}$ bezgl. der entsprechenden φ_p, weil die a. S. 210 unten genannten Bedingungen für sie erfüllt sind. Wenn ferner für alle p und alle a aus $\mathfrak{K}$

$$(42) \qquad \lim_{n\to\infty} \eta_p^{(n)}(a) = \eta_p(a) \qquad \text{bezgl. d. abs. Bew. von } \mathsf{K}$$

existiert (d. h. wenn die $\left(\frac{a,\, a'_n}{p}\right)$ bei jedem festen p und a für alle hinreichend hohen n ein- und denselben der Werte $+1$, -1 haben), so sind auch die Grenzfunktionen $\eta_p(a)$ ein System reduzierter Charaktere von $\mathfrak{K}$ bezgl. der φ_p. Wir schreiben dann

$$(43) \qquad \eta_p(a) = \left(\frac{a,\, a'}{p}\right).$$

Aus (39), (40) ergeben sich unmittelbar die Grenzrelationen

$$\lim_{n\to\infty} \beta_\infty(a_n') = \beta_\infty(a')$$
$$\lim_{n\to\infty} \alpha_2(a_n') = \alpha_2(a')$$
$$\lim_{n\to\infty} \alpha_q(a_n') = \alpha_q(a')$$

und daraus durch Einsetzen der speziellen $a = -1, 2$ bzw. q in die Grenzrelationen (42) für $p = 2$ bezw. q die Existenz der weiteren Grenzwerte

$$\lim_{n\to\infty} \beta_2(a_n') = \beta_2(a'), \qquad \lim_{n\to\infty} \gamma_2(a_n') = \gamma_2(a');$$
$$\lim_{n\to\infty} \beta_q(a_n') = \beta_q(a')$$

bezgl. der absoluten Bewertung von K. Mit der durch die letzteren Formeln eingeführten Verallgemeinerung der bisherigen Bedeutung dieser Funktionen von a' gelten dann die Formeln (34a—c) auch für das durch (41)—(43) verallgemeinerte Normenrestsymbol. Um schließlich auch die Gültigkeit des Produkttheorems (36) für unser verallgemeinertes Normenrestsymbol einzusehen, zeigen wir zunächst, daß aus der vorausgesetzten Existenz der Grenzwerte (42) sogar auf die *Gleichmäßigkeit in p* dieser Grenzrelationen geschlossen werden kann, d. h. auf die Existenz eines $n_0(a)$ zu jedem festen a, so daß für alle $n \geqq n_0(a)$ und *alle p* gilt: $\eta_p^{(n)}(a) = \eta_p(a)$. Daß zu jedem a und festem p ein derartiges $n_0(a, p)$ existiert, ist mit der Existenz der Grenzwerte (42) gleichbedeutend. Daß diese $n_0(a, p)$ *von p unabhängig* gewählt werden können, braucht nach (30) (d. h. dem Zerlegungssatz für das *Hilbert*sche Normenrestsymbol, angewandt auf a) nur für die speziellen $a = -1, 2, q$ bewiesen zu werden, aus denen sich nach dem 1. Fundamentalsatz alle $a \neq 0$ aus $\mathfrak{K}$ multiplikativ zusammensetzen lassen. Nach dem auf die a_n' angewandten Zerlegungssatz für das *Hilbert*sche Normenrestsymbol genügt es ferner zu zeigen, daß für diese speziellen a die Zusatzfaktoren $\left(\frac{a,\, q_n^{\alpha_{q_n}(a')}}{p}\right)$, die gemäß (40) beim Übergang von $\eta_p^{(n-1)}(a) = \left(\frac{a,\, a_{n-1}'}{p}\right)$ zu $\eta_p^{(n)}(a) = \left(\frac{a,\, a_n'}{p}\right)$ auftreten, für *alle p* gleich 1 sind, wenn nur $n > n_0(a)$ gewählt wird.

Für $a = -1$ wählen wir nun $n_0(-1) \geqq n_0(-1, \infty)$, $n_0(-1, 2)$, wo die letzteren Indizes die oben angegebene Bedeutung haben. Dann ist infolge dieser Wahl

$$\left(\frac{-1,\, q_n^{\alpha_{q_n}(a')}}{\infty}\right) = 1, \qquad \left(\frac{-1,\, q_n^{\alpha_{q_n}(a')}}{2}\right) = 1 \quad \text{für } n \geqq n_0(-1).$$

Ferner ist nach (34c)

$$\left(\frac{-1,\, q_n^{\alpha_{q_n}(a')}}{q_\nu}\right) = 1 \qquad \text{für } \nu \neq n,$$

weil dann $\alpha_{q_\nu}(q_n^{\alpha_{q_n}(a')}) = 0$, $\alpha_{q_\nu}(-1) = 0$ ist. Nach (36) ist also auch das einzig noch übrige

$$\left(\frac{-1,\, q_n^{a_{q_n}(a')}}{q_n}\right) = 1 \quad \text{für } n \geqq n_0(-1),$$

womit die Behauptung für $a = -1$ bewiesen ist.

Für $a = 2$ bzw. q wählen wir $n_0(2) \geqq n_0(2, \infty)$, $n_0(2, 2)$ bzw. $n_0(q) \geqq n_0(q, \infty)$, $n_0(q, 2)$, $n_0(q, q)$. Dann führen ganz entsprechende Schlüsse, wie für $a = -1$, zum erstrebten Nachweis.

Vermöge der damit bewiesenen Gleichmäßigkeit in p der Grenzrelationen (42) folgt nun unmittelbar die Gültigkeit des Produkttheorems (36) für unser verallgemeinertes Normenrestsymbol. Denn unter Anwendung des bisherigen speziellen Produkttheorems (36) kann auf

$$\prod_p \left(\frac{a, a'}{p}\right) = \prod_p \eta_p(a) = \prod_p \eta_p^{(n)}(a) = \prod_p \left(\frac{a, a'_n}{p}\right) = \chi_0(a)$$

geschlossen werden, wenn man nur den hierbei vermittelnd eingeführten Index $n \geqq n_0(a)$ wählt, wo $n_0(a)$ dieselbe Bedeutung wie vorher hat [1]).

Es sei nun $\chi_p^{(0)}$ ein reduziertes Charakterensystem von $\mathfrak{R}$ bezgl. der φ_p, für das die Produktrelation (37) besteht. Wir zeigen dann die Existenz eines a' der Form (39), für das die Grenzwerte gemäß (41), (42), (43) vorhanden sind und die Werte

$$\chi_p^{(0)}(a) = \left(\frac{a, a'}{p}\right) \tag{44}$$

haben.

Dazu definieren wir a' auf Grund der Darstellungen (31 a⁰ — c⁰) der $\chi_p^{(0)}$ durch

$$a' = (-1)^{\beta'_\infty} 2^{\alpha'_2} q_1^{\alpha'_{q_1}} q_2^{\alpha'_{q_2}} \ldots,$$

und setzen ferner wieder für $n \geqq 0$:

$$a'_n = (-1)^{\beta'_\infty} 2^{\alpha'_2} q_1^{\alpha'_{q_1}} \ldots q_n^{\alpha'_{q_n}}.$$

Dann haben wir:

$$\beta'_\infty = \beta_\infty(a'_n) \quad \text{für jedes } n, \tag{45 a}$$

$$\alpha'_2 = \alpha_2(a'_n) \quad \text{für jedes } n, \tag{45 b}$$

$$\left\{\begin{array}{ll} 0 = \alpha_{q_\nu}(a'_n) & \text{für } n < \nu \\ \alpha'_{q_\nu} = \alpha_{q_\nu}(a'_n) & \text{für } n \geqq \nu \end{array}\right\}. \tag{45 c}$$

(45 a) besagt vermöge (31 a⁰), (34 a) unmittelbar, daß

---

[1]) Als Beispiel eines wirklich unendlichen a', für das $\left(\frac{a, a'}{p}\right)$ für alle rationalen a und alle p konvergiert, nennen wir $a' = r_1 r_2 \ldots.$, wo die $r_1, r_2, \ldots.$ eine solche Folge positiver rationaler Primzahlen $\equiv 1 \bmod. 2^3$ ist, daß die *Legendre*schen Symbole

$$\left(\frac{r_1}{q_1}\right) = 1; \quad \left(\frac{r_2}{q_1}\right) = 1, \quad \left(\frac{r_2}{q_2}\right) = 1; \quad \ldots.$$

(allgemein $\left(\frac{r_n}{q_\nu}\right) = 1$ für $\nu \leqq n$) sind. Die Möglichkeit einer solchen Wahl von $r_1, r_2, \ldots$ ergibt sich aus dem *Dirichlet*schen Primzahlsatz für arithmetische Reihen.

(46 a) $$\chi_\infty^{(0)}(a) = \left(\frac{a, a'_n}{\infty}\right) \quad \text{für jedes } n$$

ist. Wir zeigen ferner, daß zu jedem a ein n_a existiert, so daß

(47) $$(-1)^{\alpha'_q \beta_q(a)} = \left(\frac{a, a'_n}{q}\right) \quad \text{für } n \geqq n_a$$

und zu q prime a (d. h. $\alpha_q(a) = 0$)

gilt. Da nämlich nur endlich viele der $\alpha_{q_n}(a)$ von 0 verschieden sind, reduziert sich das nach unserer Voraussetzung konvergente unendliche Produkt $\prod\limits_p \chi_p^{(0)}(a)$ gemäß (34 c⁰) bis auf einen endlichen Teil auf das unendliche Produkt $\prod\limits_{\nu=1}^{\infty} (-1)^{\alpha'_{q_\nu} \beta_{q_\nu}(a)}$ Letzteres muß also ebenfalls konvergieren, d. h. es muß ein n_a existieren, so daß $(-1)^{\alpha'_{q_\nu} \beta'_{q_\nu}(a)} = 1$ für $\nu > n_a$ ist. Wird nun $n \geqq n_a$ und $\alpha_{q_\nu}(a) \neq 0$ vorausgesetzt, so folgt aus (34 c) und (45 c), falls $\nu \leqq n$ ist:

$$(-1)^{\alpha'_{q_\nu} \beta_{q_\nu}(a)} = (-1)^{\alpha_{q_\nu}(a'_n) \beta_{q_\nu}(a)} = \left(\frac{a, a'_n}{q_\nu}\right),$$

und falls $\nu > n$, also auch $\nu > n_a$ ist:

$$(-1)^{\alpha'_{q_\nu} \beta_{q_\nu}(a)} = 1 = (-1)^{\alpha_{q_\nu}(a'_n) \beta_{q_\nu}(a)} = \left(\frac{a, a'_n}{q_\nu}\right),$$

und somit auf alle Fälle die Gültigkeit von (47).

Wir setzen nun zur Bestimmung der durch (45 a—c) noch nicht festgelegten Parameter β'_2, γ'_2, β'_q in die vorausgesetzte Produktrelation (37) die speziellen $a = -1, 2, q$ ein.

Für $a = -1$ haben wir wegen (46 a) und $\alpha_2(-1) = 0$, $\beta_2(-1) = 1$, $\gamma_2(-1) = 0$, $\alpha_q(-1) = 0$:

$$1 = \prod_p \chi_p^{(0)}(-1) = \left(\frac{-1, a'_n}{\infty}\right) (-1)^{\beta_2'} \prod_p (-1)^{\alpha'_q \beta'_q(-1)},$$

oder nach (47):

$$1 = (-1)^{\beta_2'} \prod_{p \neq 2} \left(\frac{-1, a'_n}{p}\right) \quad \text{für } n \geqq n_{-1}.$$

Nach (36) folgt also:

$$(-1)^{\beta_2'} = \left(\frac{-1, a'_n}{2}\right) \quad \text{für } n \geqq n_{-1},$$

d. h. nach (34 b):

(46 b′) $$\beta'_2 \equiv \beta_2(a'_n) \bmod 2 \quad \text{für } n \geqq n_{-1}.$$

Für $a = 2$ haben wir wegen (46 a) und $\alpha_2(2) = 1$, $\beta_2(2) = 0$, $\gamma_2(2) = 0$, $\alpha_q(2) = 0$:

$$1 = \prod_p \chi_p^{(0)}(2) = \left(\frac{2, a'_n}{\infty}\right) (-1)^{\gamma_2'} \prod_q (-1)^{\alpha'_q \beta'_q(2)},$$

oder nach (47):

$$1 = (-1)^{\gamma_2'} \prod_{p \neq 2} \left(\frac{2, a'_n}{p}\right) \quad \text{für } n \geqq n_2.$$

Nach (36) folgt also:

$$(-1)^{\gamma_2'} = \left(\frac{2, a_n'}{2}\right) \quad \text{für } n \geqq n_2,$$

d. h. nach (34 b):

(46 b'') $$\gamma_2' \equiv \gamma_2(a_n') \quad \text{für } n \geqq n_2.$$

Aus (45 b), (46 b'), (46 b'') folgt gemäß (31 b⁰), (34 b):

(46 b) $$\chi_2^{(0)}(a) = \left(\frac{a, a_n'}{2}\right) \quad \text{für } n \geqq n_{-1}, n_2.$$

Für $a = q$ haben wir wegen (46 a), (46 b) und $\alpha_q(q) = 1$, $\beta_q(q) = 0$, $\alpha_q(q') = 0$ für $q' \neq q$:

$$1 = \prod_p \chi_p^{(0)}(q) = \left(\frac{q, a_n'}{\infty}\right)\left(\frac{q, a_n'}{2}\right)(-1)^{\frac{q-1}{2}\alpha'_q + \beta'_q} \prod_{q' \neq q} (-1)^{\alpha'_{q'}\beta_{q'}(q)}$$
$$\text{für } n \geqq n_{-1}, n_2,$$

oder nach (47):

$$1 = (-1)^{\frac{q-1}{2}\alpha'_q + \beta'_q} \prod_{p \neq q} \left(\frac{q, a_n'}{p}\right) \quad \text{für } n \geqq n_{-1}, n_2, n_q.$$

Nach (36) folgt also:

$$(-1)^{\frac{q-1}{2}\alpha'_q + \beta'_q} = \left(\frac{q, a_n'}{q}\right) \quad \text{für } n \geqq n_{-1}, n_2, n_q.$$

Wird nun noch $\alpha_q'(a_n') = \alpha_q'$ vorausgesetzt, was für hinreichend hohe n nach (45 c) sicher zutrifft, so folgt nach (34 c):

$$\frac{q-1}{2}\alpha_q' + \beta_q' \equiv \frac{q-1}{2}\alpha_q'(a_n') + \beta_q(a_n') \text{ mod. } 2,$$

d. h.

(46 c') $$\beta_q' \equiv \beta_q(a_n') \text{ mod. } 2 \quad \text{für hinreichend hohe } n.$$

Aus (45 c), (46 c') folgt gemäß (31 c⁰), (34 c):

(46 c) $$\chi_q^{(0)}(a) = \left(\frac{a, a_n'}{q}\right) \quad \text{für hinreichend hohe } n.$$

(46 a—c) besagen die Konvergenz von $\left(\frac{a, a'}{p}\right)$ für alle a und p gegen $\chi_p^{(0)}(a)$, d. h. die Behauptung (44).

Wir fassen das Ergebnis unserer nunmehr auch den 2. Fundamentalsatz rückschauend einbeziehenden Betrachtungen in die folgende Fortsetzung des Theorems **(I.)** zusammen:

(II.) *Das Charakterensystem des rationalen Zahlkörpers bezgl. dessen sämtlicher, untereinander und zur identischen nicht-äquivalenten Bewertungen* φ_p *wird durch*

(31) $$\chi_p(0) = 0, \quad \left\{\begin{aligned} \chi_\infty(a) &= \varphi_\infty^{s_\infty}(a)(-1)^{\beta'_\infty\beta_\infty(a)} \\ \chi_2(a) &= \varphi_2^{s_2}(a)(-1)^{\gamma_2'\alpha_2(a) + \beta_2'\beta_2(a) + \alpha_2'\gamma_2(a)} \\ \chi_q(a) &= \varphi_q^{s_q}(a)(-1)^{\frac{q-1}{2}\alpha'_q\alpha_q(a) + \beta'_q\alpha_q(a) + \alpha'_q\beta_q(a)} \end{aligned}\right\} \quad \text{für } a \neq 0$$

gegeben, wenn die verfügbaren Parameter s_p *und* α'_p, β'_p, γ'_p (α'_∞, γ'_∞ *fallen fort*) *irgendwie den Bedingungen*

$$s_p \text{ reell} > 0, \qquad \alpha'_p,\ \beta'_p,\ \gamma'_p = 0 \text{ oder } 1$$

gemäß gewählt werden. Wählt man speziell die s_p *alle gleich einem reellen* $s > 0$ *und bestimmt die* α'_p, β'_p, γ'_p *durch*

$$(35) \qquad \alpha'_p \equiv \alpha_p(a'),\quad \beta'_p \equiv \beta_p(a'),\quad \gamma'_p \equiv \gamma_p(a') \text{ mod. } 2 \text{ für } a \neq 0,$$

wo der Parameter a' *irgendein derartiges nicht notwendig endliches Produkt von rationalen Primzahlpotenzen und einem Einheitsfaktor ist, daß das verallgemeinerte Normenrestsymbol* $\left(\frac{a,\, a'}{p}\right)$ *für jedes rationale* a *und jedes* p *konvergiert, so wird*

$$\chi_p(a) = \varphi_p^s(a) \left(\frac{a,\, a'}{p}\right),$$

und es gilt das Produkttheorem

$$(38) \qquad \prod_p \chi_p(a) = \chi_0(a),$$

das vermöge der Aufspaltung

$$(33) \qquad \chi_p(a) = |\chi_p(a)|\, \chi_p^{(0)}(a),$$

wobei

$$|\chi_p(a)| = \varphi_p^s(a), \qquad \chi_p^{(0)}(a) = \left(\frac{a,\, a'}{p}\right),$$

in die beiden mit dem 1. bezw. 2. Fundamentalsatz äquivalenten Produkttheoreme

$$(26) \qquad \prod_p |\chi_p(a)| = \chi_0(a), \qquad (37) \qquad \prod_p \chi_p^{(0)}(a) = \chi_0(a)$$

zerfällt.

Umgekehrt müssen, damit das Produkttheorem (38) *gilt, die Parameter* s_p *und* α'_p, β'_p, γ'_p *wie angegeben gewählt werden.*

Der in unseren Theoremen **(I.)** und **(II.)** ausgesprochene Sachverhalt zeigt, daß sich die *Ideenkreise um die beiden Fundamentalsätze* der elementaren Zahlentheorie vollständig in der Aufgabe erschöpfen, *alle Bewertungen und dann alle Charaktere bezgl. dieser Bewertungen des rationalen Zahlkörpers zu bestimmen.* Hierdurch wird die im Titel dieser Arbeit vollzogene *Synthese der beiden zunächst wesensfremd zueinander erscheinenden Fundamentalsätze* gerechtfertigt. Der Gehalt beider Sätze läßt sich in ein- und dieselbe Form setzen, nämlich als *Produkttheorem* für je ein spezielles Charakterensystem $\varphi_p(a)$ bezw. $\left(\frac{a,\, a'}{p}\right)$ des rationalen Zahlkörpers ausdrücken. Die *Einzigkeit der beiden Fundamentalsätze* ist ferner in dem Sinne zu verstehen, daß sich das allgemeinste solche Produkttheorem für ein Charakterensystem χ_p des rationalen Zahlkörpers als *Folge* der beiden genannten speziellen, den beiden Fundamentalsätzen entsprechenden Produkttheoreme in der Form

$$\prod_p \varphi_p^s(a) \left(\frac{a,\, a'}{p}\right) = 1$$

darstellen läßt.

Die vorstehenden Betrachtungen lassen es ferner als ganz naturgemäß erscheinen, daß die *reelle Analysis* bei einer Reihe von Untersuchungen über die Zahlen des rationalen Körpers $\mathfrak{K}$ hereinspielt, nämlich einerseits bei *lokalen Untersuchungen an der Stelle* $p = \infty$ *von* $\mathfrak{K}$ (also über die *Größe* der rationalen Zahlen) als Analysis des zugehörigen derivierten Körpers $\mathfrak{K}_\infty$ (analog wie die Analysis in einem $\mathfrak{K}_p$ mit $p \neq \infty$ (also die Theorie der Kongruenzen mod. p^n) bei lokalen Untersuchungen an der Stelle p von $\mathfrak{K}$ (also über die Teilbarkeit der rationalen Zahlen durch p) hereinspielt), andererseits aber auch — und das ist der bei weitem interessantere Fall — bei *Untersuchungen integralen Charakters über* $\mathfrak{K}$ als Analysis des gemeinsamen Wertkörpers K aller Bewertungen von $\mathfrak{K}$ (vgl. d. Ausf. a. S. 203 oben). In die letztgenannte Kategorie gehören z. B. die *Untersuchungen über die Verteilung der Primzahlen von* $\mathfrak{K}$. Die hierbei wichtigen analytischen Funktionen, soweit sie im reellen Körper K liegen, also die ζ-Funktion und die reellen L-Reihen von $\mathfrak{K}$, lassen sich übrigens mittels der in dieser Arbeit behandelten Bewertungen und Charaktere von $\mathfrak{K}$ so darstellen:

$$\zeta(s) = \prod_{p \neq \infty} \frac{1}{1 - \Phi_p(p)}$$

$$L(s, \chi) = \prod_{(q, a') = 1} \frac{1}{1 - \chi_q(q)},$$

wobei Φ_p bzw. χ_p das allgemeinste Bewertungs- bzw. Charakterensystem ist, das dem Produkttheorem $\prod_p \Phi_p = \varphi_0$ bzw. $\prod_p \chi_p = \chi_0$ genügt, ferner a' den in χ_p steckenden Parameter und die reelle Variable s den in den Φ_p bzw. χ_p gemeinsam auftretenden Parameter bedeutet. Auf Grund des Produkttheorems und des 1. Fundamentalsatzes folgen die für die Theorie der Primzahlverteilung grundlegenden Umformungen dieser als unendliche Produkte dargestellten Funktionen in unendliche Summen. Einerseits ist nämlich für $p \neq \infty$:

$$\Phi_p(p^a) = \prod_{p' \neq p} \Phi_{p'}^{-1}(p^a) = \Phi_\infty^{-1}(p^a),$$

also

$$\zeta(s) = \prod_{p \neq \infty} \frac{1}{1 - \Phi_p(p)} = \prod_{p \neq \infty} \sum_{a=0}^{\infty} \Phi_p(p^a) = \prod_{p \neq \infty} \sum_{a=0}^{\infty} \Phi_\infty^{-1}(p^a)$$

$$= \sum_{n=1}^{\infty} \Phi_\infty^{-1}(n) \left(= \sum_{n=1}^{\infty} \frac{1}{n^s}\right).$$

Andererseits ist für $(q, a') = 1$

$$\chi_q(q^a) = \Phi_q(q^a)\left(\frac{q^a, a'}{q}\right) = \prod_{p' \neq q} \Phi_{p'}^{-1}(q^a) \prod_{p' \neq q}\left(\frac{q^a, a'}{p'}\right)$$

$$= \Phi_\infty^{-1}(q^a)\left(\frac{q^a, a'}{2}\right) \prod_{q'/a'}\left(\frac{q^a, a'}{q'}\right).$$

Setzen wir also

$$\chi(a) = \left(\frac{a, a'}{2}\right) \prod_{q'/a'}\left(\frac{a, a'}{q'}\right),$$

so daß χ eine der Bedingungen (29), (29'), (30) (aber nicht (28)) unterworfene Funktion (also ein reeller Charakter von $\mathfrak{K}$ vom Betrage 1 im Sinne der Gruppentheorie) ist, so folgt:

$$L(s,\chi) = \prod_{(q,a')=1} \frac{1}{1-\chi_q(q)} = \prod_{(q,a')=1} \sum_{\alpha=0}^{\infty} \chi_q(q^\alpha) = \prod_{(q,a')=1} \sum_{\alpha=1}^{\infty} \Phi_\infty^{-1}(q^\alpha)\chi(q^\alpha)$$

$$= \sum_{\substack{n=1 \\ (n,2a')=1}}^{\infty} \Phi_\infty^{-1}(n)\chi(n) \Bigl(= \sum_{\substack{n=1 \\ (n,2a')=1}}^{\infty} \frac{\chi(n)}{n^s} \Bigr).$$

Außer den in der bisherigen Literatur untersuchten L-Reihen mit Charakteren χ, die einem *endlichen* a' entsprechen, ergibt sich so die Existenz weiterer, den in obigem Sinne *unendlichen* a' entsprechenden L-Reihen, deren Untersuchung, insbesondere auf eine Funktionalgleichung, von Interesse sein dürfte [1]).

Natürlich sind die in dieser Arbeit durchgeführten *rückschauenden* Betrachtungen, so wie sie vorliegen, in keiner Weise geeignet, den *Aufbau* der elementaren Zahlentheorie zu vollziehen, sondern höchstens, neuartige Gesichtspunkte für diesen Zweck zu liefern. Meine Betrachtungen scheinen mir jedoch neben dem Interesse, das sie um ihrer selbst willen beanspruchen, von Bedeutung zu sein für eine event. *Axiomatisierung* der elementaren Zahlentheorie, insbesondere des Tatsachenkomplexes um die beiden Fundamentalsätze, in demselben Sinne, wie sie von Frl. *E. Noether* für den *1. Fundamentalsatz der Idealtheorie* und den Begriff *ganze algebraische Zahl* gegeben worden ist [2]).

Was schließlich die Übertragung meiner Betrachtungen auf einen algebraischen Zahlkörper K von endlichem Grade an Stelle des rationalen Körpers $\mathfrak{K}$ betrifft, so ist diese leicht möglich. Die dazu heranzuziehenden Methoden sind von Herrn *Hecke* in den beiden Arbeiten über Zetafunktionen mit Größencharakteren [3]), die mich übrigens zu der vorliegenden Untersuchung angeregt haben, entwickelt worden. Man bezieht aber dabei als 2. Fundamentalsatz nur das spezielle *quadratische Reziprozitätsgesetz* in K ein, solange man an der bisherigen Forderung festhält, daß K ein Wertkörper (S. 201 oben) sei, also aus reellen Zahlen bestehe. Um auch das *allgemeinste Reziprozitätsgesetz* in K einzubeziehen, hätte man an Stelle des reellen Zahlkörpers K den zugehörigen algebraisch-abgeschlossenen *Körper* K' *aller komplexen Zahlen* für die Werte der Bewertungen und Charaktere zugrunde zu legen. Die Aufstellung aller Bewertungen [4]) und Charaktere ist dann leicht möglich, ebenso die Angabe des allgemeinsten Produkttheorems für die Bewer-

---

[1]) Man überzeugt sich leicht, daß der im Text auftretende quadratische Restcharakter $\chi(a)$ für „unendliches“ a' nicht mit einem solchen nach einem „endlichen“ Modul identisch ist, daß also die $L(s,\chi)$ für „unendliches“ a' wirklich neuartige Funktionen sind (vergl. etwa das Beispiel von S. 214, Anm. 1).

[2]) Vortrag auf der Innsbrucker Tagung der D. M. V., 1924.

[3]) Math. Zeitschr. Bd. 1 (1918) und Bd. 6 (1920).

[4]) Diese beherrscht man auf Grund der Resultate der Herren *Kürschák* (S. 200, Anm. 2) *Ostrowski* (S. 203, Anm. 1; vergl. auch dessen Arbeit in ds. Journ. Bd. 147 (1916)) und *Rychlik* (ds. Journ. Bd. 153 (1923)).

tungen, das wieder mit dem 1. Fundamentalsatz in K äquivalent ist. Die Aufstellung des allgemeinsten Produkttheorems für die Charaktere läuft aber auf das bisher noch nicht bekannte *allgemeinste Reziprozitätsgesetz für Potenzreste mit beliebigen (zusammengesetzten) Exponenten* in K und dessen Darstellung als Produkttheorem hinaus. Zur analogen Durchführung unserer *rückschauenden* Betrachtungen in K wäre also zunächst die vollständige Durchführung des *Aufbaus* der Zahlentheorie in K, insbesondere des 2. Fundamentalsatzes, erforderlich.

75. Ein Summierungsverfahren für die Riemannsche ζ-Reihe [39]

Mathematische Zeitschrift
32 (1930), 458 – 464

Bekanntlich stehen die Bernoullischen Zahlen

$$B_0 = 1, \quad B_1 = \frac{1}{2}, \quad B_2 = \frac{1}{6}, \quad B_3 = 0, \quad B_4 = -\frac{1}{30}, \quad B_5 = 0, \quad \ldots,$$

die allgemein durch die erzeugende Funktion

$$\frac{x}{1 - e^{-x}} = \sum_{k=0}^{\infty} B_k \frac{x^k}{k!} \tag{1}$$

definiert sind, mit den Werten der Riemannschen ζ-Reihe

$$\zeta(s) = \sum_{n=1}^{\infty} \frac{1}{n^s}$$

für positive ganze $s = k$ in dem Zusammenhang

$$B_k = -\frac{k!}{(2\pi)^k} 2 \cos \frac{\pi k}{2} \zeta(k) \qquad (k = 0, 1, 2, \ldots).[1]$$

Zufolge der Funktionalgleichung der ζ-Funktion

$$\zeta(1 - s) = \frac{\Gamma(s)}{(2\pi)^s} 2 \cos \frac{\pi s}{2} \zeta(s) \tag{2}$$

ergibt sich daraus für die Werte von $\zeta(s)$ für negative ganze $s = 1 - k$ der einfachere Zusammenhang

$$B_k = -k\zeta(1 - k) \qquad (k = 0, 1, 2, \ldots)[2] \tag{3}$$

mit den Bernoullischen Zahlen.

---

[1]) Für $k = 1$ ist auf der rechten Seite der Grenzwert für $k \to 1$ gemeint.

[2]) Für $k = 0$ ist auf der rechten Seite der Grenzwert für $k \to 0$ gemeint.

Nun besitzen die Bernoullischen Zahlen die independente Darstellung

$$(4)\qquad B_k = \sum_{n=0}^{k} \frac{1}{n+1} \sum_{\nu=0}^{n} (-1)^{\nu} \binom{n}{\nu} (\nu+1)^k = \sum_{n=0}^{k} \frac{1}{n+1} \Delta_n(\nu^k).$$

Dabei ist

$$\Delta_n(\nu^k) = \sum_{\nu=0}^{n} (-1)^{\nu} \binom{n}{\nu} (\nu+1)^k$$

das Anfangsglied der n-ten Differenzenreihe der Reihe $1^k, 2^k, 3^k, \ldots$, die Differenzen — anders als in der Differenzenrechnung üblich — in der Richtung $1^k - 2^k, 2^k - 3^k, \ldots$ genommen. Man bestätigt (4) etwa durch Einsetzen in (1).[3]

---

[3] Die Darstellung (4) wurde angegeben von J. Worpitzky, Studien über die Bernoullischen und Eulerschen Zahlen, Crelle **94** (1883), Formel (36). — Siehe auch L. Saalschütz, Vorlesungen über die Bernoullischen Zahlen (Berlin 1893), § 11, Formel LXIII.

Eine elegantere Herleitung, als die im Text angedeutete, ist die folgende. (1) lautet symbolisch (B_k wird als symbolische Potenz B^k geschrieben):

$$e^{Bx} = \frac{x}{1-e^{-x}}.$$

Daraus folgt

$$e^{(B+m)x} = \frac{x\,e^{mx}}{1-e^{-x}},$$

also

$$e^{(B+m)x} - e^{Bx} = x\,\frac{e^{mx}-1}{1-e^{-x}} = x\,e^{x}\,\frac{e^{mx}-1}{e^{x}-1} = x\,(e^{x} + e^{2x} + \cdots + e^{mx}),$$

und daraus durch Koeffizientenvergleich

$$\frac{(B+m)^{k+1} - B^{k+1}}{k+1} = 1^k + 2^k + \cdots + m^k,$$

oder also die bekannte Summenformel

$$1^k + 2^k + \cdots + m^k = \frac{1}{k+1}\left\{m^{k+1} + \binom{k+1}{1} B_1 m^k + \binom{k+1}{2} B_2 m^{k-1} + \cdots + \binom{k+1}{k} B_k m\right\}.$$

Hiernach ist B_k der Koeffizient von m^1 in dem m-Polynom, das durch die Summe der arithmetischen Reihe k-ter Ordnung links definiert wird. Für die ersten m Glieder einer arithmetischen Reihe k-ter Ordnung, deren Differenzenreihen-Anfangsglieder $\Delta_0, \Delta_1, \ldots, \Delta_k$ lauten, gilt nun die Summenformel

$$\binom{m}{1}\Delta_0 - \binom{m}{2}\Delta_1 + \cdots + (-1)^k \binom{m}{k+1}\Delta_k.$$

Der Koeffizient von m^1 in diesem m-Polynom ist

$$\frac{\Delta_0}{1} + \frac{\Delta_1}{2} + \cdots + \frac{\Delta_k}{k+1}.$$

Daher gilt in der Tat

$$B_k = \frac{\Delta_0(\nu^k)}{1} + \frac{\Delta_1(\nu^k)}{2} + \cdots + \frac{\Delta_k(\nu^k)}{k+1},$$

wo die $\Delta_n(\nu^k)$ die im Text erklärte Bedeutung haben.

Die Summe $\sum\limits_{n=0}^{k}$ in (4) kann als formal unendliche Summe $\sum\limits_{n=0}^{\infty}$ geschrieben werden, weil bei einer arithmetischen Reihe k-ter Ordnung die Anfangsglieder der Differenzenreihen (wie überhaupt die ganzen Differenzenreihen) von höherer Ordnung als k verschwinden. So bekommt der Ausdruck rechts in (4) auch für andere Werte als nur $k = 0, 1, 2, \ldots$ einen formalen Sinn, vorbehaltlich der Konvergenzfrage. In Hinblick auf die in (3) ausgedrückte Beziehung zur ζ-Funktion liegt dann die Vermutung nahe, daß die unendliche Reihe $\sum\limits_{n=0}^{\infty} \frac{1}{n+1} \Delta_n(\nu^s)$ für alle komplexen s konvergiert und die ganze Funktion $-s\zeta(1-s)$ darstellt.

Diese Vermutung bestätigt sich in der Tat. *Es gilt also, etwas anders geschrieben, für alle komplexen s die Formel*

$$s\zeta(s+1) = \sum_{n=0}^{\infty} \frac{1}{n+1} \Delta_n\left(\frac{1}{\nu^s}\right), \tag{5}$$

wo

$$\Delta_n\left(\frac{1}{\nu^s}\right) = \sum_{\nu=0}^{n} (-1)^\nu \binom{n}{\nu} \frac{1}{(\nu+1)^s}$$

das Anfangsglied der n-ten Differenzenreihe der Reihe $\frac{1}{1^s}, \frac{1}{2^s}, \frac{1}{3^s}, \ldots$ bedeutet.

Man kann die in (5) rechts ausgedrückte Behandlungsvorschrift dieser Reihe (Summation der Anfangsglieder der Differenzenreihen mit den Gewichten $\frac{1}{n+1}$) als ein Summierungsverfahren ansehen. Der Unterschied gegenüber der bekannten Methode zur Fortsetzung von $\zeta(s)$ durch das Césaro-Höldersche Summierungsverfahren liegt dann darin, daß das hier geschilderte Verfahren nicht erst in unendlich vielen Schritten der Breite 1, sondern mit einem Schlage die Fortsetzung von $\zeta(s)$ in die ganze Ebene leistet*).

Den Beweis der Formel (5) werde ich nachstehend auf elementarem Wege führen, ohne irgendwelche Kenntnisse über die ζ-Funktion und die Bernoullischen Zahlen, wie sie oben zur Anknüpfung dienten, vorauszusetzen. Auch aus der komplexen Funktionentheorie werde ich keinerlei Hilfsmittel heranziehen, nur natürlich zum Schluß die Eindeutigkeit der analytischen Fortsetzung, um die durch mein Summierungsverfahren gelieferte Fortsetzung der ζ-Reihe mit der auf klassische Weise fortgesetzten ζ-Funktion identifizieren zu können.

Speziell für reelle s gehört mein Beweis der reellen Analysis an. Das ist von einem gewissen Interesse im Hinblick auf die Funktionalgleichung (2)

---

*) Siehe Anmerkung bei der Korrektur, S. 464.

der ζ-Funktion, die zufolge meines Ergebnisses (5) mit der Reihen-Identität

$$(6)\qquad \sum_{n=1}^{\infty} \frac{1}{n+1} \Delta_n(\nu^s) = -\frac{\Gamma(s+1)}{(2\pi)^s}\, 2\cos\frac{\pi s}{2} \sum_{n=1}^{\infty} \frac{1}{n^s} \qquad (\Re(s) > 1)$$

gleichwertig ist und so eine elementare, vom Prinzip der analytischen Fortsetzung freie, auch für reelle s das Reelle nicht übersteigende Bedeutung bekommt. Analoges gilt natürlich auch schon bei der Fortsetzungsmethode durch das Summierungsverfahren von Césaro-Hölder. Für die dabei analog zu (6) entspringende, mit der Funktionalgleichung gleichwertige Reihenidentität hat Herr Cramér einen direkten, allein mit den Hilfsmitteln der reellen Analysis auskommenden Beweis gegeben[4]). Es ist mir leider bisher nicht gelungen, dem Cramérschen Beweis einen direkten, allein mit den Hilfsmitteln der reellen Analysis auskommenden Beweis der Reihen-Identität (6) zur Seite zu stellen.

Ich bemerke schließlich, daß man auf genau dieselbe Weise gleich die allgemeinere ζ-Reihe

$$\zeta(s, w) = \sum_{n=1}^{\infty} \frac{1}{(w+n)^s}$$

mit beliebigem reellen $w > -1$ behandeln kann, und damit dann auch in bekannter Weise die Dirichletschen L-Reihen beherrscht. *Man findet analog zu (5), daß für alle komplexen s gilt*

$$s\,\zeta(s+1, w) = \sum_{n=0}^{\infty} \frac{1}{n+1} \Delta_n\left(\frac{1}{(w+\nu)^s}\right),$$

wo

$$\Delta_n\left(\frac{1}{(w+\nu)^s}\right) = \sum_{\nu=0}^{n} (-1)^\nu \binom{n}{\nu} \frac{1}{(w+\nu+1)^s}$$

das Anfangsglied der n-ten Differenzenreihe der Reihe $\frac{1}{(w+1)^s}, \frac{1}{(w+2)^s}, \frac{1}{(w+3)^s}, \ldots$ *bedeutet.*

Für den Beweis beschränke ich mich der Einfachheit und Durchsichtigkeit halber auf den Spezialfall (3) der Riemannschen ζ-Reihe ($w = 0$).

---

[4]) H. Cramér, Sur une classe de séries de Dirichlet, Dissertation Stockholm (Upsala 1917). — Siehe auch die kürzlich erschienene Arbeit: W. Schnee, Die Funktionalgleichung der Zetafunktion und der Dirichletschen Reihen mit periodischen Koeffizienten, Math. Zeitschr. **31** (1930). — Einer freundlichen Mitteilung von Herrn Landau verdanke ich den Hinweis auf die von Herrn Schnee nicht zitierte Cramérsche Dissertation und darauf, daß in ihr (§ 1) der fragliche Beweis einfacher, im übrigen aber auf dem gleichen Wege geführt ist wie in der Schneeschen Arbeit (§ 1).

Ich beweise zunächst:

I. *Die Reihe* $\sum_{n=0}^{\infty} \frac{1}{n+1} \Delta_n\left(\frac{1}{\nu^s}\right)$ *konvergiert für* $\Re(s) > 0$ *und ist dort* $= s\zeta(s+1)$.

Das ergibt sich aus der folgenden formalen Rechnung:

$$\frac{1}{\nu^s} = \frac{1}{\Gamma(s)} \int_0^{\infty} e^{-\nu t} t^{s-1} dt,$$

$$\begin{aligned}
\Delta_n\left(\frac{1}{\nu^s}\right) &= \sum_{\nu=0}^{n} (-1)^{\nu} \binom{n}{\nu} \frac{1}{(\nu+1)^s} \\
&= \frac{1}{\Gamma(s)} \int_0^{\infty} \sum_{\nu=0}^{\infty} (-1)^{\nu} \binom{n}{\nu} e^{-(\nu+1)t} t^{s-1} dt \\
&= \frac{1}{\Gamma(s)} \int_0^{\infty} (1-e^{-t})^n e^{-t} t^{s-1} dt,
\end{aligned}$$

$$\begin{aligned}
\sum_{n=0}^{\infty} \frac{1}{n+1} \Delta_n\left(\frac{1}{\nu^s}\right) &= \frac{1}{\Gamma(s)} \sum_{n=0}^{\infty} \int_0^{\infty} \frac{(1-e^{-t})^n}{n+1} e^{-t} t^{s-1} dt \\
&= \frac{1}{\Gamma(s)} \int_0^{\infty} \sum_{n=0}^{\infty} \frac{(1-e^{-t})^n}{n+1} e^{-t} t^{s-1} dt \quad * \\
&= \frac{1}{\Gamma(s)} \int_0^{\infty} \frac{t}{1-e^{-t}} e^{-t} t^{s-1} dt \\
&= \frac{1}{\Gamma(s)} \int_0^{\infty} \sum_{n=1}^{\infty} e^{-nt} t^s dt \\
&= \frac{1}{\Gamma(s)} \sum_{n=1}^{\infty} \int_0^{\infty} e^{-nt} t^s dt \quad ** \\
&= s \sum_{n=1}^{\infty} \frac{1}{\Gamma(s+1)} \int_0^{\infty} e^{-nt} t^s dt \\
&= s \sum_{n=1}^{\infty} \frac{1}{n^{s+1}} \\
&= s\zeta(s+1),
\end{aligned}$$

zu deren Rechtfertigung nur noch die Vertauschbarkeit von Summation und Integration bei $*$ und $**$ zu zeigen ist. Diese folgt aber ohne weiteres aus der gleichmäßigen Konvergenz der beiden fraglichen Betragreihen

$$\sum_{n=0}^{\infty} \frac{(1-e^{-t})^n}{n+1} e^{-t} t^{\sigma-1} \quad \text{und} \quad \sum_{n=1}^{\infty} e^{-nt} t^{\sigma} \qquad (\sigma = \Re(s) > 0)$$

im ganzen Integrationsintervall $0 \leqq t \leqq \infty$, von der man sich mühelos überzeugt.

Man stellt leicht auch noch fest, daß die Konvergenz der Reihe in I eine absolute und in jedem ganz im Endlichen gelegenen, abgeschlossenen Teilbereich der Halbebene $\Re(s) > 0$ gleichmäßige ist.

Nunmehr beweise ich:

II. *Die Reihe* $\sum_{n=0}^{\infty} \frac{1}{n+1} \Delta_n\left(\frac{1}{\nu^s}\right)$ *konvergiert auch für* $\Re(s) \leqq 0$, *und zwar gleichmäßig in jedem ganz im Endlichen gelegenen Teilbereich dieser Halbebene.*

Sie stellt also die analytische Fortsetzung von $s\zeta(1+s)$ *in die linke Halbebene dar.*

Zum Beweis gehe ich aus von der leicht zu bestätigenden Integraldarstellung der Differenzenreihen-Anfangsglieder:

$$\begin{aligned}\Delta_n\left(\frac{1}{\nu^s}\right) &= s(s+1)\cdots(s+n-1)\int_0^1\cdots\int_0^1 \frac{1}{(1+x_1+\cdots+x_n)^{n+s}}\,dx_1\cdots dx_n \\ &= s(s+1)\cdots(s+n-1) \\ &\quad \cdot\int_0^1\cdots\int_0^1 (1+x_1+\cdots+x_n)^{-s+p}\frac{1}{(1+x_1+\cdots+x_n)^{n+p}}\,dx_1\cdots dx_n,\end{aligned}$$

wo p irgendeine feste reelle positive nicht ganze Zahl bedeuten möge. Für $\sigma = \Re(s) \leqq 0$ ergibt sich so die Abschätzung

$$\begin{aligned}\Delta_n\left(\frac{1}{\nu^s}\right) &\leqq |s(s+1)\cdots(s+n+1)|\,(n+1)^{-\sigma+p} \\ &\quad \cdot\int_0^1\cdots\int_0^1 \frac{1}{(1+x_1+\cdots+x_n)^{n+p}}\,dx_1\cdots dx_n \\ &= \left|\frac{s(s+1)\cdots(s+n-1)}{p(p+1)\cdots(p+n-1)}\right|(n+1)^{-\sigma+p}\,\Delta_n\left(\frac{1}{\nu^p}\right).\end{aligned}$$

Nun gilt bekanntlich

$$\frac{1}{\Gamma(s)} \sim \frac{s(s+1)\cdots(s+n-1)}{n!\,n^{s-1}},$$

also

$$s(s+1)\cdots(s+n-1) \sim n!\,n^{s-1}\frac{1}{\Gamma(s)},$$

gleichmäßig in jedem ganz im Endlichen gelegenen Bereich der s-Ebene. Damit ergibt sich

$$\left|\Delta_n\left(\frac{1}{\nu^s}\right)\right| \lesssim \frac{n!\, n^{\sigma-1}\,\frac{1}{\Gamma(s)}}{n!\, n^{p-1}\,\frac{1}{\Gamma(p)}}\, n^{-\sigma+p}\, \Delta_n\left(\frac{1}{\nu^p}\right) = \frac{\Gamma(p)}{|\Gamma(s)|}\, \Delta_n\left(\frac{1}{\nu^p}\right),$$

gleichmäßig in jedem ganz im Endlichen gelegenen Bereich der s-Ebene.

Hieraus folgt die Behauptung II nach I.

Halle, 15. Februar 1930.

(Eingegangen am 28. Februar 1930.)

Anmerkung bei der Korrektur. Herr Knopp hat mich freundlicherweise auf die große Ähnlichkeit meiner Summierungsmethode der ζ-Reihe mit demjenigen Summierungsverfahren hingewiesen, das er Eulersches Verfahren nennt: Dieses Verfahren, auf die alternierende Reihe $1 - \frac{1}{2^s} + \frac{1}{3^s} - \cdots$ angewendet, führt zu der Formel

$$\left(1 - \frac{2}{2^s}\right)\zeta(s) = \sum_{n=0}^{\infty} \frac{1}{2^{n+1}}\, \Delta_n\left(\frac{1}{\nu^s}\right),$$

welche vom selben Typus ist wie meine Formel (5), und meine Abschätzung II lehrt sofort, daß die rechtsstehende Reihe für alle s konvergiert, gleichmäßig in jedem beschränkten Bereiche; damit ist also ebenfalls die Fortsetzung der ζ-Funktion über die ganze Ebene mit einem Schlage geleistet.

Im Gegensatz zu dem Eulerschen Verfahren scheint aber meine Methode sich nicht unter ein allgemeines Summierungsverfahren unterordnen zu lassen, sondern ganz speziell auf die ζ-Funktion zugeschnitten zu sein.

18. Juni 1930.

76. Zusammenhang und Dimension topologischer Körperräume [51]

gemeinsam mit R. Baer

Journal für die reine und angewandte Mathematik
167 (1932), 40 – 45

Bekanntlich ist es unmöglich, den Körper aller komplexen Zahlen rein algebraisch zu charakterisieren, da dieser gewissen echten Unterkörpern von sich isomorph ist. Vielmehr ist es zur eindeutigen Festlegung dieses Körpers nötig, Stetigkeitseigenschaften heranzuziehen.

Es soll deshalb im folgenden untersucht werden, was aus der Einführung eines Stetigkeitsbegriffs in einem beliebigen Körper, d. h. aus seiner Topologisierung, folgt. Insbesondere werden sich dabei topologische Charakterisierungen des Körpers C aller komplexen Zahlen und des Körpers R aller reellen Zahlen herausstellen.

§ 1. Die Komponenten topologischer Körperräume.

Ein Korper[1]) *K wird zu einem topologischen Körperraum, indem man seine Elemente als Punkte eines topologischen Raumes*[2]) *derart auffaßt, daß die Abbildungen*

$$\alpha(x) = axb + c \quad \textit{mit } a,\ b,\ c \textit{ aus } K,\ a \textit{ und } b \textit{ von } 0 \textit{ verschieden}$$

von K auf sich topologische Abbildungen sind[3]).

Da die linearen Abbildungen eine transitive Gruppe bilden, ist jeder topologische Körperraum homogen; er hat in allen Punkten die gleichen topologischen Eigenschaften. Insbesondere ist also entweder jeder Punkt oder kein Punkt Häufungspunkt von K. Den zweiten Fall können wir natürlich ausschließen, da dann jede Teilmenge sowohl offen als auch abgeschlossen ist.

Satz 1. *Entweder ist K selbst die Komponente*[4]) *eines jeden Punktes von K, oder die Komponente eines jeden Punktes besteht aus ihm allein. — Insbesondere ist also entweder K zusammenhängend, oder K enthält keine mehrpunktige, zusammenhängende Menge*[5]).

Beweis. Bei topologischen Abbildungen gehen die Komponenten [irgendwelcher Punkte] entweder in sich oder in ein fremdes System über, da bei topologischen Ab-

[1]) Vgl. etwa B. L. van der Waerden, Moderne Algebra I, Berlin 1930, S. 41. — In diesem § 1 wird nicht vorausgesetzt, daß der Körper kommutativ ist.

[2]) Im Sinne von F. Hausdorff, Mengenlehre, 1. Aufl., Leipzig 1914, S. 213. — Vgl. auch R. Baer, Beziehungen zwischen den Grundbegriffen der Topologie, Sitz.-Ber. d. Heidelberger Akad. d. Wiss., Math.-Nat. Kl. 1929 (15).

[3]) Vgl. hierzu R. Baer, Zur Topologie der Gruppen, Journ. f. d. r. u. angew. Math. 160 (1929), S. 208—226, im folgenden zitiert mit BT. Im Sinne der dortigen Begriffsbildungen ist also ein topologischer Körperraum sowohl hinsichtlich der Addition als auch hinsichtlich der Multiplikation ein topologischer Gruppenraum.

[4]) Komponente eines Punktes ist die größte ihn enthaltende, zusammenhängende Teilmenge des Raumes. Vgl. F. Hausdorff, a. a. O., S. 245, wo auch die Existenz und Eindeutigkeit der Komponente nachgewiesen wird.

[5]) Hieraus kann übrigens nicht geschlossen werden, daß ein topologischer Körperraum entweder nulldimensional oder zusammenhängend ist; denn es gibt positivdimensionale topologische Räume ohne mehrpunktige zusammenhängende Teilmengen. Vgl. K. Menger, Dimensionstheorie, Berlin u. Leipzig 1918, S. 203 und 209.

bildungen Komponenten in Komponenten übergehen und zwei Komponenten entweder identisch sind oder keinen Punkt gemein haben. Insbesondere geht also die Komponente der Null [wegen der Homogeneität des Raumes genügt es, diese zu untersuchen] bei den Abbildungen

$$\alpha(x) = a_1 x a_2, \quad a_i \neq 0$$

in sich über. Enthält also die Komponente der Null außer der Null noch ein Element $b \neq 0$, und ist c ein beliebiges Element aus K, so führt die Abbildung

$$\alpha(x) = b^{-1} x c$$

die Komponente der Null in sich und b in c über, d. h. c gehört ebenfalls zur Komponente der Null; die Komponente der Null ist also mit K identisch, wenn sie ein von Null verschiedenes Element enthält.

Zusatz. *Ist K ein nicht zusammenhängender topologischer Körperraum und sind a_1 und a_2 zwei verschiedene Punkte aus K, dann gibt es eine Zerlegung von K in zwei punktfremde, offene Teile derart, daß a_1 und a_2 in verschiedenen Teilen liegen.*

Beweis. Ist K nicht zusammenhängend, so gibt es eine Aufspaltung von K in zwei nicht leere, punktfremde, offene Teilmengen K_1 und K_2. Ist dann k_i ein Element aus K_i, so führt die topologische Abbildung

$$\alpha(x) = (k_1 - k_2)^{-1} [x(a_1 - a_2) + k_1 a_2 - k_2 a_1]$$

k_1 in a_1, k_2 in a_2 über. Weiter geht bei $\alpha(x)$ die Aufspaltung von K in die Mengen K_1 und K_2 in eine ebensolche Aufspaltung von K in Mengen A_1 und A_2 über derart, daß a_i zu A_i gehört.

§ 2. Die Dimension bewerteter Körper.

Jeder bewertete Körper [6]) K ist ein topologischer Körperraum, wenn man als Umgebungen die Punktmengen

$$|x - a| < \varrho, \quad \varrho > 0 \text{ aus } \mathsf{K}$$

wählt. Dabei bedeutet K den bei der Bewertung $|\cdots|$ von K zugrunde liegenden Wertkörper, den wir hier etwas allgemeiner als üblich als irgendeinen [nicht notwendig archimedisch] geordneten Körper voraussetzen [7]). Äquivalente Bewertungen eines Körpers, d. s. solche, die den gleichen topologischen Raum [8]) bestimmen, brauchen wir dabei nicht zu unterscheiden, allgemeiner auch nicht zwei bewertete Körper, zwischen denen ein Isomorphismus besteht, der gleichzeitig topologische Abbildung ist, insbesondere also nicht analytisch-isomorphe Körper [9]).

Satz 2. *Ist die Dimension [10]) des durch den bewerteten Körper K definierten topologischen Körperraums positiv, so ist K analytisch-isomorph zu einem Teilkörper von C, dem Körper aller komplexen Zahlen in der üblichen [oder einer dazu äquivalenten] Bewertung.*

---

[6]) Von jetzt ab verstehen wir unter Körper stets einen kommutativen Körper.

[7]) Siehe dazu H. Hasse, Über die Einzigkeit der beiden Fundamentalsätze der elementaren Zahlentheorie, Journ. f. d. r. u. angew. Math. 155 (1926), S. 200f.; es wird also von der dortigen Forderung (12) der Archimedizität abgesehen. — Zum Begriff des geordneten Körpers vgl. außerdem E. Artin- O. Schreier, Algebraische Konstruktion reeller Körper, Abhdl. aus d. Math. Sem. d. Hamburger Univ. 5 (1926), S. 86 und 94.

[8]) Vgl. etwa H. Tietze, Beiträge zur allgemeinen Topologie I, Math. Ann. 88 (1923), S. 293.

[9]) Vgl. A. Ostrowski, Über einige Lösungen der Funktionalgleichung $\varphi(x) \cdot \varphi(y) = \varphi(xy)$, Acta Math. 41 (1917), S. 278.

[10]) Im Sinne von Urysohn und Menger; vgl. etwa K. Menger, Dimensionstheorie, Leipzig u. Berlin 1928.

Beweis. 1. Jeder nicht-archimedisch [11]) bewertete Körper bestimmt einen nulldimensionalen topologischen Körperraum [12]).

2. Ist der Wertkörper K des bewerteten Körpers K nicht-archimedisch geordnet [13]), so ist der durch K bestimmte topologische Körperraum nulldimensional.

Denn in diesem Falle bestimmt der Wertkörper K vermöge des gewöhnlichen absoluten Betrages $|\alpha|$ $[= \pm\alpha \geqq 0]$ selbst einen nulldimensionalen [14]) topologischen Körperraum. Ein demgemäß vorhandenes System von gleichzeitig offenen und abgeschlossenen Mengen M in K, das ein vollständiges Umgebungssystem [15]) der Null in K ist, liefert dann auf Grund der Festsetzung

$$x \text{ in } M, \text{ wenn } |x - a| \text{ in } \mathsf{M}$$

ein System von gleichzeitig offenen und abgeschlossenen Mengen M in K, das ein vollständiges Umgebungssystem von a in K ist. Daher ist dann K ebenfalls nulldimensional.

3. Wie Herr Ostrowski gezeigt hat [16]), ist jeder Körper, der nicht unter 1. oder 2. fällt, d. h. jeder archimedisch bewertete Körper K mit archimedisch geordnetem Wertkörper K analytisch-isomorph zu einem Teilkörper des Körpers C aller komplexen Zahlen mit einer zu der gewöhnlichen Bewertung äquivalenten Bewertung. Nach dem ad 1. und ad 2. gezeigten fällt jeder positiv dimensionale bewertete Körper unter diese letzte Klasse.

Wegen Satz 2 werden wir im folgenden nur noch Teilkörper des Körpers C der komplexen Zahlen mit der gewöhnlichen Bewertung untersuchen.

Satz 3. *Ist zwei die Dimension des topologischen Körperraumes K, so ist $K = C$, und umgekehrt.*

Beweis. Wir unterscheiden zwei Fälle:

A. Es gebe eine volle Kreisscheibe [ohne Rand] aus C, die ganz zu K gehört.

Da durch die linearen Abbildungen $\alpha(x) = ax + b$ der Körper K in sich übergeführt wird, so gibt es auch eine volle Kreisscheibe um den Nullpunkt aus C, die zu K gehört. Also gehört auch für jede natürliche Zahl n die Kreisscheibe um Null mit dem n-fachen Radius zu K, woraus $K = C$ folgt. Da aber C topologisches Bild der euklidischen Ebene ist, so folgt aus dem Rechtfertigungssatz der Dimensionstheorie, daß in diesem Falle die Dimension von K gleich zwei ist.

B. Es gebe keine volle Kreisscheibe aus C, die ganz zu K gehört.

Dann gibt es in jedem Kreis um irgendeinen Punkt von C einen Punkt des Komplements $C - K$ von K in C. Also ist dann $C - K$ überall dicht in C.

Sei nun $\mathfrak{K}$ irgendeine Kreisscheibe um irgendeinen Punkt a aus K und $\mathfrak{K}_0$ eine Kreisscheibe um a von kleinerem Radius als $\mathfrak{K}$. Dann gibt es zunächst drei Punkte $\mathfrak{p}_{11}, \mathfrak{p}_{12}, \mathfrak{p}_{13}$ im Durchschnitt von $\mathfrak{K}_0$ und $C - K$ derart, daß das durch sie bestimmte Dreieck $\mathfrak{P}_1$ den Punkt a im Inneren enthält. Wir werden nun, von $\mathfrak{P}_1$ ausgehend, eine Folge geschlossener, konvexer Polygone $\mathfrak{P}_n$ durch vollständige Induktion konstruieren:

Wenn das konvexe Polygon $\mathfrak{P}_n$ mit den Ecken $\mathfrak{p}_{n,\nu}$ $[\nu = 1, \ldots, r_n]$ schon konstruiert ist, so seien für $\mathfrak{P}_{n+1}$ die Ecken $\mathfrak{p}_{n+1,2\nu} = \mathfrak{p}_{n,\nu}$, während die Ecken $\mathfrak{p}_{n+1,2\nu+1}$ [ν nur

[11]) Vgl. A. Ostrowski, a. a. O. S. 273—274, Nr. 3.

[12]) Dies folgt aus BT, Anhang IV, S. 225—226, I.

[13]) Vgl. E. Artin- O. Schreier, a. a. O., S. 94.

[14]) Nach BT, Anhang I, S. 217—218, III.

[15]) Ein vollständiges Umgebungssystem eines Punktes ist ein System offener, den Punkt enthaltender Mengen derart, daß in jeder Umgebung des Punktes wenigstens eine Menge des Systems enthalten ist; vgl. H. Tietze, a. a. O.

[16]) Vgl. A. Ostrowski, a. a. O., S. 283.

mod. r_n gerechnet] Punkte im Durchschnitt von $\mathfrak{K}_0$ und $C - K$ außerhalb $\mathfrak{P}_n$ seien, die je vom Mittelpunkte der Kante $\mathfrak{p}_{n,\nu}$, $\mathfrak{p}_{n,\nu+1}$ mit der Länge $\alpha_{n,\nu}$ einen Abstand haben, der erstens $< \frac{\alpha_{n,\nu}}{n}$ und zweitens so klein ist, daß $\mathfrak{P}_{n+1}$ konvex ist.

Diese Polygonfolge $\mathfrak{P}_n$ hat dann folgende Eigenschaften:

1. $\mathfrak{P}_n$ ist konvex, enthält a im Inneren und liegt ganz in $\mathfrak{K}_0$.
2. Die Eckpunkte von $\mathfrak{P}_n$ gehören zu $C - K$.
3. Alle Eckpunkte der $\mathfrak{P}_m$ mit $m < n$ sind auch Eckpunkte von $\mathfrak{P}_n$.
4. Für hinreichend hohes n liegen je zwei benachbarte Eckpunkte von $\mathfrak{P}_n$ beliebig nahe aneinander.

Daraus folgt, daß die Polygonfolge $\mathfrak{P}_n$ gegen eine geschlossene, konvexe Jordankurve $\mathfrak{P}$ konvergiert, die a im Inneren enthält, ganz in der abgeschlossenen Hülle von $\mathfrak{K}_0$, also sicher ganz in $\mathfrak{K}$ liegt, und auf der die Eckpunkte aller $\mathfrak{P}_n$ eine überall dichte Menge zu $C - K$ gehöriger Punkte bilden.

Wir haben damit in einer beliebigen Umgebung $\mathfrak{K}$ irgendeines Punktes a aus K eine offene Menge, nämlich das Innere von $\mathfrak{P}$, nachgewiesen, deren Rand $\mathfrak{P}$ mit K einen höchstens nulldimensionalen Durchschnitt hat. Das bedeutet aber, daß K in jedem Punkte höchstens eindimensional ist.

Hiernach ist der Fall B. mit der Voraussetzung der Zweidimensionalität von K unvereinbar, was nach A. die Behauptung des Satzes ergibt.

Zusatz 1. *Es gibt keinen bewerteten Körper K, der als Wertbereich den Körper R aller reellen Zahlen besitzt, und der den Körper C aller komplexen Zahlen in der üblichen Bewertung zum echten bewerteten Unterkörper hat.*

Beweis. Da $\dim K \geqq \dim C = 2$ sein muß, so muß K nach Satz 2 einem Teilkörper von C isomorph sein; also muß $\dim K \leqq 2$, d. h. $\dim K = 2$ sein. Nach Satz 3 folgt daraus $K = C$.

Zusatz 2. *Die einzige bewertete Erweiterung des Körpers R aller reellen Zahlen in der üblichen Bewertung, die die Bewertung von R fortsetzt, ist C* [16a]).

Beweis. Das folgt aus Zusatz 1, wenn man beachtet, daß sich nach Rychlík [17]) jeder bewertete Körper bewertet algebraisch abschließen läßt.

Satz 4. *Ein Teilkörper K von C ist dann und nur dann nulldimensional, wenn er nicht zusammenhängend ist.*

Beweis. Es genügt, das Hinreichen der Bedingung zu zeigen. Sei also K nicht zusammenhängend und K_1, K_2 eine Zerspaltung von K in zwei nicht leere, punktfremde, in K offene und abgeschlossene Mengen. Wir unterscheiden zwei Fälle:

A. Sowohl K_1 als auch K_2 ist unbeschränkt. Wir werden diesen Fall auf den anderen zurückführen.

Die Abbildung $\varrho(x) = \frac{1}{x}$ bewirkt eine topologische Abbildung des von Null verschiedenen Teils von K auf sich. Liegt, was wir o. B. d. A. annehmen können, die Null in K_2, so geht K_1 bei der Abbildung $\varrho(x)$ in eine beschränkte, offene Menge K_1^* über, die aber eventuell noch den nicht zu K_1^* gehörigen Häufungspunkt 0 haben kann. Jedenfalls ist aber die Menge K_1^{**}, die aus K_1^* durch Hinzufügung der 0 entsteht, abgeschlossen. Da K nicht zusammenhängt und K_1 als unbeschränkte Menge wenigstens zwei Punkte enthält, so ist nach Satz 1 auch K_1^{**} nicht zusammenhängend. Sei dann A, B eine

---

16a) Vgl. D. van Dantzig, Studien over topologische algebra, Diss. Groningen 1931, T. L. 39, S. 29.

17) Vgl. K. Rychlík, Zur Bewertungstheorie der algebraischen Körper, Journal f. d. r. u. angew. Math. 153 (1924), S. 96.

Zerspaltung von K_1^{**} in zwei nicht leere, punktfremde, in K_1^{**} offene und abgeschlossene Mengen. Wir können o. B. d. A. annehmen, daß die 0 nicht zu A gehört. Dann ist A Teilmenge von K_1^*, also in K offen, da in der offenen Menge K_1^* offen. Weiter ist A in K_1^{**} abgeschlossen, also, da K_1^{**} in K abgeschlossen ist, selber in K abgeschlossen. A ist also nicht leer, in K offen und abgeschlossen, und beschränkt. Da das Komplement von A in K ebenfalls nicht leer sein kann [es enthält wenigstens die Null], so haben wir damit den Fall A. auf den Fall B. zurückgeführt.

B. Von den Mengen K_1 und K_2 sei eine, etwa K_1, beschränkt. Ist dann b ein beliebiger Punkt aus K_1, so ist K_1 für ein geeignetes rationales $r > 0$ im Inneren des Kreises vom Radius r um b gelegen. Für jedes noch so kleine rationale $\varepsilon > 0$ geht K_1 durch die Abbildung $\alpha(x) = \frac{\varepsilon}{r} x + b\left(1 - \frac{\varepsilon}{r}\right)$ in eine Menge K_1^* über, die offen und abgeschlossen [in K] ist, b enthält, und im Kreise um b vom Radius ε gelegen ist.

Mithin ist K im Punkte b nulldimensional, wegen der Homogeneität also in jedem seiner Punkte.

§ 3. Eindimensionale Körper.

Satz 5. *Der Körper R aller reellen Zahlen ist der einzige eindimensionale, im kleinen kompakte*[18]) *Unterkörper von C*[18a]).

Beweis. Wegen Satz 2 genügt es, folgendes nachzuweisen:

(5a) *Enthält der Teilkörper K von C eine reelle Zahl nicht, so gibt es in jeder Umgebung eines jeden Punktes aus K eine häufungspunktlose, unendliche Teilmenge von K.*

Ist nämlich ϱ eine nicht in K enthaltene reelle Zahl, r_i eine gegen ϱ konvergente Folge rationaler Zahlen, so gibt es eine rationale Zahl m derart, daß $|r_i| < m$ für jedes i ist. Ist dann a irgendein Punkt aus K, $\varepsilon > 0$ irgendeine rationale Zahl, so ist $a + \varepsilon r_i m^{-1}$ ebenfalls eine Zahlenfolge aus K, die ganz im Kreise vom Radius ε um a enthalten ist. Ihr einziger Häufungspunkt ist aber $a + \varepsilon\varrho m^{-1}$, gehört also nicht zu K.

Aus (5a) folgt der

Zusatz. *Der Körper R aller reellen Zahlen und der Körper C aller komplexen Zahlen sind die einzigen in C abgeschlossenen Teilkörper von C.*

Satz 6. *Ist der Teilkörper K von C zusammenhängend, enthält aber eine reelle Zahl nicht, so enthält K kein Kontinuum. Dabei sei unter Kontinuum eine mehrpunktige, zusammenhängende, in C abgeschlossene Teilmenge von C verstanden*[19])[20]).

Beweis. 1. Wir zeigen zunächst:

Enthält K ein unbeschränktes Kontinuum, so enthält K auch ein beschränktes Kontinuum.

Sei $\mathfrak{C}$ ein in K enthaltenes, unbeschränktes Kontinuum. Dann muß es eine Zahl a aus K geben, die nicht in $\mathfrak{C}$ enthalten ist, da wegen des Zusatzes zu Satz 5 im anderen Falle $K = R$ oder $K = C$ wäre, was der Voraussetzung widerspricht.

---

[18]) Ein Raum ist im kleinen kompakt, wenn es zu jedem seiner Punkte eine ihn enthaltende offene Menge gibt, deren abgeschlossene Hülle kompakt ist; vgl. P. Alexandroff, Über die Metrisation der im kleinen kompakten topologischen Räume, Math. Ann. 92 (1924), S. 294.

[18a]) Vgl. van Dantzig, a. a. O., S. 22, B.

[19]) Der Sprachgebrauch ist nicht einheitlich. Vielfach bezeichnet man mit Kontinuum nur Mengen, die kompakt und zusammenhängend sind, während wir hier den Begriff etwas weiter fassen und darunter alle zusammenhängenden, im kleinen kompakten Mengen verstehen.

[20]) Satz 6 befaßt sich, wie aus Satz 4 hervorgeht, genau mit denjenigen Teilkörpern von C, die eindimensional, aber von R verschieden sind. Ob es solche Körper überhaupt gibt, steht dahin.

Durch die Abbildung $\alpha(x) = \frac{1}{x-a} + a$ wird der von a verschiedene Teil von K topologisch auf sich abgebildet. Hierbei geht $\mathfrak{C}$ in eine zusammenhängende, beschränkte Teilmenge $\mathfrak{C}^*$ von K über, da a nicht zu $\mathfrak{C}$ gehört, also auch kein Häufungspunkt von $\mathfrak{C}$ ist. Dagegen kann a Häufungspunkt von $\mathfrak{C}^*$ sein. Ist dies der Fall, so ist die aus $\mathfrak{C}^*$ durch Hinzufügung von a entstehende Menge $\mathfrak{C}^{**}$ beschränkt, zusammenhängend und in C abgeschlossen. Ist aber a nicht Häufungspunkt von $\mathfrak{C}^*$, so ist $\mathfrak{C}^*$ selbst beschränkt, zusammenhängend und in C abgeschlossen.

2. Es gebe in K ein beschränktes Kontinuum. Dann gibt es auch in K für jedes ganzzahlige n beschränkte Kontinuen $\mathfrak{C}_{n,n+1}$, die die Punkte n und $n+1$ enthalten, da die linearen Abbildungen $\alpha(x) = ax + b$ topologische Abbildungen von K auf sich sind. Ist dann $\mathfrak{L}$ die Vereinigung der $\mathfrak{C}_{n,n+1}$, so ist $\mathfrak{L}$ abgeschlossen. Gäbe es nämlich in $\mathfrak{L}$ eine Folge, die einen Limes in C, aber nicht in $\mathfrak{L}$ hat, so läßt sich erreichen, daß diese Folge mit jedem $\mathfrak{C}_{n,n+1}$ höchstens einen Punkt gemein hat, da jedes $\mathfrak{C}_{n,n+1}$ abgeschlossen ist. Da wir weiter o. B. d. A. annehmen können, daß $\mathfrak{C}_{n,n+1}$ aus $\mathfrak{C}_{0,1}$ durch die Abbildung $\alpha_n(x) = x + n$ hervorgegangen ist, so läßt sich unsere Folge auf die Form $a_{n_i} + n_i$ bringen, wo a_{n_i} aus $\mathfrak{C}_{0,1}$ ist. Dann müßten aber die $|a_{n_i}|$ wegen der Konvergenz der Folge über alle Grenzen wachsen, was der Beschränktheit von $\mathfrak{C}_{0,1}$ widerspricht.

Aus einem Satz der Herren Knaster und Kuratowski[21]) folgt, daß $\mathfrak{L}$ die euklidische Ebene zerlegt. Ist dann ϱ eine nicht in K enthaltene, reelle Zahl, so zerlegt auch die Menge $\mathfrak{L}^*$, die aus $\mathfrak{L}$ durch die Abbildung $x' = x + \varrho$ hervorgeht, die euklidische Ebene, hat aber keinen Punkt mit K gemein.

Da K zusammenhängt, kann K nach Satz 4 kein echter Teilkörper des Körpers aller reellen Zahlen sein. Also muß K auch nicht-reelle Zahlen enthalten und liegt mithin in C überall dicht. Da C durch $\mathfrak{L}^*$ in zwei Teile zerlegt wird, wird auch K durch $\mathfrak{L}^*$ in zwei Teile zerlegt. Dies ist aber unmöglich, da einerseits $\mathfrak{L}^*$ und K keinen Punkt gemein haben, andererseits K zusammenhängend ist. Die Annahme der Existenz von Kontinuen in K führt also zu einem Widerspruch mit den über K gemachten Voraussetzungen.

---

[21]) Vgl. B. Knaster und C. Kuratowski, Sur les continus non-bornés, Fund. Math. 5 (1924), S. 23—58, bes. S. 35, III.

Eingegangen 5. Mai 1931.

77. Die Struktur diskret bewerteter Körper [62]

gemeinsam mit F. K. Schmidt

Journal für die reine und angewandte Mathematik
170 (1933), 4 – 63

Einleitung *).

1. Fragestellung. In der Entwicklung der modernen Algebra spielen bekanntlich zwei verschiedene Gedankenrichtungen eine entscheidende Rolle: Einmal die Tendenz, von jeder Einzeltatsache zu allgemeinen Begriffen aufzusteigen und sie damit als Sonderfall einer nur von wenigen Voraussetzungen abhängigen, einfachen, weitreichenden Theorie zu begreifen [1]); andererseits aber das Bestreben, von dem so gewonnenen Standpunkt aus umgekehrt die Gesamtheit alles dessen zu überblicken, was den gebildeten abstrakten Begriffen untergeordnet ist, also den Weg vom Allgemeinen zu seinen sämtlichen möglichen Spezialisierungen zurückzufinden [2]).

Die Fragestellung der vorliegenden Arbeit gehört der zweiten dieser Ideenrichtungen an, die man im Gegensatz zu der ersten, häufig als abstrakt oder formal charakterisierten, auch als die konkrete Auffassung innerhalb der modernen Algebra bezeichnen kann. Wir gehen im folgenden aus von dem allgemeinen Begriff des bewerteten Körpers, der bekanntlich aus den Henselschen Untersuchungen über die p-adischen Zahlen erwachsen ist, und beschäftigen uns mit der Aufgabe, sämtliche möglichen Strukturen bewerteter Körper wirklich anzugeben.

2. Präzisierung der Fragestellung. Ein Körper oder noch allgemeiner ein Integritätsbereich heißt bekanntlich nach Kürschák [3]) *bewertet*, wenn seinem Nullelement als Betrag die reelle Zahl $|0| = 0$ und jedem seiner Elemente $\alpha \neq 0$ als Betrag eine reelle Zahl $|\alpha| > 0$ so zugeordnet ist, daß die beiden folgenden für den absoluten Betrag gültigen Rechenregeln bestehen:

(1) $\quad |\alpha\beta| = |\alpha|\,|\beta|\,, \qquad$ (2) $\quad |\alpha + \beta| \leqq |\alpha| + |\beta|$ [4]).

Dabei spricht man von der *trivialen* Bewertung, wenn der Betrag jedes von Null verschiedenen Elements gleich 1 ist, und von einer *nichttrivialen* Bewertung, wenn mindestens ein von Null verschiedenes Element mit einem von 1 verschiedenen Betrag existiert. Der Begriff der Bewertung ist also offenbar nichts anderes als die Übertragung des von

---

*) Eine Inhaltsübersicht befindet sich am Schluß der Einleitung, da die einzelnen Überschriften erst dort verständlich sein werden.

[1]) Als Beispiele seien etwa der von E. Noether entworfene „Abstrakte Aufbau der Idealtheorie in algebraischen Zahl- und Funktionenkörpern", Math. Ann. **96** (1927), und die von E. Artin und O. Schreier stammende Theorie der formal reellen Körper, Hamb. Abh. **5** (1927), angeführt.

[2]) Hierher gehören u. a. die Steinitzschen Untersuchungen, wonach jeder Körper zu einer algebraischen Erweiterung eines Körpers rationaler Funktionen mit Koeffizienten aus einem Primkörper isomorph ist; ferner der Wedderburnsche Satz, der aussagt, daß sich jedes halbeinfache hyperkomplexe System als direkte Summe voller Matrizensysteme aus Schiefkörpern darstellen läßt.

[3]) J. Kürschák, Über Limesbildung und allgemeine Körpertheorie, J. reine angew. Math. **142** (1912), S. 221.

[4]) Die in der Einleitung zusammengestellten Erklärungen sind nur vorläufig und sollen das Verständnis der Fragestellung sowie der angegebenen Resultate erleichtern. Soweit sie bei den Beweisen gebraucht werden, werden sie in den ersten Paragraphen des Hauptteils noch einmal ausführlich wiederholt.

den Zahlen her geläufigen absoluten Betrages auf beliebige Integritätsbereiche. Seine Bedeutung liegt daher auch in erster Linie darin, daß sich in einem bewerteten Integritätsbereich ohne weiteres alle Definitionen einführen lassen, die bei den Zahlen auf dem absoluten Betrag beruhen, wie etwa die des Häufungspunkts, des Grenzelements einer Folge, der konvergenten Folge [5]) u. s. f.

Gerade so wie man in der allgemeinen Körpertheorie nicht die besondere Natur der Körperelemente, sondern nur ihre Verknüpfung durch die rationalen Rechenoperationen als das Wesentliche betrachtet, liegt auch in der Theorie der bewerteten Körper der Nachdruck nicht auf dem zahlenmäßigen Wert der den Elementen aufgeprägten Beträge, sondern vielmehr auf den Größenbeziehungen, die durch die Bewertung zwischen den Elementen geschaffen werden. Man schreibt daher zwei bewerteten Körpern dieselbe *Struktur* zu, wenn sich zwischen ihnen ein Isomorphismus unter Erhaltung dieser Größenbeziehungen herstellen läßt, oder genauer: ein solcher Isomorphismus, bei dem für zwei einander zugeordnete Elementepaare α, β und α', β' stets gleichzeitig $|\alpha| \geqq |\beta|$ und $|\alpha'| \geqq |\beta'|$ ist. Ein derartiger Isomorphismus wird auch kurz ein *analytischer Isomorphismus* [6]) genannt, sodaß also die Struktur das gegenüber analytischer Isomorphie Invariante darstellt, ebenso wie der Körpertypus das gegenüber Isomorphie schlechthin Invariante ist.

Da jeder beliebige Körper auf eine und nur eine Weise trivial bewertet werden kann, indem man nämlich allen seinen von Null verschiedenen Elementen den Betrag 1 zuteilt, bietet die Struktur der trivial bewerteten Körper kein Interesse. Die triviale Bewertung wird im folgenden vielmehr nur als methodisches Hilfsmittel auftreten. Ganz anders liegen dagegen die Verhältnisse bei den nichttrivial bewerteten Körpern. Für sie soll die Aufgabe, alle möglichen Strukturen zu bestimmen, in der vorliegenden Arbeit behandelt werden.

3. Reduktion der Fragestellung. Die soeben formulierte Aufgabe kann nun mit Hilfe bewertungstheoretischer Tatsachen sogleich auf die Untersuchung einer speziellen Klasse nichttrivial bewerteter Körper reduziert werden.

Man sagt nämlich allgemein, ein bewerteter Integritätsbereich I sei *vollständig*, wenn jede konvergente Folge in I ein Grenzelement besitzt; man nennt ferner I *insichdicht*, wenn jedes Element von I Häufungspunkt von I ist. In diesem Sinn ist ein trivial bewerteter Integritätsbereich stets vollständig, aber niemals insichdicht; ein nichttrivial bewerteter Integritätsbereich dagegen stets insichdicht, aber nicht notwendig vollständig, wie schon das Beispiel der durch den absoluten Betrag bewerteten rationalen Zahlen lehrt. Mit Hilfe des Verfahrens, das G. Cantor zur Bildung der irrationalen Zahlen verwandte, läßt sich jedoch auch jeder nichttrivial bewertete Integritätsbereich I unter Erhaltung seiner Bewertung zu einem kleinsten vollständigen Oberintegritätsbereich, der vollständigen Hülle von I, ergänzen, die dann offenbar gleichzeitig insichdicht und vollständig ist und daher kurz *perfekt* genannt wird. Ist der ursprüngliche Integritätsbereich ein Körper K, so ist auch seine vollständige Hülle ein Körper und steht zu K in ganz entsprechender Beziehung wie der Körper der reellen zu dem der rationalen Zahlen.

Da jeder nichttrivial bewertete Körper samt seiner Bewertung in einen perfekten eingebettet werden kann, sind mit der Struktur der perfekten Körper zugleich die Struk-

[5]) α heißt *Grenzelement* der Folge α_n, wenn $|\alpha - \alpha_n| \to 0$ für $n \to \infty$. *Konvergent* heißt eine Folge α_n, bei der $|\alpha_m - \alpha_n| \to 0$ für $m, n \to \infty$.

[6]) Dieser Begriff des analytischen Isomorphismus ist weiter als der von A. Ostrowski (Über einige Lösungen der Funktionalgleichung $\varphi(x)\,\varphi(y) = \varphi(xy)$, Acta math. **41** (1917), S. 278) eingeführte. Ostrowski spricht von einem analytischen Isomorphismus nur dann, wenn einander entsprechende Elemente gleichen Betrag haben.

turen aller nichttrivial bewerteten Körper überhaupt bekannt. Es genügt daher, die möglichen Strukturen der perfekten Körper zu bestimmen. Für diese reduzierte Aufgabe sind dann a priori noch ganz verschiedene Arten der Lösung denkbar. Man kann einmal danach trachten, für jede Struktur genau einen Repräsentanten anzugeben, so daß also jeder perfekte Körper einem und nur einem der aufgestellten Repräsentanten analytisch isomorph ist. Man kann aber auch andererseits die verschiedenen Strukturen durch einfache Invarianten zu charakterisieren suchen. Beide Lösungsarten werden bei unseren Überlegungen eine Rolle spielen.

4. Der Ostrowskische Satz. Die Frage nach der Struktur der perfekten Körper ist bereits vor längerer Zeit von A. Ostrowski in Angriff genommen worden [7]). Ostrowski geht dabei von einer Einteilung aller Bewertungen aus, die sich als äußerst wichtig erwiesen hat und die wir daher kurz auseinandersetzen müssen.

Betrachtet man in einem bewerteten Integritätsbereich I die Vielfachen n des Einselements, so sind offenbar zwei verschiedene Fälle möglich. Entweder es ist für jedes n der Betrag $|n| \leqq 1$; oder es gibt mindestens ein n mit einem Betrag $|n| > 1$. Im ersten Fall nennt Ostrowski den Integritätsbereich *nichtarchimedisch* bewertet, im zweiten dagegen *archimedisch* bewertet. Das nächstliegende Beispiel einer archimedischen Bewertung liefert der mit dem absoluten Betrag bewertete Körper der rationalen Zahlen, während derselbe Körper bei der durch eine feste Primzahl p erzeugten p-adischen Bewertung [8]) als nichtarchimedisch bewertet erscheint.

Im Falle einer archimedischen Bewertung hat nun Ostrowski das Strukturproblem für perfekte Körper völlig gelöst, indem er gezeigt hat:

Jeder archimedisch bewertete perfekte Körper ist analytisch isomorph entweder zu dem mit dem absoluten Betrag bewerteten Körper aller reellen Zahlen oder zu dem mit dem absoluten Betrag bewerteten Körper aller komplexen Zahlen.

Auf Grund dieses Ostrowskischen Resultats bleibt also die Frage nach der Struktur der perfekten Körper nur noch für die nichtarchimedischen Bewertungen offen. In der vorliegenden Arbeit soll sie weiter für einen arithmetisch besonders wichtigen Teil der nichtarchimedischen Bewertungen, nämlich für die diskreten (s. u.) Bewertungen beantwortet werden.

5. Nichtarchimedische und Exponentenbewertung. In einem nichtarchimedisch bewerteten Integritätsbereich I gilt bekanntlich an Stelle des gewöhnlichen Summenpostulates

$$|\alpha + \beta| \leqq |\alpha| + |\beta|$$

stets das schärfere

$$|\alpha + \beta| \leqq \text{Max}\ (|\alpha|,\ |\beta|)\,[9]).$$

Ordnet man daher jedem von 0 verschiedenen Element α aus I anstatt des Betrages $|\alpha|$ den in bezug auf eine feste positive Basis $b < 1$ genommenen Logarithmus des Betrages als Exponentenwert $w(\alpha) = \overset{b}{\log}\,|\alpha|$ zu, so erhält man für I eine zu der ursprünglichen Kürschákschen Bewertung gehörige *Exponentenbewertung*, d. h. eine Belegung w, für die

$$w(\alpha\beta) = w(\alpha) + w(\beta) \quad \text{und} \quad w(\alpha + \beta) \geqq \text{Min}\ (w(\alpha),\ w(\beta))$$

[7]) loc. cit. [6]).

[8]) Um diese p-adische Bewertung zu erhalten, denke man sich jede rationale Zahl r in der Form $r = p^e q$ dargestellt, wo q Quotient zweier zu p primer ganzer Zahlen und $e \gtreqless 0$ ist. Ist dann b eine fest gewählte positive Zahl < 1, so setze man $r = b^e$. — Die perfekte Hülle des p-adisch bewerteten Körpers der rationalen Zahlen ist der Körpers der Henselschen p-adischen Zahlen.

[9]) Vgl. loc. cit. [6]).

ist. Die mit Hilfe des Betrages erklärten Begriffe des Grenzwerts, der Fundamentalfolge u. s. f. können dann in I auch mit Hilfe dieser Exponentenbewertung formuliert werden. Allerdings kehren sich die Größenbeziehungen beim Übergang zur Exponentenbewertung um, d. h. zu 0 abnehmenden Beträgen entsprechen gegen ∞ wachsende Exponentenwerte, und das führt zu einer leicht ersichtlichen Modifikation in der Definition des Grenzwerts und der Fundamentalfolge, während dagegen die früher gegebene Erklärung des analytischen Isomorphismus auch dem Wortlaut nach bestehen bleibt.

Jede Exponentenbewertung w kann, wie man unschwer erkennt, in der vorhin geschilderten Weise aus einer nichtarchimedischen Bewertung im Ostrowskischen Sinne gewonnen werden, nämlich aus der Kürschákschen Bewertung, die durch die Festsetzung $|\alpha| = b^{w(\alpha)}$ entsteht. Exponentenbewertung und nichtarchimedische Bewertung im Ostrowskischen Sinne sind also äquivalent. Die Benutzung der Exponentenbewertung bringt jedoch manche Vereinfachungen in der Vorstellung und in der Ausdrucksweise mit sich, wie man z. B. unmittelbar an dem p-adisch bewerteten Körper der rationalen Zahlen sieht, bei dem die Exponentenwerte einfach als diejenigen Exponenten gewählt werden können, mit denen die Primzahl p in den einzelnen rationalen Zahlen aufgeht. Wir werden daher bei den folgenden Betrachtungen stets eine Exponentenbewertung zugrundelegen. Diejenige Exponentenbewertung, bei der jedes von Null verschiedene Element den Exponentenwert 0 besitzt und die offenbar der zu Anfang erwähnten trivialen Bewertung durch den Betrag 1 entspricht, werden wir dabei wiederum als trivial bezeichnen.

6. Arithmetische Bedeutung der Exponentenbewertung. Jeder Exponentenbewertung eines Körpers K entspricht ein eindeutig bestimmter Integritätsbereich B aus K, der zugehörige *Bewertungsring*, und ein eindeutig bestimmtes Primideal $\mathfrak{p}$ von B, das *zugehörige Primideal.* Dabei besteht B aus der Null und allen Körperelementen mit nichtnegativem Exponentenwert, $\mathfrak{p}$ aus der Null und allen Körperelementen mit positivem Exponentenwert; K ist der Quotientenkörper von B. Auf diesem Zusammenhang beruht die besondere Bedeutung der Exponentenbewertungen für die Anwendung in der allgemeinen Arithmetik. Die Bewertungsringe können nämlich auch ohne jede Bezugnahme auf irgendeine Bewertung rein arithmetisch charakterisiert werden, und zwar ist ein Integritätsbereich dann und nur dann ein Bewertungsring seines Quotientenkörpers, wenn er erstens höchstens ein von Null verschiedenes Primideal enthält und zweitens von je zweien seiner Ideale stets mindestens eins durch das andere teilbar ist [10]). Das zugehörige Primideal ist entweder gleich dem vom Nullideal verschiedenen Primideal des Bewertungsrings oder, falls ein solches nicht existiert, gleich dem Nullideal. Dabei tritt dieser letzte Fall dann und nur dann ein, wenn der Bewertungsring zur trivialen Bewertung gehört. Sind zwei mit Exponentenbewertungen versehene Körper analytisch isomorph, so sind die zugehörigen Bewertungsringe isomorph schlechthin und umgekehrt [11]). Auch das Strukturproblem nichtarchimedisch bewerteter Körper ist also mit einer rein arithmetischen Aufgabe gleichwertig, nämlich mit der Bestimmung aller Typen von Bewertungsringen.

Für die Struktur eines mit Exponentenbewertung versehenen Körpers K erweist sich nun der Restklassenkörper $\mathfrak{K} = B/\mathfrak{p}$ des zugehörigen Bewertungsrings B nach seinem Primideal $\mathfrak{p}$ als besonders wichtig. Für die Charakteristik dieses Körpers $\mathfrak{K}$, den wir kurz den *zugehörigen Restklassenkörper* nennen wollen, bestehen dabei zwei Möglichkeiten. Entweder

---

[10]) Vgl. W. Krull, Idealtheorie in unendlichen algebraischen Zahlkörpern II, Math. Z. 31 (1930), S. 527—557.

[11]) Vgl. § 2, Nr. 5 der vorliegenden Arbeit.

a) (charakteristikgleicher Fall) die Charakteristik des zugehörigen Restklassenkörpers $\mathfrak{K}$ stimmt mit der des Gesamtkörpers K überein, $\chi(\mathfrak{K}) = \chi(\mathsf{K})$; oder

b) (charakteristikungleicher Fall) die Charakteristik von $\mathfrak{K}$ ist von der Charakteristik von K verschieden, $\chi(\mathfrak{K}) \neq \chi(\mathsf{K})$.

Der erste, charakteristikgleiche Fall liegt sicher stets vor, wenn der Gesamtkörper K bereits eine Primzahlcharakteristik besitzt. Der zweite, charakteristikungleiche Fall kann also nur dann eintreten, wenn $\chi(\mathsf{K}) = 0$, $\chi(\mathfrak{K}) = p$ ist. Die Primzahl p muß dann notwendig in dem Primideal des zugehörigen Bewertungsrings liegen, d. h. K enthält dann stets den p-adisch bewerteten Körper der rationalen Zahlen. Ist K perfekt, so ist er infolgedessen sogar Oberkörper des Henselschen Körpers der p-adischen Zahlen.

7. Diskrete Bewertung. In der vorliegenden Arbeit beschränken wir uns bei der Behandlung des Strukturproblems zunächst auf eine besondere Art von Exponentenbewertungen bzw. von nichtarchimedischen Bewertungen im Ostrowskischen Sinne. Denkt man sich nämlich bei einer beliebigen Bewertung die den Körperelementen zugeordneten Beträge bzw. Exponentenwerte auf der reellen Zahlgeraden aufgetragen, so kann die entstehende Punktmenge überall dicht liegen oder nicht [12]). Ist sie nicht überall dicht, so ist die Null der einzige endliche Häufungspunkt für die Beträge, während die Exponentenwerte im Endlichen überhaupt keinen Häufungspunkt besitzen [13]). Wir nennen die Bewertung dann *diskret* oder im nichttrivialen Fall auch *ganzzahlig*, denn es können die Exponentenwerte dann stets so gewählt werden, daß sie mit allen ganzen Zahlen übereinstimmen. Bei einem diskret und nichttrivial bewerteten Körper nehmen wir die Exponentenwerte im folgenden immer in dieser einfachsten Weise normiert an.

Die diskret und nichttrivial bewerteten Körper K spielen in der Theorie der algebraischen Zahl- und Funktionenkörper endlichen Grades eine hervorragende Rolle. Bei den diskreten Bewertungen und nur bei ihnen stimmen nämlich sämtliche Ideale eines Bewertungsringes mit den Potenzen des zugehörigen Primideals überein, so daß jedes Ideal eines solchen Bewertungsrings B ein Hauptideal ist. Bei unserer Normierung lassen sich dann auch die Exponentenwerte selbst arithmetisch deuten: Sie sind einfach die Exponenten, mit denen das zugehörige Primideal $\mathfrak{p}$ in den einzelnen Elementen aufgeht. Die Verhältnisse liegen mithin ganz entsprechend wie in dem p-adisch bewerteten Körper der rationalen Zahlen. Insbesondere stellt jedes Element π mit dem Exponentenwert 1 ein Primelement, d. h. eine Basis von $\mathfrak{p}$ dar, und es kann jedes Körperelement α in eine eindeutig bestimmte π-adische Reihe

$$\alpha = \varrho_a \pi^a + \varrho_{a+1} \pi^{a+1} + \cdots$$

entwickelt werden, bei der a eine positive oder negative ganze Zahl bedeutet und die Koeffizienten ϱ_i einem festgewählten Repräsentantensystem der Restklassen von $\mathsf{B}/\mathfrak{p}$ entstammen [14]). K ist dann und nur dann perfekt, wenn bei diesen Reihenentwicklungen seiner Elemente sämtliche π-adischen Reihen wirklich auftreten.

---

[12]) Infolge der Beziehung $|\alpha| = b^{w(\alpha)}$ liegen Beträge und zugehörige Exponentenwerte stets gleichzeitig überall dicht oder nicht.

[13]) Zu der Behauptung über die Exponentenwerte vgl. § 3, Nr. 1 der vorliegenden Arbeit. Daß aus dieser Behauptung die Aussage über die Beträge folgt, ist klar. — Übrigens liegen bei einem archimedisch bewerteten Körper die Beträge stets überall dicht; ein solcher Körper enthält ja nach dem Ostrowskischen Satz einen Unterkörper, der zu dem mit dem absoluten Betrag bewerteten Körper der rationalen Zahlen analytisch isomorph ist.

[14]) Obwohl die π-adischen Reihen nach Potenzen von π fortschreiten, gilt für sie selbstverständlich im allgemeinen nicht der von den Potenzreihen her bekannte Algorithmus der Summen- und Produktbildung. Vielmehr ist gerade so wie bei den p-adischen Zahlen beim Addieren und Multiplizieren der Koeffizienten das Resultat stets wieder auf einen Repräsentanten zu reduzieren und der Überschuß auf die folgenden Glieder der Reihe zu übertragen.

8. Zusammenstellung der Ergebnisse[14a]). Für die diskret bewerteten perfekten Körper soll nun nachstehend ein Überblick über alle möglichen Strukturen gegeben werden[15]). Dabei wird sich herausstellen, daß sich diese Strukturen im charakteristikgleichen Fall völlig durch die gewöhnliche Potenzreihenbildung beschreiben lassen, während im charakteristikungleichen Fall ein etwas komplizierteres Konstruktionsverfahren auftritt.

a) (Charakteristikgleicher Fall.) Ist $\mathfrak{K}$ ein beliebig vorgegebener Körper, so läßt sich ohne weiteres ein diskret bewerteter perfekter mit seinem Restklassenkörper charakteristikgleicher Körper K angeben, dessen Restklassenkörper mit $\mathfrak{K}$ isomorph ist. Man braucht zu diesem Zwecke nur den nach Potenzen von x bewerteten Potenzreihenkörper $\mathfrak{K}(\overline{x})$ aller Potenzreihen in der Unbestimmten x mit Koeffizienten aus $\mathfrak{K}$ zu betrachten, d. h. 0 und die Gesamtheit aller formal hingeschriebenen Reihen

$$\sigma = \mathfrak{a}_s x^s + \mathfrak{a}_{s+1} x^{s+1} + \cdots \qquad (\mathfrak{a}_i \text{ aus } \mathfrak{K},\ \mathfrak{a}_s \neq 0),$$

bei denen s eine positive oder negative ganze Zahl bedeutet und

$$w(\sigma) = s$$

gesetzt wird. Der zugehörige Bewertungsring ist dann nämlich der Integritätsbereich $\mathfrak{K}[\overline{x}]$ aller mit nichtnegativen Potenzen von x beginnenden Potenzreihen, das zugeordnete Primideal ist das aus x abgeleitete Ideal (x), und man hat $\mathfrak{K}[\overline{x}]/(x) \cong \mathfrak{K}$. Den Körper $\mathfrak{K}$ kann man offenbar als vollständiges Repräsentantensystem für die Restklassen von $\mathfrak{K}[\overline{x}]/(x)$ auffassen, und da der Körper $\mathfrak{K}(\overline{x})$ alle x-adischen Reihen mit Koeffizienten aus $\mathfrak{K}$ enthält, ist er auch wirklich perfekt.

Die so gewonnenen Potenzreihenkörper bilden aber im vorliegenden Fall bereits ein vollständiges Repräsentantensystem für die sämtlichen möglichen Strukturen diskret bewerteter perfekter Körper. Es gilt nämlich:

A. *Im charakteristikgleichen Fall ist jeder diskret bewertete Körper mit dem Restklassenkörper $\mathfrak{K}$ analytisch isomorph zu dem nach Potenzen von x bewerteten Potenzreihenkörper $\mathfrak{K}(\overline{x})$ aller Potenzreihen in der Unbestimmten x mit Koeffizienten aus $\mathfrak{K}$.*

Läßt man also $\mathfrak{K}$ ein vollständiges Repräsentantensystem aller möglichen Körpertypen durchlaufen, so stellen die Potenzreihenkörper $\mathfrak{K}(\overline{x})$ tatsächlich das gesuchte vollständige Repräsentantensystem für die möglichen Strukturen dar. Damit ist in diesem Fall offenbar eine völlig befriedigende repräsentantenmäßige Lösung des Strukturproblems erzielt.

Das soeben ausgesprochene Resultat läßt sich auch noch etwas anders ausdrücken. Satz A besagt nämlich, daß ein diskret bewerteter perfekter Körper K, der mit

[14a]) In dem Sonderfall, daß der Restklassenkörper $\mathfrak{K}$ nur endlich viele Elemente, enthält hat D. v. Dantzig bereits die Struktur der diskret bewerteten perfekten Körper bestimmt. Vgl. D. v. Dantzig, Studien over topologische algebra, Diss. Amsterdam 1931. Vgl. auch den Korrekturzusatz a. S. 14 bei W. Schöbe, Beiträge zur Funktionentheorie in nichtarchimedisch bewerteten Körpern, Diss. Halle, Münster 1930. — Die v. Dantzigschen Resultate sind als Spezialfälle in den unseren enthalten; die wesentlichen Schwierigkeiten unserer Untersuchung (vgl. Nr. 11 der Einleitung) treten jedoch bei v. Dantzig noch nicht auf. — Bei dieser Gelegenheit sei auch auf die Arbeiten von W. Krull hingewiesen, die sich mit dem Aufbau und der Typisierung primärer Ringe beschäftigen (Math. Ann. **88** (1922) und **91** (1924)). Die Krullschen Ergebnisse weisen trotz der sachlichen Verschiedenheit manche Ähnlichkeit mit den unseren auf. Auch bei Krull wird jedoch derjenige Fall, der den bei uns vorliegenden Schwierigkeiten entspricht, ausdrücklich von der Betrachtung ausgeschlossen. Es ist aber zu vermuten, daß sich die Krullschen Untersuchungen mit Hilfe der in der vorliegenden Arbeit ausgebildeten Methoden völlig zum Abschluß bringen lassen.

[15]) Wie der Jüngere von uns gezeigt hat, sind zwei isomorphe diskret bewertete perfekte Körper stets auch analytisch isomorph (vgl. F. K. Schmidt, Mehrfach perfekte Körper, Math. Ann. Bd. **108** (1933)). Zwei diskret bewertete perfekte Körper von gleichem Typus haben also auch die gleiche Struktur, und es genügt daher die verschiedenen Typen diskret bewerteter perfekter Körper zu bestimmen. Wir machen jedoch im folgenden von dieser Tatsache keinen Gebrauch, da sie keine Vereinfachungen in der Beweisführung ermöglicht.

seinem Restklassenkörper $\mathfrak{K}$ charakteristikgleich ist, stets ein Repräsentantensystem für die Klassen von $\mathfrak{K}$ enthält, das selbst einen zu $\mathfrak{K}$ isomorphen Körper bildet. Ein solches Repräsentantensystem nennen wir kurz *relationstreu*. Der Gesamtkörper K kann dann also als Potenzreihenkörper in einer Unbestimmten mit Koeffizienten aus einem relationstreuen Repräsentantensystem von $\mathfrak{K}$ aufgefaßt werden. Dabei ist das relationstreue Repräsentantensystem von $\mathfrak{K}$ aber im allgemeinen durchaus nicht eindeutig bestimmt, d. h. bei einem Potenzreihenkörper kann man im allgemeinen mehrere Unterkörper mit gleichem Recht als „Koeffizientenkörper" bezeichnen.

Von Satz A aus läßt sich weiter leicht auch eine invariantenmäßige Lösung des Strukturproblems gewinnen. Aus ihm folgt nämlich, daß zwei diskret bewertete perfekte Körper mit isomorphem Restklassenkörper im charakteristikgleichen Fall analytisch isomorph sind. Da umgekehrt die Restklassenkörper zweier analytisch isomorpher Körper notwendig bis auf Isomorphie übereinstimmen, hat man also:

A′. *Im charakteristikgleichen Fall sind zwei diskret bewertete perfekte Körper dann und nur dann analytisch isomorph, wenn ihre Restklassenkörper isomorph schlechthin sind.*

Oder kurz: *Der Typus des Restklassenkörpers ist eine charakteristische Invariante für die Struktur der diskret bewerteten perfekten Körper.*

b) (Charakteristikungleicher Fall.) Ist die Charakteristik des diskret bewerteten perfekten Körpers K von der seines Restklassenkörpers $\mathfrak{K}$ verschieden, $\chi(\mathsf{K}) = 0$, $\chi(\mathfrak{K}) = p$, so liegen die Verhältnisse etwas weniger einfach. Es sind dann zwei Unterfälle zu unterscheiden, je nachdem nämlich, ob

b_1) die Primzahl p im zugehörigen Bewertungsring Primelement bleibt, also $(p) = \mathfrak{p}$ ist, oder

b_2) p durch das zugehörige Primideal genau in einer Potenz $\mathfrak{p}^n$ mit $n > 1$ teilbar wird.

Im ersten Fall nennen wir den Körper K *unverzweigt* und bezeichnen die Bewertung sowie den Bewertungsring als *p-adisch*; im zweiten Falle heiße K dagegen *verzweigt* mit dem *Verzweigungsexponenten* n.

b_1) Wir behandeln zunächst die unverzweigten Körper und wollen ebenso wie im charakteristikgleichen Fall zu einem beliebig vorgegebenen Körper $\mathfrak{K}$ der Charakteristik p einen p-adisch bewerteten perfekten Körper K konstruieren, dessen Restklassenkörper zu $\mathfrak{K}$ isomorph ist. Da $\chi(\mathsf{K}) \neq \chi(\mathfrak{K})$ ausfallen soll, kann der gesuchte Körper selbstverständlich nicht einfach als Oberkörper über $\mathfrak{K}$ aufgebaut werden. Wir dürfen bei seiner Bildung vielmehr nur einen Teil der zwischen den Elementen von $\mathfrak{K}$ bestehenden Relationen benutzen und müssen uns dazu vorerst die Gesamtheit dieser Relationen greifbar machen.

Sei also Γ der Integritätsbreich der ganzen rationalen Zahlen, $\mathfrak{P}$ der Primkörper von $\mathfrak{K}$. Jedem Element $\mathfrak{a}$ von $\mathfrak{K}$ denken wir uns eine Unbestimmte u zugeordnet und erweitern die so gewonnene eineindeutige Abbildung φ der Menge $U = \{u\}$ auf die Menge $\mathfrak{K} = \{\mathfrak{a}\}$ zu einer homomorphen Abbildung Φ des Polynombereichs

$$\Gamma[U] \quad \text{auf} \quad \mathfrak{P}[\mathfrak{K}] = \mathfrak{K},$$

indem wir der 1 aus Γ das Einheitselement $\mathfrak{e}$ in $\mathfrak{P}$ entsprechen lassen, also

$$\Phi\Big(\sum_{k_1 \cdots k_r} m_{k_1 \cdots k_r} u_1^{k_1} \cdots u_r^{k_r}\Big) = \sum_{k_1 \cdots k_r} m_{k_1 \cdots k_r} \mathfrak{e}\, \varphi(u_1)^{k_1} \cdots \varphi(u_r)^{k_r} \quad (m_{k_1 \cdots k_r} \text{ ganze rat. Zahlen})$$

setzen. Ist dann $\mathfrak{n}$ das Ideal aller Polynome aus $\Gamma[U]$, deren Bild in $\mathfrak{K}$ die Null ist, so ist

$$\Gamma[U] \,/\, \mathfrak{n} \cong \mathfrak{K},$$

d. h. wir haben $\mathfrak{K}$ als Restklassenkörper in einem ganzzahligen Polynombereich dargestellt und können alle Relationen zwischen den Elementen unmittelbar aus dem Ideal $\mathfrak{n}$ ablesen. Wegen $\chi(\mathfrak{K}) = p$ enthält $\mathfrak{n}$ sicher die Primzahl p.

Zur Konstruktion des gesuchten Körpers K gehen wir nun von $\Gamma[U]$ zunächst zu dem bezüglich Φ abgeschlossenen Quotientenring Q über, d. h. zu der Gesamtheit aller Quotienten $\frac{G(u)}{H(u)}$, deren Nennerpolynome durch den Homomorphismus Φ nicht auf die Null abgebildet werden, also nicht zu $\mathfrak{n}$ gehören. Die Primzahl p, die in dem Polynombereich $\Gamma[U]$ ein Primelement darstellt, ist auch in dem Quotientenring Q ein Primelement und erzeugt eine ganzzahlige Bewertung von Q. Es sei $\bar{Q}$ die perfekte Hülle von Q hinsichtlich dieser p-adischen Bewertung. Der Homomorphismus Φ läßt sich dann auf eine und nur eine Weise zu einem Homomorphismus $\bar{\Phi}$ von $\bar{Q}$ auf $\mathfrak{K}$ fortsetzen, und zwar ist das Ideal $\bar{\mathfrak{N}}$ aller durch $\bar{\Phi}$ auf die Null abgebildeten Elemente von $\bar{Q}$ gerade gleich dem Erweiterungsideal von $\mathfrak{n}$, $\bar{\mathfrak{N}} = \bar{Q}\mathfrak{n}$. Wir nennen $\bar{Q}$ einen zu $\mathfrak{K}$ homomorphen *Grundring*, $\bar{\mathfrak{N}}$ das *Grundideal* von $\bar{Q}$, und haben also die Beziehung $\bar{Q}/\bar{\mathfrak{N}} \cong \mathfrak{K}$.

Aus dem Grundring $\bar{Q}$ werden wir jetzt sehr einfach durch Restklassenbildung nach einem geeigneten Unterideal von $\bar{\mathfrak{N}}$ einen p-adisch bewerteten perfekten Bewertungsring mit dem gegebenen Restklassenkörper $\mathfrak{K}$ gewinnen. Zu diesem Zweck denken wir uns in dem Körper $\mathfrak{K}$ eine feste Wohlordnung W zugrundegelegt, $\mathfrak{K} = \{\mathfrak{a}_0, \ldots \mathfrak{a}_\lambda, \ldots\}$ und bezeichnen mit $\mathfrak{K}_\lambda$ den kleinsten Unterkörper von $\mathfrak{K}$, der alle $\mathfrak{a}_\lambda$ vorangehenden Elemente umfaßt. Jedem Element $\mathfrak{a}_\lambda$ werde ein durch $\mathfrak{a}_\lambda$ annulliertes irreduzibles Polynom $\mathfrak{G}_\lambda(x)$ über $\mathfrak{K}_\lambda$ zugeordnet, und zwar besitze $\mathfrak{G}_\lambda(x)$ das Einselement $\mathfrak{e}$ von $\mathfrak{K}$ als höchsten Koeffizienten, falls $\mathfrak{a}_\lambda$ über $\mathfrak{K}_\lambda$ algebraisch ist, dagegen sei $\mathfrak{G}_\lambda(x)$ gleich dem Nullpolynom, falls $\mathfrak{a}_\lambda$ über $\mathfrak{K}_\lambda$ transzendent ist. Ist dann U_λ die $\bar{\Phi}$-Urbildmenge von $\mathfrak{K}_\lambda$ in U und u_λ das $\bar{\Phi}$-Urbild von $\mathfrak{a}_\lambda$, so suchen wir zu $\mathfrak{G}_\lambda(x)$ zunächst ein $\bar{\Phi}$-Urbildpolynom $G_\lambda(x)$ auf, dessen Koeffizienten nur Unbestimmte aus U_λ enthalten, und das gleichzeitig mit $\mathfrak{G}_\lambda(x)$ das Einselement als höchsten Koeffizienten besitzt[15a]) bzw. gleich 0 ist. In $G_\lambda(x)$ ersetzen wir nachträglich x durch u_λ und bilden die bezüglich der Bewertung von $\bar{Q}$ abgeschlossene Hülle $\bar{\mathfrak{M}}$ des Ideals, das in $\bar{Q}$ aus der Basis $\{G_0(u_0), \ldots G_\lambda(u_\lambda), \ldots\}$ abgeleitet ist,

$$\bar{\mathfrak{M}} = \langle G_0(u_0), \ldots G_\lambda(u_\lambda), \ldots \rangle .$$

$\bar{\mathfrak{M}}$ ist dann ein Ideal von $\bar{Q}$ und heiße ein zu W gehöriges *reduziertes Grundideal* von $\bar{Q}$ [16]). In ihm sind offenbar alle algebraischen Relationen zwischen den Elementen von $\mathfrak{K}$ berücksichtigt worden mit Ausnahme der wesentlich einzigen Relation $p\mathfrak{e} = 0$ des Primkörpers $\mathfrak{P}$ [16a]). Für das Grundideal $\bar{\mathfrak{N}}$ besteht daher, wie sich zeigt, die Gleichung $\bar{\mathfrak{N}} = (\bar{\mathfrak{M}}, p)$. Es gilt ferner:

Ist $\bar{\mathfrak{M}}$ ein zu einer festen Wohlordnung W von $\mathfrak{K}$ gehöriges reduziertes Grundideal von $\bar{Q}$, so ist der Restklassenring $\mathsf{B}_{\mathfrak{K}} = \bar{Q}/\bar{\mathfrak{M}}$ ein p-adischer perfekter Bewertungsring mit zu $\mathfrak{K}$ isomorphem Restklassenkörper.

Der Quotientenkörper $\mathsf{K}_{\mathfrak{K}}$ von $\mathsf{B}_{\mathfrak{K}}$ stellt einen p-adisch bewerteten perfekten Körper dar, dessen Restklassenkörper zu $\mathfrak{K}$ isomorph ist.

Damit ist auch im charakteristikungleichen Fall die Konstruktion des gesuchten Körpers K mit dem vorgegebenen Restklassenkörper $\mathfrak{K}$ vollendet. Durch die soeben gewonnenen Körper werden aber auch hier bereits wieder sämtliche möglichen Strukturen

---

[15a]) Etwa indem man jeden Koeffizienten von $\mathfrak{G}_\lambda(x) \neq 0$ durch die zugehörige Unbestimmte aus U_λ ersetzt außer dem höchsten $\mathfrak{e}$, der durch 1 ersetzt wird.

[16]) Hervorzuheben ist, daß das Ideal $\bar{\mathfrak{M}}$ im allgemeinen keineswegs eindeutig bestimmt ist. Wohl aber sind die Restklassenringe $\bar{Q}/\bar{\mathfrak{M}}$ bei verschiedener Wahl des Ideals $\bar{\mathfrak{M}}$ stets isomorph, wie aus unseren weiteren Resultaten hervorgeht (vgl. Satz B_1).

[16a]) $\bar{\mathfrak{M}}$ kann jedoch leider nicht als maximales, p nicht enthaltendes Unterideal von $\bar{\mathfrak{N}}$ definiert werden.

p-adisch bewerteter perfekter Körper erschöpft. Läßt man nämlich $\mathfrak{K}$ alle Körpertypen der Charakteristik p durchlaufen und ordnet jedem solchen $\mathfrak{K}$ einen nach dem obigen Verfahren gewonnenen p-adisch bewerteten perfekten Körper $\mathsf{K}_{\mathfrak{K}}$ mit zu $\mathfrak{K}$ isomorphem Restklassenkörper zu, so besteht analog zu A der Satz:

B$_1$. *Im charakteristikungleichen Fall $\chi(\mathsf{K}) = 0$, $\chi(\mathfrak{K}) = p$ ist jeder diskret bewertete perfekte unverzweigte Körper K mit dem Restklassenkörper $\mathfrak{K}$ analytisch isomorph zu dem p-adisch bewerteten perfekten Körper $\mathsf{K}_{\mathfrak{K}}$.*

Die p-adisch bewerteten Körper $\mathsf{K}_{\mathfrak{K}}$ stellen also im Falle $\chi(\mathsf{K}) = 0$ $\chi(\mathfrak{K}) = p$ wirklich ein vollständiges Repräsentantensystem für alle möglichen Strukturen diskret bewerteter perfekter unverzweigter Körper dar. Hieraus ergibt sich dann analog zu A' sofort:

B$_1'$. *Auch im charakteristikungleichen unverzweigten Fall sind zwei diskret bewertete perfekte Körper dann und nur dann analytisch isomorph, wenn ihre Restklassenkörper isomorph schlechthin sind.*

Auch hier ist also der Typus des Restklassenkörpers eine charakteristische Invariante für die Struktur des Gesamtkörpers.

b$_2$) Die bisherigen Resultate beziehen sich alle auf den unverzweigten Unterfall; insbesondere verliert Satz B$_1'$ für Körper mit dem Verzweigungsexponenten n im allgemeinen seine Gültigkeit, wie man leicht durch Beispiele bestätigt [17]). Trotzdem läßt sich aber mit diesen Sätzen auch der verzweigte Fall weitgehend beherrschen.

Geht man nämlich von einem p-adisch bewerteten perfekten Körper K_1 mit dem zugehörigen Bewertungsring B_1 und dem Restklassenkörper $\mathfrak{K}$ zu einem *Eisensteinschen Oberkörper n-ten* Grades über, adjungiert man also zu K_1 eine Nullstelle π einer Eisensteinschen Gleichung

$$\pi^n = p(\alpha_0 + \alpha_1\pi + \cdots + \alpha_{n-1}\pi^{n-1}) \qquad (\alpha_i \text{ aus } \mathsf{B}_1,\ \alpha_0 \not\equiv 0\ (p)),$$

so ist die Erweiterung $\mathsf{K} = \mathsf{K}_1(\pi)$ bei Fortsetzung der ursprünglichen Bewertung ein n-fach verzweigter diskret bewerteter perfekter Körper mit zu $\mathfrak{K}$ *kongruentisomorphem* Restklassenkörper, d. h. es ist der Restklassenkörper von K isomorph zu $\mathfrak{K}$ und zugleich ist ein in K_1 enthaltenes Repräsentantensystem für die Klassen von $\mathfrak{K}$ stets auch ein Repräsentantensystem für die Klassen des Restklassenkörpers von K. Es ist nun von besonderer Bedeutung, daß hiervon auch die Umkehrung richtig ist, nämlich:

B$_2$. *Im Falle $\chi(\mathsf{K}) = 0$, $\chi(\mathfrak{K}) = p$ enthält ein diskret bewerteter perfekter n-fach verzweigter Körper K mit dem Restklassenkörper $\mathfrak{K}$ stets mindestens einen perfekten unverzweigten Körper K_1 mit zu $\mathfrak{K}$ kongruentisomorphem Restklassenkörper. Über jedem solchen Unterkörper K_1 ist K ein Eisensteinscher Oberkörper vom Grade n.*

Daß hier der p-adisch bewertete perfekte Unterkörper K_1 im allgemeinen nicht eindeutig bestimmt ist [18]), entspricht der Tatsache, daß im charakteristikgleichen Fall der Koeffizientenbereich des Potenzreihenkörpers ebenfalls nicht eindeutig bestimmt ist.

Zusammen mit B$_1$ besagt B$_2$ offenbar: *Im charakteristikungleichen Fall $\chi(\mathfrak{K}) = 0$, $\chi(\mathfrak{K}) = p$ ist ein diskret bewerteter perfekter n-fach verzweigter Körper K mit dem Restklassenkörper $\mathfrak{K}$ stets analytisch isomorph zu einer Eisensteinschen Erweiterung n-ten Grades über dem früher konstruierten p-adisch bewerteten Körper $\mathsf{K}_{\mathfrak{K}}$.*

[17]) Ist P_p der Henselsche Körper der p-adischen Zahlen und q eine rationale zu p teilerfremde Zahl, die quadratischer Nichtrest mod. p ist, so sind die Körper $\mathsf{P}_p(\sqrt{p})$ und $\mathsf{P}_p(\sqrt{qp})$ bei Fortsetzung der ursprünglichen Bewertung beide diskret bewertet und perfekt, beide verzweigt mit dem Verzweigungsexponenten 2, und ihre Restklassenkörper sind beide Primkörper von der Charakteristik p. Trotzdem sind $\mathsf{P}_p(\sqrt{p})$ und $\mathsf{P}_p(\sqrt{qp})$ nicht isomorph.

[18]) Der Unterkörper K_1 ist für $n > 1$ dann und nur dann eindeutig bestimmt, wenn $\mathfrak{K}$ absolut algebraisch ist.

Durch dieses Ergebnis wird auch im n-fach verzweigten Fall ein repräsentantenmäßiger Überblick über die möglichen Strukturen der perfekten Körper eröffnet, und zwar treten als Repräsentanten die Eisensteinschen Oberkörper n-ten Grades über den sämtlichen Körpern $\mathsf{K}_{\mathfrak{K}}$ auf. Dabei ist jedoch hervorzuheben, daß zwei algebraisch inäquivalente Eisensteinsche Erweiterungen desselben p-adisch bewerteten perfekten Körpers sehr wohl noch analytisch isomorph sein können, d. h. es kann zwischen ihnen ein analytischer Isomorphismus bestehen, bei dem eben die Elemente des gemeinsamen Grundkörpers nicht in sich übergehen. Die angegebenen Repräsentanten besitzen daher selbst bei Beschränkung auf inäquivalente Erweiterungen der einzelnen Körper $\mathsf{K}_{\mathfrak{K}}$ keineswegs sämtlich verschiedene Strukturen, oder anders ausgedrückt: Die Menge der aufgestellten Repräsentanten ist zwar vollständig, aber im Gegensatz zu unseren früheren Resultaten noch zu umfangreich. Es ist infolgedessen auch selbstverständlich nicht wie früher möglich, aus ihrer Betrachtung unmittelbar eine invariantenmäßige Lösung des Strukturproblems im verzweigten Falle abzulesen. Wir begnügen uns vielmehr in dieser Hinsicht mit der sofort durch B_2 und B_1' gelieferten Feststellung: *Im charakteristikungleichen Falle $\chi(\mathsf{K}) = 0$, $\chi(\mathfrak{K}) = p$ ist ein diskret bewerteter perfekter n-fach verzweigter Körper mit dem Restklassenkörper $\mathfrak{K}$ stets Eisensteinscher Oberkörper n-ten Grades über einem p-adisch bewerteten perfekten Körper mit demselben Restklassenkörper $\mathfrak{K}$, dessen Struktur durch $\mathfrak{K}$ allein eindeutig bestimmt ist.*

9. Allgemeiner Begriff des Grundrings. Beim Beweis der soeben zusammengestellten Ergebnisse werden wir den charakteristikgleichen und charakteristikungleichen Fall formal möglichst einheitlich zu behandeln suchen. Zu diesem Zweck führen wir zunächst allgemein die Begriffe des Grundrings, des Grundideals und des reduzierten Grundideals ein, die wir bisher nur im charakteristikungleichen Fall betrachtet haben. Das geschieht folgendermaßen.

Ist Q ein beliebiger Integritätsbereich und $\mathfrak{N}$ ein Primideal von Q, so sagen wir Q sei *abgeschlossen bezüglich* $\mathfrak{N}$, wenn jedes nicht zu $\mathfrak{N}$ gehörige Element von Q eine Einheit ist. Der Restklassenring $Q/\mathfrak{N}$ ist dann stets ein Körper und heiße kurz der *Restklassenkörper von* Q. Wir nennen Q ferner *glatt transzendent bezüglich* $\mathfrak{N}$ und U eine *bezüglich* $\mathfrak{N}$ *glatte Transzendenzbasis* von Q, wenn man aus Q eine Menge U von Unbestimmten herausgreifen kann, die drei Eigenschaften besitzen: Sie sind erstens algebraisch unabhängig in bezug auf den Primintegritätsbereich P von Q, zweitens inkongruent mod. $\mathfrak{N}$, und drittens so beschaffen, daß Q in dem rein transzendenten Körper $P(U)$ liegt. Sei nun Q gleichzeitig bezüglich $\mathfrak{N}$ abgeschlossen und glatt transzendent, e sein Einselement und χ die Charakteristik seines Restklassenkörpers $Q/\mathfrak{N}$. Das Element $\pi = \chi e$ stellt dann stets ein Primelement [19]), das *charakteristische Primelement* von Q dar, und erzeugt eine ganzzahlige Bewertung von $P(U)$ und damit insbesondere von Q[20]). Die vollständige Hülle $\bar{Q}$ von Q hinsichtlich dieser ganzzahligen Bewertung ist bezüglich des Erweiterungsideals $\bar{\mathfrak{N}} = \bar{Q}\mathfrak{N}$ wiederum abgeschlossen und der Restklassenkörper $\bar{Q}/\bar{\mathfrak{N}}$ ist zu $Q/\mathfrak{N}$ kongruent-isomorph; $\bar{Q}$ liegt ferner in der vollständigen Hülle des Körpers $P(U)$. Wir bezeichnen $\bar{Q}$ allgemein als einen *Grundring*, $\bar{\mathfrak{N}}$ als das *Grundideal* von $\bar{Q}$ und U als eine *bezüglich* $\bar{\mathfrak{N}}$ *glatte Hüllentranszendenzbasis* von $\bar{Q}$. Bilden die Unbestimmten des Systems U

---

[19]) Unter einem Primelement q eines Integritätsbereichs I verstehen wir in dieser Arbeit ein Element, das keine Einheit von I und für das der Restklassenring I/q ein Integritätsbereich ist. Insbesondere rechnen wir also das Nullelement von I zu den Primelementen.

[20]) Das charakteristische Primelement π von Q ist im charakteristikgleichen Fall $\chi(Q) = \chi(Q/\mathfrak{N}) = \chi$ gleich dem Nullelement, die von ihm erzeugte Bewertung folglich die triviale Bewertung. Dagegen ist π im charakteristikungleichen Fall $\chi(Q) = 0$, $\chi(Q/\mathfrak{N}) = p$ gleich $pe \neq 0$ und die von ihm erzeugte Bewertung nichttrivial.

insbesondere ein vollständiges Repräsentantensystem von $Q/\mathfrak{N}$, so sprechen wir von einer ***maximal glatten Hüllentranszendenzbasis*** U und einem ***maximalen Grundring*** $\bar{Q}$.

Mit Hilfe des Verfahrens, das wir schon im charakteristikungleichen Falle auseinandersetzten, kann man zu einem vorgegebenen Körper $\mathfrak{K}$ der Charakteristik χ ohne Schwierigkeit einen maximalen Grundring $\bar{Q}$ bilden, dessen Restklassenkörper $\bar{Q}/\bar{\mathfrak{N}}$ zu $\mathfrak{K}$ isomorph ist. Dabei kann man die Charakteristik von $\bar{Q}$ noch beliebig so vorschreiben, daß sie durch χ teilbar ist. Legt man ferner in dem Restklassenkörper $\mathfrak{L} = \bar{Q}/\bar{\mathfrak{N}}$ und damit in der bezüglich $\bar{\mathfrak{N}}$ maximal glatten Hüllentranszendenzbasis U des Grundrings $\bar{Q}$ eine feste Wohlordnung W zugrunde, so kann man im allgemeinenen Fall ganz entsprechend wie früher den Begriff eines *reduzierten Grundideals*

$$\bar{\mathfrak{M}} = \langle G_0(u_0), \ldots G_\lambda(u_\lambda), \ldots \rangle$$

definieren, das zu der durch W wohlgeordneten Basis U gehört. Es gilt dann:

Lemma I. *Für das Grundideal $\bar{\mathfrak{N}}$ besteht die Gleichung $\bar{\mathfrak{N}} = (\bar{\mathfrak{M}}, \pi)$, wo π das charakteristische Primelement von $\bar{Q}$ bedeutet. Der Restklassenring $\bar{Q}/\bar{\mathfrak{M}}$ des Grundrings $\bar{Q}$ nach dem reduzierten Grundideal $\bar{\mathfrak{M}}$ stellt stets einen vollständigen Bewertungsring dar.*

Dabei ist $\bar{Q}/\bar{\mathfrak{M}}$ im charakteristikgleichen Fall $\chi(\bar{Q}) = \chi(\bar{Q}/\bar{\mathfrak{N}})$ ein zu $\bar{Q}/\bar{\mathfrak{N}}$ isomorpher Körper, im charakteristikungleichen Fall $\chi(\bar{Q}) = 0$, $\chi(\bar{Q}/\bar{\mathfrak{N}}) = p$ dagegen ein perfekter p-adischer Bewertungsring mit einem zu $\bar{Q}/\bar{\mathfrak{N}}$ isomorphen Restklassenkörper.

10. Beweisansatz für die Hauptsätze. Zum Beweis unserer Hauptsätze A, B_1 und B_2 betrachten wir nun einen festen maximalen Grundring $\bar{Q}$ mit dem Grundideal $\bar{\mathfrak{N}}$ und ein festes reduziertes Grundideal $\bar{\mathfrak{M}}$ von $\bar{Q}$, das der durch W wohlgeordneten maximal glatten Hüllentranszendenzbasis U von $\bar{Q}$ zugehört. Neben $\bar{Q}$ stellen wir einen beliebigen diskret bewerteten perfekten Körper K, dessen Charakteristik mit der Charakteristik von $\bar{Q}$ übereinstimmt und dessen Restklassenkörper $\mathfrak{K} = \mathsf{B}/\mathfrak{p}$ zum Restklassenkörper $\mathfrak{L} = \bar{Q}/\bar{\mathfrak{N}}$ isomorph ist.

Wir werden zeigen:

Lemma II. *Der Bewertungsring B von K enthält stets einen Unterring $\bar{\Omega}$, der zu dem festen Ring $\bar{Q}/\bar{\mathfrak{M}}$ isomorph ist. Dabei stellt $\bar{\Omega}$ im charakteristikgleichen Fall $\chi(\mathsf{K}) = \chi(\mathfrak{K})$ ein relationstreues Repräsentantensystem von $\mathfrak{K}$, im charakteristikungleichen Fall $\chi(\mathsf{K}) = 0$, $\chi(\mathfrak{K}) = p$ dagegen einen perfekten p-adischen Bewertungsring dar, dessen Restklassenkörper zu $\mathfrak{K}$ kongruentisomorph ist.*

Aus diesem Lemma werden sich dann ohne Schwierigkeit die Behauptungen A, B_1 und B_2 ergeben.

Um das Lemma II selbst zu gewinnen, fassen wir einen festen Isomorphismus Θ des Restklassenkörpers $\mathfrak{L}$ von $\bar{Q}$ auf den Restklassenkörper $\mathfrak{K}$ von K ins Auge und verstehen unter A ein in B enthaltenes vollständiges Repräsentantensystem der Klassen von $\mathfrak{K}$. Da U seinerseits ein vollständiges Repräsentantensystem für die Klassen von $\mathfrak{L}$ ausmacht, so erhält man offenbar eine eindeutig bestimmte Abbildung $U|\mathsf{A}$ von U auf A, wenn man von einem Element u aus U zunächst zu seiner Klasse in $\mathfrak{L}$, von dieser weiter zu ihrer Θ-Bildklasse in $\mathfrak{K}$ und schließlich zum Repräsentanten α dieser Bildklasse in A übergeht. Diese Abbildung $U|\mathsf{A}$ läßt sich, wie wir dartun werden, stets auf eine und nur eine Weise zu einem stetigen Homomorphismus (siehe § 2) des ganzen Grundrings $\bar{Q}$ auf einen Unterring von B fortsetzen. Ist $\bar{\Omega}_1$ der Bildintegritätsbereich, der dabei aus $\bar{Q}$ hervorgeht, so sagen wir kurz, $\bar{\Omega}_1$ sei aus $\bar{Q}$ durch die Abbildung $U|\mathsf{A}$ entstanden. Die Natur des Bildintegritätsbereichs $\bar{\Omega}_1$ ist selbstverständlich noch von der Wahl des Repräsentantensystems A abhängig.

Wir nennen nun das Repräsentantensystem A von $\mathfrak{K}$ ein *Nullstellensystem* des reduzierten Grundideals $\overline{\mathfrak{M}}$ von $\overline{Q}$, wenn alle Elemente aus $\overline{\mathfrak{M}}$ bei der Abbildung $U|A$ in die Null übergehen. Die Bedeutung dieses Begriffs liegt in der Tatsache: *Ist das Repräsentantensystem A von $\mathfrak{K}$ ein Nullstellensystem des Ideals $\overline{\mathfrak{M}}$, so hat der Bildintegritätsbereich $\overline{\Omega}$, der aus $\overline{Q}$ bei der Abbildung $U|A$ entsteht, die in Lemma II angegebenen Eigenschaften.* Es kommt daher im wesentlichen auf den Existenzbeweis für ein Nullstellensystem von $\overline{\mathfrak{M}}$ an.

11. Gedankengang des Existenzbeweises. Bei diesem Existenzbeweis spielen die algebraischen Eigenschaften der Basispolynome $G_\lambda(u_\lambda)$, mit deren Hilfe das Ideal $\overline{\mathfrak{M}}$ erklärt ist, und damit die algebraischen Eigenschaften von $\mathfrak{L}$ gegenüber der Wohlordnung W eine Rolle. Dazu bemerken wir allgemein folgendes: Ist $\mathfrak{k}$ ein beliebiger Unterkörper von $\mathfrak{L}$ und W eine Wohlordnung von $\mathfrak{L}$, so bestehen für ein Element $\mathfrak{b}$ aus $\mathfrak{L}$ zunächst zwei Möglichkeiten: $\mathfrak{b}$ ist nämlich entweder algebraisch oder transzendent in bezug auf den Unterkörper $\mathfrak{L}_\mathfrak{b}$, der aus $\mathfrak{k}$ durch Adjunktion aller $\mathfrak{b}$ bei W vorangehenden Elemente von $\mathfrak{L}$ entsteht, und heißt dementsprechend *algebraisch* oder *transzendent bei der Wohlordnung W von $\mathfrak{L}/\mathfrak{k}$.* Für die bei W algebraischen Elemente $\mathfrak{b}$ können dann nach Steinitz noch einmal zwei Fälle eintreten. $\mathfrak{b}$ ist entweder Nullstelle eines separablen, d. h. von mehrfachen Nullstellen freien, irreduziblen Polynoms über $\mathfrak{L}_\mathfrak{b}$ oder $\mathfrak{b}$ annulliert über $\mathfrak{L}_\mathfrak{b}$ ein inseparables irreduzibles Polynom; kurz: $\mathfrak{b}$ ist *bei der Wohlordnung W von $\mathfrak{L}/\mathfrak{k}$* entweder *separabel* oder *inseparabel.* Eine Wohlordnung W von $\mathfrak{L}/\mathfrak{k}$, bei der jedes algebraische Element zugleich auch separabel ist, werde eine *separierende Wohlordnung von $\mathfrak{L}/\mathfrak{k}$* genannt. Der Körper $\mathfrak{L}$ heiße ferner *separabel* oder *inseparabel über $\mathfrak{k}$*, je nachdem er mindestens eine oder überhaupt keine separierende Wohlordnung über $\mathfrak{k}$ besitzt [21]). Dabei wird der Bezugskörper $\mathfrak{k}$ im folgenden durchgehends mit dem Primkörper übereinstimmen. In diesem Falle wollen wir ihn der Kürze halber weglassen, werden also einfach von einem separablen oder inseparablen Körper $\mathfrak{L}$ sprechen.

Ist nun zunächst der Restklassenkörper $\mathfrak{L}$ des festen Grundrings $\overline{Q}$ in diesem Sinne separabel, so denken wir uns die feste Wohlordnung W von $\mathfrak{L}$ als separierende Wohlordnung gewählt. Die Existenz eines Nullstellensystems A von $\overline{\mathfrak{M}}$ kann dann mit bekannten Henselschen Methoden geführt werden. Das ist im charakteristikgleichen Fall zuerst von dem Älteren von uns [Hasse], daran anschließend allgemein von dem Jüngeren [Schmidt] erkannt worden, wobei sich überdies die Möglichkeit ergab, die diskrete Bewertung von K durch eine beliebige Exponentenbewertung zu ersetzen, hinsichtlich der K nur perfekt sein muß.

Wesentlich schwieriger gestalten sich die Verhältnisse dagegen, wenn der Restklassenkörper $\mathfrak{L}$ von $\overline{Q}$ inseparabel ist. Liegt dann in K eine nichtdiskrete Exponentenbewertung zugrunde, hinsichtlich der K perfekt ist, so braucht in K das Lemma II überhaupt nicht zu gelten, wie der Jüngere von uns in einer anschließenden Note durch ein Beispiel zeigen wird. Um im Falle einer diskreten Bewertung von K trotzdem zum Ziele zu gelangen, müssen daher neue, speziell auf die diskrete Bewertung zugeschnittene Methoden ausgebildet werden.

Das Verfahren, das zu diesem Zwecke in der vorliegenden Arbeit entwickelt wird, beruht auf dem folgenden einfachen Gedanken [22]). Ein inseparabler Körper gestattet nach Definition keine separierende Wohlordnung. Um trotzdem die inseparablen algebraischen Erweiterungen zu vermeiden, denke man sich die Elemente eines solchen Körpers $\mathfrak{L}$ allgemeiner bloß geordnet. Ist dann O eine feste Ordnung von $\mathfrak{L}$, so bestehen

[21]) Einfache Beispiele inseparabler Körper stellen etwa die nicht absolut algebraischen, vollkommenen Körper der Charakteristik p dar.

[22]) Zu dem folgenden vgl. F. K. Schmidt, Über inseparable Körper, erscheint demnächst im J. reine angew. Math.

für ein beliebiges Element $\mathfrak{b}$ aus $\mathfrak{L}$ wieder drei Möglichkeiten: $\mathfrak{b}$ ist entweder transzendent oder separabel algebraisch oder inseparabel algebraisch in bezug auf den Unterkörper, der aus allen ihm bei O vorangehenden Elementen von $\mathfrak{L}$ abgeleitet ist, und wird dementsprechend *transzendent* oder *separabel algebraisch* oder *inseparabel algebraisch bei der Ordnung O* genannt. Eine Ordnung O, bei der kein einziges inseparables algebraisches Element vorkommt, heiße kurz eine *separierende Ordnung* von $\mathfrak{L}$.

Entscheidend ist nun die Tatsache, daß ein beliebiger inseparabler Körper $\mathfrak{L}$ stets mindestens eine *separierende Ordnung O* gestattet. Das ist im Spezialfall eines vollkommenen Körpers besonders leicht einzusehen. Ist nämlich $\mathfrak{S}$ eine Transzendenzbasis des vollkommenen Körpers $\mathfrak{L}$ über seinem Primkörper $\mathfrak{P}$, so verstehen wir unter $\mathfrak{L}^{(n)}$ den Körper aller Elemente aus $\mathfrak{L}$, deren p^n-te Potenz über $\mathfrak{P}(\mathfrak{S})$ separabel algebraisch ist, und betrachten den Steinitzschen Körperturm $\mathfrak{L}^{(0)} \leqq \mathfrak{L}^{(1)} \leqq \cdots \leqq \mathfrak{L}^{(n)} \leqq \cdots$. Das System $\mathfrak{S}^{p^{-n}}$ aller p^{-n}-ten Potenzen von Elementen aus $\mathfrak{S}$ liegt dann sicher in dem Komplement $\mathfrak{C}^{(n)} = \mathfrak{L}^{(n)} - \mathfrak{L}^{(n-1)}$, und es ist $\mathfrak{L}^{(n)}$ separabel algebraisch über $\mathfrak{P}(\mathfrak{S}^{p^{-n}})$. Denkt man sich daher jedes $\mathfrak{C}^{(n)}$ so wohlgeordnet, daß das System $\mathfrak{S}^{p^{-n}}$ am Anfang steht, und ordnet dann die $\mathfrak{C}^{(n)}$ in der Reihenfolge $\ldots, \mathfrak{C}^{(n)}, \mathfrak{C}^{(n-1)}, \ldots, \mathfrak{C}^{(1)}, \mathfrak{C}^{(0)} = \mathfrak{L}^{(0)}$ an, so erhält man eine Ordnung O von $\mathfrak{L}$, die in jedem $\mathfrak{L}^{(n)} = \mathfrak{C}^{(n)} + \cdots + \mathfrak{C}^{(0)}$ eine separierende Wohlordnung induziert und bei der $\mathfrak{C}^{(n)}$ jeweils dem $\mathfrak{C}^{(n-1)}$ vorangeht. O stellt mithin tatsächlich eine separierende Ordnung von $\mathfrak{L}$ dar, die überdies dem Körperturm der $\mathfrak{L}^{(n)}$ noch besonders angepaßt ist.

Das Konstruktionsverfahren, durch das wir soeben für einen vollkommenen Körper eine separierende Ordnung O gefunden haben, läßt sich aber mit gewissen Abänderungen auch auf beliebige inseparable Körper übertragen. Aus einem beliebigen inseparablen Körper $\mathfrak{L}$ läßt sich nämlich stets eine separabler Unterkörper $\mathfrak{L}'$ so herausgreifen, daß $\mathfrak{L}$ über $\mathfrak{L}'$ *relativ vollkommen* ist in folgendem Sinn: Bedeutet $\tilde{\mathfrak{L}}'$ die vollkommene Hülle von $\mathfrak{L}'$, so ist der Vereinigungskörper $\tilde{\mathfrak{L}}'\mathfrak{L}$ vollkommen, d. h. $\mathfrak{L}$ wird durch Vervollkommnung des Unterkörpers $\mathfrak{L}'$ bereits selbst vollkommen. Über einem Unterkörper $\mathfrak{L}'$ dieser Art, besitzt der Körper $\mathfrak{L}$ ganz entsprechende Eigenschaften wie ein absolut vollkommener Körper. Insbesondere gilt: Ist $\mathfrak{S}$ eine Transzendenzbasis von $\mathfrak{L}/\mathfrak{L}'$ und $\mathfrak{L}^{(n)}$ der Körper aller Elemente aus $\mathfrak{L}$, deren p^n-te Potenz separabel algebraisch über $\mathfrak{L}'(\mathfrak{S})$ ist, so betrachte man den Steinitzschen Körperturm

$$\text{(S)} \qquad \mathfrak{L}^{(0)} \leqq \mathfrak{L}^{(1)} \leqq \cdots \leqq \mathfrak{L}^{(n)} \leqq \cdots \qquad (\mathfrak{L} = \text{Vereinigungsmenge der } \mathfrak{L}^{(n)}).$$

$\mathfrak{L}$ besitzt dann stets eine separierende Ordnung O mit den nachstehenden Eigenschaften:

1. O induziert in jedem $\mathfrak{L}^{(n)}$ eine separierende Wohlordnung $W^{(n)}$.

2. Denkt man sich die Elemente von $\mathfrak{L}$ in der durch O angegebenen Reihenfolge hingeschrieben, so erhält man eine Summendarstellung

$$\mathfrak{L} = \mathfrak{L}' + \sum_{n=\infty}^{0} \mathfrak{C}^{(n)} \qquad (\mathfrak{C}^{(n)} = \mathfrak{L}^{(n)} - \mathfrak{L}^{(n-1)},\ \mathfrak{C}^{(0)} = \mathfrak{L}^{(0)} - \mathfrak{L}');$$

d. h. die Elemente von $\mathfrak{L}'$ gehen allen übrigen und die des Komplements $\mathfrak{C}^{(n)}$ jeweils dem Komplement $\mathfrak{C}^{(n-1)}$ voran.

Eine solche Ordnung O nennen wir eine *zu dem Körperturm* (S) *gehörige separierende Ordnung*. Wir denken sie uns für den Restklassenkörper $\mathfrak{L}$ von $\bar{Q}$ festgewählt und benutzen sie an Stelle der früher auftretenden Wohlordnung W.

Dem Aufbau von $\mathfrak{L}$ mit Hilfe des Körperturms (S) entspricht, wie wir zeigen werden, ein Aufbau des Grundrings $\bar{Q}$ mit Hilfe einer aufsteigenden Folge maximaler Grundringe $\bar{Q}^{(n)}$, wobei der Restklassenkörper von $\bar{Q}^{(n)}$ zu $\mathfrak{L}^{(n)}$ kongruentisomorph ist und daher kurz mit $\mathfrak{L}^{(n)}$ bezeichnet werden kann,

$$\bar{Q}^{(0)} \leqq \bar{Q}^{(1)} \leqq \cdots \leqq \bar{Q}^{(n)} \leqq \cdots \quad (\bar{Q} = \text{vollst. Hülle d. Verein. der } \bar{Q}^{(n)}).$$

In dem Grundring $\bar{Q}^{(n)}$ bestimmen wir jeweils nach dem früher beschriebenen Verfahren ein reduziertes Urbildideal $\bar{\mathfrak{M}}^{(n)}$, das zu der separierenden Wohlordnung $W^{(n)}$ seines Restklassenkörpers $\mathfrak{L}^{(n)}$ gehört. Da die separierenden Wohlordnungen $W^{(n)}$ der Körper $\mathfrak{L}^{(n)}$ alle durch dieselbe Ordnung O erzeugt werden und da jedes $\bar{Q}^{(n)}$ als Grundring bezüglich seiner Bewertung vollständig ist, kann man es insbesondere so einrichten, daß auch die Ideale $\bar{\mathfrak{M}}^{(n)}$ einander umfassen,

$$\bar{\mathfrak{M}}^{(0)} \leqq \bar{\mathfrak{M}}^{(1)} \leqq \cdots \leqq \bar{\mathfrak{M}}^{(n)} \leqq \cdots .$$

Die in dem bewerteten Gesamtring $\bar{Q}$ gebildete abgeschlossene Hülle der Vereinigungsmenge dieser $\bar{\mathfrak{M}}^{(n)}$ ist dann ein Ideal $\bar{\mathfrak{M}} = \bar{\mathfrak{M}}_O$ von $\bar{Q}$ und hat die in Lemma I angegebenen Eigenschaften. Wir nennen $\bar{\mathfrak{M}}_O$ ein *zu der Ordnung O* von $\mathfrak{L}$ *gehöriges reduziertes Grundideal* von $\bar{Q}$ und arbeiten jetzt mit diesem festen $\bar{\mathfrak{M}}_O$ an Stelle des früher benutzten, zu der Wohlordnung W gehörigen reduzierten Grundideals $\bar{\mathfrak{M}}$.

Nach diesen Vorbereitungen läßt sich nun der Beweis des Lemmas II auch im Fall eines inseparablen Körpers $\mathfrak{L}$ erbringen. Wir setzen also in diesem Lemma $\bar{\mathfrak{M}} = \bar{\mathfrak{M}}_O$ und werden zeigen, daß in dem Bewertungsring des diskret bewerteten perfekten Körpers K stets ein Repräsentantensystem existiert, das Nullstellensystem von $\bar{\mathfrak{M}}_O$ ist. Zu diesem Zweck bedenken wir: Der Isomorphismus Θ von $\mathfrak{L}$ auf den Restklassenkörper $\mathfrak{K}$ von K bildet die erzeugende Körperfolge $\mathfrak{L}^{(n)}$ von $\mathfrak{L}$ auf eine erzeugende Körperfolge $\mathfrak{K}^{(n)}$ von $\mathfrak{K}$ ab. Da das reduzierte Grundideal $\bar{\mathfrak{M}}^{(n)}$ jeweils zu der separierenden Wohlordnung $W^{(n)}$ von $\mathfrak{L}^{(n)}$ gehört, kann man mit Henselschen Methoden jeweils ein Repräsentantensystem $\mathsf{A}^{(n)}$ für die Klassen von $\mathfrak{K}^{(n)}$ finden, das Nullstellensystem von $\bar{\mathfrak{M}}^{(n)}$ ist. Man erhält auf diese Weise eine Folge von Repräsentantensystemen

$$\mathsf{A}^{(0)}, \mathsf{A}^{(1)}, \ldots, \mathsf{A}^{(n)}, \ldots$$

für die aufsteigende Folge von Körpern $\mathfrak{K}^{(n)}$, die zugleich Nullstellensysteme für die aufsteigende Folge von Idealen $\bar{\mathfrak{M}}^{(n)}$ sind.

Eine beliebige Klasse $\mathfrak{a}$ von $\mathfrak{K}$ besitzt offenbar von einem gewissen Index r an in jedem $\mathsf{A}^{(n)}$ einen Repräsentanten. Die Repräsentanten einer festen Klasse $\mathfrak{a}$ in den verschiedenen $\mathsf{A}^{(n)}$ sind aber im allgemeinen keineswegs gleich, d. h. die Systeme $\mathsf{A}^{(n)}$ bilden selbst keine aufsteigende Folge. Es läßt sich daher auch nicht etwa aus ihrer Vereinigungsmenge ein Nullstellensystem von $\bar{\mathfrak{M}}_O$ gewinnen.

Um ein solches Nullstellensystem zu erhalten, hat man vielmehr die Repräsentantenfolge

$$\alpha^{(r)}, \alpha^{(r+1)}, \ldots, \alpha^{(n)}, \ldots$$

näher zu untersuchen, die einer festen Klasse $\mathfrak{a}$ von $\mathfrak{K}$ vermittels der Folge der $\mathsf{A}^{(n)}$ zugeordnet ist. Durch Ausnützung der Eigenschaften der Ordnung O läßt sich nämlich zeigen, daß jede solche Repräsentantenfolge in dem diskret bewerteten perfekten Körper K konvergiert. Das System der Grenzelemente aller Repräsentantenfolgen stellt dann gerade ein Repräsentantensystem von $\mathfrak{K}$ dar, das zugleich Nullstellensystem von $\bar{\mathfrak{M}}$ ist. Damit ist der Beweis des Lemmas II auch im Fall eines inseparablen Körpers $\mathfrak{L}$ durchgeführt.

Das soeben geschilderte Verfahren, das von dem Jüngeren von uns stammt, wird vermutlich auch bei anderen Fragen, bei denen ähnliche Verhältnisse vorliegen, gute Dienste leisten.

Die Gliederung der Arbeit und die Verteilung der verschiedenen Beweisschritte auf die einzelnen Paragraphen ergibt sich unmittelbar aus der nachstehenden Inhaltsübersicht. Hervorzuheben ist nur noch, daß als methodisches Hilfsmittel besonders häufig der Begriff des stetigen Homomorphismus bewerteter Integritätsbereiche und die stetige Fortsetzung eines stetigen Homomorphismus verwandt werden, deren wesentlichen Eigenschaften u. a. in § 2 hergeleitet werden.

Inhaltsübersicht.

Abschnitt I. Vorbereitungen.

§ 1. Zur Theorie der Homomorphismen von Ringen und Integritätsbereichen.

Um die späteren Überlegungen nicht unterbrechen zu müssen, lassen wir den eigentlichen Beweisen der Hauptsätze zunächst die wichtigsten Definitionen und eine Zusammenstellung einfacher vorbereitender Sätze vorausgehen. In diesem ersten Paragraphen soll kurz auf einige ringtheoretische Tatsachen hingewiesen werden, die beiden folgenden werden die Grundlagen der Bewertungstheorie behandeln.

1. Kongruenzhomomorphismus. Sind $R \leqq R^*$ zwei Ringe und $\mathfrak{m} \leqq \mathfrak{m}^*$ zwei Ideale dieser Ringe, so ziehen die für Elemente a, b, c von R gültigen Kongruenzen

$$a + b \equiv c \text{ bzw. } a \cdot b \equiv c \text{ mod. } \mathfrak{m}$$

offenbar die Kongruenzen

$$a + b \equiv c \text{ bzw. } a \cdot b \equiv c \text{ mod. } \mathfrak{m}^*$$

nach sich. Ordnet man daher der durch das Element a von R mod. $\mathfrak{m}$ bestimmten Klasse $\tilde{a}$ die durch dasselbe a mod. $\mathfrak{m}^*$ bestimmte Erweiterungsklasse $\tilde{a}^*$ zu, so erhält man einen Homomorphismus des Restklassenrings $\tilde{R} = R/\mathfrak{m}$ auf den Unterring $\tilde{\mathfrak{U}}^*$ seiner Erweiterungsklassen in $\tilde{R}^* = R^*/\mathfrak{m}^*$. Diesen Homomorphismus bezeichnen wir als *Kongruenzhomomorphismus* und nennen $\tilde{R}$ und $\tilde{\mathfrak{U}}^*$ *kongruenthomomorph.*

Dabei sind nun eine Reihe von Sonderfällen hervorzuheben.

α) Im allgemeinen ist $\tilde{\mathfrak{U}}^*$ ein echter Unterring von $\tilde{R}^*$; doch kann $\tilde{\mathfrak{U}}^*$ auch gleich $\tilde{R}^*$ werden. Das ist sicher der Fall, wenn $R = R^*$ ist. Man bekommt dann für zwei Ideale $\mathfrak{m} \leqq \mathfrak{m}^*$ von R^* den Kongruenzhomomorphismus von $R^*/\mathfrak{m}$ auf $R^*/\mathfrak{m}^*$.

β) Setzt man das Ideal $\mathfrak{m}$ des Unterrings R von R^* gleich dem Nullideal, $\mathfrak{m} = (0)$, so ist für jedes Ideal $\mathfrak{m}^*$ von R^* die Voraussetzung $\mathfrak{m} \leqq \mathfrak{m}^*$ erfüllt. Andererseits stimmt dann aber der Restklassenring $\widetilde{R} = R/\mathfrak{m}$ mit dem Ring R selbst überein, d. h. ein Unterring R von R^* ist stets zu einem Unterring $\widetilde{\mathfrak{U}}^*$ von $R^*/\mathfrak{m}^*$ kongruenthomomorph. Speziell: R^* ist zu $R^*/\mathfrak{m}^*$ kongruenthomomorph; dieser Kongruenzhomomorphismus heiße auch kurz der $\mathfrak{m}^*$-*Kongruenzhomomorphismus* von R^*.

γ) Von besonderer Bedeutung ist der Fall, daß der Kongruenzhomomorphismus des Restklassenrings $\widetilde{R} = R/\mathfrak{m}$ auf den Unterring $\widetilde{\mathfrak{U}}^*$ von $R^*/\mathfrak{m}^*$ ein Isomorphismus ist. Wir sprechen dann von einem *Kongruenzisomorphismus* und nennen $\widetilde{R}$ und $\widetilde{\mathfrak{U}}^*$ *kongruentisomorph.* In diesem Fall identifizieren wir jede Klasse aus $\widetilde{R}$ mit ihrer Erweiterungsklasse in $\widetilde{\mathfrak{U}}^*$, so daß also $\widetilde{R} = \widetilde{\mathfrak{U}}^*$ wird und sagen, $\widetilde{R}^*$ *umfasse* $\widetilde{R}$ als Unterring. Nehmen wir dabei wieder speziell $\mathfrak{m} = (0)$ an, so ist der Ring R selbst zu dem Ring $\widetilde{\mathfrak{U}}^*$ kongruentisomorph, d. h. man erhält einen Isomorphismus von R auf $\widetilde{\mathfrak{U}}^*$, wenn man jedem Element aus R die von ihm bestimmte Klasse aus $\widetilde{\mathfrak{U}}^*$ zuordnet. Die Elemente von R bilden dann ein Repräsentantensystem für die Klassen von $\widetilde{\mathfrak{U}}^*$, und zwar bezeichnen wir R als *relationstreues Repräsentantensystem* von $\widetilde{\mathfrak{U}}^*$.

Für den Kongruenzisomorphismus zwischen $\widetilde{R}$ und $\widetilde{\mathfrak{U}}^*$ ist notwendig und hinreichend, daß die Nullklasse aus $\widetilde{R}^* = R^*/\mathfrak{m}^*$ keine Klasse von $\widetilde{R} = R/\mathfrak{m}$ außer der Nullklasse enthält, d. h. daß $\mathfrak{m}^* \frown R = \mathfrak{m}$ ist. Sind $\mathfrak{m}$ und $\mathfrak{m}^*$ beide Hauptideale mit derselben Basis b aus R, so kann man diese Bedingung auch so formulieren: Ein Element aus R darf nur dann in R^* durch b teilbar sein, wenn es bereits in R durch b teilbar ist.

Man erkennt unmittelbar: *Besteht erstens für die Ideale* $\mathfrak{m} \leqq \mathfrak{m}^*$ *der Ringe* $R \leqq R^*$ *die Beziehung* $\mathfrak{m} = \mathfrak{m}^* \frown R$ *und ist zweitens* R *zu dem ganzen Restklassenring* $R^*/\mathfrak{m}^*$ *kongruenthomomorph, so ist* $R/\mathfrak{m}$ *zu dem ganzen Restklassenring* $R^*/\mathfrak{m}^*$ *kongruentisomorph.*

2. Iterierte Restklassenringe. Im Ring R bilden wir die Restklassen nach einem Ideal $\mathfrak{m}_1$. Die durch das Element a erzeugte Klasse mod. $\mathfrak{m}_1$ bezeichnen wir mit $\tilde{a}^{(1)}$ und nennen sie die durch a bestimmte Klasse erster Stufe zur Unterscheidung von den nachher auftretenden Klassen höherer Stufe.

Jede Klasse erster Stufe ist Element des Rings $\widetilde{R}^{(1)} = R/\mathfrak{m}_1$. Aus $\widetilde{R}^{(1)}$ greifen wir ein Ideal $\widetilde{\mathfrak{m}}_2^{(1)}$ heraus und betrachten $\widetilde{R}^{(1)}$ mod. $\widetilde{\mathfrak{m}}_2^{(1)}$. Alle zu einer festen Klasse erster Stufe $\tilde{a}^{(1)}$ mod. $\widetilde{\mathfrak{m}}_2^{(1)}$ kongruenten Klassen erster Stufe vereinigen wir zu der durch a bestimmten Klasse zweiter Stufe $\tilde{a}^{(2)}$ und sagen ein Element von R liege in $\tilde{a}^{(2)}$, wenn es in einer der zu $\tilde{a}^{(2)}$ gehörigen Klassen erster Stufe liegt. Eine Klasse zweiter Stufe wird dann offenbar durch jedes in ihr liegende Element von R bestimmt.

Der Prozeß der Restklassenbildung läßt sich nun noch einmal wiederholen. Den Ring $\widetilde{R}^{(2)} = \widetilde{R}^{(1)}/\widetilde{\mathfrak{m}}_2^{(1)}$ der Klassen zweiter Stufe betrachten wir mod. einem Ideal $\widetilde{\mathfrak{m}}_3^{(2)}$ von $\widetilde{R}^{(2)}$ und bezeichnen die Gesamtheit aller zu $\tilde{a}^{(2)}$ mod. $\widetilde{\mathfrak{m}}_3^{(2)}$ kongruenten Klassen zweiter Stufe als die durch a bestimmte Klasse dritter Stufe $\tilde{a}^{(3)}$. Die Menge der in $\tilde{a}^{(3)}$ liegenden Elemente von R wird dann wieder durch Rekursion auf die zu $\tilde{a}^{(3)}$ gehörigen Klassen niedrigerer Stufe definiert u. s. f.

Die sukzessiven Restklassenbildungen, die zu den iterierten Restklassenringen $\widetilde{R}^{(i)}$ führen, können bekanntlich nach dem Isomorphiesatz von E. Noether durch eine simultane Restklassenbildung in R ersetzt werden. Genauer:

Ist $\mathfrak{m}_i$ *die Menge aller Elemente aus* R, *die in der Nullklasse* i-*ter Stufe des Ringes* $\widetilde{R}^{(i)}$ *liegen, so ist* $\mathfrak{m}_i$ *ein Ideal von* R. *Die durch* a *bestimmte Klasse* i-*ter Stufe* $\tilde{a}^{(i)}$ *umfaßt* *alle und nur die Elemente von R, die in der durch dasselbe a mod. $\mathfrak{m}_i$ erzeugten Restklasse vorkommen, und man erhält einen Isomorphismus, den Kongruenzisomorphismus von $\tilde{R}^{(i)}$ auf $R/\mathfrak{m}_i$, wenn man $\tilde{a}^{(i)}$ die durch a erzeugte Klasse mod. $\mathfrak{m}_i$ zuordnet.*

Allgemeiner gilt:

Ist $\mathfrak{n}$ ein Ideal $\geqq \mathfrak{m}_i$ aus R, so erhält man einen Homomorphismus, den Kongruenzhomomorphismus von $\tilde{R}^{(i)}$ auf $R/\mathfrak{n}$, wenn man $\tilde{a}^{(i)}$ die durch a erzeugte Klasse mod. $\mathfrak{n}$ zuordnet, und dieser Kongruenzhomomorphismus ist nur dann ein Isomorphismus, wenn $\mathfrak{n} = \mathfrak{m}_i$ ist.

Sind die Ideale $\tilde{\mathfrak{m}}_2^{(1)}, \tilde{\mathfrak{m}}_3^{(2)}, \ldots$ insbesondere Hauptideale $(\tilde{b}_2^{(1)}), (\tilde{b}_3^{(2)}), \ldots$, so ist das Ideal $\mathfrak{m}_i$ gleich dem aus $(\mathfrak{m}_1, b_2, b_3, \ldots, b_i)$ in R abgeleiteten Ideal. Der soeben angeführte Isomorphiesatz gibt dann die Möglichkeit, die simultane Restklassenbildung mod. $(\mathfrak{m}_1, b_2, \ldots, b_i)$ in die sukzessive Restklassenbildung

$$\tilde{R}^{(2)} = \tilde{R}^{(1)}/\tilde{b}_2^{(1)}, \ldots, \tilde{R}^{(i)} = \tilde{R}^{(i-1)}/\tilde{b}_i^{(i-1)}$$

aufzuspalten, und gerade hiervon werden wir später Gebrauch machen.

3. Fortsetzung von Abbildungen. Die Menge U mit den Elementen u sei durch eine eindeutige Abbildung φ auf die Menge $\mathfrak{A}$ mit den Elementen $\mathfrak{a}$ bezogen, $\varphi(u) = \mathfrak{a}$; U^* und $\mathfrak{A}^*$ seien Obermengen von U und $\mathfrak{A}$. Die Abbildung φ^* von U^* auf $\mathfrak{A}^*$ heißt *Fortsetzung* von φ in U^*, wenn für ein beliebiges u aus U stets $\varphi^*(u) = \varphi(u)$ ist.

Unter U verstehen wir jetzt eine Menge unabhängiger Unbestimmter in bezug auf den Primintegritätsbereich P mit dem Einselement e, unter $\mathfrak{A}$ eine Menge, die einem Integritätsbereich $\mathfrak{J}$ mit dem Primintegritätsbereich $\mathfrak{P}$ und dem Einselement $\mathfrak{e}$ entnommen ist, wobei die Charakteristik $\chi(P)$ durch $\chi(\mathfrak{P})$ teilbar sei. Jedes Element aus $P[U]$ ist dann auf eine und nur eine Weise darstellbar in der Form

$$\sum_{k_1 \cdots k_r} m_{k_1 \ldots k_r}\, e\, u_1^{k_1} \cdots u_r^{k_r},$$

wo $u_1, \ldots, u_r$ irgend r Unbestimmte aus U bedeuten, die $m_{k_1 \ldots k_r} e$ beliebige Elemente aus P und die $k_1, \ldots, k_r$ ganze Zahlen $\geqq 0$ sind, und die Summation nur über endlich viele von $(0, \ldots, 0)$ verschiedene Kombinationen $(k_1, \ldots, k_r)$ erstreckt wird. Jedes Element von $\mathfrak{P}[\mathfrak{A}]$ ist von der Gestalt

$$\sum_{k_1 \cdots k_r} m_{k_1 \ldots k_r}\, \mathfrak{e}\, \mathfrak{a}_1^{k_1} \cdots \mathfrak{a}_r^{k_r},$$

wo die $\mathfrak{a}_1, \ldots, \mathfrak{a}_r$ irgend r Elemente aus $\mathfrak{A}$ bezeichnen.

Man zeigt leicht:

Die eindeutige Abbildung φ von U auf $\mathfrak{A}$ läßt sich auf eine und nur eine Weise zu einem Homomorphismus Φ' des Polynomrings $P[U]$ auf den Integritätsbereich $\mathfrak{P}[\mathfrak{A}]$ fortsetzen. Dabei ist

$$(1) \qquad \Phi'\Big(\sum_{k_1 \cdots k_r} m_{k_1 \ldots k_r}\, e\, u_1^{k_1} \cdots u_r^{k_r}\Big) = \sum_{k_1 \cdots k_r} m_{k_1 \ldots k_r}\, \mathfrak{e}\, \mathfrak{a}_1^{k_1} \cdots \mathfrak{a}_r^{k_r}.$$

Bei jedem Homomorphismus von $P[U]$ auf $\mathfrak{P}[\mathfrak{A}]$ geht nämlich das Einselement e von P notwendig in das Einselement $\mathfrak{e}$ von $\mathfrak{P}$ über. Hieraus und aus der Forderung, daß der Homomorphismus Φ' Fortsetzung von φ sein soll, erhält man zwangsläufig die Zuordnung (1). Diese Zuordnung stellt umgekehrt wirklich einen Homomorphismus von $P[U]$ auf $\mathfrak{P}[\mathfrak{A}]$ und eine Fortsetzung von φ dar; man beachte dazu insbesondere die Voraussetzung, daß $\chi(\mathfrak{P})$ Teiler von $\chi(P)$ ist.

Wir betrachten weiter allgemein Fortsetzungen eines Homomorphismus Φ', der den Integritätsbereich J auf den Integritätsbereich $\mathfrak{J}$ abbildet. $\mathfrak{n}$ bezeichne dabei das Ideal aller Elemente aus J, die durch Φ' in die Null übergehen; $\mathfrak{n}$ ist offenbar Primideal.

Zunächst: In die Polynombereiche $J[x]$ und $\mathfrak{J}[x]$ setzen wir Φ' stets dadurch fort, daß wir einem Polynom $G(x)$ aus $J[x]$ dasjenige Polynom $\mathfrak{G}(x)$ aus $\mathfrak{J}[x]$ zuordnen, das aus $G(x)$ bei Ersetzung seiner Koeffizienten durch ihre Φ'-Bilder entsteht. $\mathfrak{G}(x)$ nennen wir kurz das Φ'-Bild von $G(x)$, umgekehrt $G(x)$ ein Φ'-Urbild von $\mathfrak{G}(x)$.

Sei ferner Q ein Quotientenring von J, der aus J entsteht, indem man alle Elemente eines multiplikativ abgeschlossenen Systems S in die Nenner nimmt, $Q = \frac{J}{S}$. Jedes Element aus Q ist dann von der Form $\frac{d}{s}$ mit d aus J, s aus S. Das Bildsystem $\Phi'(S) = \mathfrak{S}$ enthalte die Null nicht. Es gilt:

Der Homomorphismus Φ' von J auf $\mathfrak{J}$ läßt sich auf eine und nur eine Weise zu einem Homomorphismus Φ des Quotientenrings Q fortsetzen. Dabei ist

$$\Phi\left(\frac{d}{s}\right) = \frac{\Phi'(d)}{\Phi'(s)}$$

Diese Fortsetzung Φ bildet $Q = \frac{J}{S}$ homomorph auf den Quotientenring $\mathfrak{Q} = \frac{\mathfrak{J}}{\mathfrak{S}}$ von $\mathfrak{J}$ ab. Das Ideal $\mathfrak{N}$ aller Elemente aus Q, die bei Φ in die Null übergehen, ist gleich dem Erweiterungsideal von $\mathfrak{n}$, $\mathfrak{N} = Q\mathfrak{n}$, folglich $Q/Q\mathfrak{n} \cong \mathfrak{Q}$.

Ist nämlich Φ ein Homomorphismus von Q und Fortsetzung von Φ', so ist notwendig

$$\Phi\left(\frac{d}{s}\right) = \frac{\Phi(d)}{\Phi(s)} = \frac{\Phi'(d)}{\Phi'(s)},$$

also Φ durch Φ' völlig bestimmt. Dabei wird $\frac{J}{S}$ augenscheinlich auf $\frac{\mathfrak{J}}{\mathfrak{S}}$ abgebildet, und es ist $\mathfrak{N} = Q\mathfrak{n}$. Umgekehrt stellt die Zuordnung $\Phi\left(\frac{d}{s}\right) = \frac{\Phi'(d)}{\Phi'(s)}$ wirklich einen Homomorphismus von Q und Fortsetzung von Φ' dar.

Aus dem soeben Bewiesenen ergibt sich insbesondere, daß ein Isomorphismus zwischen zwei Integritätsbereichen stets auf eine und nur eine Weise zu einem Isomorphismus zwischen ihren Quotientenkörpern fortgesetzt werden kann.

Wir erwähnen schließlich noch die folgende Tatsache, die sich allgemein auf die Fortsetzung eines Kongruenzhomomorphismus bezieht. Dabei sei $\mathfrak{M}$ ein Primideal des Integritätsbereichs I, H der Kongruenzhomomorphismus von I auf $\mathsf{I}/\mathfrak{M} = \mathfrak{J}$ und I^* bzw. $\mathfrak{J}^*$ ein Oberintegritätsbereich von I bzw. $\mathfrak{J}$.

Ist dann H^* ein Homomorphismus von I^* auf $\mathfrak{J}^*$, der eine Fortsetzung des Kongruenzhomomorphismus H darstellt und $\mathfrak{M}^*$ das Ideal aller Elemente aus I^*, die durch H^* auf die Null abgebildet werden, so ist $\mathfrak{M}^* \cap \mathsf{I} = \mathfrak{M}$. $\mathsf{I}^*/\mathfrak{M}^*$ umfaßt daher $\mathsf{I}/\mathfrak{M} = \mathfrak{J}$.

Es existiert stets ein Isomorphismus von $\mathsf{I}^*/\mathfrak{M}^*$ auf $\mathfrak{J}^*$, der jede Klasse des gemeinsamen Teilintegritätsbereichs $\mathsf{I}/\mathfrak{M} = \mathfrak{J}$ fest läßt, d. h. $\mathsf{I}^*/\mathfrak{M}^*$ und $\mathfrak{J}^*$ können als äquivalente Erweiterungen von $\mathsf{I}/\mathfrak{M} = \mathfrak{J}$ aufgefaßt werden.

Da nämlich H^* Fortsetzung von H ist, werden alle und nur die durch H in die Null übergeführten Elemente von I auch durch H^* auf die Null abgebildet, d. h. es ist $\mathfrak{M}^* \cap \mathsf{I} = \mathfrak{M}$. Ordnet man daher jeder Klasse von $\mathsf{I}^*/\mathfrak{M}^*$ dasjenige Element von $\mathfrak{J}^*$ zu, in das die Elemente jener Klasse bei dem Homomorphismus H^* übergehen, so erhält man einen Isomorphismus von $\mathsf{I}^*/\mathfrak{M}^*$ auf $\mathfrak{J}^*$, der die Klassen des gemeinsamen Teilintegritätsbereichs $\mathsf{I}/\mathfrak{M} = \mathfrak{J}$ einzeln fest läßt.

4. Bezüglich $\mathfrak{N}$ abgeschlossene und glatt transzendente Integritätsbereiche. Der Integritätsbereich Q heiße, wie schon in der Einleitung angegeben, *bezüglich eines* vom Einheitsideal verschiedenen *Ideals $\mathfrak{N}$ abgeschlossen*, wenn jedes nicht in $\mathfrak{N}$ enthaltene Element Einheit von Q ist. $\mathfrak{N}$ besteht offenbar aus allen Nichteinheiten

von Q und ist Primideal [23]). Der Restklassenring $Q/\mathfrak{N}$ ist ein Körper, der zu Q gehörige *Restklassenkörper*. Geht man von einem Integritätsbereich J mit dem Primideal $\mathfrak{n}$ zu dem Quotientenring $Q = \frac{J}{S}$ über, wo S das System aller durch $\mathfrak{n}$ unteilbaren Elemente von J darstellt, so ist Q augenscheinlich abgeschlossen bezüglich des Erweiterungsideals $\mathfrak{N} = Q\mathfrak{n}$.

Ein beliebiger Integritätsbereich Q mit dem Primintegritätsbereich P wird bekanntlich *rein transzendent* genannt, wenn man aus Q ein System U unabhängiger Unbestimmter in bezug auf P so herausgreifen kann, daß Q in dem Quotientenkörper von $P[U]$ enthalten ist; das System U bezeichnet man als eine *reine Transzendenzbasis* von Q.

Der Integritätsbereich Q mit der reinen Transzendenzbasis U entsteht also aus dem Polynomring $J = P[U]$ durch Quotientenbildung. Dabei darf aber kein Polynom in den Nenner genommen werden, das in einem vom Einheitsideal verschiedenen Ideal $\mathfrak{N}$ von Q enthalten ist. Ist also $\mathfrak{N}$ insbesondere ein Primideal aus Q und bedeutet S das multiplikativ abgeschlossene System aller durch $\mathfrak{N}$ unteilbaren Polynome aus J, so ist jedenfalls $Q \leqq \frac{J}{S}$.

Wird der rein transzendente Integritätsbereich Q durch den Homomorphismus Φ auf den Körper $\mathfrak{K}$ mit dem Primkörper $\mathfrak{P}$ abgebildet und ist $\Phi(U) = \mathfrak{A}$ das Bild der reinen Transzendenzbasis U, so ist $\mathfrak{K} = \mathfrak{P}(\mathfrak{A})$.

Denn aus der Tatsache, daß Q im Quotientenkörper von $P(U)$ liegt, geht vermittels Φ unmittelbar die Beziehung $\mathfrak{K} \leqq \mathfrak{P}(\mathfrak{A})$ hervor und daraus wegen $\mathfrak{P}(\mathfrak{A}) \leqq \mathfrak{K}$ die Gleichung $\mathfrak{K} = \mathfrak{P}(\mathfrak{A})$.

Wir sagen nun, der Integritätsbereich Q sei *glatt transzendent bezüglich des Ideals* $\mathfrak{N}$ von Q, wenn er eine reine Transzendenzbasis U besitzt, deren Elemente sämtlich mod. $\mathfrak{N}$ inkongruent sind; wir sagen Q sei *maximal glatt transzendent bezüglich* $\mathfrak{N}$, wenn die reine Transzendenzbasis U ein Repräsentantensystem für die Klassen von $Q/\mathfrak{N}$ darstellt. Die zugehörige Transzendenzbasen U nennen wir bezüglich $\mathfrak{N}$ *glatt* bzw. *maximal glatt*.

Im folgenden werden wir es vornehmlich mit Integritätsbereichen zu tun haben, die bezüglich eines Ideals $\mathfrak{N}$ gleichzeitig abgeschlossen und glatt transzendent sind. Ein solcher Integritätsbereich Q enthält zu jedem Polynom aus dem System S aller durch $\mathfrak{N}$ unteilbaren Polynome von $J = P[U]$ ein reziprokes, d. h. es ist $Q \geqq \frac{J}{S}$. Da andererseits $\mathfrak{N}$ Primideal und folglich nach dem vorhin bemerkten $Q \leqq \frac{J}{S}$ ist, hat man $Q = \frac{J}{S}$.

Wir zeigen:

Es gibt stets einen bezüglich eines Ideals $\mathfrak{N}$ abgeschlossenen und maximal glatt transzendenten Integritätsbereich Q, dessen Restklassenkörper zu einem vorgegebenen Körper $\mathfrak{K}$ isomorph ist. Dabei kann die Charakteristik $\chi(Q)$ noch beliebig so vorgeschrieben werden, daß sie durch $\chi(\mathfrak{K})$ teilbar ist.

Zur Konstruktion von Q gehen wir aus von einem Primintegritätsbereich P, dessen Charakteristik durch $\chi(\mathfrak{K})$ teilbar ist. Jedem Element von $\mathfrak{K}$ denken wir uns ferner umkehrbar eindeutig eine Unbestimmte u zugeordnet, so daß ein mit $\mathfrak{K}$ gleichmächtiges System U von Unbestimmten und eine mengentheoretische Abbildung φ von U auf $\mathfrak{K}$

[23]) Entsprechend der Definition des Primelements verstehen wir unter einem Primideal ein vom Einheitsideal verschiedenes Ideal, dessen Restklassenring ein Integritätsbereich ist. Insbesondere rechnen wir das Nullideal eines Integritätsbereichs zu den Primidealen. Das aus einem Primelement abgeleitete Ideal ist stets Primideal.

entsteht. Diese Abbildung φ läßt sich nach Nr. 3 zu einem Homomorphismus Φ' des Polynomringes $J = P[U]$ auf $\mathfrak{P}[\mathfrak{K}] = \mathfrak{K}$ fortsetzen. S sei das System aller Polynome aus J, die bei dem Homomorphismus Φ' nicht auf die Null abgebildet werden. Das System S besteht dann aus allen Polynomen von J, die nicht in dem Ideal $\mathfrak{n}$ der Elemente mit dem Φ'-Bild 0 enthalten sind, das System $\Phi(S) = \mathfrak{S}$ aus allen von Null verschiedenen Elementen aus $\mathfrak{K}$. Nach Nr. 3 dieses Paragraphen kann also der Homomorphismus Φ' zu einem Homomorphismus Φ des Quotientenrings $Q = \frac{J}{S}$ auf $\frac{\mathfrak{K}}{\mathfrak{S}} = \mathfrak{K}$ fortgesetzt werden, und dabei ist $\mathfrak{N} = Q\mathfrak{n}$ das Ideal aller durch Φ' auf die Null abgebildeten Elemente aus Q, also $Q/\mathfrak{N} \cong \mathfrak{K}$.

Der so erhaltene Integritätsbereich Q ist abgeschlossen bezüglich des Ideals $\mathfrak{N}$ und sein Restklassenkörper ist isomorph zu $\mathfrak{K}$. Die reine Transzendenzbasis U ist ferner glatt bezüglich $\mathfrak{N}$, denn der Homomorphismus Φ ist Fortsetzung von φ, jedes Element aus $\mathfrak{K}$ besitzt daher ein und nur ein Φ-Urbild in U, d. h. jede Klasse von $Q/\mathfrak{N}$ enthält ein und nur ein Element von U.

Für einen bezüglich $\mathfrak{N}$ abgeschlossenen und glatt transzendenten Integritätsbereich Q führen wir endlich noch *das charakteristische Primelement* π ein: Ist χ die Charakteristik des Restklassenkörpers $Q/\mathfrak{N}$ und e das Einselement von Q, so setzen wir $\chi e = \pi$. π ist dann stets in $\mathfrak{N}$ enthalten, und zwar ist $\pi = 0$, wenn $\chi(Q) = \chi(Q/\mathfrak{N})$ ist, dagegen $\pi = pe \neq 0$, wenn $\chi(Q) = 0$, $\chi(Q/\mathfrak{N}) = p$ ist. Im Polynombereich $J = P[U]$ ist π Primelement, d. h. das durch π erzeugte Ideal ist Primideal. In dem Quotientenring $Q = \frac{J}{S}$, bei dem lauter durch $\mathfrak{N}$ und daher durch π unteilbare Polynome im Nenner stehen, bleibt π offenbar Primelement und teilt jedes Element nur in einer endlichen Potenz.

§ 2. Zur Theorie der Exponentenbewertung.

1. Grundbegriffe. $\mathfrak{l}$ sei ein Integritätsbereich. Unter einer Bewertung von $\mathfrak{l}$ verstehen wir im folgenden stets eine Exponentenbewertung, d. h. eine für die von 0 verschiedenen Elemente $\alpha, \beta, \ldots$ von $\mathfrak{l}$ definierte reelle Funktion $w(\alpha)$ mit den Eigenschaften

$$(1)\quad w(\alpha\beta) = w(\alpha) + w(\beta), \qquad (2)\quad w(\alpha + \beta) \geqq \operatorname{Min}\,[w(\alpha), w(\beta)].$$

Zur Vermeidung von Ausnahmefällen teilen wir auch der Null einen Wert, und zwar den Wert $w(0) = \infty$ zu, und setzen dabei für das Symbol ∞ die Beziehungen: $\infty + w = \infty$ für beliebiges w und $w < \infty$ für jedes endliche w fest.

Aus der Definition folgt: $w(1) = w(-1) = 0$, $w\left(\frac{1}{\alpha}\right) = -w(\alpha)$. In dem Additionspostulat (2) gilt ferner das Gleichheitszeichen, $w(\alpha + \beta) = \operatorname{Min}\,[w(\alpha), w(\beta)]$, sobald $w(\alpha) \neq w(\beta)$ ist. Den Funktionswert von w für ein Element α bezeichnen wir als den *Wert* von α, den Wertevorrat der Funktion $w(\alpha)$ bei beliebig in $\mathfrak{l}$ variierendem α als die *Wertmenge* des bewerteten Integritätsbereichs $\mathfrak{l}$. Jedes Element α mit einem Wert $\geqq 0$ heiße *ganz* bezüglich der Bewertung w. Die Menge aller bezüglich w ganzen Elemente aus $\mathfrak{l}$ bildet dann einen Teilintegritätsbereich $\mathfrak{l}_g$, die Menge aller Elemente mit einem Wert > 0 ein Primideal $\mathfrak{p}_g$ von $\mathfrak{l}_g$. Zwei Bewertungen w und w_1 des Integritätsbereichs $\mathfrak{l}$ sind *äquivalent*, wenn für ein Elementepaar α, β stets gleichzeitig die Ungleichungen $w(\alpha) \geqq w(\beta)$ und $w_1(\alpha) \geqq w_1(\beta)$ bestehen.

Ein beliebiger Integritätsbereich $\mathfrak{l}$ kann stets in *trivialer* Weise bewertet werden, indem man nämlich für jedes von 0 verschiedene Element α einfach $w(\alpha) = 0$

setzt. In einem *nichttrivial* bewerteten Integritätsbereich I existiert dagegen stets ein von 0 verschiedenes Element, dessen Wert $\neq 0$ ist, oder was dasselbe besagt, in einem nichttrivial bewerteten Integritätsbereich gilt außer (1) und (2) noch

(3) I enthält ein Element $\gamma \neq 0$, dessen Wert $w(\gamma) > 0$ ist.

Ist I^* ein I umfassender Integritätsbereich und w^* eine Bewertung von I^*, bei der die Elemente aus I den gleichen Wert erhalten wie bei w, so wird w^* eine *Fortsetzung* von w auf I^* genannt, umgekehrt I ein bewerteter Unterintegritätsbereich des durch w^* bewerteten I^*. Jede Bewertung w von I gestattet eine eindeutig bestimmte Fortsetzung w^* auf den Quotientenkörper K von I, die man gewinnt, wenn man für die einzelnen Quotienten $w^*\left(\frac{\alpha}{\beta}\right) = w(\alpha) - w(\beta)$ setzt.

2. Konvergenz. Faßt man die Elemente $\alpha, \beta, \ldots$ eines bewerteten Integritätsbereichs I als Punkte auf und definiert für beliebiges reelles Δ als Δ-Umgebung $\mathfrak{U}_\Delta(\alpha)$ von α die Menge aller β, für die

$$w(\alpha - \beta) > \Delta$$

ist, so wird I zu einem topologischen Raum im Hausdorffschen Sinne [24]). Man kann dann also in I alle Begriffe einführen, die überhaupt in topologischen Räumen gebildet werden können, wie etwa den des Häufungspunktes, der konvergenten Folge, des Grenzelementes einer Folge u. s. f. Dabei hat man allerdings zu beachten, daß die Umgebung $\mathfrak{U}_\Delta(\alpha)$ sich mit wachsendem Δ auf α zusammenzieht, mit abnehmendem Δ dagegen sich immer mehr ausdehnt, d. h. daß die Größenbeziehungen den in der Analysis gewohnten gerade entgegengesetzt sind. Einen bewerteten Integritätsbereich I denken wir uns in der vorliegenden Arbeit stets in der soeben angegebenen Weise topologisiert. Ist I trivial bewertet, so besteht er als topologischer Raum aus lauter diskreten Punkten; denn aus $w(\alpha - \beta) > 0$ folgt bei trivialer Bewertung bereits $\alpha - \beta = 0$, die Umgebung $\mathfrak{U}_0(\alpha)$ enthält mithin außer α kein weiteres Element von I. Dagegen ist ein nichttrivial bewerteter Integritätsbereich insichdicht, d. h. jedes Element α ist Häufungspunkt, wie man sofort durch Betrachtung der Menge $\alpha + \gamma^m$ erkennt, wo γ das in Postulat (3) genannte Element bedeutet und m alle natürlichen Zahlen durchläuft.

Eine Folge von Elementen α_n des bewerteten Integritätsbereichs I heißt eine *Nullfolge*, wenn sie gegen Null konvergiert, $\alpha_n \to 0$, d. h. wenn jede Umgebung der Null fast alle α_n enthält. Die allgemeinen Begriffe des Grenzelementes und der Konvergenz können bekanntlich auf den der Nullfolge zurückgeführt werden: Die Folge α_n hat das Element α von I als *Grenzelement*, wenn die Differenzenfolge $\gamma_n = \alpha - \alpha_n$ eine Nullfolge ist; die Folge

$$\alpha_0, \ldots, \alpha_m, \ldots, \alpha_n, \ldots$$

ist *konvergent*, wenn jede Differenzenfolge $\delta_i = \alpha_{n_i} - \alpha_{m_i}$ eine Nullfolge darstellt, wo n_i und m_i je eine Teilfolge der natürlichen Zahlen durchlaufen. Addition und Multiplikation sind stetige Operationen in I, d. h. aus $\alpha_n \to \alpha$, $\beta_n \to \beta$ folgt $\alpha_n + \beta_n \to \alpha + \beta$ und $\alpha_n\beta_n \to \alpha\beta$.

Eine Folge mit Grenzelement α in I hat bekanntlich kein $\beta \neq \alpha$ aus I zum Grenzelement und ist zugleich konvergent. Wenn auch umgekehrt jede konvergente Folge von I in I ein Grenzelement besitzt, so wird I bezüglich seiner Bewertung *vollständig* genannt. Allgemeiner bezeichnen wir eine Teilmenge M von I als vollständig, wenn jede konvergente Folge von M in M ein Grenzelement besitzt. Ein trivial bewerteter Integritätsbereich ist als topologischer Raum mit lauter diskreten Punkten sicher voll-

[24]) F. Hausdorff, Mengenlehre, 1. Aufl. Leipzig 1914. Für alle im folgenden auftretenden Begriffe und Sätze aus der Theorie der topologischen Räume sei ein- für allemal auf dieses Buch verwiesen.

ständig. Dagegen braucht ein nichttrivial bewerteter Integritätsbereich keineswegs vollständig zu sein. Ist er vollständig, so ist er gleichzeitig in sich dicht und vollständig, und man sagt deshalb, er sei *perfekt.*

Nimmt man zu einer Teilmenge M von I alle ihre in I enthaltenen Häufungspunkte hinzu, so erhält man die *abgeschlossene Hülle* $\overline{\mathsf{M}}$ von M bezüglich I, die bekanntlich selbst abgeschlossen ist, also alle ihre Häufungspunkte umfaßt. Jedes Element von $\overline{\mathsf{M}}$ kann als Grenzelement einer Folge von Elementen aus M aufgefaßt werden. Ist M ein Ideal oder ein Teilintegritätsbereich von I, so ist auch die abgeschlossene Hülle ein Ideal oder ein Teilintegritätsbereich von I. Für die abgeschlossene Hülle $\overline{\mathfrak{M}}$ eines Ideals $\mathfrak{M} = (\ldots, \alpha, \ldots)$ mit der Basis $\{\ldots, \alpha, \ldots\}$ führen wir die Schreibweise $\overline{\mathfrak{M}} = \langle \ldots, \alpha, \ldots \rangle$ ein und nennen $\{\ldots, \alpha, \ldots\}$ eine *Hüllenbasis* von $\overline{\mathfrak{M}}$.

Im Fall eines vollständigen Integritätsbereichs I ist die abgeschlossene Hülle $\overline{\mathsf{M}}$ von M selbst vollständig. Sie entsteht dann aus M, indem man die in I liegenden Grenzelemente aller konvergenten Folgen von M zu M hinzufügt, und wird daher auch die *vollständige Hülle* von M bezüglich I genannt. Mit Hilfe des Verfahrens, das Cantor zur Konstruktion der Irrationalzahlen verwandte, kann man jeden beliebigen Integritätsbereich I in einen bewerteten vollständigen Oberintegritätsbereich $\overline{\mathsf{I}}$ einbetten, derart, daß erstens die Bewertung von $\overline{\mathsf{I}}$ eine Fortsetzung der Bewertung von I ist und zweitens $\overline{\mathsf{I}}$ die vollständige Hülle von I bezüglich $\overline{\mathsf{I}}$ ist. Das Cantorsche Verfahren ergibt zudem, daß die Struktur von $\overline{\mathsf{I}}$ durch die Struktur von I eindeutig bestimmt ist und daher als die vollständige Hülle von I schlechthin bezeichnet werden kann. Wir führen das unter Verweis auf die in der Einleitung auseinandergesetzten Begriffe des analytischen Isomorphismus und der Struktur schon hier an, obwohl bei unserem jetzigen systematischen Aufbau diese Begriffe erst an späterer Stelle (am Schluß von Nr. 3 dieses Paragraphen) zur Einführung gelangen. Ist $\mathsf{I} = \mathsf{K}$ ein Körper, so ist auch die vollständige Hülle $\overline{\mathsf{I}} = \overline{\mathsf{K}}$ ein Körper.

Wir geben jetzt noch kurz einige Besonderheiten an, die aus der speziellen Form des Additionspostulates (2) der Bewertung folgen und unmittelbar hergeleitet werden können: Besitzt die Folge α_n das Grenzelement α, so ist $w(\alpha - \alpha_n) \geqq \Delta$ für fast alle α_n. Im Falle $\alpha \neq 0$ ist daher $w(\alpha_n) = \mathrm{Min}\,[w(\alpha), w(\alpha - \alpha_n)] = w(\alpha)$ für hinreichend großes n, d. h., der Wert des Grenzelements α gleich dem Wert der α_n mit hinlänglich großem n. Da die Elemente der vollständigen Hülle $\overline{\mathsf{I}}$ von I sämtlich als Grenzwerte von Folgen aus I aufgefaßt werden können, ist also die Wertmenge von $\overline{\mathsf{I}}$ gerade gleich der Wertmenge von I. Eine Folge α_n ist ferner schon dann konvergent, wenn die Differenzenfolge $\delta_n = \alpha_n - \alpha_{n-1}$ eine Nullfolge ist, d. h. eine konvergente Folge läßt sich stets darstellen in der Form

$$\alpha_0, \alpha_0 + \delta_1, \ldots, \alpha_0 + \delta_1 + \cdots + \delta_n, \ldots,$$

wo die δ_n eine Nullfolge bilden.

Man zeigt leicht:

Ist $\mathsf{I}^* = \overline{\mathsf{I}}$ *die vollständige Hülle von* I, *so ist der Integritätsbereich* I_g^* *aller bei der zugrunde liegenden Bewertung ganzen Elemente aus* I^* *gleich der vollständigen Hülle* $\overline{\mathsf{I}}_g$ *von* I_g. *Ebenso ist* $\mathfrak{p}_g^* = \overline{\mathfrak{p}}_g$, wo $\mathfrak{p}_g^*$ bzw. $\mathfrak{p}_g$ die Primideale aller Elemente von I^* bzw. I mit positivem Exponentenwert bedeuten.

Nach Definition besitzt nämlich jede konvergente Folge aus I ein Grenzelement in $\mathsf{I}^* = \overline{\mathsf{I}}$, und umgekehrt ist jedes Element von $\mathsf{I}^* = \overline{\mathsf{I}}$ Grenzelement einer Folge aus I, wobei fast alle Elemente der Folge den gleichen Wert haben wie das Grenzelement. Da jedes Element aus $\mathfrak{l}_g$ einen Wert $\geqq 0$ besitzt, hat jedes Grenzelement einer konvergenten Folge von $\mathfrak{l}_g$ notwendig ebenfalls einen Wert $\geqq 0$ und liegt daher in $\mathfrak{l}_g^*$, d. h. es ist $\bar{\mathfrak{l}}_g \leqq \mathfrak{l}_g^*$. Umgekehrt muß jedes Element von $\mathfrak{l}_g^*$ notwendig Grenzelement einer Folge sein, deren Elemente fast alle einen Wert $\geqq 0$ besitzen; jedes Element aus $\mathfrak{l}_g^*$ ist also Grenzelement einer Folge aus $\mathfrak{l}_g$ und mithin $\mathfrak{l}_g^* \leqq \bar{\mathfrak{l}}_g$. Ganz entsprechend gewinnt man die Gleichung $\mathfrak{p}_g^* = \bar{\mathfrak{p}}_g$.

3. Stetige Homomorphismen. In dieser Nummer soll die Definition der stetigen und umkehrbar stetigen Homomorphismen eingeführt werden, die als methodisches Hilfsmittel bei allen folgenden Überlegungen eine wesentliche Rolle spielen. Um einen möglichst klaren Überblick über verschiedene später benutzte Homomorphie- und Isomorphiebegriffe zu geben, gehen wir dabei systematisch vor, schreiten also konsequent vom Allgemeinen zum Speziellen fort. Dadurch wird es zugleich möglich, die hier vorkommenden Erklärungen und Tatsachen in die Theorie der stetigen Abbildungen topologischer Räume einzuordnen und einfache dort bewiesene allgemeine Sätze ohne weiteres zu übernehmen.

a) Stetige und umkehrbar stetige Abbildungen.

J und J' seien zwei bewertete Integritätsbereiche, Φ eine Abbildung der Teilmenge M von J auf die Teilmenge M' von J'. Die Abbildung Φ heißt *stetig* im Punkte α von M, wenn aus einer Konvergenzbeziehung $\alpha_n \to \alpha$ in M jeweils die Konvergenzbeziehung $\Phi(\alpha_n) \to \Phi(\alpha)$ in M' folgt. Φ heißt *umkehrbar stetig* im Punkte α von M, wenn darüber hinaus zu jeder gegen $\Phi(\alpha)$ konvergierenden Folge α_n' aus M' mindestens eine gegen α konvergierende Urbildfolge α_n in M existiert, also eine Folge α_n, für die erstens $\alpha_n \to \alpha$ und zweitens $\Phi(\alpha_n) = \alpha_n'$ gilt. Dieser Begriff der umkehrbaren Stetigkeit setzt, wie sofort ersichtlich, nicht etwa die umkehrbare Eindeutigkeit von Φ voraus; vielmehr kann Φ sehr wohl ein-mehrdeutig und trotzdem umkehrbar stetig sein. Ist Φ in jedem Punkt von M stetig bzw. umkehrbar stetig, so spricht man von einer *stetigen bzw. umkehrbar stetigen Abbildung* der Menge M. Φ wird schließlich eine *gleichmäßig stetige Abbildung* von M genannt, wenn für jede Folge von Elementepaaren α_n, β_n aus M zugleich mit der Differenzenfolge $\beta_n - \alpha_n$ auch die Differenzenfolge der Bilder $\Phi(\beta_n) - \Phi(\alpha_n)$ eine Nullfolge bildet.

Aus der Theorie der stetigen Abbildungen entnimmt man unmittelbar den nachstehenden

Fortsetzbarkeitssatz[25]): *Es seien J und J' zwei vollständige Integritätsbereiche, Φ eine gleichmäßig stetige Abbildung der Teilmenge M von J auf die Teilmenge M' von J' und M_1 eine Obermenge von M, die der abgeschlossenen Hülle $\bar{\mathsf{M}}$ von M angehört.*

Dann läßt sich Φ auf eine und nur eine Weise zu einer stetigen Abbildung Φ_1 von M_1 auf eine Teilmenge von J' fortsetzen. Die Bildmenge $\Phi_1(\mathsf{M}_1) = \mathsf{M}_1'$ liegt in der abgeschlossenen Hülle $\bar{\mathsf{M}}'$ von M'.

Dabei wird die eindeutig bestimmte Abbildung Φ_1 folgendermaßen gewonnen. Man denke sich jedes Element β aus M_1 als Grenzelement einer Folge α_n von Elementen aus M dargestellt, was wegen $\mathsf{M}_1 \leqq \bar{\mathsf{M}}$ sicher möglich ist. Zu der konvergenten Folge α_n suche man die Bildfolge $\Phi(\alpha_n)$ auf. Diese Bildfolge ist konvergent, sie besitzt daher in der vollständigen Menge $\bar{\mathsf{M}}'$ ein Grenzelement β', das sich nur abhängig von β, dagegen unabhängig von der besonderen Wahl der gegen β konvergierenden Folge α_n erweist. Es ist dann $\bar{\Phi}_1(\beta) = \beta'$.

[25]) Vgl. etwa H. Hahn, Theorie der reellen Funktionen, Berlin 1921, S. 143.

b) Stetige und umkehrbar stetige Homomorphismen.

Wir verstehen nun unter $\mathsf{M} = \mathsf{I}$ und $\mathsf{M}' = \mathsf{I}'$ je einen Unterintegritätsbereich von J und J', unter Φ einen Homomorphismus oder spezieller einen Isomorphismus von I auf I'. Besitzt Φ als Abbildung aufgefaßt eine der zu Anfang dieser Nummer aufgezählten Stetigkeitseigenschaften, so schreiben wir auch dem Homomorphismus bzw. Isomorphismus Φ diese Stetigkeitseigenschaften zu.

Aus der Definition des Homomorphismus und der Möglichkeit, die Konvergenz auf den Begriff der Nullfolge zurückzuführen, ergibt sich sofort die grundlegende Tatsache: *Sobald der Homomorphismus in einem Punkte von I stetig bzw. umkehrbar stetig ist, ist er bereits in jedem Punkt von I stetig bzw. umkehrbar stetig, d. h. stellt einen stetigen bzw. umkehrbar stetigen Homomorphismus von I dar. Jeder stetige Homomorphismus von I ist zugleich ein gleichmäßig stetiger Homomorphismus von I.*

Bemerkung 1. *Ist Φ ein umkehrbar stetiger Homomorphismus von I, so besitzt jede konvergente Folge*

$$\alpha_0', \alpha_0' + \delta_1', \ldots, \alpha_0' + \delta_1' + \cdots + \delta_n', \ldots$$

von I' mindestens eine konvergente Folge

$$\alpha_0, \alpha_0 + \delta_1, \ldots, \alpha_0 + \delta_1 + \cdots + \delta_n, \ldots$$

von I als Urbildfolge.

Bemerkung 2. *Sind I und I' zwei trivial bewertete Integritätsbereiche, so ist jeder Homomorphismus von I auf I' sicher umkehrbar stetig.*

c) Analytischer Isomorphismus.

Ein Isomorphismus Φ heißt ein *analytischer Isomorphismus* von I, wenn bei den in I und I' zugrunde liegenden Bewertungen w und w' für jedes Elementepaar α, β aus I gleichzeitig

$$w(\alpha) \leqq w(\beta) \text{ und } w'(\Phi(\alpha)) \leqq w'(\Phi(\beta))$$

gilt. I und I' selbst werden dann *analytisch isomorph* genannt. Zwei analytisch isomorphe Integritätsbereiche sind entweder beide trivial bewertet oder beide nicht trivial bewertet. Die Äquivalenz zweier Bewertungen w_1 und w_2 von I läßt sich offenbar dem Begriff des analytischen Isomorphismus unterordnen; w_1 und w_2 sind dann und nur dann äquivalent, wenn der identische Isomorphismus einen analytischen Isomorphismus zwischen dem durch w_1 bewerteten I und dem durch w_2 bewerteten I darstellt.

Der Begriff des analytischen Isomorphismus verschärft den Begriff des umkehrbar stetigen Isomorphismus. Es gilt nämlich: *Jeder analytische Isomorphismus von I ist zugleich ein umkehrbar stetiger Isomorphismus von I* [26]).

Das braucht nach Bemerkung 2 nur noch für einen nichttrivial bewerteten Integritätsbereich I nachgewiesen zu werden. γ sei also ein Element aus I mit $w(\gamma) > 0$. Dann ist für das Bildelement $\Phi(\gamma) = \gamma'$ zugleich mit $w(\gamma) > w(1) = 0$ auch $w'(\gamma') > w'(1) = 0$. Die Umgebungen V_n bzw. V_n' der Null, die durch alle Elemente β bzw. β' von I bzw. I' mit

$$w(\beta) > w(\gamma^n) \quad \text{bzw.} \quad w'(\beta') > w'(\gamma'^n)$$

gebildet werden, stellen also für $n = 0, 1, 2, \ldots$ je ein Umgebungssystem der Null von der Art dar, daß eine beliebige Umgebung U bzw. U' der Null stets mindestens ein V_n bzw. V_n' enthält. Andererseits wird jedes V_n nach der Definition des analytischen Isomorphismus durch Φ gerade auf das entsprechende V_n' umkehrbar eindeutig abgebildet.

---

[26]) Die Umkehrung hiervon ist bei bewerteten Integritätsbereichen im allgemeinen nicht richtig. Wohl aber ist ein umkehrbar stetiger Isomorphismus zwischen bewerteten Körpern stets auch ein analytischer Isomorphismus.

Daraus entnimmt man, daß Φ im Punkte Null umkehrbar stetig und daher überhaupt ein umkehrbar stetiger Isomorphismus ist.

d) Fortsetzung eines stetigen Homomorphismus.

Wir setzen jetzt voraus, die Integritätsbereiche J und J' seien vollständig, Φ sei ein stetiger Homomorphismus von $\mathfrak{I}$ auf $\mathfrak{I}'$ und $\mathfrak{I}_1$ ein Oberintegritätsbereich von $\mathfrak{I}$, der der vollständigen Hülle $\bar{\mathfrak{I}}$ von $\mathfrak{I}$ in J angehört, $\mathfrak{I} \leqq \mathfrak{I}_1 \leqq \bar{\mathfrak{I}}$. Da Φ als stetiger Homomorphismus bereits gleichmäßig stetig ist, kann man Φ nach dem Fortsetzungssatz auf eine und nur eine Weise zu einer stetigen Abbildung Φ von $\mathfrak{I}_1$ auf eine Teilmenge von J' fortsetzen. Aus der vorhin angegebenen Bildungsweise dieser Fortsetzung liest man ohne weiteres ab, daß sie wieder ein Homomorphismus ist, d. h.

Satz 1. *Der stetige Homomorphismus Φ von $\mathfrak{I}$ kann auf eine und nur eine Weise zu einem stetigen Homomorphismus Φ_1 von $\mathfrak{I}_1$ auf einen Teilintegritätsbereich von J' fortgesetzt werden. Dabei liegt der Bildintegritätsbereich $\Phi_1(\mathfrak{I}_1) = \mathfrak{I}_1'$ in der vollständigen Hülle $\bar{\mathfrak{I}}'$ von $\mathfrak{I}'$.*

Ist Φ insbesondere ein stetiger Isomorphismus, so braucht die Fortsetzung Φ_1 die nach Satz 1 selbstverständlich ein Homomorphismus ist, nicht notwendig wieder ein Isomorphismus zu sein, wie man an Beispielen erkennt. Allgemeiner: Ist $\mathfrak{M}$ das Ideal aller Elemente aus $\mathfrak{I}$, die durch den stetigen Homomorphismus Φ auf die 0 abgebildet werden, so umfaßt das Ideal $\mathfrak{M}_1$ aller Elemente von $\mathfrak{I}_1$, die durch die stetige Fortsetzung Φ_1 in die 0 übergeführt werden, sicher die abgeschlossene Hülle $\bar{\mathfrak{M}}_{\mathfrak{I}_1}$ von $\mathfrak{M}$ bezüglich $\mathfrak{I}_1$, $\mathfrak{M}_1 \geqq \bar{\mathfrak{M}}_{\mathfrak{I}_1}$; $\mathfrak{M}$ braucht aber nicht notwendig gleich $\bar{\mathfrak{M}}_{\mathfrak{I}_1}$ zu sein. Dagegen gilt:

Satz 2. *Im Falle eines umkehrbar stetigen Homomorphismus Φ ist stets $\mathfrak{M}_1 = \bar{\mathfrak{M}}_{\mathfrak{I}_1}$. Die vollständige Hülle $\mathfrak{I}_1 = \bar{\mathfrak{I}}$ von $\mathfrak{I}$ wird durch die stetige Fortsetzung $\Phi_1 = \bar{\Phi}$ des umkehrbar stetigen Homomorphismus Φ auf die vollständige Hülle $\bar{\mathfrak{I}}'$ von $\mathfrak{I}'$ abgebildet, und es ist das Ideal aller Elemente aus $\bar{\mathfrak{I}}$, die durch Φ auf die 0 abgebildet werden, gleich der vollständigen Hülle $\bar{\mathfrak{M}}$ von $\mathfrak{M}$, also $\bar{\mathfrak{I}}/\bar{\mathfrak{M}} \cong \bar{\mathfrak{I}}'$* [26a]).

Sei nämlich zunächst $\bar{\alpha}$ ein Element aus $\mathfrak{M}_1$, mithin

$$\Phi_1(\bar{\alpha}) = 0.$$

Diese Gleichung besagt gemäß der Bildungsweise von Φ_1, daß eine gegen $\bar{\alpha}$ konvergierende Folge von Elementen aus $\mathfrak{I}$,

$$\alpha_n \to \bar{\alpha},$$

durch den Homomorphismus Φ auf eine Nullfolge α_n' abgebildet wird,

$$\alpha_n' \to 0, \text{ wo } \alpha_n' = \Phi(\alpha_n).$$

Infolge der umkehrbaren Stetigkeit von Φ existiert zu der Nullfolge α_n' mindestens eine Urbildnullfolge β_n also

$$\beta_n \to 0 \text{ und } \alpha_n' = \Phi(\beta_n).$$

Die Folge $\alpha_n - \beta_n$ konvergiert dann ebenfalls gegen $\bar{\alpha}$ und besteht aus lauter Elementen von $\mathfrak{M}$, weil $\Phi(\alpha_n - \beta_n) = \alpha_n' - \alpha_n' = 0$ ist, d. h. $\bar{\alpha}$ gehört wirklich zu $\bar{\mathfrak{M}}_{\mathfrak{I}_1}$.

Um ferner zu zeigen, daß bei der stetigen Fortsetzung $\bar{\Phi}$ eines umkehrbar stetigen Homomorphismus Φ stets $\bar{\Phi}(\bar{\mathfrak{I}}) = \bar{\mathfrak{I}}'$ ist, haben wir wegen der Beziehung $\bar{\Phi}(\bar{\mathfrak{I}}) \leqq \bar{\mathfrak{I}}'$ nur jedes beliebige Element $\bar{\alpha}'$ von $\bar{\mathfrak{I}}'$ als Bild eines Elements $\bar{\alpha}$ von $\bar{\mathfrak{I}}$ nachzuweisen. Zu diesem Zwecke betrachten wir eine gegen $\bar{\alpha}'$ konvergierende Folge von Elementen α_n' aus $\mathfrak{I}'$. Diese Folge α_n' besitzt nach Bemerkung 1 bei dem umkehrbar stetigen Homomorphismus Φ mindestens eine konvergente Folge α_n aus $\mathfrak{I}$ als Urbildfolge. Das Grenzelement $\bar{\alpha}$ der Folge α_n gehört zu der vollständigen Hülle $\bar{\mathfrak{I}}$, und gemäß der Bil-

---

[26a]) Auf diesem Satz beruht die Bedeutung des von uns eingeführten Begriffes der umkehrbaren Stetigkeit.

dungsweise der stetigen Fortsetzung Φ ist

$$\bar{\Phi}(\bar{\alpha}) = \lim \Phi(\alpha_n) = \lim \alpha'_n = \bar{\alpha}'.$$

Schließlich ist das Ideal aller Elemente aus $\bar{\mathfrak{l}}$, die durch $\bar{\Phi}$ auf die 0 abgebildet werden, nach dem schon bewiesenen ersten Teil des Satzes gleich der abgeschlossenen Hülle von $\mathfrak{M}$ bezüglich $\bar{\mathfrak{l}}$, mithin, weil $\bar{\mathfrak{l}}$ selbst vollständig ist, gleich der vollständigen Hülle $\bar{\mathfrak{M}}$ von $\mathfrak{M}$, und daher $\bar{\mathfrak{l}}/\bar{\mathfrak{M}} \cong \bar{\mathfrak{l}}'$.

Aus dem ersten Teil von Satz 2 folgt speziell, daß die stetige Fortsetzung Φ_1 eines umkehrbar stetigen Isomorphismus Φ wieder ein Isomorphismus ist; denn im Falle eines Isomorphismus Φ besteht das Ideal $\mathfrak{M}$ aus der Null allein, die abgeschlossene Hülle $\bar{\mathfrak{M}}_{\mathfrak{l}_1}$ ist daher wiederum das Nullideal und mithin Φ_1 wieder ein Isomorphismus. Für einen analytischen Isomorphismus Φ ergibt sich darüber hinaus aus der Bildungsweise von Φ_1, daß die stetige Fortsetzung Φ_1 wieder einen analytischen Isomorphismus darstellt. Insbesondere besagt dann der zweite Teil von Satz 2 die schon oben als Ausfluß aus dem Cantorschen Verfahren hingestellte Tatsache, daß die vollständigen Hüllen $\bar{\mathfrak{l}}$ und $\bar{\mathfrak{l}}'$ zweier analytisch isomorpher Integritätsbereiche $\mathfrak{l}$ und $\mathfrak{l}'$, unabhängig von den vollständigen Einbettungsintegritätsbereichen J und J', wieder analytisch isomorph sind.

4. Stetige Kongruenzhomomorphismen. In dieser Arbeit werden wir es besonders häufig mit einem Kongruenzhomomorphismus eines bewerteten Integritätsbereichs $\mathfrak{l}$ zu tun haben, der aus lauter ganzen Elementen bezüglich der zugrunde liegenden Bewertung besteht. $\mathfrak{p}$ sei das Primideal aller Elemente aus $\mathfrak{l}$, deren Wert > 0 ist, $\mathfrak{N}$ ein Primideal $\geqq \mathfrak{p}$, und Φ der Kongruenzhomomorphismus von $\mathfrak{l}$ auf $\mathfrak{l}/\mathfrak{N} = \mathfrak{J}$, also Φ der $\mathfrak{N}$-Kongruenzhomomorphismus von $\mathfrak{l}$. Man erkennt leicht:

Legt man in dem Integritätsbereich $\mathfrak{J}$ die triviale Bewertung zugrunde, so ist der Kongruenzhomomorphismus Φ umkehrbar stetig.

Das Primideal $\mathfrak{p}$ stellt nämlich eine Umgebung der Null in $\mathfrak{l}$ dar und wird durch Φ auf den in $\mathfrak{J}$ diskret liegenden Punkt Null abgebildet. Daraus folgt sofort, daß Φ umkehrbar stetig im Punkte Null von $\mathfrak{l}$ ist, mithin einen umkehrbar stetigen Homomorphismus von $\mathfrak{l}$ bildet.

Das Ideal aller Elemente aus $\bar{\mathfrak{l}}$, die durch $\bar{\Phi}$ auf die Null abgebildet werden, stimmt ferner mit der vollständigen Hülle $\bar{\mathfrak{N}}$ von $\mathfrak{N}$ bezüglich $\bar{\mathfrak{l}}$ überein. Da $\bar{\Phi}$ Fortsetzung des $\mathfrak{N}$-Kongruenzhomomorphismus Φ ist, besteht die Gleichung $\bar{\mathfrak{N}} \frown \mathfrak{l} = \mathfrak{N}$, und da jedes Element $\bar{\alpha}$ aus $\bar{\mathfrak{l}}$ Grenzwert einer konvergenten Folge aus $\mathfrak{l}$ ist, gibt es zu $\bar{\alpha}$ stets ein Element α von $\mathfrak{l}$, so daß $\bar{\alpha} - \alpha$ in der Umgebung $\bar{\mathfrak{p}}$ der Null liegt, also $\alpha \equiv \bar{\alpha}$ mod. $\bar{\mathfrak{N}}$ ist. Es ist mithin $\mathfrak{l}$ zu $\bar{\mathfrak{l}}/\bar{\mathfrak{N}}$ kongruenthomomorph, und aus § 1, Nr. 1 schließt man daher:

Die Restklassenringe $\mathfrak{l}/\mathfrak{N}$ und $\bar{\mathfrak{l}}/\bar{\mathfrak{N}}$ sind kongruentisomorph.

Wir setzen nun $\mathfrak{l}$ selbst bereits als vollständig voraus, und verstehen unter $\mathfrak{l}_0$ einen Teilintegritätsbereich von $\mathfrak{l}$ unter $\mathfrak{l}_1$ einen Oberintegritätsbereich von $\mathfrak{l}_0$, der in der vollständigen Hülle $\bar{\mathfrak{l}}_0$ von $\mathfrak{l}_0$ bezüglich $\mathfrak{l}$ enthalten ist. Ordnet man jedem Element aus $\mathfrak{l}_0$ seine Klasse mod. $\mathfrak{N}$ zu, so erhält man den $\mathfrak{N}$-Kongruenzhomomorphismus von $\mathfrak{l}_0$ auf einen Teilintegritätsbereich $\mathfrak{J}_0$ von $\mathfrak{J}$. Der $\mathfrak{N}$-Kongruenzhomomorphismus von $\mathfrak{l}_1$ stellt nach dem soeben erwähnten eine stetige Fortsetzung des $\mathfrak{N}$-Kongruenzhomomorphismus von $\mathfrak{l}_0$ dar. Andererseits besitzt der $\mathfrak{N}$-Kongruenzhomomorphismus von $\mathfrak{l}_0$ nach Satz 1 nur eine stetige Fortsetzung, die $\mathfrak{l}_1$ auf einen in der vollständigen Hülle $\bar{\mathfrak{J}}_0$ von $\mathfrak{J}_0$ enthaltenen Oberintegritätsbereich von $\mathfrak{J}_0$ abbildet. Da $\bar{\mathfrak{J}}_0 = \mathfrak{J}_0$ ist, gibt das:

Zwei Teilintegritätsbereiche $\mathfrak{l}_0$ *und* $\mathfrak{l}_1$ *des vollständigen Integritätsberichs* $\mathfrak{l}$, *für die* $\mathfrak{l}_0 \leqq \mathfrak{l}_1 \leqq \bar{\mathfrak{l}}_0$ *ist, werden durch den* $\mathfrak{R}$*-Kongruenzhomomorphismus auf denselben Integritätsbereich* $\mathfrak{J}_0$ *abgebildet.*

5. Bewertungsringe. Ist $\mathfrak{l} = \mathsf{K}$ ein Körper, so bildet die Menge aller Elemente von K, die bei der zugrunde liegenden Bewertung ganz sind, also einen Wert $\geqq 0$ besitzen, den *Bewertungsring* B von K, die Menge aller Elemente mit einem Wert > 0 das *zugehörige Primideal* $\mathfrak{p}$. K ist Quotientenkörper von B. Jedes durch $\mathfrak{p}$ unteilbare Element aus B hat den Wert 0 und ist daher Einheit von B, d. h. B ist hinsichtlich $\mathfrak{p}$ abgeschlossen. Der Restklassenring $\mathsf{B}/\mathfrak{p}$ ist mithin ein Körper; er heißt der dem bewerteten Körper K *zugehörige Restklassenkörper.*

Über die Bewertungsringe führen wir einige einfache Tatsachen an.

Zwei bewertete Körper K *und* K' *sind dann und nur dann analytisch isomorph, wenn die zugehörigen Bewertungsringe* B *und* B' *isomorph sind. Zwei Bewertungen desselben Körpers sind dann und nur dann äquivalent, wenn die zugehörigen Bewertungsringe übereinstimmen.*

Ist nämlich Φ ein analytischer Isomorphismus von K auf K', so bildet Φ die Menge aller Elemente β aus K mit $w(\beta) \geqq w(1) = 0$ umkehrbar eindeutig auf die Menge aller β' aus K' mit $w'(\beta') \geqq w'(1) = 0$ ab, also den Bewertungsring B isomorph auf B' ab. Stellt umgekehrt Φ_0 einen Isomorphismus von B auf B' dar, so kann Φ_0 zunächst zu einem Isomorphismus Φ des Quotientenkörpers K von B auf den Quotientenkörper K' von B' fortgesetzt werden. Dieser Isomorphismus Φ ist aber ein analytischer Isomorphismus. Für jedes Elementepaar α, β aus K gilt nämlich zugleich mit $\frac{\alpha}{\beta} \in \mathsf{B}$ auch $\frac{\Phi(\alpha)}{\Phi(\beta)} = \Phi_0\left(\frac{\alpha}{\beta}\right) \in \mathsf{B}'$ und umgekehrt, d. h. zugleich mit $w(\alpha) \geqq w(\beta)$ ist auch $w'(\Phi(\alpha)) \geqq w'(\Phi(\beta))$ und umgekehrt.

Die Behauptung über äquivalente Bewertungen folgt nun durch Spezialisierung auf den identischen Isomorphismus.

Ist $\mathsf{K}^* = \bar{\mathsf{K}}$ *die vollständige Hülle von* K, *so stimmt der Bewertungsring* B^* *und das Primideal* $\mathfrak{p}^*$ *von* K^* *je mit der vollständigen Hülle* $\bar{\mathsf{B}}$ *und* $\bar{\mathfrak{p}}$ *des Bewertungsrings* B *bzw. des Primideals* $\mathfrak{p}$ *von* K *überein. Der Restklassenkörper* $\mathsf{B}/\mathfrak{p}$ *ist zu* $\mathsf{B}^*/\mathfrak{p}^*$ *kongruentisomorph.*

Der erste Teil dieser Behauptung geht aus dem Schluß der Nr. 2, der zweite aus der vorigen Nummer dieses Paragraphen hervor. Sie besagt insbesondere, daß der Bewertungsring eines vollständigen Körpers selbst vollständig ist, und daß der Quotientenkörper eines vollständigen Bewertungsrings einen vollständigen Körper bildet [27]).

Jedes Ideal $\mathfrak{r}$ *eines vollständigen Bewertungsringes ist vollständig.*

Ist nämlich ϱ_n eine konvergente Folge von Elementen aus $\mathfrak{r}$, so hat das Grenzelement ϱ nach Nr. 2 dieses Paragraphen denselben Wert wie ein ϱ_n mit hinlänglich großem Index. $\frac{\varrho}{\varrho_n}$ ist also eine Einheit ε, d. h. $\varrho = \varepsilon\varrho_n$ gehört zugleich mit ϱ_n zu $\mathfrak{r}$.

6. Algebraische Erweiterungen vollständiger Körper. Die Bewertung w eines vollständigen Körpers K gestattet nach Kürschák und Ostrowski [28]) eine eindeutig bestimmte Fortsetzung w^* auf eine beliebige endliche algebraische Erweiterung K^* von K. Dabei ist K^* hinsichtlich w^* wiederum vollständig. Ist α^* irgendein Element aus K^*

---

[27]) Dagegen braucht der Quotientenkörper eines beliebigen vollständigen Integritätsbereichs im allgemeinen nicht wieder vollständig zu sein.

[28]) J. Kürschák, loc. cit. 3); A. Ostrowski, J. reine angew. Math. 147 (1917).

und $x^n + \alpha_1 x^{n-1} + \cdots + \alpha_n = 0$ die irreduzible Gleichung mit Koeffizienten aus K, der α^* genügt, so ist $w^*(\alpha^*) = \frac{1}{n} w(\alpha)$.

Für die Polynome über einem vollständigen Bewertungsring B mit dem zugehörigen Primelement $\mathfrak{p}$ gelten ferner die folgenden Sätze, die im Fall der p-adischen Zahlen zuerst von K. Hensel, später allgemein von K. Rychlík[29]) bewiesen wurden, und die ein wichtiges Hilfsmittel bei unserem Beweise bilden werden.

Erster Henselscher Satz. *Sei*

$$G(x) = x^n + \alpha_1 x^{n-1} + \cdots + \alpha_n$$

ein Polynom mit Koeffizienten aus dem vollständigen Bewertungsring B, *das mod.* $\mathfrak{p}$ *als Produkt zweier mod.* $\mathfrak{p}$ *teilerfremder Faktoren* $F_0(x)$ *und* $H_0(x)$ *je mit dem Einselement als höchstem Koeffizienten darstellbar ist,*

$$G(x) \equiv F_0(x)\, H_0(x) \text{ mod. } \mathfrak{p}.$$

Dann gibt es über B *zwei eindeutig bestimmte Polynome* $F(x)$ *und* $H(x)$ *mit dem Einselement als höchsten Koeffizienten und den Eigenschaften:*

$$(1) \qquad G(x) = F(x)\, H(x);$$

$$(2) \qquad F(x) \equiv F_0(x), \quad H(x) \equiv H_0(x) \text{ mod. } \mathfrak{p}.$$

Speziell: *Ist* ξ_0 *mod.* $\mathfrak{p}$ *eine einfache Nullstelle von* $G(x)$ *in* B, *also* $G(\xi_0) \equiv 0$ *mod.* $\mathfrak{p}$, *so enthält* B *stets eine eindeutig bestimmte zu* ξ_0 *mod.* $\mathfrak{p}$ *kongruente Nullstelle* ξ *schlechthin von* $G(x)$,

$$G(\xi) = 0; \qquad \xi \equiv \xi_0 \text{ mod. } \mathfrak{p}.$$

Zweiter Henselscher Satz. *Sind*

$$G(x) = x^n + \alpha_1 x^{n-1} + \cdots + \alpha_n$$
$$H(x) = x^n + \beta_1 x^{n-1} + \cdots + \beta_n$$

zwei Polynome mit Koeffizienten aus dem vollständigen Bewertungsring B, *die beide mod.* $\mathfrak{p}$ *keine mehrfache Nullstelle besitzen, und für deren Koeffizienten bei der zugrunde liegenden Bewertung* $w(\alpha_i - \beta_i) \geqq s > 0$, *also sicher* $G(x) \equiv H(x)$ *mod.* $\mathfrak{p}$ *gilt, so ist für zwei in* B *liegende mod.* $\mathfrak{p}$ *kongruente Nullstellen* ξ *und* η *von* $G(x)$ *und* $H(x)$ *stets* $w(\xi - \eta) \geqq s$.

§ 3. Zur Theorie der diskreten Bewertung.

1. Kennzeichnung des zugehörigen Bewertungsrings. Denkt man sich die Werte des durch w bewerteten Integritätsbereichs I auf die reelle Zahlgerade aufgetragen, so bestehen zwei Möglichkeiten. Entweder 0 ist Häufungspunkt von Werten und die Werte liegen daher überall dicht, weil mit $w(\alpha)$ stets auch $nw(\alpha) = w(\alpha^n)$ Wert eines Elements aus I ist. Oder aber 0 ist nicht Häufungspunkt, d. h. es gibt bei nichttrivialer Bewertung w sicher ein Element π von kleinstem positivem Wert, und ganzzahlige Division mit Rest durch diesen Wert $w(\pi)$ lehrt dann, daß jeder Wert $w(\alpha)$ ganzzaliges Vielfaches von $w(\pi)$ ist, $w(\alpha) = mw(\pi)$. Im ersten Fall nennen wir die Bewertung w selbst *dicht*, im zweiten *diskret*.

Im folgenden sollen einige für unsere weiteren Überlegungen wichtige Eigenschaften der diskreten Bewertungen zusammengestellt werden.

Ist K ein diskret bewerteter Körper, B der zugehörige Bewertungsring und $\mathfrak{p}$ das zugehörige Primideal, so ist jedes von Null verschiedene Körperelement α infolge der Gleichung $w(\alpha) = mw(\pi) = w(\pi^m)$ darstellbar in der Form $\alpha = \varepsilon\pi^m$, wo ε Einheit in B

[29]) K. Rychlík, Zur Bewertungstheorie der algebraischen Körper, J. reine angew. Math. 153 (1924).

und m dann und nur dann nichtnegativ bzw. positiv ist, wenn α zu B bzw. $\mathfrak{p}$ gehört. π ist daher eine Basis des Primideals $\mathfrak{p}$, also selbst Primelement. Besitzt umgekehrt das zugehörige Primideal $\mathfrak{p}$ eines Bewertungsrings B eine eingliedrige Basis π, so ist der Wert jedes Elements aus dem Quotientenkörper notwendig Vielfaches des Werts von π, d. h.:

Ein Bewertungsring B *gehört dann und nur dann zu einer diskreten Bewertung, wenn sein zugehöriges Primideal* $\mathfrak{p}$ *ein Hauptideal* $\mathfrak{p} = (\pi)$ *ist.*

π bezeichnen wir dann als ein zu B gehöriges Primelement. Wir sprechen ferner von einem p-adischen Bewertungsring, wenn B die Charakteristik 0 besitzt und die Primzahl p (d. h. das p-fache des Einselements von B) ein zu B gehöriges Primelement ist. Der Quotientenkörper eines p-adischen Bewertungsrings heißt p-adisch bewertet.

Enthält der Integritätsbereich I ein Primelement π, und ist jedes von Null verschiedene Element von I nur durch eine endliche Potenz von π teilbar, so bekommt man eine diskrete Bewertung von I, indem man jedem von Null verschiedenen Element als Wert den höchsten Exponenten zuordnet, mit dem π in ihm aufgeht. w^* bedeute die eindeutig bestimmte Fortsetzung von w auf den Quotientenkörper K. w^* ist dann wiederum diskret, und zwar besteht die Wertmenge von I und K aus lauter ganzen Zahlen; wir nennen w bzw. w^* deshalb die *durch das Primelement* π *erzeugte ganzzahlige* Bewertung von I bzw. K.

Man erkennt nun ohne Schwierigkeit:

Ein Ring R *ist dann und nur dann ein Bewertungsring, der zu einer diskreten Bewertung gehört, wenn er folgende drei Eigenschaften besitzt.*

a) *Er ist ein Integritätsbereich.*

b) *Er enthält ein Primelement* π, *das jedes von Null verschiedene Element nur in einer endlichen Potenz teilt.*

c) *Jedes durch* π *unteilbare Element ist Einheit.*

π ist dann ein zu dem Bewertungsring R gehöriges Primelement.

Zu jeder diskreten Bewertung eines Körpers existiert eine äquivalente ganzzahlige Bewertung, die durch das zugehörige Primideal $\mathfrak{p} = (\pi)$ des Bewertungsrings erzeugt wird. Wir können daher eine diskrete Bewertung stets als ganzzahlig voraussetzen.

Mit Rücksicht auf spätere Anwendungen erwähnen wir noch:

Ist

$$B_1 \leqq B_2 \leqq \cdots \leqq B_\lambda \leqq \cdots$$

eine wohlgeordnete Kette von Bewertungsringen, und ist das feste Element π *ein zu jedem* B_λ *gehöriges Primelement, so ist auch die Vereinigungsmenge der* B_λ *ein Bewertungsring mit dem zugehörigen Primelement* π.

B ist nämlich als Vereinigungsmenge einer aufsteigenden Folge von Integritätsbereichen sicher selbst wieder ein Integritätsbereich. Ist ferner α ein beliebiges Element aus B, so liegt α notwendig in einem B_λ und ist dort nach Voraussetzung darstellbar in der Form $\alpha = \varepsilon\pi^n$, wo ε eine Einheit von B_λ und daher auch eine Einheit von B ist. Daraus schließt man sofort, daß B einen Bewertungsring mit dem zugehörigen Primelement π darstellt.

2. Konvergenz in diskret bewerteten Integritätsbereichen. Der Integritätsbereich I enthalte ein Primelement π, das jedes von 0 verschiedene Element nur in einer endlichen Potenz teilt, und es sei w die durch π erzeugte Bewertung. Jedes Element von I ist dann ganz bezüglich w, und das Primideal $\mathfrak{p}$ aller Elemente von I mit einem Wert > 0 ist gleich dem Hauptideal (π).

Ist $\bar{I}$ *die vollständige Hülle von* I *und* $\bar{\mathfrak{p}}$ *die vollständige Hülle von* $\mathfrak{p}$ *bezüglich* I, *so ist* $\bar{\mathfrak{p}} = \bar{I}\,\mathfrak{p}$. *Allgemein ist die vollständige Hülle* $\bar{\mathfrak{M}}$ *eines Ideals* $\mathfrak{M} \geqq \mathfrak{p}$ aus I *gleich dem Erweiterungsideal* $\bar{I}\,\mathfrak{M}$.

Denkt man sich nämlich jedes Element $\bar{\alpha}$ aus $\bar{\mathfrak{p}}$ jeweils als Grenzelement einer Folge α_n von Elementen aus $\mathfrak{p}$ dargestellt, wo notwendig $\alpha_n = \beta_n \pi$ ist, so ist auch die Folge $\frac{\alpha_n}{\pi} = \beta_n$ eine konvergente Folge aus I und besitzt daher ein Grenzelement $\bar{\beta}$ in $\bar{\mathsf{I}}$. Es ist dann offenbar $\bar{\alpha} = \bar{\beta}\pi$, mithin $\bar{\mathfrak{p}} \leqq \bar{\mathsf{I}}\,\mathfrak{p}$. Da andererseits sicher $\bar{\mathsf{I}}\,\mathfrak{p} \leqq \bar{\mathfrak{p}}$ ist, hat man wirklich $\bar{\mathfrak{p}} = \bar{\mathsf{I}}\,\mathfrak{p}$.

Allgemein denke man sich jedes Element $\bar{\mu}$ aus $\bar{\mathfrak{M}}$ als Grenzelement einer Folge μ_n von Elementen aus $\mathfrak{M}$ dargestellt, so daß $\bar{\mu} - \mu_n \in \bar{\mathfrak{p}}$ für hinlänglich großes n und folglich $\bar{\mu} = \mu_n + \bar{\beta}\pi$ gilt. Wegen $\mathfrak{M} \geqq \mathfrak{p}$ gibt das tatsächlich $\bar{\mathfrak{M}} \leqq \bar{\mathsf{I}}\mathfrak{M}$. Da andererseits wieder sicher $\bar{\mathsf{I}}\mathfrak{M} \leqq \bar{\mathfrak{M}}$ ist, besteht die Gleichung $\bar{\mathfrak{M}} = \bar{\mathsf{I}}\mathfrak{M}$.

Aus dem soeben Bewiesenen folgt insbesondere, daß die vollständige Hülle eines Bewertungsrings mit dem zugehörigen Primelement π wieder π als zugehöriges Primelement besitzt. Die vollständige Hülle eines diskret bewerteten Körpers ist sicher wieder diskret bewertet.

Der Integritätsbereich I mit dem Primelement π werde jetzt durch den Homomorphismus Φ auf einen bewerteten Integritätsbereich I' abgebildet, dessen Elemente ebenfalls alle bezüglich der zugrunde liegenden Bewertung ganz sind. $\mathfrak{p}'$ sei das Primideal aller Elemente aus I', deren Wert > 0 ist.

Liegt das Bild $\Phi(\pi) = \pi'$ in $\mathfrak{p}'$ so ist Φ ein stetiger Homomorphismus von I; ist sogar $\mathfrak{p}' = (\pi')$, so ist Φ umkehrbar stetig.

Jede Nullfolge von I ist nämlich von der Form

$$\alpha_n = \beta_n \pi^{m_n}, \tag{1}$$

wo β_n durch π unteilbar ist und die Exponenten m_n mit wachsendem n gegen ∞ gehen. Die Bildfolge

$$\alpha_n' = \beta_n' \pi'^{m_n} \tag{2}$$

ist daher im Falle $\pi' \in \mathfrak{p}'$ sicher wieder eine Nullfolge, d. h. Φ ist stetig im Punkte 0 und mithin ein stetiger Homomorphismus von I. Wenn sogar $\mathfrak{p}' = (\pi')$ ist, so hat jede Nullfolge aus I' die Gestalt (2) und besitzt folglich eine Nullfolge (1) aus I zur Urbildfolge, d. h. Φ ist umkehrbar stetig im Punkte 0 und stellt daher überhaupt einen umkehrbar stetigen Homomorphismus dar.

3. π-adische Reihen. Ein System von Elementen $\{\omega_n\}$ aus dem nichttrivial und ganzzahlig bewerteten Körper K, das zu jeder ganzen Zahl n genau ein Element mit dem Wert $w(\omega_n) = n$ enthält, heiße ein Repräsentantensystem für die Werte von K; ein System von Elementen $\{\varrho\}$ aus dem Bewertungsring B von K, in dem aus jeder Klasse des Restklassenkörpers $\mathsf{B}/\mathfrak{p}$ genau ein Element ϱ und zwar für die Nullklasse insbesondere der Repräsentant 0 vorkommt, heiße ein Repräsentantensystem für die Klassen von $\mathsf{B}/\mathfrak{p}$. Als Repräsentantensystem für die Werte von K kann man insbesondere die positiven und negativen Potenzen π^n des Primelements π von B wählen.

Mit Hilfe eines festen Repräsentantensystems $\{\omega_n\}$ für die Werte von K und eines festen Repräsentantensystems $\{\varrho\}$ für die Restklassen von $\mathsf{B}/\mathfrak{p}$, kann man jedes Element $\alpha \neq 0$ aus K in eine eindeutig bestimmte Reihe

$$\alpha = \varrho_a \omega_a + \varrho_{a+1}\,\omega_{a+1} + \cdots \qquad (\varrho_a \neq 0) \tag{3}$$

entwickeln.

Hat nämlich α den Wert $w(\alpha) = a$, so ist $w\left(\frac{\alpha}{\omega_a}\right) = 0$, also $\frac{\alpha}{\omega_a}$ mod. $\mathfrak{p}$ einem Element $\varrho_a \neq 0$ aus $\{\varrho\}$ kongruent, d. h. man hat $\alpha = \varrho_a\,\omega_a + \alpha'$ mit $w(\alpha') > a$. Indem man nun weiter mit α' entsprechend verfährt, wie eben mit α, erhält man tatsächlich eine Reihe der angegebenen Gestalt, und diese Reihe ist, wie man leicht erkennt, eindeutig bestimmt. Benützt man als Repräsentantensystem für die Werte insbesondere die Potenzen von π, so ergibt sich für jedes α eine π-adische Reihe

$$\alpha = \varrho_a \pi^a + \varrho_{a+1} \pi^{a+1} + \cdots.$$

Da beim Übergang von dem ganzzahlig bewerteten Körper K zur vollständigen Hülle $\overline{\mathsf{K}}$ die Wertmenge ungeändert bleibt, stellt das System $\{\omega_n\}$ bzw. $\{\pi^n\}$ aus K auch ein Repräsentantensystem für die Werte von $\overline{\mathsf{K}}$ dar. Ebenso ist das zu B gehörige Repräsentantensystem $\{\varrho\}$ für die Klassen von $\mathsf{B}/\mathfrak{p}$ auch ein Repräsentantensystem für die Klassen von $\overline{\mathsf{B}}/\overline{\mathfrak{p}}$, weil $\mathsf{B}/\mathfrak{p}$ zu $\overline{\mathsf{B}}/\overline{\mathfrak{p}}$ kongruentisomorph ist. Mit Hilfe von $\{\omega_n\}$ und $\{\varrho\}$ läßt sich daher auch jedes Element $\bar{\alpha}$ der vollständigen Hülle $\overline{\mathsf{K}}$ in eine Reihe der Gestalt (3) entwickeln. Umgekehrt umfaßt der vollständige Körper $\overline{\mathsf{K}}$ aber auch jede solche Reihe, weil ihre Partialsummen offenbar eine konvergente Folge bilden, die Summe selbst also Grenzelement einer konvergenten Folge ist. Wir haben somit das Resultat:

Die vollständige Hülle $\overline{\mathsf{K}}$ besteht aus allen Reihen (3), *wo die ω und ϱ einem festen, aus Elementen von K bestehenden Repräsentantensystem $\{\omega_n\}$ bzw. $\{\varrho\}$ für die Werte von K bzw. die Klassen von $\mathsf{B}/\mathfrak{p}$ entnommen sind. Speziell: $\overline{\mathsf{K}}$ besteht aus allen π-adischen Reihen*

$$\varrho_a \pi^a + \varrho_{a+1} \pi^{a+1} + \cdots,$$

wo π ein Primelement des Bewertungsrings B von K ist.

4. Eisensteinscher Oberkörper eines vollständigen diskret bewerteten Körpers. Sei jetzt K ein nichttrivial und ganzzahlig bewerteter, vollständiger Körper mit dem Bewertungsring B und dem zugehörigen Primideal $\mathfrak{p} = (\pi)$ und K^* ein algebraischer Oberkörper n-ten Grades über K. Bei Fortsetzung der Bewertung w von K auf K^* sind die positiven Werte w^* der Elemente von K^* nach dem allgemeinen Kürschákschen Resultat sämtlich $\geqq \frac{1}{n}$. Die Fortsetzung w^* ist daher wieder diskret.

Satz 3. *Ist $\mathsf{K}^* = \mathsf{K}(\pi^*)$ ein Eisensteinscher Oberkörper n-ten Grades über K, d. h. ist das erzeugende Element π^* Wurzel einer Eisensteinschen Gleichung*

$$x^n = \pi(\alpha_0 + \alpha_1 x + \cdots + \alpha_{n-1} x^{n-1}) \quad (\alpha_i \in \mathsf{B},\ \alpha_0 \not\equiv 0 \bmod. \mathfrak{p})$$

über K, so ist π^* Primelement in dem Bewertungsring B^* von K^*, und es ist der Restklassenkörper $\mathsf{B}/\mathfrak{p}$ von K zu dem Restklassenkörper $\mathsf{B}^*/\mathfrak{p}^*$ von K^* kongruentisomorph.

Dieser Satz folgt unmittelbar aus Henselschen Resultaten [30]). Spezialisiert man in ihm K auf einen p-adisch bewerteten Körper, so erhält man das in der Einleitung erwähnte Resultat: *Ein Eisensteinscher Oberkörper n-ten Grades über einem p-adisch bewerteten perfekten Körper K ist bei Fortsetzung der ursprünglichen Bewertung diskret bewertet, perfekt und n-fach verzweigt und besitzt einen zu dem Restklassenkörper $\mathfrak{K}$ von K kongruentisomorphen Restklassenkörper.*

Von Satz 3 läßt sich aber mit einfachsten Hilfsmitteln auch bereits eine teilweise Umkehrung beweisen, nämlich:

Satz 4. *Ist K^* ein nichttrivial und ganzzahlig bewerteter perfekter Körper mit dem zugehörigen Restklassenkörper $\mathfrak{K}$ und K ein bewerteter perfekter Unterkörper mit zu $\mathfrak{K}$ kongruentisomorphem Restklassenkörper, so ist K^* ein Eisensteinscher Oberkörper über K.*

Seien nämlich wieder B und B^* die Bewertungsringe von K und K^*, π bzw. π^* die zu B und B^* gehörigen Primelemente. Da B^* ein Bewertungsring mit ganzzahliger

[30]) Vgl. etwa K. Hensel, Die Theorie der algebraischen Zahlen, Leipzig 1913.

Bewertung ist, muß π bis auf eine Einheit ε mit einer Potenz des Primelements π^* übereinstimmen. Es besteht daher eine Gleichung $\pi = \varepsilon\,\pi^{*n}$.

Aus dieser Gleichung ergibt sich für π der Wert $w^*(\pi) = nw^*(\pi^*) = n$. Ein Potenzprodukt der Form $\pi^{*r}\pi^s$ hat daher den Wert $r + sn$, d. h. die Potenzprodukte $\{\pi^{*r}\pi^s\}$ stellen ein Repräsentantensystem für die Werte des ganzzahlig bewerteten Körpers K^* dar, wenn r die Zahlen $0, 1, \ldots, n-1$, und s alle ganzen Zahlen durchläuft. Da der Restklassenkörper $\mathfrak{K}$ von K^* nach Voraussetzung zu dem Restklassenkörper von K kongruentisomorph ist, kann man ferner bereits aus K ein Repräsentantensystem $\{\varrho\}$ für die Klassen von $\mathfrak{K}$ herausgreifen. Jedes Element α^* von K^* gestattet also eine Reihenentwicklung

$$\alpha^* = \varrho_1\,\pi^{*r_1}\pi^{s_1} + \varrho_2\,\pi^{*r_2}\pi^{s_2} + \cdots \quad \text{mit Koeffizienten } \varrho_i \text{ aus } \{\varrho\}.$$

Diese Reihe ordnen wir nun nach wachsenden Potenzen von π^* und beachten dabei, daß die r_i nur die Werte $0, 1, \ldots, n-1$ annehmen. Man erhält dann für das beliebige Element α^* von K^* eine Darstellung

$$(4) \qquad \alpha^* = \alpha_0 + \alpha_1\,\pi^* + \cdots + \alpha_{n-1}\,\pi^{*n-1},$$

wo die α_i π-adische Reihen mit Koeffizienten aus dem in K liegenden Repräsentantensystem $\{\varrho\}$, also — weil K vollständig — Elemente aus K sind. Es ist folglich $\mathsf{K}^* = \mathsf{K}(\pi^*)$.

Wir müssen nur noch zeigen, daß π^* Wurzel einer Eisensteinschen Gleichung ist. Dazu gehen wir von der Beziehung $\pi^{*n} = \pi\varepsilon^*$ aus und wenden auf die Einheit ε^* die stets gültige Darstellung (4) an,

$$\varepsilon^* = \alpha_0 + \alpha_1\,\pi^* + \cdots + \alpha_{n-1}\,\pi^{*n-1} \quad \text{mit } \alpha_i \in \mathsf{K}.$$

Hier haben die Summanden der rechten Seite wegen

$$w(\pi^*) = 1, \quad w^*(\alpha_i) = \text{Vielfaches von } n$$

lauter verschiedene Werte. Gemäß dem Summenpostulat der Bewertung ist also der Wert der ganzen rechten Seite gleich dem Minimum der Werte der einzelnen Summanden. Da andererseits $w^*(\varepsilon) = 0$ ist, muß notwendig $w^*(\alpha_0) = 0$ und $w^*(\alpha_i) \geqq 0$ sein. Man hat mithin für π^* die Relation

$$\pi^{*n} = \pi(\alpha_0 + \alpha_1\,\pi^* + \cdots + \alpha_{n-1}\,\pi^{*n-1}) \quad \text{mit } \alpha_i \in \mathsf{B},\ \alpha_0 \not\equiv 0 \bmod \mathfrak{p},$$

d. h. π^* ist wirklich Wurzel einer Eisensteinschen Gleichung in bezug auf K.

Abschnitt II. Grundring und reduziertes Grundideal.

§ 4. Einführung von Grundring und reduziertem Grundideal. Der zugehörige Restklassenring.

1. Grundring. Sei Q ein Integritätsbereich der hinsichtlich eines Ideals $\mathfrak{N}$ gleichzeitig abgeschlossen und glatt transzendent ist. Das charakteristische Primelement π von Q teilt nach § 1, Nr. 4 jedes Element von Q in einer endlichen Potenz und erzeugt daher eine ganzzahlige Bewertung von Q. Diese ganzzahlige Bewertung legen wir in Q zugrunde. Wir behaupten:

Die vollständige Hülle $\overline{Q}$ von Q ist abgeschlossen hinsichtlich der vollständigen Hülle $\overline{\mathfrak{N}}$ des Ideals $\mathfrak{N}$; dabei ist $\overline{\mathfrak{N}} = \overline{Q}\mathfrak{N}$. Der Restklassenkörper $\overline{Q}/\overline{\mathfrak{N}}$ ist zu $Q/\mathfrak{N}$ kongruentisomorph.

Jedes Element a von $\overline{Q}$ ist nämlich Grenzwert einer Folge a_n von Elementen aus Q. Liegt a dabei nicht in $\overline{\mathfrak{N}}$, so kann man es sicher als Grenzwert einer Folge von Elementen a_n aus Q darstellen, die sämtlich nicht in $\mathfrak{N}$ vorkommen und daher Einheiten in dem bezüglich $\mathfrak{N}$ abgeschlossenen Integritätsbereich Q sind. a ist dann als Grenzwert einer Einheitenfolge notwendig selbst Einheit, d. h. $\overline{Q}$ ist abgeschlossen bezüglich $\overline{\mathfrak{N}}$.

Das Primelement π, das die Bewertung von Q erzeugt, gehört nach § 1, Nr. 4 zu $\mathfrak{N}$. Nach § 3, Nr. 2 ist daher wirklich $\overline{\mathfrak{N}} = \overline{Q}\mathfrak{N}$, und aus § 2, Nr. 4 entnimmt man sofort, daß $\overline{Q}/\overline{\mathfrak{N}}$ zu $Q/\mathfrak{N}$ kongruentisomorph ist.

Wir nennen nun die vollständige Hülle $\overline{Q}$ von Q einen *Grundring*, das Ideal $\overline{\mathfrak{N}}$, in bezug auf das $\overline{Q}$ abgeschlossen ist, das *Grundideal* von $\overline{Q}$, und das Primelement π, das nach § 3, Nr. 2 in $\overline{Q}$ Primelement geblieben ist, das *charakteristische Primelement* von $\overline{Q}$. $\overline{Q}$ heißt insbesondere ein maximaler Grundring, wenn Q maximal glatt bezüglich $\mathfrak{N}$ ist.

Da $\overline{Q}/\overline{\mathfrak{N}}$ zu $Q/\mathfrak{N}$ kongruentisomorph ist, gilt für eine bezüglich $\mathfrak{N}$ glatte Transzendenzbasis U von Q offenbar: U besteht aus lauter mod. $\overline{\mathfrak{N}}$ inkongruenten Elementen, und es ist $\overline{Q}$ in der vollständigen Hülle des rein transzendenten Quotientenkörpers $P(U)$ enthalten. Wir bezeichnen U deshalb als eine (bezüglich $\overline{\mathfrak{N}}$) *glatte Hüllentranszendenzbasis* von $\overline{Q}$. Ist U bezüglich $\mathfrak{N}$ maximal glatt und folglich ein Repräsentantensystem auch für die Klassen von $\overline{Q}/\overline{\mathfrak{N}}$, so sprechen wir von einer (bezüglich $\overline{\mathfrak{N}}$) *maximal glatten Hüllentranszendenzbasis* von $\overline{Q}$.

Infolge des Kongruenzisomorphismus zwischen $Q/\mathfrak{N}$ und $\overline{Q}/\overline{\mathfrak{N}}$ folgt aus § 1, Nr. 4 sofort: *Es gibt einen maximalen Grundring $\overline{Q}$, dessen Restklassenkörper zu einem vorgegebenen Körper $\mathfrak{K}$ isomorph ist. Dabei kann die Charakteristik $\chi(\overline{Q})$ noch beliebig so vorgeschrieben werden, daß $\chi(\overline{Q})$ durch $\chi(\mathfrak{K})$ teilbar ist.*

Wir greifen nun aus dem Grundring $\overline{Q}$ mit dem Grundideal $\overline{\mathfrak{N}}$ eine Menge von der Form $V = \{u^{e_u}\}$ heraus, wo u eine Teilmenge U' einer bezüglich $\overline{\mathfrak{N}}$ glatten Hüllentranszendenzbasis U durchlaufe und die e_u ganze Zahlen > 0 bedeuten. Sind alle $e_u = 1$, so stimmt also V mit der Teilmenge U' von U überein; sind allgemein alle $e_u = e$, so besteht $V = U'^e$ aus den e-ten Potenzen aller Elemente von U'. Die Menge V stellt offenbar stets ein System unabhängiger Transzendenten in bezug auf den Primintegritätsbereich P von $\overline{Q}$ dar. Aus V kann man daher stets in folgender Weise einen in $\overline{Q}$ enthaltenen Grundring aufbauen: Man bilde zunächst den Polynomring $J_V = P[V]$, gehe von ihm zu dem Quotientenring $Q_V = \frac{J_V}{S}$ über, wo S das multiplikativ abgeschlossene System aller durch $\overline{\mathfrak{N}}$ unteilbaren Polynome aus J_V bezeichnet, und von Q_V weiter zu seiner in $\overline{Q}$ enthaltenen vollständigen Hülle $\overline{Q}_V$. $\overline{Q}_V$ ist dann bezüglich $\overline{\mathfrak{N}}_V = \overline{\mathfrak{N}} \frown \overline{Q}_V$ abgeschlossen und V eine bezüglich $\overline{\mathfrak{N}}_V$ glatte Hüllentranszendenzbasis von $\overline{Q}_V$. $\overline{Q}_V$ heiße der *aus V in $\overline{Q}$ abgeleitete Grundring*. Für $V = U$ ist speziell $\overline{Q}_U = \overline{Q}$.

Den Grundring $\overline{Q}$ denken wir uns stets durch den Kongruenzhomomorphismus H auf seinen Restklassenkörper $\overline{Q}/\overline{\mathfrak{N}} = \mathfrak{L}$ abgebildet. Dabei geht der Grundring $\overline{Q}_V$ in einen Unterkörper $\mathfrak{L}_V$ von $\mathfrak{L}$ über, und zwar ist $\mathsf{H}(\overline{Q}_V) = \mathfrak{P}(\mathfrak{B}_V)$, wo $\mathfrak{P}$ der Primkörper von $\mathfrak{L}$ und $\mathsf{H}(V) = \mathfrak{B}_V$ die Bildmenge von V ist. Für $V = U$ gibt das speziell $\mathsf{H}(\overline{Q}) = \mathfrak{P}(\mathfrak{B})$ mit $\mathsf{H}(U) = \mathfrak{B}$. Das Ideal $\overline{\mathfrak{N}}$ besteht aus allen und nur den Elementen von $\overline{Q}$, die das H-Bild 0 besitzen.

2. Reduziertes Grundideal. Um den Begriff eines reduzierten Grundideals für den Grundring $\overline{Q}$ einzuführen, wählen wir in $\overline{Q}$ eine feste bezüglich des Grundideals $\overline{\mathfrak{N}}$ glatte Hüllentranszendenzbasis U aus. Ist dann $\mathsf{H}(U) = \mathfrak{B}$, also $\mathsf{H}(\overline{Q}) = \mathfrak{P}(\mathfrak{B})$, so wird durch H eine umkehrbar eindeutige Abbildung zwischen den Mengen U und $\mathfrak{B}$ hervorgerufen.

Wir brauchen nun einen näheren Einblick in den algebraischen Aufbau von $\mathfrak{L} = \mathfrak{P}(\mathfrak{B})$ über $\mathfrak{P}$, und legen zu diesem Zweck in $\mathfrak{B}$ eine feste Wohlordnung W zugrunde, $\mathfrak{B} = \{\mathfrak{b}_0, \mathfrak{b}_1, \ldots \mathfrak{b}_\lambda, \ldots\}$, $\mathfrak{B}_\lambda =$ Abschnitt aller $\mathfrak{b}_{\lambda'}$ mit $\lambda' < \lambda$, $\nu =$ Ordnungszahl von $\mathfrak{B}$. Die Elemente $\mathfrak{b}_\lambda$ denken wir uns nacheinander zum Primkörper $\mathfrak{P}$ adjungiert und erhalten so eine wohlgeordnete aufsteigende Körperkette

$$\mathfrak{L}_0 \leqq \mathfrak{L}_1 \leqq \cdots \leqq \mathfrak{L}_\lambda \leqq \cdots,$$

wo $\mathfrak{L}_\lambda = \mathfrak{P}(\mathfrak{B}_\lambda)$ und $\mathfrak{L}_\nu = \mathfrak{L}$ ist. Das *durch* $\mathfrak{b}_\lambda$ *bei* W *annullierte irreduzible Polynom* $\mathfrak{G}_\lambda(x)$ wird dann folgendermaßen definiert: Ist $\mathfrak{b}_\lambda$ algebraisch bei W, also $\mathfrak{b}_\lambda$ bezüglich $\mathfrak{L}_\lambda$ algebraisch, so bezeichne $\mathfrak{G}_\lambda(x)$ das irreduzible Polynom mit Koeffizienten aus $\mathfrak{L}_\lambda$ und dem Einselement als höchstem Koeffizienten, dessen Nullstelle $\mathfrak{b}_\lambda$ ist; ist $\mathfrak{b}_\lambda$ bei W transzendent, also $\mathfrak{b}_\lambda$ bezüglich $\mathfrak{L}_\lambda$ transzendent, so werde $\mathfrak{G}_\lambda(x) = 0$ gesetzt.

Der Wohlordnung W von $\mathfrak{B}$ entspricht vermöge der durch H erzeugten umkehrbar eindeutigen Abbildung zwischen U und $\mathfrak{B}$ eine eindeutig bestimmte Wohlordnung von U, die wir ebenfalls mit W bezeichnen,

$U = \{u_0, u_1, \ldots u_\lambda, \ldots\}$, $U_\lambda =$ Abschnitt aller $u_{\lambda'}$ mit $\lambda' < \lambda$, $\nu =$ Ordnungszahl von U. Dabei ist $\mathsf{H}(u_\lambda) = \mathfrak{b}_\lambda$, $\mathsf{H}(U_\lambda) = \mathfrak{B}_\lambda$. Neben den Körper $\mathfrak{L}_\lambda = \mathfrak{P}(\mathfrak{B}_\lambda)$ tritt jetzt der in $\overline{Q}$ aus U_λ abgeleitete Grundring $\overline{Q}_\lambda$, für den $\mathsf{H}(\overline{Q}_\lambda) = \mathfrak{L}_\lambda$ ist; neben die aufsteigende Körperkette $\mathfrak{L}_\lambda$ tritt die aufsteigende Kette von Grundringen

$$\overline{Q}_0 \leqq \overline{Q}_1 \leqq \cdots \leqq \overline{Q}_\lambda \leqq \cdots,$$

wo schließlich $\overline{Q}_\nu$ mit $\overline{Q}$ übereinstimmt. Zu dem durch $\mathfrak{b}_\lambda$ bei W annullierten irreduziblen Polynom $\mathfrak{G}_\lambda(x)$ mit Koeffizienten aus $\mathfrak{B}_\lambda$ suchen wir jeweils ein H-Urbildpolynom $G_\lambda(x)$ mit Koeffizienten aus $\overline{Q}_\lambda$ auf, und zwar habe $G_\lambda(x)$ ebenso wie $\mathfrak{G}_\lambda(x)$ das Einselement als höchsten Koeffizienten, wenn $\mathfrak{b}_\lambda$ bei W algebraisch ist, dagegen sei $G_\lambda(x) = 0$, wenn $\mathfrak{b}_\lambda$ bei W transzendent ist. Ein solches Polynom $G_\lambda(x)$ nennen wir ein *zu der durch* W *wohlgeordneten Basis* U *gehöriges Urbildpolynom* für $\mathfrak{b}_\lambda$, und denken es uns für jedes λ fest gewählt.

In $G_\lambda(x)$ ersetzen wir die Unbestimmte x nachträglich durch das H-Urbild u_λ von $\mathfrak{b}_\lambda$, so daß ein Element $G_\lambda(u_\lambda)$ von $\overline{Q}$ entsteht. Das vollständige Ideal $\overline{\mathfrak{M}}_\lambda$ von $\overline{Q}_\lambda$, das aus dem System aller $G_{\lambda'}(u_{\lambda'})$ mit $\lambda' < \lambda$ als *Hüllenbasis* abgeleitet ist,

$$\overline{\mathfrak{M}}_\lambda = \langle G_0(u_0), G_1(u_1), \ldots G_{\lambda'}(u_{\lambda'}), \ldots\rangle \qquad (\lambda' < \lambda)$$

heiße ein *zu der durch* W *wohlgeordneten Hüllentranszendenzbasis* U_λ *gehöriges reduziertes Grundideal von* $\overline{Q}_\lambda$. Speziell ist $\overline{\mathfrak{M}}_\nu = \overline{\mathfrak{M}}$ ein *zu der durch* W *wohlgeordneten Hüllentranszendenzbasis* U *gehöriges reduziertes Grundideal von* $\overline{Q}$.

Da $\mathsf{H}(G_{\lambda'}(u_{\lambda'})) = \mathfrak{G}_{\lambda'}(\mathfrak{b}_{\lambda'}) = 0$ ist, liegt $G_{\lambda'}(u_{\lambda'})$, und somit $\overline{\mathfrak{M}}_\lambda$, sicher in dem Ideal $\overline{\mathfrak{N}}_\lambda = \overline{\mathfrak{N}} \frown \overline{Q}_\lambda$, das aus allen durch H auf die Null abgebildeten Elementen von $\overline{Q}_\lambda$ besteht. Da auch $\pi = \chi e$ zu $\overline{\mathfrak{N}}_\lambda$ gehört, ist also

$$(\overline{\mathfrak{M}}_\lambda, \pi) \leqq \overline{\mathfrak{N}}_\lambda.$$

3. Der Restklassenring $\overline{Q}/\overline{\mathfrak{M}}$. Wir betrachten nun den Restklassenring $\overline{\overline{Q}}_\lambda = \overline{Q}_\lambda/\overline{\mathfrak{M}}_\lambda$ und bezeichnen die durch ein Element a von $\overline{Q}_\lambda$ mod. $\overline{\mathfrak{M}}_\lambda$ bestimmte Klasse mit $\tilde{a}$. Wir werden zeigen:

Satz 5. *In* $\overline{Q}_\lambda$ *gilt die Gleichung* $\overline{\mathfrak{N}}_\lambda = (\overline{\mathfrak{M}}_\lambda, \pi)$. *Der Ring* $\overline{\overline{Q}}_\lambda = \overline{Q}_\lambda/\overline{\mathfrak{M}}_\lambda$ *ist ein vollständiger Bewertungsring und besitzt dieselbe Charakteristik wie* $\overline{Q}$.

Dieser Satz ist für unsere weiteren Überlegungen grundlegend. Zu seinem Inhalt bemerken wir: Da nach der vorigen Nummer $(\overline{\overline{\mathfrak{M}}}_\lambda, \pi) \leqq \overline{\mathfrak{N}}_\lambda$ ist, ist der iterierte Restklassenring $\overline{\overline{Q}}_\lambda/\tilde{\pi}$ gemäß § 1, Nr. 2 sicher zu $\overline{Q}_\lambda/\overline{\mathfrak{N}}_\lambda = \mathfrak{L}_\lambda$ kongruenthomomorph, und dieser Kongruenzhomomorphismus ist dann und nur dann ein Isomorphismus, wenn $\overline{\mathfrak{N}}_\lambda = (\overline{\overline{\mathfrak{M}}}_\lambda, \pi)$ ist. Bedenkt man noch, daß $\mathfrak{L}_\lambda$ ein Körper ist, so folgt aus Satz 5 sofort:

Zusatz. *$\tilde{\pi}$ ist ein Primelement des Bewertungsrings $\overline{\overline{Q}}_\lambda$, und der Restklassenkörper $\overline{\overline{Q}}_\lambda/\tilde{\pi}$ ist isomorph zu $\mathfrak{L}_\lambda$.*

Der Beweis des Satzes 5 selbst verursacht prinzipiell keine Schwierigkeiten, ist jedoch in der Einzelausführung etwas mühsam. Wir führen ihn in naheliegender Weise durch vollständige Induktion nach λ.

Dabei knüpfen wir an den Aufbau der Grundringe $\overline{Q}_\lambda$ an, den wir uns schrittweise vollzogen denken. Sind nämlich die Ringe $\overline{Q}_\lambda$ für alle $\lambda < \mu$ bereits konstruiert, wo μ eine beliebige Ordnungszahl $\leqq \nu$ ist, so erhält man offenbar $\overline{Q}_\mu$

I. im Falle einer Nichtlimeszahl μ in drei Schritten, indem man

α) den Polynomring $Q'_\mu = \overline{Q}_{\mu-1}[u_{\mu-1}]$, dann

β) den bezüglich $\overline{\mathfrak{N}}$ abgeschlossenen Quotientenring Q_μ von Q'_μ und schließlich

γ) die vollständige Hülle $\overline{Q}_\mu$ von Q_μ bildet;

II. im Fall einer Limeszahl μ in zwei Schritten, indem man

α) die Vereinigungsmenge Q_μ aller Q_λ und

β) die vollständige Hülle $\overline{Q}_\mu$ von Q_μ herstellt.

Ganz entsprechend gewinnt man das Ideal $\overline{\mathfrak{M}}_\mu$ aus den $\overline{\mathfrak{M}}_\lambda$ mit $\lambda < \mu$, indem man

I. im Fall einer Nichtlimeszahl zunächst

α) das Ideal $\mathfrak{M}'_\mu = (\overline{\mathfrak{M}}_{\mu-1}, G_{\mu-1}(u_{\mu-1}))$ von Q'_μ aufsucht, dann

β) das Ideal $\mathfrak{M}_\mu = Q_\mu \mathfrak{M}'_\mu$ von Q_μ und schließlich

γ) die vollständige Hülle $\overline{\mathfrak{M}}_\mu$ von $\mathfrak{M}_\mu$;

II. im Fall einer Limeszahl zunächst

α) zur Vereinigungsmenge $\mathfrak{M}_\mu$ der einander umfassenden $\overline{\mathfrak{M}}_\lambda$ übergeht, und dann

β) zur vollständigen Hülle $\overline{\mathfrak{M}}_\mu$ von $\mathfrak{M}_\mu$.

Wir setzen

$$\overline{\mathfrak{N}} \frown Q'_\mu = \mathfrak{N}'_\mu, \quad \overline{\mathfrak{N}} \frown Q_\mu = \mathfrak{N}_\mu,$$

so daß $\mathfrak{N}'_\mu$ bzw. $\mathfrak{N}_\mu$ aus allen Elementen von Q'_μ bzw. Q_μ bestehen, die bei dem Kongruenzhomomorphismus H in die Null übergehen. Es ist dann

$$\mathsf{H}(Q'_\mu) = \mathfrak{L}_{\mu-1}[\mathfrak{b}_{\mu-1}] = Q'_\mu/\mathfrak{N}'_\mu\,,$$

ferner

$$\mathfrak{N}_\mu = Q_\mu \mathfrak{N}'_\mu, \quad \overline{\mathfrak{N}}_\mu = \overline{Q}_\mu \mathfrak{N}_\mu\,,$$

und

$$(\mathfrak{M}'_\mu, \pi) \leqq \mathfrak{N}'_\mu\,.$$

Bevor wir den soeben angegebenen Aufbau von $\overline{Q}_\mu$ und $\overline{\mathfrak{M}}_\mu$ zum Beweis von Satz 5 ausnutzen, bereiten wir den eigentlichen Induktionsschluß im nächsten Paragraphen durch einige einfache Hilfssätze vor.

§ 5. Hilfssätze zum Beweis von Satz 5.

1. Die aus $\overline{Q}_\lambda[u_\lambda]$ entstehenden iterierten Restklassenringe. Wir gehen von dem Grundring $\overline{Q}_\lambda$ und dem reduzierten Grundideal $\overline{\mathfrak{M}}_\lambda$ von $\overline{Q}_\lambda$ aus. Zu $\overline{\mathfrak{M}}_\lambda$ bilden

wir das Erweiterungsideal $(\mathfrak{M}_\lambda) = Q'_{\lambda+1}\mathfrak{M}_\lambda$ in $Q'_{\lambda+1} = Q_\lambda[u_\lambda]$. Dann ist jedenfalls $\overline{Q}_\lambda \leqq \overline{Q}_\lambda[u_\lambda]$ und $\overline{\mathfrak{M}}_\lambda \leqq (\overline{\mathfrak{M}}_\lambda)$. Über den Aufbau des Restklassenrings $\overline{Q}_\lambda[u_\lambda]/(\overline{\mathfrak{M}}_\lambda)$ gilt, wie leicht ersichtlich:

Hilfssatz 1. *Diejenigen Klassen aus $\overline{Q}_\lambda[u_\lambda]/(\overline{\mathfrak{M}}_\lambda)$, die Erweiterungsklassen von Klassen aus $\overline{\overline{Q}}_\lambda = \overline{Q}_\lambda/\overline{\mathfrak{M}}_\lambda$ sind, stellen einen zu $\overline{\overline{Q}}_\lambda$ kongruentisomorphen Unterring dar. Kurz: $\overline{Q}_\lambda[u_\lambda]/(\overline{\mathfrak{M}}_\lambda)$ umfaßt $\overline{\overline{Q}}_\lambda$.*

Es ist daher $\overline{Q}_\lambda[u_\lambda]/(\overline{\mathfrak{M}}_\lambda) = \overline{\overline{Q}}_\lambda[\tilde{u}_\lambda^{(1)}]$, und dabei ist die durch u_λ mod. $(\overline{\mathfrak{M}}_\lambda)$ bestimmte Klasse erster Stufe $\tilde{u}_\lambda^{(1)}$ transzendent bezüglich $\overline{\overline{Q}}_\lambda$.

Gemäß Hilfssatz 1 geht das Polynom $G_\lambda(u_\lambda)$ von $\overline{Q}_\lambda[u_\lambda]$ mod. $(\overline{\mathfrak{M}}_\lambda)$ in ein Polynom $\widetilde{G}_\lambda(\tilde{u}_\lambda^{(1)})$ mit Koeffizienten aus $\overline{\overline{Q}}_\lambda$ über. Wir betrachten nun $\overline{\overline{Q}}_\lambda[\tilde{u}_\lambda^{(1)}]$ mod. $\widetilde{G}_\lambda(\tilde{u}_\lambda^{(1)})$ und erhalten so den Restklassenring zweiter Stufe $\overline{\overline{Q}}_\lambda[\tilde{u}_\lambda^{(1)}]/\widetilde{G}_\lambda(\tilde{u}_\lambda^{(1)})$, der nach § 1, Nr. 2 zu $\overline{Q}_\lambda[u_\lambda]/(\overline{\mathfrak{M}}_\lambda, G_\lambda(u_\lambda)) = \overline{Q}'_{\lambda+1}/\overline{\mathfrak{M}}'_{\lambda+1}$ kongruentisomorph ist.

Auch der Aufbau des Ringes $\overline{\overline{Q}}_\lambda[\tilde{u}_n^{(1)}]/\widetilde{G}_\lambda(\tilde{u}_\lambda^{(1)})$ läßt sich leicht bestimmen. Da nämlich $\widetilde{G}_\lambda(\tilde{u}_\lambda^{(1)})$ gemäß der Wahl von $G_\lambda(u_\lambda)$ entweder gleich $\tilde{0}$ oder ein Polynom vom Grad $n \geqq 1$ in $\tilde{u}_\lambda^{(1)}$ ist, ist sicher keine Klasse aus $\overline{\overline{Q}}_\lambda$ außer der Nullklasse in $\overline{\overline{Q}}_\lambda[\tilde{u}_\lambda^{(1)}]$ durch $\widetilde{G}_\lambda(\tilde{u}_\lambda^{(1)})$ teilbar. Das besagt:

Hilfssatz 2. *Diejenigen Klassen zweiter Stufe aus $\overline{\overline{Q}}_\lambda[\tilde{u}_\lambda^{(1)}]/\widetilde{G}_\lambda(\tilde{u}_\lambda^{(1)})$, die Klassen aus $\overline{\overline{Q}}_\lambda$ enthalten, bilden einen zu $\overline{\overline{Q}}_\lambda$ kongruentisomorphen Unterring. Kurz: $\overline{\overline{Q}}_\lambda[\tilde{u}_\lambda^{(1)}]/\widetilde{G}_\lambda(\tilde{u}_\lambda^{(1)})$ umfaßt $\overline{\overline{Q}}_\lambda$.*

Es ist daher $\overline{\overline{Q}}_\lambda[\tilde{u}_\lambda^{(1)}]/\widetilde{G}_\lambda(\tilde{u}_\lambda^{(1)}) = \overline{\overline{Q}}_\lambda[\tilde{u}_\lambda^{(2)}]$, und dabei ist die durch u_λ bestimmte Klasse zweiter Stufe $\tilde{u}_\lambda^{(2)}$ transzendent oder algebraisch bezüglich $\overline{\overline{Q}}_\lambda$, je nachdem $G_\lambda(u_\lambda)$ gleich 0 oder von Null verschieden ist.

In dem Ring $\overline{\overline{Q}}_\lambda[\tilde{u}_\lambda^{(2)}]$ legen wir nun weiter die Kongruenz nach $\tilde{\pi} = \tilde{\pi}^{(2)}$ als Gleichheit zu Grunde und gewinnen so den Restklassenring dritter Stufe $\overline{\overline{Q}}_\lambda[\tilde{u}_\lambda^{(2)}]/\tilde{\pi}$, der nach § 1, Nr. 2 zu $\overline{Q}_\lambda[u_\lambda]/(\overline{\mathfrak{M}}_\lambda, G_\lambda(u_\lambda), \pi) = \overline{Q}'_{\lambda+1}/(\overline{\mathfrak{M}}'_{\lambda+1}, \pi)$ kongruentisomorph ist. Über den Aufbau von $\overline{\overline{Q}}_\lambda[\tilde{u}_\lambda^{(2)}]/\tilde{\pi}$ und das arithmetische Verhalten von $\tilde{\pi}$ in $\overline{\overline{Q}}_\lambda[\tilde{u}_\lambda^{(2)}]$ zeigen wir:

Hilfssatz 3. *Diejenigen Klassen von $\overline{\overline{Q}}_\lambda[\tilde{u}_\lambda^{(2)}]/\tilde{\pi}$ die Klassen von $\widetilde{L}_\lambda = \overline{\overline{Q}}_\lambda/\tilde{\pi}$ enthalten, bilden einen zu $\widetilde{L}_\lambda$ kongruentisomorphen Unterring. Kurz: $\overline{\overline{Q}}_\lambda[\tilde{u}_\lambda^{(2)}]/\tilde{\pi}$ umfaßt $\widetilde{L}_\lambda$, und es ist daher $\overline{\overline{Q}}_\lambda[\tilde{u}_\lambda^{(2)}]/\tilde{\pi} = \widetilde{L}_\lambda[\tilde{u}_\lambda^{(3)}]$.*

Ist jede von der Nullklasse verschiedene Klasse aus $\overline{\overline{Q}}_\lambda$ nur durch eine endliche Potenz von $\tilde{\pi}$ teilbar, so ist auch jede von der Nullklasse verschiedene Klasse aus $\overline{\overline{Q}}_\lambda[\tilde{u}_\lambda^{(2)}]$ nur durch eine endliche Potenz von $\tilde{\pi}$ teilbar.

Da nämlich $\widetilde{G}_\lambda(\tilde{u}_\lambda^{(1)})$ entweder gleich $\tilde{0}$ oder ein Polynom vom Grade $n \geqq 1$ in $\tilde{u}_\lambda^{(1)}$ und mit dem Einselement als höchstem Koeffizienten ist, kann jede Klasse $\tilde{a}^{(2)}$ von $\overline{\overline{Q}}_\lambda[\tilde{u}_\lambda^{(2)}] = \overline{\overline{Q}}_\lambda[\tilde{u}_\lambda^{(1)}]/\widetilde{G}_\lambda(\tilde{u}_\lambda^{(1)})$ auf eine und nur eine Weise dargestellt werden in der Form

$$\tilde{a}^{(2)} = \sum_{h=0}^{z} \tilde{c}_h\, \tilde{u}^{(2)h} \qquad (\tilde{c}_h \text{ aus } \overline{\overline{Q}}_\lambda), \tag{4}$$

wobei der Schlußindex z der Summation der folgenden Vorschrift unterworfen ist: Ist $\widetilde{G}(\tilde{u}^{(1)}) = 0$, so ist $z = \infty$, und es sind nur endlich viele $\tilde{c}_h \neq \tilde{0}$; ist $\widetilde{G}(\tilde{u}^{(1)}) \neq \tilde{0}$, so ist z um 1 kleiner als der Grad von $\widetilde{G}_\lambda(\tilde{u}_\lambda^{(1)})$, also $z = n - 1$.

Ist nun $\tilde{a}^{(2)}$ in $\tilde{\tilde{Q}}_\lambda[\tilde{u}_\lambda^{(2)}]$ durch $\tilde{\pi}^e$ teilbar, so gibt es offenbar eine Klasse

$$\tilde{b}^{(2)} = \sum_{h=0}^{z} \tilde{d}_h \tilde{u}^{(2)h} \qquad (\tilde{d}_h \text{ aus } \tilde{\tilde{Q}}_\lambda)$$

der Art, daß die Relation

$$\tilde{a}^{(2)} = \tilde{\pi}^e\, \tilde{b}^{(2)}$$

besteht. Aus den Gleichungen

$$\tilde{a}^{(2)} = \sum_{h=0}^{z} \tilde{c}_h\, \tilde{u}^{(2)h} = \sum_{h=0}^{z} \tilde{\pi}^e\, \tilde{d}_h\, \tilde{u}^{(2)h}$$

folgt dann wegen der Eindeutigkeit der Darstellung sofort

(5) $$\tilde{c}_h = \tilde{\pi}^e\, \tilde{d}_h$$

für jedes $h \leqq z$; d. h. $\tilde{a}^{(2)}$ ist nur dann in $\tilde{\tilde{Q}}_\lambda[\tilde{u}_\lambda^{(2)}]$ durch $\tilde{\pi}^e$ teilbar, wenn die in $\tilde{\tilde{Q}}_\lambda$ gelegenen Koeffizienten der Darstellung (4) bereits in $\tilde{\tilde{Q}}_\lambda$ durch $\tilde{\pi}^e$ teilbar sind. Falls also jede Klasse aus $\tilde{\tilde{Q}}_\lambda$ nur durch eine endliche Potenz von $\tilde{\pi}$ teilbar ist, gilt dasselbe sicher von jeder Klasse aus $\tilde{\tilde{Q}}_\lambda[\tilde{u}^{(2)}]$.

Verschwinden in (4) alle $\tilde{c}_h$ mit $h > 0$, ist also $\tilde{a}^{(2)} = \tilde{c}_0$ eine Klasse aus $\tilde{\tilde{Q}}_\lambda$, so verschwinden nach (5) auch alle $\tilde{d}_h$ mit $h > 0$ und $\tilde{b}^{(2)} = \tilde{d}_0$ ist ebenfalls eine Klasse aus $\tilde{\tilde{Q}}_\lambda$. Für $e = 1$ besagt das: Eine Klasse $\tilde{\tilde{Q}}_\lambda$ ist nur dann in $\tilde{\tilde{Q}}[\tilde{u}_\lambda^{(2)}]$ durch $\tilde{\pi}$ teilbar, wenn sie bereits in $\tilde{\tilde{Q}}_\lambda$ selbst durch $\tilde{\pi}$ teilbar ist. Nach § 1, Nr. 1 ist daher $\tilde{L}_\lambda = \tilde{\tilde{Q}}_\lambda/\tilde{\pi}$ zu dem Ring seiner Erweiterungsklassen in $\tilde{\tilde{Q}}_\lambda[\tilde{u}_\lambda^{(2)}]/\tilde{\pi}$ kongruentisomorph; m. a. W. $\tilde{\tilde{Q}}_\lambda[\tilde{u}_\lambda^{(2)}]/\tilde{\pi}$ umfaßt $\tilde{L}_\lambda$.

2. Arithmetische Eigenschaften von $\tilde{\tilde{Q}}_\lambda[\tilde{u}_\lambda^{(2)}]$. Nimmt man über den Ring $\tilde{\tilde{Q}}_\lambda$ noch mehr als bekannt an, so lassen sich die arithmetischen Eigenschaften von $\tilde{\tilde{Q}}_\lambda[\tilde{u}_\lambda^{(2)}]$ genauer bestimmen. Wir behaupten nämlich:

Hilfssatz 4. *Gilt in $\bar{Q}_\lambda$ die Gleichung $\bar{\mathfrak{N}}_\lambda = (\bar{\mathfrak{M}}_\lambda, \pi)$ und ist $\tilde{\tilde{Q}}_\lambda$ ein Bewertungsring mit dem Primelement $\tilde{\pi}$, so gilt auch in $Q'_{\lambda+1} = \bar{Q}_\lambda[u_\lambda]$ die Gleichung $\mathfrak{N}'_{\lambda+1} = (\mathfrak{M}'_{\lambda+1}, \pi)$ und der iterierte Restklassenring $\tilde{Q}'_{\lambda+1} = \tilde{\tilde{Q}}_\lambda[\tilde{u}_\lambda^{(2)}]$ hat folgende Eigenschaften:*

a) *Er ist ein Integritätsbereich.*

b) *$\tilde{\pi}$ ist Primelement in $\tilde{Q}'_{\lambda+1}$, und jede Klasse ist nur durch eine endliche Potenz von $\tilde{\pi}$ teilbar.*

Zum Beweis dieses Hilfssatzes bemerken wir vorweg: Infolge der Beziehungen $(\mathfrak{M}'_{\lambda+1}, \pi) \leqq \mathfrak{N}'_{\lambda+1}$ ist der iterierte Restklassenring $\tilde{\tilde{Q}}_\lambda[\tilde{u}_\lambda^{(2)}]/\tilde{\pi}$ nach § 1, Nr. 2 zu $Q'_{\lambda+1}/\mathfrak{N}'_{\lambda+1} = \mathfrak{L}_\lambda[\mathfrak{b}_\lambda]$ kongruenthomomorph und die Gleichung $\mathfrak{N}'_{\lambda+1} = (\mathfrak{M}'_{\lambda+1}, \pi)$ ist gleichwertig damit, daß dieser Kongruenzhomomorphismus ein Isomorphismus ist.

Wir begründen nun die Aussagen a) und b) nacheinander und verbinden mit b) den Beweis der Gleichung $\mathfrak{N}'_{\lambda+1} = (\mathfrak{M}'_{\lambda+1}, \pi)$.

a) Nach Voraussetzung ist $\tilde{\tilde{Q}}_\lambda$ ein Integritätsbereich, folglich nach Hilfssatz 1 auch der Polynomring $\tilde{\tilde{Q}}_\lambda[\tilde{u}_\lambda^{(1)}]$ ein Integritätsbereich. Wir wollen überlegen, daß das Polynom $\tilde{G}_\lambda(\tilde{u}_\lambda^{(1)})$ stets ein Primpolynom von $\tilde{\tilde{Q}}_\lambda[\tilde{u}_\lambda^{(1)}]$ ist.

Im Fall $\tilde{G}_\lambda(\tilde{u}_\lambda^{(1)}) = 0$ ist dies selbstverständlich. Ist dagegen $\tilde{G}_\lambda(\tilde{u}_\lambda^{(1)}) \neq 0$, so muß $\tilde{G}_\lambda(\tilde{u}_\lambda^{(1)})$ zunächst sicher unzerlegbar sein. Einmal kann nämlich von $\tilde{G}_\lambda(x)$ als einem Polynom mit dem Einselement als höchstem Koeffizienten sicher kein Element aus $\breve{Q}_\lambda$ abgespalten werden. Andererseits ist auch eine Gleichung $\widetilde{G}_\lambda(x) = \widetilde{F}(x)\,\widetilde{H}(x)$ über $\widetilde{\widetilde{Q}}_\lambda$ mit Faktoren von mindestens erstem Grade unmöglich, denn ihr würde vermittels des Kongruenzhomomorphismus von $\widetilde{\widetilde{Q}}_\lambda = \bar{Q}_\lambda/\overline{\mathfrak{M}}_\lambda$ auf $\mathfrak{L}_\lambda = \bar{Q}_\lambda/\overline{\mathfrak{N}}_\lambda$ die Gleichung $\mathfrak{G}_\lambda(x) = \mathfrak{F}_\lambda(x)\,\mathfrak{H}_\lambda(x)$ über $\mathfrak{L}_\lambda$ mit Faktoren von mindestens erstem Grade folgen, was gegen die vorausgesetzte Irreduzibilität von $\mathfrak{G}_\lambda(x)$ über $\mathfrak{L}_\lambda$ verstößt. Da über $\widetilde{\widetilde{Q}}_\lambda$ als Bewertungsring der Gaußsche Satz gilt, zieht die Unzerlegbarkeit von $\widetilde{G}_\lambda(\bar{u}_\lambda^{(1)})$ die Primelementeigenschaft nach sich. $\widetilde{\widetilde{Q}}_\lambda[\bar{u}_\lambda^{(2)}] = \widetilde{\widetilde{Q}}_\lambda[\bar{u}_\lambda^{(1)}]/\widetilde{G}_\lambda(\bar{u}_\lambda^{(1)})$ ist also tatsächlich stets ein Integritätsbereich.

b) In dem Bewertungsring $\widetilde{\widetilde{Q}}_\lambda$ mit dem Primelement $\bar{\pi}$ ist sicher jede von der Nullklasse verschiedene Klasse nur durch eine endliche Potenz von $\bar{\pi}$ teilbar. Hilfssatz 3 ergibt daher sofort die Tatsache, daß jede von der Nullklasse verschiedene Klasse von $\widetilde{\widetilde{Q}}_\lambda[\bar{u}_\lambda^{(2)}]$ nur durch eine endliche Potenz von $\bar{\pi}$ teilbar ist.

Da ferner in $\bar{Q}_\lambda$ nach Voraussetzung die Gleichung $\overline{\mathfrak{N}}_\lambda = (\overline{\mathfrak{M}}_\lambda, \pi)$ gilt, ist der Kongruenzhomomorphismus von $\widetilde{L}_\lambda = \widetilde{\widetilde{Q}}_\lambda/\bar{\pi}$ auf $\mathfrak{L}_\lambda$ ein Isomorphismus. Wenn wir nun zeigen, daß der Kongruenzhomomorphismus von $\widetilde{L}_\lambda[\bar{u}_\lambda^{(3)}] = \widetilde{\widetilde{Q}}_\lambda[\bar{u}^{(2)}]/\bar{\pi}$ auf $\mathfrak{L}_\lambda[\mathfrak{b}_\lambda]$ ebenfalls ein Isomorphismus ist, so folgt daraus erstens, daß $\widetilde{\widetilde{Q}}_\lambda[\bar{u}_\lambda^{(2)}]/\bar{\pi}$ einen Integritätsbereich, also ein $\bar{\pi}$ Primelement von $\widetilde{\widetilde{Q}}_\lambda[\bar{u}_\lambda^{(2)}]$ darstellt, und zweitens, daß auch in $\bar{Q}'_{\lambda+1} = \bar{Q}_\lambda[u_\lambda]$ die Gleichung $\mathfrak{N}'_{\lambda+1} = (\mathfrak{M}'_{\lambda+1}, \pi)$ besteht.

Der Kongruenzhomomorphismus von $\widetilde{L}_\lambda[\bar{u}_\lambda^{(3)}] = \widetilde{\widetilde{Q}}_\lambda[\bar{u}_\lambda^{(2)}]/\bar{\pi}$ auf $\mathfrak{L}_\lambda[\mathfrak{b}_\lambda]$ ist bestimmt durch die Zuordnung

$$\bar{\bar{\bar{b}}} \to \mathrm{H}(b) = \mathfrak{b} \tag{6}$$

für jede durch ein Element b von $\bar{Q}_\lambda$ erzeugte Klasse $\bar{\bar{\bar{b}}}$ aus $\widetilde{L}_\lambda$ und die Zuordnung

$$\bar{u}_\lambda^{(3)} \to \mathrm{H}(u_\lambda) = \mathfrak{b}_\lambda \tag{7}$$

für $\bar{u}_\lambda^{(3)}$. Die Zuordnung (6) stellt gerade den Kongruenzisomorphismus von $\widetilde{L}_\lambda$ auf $\mathfrak{L}_\lambda$ dar. Von der Klasse $\bar{u}_\lambda^{(3)}$ kann man sagen, daß sie in bezug auf $\widetilde{\mathfrak{L}}_\lambda$ in jedem Fall als Nullstelle des Polynoms $\widetilde{\widetilde{G}}_\lambda(x)$ definiert ist, das aus $\widetilde{G}_\lambda(x)$ hervorgeht, wenn man die Koeffizienten durch die von ihnen bestimmten Klassen mod. $\bar{\pi}$ ersetzt. Diese Aussage behält nämlich offenbar auch dann einen Sinn, wenn $\widetilde{G}_\lambda(x)$ gleich 0 ist. Bei dem Kongruenzisomorphismus (6) geht $\widetilde{\widetilde{G}}_\lambda(x)$ in das über $\mathfrak{L}_\lambda$ irreduzible Polynom $\mathfrak{G}_\lambda(x)$ über, dessen Nullstelle $\mathfrak{b}_\lambda$ ist. Durch (7) werden also die Nullstellen zweier bei dem Kongruenzisomorphismus (6) einander entsprechender irreduzibler Polynome zugeordnet. (6) und (7) zusammen bilden daher wirklich einen Isomorphismus von $\widetilde{L}_\lambda[\bar{u}_\lambda^{(3)}]$ auf $\mathfrak{L}_\lambda[\mathfrak{b}_\lambda]$.

§ 6. Beweis von Satz 5. Folgerungen.

1. Durchführung des Beweises. Wir beweisen nun Satz 5 durch vollständige Induktion und verbinden damit aus beweistechnischen Gründen zugleich die Herleitung des nachstehenden Umfassungssatzes:

Satz 6. *Jedes $\widetilde{\widetilde{Q}}_\lambda$ umfaßt alle $\widetilde{\widetilde{Q}}_{\lambda'}$ mit $\lambda' < \lambda$. Oder, was damit gleichbedeutend ist: Es ist $\overline{\mathfrak{M}}_\lambda \frown \bar{Q}_{\lambda'} = \overline{\mathfrak{M}}_{\lambda'}$.*

Auf Grund von Satz 6 genügt es offenbar, die in Satz 5 behauptete Übereinstimmung der Charakteristiken $\chi(\breve{Q}_\lambda)$ und $\chi(\breve{Q})$ nur für $\lambda = 0$ zu beweisen; für jedes $\lambda > 0$ folgt sie dann nämlich aus Satz 6.

Daß Satz 5 für $\lambda = 0$ richtig ist, erkennt man sofort aus der Bedeutung von $\mathfrak{L}_0$, $\overline{Q}_0$, $\overline{\mathfrak{N}}_0$ und $\overline{\mathfrak{M}}_0$. Die Menge $\mathfrak{B}_0$ der dem ersten Element $\mathfrak{b}_0$ von $\mathfrak{L}$ vorangehenden Elemente ist nämlich leer, also $\mathfrak{L}_0 = \mathfrak{P}(\mathfrak{B}_0) = \mathfrak{P} =$ Primkörper von $\mathfrak{L}$. Ebenso ist U_0 leer und folglich $P[U_0] = P =$ Primintegritätsbereich von $\overline{Q}$. Der Kongruenzhomomorphismus H bildet P auf $\mathfrak{L}_0 = \mathfrak{P}$ ab und dabei gehen alle und nur die durch das charakteristische Primelement π teilbaren Elemente von P in die Null über, $\overline{\mathfrak{N}} \frown P = (\pi)$. Der bezüglich $\mathfrak{N}$ abgeschlossene Quotientenring Q_0 von P entsteht daher, indem man die durch π unteilbaren Elemente in die Nenner nimmt. Er ist ein Bewertungsring mit dem Primelement π, seine vollständige Hülle $\overline{Q}_0$ mithin ein vollständiger Bewertungsring. Schließlich ist $\overline{\mathfrak{N}}_0 = \overline{Q}_0(\overline{\mathfrak{N}} \frown P) = \overline{Q}\pi$.

Da $\overline{\mathfrak{M}}_0$ das Nullideal ist, ist also wirklich $\overline{\mathfrak{N}}_0 = (\overline{\mathfrak{M}}_0, \pi)$. Es ist ferner $\overline{\overline{Q}}_0 = \overline{Q}_0/\overline{\mathfrak{M}}_0 = \overline{Q}_0/0$ isomorph zu $\overline{Q}_0$, d. h. $\overline{\overline{Q}}_0$ ist tatsächlich ein zu $\overline{Q}$ charakteristikgleicher vollständiger Bewertungsring.

Satz 6 ist für $\lambda = 0$ inhaltslos, so daß sich ein Beweis überhaupt erübrigt.

Wir nehmen nun an, Satz 5, folglich auch der aus ihm sich ergebende Zusatz, und ebenso Satz 6 seien bereits für alle $\lambda < \mu$ bewiesen, wo μ eine beliebige Ordnungszahl $\leqq \nu$ bedeutet und zeigen, daß sie dann auch für $\lambda = \mu$ gelten. Dabei unterscheiden wir I. den Fall einer Nichtlimeszahl μ und II. den Fall einer Limeszahl μ.

I. μ ist Nichtlimeszahl. μ besitzt also einen unmittelbaren Vorgänger $\mu - 1$ und nach Induktionsannahme sind die Sätze 5 und 6 für $\mu - 1$ richtig. Wir steigen dann von $\overline{Q}_{\mu-1}$ und $\overline{\overline{Q}}_{\mu-1}$ zu $\overline{Q}_\mu$ und $\overline{\overline{Q}}_\mu$ auf und schließen uns dabei der in § 4, Nr. 3 angegebenen Konstruktion von $\overline{Q}_\mu$ und $\overline{\overline{Q}}_\mu$ in den drei Schritten $\alpha) - \gamma)$ an.

α) *In dem Polynomring* $Q'_\mu = \overline{Q}_{\mu-1}\,[u_{\mu-1}]$ *gilt die Gleichung* $\mathfrak{N}'_\mu = (\mathfrak{M}'_\mu, \pi)$. *Der Ring* $\widetilde{Q}'_\mu = Q'_\mu/\mathfrak{M}'_\mu$ *umfaßt* $\overline{\overline{Q}}_{\mu-1}$ *und besitzt die Eigenschaften* a) *und* b) *des Hilfssatzes* 4.

Setzt man in Hilfssatz 4 $\lambda = \mu - 1$, so sind die dortigen Voraussetzungen gemäß unserer Induktionsannahme erfüllt. Die Behauptung α) folgt daher unmittelbar aus Hilfssatz 4, wenn man noch bedenkt, daß der in α) genannte Restklassenring $\widetilde{Q}'_\mu = Q_{\mu-1}[u_{\mu-1}]/(\overline{\mathfrak{M}}_{\mu-1}, G_{\mu-1}(u_{\mu-1}))$ zu dem in Hilfssatz 4 auftretenden iterierten Restklassenring $\overline{\overline{Q}}_{\mu-1}\,[\tilde{u}^{(2)}_{\mu-1}] = \overline{\overline{Q}}_{\mu-1}\,[\tilde{u}^{(1)}_{\mu-1}]/\widetilde{G}_{\mu-1}\,[\tilde{u}^{(1)}_{\mu-1}]$ kongruentisomorph ist.

β) *In dem Quotientenring* Q_μ *gilt ebenfalls die Gleichung* $\mathfrak{N}_\mu = (\mathfrak{M}_\mu, \pi)$. *Der Ring* $\widetilde{Q}_\mu = Q_\mu/\mathfrak{M}_\mu$ *umfaßt* $\widetilde{Q}'_\mu$ *und ist ein Bewertungsring mit dem Primelement* $\tilde{\pi}$.

Da $\mathfrak{N}_\mu = Q_\mu\mathfrak{N}'_\mu$ und $\mathfrak{M}_\mu = Q_\mu\mathfrak{M}'_\mu$ ist, ergibt sich aus der in α) bewiesenen Gleichung $\mathfrak{N}'_\mu = (\mathfrak{M}'_\mu, \pi)$ sofort $\mathfrak{N}_\mu = (\mathfrak{M}_\mu, \pi)$.

Der Quotientenring Q_μ entsteht aus Q'_μ, indem man das System S' der durch $\mathfrak{N}'_\mu$ unteilbaren Elemente in die Nenner nimmt, $Q_\mu = \dfrac{Q'_\mu}{S'}$. Der Kongruenzhomomorphismus von Q'_μ auf $\widetilde{Q}'_\mu = Q'_\mu/\mathfrak{M}'_\mu$ bildet diese Menge S' infolge der Gleichung $\mathfrak{N}'_\mu = (\mathfrak{M}'_\mu, \pi)$ auf die Menge $\widetilde{S}'$ der durch $\tilde{\pi}$ unteilbaren Klassen von $\widetilde{Q}'_\mu$ ab und läßt sich daher nach § 1, Nr. 3 zu einem Homomorphismus von $Q_\mu = \dfrac{Q'_\mu}{S'}$ auf $\dfrac{\widetilde{Q}'_\mu}{\widetilde{S}'}$ fortsetzen. Dabei ist $\mathfrak{M}_\mu = Q_\mu\mathfrak{M}'_\mu$ das Ideal aller Elemente aus Q_μ, die durch diese Fortsetzung in die Null übergeführt werden. Die Ringe $\widetilde{Q}_\mu = Q_\mu/\mathfrak{M}_\mu$ und $\frac{\widetilde{Q}'_\mu}{\widetilde{S}'}$ können also nach § 1, Nr. 3 als äquivalente Erweiterungen des gemeinsamen Unterrings $\widetilde{Q}'_\mu$ aufgefaßt werden, d. h. $\widetilde{Q}_\mu$ umfaßt sicher $\widetilde{Q}'_\mu$.

Beim Übergang von $\widetilde{Q}'_\mu$ zu dem Quotientenring $\frac{\widetilde{Q}'_\mu}{\widetilde{S}'}$ bleiben die Eigenschaften a) und b) des Hilfssatzes 4 erhalten. $\frac{\widetilde{Q}'_\mu}{\widetilde{S}'}$ ist nämlich wieder ein Integritätsbereich; $\tilde{\pi}$ teilt jede seiner Klassen nur in einer endlichen Potenz und ist nach wie vor Primelement geblieben.

Darüber hinaus ist aber c) in $\frac{\widetilde{Q}'_\mu}{\widetilde{S}'}$ jede durch $\tilde{\pi}$ unteilbare Klasse Einheit, weil jede solche Klasse in dem Nennersystem $\widetilde{S}'$ vorkommt. Aus den Eigenschaften a)—c) folgt nach § 3, Nr. 1, daß $\frac{\widetilde{Q}'_\mu}{\widetilde{S}'}$ ein Bewertungsring mit dem Primelement $\tilde{\pi}$ ist, und dasselbe gilt mithin von dem zu $\frac{\widetilde{Q}'_\mu}{\widetilde{S}'}$ über $\widetilde{Q}'_\mu$ äquivalenten $\widetilde{Q}_\mu$.

γ) *In der vollständigen Hülle $\overline{Q}_\mu$ besteht wiederum die Gleichung $\overline{\mathfrak{N}}_\mu = (\overline{\mathfrak{M}}_\mu, \pi)$. Der Ring $\widetilde{\overline{Q}}_\mu = \overline{Q}_\mu/\overline{\mathfrak{M}}$ umfaßt $\widetilde{Q}_\mu$ und ist ein vollständiger Bewertungsring.*

Aus der Gleichung $\mathfrak{N}_\mu = (\mathfrak{M}_\mu, \pi)$ folgt wegen $\overline{\mathfrak{N}}_\mu = \overline{Q}_\mu \mathfrak{N}_\mu$ und $\overline{\mathfrak{M}}_\mu \geqq \overline{Q}_\mu \mathfrak{M}_\mu$ die Beziehung $\overline{\mathfrak{N}}_\mu = (\overline{Q}_\mu \mathfrak{M}_\mu, \pi) \leqq (\overline{\mathfrak{M}}_\mu, \pi)$. Da nach § 4, Nr. 3 umgekehrt auch $(\overline{\mathfrak{M}}_\mu, \pi) \leqq \overline{\mathfrak{N}}_\mu$ ist, hat man wirklich $\overline{\mathfrak{N}}_\mu = (\overline{\mathfrak{M}}_\mu, \pi)$.

Bei dem Kongruenzhomomorphismus von Q_μ auf $\widetilde{Q}_\mu = Q_\mu/\mathfrak{M}_\mu$ geht π in $\tilde{\pi}$ über. Dieser Kongruenzhomomorphismus ist daher umkehrbar stetig, falls man in Q_μ die durch das charakteristische Primelement π erzeugte Bewertung und in dem Bewertungsring $\widetilde{Q}_\mu$ seine zugehörige, durch $\tilde{\pi}$ erzeugte Bewertung zugrunde legt. Nach § 2, Nr. 3 kann der Kongruenzhomomorphismus dann zu einem stetigen Homomorphismus der vollständigen Hülle $\overline{Q}_\mu$ auf die vollständige Hülle $\overline{\widetilde{Q}}_\mu$ fortgesetzt werden, und dabei ist $\overline{\mathfrak{M}}_\mu$ das Ideal aller Elemente aus $\overline{Q}_\mu$, die durch diese Fortsetzung in die Null übergeführt werden. Die Ringe $\widetilde{\overline{Q}}_\mu = \overline{Q}_\mu/\overline{\mathfrak{M}}_\mu$ und $\overline{\widetilde{Q}}$ stellen also nach § 1, Nr. 3 äquivalente Erweiterungen des gemeinsamen Unterrings $\widetilde{Q}_\mu$ dar, d. h. $\widetilde{\overline{Q}}_\mu$ umfaßt sicher $\widetilde{Q}_\mu$.

$\overline{\widetilde{Q}}_\mu$ ist als vollständige Hülle eines Bewertungsrings notwendig selbst ein vollständiger Bewertungsring und das gleiche gilt mithin für den zu $\overline{\widetilde{Q}}_\mu$ äquivalenten Ring $\widetilde{\overline{Q}}_\mu$.

Im Falle einer Nichtlimeszahl μ ist damit Satz 5 und zugleich auch Satz 6 für $\lambda = \mu$ als richtig erkannt, denn der in $\widetilde{\overline{Q}}_\mu$ enthaltene Ring $\widetilde{Q}_\mu$ umfaßt seinerseits nach β) und α) den Ring $\widetilde{\overline{Q}}_{\mu-1}$ und damit nach Induktionsvoraussetzung alle $\widetilde{\overline{Q}}_{\lambda'}$ mit $\lambda' < \mu$.

II. μ ist Limeszahl. In diesem Fall gehen wir im Anschluß an § 4 in zwei Schritten vor, und zwar bilden wir zunächst α) die Vereinigungsmenge Q_μ aller $\overline{Q}_\lambda$ mit $\lambda < \mu$ und die Vereinigungsmenge $\mathfrak{M}_\mu$ aller $\overline{\mathfrak{M}}_\lambda$ mit $\lambda < \mu$, dann β) die vollständige Hülle $\overline{Q}_\mu$ bzw. $\overline{\mathfrak{M}}_\mu$ von Q_μ bzw. $\mathfrak{M}_\mu$.

α) *In Q_μ besteht die Gleichung $\mathfrak{N}_\mu = (\mathfrak{M}_\mu, \pi)$. $\widetilde{Q}_\mu = Q_\mu/\mathfrak{M}_\mu$ umfaßt jedes $\widetilde{\overline{Q}}_{\lambda'}$ mit $\lambda' < \mu$ und ist ein Bewertungsring mit dem zugehörigen Primelement $\tilde{\pi}$.*

Da nämlich nach Induktionsvoraussetzung für jedes $\lambda < \mu$ sicher $\overline{\mathfrak{N}}_\lambda = (\overline{\mathfrak{M}}_\lambda, \pi)$ ist, so folgt die Gleichung $\mathfrak{N}_\mu = (\mathfrak{M}_\mu, \pi)$ sofort aus den Beziehungen

$$\mathfrak{N}_\mu = \text{Vereinigungsmenge aller } \overline{\mathfrak{N}}_\lambda, \quad \mathfrak{M}_\mu = \text{Vereinigungsmenge aller } \overline{\mathfrak{M}}_\lambda.$$

Um zu zeigen, daß $\widetilde{Q}_\mu$ jedes $\widetilde{\overline{Q}}_{\lambda'}$ umfaßt, bestätigen wir die Relation $\mathfrak{M}_\mu \frown \overline{Q}_{\lambda'} = \overline{\mathfrak{M}}_{\lambda'}$ für jedes $\lambda' < \mu$. Zunächst ist sicher $\mathfrak{M}_\mu \frown \overline{Q}_{\lambda'} \geqq \overline{\mathfrak{M}}_{\lambda'}$. Enthielte nun $\mathfrak{M}_\mu \frown \overline{Q}_{\lambda'}$ ein nicht zu $\overline{\mathfrak{M}}_{\lambda'}$ gehöriges Element, so müßte dies Element gemäß der Entstehung von $\mathfrak{M}_\mu$ aus den $\overline{\mathfrak{M}}_\lambda$ bereits in einem $\overline{\mathfrak{M}}_\lambda$ liegen, dessen Index λ der Bedingung $\lambda' < \lambda < \mu$ genügt. Das betreffende Element befände sich daher auch in dem Durchschnitt $\overline{\mathfrak{M}}_\lambda \frown \overline{Q}_{\lambda'}$, d. h. es wäre $\overline{\mathfrak{M}}_\lambda \frown \overline{Q}_{\lambda'} > \overline{\mathfrak{M}}_{\lambda'}$ entgegen der Induktionsannahme, wonach Satz 6 bereits für alle $\lambda < \mu$ als richtig erkannt ist. Es ist daher wirklich $\mathfrak{M}_\mu \frown \overline{Q}_{\lambda'} = \overline{\mathfrak{M}}_{\lambda'}$.

Da Q_μ nach Definition gleich der Vereinigungsmenge der $\overline{Q}_\lambda$ ist und $\widetilde{Q}_\mu = Q_\mu/\mathfrak{M}_\mu$ nach dem eben auseinandergesetzten jedes $\widetilde{\overline{Q}}_\lambda = \overline{Q}_\lambda/\overline{\mathfrak{M}}_\lambda$ umfaßt, so kann $\widetilde{Q}_\mu$ offenbar als Vereinigungsmenge der aufsteigenden Menge der $\widetilde{\overline{Q}}_\lambda$ aufgefaßt werden. Nach § 3, Nr. 1 ist $\widetilde{Q}_\mu$ also tatsächlich ein Bewertungsring mit dem Primelement $\tilde{\pi}$; denn jedes $\widetilde{\overline{Q}}_\lambda$ ist nach Induktionsannahme ein Bewertungsring mit dem Primelement $\tilde{\pi}$.

Nachdem die Behauptung α) völlig bewiesen ist, steigt man nun von $\widetilde{Q}_\mu$ ganz entsprechend wie unter I γ) zu $\widetilde{\overline{Q}}_\mu$ auf und findet

β) *In $\overline{Q}_\mu$ besteht die Gleichung $\overline{\mathfrak{N}}_\mu = (\overline{\mathfrak{M}}_\mu, \pi)$. $\widetilde{\overline{Q}}_\mu$ umfaßt $\widetilde{Q}_\mu$ und ist ein vollständiger Bewertungsring.*

Mit diesem letzten Schritt ist dann der Beweis der Sätze 5 und 6 völlig erbracht.

2. Folgerungen. Im Anschluß an Satz 5 definieren wir nun: Ein Ideal $\overline{\mathfrak{M}}$ des Grundrings $\overline{Q}$ heiße ganz allgemein ein *reduziertes Grundideal*, wenn $\overline{\mathfrak{N}} = (\overline{\mathfrak{M}}, \pi)$ und $\overline{Q}/\overline{\mathfrak{M}}$ ein mit $\overline{Q}$ charakteristikgleicher vollständiger Bewertungsring ist. Wie in § 4, Nr. 3 ergibt sich dann sofort, daß $\tilde{\pi}$ stets ein Primelement des Bewertungsrings $\widetilde{\overline{Q}} = \overline{Q}/\overline{\mathfrak{M}}$ und $\widetilde{\overline{Q}}/\tilde{\pi}$ zum Restklassenkörper $\mathfrak{L}$ von $\overline{Q}$ isomorph ist. Die Existenz mindestens eines reduzierten Grundideals $\overline{\mathfrak{M}}$ von $\overline{Q}$ ist durch die Konstruktion in § 4, Nr. 2 und durch den soeben bewiesenen Satz 5 gewährleistet.

Betrachtet man den charakteristikgleichen Fall $\chi(\overline{Q}) = \chi(\mathfrak{L})$ und den charakteristikungleichen Fall gesondert, so läßt sich über den Bewertungsring $\overline{Q}/\overline{\mathfrak{M}}$, der aus dem Grundring $\overline{Q}$ bei Betrachtung modulo einem reduzierten Grundideal $\overline{\mathfrak{M}}$ entsteht, noch mehr aussagen.

Satz 7. *Sei $\overline{\mathfrak{M}}$ ein reduziertes Grundideal des Grundrings $\overline{Q}$. Dann ist $\overline{Q}/\overline{\mathfrak{M}}$ im charakteristikgleichen Fall gleich dem Restklassenkörper $\mathfrak{L}$ von $\overline{Q}$, im charakteristikungleichen Fall dagegen ein perfekter p-adischer Bewertungsring mit zu $\mathfrak{L}$ isomorphem Restklassenkörper.*

Im charakteristikgleichen Fall ist nämlich $\pi = \chi e = 0$ und folglich $\overline{\mathfrak{M}} = \overline{\mathfrak{N}}$, d. h. $\overline{Q}/\overline{\mathfrak{M}} = \overline{Q}/\overline{\mathfrak{N}} = \mathfrak{L}$.

Im charakteristikungleichen Fall $\chi(\overline{Q}) = 0$, $\chi(\mathfrak{L}) = p$, ist dagegen $\pi = pe \neq 0$, ferner $\chi(\overline{Q}/\overline{\mathfrak{M}}) = \chi(\overline{Q}) = 0$ und folglich $\tilde{\pi} = p\tilde{e} \neq 0$. $\overline{Q}/\overline{\mathfrak{M}}$ ist also ein vollständiger Bewertungsring von der Charakteristik 0 mit dem Primelement $p\tilde{e} \neq 0$, d. h. $\overline{Q}/\overline{\mathfrak{M}}$ ist wirklich ein perfekter p-adischer Bewertungsring.

Man erkennt nun sofort:

Satz 8. *Zu einem beliebig vorgegebenen Körper $\mathfrak{K}$ der Charakteristik p gibt es stets einen perfekten p-adischen Bewertungsring $\mathsf{B}_{\mathfrak{K}}$, dessen Restklassenkörper zu $\mathfrak{K}$ isomorph ist, folglich auch stets einen perfekten p-adisch bewerteten Körper $\mathsf{K}_{\mathfrak{K}}$, dessen Restklassenkörper zu $\mathfrak{K}$ isomorph ist.*

Nach § 4, Nr. 1 existiert nämlich zu dem vorgegebenen Körper $\mathfrak{K}$ der Charakteristik p sicher ein Grundring $\bar{Q}$ von der Charakteristik 0, dessen Restklassenkörper zu $\mathfrak{K}$ isomorph ist. Ist dann $\overline{\mathfrak{M}}$ ein reduziertes Grundideal von $\bar{Q}$, so ist $\mathsf{B}_{\mathfrak{K}} = \bar{Q}/\overline{\mathfrak{M}}$ nach dem vorigen Satz ein perfekter p-adischer Bewertungsring mit zu $\mathfrak{K}$ isomorphem Restklassenkörper. Der Quotientenkörper $\mathsf{K}_{\mathfrak{K}}$ von $\mathsf{B}_{\mathfrak{K}}$ stellt mithin nach § 2, Nr. 5 einen perfekten p-adisch bewerteten Körper dar, dessen Restklassenkörper zu $\mathfrak{K}$ isomorph ist.

3. Maximalitätssatz. Später brauchen wir noch:

Satz 9. *Ist $\overline{\mathfrak{M}}$ ein reduziertes Grundideal des Grundrings $\bar{Q}$, so ist $\overline{\mathfrak{M}}$ in folgendem Sinne ein maximales Primideal von $\bar{Q}$: Jedes Primideal $\mathfrak{M}^*$, das $\overline{\mathfrak{M}}$ umfaßt und dessen Restklassenkörper $\bar{Q}/\mathfrak{M}^*$ zu $\bar{Q}$ charakteristikgleich ist, stimmt mit $\overline{\mathfrak{M}}$ überein.*

Jedes Primideal $\mathfrak{M}^* \geqq \overline{\mathfrak{M}}$ entspricht nämlich nach dem Isomorphiesatz von E. Noether einem Primideal $\tilde{\mathfrak{M}}^*$ aus $\tilde{\bar{Q}} = \bar{Q}/\overline{\mathfrak{M}}$. Dabei besteht $\mathfrak{M}^*$ aus allen Elementen von $\bar{Q}$, die in den zu $\tilde{\mathfrak{M}}^*$ gehörigen Klassen liegen, und es ist $\bar{Q}/\mathfrak{M}^* \simeq \tilde{\bar{Q}}/\tilde{\mathfrak{M}}^*$. Nun sind aber $\tilde{\mathfrak{M}}^* = (\tilde{0})$ und $\tilde{\mathfrak{M}}^* = (\tilde{\pi})$ die einzigen Primideale des Bewertungsrings $\tilde{\bar{Q}}$, die ihnen entsprechenden Ideale $\mathfrak{M}^* = \overline{\mathfrak{M}}$ und $\mathfrak{M}^* = (\overline{\mathfrak{M}}, \pi)$ also die einzigen Primideale $\geqq \overline{\mathfrak{M}}$ aus $\bar{Q}$.

Für die weitere Überlegung sind zwei Fälle zu unterscheiden. Ist nämlich $\tilde{\pi} = \tilde{0}$, also π Element von $\overline{\mathfrak{M}}$, so ist $(\overline{\mathfrak{M}}, \pi) = \overline{\mathfrak{M}}$ und daher stets $\mathfrak{M}^* = \overline{\mathfrak{M}}$. Ist dagegen $\tilde{\pi} \neq \tilde{0}$, so besitzt der Restklassenring $\bar{Q}/(\overline{\mathfrak{M}}, \pi) \simeq \tilde{\bar{Q}}/\tilde{\pi}$ eine von $\chi(\tilde{\bar{Q}}) = \chi(\bar{Q})$ verschiedene Charakteristik, weil $\tilde{\pi} = \chi \tilde{e}$ im Primintegritätsbereich von $\tilde{\bar{Q}}$ liegt. Das einzige Primideal $\mathfrak{M}^* \geqq \overline{\mathfrak{M}}$, dessen Restklassenring dieselbe Charakteristik wie $\bar{Q}$ besitzt, ist also wieder $\mathfrak{M}^* = \overline{\mathfrak{M}}$.

§ 7. Ergänzungen für Grundkörper mit inseparablem Restklassenkörper.

1. Separierende Ordnung O. Wir betrachten jetzt einen maximalen Grundring $\bar{Q}$ mit dem Restklassenkörper $\mathfrak{L}$ und verstehen unter U eine maximal glatte Hüllentranszendenzbasis von $\bar{Q}$. Der Kongruenzhomomorphismus H von $\bar{Q}$ auf $\bar{Q}/\overline{\mathfrak{N}} = \mathfrak{L}$ erzeugt dann eine umkehrbar eindeutige Abbildung von U auf den ganzen Körper $\mathfrak{L}$. Einer beliebigen Wohlordnung W des ganzen Körpers $\mathfrak{L}$ entspricht daher jeweils eine eindeutig bestimmte Wohlordnung der Hüllentranszendenzbasis U, die wir ebenfalls mit W bezeichnen. Dem Aufbau von $\mathfrak{L}$ mit Hilfe der wohlgeordneten Unterkörperkette, die aus dem Primkörper durch Adjunktion der zu W gehörigen Abschnitte von $\mathfrak{L}$ entsteht, ist dabei die wohlgeordnete Kette von Grundringen zugeordnet, die aus den zu W gehörigen Abschnitten von U abgeleitet sind. Auf diese Weise korrespondiert jedem beliebigen sukzessiven Aufbau von $\mathfrak{L}$ jeweils ein sukzessiver Aufbau von $\bar{Q}$.

Unter $\overline{\mathfrak{M}}$ verstehen wir zunächst ein reduziertes Grundideal von $\bar{Q}$, das zu der durch W wohlgeordneten Basis U gehört, wo W beliebig, aber fest gewählt ist. Die Polynome der Hüllenbasis, mit deren Hilfe wir $\overline{\mathfrak{M}}$ gebildet haben, sind nach Konstruktion wesentlich abhängig von den algebraischen Eigenschaften des Körpers $\mathfrak{L}$ bezüglich der Wohlordnung W.

Um den Beweis der Hauptsätze mit Henselschen Methoden führen zu können, werden wir nun von der Wohlordnung W voraussetzen müssen, daß sie eine separierende Wohlordnung von $\mathfrak{L}$ ist; nur dann nämlich kann die Existenz eines Nullstellensystems von $\overline{\mathfrak{M}}$ aus Henselschen Sätzen erschlossen werden. Die genannte Voraussetzung ist aber selbstverständlich unerfüllbar, wenn der Körper $\mathfrak{L}$ inseparabel ist, d. h. nach Definition, wenn er überhaupt keine separierende Wohlordnung besitzt. Die Überwindung der hieraus entstehenden Schwierigkeiten soll in diesem Paragraphen vorbereitet werden.

Sei also $\mathfrak{L}$ ein inseparabler Körper, seine Charakteristik folglich eine Primzahl p. Anstatt $\mathfrak{L}$ wohlzuordnen, werden wir uns seine Elemente allgemeiner bloß geordnet denken [31]). Zu diesem Zweck greifen wir aus $\mathfrak{L}$ einen separablen Unterkörper $\mathfrak{L}'$ heraus, über dem $\mathfrak{L}$ relativ vollkommen ist, und verstehen unter $\mathfrak{S}$ irgendeine Transzendenzbasis von $\mathfrak{L}/\mathfrak{L}'$. Ist dann

$$\text{(S)} \qquad \mathfrak{L}^{(0)} \leqq \mathfrak{L}^{(1)} \leqq \cdots \leqq \mathfrak{L}^{(n)} \leqq \cdots \; (\mathfrak{L} = \text{Vereinigungsmenge der } \mathfrak{L}^{(n)})$$

der Steinitzsche Körperturm von $\mathfrak{L}/\mathfrak{L}'(\mathfrak{S})$, so gibt es eine separierende Ordnung O von $\mathfrak{L}$ mit folgenden beiden Eigenschaften:

1. O induziert in jedem $\mathfrak{L}^{(n)}$ eine separierende Wohlordnung $W^{(n)}$.

2. Denkt man sich die Elemente von $\mathfrak{L}$ in der durch O angegebenen Reihenfolge hingeschrieben, so erhält man die Summendarstellung

$$\mathfrak{L} = \mathfrak{L}' + \sum_{n=\infty}^{0} \mathfrak{C}^{(n)} \qquad (\mathfrak{C}^{(n)} = \mathfrak{L}^{(n)} - \mathfrak{L}^{(n-1)},\ \mathfrak{C}^{(0)} = \mathfrak{L}^{(0)} - \mathfrak{L}')\,.$$

Die Elemente von $\mathfrak{L}'$ gehen also allen übrigen und die des Komplements $\mathfrak{C}^{(n)}$ jeweils dem Komplement $\mathfrak{C}^{(n-1)}$ voran.

Eine solche Ordnung O nennen wir eine zu dem Körperturm (S) gehörige separierende Ordnung. Sie legen wir im folgenden für den Restklassenkörper $\mathfrak{L}$ von $\overline{Q}$ zugrunde. Als besonders wichtig merken wir für sie schon hier eine Eigenschaft an, die wir später an entscheidender Stelle benötigen werden:

Jedes bei O in dem Gesamtkörper $\mathfrak{L}$ algebraische Element $\mathfrak{b}$ aus $\mathfrak{L}^{(n)}$ ist bereits bei der separierenden Wohlordnung $W^{(n+1)}$ in dem Unterkörper $\mathfrak{L}^{(n+1)}$ separabel algebraisch und zwar liegen die Koeffizienten des irreduziblen separablen Polynoms $\mathfrak{G}(x)$, das $\mathfrak{b}$ bei $W^{(n+1)}$ anulliert, in dem Körper $\mathfrak{L}_{\mathfrak{b}}^{(n)}((\mathfrak{C}^{(n+1)})^p)$, wo $\mathfrak{L}_{\mathfrak{b}}^{(n)}$ der kleinste Unterkörper von $\mathfrak{L}^{(n)}$ ist, der alle $\mathfrak{b}$ bei $W^{(n)}$ vorausgehenden Elemente von $\mathfrak{L}^{(n)}$ umfaßt [32]).

2. Aufsteigende Folge reduzierter Grundideale. Zu jedem Körper $\mathfrak{L}^{(n)}$ des Körperturms (S), zu dem die separierende Ordnung O gehört, suchen wir in der Hüllentranszendenzbasis U von $\overline{Q}$ die Urbildmenge $U^{(n)}$ auf, die durch den Kongruenzhomomorphismus H auf $\mathfrak{L}^{(n)}$ abgebildet wird, und erhalten die Folge

$$U^{(0)} \leqq U^{(1)} \leqq \cdots \leqq U^{(n)} \leqq \cdots .$$

$\overline{Q}^{(n)}$ sei der Grundring der aus $U^{(n)}$ in $\overline{Q}$ abgeleitet ist. Es ist dann offenbar $\mathsf{H}(\overline{Q}^{(n)}) = \mathfrak{L}^{(n)}$ und

$$\overline{Q}^{(0)} \leqq \overline{Q}^{(1)} \leqq \cdots \leqq \overline{Q}^{(n)} \leqq \cdots .$$

$\overline{Q}$ selbst stellt die vollständige Hülle der Vereinigungsmenge aller $\overline{Q}^{(n)}$ dar.

In jedem der Grundringe $\overline{Q}^{(n)}$ werden wir weiter mit Hilfe der Ordnung O ein reduziertes Urbildideal $\overline{\mathfrak{M}}^{(n)}$ erklären. Zu diesem Zweck denken wir uns die separierende

[31]) Vgl. Nr. 11 der Einleitung.

[32]) Vgl. zu all' dem die in [21]) zitierte Arbeit.

Ordnung O von $\mathfrak{L}$ zunächst vermittels des Kongruenzhomomorphismus H auf die Menge U übertragen und bezeichnen die so entstehende Ordnung von U ebenfalls mit dem Buchstaben O. Da die Ordnung O von $\mathfrak{L}$ in jedem Körper $\mathfrak{L}^{(n)}$ eine Wohlordnung induziert, induziert auch die Ordnung O von U in jeder Teilmenge $U^{(n)}$ eine Wohlordnung $W^{(n)}$. $\overline{\mathfrak{M}}^{(n)}$ sei ein reduziertes Urbildideal, das zu der durch $W^{(n)}$ wohlgeordneten Basis $U^{(n)}$ gehört.

Wir behaupten dann:

Satz 10. *Man kann die reduzierten Urbildideale $\overline{\mathfrak{M}}^{(n)}$ der Grundringe $\overline{Q}^{(n)}$ stets so wählen, daß sie eine aufsteigende Folge bilden,*

$$\overline{\mathfrak{M}}^{(0)} \leqq \overline{\mathfrak{M}}^{(1)} \leqq \cdots \leqq \overline{\mathfrak{M}}^{(n)} \leqq \cdots.$$

Jedes $\overline{\mathfrak{M}}^{(n)}$ ist nämlich nach § 4 gegeben in der Form

$$\overline{\mathfrak{M}}^{(n)} = \langle \ldots G_{\mathfrak{b}}^{(n)}(u), \ldots \rangle,$$

wo $\mathfrak{b}$ alle Klassen aus $\mathfrak{L}^{(n)}$ in der durch die Wohlordnung $W^{(n)}$ angegebenen Reihenfolge durchläuft, $\mathsf{H}(u) = \mathfrak{b}$ und $G_{\mathfrak{b}}^{(n)}(x)$ ein zu $W^{(n)}$ gehöriges Urbildpolynom für $\mathfrak{b}$ ist. Für die Polynome $G_{\mathfrak{b}}^{(n)}(x)$ gilt dabei genauer: Bezeichnet $U_{\mathfrak{b}}^{(n)}$ die Teilmenge von $U^{(n)}$, die durch den Homomorphismus H auf den Abschnitt aller $\mathfrak{b}$ bei $W^{(n)}$ vorangehenden Elemente von $\mathfrak{L}^{(n)}$ abgebildet wird, und $\overline{Q}_{\mathfrak{b}}^{(n)}$ den aus $U_{\mathfrak{b}}^{(n)}$ in $\overline{Q}$ abgeleiteten Grundring, so liegen die Koeffizienten von $G_{\mathfrak{b}}^{(n)}(x)$ in $\overline{Q}_{\mathfrak{b}}^{(n)}$, und es ist $\mathsf{H}(G_{\mathfrak{b}}^{(n)}(x)) = \mathfrak{G}_{\mathfrak{b}}^{(n)}(x)$ das durch $\mathfrak{b}$ bei $W^{(n)}$ annullierte irreduzible Polynom. $\mathfrak{G}_{\mathfrak{b}}^{(n)}(x)$ ist also irreduzibel über dem Körper $\mathfrak{L}_{\mathfrak{b}}^{(n)}$, der aus allen $\mathfrak{b}$ bei $W^{(n)}$ vorangehenden Elementen von $\mathfrak{L}^{(n)}$ abgeleitet ist. Bei den folgenden Überlegungen bezeichnen wir mit $\overline{\mathfrak{M}}_{\mathfrak{b}}^{(n)}$ dasjenige Ideal aus $\overline{Q}$, das seinerseits den durch $G_{\mathfrak{b}}^{(n)}(u)$ bestimmten Abschnitt der Hüllenbasis von $\overline{\mathfrak{M}}^{(n)}$ als Hüllenbasis besitzt,
$\overline{\mathfrak{M}}_{\mathfrak{b}}^{(n)} = \langle \ldots G_{\mathfrak{b}'}^{(n)}(u'), \ldots \rangle$ ($\mathfrak{b}'$ durchläuft alle $\mathfrak{b}$ bei $W^{(n)}$ vorangehenden Klassen aus $\mathfrak{L}^{(n)}$).

Zum Beweis von Satz 10 genügt es offenbar zu zeigen:

Hilfssatz 5. *Ist*

$$\overline{\mathfrak{M}}^{(n-1)} = \langle \ldots G_{\mathfrak{b}}^{(n-1)}(u), \ldots \rangle \quad (\mathfrak{b} \text{ aus } \mathfrak{L}^{(n-1)})$$

bereits bestimmt, so lassen sich die Urbildpolynome $G_{\mathfrak{b}}^{(n)}(u)$ für die Elemente $\mathfrak{b}$ aus $\mathfrak{L}^{(n)}$ so wählen, daß das Ideal

$$\overline{\mathfrak{M}}^{(n)} = \langle \ldots G_{\mathfrak{b}}^{(n)}(u), \ldots, \rangle \quad (\mathfrak{b} \text{ aus } \mathfrak{L}^{(n)})$$

das gegebene $\overline{\mathfrak{M}}^{(n-1)}$ umfaßt.

Bei der Begründung dieses Hilfssatzes gehen wir davon aus, daß die Körper $\mathfrak{L}^{(n-1)}$ und $\mathfrak{L}^{(n)}$ bei Anordnung gemäß $W^{(n-1)}$ und $W^{(n)}$ die Summendarstellungen

$$\mathfrak{L}^{(n-1)} = \mathfrak{L}' \qquad + \{\mathfrak{L}^{(n-1)} - \mathfrak{L}'\},$$
$$\mathfrak{L}^{(n)} = \mathfrak{L}' + \mathfrak{E}^{(n)} + \{\mathfrak{L}^{(n-1)} - \mathfrak{L}'\}$$

besitzen. Die Elemente von $\mathfrak{L}'$ stehen also sowohl bei der Wohlordnung $W^{(n-1)}$ von $\mathfrak{L}^{(n-1)}$ wie bei der Wohlordnung $W^{(n)}$ von $\mathfrak{L}^{(n)}$ am Anfang und haben dabei untereinander dieselbe Reihenfolge, weil $W^{(n-1)}$ und $W^{(n)}$ beide durch O induziert werden. Für jedes Element $\mathfrak{b}$ aus $\mathfrak{L}'$ ist daher $\mathfrak{L}_{\mathfrak{b}}^{(n)} = \mathfrak{L}_{\mathfrak{b}}^{(n-1)}$, und das Bildpolynom $\mathsf{H}(G_{\mathfrak{b}}^{(n-1)}(x)) = \mathfrak{G}_{\mathfrak{b}}^{(n-1)}(x)$, das nach der Wahl von $G_{\mathfrak{b}}^{n-1}(x)$ über $\mathfrak{L}_{\mathfrak{b}}^{(n-1)}$ irreduzibel ist, ist selbstverständlich auch über $\mathfrak{L}_{\mathfrak{b}}^{(n)}$ irreduzibel. Man kann daher für jedes $\mathfrak{b}$ aus $\mathfrak{L}'$ das zugehörige Urbildpolynom $G_{\mathfrak{b}}^{(n)}(u)$ gleich dem entsprechenden Polynom $G_{\mathfrak{b}}^{(n-1)}(u)$ aus der Hüllenbasis des gegebenen $\overline{\mathfrak{M}}^{(n-1)}$ setzen. Ist das geschehen, so wählen wir für die in der Wohlordnung $W^{(n)}$ nunmehr folgenden Elemente $\mathfrak{b}$ aus $\mathfrak{C}^{(n)}$ die $G_{\mathfrak{b}}^{(n)}(u)$ irgendwie als zugehörige Urbildpolynome. Wir behalten uns also die genauere Verfügung über die Urbildpolynome $G_{\mathfrak{b}}^{(n)}(u)$ nur noch für die Elemente $\mathfrak{b}$ aus $\{\mathfrak{L}^{(n-1)} - \mathfrak{L}'\}$ vor, die ja in der Wohlordnung $W^{(n)}$ nach $\mathfrak{C}^{(n)}$ auftreten. Für diese $\mathfrak{b}$ können wir nicht einfach $G_{\mathfrak{b}}^{(n)}(u) = G_{\mathfrak{b}}^{(n-1)}(u)$ setzen; denn nunmehr ist $\mathfrak{L}_{\mathfrak{b}}^{(n)} = \mathfrak{L}_{\mathfrak{b}}^{(n-1)}(\mathfrak{C}^{(n)})$ ein Oberkörper von $\mathfrak{L}_{\mathfrak{b}}^{(n-1)}$, und das Bildpolynom $\mathsf{H}(G_{\mathfrak{b}}^{(n-1)}(x)) = \mathfrak{G}_{\mathfrak{b}}^{(n-1)}(x)$ braucht daher über $\mathfrak{L}_{\mathfrak{b}}^{(n)}$ nicht mehr irreduzibel zu sein. Wir werden aber zeigen, daß sich durch passende Wahl der Urbildpolynome $G_{\mathfrak{b}}^{(n)}(u)$ für die Elemente $\mathfrak{b}$ aus $\{\mathfrak{L}^{(n-1)} - \mathfrak{L}'\}$ stets die folgende Teilbarkeitsforderung erfüllen läßt:

(T) *Das gegebene Polynom* $G_{\mathfrak{b}}^{(n-1)}(x)$ *ist mod.* $\overline{\mathfrak{M}}_{\mathfrak{b}}^{(n)}$ *durch* $G_{\mathfrak{b}}^{(n)}(x)$ *teilbar.*

Dann ist offenbar jeweils $G_{\mathfrak{b}}^{(n-1)}(u)$ in $(\overline{\mathfrak{M}}_{\mathfrak{b}}^{(n)}, G_{\mathfrak{b}}^{(n)}(u))$ und damit in $\overline{\mathfrak{M}}^{(n)}$ enthalten, d. h. es ist wirklich $\overline{\mathfrak{M}}^{(n-1)} \leqq \overline{\mathfrak{M}}^{(n)}$.

Die Erfüllbarkeit der Teilbarkeitsforderung (T) bestätigen wir durch vollständige Induktion innerhalb der durch O induzierten Wohlordnung von $\{\mathfrak{L}^{(n-1)} - \mathfrak{L}'\}$. Zu diesem Zwecke nehmen wir an, für alle $\mathfrak{b}$ vorangehenden Elemente von $\{\mathfrak{L}^{(n-1)} - \mathfrak{L}'\}$ seien die zugehörigen Urbildpolynome bereits bekannt, und führen dann die Konstruktion von $G_{\mathfrak{b}}^{(n)}(x)$ durch. Da unsere Induktionsannahme für das Anfangselement von $\{\mathfrak{L}^{(n-1)} - \mathfrak{L}'\}$ offenbar inhaltslos ist, können wir den Induktionsbeginn sogleich in den allgemeinen Induktionsschluß mit hineinnehmen.

Ist das gegebene Polynom $G_{\mathfrak{b}}^{(n-1)}(x) = 0$, so ist die Teilbarkeitsforderung (T) selbstverständlich bei jeder Wahl von $G_{\mathfrak{b}}^{(n)}(x)$ als Urbildpolynom bei $W^{(n)}$ für $\mathfrak{b}$ erfüllt.

Sei also jetzt $G_{\mathfrak{b}}^{(n-1)}(x) \neq 0$. Wir betrachten den Ring $\overline{\overline{Q}}_{\mathfrak{b}}^{(n)} = \overline{Q}_{\mathfrak{b}}^{(n)}/\overline{\mathfrak{M}}_{\mathfrak{b}}^{(n)}$ und den iterierten Restklassenring $\tilde{L}_{\mathfrak{b}}^{(n)} = \overline{\overline{Q}}_{\mathfrak{b}}^{(n)}/\tilde{\pi}$. Ist $F(x)$ ein beliebiges Polynom über $\overline{Q}_{\mathfrak{b}}^{(n)}$, so bezeichne $\tilde{F}(x)$ das Polynom über $\overline{\overline{Q}}_{\mathfrak{b}}^{(n)}$, das aus $F(x)$ bei Ersetzung der Koeffizienten durch ihre Klassen mod. $\overline{\mathfrak{M}}_{\mathfrak{b}}^{(n)}$ entsteht; ferner $\tilde{\tilde{F}}(x)$ das Polynom über $\tilde{L}_{\mathfrak{b}}^{(n)}$, das aus $\tilde{F}(x)$ weiter bei Ersetzung seiner Koeffizienten durch ihre iterierten Klassen mod. $\tilde{\pi}$ hervorgeht. $\tilde{F}(x)$ bzw. $\tilde{\tilde{F}}(x)$ durchlaufen alle Polynome über $\overline{\overline{Q}}_{\mathfrak{b}}^{(n)}$ bzw. $\tilde{L}_{\mathfrak{b}}^{(n)}$, wenn $F(x)$ alle Polynome über $\overline{Q}_{\mathfrak{b}}^{(n)}$ durchläuft.

Der Ring $\overline{\overline{Q}}_{\mathfrak{b}}^{(n)}$ ist nach Satz 5 ein vollständiger Bewertungsring mit dem Primelement $\tilde{\pi}$, und $\tilde{L}_{\mathfrak{b}}^{(n)}$ ist zu $\mathfrak{L}_{\mathfrak{b}}^{(n)}$ kongruentisomorph; $\tilde{\tilde{\mathsf{H}}}$ bezeichne den Kongruenzisomorphismus von $\tilde{L}_{\mathfrak{b}}^{(n)}$ auf $\mathfrak{L}_{\mathfrak{b}}^{(n)}$. Es ist dann $\mathsf{H}(F(x)) = \tilde{\tilde{\mathsf{H}}}(\tilde{\tilde{F}}(x))$ für jedes $F(x)$ über $\overline{Q}_{\mathfrak{b}}^{(n)}$. Da $\mathsf{H}(G_{\mathfrak{b}}^{(n-1)}(x)) = \mathfrak{G}_{\mathfrak{b}}^{(n-1)}(x)$ ist, ist also auch $\tilde{\tilde{\mathsf{H}}}(\tilde{\tilde{G}}_{\mathfrak{b}}^{(n-1)}(x)) = \mathfrak{G}_{\mathfrak{b}}^{(n-1)}(x)$.

Über $\mathfrak{L}_{\mathfrak{b}}^{(n)}$ ist das durch $\mathfrak{b}$ annullierte Polynom $\mathfrak{G}_{\mathfrak{b}}^{(n-1)}(x)$ sicher teilbar durch das durch $\mathfrak{b}$ annullierte irreduzible Polynom $\mathfrak{G}_{\mathfrak{b}}^{(n)}(x)$,

$$\mathfrak{G}_{\mathfrak{b}}^{(n-1)}(x) = \mathfrak{G}_{\mathfrak{b}}^{(n)}(x)\,\mathfrak{H}(x)\,, \tag{8}$$

und dabei sind $\mathfrak{G}_{\mathfrak{b}}^{(n)}(x)$ und $\mathfrak{H}(x)$ teilerfremd, weil $\mathfrak{G}_{\mathfrak{b}}^{(n-1)}(x)$ separabel ist. Von dieser Teilbarkeitsgleichung werden wir schrittweise zu Teilbarkeitsgleichungen über $\tilde{L}_{\mathfrak{b}}^{(n)}$, $\overline{\overline{Q}}_{\mathfrak{b}}^{(n)}$ und $\overline{Q}_{\mathfrak{b}}^{(n)}$ aufsteigen.

Aus der Gleichung (8) geht vermöge des Isomorphismus $\tilde{\tilde{\mathsf{H}}}$ eine Gleichung

$$\tilde{\tilde{G}}_{\mathfrak{b}}^{(n-1)}(x) = \tilde{\tilde{F}}(x)\,\tilde{\tilde{H}}(x)$$

über $\tilde{\mathfrak{L}}_b^{(n)}$ hervor, wo $\tilde{\tilde{\mathsf{H}}}(\tilde{\tilde{F}}(x)) = \mathfrak{G}_b^{(n)}(x)$ und $\tilde{\tilde{F}}(x)$, $\tilde{\tilde{H}}(x)$ wiederum teilerfremd sind. Anders ausgedrückt: Das Polynom $\tilde{G}_b^{(n-1)}(x)$, das nach Konstruktion das Einselement zum höchsten Koeffizienten hat, ist mod. $\bar{\pi}$ als Produkt zweier mod. $\bar{\pi}$ teilerfremder Faktoren $\tilde{F}(x)$ und $\tilde{H}(x)$ darstellbar. Nach dem ersten Henselschen Satz besitzt daher $\tilde{G}_b^{(n-1)}(x)$ über dem vollständigen Bewertungsring $\tilde{\bar{Q}}_b^{(n)}$ einen Teiler $\tilde{G}(x)$ mit höchstem Koeffizienten 1, der mod. $\bar{\pi}$ zu $\tilde{F}(x)$ kongruent, für den also $\tilde{\tilde{G}}(x) = \tilde{\tilde{F}}(x)$ ist. Für das Polynom $G(x)$ selbst gilt dann über $\bar{Q}_b^{(n)}$: $G(x)$ ist nach Konstruktion mod. $\mathfrak{M}_b^{(n)}$ ein Teiler von $G_b^{(n-1)}(x)$, und es ist $\mathsf{H}(G(x)) = \tilde{\tilde{\mathsf{H}}}(\tilde{\tilde{G}}(x)) = \mathfrak{G}_b^{(n)}(x)$, d. h. $G(x)$ ist Urbild von $\mathfrak{G}_b^{(n)}(x)$.

Setzt man also $G_b^{(n)}(x)$ gleich dem Polynom $G(x)$, dessen höchsten Koeffizienten man noch gleich dem Einselement voraussetzen kann, so erfüllt $G_b^{(n)}(x)$ die Teilbarkeitsforderung (T). Satz 10 ist damit bewiesen.

3. Zu O gehöriges reduziertes Grundideal von $\bar{Q}$. Es gilt:

Satz 11. *Bilden die reduzierten Grundideale $\bar{\mathfrak{M}}^{(n)}$ der Grundringe $\bar{Q}^{(n)}$ eine aufsteigende Folge, so ist die vollständige Hülle $\bar{\mathfrak{M}}$ ihrer Vereinigungsmenge $\mathfrak{M}$ ein reduziertes Grundideal von $\bar{Q}$.*

Wir bezeichnen dieses $\bar{\mathfrak{M}}$ als ein reduziertes Grundideal von $\bar{Q}$, das zu der durch O geordneten Hüllentranszendenzbasis U gehört.

Den Beweis des Satzes 11 führen wir in zwei Schritten α), β).

Wir betrachten zunächst die Vereinigungsmenge R der einander umfassenden Ringe $\bar{Q}^{(n)}$. R ist ein Integritätsbereich und $\mathfrak{M}$ ein Ideal von R. Das Ideal $\mathfrak{N}_R = \bar{\mathfrak{N}} \frown R$, hinsichtlich dessen R abgeschlossen ist, ist gleich der Vereinigungsmenge der einander umfassenden Ideale $\bar{\mathfrak{N}}^{(n)} = \bar{\mathfrak{N}} \frown \bar{Q}^{(n)}$, und dabei ist $\bar{Q}^{(n)}$ hinsichtlich $\bar{\mathfrak{N}}^{(n)}$ abgeschlossen. Von R, $\mathfrak{M}$, $\mathfrak{N}_R$ gelangt man offenbar durch Übergang zur vollständigen Hülle zu $\bar{Q}$, $\bar{\mathfrak{M}}$ und $\bar{\mathfrak{N}}$.

α) *In R besteht die Gleichung $\mathfrak{N}_R = (\mathfrak{M}, \pi)$. Der Ring $\tilde{R} = R/\mathfrak{M}$ ist ein mit $\bar{Q}$ charakteristikgleicher Bewertungsring mit dem Primelement $\bar{\pi}$.*

Aus den nach Satz 5 bestehenden Gleichungen $\bar{\mathfrak{N}}^{(n)} = (\bar{\mathfrak{M}}^{(n)}, \pi)$ gewinnt man nämlich durch Bildung der Vereinigungsmenge sofort $\mathfrak{N}_R = (\mathfrak{M}, \pi)$.

Wir überlegen weiter, daß $\tilde{R} = R/\mathfrak{M}$ jeden der Ringe $\tilde{\bar{Q}}^{(n)} = \bar{Q}^{(n)}/\bar{\mathfrak{M}}^{(n)}$ umfaßt, oder was damit gleichbedeutend ist, daß jeweils $\mathfrak{M} \frown \bar{Q}^{(n)} = \bar{\mathfrak{M}}^{(n)}$ ist.

Der Durchschnitt $\mathfrak{M} \frown \bar{Q}^{(n)}$ ist nach Definition von $\mathfrak{M}$ sicher $\geqq \bar{\mathfrak{M}}^{(n)}$. Wäre nun $\mathfrak{M} \frown \bar{Q}^{(n)} > \bar{\mathfrak{M}}^{(n)}$, so müßte nach der Bildung von $\mathfrak{M}$ aus den $\bar{\mathfrak{M}}^{(r)}$ bereits für ein $r > n$ der Durchschnitt $\bar{\mathfrak{M}}^{(r)} \frown \bar{Q}^{(n)} > \bar{\mathfrak{M}}^{(n)}$ sein. Der Durchschnitt $\bar{\mathfrak{M}}^{(r)} \frown \bar{Q}^{(n)} = \bar{\mathfrak{M}}^{*(n)}$ ist aber ein Primideal in $\bar{Q}^{(n)}$, weil $\bar{\mathfrak{M}}^{(r)}$ nach Satz 5 ein Primideal von $\bar{Q}^{(r)}$ ist; der Restklassenring $\bar{Q}^{(n)}/\bar{\mathfrak{M}}^{*(n)}$ ist ferner mit $\bar{Q}$ charakteristikgleich, da $\bar{Q}^{(n)}/\mathfrak{M}^{*(n)}$ nach Definition von $\mathfrak{M}^{*(n)}$ zu einem Unterring von $\bar{Q}^{(r)}/\bar{\mathfrak{M}}^{(r)}$ kongruentisomorph und dieser nach Satz 5 von der Charakteristik $\chi(\bar{Q})$ ist. Aus dem am Schluß des vorigen Paragraphen angeführten Maximalitätssatz folgt daher die Gleichung $\bar{\mathfrak{M}}^{*(n)} = \bar{\mathfrak{M}}^{(n)}$. Also ist auch $\mathfrak{M} \frown \bar{Q}^{(n)} = \bar{\mathfrak{M}}^{(n)}$.

Da R gleich der Vereinigungsmenge der $\bar{Q}^{(n)}$ ist und $\tilde{R} = R/\mathfrak{M}$ jedes $\tilde{\bar{Q}}^{(n)} = \bar{Q}^{(n)}/\bar{\mathfrak{M}}^{(n)}$ umfaßt, ist $\tilde{R}$ notwendig gleich der Vereinigungsmenge der $\tilde{\bar{Q}}^{(n)}$. Jedes $\tilde{\bar{Q}}^{(n)}$ ist aber ein Bewertungsring mit dem Primelement $\bar{\pi}$. Nach § 3, 1 gilt daher das gleiche von $\tilde{R}$.

Durch Übergang zur vollständigen Hülle erhält man aus α) ganz ebenso wie beim Beweis von Satz 5 unter I γ) bzw. II β) das Schlußresultat:

β) In $\bar{Q}$ besteht die Gleichung $\bar{\mathfrak{N}} = (\bar{\mathfrak{M}}, \pi)$. Der Ring $\bar{\bar{Q}} = \tilde{R}/\bar{\mathfrak{M}}$ ist ein mit $\bar{Q}$ charakteristikgleicher vollständiger Bewertungsring.

Damit ist in der Tat gezeigt, daß $\bar{\mathfrak{M}}$ die Definitionseigenschaften eines reduzierten Grundideals besitzt.

Abschnitt III. Beweis der Hauptsätze.

§ 8. Der Begriff des Nullstellensystems für das reduzierte Grundideal $\bar{\mathfrak{M}}$ eines festen Grundrings $\bar{Q}$.

In diesem Abschnitt sollen die Sätze der vorangehenden Paragraphen, die wir bisher nur für den Konstruktionssatz in § 6, Nr. 2 ausnutzten, zum Beweis der Hauptsätze verwendet werden.

1. Bezeichnungsfestsetzungen. Sei $\bar{Q}$ ein festgewählter maximaler Grundring mit dem Grundideal $\bar{\mathfrak{N}}$ und dem Restklassenkörper $\bar{Q}/\bar{\mathfrak{N}} = \mathfrak{L}$, U eine bezüglich $\bar{\mathfrak{N}}$ maximal glatte Hüllentranszendenzbasis von $\bar{Q}$. Je nachdem, ob $\mathfrak{L}$ separabel ist oder nicht, denken wir uns in $\mathfrak{L}$ eine feste separierende Wohlordnung W oder eine feste gemäß § 7, Nr. 1 definierte separierende Ordnung O zugrunde gelegt und verstehen unter $\bar{\mathfrak{M}}$ ein festes, zu der durch W bzw. O geordneten Basis U gehöriges, reduziertes Grundideal von $\bar{Q}$.

Neben $\bar{Q}$ betrachten wir einen beliebig bewerteten vollständigen Körper K, dessen Charakteristik $\chi(\mathsf{K})$ gleich $\chi(\bar{Q})$ ist, und dessen Restklassenkörper $\mathsf{B}/\mathfrak{p}$ einen zu $\mathfrak{L}$ isomorphen Unterkörper $\mathfrak{K}$ besitzt. $\mathfrak{K}$ braucht also abweichend von der Einleitung nicht mit dem ganzen Restklassenkörper von K übereinzustimmen. Ist Θ ein Isomorphismus von $\mathfrak{L}$ auf $\mathfrak{K}$ und bildet man $\bar{Q}$ zunächst durch den Kongruenzhomomorphismus H auf den Restklassenkörper $\bar{Q}/\bar{\mathfrak{N}} = \mathfrak{L}$, dann weiter $\mathfrak{L}$ durch Θ auf $\mathfrak{K}$ ab, so erhält man offenbar einen Homomorphismus $\bar{\Phi} = \Theta\mathsf{H}$ von $\bar{Q}$ auf $\mathfrak{K}$. $\bar{\Phi}$ führt alle und nur die Elemente von $\bar{\mathfrak{N}}$ in die Null über, insbesondere also das in $\bar{\mathfrak{N}}$ enthaltene charakteristische Primelement π.

Aus $\bar{Q}$ greifen wir nun wieder (vgl. § 4, Nr. 1) eine Menge V von der Form $V = \{u^{e_u}\}$ heraus, wo u die Elemente einer Teilmenge von U durchläuft, und bilden den aus V in $\bar{Q}$ abgeleiteten Grundring $\bar{Q}_V$. $\bar{Q}_V$ wird durch $\bar{\Phi}$ auf den Körper $\mathfrak{K}_V = \mathfrak{P}(\mathfrak{A}_V)$ abgebildet, wo $\mathfrak{P}$ der Primkörper von $\mathfrak{K}$ und $\bar{\Phi}(V) = \mathfrak{A}_V$ die $\bar{\Phi}$-Bildmenge von V ist. $\bar{\Phi}$ erzeugt also einen Homomorphismus $\bar{\Phi}_V$ von $\bar{Q}_V$ auf $\mathfrak{K}_V$.

Der Bildkörper $\mathfrak{K}_V$ besteht seiner Natur nach aus gewissen Klassen des Bewertungsrings B von K. Von diesen Klassen gehen wir wieder zu ihren Repräsentanten in B zurück, und zwar denken wir uns jedem Element v aus V einen Repräsentanten $\psi(v) = \alpha$ seiner $\bar{\Phi}$-Bildklasse $\bar{\Phi}(v) = \mathfrak{a}$ zugeordnet, so daß eine umkehrbar eindeutige Abbildung ψ von V auf die Teilmenge $\mathsf{A}_V = \{\alpha\}$ des Ringes B entsteht. Dabei ist also stets

$$\psi(v) \in \bar{\Phi}(v),$$

und man kann infolgedessen die durch $\bar{\Phi}$ induzierte Abbildung

$$\varphi(v) = \mathfrak{a} \text{ von } V \text{ auf } \mathfrak{A}_V$$

zusammensetzen aus ψ und der „$\mathfrak{p}$-Kongruenzabbildung"

$$\chi(\alpha) = \mathfrak{a} \text{ von } \mathsf{A}_V \text{ auf } \mathfrak{A}_V,$$

$$\varphi = \chi\psi.$$

Wir nennen die Abbildung ψ deshalb einen *Kongruenzteiler von* $\bar{\Phi}$.

Die Menge A_V enthält offenbar zu jeder Klasse aus $\mathfrak{A}_V$ mindestens einen Repräsentanten. Enthält sie zu jeder Klasse auch nur einen Repräsentanten, d. h. ist A_V ein Repräsentantensystem von $\mathfrak{A}_V$ so ist die Abbildung ψ von V auf A_V durch die Angabe von A_V und die Forderung, Kongruenzteiler von $\overline{\Phi}$ zu sein, bereits eindeutig bestimmt; denn es ist dann $\psi(v)$ gleich dem eindeutig bestimmten Repräsentanten von $\overline{\Phi}(v)$ in A_V. In diesem Falle geben wir die Abbildung ψ kurz durch das Zeichen $V | \mathsf{A}_V$ wieder.

2. Abbildungssatz. Wir behaupten:

Satz 12. *Ist die Abbildung ψ von V auf A_V ein Kongruenzteiler von $\overline{\Phi}$, so läßt sie sich auf eine und nur eine Weise zu einem stetigen Homomorphismus $\overline{\Psi}$ von $\overline{Q}_V$ auf einen eindeutig bestimmten Unterring $\overline{\Omega}'_V$ des Bewertungsrings* B *fortsetzen. $\overline{\Omega}'_V$ ist zu $\mathfrak{R}_V$ kongruenthomomorph, und es ist $\overline{\Phi}_V = \overline{\mathsf{X}}\,\overline{\Psi}$, wo $\overline{\mathsf{X}}$ den Kongruenzhomomorphismus von $\overline{\Omega}'_V$ auf $\mathfrak{R}_V$ bezeichnet.*

Zum Beweis dieser Behauptungen bauen wir den Grundring $\overline{Q}_V$ schrittweise aus dem Primintegritätsbereich P von $\overline{Q}$ auf, indem wir zunächst α) den Polynomring $J_V = P[V]$ bilden, dann β) den Quotientenring $Q_V = \dfrac{J_V}{S}$, wo S das System aller durch $\overline{\mathfrak{N}}$ unteilbaren Polynome von J bedeutet, schließlich γ) die vollständige Hülle $\overline{Q}_V$ von Q_V. Wir zeigen dann, daß die mengentheoretische Abbildung ψ von V auf A_V sich jeweils eindeutig fortsetzen läßt zu einem Homomorphismus von $J_V, Q_V, \overline{Q}_V$ und bestimmen gleichzeitig das Verhältnis dieser Fortsetzungen zu $\overline{\Phi}$.

α) Daß zunächst ψ eindeutig zu einem Homomorphismus Ψ' von $J_V = P[V]$ auf einen Unterring von B fortgesetzt werden kann, nämlich auf den Integritätsbereich $\mathsf{I}_V = \Pi[\mathsf{A}_V]$ ergibt sich unmittelbar aus § 1, Nr. 3. Dabei bedeutet Π den Primintegritätsbereich von K, und es ist

$$\Psi'\Big(\sum_{k_1 \cdots k_r} m_{k_1 \cdots k_r}\, e\, v_1^{k_1} \cdots v_r^{k_r}\Big) = \sum_{k_1 \cdots k_r} m_{k_1 \cdots k_r}\, \varepsilon\, \alpha_1^{k_1} \cdots \alpha_r^{k_r} \quad (e, \varepsilon \text{ Einselemente von } P, \Pi).$$

Der Homomorphismus $\overline{\Phi}$ erzeugt seinerseits einen Homomorphismus Φ'_V von $J_V = P[V]$ auf $\mathfrak{J}_V = \mathfrak{P}[\mathfrak{A}_V]$,

$$\Phi'_V\Big(\sum_{k_1 \cdots k_r} m_{k_1 \cdots k_r}\, e\, v_1^{k_1} \cdots v_r^{k_r}\Big) = \sum_{k_1 \cdots k_r} m_{k_1 \cdots k_r}\, \mathfrak{e}\, \mathfrak{a}_1^{k_1} \cdots \mathfrak{a}_r^{k_r} \quad (\mathfrak{e} \text{ Einselement von } \mathfrak{P}).$$

Ordnet man andererseits jedem Element von I_V seine in B mod. $\mathfrak{p}$ bestimmte Klasse zu, so erhält man den $\mathfrak{p}$-Kongruenzhomomorphismus X' von $\mathsf{I}_V = \Pi[\mathsf{A}_V]$ auf $\mathfrak{J}_V = \mathfrak{P}[\mathfrak{A}_V]$,

$$\mathsf{X}'\Big(\sum_{k_1 \cdots k_r} m_{k_1 \cdots k_r}\, \varepsilon\, \alpha_1^{k_1} \cdots \alpha_r^{k_r}\Big) = \sum_{k_1 \cdots k_r} m_{k_1 \cdots k_r}\, \mathfrak{e}\, \mathfrak{a}_1^{k_1} \cdots \mathfrak{a}_r^{k_r}.$$

Es ist nun, wie sofort ersichtlich, $\Phi'_V = \mathsf{X}'\Psi'$. Insbesondere ist $\mathsf{X}'(\Psi'(\pi)) = \Phi'_V(\pi) = 0$, d. h. die durch $\Psi'(\pi)$ in B mod. $\mathfrak{p}$ bestimmte Klasse ist die Nullklasse, $\Psi'(\pi)$ mithin durch $\mathfrak{p}$ teilbar.

β) Das System S der Polynome, die bei der Bildung des Quotientenrings $Q_V = \dfrac{J_V}{S}$ in die Nenner genommen werden, geht gemäß seiner Definition bei dem Homomorphismus Φ'_V in das System $\Phi'_V(S) = \mathfrak{S}$ aller von 0 verschiedener Klassen aus $\mathfrak{J}_V$ über. S wird somit auch durch Ψ' in ein System $\Psi'(S) = \Sigma$ lauter von 0 verschiedener Elemente übergeführt; denn es ist $\mathsf{X}'(\Sigma) = \mathfrak{S}$, d. h. sogar die Klassen der Elemente aus Σ sind sämtlich von 0 verschieden. Nach § 1, Nr. 3 kann daher der Homomorphismus Ψ' von J_V eindeutig zu einem Homomorphismus Ψ von $Q_V = \dfrac{J_V}{S}$ fortgesetzt werden. Dabei ist für ein Element $\dfrac{d}{s}$ aus Q_V stets $\Psi\left(\dfrac{d}{s}\right) = \dfrac{\Psi'(d)}{\Psi'(s)} = \dfrac{\delta}{\sigma}$, ferner ist $\Psi(Q_V) = \dfrac{\mathsf{I}_V}{\Sigma} = \Omega_V$. Der

Quotientenring Ω_V liegt wieder in B, weil Σ aus lauter Elementen besteht, die durch $\mathfrak{p}$ unteilbar sind.

$\overline{\Phi}$ erzeugt seinerseits einen Homomorphismus Φ_V von $Q_V = \frac{J_V}{S}$ auf $\frac{\mathfrak{J}_V}{\mathfrak{S}} = \mathfrak{K}_V$, $\Phi_V\left(\frac{d}{s}\right) = \frac{\Phi'_V(d)}{\Phi'_V(s)} = \frac{\mathfrak{d}}{\mathfrak{s}}$. Andererseits wird $\Omega_V = \frac{\mathsf{I}_V}{\Sigma}$ durch den Kongruenzhomomorphismus $\mathsf{X}\left(\frac{\delta}{\sigma}\right) = \frac{\mathsf{X}'_V(\delta)}{\mathsf{X}'_V(\sigma)} = \frac{\mathfrak{d}}{\mathfrak{s}}$ ebenfalls in $\frac{\mathfrak{J}_V}{\mathfrak{S}} = \mathfrak{K}_V$ übergeführt, und es ist wieder $\Phi_V = \mathsf{X}\Psi$.

γ) Der Homomorphismus Ψ von Q_V auf Ω_V ist stetig, weil das Bild $\Psi(\pi) = \Psi'(\pi)$ des charakteristischen Primelements durch $\mathfrak{p}$ teilbar ist. Ψ läßt sich daher nach § 2, Nr. 3 eindeutig zu einem stetigen Homomorphismus $\overline{\Psi}$ von $\overline{Q}_V$ auf einen Unterring des vollständigen Bewertungsrings B fortsetzen. Dabei ist $\overline{\Psi}\,(\overline{Q}_V) = \overline{\Omega}'_V$ seinerseits in der vollständigen Hülle $\overline{\Omega}_V$ von Ω_V enthalten.

$\overline{\Omega}'_V$ wird durch den $\mathfrak{p}$-Kongruenzhomomorphismus $\overline{\mathsf{X}}$ nach § 2, Nr. 4 wiederum auf $\mathfrak{K}_V$ abgebildet. $\overline{\mathsf{X}}\overline{\Psi}$ ist daher ebenso wie $\overline{\Phi}_V$ ein Homomorphismus von $\overline{Q}_V$ auf $\mathfrak{K}_V$ und Fortsetzung von $\mathsf{X}\Psi = \Phi_V$. Da es nach § 2, Nr. 4 nur einen Homomorphismus von $\overline{Q}_V$ auf $\mathfrak{K}_V$ gibt, der Fortsetzung von Φ_V ist, so ist $\overline{\Phi}_V = \overline{\mathsf{X}}\overline{\Psi}$.

Damit ist Satz 12 vollständig bewiesen.

Aus der Tatsache, daß der Ring $\overline{\Omega}'_V$ zu $\mathfrak{K}_V$ kongruenthomomorph ist, ergibt sich nach § 1, Nr. 1 sofort:

Folgerung. *Der Restklassenring* $\overline{\Omega}'_V/(\mathfrak{p} \cap \overline{\Omega}'_V)$ *von* $\overline{\Omega}'_V$ *ist zu* $\mathfrak{K}_V$ *kongruentisomorph.*

Im Anschluß an Satz 12 führen wir ferner folgende Bezeichnungen ein. Ist $D(v)$ ein Element von $\overline{Q}_V$ und $D(\alpha)$ sein $\overline{\Psi}$-Bild in $\overline{\Omega}'_V$, so sagen wir, $D(\alpha)$ sei aus $D(v)$ durch die Abbildung $\psi(V) = \mathsf{A}_V$ entstanden; entsprechend: Der ganze Ring $\overline{\Omega}'_V$ sei aus $\overline{Q}_V$ durch die Abbildung $\psi(V) = \mathsf{A}_V$ entstanden.

Ist A ein Repräsentantensystem für alle Klassen von $\mathfrak{K}$, so geht der ganze Ring $\overline{Q}$ durch die Abbildung $U \mid \mathsf{A}$ in einen Unterring von B über. Die Abbildung $U \mid \mathsf{A}$ erzeugt daher stets eine Abbildung $\psi(V) = \mathsf{A}_V$, die sicher Kongruenzteiler von $\overline{\Phi}$ ist.

3. Verschärfung. Für die späteren Schlüsse brauchen wir noch eine Verschärfung des in der vorigen Nummer bewiesenen Abbildungssatzes.

Sei $\mathfrak{r}$ ein beliebiges Ideal des Bewertungsrings B von K; $\psi(V) = \mathsf{A}_V$ und $\psi'(V) = \mathsf{A}'_V$ seien zwei Abbildungen von V auf Teilmengen $\mathsf{A}_V = \{\alpha\}$ und $\mathsf{A}'_V = \{\alpha'\}$ von B. Wir nennen dann ψ und ψ' kongruent mod. $\mathfrak{r}$, wenn für jedes v gilt: $\psi(v) \equiv \psi'(v)$ mod. $\mathfrak{r}$. Stellen A_V und A'_V beide je ein Repräsentantensystem aller Klassen aus $\overline{\Phi}(V) = \mathfrak{A}_V$ dar, so bezeichnen wir A_V und A'_V selbst als kongruent mod. $\mathfrak{r}$, wenn die in A_V und A'_V liegenden Repräsentanten α und α' einer beliebigen Klasse $\mathfrak{a}$ aus $\mathfrak{A}_V$ stets mod. $\mathfrak{r}$ kongruent sind. Aus $\mathsf{A}_V \equiv \mathsf{A}'_V$ mod. $\mathfrak{r}$ folgt sofort, daß die Abbildungen $V \mid \mathsf{A}_V$ und $V \mid \mathsf{A}'_V$ mod. $\mathfrak{r}$ kongruent sind.

Satz 13. *Sind* $\psi(V) = \mathsf{A}_V$ *und* $\psi'(V) = \mathsf{A}'_V$ *zwei Abbildungen, die beide Kongruenzteiler von* $\overline{\Phi}$ *und mod.* $\mathfrak{r}$ *kongruent sind, sind ferner* $D(\alpha)$ *bzw.* $D(\alpha')$ *die Elemente von* B, *die aus einem Element* $D(v)$ *von* $\overline{Q}$ *durch die Abbildungen* $\psi(V) = \mathsf{A}_V$ *bzw.* $\psi'(V) = \mathsf{A}'_V$ *entstehen, so ist auch*

$$D(\alpha) \equiv D(\alpha') \text{ mod. } \mathfrak{r}.$$

Ist nämlich zunächst $D(v)$ ein Element von Q_V, also

$$D(v) = \frac{\Sigma m_{k_1 \ldots k_r} e v_1^{k_1} \cdots v_r^{k_r}}{\Sigma l_{k_1 \ldots k_r} e v_1^{k_1} \cdots v_r^{k_r}}$$

und folglich

$$D(\alpha) = \frac{\Sigma m_{k_1 \ldots k_r} \varepsilon \alpha_1^{k_1} \cdots \alpha_r^{k_r}}{\Sigma l_{k_1 \ldots k_r} \varepsilon \alpha^{k_1} \cdots \alpha_r^{k_r}} \text{ bzw. } D(\alpha') = \frac{\Sigma m_{k_1 \ldots k_r} \varepsilon \alpha_1'^{k_1} \cdots \alpha_r'^{k_r}}{\Sigma l_{k_1 \ldots k_r} \varepsilon \alpha_1'^{k_1} \cdots \alpha_r'^{k_r}},$$

so ergibt sich aus $\alpha_i \equiv \alpha_i'$ mod. $\mathfrak{r}$ sofort $D(\alpha) \equiv D(\alpha')$ mod. $\mathfrak{r}$, denn die Nenner von $D(\alpha)$ und $D(\alpha')$ sind Einheiten von B.

Ein beliebiges Element $D(v)$ von $\overline{Q}_V$ ist stets Grenzwert einer Folge

$$D_1(v),\ D_2(v), \ldots, D_n(v), \ldots$$

von Elementen $D_n(v)$ aus Q_V; $D_n(v) \to D(v)$. Da der durch die Abbildungen $\psi(V) = \mathsf{A}_V$ bzw. $\psi'(V) = \mathsf{A}_V'$ erzeugte Homomorphismus stetig ist, gilt dann auch $D_n(\alpha) \to D(\alpha)$ bzw. $D_n(\alpha') \to D(\alpha')$. Nach dem soeben bewiesenen ist aber $D_n(\alpha) - D_n(\alpha')$ ein Element aus $\mathfrak{r}$, weil $D_n(\alpha)$ und $D_n(\alpha')$ aus einem Element von Q_V entstanden sind. Andererseits ist $\mathfrak{r}$ als Ideal des vollständigen Bewertungsrings B sicher selbst vollständig. Der Grenzwert $D(\alpha) - D(\alpha')$ der Folge $D_n(\alpha) - D_n(\alpha')$ liegt also ebenfalls in $\mathfrak{r}$, d. h. es ist $D(\alpha) \equiv D(\alpha')$ mod. $\mathfrak{r}$.

4. Nullstellensystem von $\overline{\mathfrak{M}}$. Wir betrachten nun ein Repräsentantensystem A für alle Klassen von $\mathfrak{K}$ und führen den ganzen Ring $\overline{Q}$ durch die Abbildung $U \mid \mathsf{A}$ in einen Unterring $\overline{\Omega}$ von B über. A heiße ein *Nullstellensystem des reduzierten Urbildideals* $\overline{\mathfrak{M}}$, wenn dabei alle Elemente von $\overline{\mathfrak{M}}$ in die Null übergehen.

Satz 14. *Ist* A *ein Nullstellensystem von* $\overline{\mathfrak{M}}$, *so ist der aus* $\overline{Q}$ *durch die Abbildung* $U \mid \mathsf{A}$ *entstehende Unterring* $\overline{\Omega}$ *von* B *zu* $\overline{Q}/\overline{\mathfrak{M}}$ *isomorph.*

Sei nämlich $\mathfrak{M}^*$ das Ideal aller Elemente aus $\overline{Q}$, die bei der Abbildung $U \mid \mathsf{A}$ in die Null übergehen, so daß $\overline{Q}/\mathfrak{M}^* \cong \overline{\Omega}$ ist. Da A ein Nullstellensystem von $\overline{\mathfrak{M}}$ ist, ist sicher $\mathfrak{M}^* \geqq \overline{\mathfrak{M}}$. $\mathfrak{M}^*$ ist ferner Primideal, weil $\overline{\Omega}$ ein Integritätsbereich ist, und es ist die Charakteristik $\chi(\overline{Q}/\mathfrak{M}^*) = \chi(\overline{\Omega})$ gleich der Charakteristik $\chi(\overline{Q})$, weil $\overline{\Omega}$ dieselbe Charakteristik wie K hat und nach Voraussetzung $\chi(\mathsf{K}) = \chi(\overline{Q})$ ist. Nach dem Maximalitätssatz für die reduzierten Grundideale ist daher $\mathfrak{M}^* = \overline{\mathfrak{M}}$ und damit wirklich $\overline{Q}/\overline{\mathfrak{M}} \cong \overline{\Omega}$.

Wir gehen jetzt noch näher auf die Verhältnisse im charakteristikgleichen und charakteristikungleichen Fall gesondert ein. Dabei bedeute A stets ein Repräsentantensystem für die Klassen von $\mathfrak{K}$, das zugleich Nullstellensystem von $\overline{\mathfrak{M}}$ ist.

Im charakteristikgleichen Fall ist $\chi(\overline{Q}) = \chi(\mathfrak{L})$ und ebenso $\chi(\mathsf{K}) = \chi(\mathfrak{K})$. Der Ring $\overline{Q}/\overline{\mathfrak{M}}$ ist nach § 4, Nr. 4 ein Körper, also ist auch der durch die Abbildung $U|\mathsf{A}$ entstehende zu $\overline{Q}/\overline{\mathfrak{M}}$ isomorphe Unterring $\overline{\Omega}$ von B ein Körper. Da das Primideal $\mathfrak{p}$ von B von Einheitsideal verschieden ist, ist infolgedessen notwendig

(9) $$\mathfrak{p} \cap \overline{\Omega} = 0.$$

Andererseits ist der Restklassenring $\overline{\Omega}/(\mathfrak{p} \cap \overline{\Omega})$, wie in Nr. 2 gezeigt, zu $\mathfrak{K}$ kongruentisomorph. Wegen (9) ist mithin $\overline{\Omega}$ selbst zu $\mathfrak{K}$ kongruentisomorph, d. h. $\overline{\Omega}$ ist ein relationstreues Repräsentantensystem für die Klassen von $\mathfrak{K}$.

Im charakteristikungleichen Fall ist $\chi(\overline{Q}) = 0$, $\chi(\mathfrak{L}) = p$ und ebenso $\chi(\mathsf{K}) = 0$, $\chi(\mathfrak{K}) = p$. Der Ring $\overline{Q}/\overline{\mathfrak{M}}$ ist nach § 4, Nr. 4 ein perfekter p-adischer Bewertungsring, und das gleiche gilt daher von dem Ring $\overline{\Omega}$ der aus $\overline{Q}$ durch die Abbildung $U \mid \mathsf{A}$ entsteht. Da $\overline{\Omega}$ als Bewertungsring nur ein vom Nullideal verschiedenes Primideal enthält, ist $\mathfrak{p} \frown \overline{\Omega}$ gleich dem Primideal von $\overline{\Omega}$. Aus der Tatsache, daß $\overline{\Omega}/(\mathfrak{p} \frown \overline{\Omega})$ zu $\mathfrak{K}$ kongruentisomorph ist, folgt daher: $\overline{\Omega}$ ist ein perfekter p-adischer Bewertungsring mit zu $\mathfrak{K}$ kongruentisomorphem Restklassenkörper.

Zusammengefaßt erhalten wir folgendes Ergebnis, das wir wegen seiner Wichtigkeit noch einmal ausführlich formulieren:

Satz 14'. *Sei* K *ein beliebig bewerteter vollständiger Körper, dessen Charakteristik mit der Charakteristik des festen maximalen Grundrings* $\overline{Q}$ *übereinstimmt, und dessen Restklassenkörper einen zum Restklassenkörper* $\mathfrak{L}$ *von* $\overline{Q}$ *isomorphen Unterkörper* $\mathfrak{K}$ *besitzt.* K *enthalte ferner ein Repräsentantensystem für die Klassen von* $\mathfrak{K}$, *das zugleich ein Nullstellensystem des festen reduzierten Grundideals* $\overline{\mathfrak{M}}$ *von* $\overline{Q}$ *ist. Dann ist der Unterring* $\overline{\Omega}$, *der aus* $\overline{Q}$ *durch die Abbildung* $U \mid \mathsf{A}$ *entsteht, zu dem festen Ring* $\overline{Q}/\overline{\mathfrak{M}}$ *isomorph.* $\overline{\Omega}$ *stellt im charakteristikgleichen Fall ein relationstreues Repräsentantensystem für die Klassen von* $\mathfrak{K}$, *im charakteristikungleichen Fall einen perfekten p-adischen Bewertungsring mit zu* $\mathfrak{K}$ *kongruentisomorphem Restklassenkörper dar.*

§ 9. Existenzbeweis für ein Nullstellensystem von $\overline{\mathfrak{M}}$ im Falle eines Grundrings $\overline{Q}$ mit separablem Restklassenkörper.

1. Vorbereitungen. Wir wollen nun zeigen, daß die in Satz 14' auftretende Voraussetzung über die Existenz eines Nullstellensystems von $\overline{\mathfrak{M}}$ bei beliebiger Bewertung von K stets erfüllt ist, sobald der Restklassenkörper $\mathfrak{L}$ des Grundrings $\overline{Q}$ separabel ist. Genauer:

Satz 15. *Ist der Restklassenkörper* $\mathfrak{L}$ *des festen Grundrings* $\overline{Q}$ *separabel und* K *ein beliebig bewerteter vollständiger Körper, dessen Charakteristik* $\chi(\mathsf{K})$ *gleich* $\chi(\overline{Q})$ *ist, und dessen Restklassenkörper einen zu* $\mathfrak{L}$ *isomorphen Unterkörper* $\mathfrak{K}$ *besitzt, so enthält* K *stets ein Repräsentantensystem für die Klassen von* $\mathfrak{K}$, *das Nullstellensystem des reduzierten Grundideals* $\overline{\mathfrak{M}}$ *von* $\overline{Q}$ *ist.*

Zum Beweis dieses Satzes denken wir uns die feste separierende Wohlordnung W von $\mathfrak{L}$ mit Hilfe des Isomorphismus Θ auf den Körper $\mathfrak{K}$ übertragen und bezeichnen die entstehende Wohlordnung von $\mathfrak{K}$ ebenfalls mit W. Wir haben dann also drei ähnlich wohlgeordnete Mengen nebeneinander: Einmal die durch W wohlgeordnete Hüllentranszendenzbasis U, dann den durch W wohlgeordneten Restklassenkörper $\mathfrak{L}$ und schließlich den durch W wohlgeordneten Körper $\mathfrak{K}$. Dabei geht die Wohlordnung W von U, die durch den Kongruenzhomomorphismus H in die Wohlordnung W von $\mathfrak{L}$ übergeführt wird, offenbar durch $\overline{\Phi} = \Theta\mathsf{H}$ in die Wohlordnung W von $\mathfrak{K}$ über. Wir betrachten nun U und $\mathfrak{K}$ unmittelbar nebeneinander, lassen also das Zwischenglied $\mathfrak{L}$ fort.

Dazu bemerken wir: Die Abschnitte von U werden offenbar durch $\overline{\Phi}$ auf die Abschnitte von $\mathfrak{K}$ abgebildet; die aus den Abschnitten von U in $\overline{Q}$ abgeleiteten Grundringe auf die aus den Abschnitten von $\mathfrak{K}$ abgeleiteten Körper. Wir bezeichnen mit U_α den Abschnitt von U, dem in $\mathfrak{K}$ der durch das Element α bestimmte Abschnitt entspricht, mit $\overline{Q}_{\mathfrak{a}}$ den aus $U_{\mathfrak{a}}$ abgeleiteten Grundring, so daß $\overline{\Phi}(\overline{Q}_{\mathfrak{a}}) = \mathfrak{K}_{\mathfrak{a}}$ ist. Das reduzierte Grundideal $\overline{\mathfrak{M}}$ ist ursprünglich mit Hilfe einer Hüllenbasis definiert in der Gestalt

$$\overline{\mathfrak{M}} = \langle \ldots G_{\mathfrak{b}}(u), \ldots \rangle,$$

wo $\mathfrak{b}$ alle Elemente von $\mathfrak{L}$ durchläuft, $\mathsf{H}(u) = \mathfrak{b}$ und $\mathsf{H}(G_{\mathfrak{b}}(x)) = \mathfrak{G}_{\mathfrak{b}}(x)$ das durch $\mathfrak{b}$ bei W annullierte irreduzible Polynom ist. Wir suchen jetzt die Klasse $\Theta(\mathfrak{b}) = \mathfrak{a}$ von $\mathfrak{K}$ auf, und setzen $G_{\mathfrak{b}}(x) = G_{\mathfrak{a}}(x)$, schreiben also dementsprechend:

$$\overline{\mathfrak{M}} = \langle \ldots G_{\mathfrak{a}}(u), \ldots \rangle,$$

wo $\mathfrak{a}$ alle Klassen von $\mathfrak{K}$ durchläuft, $\overline{\Phi}(u) = \mathfrak{a}$ und $\overline{\Phi}(G_{\mathfrak{a}}(x)) = \mathfrak{F}_{\mathfrak{a}}(x)$ das durch $\mathfrak{a}$ bei W annullierte irreduzible Polynom ist. Die Koeffizienten von $G_{\mathfrak{a}}(x)$ liegen jeweils in $\overline{Q}_{\mathfrak{a}}$.

2. Existenzbeweis. Da der durch die Abbildung $U \mid \mathsf{A}$ erzeugte Homomorphismus von $\overline{Q}$ nach Satz 12 stetig ist, ergibt sich Satz 15 sofort aus der folgenden Existenzaussage:

(E) *Man kann aus jeder Klasse $\mathfrak{a}$ von $\mathfrak{K}$ einen Repräsentanten α so herausgreifen, daß für das Repräsentantensystem $\mathsf{A} = \{\alpha\}$ gilt: Die Polynome $G_{\mathfrak{a}}(u)$ der Hüllenbasis von $\overline{\mathfrak{M}}$ gehen durch die Abbildung $U \mid \mathsf{A}$ sämtlich in Null über. Dabei kann man die Repräsentanten der bei W transzendenten Klassen $\mathfrak{a}$ noch willkürlich vorschreiben; ist das geschehen, so sind die Repräsentanten der bei W algebraischen Klassen eindeutig bestimmt.*

Diese Existenzaussage bestätigen wir ihrerseits durch vollständige Induktion innerhalb des durch W wohlgeordneten Körpers $\mathfrak{K}$. Wir nehmen an, aus jeder $\mathfrak{a}$ vorangehenden Klasse $\mathfrak{a}'$ sei bereits ein Repräsentant α' so herausgegriffen, daß α' für die bei W transzendenten Klassen $\mathfrak{a}'$ gleich den willkürlich vorgeschriebenen Repräsentanten ist und daß alle Polynome $G_{\mathfrak{a}'}(u')$ bei der Abbildung $U_{\mathfrak{a}} \mid \mathsf{A}'$ verschwinden, wo $\mathsf{A}' = \{\alpha'\}$ ist. Wir zeigen dann, daß $\mathfrak{a}$ einen eindeutig bestimmten Repräsentanten α besitzt mit folgenden beiden Eigenschaften: Falls $\mathfrak{a}$ transzendent bei W ist, stimmt α mit dem vorgeschriebenen Repräsentanten von $\mathfrak{a}$ überein; $G_{\mathfrak{a}}(u)$ verschwindet ferner bei der Abbildung $\{U_{\mathfrak{a}}, u\} \mid \{\mathsf{A}', \alpha\}$. Da unsere Induktionsannahme für die Anfangsklasse $\mathfrak{a}$ inhaltslos ist, können wir den Induktionsbeginn sogleich in den allgemeinen Induktionsschluß mit hereinnehmen.

Ist $\mathfrak{a}$ transzendent bei W, so ist nach Definition $G_{\mathfrak{a}}(u) = 0$. $G_{\mathfrak{a}}(u)$ verschwindet daher sicher bei der Abbildung $\{U_{\mathfrak{a}}, u\} \mid \{\mathsf{A}', \alpha\}$, wo α der gegebene Repräsentant von $\mathfrak{a}$ ist.

Wir brauchen uns infolgedessen nur noch mit dem Fall zu befassen, daß $\mathfrak{a}$ bei W algebraisch ist. Da das Polynom $G_{\mathfrak{a}}(x)$ das Einselement als höchsten Koeffizienten und lauter Koeffizienten aus $\overline{Q}_{\mathfrak{a}}$ besitzt, geht es bei der Abbildung $U_{\mathfrak{a}} \mid \mathsf{A}'$ in ein Polynom $\mathsf{G}_{\mathfrak{a}}(x)$ mit dem Einselement als höchstem Koeffizienten und lauter Koeffizienten aus B über. Für ein Element α aus $\mathfrak{a}$ entsteht aus $G_{\mathfrak{a}}(u)$ bei der Abbildung $\{U_{\mathfrak{a}}, u\} \mid \{\mathsf{A}', \alpha\}$ das Element $\mathsf{G}_{\mathfrak{a}}(\alpha)$. Unsere Induktionsbehauptung ist daher äquivalent mit der Behauptung, daß $\mathfrak{a}$ eine eindeutig bestimmte Nullstelle α von $\mathsf{G}_{\mathfrak{a}}(x)$ enthält, und diese letzte Behauptung wollen wir jetzt beweisen.

Ersetzt man in $\mathsf{G}_{\mathfrak{a}}(x)$ die Koeffizienten durch ihre Klassen mod. $\mathfrak{p}$, so erhält man nach Satz 12 das Polynom $\overline{\mathsf{X}}(\mathsf{G}_{\mathfrak{a}}(x)) = \overline{\Phi}(G_{\mathfrak{a}}(x)) = \mathfrak{F}_{\mathfrak{a}}(x)$. $\mathfrak{F}_{\mathfrak{a}}(x)$ ist das durch $\mathfrak{a}$ bei W annullierte irreduzible Polynom, besitzt also sicher keine mehrfachen Nullstellen, weil W eine separierende Wohlordnung von $\mathfrak{K}$ ist. Für das Polynom $\mathsf{G}_{\mathfrak{a}}(x)$ bedeutet das: $\mathsf{G}_{\mathfrak{a}}(x)$ wird mod. $\mathfrak{p}$ durch einen beliebigen Repräsentanten α_0 von $\mathfrak{a}$ annulliert und besitzt mod. $\mathfrak{p}$ keine mehrfachen Nullstellen. Nach dem ersten Henselschen Satz existiert daher in dem vollständigen Bewertungsring B ein eindeutig bestimmtes Element α, für das

$$G_a(\alpha) = 0 \text{ und } \alpha \equiv \alpha_0 \text{ mod. } \mathfrak{p}$$

ist, d. h. welches $G_a(x)$ annulliert und Repräsentant von $\mathfrak{a}$ ist.

Damit ist die Aussage (E) und folglich auch Satz 15 bewiesen.

§ 10. Existenzbeweis für ein Nullensystem von $\overline{\mathfrak{M}}$ im Falle eines Grundrings $\overline{Q}$ mit inseparablem Restklassenkörper.

1. Vorbereitungen. Ganz anders liegen die Verhältnisse, wenn der Restklassenkörper $\mathfrak{L}$ des Grundrings $\overline{Q}$ inseparabel ist. Ist dann K ein beliebig bewerteter, vollständiger Körper, dessen Charakteristik $\chi(\mathsf{K})$ gleich $\chi(\overline{Q})$ ist und dessen Restklassenkörper einen zu $\mathfrak{L}$ isomorphen Unterkörper $\mathfrak{K}$ besitzt, so braucht K überhaupt kein Nullstellensystem für das reduzierte Grundideal $\overline{\mathfrak{M}}$ zu enthalten. Dafür wird der Jüngere von uns in einer nachfolgenden Note ein Beispiel angeben. Um die Existenz eines Nullstellensystems von $\overline{\mathfrak{M}}$ auch im Falle eines inseparablen Restklassenkörpers zu gewährleisten, müssen wir vielmehr in K eine diskrete Bewertung voraussetzen.

Satz 16. *Ist der Restklassenkörper $\mathfrak{L}$ des festen Grundrings $\overline{Q}$ inseparabel und* K *ein diskret bewerteter perfekter Körper, dessen Charakteristik $\chi(\mathsf{K})$ gleich $\chi(\overline{Q})$ ist und dessen Restklassenkörper einen zu $\mathfrak{L}$ isomorphen Unterkörper besitzt, so enthält* K *stets ein Repräsentantensystem für die Klassen von $\mathfrak{K}$, das ein Nullstellensystem des reduzierten Grundideals $\overline{\mathfrak{M}}$ von $\overline{Q}$ ist.*

Den Beweis dieses Satzes bereiten wir zunächst durch einige Feststellungen vor.

Da die isomorphen Körper $\mathfrak{L}$ und $\mathfrak{K} = \mathsf{B}/\mathfrak{p}$ inseparabel sind, sind sie sicher von Primzahlcharakteristik $\chi = p$. Das p-fache $p\varepsilon$ des Einselementes ε von K liegt daher in $\mathfrak{p}$, und das charakteristische Primelement $\pi = \chi e$ von $\overline{Q}$ geht bei einem Homomorphismus eines Unterrings von $\overline{Q}$ auf einen Unterring von B stets notwendig in das Element $p\varepsilon$ über.

Wir erinnern ferner noch einmal kurz an die Definitionen des § 7. Wir haben dort folgendes Schema entwickelt, in dem untereinander stehendes jeweils zusammen gehört:

a)	$\mathfrak{L}^{(0)} \leqq \mathfrak{L}^{(1)} \leqq \cdots \leqq \mathfrak{L}^{(n)} \leqq \cdots$	(Unterkörper von $\mathfrak{L}$),
b)	$U^{(0)} \leqq U^{(1)} \leqq \cdots \leqq U^{(n)} \leqq \cdots$	(Teilmengen von U),
c)	$\overline{Q}^{(0)} \leqq \overline{Q}^{(1)} \leqq \cdots \leqq \overline{Q}^{(n)} \leqq \cdots$	(Grundringe aus $\overline{Q}$),
d)	$\overline{\mathfrak{M}}^{(0)} \leqq \overline{\mathfrak{M}}^{(1)} \leqq \cdots \leqq \overline{\mathfrak{M}}^{(n)} \leqq \cdots$	(reduzierte Grundideale der $\overline{Q}^{(n)}$).

Dabei stehen

a) in der ersten Zeile die Unterkörper des Steinitzschen Körperturmes von $\mathfrak{L}$, die bei der Definition der separierenden Ordnung O benutzt wurden (O induziert in jedem $\mathfrak{L}^{(n)}$ eine separierende Wohlordnung $W^{(n)}$);

b) in der zweiten Zeile die Teilmengen $U^{(n)}$ von U, die den Körpern $\mathfrak{L}^{(n)}$ vermittels des Kongruenzhomomorphismus H entsprechen, $\mathsf{H}(U^{(n)}) = \mathfrak{L}^{(n)}$ (O überträgt sich vermittels H auf U und induziert in jedem $U^{(n)}$ eine Wohlordnung $W^{(n)}$);

c) in der dritten Zeile die aus den $U^{(n)}$ in $\overline{Q}$ abgeleiteten Grundringe $\overline{Q}^{(n)}$, für die ebenfalls $\mathsf{H}(\overline{Q}^{(n)}) = \mathfrak{L}^{(n)}$ gilt;

d) in der vierten Zeile die durch Satz 11 gelieferten reduzierten Grundideale $\overline{\mathfrak{M}}^{(n)}$ aus $\overline{Q}^{(n)}$, die jeweils zu der durch $W^{(n)}$ wohlgeordneten Hüllentranszendenzbasis $U^{(n)}$ gehören.

Das Ideal $\overline{\mathfrak{M}}$ ist gleich der vollständigen Hülle der Vereinigungsmenge aller $\overline{\mathfrak{M}}^{(n)}$.

Bildet man den Restklassenkörper $\mathfrak{L}$ von $\overline{Q}$ durch den Isomorphismus Θ auf den Körper $\mathfrak{K}$ ab, so überträgt sich die separierende Ordnung O von $\mathfrak{L}$ auf $\mathfrak{K}$, und es geht der Steinitzsche Körperturm aus der Zeile a) des obigen Schemas in einen Steinitzschen Körperturm von $\mathfrak{K}$ über:

e) $$\mathfrak{K}^{(0)} \leqq \mathfrak{K}^{(1)} \leqq \cdots \leqq \mathfrak{K}^{(n)} \leqq \cdots .$$

Die separierende Ordnung O von $\mathfrak{K}$ gehört dann zu diesem Körperturm; O induziert also in jedem $\mathfrak{K}^{(n)}$ wieder eine separierende Wohlordnung $W^{(n)}$. Durch den Homomorphismus $\overline{\Phi} = \Theta \mathsf{H}$, der sich aus dem Kongruenzhomomorphismus H und dem Isomorphismus Θ zusammensetzt, werden ferner auch die Zeilen b) und c) in e) übergeführt, d. h. jedes $\overline{Q}^{(n)}$ besitzt einen Restklassenkörper, der zu $\mathfrak{K}^{(n)}$ isomorph ist.

Im folgenden werden wir von den drei durch O ähnlich wohlgeordneten Mengen U, $\mathfrak{L}$, $\mathfrak{K}$ die Mengen U und $\mathfrak{K}$ unmittelbar nebeneinander betrachten und dabei den Umstand benützen, daß U durch $\overline{\Phi}$ umkehrbar eindeutig auf $\mathfrak{K}$ bezogen wird.

2. Beweisgedanke. Infolge der soeben angegebenen Eigenschaften von $\overline{Q}^{(n)}$ und $\overline{\mathfrak{M}}^{(n)}$ enthält K nach Satz 15 jeweils ein Restklassensystem $\mathsf{A}^{(n)}$ für die Klassen von $\mathfrak{K}^{(n)}$, das zugleich Nullstellensystem von $\overline{\mathfrak{M}}^{(n)}$ ist. Dabei kann man die in $\mathsf{A}^{(n)}$ vorkommenden Repräsentanten der bei $W^{(n)}$ transzendenten Klassen von $\mathfrak{K}^{(n)}$ gemäß der Existenzaussage (E) noch willkürlich wählen. Ist also $\mathfrak{T} = \{\mathsf{t}\}$ das System aller bei O transzendenten Klassen t [33]) und folglich jedes in $\mathfrak{K}^{(n)}$ liegende t auch bei $W^{(n)}$ transzendent, ist ferner $\mathsf{T} = \{\tau\}$ ein festes Repräsentantensystem der Klassen t, so kann man erreichen, daß das Nullstellensystem $\mathsf{A}^{(n)}$ als Repräsentanten der zu $\mathfrak{K}^{(n)}$ gehörigen t jeweils gerade die festen τ enthält. In dieser Weise denken wir uns die Nullstellensysteme $\mathsf{A}^{(n)}$ gewählt und betrachten die Folge

$(\mathfrak{F}_{\mathsf{A}})$ $$\mathsf{A}^{(1)}, \mathsf{A}^{(2)}, \ldots, \mathsf{A}^{(n)}, \ldots .$$

$(\mathfrak{F}_{\mathsf{A}})$ ist nach Definition eine Folge von Nullstellensystemen der einander umfassenden $\mathfrak{K}^{(n)}$ und zugleich eine Folge von Nullstellensystemen für die einander umfassenden $\overline{\mathfrak{M}}^{(n)}$. Trotzdem bildet aber $(\mathfrak{F}_{\mathsf{A}})$ selbst im allgemeinen keine aufsteigende Folge, d. h. $\mathsf{A}^{(n)}$ wird im allgemeinen nicht $\mathsf{A}^{(n-1)}$ umfassen, und bei sukzessiver Konstruktion der $\mathsf{A}^{(n)}$ nach dem im vorigen Paragraphen beschriebenen Verfahren kann man auch gar nicht ohne weiteres erreichen, daß sie einander umfassen.

Um dies einzusehen, braucht man sich nur der im vorigen Paragraphen auseinandergesetzten Konstruktion der $\mathsf{A}^{(n)}$ zu erinnern. Dort wurden die Repräsentanten der bei $W^{(n)}$ transzendenten Klassen von $\mathfrak{K}^{(n)}$ willkürlich gewählt, und es war $\mathsf{A}^{(n)}$ dann eindeutig bestimmt. Nun sind aber die bei $W^{(n-1)}$ transzendenten Klassen von $\mathfrak{K}^{(n-1)}$, soweit sie nicht zu $\mathfrak{T}$ gehören, bei der Wohlordnung $W^{(n)}$ von $\mathfrak{K}^{(n)}$ algebraisch, wie unmittelbar aus der am Schluß von § 7, Nr. 1 angegebenen Eigenschaft der Ordnung O hervorgeht; die Repräsentanten dieser Klassen können also bei der Konstruktion von $\mathsf{A}^{(n)}$ nicht von vornherein in Übereinstimmung mit ihren zu $\mathsf{A}^{(n-1)}$ gehörigen Repräsentanten gewählt werden. Willkürlich wählbar sind bei der Konstruktion von $\mathsf{A}^{(n)}$ vielmehr bloß die Re-

---

[33]) t ist also eine Klasse, die transzendent ist in bezug auf den Unterkörper, der aus allen t bei O vorangehenden Klassen von $\mathfrak{K}$ abgeleitet ist.

präsentanten derjenigen Klassen, die entweder zu $\mathfrak{T}$ gehören oder nicht in $\mathfrak{K}^{(n-1)}$ vorkommen. Danach sind alle Elemente von $\mathsf{A}^{(n)}$, also auch die in $\mathsf{A}^{(n)}$ liegenden Repräsentanten der Klassen aus $\mathfrak{K}^{(n-1)}$, eindeutig bestimmt. Man zeigt leicht durch Beispiele, daß zu bereits konstruiertem $\mathsf{A}^{(n-1)}$ überhaupt kein $\mathsf{A}^{(n)}$ zu existieren braucht, welches $\mathsf{A}^{(n-1)}$ umfaßt.

Von hier aus gesehen erhebt sich offenbar die Aufgabe, die bisher willkürlichen Repräsentanten der bei $W^{(n)}$ transzendenten Klassen vorausschauend jeweils so zu bestimmen, daß $\mathsf{A}^{(n)}$ überhaupt Glied einer aufsteigenden Folge von Nullstellensystemen zu werden vermag. Es ist nun aber wichtig, daß man die direkte Lösung dieser Aufgabe umgehen, vielmehr doch aus der ursprünglichen Folge $\mathfrak{F}_{\mathsf{A}}$ ein Nullstellensystem für das ganze Idael $\overline{\mathfrak{M}}$ gewinnen kann.

Ist $\mathfrak{a}$ eine beliebige Klasse aus $\mathfrak{K}$ und $\mathfrak{K}^{(r)}$ der erste Körper in der Folge der $\mathfrak{K}^{(n)}$ der $\mathfrak{a}$ enthält, so besitzt $\mathfrak{a}$ offenbar in jedem $\mathfrak{K}^{(n)}$ mit $n \geqq r$ einen Repräsentanten, d. h. $\mathfrak{a}$ ist vermittels der Folge ($\mathfrak{F}_{\mathsf{A}}$) eine eindeutig bestimmte Repräsentantenfolge

$$\alpha^{(r)}, \alpha^{(r+1)}, \ldots, \alpha^{(n)}, \ldots \qquad (n \geqq r)$$

zugeordnet. $\alpha^{(n)}$ nennen wir dabei den $(n - r)$-ten Repräsentanten von $\mathfrak{a}$.

Wir werden zeigen:

Die Repräsentantenfolgen, die den Klassen $\mathfrak{a}$ von $\mathfrak{K}$ vermittels der Folge $\mathfrak{F}_{\mathsf{A}}$ zugeordnet sind, sind sämtlich konvergent in B, *und das System* $\mathsf{A} = \{\alpha\}$ *ihrer Grenzelemente stellt ein Repräsentantensystem für die Klassen von $\mathfrak{K}$ dar, das ein Nullstellensystem von $\overline{\mathfrak{M}}$ ist.*

3. Konvergenzbeweis. Um zunächst die Konvergenz der Repräsentantenfolgen zu beweisen, stellen wir fest:

(K) *Für jede Klasse aus dem Körper $\mathfrak{K}^{(s)}$ ist die Differenz ihrer in $\mathsf{A}^{(n)}$ und $\mathsf{A}^{(n-1)}$ liegenden Repräsentanten durch $\mathfrak{p}^{n-s}$ teilbar $(n > s)$.*

Daraus ergibt sich dann sofort, daß die Differenz zwischen dem t-ten und $(t - 1)$-ten Repräsentanten einer beliebigen Klasse durch $\mathfrak{p}^t$ teilbar, der Wert dieser Differenz mithin $\geqq t$ ist. Die Repräsentantenfolge jeder Klasse ist daher nach § 2, Nr. 2 konvergent und besitzt daher in dem perfekten Bewertungsring B wirklich ein Grenzelement.

Die Behauptung (K) selbst leiten wir durch doppelte vollständige Induktion her.

Zunächst wenden wir vollständige Induktion nach der Differenz $n - s$ an, wo n und s beide variieren können. Für $n - s = 1$ ist (K) sicher richtig, weil je zwei Repräsentanten derselben Klasse notwendig durch $\mathfrak{p}^1$ teilbar sind. Wir machen nun die erste Induktionsannahme: (K) sei nämlich für alle Differenzen $n - s < t$ bereits bewiesen, wo $1 < t$ ist. Wir wollen bestätigen, daß (K) dann auch im Falle $n - s = t$ gilt.

Dazu betrachten wir einen beliebigen, aber festen Körper $\mathfrak{K}^{(s)}$ und das zugehörige feste $n = s + t$. Wir wenden zum zweiten Male vollständige Induktion an und zwar innerhalb der Wohlordnung $W^{(s)}$ von $\mathfrak{K}^{(s)}$. Sei also $\mathfrak{a}$ eine beliebige Klasse aus $\mathfrak{K}^{(s)}$. Unsere zweite Induktionsannahme lautet: Für alle Klassen aus $\mathfrak{K}^{(s)}$, die $\mathfrak{a}$ vorangehen und für das feste $n = s + t$ sei (K) bereits als richtig erkannt. Diese zweite Induktionsannahme ist offenbar inhaltslos, wenn $\mathfrak{a}$ die Anfangsklasse von $\mathfrak{K}^{(s)}$ ist, so daß wir den Beginn der zweiten Induktion sogleich in den allgemeinen Induktionsschluß mit hineinnehmen können.

Die zweite Induktionsannahme läßt sich noch auf eine andere Gestalt bringen, an die wir unmittelbar anknüpfen werden. Ist nämlich $\mathsf{A}_s'^{(n)}$ bzw. $\mathsf{A}_s'^{(n-1)}$ die Teilmenge der in $A^{(n)}$ bzw. $A^{(n-1)}$ liegenden Repräsentanten aller Klassen von $\mathfrak{K}^{(s)}$, die $\mathfrak{a}$ vorangehen, so ist sie gleichwertig mit der Kongruenz

(10) $$A_s'^{(n)} \equiv A_s'^{(n-1)} \bmod. \mathfrak{p}^t.$$

Eine ähnliche Kongruenz läßt sich auch aus der ersten Induktionsannahme gewinnen. Da nämlich $n = s + t > s + 1$, also auch $n - 1 \geqq s + 1$ ist, besitzen alle Klassen aus $\mathfrak{K}^{(s+1)}$ in $A^{(n)}$ und $A^{(n-1)}$ einen Repräsentanten. Die Differenz zwischen $s + 1$ und n ist gleich $t-1$; nach der ersten Induktionsannahme ist daher für jede Klasse aus $\mathfrak{K}^{(s+1)}$ die Differenz ihres in $A^{(n)}$ und $A^{(n-1)}$ liegenden Repräsentanten durch $\mathfrak{p}^{t-1}$ teilbar. Bezeichnet $A_{s+1}^{(n)}$ bzw. $A_{s+1}^{(n-1)}$ die Teilmenge der in $A^{(n)}$ bzw. $A^{(n-1)}$ liegenden Repräsentanten aller Klassen von $\mathfrak{K}^{(s+1)}$, so liefert das die Kongruenz

(11) $$A_{s+1}^{(n)} \equiv A_{s+1}^{(n-1)} \bmod. \mathfrak{p}^{t-1}.$$

Auf Grund der Kongruenzen (10) und (11) werden wir nun für die in $A^{(n)}$ und $A^{(n-1)}$ liegenden Repräsentanten $\alpha^{(n)}$ und $\alpha^{(n-1)}$ der Klasse $\mathfrak{a}$ dartun:

(12) $$\alpha^{(n)} \equiv \alpha^{(n-1)} \bmod. \mathfrak{p}^t.$$

Damit wird dann (K) offenbar durch doppelte vollständige Induktion völlig bewiesen sein.

Ist $\mathfrak{a} = \mathfrak{t}$ eine bei der separierenden Ordnung O transzendente Klasse, so brauchen wir die Kongruenzen (10) und (11) noch nicht, kommen vielmehr direkt zum Ziel. Eine bei O transzendente Klasse besitzt nämlich in $A^{(n)}$ und $A^{(n-1)}$ nach Konstruktion denselben festen Repräsentanten $\tau = \alpha^{(n)} = \alpha^{(n-1)}$. Es ist daher sicher $\alpha^{(n)} \equiv \alpha^{(n-1)} \bmod. \mathfrak{p}^t$.

Ist dagegen $\mathfrak{a}$ bei O algebraisch, so ist $\mathfrak{a}$ nach der am Schluß von § 7, Nr. 1 angegebenen Eigenschaft der Ordnung O bereits bei der Wohlordnung $W^{(s+1)}$ von $\mathfrak{K}^{(s+1)}$ algebraisch. Zu dem irreduziblen Polynom $\mathfrak{F}(x)$, das durch $\mathfrak{a}$ bei $W^{(s+1)}$ annulliert wird, kommt in $\overline{\mathfrak{M}}^{(s+1)}$ nach Konstruktion sicher ein Polynom $G(u)$ vor, für das $\overline{\Phi}(u) = \mathfrak{a}$ und $\overline{\Phi}(G(x)) = \mathfrak{F}(x)$ ist. $G(x)$ besitzt das Einselement zum höchsten Koeffizienten, und alle seine Koeffizienten liegen in dem Grundring $\overline{Q}^{(s+1)}$, der aus der Teilmenge $U^{(s+1)}$ von U abgeleitet ist, welche ihrerseits durch $\overline{\Phi}$ auf den Körper $\mathfrak{K}^{(s+1)}$ abgebildet wird. Wegen $\overline{\mathfrak{M}}^{(s+1)} \leqq \overline{\mathfrak{M}}^{(n-1)} \leqq \overline{\mathfrak{M}}^{(n)}$ ist $G(u)$ auch in $\overline{\mathfrak{M}}^{(n-1)}$ und $\overline{\mathfrak{M}}^{(n)}$ enthalten.

Mit Hilfe des Polynoms $G(x)$ nehmen wir nun eine Reduktion der behaupteten Kongruenz (12) vor. Durch die Abbildungen $U^{(s+1)} \mid A_{s+1}^{(n)}$ bzw. $U^{(s+1)} \mid A_{s+1}^{(n-1)}$ entsteht nämlich aus $\overline{Q}^{(s+1)}$ jedes Mal ein Unterring von B und damit aus $G(x)$ ein Polynom $G_n(x)$ bzw. $G_{n-1}(x)$ mit Koeffizienten aus B und dem Einselement als höchstem Koeffizienten. Da $G(u)$ zu $\overline{\mathfrak{M}}^{(n)}$ gehört, ist $G_n(\alpha^{(n)}) = 0$; denn $G_n(\alpha^{(n)})$ geht aus $G(u)$ durch die Abbildung $U^{(s+1)} \mid A_{s+1}^{(n)}$ hervor und muß daher verschwinden, weil $A^{(n)}$ Nullstellensystem von $\overline{\mathfrak{M}}^{(n)}$ ist. Ganz ebenso erhält man die Gleichung $G_{n-1}(\alpha^{(n-1)}) = 0$.

Auf Grund der Kongruenzen (10) und (11) werden wir nun zeigen:

(K_G) *Die Polynome* $G_n(x)$ *und* $G_{n-1}(x)$, *die beide das Einselement zum höchsten Koeffizienten haben und durch die Repräsentanten* $\alpha^{(n)}$ *bzw.* $\alpha^{(n-1)}$ *von* $\mathfrak{a}$ *annulliert werden, sind mod.* $\mathfrak{p}^t$ *kongruent.*

Aus dieser Aussage (K_G) folgt mit Hilfe des zweiten Henselschen Satzes in der Tat sofort die behauptete Kongruenz (12). Die Polynome $G_n(x)$ und $G_{n-1}(x)$ gehen nämlich nach Satz 12 bei Ersetzung ihrer Koeffizienten durch die zugehörigen Klassen mod. $\mathfrak{p}$ in das Polynom $\overline{\Phi}(G(x)) = \mathfrak{F}(x)$ über. $\mathfrak{F}(x)$ ist aber separabel, weil $W^{(s+1)}$ eine separierende

Wohlordnung ist. Für die Polynome $\mathsf{G}_n(x)$ und $\mathsf{G}_{n-1}(x)$ besagt das, daß sie mod. $\mathfrak{p}$ keine mehrfachen Nullstellen besitzen. Die Kongruenz $\mathsf{G}_n(x) \equiv \mathsf{G}_{n-1}(x)$ mod. $\mathfrak{p}^t$ zieht daher gemäß dem zweiten Henselschen Satz für die mod. $\mathfrak{p}$ kongruenten Nullstellen $\alpha^{(n)}$ und $\alpha^{(n-1)}$ wirklich die Kongruenz $\alpha^{(n)} \equiv \alpha^{(n-1)}$ mod. $\mathfrak{p}^t$ nach sich.

Zum Beweis der Aussage (K_6) selbst gehen wir auf die Definition der Polynome $\mathsf{G}_n(x)$ und $\mathsf{G}_{n-1}(x)$ vermittels $G(x)$ zurück und bringen zunächst $G(x)$ auf eine zweckmäßige Gestalt. Dabei benützen wir die Gleichung $\overline{\Phi}(G(x)) = \mathfrak{F}(x)$ und stützen uns wesentlich auf die Tatsache, daß die Koeffizienten von $\mathfrak{F}(x)$ nach der am Schluß von § 7, Nr. 1 angegebenen Eigenschaft der Ordnung O in $\mathfrak{K}_\mathfrak{a}^{(s)}(\mathfrak{C}^p)$ liegen, wo $\mathfrak{C} = \mathfrak{K}^{(s+1)} - \mathfrak{K}^{(s)}$ ist.

Wir verstehen nämlich jetzt unter $U_\mathfrak{a}^{(s)}$ die Teilmenge von U, die durch $\overline{\Phi}$ auf den durch $\mathfrak{a}$ bestimmten Abschnitt von $\mathfrak{K}^{(s)}$ abgebildet werden, setzen $C = U^{(s+1)} - U^{(s)}$, sodaß $\overline{\Phi}(C) = \mathfrak{C}$ ist, und bilden den Grundring $\overline{Q}_V$, der aus der Vereinigungsmenge $V = U_\mathfrak{a}^{(s)} + C^p$ abgeleitet, also wegen $V \leqq U^{(s+1)}$ sicher in $\overline{Q}^{(s+1)}$ enthalten ist. Dann ist offenbar $\overline{\Phi}(\overline{Q}_V) = \mathfrak{K}_\mathfrak{a}^{(s+1)}(\mathfrak{C}^p)$, und $\mathfrak{F}(x)$ besitzt daher über $\overline{Q}_V$ ein Urbildpolynom $F(x)$. Die Polynome $G(x)$ und $F(x)$ haben beide Koeffizienten aus $\overline{Q}^{(s+1)}$ und haben beide dasselbe $\overline{\Phi}$-Bild $\mathfrak{F}(x)$, d. h. die Koeffizienten ihrer Differenz liegen notwendig in dem Ideal $\overline{\mathfrak{N}}^{(s+1)}$ aller Elemente aus $\overline{Q}^{(s+1)}$, die durch $\overline{\Phi}$ in die Null übergehen. Nach Satz 5 besteht aber die Gleichung $\overline{\mathfrak{N}}^{(s+1)} = (\overline{\mathfrak{M}}^{(s+1)}, \pi)$. Es gilt daher

$$G(x) = F(x) + \pi L(x) + M(x), \tag{13}$$

wo $L(x)$, $M(x)$ Polynome über $\overline{Q}^{(s+1)}$ sind, und die Koeffizienten von $M(x)$ zu $\overline{\mathfrak{M}}^{(s+1)}$ gehören.

Durch die Abbildungen $U^{(s+1)} \mid \mathsf{A}_{s+1}^{(n)}$ bzw. $U^{(s+1)} \mid \mathsf{A}_{s+1}^{(n-1)}$ entstehen aus $F(x)$, $L(x)$, $M(x)$ Polynome $\mathsf{F}_n(x)$, $\mathsf{L}_n(x)$, $\mathsf{M}_n(x)$ bzw. $\mathsf{F}_{n-1}(x)$, $\mathsf{L}_{n-1}(x)$, $\mathsf{M}_{n-1}(x)$. Dabei ist $\mathsf{M}_n(x) = \mathsf{M}_{n-1}(x) = 0$, weil $\mathsf{A}^{(n)}$ und $\mathsf{A}^{(n-1)}$ Nullstellensysteme der Ideale $\overline{\mathfrak{M}}^{(n)}$ und $\overline{\mathfrak{M}}^{(n-1)}$ sind, die beide $\overline{\mathfrak{M}}^{(s+1)}$ umfassen. Man erhält somit aus (13)

$$\mathsf{G}_n(x) = \mathsf{F}_n(x) + p\,\mathsf{L}_n(x), \quad \mathsf{G}_{n-1}(x) = \mathsf{F}_{n-1}(x) + p\,\mathsf{L}_{n-1}(x).$$

Infolge der Kongruenz (11) ist nach Satz 14

$$\mathsf{L}_n(x) \equiv \mathsf{L}_{n-1}(x) \text{ mod. } \mathfrak{p}^{t-1},$$

demnach

$$p\,\mathsf{L}_n(x) \equiv p\,\mathsf{L}_{n-1}(x) \text{ mod. } \mathfrak{p}^t. \tag{14}$$

Für den Beweis von (K_6) kommt es daher nur noch darauf an, die Kongruenz

$$\mathsf{F}_n(x) \equiv \mathsf{F}_{n-1}(x) \text{ mod. } \mathfrak{p}^t$$

herzuleiten. Ihre Richtigkeit erkennt man folgendermaßen.

Die Abbildungen $U^{(s+1)} \mid \mathsf{A}_{s+1}^{(n)}$ und $U^{s+1} \mid \mathsf{A}_{s+1}^{(n+1)}$ erzeugen offenbar für die Teilmenge $V = U_\mathfrak{a}^{(s)} + C^p$ von $\overline{Q}^{(s+1)}$ je eine Abbildung $\varphi_n(V)$ und $\varphi_{n-1}(V)$. Diese Abbildungen φ_n und φ_{n-1} sind mod. $\mathfrak{p}^t$ kongruent, d. h. es ist

$$\varphi_n(v) \equiv \varphi_{n-1}(v) \text{ mod. } \mathfrak{p}^t \tag{15}$$

für jedes Element v von V. Für ein v aus $U_\mathfrak{a}^{(s)}$ ergibt sich das sofort aus (10), weil

$$\varphi_n(U_\mathfrak{a}^{(s)}) = U_\mathfrak{a}^{(s)} \mid \mathsf{A}_s'^{(n)}, \quad \varphi_{n-1}(U_\mathfrak{a}^{(s)}) = U_\mathfrak{a}^{(s)} \mid \mathsf{A}_s'^{(n-1)}$$

ist. Für ein $v = c^p$ aus C^p hat man andererseits

$$\varphi_n(c^p) = \gamma^{(n)p}, \quad \varphi_{n-1}(c^p) = \gamma^{(n-1)p},$$

wo $\gamma^{(n)}$ bzw. $\gamma^{(n-1)}$ die in $\mathsf{A}_{s+1}^{(n)}$ bzw. $\mathsf{A}_{s+1}^{(n-1)}$ enthaltenen Repräsentanten der Klasse $\overline{\Phi}(c)$ bedeuten, für die wiederum nach (11)

$$\gamma^{(n)} = \gamma^{(n-1)} + \delta \quad \text{mit } \delta \equiv 0 \text{ mod. } \mathfrak{p}^{t-1}$$

gilt. Potenzieren mit p liefert

$$\gamma^{(n)p} = \gamma^{(n-1)p} + p\delta\mu + \delta^p,$$

d. h.

$$\gamma^{(n)p} \equiv \gamma^{(n-1)p} \text{ mod. } \mathfrak{p}^t,$$

und damit wirklich

$$\varphi_n(c^p) \equiv \varphi_{n-1}(c^p) \text{ mod. } \mathfrak{p}^t.$$

Damit ist zunächst die Kongruenz (15) allgemein bewiesen. Das Polynom $F(x)$ mit Koeffizienten aus $\overline{Q}_v$ geht nun aber bereits durch die Abbildungen φ_n und φ_{n-1} in $\mathsf{F}_n(x)$ bzw. $\mathsf{F}_{n-1}(x)$ über. Nach Satz 13 zieht daher (15) tatsächlich die Kongruenz

$$\mathsf{F}_n(x) \equiv \mathsf{F}_{n-1}(x) \text{ mod. } \mathfrak{p}^t$$

nach sich.

Der Beweis von ($\mathrm{K_G}$) und (K) ist also nunmehr in allen Teilen durchgeführt.

4. Das System der Grenzelemente. Wir betrachten jetzt die Grenzwerte der Repräsentantenfolgen, die den Klassen aus $\mathfrak{K}$ vermittels ($\mathfrak{F}_{\mathsf{A}}$) zugeordnet sind. Bevor wir zeigen, daß das System $\mathsf{A} = \{\alpha\}$ dieser Grenzelemente ein Repräsentantensystem der Klassen von $\mathfrak{K}$ und ein Nullstellensystem von $\overline{\mathfrak{M}}$ ist, geben wir kurz zwei Folgerungen aus dem Konvergenzsatz (K) der vorigen Nummer an.

Folgerung 1. *Ist $\mathfrak{a}$ eine Klasse aus $\mathfrak{K}^{(s)}$, α der Grenzwert ihrer Repräsentantenfolge und $\alpha^{(n)}$ ihr Repräsentant in $\mathsf{A}^{(n)}(n > s)$, so ist $\alpha - \alpha^{(n)}$ durch $\mathfrak{p}^{n-s}$ teilbar.*

Nach (K) ist nämlich für $m \geqq n$ stets $\alpha^{(m)} - \alpha^{(m-1)} \equiv 0$ mod. $\mathfrak{p}^{n-s}$, d. h. $w(\alpha^{(m)} - \alpha^{(m-1)}) \geqq n - s$. Wegen $\alpha - \alpha^{(n)} = (\alpha - \alpha^{(r)}) + (\alpha^{(r)} - \alpha^{(r-1)}) + \cdots + (\alpha^{(n+1)} - \alpha^{(n)})$ und $w(\alpha - \alpha^{(r)}) > n - s$ bei hinlänglich großem r gilt daher wirklich $w(\alpha - \alpha^{(n)}) \geqq n - s$.

Diese erste Folgerung besagt bereits, daß das System A der Grenzwerte ein Repräsentantensystem für die Klassen von $\mathfrak{K}$ darstellt, denn der Grenzwert α der $\mathfrak{a}$ zugeordneten Repräsentantenfolge ist nach ihr offenbar wieder Repräsentant von $\mathfrak{a}$.

Sei jetzt $D(u)$ ein beliebiges Element aus dem Grundring $\overline{Q}^{(s)}$, der durch $\overline{\Phi}$ auf $\mathfrak{K}^{(s)}$ abgebildet wird; $\mathsf{A}_s^{(n)}$ bzw. A_s bezeichne das Teilsystem der in $\mathsf{A}^{(n)}$ bzw. A liegenden Repräsentanten aller Klassen von $\mathfrak{K}^{(s)}$. Durch die Abbildungen $U^{(s)} \mid \mathsf{A}_s^{(n)}$ bzw. $U^{(s)} \mid \mathsf{A}_s$ geht $\overline{Q}^{(s)}$ jeweils in einen Unterring von B, also $D(u)$ jeweils in ein Element $D(\alpha^{(n)})$ bzw. $D(\alpha)$ von B über.

Folgerung 2. *Es ist $\lim\limits_{n\to\infty} D(\alpha^{(n)}) = D(\alpha)$, d. h. $\lim\limits_{n\to\infty} w(D(\alpha) - D(\alpha^{(n)})) \to \infty$.*

Nach Folgerung 1 ist nämlich $\mathsf{A}_s \equiv \mathsf{A}_s^{(n)}$ mod. $\mathfrak{p}^{n-s}$, daher nach Satz 13 $D(\alpha) \equiv D(\alpha^{(n)})$ mod. $\mathfrak{p}^{n-s}$ oder $w(D(\alpha) - D(\alpha^{(n)})) \geqq n - s$. Das ergibt sofort

$$\lim_{n\to\infty} w(D(\alpha) - D(\alpha^{(n)})) = \infty.$$

Um nun nachzuweisen, daß das System A der Grenzwerte ein Nullstellensystem von $\overline{\mathfrak{M}}$ ist, gehen wir davon aus, daß $\overline{\mathfrak{M}}$ aus der Vereinigungsmenge $\mathfrak{M}$ der einander umfassenden $\overline{\mathfrak{M}}^{(n)}$ durch Übergang zur vollständigen Hülle entspringt. Da der durch die Abbildung $U \mid \mathsf{A}$ erzeugte Homomorphismus von $\overline{Q}$ stetig ist, genügt es also zu zeigen, daß jedes Element von $\mathfrak{M}$ durch $U \mid \mathsf{A}$ in die Null übergeht.

Sei also $N(u)$ ein Element von $\mathfrak{M}$; $N(u)$ liegt dann notwendig in einem $\mathfrak{M}^{(s)}$ und damit in einem Grundring $\overline{Q}^{(s)}$. Sind $N(\alpha^{(n)})$ bzw. $N(\alpha)$ die Elemente von B, die aus $N(u)$ durch die Abbildungen $U^{(s)} \mid \mathsf{A}_s^{(n)}$ bzw. $U^{(s)} \mid \mathsf{A}_s$ entstehen $(n > s)$, so ist nach Folgerung 2 $\lim_{n\to\infty} N(\alpha^{(n)}) = N(\alpha)$.

Andererseits ist $N(\alpha^{(n)}) = 0$, weil $N(u)$ zu $\overline{\mathfrak{M}}^{(s)}$ und damit zu $\overline{\mathfrak{M}}^{(n)}$ gehört und $\mathsf{A}^{(n)}$ nach Voraussetzung ein Nullstellensystem von $\mathfrak{M}^{(n)}$ ist. Es ist daher auch $\lim_{n\to\infty} N(\alpha^{(n)}) = 0$, also wirklich $N(\alpha) = 0$.

Damit ist der zu Beginn dieses Paragraphen formulierte Satz völlig bewiesen.

§ 11. Beendigung der Beweise.

Die Beweise unserer Hauptsätze können jetzt mit wenigen Worten zu Ende geführt werden.

Satz 17. *Im charakteristikgleichen Fall ist ein diskret bewerteter perfekter Körper* K *mit dem Restklassenkörper* $\mathfrak{K}$ *analytisch isomorph zu dem nach Potenzen von* x *bewerteten Potenzreihenkörper* $\mathfrak{K}\overline{(x)}$ *in einer Unbestimmten* x *mit Koeffizienten aus* $\mathfrak{K}$.

Nach Satz 14', 15 und 16 enthält nämlich der Bewertungsring B von K stets ein relationstreues Repräsentantensystem Ω für die Klassen von $\mathfrak{K}$. Ist ξ ein von 0 verschiedenes Primelement von B, so läßt sich also jedes Element $\gamma \neq 0$ von K auf eine und nur eine Weise in eine ξ-adische Reihe mit Koeffizienten aus Ω entwickeln

$$\gamma = \omega_s\xi^s + \omega_{s+1}\xi^{s+1} + \cdots \qquad (\omega_s \neq 0),$$

und dabei ist der Wert $w(\gamma)$ von γ gegeben durch den Exponenten s, $w(\gamma) = s$. Da das Repräsentantensystem Ω relationstreu, also selbst ein zu $\mathfrak{K}$ isomorpher Körper ist, stellen diese ξ-adischen Reihen aber gewöhnliche Potenzreihen mit dem Koeffizientenkörper Ω dar, die offenbar nach Potenzen von ξ bewertet sind. Das ergibt unmittelbar die angegebene Behauptung, die mit Satz A der Einleitung übereinstimmt.

Satz 18. *Im charakteristikungleichen Fall enthält ein diskret bewerteter perfekter Körper* K *mit dem Restklassenkörper* $\mathfrak{K}$ *einen* p*-adisch bewerteten perfekten Körper* K_1, *dessen Restklassenkörper zu* $\mathfrak{K}$ *kongruentisomorph ist. Dabei ist die Struktur des Körpers* K_1 *durch den Typus von* $\mathfrak{K}$ *eindeutig bestimmt.*

Ist K *ein* n*-fach verzweigter Körper, so ist* K/K_1 *ein Eisensteinscher Körper* n*-ten Grades.*

Nach Satz 14', 15 und 16 enthält nämlich der Bewertungsring B von K stets einen p-adisch bewerteten perfekten Unterring $\Omega = \mathsf{B}_1$, dessen Restklassenkörper zu $\mathfrak{K}$ kongruentisomorph ist. Dabei ist B_1 nach Satz 14 zu dem festen Restklassenring $\overline{Q}/\overline{\mathfrak{M}}$ isomorph, und zwar ist der Restklassenring $\overline{Q}/\overline{\mathfrak{M}}$ gemäß seiner in § 8 auseinander gesetzten Bildungsweise insofern fest, als er im charakteristikungleichen Fall für alle diejenigen diskret bewerteten perfekten Körper derselbe ist, deren Restklassenkörper zu $\mathfrak{K}$ isomorph ist. Der Typus von B_1 ist daher durch den Typus von $\mathfrak{K}$ eindeutig bestimmt, und der Quotientenkörper K_1 von B_1 stellt wirklich einen p-adisch bewerteten Unterkörper von K mit zu $\mathfrak{K}$ kongruentisomorphem Restklassenkörper dar, dessen Struktur durch den Typus von $\mathfrak{K}$ eindeutig bestimmt ist.

Besitzt K den Verzweigungsexponenten n, so folgt aus Satz 3 und 4 sofort, daß K/K_1 ein Eisensteinscher Körper n-ten Grades ist.

Aus dem soeben bewiesenen Satz ergibt sich für einen unverzweigten Körper, d. h. einen Körper mit dem Verzweigungsexponenten 1 speziell:

Satz 19. *Im charakteristikungleichen Fall ist die Struktur eines p-adisch bewerteten perfekten Körpers durch den Typus seines Restklassenkörpers eindeutig bestimmt.*

Ferner:

Satz 20. *Läßt man $\mathfrak{K}$ ein vollständiges Repräsentantensystem für die verschiedenen Typen aller Körper von Primzahlcharakteristik durchlaufen und stellt zu jedem $\mathfrak{K}$ einen Grundring $\bar{Q}$ von der Charakteristik* 0 *her, dessen Restklassenkörper zu $\mathfrak{K}$ isomorph ist, sowie ein reduziertes Grundideal $\bar{\mathfrak{M}}$ von $\bar{Q}$, so bilden die Restklassenringe $\mathsf{B}_{\mathfrak{K}} = \bar{Q}/\bar{\mathfrak{M}}$ im charakteristikungleichen Fall ein vollständiges Repräsentantensystem für die verschiedenen Typen perfekter p-adischer Bewertungsringe.*

Die Quotientenkörper $\mathsf{K}_{\mathfrak{K}}$ der Bewertungsringe $\mathsf{B}_{\mathfrak{K}}$ stellen daher im charakteristikungleichen Fall ein Repräsentantensystem dar für die verschiedenen Strukturen p-adisch bewerteter perfekter Körper.

Die Sätze 20, 18 stimmen offenbar mit den Behauptungen B_1 und B_2 der Einleitung überein, so daß nunmehr in der Tat alle angekündigten Resultate vollständig hergeleitet sind.

Eingegangen 24. April 1932.

Verzeichnis der wissenschaftlichen Veröffentlichungen von Helmut Hasse

Zeitschriften

Die Zahlen in ‹ › verweisen auf den Abdruck im vorliegenden Werk.
Röm.: Sachgruppe, arab.: lfde. Nr. der Abhandlung.

[1] Über die Darstellbarkeit von Zahlen durch quadratische Formen im Körper der rationalen Zahlen.
J. Reine Angew. Math. 152 (1923), 129–148. ‹I, 1›

[2] Über die Äquivalenz quadratischer Formen im Körper der rationalen Zahlen.
J. Reine Angew. Math. 152 (1923), 205–224. ‹I, 2›

[3] Über die Normenreste eines relativ-zyklischen Körpers vom Primzahlgrad l nach einem Primteiler $\mathfrak{l}$ von l (gemeinsam mit K. Hensel).
Math. Ann. 90 (1923), 262–278. ‹II, 6›

[4] Symmetrische Matrizen im Körper der rationalen Zahlen.
J. Reine Angew. Math. 153 (1924), 12–43. ‹I, 3›

[5] Zur Theorie des quadratischen Hilbertschen Normenrestsymbols in algebraischen Körpern. I.
J. Reine Angew. Math. 153 (1924), 76–93.

[6] Darstellbarkeit von Zahlen durch quadratische Formen in einem beliebigen algebraischen Zahlkörper.
J. Reine Angew. Math. 153 (1924), 113–130. ‹I, 4›

[7] Äquivalenz quadratischer Formen in einem beliebigen algebraischen Zahlkörper.
J. Reine Angew. Math. 153 (1924), 158–162. ‹I, 5›

[8] Zur Theorie des Hilbertschen Normenrestsymbols in allgebraischen Zahlkörpern. II. Fall eines ungeraden l.
J. Reine Angew. Math. 153 (1924), 184–191.

[9] Das allgemeine Reziprozitätsgesetz und seine Ergänzungssätze in beliebigen algebraischen Zahlkörpern für gewisse, nichtprimäre Zahlen.
J. Reine Angew. Math. 153 (1924), 192–207. ‹III, 16›

[10] Über das allgemeine Reziprozitätsgesetz in algebraischen Zahlkörpern.
Jber. Deutsch. Math.-Verein. 33 (1925), 97–101 (kursiv).

[11] Direkter Beweis des Zerlegungs- und Vertauschungssatzes für das Hilbertsche Normenrestsymbol in einem algebraischen Zahlkörper im Falle eines Primteilers $\mathfrak{l}$ des Relativgrades l.
J. Reine Angew. Math. 154 (1925), 20–35. ‹II, 7›

[12] Über das allgemeine Reziprozitätsgesetz der l-ten Potenzreste im Körper k_ζ der l-ten Einheitswurzeln und in Oberkörpern von k_ζ.
J. Reine Angew. Math. 154 (1925), 96–109. ‹III, 17›

[13] Über den zweiten Ergänzungssatz zum Reziprozitätsgesetz der l-ten Potenzreste im Körper k_ζ der l-ten Einheitswurzeln und in Oberkörpern von k_ζ (gemeinsam mit E. Artin).
J. Reine Angew. Math. 154 (1925), 143 – 148. ‹III, 18›

[14] Zur Theorie des Hilbertschen Normenrestsymbols in algebraischen Zahlkörpern. III. Normierung.
J. Reine Angew. Math. 154 (1925), 174 – 177.

[15] Das allgemeine Reziprozitätsgesetz der l-ten Potenzreste für beliebige, zu l prime Zahlen in gewissen Oberkörpern des Körpers der l-ten Einheitswurzeln.
J. Reine Angew. Math. 154 (1925), 199 – 214. ‹III, 19›

[16] Der zweite Ergänzungssatz zum Reziprozitätsgesetz der l-ten Potenzreste für beliebige, zu l prime Zahlen in gewissen Oberkörpern des Körpers der l-ten Einheitswurzeln.
J. Reine Angew. Math. 154 (1925), 215 – 218.

[17] Zwei Existenztheoreme über algebraische Zahlkörper.
Math. Ann. 95 (1925), 229 – 238.

[18] Ein weiteres Existenztheorem in der Theorie der algebraischen Zahlkörper.
Math. Z. 24 (1925), 149 – 160.

[19] Über die Einzigkeit der beiden Fundamentalsätze der elementaren Zahlentheorie.
J. Reine Angew. Math. 155 (1926), 199 – 220. ‹XII›, 74›

[20] Bericht über neuere Untersuchungen und Probleme aus der Theorie der algebraischen Zahlkörper. I. Klassenkörpertheorie.
Jber. Deutsch. Math.-Verein. 35 (1926), 1 – 55.

[21] Neue Begründung der komplexen Multiplikation. I. Einordnung in die allgemeine Klassenkörpertheorie.
J. Reine Angew. Math. 157 (1927), 115 – 139. ‹VI, 33›

[22] Das Eisensteinsche Reziprozitätsgesetz der n-ten Potenzreste.
Math. Ann. 97 (1927), 599 – 623. ‹III, 20›

[23] Bericht über neuere Untersuchungen und Probleme aus der Theorie der algebraischen Zahlkörper. Ia. Beweise zu I.
Jber. Deutsch. Math.-Verein. 36 (1927), 233 – 311.

[24] Über das Reziprozitätsgesetz der m-ten Potenzreste.
J. Reine Angew. Math. 158 (1927), 228 – 259. ‹III, 21›

[25] Existenz gewisser algebraischer Zahlkörper.
S.-B. Preußische Akad. Wiss. Berlin (1927), 229 – 234.

[26] Über die Dichte der quadratfreien Zahlen und ähnliche Dichten in einem algebraischen Zahlkörper (gemeinesam mit E. Tornier).
Leopoldina 3 (1928), 9 – 16.

[27] Über eindeutige Zerlegung in Primelemente oder in Primhauptideale in Integritätsbereichen.
J. Reine Angew. Math. 159 (1928), 3 – 12.

[28] Die beiden Ergänzungssätze zum Reziprozitätsgesetz der l^n-ten Potenzreste im Körper der l^n-ten Einheitswurzeln (gemeinsam mit E. Artin).
Abh. Math. Sem. Univ. Hamburg 6 (1928), 146 – 162. ‹III, 22›

[29] Die Grundlagenkrisis in der griechischen Mathematik (gemeinsam mit H. Scholz).
Kantstudien 33 (1928), 4 – 34.

[30] Zur Klassenkörpertheorie auf Takagischer Grundlage (gemeinsam mit A. Scholz).
Math. Z. 29 (1928), 60 – 69.

[31] Beweis einer Identität zwischen Binomialkoeffizienten (gemeinsam mit E. Bessel-Hagen).
Jber. Deutsch. Math.-Verein. 37 (1928), 231 – 234.

[32] Zum expliziten Reziprozitätsgesetz.
Abh. Math. Sem. Univ. Hamburg. 7 (1929), 52 – 63. ‹III, 23›

[33] Ein Satz über relativ-galoissche Zahlkörper und seine Anwendung auf relativ-abelsche Zahlkörper.
Math. Z. 31 (1930), 559 – 564. ‹IV, 25›

[34] Arithmetische Theorie der kubischen Zahlkörper auf klassenkörpertheoretischer Grundlage.
Math. Z. 31 (1930), 565 – 582. ‹IV, 26›

[35] Die moderne algebraische Methode.
Jber. Deutsch. Math.-Verein. 39 (1930), 22 – 34.

[36] Neue Begründung und Verallgemeinerung der Theorie des Normenrestsymbols.
J. Reine Angew. Math. 162 (1930), 134 – 144. ‹II, 8›

[37] Die Normenresttheorie relativ-abelscher Zahlkörper als Klassenkörpertheorie im Kleinen.
J. Reine Angew. Math. 162 (1930), 145 – 154. ‹II, 9›

[38] Führer, Diskriminante und Verzweigungskörper relativ-abelscher Zahlkörper.
J. Reine Angew. Math. 162 (1930), 169 – 184. ‹II, 11›

[39] Ein Summierungsverfahren für die Riemannsche ζ-Reihe.
Math. Z. 32 (1930), 458 – 464. ‹XII, 75›

[40] Bericht über neuere Untersuchungen und Probleme aus der Theorie der algebraischen Zahlkörper. II. Reziprozitätsgesetze.
Jber. Deutsch. Math.-Verein. Ergänzungsband 6 (1930). 204 S.

[41] Neue Begründung der komplexen Multiplikation. II. Aufbau ohne Benützung der allgemeinen Klassenkörpertheorie.
J. Reine Angew. Math. 165 (1931), 64 – 88. ‹VI, 34›

[42] Zum Hauptidealsatz der komplexen Multiplikation.
Mh. f. Math. Phys. 38 (1931), 315 – 322. ‹VI, 35›

[43] Ein Satz über die Ringklassenkörper der komplexen Multiplikation.
Mh. f. Math. Phys. 38 (1931), 323 – 330. ‹VI, 36›

[44] Das Zerlegungsgesetz für die Teiler des Moduls in den Ringklassenkörpern der komplexen Multiplikation.
Mh. f. Math. Phys. 38 (1931), 331 – 344. ‹VI, 37›

[45] Ein allgemeines Teilerproblem der Idealtheorie (gemeinsam mit Zyoiti Suetuna).
J. Fac. Sci. Univ. Tokyo Sect. I A Math. 12 (1931)
Vol. II. Part 5. 133 – 154.

[45 a] Ein allgemeines Teilerproblem der Idealtheorie. Abstract.
Japan. J. Math. 8 (1931), 2 – 3.

[46] Über p-adische Schiefkörper und ihre Anwendung auf die Arithmetik hyperkomplexer Zahlensysteme. Vorläufige Mitteilung.
Jber. Deutsch. Math.-Verein. 40 (1931) 30 (kursiv).

[47] Über $\wp$-adische Schiefkörper und ihre Bedeutung für die Arithmetik hyperkomplexer Zahlensysteme.
Math. Ann. 104 (1931), 495 – 534. ‹V, 29›

[48] Beweis eines Satzes und Widerlegung einer Vermutung über das allgemeine Normenrestsymbol.
Nachr. Ges. Wiss. Göttingen, Math.-phys. Kl. Fachgr. I Math. Nr. 20 (1931), 64 – 69. ‹II, 10›

[49] Theorie der zyklischen Algebren über einem algebraischen Zahlkörper.
Nachr. Ges. Wiss. Göttingen, Math.-phys. Kl. Fachgr. I Math. Nr. 21 (1931), 70 – 79.

[50] Gruppentheoretischer Beweis eines Satzes über gewisse Tripelsysteme.
Nordisk Mat. Tidskr. 13 (1931), 105 – 107.

[51] Zusammenhang und Dimension topologischer Körperräume (gemeinsam mit Reinhold Baer).
J. Reine Angew. Math. 167 (1932), 40 – 45. ‹XII, 76›

[52] Beweis eines Hauptsatzes in der Theorie der Algebren (gemeinsam mit R. Brauer und E. Noether).
J. Reine Angew. Math. 167 (1932), 399 – 404. ‹V, 30›

[53] Theory of cyclic algebras over an algebraic number field.
Trans. Amer. Math. Soc. 34 (1932), 171 – 214.

[54] A determination of all normal division algebras over an algebraic number field (gemeinsam mit A. Adrian Albert).
Trans. Amer. Math. Soc. 34 (1932), 722 – 726.

[55] Additional note to the authors "Theory of cyclic algebras over an algebraic number field".
Trans. Amer. Math. Soc. 34 (1932), 727 – 730.

[56] Zwei Bemerkungen zu der Arbeit „Zur Arithmetik der Polynome" von U. Wegner in den Mathematischen Annalen, Bd. 105, S. 628 – 631.
Math. Ann. 106 (1932), 455 – 456.

[57] Berichtigungen zu H. Hasse, Bericht über neuere Untersuchungen und Probleme aus der Theorie der algebraischen Zahlkörper, Teil Ia und Teil II.
Jber. Deutsch. Math.-Verein. 42 (1932), 85 – 86.

[58] Strukturtheoreme der halbeinfachen Algebren über algebraischen Zahlkörpern.
Verh. Kongr. Zürich 2 (1932), 18 – 19.

[59] Zu Hilberts algebraisch-zahlentheoretischen Arbeiten.
In: D. Hilbert, Gesammelte Abh., Band I (1932), 528 – 535.

[60] Die Struktur der R. Brauerschen Algebrenklassengruppe über einem algebraischen Zahlkörper. Insbesondere Begründung der Theorie des Normenrestsymbols und Herleitung des Reziprozitätsgesetzes mit nichtkommutativen Hilfsmitteln.
Math. Ann. 107 (1933), 731 – 760. ‹V, 31›

[61] Explizite Konstruktion zyklischer Klassenkörper.
Math. Ann. 109 (1933), 191 – 195. ‹IV, 27›

[62] Die Struktur diskret bewerteter Körper (gemeinsam mit F. K. Schmidt).
J. Reine Angew. Math. 170 (1933), 4 – 63. ‹XII, 77›

[63] Théorie des restes normiques dans les extensions galoisiennes.
C. R. Acad. Sci. Paris Sér. A – B. 197 (1933), 469 – 471. ‹II, 12›

[64] Applications au cas abélien de la théorie des restes normiques dans les extensions galoisiennes.
C. R. Acad. Sci. Paris Sér. A – B. 197 (1933), 511 – 512. ‹II, 13›

[65] Beweis des Analogons der Riemannschen Vermutung für die Artinschen und F. K. Schmidtschen Kongruenzzetafunktionen in gewissen elliptischen Fällen. Vorläufige Mitteilung.
Nachr. Ges. Wiss. Göttingen I, Math.-phys. Kl. Fachgr. I Math. Nr. 42 (1933), 253 – 262. ‹VII, 38›

[66] Normenresttheorie galoisscher Zahlkörper mit Anwendungen auf Führer und Diskriminante abelscher Zahlkörper.
J. Fac. Sci. Imp. Acad. Tokyo, Sect. I Vol. 2 Part 10 (1934), 477 – 498. ‹II, 14›

[67] Über die Kongruenzzetafunktionen. Unter Benützung von Mitteilungen von Prof. Dr. F. K. Schmidt und Prof. Dr. E. Artin.
S.-B. Preuß. Akad. Wiss. H. 17 (1934), 250 – 263. ‹VII, 39›

[68] Abstrakte Begründung der komplexen Multiplikation und Riemannsche Vermutung in Funktionenkörpern.
Abh. Math. Sem. Univ. Hamburg. 10 (1934), 325 – 348. ‹VII, 40›

[69] Riemannsche Vermutung bei den F. K. Schmidtschen Kongruenzzetafunktionen.
Jber. Deutsch. Math.-Verein. 44 (1934), 44 (kursiv).

[70] Theorie der relativ-zyklischen algebraischen Funktionenkörper, insbesondere bei endlichem Konstantenkörper.
J. Reine Angew. Math. 172 (1934), 37 – 54. ‹VII, 41›

[71] Theorie der Differentiale in algebraischen Funktionenkörpern mit vollkommenem Konstantenkörper.
J. Reine Angew. Math. 172 (1934), 55 – 64. ‹VII, 42›

[72] Existenz separabler zyklischer unverzweigter Erweiterungskörper vom Primzahlgrad p über elliptischen Funktionenkörpern der Charakteristik p.
J. Reine Angew. Math. 172 (1934), 77 – 85. ‹VII, 43›

[73] Elementarer Beweis des Hauptsatzes über ternäre quadratische Formen mit rationalen Koeffizienten.
J. Reine Angew. Math. 172 (1934), 129 – 132.

[74] Die Nullstellen der Kongruenzzetafunktionen in gewissen zyklischen Fällen (gemeinsam mit H. Davenport).
J. Reine Angew. Math. 172 (1934), 151 – 182. ‹VII, 44›

[75] Zur Theorie der abstrakten elliptischen Funktionenkörper.
Nachr. Ges. Wiss. Göttingen I, N.F. 1 (1935), 119 – 129.

[76] Die Normen aus einer normalen Divisionsalgebra über einem algebraischen Zahlkörper (gemeinsam mit Otto Schilling).
J. Reine Angew. Math. 174 (1936), 248 – 252. ‹V, 32›

[77] Zyklische unverzweigte Erweiterungskörper vom Primzahlgrad p über einem algebraischen Funktionenkörper der Charakteristik p.
Mh. f. Math. Phys. 43 (1936), 477 – 492. ‹VII, 45›

[78] Theorie der höheren Differentiale in einem algebraischen Funktionenkörper mit vollkommenem Konstantenkörper bei beliebiger Charakteristik.
J. Reine Angew. Math. 175 (1936), 50 – 54. ‹VII, 46›

[79] Zur Theorie der abstrakten elliptischen Funktionenkörper. I. Die Struktur der Gruppe der Divisorenklassen endlicher Ordnung.
J. Reine Angew. Math. 175 (1936), 55 – 62. ‹VII, 47›

[80] Zur Theorie der abstrakten elliptischen Funktionenkörper. II. Automorphismen und Meromorphismen. Das Additionstheorem.
J. Reine Angew. Math. 175 (1936), 69 – 88. ‹VII, 48›

[81] Zur Theorie der abstrakten elliptischen Funktionenkörper. III. Die Struktur des Meromorphismenrings. Die Riemannsche Vermutung.
J. Reine Angew. Math. 175 (1936), 193 – 207. ‹VII, 49›

[82] Über die Diskriminante auflösbarer Körper von Primzahlgrad.
J. Reine Angew. Math. 176 (1937), 12 – 17.

[83] Die Gruppe der p^n-primären Zahlen für einen Primteiler $\mathfrak{p}$ von p.
J. Reine Angew. Math. 176 (1937), 174 – 183. ‹II, 15›

[84] Über die Ausnahmeklassen bei abstrakten elliptischen Funktionenkörpern (gemeinsam mit H. L. Schmid).
J. Reine Angew. Math. 176 (1937), 184 – 188. ‹VII, 50›

[85] Anwendungen der Theorie der algebraischen Funktionen in der Zahlentheorie.
Abh. Ges. Wiss. Göttingen, Math.-phys. Kl. III. F., H. 18 (1937), 51 – 55.

[86] Noch eine Begründung der Theorie der höheren Differentialquotienten in einem algebraischen Funktionenkörper einer Unbestimmten (gemeinsam mit F. K. Schmidt).
J. Reine Angew. Math. 177 (1937), 215 – 237. ‹VII, 51›

[87] Über die Riemannsche Vermutung in Funktionenkörpern.
Comptes rend. du Congrès Internat. Math. Oslo 1936, Vol. 1 (1937), 189 – 206.

[88] Simultane Approximation algebraischer Zahlen durch algebraische Zahlen.
Nachr. Ges. Wiss. Göttingen, Fachgr. I, N.F. 1 (1939), 209 – 212.

[89] Simultane Approximation algebraischer Zahlen durch algebraische Zahlen.
Mh. f. Math. Phys. 48 (1939), 205 – 225. ‹VII, 54›

[90] Produktformel für verallgemeinerte Gaußsche Summen und ihre Anwendung auf die Klassenzahlformel für reelle quadratische Zahlkörper.
Math. Z. 46 (1940), 303 – 314. ‹IX, 61›

[91] Zur arithmetischen Theorie der algebraischen Funktionenkörper.
Jber. Deutsch. Math.-Verein. 52 (1942), 1 – 48.

[92] Der n-Teilungskörper eines abstrakten elliptischen Funktionenkörpers als Klassenkörper, nebst Anwendung auf den Mordell-Weilschen Endlichkeitssatz.
Math. Z. 48 (1942), 48 – 66. ‹VIII, 56›

[93] Punti razionali sopra curve algebriche a congruenze.
Reale Accademia d'Italia, Fondazione Allessandro, Volta, Atti dei Convegni v. 9 (1943), 85 – 140. ‹VII, 52›

[94] Überblick über die neuere Entwicklung der arithmetischen Theorie der algebraischen Funktionen.
Reale Istituto Nazionale di Alta Mat., Atti Convegno Math. Roma 5. - 12. Nov. 1942 (Roma 1945), 25 – 33. ‹VIII, 55›

[95] Über die Klassenzahl abelscher Zahlkörper.
Nachr. Akad. Wiss. Göttingen, Math. Phys. Chem. Abt. (1946), 126 – 130.

[96] Über die Berechnung der Klassenzahl reeller algebraischer Zahlkörper.
Ber. Math. Tag. Tübingen 1946, 74 – 75.

[97] Algebra und Zahlentheorie. Naturforschung und Medizin in Deutschland.
(Fiat Rev. German. Sci. 1939 – 1946.) Bd. 1, Teil I, Kap. IV (1948), 39 – 48.

[98] Die Einheitengruppe in einem total-reellen nicht-zyklischen kubischen Zahlkörper.
Arch. Math. 1 (1948), 42 – 46.

[99] Existenz und Mannigfaltigkeit abelscher Algebren mit vorgegebener Galoisgruppe über einem Teilkörper des Grundkörpers I.
Math. Nachr. Berlin, 1 (1948), 40 – 61. ‹X, 65›

[100] Existenz und Mannigfaltigkeit abelscher Algebren mit vorgegebener Galoisgruppe über einem Teilkörper des Grundkörpers. II.
Math. Nachr. Berlin, 1 (1948), 213 – 217. ‹X, 66›

[101] Existenz und Mannigfaltigkeit abelscher Algebren mit vorgegebener Galoisgruppe über einem Teilkörper des Grundkörpers. III.
Math. Nachr. Berlin, 1 (1948), 277 – 283. ‹X, 67›

[102] Invariante Kennzeichnung relativ-abelscher Zahlkörper mit vorgegebener Galoisgruppe über einem Teilkörper des Grundkörpers.
Abh. Deutsch. Akad. Wiss. Berlin Kl. Math. Nat. Wiss. 1947, Nr. 8 (1949), 56 S. ‹X, 64›

[103] Osservazioni riguardanti funzioni ellitiche e numeri algebrici.
Ann. Mat. Pura Appl. Ser. 4, 29 (1949), 225 – 242.

[104] Invariante Kennzeichnung galoisscher Körper mit vorgegebener Galoisgruppe. Vorläufige Mitteilung.
Arch. Math. 2 (1949/50), 289 – 294.

[105] Invariante Kennzeichnung galoisscher Körper mit vorgegebener Galoisgruppe.
J. Reine Angew. Math. 187 (1949/50), 14 – 43. ‹X, 69›

[106] Die Multiplikationsgruppe der abelschen Körper mit fester Galoisgruppe.
Abh. Math. Sem. Univ. Hamburg 16, H. 3/4 (1949/50), 29 – 40. ‹X, 68›

[107] Verallgemeinerung des Dualitätssatzes für die Charaktere endlicher abelscher Gruppen auf beliebige endliche Gruppen.
Math. Nachr. 3 (1949/50), 1 – 3. ‹X, 70›

[108] Zur Frage der Zerfällungskörper des Gruppenrings einer endlichen Gruppe.
Math. Nachr. 3 (1949/50), 4 – 6.

[109] Arithmetische Bestimmung von Grundeinheit und Klassenzahl in zyklischen kubischen und biquadratischen Zahlkörpern.
Abh. Deutsch. Akad. Wiss. Berlin Kl. Math. Nat. Wiss. Nr. 2 (1950), 95 S. ‹XI, 71›

[110] Die Einheitengruppe in einem total-reellen nichtzyklischen kubischen Zahlkörper und im zugehörigen bikubischen Normalkörper.
Miscellanea, Jub. Festschr. Deutsche Akad. Wiss. Berlin 1 (1950), 1 – 24. ‹XI, 72›

[111] Zum Existenzsatz von Grunwald in der Klassenkörpertheorie.
J. Reine Angew. Math. 188 (1950), 40 – 64.

[112] Über den algebraischen Funktionenkörper der Fermatschen Gleichung.
Acta Sci. Math. (Szeged). 13 (1950), 195 – 207. ‹VIII, 57›

[113] Sopra la formula analitica per il numero delle classi su corpi quadratici immaginari e reali.
Rendiconti di Matematica e delle sue applicazioni. Ser. V. 10 (1951), 84 – 95.

[114] Zur Geschlechtertheorie in quadratischen Zahlkörpern.
J. Math. Soc. Japan 3 (1951), 45 – 51. ‹IV, 28›

[115] Allgemeine Theorie der Gaußschen Summen in algebraischen Zahlkörpern.
Abh. Deutsch. Akad. Wiss. Berlin, Kl. Math. Nat. Wiss. 1951, Nr. 1 (1951), 24 S. ‹IX, 62›

[116] Bemerkungen zu den Ring- und Strahlenklasseneinheiten in quadratischen Zahlkörpern.
Math. Nachr. 4 (1951), 322 – 327.

[117] Zur Arbeit von I. R. Šafarevic über das allgemeine Reziprozitätsgesetz.
Math. Nachr. 5 (1951), 302 – 327.

[118] Rein arithmetischer Beweis des Siegelschen Endlichkeitssatzes für binäre diophantische Gleichungen im Spezialfall des Geschlechts 1.
Abh. Deutsch. Akad. Wiss. Berlin. Kl. Math. Nat. Wiss. 1951, Nr. 2 (1952), 19 S. ‹VIII, 58›

[119] Gaußsche Summen zu Normalkörpern über endlich-algebraischen Zahlkörpern (Vorläufige Mitteilung).
Abh. Deutsch. Akad. Wiss. Berlin. Kl. Math. Nat. Wiss. 1952, Nr. 1 (1952), 18 S.

[120] Über die Artinsche Vermutung und verwandte Dichtefragen.
Ann. Acad. Sci. Fennicae, Ser. A, I. (Math.-Phys.), 116 (1952), 1 – 17.

[121] Über das Problem der Primzerlegung in galoisschen Zahlkörpern.
S.-B. Berlin. Math. Gesellsch. (1952), 8 – 27.

[122] Allgemeine Theorie der algebraischen Zahlen (gemeinsam mit W. Jehne; Überarbeitung von Ph. Furtwänglers Enzyklopädieartikel).
Enzykl. Math. Wiss. 2. Aufl. I 2 C, Heft 8, Teil II. Leipzig 1953, 50 S.

[123] Mathematik als Geisteswissenschaft und Denkmittel der exakten Naturwissenschaften.
Studium generale 6 (1953), 392 – 398.

[124] Artinscher Führer, Artinsche L-Funktion und Gaußsche Summen über endlich-algebraischen Zahlkörpern.
Acta Salmanticensia, Ser. Ci. Sec. Mat. IV (1954), 113 pp. ‹IX, 63›

[125] Über das Zerlegungsgesetz für einen Funktionalprimdivisor in einem zyklischen Körper von durch ihn teilbarem Primzahlpotenzgrad.
Arch. Math. 5 (1954), 216 – 225. ‹VIII, 60›

[126] Zetafunktion und L-Funktionen zu einem arithmetischen Funktionenkörper vom Fermatschen Typus.
Abh. Deutsch. Akad. Wiss. Berlin. Kl. Math. Nat. Wiss. 1954, Nr. 4 (1955), 70 S. ‹VIII, 59›

[127] Die dyadische Einseinheitenoperatorgruppe zum Körper der 2^n-ten Einheitswurzeln nebst Anwendung auf die Klassenzahl seines größten reellen Teilkörpers.
Rev. Fac. Sci. Univ. Istanbul, Sr. A, Vol. 20 (1955), 7 – 16.

[128] Über die Charakterführer zu einem arithmetischen Funktionenkörper vom Fermatschen Typus.
Wiss. Veröff. d. Nation. Techn. Univ. Athen, No. 12 (1957), 1 – 50.

[129] La conjetura de Riemann para cuerpos de funciones sobre cuerpos de constantes finitos.
Publ. Seccion Matematica, Fac. Ciencias, Univ. Madrid. I, Nr. 2 (1957), 142 pp.

[130] Der 2^n-te Potenzcharakter von 2 im Körper der 2^n-ten Einheitswurzeln.
Rend. Circ. Mat. Palermo (2) 7 (1958), 185 – 244. ‹III, 24›

[131] Über die gewöhnlichen und verallgemeinerten Bernoullischen Zahlen.
Celebrazioni Archimedee del secolo XX, Siracusa 1961, Vol. II, 67 – 72.

[132] Zum expliziten Reziprozitätsgesetz.
Arch. Math. 13 (1961), 479 – 485.

[133] Sulla generalizzazione di Leopoldt dei numeri di Bernoulli e sua applicazione alla divisibilita del numero delle classi nei corpi numerici abeliani.
Rend. Mat. (1 – 2), Vol. 21 (1962), 9 – 27.

[134] Der 2^n-te Potenzcharakter von 2 im Körper der 2^n-ten Einheitswurzeln.
Schriftenreihe der Institute für Mathematik, Heft 13, Bericht von der Dirichlet-Tagung. Akad. Verlag Berlin 1963.

[135] Mathematik als Geisteswissenschaft und als Denkmittel der exakten Naturwissenschaften.
Der Mathematikunterricht, Heft 2 (1963). (Wiederabdruck von [123]).

[136] Über den Wertevorrat quadratischer Formen (gemeinsam mit Bernhard Hornfeck).
Abh. Math. Sem. Univ. Hamburg 26 (1964), 230 – 233.

[137] Über den Klassenkörper zum quadratischen Zahlkörper mit der Diskriminante – 47.
Acta Arithmetica 9 (1964), 420 – 433.

[138] On the class-number of the maximal real subfield of a cyclotomic field (gemeinsam mit N. C. Ankeny und S. Chowla).
J. Reine Angew. Math. 217 (1965), 217 – 220.

[139] Einheitenberechnung mittels des Jacobi-Perronschen Algorithmus (gemeinsam mit L. Bernstein)
J. Reine Angew. Math. 218 (1965), 51 – 69. ‹XI, 73›

[140] Über mehrklassige, aber eingeschlechtige reell-quadratische Zahlkörper.
Elem. Math. 20 (1965), 50 – 59.

[141] Über die Dichte der Primzahlen p, für die eine vorgegebene, rationale Zahl $a \neq 0$ von durch eine vorgegebene Primzahl $l \neq 2$ teilbarer bzw. unteilbarer Ordnung mod p ist.
Math. Ann. 162 (1965), 74 – 76.

[142] Über eine diophantische Gleichung von Ramanujan-Nagell und ihre Verallgemeinerung.
Nagoya math. J. 27 (1966), 77 – 102.

[143] Vandivers Congruence for the relative class number of the pth cyclotomic field.
J. Math. Anal. Appl. 15 (1966), 87 – 90.

[144] Über die Dichte der Primzahlen p, für die eine vorgegebene, ganzrationale Zahl $a \neq 0$ von gerader bzw. ungerader Ordnung mod p ist.
Math. Ann. 166 (1966), 19 – 23.

[145] Geschichte der Klassenkörpertheorie.
Jber. Deutsch. Math.-Verein. 68 (1966), 166 – 181.

[146] Über mehrklassige, aber eingeschlechtige reell-quadratische Zahlkörper.
In: Algebraische Zahlentheorie (hrsg. von H. Hasse und P. Roquette), Ber. Math. Forschungsinst. Oberwolfach. Heft 2 (1966), 133 – 136.

[147] Modular functions and elliptic curves over finite fields.
Rend. Mat. (Ser. V) 25 (1966), 248 – 266. ‹VII, 53›

[148] Numerische Ergebnisse zum Jacobschen Kettenbruchalgorithmus in rein-kubischen Körpern (gemeinsam mit L. Elsner).
Math. Nachr. 34 (1967), 95 – 97.

[149] History of class field theory.
In: Cassels-Fröhlich, Algebraic Number Theory (1967), Chap. XI, 266 – 279.

[150] On a paper of Bombieri (gemeinsam mit S. Chowla).
Kong. Norsk Videnskaberd Selskabs Forhandl. 41 (1968).

[151] A supplement to Leopoldt's theory of genera in abelian number fields.
J. Number Theory 1 (1969), 4 – 7.

[152] Über die Klassenzahl des Körpers $P(\sqrt{-2p})$ mit einer Primzahl $p \neq 2$.
J. Number Theory 1 (1969), 231 – 234.

[153] An explicit formula for the units of an algebraic number field of degree $n \geqq 2$ (gemeinsam mit L. Bernstein).
Pacific J. Math. 30 (1969), 293 – 365.

[154] Eine Folgerung aus H. W. Leopoldts Theorie der Geschlechter abelscher Zahlkörper.
Math. Nachr. 42 (1969), 261 – 262.

[155] Über die Klassenzahl des Körpers $P(\sqrt{-p})$ mit einer Primzahl $p \equiv 1 \bmod 2^3$.
Aequationes Math. 3 (1969), 165 – 169.

[156] Explicit determination of the Perron matrices in periodic algorithms of the Perron-Jacobi type with applications to generalized Fibonacci numbers with time impulses (gemeinsam mit L. Bernstein).
Fibonacci Quart. 7 (1969).

[157] Über den Klassenkörper zum quadratischen Zahlkörper mit der Diskriminante – 47 (gemeinsam mit Joseph Liang).
Acta Arith. 16 (1969), 89 – 97.

[158] Über die Teilbarkeit durch 2^3 der Klassenzahl imaginär-quadratischer Zahlkörper mit genau zwei verschiedenen Diskriminantenprimteilern.
J. Reine Angew. Math. 241 (1970), 1 – 6.

[159] Über die Teilbarkeit durch 2^3 der Klassenzahl quadratischer Zahlkörper mit genau zwei verschiedenen Diskriminantenprimteilern.
Math. Nachr. 46 (1970), 61 – 70.

[160] Der Strukturbegriff in der Mathematik.
Nova Acta Leopoldina (N. F.) 35 (1970), 69 – 76.

[161] On a question of Chowla.
Acta Arith. 18 (1971), 275 – 280.

[162] Application of a theorem of Hasse to a problem on diophantine equations (gemeinsam mit S. Chowla).
J. Reine Angew. Math. 252 (1972), 44 – 50.

[163] An algorithm for determining the structure of the 2-Sylow-subgroup of the divisor class group of a quadratic number field.
J. Number Theory (1975).

[164] Formales Verfahren zur Herstellung parameterabhängiger Scharen quadratischer Grundeinheiten.
J. Reine Angew. Math. (1975).

[165] Putting last digits first yields multiple (gemeinsam mit M. Baica).
Rend. Mat. 1975 (Vol. 90 anniversario Mauro Picone).

Bücher

Höhere Algebra. I. Lineare Gleichungen.
Sammlung Göschen Bd. 931, Verlag de Gruyter, Berlin 1926. Neuauflagen 1931, 1951, 1957, 1963, 1969.

Höhere Algebra. II. Gleichungen höheren Grades.
Sammlung Göschen Bd. 932, Verlag de Gruyter, Berlin 1927. Neuauflagen 1937, 1951, 1957, 1967.

Higher Algebra. Vol. I and II.
Translated from the 3rd rev. German ed. by T. J. Benac. Ungar Publishing Co., New York 1954.

Die Grundlagenkrisis der griechischen Mathematik (gemeinsam mit H. Scholz).
PAN-Bücherei, Phil. 3, Pan-Verlag, Charlottenburg 1928.

Ernst Steinitz: Algebraische Theorie der Körper (neu hrsg. v. H. Hasse und R. Baer).
Verlag de Gruyter, Berlin 1930.

Über gewisse Ideale in einer einfachen Algebra.
Actualités scient. et industr. 109. Hermann, Paris 1934.

Aufgabensammlung zur Höheren Algebra.
Sammlung Göschen Bd. 1082, Verlag de Gruyter, Berlin 1934. Neuauflagen (gemeinsam mit W. Klobe) 1952, 1961.

Exercises to higher algebra (together with W. Klobe).
Translated from the 2nd rev. and enlarg. German ed. by T. J. Benac. Ungar Publishing Co., New York 1954.

Zahlentheorie.
Akademie-Verlag, Berlin 1949. Neuauflagen 1963, 1969.

Vorlesungen über Zahlentheorie.
Springer-Verlag, Berlin/Göttingen/Heidelberg 1950. Neuauflage 1964. Russ. Übersetzung, erschienen im: Verlag für fremdsprachige Literatur, Moskau 1961.

Mathematik als Wissenschaft, Kunst und Macht.
Verlag für angewandte Wissenschaften, Wiesbaden 1952. (Studium generale 6, 1953, S. 392 – 398)

Über die Klassenzahl abelscher Zahlkörper.
Akademie Verlag, Berlin 1952.

Proben mathematischer Forschung in allgemeinverständlicher Behandlung.
Otto Salle Verlag, Frankfurt/M. 1955. Neuauflagen 1960, 1967.

Bericht über neuere Untersuchungen und Probleme aus der Theorie der algebraischen Zahlkörper. 1, 1 a, 2.
Physica Verlag, Würzburg 1965.

Vorlesungen über Klassenkörpertheorie.
Physica Verlag, Würzburg 1967.